高考数学解题研究

圆锥曲线全技法

参考答案

主　编◎郭　伟　张青松
副主编◎朱利春　何世燚
　　　　念　念　陈嘉俊

★ 典例精讲精析

★ 构建解题思维

★ 全题型全方法

★ 大招培优提分

全国通用
高分必备

哈尔滨工业大学出版社

答案详解　随书附赠

目 录

参考答案

技法 1　三定义专题	1
技法 2　离心率专题	12
技法 3　设而不求之韦达定理	21
技法 4　道路抉择之设点设线	29
技法 5　解题支柱之直线斜率	35
技法 6　解题支柱之平面向量	41
技法 7　轨迹专题	49
技法 8　面积专题	56
技法 9　定点定值	68
技法 10　切线专题	77
技法 11　四心专题	86
技法 12　三点共线	96
技法 13　四点共圆	101
技法 14　角度专题	104
技法 15　线段专题	114
技法 16　两点式方程	118
技法 17　直径式方程	121
技法 18　点乘双根法	123
技法 19　焦半径公式	124
技法 20　定比分点法	128
技法 21　非对称韦达	135
技法 22　平移齐次化	140
技法 23　极点与极线	144
技法 24　仿射变换法	145
技法 25　圆锥曲线系	149
技法 26　极坐标与参数方程	152

参考答案

技法1　三定义专题

1.1 第一定义

精练1解析

记椭圆的右焦点为 F'，由椭圆的对称性可知 P_1 与 P_7，P_2 与 P_6，P_3 与 P_5 关于 y 轴对称.

从而 $|P_1F|=|P_7F'|$，$|P_2F|=|P_6F'|$，$|P_3F|=|P_5F'|$，由椭圆定义得 $|P_1F|+|P_2F|+\cdots+|P_7F|=7a=35$.

精练2解析

法一：设 F_1 为椭圆 C 的左焦点. 如图1所示，连接 AF_1，DF_2，EF_2.

因为椭圆离心率为 $\dfrac{1}{2}$，所以 $a=2c$.

故椭圆 C 的方程为 $\dfrac{x^2}{4c^2}+\dfrac{y^2}{3c^2}=1$.

因为 $\triangle AF_1F_2$ 为等边三角形，所以直线 DE 的斜率 $k=\dfrac{\sqrt{3}}{3}$.

由直线 DE 垂直平分线段 AF_2 得 $|AD|=|DF_2|$，$|AE|=|EF_2|$.

则 $\triangle ADE$ 的周长等价于 $|DE|+|DF_2|+|EF_2|=|DF_1|+|DF_2|+|EF_1|+|EF_2|=4a$.

设点 $D(x_1,y_1)$，$E(x_2,y_2)$，直线 DE 的方程为 $y=\dfrac{\sqrt{3}}{3}(x+c)$.

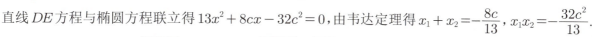

图1

直线 DE 方程与椭圆方程联立得 $13x^2+8cx-32c^2=0$，由韦达定理得 $x_1+x_2=-\dfrac{8c}{13}$，$x_1x_2=-\dfrac{32c^2}{13}$.

由弦长公式得 $|DE|=\sqrt{k^2+1}\cdot|x_1-x_2|=\sqrt{k^2+1}\cdot\sqrt{(x_1+x_2)^2-4x_1x_2}$.

整理得 $|DE|=\sqrt{\dfrac{1}{3}+1}\cdot\sqrt{\left(-\dfrac{8c}{13}\right)^2+\dfrac{128c^2}{13}}=\dfrac{48}{13}c=6$，即 $c=\dfrac{13}{8}$，故 $\triangle ADE$ 的周长为 $4a=8c=13$.

法二：设 F_1 为椭圆 C 的左焦点，连接 AF_1，DF_2，EF_2.

因为椭圆的离心率为 $\dfrac{1}{2}$，所以 $a=2c$，故 $\triangle AF_1F_2$ 是等边三角形.

从而直线 DE 垂直平分线段 AF_2，故 $|AD|=|DF_2|$，$|AE|=|EF_2|$.

于是 $\triangle ADE$ 的周长为 $|AD|+|AE|+|DE|=|DF_2|+|EF_2|+|DE|=4a$. 易知直线 DE 的倾斜角 $\theta=\dfrac{\pi}{6}$.

又因为 $|DE|=\dfrac{2ab^2}{a^2-c^2\cos^2\theta}=6$，$c=\dfrac{1}{2}a$，$b=\dfrac{\sqrt{3}}{2}a$，所以解得 $a=\dfrac{13}{4}$，从而 $\triangle ADE$ 的周长为 13.

精练3解析

设点 $P(x_0,y_0)$，直线 PM 的方程为 $y=-\dfrac{1}{3}x+\dfrac{x_0}{3}+y_0$，直线 PN 的方程为 $y=\dfrac{1}{3}x-\dfrac{x_0}{3}+y_0$.

联立方程 $\begin{cases}y=-\dfrac{1}{3}x+\dfrac{x_0}{3}+y_0\\ y=\dfrac{1}{3}x\end{cases}$，解得 $M\left(\dfrac{x_0}{2}+\dfrac{3y_0}{2},\dfrac{x_0}{6}+\dfrac{y_0}{2}\right)$，同理可得 $N\left(\dfrac{x_0}{2}-\dfrac{3y_0}{2},-\dfrac{x_0}{6}+\dfrac{y_0}{2}\right)$.

从而 $|PM|^2+|PN|^2=\left(\dfrac{-x_0}{2}+\dfrac{3}{2}y_0\right)^2+\left(\dfrac{x_0}{6}-\dfrac{1}{2}y_0\right)^2+\left(\dfrac{-x_0}{2}-\dfrac{3}{2}y_0\right)^2+\left(\dfrac{-x_0}{6}-\dfrac{1}{2}y_0\right)^2=\dfrac{5}{9}x_0^2+5y_0^2$.

因为 $P(x_0,y_0)$ 在椭圆 $\dfrac{x^2}{a^2}+\dfrac{y^2}{b^2}=1(a>b>0)$ 上,所以 $\dfrac{x_0^2}{a^2}+\dfrac{y_0^2}{b^2}=1$,即 $b^2x_0^2+a^2y_0^2=a^2b^2$.

因为 $\dfrac{5}{9}x_0^2+5y_0^2$ 为定值,所以 $\dfrac{b^2}{a^2}=\dfrac{\frac{5}{9}}{5}=\dfrac{1}{9}$,即 $e^2=\dfrac{a^2-b^2}{a^2}=\dfrac{8}{9}$,解得 $e=\dfrac{2}{3}\sqrt{2}$.

精练 4 解析

椭圆 $C:\dfrac{x^2}{4}+\dfrac{y^2}{3}=1$ 的左、右焦点分别是 $F_1(-1,0),F_2(1,0)$.

因为 $M\left(\dfrac{4}{3},y_0\right)$ 为椭圆 C 上一点,所以 $\dfrac{\left(\frac{4}{3}\right)^2}{4}+\dfrac{y_0^2}{3}=1$,解得 $|y_0|=\dfrac{\sqrt{15}}{3}$.

故 $|MF_1|=\sqrt{\left(\dfrac{7}{3}\right)^2+\left(\dfrac{\sqrt{15}}{3}\right)^2}=\dfrac{8}{3}$,$|MF_2|=4-\dfrac{8}{3}=\dfrac{4}{3}$.

对于选项 A,$\triangle MF_1F_2$ 的周长为 $2a+2c=4+2=6$,A 正确.

对于选项 B,$\triangle MF_1F_2$ 的面积为 $\dfrac{1}{2}\times 2c\times|y_0|=c\times|y_0|=1\times\dfrac{\sqrt{15}}{3}=\dfrac{\sqrt{15}}{3}$,B 错误.

对于选项 C,设 $\triangle MF_1F_2$ 的内切圆的半径为 r,则 $\dfrac{1}{2}\times 6\times r=\dfrac{\sqrt{15}}{3}$,解得 $r=\dfrac{\sqrt{15}}{9}$,C 正确.

对于选项 D,因为 $\cos\angle F_1MF_2=\dfrac{\frac{64}{9}+\frac{16}{9}-4}{2\times\frac{8}{3}\times\frac{4}{3}}=\dfrac{11}{16}>0$,所以 $\angle F_1MF_2$ 为锐角,故 $\sin\angle F_1MF_2=\sqrt{1-\cos^2\angle F_1MF_2}=\dfrac{3\sqrt{15}}{16}$,从而 $\triangle MF_1F_2$ 的外接圆的直径为 $\dfrac{|F_1F_2|}{\sin\angle F_1MF_2}=\dfrac{2}{\frac{3\sqrt{15}}{16}}=\dfrac{32}{3\sqrt{15}}=\dfrac{32\sqrt{15}}{45}$,D 错误.

综上,选 AC.

精练 5 解析

由题意得 $a=b,2c=8$.

因为 $a^2+b^2=c^2$,所以 $a=b=2\sqrt{2},c=4$,即点 $F_1(-4,0),F_2(4,0)$.

又因为点 A 的坐标为 $(2,2\sqrt{3})$,所以点 A 在双曲线外,如图 2 所示.

由双曲线定义得 $|PF_1|-|PF_2|=2a=4\sqrt{2}$.

从而可得 $|PF_1|+|PA|=|PF_2|+4\sqrt{2}+|PA|\geqslant|AF_2|+4\sqrt{2}=\sqrt{(2-4)^2+(2\sqrt{3})^2}+4\sqrt{2}=4+4\sqrt{2}$.

当 A,P,F_2 三点共线时,取得等号.

因此,$|PF_1|+|PA|$ 的最小值为 $4+4\sqrt{2}$,故选 D.

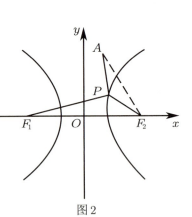

图 2

精练 6 解析

第一空(法一):如图 3 所示,由题意得 $F_1(-c,0),F_2(c,0),PF_2\perp OP$,故 $|PF_2|=\dfrac{|bc|}{\sqrt{a^2+b^2}}=\dfrac{bc}{c}=b$.

从而 $|OP|=\sqrt{|OF_2|^2-|PF_2|^2}=a$,故 $\sin\angle POF_2=\dfrac{|PF_2|}{|OF_2|}=\dfrac{b}{c}$,$\cos\angle POF_2=\dfrac{a}{c}$.

进而 $\sin\angle PF_1O=\sin(\angle POF_2-\angle F_1PO)=\sin\left(\angle POF_2-\dfrac{\pi}{6}\right)=\dfrac{b}{c}\cdot\dfrac{\sqrt{3}}{2}-\dfrac{a}{c}\cdot\dfrac{1}{2}$.

在 $\triangle OF_1P$ 中,$\angle F_1PO=\dfrac{\pi}{6}$,由正弦定理得 $\dfrac{|OF_1|}{\sin\angle F_1PO}=\dfrac{|PO|}{\sin\angle PF_1O}$,即 $2c=\dfrac{a}{\dfrac{b}{c}\cdot\dfrac{\sqrt{3}}{2}-\dfrac{a}{c}\cdot\dfrac{1}{2}}$.

整理得 $2a=\sqrt{3}b$，所以 $\dfrac{b}{a}=\dfrac{2\sqrt{3}}{3}$，故双曲线的离心率 $e=\dfrac{c}{a}=\sqrt{1+\left(\dfrac{b}{a}\right)^2}=\dfrac{\sqrt{21}}{3}$.

第一空（法二）： 由题意得 $F_1(-c,0),F_2(c,0)$，设直线 PF_2 的方程为 $y=-\dfrac{a}{b}(x-c)$.

联立方程 $\begin{cases} y=\dfrac{b}{a}x \\ y=-\dfrac{a}{b}(x-c) \end{cases}$，解得 $\begin{cases} x=\dfrac{a^2}{c} \\ y=\dfrac{ab}{c} \end{cases}$，故 $P\left(\dfrac{a^2}{c},\dfrac{ab}{c}\right)$.

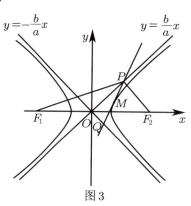

图3

从而 $|PF_1|=\sqrt{\left(\dfrac{a^2}{c}+c\right)^2+\left(\dfrac{ab}{c}\right)^2}=\sqrt{3a^2+c^2}$.

且 $|PO|=\sqrt{\left(\dfrac{a^2}{c}\right)^2+\left(\dfrac{ab}{c}\right)^2}=a$，$|OF_1|=c$.

在 $\triangle OPF_1$ 中，由余弦定理得 $|OF_1|^2=|PO|^2+|PF_1|^2-2|PO|\cdot|PF_1|\cdot\cos\angle F_1PO$，即 $c^2=a^2+3a^2+c^2-2\cdot a\cdot\sqrt{3a^2+c^2}\cdot\dfrac{\sqrt{3}}{2}$，解得 $3c^2=7a^2$，故双曲线的离心率 $e=\dfrac{c}{a}=\sqrt{\dfrac{7}{3}}=\dfrac{\sqrt{21}}{3}$.

第二空： 如图3所示，设过点 P 的切线 PQ 与双曲线切于点 $M(x_0,y_0)$.

因为 P,Q 均在双曲线的渐近线上，所以可设 $P\left(x_1,\dfrac{b}{a}x_1\right),Q\left(x_2,-\dfrac{b}{a}x_2\right)$.

由双曲线对称性得 $\angle POQ=2\angle POF_2$，故 $\sin\angle POQ=\sin2\angle POF_2=2\sin\angle POF_2\cdot\cos\angle POF_2=\dfrac{2ab}{c^2}$.

于是 $S_{\triangle POQ}=\dfrac{1}{2}|OP||OQ|\sin\angle POQ=\dfrac{1}{2}\cdot\sqrt{x_1^2+\left(\dfrac{b}{a}x_1\right)^2}\cdot\sqrt{x_2^2+\left(-\dfrac{b}{a}x_2\right)^2}\cdot\dfrac{2ab}{c^2}=\dfrac{b}{a}|x_1x_2|$.

过点 M 的切线 PQ 的方程为 $\dfrac{x_0x}{a^2}-\dfrac{y_0y}{b^2}=1$，即 $y=\dfrac{b^2x_0x}{y_0a^2}-\dfrac{b^2}{y_0}$，代入 $b^2x^2-a^2y^2=0$.

整理得 $(a^2y_0^2-b^2x_0^2)x^2+2a^2b^2x_0x-a^4b^2=0$.

又因为 $b^2x_0^2-a^2y_0^2=a^2b^2$，所以 $-a^2b^2x^2+2a^2b^2x_0x-a^4b^2=0$，即 $x^2-2x_0x+a^2=0$，解得 $x_1x_2=a^2$.

由 $S_{\triangle POQ}=\dfrac{b}{a}|x_1x_2|=ab=\dfrac{\sqrt{3}}{2}b\cdot b=2\sqrt{3}$ 得 $b^2=4$，解得 $b=2,a=\sqrt{3}$，故双曲线方程为 $\dfrac{x^2}{3}-\dfrac{y^2}{4}=1$.

精练7解析

法一： 对于选项A，设点 $A(x_1,y_1),B(x_2,y_2)$，由题意得直线 l 的方程为 $x=\dfrac{\sqrt{3}}{3}y+c$，其中 $c^2=a^2+b^2$.

联立方程 $\begin{cases} x=\dfrac{\sqrt{3}}{3}y+c \\ \dfrac{x^2}{a^2}-\dfrac{y^2}{b^2}=1 \end{cases}$，消去 x 得 $(b^2-3a^2)y^2+2\sqrt{3}b^2cy+3b^4=0$.

注意到 $b^2-3a^2\neq 0$，$\Delta=12b^4c^2-4\times(b^2-3a^2)\times 3b^4=48a^2b^4>0$.

由韦达定理得 $y_1+y_2=-\dfrac{2\sqrt{3}b^2c}{b^2-3a^2},y_1y_2=\dfrac{3b^4}{b^2-3a^2}$. 由 $\overrightarrow{AF_2}=7\overrightarrow{F_2B}$ 得 $y_1=-7y_2$.

从而 $\dfrac{(y_1+y_2)^2}{y_1y_2}=-\dfrac{36}{7}$，即 $\dfrac{\left(-\dfrac{2\sqrt{3}b^2c}{b^2-3a^2}\right)^2}{\dfrac{3b^4}{b^2-3a^2}}=\dfrac{4c^2}{b^2-3a^2}=-\dfrac{36}{7}$，整理得 $4c^2=9a^2$，即 $2c=3a$.

故双曲线 C 的离心率 $e=\dfrac{c}{a}=\dfrac{3}{2}$，故 A 错误.

对于选项B，$\dfrac{S_{\triangle AF_1F_2}}{S_{\triangle BF_1F_2}}=\dfrac{\dfrac{1}{2}\cdot|F_1F_2|\cdot|y_1|}{\dfrac{1}{2}\cdot|F_1F_2|\cdot|y_2|}=\dfrac{|y_1|}{|y_2|}=7$，故 B 正确.

对于选项C,由 $\frac{c}{a}=\frac{3}{2}$ 得 $b=\frac{\sqrt{5}}{2}a$,代入 $y_1+y_2=-\frac{2\sqrt{3}b^2c}{b^2-3a^2}$ 得 $y_1+y_2=\frac{15\sqrt{3}a}{7}$.

因为 $y_1=-7y_2$,所以 $-6y_2=\frac{15\sqrt{3}a}{7}$,即 $y_2=-\frac{5\sqrt{3}a}{14}$.

故 $|BF_2|=\sqrt{1+\left(\frac{\sqrt{3}}{3}\right)^2}|y_2|=\frac{5}{7}a$,$|AF_2|=7|BF_2|=5a$.

由双曲线的定义得 $|AF_1|=|AF_2|+2a=7a$,$|BF_1|=|BF_2|+2a=\frac{19}{7}a$.

$\triangle AF_1F_2$ 的周长为 $|AF_1|+|AF_2|+2c=7a+5a+3a=15a$.

$\triangle BF_1F_2$ 的周长为 $|BF_1|+|BF_2|+2c=\frac{19}{7}a+\frac{5}{7}a+3a=\frac{45}{7}a$.

因此,$\triangle AF_1F_2$ 与 $\triangle BF_1F_2$ 的周长之比为 $\frac{15a}{\frac{45a}{7}}=\frac{7}{3}$,故C错误.

对于选项D,设 $\triangle AF_1F_2$ 与 $\triangle BF_1F_2$ 内切圆半径分别为 r_1,r_2.

从而 $\frac{S_{\triangle AF_1F_2}}{S_{\triangle BF_1F_2}}=\frac{\frac{1}{2}(|AF_1|+|AF_2|+2c)\cdot r_1}{\frac{1}{2}(|BF_1|+|BF_2|+2c)\cdot r_2}=\frac{\frac{1}{2}\cdot 15a\cdot r_1}{\frac{1}{2}\cdot \frac{45}{7}a\cdot r_2}=7$,故 $r_1:r_2=3:1$,故D正确.故选BD.

法二:对于选项A,由题意得 $|F_1F_2|=2c$,其中 $c^2=a^2+b^2$,设 $|F_2B|=x(x>0)$.

因为 $\overrightarrow{AF_2}=7\overrightarrow{F_2B}$,所以 $|AF_2|=7x$. 由双曲线的定义可得 $|AF_1|=2a+7x$,$|BF_1|=2a+x$.

因为 $\angle BF_2F_1=60°$,所以在 $\triangle BF_2F_1$ 中,由余弦定理得 $(2a+x)^2=(2c)^2+x^2-2\cdot 2c\cdot x\cos 60°$,整理得 $(c+2a)x=2c^2-2a^2$ ①.

因为 $\angle AF_2F_1=120°$,所以在 $\triangle AF_2F_1$ 中,由余弦定理得 $(2a+7x)^2=(2c)^2+(7x)^2-2\cdot 2c\cdot 7x\cos 120°$,整理得 $(14a-7c)x=2c^2-2a^2$ ②.

由式①②可得 $c+2a=14a-7c$,即 $2c=3a$,从而双曲线 C 的离心率 $e=\frac{c}{a}=\frac{3}{2}$,故A错误.

对于选项C,由选项A知 $2c=3a$,代入①得 $x=\frac{5}{7}a$,从而 $\triangle AF_1F_2$ 的周长为 $|AF_1|+|AF_2|+2c=2a+7x+7x+3a=15a$,$\triangle BF_1F_2$ 的周长为 $|BF_1|+|BF_2|+2c=2a+x+x+3a=\frac{45}{7}a$,故 $\triangle AF_1F_2$ 与 $\triangle BF_1F_2$ 的周长之比为 $\frac{15a}{\frac{45a}{7}}=\frac{7}{3}$,故C错误.

精练8解析

设点 $A(x_1,y_1)$,$B(x_2,y_2)$,$C(x_3,y_3)$,$D(x_4,y_4)$,设直线 AB 的方程为 $y=kx+m$.

联立 $\begin{cases}y=kx+m\\ \frac{x^2}{a^2}-\frac{y^2}{b^2}=1\end{cases}$,消去 y 得 $(b^2-a^2k^2)x^2-2ka^2mx-a^2m^2-a^2b^2=0$,故 $\begin{cases}x_1+x_2=\frac{-2a^2km}{a^2k^2-b^2}\\ x_1x_2=\frac{a^2m^2+a^2b^2}{a^2k^2-b^2}\end{cases}$ ①.

联立 $\begin{cases}y=kx+m\\ \frac{x^2}{a^2}-\frac{y^2}{b^2}=0\end{cases}$,消去 y 得 $(b^2-a^2k^2)x^2-2ka^2mx-a^2m^2=0$,故 $\begin{cases}x_3+x_4=x_1+x_2=\frac{-2a^2km}{a^2k^2-b^2}\\ x_3x_4=\frac{a^2m^2}{a^2k^2-b^2}\end{cases}$ ②.

因为 $OA\perp OB$,所以 $x_1x_2+(kx_1+m)(kx_2+m)=0$,即 $m^2=\frac{a^2b^2(k^2+1)}{b^2-a^2}>0$ ③.

又因为 $m^2>0$,所以 $b^2>a^2$,即 $e^2>2$,故 $e>\sqrt{2}$ ④.

因为 $x_3+x_4=x_1+x_2$,所以 CD 中点为 AB 的中点,即 $|AC|=|BD|$.

又因为 $|AC|$,$|CD|$,$|BD|$ 成等差数列,所以 $|AC|=|CD|=|BD|$.

由题意得 A,C,D,B 从左到右依次排列,因此 $|AB|=3|CD|$.

对于 $|x_1-x_2|=3|x_3-x_4|$,将式①②③代入得 $k^2=\dfrac{b^2(b^2-9a^2)}{a^2(9b^2-a^2)}$.

因为 $k^2\geqslant 0$ 且 $e^2>2$、$b^2>a^2$,所以 $9b^2>a^2$ 且 $b^2\geqslant 9a^2$,从而 $e^2-1\geqslant 9$,即 $e\geqslant\sqrt{10}$.

综上所述,双曲线的离心率的取值范围是 $[\sqrt{10},+\infty)$,故选 D.

精练 9 解析

设点 $A(x_A,y_A),B(x_B,y_B)$,由题意得 $|AF|+|BF|=y_A+\dfrac{p}{2}+y_B+\dfrac{p}{2}=4\times\dfrac{p}{2}$,即 $y_A+y_B=p$.

联立方程 $\begin{cases}\dfrac{x^2}{a^2}-\dfrac{y^2}{b^2}=1\\x^2=2py\end{cases}$,消去 x 得 $a^2y^2-2pb^2y+a^2b^2=0$.

从而 $y_A+y_B=\dfrac{2pb^2}{a^2}=p$,解得 $a=\sqrt{2}b$,故渐近线方程为 $y=\pm\dfrac{\sqrt{2}}{2}x$.

精练 10 解析

由题意可设抛物线的方程为 $y^2=2px(p>0)$.

由椭圆方程 $\dfrac{x^2}{4}+\dfrac{y^2}{3}=1$ 可得右焦点 $F(1,0)$,从而可得 $\dfrac{p}{2}=1$,故 $p=2$.

进而可得抛物线的方程为 $y^2=4x$,准线方程为 $x=-1$.

因为 $Q(5,3)$ 在抛物线的内部,所以过 P 作抛物线的准线的垂线,交准线于 P',如图 4 所示.

由抛物线的性质可得 $PF+PQ=PP'+PQ\geqslant QP'$,当且仅当 Q,P,P' 三点共线时取等号.

因此,$PF+PQ$ 的最小值为 $5-(-1)=6$.

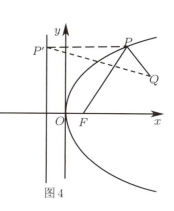

图 4

精练 11 解析

法一: 由题意得 $F(2,0)$,如图 5 所示,过点 Q 作抛物线准线的垂线 QE,垂足为 E,设 $\angle PFO=\theta$,则 θ 为锐角.

设抛物线 $y^2=8x$ 的准线与 x 轴的交点为 M,则 $|MF|=4$.

由抛物线的定义可知 $|QF|=|QE|$,故 $\cos\theta=\dfrac{|QE|}{|PQ|}=\dfrac{|QF|}{|PF|-|QF|}$,即 $\dfrac{|PF|}{|QF|}=\dfrac{1+\cos\theta}{\cos\theta}$.

当点 P 的坐标为 $(-2,8\sqrt{2})$ 时,$|PF|=\sqrt{4^2+(-8\sqrt{2})^2}=12$,故 $\cos\theta=\dfrac{|MF|}{|PF|}=\dfrac{1}{3}$,此时 $d(P)=\dfrac{|\vec{PF}|}{|\vec{FQ}|}=\dfrac{1+\cos\theta}{\cos\theta}=4$.

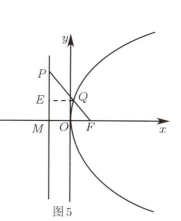

图 5

当点 P 的坐标为 $(-2,t)(t>0)$ 时,如果 $4d(P)-|\vec{PF}|-k>0$ 恒成立,那么 $k<4d(P)-|PF|$ 恒成立.

因为 $|PF|=\dfrac{|MF|}{\cos\theta}=\dfrac{4}{\cos\theta}$,$d(P)=\dfrac{1+\cos\theta}{\cos\theta}$,所以 $4d(P)-|PF|=\dfrac{4(1+\cos\theta)}{\cos\theta}-\dfrac{4}{\cos\theta}=4$.

因此 $k<4$.

法二: 由 $P(-2,8\sqrt{2})$,$F(2,0)$ 得 $|\vec{PF}|=12$,$l_{PF}:y=-2\sqrt{2}(x-2)$.

联立方程 $\begin{cases}y^2=8x\\y=-2\sqrt{2}(x-2)\end{cases}$,消去 y 得 $x^2-5x+4=0$,解得 $x=1$ 或 $x=4$(舍去),故 Q 的横坐标为 1.

从而 $|\overrightarrow{FQ}|=1+2=3$，故 $d(P)=\dfrac{|\overrightarrow{PF}|}{|\overrightarrow{FQ}|}=4$.

由 $P(-2,t),F(2,0),t>0$，得 $|\overrightarrow{PF}|=\sqrt{t^2+16}$，$l_{PF}:y=\dfrac{t}{-4}(x-2)$.

联立方程 $\begin{cases}y^2=8x\\y=\dfrac{t}{-4}(x-2)\end{cases}$，消去 y 得 $t^2x^2-(4t^2+128)x+4t^2=0$.

解得 $x=\dfrac{2(t^2+32)-16\sqrt{t^2+16}}{t^2}$ 或 $x=\dfrac{2(t^2+32)+16\sqrt{t^2+16}}{t^2}$（舍去）.

于是 $|\overrightarrow{FQ}|=\dfrac{2(t^2+32)-16\sqrt{t^2+16}}{t^2}+2=\dfrac{4}{t^2}[(t^2+16)-4\sqrt{t^2+16}]$.

因为 $d(P)=\dfrac{|\overrightarrow{PF}|}{|\overrightarrow{FQ}|}=\dfrac{t^2}{4(\sqrt{t^2+16}-4)}$，所以 $4d(P)-|\overrightarrow{PF}|=\dfrac{t^2}{\sqrt{t^2+16}-4}-\sqrt{t^2+16}=4$，故 $k<4$.

精练12解析

法一（内切圆）：设直线 l 的方程为 $y=kx+\dfrac{4}{3}$，即 $3kx-3y+4=0$.

设直线 OA,OB 的方程分别为 $y=k_1x,y=k_2x$，即 $k_1x-y=0,k_2x-y=0$.

因为直线 OA 与圆 E 相切，所以 $\dfrac{|k_1-1|}{\sqrt{k_1^2+1}}=r$.

整理得 $(1-r^2)k_1^2-2k_1+1-r^2=0$，同理得 $(1-r^2)k_2^2-2k_2+1-r^2=0$.

从而可得 k_1 与 k_2 是方程 $(1-r^2)x^2-2x+1-r^2=0$ 的两个不同实数根，有 $\begin{cases}r\neq 1\\\Delta=4-4(1-r^2)^2>0\\k_1+k_2=\dfrac{2}{1-r^2}\\k_1k_2=1\end{cases}$.

设点 $A(x_1,y_1),B(x_2,y_2)$，则 $k_1k_2=\dfrac{y_1}{x_1}\cdot\dfrac{y_2}{x_2}=\dfrac{y_1y_2}{x_1x_2}=1$，即 $x_1x_2=y_1y_2$.

联立方程 $\begin{cases}y=kx+\dfrac{4}{3}\\y^2=4x\end{cases}$，消去 x 得 $3ky^2-12y+16=0$，由 $\Delta'=144-64\times 3k>0$ 得 $k<\dfrac{3}{4}$.

由韦达定理得 $y_1+y_2=\dfrac{4}{k},y_1y_2=\dfrac{16}{3k}$. 又因为 $x_1x_2=\dfrac{1}{16}(y_1y_2)^2$，所以 $\dfrac{16}{9k^2}=\dfrac{16}{3k}$，故 $k=\dfrac{1}{3}$.

法二（距离相等）：设直线 l 的方程为 $y=kx+\dfrac{4}{3}$，即 $3kx-3y+4=0$.

设直线 OA,OB 的方程分别为 $y=k_1x,y=k_2x$，即 $k_1x-y=0,k_2x-y=0$.

因为 $\angle AOB$ 的平分线过点 $E(1,1)$，所以 $\dfrac{|k_1-1|}{\sqrt{k_1^2+1}}=\dfrac{|k_2-1|}{\sqrt{k_2^2+1}}$，即 $k_1k_2=1$，后同法一.

法三（平分两角）：设直线 $l:y=kx+\dfrac{4}{3}$，与抛物线 $C:y^2=4x$ 联立得 $\begin{cases}x_Ax_B=\dfrac{16}{9k^2}\\y_Ay_B=\dfrac{16}{3k}\end{cases}$.

设直线 $\begin{cases}l_{OA}:y=\tan\alpha\cdot x\\l_{OB}:y=\tan\beta\cdot x\end{cases}$，则 $\angle AOB$ 的平分线为 $l_{OE}:y=\tan\dfrac{\alpha+\beta}{2}\cdot x$.

因为点 $E(1,1)$ 在平分线上，所以 $\tan\dfrac{\alpha+\beta}{2}=1$，即 $\alpha+\beta=90°$，故 $\tan\alpha\cdot\tan\beta=\dfrac{y_Ay_B}{x_Ax_B}=\dfrac{16}{3k}\cdot\dfrac{9k^2}{16}=3k=1$，解得 $k=\dfrac{1}{3}$，则直线 l 的斜率为 $\dfrac{1}{3}$.

1.2 第二定义

精练1解析

从点M向直线$x=-\dfrac{9}{2}$作垂线,垂足为M_1,故$\dfrac{|MF_1|}{|MM_1|}=e=\dfrac{2}{3}$,解得$\dfrac{3}{2}|MF_1|=|MM_1|$.

因此,$2|MP|+3|MF_1|=2\left(|MP|+\dfrac{3}{2}|MF_1|\right)=2(|MP|+|MM_1|)\geqslant 2\left[1-\left(-\dfrac{9}{2}\right)\right]=11$.

精练2解析

由题意得椭圆上存在点P,使得线段AP的垂直平分线过点F,即$|PF|=|AF|$.因为$|AF|=\dfrac{a^2}{c}-c=\dfrac{b^2}{c}$,$|PF|\in[a-c,a+c]$,则$a-c\leqslant\dfrac{b^2}{c}\leqslant a+c$,所以$\begin{cases}ac-c^2\leqslant a^2-c^2\\ a^2-c^2\leqslant ac+c^2\end{cases}$,即$\begin{cases}\dfrac{c}{a}\leqslant 1\\ \dfrac{c}{a}\leqslant -1\text{ 或 }\dfrac{c}{a}\geqslant\dfrac{1}{2}\end{cases}$.

又因为$e\in(0,1)$,所以$e\in\left[\dfrac{1}{2},1\right)$.

精练3解析

由题意得双曲线离心率$e=4$.设双曲线右准线为l,分别作MM',NN'垂直于l,垂足为M',N',作$ME\perp NN'$,垂足为E,如图6所示.
设$|MM'|=m$,$|NN'|=n$,则$|NE|=n-m$.
从而$|MF|=e|MM'|=4m$,$|NF|=e|NN'|=4n$,$|MN|=4m+4n$.
由$|DF|=|MD|-|MF|=2m+2n-4m=2n-2m$得$|DF|=2|NE|$.
又因为$\angle HFD=\angle MFO$,$\angle MFO=\angle MNE$,所以$\angle HFD=\angle MNE$,故$\text{Rt}\triangle DHF\backsim\text{Rt}\triangle EMN$.

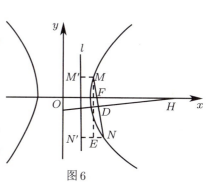

图6

因此,$\dfrac{|HF|}{|MN|}=\dfrac{|DF|}{|EN|}=\dfrac{2}{1}$,解得$|HF|=2|MN|=20$.

精练4解析

设双曲线$C:\dfrac{x^2}{a^2}-\dfrac{y^2}{b^2}=1$的右准线为$l$,过点$A$,$B$分别作$AM\perp l$于点$M$,$BN\perp l$于点$N$,$BD\perp AM$于点$D$,如图7所示.
因为直线AB斜率为$\sqrt{3}$,所以直线AB的倾斜角为$60°$,即$\angle BAD=60°$,故$|AD|=\dfrac{1}{2}|AB|$.

由双曲线的第二定义得$|AM|-|BN|=|AD|=\dfrac{1}{e}(|\overrightarrow{AF}|-|\overrightarrow{FB}|)=\dfrac{1}{2}|AB|=\dfrac{1}{2}(|\overrightarrow{AF}|+|\overrightarrow{FB}|)$.

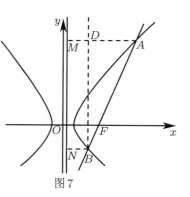

图7

又因为$\overrightarrow{AF}=4\overrightarrow{FB}$,所以$\dfrac{3}{e}|\overrightarrow{FB}|=\dfrac{5}{2}|\overrightarrow{FB}|$,解得$e=\dfrac{6}{5}$.

1.3 第三定义

精练1解析

由题意得$k_{PA}\cdot k_{PB}=-\dfrac{b^2}{a^2}=e^2-1\in\left(-\dfrac{3}{4},-\dfrac{2}{3}\right)$,解得$e\in\left(\dfrac{1}{2},\dfrac{\sqrt{3}}{3}\right)$.

精练2解析

由题意得 $\tan A = k_{AC} = k_1, \tan B = -k_{BC} = -k_2, \tan C = -\tan(A+B) = \dfrac{\tan A + \tan B}{\tan A \tan B - 1}$.

由 $3\tan A + 3\tan B + \tan C = 0$ 得 $3k_1 - 3k_2 + \dfrac{k_1 - k_2}{-k_1 k_2 - 1} = 0$,即 $k_1 k_2 = -\dfrac{2}{3} = -\dfrac{b^2}{a^2}$,故 $\dfrac{c}{a} = \dfrac{\sqrt{3}}{3}$.

精练3解析

由题意得 $|k_1| + 4|k_2| \geqslant \dfrac{1}{|AF|} + \dfrac{1}{|BF|}$,由抛物线焦半径三角函数式得 $\dfrac{1}{|AF|} + \dfrac{1}{|BF|} = \dfrac{2}{p} = 4$.

由第三定义得 $k_1 \cdot k_2 = -\dfrac{b^2}{a^2}$,故 $2\sqrt{4|k_1 k_2|} = 2\sqrt{\dfrac{4b^2}{a^2}} = 4$,解得 $e = \sqrt{2}$.

精练4解析

法一(顶角范围):当 $0 < m < 3$ 时,焦点在 x 轴上,要使得椭圆 C 上存在点 M 满足 $\angle AMB = 120°$,需 $\dfrac{a}{b} \geqslant \tan 60° = \sqrt{3}$,即 $\dfrac{\sqrt{3}}{\sqrt{m}} \geqslant \sqrt{3}$,解得 $0 < m \leqslant 1$.

当 $m > 3$ 时,焦点在 y 轴上,要使得椭圆 C 上存在点 M 满足 $\angle AMB = 120°$,时 $\dfrac{a}{b} \geqslant \tan 60° = \sqrt{3}$,即 $\dfrac{\sqrt{m}}{\sqrt{3}} \geqslant \sqrt{3}$,解得 $m \geqslant 9$.

综上,m 的取值范围为 $(0,1] \cup [9, +\infty)$.

法二(第三定义):当 $0 < m < 3$ 时,焦点在 x 轴上,由第三定义得 $k_{MA} \cdot k_{MB} = -\dfrac{m}{3}$,$k_{MA} > 0$.

由 $\tan \angle AMB = \dfrac{k_{MB} - k_{MA}}{1 + k_{MB} \cdot k_{MA}}$ 得 $-\sqrt{3} = \dfrac{-\dfrac{m}{3k_{MA}} - k_{MA}}{1 - \dfrac{m}{3}} \Leftrightarrow m = \dfrac{3k_{MA}(\sqrt{3} - k_{MA})}{\sqrt{3}k_{MA} + 1}$,解得 $m \in (0,1]$.

当 $m > 3$ 时,焦点在 y 轴上,由第三定义可得 $k_{MA} \cdot k_{MB} = -\dfrac{3}{m}$,$k_{MA} > 0$.

由 $\tan \angle AMB = \dfrac{k_{MB} - k_{MA}}{1 + k_{MB} \cdot k_{MA}}$ 得 $-\sqrt{3} = \dfrac{-\dfrac{3}{mk_{MA}} - k_{MA}}{1 - \dfrac{3}{m}} \Leftrightarrow m = \dfrac{3(\sqrt{3}k_{MA} + 1)}{k_{MA}(\sqrt{3} - k_{MA})}$,解得 $m \in [9, +\infty)$.

综上,m 的取值范围为 $(0,1] \cup [9, +\infty)$.

精练5解析

法一(点差法):因为椭圆 $C: \dfrac{x^2}{a^2} + \dfrac{y^2}{b^2} = 1 (a > b > 0)$ 的短轴长为 4,所以 $B(0,2), D(0,1)$.

设 $A_1 P$ 的中点为 M,连接 OM,利用点差法结论可得 $k_{PA_1} k_{OM} = -\dfrac{4}{a^2}$,而 $k_{PA_2} = k_{OM} = -\dfrac{4}{3}$,$k_{PA_1} = \dfrac{1}{a}$.

从而 $\dfrac{1}{a} \times \left(-\dfrac{4}{3}\right) = -\dfrac{4}{a^2}$,解得 $a = 3$.

直线 $A_1 P$ 的方程为 $y = \dfrac{1}{3}x + 1$ 与直线 OM 的方程 $y = -\dfrac{4}{3}x$ 联立得 $\begin{cases} y = \dfrac{1}{3}x + 1 \\ y = -\dfrac{4}{3}x \end{cases}$,解得 $\begin{cases} x = -\dfrac{3}{5} \\ y = \dfrac{4}{5} \end{cases}$.

故点 M 的坐标为 $\left(-\dfrac{3}{5}, \dfrac{4}{5}\right)$,点 P 的坐标为 $\left(\dfrac{9}{5}, \dfrac{8}{5}\right)$.

又因为双曲线 $E: \dfrac{x^2}{m^2} - \dfrac{y^2}{n^2} = 1 (m > 0, n > 0)$ 的左、右焦点分别为 $A_1(-3,0), A_2(3,0)$,所以根据双曲线的定义得双曲线的实轴长 $2m = \sqrt{\left(\dfrac{9}{5} + 3\right)^2 + \left(\dfrac{8}{5}\right)^2} - \sqrt{\left(\dfrac{9}{5} - 3\right)^2 + \left(\dfrac{8}{5}\right)^2} = \dfrac{8\sqrt{10}}{5} - 2$.

因此双曲线 E 的离心率 $e=\dfrac{6}{\dfrac{8\sqrt{10}}{5}-2}=\dfrac{5+4\sqrt{10}}{9}$.

法二（第三定义）：由第三定义 $k_{PA_1}\cdot k_{PA_2}=-\dfrac{4}{a^2}$ 得 $k_{PA_1}=\dfrac{3}{a^2}$. 因为 $k_{PA_1}=\dfrac{1}{a}$，所以 $a=3$.

由"直线 PA_2 的斜率 $k_{PA_2}=-\dfrac{4}{3}$"可设 $P(a-3t,4t)$.

又因为 $A_1(-a,0),D(0,1)$，所以由"A_1,P,D 三点共线"可得 $P\left(\dfrac{9}{5},\dfrac{8}{5}\right)$. 由焦半径公式得 $ex_p-m=\dfrac{3}{m}\cdot\dfrac{9}{5}-m=|PA_2|=2$，即 $m=\dfrac{4\sqrt{10}-5}{5}$，故双曲线 E 的离心率 $e=\dfrac{5+4\sqrt{10}}{9}$.

精练6解析

法一（第三定义）：由题意得 $A(-a,0),B(a,0),F(c,0)$，设点 $P(x_0,y_0)(x_0\neq\pm a)$，且 $\dfrac{x_0^2}{a^2}-\dfrac{y_0^2}{b^2}=1$.

由 $k_{AP}=\dfrac{y_0}{x_0+a},k_{BP}=\dfrac{y_0}{x_0-a}$ 得 $k_{AP}\cdot k_{BP}=\dfrac{y_0}{x_0+a}\cdot\dfrac{y_0}{x_0-a}=\dfrac{y_0^2}{x_0^2-a^2}=\dfrac{b^2}{a^2}$，故 $k_{AP}\cdot k_{BP}=\dfrac{b^2}{a^2}$.

因为 $k_{AP}\cdot k_{QF}=-1$，所以 $\dfrac{k_{BP}}{k_{QF}}=-\dfrac{b^2}{a^2}$. 又因为点 B,P,Q 三点共线，所以 $\dfrac{k_{QB}}{k_{QF}}=-\dfrac{b^2}{a^2}$.

设点 $Q(t,m)$，故有 $\dfrac{\dfrac{m}{t-a}}{\dfrac{m}{t-c}}=-\dfrac{b^2}{a^2}$，即 $\dfrac{t-c}{t-a}=-\dfrac{b^2}{a^2}$.

整理得 $\dfrac{\dfrac{t}{a}-\dfrac{c}{a}}{\dfrac{t}{a}-1}=-\dfrac{b^2}{a^2}=-\left(\dfrac{c^2}{a^2}-1\right)$，即 $\dfrac{\dfrac{t}{a}-e}{\dfrac{t}{a}-1}=-e^2+1$，故 $\dfrac{t}{a}=-\dfrac{1}{e^2}+\dfrac{1}{e}+1=-\left(\dfrac{1}{e}-\dfrac{1}{2}\right)^2+\dfrac{5}{4}$.

因此，当 $\dfrac{1}{e}=\dfrac{1}{2}$ 时，$\dfrac{t}{a}$ 取得最大值为 $\dfrac{5}{4}$.

法二（联立计算）：由题意得 $A(-a,0),B(a,0),F(c,0)$，设 $P(x_0,y_0)(x_0\neq\pm a)$，且 $k_{AP}=\dfrac{y_0}{x_0+a}$.

直线 AP 的垂线的方程为 $y=-\dfrac{x_0+a}{y_0}(x-c)$，直线 BP 的方程为 $y=\dfrac{y_0}{x_0-a}(x-a)$.

联立方程 $\begin{cases} y=-\dfrac{x_0+a}{y_0}(x-c) \\ y=\dfrac{y_0}{x_0-a}(x-a) \end{cases}$，得到 $-\dfrac{x_0+a}{y_0}x+\dfrac{c(x_0+a)}{y_0}=\dfrac{y_0}{x_0-a}x-\dfrac{ay_0}{x_0-a}$.

整理得 $\left(\dfrac{y_0}{x_0-a}+\dfrac{x_0+a}{y_0}\right)x=\dfrac{c(x_0+a)}{y_0}+\dfrac{ay_0}{x_0-a}$，即 $[y_0^2+(x_0^2-a^2)]x=c(x_0^2-a^2)+ay_0^2$，解得 $x=\dfrac{c(x_0^2-a^2)+ay_0^2}{y_0^2+(x_0^2-a^2)}$.

因为点 $P(x_0,y_0)$ 在双曲线上，所以 $\dfrac{x_0^2}{a^2}-\dfrac{y_0^2}{b^2}=1$，即 $\dfrac{y_0^2}{b^2}=\dfrac{x_0^2}{a^2}-1=\dfrac{x_0^2-a^2}{a^2}$，故 $x_0^2-a^2=\dfrac{a^2y_0^2}{b^2}$.

从而 $x=\dfrac{c(x_0^2-a^2)+ay_0^2}{y_0^2+(x_0^2-a^2)}=\dfrac{\dfrac{ca^2}{b^2}+a}{1+\dfrac{a^2}{b^2}}=\dfrac{ca^2+ab^2}{c^2}$.

由题意得直线 AP 的垂线与直线 BP 的交点即为点 Q，故 $t=\dfrac{ca^2+ab^2}{c^2}$.

于是 $\dfrac{t}{a}=\dfrac{ac+b^2}{c^2}=\dfrac{ac+c^2-a^2}{c^2}=-\left(\dfrac{a}{c}\right)^2+\dfrac{a}{c}+1=-\left(\dfrac{a}{c}-\dfrac{1}{2}\right)^2+\dfrac{5}{4}$.

因此，当 $\dfrac{a}{c}=\dfrac{1}{2}$ 时，$\dfrac{t}{a}$ 取得最大值为 $\dfrac{5}{4}$.

1.4 光学性质

精练1解析

由题意得椭圆C在点$P(x_0,y_0)$处的切线方程为$\dfrac{xx_0}{4}+\dfrac{yy_0}{3}=1$,且$x_0\in(-2,2)$.

故切线的斜率为$-\dfrac{3x_0}{4y_0}$,注意到$\angle F_1PF_2$的角平分线的斜率为$\dfrac{y_0}{x_0-t}$.

又因为切线垂直于$\angle F_1PF_2$的角平分线,所以$-\dfrac{3x_0}{4y_0}\cdot\dfrac{y_0}{x_0-t}=-1$,即$t=\dfrac{1}{4}x_0\in\left(-\dfrac{1}{2},\dfrac{1}{2}\right)$.

精练2解析

如图8所示,由$|\overrightarrow{BD}|^2=\overrightarrow{AD}\cdot\overrightarrow{BD}$得$\overrightarrow{BD}^2+\overrightarrow{DA}\cdot\overrightarrow{BD}=0$.

从而可得$\overrightarrow{BD}\cdot(\overrightarrow{BD}+\overrightarrow{DA})=0$,即$\overrightarrow{BD}\cdot\overrightarrow{BA}=0$,故$BD\perp AB$.

在$\mathrm{Rt}\triangle ABF_1$中,有$\tan\angle F_1AB=\dfrac{12}{5}$.

设$|BF_1|=12m(m>0)$,故$|AB|=5m$,由勾股定理得$|AF_1|=13m$.

由双曲线的定义得$|AF_2|=13m-2a$,$|BF_2|=12m-2a$.

由$|AF_2|+|BF_2|=|AB|$得$(13m-2a)+(12m-2a)=5m$,解得$a=5m$,故$|BF_2|=2m$.

在$\mathrm{Rt}\triangle F_1BF_2$中,$2c=|F_1F_2|=\sqrt{144m^2+4m^2}=2\sqrt{37}m$,解得$c=\sqrt{37}m$.

故双曲线E的离心率为$e=\dfrac{c}{a}=\dfrac{\sqrt{37}m}{5m}=\dfrac{\sqrt{37}}{5}$.

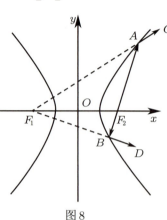

图8

精练3解析

如图9所示,因为$M(3,1)$,所以$y_A=y_M=1$,$x_A=\dfrac{y_A^2}{4}=\dfrac{1}{4}$,即$A\left(\dfrac{1}{4},1\right)$.

因为$F(1,0)$,所以$l_{AB}:y-0=\dfrac{1-0}{\dfrac{1}{4}-1}(x-1)$,即$l_{AB}:y=-\dfrac{4}{3}(x-1)$.

又因为$\begin{cases}y=-\dfrac{4}{3}(x-1)\\ y^2=4x\end{cases}$,所以$y^2+3y-4=0$,解得$y=1$或$y=-4$.

故$y_B=-4$,$x_B=\dfrac{y_B^2}{4}=4$,即$B(4,-4)$.

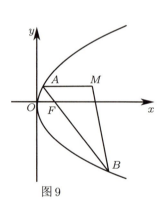

图9

从而$|AB|=|AF|+|BF|=x_A+x_B+p=\dfrac{1}{4}+4+2=\dfrac{25}{4}$.

由题意得$|AM|=x_M-x_A=3-\dfrac{1}{4}=\dfrac{11}{4}$.

由距离公式得$|BM|=\sqrt{(4-3)^2+(-4-1)^2}=\sqrt{26}$.

因此,$\triangle ABM$的周长为$|AB|+|AM|+|BM|=\dfrac{25}{4}+\dfrac{11}{4}+\sqrt{26}=9+\sqrt{26}$.

综上,故选B.

精练4解析

由题意得$b^2=3$,$c=2$,设点P在第一象限,坐标为$P(x_0,y_0)$.

由面积公式$S_{\triangle PF_1F_2}=\dfrac{b^2}{\tan\dfrac{\angle F_1PF_2}{2}}=cy_0$,解得$y_0=\dfrac{\sqrt{3}}{2}$,即$P\left(\dfrac{\sqrt{5}}{2},\dfrac{\sqrt{3}}{2}\right)$.

由双曲线的光学性质得$\angle F_1PF_2$的平分线即为双曲线在点P处的切线.

从而直线方程为 $\frac{\sqrt{5}}{2}x - \frac{1}{3} \times \frac{\sqrt{3}}{2}y = 1$,令 $y=0$,解得 $A\left(\frac{2\sqrt{5}}{5},0\right)$.

于是 $|PA| = \sqrt{\left(\frac{\sqrt{5}}{2} - \frac{2\sqrt{5}}{5}\right)^2 + \left(\frac{\sqrt{3}}{2}\right)^2} = \frac{2\sqrt{5}}{5}$,故选 B.

精练 5 解析

(1)椭圆 E 的方程为 $\frac{x^2}{16} + \frac{y^2}{12} = 1$.

(2)椭圆 E 在点 $A(2,3)$ 处的切线方程为 $\frac{2x}{16} + \frac{3y}{12} = 1$,其斜率为 $-\frac{1}{2}$.

从而直线 l 的斜率为 2,故直线 l 的方程为 $2x - y - 1 = 0$.

精练 6 解析

由抛物线的光学性质得 PR 为 $\angle QPF$ 的角平分线.

由抛物线的定义得 $|PF| = |PQ|$,故 PR 为线段 QF 的垂直平分线,即 $|QR| = |RF|$.

从而 $|QR| + |MR| = |RF| + |MR| \geqslant |MF| = 5$,即 $|QR| + |MR|$ 的最小值是 5.

1.5 方程范围

精练 1 解析

由题意知 $\frac{c}{a} = \frac{\sqrt{2}}{2}$,得 $\frac{a^2 - b^2}{a^2} = \frac{1}{2}$,即 $a^2 = 2b^2$,故椭圆 C 的方程为 $\frac{x^2}{2b^2} + \frac{y^2}{b^2} = 1$.

设点 $P(x,y)$ 是椭圆上任意一点,由题意得 $|PN|$ 的最大值为 $\sqrt{26}$.

从而 $|PN|^2 = x^2 + (y-2)^2 = (2b^2 - 2y^2) + (y-2)^2 = -(y+2)^2 + 2b^2 + 8(-b \leqslant y \leqslant b)$.

若 $b \geqslant 2$,当 $y = -2$ 时,$|PN|_{\max} = \sqrt{2b^2 + 8} = \sqrt{26}$,解得 $b = 3$,此时椭圆 C 的方程为 $\frac{x^2}{18} + \frac{y^2}{9} = 1$.

若 $0 < b < 2$,当 $y = -b$ 时,$|PN|_{\max} = b + 2 = \sqrt{26}$,解得 $b = \sqrt{26} - 2 > 2$,不成立.

综上可得,椭圆 C 的方程为 $\frac{x^2}{18} + \frac{y^2}{9} = 1$.

精练 2 解析

由椭圆第一定义得 $|PF_1| + |PF_2| = 2a$.由题意得 $\overrightarrow{PF_1} \cdot \overrightarrow{PF_2} = 0$,$\triangle PF_1F_2$ 的面积等于 4.

从而 $\frac{1}{2}|PF_1| \cdot |PF_2| = 4$,$(|PF_1| + |PF_2|)^2 = 4a^2$,$|PF_1|^2 + |PF_2|^2 = 4c^2$,可得 $4c^2 - 4a^2 = -16$,故 $b = 2$.

由题意得,满足条件的点 $P(x,y)$ 存在,当且仅当 $\frac{1}{2}|y| \cdot 2c = 4$,$\frac{y}{x+c} \cdot \frac{y}{x-c} = -1$.

整理得 $c|y| = 4$①,$x^2 + y^2 = c^2$②,$\frac{x^2}{a^2} + \frac{y^2}{b^2} = 1$③.由式②③及 $a^2 = b^2 + c^2$ 得 $y^2 = \frac{b^4}{c^2}$.

又因为由式①知 $y^2 = \frac{16}{c^2}$,由式②③得 $x^2 = \frac{a^2}{c^2}(c^2 - b^2)$,所以 $c^2 \geqslant b^2$.

从而 $a^2 = b^2 + c^2 \geqslant 2b^2 = 8$,故 $a \geqslant 2\sqrt{2}$.综上,a 的取值范围为 $[2\sqrt{2}, +\infty)$.

精练 3 解析

由题意得点 $A(a,0)$,$B(0,b)$,$F_1(-c,0)$,$F_2(c,0)$,从而线段 AB 的方程为 $\frac{x}{a} + \frac{y}{b} = 1(0 \leqslant x \leqslant a)$.

在线段 AB 上取一点 $P(x,y)(0 < x < a)$,满足 $\overrightarrow{PF_1} \cdot \overrightarrow{PF_2} = -\frac{c^2}{3}$.

从而 $y = b - \frac{b}{a}x$,$\overrightarrow{PF_1} = (-c-x, -y)$,$\overrightarrow{PF_2} = (c-x, -y)$.

故 $\overrightarrow{PF_1} \cdot \overrightarrow{PF_2} = (-c-x)(c-x) + (-y)^2 = x^2 + y^2 - c^2 = x^2 + \left(b - \frac{b}{a}x\right)^2 - c^2 = -\frac{c^2}{3}$.

整理可得 $\frac{a^2+b^2}{a^2}x^2 - \frac{2b^2}{a}x + \frac{3b^2-2c^2}{3} = 0$.

由题意得关于 x 的方程 $\frac{a^2+b^2}{a^2}x^2 - \frac{2b^2}{a}x + \frac{3b^2-2c^2}{3} = 0$ 在 $x \in (0,a)$ 时有两个不等的实根.

于是 $\begin{cases} \Delta = \frac{4b^4}{a^2} - 4 \cdot \frac{a^2+b^2}{a^2} \cdot \frac{3b^2-2c^2}{3} > 0 \\ \frac{ab^2}{a^2+b^2} < a \\ \frac{3b^2-2c^2}{3} > 0 \\ (a^2+b^2) - 2b^2 + \frac{3b^2-2c^2}{3} > 0 \end{cases}$,整理得 $\begin{cases} \frac{b^2}{a^2} = 1 - \frac{c^2}{a^2} < \frac{1}{2} \\ \frac{c^2}{a^2} < \frac{3}{5} \end{cases}$,解得 $\frac{1}{2} < e^2 < \frac{3}{5}$.

综上,$\frac{\sqrt{2}}{2} < e < \frac{\sqrt{15}}{5}$,故选 D.

精练 4 解析

设椭圆的焦距为 $2c(c>0)$,由椭圆的定义得 $\begin{cases} |PF_1| = 3|PF_2| \\ |PF_1| + |PF_2| = 2a \end{cases}$,解得 $|PF_1| = \frac{3a}{2}$,$|PF_2| = \frac{a}{2}$.

由题意可得 $\begin{cases} \frac{a}{2} \geq a-c \\ \frac{3a}{2} \leq a+c \end{cases}$,解得 $\frac{c}{a} \geq \frac{1}{2}$. 又因为 $0 < \frac{c}{a} < 1$,所以 $\frac{1}{2} \leq \frac{c}{a} < 1$,故离心率 $e \in \left[\frac{1}{2}, 1\right)$.

精练 5 解析

由题意得点 P 在双曲线的右支,点 P 不与双曲线顶点重合.

在 $\triangle PF_1F_2$ 中,由正弦定理得 $\frac{|PF_2|}{\sin \angle PF_1F_2} = \frac{|PF_1|}{\sin \angle PF_2F_1}$.

因为 $\frac{a}{\sin \angle PF_1F_2} = \frac{3c}{\sin \angle PF_2F_1}$,所以 $\frac{|PF_2|}{a} = \frac{|PF_1|}{3c}$.

又因为点 P 在双曲线 M 的右支上,即 $|PF_1| - |PF_2| = 2a$,所以 $|PF_2| = \frac{2a^2}{3c-a}$.

点 P 在双曲线 M 的右支上运动,且异于顶点,故有 $|PF_2| > c-a$,即 $\frac{2a^2}{3c-a} > c-a$.

整理得 $3c^2 - 4ac - a^2 < 0$,即 $3e^2 - 4e - 1 < 0$,解得 $\frac{2-\sqrt{7}}{3} < e < \frac{2+\sqrt{7}}{3}$.

又因为 $e > 1$,所以 $1 < e < \frac{2+\sqrt{7}}{3}$,故双曲线 M 的离心率的取值范围为 $\left(1, \frac{2+\sqrt{7}}{3}\right)$.

技法 2　离心率专题

2.1　代数方法

精练 1 解析

由题意可设 $|\overrightarrow{CF_2}| = 2m$,故 $|\overrightarrow{AF_2}| = 3m$,$|AF_1| = 2a-3m$,$|CF_1| = 2a-2m$.

在 $\triangle ACF_1$ 中,由余弦定理得 $(2a-2m)^2 = (2a-3m)^2 + 25m^2 - 2(2a-3m) \times 5m\cos A$,即 $(10\cos A + 2)a = 15(1+\cos A)m$①.

在 Rt$\triangle ABF_2$ 中,$4a = 3m + \frac{3m}{\cos A} + 3m\tan A$,即 $4a = 3\left(1 + \frac{1+\sin A}{\cos A}\right)m$②.

由式①②得 $1 - 4\cos A - 5\cos^2 A + 5\sin A\cos A + \sin A = 0$.

整理得 $(5\sin A - 4)(\sin A + 1 + \cos A) = 0$.

因为A为锐角,所以$\sin A=\dfrac{4}{5}$,$\cos A=\dfrac{3}{5}$,代入①得$a=3m$.

在$\triangle AF_1F_2$中,$4c^2=2a^2-2a^2\times\dfrac{3}{5}$,解得$\dfrac{c}{a}=\dfrac{\sqrt{5}}{5}$,即$e=\dfrac{\sqrt{5}}{5}$.

精练2解析

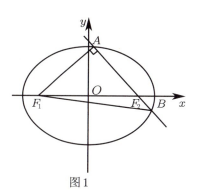

图1

设直角三角形三边为l,m,n,$0<l\leqslant m<n$,l,m,n成等差数列.

从而$\begin{cases}l+n=2m\\l^2+m^2=n^2\end{cases}$,解得$l:m:n=3:4:5$.

在$\triangle AF_1B$中,有

(1)当$|AF_1|\leqslant|AB|<|F_1B|$时,不妨设$|AF_1|=3$,$|AB|=4$,$|F_1B|=5$.

如图1所示,由椭圆的定义得$|AF_1|+|AF_2|=|BF_1|+|BF_2|=2a$.

因为$|AF_1|+|AF_2|+|BF_1|+|BF_2|=4a$,即$|AF_1|+|AB|+|BF_1|=4a$,所以$4a=12$,$a=3$.

此时$|AF_1|+|AF_2|=6$,故$|AF_1|=|AF_2|=3$.

由$2c=|F_1F_2|=\sqrt{|AF_1|^2+|AF_2|^2}=3\sqrt{2}$得$c=\dfrac{3\sqrt{2}}{2}$,故离心率$e=\dfrac{c}{a}=\dfrac{\sqrt{2}}{2}$.

(2)当$|AB|\leqslant|AF_1|<|F_1B|$时,不妨设$|AB|=3$,$|AF_1|=4$,$|F_1B|=5$.

如图1所示,由椭圆的定义得$|AF_1|+|AF_2|=|BF_1|+|BF_2|=2a$.

因为$|AF_1|+|AF_2|+|BF_1|+|BF_2|=4a$,即$|AF_1|+|AB|+|BF_1|=4a$,所以$4a=12$,$a=3$.

此时$|AF_1|+|AF_2|=6$,故$|AF_2|=2$.

由$2c=|F_1F_2|=\sqrt{|AF_1|^2+|AF_2|^2}=2\sqrt{5}$得$c=\sqrt{5}$,故离心率$e=\dfrac{c}{a}=\dfrac{\sqrt{5}}{3}$.

综上,离心率为$\dfrac{\sqrt{2}}{2}$或$\dfrac{\sqrt{5}}{3}$.

精练3解析

第一空:当A,B两点都在右支上时,因为$\triangle ABF_1$为等边三角形,所以F_1F_2垂直平分弦AB.

从而$|AF_1|=2|AF_2|$.又因为$|AF_1|-|AF_2|=2a$,所以$|AF_1|=4a$,$|AF_2|=2a$.

因为$\angle AF_1F_2=30°$,所以$|F_1F_2|=\sqrt{3}|AF_2|$,故$2c=2\sqrt{3}a$,即$e=\dfrac{c}{a}=\sqrt{3}$.

第二空:因为$\triangle ABF_1$为等边三角形,所以$|AB|=|AF_1|=|BF_1|$.

当A,B两点分别在双曲线的左右两支上时,由双曲线定义得$|AF_2|-|AF_1|=2a$,$|BF_1|-|BF_2|=2a$.

两式相加得$|AF_2|-|BF_2|=4a=|AB|$,故$|BF_1|=4a$,$|BF_2|=2a$.

在$\triangle BF_1F_2$中,由余弦定理得$|F_1F_2|^2=|BF_1|^2+|BF_2|^2-2|BF_1||BF_2|\cos120°$,即$(2c)^2=(4a)^2+(2a)^2-2\times 4a\cdot 2a\cdot\left(-\dfrac{1}{2}\right)$,解得$c^2=7a^2$,即$e=\dfrac{c}{a}=\sqrt{7}$.

精练4解析

由对称性可得我们只需考虑x轴上方图形,设点$P(a\cos\theta,b\sin\theta)$,$\theta\in(0,\pi)$.

因为$F_1(-\sqrt{a^2+b^2},0)$,$F_2(\sqrt{a^2+b^2},0)$,所以$k_{PF_1}=\dfrac{b\sin\theta}{a\cos\theta+\sqrt{a^2+b^2}}$,$k_{PF_2}=\dfrac{b\sin\theta}{a\cos\theta-\sqrt{a^2+b^2}}$.

由到角公式$\tan\angle F_1PF_2=\dfrac{k_{PF_2}-k_{PF_1}}{1+k_{PF_2}k_{PF_1}}=-\dfrac{2b\sqrt{a^2+b^2}}{(a^2-b^2)\sin\theta+\dfrac{b^2}{\sin\theta}}=-\dfrac{2b\sqrt{a^2+b^2}}{(a^2-b^2)\left(\sin\theta+\dfrac{\dfrac{b^2}{a^2-b^2}}{\sin\theta}\right)}$.

考虑到对勾函数$y=\sin\theta+\dfrac{\dfrac{b^2}{a^2-b^2}}{\sin\theta}$,$\sin\theta\in(0,1]$.

当点P为椭圆的短轴端点时,$\angle F_1PF_2$取最小值,即$\tan\angle F_1PF_2$取最小值,也即$\sin\theta+\dfrac{\dfrac{b^2}{a^2-b^2}}{\sin\theta}$取最小值.此时$\sin\theta=1$,从而由对勾函数性质得$\sqrt{\dfrac{b^2}{a^2-b^2}}\geqslant 1$,解得$\dfrac{b^2}{a^2}\geqslant\dfrac{1}{2}$,故离心率$e=\sqrt{1-\dfrac{b^2}{a^2}}\leqslant\dfrac{\sqrt{2}}{2}$.

因此,椭圆C_2的离心率取值范围为$\left(0,\dfrac{\sqrt{2}}{2}\right]$.

精练5解析

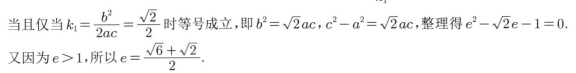

图2

如图2所示,由题意得$F(c,0)$,$A\left(c,\dfrac{b^2}{a}\right)$,$B\left(-c,-\dfrac{b^2}{a}\right)$.

从而得$k_1=k_{BF}=\dfrac{b^2}{2ac}$,$k_2=k_{BA}=\dfrac{b^2}{ac}=2k_1$.

设直线BA,BF的倾斜角为α,β.

$\tan\angle ABF=\tan(\alpha-\beta)=\dfrac{\tan\alpha-\tan\beta}{1+\tan\alpha\tan\beta}=\dfrac{2k_1-k_1}{1+2k_1^2}=\dfrac{1}{2k_1+\dfrac{1}{k_1}}\leqslant\dfrac{\sqrt{2}}{4}$.

当且仅当$k_1=\dfrac{b^2}{2ac}=\dfrac{\sqrt{2}}{2}$时等号成立,即$b^2=\sqrt{2}ac$,$c^2-a^2=\sqrt{2}ac$,整理得$e^2-\sqrt{2}e-1=0$.

又因为$e>1$,所以$e=\dfrac{\sqrt{6}+\sqrt{2}}{2}$.

精练6解析

由题意得$F_1(-c,0),F_2(c,0)$,设点$A(x_1,y_1),B(0,y_0)$,从而$\overrightarrow{F_2A}=(x_1-c,y_1),\overrightarrow{F_2B}=(-c,y_0)$.

因为$\overrightarrow{F_2A}=-\dfrac{2}{3}\overrightarrow{F_2B}$,所以$\begin{cases}x_1-c=\dfrac{2}{3}c\\y_1=-\dfrac{2}{3}y_0\end{cases}$,即$\begin{cases}x_1=\dfrac{5}{3}c\\y_1=-\dfrac{2}{3}y_0\end{cases}$,故$A\left(\dfrac{5}{3}c,-\dfrac{2}{3}y_0\right)$.

从而$\overrightarrow{F_1A}=\left(\dfrac{8}{3}c,-\dfrac{2}{3}y_0\right)$,$\overrightarrow{F_1B}=(c,y_0)$.

因为$\overrightarrow{F_1A}\perp\overrightarrow{F_1B}$,所以$\overrightarrow{F_1A}\cdot\overrightarrow{F_1B}=0$,即$\dfrac{8}{3}c^2-\dfrac{2}{3}y_0^2=0$,解得$y_0^2=4c^2$.

因为点$A\left(\dfrac{5}{3}c,-\dfrac{2}{3}y_0\right)$在双曲线$C$上,所以$\dfrac{25c^2}{9a^2}-\dfrac{4y_0^2}{9b^2}=1$.

又因为$y_0^2=4c^2$,所以$\dfrac{25c^2}{9a^2}-\dfrac{16c^2}{9b^2}=1$,即$\dfrac{25(a^2+b^2)}{9a^2}-\dfrac{16(a^2+b^2)}{9b^2}=1$,化简得$\dfrac{b^2}{a^2}=\dfrac{4}{5}$,故$e^2=1+\dfrac{b^2}{a^2}=\dfrac{9}{5}$,解得$e=\dfrac{3\sqrt{5}}{5}$.

精练7解析

设椭圆的右焦点为$F(c,0)$.

由题意得$c^2=4-b^2=a^2+1$,双曲线$\dfrac{x^2}{a^2}-y^2=1(a>0)$的一条渐近线为$y=\dfrac{x}{a}$.

因为$OP\perp FP$,所以直线$FP:y=-a(x-c)$.

联立方程$\begin{cases}y=\dfrac{x}{a}\\y=-a(x-c)\end{cases}$,解得$\begin{cases}x=\dfrac{a^2c}{a^2+1}\\y=\dfrac{ac}{a^2+1}\end{cases}$,即$P\left(\dfrac{a^2c}{a^2+1},\dfrac{ac}{a^2+1}\right)$.

又因为点P在椭圆上,所以$\dfrac{\left(\dfrac{a^2c}{a^2+1}\right)^2}{4}+\dfrac{\left(\dfrac{ac}{a^2+1}\right)^2}{b^2}=1$,即$\dfrac{a^4c^2}{4(a^2+1)^2}+\dfrac{a^2c^2}{(a^2+1)^2b^2}=1$.

整理得$\dfrac{a^4c^2}{4c^4}+\dfrac{a^2c^2}{c^4b^2}=1$,即$\dfrac{a^4}{4c^2}+\dfrac{a^2}{c^2b^2}=1$.

化简得 $\dfrac{(3-b^2)^2}{4}+\dfrac{3-b^2}{b^2}=4-b^2$,即 $b^6-2b^4-11b^2+12=0$.

构造得 $b^6-b^4-(b^4+11b^2-12)=0$,即 $b^4(b^2-1)-(b^2-1)(b^2+12)=0$.

提取公因式得 $(b^2-1)(b^4-b^2-12)=0$,即 $(b^2-1)(b^2+3)(b^2-4)=0$,解得 $b^2=1$ 或 $b^2=4$(舍去).

于是椭圆方程为 $\dfrac{x^2}{4}+y^2=1$,即 $c=\sqrt{3}$,因此椭圆的离心率 $e=\dfrac{\sqrt{3}}{2}$,故选 C.

精练8解析

由已知得 $A(0,b)$,直线 AB 的斜率存在且不为 0,设直线 AB 的方程为 $y=kx+b$.

不妨设 $k>0$,与椭圆方程 $\dfrac{x^2}{a^2}+\dfrac{y^2}{b^2}=1(a>b>0)$ 联立得 $\begin{cases}y=kx+b\\b^2x^2+a^2y^2=a^2b^2\end{cases}$.

消去 y 得 $b^2x^2+a^2(kx+b)^2=a^2b^2$,即 $(b^2+a^2k^2)x^2+2a^2bkx=0$,设点 $B(x_1,y_1)$,解得 $x_1=-\dfrac{2a^2bk}{b^2+a^2k^2}$.

从而 $|AB|=\sqrt{1+k^2}|x_1-0|=\sqrt{1+k^2}\left|\dfrac{2a^2bk}{b^2+a^2k^2}\right|=\sqrt{1+k^2}\cdot\dfrac{2a^2bk}{b^2+a^2k^2}$.

同理可得,直线 AC 的方程为 $y=-\dfrac{1}{k}x+b$.

从而 $|AC|=\sqrt{1+\left(-\dfrac{1}{k}\right)^2}\left|\dfrac{2a^2b\left(-\dfrac{1}{k}\right)}{b^2+a^2\left(-\dfrac{1}{k}\right)^2}-0\right|=\dfrac{\sqrt{1+k^2}}{k}\cdot\dfrac{2a^2bk}{b^2k^2+a^2}$.

因为 $\triangle ABC$ 是以点 A 为直角顶点的等腰直角三角形,所以 $|AB|=|AC|$,即 $\sqrt{1+k^2}\cdot\dfrac{2a^2bk}{b^2+a^2k^2}=\dfrac{\sqrt{1+k^2}}{k}\cdot\dfrac{2a^2bk}{b^2k^2+a^2}$.

整理得 $b^2+a^2k^2=k(b^2k^2+a^2)=b^2k^3+a^2k$,即 $b^2(k^3-1)-a^2k(k-1)=0$.

化简得 $b^2(k-1)(k^2+k+1)-a^2k(k-1)=0$,即 $(k-1)[b^2(k^2+k+1)-a^2k]=0$.

因为满足条件的 $\triangle ABC$ 有且仅有 1 个,所以关于 k 的方程 $(k-1)[b^2(k^2+k+1)-a^2k]=0$ 有且仅有一个根,即关于 k 的方程 $b^2(k^2+k+1)-a^2k=0$ 没有实根或有实根且实根为 $k=1$.

由 $b^2(k^2+k+1)-a^2k=0$ 得 $\dfrac{a^2}{b^2}=\dfrac{k^2+k+1}{k}=k+\dfrac{1}{k}+1$.

因为 $k>0$,所以 $k+\dfrac{1}{k}+1\geqslant 2\sqrt{k\cdot\dfrac{1}{k}}+1=3$,当且仅当 $k=1$ 时等号成立.

要使 $b^2(k^2+k+1)-a^2k=0$ 没有实根,需 $\dfrac{a^2}{b^2}<3$.

因为 $b^2(k^2+k+1)-a^2k=0$ 的根为 $k=1$ 时,此时 $\dfrac{a^2}{b^2}=3$,所以必有 $\dfrac{a^2}{b^2}\leqslant 3$.

又因为 $a>b>0$,所以 $\dfrac{1}{3}\leqslant\dfrac{b^2}{a^2}<1$.

因此,椭圆离心率 e 满足 $e^2=\dfrac{c^2}{a^2}=1-\dfrac{b^2}{a^2}\in\left(0,\dfrac{2}{3}\right]$,解得 $e\in\left(0,\dfrac{\sqrt{6}}{3}\right]$,故选 B.

2.2 几何方法

精练1解析

设椭圆左焦点为 F_1,连接 AF_1,CF_1,BF_1,如图 3 所示.

设 $|CF|=m$,于是 $|BF|=3m$,$|CF_1|=2a-|CF|=2a-m$.

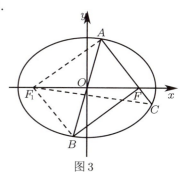

图 3

因为 $\begin{cases} |OA|=|OB| \\ |OF|=|OF_1| \\ AF \perp BF \end{cases}$，所以 AF_1BF 是矩形.从而 $|AF_1|=|BF|=3m$，$|AF|=2a-|AF_1|=2a-3m$.

又因为 $AF_1 \perp AC$，所以 $|CF_1|^2=|AF_1|^2+|AC|^2$.

展开得 $(2a-m)^2=(3m)^2+(2a-2m)^2$，解得 $a=3m$.

此时 $|AF|=3m$，故 $|F_1F|^2=|AF|^2+|AF_1|^2=18m$，即 $c=\dfrac{3\sqrt{2}}{2}m$，解得 $e=\dfrac{c}{a}=\dfrac{\sqrt{2}}{2}$，故选 B.

精练2解析

如图4所示，取 E 的左焦点为 F'，连接 PF',QF',RF'.

由对称性得 $|PF'|=|QF|$，$PF' /\!/ QF$.

设 $|FR|=m$，于是 $|FQ|=|F'P|=2m$，$|PF|=2m-2a$，$|RF'|=m+2a$，$|PR|=3m-2a$.

在 Rt$\triangle F'PR$ 中，$(2m)^2+(3m-2a)^2=(m+2a)^2$，解得 $m=\dfrac{4a}{3}$ 或 $m=0$(舍)，故 $|PF'|=\dfrac{8a}{3}$，$|PF|=\dfrac{2a}{3}$.

在 Rt$\triangle F'PF$ 中，$\left(\dfrac{8a}{3}\right)^2+\left(\dfrac{2a}{3}\right)^2=4c^2$，整理得 $\dfrac{c^2}{a^2}=\dfrac{17}{9}$，解得 $e=\dfrac{\sqrt{17}}{3}$.

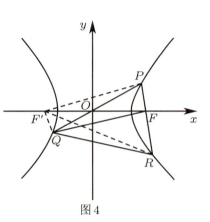

图4

精练3解析

由题意得 $P(0,a),Q(0,3a)$，以 PQ 为直径的圆的方程为 $x^2+(y-2a)^2=a^2$.

因为双曲线的渐近线上存在点 M，使得 $\angle PMQ=90°$，所以圆与双曲线的渐近线有公共点，

于是圆心 $(0,2a)$ 到渐近线 $ax-by=0$ 的距离 $\dfrac{|-2ab|}{\sqrt{a^2+b^2}} \leqslant a$.

从而 $4b^2 \leqslant c^2$，即 $3c^2 \leqslant 4a^2$，解得 $e^2 \leqslant \dfrac{4}{3}$，故 $e \in \left(1, \dfrac{2\sqrt{3}}{3}\right]$.

精练4解析

设点 $P(x,y)$，易知 $F_1(-c,0),F_2(c,0)$.

故 $\overrightarrow{PF_1} \cdot \overrightarrow{PF_2}=(-c-x,-y) \cdot (c-x,-y)=x^2+y^2-c^2=0$.

从而点 P 的轨迹为圆 $x^2+y^2=c^2$.

由题意得圆 $x^2+y^2=c^2$ 与椭圆 $\dfrac{x^2}{a^2}+\dfrac{y^2}{b^2}=1(a>b>0)$ 相交.

如图5所示，可得 $b \leqslant c$.

由 $a^2-c^2 \leqslant c^2$ 得 $e=\dfrac{c}{a} \geqslant \dfrac{\sqrt{2}}{2}$.又因为 $0<e<1$，所以 $\dfrac{\sqrt{2}}{2} \leqslant e<1$.

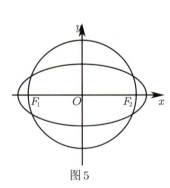

图5

精练5解析

设点 $P(x_0,y_0)$，于是 $\dfrac{x_0^2}{a^2}+\dfrac{y_0^2}{b^2}=1(a>b>0)$，故 $y_0^2=b^2\left(1-\dfrac{x_0^2}{a^2}\right)$.

因为 $\overrightarrow{PF_1} \cdot \overrightarrow{PF_2}=c^2$，所以 $(-c-x_0,-y_0) \cdot (c-x_0,-y_0)=c^2$.

整理得 $x_0^2-c^2+y_0^2=c^2$，从而 $x_0^2+b^2\left(1-\dfrac{x_0^2}{a^2}\right)=2c^2$，即 $x_0^2=\dfrac{a^2}{c^2}(3c^2-a^2)$.

因为 $0 \leqslant x_0^2 \leqslant a^2$，所以 $0 \leqslant \dfrac{a^2}{c^2}(3c^2-a^2) \leqslant a^2$，解得 $\dfrac{\sqrt{3}}{3} \leqslant e \leqslant \dfrac{\sqrt{2}}{2}$.

精练6解析

由 $\angle F_1AF_2=\angle AF_2B=60°$ 得 $\triangle AF_2B$ 为等边三角形.

结合对称性及椭圆的定义得 $|AB|=|BF_2|=|BF_1|=|AF_2|=\dfrac{2a}{3}$.

从而点 B 为 AF_1 的中点,故 OB 为 $\triangle F_1AF_2$ 的中位线,即 $OB \parallel AF_2$.

因为 $AF_2 \perp F_1F_2$,所以 $|F_1F_2|=\sqrt{3}|AF_2|$,即 $2c=\dfrac{2\sqrt{3}a}{3}$,故 $e=\dfrac{c}{a}=\dfrac{\sqrt{3}}{3}$.

精练 7 解析

由 $|QF_2|=2|OQ|$ 得 $|QF_1|=2|QF_2|$,由角平分线的性质得 $\dfrac{|PF_1|}{|PF_2|}=\dfrac{|QF_1|}{|QF_2|}=2$.

结合 $|PF_1|+|PF_2|=2a$ 得 $|PF_1|=\dfrac{4a}{3}$,$|PF_2|=\dfrac{2a}{3}$.

因为 $|PF_1|-|PF_2|<|F_1F_2|$,所以 $\dfrac{2a}{3}<2c$,即 $e=\dfrac{c}{a}>\dfrac{1}{3}$. 又因为 $0<e<1$,所以 $\dfrac{1}{3}<e<1$.

精练 8 解析

如图 6 所示,设 MF_1 与 y 轴的交点为 Q,连接 F_2Q.

因为 MF_2 平行于 y 轴,所以点 Q 为 F_1M 的中点,且 $\angle QPM=\angle F_2MP$,故 $|OQ|=\dfrac{1}{2}|F_2M|$.

又因为 $M\left(c,\dfrac{b^2}{a}\right)$,所以 $Q\left(0,\dfrac{b^2}{2a}\right)$.

由 $\angle F_1MP=\angle F_2MP$ 得 $\angle QPM=\angle F_1MP$.

从而 $|PQ|=|QM|=\dfrac{1}{2}\left(2a-\dfrac{b^2}{a}\right)$.

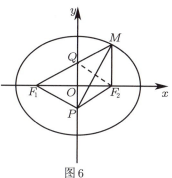

图 6

四边形 MF_1PF_2 的面积 $S=\dfrac{1}{2}\times|F_1F_2|\times|QP|+S_{\triangle QF_2M}=c\times|QM|+\dfrac{1}{2}S_{\triangle F_1F_2M}=c\times|QM|+\dfrac{1}{2}\times\dfrac{1}{2}\times 2c\times\dfrac{b^2}{a}=c\times\dfrac{1}{2}\left(2a-\dfrac{b^2}{a}\right)+\dfrac{b^2c}{2a}=ac=\sqrt{2}c^2$,故 $\dfrac{c}{a}=\dfrac{\sqrt{2}}{2}$,即离心率为 $e=\dfrac{\sqrt{2}}{2}$.

精练 9 解析

由题意可作图,如图 7 所示.

法一: 因为直线 l 的方程为 $x-3y+c=0$,所以直线 l 经过左焦点.

直线 l 与 $y=\dfrac{b}{a}x$ 联立得 $\begin{cases}x-3y+c=0\\y=\dfrac{b}{a}x\end{cases}$,解得 $M\left(\dfrac{ac}{3b-a},\dfrac{bc}{3b-a}\right)$.

直线 l 与 $y=-\dfrac{b}{a}x$ 联立得 $\begin{cases}x-3y+c=0\\y=-\dfrac{b}{a}x\end{cases}$,解得 $N\left(\dfrac{-ac}{3b+a},\dfrac{bc}{3b+a}\right)$.

于是 MN 的中点坐标为 $H\left(\dfrac{a^2c}{9b^2-a^2},\dfrac{3b^2c}{9b^2-a^2}\right)$.

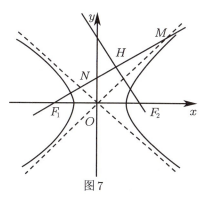

图 7

因为中点在直线 $3x+y-3c=0$ 上,所以代入得 $3a^2c+3b^2c=3c(9b^2-a^2)$,即 $a^2=4b^2$,故 $e=\dfrac{\sqrt{5}}{2}$.

法二: 因为直线 $x-3y+c=0$ 的斜率是 $\dfrac{1}{3}$,所以 $HF_2=\dfrac{\sqrt{10}}{5}c$,$HF_1=\dfrac{3\sqrt{10}}{5}c$.

从而 $H\left(\dfrac{4}{5}c,\dfrac{3}{5}c\right)$,故 $\dfrac{a^2c}{9b^2-a^2}=\dfrac{4}{5}c$,解得 $a=2b$,即 $e=\dfrac{\sqrt{5}}{2}$.

精练 10 解析

由题意得 $|F_1F_2|=|AF_2|=2c$,由椭圆的定义得 $|AF_1|=2a-2c$.

又因为 $\overrightarrow{AF_1}=2\overrightarrow{F_1B}$,所以 $|BF_1|=a-c$,由椭圆定义得 $|BF_2|=2a-(a-c)=a+c$.

因为 $\angle AF_1F_2+\angle BF_1F_2=\pi$,所以 $\cos\angle AF_1F_2=-\cos\angle BF_1F_2$.

从而由余弦定理得 $\dfrac{|AF_1|^2+|F_1F_2|^2-|AF_2|^2}{2|AF_1|\cdot|F_1F_2|}=-\dfrac{|BF_1|^2+|F_1F_2|^2-|BF_2|^2}{2|BF_1|\cdot|F_1F_2|}$,即 $\dfrac{(2a-2c)^2+(2c)^2-(2c)^2}{2(2a-2c)\cdot 2c}=$

$-\dfrac{(a-c)^2+(2c)^2-(a+c)^2}{2(a-c)\cdot 2c}$,化简得 $a^2+3c^2-4ac=0$,即 $3e^2-4e+1=0$,解得 $e=\dfrac{1}{3}$ 或 $e=1$(舍).

精练 11 解析

由椭圆的定义得 $|PF_1|+|PF_2|=2a$.又因为 $|PF_1|=3|PF_2|$,所以 $|PF_1|=\dfrac{3}{2}a$,$|PF_2|=\dfrac{1}{2}a$.

因为 $|PF_1|-|PF_2|\leqslant|F_1F_2|=2c$,当且仅当点 P 在椭圆右顶点时等号成立,即 $\dfrac{3}{2}a-\dfrac{1}{2}a\leqslant 2c$.

整理得 $a\leqslant 2c$,所以 $e=\dfrac{c}{a}\geqslant\dfrac{1}{2}$,解得 $\dfrac{1}{2}\leqslant e<1$,故选 D.

精练 12 解析

如图 8 所示,连接 OM.

因为椭圆 $E:\dfrac{x^2}{a^2}+\dfrac{y^2}{b^2}=1(a>b>0)$ 的右顶点为 A,右焦点为 F,点 B 为椭圆 E 在第二象限上的点,直线 BO 交椭圆 E 于点 C,直线 BF 平分线段 AC 于点 M,所以 OM 为 $\triangle ABC$ 的中位线.

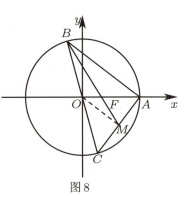

图 8

从而 $\triangle OFM\sim\triangle AFB$,且 $\dfrac{|OF|}{|FA|}=\dfrac{1}{2}$,故 $\dfrac{c}{a-c}=\dfrac{1}{2}$,解得椭圆 E 的离心率 $e=\dfrac{c}{a}=\dfrac{1}{3}$,故选 B.

精练 13 解析

如图 9 所示为球的轴截面,设该球冠所在球的半径为 R,由题意得 $(R-20)^2+60^2=R^2$,解得 $R=100$ cm.于是 $\cos\angle OAB=\dfrac{3}{5}$,将伞还原成完整的球状,当以 A 为切点时,切线与球冠底面所成角 θ 与 $\angle OAB$ 互余,故 $\sin\theta=\sin\left(\dfrac{\pi}{2}-\angle OAB\right)=\cos\angle OAB=\dfrac{3}{5}$.

对于选项 A,如图 10 所示,当光线与地面所成角为 $\dfrac{\pi}{4}$ 时,$\sin\dfrac{\pi}{4}=\dfrac{\sqrt{2}}{2}>\dfrac{3}{5}$,$\dfrac{\pi}{4}>\theta$,因此光线照射到球冠上,球冠被完整照射,投影形成完整的圆,故选项 A 正确.

对于选项 B,如图 11 所示,当光线与地面所成角为 $\dfrac{\pi}{6}$ 时,$\sin\dfrac{\pi}{6}=\dfrac{1}{2}<\dfrac{3}{5}$,$\dfrac{\pi}{6}<\theta$,球冠只有部分被照射,故不能形成完整的圆,故选项 B 不正确.

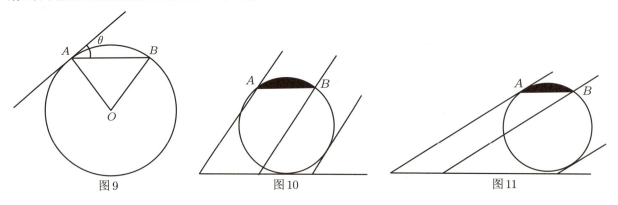

图 9　　　　　　　图 10　　　　　　　图 11

对于选项 C,如图 12 所示,当光线与地面所成角为 $\dfrac{\pi}{3}$,且伞柄与光线平行时,球冠被完整照射,但由于 AB 与地面成一定角度,AB 投影被拉长,故形成影子为椭圆,因为椭圆的短轴长不变,为球冠底面直径,即 $2b=120,b=60$,且此时光线与球冠底面垂直,则 $2a=\dfrac{120}{\sin\frac{\pi}{3}}=80\sqrt{3}$,即 $a=40\sqrt{3}$,所以 $\dfrac{b}{a}=\dfrac{\sqrt{3}}{2}$,因此 $e=\dfrac{c}{a}=\sqrt{1-\left(\dfrac{b}{a}\right)^2}=\dfrac{1}{2}$,故选项 C 正确.

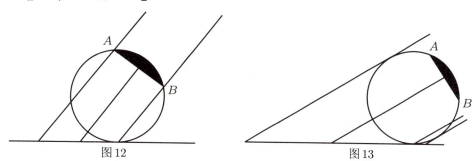

图 12   图 13

对于选项 D,如图 13 所示,当光线与地面所成角为 $\dfrac{\pi}{6}$ 时,可知当 AB 垂直于光线时,可以最大程度拉长影长,而且球冠被完整照射,故投影成椭圆,故长轴长的最大值为 $|AB|\cdot\dfrac{1}{\sin\frac{\pi}{6}}=2|AB|=240\text{ cm}$,

故选项 D 正确.

综上,选 ACD.

2.3 技巧方法

精练 1 解析

由 $\begin{cases}|AB|^2=|AF_1|^2+|BF_1|^2+|AF_1|\cdot|BF_1|\\2|F_1B|=|AF_1|+|AB|\end{cases}$ 得 $\dfrac{|F_1B|}{|F_1A|}=\dfrac{5}{3}$,设 $|F_1B|=10,|F_1A|=6,|AB|=14$.

又因为 $\begin{cases}|AF_1|+|AF_2|=|BF_1|+|BF_2|=2a\\|AF_2|+|BF_2|=14\end{cases}$,所以 $\begin{cases}|AF_2|=9\\|BF_2|=5\end{cases}$,故 $\cos A=\dfrac{AF_1^2+AB^2-F_1B^2}{2AF_1\cdot AB}=\dfrac{11}{14}$.

从而 $|F_1F_2|^2=|AF_1|^2+|AF_2|^2-2|AF_1|\cdot|AF_2|\cdot\cos A=\dfrac{225}{7}$,故 $F_1F_2=\dfrac{15}{\sqrt{7}}$,解得 $e=\dfrac{2c}{2a}=\dfrac{\sqrt{7}}{7}$,故选 C.

精练 2 解析

由题意得四边形 $AFBF_1$ 是矩形,如图 14 所示.

设 $\angle BFO=\theta$,则 $|BF|=2c\cos\theta$,$|FA|=|BF_1|=2c\sin\theta$.

由 $|FB|\leqslant|FA|\leqslant 2|FB|$ 得 $\cos\theta\leqslant\sin\theta\leqslant 2\cos\theta$,故 $1\leqslant\tan\theta\leqslant 2$.

当 $\tan\theta=2$ 时,可以解得 $\sin\theta=\dfrac{2}{\sqrt{5}}$,$\cos\theta=\dfrac{1}{\sqrt{5}}$.

此时 $\sin\left(\theta+\dfrac{\pi}{4}\right)=\dfrac{\sqrt{2}}{2}(\sin\theta+\cos\theta)=\dfrac{3}{\sqrt{10}}$,即 $\sin\left(\theta+\dfrac{\pi}{4}\right)\in\left[\dfrac{3}{\sqrt{10}},1\right]$.

因此 $e=\dfrac{2c}{2a}=\dfrac{2c}{|BF|+|BF_1|}=\dfrac{1}{\sin\theta+\cos\theta}=\dfrac{1}{\sqrt{2}\sin\left(\theta+\dfrac{\pi}{4}\right)}\in\left[\dfrac{\sqrt{2}}{2},\dfrac{\sqrt{5}}{3}\right]$,

故选 A.

精练 3 解析

令 $\angle PF_1F_2=\alpha$,$\angle PF_2F_1=\beta$.由题意得 $\sin\alpha=\sqrt{1-\cos^2\alpha}=\dfrac{\sqrt{3}}{2}$,$\sin\beta=\sqrt{1-\cos^2\beta}=\dfrac{2\sqrt{2}}{3}$.

因此,$e=\dfrac{c}{a}=\dfrac{2c}{2a}=\dfrac{|F_1F_2|}{|PF_1|+|PF_2|}=\dfrac{\sin(\alpha+\beta)}{\sin\alpha+\sin\beta}=\dfrac{\sin\alpha\cos\beta+\cos\alpha\sin\beta}{\sin\alpha+\sin\beta}=\dfrac{7-2\sqrt{6}}{5}$,故选 D.

精练4解析

设 $\angle PF_1F_2 = \alpha$，由 $e = \dfrac{\sin(\alpha+\beta)}{\sin\alpha + \sin\beta}$ 得 $\dfrac{5}{7} = \dfrac{1}{\sin\alpha + \cos\alpha}$ 即 $\sin 2\alpha = \dfrac{24}{25}$，则 $\tan 2\alpha = \dfrac{24}{7}$.

由 $\angle F_1PF_2 = 90°$，$|PO|$ 为中线得 $|F_1O| = |F_2O| = |PO| = c$.

故 $\angle PF_1F_2 = \angle F_1PO = \alpha$，即 $\angle POF_2 = 2\alpha$，由 $(\tan 2\alpha)^2 = \dfrac{n^2}{m^2} = e_2^2 - 1$ 得 $e_2 = \dfrac{25}{7}$.

精练5解析

因为 $e = \dfrac{2c}{2a} = \dfrac{|F_1F_2|}{|PF_1|+|PF_2|} = \dfrac{\sin\angle F_1PF_2}{\sin\alpha + \sin\beta} = \dfrac{\sqrt{7}}{4}$，所以 $\sin\alpha + \sin\beta = \dfrac{4}{\sqrt{7}}\sin\angle F_1PF_2$.

当点 P 的坐标为 $(3,0)$ 或 $(-3,0)$ 时 $\angle F_1PF_2$ 最大，此时 $\sin\angle F_1PF_2 = \dfrac{3\sqrt{7}}{8}$.

从而 $(\sin\alpha + \sin\beta)_{\max} = \dfrac{4}{\sqrt{7}} \times \dfrac{3\sqrt{7}}{8} = \dfrac{3}{2}$.

精练6解析

当点 P 恰好有 4 个时，有 $\sin 60° < e < 1$（P 不能为上、下顶点），故选 B.

精练7解析

设椭圆的右焦点为 F_2.

因为点 M,N 分别是 AF_1,BF_1 的中点，点 O 为 F_1F_2 的中点，所以 $MO \parallel AF_2$，$ON \parallel AF_1$.

又因为 $\angle MON = 90°$，所以 $\angle F_1AF_2 = 90°$.

设短轴的一个顶点为 P，则 $\angle F_1PF_2 \geq 90°$. 设 $\angle F_1PF_2 = 2\theta$，从而 $\theta \geq 45°$，即 $\sin\theta \geq \dfrac{\sqrt{2}}{2}$.

又因为 $\sin\theta \leq \dfrac{c}{a}$，所以 $\dfrac{c}{a} \geq \dfrac{\sqrt{2}}{2}$，故椭圆离心率的最小值为 $\dfrac{\sqrt{2}}{2}$.

精练8解析

由题意得当点 P 越接近短轴的端点时，$\angle F_1PF_2$ 越大，故只需求 $\angle F_1PF_2$ 为直角时点 P 的横坐标的值.

因为 $c = \sqrt{5}$，所以当 $\angle F_1PF_2$ 为直角时，点 P 在圆 $x^2 + y^2 = 5$ 上.

联立方程 $\begin{cases} \dfrac{x^2}{9} + \dfrac{y^2}{4} = 1 \\ x^2 + y^2 = 5 \end{cases}$，解得 $x = \pm\dfrac{3\sqrt{5}}{5}$，故点 P 横坐标的取值范围是 $\left(-\dfrac{3\sqrt{5}}{5}, \dfrac{3\sqrt{5}}{5}\right)$.

精练9解析

如图15所示，连接 OP，当点 P 不为椭圆的上、下顶点时.

设直线 PA,PB 分别与圆 O 切于点 A,B，$\angle OPA = \alpha$.

因为存在点 M,N 使得 $\angle MPN = 120°$，所以 $\angle APB \geq 120°$，即 $\alpha \geq 60°$.

因为 $\alpha < 90°$，所以 $\sin\alpha \geq \sin 60°$.

连接 OA，从而 $\sin\alpha = \dfrac{|OA|}{|OP|} = \dfrac{b}{|OP|} \geq \dfrac{\sqrt{3}}{2}$，故 $|OP| \leq \dfrac{2b}{\sqrt{3}}$.

又因为点 P 是椭圆 C 上任意一点，所以 $|OP|_{\max} \leq \dfrac{2b}{\sqrt{3}}$.

由 $|OP|_{\max} = a$ 得 $a \leq \dfrac{2b}{\sqrt{3}}$.

由 $a^2 = b^2 + c^2$ 得 $e^2 \leq \dfrac{1}{4}$，注意到 $0 < e < 1$，解得 $e \in \left(0, \dfrac{1}{2}\right]$.

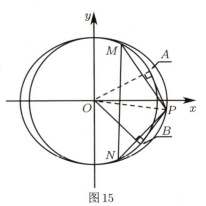

图15

精练10解析

法一：由题意得 C_1 离心率为 $e_1 = \dfrac{\sqrt{3}}{2}$. 由 $\dfrac{\sin^2 45°}{e_1^2} + \dfrac{\cos^2 45°}{e_2^2} = 1$，即 $\dfrac{1}{e_1^2} + \dfrac{1}{e_2^2} = 2$，得 $e_2 = \dfrac{\sqrt{6}}{2}$.

法二：设双曲线 C_2 的实轴长为 $2a$，焦距长为 $2c$，由题意得 $c=\sqrt{4-1}=\sqrt{3}$.
在 $Rt\triangle AF_1F_2$ 中，由勾股定理得 $AF_1^2+AF_2^2=4c^2=12$.
在椭圆 C_1 中，由椭圆的定义得 $AF_1+AF_2=4$，平方得 $AF_1^2+AF_2^2+2AF_1\cdot AF_2=16$，故 $AF_1\cdot AF_2=2$.
在双曲线 C_2 中，由双曲线的定义得 $AF_2-AF_1=2a$，平方得 $4a^2=AF_1^2+AF_2^2-2AF_1\cdot AF_2=12-4=8$，解得 $a=\sqrt{2}$. 因此，双曲线 C_2 的离心率为 $e=\dfrac{c}{a}=\dfrac{\sqrt{3}}{\sqrt{2}}=\dfrac{\sqrt{6}}{2}$.

精练 11 解析

法一：由共焦点公式得 $\dfrac{1}{e_1^2}+\dfrac{3}{e_2^2}=4$，故 $\dfrac{4e_1e_2}{\sqrt{3e_1^2+e_2^2}}=\dfrac{4}{\sqrt{\dfrac{3}{e_2^2}+\dfrac{1}{e_1^2}}}=2$.

法二：设椭圆的长半轴长为 a_1，双曲线的半实轴长为 a_2.

根据椭圆、双曲线的定义得 $\begin{cases}|PF_1|+|PF_2|=2a_1\\|PF_1|-|PF_2|=2a_2\end{cases}$，解得 $|PF_1|=a_1+a_2,|PF_2|=a_1-a_2$.

设 $|F_1F_2|=2c$，由题意得 $\angle F_1PF_2=\dfrac{\pi}{3}$.

在 $\triangle PF_1F_2$ 中，由余弦定理得 $4c^2=(a_1+a_2)^2+(a_1-a_2)^2-2(a_1+a_2)(a_1-a_2)\cdot\cos\dfrac{\pi}{3}$.

化简得 $a_1^2+3a_2^2=4c^2$，整理得 $\dfrac{a_1^2}{c^2}+\dfrac{3a_2^2}{c^2}=4$，解得 $\dfrac{1}{e_1^2}+\dfrac{3}{e_2^2}=4$，故 $\dfrac{4e_1e_2}{\sqrt{3e_1^2+e_2^2}}=\dfrac{4}{\sqrt{\dfrac{3}{e_2^2}+\dfrac{1}{e_1^2}}}=2$.

技法 3　设而不求之韦达定理

3.1　弦长公式

精练 1 解析

(1)由 $\begin{cases}x'=x\\y'=\dfrac{y}{\sqrt{2}}\end{cases}$ 得 $\begin{cases}x=x'\\y=\sqrt{2}y'\end{cases}$，代入 $x^2+y^2=2$ 得 $\dfrac{x'^2}{2}+y'^2=1$，故曲线 E 的方程为 $\dfrac{x^2}{2}+y^2=1$.

(2)当直线 l 的斜率存在时，设直线 $l:y=k(x+1)$.

联立方程 $\begin{cases}\dfrac{x^2}{2}+y^2=1\\y=k(x+1)\end{cases}$，消去 y 得 $(1+2k^2)x^2+4k^2x+2k^2-2=0$.

设点 $A(x_1,y_1),B(x_2,y_2)$，由韦达定理得 $\begin{cases}x_1+x_2=-\dfrac{4k^2}{1+2k^2}\\x_1x_2=\dfrac{2k^2-2}{1+2k^2}\end{cases}$.

解得以 AB 为直径的圆的圆心横坐标为 $-\dfrac{2k^2}{1+2k^2}$.

又因为 $|AB|=\sqrt{1+k^2}\sqrt{(x_1+x_2)^2-4x_1x_2}=\sqrt{1+k^2}\sqrt{\left(\dfrac{-4k^2}{1+2k^2}\right)^2-4\cdot\dfrac{2k^2-2}{1+2k^2}}=\dfrac{2\sqrt{2}(1+k^2)}{1+2k^2}$，所以以 AB 为直径的圆的半径 $R=\dfrac{\sqrt{2}(1+k^2)}{1+2k^2}$. 圆心到直线 $x=-2$ 的距离 $d=2-\dfrac{2k^2}{1+2k^2}=\dfrac{2k^2+2}{1+2k^2}$.

从而 $d-R=\dfrac{2k^2+2}{1+2k^2}-\dfrac{\sqrt{2}(1+k^2)}{1+2k^2}=\dfrac{(2-\sqrt{2})(1+k^2)}{1+2k^2}>0$，即 $d>R$.

因此，以 AB 为直径的圆与直线 $x=-2$ 相离.

当直线l的斜率不存在时,易知以AB为直径的圆的半径为$\frac{\sqrt{2}}{2}$,圆的方程是$(x+1)^2+y^2=\frac{1}{2}$,该圆与直线$x=-2$相离.

综上,以AB为直径的圆与直线$x=-2$相离.

精练2解析

(1)法一:设点$A(x_1,y_1)$,$B(x_2,y_2)$,$M(x_0,y_0)$.

联立方程$\begin{cases}y=kx-3\\x^2-4y^2=4\end{cases}$,消去$y$得$(1-4k^2)x^2+24kx-40=0$.

由$1-4k^2\neq 0$且$\Delta=160-64k^2>0$,得$k^2<\frac{5}{2}$且$k^2\neq\frac{1}{4}$.

由韦达定理得$x_1+x_2=\frac{-24k}{1-4k^2}$,$x_1x_2=\frac{-40}{1-4k^2}$.

于是$x_0=\frac{x_1+x_2}{2}=\frac{-12k}{1-4k^2}$,$y_0=kx_0-3=\frac{-12k^2}{1-4k^2}-3=\frac{-3}{1-4k^2}$.

由$\begin{cases}x_0=\frac{-12k}{1-4k^2}\\y_0=\frac{-3}{1-4k^2}\end{cases}$,消去$k$整理得$x_0^2=4y_0^2+12y_0$.

由$k^2<\frac{5}{2}$且$k^2\neq\frac{1}{4}$,得$y_0\leq -3$或$y_0>\frac{1}{3}$.

故点M的轨迹方程为$x^2=4y^2+12y$,其中$y\leq -3$或$y>\frac{1}{3}$.

法二:设点$A(x_1,y_1)$,$B(x_2,y_2)$,$M(x_0,y_0)$,直线$l:y=kx-3$恒过定点$(0,-3)$.

(i)当$k=0$时,易得点$M(0,-3)$.

(ii)当$k\neq 0$时,$x_0\neq 0$,由$\begin{cases}x_1^2-4y_1^2=4\\x_2^2-4y_2^2=4\end{cases}$,两式相减整理得$x_1+x_2=4(y_1+y_2)\cdot\frac{y_1-y_2}{x_1-x_2}$.

因为$x_1+x_2=2x_0$,$y_1+y_2=2y_0$,$\frac{y_1-y_2}{x_1-x_2}=k=\frac{y_0+3}{x_0}$,所以$x_0=4y_0\cdot\frac{y_0+3}{x_0}$,即$x_0^2=4y_0^2+12y_0$.

综上,点M的轨迹方程为$x^2=4y^2+12y$,其中$y\leq -3$或$y>\frac{1}{3}$.

(2)法一:双曲线E的渐近线方程为$y=\pm\frac{1}{2}x$.

设点$C(x_3,y_3)$,$D(x_4,y_4)$,不妨令点C在渐近线$y=\frac{1}{2}x$上,故点D在渐近线$y=-\frac{1}{2}x$上.

联立方程$\begin{cases}y=\frac{1}{2}x\\y=kx-3\end{cases}$,解得$x_3=\frac{6}{2k-1}$,同理可得$x_4=\frac{6}{2k+1}$.

因为$\frac{x_3+x_4}{2}=\frac{-12k}{1-4k^2}=x_0$,所以线段$AB$的中点$M$也是线段$CD$的中点.

因为点A,B为线段CD的两个三等分点,所以$|CD|=3|AB|$.

从而$\sqrt{1+k^2}|x_3-x_4|=3\sqrt{1+k^2}|x_1-x_2|$,即$|x_3-x_4|=3|x_1-x_2|$.

构造韦达定理得$|x_1-x_2|=\sqrt{(x_1+x_2)^2-4x_1x_2}=\sqrt{\left(\frac{-24k}{1-4k^2}\right)^2+\frac{160}{1-4k^2}}=\frac{4\sqrt{2}\sqrt{5-2k^2}}{|4k^2-1|}$.

同理可得$|x_3-x_4|=\left|\frac{6}{2k-1}-\frac{6}{2k+1}\right|=\frac{12}{|4k^2-1|}$.

故$\frac{12}{|4k^2-1|}=3\times\frac{4\sqrt{2}\sqrt{5-2k^2}}{|4k^2-1|}$,解得$k=\pm\frac{3}{2}$.

因此,存在实数$k=\pm\frac{3}{2}$,使得点A,B是线段CD的两个三等分点.

法二：设点 $C(x_3,y_3),D(x_4,y_4)$. 由题意得双曲线 E 的渐近线方程为 $\dfrac{x^2}{4}-y^2=0$.

联立直线 l 与双曲线 E 的渐近线方程得 $\begin{cases}y=kx-3\\x^2-4y^2=0\end{cases}$，消去 y 得 $(1-4k^2)x^2+24kx-36=0$.

由根与系数的关系，得线段 CD 中点的横坐标为 $\dfrac{x_3+x_4}{2}=\dfrac{-12k}{1-4k^2}=x_0$.

从而线段 AB 的中点 M 也是线段 CD 的中点，故点 A,B 为线段 CD 的两个三等分点 $\Leftrightarrow |CD|=3|AB|$.

于是 $\sqrt{1+k^2}\cdot\dfrac{\sqrt{(24k)^2+4\times36\times(1-4k^2)}}{|1-4k^2|}=3\sqrt{1+k^2}\cdot\dfrac{\sqrt{(24k)^2+4\times40\times(1-4k^2)}}{|1-4k^2|}$，解得 $k=\pm\dfrac{3}{2}$.

因此，存在实数 $k=\pm\dfrac{3}{2}$，使得点 A,B 是线段 CD 的两个三等分点.

精练3解析

如图1所示，设直线 $l:y=kx+1$，联立方程 $\begin{cases}x^2=4y\\y=kx+1\end{cases}$，消去 y 得 $x^2-4kx-4=0$.

设点 $A(x_1,y_1),B(x_2,y_2)$，由韦达定理得 $x_1+x_2=4k,x_1x_2=-4$.

从而 $|AB|=\sqrt{1+k^2}|x_1-x_2|=\sqrt{1+k^2}\sqrt{(x_1+x_2)^2-4x_1x_2}=4(k^2+1)$.

联立方程 $\begin{cases}\dfrac{y^2}{9}+\dfrac{x^2}{8}=1\\y=kx+1\end{cases}$，消去 y 得 $(8k^2+9)x^2+16kx-64=0$.

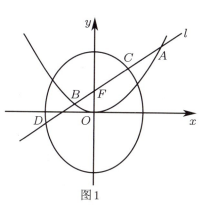

图1

设点 $C(x_3,y_3),D(x_4,y_4)$，由韦达定理得 $\begin{cases}x_3+x_4=-\dfrac{16k}{8k^2+9}\\x_3x_4=-\dfrac{64}{8k^2+9}\end{cases}$.

从而 $|CD|=\sqrt{1+k^2}|x_3-x_4|=\sqrt{1+k^2}\sqrt{(x_3+x_4)^2-4x_3x_4}=\dfrac{48(1+k^2)}{8k^2+9}$.

因为 $|AB|=|CD|$，所以 $4(k^2+1)=\dfrac{48(1+k^2)}{8k^2+9}$，即 $k=\pm\dfrac{\sqrt{6}}{4}$，故直线 l 的斜率为 $\pm\dfrac{\sqrt{6}}{4}$.

精练4解析

(1)设椭圆 C 的焦距为 $2c$，离心率 $e=\dfrac{c}{a}=\dfrac{1}{2}$，设 $F_1(-c,0),F_2(c,0)$.

当直线 $l\perp x$ 轴时，直线 l 的方程为 $x=-c$，代入椭圆方程 $\dfrac{c^2}{a^2}+\dfrac{y^2}{b^2}=1$，故 $y=\pm\dfrac{b^2}{a}$，即 $|AB|=\dfrac{2b^2}{a}$.

从而 $\triangle ABF_2$ 的面积为 $\dfrac{1}{2}\cdot 2c\cdot\dfrac{2b^2}{a}=3$，解得 $b^2=3$. 又因为 $a^2=b^2+c^2$，所以 $a=2$，故 $C:\dfrac{x^2}{4}+\dfrac{y^2}{3}=1$.

(2)法一(先猜后证法)：存在定圆 E，使其与以 AB 为直径的圆内切.

由椭圆的对称性得，如果存在满足题意的定圆 E，那么圆心 E 一定在 x 轴上.

设点 $E(x_0,0)$，定圆 E 的半径为 r.

当直线 l 与 x 轴重合时，以 AB 为直径的圆的方程为 $x^2+y^2=4$.

当直线 $l\perp x$ 轴时，以 AB 为直径的圆的方程为 $(x+1)^2+y^2=\dfrac{9}{4}$.

由题意得 $\begin{cases}|x_0+1|=\left|\dfrac{3}{2}-r\right|\\|x_0|=|2-r|\end{cases}$，解得 $\begin{cases}r=\dfrac{5}{4}\\x_0=-\dfrac{3}{4}\end{cases}$ 或 $\begin{cases}r=\dfrac{9}{4}\\x_0=-\dfrac{1}{4}\end{cases}$.

从而圆 E 的方程为 $\left(x+\dfrac{3}{4}\right)^2+y^2=\dfrac{25}{16}$ 和 $\left(x+\dfrac{1}{4}\right)^2+y^2=\dfrac{81}{16}$.

以下证明：圆 $E_1:\left(x+\dfrac{3}{4}\right)^2+y^2=\dfrac{25}{16}$ 和圆 $E_2:\left(x+\dfrac{1}{4}\right)^2+y^2=\dfrac{81}{16}$ 都符合题意.

设直线 $l:x=my-1$，与椭圆方程联立，消去 x 得 $(3m^2+4)y^2-6my-9=0$，$\Delta=144(m^2+1)>0$.

设点 $A(x_1,y_1)$，$B(x_2,y_2)$，由韦达定理得 $y_1+y_2=\dfrac{6m}{3m^2+4}$，$y_1y_2=\dfrac{-9}{3m^2+4}$.

设 AB 的中点为 D，则 $D\left(\dfrac{-4}{3m^2+4},\dfrac{3m}{3m^2+4}\right)$.

从而 $|AB|=\sqrt{1+m^2}\sqrt{(y_1+y_2)^2-4y_1y_2}=\sqrt{1+m^2}\sqrt{\left(\dfrac{6m}{3m^2+4}\right)^2-4\left(\dfrac{-9}{3m^2+4}\right)}=\dfrac{12(m^2+1)}{3m^2+4}$.

因为 $E_1\left(-\dfrac{3}{4},0\right)$，所以 $|DE_1|=\sqrt{\left(\dfrac{-4}{3m^2+4}+\dfrac{3}{4}\right)^2+\left(\dfrac{3m}{3m^2+4}\right)^2}=\dfrac{\dfrac{9}{4}m^2+1}{3m^2+4}$.

从而 $\dfrac{|AB|}{2}-|DE_1|=\dfrac{6(m^2+1)}{3m^2+4}-\dfrac{\dfrac{9}{4}m^2+1}{3m^2+4}=\dfrac{\dfrac{15}{4}m^2+5}{3m^2+4}=\dfrac{5}{4}$，即 $|DE_1|=\dfrac{|AB|}{2}-r=\dfrac{|AB|}{2}-\dfrac{5}{4}$.

于是圆 $E_1:\left(x+\dfrac{3}{4}\right)^2+y^2=\dfrac{25}{16}$ 与以 AB 为直径的圆内切.

因为 $E_2\left(-\dfrac{1}{4},0\right)$，所以 $|DE_2|=\sqrt{\left(\dfrac{-4}{3m^2+4}+\dfrac{1}{4}\right)^2+\left(\dfrac{3m}{3m^2+4}\right)^2}=\dfrac{\dfrac{3}{4}m^2+3}{3m^2+4}$.

从而 $\dfrac{|AB|}{2}+|DE_2|=\dfrac{6(m^2+1)}{3m^2+4}+\dfrac{\dfrac{3}{4}m^2+3}{3m^2+4}=\dfrac{\dfrac{27}{4}m^2+9}{3m^2+4}=\dfrac{9}{4}$，即 $|DE_2|=r-\dfrac{|AB|}{2}$.

于是圆 $E_2:\left(x+\dfrac{1}{4}\right)^2+y^2=\dfrac{81}{16}$ 与以 AB 为直径的圆内切.

综上，存在两个满足条件的定圆，方程分别为 $\left(x+\dfrac{3}{4}\right)^2+y^2=\dfrac{25}{16}$ 和 $\left(x+\dfrac{1}{4}\right)^2+y^2=\dfrac{81}{16}$.

法二（常规联立）：由椭圆的对称性得，如果存在满足题意的定圆 E，那么圆心 E 一定在 x 轴上.

(i) 当直线 l 不与 x 轴重合时，设 $l:x=my-1$，与椭圆方程联立，消去 x 得 $(3m^2+4)y^2-6my-9=0$.

$\Delta=144(m^2+1)>0$，设 $A(x_1,y_1)$，$B(x_2,y_2)$，由韦达定理得 $y_1+y_2=\dfrac{6m}{3m^2+4}$，$y_1y_2=\dfrac{-9}{3m^2+4}$.

设 AB 的中点为 D，则 $D\left(\dfrac{-4}{3m^2+4},\dfrac{3m}{3m^2+4}\right)$.

从而 $|AB|=\sqrt{1+m^2}\sqrt{(y_1+y_2)^2-4y_1y_2}=\sqrt{1+m^2}\sqrt{\left(\dfrac{6m}{3m^2+4}\right)^2-4\left(\dfrac{-9}{3m^2+4}\right)}=\dfrac{12(m^2+1)}{3m^2+4}$.

设 $E(x_0,0)$，定圆 E 的半径为 r，则 $|DE|=\sqrt{\left(\dfrac{-4}{3m^2+4}-x_0\right)^2+\left(\dfrac{3m}{3m^2+4}\right)^2}$.

由题意得 $|DE|=\left|\dfrac{|AB|}{2}-r\right|$，即 $\sqrt{\left(\dfrac{-4}{3m^2+4}-x_0\right)^2+\left(\dfrac{3m}{3m^2+4}\right)^2}=\left|\dfrac{6(m^2+1)}{3m^2+4}-r\right|$.

等式两边平方整理得 $(36-36r+9r^2-9x_0^2)m^4+(24r^2-24x_0^2-24x_0+63-84r)m^2+16r^2-16x_0^2-32x_0-48r+20=0$.

由题意得需满足 $\begin{cases}36-36r+9r^2-9x_0^2=0\\24r^2-24x_0^2-24x_0+63-84r=0\\16r^2-16x_0^2-32x_0-48r+20=0\end{cases}$，解得 $\begin{cases}r=\dfrac{5}{4}\\x_0=-\dfrac{3}{4}\end{cases}$ 或 $\begin{cases}r=\dfrac{9}{4}\\x_0=-\dfrac{1}{4}\end{cases}$.

(ii) 当直线 l 与 x 轴重合时，以 AB 为直径的圆 O 为 $x^2+y^2=4$.

此时圆 $\left(x+\dfrac{3}{4}\right)^2+y^2=\dfrac{25}{16}$ 和 $\left(x+\dfrac{1}{4}\right)^2+y^2=\dfrac{81}{16}$ 都与圆 O 内切.

综上，存在两个满足条件的定圆，方程分别为 $\left(x+\dfrac{3}{4}\right)^2+y^2=\dfrac{25}{16}$ 和 $\left(x+\dfrac{1}{4}\right)^2+y^2=\dfrac{81}{16}$.

3.2 斜长公式

精练1解析

设直线 $AP: kx-y+\frac{1}{2}k+\frac{1}{4}=0$, $BQ: x+ky-\frac{9}{4}k-\frac{3}{2}=0$.

两直线联立可得 $x_Q=\frac{-k^2+4k+3}{2(k^2+1)}$, 从而 $|AP|=\sqrt{1+k^2}\left(x+\frac{1}{2}\right)=\sqrt{1+k^2}(k+1)$.

同理可得 $|PQ|=\sqrt{1+k^2}(x_Q-x)=\frac{-(k-1)(k+1)^2}{\sqrt{1+k^2}}$, 故解得 $|PA||PQ|=-(k-1)(k+1)^3\leqslant\frac{27}{16}$.

精练2解析

由题意得抛物线方程 $y^2=16x$, 故可知焦点 $F(4,0)$, 设直线 l 的方程为 $x=my+4$.

联立方程 $\begin{cases}x=my+4\\y^2=16x\end{cases}$, 消去 x 得 $y^2-16my-64=0$.

设 $M(x_1,y_1), N(x_2,y_2)$, 由韦达定理得 $y_1+y_2=16m, y_1y_2=-64$.

因为 $|MF|=\sqrt{1+m^2}|y_1|, |NF|=\sqrt{1+m^2}|y_2|$, 所以 $\frac{1}{|MF|}+\frac{1}{|NF|}=\frac{1}{\sqrt{1+m^2}|y_1|}+\frac{1}{\sqrt{1+m^2}|y_2|}=$

$\frac{|y_1-y_2|}{\sqrt{1+m^2}|y_1y_2|}=\frac{\sqrt{(y_1+y_2)^2-4y_1y_2}}{\sqrt{1+m^2}|y_1y_2|}=\frac{\sqrt{256m^2+256}}{\sqrt{1+m^2}\cdot 64}=\frac{1}{4}$.

从而 $\frac{|NF|}{9}-\frac{4}{|MF|}=\frac{|NF|}{9}-4\left(\frac{1}{4}-\frac{1}{|NF|}\right)=\frac{|NF|}{9}+\frac{4}{|NF|}-1\geqslant 2\times\sqrt{\frac{4}{9}}-1=\frac{1}{3}$, 故选 D.

精练3解析

由题意得 $C(a,0)$, 设点 $A(x_0,y_0), B(-x_0,-y_0)$, 则 $k_{CA}=\frac{y_0}{x_0-a}, k_{CB}=\frac{y_0}{x_0+a}$.

由斜长公式得 $|AC|=\sqrt{1+k_{CA}^2}|x_0-a|$ ①, $|BC|=\sqrt{1+k_{CB}^2}|x_0+a|$ ②, $|CD|=\sqrt{1+k_{CB}^2}|x_0-a|$ ③.

将式①②③代入 $5|AC|^2\geqslant|BC|\cdot|CD|$ 得 $5(1+k_{CA}^2)(a-x_0)^2\geqslant(1+k_{CB}^2)(a^2-x_0^2)$.

两边同时除以 $a-x_0$ 得 $5(1+k_{CA}^2)(a-x_0)\geqslant(1+k_{CB}^2)(a+x_0)$.

将 "$k_{CA}=\frac{y_0}{x_0-a}, k_{CB}=\frac{y_0}{x_0+a}$" 代入上式得 $2a^3+2a\geqslant 3(a^2-1)x_0 \Leftrightarrow 2a(a^2+1)\geqslant 3(a^2-1)x_0$.

又因为 $x_0\leqslant a$, 所以 $5\geqslant a^2$, 故离心率 e 的最大值为 $\frac{2\sqrt{5}}{5}$.

精练4解析

(1) 设点 P 的坐标为 (x,y), 由题意得 $|y|=\sqrt{x^2+\left(y-\frac{1}{2}\right)^2}$, 即 $x^2=y-\frac{1}{4}$, 故抛物线 W 的方程为 $x^2=y-\frac{1}{4}$.

(2) 设矩形 $ABCD$ 的三个顶点 A,B,C 在抛物线 W 上, 则有 $AB\perp BC$, 且矩形 $ABCD$ 的周长为 $2(|AB|+|BC|)$. 设点 $B\left(t,t^2+\frac{1}{4}\right)$, 由题意得直线 AB 不与两坐标轴平行, 设直线 AB 的方程为 $y-\left(t^2+\frac{1}{4}\right)=k(x-t)$, 不妨设 $k>0$, 与 $x^2=y-\frac{1}{4}$ 联立, 消去 y 得 $x^2-kx+kt-t^2=0$.

因为 $\Delta=k^2-4(kt-t^2)=(k-2t)^2>0$, 所以 $k\neq 2t$. 设点 $A(x_1,y_1)$, 从而 $t+x_1=k$, 故 $x_1=k-t$, 由斜长公式得 $|AB|=\sqrt{1+k^2}|x_1-t|=\sqrt{1+k^2}|k-2t|=\sqrt{1+k^2}|2t-k|$.

同理可得 $|BC|=\sqrt{1+\left(-\frac{1}{k}\right)^2}\left|-\frac{1}{k}-2t\right|=\frac{\sqrt{1+k^2}}{k}\left|\frac{1}{k}+2t\right|=\frac{\sqrt{1+k^2}}{k^2}|2kt+1|$, 且 $2kt+1\neq 0$.

于是 $2(|AB|+|BC|) = \dfrac{2\sqrt{1+k^2}}{k^2}(|2k^2t-k^3|+|2kt+1|)$.

由双绝对值问题讨论取绝对值得 $|2k^2t-k^3|+|2kt+1|=\begin{cases}(-2k^2-2k)t+k^3-1, t\leqslant -\dfrac{1}{2k}\\ (2k-2k^2)t+k^3+1, -\dfrac{1}{2k}<t\leqslant \dfrac{k}{2}\\ (2k^2+2k)t-k^3+1, t>\dfrac{k}{2}\end{cases}$.

(i) 当 $2k-2k^2\leqslant 0$，即 $k\geqslant 1$ 时．

函数 $y=(-2k^2-2k)t+k^3-1$ 在 $\left(-\infty,-\dfrac{1}{2k}\right]$ 上单调递减，函数 $y=(2k-2k^2)t+k^3+1$ 在 $\left(-\dfrac{1}{2k},\dfrac{k}{2}\right]$ 上单调递减或是常函数 $(k=1)$，函数 $y=(2k^2+2k)t-k^3+1$ 在 $\left(\dfrac{k}{2},+\infty\right)$ 上单调递增．

因此，当 $t=\dfrac{k}{2}$ 时，$|2k^2t-k^3|+|2kt+1|$ 取得最小值，且最小值为 k^2+1.

又因为 $k\neq 2t$，所以最小值取不到，故 $2(|AB|+|BC|)>\dfrac{2\sqrt{1+k^2}}{k^2}(k^2+1)=\dfrac{2(1+k^2)^{\frac{3}{2}}}{k^2}$.

令 $f(k)=\dfrac{2(1+k^2)^{\frac{3}{2}}}{k^2}$，$k\geqslant 1$，求导得 $f'(k)=\dfrac{2(1+k^2)^{\frac{1}{2}}(k+\sqrt{2})(k-\sqrt{2})}{k^3}$.

当 $1\leqslant k<\sqrt{2}$ 时，$f'(k)<0$，当 $k>\sqrt{2}$ 时，$f'(k)>0$.

从而函数 $f(k)$ 在 $[1,\sqrt{2})$ 上单调递减，在 $(\sqrt{2},+\infty)$ 上单调递增，故 $f(k)\geqslant f(\sqrt{2})=3\sqrt{3}$.

因此，$2(|AB|+|BC|)>\dfrac{2(1+k^2)^{\frac{3}{2}}}{k^2}\geqslant 3\sqrt{3}$.

(ii) 当 $2k-2k^2>0$，即 $0<k<1$ 时．

函数 $y=(-2k^2-2k)t+k^3-1$ 在 $\left(-\infty,-\dfrac{1}{2k}\right]$ 上单调递减，函数 $y=(2k-2k^2)t+k^3+1$ 在 $\left(-\dfrac{1}{2k},\dfrac{k}{2}\right]$ 上单调递增，函数 $y=(2k^2+2k)t-k^3+1$ 在 $\left(\dfrac{k}{2},+\infty\right)$ 上单调递增，

因此，当 $t=-\dfrac{1}{2k}$ 时，$|2k^2t-k^3|+|2kt+1|$ 取得最小值，且最小值为 $k^3+k=k(1+k^2)$.

又因为 $2kt+1\neq 0$，所以 $2(|AB|+|BC|)>\dfrac{2\sqrt{1+k^2}}{k^2}k(k^2+1)=\dfrac{2(1+k^2)^{\frac{3}{2}}}{k}$.

令 $g(k)=\dfrac{2(1+k^2)^{\frac{3}{2}}}{k}$，$0<k<1$，求导得 $g'(k)=\dfrac{2(1+k^2)^{\frac{1}{2}}(2k^2-1)}{k^2}$.

当 $0<k<\dfrac{\sqrt{2}}{2}$ 时，$g'(k)<0$，当 $\dfrac{\sqrt{2}}{2}<k<1$ 时，$g'(k)>0$.

从而函数 $g(k)$ 在 $\left(0,\dfrac{\sqrt{2}}{2}\right)$ 上单调递减，在 $\left(\dfrac{\sqrt{2}}{2},1\right)$ 上单调递增，故 $g(k)\geqslant g\left(\dfrac{\sqrt{2}}{2}\right)=3\sqrt{3}$.

因此，$2(|AB|+|BC|)>\dfrac{2(1+k^2)^{\frac{3}{2}}}{k}\geqslant 3\sqrt{3}$.

综上，矩形 $ABCD$ 的周长大于 $3\sqrt{3}$.

3.3 三点比值

精练1解析

(1) 由题意得 $\dfrac{x^2}{9}+\dfrac{y^2}{4}=1$.

(2)由题意得 $S_{\triangle PAN}=6S_{\triangle PBM}$,即 $\frac{1}{2}|PA|\cdot|PN|\sin\angle APN=6\times\frac{1}{2}|PB|\cdot|PM|\sin\angle BPM$.

整理得 $|PN|=3|PM|$,即 $\overrightarrow{PN}=3\overrightarrow{PM}$.

设点 $M(x_1,y_1),N(x_2,y_2)$,则 $\overrightarrow{PM}=(x_1,y_1-2\sqrt{3}),\overrightarrow{PN}=(x_2,y_2-2\sqrt{3})$.

从而 $(x_2,y_2-2\sqrt{3})=3(x_1,y_1-2\sqrt{3})$,整理得 $x_2=3x_1$,即 $\frac{x_2}{x_1}=3$.

于是 $\frac{x_2}{x_1}+\frac{x_1}{x_2}=\frac{10}{3}$,即 $\frac{(x_1+x_2)^2}{x_1x_2}=\frac{16}{3}$ ①.

设直线 l 的方程为 $y=kx+2\sqrt{3}$,联立方程 $\begin{cases}y=kx+2\sqrt{3}\\ \frac{x^2}{9}+\frac{y^2}{4}=1\end{cases}$,消去 y 得 $(9k^2+4)x^2+36\sqrt{3}kx+72=0$.

由 $\Delta=(36\sqrt{3}k)^2-4\times(9k^2+4)\times 72>0$ 得 $k^2>\frac{8}{9}$.

由韦达定理得 $x_1+x_2=-\frac{36\sqrt{3}k}{9k^2+4},x_1x_2=\frac{72}{9k^2+4}$,代入式①解得 $k^2=\frac{32}{9}$,满足 $k^2>\frac{8}{9}$,即 $k=\pm\frac{4\sqrt{2}}{3}$.

因此,直线 l 的斜率 $k=\pm\frac{4\sqrt{2}}{3}$.

精练2解析

(1)设椭圆 C 的半焦距为 c.

因为 $\triangle MNF_2,\triangle MF_1F_2$ 的周长分别为 $8,6$,所以根据椭圆的定义得 $\begin{cases}4a=8\\ 2a+2c=6\\ a^2=b^2+c^2\end{cases}$,解得 $\begin{cases}a=2\\ c=1\\ b=\sqrt{3}\end{cases}$.

故椭圆 C 的方程为 $\frac{x^2}{4}+\frac{y^2}{3}=1$.

(2)设直线 l 的方程为 $y=k(x+1)(k>0)$.

联立方程 $\begin{cases}y=k(x+1)\\ \frac{x^2}{4}+\frac{y^2}{3}=1\end{cases}$,消去 x 得 $(3+4k^2)y^2-6ky-9k^2=0$,则 $\Delta=144k^2(k^2+1)>0$.

设点 $M(x_1,y_1),N(x_2,y_2)$,由韦达定理得 $y_1+y_2=\frac{6k}{3+4k^2}$ ①,$y_1y_2=\frac{-9k^2}{3+4k^2}$ ②.

又因为 $\frac{|MF_1|}{|MN|}=m$,且 $\frac{2}{3}\leq m<\frac{3}{4}$,所以 $\frac{|MF_1|}{|F_1N|}=\frac{m}{1-m}\in[2,3)$.

设 $\frac{m}{1-m}=\lambda,\lambda\in[2,3)$,因为 $\overrightarrow{MF_1}=\lambda\overrightarrow{F_1N}$,所以 $y_1=-\lambda y_2$ ③.

将式③代入式①得 $y_2=\frac{6k}{(1-\lambda)(3+4k^2)}$,$y_1=\frac{-6\lambda k}{(1-\lambda)(3+4k^2)}$.

结合式②得 $y_1y_2=\frac{-36\lambda k^2}{(1-\lambda)^2(3+4k^2)^2}=\frac{-9k^2}{3+4k^2}$,于是 $\frac{(1-\lambda)^2}{\lambda}=\frac{4}{3+4k^2}$,即 $\lambda+\frac{1}{\lambda}-2=\frac{4}{3+4k^2}$.

因为 $\lambda+\frac{1}{\lambda}-2$ 在 $\lambda\in[2,3)$ 上单调递增,所以 $\frac{1}{2}\leq\lambda+\frac{1}{\lambda}-2<\frac{4}{3}$,即 $\frac{1}{2}\leq\frac{4}{3+4k^2}<\frac{4}{3}$,且 $k>0$,解得 $0<k\leq\frac{\sqrt{5}}{2}$,即 $0<\tan\theta\leq\frac{\sqrt{5}}{2}$,故 $0<\sin\theta\leq\frac{\sqrt{5}}{3}$.

因此,$\sin\theta$ 的取值范围是 $\left(0,\frac{\sqrt{5}}{3}\right]$.

精练3解析

延长 AF_1 交椭圆于点 D,由 $\overrightarrow{F_2B}=\overrightarrow{DF_1}$ 得 $\overrightarrow{F_1A}=5\overrightarrow{DF_1}$.

设直线 $l_{AD}:x=ty-\sqrt{2}$,点 $A(x_1,y_1),D(x_2,y_2)$.

将直线 $x=ty-\sqrt{2}$ 代入椭圆方程,消去 x 得 $(3+t^2)y^2-2\sqrt{2}ty-1=0$.

由 $\overrightarrow{F_1A}=5\overrightarrow{DF_1}$ 可得 $y_1=-5y_2$，结合韦达定理得 $y_1+y_2=-4y_2$，$y_1y_2=-5y_2^2$.

从而 $\dfrac{(y_1+y_2)^2}{y_1y_2}=-\dfrac{8t^2}{3+t^2}=-\dfrac{16}{5}$，解得 $t=\pm\sqrt{2}$.

若 $t=\sqrt{2}$，此时 $y_1=1$，即 $A(0,1)$；若 $t=-\sqrt{2}$，此时 $y_1=-1$，即 $A(0,-1)$.

综上，$A(0,\pm 1)$.

精练4解析

法一：设直线 $AB:y=kx+1$，点 $A(x_1,y_1)$，$B(x_2,y_2)$，由 $\overrightarrow{AP}=2\overrightarrow{PB}$ 得 $\dfrac{x_1}{x_2}=-2$.

结合韦达定理得 $m=\dfrac{36k^2+1}{1+4k^2}$，从而 $x_B=\dfrac{8k}{1+4k^2}=\dfrac{8}{\dfrac{1}{k}+4k}$，当 $k=\dfrac{1}{2}$ 时，$m=5$.

法二：设 $A(x_1,y_1)$，$B(x_2,y_2)$，由 $\overrightarrow{AP}=2\overrightarrow{PB}$ 得 $\begin{cases}-x_1=2x_2\\1-y_1=2(y_2-1)\end{cases}$，即 $x_1=-2x_2$，$y_1=3-2y_2$.

因为点 A，B 在椭圆上，所以 $\begin{cases}\dfrac{4x_2^2}{4}+(3-2y_2)^2=m\\\dfrac{x_2^2}{4}+y_2^2=m\end{cases}$，解得 $y_2=\dfrac{1}{4}m+\dfrac{3}{4}$.

从而 $x_2^2=m-(3-2y_2)^2=-\dfrac{1}{4}m^2+\dfrac{5}{2}m-\dfrac{9}{4}=-\dfrac{1}{4}(m-5)^2+4\leqslant 4$.

因此，当 $m=5$ 时，点 B 横坐标的绝对值最大，最大值为 2.

精练5解析

（1）设点 $A(x_1,y_1)$，$B(x_2,y_2)$，联立方程 $\begin{cases}y=ax^2\\y=kx+4\end{cases}$，消去 y 得 $ax^2-kx-4=0$.

由判别式、韦达定理得 $\begin{cases}\Delta=k^2+16a>0\\x_1x_2=-\dfrac{4}{a}\end{cases}$.

因为 $OA\perp OB$，所以 $\overrightarrow{OA}\cdot\overrightarrow{OB}=x_1x_2+y_1y_2=0$，即 $x_1x_2+a^2x_1^2x_2^2=0$.

从而 $x_1x_2=-\dfrac{1}{a^2}$，即 $-\dfrac{4}{a}=-\dfrac{1}{a^2}$，解得 $a=\dfrac{1}{4}$，故抛物线 C 的标准方程为 $x^2=4y$.

（2）由题意得直线 BM 的斜率存在，故可设直线 BM 的方程为 $y=tx+m$，点 $M(x_3,y_3)$.

联立方程 $\begin{cases}x^2=4y\\y=tx+m\end{cases}$，消去 y 得 $x^2-4tx-4m=0$，由判别式、韦达定理得 $\begin{cases}\Delta=16t^2+16m>0\\x_2+x_3=4t\\x_2x_3=-4m\end{cases}$.

由（1）得 $x_1x_2=-16$，故可以构造 $\dfrac{x_1}{x_3}=\dfrac{x_1x_2}{x_2x_3}=\dfrac{-16}{-4m}=\dfrac{4}{m}$ ①.

由题意得点 A，M，N 三点共线，且点 A 为线段 MN 的中点.

设点 $N(0,n)$，故 $x_1=\dfrac{x_3+0}{2}$，即 $\dfrac{x_1}{x_3}=\dfrac{1}{2}$ ②.

由式①②得 $m=8$，从而 $\begin{cases}16t^2+16\times 8>0\\x_2+x_3=4t\\x_2x_3=-32\end{cases}$.

由弦长公式得 $|BM|=\sqrt{1+t^2}|x_2-x_3|=\sqrt{1+t^2}\sqrt{(x_2+x_3)^2-4x_2x_3}=\sqrt{1+t^2}\cdot\sqrt{(4t)^2-4\times(-32)}=4\sqrt{(1+t^2)(8+t^2)}=4\sqrt{t^4+9t^2+8}\geqslant 8\sqrt{2}\ (t^2\geqslant 0)$，当且仅当 $t=0$ 时等号成立.

综上，$|BM|$ 的最小值为 $8\sqrt{2}$.

技法4 道路抉择之设点设线

4.1 设线法

精练1解析

(1)因为椭圆 E 过点 $A(0,-2)$，所以 $b=2$。又因为四个顶点围成的四边形面积为 $4\sqrt{5}$，所以 $\frac{1}{2} \times 2a \times 2b = 2ab = 4\sqrt{5}$。由 $\begin{cases} b=2 \\ 2ab=4\sqrt{5} \\ a^2=b^2+c^2 \end{cases}$ 得 $\begin{cases} a=\sqrt{5} \\ b=2 \\ c=1 \end{cases}$，故椭圆 E 的方程为 $\frac{x^2}{5}+\frac{y^2}{4}=1$。

(2)由题意得直线 l 的斜率存在且不为0，设直线 l 的方程为 $y=kx-3$，设点 $B(x_1,y_1)$, $C(x_2,y_2)$。

联立方程 $\begin{cases} y=kx-3 \\ \frac{x^2}{5}+\frac{y^2}{4}=1 \end{cases}$，消去 y 得 $(5k^2+4)x^2-30kx+25=0$。

由 $\Delta=(-30k)^2-4\times(5k^2+4)\times 25=400(k^2-1)>0$ 得 $k>1$ 或 $k<-1$。

由韦达定理得 $x_1+x_2=-\frac{-30k}{5k^2+4}=\frac{30k}{5k^2+4}$, $x_1 \cdot x_2=\frac{25}{5k^2+4}$。

从而 $y_1+y_2=k(x_1+x_2)-6=-\frac{24}{5k^2+4}$, $y_1 \cdot y_2=(kx_1-3)\cdot(kx_2-3)=\frac{36-20k^2}{5k^2+4}$。

直线 AB 的方程为 $y+2=\frac{y_1+2}{x_1}x$，令 $y=-3$，可得 $x=-\frac{x_1}{y_1+2}$，故点 $M\left(-\frac{x_1}{y_1+2},-3\right)$。

直线 AC 的方程为 $y+2=\frac{y_2+2}{x_2}x$，令 $y=-3$，可得 $x=-\frac{x_2}{y_2+2}$，故点 $N\left(-\frac{x_2}{y_2+2},-3\right)$。

于是

$$|PM|+|PN|=\left|\frac{x_1}{y_1+2}\right|+\left|\frac{x_2}{y_2+2}\right|=\left|\frac{x_1\cdot(y_2+2)+x_2\cdot(y_1+2)}{(y_1+2)\cdot(y_2+2)}\right|$$

$$=\left|\frac{x_1\cdot(kx_2-1)+x_2\cdot(kx_1-1)}{y_1\cdot y_2+2(y_1+y_2)+4}\right|=\left|\frac{2kx_1x_2-(x_1+x_2)}{y_1\cdot y_2+2(y_1+y_2)+4}\right|$$

$$=\left|\frac{2k\times\frac{25}{5k^2+4}-\frac{30k}{5k^2+4}}{\frac{36-20k^2}{5k^2+4}-\frac{48}{5k^2+4}+4}\right|=|5k|\leqslant 15$$

整理得 $|k|\leqslant 3$，即 $-3\leqslant k\leqslant 3$。综上，k 的取值范围为 $[-3,-1)\cup(1,3]$。

精练2解析

设点 $A(x_1,y_1)$, $B(x_2,y_2)$，由 $\overrightarrow{OA}\cdot\overrightarrow{OB}=x_1x_2+y_1y_2=0$ 得 $x_1x_2=-y_1y_2$。

两边同时平方得 $x_1^2x_2^2=y_1^2y_2^2=\left(1-\frac{x_1^2}{2}\right)\left(1-\frac{x_2^2}{2}\right)=\frac{1}{4}x_1^2x_2^2-\frac{1}{2}(x_1^2+x_2^2)+1$，即 $3x_1^2x_2^2+2(x_1^2+x_2^2)=4$。

记原点 O 到直线 AB 的距离为 d，由面积关系得 $|AB|\cdot d=|OA|\cdot|OB|$。

于是 $d^2=\frac{|OA|^2\cdot|OB|^2}{|AB|^2}=\frac{|OA|^2\cdot|OB|^2}{|OA|^2+|OB|^2}=\frac{(x_1^2+y_1^2)(x_2^2+y_2^2)}{(x_1^2+y_1^2)+(x_2^2+y_2^2)}=\frac{\left(1+\frac{x_1^2}{2}\right)\left(1+\frac{x_2^2}{2}\right)}{\left(1+\frac{x_1^2}{2}\right)+\left(1+\frac{x_2^2}{2}\right)}$

$=\frac{x_1^2x_2^2+2(x_1^2+x_2^2)+4}{2(x_1^2+x_2^2)+8}=\frac{8-2x_1^2x_2^2}{12-3x_1^2x_2^2}=\frac{2}{3}$，故直线 AB 与圆 $O: x^2+y^2=\frac{2}{3}$ 相切。

精练3解析

设直线AB的方程为$y=k(x+1)$.

联立$\begin{cases} y=k(x+1) \\ \dfrac{x^2}{4}+\dfrac{y^2}{3}=1 \end{cases}$,消去$y$得$(4k^2+3)x^2+8k^2x+4k^2-12=0$,由韦达定理得$\begin{cases} x_1+x_2=\dfrac{-8k^2}{4k^2+3} \\ x_1x_2=\dfrac{4k^2-12}{4k^2+3} \end{cases}$.

因为$-\dfrac{5}{2}\cdot\dfrac{-8k^2}{4k^2+3}-4=\dfrac{20k^2-4(4k^2+3)}{4k^2+3}=\dfrac{4k^2-12}{4k^2+3}$,所以$-\dfrac{5}{2}(x_1+x_2)-4=x_1x_2$.

又因为$|AF|=\sqrt{(x_1+1)^2+y_1^2}=\sqrt{x_1^2+2x_1+1+3-\dfrac{3}{4}x_1^2}=\sqrt{\left(2+\dfrac{1}{2}x_1\right)^2}$,$-2<x_1<2$,所以$|AF|=2+\dfrac{1}{2}x_1$,同理可得$|BF|=2+\dfrac{1}{2}x_2$.

于是$\dfrac{1}{|AF|}+\dfrac{1}{|BF|}=\dfrac{1}{2+\dfrac{1}{2}x_1}+\dfrac{1}{2+\dfrac{1}{2}x_2}=\dfrac{4+\dfrac{1}{2}(x_1+x_2)}{\left(2+\dfrac{1}{2}x_1\right)\left(2+\dfrac{1}{2}x_2\right)}=\dfrac{4+\dfrac{1}{2}(x_1+x_2)}{\dfrac{1}{4}x_1x_2+(x_1+x_2)+4}$.

将$-\dfrac{5}{2}\cdot(x_1+x_2)-4=x_1x_2$代入上式得$\dfrac{1}{|AF|}+\dfrac{1}{|BF|}=\dfrac{4+\dfrac{1}{2}(x_1+x_2)}{\dfrac{1}{4}\left[-\dfrac{5}{2}(x_1+x_2)-4\right]+(x_1+x_2)+4}=\dfrac{4}{3}$.

精练4解析

(1)因为$y=-\sqrt{3}$与椭圆E相切,所以$b=\sqrt{3}$.

将$x=c$代入椭圆E方程得$y=\pm\dfrac{b^2}{a}$,解得$\dfrac{2b^2}{a}=3$,即$a=2$,故椭圆E的方程为$\dfrac{x^2}{4}+\dfrac{y^2}{3}=1$.

(2)由(1)得$F_1(-1,0)$,$F_2(1,0)$,直线AB:$y=k_1(x+1)$.

设点$A(x_1,y_1)$,$B(x_2,y_2)$,$C(x_3,y_3)$,$D(x_4,y_4)$,直线AC的方程为$x=\dfrac{x_1-1}{y_1}y+1$.

联立方程$\begin{cases} x=\dfrac{x_1-1}{y_1}y+1 \\ \dfrac{x^2}{4}+\dfrac{y^2}{3}=1 \end{cases}$,消去$x$得$\dfrac{5-2x_1}{y_1^2}y^2+\dfrac{2(x_1-1)}{y_1}y-3=0$.

由韦达定理得$y_1y_3=\dfrac{3y_1^2}{2x_1-5}$,即$y_3=\dfrac{3y_1}{2x_1-5}$,故$x_3=\dfrac{x_1-1}{y_1}y_3+1=\dfrac{x_1-1}{y_1}\cdot\dfrac{3y_1}{2x_1-5}+1=\dfrac{5x_1-8}{2x_1-5}$.

从而$C\left(\dfrac{5x_1-8}{2x_1-5},\dfrac{3y_1}{2x_1-5}\right)$,同理可得$D\left(\dfrac{5x_2-8}{2x_2-5},\dfrac{3y_2}{2x_2-5}\right)$.

于是$k_2=\dfrac{y_4-y_3}{x_4-x_3}=\dfrac{\dfrac{3y_2}{2x_2-5}-\dfrac{3y_1}{2x_1-5}}{\dfrac{5x_2-8}{2x_2-5}-\dfrac{5x_1-8}{2x_1-5}}=\dfrac{3y_2(2x_1-5)-3y_1(2x_2-5)}{(5x_2-8)(2x_1-5)-(5x_1-8)(2x_2-5)}$

$=\dfrac{3k_1(x_2+1)(2x_1-5)-3k_1(x_1+1)(2x_2-5)}{(5x_2-8)(2x_1-5)-(5x_1-8)(2x_2-5)}=\dfrac{7k_1(x_1-x_2)}{3(x_1-x_2)}=\dfrac{7}{3}k_1$.

因此,$\dfrac{k_2}{k_1}=\dfrac{7}{3}$,即$\dfrac{k_2}{k_1}$为定值.

精练5解析

(1)椭圆C的方程为$\dfrac{x^2}{4}+y^2=1$.

(2)由(1)得$A(2,0)$,$B(0,1)$,设点$P(x_0,y_0)$,且$x_0^2+4y_0^2=4$.

(i)当$x_0\neq 0$时.

直线PA的方程为$y=\dfrac{y_0}{x_0-2}(x-2)$,令$x=0$,得$y_M=-\dfrac{2y_0}{x_0-2}$,从而$|BM|=|1-y_M|=\left|1+\dfrac{2y_0}{x_0-2}\right|$.

直线 PB 的方程为 $y=\dfrac{y_0-1}{x_0}x+1$,令 $y=0$,得 $x_N=-\dfrac{x_0}{y_0-1}$. 从而 $|AN|=|2-x_N|=\left|2+\dfrac{x_0}{y_0-1}\right|$.

于是
$$|AN|\cdot|BM|=\left|2+\dfrac{x_0}{y_0-1}\right|\cdot\left|1+\dfrac{2y_0}{x_0-2}\right|=\left|\dfrac{x_0^2+4y_0^2+4x_0y_0-4x_0-8y_0+4}{x_0y_0-x_0-2y_0+2}\right|$$
$$=\left|\dfrac{4x_0y_0-4x_0-8y_0+8}{x_0y_0-x_0-2y_0+2}\right|=4.$$

(ii)当 $x_0=0$ 时,$y_0=-1$,由 $|BM|=2$,$|AN|=2$ 得 $|AN|\cdot|BM|=4$.

综上,$|AN|\cdot|BM|$ 为定值.

精练 6 解析

(1)设直线 FM 的斜率为 $k(k>0)$,由题意解得 $k=\dfrac{\sqrt{3}}{3}$. (2)由题意得椭圆方程为 $\dfrac{x^2}{3}+\dfrac{y^2}{2}=1$.

(3)设点 $P(x,y)$,直线 FP 的斜率为 t,故 $t=\dfrac{y}{x+1}$,即 $y=t(x+1)$ $(x\neq -1)$.

直线 FP 与椭圆方程联立 $\begin{cases}y=t(x+1)\\\dfrac{x^2}{3}+\dfrac{y^2}{2}=1\end{cases}$,消去 y 得 $2x^2+3t^2(x+1)^2=6$.

由题意得 $t=\sqrt{\dfrac{6-2x^2}{3(x+1)^2}}>\sqrt{2}$,解得 $-\dfrac{3}{2}<x<-1$ 或 $-1<x<0$.

设直线 OP 的斜率为 m,得 $m=\dfrac{y}{x}$,即 $y=mx(x\neq 0)$,与椭圆方程联立,整理可得 $m^2=\dfrac{2}{x^2}-\dfrac{2}{3}$.

(i)当 $x\in\left(-\dfrac{3}{2},-1\right)$ 时,有 $y=t(x+1)<0$,因此 $m>0$,故 $m=\sqrt{\dfrac{2}{x^2}-\dfrac{2}{3}}$,得 $m\in\left(\dfrac{\sqrt{2}}{3},\dfrac{2\sqrt{3}}{3}\right)$.

(ii)当 $x\in(-1,0)$ 时,有 $y=t(x+1)>0$,因此 $m<0$,故 $m=-\sqrt{\dfrac{2}{x^2}-\dfrac{2}{3}}$,得 $m\in\left(-\infty,-\dfrac{2\sqrt{3}}{3}\right)$.

综上,直线 OP 的斜率的取值范围是 $\left(-\infty,-\dfrac{2\sqrt{3}}{3}\right)\cup\left(\dfrac{\sqrt{2}}{3},\dfrac{2\sqrt{3}}{3}\right)$.

精练 7 解析

当直线 l 的斜率不存在时,这样的直线 l 恰好有 2 条,即 $x=5\pm r$,故 $0<r<5$.

当直线 l 的斜率存在时,这样的直线 l 有 2 条即可.

设点 $A(x_1,y_1)$,$B(x_2,y_2)$,$M(x_0,y_0)$,故 $\begin{cases}x_1+x_2=2x_0\\y_1+y_2=2y_0\end{cases}$.

由题意得 $\begin{cases}y_1^2=4x_1\\y_2^2=4x_2\end{cases}$,两式相减得 $(y_1+y_2)(y_1-y_2)=4(x_1-x_2)$,故 $k_{AB}=\dfrac{y_1-y_2}{x_1-x_2}=\dfrac{4}{y_1+y_2}=\dfrac{2}{y_0}$.

设圆心为 $C(5,0)$,故 $k_{CM}=\dfrac{y_0}{x_0-5}$,因为直线 l 与圆相切,所以 $\dfrac{2}{y_0}\cdot\dfrac{y_0}{x_0-5}=-1$,解得 $x_0=3$.

于是 $y_0^2=r^2-4$,$r>2$. 因为 $y_0^2<4x_0$,即 $r^2-4<12$,所以 $0<r<4$,且 $0<r<5$,$r>2$,故 $2<r<4$.

4.2 设点法

精练 1 解析

(1)设 $F(c,0)$,因为 $b=1$,所以 $c=\sqrt{a^2+1}$.

直线 OB 的方程为 $y=-\dfrac{1}{a}x$,直线 BF 的方程为 $y=\dfrac{1}{a}(x-c)$,解得 $B\left(\dfrac{c}{2},-\dfrac{c}{2a}\right)$.

直线 OA 的方程 $y=\dfrac{1}{a}x$,由 $A\left(c,\dfrac{c}{a}\right)$ 得 $k_{AB}=\dfrac{\dfrac{c}{a}-\left(-\dfrac{c}{2a}\right)}{c-\dfrac{c}{2}}=\dfrac{3}{a}$.

又因为 $AB\perp OB$,所以 $\dfrac{3}{a}\cdot\left(-\dfrac{1}{a}\right)=-1$,解得 $a^2=3$,故双曲线 C 的方程为 $\dfrac{x^2}{3}-y^2=1$.

(2)由(1)得 $a=\sqrt{3}$,直线 l 的方程为 $\dfrac{x_0 x}{3}-y_0 y=1(y_0\neq 0)$,即 $y=\dfrac{x_0 x-3}{3y_0}$.

因为直线 AF 的方程为 $x=2$,所以直线 l 与 AF 的交点为 $M\left(2,\dfrac{2x_0-3}{3y_0}\right)$.

直线 l 与直线 $x=\dfrac{3}{2}$ 的交点为 $N\left(\dfrac{3}{2},\dfrac{\dfrac{3}{2}x_0-3}{3y_0}\right)$.

于是 $\dfrac{|MF|^2}{|NF|^2}=\dfrac{\dfrac{(2x_0-3)^2}{(3y_0)^2}}{\dfrac{1}{4}+\dfrac{\left(\dfrac{3}{2}x_0-3\right)^2}{(3y_0)^2}}=\dfrac{(2x_0-3)^2}{\dfrac{9y_0^2}{4}+\dfrac{9}{4}(x_0-2)^2}=\dfrac{4}{3}\cdot\dfrac{(2x_0-3)^2}{3y_0^2+3(x_0-2)^2}$ ①.

因为 $P(x_0,y_0)$ 是双曲线 C 上一点,所以 $\dfrac{x_0^2}{3}-y_0^2=1$ ②.

将式②代入式①得 $\dfrac{|MF|^2}{|NF|^2}=\dfrac{4}{3}\cdot\dfrac{(2x_0-3)^2}{x_0^2-3+3(x_0-2)^2}=\dfrac{4}{3}\cdot\dfrac{(2x_0-3)^2}{4x_0^2-12x_0+9}=\dfrac{4}{3}$,故 $\dfrac{|MF|}{|NF|}=\dfrac{2\sqrt{3}}{3}$.

精练2解析

(1)由题意得 $c=2$ ①.因为双曲线的渐近线方程为 $y=\pm\dfrac{b}{a}x=\pm\sqrt{3}x$,所以 $\dfrac{b}{a}=\sqrt{3}$ ②.

又因为 $c^2=a^2+b^2$ ③,所以联立式①②③得 $a=1,b=\sqrt{3}$,故双曲线 C 的方程为 $x^2-\dfrac{y^2}{3}=1$.

(2)由题意得直线 PQ 的斜率存在且不为 0,设直线 PQ 的方程为 $y=kx+b(k\neq 0)$.

将直线 PQ 的方程代入双曲线 C 的方程,消去 y 得 $(3-k^2)x^2-2kbx-b^2-3=0$.

由韦达定理得 $x_1+x_2=\dfrac{2kb}{3-k^2}$,$x_1 x_2=-\dfrac{b^2+3}{3-k^2}>0$,且 $3-k^2<0$.

从而 $x_1-x_2=\sqrt{(x_1+x_2)^2-4x_1x_2}=\dfrac{2\sqrt{3(b^2+3-k^2)}}{k^2-3}$.

设点 M 的坐标为 (x_M,y_M),则 $\begin{cases}y_M-y_1=-\sqrt{3}(x_M-x_1)\\y_M-y_2=\sqrt{3}(x_M-x_2)\end{cases}$.

两式相减得 $y_1-y_2=2\sqrt{3}x_M-\sqrt{3}(x_1+x_2)$.

因为 $y_1-y_2=(kx_1+b)-(kx_2+b)=k(x_1-x_2)$,所以 $2\sqrt{3}x_M=k(x_1-x_2)+\sqrt{3}(x_1+x_2)$,解得 $x_M=\dfrac{k\sqrt{b^2+3-k^2}-kb}{k^2-3}$.

两式相加得 $2y_M-(y_1+y_2)=\sqrt{3}(x_1-x_2)$.

又因为 $y_1+y_2=(kx_1+b)+(kx_2+b)=k(x_1+x_2)+2b$,所以 $2y_M=k(x_1+x_2)+\sqrt{3}(x_1-x_2)+2b$,解得 $y_M=\dfrac{3\sqrt{b^2+3-k^2}-3b}{k^2-3}=\dfrac{3}{k}x_M$.

因此,点 M 的轨迹为直线 $y=\dfrac{3}{k}x$,其中 k 为直线 PQ 的斜率.

若选择(i)(ii):因为 $PQ\parallel AB$,所以直线 AB 的方程为 $y=k(x-2)$.

设 $A(x_A,y_A),B(x_B,y_B)$,不妨令点 A 在直线 $y=\sqrt{3}x$ 上.

联立 $\begin{cases} y_A = k(x_A - 2) \\ y_A = \sqrt{3} x_A \end{cases}$,解得 $x_A = \dfrac{2k}{k-\sqrt{3}}$, $y_A = \dfrac{2\sqrt{3}k}{k-\sqrt{3}}$.同理可得 $x_B = \dfrac{2k}{k+\sqrt{3}}$, $y_B = -\dfrac{2\sqrt{3}k}{k+\sqrt{3}}$.

从而 $x_A + x_B = \dfrac{4k^2}{k^2-3}$, $y_A + y_B = \dfrac{12k}{k^2-3}$.

又因为点 M 的坐标满足 $\begin{cases} y_M = k(x_M - 2) \\ y_M = \dfrac{3}{k} x_M \end{cases}$,所以得 $x_M = \dfrac{2k^2}{k^2-3} = \dfrac{x_A + x_B}{2}$, $y_M = \dfrac{6k}{k^2-3} = \dfrac{y_A + y_B}{2}$.

因此,点 M 为 AB 的中点,即 $|MA| = |MB|$.

若选择 (i)(iii):当直线 AB 的斜率不存在时,点 M 即为点 $F(2,0)$,此时 M 不在直线 $y = \dfrac{3}{k}x$ 上,故舍去.

当直线 AB 的斜率存在时,易知直线 AB 的斜率不为 0.

设直线 AB 的方程为 $y = m(x-2)(m \neq 0)$, $A(x_A, y_A)$, $B(x_B, y_B)$,不妨令点 A 在直线 $y = \sqrt{3}x$ 上.

联立 $\begin{cases} y_A = m(x_A - 2) \\ y_A = \sqrt{3} x_A \end{cases}$,解得 $x_A = \dfrac{2m}{m-\sqrt{3}}$, $y_A = \dfrac{2\sqrt{3}m}{m-\sqrt{3}}$.同理可得 $x_B = \dfrac{2m}{m+\sqrt{3}}$, $y_B = -\dfrac{2\sqrt{3}m}{m+\sqrt{3}}$.

因为点 M 在直线 AB 上,且 $|MA| = |MB|$,所以 $x_M = \dfrac{x_A + x_B}{2} = \dfrac{2m^2}{m^2-3}$, $y_M = \dfrac{y_A + y_B}{2} = \dfrac{6m}{m^2-3}$.

又因为点 M 在直线 $y = \dfrac{3}{k}x$ 上,所以 $\dfrac{6m}{m^2-3} = \dfrac{3}{k} \cdot \dfrac{2m^2}{m^2-3}$,解得 $k = m$,因此 $PQ \parallel AB$.

若选择 (ii)(iii):因为 $PQ \parallel AB$,所以直线 AB 的方程为 $y = k(x-2)$.

设 $A(x_A, y_A)$, $B(x_B, y_B)$,不妨令点 A 在直线 $y = \sqrt{3}x$ 上.

联立 $\begin{cases} y_A = k(x_A - 2) \\ y_A = \sqrt{3} x_A \end{cases}$,解得 $x_A = \dfrac{2k}{k-\sqrt{3}}$, $y_A = \dfrac{2\sqrt{3}k}{k-\sqrt{3}}$,同理可得 $x_B = \dfrac{2k}{k+\sqrt{3}}$, $y_B = -\dfrac{2\sqrt{3}k}{k+\sqrt{3}}$.

设直线 AB 的中点为 $C(x_C, y_C)$,故 $x_C = \dfrac{x_A + x_B}{2} = \dfrac{2k^2}{k^2-3}$, $y_C = \dfrac{y_A + y_B}{2} = \dfrac{6k}{k^2-3}$.

因为 $|MA| = |MB|$,所以点 M 在直线 AB 的垂直平分线上,故点 M 在直线 $y - y_C = -\dfrac{1}{k}(x - x_C)$,即 $y - \dfrac{6k}{k^2-3} = -\dfrac{1}{k}\left(x - \dfrac{2k^2}{k^2-3}\right)$ 上,与 $y = \dfrac{3}{k}x$ 联立得 $x_M = \dfrac{2k^2}{k^2-3} = x_C$, $y_M = \dfrac{6k}{k^2-3} = y_C$,即点 M 恰为直线 AB 的中点,故点 M 在直线 AB 上.

精练 3 解析

(1) 由题意得 $a = |OD| + |BD| = \dfrac{2}{3} + \dfrac{4}{3} = 2$,故 C 的方程为 $\dfrac{x^2}{4} + \dfrac{y^2}{b^2} = 1$.

将点 $\left(\dfrac{2}{3}, \dfrac{4}{3}\right)$ 代入方程得 $\dfrac{1}{9} + \dfrac{16}{9b^2} = 1$,解得 $b^2 = 2$,故椭圆 C 的方程为 $\dfrac{x^2}{4} + \dfrac{y^2}{2} = 1$.

(2) 因为直线 PQ 不与 x 轴重合,所以可设直线 PQ 的方程为 $x = my + \dfrac{2}{3}$.

设点 $P(x_1, y_1)$, $Q(x_2, y_2)$,联立方程 $\begin{cases} x = my + \dfrac{2}{3} \\ \dfrac{x^2}{4} + \dfrac{y^2}{2} = 1 \end{cases}$,消去 x 得 $(m^2 + 2)y^2 + \dfrac{4m}{3}y - \dfrac{32}{9} = 0$.

由韦达定理得 $y_1 + y_2 = \dfrac{-4m}{3(m^2+2)}$, $y_1 \cdot y_2 = \dfrac{-32}{9(m^2+2)}$.

直线 AP 的方程为 $y = \dfrac{y_1}{x_1 + 2}(x + 2)$,令 $x = t$,解得 $y = \dfrac{(t+2)y_1}{x_1 + 2}$,故点 $M\left(t, \dfrac{(t+2)y_1}{x_1 + 2}\right)$.

同理可得点 $N\left(t, \dfrac{(t+2)y_2}{x_2 + 2}\right)$.

由 $MD \perp ND$ 得 $k_{MD} \cdot k_{ND} = -1$，即 $\dfrac{(t+2)y_1}{\left(t-\frac{2}{3}\right)(x_1+2)} \cdot \dfrac{(t+2)y_2}{\left(t-\frac{2}{3}\right)(x_2+2)} = -1$.

整理得 $(t+2)^2 y_1 y_2 + \left(t-\dfrac{2}{3}\right)^2 \left(my_1+\dfrac{8}{3}\right) \cdot \left(my_2+\dfrac{8}{3}\right) = 0$.

展开得 $(t+2)^2 y_1 y_2 + \left(t-\dfrac{2}{3}\right)^2 \left[m^2 y_1 y_2 + \dfrac{8m}{3}(y_1+y_2) + \dfrac{64}{9}\right] = 0$.

将韦达定理代入上式得 $\dfrac{-32(t+2)^2}{9(m^2+2)} + \left(t-\dfrac{2}{3}\right)^2 \left[\dfrac{-32m^2}{9(m^2+2)} - \dfrac{32m^2}{9(m^2+2)} + \dfrac{64}{9}\right] = 0$.

化简得 $-32(t+2)^2 + \left(t-\dfrac{2}{3}\right)^2 [-32m^2 - 32m^2 + 64(m^2+2)] = 0$，即 $(t+2)^2 - 4\left(t-\dfrac{2}{3}\right)^2 = 0$.

解得 $t = -\dfrac{2}{9}$ 或 $t = \dfrac{10}{3}$.

精练4解析

(1) 设点 $A(x_1, y_1)$，$B(x_2, y_2)$，由题意得点 F 的坐标为 $(0,1)$，直线 AB 方程为 $y = x+1$.

联立方程 $\begin{cases} x = y-1 \\ x^2 = 4y \end{cases}$，消去 x 得 $y^2 - 6y + 1 = 0$，由韦达定理得 $y_1 + y_2 = 6$，故 $|AB| = y_1 + y_2 + 2 = 8$.

(2) 设点 $A\left(x_1, \dfrac{x_1^2}{4}\right)$，$B\left(x_2, \dfrac{x_2^2}{4}\right)$，$C\left(x_3, \dfrac{x_3^2}{4}\right)$，$D\left(x_4, \dfrac{x_4^2}{4}\right)$，其中 $x_2 > x_1$，显然 $x_1 < 0 < x_2$.

由 $\overrightarrow{AB} = \lambda \overrightarrow{CD}$ 得 $AB \parallel CD$，$\dfrac{|AB|}{|CD|} = \lambda$. 于是 $\dfrac{|AB|}{|CD|} = \dfrac{|PA|}{|PC|}$，即 $\overrightarrow{PA} = \lambda \overrightarrow{PC}$，故 $\dfrac{x_1^2}{4} = \lambda \dfrac{x_3^2}{4}$，得 $x_3 = \pm \dfrac{x_1}{\sqrt{\lambda}}$.

同理 $x_4 = \pm \dfrac{x_2}{\sqrt{\lambda}}$，显然 $x_4 = \dfrac{x_2}{\sqrt{\lambda}}$，故 $D\left(\dfrac{x_2}{\sqrt{\lambda}}, \dfrac{x_2^2}{4\lambda}\right)$.

设直线 AB 的方程为 $y = kx+1$，代入 $x^2 = 4y$ 得 $x^2 - 4kx - 4 = 0$，$\Delta > 0$，由韦达定理得 $\begin{cases} x_1 + x_2 = 4k \\ x_1 x_2 = -4 \end{cases}$.

(i) 当 $x_3 = \dfrac{x_1}{\sqrt{\lambda}}$ 时，则 $C\left(\dfrac{x_1}{\sqrt{\lambda}}, \dfrac{x_1^2}{4\lambda}\right)$，此时 $k_{CD} = \dfrac{\dfrac{1}{4\lambda}(x_2^2 - x_1^2)}{\dfrac{1}{\sqrt{\lambda}}(x_2 - x_1)} = \dfrac{1}{4\sqrt{\lambda}}(x_2 + x_1)$.

整理得 $k = \dfrac{1}{4\sqrt{\lambda}} \times 4k$，解得 $\lambda = 1$，不符合题意，故舍去.

(ii) 当 $x_3 = -\dfrac{x_1}{\sqrt{\lambda}}$ 时，则 $C\left(-\dfrac{x_1}{\sqrt{\lambda}}, \dfrac{x_1^2}{4\lambda}\right)$，此时 $k_{CD} = \dfrac{\dfrac{1}{4\lambda}(x_2^2 - x_1^2)}{\dfrac{1}{\sqrt{\lambda}}(x_2 + x_1)} = \dfrac{1}{4\sqrt{\lambda}}(x_2 - x_1)$.

整理得 $k = \dfrac{1}{4\sqrt{\lambda}} \sqrt{(x_1+x_2)^2 - 4x_1 x_2} = \dfrac{1}{4\sqrt{\lambda}} \cdot \sqrt{16k^2 + 16}$，即 $\dfrac{1}{\sqrt{\lambda}} \sqrt{k^2+1} = k$，解得 $\lambda = \dfrac{k^2+1}{k^2}$.

由 $\overrightarrow{PA} = \lambda \overrightarrow{PC}$ 得 $x_1 - 1 = \lambda\left(-\dfrac{x_1}{\sqrt{\lambda}} - 1\right)$，即 $x_1 = 1 - \sqrt{\lambda}$，故 $x_1 = 1 - \dfrac{\sqrt{k^2+1}}{k}$.

由 $x^2 - 4kx - 4 = 0$ 得 $x_1 = 2k - 2\sqrt{k^2+1}$.

从而 $1 - \dfrac{\sqrt{k^2+1}}{k} = 2k - 2\sqrt{k^2+1}$，故 $\left(\dfrac{\sqrt{k^2+1}}{k} - 1\right)(2k - 1) = 0$.

由 $\dfrac{\sqrt{k^2+1}}{k} > 1$ 得 $2k - 1 = 0$，解得 $k = \dfrac{1}{2}$，故 $\lambda = \dfrac{\left(\dfrac{1}{2}\right)^2 + 1}{\left(\dfrac{1}{2}\right)^2} = 5$.

精练5解析

设点 $M(a\cos\alpha, \sin\alpha)$，直线 $AB: x - ay - a = 0$.

点 M 到直线 AB 的距离 $d = \dfrac{a}{\sqrt{1+a^2}} \left|\sqrt{2}\cos\left(\theta + \dfrac{\pi}{4}\right) - 1\right| \leqslant \dfrac{(\sqrt{2}+1)a}{\sqrt{a^2+1}}$.

因为 $\triangle MAB$ 的面积最大为 $\sqrt{2}+1$,所以 $a=2$.

从而 $|NF_1|+|NF_2|=4$,令 $|NF_2|=t$,$|NF_1|=4-t$,$t\in(0,4)$,代入 $\dfrac{|NF_1|\cdot|NF_2|}{|NF_1|+9|NF_2|}$,求导得最大值为 $\dfrac{1}{4}$.

精练6解析

法一:设椭圆 C 上的点 $P(\sqrt{2}\cos\alpha,\sin\alpha)$,则 $d=\dfrac{|\sqrt{2}\cos\alpha-\sin\alpha+3|}{\sqrt{2}}\leqslant\dfrac{\sqrt{3}+3}{\sqrt{2}}=\dfrac{\sqrt{6}+3\sqrt{2}}{2}$.

法二:设与直线 $l:y=x+3$ 平行且与椭圆相切的直线(记为 l_1)的方程为 $y=x+m(m\neq 3)$.

联立方程 $\begin{cases} y=x+m \\ \dfrac{x^2}{2}+y^2=1 \end{cases}$,消去 y 得 $3x^2+4mx+2m^2-2=0$.

令 $\Delta=16m^2-24(m^2-1)=0$,解得 $m=\pm\sqrt{3}$,从而直线 l_1 的方程为 $y=x+\sqrt{3}$ 或 $y=x-\sqrt{3}$.
要求椭圆 C 上的点到直线 l 的距离的最大值,即求直线 $y=x+3$ 与直线 $y=x-\sqrt{3}$ 之间的距离,由平行线间距离公式得 $\dfrac{|3+\sqrt{3}|}{\sqrt{2}}=\dfrac{3\sqrt{2}+\sqrt{6}}{2}$.

精练7解析

(1)设点 $A(x,y)$,由 $|AE|=\sqrt{2}|AF|$ 得 $|AE|^2=2|AF|^2$,整理得 $(x-\sqrt{2})^2+y^2=2\left[\left(x-\dfrac{\sqrt{2}}{2}\right)^2+y^2\right]$,化简得 $x^2+y^2=1$,故曲线 C 的方程为 $x^2+y^2=1$.

(2)设 $M(r_1\cos\theta,r_1\sin\theta)$,由题意得 $N\left(r_2\cos\left(\theta+\dfrac{\pi}{2}\right),r_2\sin\left(\theta+\dfrac{\pi}{2}\right)\right)$,

将点 M 的坐标代入双曲线方程,得 $\dfrac{(r_1\cos\theta)^2}{4}-\dfrac{(r_1\sin\theta)^2}{9}=1$,即 $\dfrac{\cos^2\theta}{4}-\dfrac{\sin^2\theta}{9}=\dfrac{1}{r_1^2}$.

同理可得 $\dfrac{\sin^2\theta}{4}-\dfrac{\cos^2\theta}{9}=\dfrac{1}{r_2^2}$,从而 $\dfrac{1}{r_1^2}+\dfrac{1}{r_2^2}=\dfrac{\sin^2\theta+\cos^2\theta}{4}-\dfrac{\sin^2\theta+\cos^2\theta}{9}=\dfrac{5}{36}$.

作直线 $OD\perp l$,垂足为 D,故 $\dfrac{1}{|OD|^2}=\dfrac{1}{r_1^2}+\dfrac{1}{r_2^2}=\dfrac{5}{36}$,即 $|OD|=\dfrac{6\sqrt{5}}{5}$,可得直线 l 与圆心在原点,半径为 $\dfrac{6}{5}\sqrt{5}$ 的圆 $x^2+y^2=\dfrac{36}{5}$ 相切.因为点 A 在圆 $x^2+y^2=1$ 上,且圆 $x^2+y^2=\dfrac{36}{5}$ 与 $x^2+y^2=1$ 是同心圆,所以点 A 到直线 l 的距离 d 的取值范围是 $\dfrac{6\sqrt{5}}{5}-1\leqslant d\leqslant\dfrac{6\sqrt{5}}{5}+1$.

技法5 解题支柱之直线斜率

5.1 斜率相等

精练1解析

(1)由题意得 $\dfrac{\sqrt{a^2-b^2}}{a}=\dfrac{\sqrt{3}}{3}$,$b=2$,从而 $a=\sqrt{6}$,故椭圆的方程为 $\dfrac{x^2}{6}+\dfrac{y^2}{4}=1$.

(2)直线 l 的方程为 $y=kx+1(k\neq 0)$,设点 $C(x_1,y_1)$,$D(x_2,y_2)$.

联立方程 $\begin{cases} \dfrac{x^2}{6}+\dfrac{y^2}{4}=1 \\ y=kx+1 \end{cases}$,消去 y 得 $(2+3k^2)x^2+6kx-9=0$,故 $x_1+x_2=-\dfrac{6k}{2+3k^2}$.

又因为 $E(0,1)$,$F\left(-\dfrac{1}{k},0\right)$,$\overrightarrow{FC}=\overrightarrow{DE}$,所以 $\left(x_1+\dfrac{1}{k},y_1\right)=(-x_2,1-y_2)$.

从而 $x_1+x_2=-\dfrac{1}{k}$,即 $-\dfrac{6k}{2+3k^2}=-\dfrac{1}{k}$,解得 $k=\pm\dfrac{\sqrt{6}}{3}$.

(3)由题意得 $A(0,2)$,$B(0,-2)$,设直线 AC 和直线 BD 的斜率分别为 k_1 和 k_2.

由斜率公式得 $k_1=\dfrac{y_1-2}{x_1}$,$k_2=\dfrac{y_2+2}{x_2}$.

从而可得 $k_1^2-k_2^2=\dfrac{(y_1-2)^2}{x_1^2}-\dfrac{(y_2+2)^2}{x_2^2}=\dfrac{(y_1-2)^2}{\dfrac{3}{2}(4-y_1^2)}-\dfrac{(y_2+2)^2}{\dfrac{3}{2}(4-y_2^2)}=\dfrac{2}{3}\left(\dfrac{2-y_1}{2+y_1}-\dfrac{2+y_2}{2-y_2}\right)=\dfrac{-8(y_1+y_2)}{3(2+y_1)(2-y_2)}$.

因为 $y_1+y_2=k(x_1+x_2)+2=\dfrac{4}{2+3k^2}\neq 0(k\in\mathbf{R})$,所以使直线 AC 平行于直线 BD 的实数 k 不存在.

精练 2 解析

(1)抛物线 $y^2=2px(p>0)$ 的焦点为 $\left(\dfrac{p}{2},0\right)$,准线方程为 $x=-\dfrac{p}{2}$.

由抛物线定义得 $2=1+\dfrac{p}{2}$,解得 $p=2$,从而抛物线 C 的标准方程为 $y^2=4x$,故 $y_0=2$.

(2)法一:如图 1 所示,设直线 BM 的方程为 $x=my+t$,点 $M(x_1,y_1)$,$B(x_2,y_2)$,$P(y_1-2,y_1)$.

联立方程 $\begin{cases}x=my+t,\\ y^2=4x\end{cases}$,消去 x 得 $y^2-4my-4t=0$.

$\Delta=16m^2+16t>0$,由韦达定理得 $y_1+y_2=4m$,$y_1y_2=-4t$.

由(1)可知 $A(1,2)$,当 $x_2=1$ 时,$B(1,-2)$,$P(1,3)$,$M\left(\dfrac{9}{4},3\right)$.

此时直线 BM 的方程为 $y=4x-6$.

若 $x_2\neq 1$,则 $y_1\neq 3$,因为点 A,B,P 三点共线,所以 $\dfrac{y_1-2}{y_1-3}=\dfrac{y_2-2}{x_2-1}$.

整理得 $(y_1-2)(x_2-1)=(y_1-3)(y_2-2)$.

又因为 $x_2=my_2+t$,所以 $(y_1-2)(my_2+t-1)=(y_1-3)(y_2-2)$.

展开得 $my_1y_2+(t-1)y_1-2my_2+2-2t=y_1y_2-2y_1-3y_2+6$.

化简得 $(m-1)y_1y_2+(t+1)y_1+(3-2m)y_2-2t-4=0$.

因为 $y_1+y_2=4m$,$y_1y_2=-4t$,所以 $-4t(m-1)+(2-2m-t)y_2+4tm+4m-2t-4=0$.

整理得 $2t+4m-4+(2-2m-t)y_2=0$,即 $(2-2m-t)(y_2-2)=0$.

又因为 $y_2\neq 2$,所以 $2-2m-t=0$,满足 $\Delta>0$.

此时直线 BM 的方程为 $x=my+t=my+2-2m=m(y-2)+2$,直线 BM 恒过定点 $(2,2)$.

易知直线 $y=4x-6$ 也过点 $(2,2)$.综上,直线 BM 过定点 $(2,2)$.

法二:设直线 BM 的方程为 $x=my+n$,点 $M\left(\dfrac{y_1^2}{4},y_1\right)$,$B\left(\dfrac{y_2^2}{4},y_2\right)$.

联立方程 $\begin{cases}x=my+n,\\ y^2=4x,\end{cases}$ 消去 x 得 $y^2-4my-4n=0$.

$\Delta=16m^2+16n>0$,由韦达定理得 $y_1+y_2=4m$,$y_1y_2=-4n$.

若直线 AB 的斜率存在,则直线 AB 的斜率 $k=\dfrac{y_2-2}{\dfrac{y_2^2}{4}-1}=\dfrac{4}{y_2+2}$.

从而直线 AB 的方程为 $y-2=\dfrac{4}{y_2+2}(x-1)$,即 $y=\dfrac{4}{y_2+2}x+\dfrac{2y_2}{y_2+2}$.

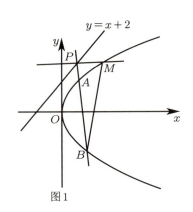

图1

联立直线 AB 的方程与 $x-y+2=0$ 得 $\begin{cases} y=\dfrac{4}{y_2+2}x+\dfrac{2y_2}{y_2+2} \\ y=x+2 \end{cases}$, 解得 $y=\dfrac{2y_2-8}{y_2-2}$.

于是有 $\dfrac{2y_2-8}{y_2-2}=y_1$, 整理得 $2y_1+2y_2-y_1y_2=8$.

将韦达定理代入上式得 $n=2-2m$, 满足 $\Delta>0$.

故直线 BM 的方程为 $x-2=m(y-2)$, 因此直线 BM 过定点 $(2,2)$.

若直线 AB 的斜率不存在,则直线 AB 的方程为 $x=1$.

从而点 P 的坐标为 $(1,3)$, 点 M 的坐标为 $\left(\dfrac{9}{4},3\right)$.

此时直线 BM 的方程为 $y=4x-6$, 直线 BM 过点 $(2,2)$.

综上, 直线 BM 过定点 $(2,2)$.

5.2 直线垂直

精练1解析

由题意得 OA 的斜率存在, 设直线 OA 的方程为 $y=kx$.

联立方程 $\begin{cases} y=kx \\ x^2+2y^2=4 \end{cases}$, 解得 $\begin{cases} x^2=\dfrac{4}{1+2k^2} \\ y^2=\dfrac{4k^2}{1+2k^2} \end{cases}$, 即 $|OA|^2=\dfrac{4+4k^2}{1+2k^2}$.

因为 $OA \perp OB$, 所以可设直线 OB 的方程为 $y=-\dfrac{1}{k}x$.

两直线联立可得 $\begin{cases} y=2 \\ y=-\dfrac{1}{k}x \end{cases}$, 解得 $\begin{cases} x=-2k \\ y=2 \end{cases}$, 即 $|OB|^2=4+4k^2$.

于是 $\dfrac{1}{|OA|^2}+\dfrac{1}{|OB|^2}=\dfrac{1+2k^2}{4+4k^2}+\dfrac{1}{4+4k^2}=\dfrac{1}{2}$.

设 O 到直线 AB 的距离为 d, $\dfrac{1}{d^2}=\dfrac{1}{|OA|^2}+\dfrac{1}{|OB|^2}=\dfrac{1}{2} \Rightarrow d=\sqrt{2}$, 故直线 AB 与圆 $x^2+y^2=2$ 相切.

精练2解析

当直线 PQ, MN 的斜率存在且不为 0 时, 设直线 $l_1: y=k(x-1)$.

直线 l_1 方程与椭圆方程联立, 消去 y 得 $(1+2k^2)x^2-4k^2x+2k^2-4=0$.

设点 $P(x_1,y_1), Q(x_2,y_2)$, 由韦达定理得 $x_1+x_2=\dfrac{4k^2}{1+2k^2}$, $x_1x_2=\dfrac{2k^2-4}{1+2k^2}$.

线段 PQ 的中点 $T\left(\dfrac{2k^2}{1+2k^2},\dfrac{-k}{1+2k^2}\right)$, 同理可得线段 MN 的中点 $S\left(\dfrac{2}{2+k^2},\dfrac{k}{2+k^2}\right)$.

当 $k=\pm 1$ 时, $T\left(\dfrac{2}{3},\mp\dfrac{1}{3}\right)$, $S\left(\dfrac{2}{3},\pm\dfrac{1}{3}\right)$, $l_{TS}:x=\dfrac{2}{3}$.

当 $k\neq\pm 1$ 时, 因为 $k_{TS}=\dfrac{-3k}{2(k^2-1)}$, 所以 $l_{TS}:y+\dfrac{k}{1+2k^2}=\dfrac{-3k}{2(k^2-1)}\left(x-\dfrac{2k^2}{1+2k^2}\right)$.

整理得 $l_{TS}:y=\dfrac{-3k}{2(k^2-1)}\left(x-\dfrac{2}{3}\right)$, 即直线 ST 过定点 $\left(\dfrac{2}{3},0\right)$.

当直线 PQ, MN 的斜率一个为 0、一个不存在时, 可知直线 ST 的方程为 $y=0$, 过定点 $\left(\dfrac{2}{3},0\right)$.

综上, 直线 ST 过定点 $\left(\dfrac{2}{3},0\right)$.

精练3解析

因为在直线 l 上任取一点 P,都存在实数 λ 使得 $\overrightarrow{PD}=\lambda\left(\dfrac{\overrightarrow{PA}}{|\overrightarrow{PA}|}+\dfrac{\overrightarrow{PC}}{|\overrightarrow{PC}|}\right)$,所以 $\overrightarrow{PD}$ 和 $\angle APC$ 的角平分线上. 又因为线段 AC 的中点为点 D,所以 $\triangle APC$ 是等腰三角形,故直线 PD 是线段 AC 的垂直平分线. 设直线 l 的方程为 $y-6=-\dfrac{x_1-x_2}{y_1-y_2}\left(x-\dfrac{x_1+x_2}{2}\right)$,即 $y-6=-\dfrac{x_1-x_2}{y_1-y_2}x+\dfrac{x_1^2-x_2^2}{2(y_1-y_2)}$.

又因为 $\dfrac{y_1^2}{12}-\dfrac{x_1^2}{13}=1,\dfrac{y_2^2}{12}-\dfrac{x_2^2}{13}=1$,所以作差得 $x_1^2-x_2^2=13(y_1-y_2)$.

从而直线 l 的方程为 $y-6=-\dfrac{x_1-x_2}{y_1-y_2}x+\dfrac{13}{2}$,故直线 l 恒过点 $\left(0,\dfrac{25}{2}\right)$.

精练 4 解析

由 $OP\perp OQ$ 得 $\dfrac{1}{|OP|^2}+\dfrac{1}{|OQ|^2}=\dfrac{3}{4}$,原点 O 到直线 MN 的距离为 d.

从而 $d^2=\dfrac{|OP|^2|OQ|^2}{|OP|^2+|OQ|^2}=\dfrac{4}{3}$,故圆的方程为 $x^2+y^2=\dfrac{4}{3}$.

精练 5 解析

因为 $OM\perp ON$,所以 $\dfrac{1}{|OM|^2}+\dfrac{1}{|ON|^2}=5$.

设原点 O 到直线 MN 的距离为 d,由 $\triangle OMN$ 的面积得 $S^2=\dfrac{1}{4}|OM|^2|ON|^2=\dfrac{1}{4}|MN|^2d^2$.

从而 $\dfrac{1}{d^2}=\dfrac{|MN|^2}{|OM|^2|ON|^2}=\dfrac{|OM|^2+|ON|^2}{|OM|^2|ON|^2}=5$,故直线 MN 恒与一个定圆 $x^2+y^2=\dfrac{1}{5}$ 相切.

精练 6 解析

设点 $P(x_1,y_1),Q(x_2,y_2)$,因为 P,Q 为曲线上两点,所以 $3x_1^2-y_1^2=3,3x_2^2-y_2^2=3$.

又因为 $\overrightarrow{OP}\cdot\overrightarrow{OQ}=0$,所以 $x_1x_2+y_1y_2=0$.

$\dfrac{1}{|OP|^2}+\dfrac{1}{|OQ|^2}=\dfrac{1}{x_1^2+y_1^2}+\dfrac{1}{x_2^2+y_2^2}=\dfrac{4(x_1^2+x_2^2)-6}{9-12(x_1^2+x_2^2)+16x_1^2x_2^2}$ ①.

由 $x_1x_2=-y_1y_2$,两边同时平方得 $x_1^2x_2^2=y_1^2y_2^2$,故 $x_1^2x_2^2=(3x_1^2-3)(3x_2^2-3)\Rightarrow x_1^2x_2^2=\dfrac{9}{8}(x_1^2+x_2^2)-\dfrac{9}{8}$ ②.

将式②代入式①得 $\dfrac{1}{|OP|^2}+\dfrac{1}{|OQ|^2}=\dfrac{2}{3}$.

5.3 倾斜角互余

精练 1 解析

(1)椭圆的方程为 $\dfrac{x^2}{8}+\dfrac{y^2}{4}=1$;双曲线的方程为 $\dfrac{x^2}{4}-\dfrac{y^2}{4}=1$.

(2)设点 $P(x_0,y_0)$,则 $k_1=\dfrac{y_0}{x_0+2},k_2=\dfrac{y_0}{x_0-2}$.

因为点 P 在双曲线 $x^2-y^2=4$ 上,所以 $x_0^2-y_0^2=4$.

因此 $k_1k_2=\dfrac{y_0}{x_0+2}\cdot\dfrac{y_0}{x_0-2}=\dfrac{y_0^2}{x_0^2-4}=1$,即 $k_1k_2=1$.

(3)如图2所示,设点 $A(x_1,y_1),B(x_2,y_2)$,直线 PF_1 为 $y=k_1(x+2)$.

将直线 PF_1 代入椭圆方程得 $(2k_1^2+1)x^2+8k_1^2x+8k_1^2-8=0$.

由韦达定理得 $x_1+x_2=\dfrac{-8k_1^2}{2k_1^2+1},x_1x_2=\dfrac{8k_1^2-8}{2k_1^2+1}$.

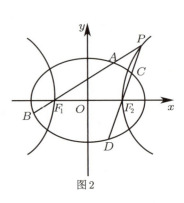

图2

从而 $|AB|=\sqrt{1+k_1^2}\sqrt{(x_1+x_2)^2-4x_1x_2}=\sqrt{1+k_1^2}\sqrt{\left(\dfrac{-8k_1^2}{2k_1^2+1}\right)^2-4\times\dfrac{8k_1^2-8}{2k_1^2+1}}=4\sqrt{2}\dfrac{k_1^2+1}{2k_1^2+1}$.

同理可得 $|CD|=4\sqrt{2}\dfrac{k_2^2+1}{2k_2^2+1}$. 则 $\dfrac{1}{|AB|}+\dfrac{1}{|CD|}=\dfrac{1}{4\sqrt{2}}\left(\dfrac{2k_1^2+1}{k_1^2+1}+\dfrac{2k_2^2+1}{k_2^2+1}\right)$.

又因为 $k_1k_2=1$,所以 $\dfrac{1}{|AB|}+\dfrac{1}{|CD|}=\dfrac{1}{4\sqrt{2}}\left(\dfrac{2k_1^2+1}{k_1^2+1}+\dfrac{\dfrac{2}{k_1^2}+1}{\dfrac{1}{k_1^2}+1}\right)=\dfrac{\sqrt{2}}{8}\left(\dfrac{2k_1^2+1}{k_1^2+1}+\dfrac{k_1^2+2}{k_1^2+1}\right)=\dfrac{3\sqrt{2}}{8}$.

于是 $|AB|+|CD|=\dfrac{3\sqrt{2}}{8}|AB|\cdot|CD|$. 因此存在 $\lambda=\dfrac{3\sqrt{2}}{8}$,使 $|AB|+|CD|=\lambda|AB|\cdot|CD|$ 成立.

精练2解析

(1)由题意得 $a=2,\dfrac{c}{a}=\dfrac{1}{2}$,解得 $a=2,c=1,b=\sqrt{3}$,故椭圆 E 的方程为 $\dfrac{x^2}{4}+\dfrac{y^2}{3}=1$.

(2)要证 $\angle PAN+\angle POM=90°$,只需证明 $\angle PAN=90°-\angle POM$.

两边取正切得 $\tan\angle PAN=\dfrac{1}{\tan\angle POM}$,即 $\tan\angle PAN\cdot\tan\angle POM=1$,故 $k_{AN}\cdot k_{OM}=1$.

设点 $M(6,m),N(6,n)$,只需证明 $\dfrac{n}{6-2}\cdot\dfrac{m}{6}=1$,即 $mn=24$.

设直线 l 的方程为 $y=k(x-6),k\neq 0$.

联立方程 $\begin{cases}\dfrac{x^2}{4}+\dfrac{y^2}{3}=1\\ y=k(x-6)\end{cases}$,消去 y 得 $(3+4k^2)x^2-48k^2x+144k^2-12=0$.

设点 $B(x_1,y_1),C(x_2,y_2),\Delta>0$,由韦达定理得 $x_1+x_2=\dfrac{48k^2}{3+4k^2}$,$x_1x_2=\dfrac{144k^2-12}{3+4k^2}$.

又因为点 A,B,M 三点共线,所以 $\dfrac{m}{4}=\dfrac{y_1}{x_1-2}$,$m=\dfrac{4y_1}{x_1-2}$,同理 $n=\dfrac{4y_2}{x_2-2}$.

从而 $mn=\dfrac{4y_1}{x_1-2}\cdot\dfrac{4y_2}{x_2-2}=\dfrac{16k^2(x_1-6)(x_2-6)}{(x_1-2)(x_2-2)}=\dfrac{16k^2[x_1x_2-6(x_1+x_2)+36]}{x_1x_2-2(x_1+x_2)+4}$.

代入韦达定理得 $mn=\dfrac{16k^2\left(\dfrac{144k^2-12}{3+4k^2}-6\cdot\dfrac{48k^2}{3+4k^2}+36\right)}{\dfrac{144k^2-12}{3+4k^2}-2\cdot\dfrac{48k^2}{3+4k^2}+4}=\dfrac{16k^2\cdot 96}{64k^2}=24$.

故 $\angle PAN+\angle POM=90°$.

5.4 倾斜角互补

精练1解析

(1)设动圆的圆心 $O_1(x,y)$,由题意得 $|O_1A|=|O_1M|$.

当点 O_1 不在 y 轴上时,过点 O_1 作 $O_1H\perp MN$ 于点 H,故点 H 是线段 MN 的中点.

从而 $|O_1M|=\sqrt{x^2+4^2}$,$|O_1A|=\sqrt{(x-4)^2+y^2}$. 整理得 $\sqrt{(x-4)^2+y^2}=\sqrt{x^2+4^2}$,即 $y^2=8x(x\neq 0)$.

当点 O_1 在 y 轴上时,点 O_1 与点 O 重合,此时点 O_1 的坐标 $(0,0)$ 满足方程 $y^2=8x$.

因此,动圆圆心的轨迹 C 的方程为 $y^2=8x$.

(2)设直线 l 的方程为 $y=kx+b(k\neq 0)$,$P(x_1,y_1),Q(x_2,y_2)$.

将直线 $y=kx+b$ 代入 $y^2=8x$ 中,消去 y 得 $k^2x^2+(2bk-8)x+b^2=0$.

由韦达定理得 $x_1+x_2=-\dfrac{2bk-8}{k^2}$ ①;$x_1x_2=\dfrac{b^2}{k^2}$ ②,其中 $\Delta=-32kb+64>0$.

因为x轴是$\angle PBQ$的角平分线,所以$\dfrac{y_1}{x_1+1}=-\dfrac{y_2}{x_2+1}$,即$y_1(x_2+1)+y_2(x_1+1)=0$.

整理得$(kx_1+b)(x_2+1)+(kx_2+b)(x_1+1)=0$,即$2kx_1x_2+(b+k)(x_1+x_2)+2b=0$③.

将式①②代入式③得$2kb^2+(k+b)(8-2bk)+2k^2b=0$,解得$k=-b$,此时满足$\Delta>0$.

因此,直线l的方程为$y=k(x-1)$,即直线l过定点$(1,0)$.

精练2解析

已知$M(1,2)$为抛物线$C:y^2=2px(p>0)$上一点,解得$4=2p$,即$p=2$,故抛物线C的方程为$y^2=4x$.

由题意得直线AB的斜率存在且不为0,设直线AB的方程为$y=kx+1$,$k\neq 0$.

联立方程$\begin{cases}y=kx+1\\y^2=4x\end{cases}$,消去$y$得$k^2x^2+(2k-4)x+1=0$.

由$\Delta=(2k-4)^2-4k^2=16-16k>0$,得$k<1$.

设点$A(x_1,y_1),B(x_2,y_2)$,$x_1\neq 1$,$x_2\neq 1$,由韦达定理得$x_1+x_2=\dfrac{4-2k}{k^2}$,$x_1x_2=\dfrac{1}{k^2}$.

因为直线MA与MB的倾斜角互补,所以$k_{MA}+k_{MB}=0$,即$\dfrac{y_1-2}{x_1-1}+\dfrac{y_2-2}{x_2-1}=0$.

整理得$2kx_1x_2-(k+1)(x_1+x_2)+2=0$,解得$k^2=1$,即$k=-1$.

故$|TA|\cdot|TB|=\overrightarrow{TA}\cdot\overrightarrow{TB}=(x_1,y_1-1)\cdot(x_2,y_2-1)=(x_1,kx_1)\cdot(x_2,kx_2)=(1+k^2)x_1x_2=2$.

精练3解析

(1)设椭圆C的焦距为$2c$,由题意得$c=1$.

由$\triangle PF_1F_2$的面积为$\dfrac{\sqrt{3}}{3}$,得$\dfrac{1}{2}|PF_1|\cdot|PF_2|\cdot\sin 60°=\dfrac{\sqrt{3}}{3}$,故$|PF_1|\cdot|PF_2|=\dfrac{4}{3}$.

因为$|PF_1|+|PF_2|=2a$,所以$|PF_1|^2+|PF_2|^2=(|PF_1|+|PF_2|)^2-2|PF_1|\cdot|PF_2|=4a^2-\dfrac{8}{3}$.

在$\triangle PF_1F_2$中,$4c^2=|F_1F_2|^2=|PF_1|^2+|PF_2|^2-2|PF_1|\cdot|PF_2|\cdot\cos 60°=4a^2-\dfrac{8}{3}-\dfrac{4}{3}=4a^2-4$.

又因为$c=1$,所以$a^2=2$,故$b=\sqrt{a^2-c^2}=1$.因此,椭圆C的标准方程为$\dfrac{x^2}{2}+y^2=1$.

(2)如图3所示,设点A,B,D,E的坐标分别为$(x_1,y_1),(x_2,y_2),(x_3,y_3),(x_4,y_4)$.

设直线AB的方程为$y=kx+m$,直线DE的方程为$y=-kx+n$.

联立方程$\begin{cases}\dfrac{x^2}{2}+y^2=1\\y=kx+m\end{cases}$,消去$y$得$(2k^2+1)x^2+4kmx+2m^2-2=0$.

由韦达定理得$\begin{cases}x_1+x_2=-\dfrac{4km}{2k^2+1}\\x_1x_2=\dfrac{2m^2-2}{2k^2+1}\end{cases}$,同理可得$\begin{cases}x_3+x_4=\dfrac{4kn}{2k^2+1}\\x_3x_4=\dfrac{2n^2-2}{2k^2+1}\end{cases}$.

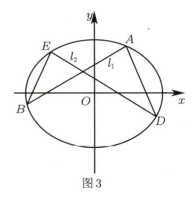

图3

注意到x_1,x_2,x_3,x_4互不相等.

$k_{AD}=\dfrac{y_3-y_1}{x_3-x_1}=\dfrac{(-kx_3+n)-(kx_1+m)}{x_3-x_1}=-\dfrac{k(x_3+x_1)}{x_3-x_1}+\dfrac{n-m}{x_3-x_1}$.

$k_{BE}=\dfrac{y_4-y_2}{x_4-x_2}=\dfrac{(-kx_4+n)-(kx_2+m)}{x_4-x_2}=-\dfrac{k(x_4+x_2)}{x_4-x_2}+\dfrac{n-m}{x_4-x_2}$.

从而$k_{AD}+k_{BE}=\dfrac{2k(x_1x_2-x_3x_4)+(n-m)[(x_3+x_4)-(x_1+x_2)]}{(x_3-x_1)(x_4-x_2)}$

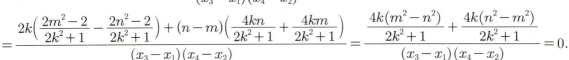

故直线AD和直线BE的斜率互为相反数.

精练4解析

(1) 由椭圆 C 的离心率为 $\frac{\sqrt{2}}{2}$，得 $\frac{a^2-b^2}{a^2}=\frac{1}{2}$，即 $a^2=2b^2$ ①.

由以椭圆 C 的短轴为直径的圆与直线 $y=ax+6$ 相切得 $\frac{6}{\sqrt{a^2+1}}=b$ ②.

联立式①②解得 $a^2=8$，$b^2=4$，故 C 的方程是 $\frac{x^2}{8}+\frac{y^2}{4}=1$.

(2) 因为 $|AP|\cdot S_2=|BP|\cdot S_1$，所以 $\frac{|AP|}{|BP|}=\frac{S_1}{S_2}=\frac{\frac{1}{2}|AP||PQ|\sin\angle APQ}{\frac{1}{2}|BP||PQ|\sin\angle BPQ}=\frac{|AP|\sin\angle APQ}{|BP|\sin\angle BPQ}$.

从而 $\sin\angle APQ=\sin\angle BPQ$，因为 $\angle APQ+\angle BPQ=\angle APB\in(0,\pi)$，且 $\angle APQ=\angle BPQ$，所以 PQ 平分 $\angle APB$，故直线 AP,BP 的斜率 k_{AP},k_{BP} 互为相反数，即 $k_{AP}+k_{BP}=0$.

设点 $A(x_1,y_1),B(x_2,y_2),P(x_0,y_0)$.

联立方程 $\begin{cases}\frac{x^2}{8}+\frac{y^2}{4}=1\\ y=k(x-1)\end{cases}$，消去 y 得 $(2k^2+1)x^2-4k^2x+2k^2-8=0$.

由韦达定理得 $x_1+x_2=\frac{4k^2}{2k^2+1}$，$x_1x_2=\frac{2k^2-8}{2k^2+1}$.

因为 $k_{AP}+k_{BP}=\frac{y_1-y_0}{x_1-x_0}+\frac{y_2-y_0}{x_2-x_0}=0$，所以 $(y_1-y_0)(x_2-x_0)+(y_2-y_0)(x_1-x_0)=0$.

整理得 $[k(x_1-1)-y_0](x_2-x_0)+[k(x_2-1)-y_0](x_1-x_0)=0$.

展开得 $2kx_1x_2-(y_0+kx_0+k)(x_1+x_2)+2x_0(y_0+k)=0$.

代入韦达定理得 $2k\cdot\frac{2k^2-8}{2k^2+1}-(y_0+kx_0+k)\cdot\frac{4k^2}{2k^2+1}+2x_0(y_0+k)=0$.

消去分母得 $2k(2k^2-8)-4k^2(y_0+kx_0+k)+2x_0(y_0+k)(2k^2+1)=0$.

化简得 $2y_0(x_0-1)k^2+(x_0-8)k+x_0y_0=0$.

因为点 $P(x_0,y_0)$ 在椭圆上，所以 $\frac{x_0^2}{8}+\frac{y_0^2}{4}=1$，即 $x_0^2+2y_0^2=8$，$-2y_0^2-x_0^2+x_0=x_0-8$.

从而 $2y_0(x_0-1)k^2+(-2y_0^2-x_0^2+x_0)k+x_0y_0=0$，即 $(2y_0k-x_0)[(x_0-1)k-y_0]=0$.

又因为点 $P(x_0,y_0)$ 不在直线 $l:y=k(x-1)$ 上，所以 $2y_0k-x_0=0$，即 $k\cdot\frac{y_0}{x_0}=k\cdot k'=\frac{1}{2}$.

因此，$k\cdot k'$ 为定值 $\frac{1}{2}$.

技法6 解题支柱之平面向量

6.1 向量之积

精练1解析

设椭圆的右焦点 F_2 的坐标为 $(c,0)$. 由 $|AB|=\frac{\sqrt{3}}{2}|F_1F_2|$ 得 $a^2+b^2=3c^2$.

又因为 $b^2=a^2-c^2$，所以 $a^2=2c^2$，$b^2=c^2$，故椭圆方程为 $\frac{x^2}{2c^2}+\frac{y^2}{c^2}=1$.

设点 $P(x_0,y_0)$. 由 $F_1(-c,0),B(0,c)$ 得 $\overrightarrow{F_1P}=(x_0+c,y_0)$，$\overrightarrow{F_1B}=(c,c)$.

由题意有 $\overrightarrow{F_1P}\cdot\overrightarrow{F_1B}=0$，即 $(x_0+c)c+y_0c=0$. 因为 $c\neq 0$，所以 $x_0+y_0+c=0$ ①.

因为点 P 在椭圆上,所以 $\dfrac{x_0^2}{2c^2}+\dfrac{y_0^2}{c^2}=1$ ②.由式①和式②得 $3x_0^2+4cx_0=0$.

因为点 P 不是椭圆的顶点,所以 $x_0=-\dfrac{4c}{3}$,代入式①得 $y_0=\dfrac{c}{3}$,即点 P 的坐标为 $\left(-\dfrac{4c}{3},\dfrac{c}{3}\right)$.

设圆的圆心为 $T(x_1,y_1)$,于是 $x_1=\dfrac{-\dfrac{4}{3}c+0}{2}=-\dfrac{2}{3}c$,$y_1=\dfrac{\dfrac{c}{3}+c}{2}=\dfrac{2}{3}c$.

进而圆的半径 $r=\sqrt{(x_1-0)^2+(y_1-c)^2}=\dfrac{\sqrt{5}}{3}c$.设直线 l 的斜率为 k,直线 l 的方程为 $y=kx$.

由 l 与圆相切得 $\dfrac{|kx_1-y_1|}{\sqrt{k^2+1}}=r$,即 $\dfrac{\left|k\left(-\dfrac{2c}{3}\right)-\dfrac{2c}{3}\right|}{\sqrt{k^2+1}}=\dfrac{\sqrt{5}}{3}c$,整理得 $k^2-8k+1=0$,解得 $k=4\pm\sqrt{15}$.

因此,直线 l 的斜率为 $4+\sqrt{15}$ 或 $4-\sqrt{15}$.

精练2解析

(1)由题意得双曲线 $C:\dfrac{x^2}{a^2}-\dfrac{y^2}{b^2}=1(a>0,b>0)$ 的渐近线方程为 $bx\pm ay=0$.

由双曲线 C 的右焦点为 $F(2,0)$ 得 $c=2$,故 $F(2,0)$ 到渐近线的距离 $d=\dfrac{2b}{\sqrt{a^2+b^2}}=\dfrac{2b}{c}=b=1$.

从而 $a^2=c^2-b^2=3$,故 C 的方程为 $\dfrac{x^2}{3}-y^2=1$.

(2)由题意得直线 l_1 的斜率存在,设 l_1 的方程为 $y=kx+m$.

联立 l_1 与双曲线 C 的方程,消去 y 得 $(3k^2-1)x^2+6kmx+3m^2+3=0$.

因为直线 l_1 与双曲线 C 的右支相切,所以 $\begin{cases}3k^2-1>0\\km<0\end{cases}$.

由 $\Delta=36k^2m^2-12(3k^2-1)(m^2+1)=12(m^2+1-3k^2)=0$,得 $m^2=3k^2-1$,且 $m\neq 0$.

设切点 $P(x_1,y_1)$,于是 $x_1=-\dfrac{6km}{2(3k^2-1)}=-\dfrac{3k}{m}$,$y_1=kx_1+m=-\dfrac{3k^2}{m}+m=\dfrac{m^2-3k^2}{m}=-\dfrac{1}{m}$.

设点 $Q(x_2,y_2)$,因为点 Q 是直线 l_1 与直线 l_2 的交点,所以 $x_2=\dfrac{3}{2}$,$y_2=\dfrac{3}{2}k+m$.

假设 x 轴上存在定点 $M(x_0,0)$,使得 $MP\perp MQ$.

于是
$$\begin{aligned}\overrightarrow{MP}\cdot\overrightarrow{MQ}&=(x_1-x_0,y_1)\cdot(x_2-x_0,y_2)=(x_1-x_0)(x_2-x_0)+y_1y_2\\&=x_1x_2+y_1y_2-x_0(x_1+x_2)+x_0^2=-\dfrac{9k}{2m}-\dfrac{3k}{2m}-1-x_0\left(\dfrac{3}{2}-\dfrac{3k}{m}\right)+x_0^2\\&=x_0^2-\dfrac{3}{2}x_0-1+\dfrac{3k}{m}(x_0-2)=\dfrac{1}{2}(x_0-2)(2x_0+1)+\dfrac{3k}{m}(x_0-2)\\&=(x_0-2)\left(x_0+\dfrac{1}{2}+\dfrac{3k}{m}\right)\end{aligned}$$

从而存在 $x_0=2$,使得 $\overrightarrow{MP}\cdot\overrightarrow{MQ}=0$,即 $MP\perp MQ$,故 x 轴上存在定点 $M(2,0)$,使得 $MP\perp MQ$.

精练3解析

因为 l 平行于 OM,所以 l 的斜率 $k=k_{OM}=\dfrac{1}{2}$.

又因为设直线 l 在 y 轴上的截距为 m,所以直线的方程为 $y=\dfrac{1}{2}x+m$,点 $A(x_1,y_1)$,$B(x_2,y_2)$.

由 $\angle AOB$ 为钝角得 $\overrightarrow{OA}\cdot\overrightarrow{OB}<0$. 因为 $\overrightarrow{OA}\cdot\overrightarrow{OB}=x_1x_2+y_1y_2$ 和点 A,B 在 l 上,所以 $x_1x_2+y_1y_2=x_1x_2+\left(\dfrac{1}{2}x_1+m\right)\left(\dfrac{1}{2}x_2+m\right)=\dfrac{5}{4}x_1x_2+\dfrac{m}{2}(x_1+x_2)+m^2<0$ ①.

联立方程 $\begin{cases} y = \dfrac{1}{2}x + m \\ \dfrac{x^2}{8} + \dfrac{y^2}{2} = 1 \end{cases}$,消去 y 得 $x^2 + 2mx + 2m^2 - 4 = 0$.

由 $\Delta = (2m)^2 - 4(2m^2 - 4) > 0$ 得 $-2 < m < 2$. 由韦达定理得 $x_1 + x_2 = -2m$, $x_1 x_2 = 2m^2 - 4$.

将韦达定理代入式①得 $\dfrac{5}{4}(2m^2 - 4) + \dfrac{m}{2}(-2m) + m^2 < 0$,解得 $-\sqrt{2} < m < \sqrt{2}$.

因为 $\angle AOB$ 为钝角意味着直线不能过原点,所以 $m \neq 0$,故 m 的取值范围是 $(-\sqrt{2}, 0) \cup (0, \sqrt{2})$.

精练 4 解析

(1) 设点 $A(x_1, y_1)$, $B(x_2, y_2)$,抛物线 $y^2 = 2px (p > 0)$ 的焦点坐标 $F\left(\dfrac{p}{2}, 0\right)$.

由题意得直线 AB 的斜率不为 0 且斜率可以不存在,设直线 AB 的方程为 $x = ty + \dfrac{p}{2}$.

联立方程 $\begin{cases} x = ty + \dfrac{p}{2} \\ y^2 = 2px \end{cases}$,消去 x 得 $y^2 - 2pty - p^2 = 0$,故 $\begin{cases} \Delta = 4p^2t^2 + 4p^2 > 0 \\ y_1 + y_2 = 2pt \\ y_1 y_2 = -p^2 \end{cases}$,因此

$$\overrightarrow{OA} \cdot \overrightarrow{OB} = x_1 x_2 + y_1 y_2 = \left(ty_1 + \dfrac{p}{2}\right)\left(ty_2 + \dfrac{p}{2}\right) + y_1 y_2 = (t^2 + 1)y_1 y_2 + \dfrac{pt}{2}(y_1 + y_2) + \dfrac{p^2}{4}$$

$$= (t^2 + 1)(-p^2) + \dfrac{pt}{2} \cdot 2pt + \dfrac{p^2}{4} = -p^2 t^2 - p^2 + p^2 t^2 + \dfrac{p^2}{4} = -\dfrac{3p^2}{4} < 0$$

(2) 由题意得 $\overrightarrow{OM} = \dfrac{1}{2}(\overrightarrow{OA} + \overrightarrow{OB})$, $\overrightarrow{AB} = \overrightarrow{OB} - \overrightarrow{OA}$,从而

$$\overrightarrow{OM}^2 - \left(\dfrac{1}{2}\overrightarrow{AB}\right)^2 = \left(\dfrac{\overrightarrow{OA} + \overrightarrow{OB}}{2}\right)^2 - \left(\dfrac{\overrightarrow{OB} - \overrightarrow{OA}}{2}\right)^2$$

$$= \dfrac{\overrightarrow{OA}^2 + \overrightarrow{OB}^2 + 2\overrightarrow{OA} \cdot \overrightarrow{OB}}{4} - \dfrac{\overrightarrow{OA}^2 + \overrightarrow{OB}^2 - 2\overrightarrow{OA} \cdot \overrightarrow{OB}}{4} = \overrightarrow{OA} \cdot \overrightarrow{OB} < 0$$

综上,$|\overrightarrow{OM}| < \dfrac{|\overrightarrow{AB}|}{2}$.

精练 5 解析

(1) 设点 $M(x_1, y_1)$, $N(x_2, y_2)$, $G(x_0, y_0)$,将 M, N 两点的坐标分别代入椭圆方程得 $\begin{cases} \dfrac{x_1^2}{a^2} + \dfrac{y_1^2}{3} = 1 \\ \dfrac{x_2^2}{a^2} + \dfrac{y_2^2}{3} = 1 \end{cases}$.

两式作差得 $\dfrac{(x_1 + x_2)(x_1 - x_2)}{a^2} + \dfrac{(y_1 + y_2)(y_1 - y_2)}{3} = 0$,故 $\dfrac{2x_0}{a^2} + \dfrac{2y_0}{3} \cdot k = 0$.

从而 $k_{OG} = \dfrac{y_0}{x_0} = -\dfrac{3}{a^2 k} = -\dfrac{3}{4k}$,解得 $\dfrac{3}{a^2} = \dfrac{3}{4}$,即 $a^2 = 4$,于是椭圆 C 的方程为 $\dfrac{x^2}{4} + \dfrac{y^2}{3} = 1$.

(2) 设直线 MN 的方程为 $y = kx + m$,联立方程 $\begin{cases} \dfrac{x^2}{4} + \dfrac{y^2}{3} = 1 \\ y = kx + m \end{cases}$.

消去 y 得 $(3 + 4k^2)x^2 + 8kmx + 4m^2 - 12 = 0$, $\Delta = 48(4k^2 - m^2 + 3) > 0$.

由韦达定理得 $x_1 + x_2 = \dfrac{-8km}{3 + 4k^2}$, $x_1 \cdot x_2 = \dfrac{4m^2 - 12}{3 + 4k^2}$,从而 $y_1 + y_2 = \dfrac{6m}{3 + 4k^2}$, $y_1 \cdot y_2 = \dfrac{3m^2 - 12k^2}{3 + 4k^2}$.

从而 $k_{PM} \cdot k_{PN} = \dfrac{y_1 \cdot y_2}{(x_1 + 2)(x_2 + 2)} = \dfrac{3m^2 - 12k^2}{4m^2 - 16km + 16k^2} = -\dfrac{1}{4}$,解得 $m = -k$ 或 $m = 2k$(舍去).

因为点 F 在以 MN 为直径的圆内,所以 $\overrightarrow{FM} \cdot \overrightarrow{FN} < 0$.

整理得 $(x_1 + 1, y_1) \cdot (x_2 + 1, y_2) = x_1 x_2 + x_1 + x_2 + 1 + y_1 y_2 < 0$.

将韦达定理代入上式得 $\dfrac{4k^2-12}{3+4k^2}+\dfrac{8k^2}{3+4k^2}+1+\dfrac{-9k^2}{3+4k^2}=\dfrac{7k^2-9}{3+4k^2}<0$,解得 $-\dfrac{3\sqrt{7}}{7}<k<\dfrac{3\sqrt{7}}{7}$.

又因为 $k\neq 0$,所以 $k\in\left(-\dfrac{3\sqrt{7}}{7},0\right)\cup\left(0,\dfrac{3\sqrt{7}}{7}\right)$.

因此,要使点 F 在以 MN 为直径的圆内,k 的取值范围是 $\left(-\dfrac{3\sqrt{7}}{7},0\right)\cup\left(0,\dfrac{3\sqrt{7}}{7}\right)$.

精练6解析

由题意得直线 l 的斜率存在,设 l 的方程为 $y=kx+2$.联立方程 $\begin{cases}x^2+4y^2=4\\y=kx+2\end{cases}$,消去 y 得 $(1+4k^2)x^2+16kx+12=0$ ①. 由 $\Delta=(16k)^2-4\cdot 12(1+4k^2)=16(4k^2-3)>0$ 得 $k^2>\dfrac{3}{4}$.

联立方程 $\begin{cases}x^2+4y^2=4\\y=kx+2\end{cases}$,消去 x,得 $(1+4k^2)y^2-4y+4-4k^2=0$ ②.

式①+②,得以 AB 为直径的圆的方程为 $(1+4k^2)x^2+(1+4k^2)y^2+16kx-4y+16-4k^2=0$.

因为 $\angle AOB$ 为锐角,所以点 O 在以 AB 为直径的圆外,即 $16-4k^2>0$,故 $k^2<4$.

因此 $\dfrac{3}{4}<k^2<4$,故 k 的取值范围为 $\left(-2,-\dfrac{\sqrt{3}}{2}\right)\cup\left(\dfrac{\sqrt{3}}{2},2\right)$.

6.2 几何关系

精练1解析

(1)由题意得 $\dfrac{x^2}{4}+\dfrac{y^2}{3}=1$.

(2)设点 $A(x_1,y_1),B(x_2,y_2),P(x_0,y_0)$,设直线 l 的方程为 $y=kx-1$.

联立方程 $\begin{cases}\dfrac{x^2}{4}+\dfrac{y^2}{3}=1\\kx+(-1)y+(-1)=0\end{cases}$,消去 y 得 $(4k^2+3)x^2-8kx-8=0$.

由韦达定理得 $\begin{cases}x_1+x_2=-\dfrac{-8k}{4k^2+3}\\x_1\cdot x_2=\dfrac{-8}{4k^2+3}\end{cases}$,从而 $y_1+y_2=-\dfrac{6}{4k^2+3}$.

因为四边形 $OAPB$ 为平行四边形,所以 $\overrightarrow{OP}=\overrightarrow{OA}+\overrightarrow{OB}$,即 $\begin{cases}x_0=x_1+x_2=-\dfrac{-8k}{4k^2+3}\\y_0=y_1+y_2=-\dfrac{6}{4k^2+3}\end{cases}$.

又因为点 P 在椭圆上,所以 $\dfrac{\left(-\dfrac{-8k}{4k^2+3}\right)^2}{4}+\dfrac{\left(-\dfrac{6}{4k^2+3}\right)^2}{3}=1$.

整理得 $16k^4+8k^2-3=(4k^2+3)(4k^2-1)=0$,解得 $k^2=\dfrac{1}{4}$,即 $k=\pm\dfrac{1}{2}$,故直线 l 方程为 $y=\pm\dfrac{1}{2}x-1$.

精练2解析

(1)椭圆方程为 $\dfrac{x^2}{4}+\dfrac{y^2}{3}=1$.

(2)由椭圆方程得 $F(1,0)$,设直线 $l:y=k(x-1)$,$PQ:y-\dfrac{3}{2}=k(x-1)$.

联立方程 $\begin{cases}y=k(x-1)\\3x^2+4y^2=12\end{cases}$,消去 y 得 $(4k^2+3)x^2-8k^2x+4k^2-12=0$.

$\Delta_1=(8k^2)^2-4(4k^2+3)(4k^2-12)=144k^2+144$.

从而 $|AB| = \sqrt{1+k^2}|x_1-x_2| = \sqrt{1+k^2} \cdot \dfrac{\sqrt{\Delta_1}}{4k^2+3} = \dfrac{12(k^2+1)}{4k^2+3}$.

联立方程 $\begin{cases} y=k(x-1)+\dfrac{3}{2} \\ 3x^2+4y^2=12 \end{cases}$,消去 y 得 $(4k^2+3)x^2-(8k^2-12k)x+4k^2-12k-3=0$.

$\Delta_2 = [(8k^2-12k)]^2 - 4(4k^2-12k-3)(4k^2+3) = 144\left(\dfrac{1}{4}+k+k^2\right)$.

从而 $|PQ| = \sqrt{1+k^2}\dfrac{\sqrt{\Delta_2}}{4k^2+3} = \sqrt{1+k^2}\dfrac{\sqrt{144\left(\dfrac{1}{4}+k+k^2\right)}}{4k^2+3}$.

因为四边形 $PABQ$ 的对角线互相平分,所以四边形 $PABQ$ 为平行四边形,即 $|AB|=|PQ|$.

于是 $\dfrac{12(k^2+1)}{4k^2+3} = \sqrt{1+k^2}\dfrac{\sqrt{144\left(\dfrac{1}{4}+k+k^2\right)}}{4k^2+3}$,解得 $k=\dfrac{3}{4}$.

因此,存在直线 l 为 $3x-4y-3=0$ 时,四边形 $PABQ$ 的对角线互相平分.

精练 3 解析

设点 P,Q,R 的坐标分别为 $\left(\dfrac{1}{4}y_1^2, y_1\right), \left(\dfrac{1}{4}y_2^2, y_2\right), (x,y)$.

从而 $\overrightarrow{AP} = \left(\dfrac{1}{4}y_1^2+1, y_1\right), \overrightarrow{AQ} = \left(\dfrac{1}{4}y_2^2+1, y_2\right), \overrightarrow{FP} = \left(\dfrac{1}{4}y_1^2-1, y_1\right), \overrightarrow{QR} = \left(x-\dfrac{1}{4}y_2^2, y-y_2\right)$.

由点 A,P,Q 三点共线得 $\overrightarrow{AP} \parallel \overrightarrow{AQ}$,故 $\left(\dfrac{1}{4}y_1^2+1\right)y_2 = y_1\left(\dfrac{1}{4}y_2^2+1\right)$,即 $\dfrac{1}{4}y_1y_2(y_1-y_2) = y_1-y_2$.

因为 $y_1 \neq y_2$,所以 $y_1y_2=4$.

由四边形 $PFQR$ 为平行四边形可知 $\overrightarrow{FP} = \overrightarrow{QR}$,即 $\left(\dfrac{1}{4}y_1^2-1, y_1\right) = \left(x-\dfrac{1}{4}y_2^2, y-y_2\right)$.

整理得 $x = \dfrac{1}{4}(y_1^2+y_2^2)-1 = \dfrac{1}{4}[(y_1+y_2)^2-2y_1y_2]-1 = \dfrac{1}{4}(y_1+y_2)^2-3$. 因为 $y=y_1+y_2$,所以 $y^2 = 4x+12$. 又因为 $x = \dfrac{1}{4}(y_1^2+y_2^2)-1 > \dfrac{1}{2}y_1y_2-1 = 1$,所以点 R 的轨迹方程是 $y^2=4x+12(x>1)$.

精练 4 解析

由题意得 $F(1,0)$,直线 l 的方程为 $y=k(x-1), k\neq 0$,设点 $M(x_1,y_1), N(x_2,y_2)$.

联立直线方程 $y=k(x-1)$ 与椭圆方程 $\dfrac{x^2}{4}+\dfrac{y^2}{3}=1$,消去 y 得 $(4k^2+3)x^2-8k^2x+4k^2-12=0$.

由韦达定理得 $x_1+x_2 = \dfrac{8k^2}{4k^2+3}$,从而 $y_1+y_2 = \dfrac{-6k}{4k^2+3}$,故线段 MN 中点坐标为 $\left(\dfrac{4k^2}{4k^2+3}, \dfrac{-3k}{4k^2+3}\right)$.

由题意得线段 MN 垂直平分线的斜率为 $-\dfrac{1}{k}$.

从而线段 MN 垂直平分线的方程为 $y+\dfrac{3k}{4k^2+3} = -\dfrac{1}{k}\left(x-\dfrac{4k^2}{4k^2+3}\right)$.

将点 $P(m,0)$ 的坐标代入上式得 $m = \dfrac{k^2}{4k^2+3} \Rightarrow m = \dfrac{1}{4}\left(1-\dfrac{3}{4k^2+3}\right) \in \left(0, \dfrac{1}{4}\right)$.

故存在点 $P(m,0)$,使得以 PM, PN 为邻边的平行四边形为菱形,此时实数 m 的取值范围是 $\left(0, \dfrac{1}{4}\right)$.

精练 5 解析

(1) 因为四边形 $OABC$ 为菱形,所以直线 AC 与直线 OB 相互垂直平分.

设点 $A\left(t, \dfrac{1}{2}\right)$,代入椭圆方程得 $\dfrac{t^2}{4}+\dfrac{1}{4}=1$,即 $t=\pm\sqrt{3}$,故 $|AC|=2\sqrt{3}$.

(2) 假设四边形 $OABC$ 为菱形.

因为点 B 不是椭圆 W 的顶点,且 $AC \perp OB$,所以 $k \neq 0$.

联立方程 $\begin{cases} x^2+4y^2=4 \\ y=kx+m \end{cases}$,消去 y 得 $(1+4k^2)x^2+8kmx+4m^2-4=0$.

设点 $A(x_1,y_1),C(x_2,y_2)$,故 $\dfrac{x_1+x_2}{2}=-\dfrac{4km}{1+4k^2}$,$\dfrac{y_1+y_2}{2}=k\cdot\dfrac{x_1+x_2}{2}+m=\dfrac{m}{1+4k^2}$.

从而直线 AC 的中点为 $M\left(-\dfrac{4km}{1+4k^2},\dfrac{m}{1+4k^2}\right)$.

因为点 M 为 AC 和 OB 的交点,且 $m\neq 0,k\neq 0$,所以直线 OB 的斜率为 $-\dfrac{1}{4k}$.

因为 $k\cdot\left(-\dfrac{1}{4k}\right)\neq -1$,所以直线 AC 与直线 OB 不垂直,故四边形 $OABC$ 不是菱形,与假设矛盾.

因此,当点 B 不是椭圆 W 的顶点时,四边形 $OABC$ 不可能是菱形.

6.3 向量关系

精练1解析

因为渐近线为 $y=\pm 2x$,所以设点 $A(x_1,2x_1),B(x_2,-2x_2),P(x,y)$.

由 $\overrightarrow{AP}=\lambda\overrightarrow{PB}$ 得 $\begin{cases} x-x_1=\lambda(x_2-x) \\ y-2x_1=\lambda(-2x_2-y) \end{cases}$,解得 $\begin{cases} x=\dfrac{x_1+\lambda x_2}{1+\lambda} \\ y=\dfrac{2x_1-2\lambda x_2}{1+\lambda} \end{cases}$.

因为 $P(x,y)$ 在双曲线上,所以 $\left(\dfrac{2x_1-2\lambda x_2}{1+\lambda}\right)^2-4\left(\dfrac{x_1+\lambda x_2}{1+\lambda}\right)^2=4\Rightarrow x_1x_2=-\dfrac{(1+\lambda)^2}{4\lambda}$.

由题意得 $S_{\triangle AOB}=\dfrac{1}{2}|AO||BO|\sin\angle AOB=\dfrac{1}{2}\sqrt{5}|x_1|\sqrt{5}|x_2|\sin\left[2\left(\dfrac{\pi}{2}-\theta\right)\right]$,$\theta$ 是射线 OA 的倾斜角,故 $\tan\theta=2$.又因为 $\sin(2\theta)=\dfrac{2\tan\theta}{1+\tan^2\theta}=\dfrac{4}{5}$,所以 $S_{\triangle AOB}=\dfrac{(1+\lambda)^2}{2\lambda}$,故 $S_{\triangle AOB}\in\left[2,\dfrac{8}{3}\right]$.

精练2解析

(1)由题意得 $\dfrac{x^2}{9}+\dfrac{y^2}{4}=1$.

(2)由题意得 $S_{\triangle PAN}=6S_{\triangle PBM}$,即 $\dfrac{1}{2}|PA|\cdot|PN|\sin\angle APN=6\times\dfrac{1}{2}|PB|\cdot|PM|\sin\angle BPM$.

化简得 $|PN|=3|PM|$,即 $\overrightarrow{PN}=3\overrightarrow{PM}$.

设点 $M(x_1,y_1),N(x_2,y_2)$,于是 $\overrightarrow{PM}=(x_1,y_1-2\sqrt{3})$,$\overrightarrow{PN}=(x_2,y_2-2\sqrt{3})$.

由 $(x_2,y_2-2\sqrt{3})=3(x_1,y_1-2\sqrt{3})$ 得 $x_2=3x_1$,即 $\dfrac{x_2}{x_1}=3$.

于是 $\dfrac{x_2}{x_1}+\dfrac{x_1}{x_2}=\dfrac{10}{3}$,即 $\dfrac{(x_1+x_2)^2}{x_1x_2}=\dfrac{16}{3}$ ①.

设直线 l 的方程为 $y=kx+2\sqrt{3}$,联立方程 $\begin{cases} y=kx+2\sqrt{3} \\ \dfrac{x^2}{9}+\dfrac{y^2}{4}=1 \end{cases}$,消去 y 得 $(9k^2+4)x^2+36\sqrt{3}kx+72=0$.

由 $\Delta=(36\sqrt{3}k)^2-4\times(9k^2+4)\times 72>0$ 得 $k^2>\dfrac{8}{9}$.

由韦达定理得 $x_1+x_2=-\dfrac{36\sqrt{3}k}{9k^2+4}$,$x_1x_2=\dfrac{72}{9k^2+4}$,代入式①解得 $k^2=\dfrac{32}{9}$,满足 $k^2>\dfrac{8}{9}$,故 $k=\pm\dfrac{4\sqrt{2}}{3}$.

因此,直线 l 的斜率 $k=\pm\dfrac{4\sqrt{2}}{3}$.

精练3解析

(1)由椭圆方程设点 $F_1(-c,0),F_2(c,0),A(0,b)$,

因为△F_1AF_2是边长为2的正三角形,所以$|F_1F_2|=2$,即$2c=2$,解得$c=1$.

从而$|OA|=b=\sqrt{3}$,$a^2=b^2+c^2=4$,故椭圆C的方程为$\dfrac{x^2}{4}+\dfrac{y^2}{3}=1$.

(2)设点$M(x_1,y_1)$,$N(x_2,y_2)$,直线$MN:y=k(x+4)$,于是$\overrightarrow{MQ}=(-4-x_1,-y_1)$,$\overrightarrow{QN}=(x_2+4,y_2)$.

由$\overrightarrow{MQ}=\lambda\overrightarrow{QN}$得$-4-x_1=\lambda(x_2+4)$,即$\lambda=-\dfrac{4+x_1}{x_2+4}$.

设点$R(x_0,y_0)$,于是$\overrightarrow{MR}=(x_0-x_1,y_0-y_1)$,$\overrightarrow{RN}=(x_2-x_0,y_2-y_0)$.

由$\overrightarrow{MR}=-\lambda\overrightarrow{RN}$得$x_0-x_1=-\lambda(x_2-x_0)$.

从而$x_0=\dfrac{x_1-\lambda x_2}{1-\lambda}=\dfrac{x_1+\dfrac{4+x_1}{x_2+4}\cdot x_2}{1+\dfrac{4+x_1}{x_2+4}}=\dfrac{2x_1x_2+4(x_1+x_2)}{x_1+x_2+8}$ ①.

联立方程$\begin{cases}3x^2+4y^2=12\\y=k(x+4)\end{cases}$,消去$y$得$(3+4k^2)x^2+32k^2x+64k^2-12=0$.

由韦达定理得$x_1+x_2=\dfrac{-32k^2}{3+4k^2}$,$x_1x_2=\dfrac{64k^2-12}{3+4k^2}$.

代入到式①得$x_0=\dfrac{2\times\dfrac{64k^2-12}{3+4k^2}+4\times\dfrac{-32k^2}{3+4k^2}}{\dfrac{-32k^2}{3+4k^2}+8}=\dfrac{\dfrac{-24}{3+4k^2}}{\dfrac{24}{3+4k^2}}=-1$,故点$R$在定直线$x=-1$上.

精练4解析

(1)因为$|F_1F_2|=2\sqrt{3}$,所以$c=\sqrt{3}$.

因为点$A(\sqrt{3},2)$,所以$2a=|AF_1|-|AF_2|=\sqrt{(\sqrt{3}+\sqrt{3})^2+(2-0)^2}-\sqrt{(\sqrt{3}-\sqrt{3})^2+(2-0)^2}=2$.

从而$b^2=c^2-a^2=2$,故双曲线E的方程为$x^2-\dfrac{y^2}{2}=1$.

(2)设点$H(x,y)$,$M(x_1,y_1)$,$N(x_2,y_2)$.

于是$x_1^2-\dfrac{y_1^2}{2}=1$,$x_2^2-\dfrac{y_2^2}{2}=1$,即$y_1^2=2(x_1^2-1)$ ①,$y_2^2=2(x_2^2-1)$ ②.

设$\dfrac{|PM|}{|PN|}=\dfrac{|MH|}{|HN|}=\lambda$,故$\begin{cases}\overrightarrow{PM}=\lambda\overrightarrow{PN}\\\overrightarrow{MH}=\lambda\overrightarrow{HN}\end{cases}(\lambda\neq 1)$,即$\begin{cases}(x_1-2,y_1-1)=\lambda(x_2-2,y_2-1)\\(x-x_1,y-y_1)=\lambda(x_2-x,y_2-y)\end{cases}$.

整理得$\begin{cases}x_1-\lambda x_2=2(1-\lambda)\\y_1-\lambda y_2=1-\lambda\\x_1+\lambda x_2=(1+\lambda)x\\y_1+\lambda y_2=(1+\lambda)y\end{cases}$,从而$x_1^2-\lambda^2 x_2^2=2(1-\lambda^2)x$ ③,$y_1^2-\lambda^2 y_2^2=(1-\lambda^2)y$ ④.

将式①②代入式④得$2[x_1^2-\lambda^2 x_2^2-(1-\lambda^2)]=(1-\lambda^2)y$ ⑤.

将式③代入式⑤得$2[(1-\lambda^2)2x-(1-\lambda^2)]=(1-\lambda^2)y$,即$4x-2=y$.

因此,点H恒在定直线$4x-y-2=0$上.

精练5解析

(1)由题意得当点M为椭圆C的右焦点且直线l的倾斜角为$\dfrac{\pi}{6}$时,点N,P(此时为椭圆C的下顶点)重合,$|PM|=2$,故$a=2$,$\dfrac{b}{c}=\tan\dfrac{\pi}{6}=\dfrac{\sqrt{3}}{3}$.由$b^2+c^2=a^2$得$c=\sqrt{3}$,$b=1$,故椭圆$C$的方程为$\dfrac{x^2}{4}+y^2=1$.

(2)设直线$l:x=ty+m(t>0,m\neq 0)$,点$M(m,0)$,$N\left(0,-\dfrac{m}{t}\right)$,$k_l=\dfrac{1}{t}$.

设点 $P(x_1,y_1)$, $Q(x_2,y_2)$, 联立方程 $\begin{cases} x=ty+m \\ \dfrac{x^2}{4}+y^2=1 \end{cases}$, 消去 x 得 $(t^2+4)y^2+2tmy+m^2-4=0$.

由题意得 $\Delta=(2tm)^2-4(t^2+4)(m^2-4)=16(t^2-m^2+4)>0$, 即 $t^2+4>m^2$.

由韦达定理得 $y_1+y_2=-\dfrac{2tm}{t^2+4}$ ①. 由题意得 $\overrightarrow{NP}=\left(x_1,y_1+\dfrac{m}{t}\right)$, $\overrightarrow{NQ}=\left(x_2,y_2+\dfrac{m}{t}\right)$.

由 $\overrightarrow{NP}=\lambda\overrightarrow{NQ}$ 得 $x_1=\lambda x_2$ ②, 同理可得 $y_1=\mu y_2$ ③, 两式相乘得 $x_1y_1=\lambda\mu x_2y_2$.

又因为 $\lambda\mu=1$, 所以 $x_1y_1=x_2y_2$, 故 $(ty_1+m)y_1=(ty_2+m)y_2$, 即 $t(y_1^2-y_2^2)=m(y_2-y_1)$.

整理得 $(y_2-y_1)[m+t(y_1+y_2)]=0$, 由 $k_l>0$ 得 $y_1-y_2\neq 0$, 从而 $m+t(y_1+y_2)=0$ ②.

将式①代入式②得 $m-\dfrac{2t^2m}{t^2+4}=0$, 即 $\dfrac{4m-t^2m}{t^2+4}=0$.

又因为 $m\neq 0$, 所以 $t^2=4$, 解得 $t=2$ 或 $t=-2$(舍去), 故 $k_l=\dfrac{1}{t}=\dfrac{1}{2}$, 即直线 l 的斜率为定值 $\dfrac{1}{2}$.

精练6解析

由题意得双曲线 $E:\dfrac{x^2}{5b^2}-\dfrac{y^2}{b^2}=1$, 右焦点 $F(\sqrt{6}b,0)$, 设直线 $l_{AB}:y=x-\sqrt{6}b$, $A(x_1,y_1)$, $B(x_2,y_2)$, $C(x_3,y_3)$.

联立方程 $\begin{cases} x^2-5y^2=5b^2 \\ y=x-\sqrt{6}b \end{cases}$, 消去 y 得 $4x^2-10\sqrt{6}bx+35b^2=0$, $\Delta>0$.

由韦达定理得 $x_1+x_2=\dfrac{5\sqrt{6}b}{2}$, $x_1x_2=\dfrac{35b^2}{4}$.

由 $\overrightarrow{OC}=\lambda\overrightarrow{OA}+\overrightarrow{OB}$ 得 $\begin{cases} x_3=\lambda x_1+x_2 \\ y_3=\lambda y_1+y_2 \end{cases}$, 且 $x_3^2-5y_3^2=5b^2$, 故 $(\lambda x_1+x_2)^2-5(\lambda y_1+y_2)^2=5b^2$.

化简得 $\lambda^2(x_1^2-5y_1^2)+x_2^2-5y_2^2+2\lambda(x_1x_2-5y_1y_2)=5b^2$ ①. 注意到 $x_1^2-5y_1^2=5b^2$, $x_2^2-5y_2^2=5b^2$ ②.

由题意得 $x_1x_2-5y_1y_2=x_1x_2-5(x_1-\sqrt{6}b)(x_2-\sqrt{6}b)=-4x_1x_2+5\sqrt{6}b(x_1+x_2)-30b^2=10b^2$ ③.

将式②③代入式①得 $\lambda^2+4\lambda=0$, 解得 $\lambda=0$ 或 $\lambda=-4$, 故 λ 的值为 0 或 -4.

精练7解析

由题意得 $\dfrac{x^2}{3b^2}+\dfrac{y^2}{b^2}=1$, $F(\sqrt{2}b,0)$. 设直线 $l:y=x-\sqrt{2}b$, 点 $A(x_1,y_1)$, $B(x_2,y_2)$, $M(x_3,y_3)$.

联立方程 $\begin{cases} x^2+3y^2=3b^2 \\ y=x-\sqrt{2}b \end{cases}$, 消去 y 得 $4x^2-6\sqrt{2}bx+3b^2=0$, $\Delta>0$.

由韦达定理得 $x_1+x_2=\dfrac{3}{2}\sqrt{2}b$, $x_1x_2=\dfrac{3}{4}b^2$.

因为 $\overrightarrow{OM}=\lambda\overrightarrow{OA}+\mu\overrightarrow{OB}$, 所以 $(x_3,y_3)=\lambda(x_1,y_1)+\mu(x_2,y_2)$, 即 $\begin{cases} x_3=\lambda x_1+\mu x_2 \\ y_3=\lambda y_1+\mu y_2 \end{cases}$.

代入椭圆方程得 $(\lambda x_1+\mu x_2)^2+3(\lambda y_1+\mu y_2)^2=3b^2$.

化简得 $\lambda^2(x_1^2+3y_1^2)+\mu^2(x_2^2+3y_2^2)+2\lambda\mu(x_1x_2+3y_1y_2)=3b^2$ ①. 注意到 $x_1^2+3y_1^2=3b^2$, $x_2^2+3y_2^2=3b^2$ ②.

由题意得 $x_1x_2+3y_1y_2=x_1x_2+3(x_1-\sqrt{2}b)(x_2-\sqrt{2}b)=4x_1x_2-3\sqrt{2}b(x_1+x_2)+6b^2=0$ ③.

将式②③代入式①得 $\lambda^2+\mu^2=1$, 故 $\lambda^2+\mu^2$ 为定值 1.

6.4 向量转化

精练1解析

由题意得 $F_2(2,0)$. 因为点 M 在线段 $x-y+4=0(-2\leqslant x\leqslant 8)$ 上, 所以设 $M(m,m+4)$, $-2\leqslant m\leqslant 8$.

从而 $\overrightarrow{F_2M}=(m-2,m+4)$. 记点 O 为坐标原点, 则 $\overrightarrow{F_2O}=(-2,0)$.

因为 $|\overrightarrow{F_2N}| = \frac{1}{4}|\overrightarrow{F_2M}|$,所以 $\overrightarrow{F_2N} = \frac{1}{4}\overrightarrow{F_2M}$,即 $\overrightarrow{F_2O} + \overrightarrow{ON} = \frac{1}{4}\overrightarrow{F_2M}$.

于是 $\overrightarrow{ON} = \frac{1}{4}\overrightarrow{F_2M} - \overrightarrow{F_2O} = \frac{1}{4}(m-2, m+4) - (-2,0) = \frac{1}{4}(m+6, m+4)$,故 $N\left(\frac{m+6}{4}, \frac{m+4}{4}\right)$.

显然点 N 在 E 的渐近线 $y = \frac{b}{a}x$ 上,从而 $\frac{b}{a} = \frac{y_N}{x_N} = \frac{m+4}{m+6} = 1 - \frac{2}{m+6}$.

因为 $-2 \leqslant m \leqslant 8$,所以 $\frac{b}{a} \in \left[\frac{1}{2}, \frac{6}{7}\right]$,故双曲线 E 的离心率 $e = \frac{c}{a} = \sqrt{1 + \left(\frac{b}{a}\right)^2} \in \left[\frac{\sqrt{5}}{2}, \frac{\sqrt{85}}{7}\right]$.

精练 2 解析

(1)设点 $P(x_0, y_0)$,因为 $A(-2,0)$,$F(-1,0)$,所以 $\overrightarrow{PF} \cdot \overrightarrow{PA} = (-1-x_0)(-2-x_0) + y_0^2$.

因为点 P 在椭圆 $\frac{x^2}{4} + \frac{y^2}{3} = 1$ 上,所以 $\frac{x_0^2}{4} + \frac{y_0^2}{3} = 1$,即 $y_0^2 = 3 - \frac{3}{4}x_0^2$,且 $-2 \leqslant x_0 \leqslant 2$,从而 $\overrightarrow{PF} \cdot \overrightarrow{PA} = \frac{1}{4}x_0^2 + 3x_0 + 5$,函数 $f(x_0) = \frac{1}{4}x_0^2 + 3x_0 + 5$ 在 $[-2,2]$ 上单调递增.当 $x_0 = -2$ 时,$f(x_0)$ 取得最小值,为 0;当 $x_0 = 2$ 时,$f(x_0)$ 取得最大值,为 12.因此,$\overrightarrow{PF} \cdot \overrightarrow{PA}$ 的取值范围是 $[0, 12]$.

(2)联立方程 $\begin{cases} y = kx + m \\ \frac{x^2}{4} + \frac{y^2}{3} = 1 \end{cases}$,消去 y 得 $(3+4k^2)x^2 + 8kmx + 4m^2 - 12 = 0$.

由 $\Delta = (8km)^2 - 4 \times (3+4k^2)(4m^2-12) > 0$ 得 $4k^2 + 3 > m^2$.

设点 $M(x_1, y_1)$,$N(x_2, y_2)$,由韦达定理得 $x_1 + x_2 = \frac{-8km}{3+4k^2}$,$x_1 x_2 = \frac{4m^2-12}{3+4k^2}$.

由题意得 $\overrightarrow{AM} \cdot \overrightarrow{AN} = (\overrightarrow{AH} + \overrightarrow{HM}) \cdot (\overrightarrow{AH} + \overrightarrow{HN}) = \overrightarrow{AH}^2 + \overrightarrow{AH} \cdot \overrightarrow{HN} + \overrightarrow{HM} \cdot \overrightarrow{AH} + \overrightarrow{HM} \cdot \overrightarrow{HN} = 0$.

整理得 $(x_1+2)(x_2+2) + y_1 y_2 = 0$,即 $(1+k^2)x_1 x_2 + (2+km)(x_1+x_2) + 4 + m^2 = 0$.

代入韦达定理化简得 $4k^2 - 16km + 7m^2 = 0$,解得 $k = \frac{1}{2}m$ 或 $k = \frac{7}{2}m$.

当 $k = \frac{1}{2}m$ 时,直线 l 过点 A,舍去;当 $k = \frac{7}{2}m$ 时,直线 $l: y = kx + \frac{2}{7}k$ 过定点 $\left(-\frac{2}{7}, 0\right)$.

精练 3 解析

设点 $A(x_1, y_1)$,$B(x_2, y_2)$,$D(x_3, y_3)$,$E(x_4, y_4)$.如果直接利用 "$\overrightarrow{AD} \cdot \overrightarrow{EB} = (x_3-x_1)(x_2-x_4) + (y_3-y_1)(y_2-y_4)$" 展开解题,那么会发现无法利用韦达定理,因此我们需要对其进行向量转化.

$\overrightarrow{AD} \cdot \overrightarrow{EB} = (\overrightarrow{AF} + \overrightarrow{FD})(\overrightarrow{EF} + \overrightarrow{FB}) = \overrightarrow{AF} \cdot \overrightarrow{EF} + \overrightarrow{AF} \cdot \overrightarrow{FB} + \overrightarrow{FD} \cdot \overrightarrow{EF} + \overrightarrow{FD} \cdot \overrightarrow{FB} = \overrightarrow{AF} \cdot \overrightarrow{FB} + \overrightarrow{FD} \cdot \overrightarrow{EF}$.

设直线 l_1 为 $x = ty + 1$,联立方程 $\begin{cases} y^2 = 4x \\ x = ty + 1 \end{cases}$,消去 x 得 $y^2 - 4ty - 4 = 0$.

由韦达定理得 $y_1 + y_2 = 4t$,$y_1 y_2 = -4$.故 $\overrightarrow{AF} \cdot \overrightarrow{FB} = (1-x_1)(x_2-1) - y_1 y_2 = -(t^2+1)y_1 y_2 = 4(t^2+1)$.

同理可得 $\overrightarrow{FD} \cdot \overrightarrow{EF} = 4\left(\frac{1}{t^2}+1\right)$,故 $\overrightarrow{AD} \cdot \overrightarrow{EB} = \overrightarrow{AF} \cdot \overrightarrow{FB} + \overrightarrow{FD} \cdot \overrightarrow{EF} = 8 + 4\left(t^2 + \frac{1}{t^2}\right) \geqslant 16$,当且仅当 $t = \pm 1$ 时取得等号,因此 $\overrightarrow{AD} \cdot \overrightarrow{EB}$ 的最小值为 16.

技法7 轨迹专题

7.1 直译法

精练 1 解析

法一: 设点 $C(x, y)$,由 $\sin A \sin B + 3\cos C = 0$ 得 $\sin A \sin B - 3\cos(A+B) = 0$.

整理得 $4\sin A \sin B - 3\cos A \cos B = 0$,即 $\tan A \cdot \tan B = \frac{3}{4}$.

因为 $k_{AC} \cdot k_{BC} = -\tan A \cdot \tan B$，且 $A(-2,0)$，$B(2,0)$，所以 $\dfrac{y}{x+2} \cdot \dfrac{y}{x-2} = -\dfrac{3}{4}(x \neq \pm 2)$.

化简得动点 C 的轨迹 Q 的方程 $\dfrac{x^2}{4} + \dfrac{y^2}{3} = 1(x \neq \pm 2)$.

法二：设点 $C(x,y)$，由 $\sin A\sin B + 3\cos C = 0$ 得 $\dfrac{y^2}{|AC|\cdot|BC|} + 3 \times \dfrac{|AC|^2 + |BC|^2 - |AB|^2}{2|AC|\cdot|BC|} = 0, y \neq 0$.

整理得 $y^2 + 3 \times \dfrac{(x+2)^2 + y^2 + (x-2)^2 + y^2 - 16}{2} = 0$.

化简得动点 C 的轨迹 Q 的方程 $\dfrac{x^2}{4} + \dfrac{y^2}{3} = 1(y \neq 0)$.

精练2解析

设点 $P(x,y)$，于是 $\sqrt{(x+1)^2 + y^2} \cdot \sqrt{(x-1)^2 + y^2} = a^2$ ①.

整理得 $y^2 = (-x^2 - 1) + \sqrt{4x^2 + a^4}$ $(1-a \leqslant x^2 \leqslant 1+a)$ ②. 由式①知曲线不过原点，所以(1)不正确.

由式①知 (x,y) 与 $(-x,-y)$ 都满足方程，即曲线关于原点对称，故(2)正确.

在式②中，令 $t = \sqrt{4x^2 + a^4}$，则 $y^2 = -\dfrac{t^2 - a^4}{4} + t - 1 \leqslant \dfrac{a^4}{4}$，故 $S_{\triangle F_1PF_2} = \dfrac{1}{2}|F_1F_2||y| \leqslant \dfrac{a^2}{2}$，故(3)正确；或者 $S_{\triangle F_1PF_2} = \dfrac{1}{2}|PF_1||PF_2|\sin \angle F_1PF_2 \leqslant \dfrac{1}{2}|PF_1||PF_2| = \dfrac{a^2}{2}$，故(3)正确.

因此，答案为(2)(3).

精练3解析

由题意得椭圆 C 的方程为 $\dfrac{x^2}{2} + y^2 = 1$，设点 Q 的坐标为 (x,y).

当直线 l 与 x 轴垂直时，直线 l 与椭圆 C 交于 $(0,1)$，$(0,-1)$ 两点，此时点 Q 的坐标为 $\left(0, 2 - \dfrac{3\sqrt{5}}{5}\right)$.

当直线 l 与 x 轴不垂直时，设直线 l 的方程为 $y = kx + 2$.

因为点 M,N 在直线 l 上，所以可设点 M,N 的坐标分别为 (x_1, kx_1+2)，(x_2, kx_2+2).

从而 $|AM|^2 = (1+k^2)x_1^2$，$|AN|^2 = (1+k^2)x_2^2$.

因为 $|AQ|^2 = (1+k^2)x^2$，所以由 $\dfrac{2}{|AQ|^2} = \dfrac{1}{|AM|^2} + \dfrac{1}{|AN|^2}$ 得 $\dfrac{2}{(1+k^2)x^2} = \dfrac{1}{(1+k^2)x_1^2} + \dfrac{1}{(1+k^2)x_2^2}$.

整理得 $\dfrac{2}{x^2} = \dfrac{1}{x_1^2} + \dfrac{1}{x_2^2} = \dfrac{(x_1+x_2)^2 - 2x_1x_2}{x_1^2 x_2^2}$ ①.

将直线 $y = kx + 2$ 代入 $\dfrac{x^2}{2} + y^2 = 1$ 得 $(2k^2+1)x^2 + 8kx + 6 = 0$ ②.

由 $\Delta = (8k)^2 - 24(2k^2+1) > 0$ 得 $k^2 > \dfrac{3}{2}$.

由韦达定理得 $x_1 + x_2 = \dfrac{-8k}{2k^2+1}$，$x_1 x_2 = \dfrac{6}{2k^2+1}$，代入式①化简得 $x^2 = \dfrac{18}{10k^2 - 3}$ ③.

因为点 Q 在直线 $y = kx + 2$ 上，所以 $k = \dfrac{y-2}{x}$，代入式③化简得 $10(y-2)^2 - 3x^2 = 18$.

由式③及 $k^2 > \dfrac{3}{2}$ 得 $0 < x^2 < \dfrac{3}{2}$，即 $x \in \left(-\dfrac{\sqrt{6}}{2}, 0\right) \cup \left(0, \dfrac{\sqrt{6}}{2}\right)$.

又因为 $\left(0, 2-\dfrac{3\sqrt{5}}{5}\right)$ 满足 $10(y-2)^2 - 3x^2 = 18$，所以 $x \in \left(-\dfrac{\sqrt{6}}{2}, \dfrac{\sqrt{6}}{2}\right)$.

由题意得 $Q(x,y)$ 在椭圆 C 内，故 $-1 \leqslant y \leqslant 1$.

又因为 $10(y-2)^2 = 3x^2 + 18$，有 $(y-2)^2 \in \left[\dfrac{9}{5}, \dfrac{9}{4}\right)$ 且 $-1 \leqslant y \leqslant 1$，所以 $y \in \left(\dfrac{1}{2}, 2-\dfrac{3\sqrt{5}}{5}\right]$.

从而点 Q 的轨迹方程为 $10(y-2)^2 - 3x^2 = 18$，其中 $x \in \left(-\dfrac{\sqrt{6}}{2}, \dfrac{\sqrt{6}}{2}\right)$，$y \in \left(\dfrac{1}{2}, 2-\dfrac{3\sqrt{5}}{5}\right]$.

7.2 定义法

精练 1 解析

因为 $C(-1,0)$ 与 $A(1,0)$ 均在 x 轴上且关于原点对称,所以由直线 AQ 的中垂线得 $|AM|=|QM|$.

从而 $|CM|+|AM|=|CM|+|QM|=|CQ|=r=5$,即点 M 到点 A,C 的距离和为定值 5.

解得 $2a=5$,即 $a=\frac{5}{2}$,$c=1$,从而 $b^2=a^2-c^2=\frac{21}{4}$,故椭圆方程为 $\frac{4x^2}{25}+\frac{4y^2}{21}=1$.

精练 2 解析

因为 $|AD|=|AC|$,$EB \parallel AC$,所以 $\angle EBD=\angle ACD=\angle ADC$,故 $|EB|=|ED|$.

从而 $|EA|+|EB|=|EA|+|ED|=|AD|$. 又因为 $(x+1)^2+y^2=16$,所以 $|AD|=4$,故 $|EA|+|EB|=4$.

由题意得 $A(-1,0)$,$B(1,0)$,$|AB|=2$,故 $E:\frac{x^2}{4}+\frac{y^2}{3}=1(y\neq 0)$.

精练 3 解析

由题意得圆 M 的圆心为 $M(-1,0)$,半径 $r_1=1$,圆 N 的圆心为 $N(1,0)$,半径 $r_2=3$.

设动圆 P 的圆心为 $P(x,y)$,半径为 R.

因为圆 P 与圆 M 外切且与圆 N 内切,所以 $|PM|+|PN|=(R+r_1)+(r_2-R)=r_1+r_2=4$.

由椭圆定义得曲线 C 是以点 M,N 为左右焦点,长半轴长为 2,短半轴长为 $\sqrt{3}$ 的椭圆(左顶点除外).

因此,椭圆方程为 $\frac{x^2}{4}+\frac{y^2}{3}=1(x\neq -2)$.

精练 4 解析

由题意得 $\frac{\sqrt{(x-1)^2+(y-1)^2}}{\frac{|x+y+2|}{\sqrt{2}}}=\frac{\sqrt{2}}{2}<1$,即一动点 $P(x,y)$ 到顶点 $F(1,1)$ 的距离与到定直线 $l:x+y+2=0$ 的距离比值 <1,故其轨迹为椭圆.

精练 5 解析

显然 $m>0$,$m(x^2+y^2+2y+1)=(x-2y+3)^2$ 两边开根号得,$\sqrt{m}\cdot\sqrt{x^2+(y+1)^2}=|x-2y+3|$.

整理得 $\sqrt{x^2+(y+1)^2}=\frac{\sqrt{1^2+2^2}}{\sqrt{m}}\cdot\frac{|x-2y+3|}{\sqrt{1^2+2^2}}$.

注意到,$\sqrt{x^2+(y+1)^2}$ 可以理解为点 (x,y) 与 $(0,-1)$ 的距离,$\frac{|x-2y+3|}{\sqrt{1^2+2^2}}$ 可以理解为点 (x,y) 与直线 $x-2y+3=0$ 的距离.

因此上述距离之比为椭圆的离心率,即 $e=\frac{\sqrt{1^2+2^2}}{\sqrt{m}}$,因为 $e<1$,所以 $m>5$.

精练 6 解析

法一:因为 $\cos\frac{A-B}{2}=2\sin\frac{C}{2}=2\sin\frac{\pi-(A+B)}{2}=2\cos\frac{A+B}{2}$,所以 $\cos\frac{A-B}{2}\sin\frac{A+B}{2}=2\sin\frac{A+B}{2}\cos\frac{A+B}{2}$,故 $\frac{1}{2}(\sin A+\sin B)=\sin(A+B)=\sin C$,即 $\sin A+\sin B=2\sin C$.

从而 $a+b=2c$,因为 $a+b+c=9$,所以 $c=3$,$a+b=6$.

设 $A\left(-\frac{3}{2},0\right)$,$B\left(\frac{3}{2},0\right)$,因为 $CA+CB=6$,所以点 C 在椭圆 $\frac{x^2}{9}+\frac{y^2}{\frac{27}{4}}=1$ 上(去除长轴顶点),所以 $S_{\triangle ABC}=\frac{1}{2}AB\cdot|y_C|\leq\frac{1}{2}\times 3\times\sqrt{\frac{27}{4}}=\frac{9\sqrt{3}}{4}$,又因为 $S_{\triangle ABC}=\frac{1}{2}(a+b+c)r=\frac{9}{2}r$,所以 $r\leq\frac{\sqrt{3}}{2}$,即

$\triangle ABC$ 的内切圆半径 r 的最大值为 $\frac{\sqrt{3}}{2}$.

法二：因为 $\frac{a}{\sin A}=\frac{b}{\sin B}=\frac{c}{\sin C}$，所以 $\frac{a+b+c}{\sin A+\sin B+\sin C}=\frac{c}{\sin C}$.

整理得 $\frac{9}{2\sin\frac{A+B}{2}\cos\frac{A-B}{2}+\sin C}=\frac{c}{\sin C}$，所以 $\frac{9}{3\sin C}=\frac{c}{\sin C}$，故 $\begin{cases}c=3\\a+b=6\end{cases}$. 后同法一.

精练 7 解析

定圆的圆心 $C(3,0)$ 与 $A(-3,0)$ 关于原点对称,设动圆 P 的半径为 r,故有 $|PA|=r$.

由两圆外切得 $|PC|=2+r$,从而 $|PC|-|PA|=2$,即距离差为定值.

故判断出 P 的轨迹为双曲线的左支,即 $a=1,c=3$,解得 $b^2=c^2-a^2=8$.

因此,轨迹方程为 $x^2-\frac{y^2}{8}=1(x\leqslant-1)$.

精练 8 解析

情况(1):动圆 M 与两圆都相内切;情况(2):动圆 M 与两圆都相外切;情况(3):动圆 M 与圆 C_1 外切,与圆 C_2 内切;情况(4):动圆 M 与圆 C_1 内切,与圆 C_2 外切.

在情况(1)(2)下,显然动圆圆心 M 的轨迹为 $x=0$.

在情况(3)下,设动圆 M 的半径为 r,故 $|MC_1|=r+\sqrt{2}$,$|MC_2|=r-\sqrt{2}$,即 $|MC_1|-|MC_2|=2\sqrt{2}<8$.

在情况(4)下,$|MC_2|-|MC_1|=2\sqrt{2}<8$.

由情况(3)(4)得 $|MC_1|-|MC_2|=\pm2\sqrt{2}$,由双曲线定义得方程为 $\frac{x^2}{2}-\frac{y^2}{14}=1$.

综上,轨迹方程为 $x=0$ 或 $\frac{x^2}{2}-\frac{y^2}{14}=1$.

精练 9 解析

以线段 BC 的中点为原点,中垂线为 y 轴建立坐标系,点 E,F 分别为两个切点.

从而 $|BE|=|BD|$,$|CD|=|CF|$,$|AE|=|AF|$,故 $|AB|-|AC|=2\sqrt{2}<|BC|=4$.

因此,点 A 的轨迹是以点 B,C 为焦点的双曲线右支 $(y\neq0)$,故 $\frac{x^2}{2}-\frac{y^2}{2}=1(x>\sqrt{2})$.

精练 10 解析

如图 1 所示,连接 ON,由题意得 $|ON|=1$,且点 N 为线段 MF_1 的中点.

因为点 O 为线段 F_1F_2 的中点,所以 $|MF_2|=2$.

因为点 F_1 关于点 N 的对称点为 M,线段 F_1M 的中垂线与直线 F_2M 相交于点 P,由垂直平分线的性质得 $|PM|=|PF_1|$,故 $||PF_2|-|PF_1||=||PF_2|-|PM||=|MF_2|=2<|F_1F_2|$.

综上,点 P 的轨迹是以 F_1,F_2 为焦点的双曲线,方程为 $x^2-\frac{y^2}{3}=1$,故选 B.

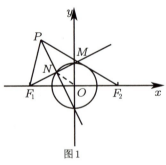

图1

精练 11 解析

显然符合双曲线的第二定义,动点 P 的轨迹方程为 $\frac{x^2}{9}-\frac{y^2}{16}=1$.

精练 12 解析

由题意得点 P 的轨迹方程为抛物线,设抛物线方程为 $y^2=2px$.

因为定点是 $(2,0)$,定直线是 $x=-2$,所以 $\frac{p}{2}=2$,$p=4$,故 $y^2=8x$.

精练13解析

设动圆圆心为 $P(x,y)$，过点 P 作 PM 垂直于直线 $x+1=0$，点 M 为垂足．

从而 $|PF|-r=|PM|$，可得 $|PF|=|PM|+1$，故 $y^2=8x$．

精练14解析

设抛物线的方程为 $y^2=2px(p>0)$，其准线为 $x=-\dfrac{p}{2}$，设点 $A(x_1,y_1),B(x_2,y_2)$．

因为 $|AF|+|BF|=8$，所以 $x_1+\dfrac{p}{2}+x_2+\dfrac{p}{2}=8$，即 $x_1+x_2=8-p$．

因为 $Q(6,0)$ 在线段 AB 的中垂线上，所以 $|QA|=|QB|$，即 $\sqrt{(6-x_1)^2+(-y_1)^2}=\sqrt{(6-x_2)^2+(-y_2)^2}$．

又因为 $y_1^2=2px_1,y_2^2=2px_2$，所以 $(x_1-x_2)(x_1+x_2-12+2p)=0$．

因为直线 AB 与 x 轴不垂直，所以 $x_1\neq x_2$，故 $x_1+x_2-12+2p=8-p-12+2p=0$，即 $p=4$．

因此，抛物线方程为 $y^2=8x$．

7.3 相关点法

精练1解析

设点 $M(x_0,y_0),P(x,y)$，由题意得 $N(x_0,0)$．

因为 $2\overrightarrow{PN}=\sqrt{3}\overrightarrow{MN}$，所以 $2(x_0-x,-y)=\sqrt{3}(0,-y_0)$，即 $x_0=x,y_0=\dfrac{2}{\sqrt{3}}y$ ①．

因为点 M 在圆 $C:x^2+y^2=4$ 上，所以 $x_0^2+y_0^2=4$ ②，将式①代入式②得 $\dfrac{x^2}{4}+\dfrac{y^2}{3}=1$，即椭圆 $E:\dfrac{x^2}{4}+\dfrac{y^2}{3}=1$．

精练2解析

设点 $M(x_0,y_0),A(x_1,y_1),B(x_2,y_2),N(x,y)$．

因为 $y=\dfrac{x^2}{4}$，求导得 $y'=\dfrac{x}{2}$，所以直线 MA 的方程为 $k_1(x-x_1)=y-y_1$，即 $\dfrac{x_1}{2}(x-x_1)=y-\dfrac{x_1^2}{4}$．

整理得 $x_1^2-2x_1x+4y=0$，将点 M 代入得 $x_1^2-2x_1x_0+4y_0=0$．

同理将点 M 代入直线 MB 方程得 $x_2^2-2x_2x_0+4y_0=0$．

从而 x_1,x_2 为方程 $x^2-2x_0x+4y_0=0$ 的两个根，由韦达定理得 $x_1+x_2=2x_0,x_1x_2=4y_0$．

因为 N 为 AB 中点，所以 $\begin{cases}x=\dfrac{x_1+x_2}{2}=x_0\\ y=\dfrac{y_1+y_2}{2}=\dfrac{x_1^2+x_2^2}{8}=\dfrac{(x_1+x_2)^2-2x_1x_2}{8}=\dfrac{x_0^2}{2}-y_0\end{cases}$ 即 $\begin{cases}x_0=x\\ y_0=\dfrac{x_0^2}{2}-y\end{cases}$．

又因为 $x_0^2=-4y_0$，所以代入化简得 $y=\dfrac{3}{4}x^2$，此方程即为点 N 的轨迹方程．

7.4 参数法

精练1解析

如图2所示，设直线 MN 与 x 轴相交于点 $R(r,0)$．

由题意得 $S_{\triangle MNL}=\dfrac{1}{2}|r-3|\cdot|y_M-y_N|,S_{\triangle M_1N_1L}=\dfrac{1}{2}\cdot 5\cdot|y_{M_1}-y_{N_1}|$．

由 $S_{\triangle M_1N_1L}=5S_{\triangle MNL}$ 且 $|y_M-y_N|=|y_{M_1}-y_{N_1}|$，即 $|r-3|=1$，得 $r=2$ 或 $r=4$(舍去)，从而可知直线 MN 过定点 $F(2,0)$．

设点 $M(x_1,y_1),N(x_2,y_2),K(x_0,y_0)$，故 $x_1+x_2=2x_0,y_1+y_2=2y_0$．

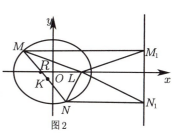

图2

直线MN垂直于x轴时,弦MN的中点为$F(2,0)$.

直线MN不垂直于x轴时,设直线MN的方程为$y=k(x-2)$.

联立方程$\begin{cases}y=k(x-2)\\ \dfrac{x^2}{16}+\dfrac{y^2}{12}=1\end{cases}$,消去$y$得$(3+4k^2)x^2-16k^2x+16k^2-48=0$.

由韦达定理得$\begin{cases}x_1+x_2=\dfrac{16k^2}{3+4k^2}\\ x_1x_2=\dfrac{16k^2-48}{3+4k^2}\end{cases}$,即$\begin{cases}x_0=\dfrac{8k^2}{3+4k^2}\\ y_0=k(x_0-2)=-\dfrac{6k}{3+4k^2}\end{cases}$.

消去参数k得$(x_0-1)^2+\dfrac{4y_0^2}{3}=1(y_0\neq 0)$,故点$K$的轨迹方程为$(x-1)^2+\dfrac{4y^2}{3}=1(x>0)$.

精练2解析

设点$E(x,y)$,由题意得直线l的斜率存在,设直线l的方程为$y=k(x-3)$.

将直线l代入$\dfrac{x^2}{4}+y^2=1$,消去y得$(1+4k^2)x^2-24k^2x+36k^2-4=0$.

由$\Delta=(-24k^2)^2-4(1+4k^2)(36k^2-4)>0$得$k^2<\dfrac{1}{5}$.

设点$A(x_1,y_1),B(x_2,y_2)$,由韦达定理得$x_1+x_2=\dfrac{24k^2}{1+4k^2}$.

从而$y_1+y_2=k(x_1-3)+k(x_2-3)=k(x_1+x_2)-6k=\dfrac{24k^3}{1+4k^2}-6k=\dfrac{-6k}{1+4k^2}$.

因为四边形$OAEB$为平行四边形,所以$\overrightarrow{OE}=\overrightarrow{OA}+\overrightarrow{OB}=(x_1+x_2,y_1+y_2)=\left(\dfrac{24k^2}{1+4k^2},\dfrac{-6k}{1+4k^2}\right)$.

因为$\overrightarrow{OE}=(x,y)$,所以$\begin{cases}x=\dfrac{24k^2}{1+4k^2}\\ y=\dfrac{-6k}{1+4k^2}\end{cases}$,故$\begin{cases}x^2-6x=-\dfrac{144k^2}{(1+4k^2)^2}\\ 4y^2=\dfrac{144k^2}{(1+4k^2)^2}\end{cases}$,即$x^2-6x+4y^2=0$.

又因为$k^2<\dfrac{1}{5}$,所以$0<x<\dfrac{8}{3}$,故顶点E的轨迹方程为$x^2+4y^2-6x=0\left(0<x<\dfrac{8}{3}\right)$.

精练3解析

由题意得抛物线$y^2=4x$的焦点为$F(1,0)$.

当直线PQ斜率存在时,设直线PQ的方程为$y=k(x-1)$,代入抛物线得$k^2x^2-(2k^2+4)x+k^2=0$.

设点$P(x_1,y_1),Q(x_2,y_2)$,由韦达定理得$x_1+x_2=\dfrac{2k^2+4}{k^2}$.

从而线段PQ中点的横坐标$x=\dfrac{x_1+x_2}{2}=\dfrac{k^2+2}{k^2}$,纵坐标$y=k(x-1)=\dfrac{2}{k}$,即$\begin{cases}x=\dfrac{k^2+2}{k^2}\\ y=\dfrac{2}{k}\end{cases}$,消去参

数k得$y^2=2x-2$.

当直线PQ斜率不存在时,易得线段PQ的中点坐标为$(1,0)$,该点也在曲线$y^2=2x-2$上.

因此,线段PQ中点的轨迹方程是$y^2=2x-2$.

精练4解析

设OA所在直线方程为$y=kx(k\neq 0)$,联立方程$\begin{cases}y=kx\\ y=x^2\end{cases}$,解得$x=k,y=k^2$,故$A(k,k^2)$.

因为$OA\perp OB$,所以OB所在直线方程为$y=-\dfrac{1}{k}x(k\neq 0)$,同理可得$B\left(-\dfrac{1}{k},\dfrac{1}{k^2}\right)$.

设 $\triangle AOB$ 的重心 $G(x,y)$，故 $\begin{cases} x = \frac{1}{3}\left(k - \frac{1}{k}\right) \\ y = \frac{1}{3}\left(k^2 + \frac{1}{k^2}\right) \end{cases}$，消去参数 k 得重心 G 的轨迹方程为 $y = 3x^2 + \frac{2}{3}$.

7.5 交轨法

精练 1 解析

由题意得 $A(-a,0)$，$B(a,0)$，设点 $M(x_0, y_0)$，$N(x_0, -y_0)(y_0 \neq 0)$，$P(x,y)(y \neq 0)$.

从而直线 AM 的方程为 $y = \frac{y_0}{x_0 + a}(x + a)$ ①，直线 BN 的方程为 $y = \frac{y_0}{a - x_0}(x - a)$ ②.

式①②相乘得 $y^2 = \frac{y_0^2}{a^2 - x_0^2}(x^2 - a^2)$ ③.

由 $\frac{x_0^2}{a^2} + \frac{y_0^2}{b^2} = 1$ 得 $y_0^2 = \frac{b^2}{a^2}(a^2 - x_0^2)$，代入式③得 $y^2 = \frac{b^2}{a^2}(x^2 - a^2)$，整理得 $\frac{x^2}{a^2} - \frac{y^2}{b^2} = 1(y \neq 0)$.

因此，点 P 的轨迹方程为 $\frac{x^2}{a^2} - \frac{y^2}{b^2} = 1(y \neq 0)$.

精练 2 解析

消去参数 t 得 l_1 的普通方程 $l_1: y = k(x-2)$；消去参数 m 得 l_2 的普通方程 $l_2: y = \frac{1}{k}(x+2)$.

设点 $P(x,y)$，联立方程 $\begin{cases} y = k(x-2) \\ y = \frac{1}{k}(x+2) \end{cases}$，消去 k 得 $x^2 - y^2 = 4(y \neq 0)$，故曲线 C 的方程为 $x^2 - y^2 = 4(y \neq 0)$.

精练 3 解析

由题意得 A_1, A_2 的坐标分别为 $(-\sqrt{2}, 0)$，$(\sqrt{2}, 0)$.

联立直线 A_1P 与 A_2Q 的方程并利用点 P,Q 在双曲线上的条件可得 $\begin{cases} y = \frac{y_1}{x_1 + \sqrt{2}}(x + \sqrt{2}) & ① \\ y = -\frac{y_1}{x_1 - \sqrt{2}}(x - \sqrt{2}) & ② \end{cases}$.

由式①②相乘得 $y^2 = \frac{y_1^2}{2 - x_1^2}(x^2 - 2)$. 因为点 P 在双曲线上，所以 $x_1^2 - 2 = 2y_1^2$，化简得 $E: \frac{x^2}{2} + y^2 = 1$.

精练 4 解析

设点 $P(x_0, y_0)$，由切点弦方程得点 P 处的切线方程为 $x_0 x + y_0 y = 4$.

将切线方程分别与直线 $x = 2$，$x = -2$ 进行联立得 $A\left(2, \frac{4 - 2x_0}{y_0}\right)$，$B\left(-2, \frac{4 + 2x_0}{y_0}\right)$.

直线 AC 的方程为 $\frac{y}{x+2} = \frac{\frac{4 - 2x_0}{y_0}}{4}$ ①，直线 BD 的方程为 $\frac{y}{x-2} = \frac{\frac{4 + 2x_0}{y_0}}{-4}$ ②.

由式①②相乘得 $\frac{y^2}{x^2 - 4} = \frac{\frac{16 - 4x_0^2}{y_0^2}}{-16}$ ③.

因为 $x_0^2 + y_0^2 = 4$，所以代入式③得 $\frac{y^2}{x^2 - 4} = -\frac{1}{4}$，即点 M 的轨迹方程为 $\frac{x^2}{4} + y^2 = 1$.

技法8 面积专题

8.1 三角形面积

精练1解析

(1)设直线 $AB:y=kx$,点 A,B 的坐标分别为 $(x_A,y_A),(x_B,y_B)$.

将直线 AB 的方程与椭圆的方程联立,可得 $(2k^2+1)x^2-2=0$,由韦达定理得 $\begin{cases} x_A+x_B=0 \\ x_Ax_B=-\dfrac{2}{2k^2+1} \end{cases}$.

从而 $k_{PA}+k_{PB}=\dfrac{y_A-1}{x_A}+\dfrac{y_B-1}{x_B}=\dfrac{kx_A-1}{x_A}+\dfrac{kx_B-1}{x_B}=\dfrac{2kx_Ax_B-(x_A+x_B)}{x_Ax_B}=2k$,即直线 PA,AB,PB 的斜率成等差数列.

(2)点 $P(0,1)$ 到直线 $y=-x+2$ 的距离 $d=\dfrac{\sqrt{2}}{2}$,为定值.

直线 PA 的方程为 $y=\dfrac{y_A-1}{x_A}x+1$,与 $y=-x+2$ 联立,可解得 $x_C=\dfrac{x_A}{x_A+y_A-1}=\dfrac{x_A}{(k+1)x_A-1}$.

同理可得 $x_D=\dfrac{x_B}{(k+1)x_B-1}$.

从而 $|CD|=\sqrt{2}\left|\dfrac{x_A-x_B}{(k+1)^2x_Ax_B-(k+1)(x_A+x_B)+1}\right|=\sqrt{2}\cdot\dfrac{\sqrt{k^2+\dfrac{1}{2}}}{\left|k+\dfrac{1}{4}\right|}=\sqrt{2}\cdot\sqrt{\dfrac{k^2+\dfrac{1}{2}}{\left(k+\dfrac{1}{4}\right)^2}}$.

故 $S_{\triangle PCD}=\dfrac{1}{2}|CD|\cdot d=\dfrac{1}{2}\sqrt{\dfrac{k^2+\dfrac{1}{2}}{\left(k+\dfrac{1}{4}\right)^2}}$.

令 $t=k+\dfrac{1}{4}$,即 $k=t-\dfrac{1}{4}$,可得 $S_{\triangle PCD}=\dfrac{3}{8}\sqrt{\left(\dfrac{1}{t}-\dfrac{4}{9}\right)^2+\dfrac{128}{81}}\geqslant\dfrac{3}{8}\times\dfrac{8\sqrt{2}}{9}=\dfrac{\sqrt{2}}{3}$.

当且仅当 $k=2$ 时取等号,故 $\triangle PCD$ 面积的最小值为 $\dfrac{\sqrt{2}}{3}$.

精练2解析

(1)设点 $P\left(x_0,\dfrac{x_0^2}{2p}\right)$,由 $x^2=2py$ 得 $y=\dfrac{x^2}{2p}$,求导得 $y'=\dfrac{x}{p}$.因为直线 PQ 的斜率为1,所以 $\dfrac{x_0}{p}=1$.

又因为 $x_0-\dfrac{x_0^2}{2p}-\sqrt{2}=0$,所以 $p=2\sqrt{2}$,故抛物线 C 的方程为 $x^2=4\sqrt{2}y$.

(2)结合(1)得,点 P 处的切线方程为 $y-\dfrac{x_0^2}{2p}=\dfrac{x_0}{p}(x-x_0)$,即 $2x_0x-2py-x_0^2=0$.

因为切线与圆 $O:x^2+y^2=1$ 相切,所以圆心 $(0,0)$ 到切线的距离为 $\dfrac{x_0^2}{\sqrt{4x_0^2+4p^2}}=1$,故 $x_0^4=4x_0^2+4p^2$.

联立方程 $\begin{cases} 2x_0x-2py-x_0^2=0 \\ x^2+y^2=1 \\ x_0^4=4x_0^2+4p^2 \end{cases}$,解得 $\begin{cases} x=\dfrac{2}{x_0} \\ y=\dfrac{4-x_0^2}{2p} \end{cases}$,即 $Q\left(\dfrac{2}{x_0},\dfrac{4-x_0^2}{2p}\right)$.

从而 $|PQ|=\sqrt{1+\dfrac{x_0^2}{p^2}}\cdot\left|x_0-\dfrac{2}{x_0}\right|=\dfrac{\sqrt{p^2+x_0^2}}{p}\cdot\left|\dfrac{x_0^2-2}{x_0}\right|$.

点 $F\left(0,\dfrac{p}{2}\right)$ 到切线的距离 $d=\dfrac{|-p^2-x_0^2|}{\sqrt{4x_0^2+4p^2}}=\dfrac{\sqrt{x_0^2+p^2}}{2}$.

从而 $S_1=\frac{1}{2}|PQ|\cdot d=\frac{\sqrt{p^2+x_0^2}}{2p}\cdot\left|\frac{x_0^2-2}{x_0}\right|\cdot\frac{\sqrt{x_0^2+p^2}}{2}=\frac{p^2+x_0^2}{4p}\cdot\left|\frac{x_0^2-2}{x_0}\right|$，$S_2=\frac{1}{2}|OF||x_Q|=\frac{p}{2|x_0|}$.

由 $x_0^4=4x_0^2+4p^2$ 得 $4p^2=x_0^4-4x_0^2>0$，即 $|x_0|>2$.

于是 $\frac{S_1}{S_2}=\frac{p^2+x_0^2}{4p}\cdot\left|\frac{x_0^2-2}{x_0}\right|\cdot\frac{2|x_0|}{p}=\frac{(p^2+x_0^2)(x_0^2-2)}{2p^2}=\frac{(x_0^4-4x_0^2+4x_0^2)(x_0^2-2)}{2(x_0^4-4x_0^2)}=\frac{x_0^2(x_0^2-2)}{2(x_0^2-4)}=$
$\frac{x_0^2-4}{2}+\frac{4}{x_0^2-4}+3\geqslant2\sqrt{2}+3$，当 $\frac{x_0^2-4}{2}=\frac{4}{x_0^2-4}$，即 $x_0^2=4+2\sqrt{2}$ 时等号成立，此时 $p=\sqrt{2+2\sqrt{2}}$.

因此，$\frac{S_1}{S_2}$ 的最小值为 $2\sqrt{2}+3$，故 $\frac{S_1^2}{S_2^2}$ 的最小值为 $12\sqrt{2}+17$.

精练3解析

(1)设双曲线 $E:\frac{x^2}{a^2}-\frac{y^2}{b^2}=1$ 的右焦点为 $F(c,0)$，渐近线方程为 $bx\pm ay=0$，右焦点 F 到渐近线的距离 $d=\frac{bc}{\sqrt{a^2+b^2}}=b=\sqrt{3}$. 又因为 $\frac{c}{a}=2,c^2=a^2+b^2$，所以 $\begin{cases}a=1\\c=2\end{cases}$，故双曲线 E 的方程为 $x^2-\frac{y^2}{3}=1$.

(2)设直线 l 的方程为 $x=ty+2$，$0<t<\frac{\sqrt{3}}{3}$，$A(x_1,y_1),B(x_2,y_2)$.

联立方程 $\begin{cases}3x^2-y^2=3\\x=ty+2\end{cases}$，消去 x 得 $(3t^2-1)y^2+12ty+9=0$.

$\Delta=144t^2-4\times9(3t^2-1)=36t^2+36>0$，由韦达定理得 $y_1+y_2=-\frac{12t}{3t^2-1}$，$y_1y_2=\frac{9}{3t^2-1}$.

从而 $S_{\triangle OAB}=S_{\triangle OFA}+S_{\triangle OFB}=\frac{1}{2}|OF||y_1-y_2|=\sqrt{(y_1+y_2)^2-4y_1y_2}=\frac{6\sqrt{1+t^2}}{1-3t^2}$.

由题意得渐近线方程 $y=\pm\sqrt{3}x$，设点 A 到两条渐近线的距离 d_1,d_2.

满足 $d_1\cdot d_2=\frac{|\sqrt{3}x_1-y_1|}{2}\cdot\frac{|\sqrt{3}x_1+y_1|}{2}=\frac{|3x_1^2-y_1^2|}{4}=\frac{3}{4}$.

联立方程 $\begin{cases}y=\sqrt{3}x\\x=yt+2\end{cases}$，解得 $\begin{cases}x_C=\frac{2}{1-\sqrt{3}t}\\y_C=\frac{2\sqrt{3}}{1-\sqrt{3}t}\end{cases}$，故 $|OC|=\sqrt{x_C^2+y_C^2}=\frac{4}{1-\sqrt{3}t}$.

联立方程 $\begin{cases}y=-\sqrt{3}x\\x=yt+2\end{cases}$，解得 $\begin{cases}x_D=\frac{2}{1+\sqrt{3}t}\\y_D=-\frac{2\sqrt{3}}{1+\sqrt{3}t}\end{cases}$，故 $|OD|=\sqrt{x_D^2+y_D^2}=\frac{4}{1+\sqrt{3}t}$.

于是 $S_{\triangle OAC}\cdot S_{\triangle OAD}=\frac{1}{2}|OC|\cdot d_1\cdot\frac{1}{2}|OD|\cdot d_2$，即 $\frac{1}{2}\times\frac{4}{1-\sqrt{3}t}\times\frac{1}{2}\times\frac{4}{1+\sqrt{3}t}d_1d_2=\frac{3}{1-3t^2}$.

整理得 $\frac{S_{\triangle OAB}}{S_{\triangle OAC}\cdot S_{\triangle OAD}}=2\sqrt{1+t^2}$，因为 $0<t<\frac{\sqrt{3}}{3}$，所以 $\frac{S_{\triangle OAB}}{S_{\triangle OAC}\cdot S_{\triangle OAD}}\in\left(2,\frac{4\sqrt{3}}{3}\right)$.

又因为 $\lambda S_{\triangle OAC}\cdot S_{\triangle OAD}\geqslant S_{\triangle OAB}$，即 $\lambda\geqslant\frac{S_{\triangle OAB}}{S_{\triangle OAC}\cdot S_{\triangle OAD}}$ 恒成立，所以 λ 的取值范围为 $\left[\frac{4\sqrt{3}}{3},+\infty\right)$.

精练4解析

(1)设直线 PQ 与 x 轴交于点 $P_0\left(-\frac{p}{2},0\right)$，由圆的性质得 $|CP|^2=|CP_0|\cdot|CO|$，即 $3=\left(-\frac{p}{2}+2\right)\cdot2$，解得 $p=1$，故抛物线 E 的标准方程为 $y^2=2x$.

(2)设点 $T(x_0,y_0),A(x_1,y_1),B(x_2,y_2)$.

(i)由题意得 TA 的中点 M 在抛物线 E 上，即 $\left(\frac{y_0+y_1}{2}\right)^2=2\cdot\frac{x_0+x_1}{2}$.

又因为 $y_1^2 = 2x_1$,所以将 $x_1 = \dfrac{y_1^2}{2}$ 代入得 $y_1^2 - 2y_0y_1 + 4x_0 - y_0^2 = 0$,同理 $y_2^2 - 2y_0y_2 + 4x_0 - y_0^2 = 0$.

由韦达定理得 $\begin{cases} y_1 + y_2 = 2y_0 \\ y_1y_2 = 4x_0 - y_0^2 \end{cases}$,此时点 D 的纵坐标为 $\dfrac{y_1 + y_2}{2} = y_0$,故直线 TD 的斜率为 0.

(ii) 因为 $\dfrac{x_1 + x_2}{2} = \dfrac{y_1^2 + y_2^2}{4} = \dfrac{(y_1 + y_2)^2 - 2y_1y_2}{4} = \dfrac{3y_0^2 - 4x_0}{2}$,所以点 $D\left(\dfrac{3y_0^2 - 4x_0}{2}, y_0\right)$.

此时 $S = \dfrac{1}{2}|TD| \cdot |y_1 - y_2|$,$|TD| = \left|\dfrac{3y_0^2 - 4x_0}{2} - x_0\right| = \dfrac{3}{2}|y_0^2 - 2x_0|$.

因为 $|y_1 - y_2| = \sqrt{(y_1 + y_2)^2 - 4y_1y_2} = \sqrt{8(y_0^2 - 2x_0)}$,所以 $S = \dfrac{3\sqrt{2}}{2}\sqrt{(y_0^2 - 2x_0)^3}$ ①.

又因为点 T 在圆 C 上,有 $(x_0 + 2)^2 + y_0^2 = 3$,所以 $y_0^2 = -x_0^2 - 4x_0 - 1$ ②.

将式②代入式①得 $S = \dfrac{3\sqrt{2}}{2} \cdot \sqrt{(-x_0^2 - 6x_0 - 1)^3} = \dfrac{3\sqrt{2}}{2} \cdot \sqrt{[-(x_0 + 3)^2 + 8]^3}$.

由 $-2 - \sqrt{3} \leqslant x_0 \leqslant -2 + \sqrt{3}$ 得当 $x_0 = -3$ 时,S 取到最大值 $\dfrac{3\sqrt{2}}{2} \cdot \sqrt{8^3} = 48$,故 S 的最大值为 48.

8.2 四边形面积

精练 1 解析

(1) 由题意得 C_1, C_2 的方程分别为 $\dfrac{x^2}{2} + y^2 = 1, \dfrac{x^2}{2} - y^2 = 1$.

(2) 如图 1 所示,因为 AB 不垂直于 y 轴,且过点 $F_1(-1, 0)$,所以可设直线 AB 的方程为 $x = my - 1$.

联立方程 $\begin{cases} x = my - 1 \\ \dfrac{x^2}{2} + y^2 = 1 \end{cases}$,消去 x 得 $(m^2 + 2)y^2 - 2my - 1 = 0$.

易知此方程的判别式大于 0,设点 $A(x_1, y_1), B(x_2, y_2)$.

由韦达定理得 $y_1 + y_2 = \dfrac{2m}{m^2 + 2}, y_1y_2 = \dfrac{-1}{m^2 + 2}$.

从而 $x_1 + x_2 = m(y_1 + y_2) - 2 = \dfrac{-4}{m^2 + 2}$.

于是 AB 的中点为 $M\left(\dfrac{-2}{m^2 + 2}, \dfrac{m}{m^2 + 2}\right)$,

故直线 PQ 的斜率为 $-\dfrac{m}{2}$,PQ 的方程为 $y = -\dfrac{m}{2}x$,即 $mx + 2y = 0$.

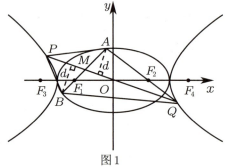

图1

联立方程 $\begin{cases} y = -\dfrac{m}{2}x \\ \dfrac{x^2}{2} - y^2 = 1 \end{cases}$,解得 $(2 - m^2)x^2 = 4$,且 $2 - m^2 > 0$,故 $x^2 = \dfrac{4}{2 - m^2}, y^2 = \dfrac{m^2}{2 - m^2}$.

从而 $|PQ| = 2\sqrt{x^2 + y^2} = 2\sqrt{\dfrac{m^2 + 4}{2 - m^2}}$.

设点 A 到直线 PQ 的距离为 d,故点 B 到直线 PQ 的距离也为 d,从而 $2d = \dfrac{|mx_1 + 2y_1| + |mx_2 + 2y_2|}{\sqrt{m^2 + 4}}$.

因为点 A, B 在直线 $mx + 2y = 0$ 的异侧,所以 $(mx_1 + 2y_1)(mx_2 + 2y_2) < 0$.

于是 $|mx_1 + 2y_1| + |mx_2 + 2y_2| = |mx_1 + 2y_1 - mx_2 - 2y_2|$,故 $2d = \dfrac{(m^2 + 2)|y_1 - y_2|}{\sqrt{m^2 + 4}}$.

又因为 $|y_1 - y_2| = \sqrt{(y_1 + y_2)^2 - 4y_1y_2} = \dfrac{2\sqrt{2} \cdot \sqrt{1 + m^2}}{m^2 + 2}$,所以 $2d = \dfrac{2\sqrt{2} \cdot \sqrt{1 + m^2}}{\sqrt{m^2 + 4}}$.

故四边形 $APBQ$ 面积 $S = \dfrac{1}{2}|PQ| \cdot 2d = \dfrac{2\sqrt{2} \cdot \sqrt{1 + m^2}}{\sqrt{2 - m^2}} = 2\sqrt{2} \cdot \sqrt{-1 + \dfrac{3}{2 - m^2}}$.

因为$0<2-m^2\leqslant 2$,所以当$m=0$时,S取得最小值2.综上,四边形$APBQ$面积的最小值为2.

精练2解析

(1)由圆与抛物线的对称性得四边形$ABCD$是以y轴为对称轴的等腰梯形.

不妨设$|AB|<|CD|$,点A,D在第一象限,$A(x_1,y_1),D(x_2,y_2)$,故$B(-x_1,y_1),C(-x_2,y_2)$.

联立方程$\begin{cases}x^2+\left(y-\dfrac{5}{2}\right)^2=4\\x^2=my(m>0)\end{cases}$,消去$x$得$y^2+(m-5)y+\dfrac{9}{4}=0$.

由题意得$\begin{cases}\Delta=(m-5)^2-9>0\\y_1+y_2=5-m>0\\y_1y_2=\dfrac{9}{4}\end{cases}$,解得$0<m<2$.

由$\overrightarrow{OA}\cdot\overrightarrow{OD}=\dfrac{15}{4}$得$x_1x_2+y_1y_2=\dfrac{15}{4}$,即$m\sqrt{y_1y_2}+y_1y_2=\dfrac{15}{4}$,由$y_1y_2=\dfrac{9}{4}$得$m=1$.

(2)由对称性得点G在y轴上,设$G(0,a)$.由$k_{AG}=k_{AC}$得$\dfrac{y_1-a}{x_1}=\dfrac{y_1-y_2}{x_1+x_2}$.

从而$\dfrac{y_1-a}{\sqrt{m}\cdot\sqrt{y_1}}=\dfrac{y_1-y_2}{\sqrt{m}\cdot(\sqrt{y_1}+\sqrt{y_2})}=\dfrac{\sqrt{y_1}-\sqrt{y_2}}{\sqrt{m}}$,由$a=\sqrt{y_1y_2}=\dfrac{3}{2}$得$G\left(0,\dfrac{3}{2}\right)$.

于是$S=S_{\text{梯形}ABCD}-(S_{\triangle GAB}+S_{\triangle GCD})=(x_1+x_2)\cdot(y_2-y_1)-[x_1(a-y_1)+x_2(y_2-a)]$

$=x_1y_2-x_2y_1+a(x_2-x_1)=\sqrt{m}\sqrt{y_1y_2}\cdot(\sqrt{y_2}-\sqrt{y_1})+a\sqrt{m}(\sqrt{y_2}-\sqrt{y_1})$

$=\sqrt{m}(\sqrt{y_2}-\sqrt{y_1})\cdot(\sqrt{y_1y_2}+a)=3\sqrt{m}\cdot\sqrt{y_1+y_2-2\sqrt{y_1y_2}}=3\sqrt{m(2-m)}\leqslant 3\cdot\dfrac{m+(2-m)}{2}=3$.

当且仅当$m=2-m$,即$m=1$时,S有最大值3.

精练3解析

(1)设动圆P的半径为R,圆心P的坐标为(x,y).

由题意得圆C_1的圆心为$C_1(-1,0)$,半径为$\dfrac{7}{2}$;圆C_2的圆心为$C_2(1,0)$,半径为$\dfrac{1}{2}$.

因为动圆P与圆C_1内切,且与圆C_2外切,所以$\begin{cases}|PC_1|=\dfrac{7}{2}-R\\|PC_2|=\dfrac{1}{2}+R\end{cases}$,故$|PC_1|+|PC_2|=4>|C_1C_2|=2$.

故动圆P的圆心的轨迹E是以点C_1,C_2分别为左、右焦点的椭圆,设方程为$\dfrac{x^2}{a^2}+\dfrac{y^2}{b^2}=1(a>b>0)$.

由$2a=4,2c=2$得$a=2,b^2=3$,故轨迹E的方程为$\dfrac{x^2}{4}+\dfrac{y^2}{3}=1$.

(2)(i)显然直线AB的斜率存在且不为0.

设直线AB的方程为$y=k(x-1)(k\neq 0)$,$A(x_1,y_1),B(x_2,y_2),M(x_1,-y_1)$.

联立方程$\begin{cases}y=k(x-1)\\\dfrac{x^2}{4}+\dfrac{y^2}{3}=1\end{cases}$,消去$y$得$(4k^2+3)x^2-8k^2x+4k^2-12=0$,$\Delta>0$.

由韦达定理得$x_1+x_2=\dfrac{8k^2}{4k^2+3}$,$x_1x_2=\dfrac{4k^2-12}{4k^2+3}$.

设直线BM的方程为$y+y_1=\dfrac{y_2+y_1}{x_2-x_1}(x-x_1)$,令$y=0$,可得点$N$的横坐标$x_N=\dfrac{x_2-x_1}{y_2+y_1}y_1+x_1=$

$\dfrac{k(x_2-x_1)(x_1-1)}{k(x_1+x_2-2)}+x_1=\dfrac{2x_1x_2-(x_1+x_2)}{x_1+x_2-2}=\dfrac{2\times\dfrac{4k^2-12}{4k^2+3}-\dfrac{8k^2}{4k^2+3}}{\dfrac{8k^2}{4k^2+3}-2}=4$.

故点N为一个定点,其坐标为$(4,0)$.

(ii)根据(i)可以进一步求得 $|AB|=\sqrt{1+k^2}|x_2-x_1|=\sqrt{1+k^2}\times\sqrt{(x_2+x_1)^2-4x_1x_2}=\sqrt{1+k^2}\times$
$\sqrt{\left(\dfrac{8k^2}{4k^2+3}\right)^2-4\times\dfrac{4k^2-12}{4k^2+3}}=\dfrac{12(k^2+1)}{4k^2+3}$.

因为 $AB\perp DG$,所以 $k_{DG}=-\dfrac{1}{k}$,故 $|DG|=\dfrac{12(k^2+1)}{3k^2+4}$.

从而四边形 $ADBG$ 的面积 $S=\dfrac{1}{2}|AB|\times|DG|=\dfrac{1}{2}\times\dfrac{12(k^2+1)}{4k^2+3}\times\dfrac{12(k^2+1)}{3k^2+4}=\dfrac{72(k^2+1)^2}{(4k^2+3)(3k^2+4)}$.

法一:$S=\dfrac{72(k^2+1)^2}{(4k^2+3)(3k^2+4)}\geqslant\dfrac{72(k^2+1)^2}{\left(\dfrac{4k^2+3+3k^2+4}{2}\right)^2}=\dfrac{288}{49}$.

当且仅当 $4k^2+3=3k^2+4$,即 $k=\pm1$ 时取等号,故 $S_{\min}=\dfrac{288}{49}$.

法二:令 $k^2+1=t$,因为 $k\neq0$,所以 $t>1$,故 $S=\dfrac{72t^2}{12t^2+t-1}=\dfrac{72}{-\dfrac{1}{t^2}+\dfrac{1}{t}+12}=\dfrac{72}{-\left(\dfrac{1}{t}-\dfrac{1}{2}\right)^2+\dfrac{49}{4}}$.

因此,当 $\dfrac{1}{t}=\dfrac{1}{2}$,即 $k=\pm1$ 时,故 $S_{\min}=\dfrac{288}{49}$.

精练4解析

由题意得 $PAOB$ 为平行四边形,设直线 $OA:bx-y=0$,$OB:bx+y=0$,点 $P(m,n)$.

设直线 $PB:y-n=b(x-m)$,点 P 到渐近线 OB 的距离 $d=\dfrac{|bm+n|}{\sqrt{1+b^2}}$.

由直线 $PB:y-n=b(x-m)$ 与渐近线 $bx+y=0$ 联立得 $B\left(\dfrac{bm-n}{2b},\dfrac{n-bm}{2}\right)$.

解得 $|OB|=\dfrac{\sqrt{1+b^2}}{2b}|bm-n|$,故 $S_{\square PAOB}=|OB|\cdot d=\dfrac{|b^2m^2-n^2|}{2b}$.

又因为 $m^2-\dfrac{n^2}{b^2}=1$,所以 $b^2m^2-n^2=b^2$,故 $S_{\square PAOB}=\dfrac{1}{2}b=\sqrt{2}$,即 $C:x^2-\dfrac{y^2}{8}=1$.

于是 $\overrightarrow{PF_1}\cdot\overrightarrow{PF_2}=(-3-m)(3-m)+n^2>0$,即 $m^2-9+n^2>0$.

又因为 $m^2-\dfrac{n^2}{8}=1$,所以 $m^2-9+8(m^2-1)>0$,故 $m\in\left(-\infty,-\dfrac{\sqrt{17}}{3}\right)\cup\left(\dfrac{\sqrt{17}}{3},+\infty\right)$.

精练5解析

当直线 l 的斜率不存在时,四边形 $PQRS$ 的面积为 $2\sqrt{3}$,不符合题意.

当直线 l 的斜率存在时,设直线 $l:y=k(x+\sqrt{3})$,则 $l':y=k(x-\sqrt{3})$.

设点 $P(x_1,y_1)$,$Q(x_2,y_2)$,将直线 $l:y=k(x+\sqrt{3})$ 代入 $\dfrac{x^2}{4}+y^2=1$ 得 $\begin{cases}x_1+x_2=\dfrac{-8\sqrt{3}k^2}{1+4k^2}\\ x_1x_2=\dfrac{12k^2-4}{1+4k^2}\end{cases}$.

两条平行线间的距离为 $d=\dfrac{2\sqrt{3}|k|}{\sqrt{1+4k^2}}$.

由椭圆的对称性得四边形 $PQRS$ 为平行四边形,故 $S=|PQ|d=\dfrac{8\sqrt{6}}{5}$,解得 $k=\pm1$ 或 $k=\pm\dfrac{\sqrt{14}}{7}$.

因此,直线 l 的方程为 $y=\pm(x+\sqrt{3})$ 或 $y=\pm\dfrac{\sqrt{14}}{7}(x+\sqrt{3})$.

精练6解析

(1)由题意得 $\dfrac{c}{a}=\dfrac{1}{2}$,$\dfrac{1}{a^2}+\dfrac{9}{4b^2}=1$,$a^2=b^2+c^2$,解得 $\begin{cases}a=2\\ b=\sqrt{3}\\ c=1\end{cases}$,故椭圆 C 的方程为 $\dfrac{x^2}{4}+\dfrac{y^2}{3}=1$.

(2)(i)设点 $P(x_1,y_1),Q(x_2,y_2),E(x_E,y_E)$,故 $D(2x_1,2y_1)$.

因为点 P,Q 是椭圆 C 上的两点,所以 $\frac{x_1^2}{4}+\frac{y_1^2}{3}=1,\frac{x_2^2}{4}+\frac{y_2^2}{3}=1$.

又因为 $k_{OP}\cdot k_{OQ}=-\frac{3}{4}$,所以 $3x_1x_2+4y_1y_2=0$.

因为 $\overrightarrow{QE}=\lambda\overrightarrow{ED}$,所以 $(x_E-x_2,y_E-y_2)=\lambda(2x_1-x_E,2y_1-y_E)$,即 $\begin{cases}x_E-x_2=\lambda(2x_1-x_E)\\y_E-y_2=\lambda(2y_1-y_E)\end{cases}$,解得

$\begin{cases}x_E=\frac{2\lambda x_1+x_2}{1+\lambda}\\y_E=\frac{2\lambda y_1+y_2}{1+\lambda}\end{cases}$,故 $E\left(\frac{2\lambda x_1+x_2}{1+\lambda},\frac{2\lambda y_1+y_2}{1+\lambda}\right)$.

又因为点 E 在椭圆 C 上,所以 $\frac{4\lambda^2 x_1^2+x_2^2+4\lambda x_1 x_2}{4(1+\lambda)^2}+\frac{4\lambda^2 y_1^2+y_2^2+4\lambda y_1 y_2}{3(1+\lambda)^2}=1$.

整理得 $4\lambda^2\left(\frac{x_1^2}{4}+\frac{y_1^2}{3}\right)+\frac{x_2^2}{4}+\frac{y_2^2}{3}+4\lambda\left(\frac{x_1x_2}{4}+\frac{y_1y_2}{3}\right)=(1+\lambda)^2$,故 $4\lambda^2+1=(1+\lambda)^2$,解得 $\lambda=\frac{2}{3}$.

(ii)如图2所示,因为 $\overrightarrow{QE}=\frac{2}{3}\overrightarrow{ED}$,所以 $S_{\triangle PEQ}=\frac{2}{5}S_{\triangle QPD}=\frac{2}{5}S_{\triangle OPQ}$,故 $S_{\text{四边形}OPEQ}=\frac{7}{5}S_{\triangle OPQ}$.

当 $PQ\parallel x$ 轴时,因为 $k_{OP}\cdot k_{OQ}=-\frac{3}{4}$,$k_{OP}=-k_{OQ}$,所以 $k_{OP}=\pm\frac{\sqrt{3}}{2}$.

由对称性不妨取 $k_{OP}=\frac{\sqrt{3}}{2}$.

联立方程 $\begin{cases}y=\frac{\sqrt{3}}{2}x\\3x^2+4y^2=12\end{cases}$,解得 $\begin{cases}x=\sqrt{2}\\y=\frac{\sqrt{6}}{2}\end{cases}$ 或 $\begin{cases}x=-\sqrt{2}\\y=-\frac{\sqrt{6}}{2}\end{cases}$.

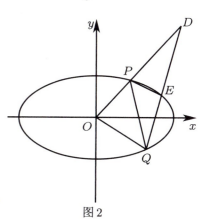

图2

从而 $P\left(\sqrt{2},\frac{\sqrt{6}}{2}\right),Q\left(-\sqrt{2},-\frac{\sqrt{6}}{2}\right)$,故 $S_{\triangle OPQ}=\frac{1}{2}\times 2\sqrt{2}\times\frac{\sqrt{6}}{2}=\sqrt{3}$.

当 PQ 的斜率不为0时,设 PQ 的方程为 $x=my+t$.

联立方程 $\begin{cases}x=my+t\\3x^2+4y^2=12\end{cases}$,消去 x 得 $(3m^2+4)y^2+6mty+3t^2-12=0$.

由韦达定理得 $y_1+y_2=\frac{-6mt}{3m^2+4},y_1y_2=\frac{3t^2-12}{3m^2+4}$.

整理得 $3x_1x_2+4y_1y_2=3(my_1+t)(my_2+t)+4y_1y_2=0$,即 $(3m^2+4)y_1y_2+3mt(y_1+y_2)+3t^2=0$.

代入韦达定理得 $(3m^2+4)\frac{3t^2-12}{3m^2+4}-\frac{18m^2t^2}{3m^2+4}+3t^2=0$,化简得 $2t^2-3m^2-4=0$,即 $2t^2=3m^2+4$.

于是 $|PQ|=\sqrt{1+m^2}\sqrt{\left(\frac{-6mt}{3m^2+4}\right)^2-\frac{4(3t^2-12)}{3m^2+4}}=\sqrt{1+m^2}\sqrt{\frac{48(-t^2+3m^2+4)}{(3m^2+4)^2}}$.

点 O 到直线 PQ 的距离为 $\frac{|t|}{\sqrt{1+m^2}}$.

因此,$S_{\triangle OPQ}=\frac{1}{2}|PQ|\cdot\frac{|t|}{\sqrt{1+m^2}}=\frac{1}{2}|t|\times\frac{4\sqrt{3}\times\sqrt{t^2}}{3m^2+4}=\sqrt{3}$,故 $S_{\text{四边形}OPEQ}=\frac{7\sqrt{3}}{5}$.

精练7解析

当两平行直线没有斜率时,此时 $|AB|=\frac{2b^2}{a}=\frac{2}{2}=1$,故 $S_{\triangle OAB}=\frac{1}{2}\times 1\times\sqrt{3}=\frac{\sqrt{3}}{2}$.

当两平行直线有斜率时,设直线 AB 的方程为 $y=k(x+\sqrt{3})$,即 $kx-y+\sqrt{3}k=0$.

联立椭圆方程 $\frac{x^2}{4}+y^2=1$,消去 y 得 $(1+4k^2)x^2+8\sqrt{3}k^2x+12k^2-4=0$.

由弦长公式得 $|AB|=\sqrt{1+k^2}\cdot\frac{\sqrt{\Delta}}{1+4k^2}=\frac{4(k^2+1)}{1+4k^2}$,原点到直线 AB 的距离为 $d=\frac{|\sqrt{3}k|}{\sqrt{1+k^2}}$.

从而 $S_{\triangle OAB} = \dfrac{1}{2} d \times |AB| = \dfrac{1}{2} \times \dfrac{4(k^2+1)}{1+4k^2} \times \dfrac{|\sqrt{3}k|}{\sqrt{1+k^2}} = 2\sqrt{3} \times \dfrac{\sqrt{k^4+k^2}}{1+4k^2}$.

平方得 $(S_{\triangle OAB})^2 = 12 \times \dfrac{k^4+k^2}{(1+4k^2)^2} = \dfrac{12k^4+12k^2}{16k^4+8k^2+1}$.

设 $k^2 = t(t>0)$，故 $f(t) = \dfrac{12t^2+12t}{16t^2+8t+1}$，求导得 $f'(t) = \dfrac{-12(4t+1)(2t-1)}{(16t^2+8t+1)^2}$.

当 $0 < t < \dfrac{1}{2}$ 时，$f'(t) > 0$，此时函数 $f(t)$ 单调递增；当 $t > \dfrac{1}{2}$ 时，$f'(t) < 0$，此时函数 $f(t)$ 单调递减.

于是 $f(t)_{\max} = f\left(\dfrac{1}{2}\right) = 1$，故 $S_{\triangle OAB}$ 的最大值为 1. 因为 $1 > \dfrac{\sqrt{3}}{2}$，所以 $S_{\triangle OAB}$ 的最大值为 1.

因为四边形 $ABCD$ 的面积为 $|AB| \times 2d$，所以四边形 $ABCD$ 的面积为 $4S_{\triangle OAB}$，故此时四边形 $ABCD$ 的面积的最大值为 4.

8.3 面积坐标式

精练 1 解析

由题意得 $A(-5,0)$，$B(5,0)$，设点 $P(s,t)$，$Q(6,n)$.

由对称性，只需考虑 $n > 0$ 的情况，此时 $-5 < s < 5$，$0 < t \leq \dfrac{5}{4}$.

因为 $|BP| = |BQ|$，所以 $(s-5)^2 + t^2 = n^2 + 1$ ①. 因为 $BP \perp BQ$，所以 $s - 5 + nt = 0$ ②.

又因为 $\dfrac{s^2}{25} + \dfrac{16t^2}{25} = 1$ ③，所以联立式①②③得 $\begin{cases} s=3 \\ t=1 \\ n=2 \end{cases}$ 或 $\begin{cases} s=-3 \\ t=1 \\ n=8 \end{cases}$.

从而 $P(3,1), Q(6,2)$ 或 $P(-3,1), Q(6,8)$，故 $\overrightarrow{AP} = (8,1)$，$\overrightarrow{AQ} = (11,2)$ 或 $\overrightarrow{AP} = (2,1)$，$\overrightarrow{AQ} = (11,8)$.

因此，$S_{\triangle APQ} = \dfrac{1}{2}|8 \times 2 - 11 \times 1| = \dfrac{5}{2}$ 或 $S_{\triangle APQ} = \dfrac{1}{2}|2 \times 8 - 11 \times 1| = \dfrac{5}{2}$，故 $\triangle APQ$ 的面积是 $\dfrac{5}{2}$.

精练 2 解析

设点 $A(\sqrt{2}\cos\alpha, \sin\alpha)$，$B(\sqrt{2}\cos\beta, \sin\beta)$，$\alpha, \beta \in [0, 2\pi]$.

因为 $\overrightarrow{OP} = \overrightarrow{OA} + \overrightarrow{OB}$，所以 $P(\sqrt{2}(\cos\alpha + \cos\beta), (\sin\alpha + \sin\beta))$.

又因为点 P 在椭圆 E 上，所以 $\dfrac{[\sqrt{2}(\cos\alpha+\cos\beta)]^2}{2} + [(\sin\alpha+\sin\beta)]^2 = 1$，解得 $\cos(\beta-\alpha) = -\dfrac{1}{2}$.

$S_{\triangle AOB} = \dfrac{1}{2}|\sqrt{2}\cos\alpha \cdot \sin\beta - \sqrt{2}\cos\beta \cdot \sin\alpha| = \dfrac{\sqrt{2}}{2}|\sin(\beta-\alpha)| = \dfrac{\sqrt{6}}{4}$，即 $S_{\text{四边形}OAPB} = 2S_{\triangle AOB} = \dfrac{\sqrt{6}}{2}$.

精练 3 解析

(1) 设点 $P(x_1, y_1)$，$Q(-x_1, -y_1)$，$E(x_1, 0)$，$k_{PQ} = k = \dfrac{y_1}{x_1}$，由圆锥曲线第三定义得 $k_{GP} \cdot k_{GQ} = -\dfrac{1}{2}$.

又因为 $k_{GQ} = \dfrac{0-(-y_1)}{x_1-(-x_1)} = \dfrac{y_1}{2x_1} = \dfrac{k}{2}$，所以 $k_{GP} = -\dfrac{1}{k}$ 即 $k_{GP} \cdot k_{PQ} = -1$，故 $\triangle PQG$ 为直角三角形.

(2) 设点 $P(2\cos\alpha, \sqrt{2}\sin\alpha)$，$G(2\cos\beta, \sqrt{2}\sin\beta)\left(0 < \alpha < \beta < \dfrac{\pi}{2}\right)$，$Q(-2\cos\alpha, -\sqrt{2}\sin\alpha)$.

由斜率公式得 $k_{PG} = \dfrac{\sqrt{2}\sin\alpha - \sqrt{2}\sin\beta}{2\cos\alpha - 2\cos\beta} = \dfrac{\sqrt{2}}{2} \cdot \dfrac{\cos\dfrac{\alpha+\beta}{2}\sin\dfrac{\alpha-\beta}{2}}{-\sin\dfrac{\alpha+\beta}{2}\sin\dfrac{\alpha-\beta}{2}} = -\dfrac{\sqrt{2}}{2} \cdot \dfrac{1}{\tan\dfrac{\alpha+\beta}{2}}$.

又因为 $k_{GP} \cdot k_{QP} = -1$，所以 $-\dfrac{\sqrt{2}}{2}\dfrac{1}{\tan\dfrac{\alpha+\beta}{2}} \cdot \dfrac{\sqrt{2}}{2}\tan\alpha = -1$.

由 $\tan\frac{\alpha+\beta}{2} = \frac{1}{2}\tan\alpha > 0$ 得 $\tan\frac{\alpha-\beta}{2} = \tan\left(\alpha - \frac{\alpha+\beta}{2}\right) = \frac{\tan\alpha - \frac{\tan\alpha}{2}}{1 + \tan\alpha \cdot \frac{1}{2}\cdot\tan\alpha} = \frac{\tan\alpha}{2+\tan^2\alpha} = \frac{1}{\frac{2}{\tan\alpha}+\tan\alpha} \leqslant \frac{1}{2\sqrt{2}}$,当且仅当 $\tan\alpha = \sqrt{2}$ 时取等号,从而

$$S_{\triangle PQG} = 2S_{\triangle OQG} = 2 \cdot \frac{1}{2}|(-2\cos\alpha)\sqrt{2}\sin\beta - (-\sqrt{2}\sin\alpha)2\cos\beta|$$

$$= 2\sqrt{2}\sin(\alpha-\beta) = 2\sqrt{2} \cdot \frac{2\tan\frac{\alpha-\beta}{2}}{1+\tan^2\frac{\alpha-\beta}{2}} = 4\sqrt{2} \frac{1}{\tan\frac{\alpha-\beta}{2} + \frac{1}{\tan\frac{\alpha-\beta}{2}}}$$

令 $\tan\frac{\alpha-\beta}{2} = t$,则 $f(t) = t + \frac{1}{t}$,该函数单调递减,易知 $f(t)_{\min} = \frac{1}{2\sqrt{2}} + 2\sqrt{2} = \frac{9\sqrt{2}}{4}$.
因此 $S_{\triangle PQG} \leqslant 4\sqrt{2} \cdot \frac{1}{\frac{9\sqrt{2}}{4}} = \frac{16}{9}$.

8.4 面积三角式

精练1解析

(1)由题意得 $F_1(-2,0)$ 为 C 的左焦点,从而 $2a = |PF_1| + |PF| = 4\sqrt{2}$,即 $a = 2\sqrt{2}$.
因为 $b^2 = a^2 - c^2 = 4$,所以椭圆 C 的方程为 $\frac{x^2}{8} + \frac{y^2}{4} = 1$.
(2)如图3所示,设直线 AB 的方程为 $x = my + 2$,$A(x_1,y_1)$,$B(x_2,y_2)$.
因为 $\frac{|FM|}{|FN|} = \frac{|x_M-2|}{|x_N-2|} = \frac{2}{2} = 1$,所以 $|FM| = |FN|$.
联立方程 $\begin{cases} x = my+2 \\ x^2 + 2y^2 = 8 \end{cases}$,消去 x 得 $(m^2+2)y^2 + 4my - 4 = 0$.
显然 $\Delta = (4m)^2 + 16(m^2+2) > 0$.
由韦达定理得 $y_1y_2 = -\frac{4}{m^2+2}$,$y_1 + y_2 = -\frac{4m}{m^2+2}$.
于是 $\frac{\sqrt{S_2S_4}}{S_1+S_3} = \frac{\sqrt{\frac{1}{2}|FB||FN|\sin\angle BFN \cdot \frac{1}{2}|FA||FM|\sin\angle AFM}}{\frac{1}{2}|FB||FM|\sin\angle MFB + \frac{1}{2}|FA||FN|\sin\angle AFN} = \frac{\sqrt{|FB||FA|}}{|FB|+|FA|} = \sqrt{\frac{|y_1y_2|}{(|y_1|+|y_2|)^2}} =$

$\sqrt{\frac{|y_1y_2|}{(y_1+y_2)^2 - 4y_1y_2}} = \sqrt{\frac{4(m^2+2)}{16m^2+16(m^2+2)}} = \frac{\sqrt{3}}{4}$.
解得 $m^2 = 1$,即 $m = \pm 1$,故直线 l_1 的方程为 $x = \pm y + 2$.

精练2解析

(1)设点 $P(x_0,y_0)(x_0 \neq \pm 2)$,且 $\frac{x_0^2}{4} + y_0^2 = 1$.

因为 $A(-2,0)$,$B(2,0)$,所以 $k_1k_2 = \frac{y_0}{x_0+2} \cdot \frac{y_0}{x_0-2} = \frac{y_0^2}{x_0^2-4} = \frac{1-\frac{x_0^2}{4}}{x_0^2-4} = -\frac{1}{4}$.
设点 $Q(x,y)(x \neq \pm 2)$,故 $k_3k_4 = \frac{y}{x+2} \cdot \frac{y}{x-2} = \frac{y^2}{x^2-4} = \lambda k_1k_2 = -\frac{\lambda}{4}$,整理得 $\frac{x^2}{4} + \frac{y^2}{\lambda} = 1 (x \neq \pm 2)$.
当 $\lambda = 4$ 时,曲线 C_2 的方程为 $x^2 + y^2 = 4(x \neq \pm 2)$.

(2)设点 $E(x_1,y_1)$，$F(x_2,y_2)$．由题意得直线 AM 的方程为 $x=6y-2$，直线 BM 的方程为 $x=-2y+2$．

由(1)得曲线 C_2 的方程为 $\dfrac{x^2}{4}+\dfrac{y^2}{\lambda}=1(x\neq\pm2)$．

联立方程 $\begin{cases}x=6y-2\\ \dfrac{x^2}{4}+\dfrac{y^2}{\lambda}=1\end{cases}(x\neq\pm2)$，消去 x 得 $(9\lambda+1)y^2-6\lambda y=0$，解得 $y_1=\dfrac{6\lambda}{9\lambda+1}$．

联立方程 $\begin{cases}x=-2y+2\\ \dfrac{x^2}{4}+\dfrac{y^2}{\lambda}=1\end{cases}(x\neq\pm2)$，消去 x 得 $(\lambda+1)y^2-2\lambda y=0$，解得 $y_2=\dfrac{2\lambda}{\lambda+1}$．

从而 $\dfrac{S_1}{S_2}=\dfrac{\frac{1}{2}|MA||MF|\sin\angle AMF}{\frac{1}{2}|MB||ME|\sin\angle BME}=\dfrac{|MA|}{|MB|}\cdot\dfrac{|MF|}{|ME|}=\dfrac{\frac{1}{2}}{\frac{1}{2}}\cdot\dfrac{y_2-\frac{1}{2}}{y_1-\frac{1}{2}}=\dfrac{y_2-\frac{1}{2}}{y_1-\frac{1}{2}}=\dfrac{9\lambda+1}{\lambda+1}$．

设 $g(\lambda)=\dfrac{9\lambda+1}{\lambda+1}=9-\dfrac{8}{\lambda+1}$，故 $g(\lambda)$ 在 $[1,3]$ 上单调递增．由 $\begin{cases}g(1)=5\\ g(3)=7\end{cases}$ 得 $\dfrac{S_1}{S_2}$ 的取值范围为 $[5,7]$．

精练3解析

(1)设点 $A(x_1,y_1)$，$B(x_2,y_2)$，$E(x_3,y_3)$，$F(x_4,y_4)$．

因为 $2(\overrightarrow{OA}+\overrightarrow{OB})=3(\overrightarrow{OE}+\overrightarrow{OF})$，所以 $x_1+x_2=\dfrac{3}{2}(x_3+x_4)$．

联立方程 $\begin{cases}y=kx+m\\ y=bx\end{cases}$，解得 $x_1=\dfrac{m}{b-k}$；同理可得 $x_2=-\dfrac{m}{b+k}$，故 $x_1+x_2=\dfrac{2km}{b^2-k^2}$．

联立方程 $\begin{cases}y=kx+m\\ \dfrac{x^2}{2}+y^2=1\end{cases}$，消去 y 得 $(1+2k^2)x^2+4kmx+2m^2-2=0$，可得 $x_3+x_4=-\dfrac{4km}{1+2k^2}$．

从而 $\dfrac{2km}{b^2-k^2}=-\dfrac{6km}{1+2k^2}$，即 $3k^2-3b^2=1+2k^2$，又因为 $k^2=10$，解得 $b=\sqrt{3}$，所以方程为 $x^2-\dfrac{y^2}{3}=1$．

(2)由(1)得点 $A\left(\dfrac{-m}{k-\sqrt{3}},\dfrac{-\sqrt{3}m}{k-\sqrt{3}}\right)$，$B\left(\dfrac{-m}{k+\sqrt{3}},\dfrac{\sqrt{3}m}{k+\sqrt{3}}\right)$．

计算得 $|OA|=\sqrt{\dfrac{4m^2}{(k-\sqrt{3})^2}}=\left|\dfrac{2m}{k-\sqrt{3}}\right|$，$|OB|=\sqrt{\dfrac{4m^2}{(k+\sqrt{3})^2}}=\left|\dfrac{2m}{k+\sqrt{3}}\right|$．

从而 $S_{\triangle OAB}=\dfrac{1}{2}|OA|\cdot|OB|\cdot\sin\angle AOB=\dfrac{1}{2}\times\left|\dfrac{4m^2}{k^2-3}\right|\times\dfrac{\sqrt{3}}{2}=\left|\dfrac{\sqrt{3}m^2}{k^2-3}\right|$．

联立方程 $\begin{cases}y=kx+m\\ x^2-\dfrac{y^2}{3}=1\end{cases}$，消去 y 得 $(3-k^2)x^2-2kmx-m^2-3=0$．

因为直线 l 与双曲线 C 相切，所以 $\Delta=4k^2m^2+4(3-k^2)(m^2+3)=0$，即 $m^2-k^2+3=0$．

因此，$S_{\triangle OAB}=\left|\dfrac{\sqrt{3}m^2}{k^2-3}\right|=\sqrt{3}$，为定值．

精练4解析

(1)设该双曲线的标准方程为 $\dfrac{y^2}{4}-x^2=t$，代入点 $M(1,2\sqrt{2})$ 得 $t=1$，故该双曲线方程为 $\dfrac{y^2}{4}-x^2=1$．

(2)由题意可设点 $P(x_0,y_0)$，$G(m,2m)$，$Q(n,-2n)(m>0,n<0)$．

由 $\overrightarrow{GP}=\lambda\overrightarrow{PQ}$ 得 $(x_0-m,y_0-2m)=\lambda(n-x_0,-2n-y_0)$，解得点 P 坐标为 $\left(\dfrac{m+\lambda n}{1+\lambda},\dfrac{2(m-\lambda n)}{1+\lambda}\right)$．

代入双曲线得 $mn=-\dfrac{(1+\lambda)^2}{4\lambda}$．设 $\angle GOQ=2\theta$，$\tan\left(\dfrac{\pi}{2}-\theta\right)=2$，解得 $\tan\theta=\dfrac{1}{2}$，即 $\begin{cases}\tan2\theta=\dfrac{4}{3}\\ \sin2\theta=\dfrac{4}{5}\end{cases}$．

因为$|OG|=\sqrt{5}m$,$|OQ|=\sqrt{5}|n|$,所以$S_{\triangle GOQ}=\frac{1}{2}|OG|\cdot|OQ|\sin 2\theta=2|mn|=\frac{1}{2}\left(\lambda+\frac{1}{\lambda}\right)+1$.

又因为$\lambda\in\left[\frac{1}{3},2\right]$,所以由对勾函数性质得$\lambda+\frac{1}{\lambda}\in\left[2,\frac{10}{3}\right]$,故$S_{\triangle GOQ}=\frac{1}{2}\left(\lambda+\frac{1}{\lambda}+2\right)\in\left[2,\frac{8}{3}\right]$.

8.5 焦点三角形

精练1解析

由题意得$a=3$,$b=\sqrt{6}$,$c=\sqrt{a^2-b^2}=\sqrt{3}$,设点$P$的坐标为$(x_0,y_0)$,$\alpha=\angle F_1PF_2$.

从而$\cos\angle F_1PF_2=\cos\alpha=\frac{3}{5}$,故$\sin\angle F_1PF_2=\sin\alpha=\frac{2\sin\frac{\alpha}{2}\cos\frac{\alpha}{2}}{\sin^2\frac{\alpha}{2}+\cos^2\frac{\alpha}{2}}=\frac{2\tan\frac{\alpha}{2}}{1+\tan^2\frac{\alpha}{2}}=\frac{4}{5}$,即$\tan\frac{\alpha}{2}=\frac{1}{2}$或$\tan\frac{\alpha}{2}=2$(舍去),由面积公式得$\triangle F_1PF_2$的面积$S_{\triangle F_1PF_2}=b^2\tan\frac{\alpha}{2}=6\times\frac{1}{2}=3$.

因为$S_{\triangle F_1PF_2}=\frac{1}{2}\times 2c|y_0|=\sqrt{3}|y_0|$,所以$y_0^2=3$.

又因为$\frac{x_0^2}{9}+\frac{y_0^2}{6}=1$,所以$x_0^2=\frac{9}{2}$,故$|OP|^2=x_0^2+y_0^2=\frac{15}{2}$,即$|OP|=\frac{\sqrt{30}}{2}$,故选B.

精练2解析

因为$S_{\triangle F_1PF_2}=b^2\tan\frac{\theta}{2}=5\cdot\tan\frac{90°}{2}=5$,$S_{\triangle F_1PF_2}=c\cdot|y_P|$,且$c=2$,所以$|y_P|=\frac{5}{2}$.

又因为$S_{\triangle F_1PF_2}=r\cdot(a+c)$,其中$r$是$\triangle PF_1F_2$的内切圆半径,所以$r=1$.

从而点P到x轴的距离为$\frac{5}{2}$,$\triangle PF_1F_2$的内切圆半径为1.

精练3解析

由面积公式得$b^2\tan 45°=\frac{1}{2}\cdot 2c\cdot y_A$,即$4=\frac{1}{2}\cdot 4\cdot y_A$,故$y_A=2$.从而$A(0,2)$,直线$AB$的方程为$y=-x+2$.联立方程$\begin{cases}x^2+2y^2=8\\y=-x+2\end{cases}$,消去$y$得$3x^2-8x=0$,解得$x=0$或$x=\frac{8}{3}$,故$B\left(\frac{8}{3},-\frac{2}{3}\right)$.

综上,$A(0,2)$,$B\left(\frac{8}{3},-\frac{2}{3}\right)$.

精练4解析

由面积公式得$S_{\triangle F_1PF_2}=\frac{b^2}{\tan\frac{\theta}{2}}=1$,故$\frac{\theta}{2}=45°$,即$\theta=90°$,从而$\overrightarrow{PF_1}\perp\overrightarrow{PF_2}$,可得$\overrightarrow{PF_1}\cdot\overrightarrow{PF_2}=0$.

精练5解析

由面积公式得$S_{\triangle F_1PF_2}=\frac{b^2}{\tan\frac{\theta}{2}}=\sqrt{3}=\frac{1}{2}\cdot|PF_1||PF_2|\cdot\sin 60°$,故$|PF_1|\cdot|PF_2|=4$.

8.6 面积比专题

精练1解析

由题意得$P(2,1)$,$E(0,-1)$,$Q(1,0)$,直线$l:x=my+1$,$M(x_1,y_1)$,$N(x_2,y_2)$,$y_2>y_1$.

将直线代入抛物线方程可得$m^2y^2+(2m-4)y+1=0$,由$\Delta=16-16m>0$得$m<1$.

由韦达定理得$y_1+y_2=\frac{4-2m}{m^2}$,$y_1\cdot y_2=\frac{1}{m^2}$,从而$\frac{y_1+y_2}{y_1\cdot y_2}=4-2m$,即$\frac{1}{y_1}+\frac{1}{y_2}=4-2m$.

由 $\lambda = \dfrac{y_1 - 0}{y_2 - y_1} \in (1, 2)$ 得 $\dfrac{1}{2} < \dfrac{y_1}{y_2} < \dfrac{2}{3}$.

面积之比 $\mu = \left|\dfrac{x_1 - 2y_1}{x_2 - 2y_2}\right| = \left|\dfrac{my_1 + 1 - 2y_1}{my_2 + 1 - 2y_2}\right| = \left|\dfrac{-\dfrac{y_1 + y_2}{2y_1y_2} \cdot y_1 + 1}{-\dfrac{y_1 + y_2}{2y_1y_2} \cdot y_2 + 1}\right| = \left|\dfrac{y_1}{y_2}\right|$.

因此面积之比取值范围为 $\left(\dfrac{1}{2}, \dfrac{2}{3}\right)$.

精练2解析

(1) 设直线 BC 的方程为 $x = my + n$, $B(x_1, y_1)$, $C(x_2, y_2)$, 将 $A(2,2)$ 代入抛物线方程得 $p = 1$.

联立方程 $\begin{cases} x = my + n \\ y^2 = 2x \end{cases}$, 消去 x 得 $y^2 - 2my - 2n = 0$, 从而 $\begin{cases} \Delta > 0 \\ y_1 + y_2 = 2m \\ y_1 y_2 = -2n \end{cases}$.

因为 $\angle BOC = 90°$, 所以 $\overrightarrow{OB} \cdot \overrightarrow{OC} = x_1 x_2 + y_1 y_2 = 0$, 整理得 $(my_1 + n)(my_2 + n) + y_1 y_2 = 0$.

展开得 $(m^2 + 1)y_1 y_2 + mn(y_1 + y_2) + n^2 = 0$, 将韦达定理代入得 $-2m^2 n - 2n + 2m^2 n + n^2 = 0$.

解得 $n^2 - 2n = 0$, 即 $n = 0$ 或 $n = 2$.

若 $n = 0$, 则直线 BC 的方程为 $x = my$, 恒过定点 $(0,0)$, 不符合题意, 故舍去.

若 $n = 2$, 则直线 BC 的方程为 $x = my + 2$, 恒过定点 $(2,0)$.

(2) 法一: 设直线 BC 的方程为 $x = my - \dfrac{1}{2}$, $B(x_1, y_1)$, $C(x_2, y_2)$.

联立方程 $\begin{cases} x = my - \dfrac{1}{2} \\ y^2 = 2x \end{cases}$, 消去 x 得 $y^2 - 2my + 1 = 0$, 从而 $\begin{cases} \Delta > 0 \\ y_1 + y_2 = 2m \\ y_1 y_2 = 1 \end{cases}$.

结合韦达定理得 $k_{BF} + k_{CF} = \dfrac{y_1}{x_1 - \dfrac{1}{2}} + \dfrac{y_2}{x_2 - \dfrac{1}{2}} = \dfrac{y_1}{my_1 - 1} + \dfrac{y_2}{my_2 - 1} = \dfrac{2my_1 y_2 - (y_1 + y_2)}{(my_1 - 1)(my_2 - 1)} = \dfrac{2m - 2m}{(my_1 - 1)(my_2 - 1)} = 0$.

设直线 BF 倾斜角为 $\alpha \left(0 < \alpha < \dfrac{\pi}{2}\right)$, 故 $\tan 2\alpha = \dfrac{2\tan\alpha}{1 - \tan^2\alpha} = -\dfrac{24}{7}$, 即 $\tan\alpha = \dfrac{4}{3}$, $k_{BF} = \dfrac{4}{3}$, $k_{CF} = -\dfrac{4}{3}$.

因为 $k_{BF} = \dfrac{y_1}{x_1 - \dfrac{1}{2}} = \dfrac{y_1}{\dfrac{y_1^2}{2} - \dfrac{1}{2}} = \dfrac{2y_1}{y_1^2 - 1} = \dfrac{4}{3}$, 所以 $y_1 = -\dfrac{1}{2}$, 解得 $B\left(\dfrac{1}{8}, -\dfrac{1}{2}\right)$.

由 $k_{AF} = \dfrac{4}{3} = k_{BF}$ 得点 A, F, B 共线, 故 $\dfrac{S_{\triangle ACF}}{S_{\triangle BCF}} = \dfrac{|AF|}{|BF|} = \dfrac{2 + \dfrac{1}{2}}{\dfrac{1}{8} + \dfrac{1}{2}} = 4$.

法二: 设直线 BC 的方程为 $x = my - \dfrac{1}{2}$, $B(x_1, y_1)$, $C(x_2, y_2)$.

联立方程 $\begin{cases} x = my - \dfrac{1}{2} \\ y^2 = 2x \end{cases}$, 消去 x 得 $y^2 - 2my + 1 = 0$, 从而 $\begin{cases} \Delta > 0 \\ y_1 + y_2 = 2m \\ y_1 y_2 = 1 \end{cases}$

由题意得 $\overrightarrow{FB} = \left(x_1 - \dfrac{1}{2}, y_1\right)$, $\overrightarrow{FC} = \left(x_2 - \dfrac{1}{2}, y_2\right)$, $|BF| = x_1 + \dfrac{1}{2}$, $|CF| = x_2 + \dfrac{1}{2}$, $\cos\angle BFC = \dfrac{7}{25}$.

从而可得 $\cos\langle \overrightarrow{FB}, \overrightarrow{FC} \rangle = \dfrac{\overrightarrow{FB} \cdot \overrightarrow{FC}}{|\overrightarrow{FB}||\overrightarrow{FC}|} = \dfrac{\left(x_1 - \dfrac{1}{2}\right)\left(x_2 - \dfrac{1}{2}\right) + y_1 y_2}{\left(x_1 + \dfrac{1}{2}\right)\left(x_2 + \dfrac{1}{2}\right)} = \dfrac{(my_1 - 1)(my_2 - 1) + y_1 y_2}{(my_1)(my_2)} =$

$\dfrac{(m^2 + 1)y_1 y_2 - m(y_1 + y_2) + 1}{m^2 y_1 y_2} = \dfrac{m^2 + 1 - 2m^2 + 1}{m^2} = \dfrac{2 - m^2}{m^2} = \dfrac{7}{25} \Rightarrow m = \pm\dfrac{5}{4}$.

由直线 BC 过点 Q, B, C 在 x 轴下方得 $m = -\dfrac{5}{4}$, 代入 $y^2 - 2my + 1 = 0$ 得 $\begin{cases} y_1 = -\dfrac{1}{2} \\ y_2 = -2 \end{cases}$, 故 $B\left(\dfrac{1}{8}, -\dfrac{1}{2}\right)$.

由 $k_{AF} = \dfrac{4}{3} = k_{BF}$ 得点 A, F, B 共线, 故 $\dfrac{S_{\triangle ACF}}{S_{\triangle BCF}} = \dfrac{|AF|}{|BF|} = \dfrac{2 + \dfrac{1}{2}}{\dfrac{1}{8} + \dfrac{1}{2}} = 4$.

精练3解析

(1) 由题意得 $A\left(\dfrac{y_1^2}{2}, y_1\right)$, $B\left(\dfrac{y_2^2}{2}, y_2\right)$, $C\left(\dfrac{y_3^2}{4}, y_3\right)$, $D\left(\dfrac{y_4^2}{4}, y_4\right)$, 其中 $y_1, y_3 > 0$, $y_2, y_4 < 0$.

由题意得直线 l 的斜率不为 0, 设 $l: x = my + 1$, 联立方程 $\begin{cases} y^2 = 2x \\ x = my + 1 \end{cases}$, 消去 x 得 $y^2 - 2my - 2 = 0$.

$\Delta > 0$, 由韦达定理得 $y_1 + y_2 = 2m$, $y_1 y_2 = -2$.

从而 $\dfrac{1}{|BM|} - \dfrac{1}{|AM|} = \dfrac{1}{\sqrt{1+m^2}(-y_2)} - \dfrac{1}{\sqrt{1+m^2}\, y_1} = -\dfrac{y_1 + y_2}{y_1 y_2 \sqrt{1+m^2}} = \dfrac{m}{\sqrt{1+m^2}} = \dfrac{\sqrt{2}}{2}$.

解得 $m = 1$, 故直线 l 的方程为 $x = x - 1$.

(2) 法一: (i) 设点 $M(t, 0)$ $(t > 0)$, 直线 $l: x = my + t$.

联立方程 $\begin{cases} y^2 = 2x \\ x = my + t \end{cases}$, 消去 x 得 $y^2 - 2my - 2t = 0$, 故 $\dfrac{1}{y_1} + \dfrac{1}{y_2} = -\dfrac{m}{t}$.

同理可得 $\dfrac{1}{y_3} + \dfrac{1}{y_4} = -\dfrac{m}{t}$, 故 $\dfrac{1}{y_1} + \dfrac{1}{y_2} = \dfrac{1}{y_3} + \dfrac{1}{y_4}$.

(ii) 由 (i) 得 $\dfrac{1}{y_1} - \dfrac{1}{y_3} = \dfrac{1}{y_4} - \dfrac{1}{y_2}$, 即 $\dfrac{y_3 - y_1}{y_1 y_3} = \dfrac{y_2 - y_4}{y_2 y_4}$, 故 $\dfrac{|y_3 - y_1|}{|y_2 - y_4|} = \dfrac{|y_1 y_3|}{|y_2 y_4|}$.

注意到 $\dfrac{|y_3 - y_1|}{|y_2 - y_4|} = \dfrac{|AC|}{|BD|} = 2$, 以及 $\dfrac{y_1 y_3}{y_2 y_4} = \dfrac{y_1 \cdot \dfrac{-4t}{y_4}}{y_4 \cdot \dfrac{-2t}{y_1}} = \dfrac{2y_1^2}{y_4^2} = \dfrac{2|AM|^2}{|DM|^2}$, 故 $|AM| = |DM|$, 即点 M 为线段 AD 的中点.

将 $\begin{cases} x_4 = 2t - x_1 \\ y_4 = -y_1 \end{cases}$ 代入抛物线方程, 可得 $\begin{cases} y_1^2 = 2x_1 \\ (-y_1)^2 = 4(2t - x_1) \end{cases}$, 解得 $y_1 = \dfrac{2\sqrt{6}t}{3}$, $y_2 = -\dfrac{\sqrt{6}t}{2}$.

由 $y_4 = -y_1 = -\dfrac{2\sqrt{6}t}{3}$, 以及 $y_3 y_4 = -4t$, 可得 $y_3 = \sqrt{6}t$.

故 $\dfrac{S_1}{S_2} = \dfrac{|AB|}{|CD|} = \dfrac{|y_1 - y_2|}{|y_3 - y_4|} = \dfrac{\dfrac{2\sqrt{6}t}{3} + \dfrac{\sqrt{6}t}{2}}{\sqrt{6}t + \dfrac{2\sqrt{6}t}{3}} = \dfrac{7}{10}$.

法二: 由题意得直线 l 的斜率不为 0, 故设 $l: x = my + n$.

(i) 联立方程 $\begin{cases} y^2 = 2x \\ x = my + n \end{cases}$, 消去 x 得 $y^2 - 2my - 2n = 0$, 且 $\Delta_1 > 0$, 由韦达定理得 $\begin{cases} y_1 + y_2 = 2m \\ y_1 y_2 = -2n \end{cases}$.

联立方程 $\begin{cases} y^2 = 4x \\ x = my + n \end{cases}$, 消去 x 得 $y^2 - 4my - 4n = 0$, 且 $\Delta_2 > 0$, 由韦达定理得 $\begin{cases} y_3 + y_4 = 4m \\ y_3 y_4 = -4n \end{cases}$.

于是 $\dfrac{1}{y_1} + \dfrac{1}{y_2} = \dfrac{1}{y_3} + \dfrac{1}{y_4} = -\dfrac{m}{n}$, 得证.

(ii) 由 $|AC| = 2|BD|$ 得 $y_3 - y_1 = 2(y_2 - y_4)$, 即 $y_1 + 2y_2 = y_3 + 2y_4$, $2m + y_2 = 4m + y_4$, 故 $\begin{cases} y_2 - y_4 = 2m \\ y_3 - y_1 = 4m \end{cases}$.

因为 $y_3 y_4 = 2y_1 y_2$, 所以 $y_3(4m - y_3) = 2y_1(2m - y_1)$, 展开得 $4my_3 - y_3^2 = 4my_1 - 2y_1^2$.

从而 $4m(4m + y_1) - (4m + y_1)^2 = 4my_1 - 2y_1^2$, 即 $y_1^2 - 8my_1 = 0$, 其中 $y_1, y_3 > 0$, $y_2, y_4 < 0$, 故 $y_1 = 8m$.

67

因此，$y_2 = -6m, y_3 = 12m, y_4 = -8m$，故 $\dfrac{S_1}{S_2} = \dfrac{y_1 - y_2}{y_3 - y_4} = \dfrac{7}{10}$.

精练 4 解析

如图 4 所示，设直线 $AB:y = kx + m, A(x_1, y_1), B(x_2, y_2), P(x_0, y_0)$.

联立方程 $\begin{cases} y = kx + m \\ x^2 = 4y \end{cases}$，消去 y 得 $x^2 - 4kx - 4m = 0$.

于是 $\Delta = 16k^2 + 16m > 0$，由韦达定理得 $x_1 + x_2 = 4k, x_1 x_2 = -4m$.

从而线段 AB 的中点 M 的坐标为 $(2k, 2k^2 + m)$.

因为 $\overrightarrow{PF} = 3\overrightarrow{FM}$，所以 $(-x_0, 1 - y_0) = 3(2k, 2k^2 + m - 1)$.

整理得 $\begin{cases} x_0 = -6k \\ y_0 = 4 - 6k^2 - 3m \end{cases}$.

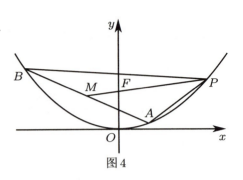

图 4

因为 $x_0^2 = 4y_0$，所以 $k^2 = -\dfrac{1}{5}m + \dfrac{4}{15}$，由 $\Delta > 0$，且 $k^2 \geq 0$，可得 $-\dfrac{1}{3} < m \leq \dfrac{4}{3}$.

又因为 $|AB| = 4\sqrt{1 + k^2} \cdot \sqrt{k^2 + m}$，点 $F(0, 1)$ 到直线 AB 的距离为 $\dfrac{|m - 1|}{\sqrt{1 + k^2}}$，所以 $S_{\triangle ABP} = 4 S_{\triangle ABF} = 8|m - 1| \cdot \sqrt{k^2 + m} = \dfrac{16}{\sqrt{15}} \sqrt{3m^3 - 5m^2 + m + 1}$.

记 $f(m) = 3m^3 - 5m^2 + m + 1 \left(-\dfrac{1}{3} < m \leq \dfrac{4}{3}\right)$，则 $f'(m) = 9m^2 - 10m + 1 = 0$，解得 $m_1 = \dfrac{1}{9}, m_2 = 1$.

从而函数 $f(m)$ 在 $\left(-\dfrac{1}{3}, \dfrac{1}{9}\right)$ 上单调递增，在 $\left(\dfrac{1}{9}, 1\right)$ 上单调递减，在 $\left(1, \dfrac{4}{3}\right]$ 上单调递增.

又因为 $f\left(\dfrac{1}{9}\right) = \dfrac{256}{243} > f\left(\dfrac{4}{3}\right)$，所以当 $m = \dfrac{1}{9}$ 时，$f(m)$ 取得最大值 $\dfrac{256}{243}$，此时 $k = \pm\dfrac{\sqrt{55}}{15}$.

综上，$\triangle ABP$ 的面积的最大值为 $\dfrac{256\sqrt{5}}{135}$.

技法 9　定点定值

9.1　参数关系类

精练 1 解析

(1) 设 $B(x_0, y_0)$ 是抛物线 C 上的任意一点，故 $x_0^2 = 2py_0$.

由题意得 $|AB| = \sqrt{(x_0 - 0)^2 + (y_0 - p)^2} = \sqrt{2py_0 + y_0^2 - 2py_0 + p^2} = \sqrt{y_0^2 + p^2}$.

因为 $y_0 \geq 0$，所以当 $y_0 = 0$ 时，$|AB|_{\min} = \sqrt{p^2} = p$. 由题意得 $p = 2$，故抛物线 C 的方程为 $x^2 = 4y$.

(2) 因为点 F 是抛物线 C 的焦点，所以 $F(0, 1)$.

由题意得直线 l_1 的斜率 k 存在且 $k \neq 0$，设直线 $l_1: y = kx + 1$. 因为 $l_1 \perp l_2$，所以 $l_2: y = -\dfrac{1}{k}x + 1$.

设点 $M(x_1, y_1), N(x_2, y_2), S(x', y')$. 联立方程 $\begin{cases} y = kx + 1 \\ x^2 = 4y \end{cases}$，消去 y 得 $x^2 - 4kx - 4 = 0$.

$\Delta = (-4k)^2 - 4 \times (-4) = 16(k^2 + 1) > 0$，由韦达定理得 $x_1 + x_2 = 4k$.

因为 S 是线段 MN 的中点，所以 $x' = \dfrac{x_1 + x_2}{2} = 2k, y' = kx' + 1 = 2k^2 + 1$，故 $S(2k, 2k^2 + 1)$.

同理得 $T\left(-\dfrac{2}{k}, \dfrac{2}{k^2} + 1\right)$，从而直线 ST 的斜率为 $k' = \dfrac{(2k^2 + 1) - \left(\dfrac{2}{k^2} + 1\right)}{2k - \left(-\dfrac{2}{k}\right)} = \dfrac{k^2 - 1}{k}$.

于是直线 ST 的方程为 $y-(2k^2+1)=\dfrac{k^2-1}{k}\cdot(x-2k)$，即 $y=\dfrac{k^2-1}{k}x+3$，故直线 ST 过点 $H(0,3)$.

因此，存在定圆 $H:x^2+(y-3)^2=r^2$（r 为常数，且 $r\neq 0$）使直线 ST 截圆 H 所得的线段长为定值 $2|r|$.

精练 2 解析

(1)设椭圆的半焦距为 c，由椭圆 W 的离心率为 $\dfrac{\sqrt{2}}{2}$ 得 $a=\sqrt{2}b=\sqrt{2}c$.

设点 $T(m,n)$ 为椭圆上一点，且 $\dfrac{m^2}{2b^2}+\dfrac{n^2}{b^2}=1$，$-b\leqslant n\leqslant b$，故 $m^2=2b^2-2n^2$.

因为 $P(0,2)$，所以 $|TP|=\sqrt{m^2+(n-2)^2}=\sqrt{2b^2-2n^2+n^2-4n+4}=\sqrt{-(n+2)^2+8+2b^2}$.

当 $0<b<2$ 时，$|TP|_{\max}=\sqrt{-(-b+2)^2+8+2b^2}=4$，解得 $b=2$（舍去）.

当 $b\geqslant 2$ 时，$|TP|_{\max}=\sqrt{8+2b^2}=4$，解得 $b=2$.

综上，由 $b=2$ 得 $a=2\sqrt{2}$，$c=2$，故椭圆 W 的标准方程为 $\dfrac{x^2}{8}+\dfrac{y^2}{4}=1$.

(2)当直线 CD 的斜率不存在时，设点 $C(x_0,y_0)$，$-2\sqrt{2}<x_0<2\sqrt{2}$ 且 $x_0\neq 0$，故 $D(x_0,-y_0)$.

直线 CP 的方程为 $y=\dfrac{y_0-2}{x_0}x+2$，令 $x=4$，得 $y=\dfrac{4y_0-8}{x_0}+2$，即 $B\left(4,\dfrac{4y_0-8}{x_0}+2\right)$.

同理可得 $B_1\left(4,\dfrac{-4y_0-8}{x_0}+2\right)$.

因为点 B,B_1 关于 x 轴对称，所以 $\dfrac{4y_0-8}{x_0}+2+\dfrac{-4y_0-8}{x_0}+2=0$，解得 $x_0=4>2\sqrt{2}$，矛盾.

如图1所示，当直线 CD 的斜率存在时.

设直线 CD 的方程为 $y=kx+m$，$m\neq 2$，$C(x_1,y_1)$，$D(x_2,y_2)$，其中 $x_1\neq 0$ 且 $x_2\neq 0$.

联立方程 $\begin{cases} y=kx+m \\ \dfrac{x^2}{8}+\dfrac{y^2}{4}=1 \end{cases}$，消去 y 得 $(2k^2+1)x^2+4kmx+2m^2-8=0$.

由 $\Delta=16k^2m^2-4(2k^2+1)(2m^2-8)=8(8k^2+4-m^2)>0$ 得 $m^2<8k^2+4$.

由韦达定理得 $x_1+x_2=\dfrac{-4km}{1+2k^2}$，$x_1x_2=\dfrac{2m^2-8}{1+2k^2}$.

由 $P(0,2)$ 得 $k_{PC}=\dfrac{y_1-2}{x_1}$，$k_{PD}=\dfrac{y_2-2}{x_2}$.

直线 PC 的方程为 $y=\dfrac{y_1-2}{x_1}x+2$.

令 $x=4$，得 $y=\dfrac{4y_1-8}{x_1}+2$，即 $B\left(4,\dfrac{4y_1-8}{x_1}+2\right)$.

同理可得 $B_1\left(4,\dfrac{4y_2-8}{x_2}+2\right)$.

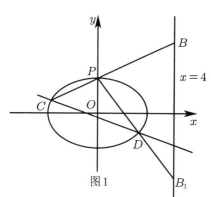

图1

因为点 B,B_1 关于 x 轴对称，所以 $\dfrac{4y_1-8}{x_1}+2+\dfrac{4y_2-8}{x_2}+2=0$.

将 $y_1=kx_1+m$，$y_2=kx_2+m$ 代入上式得 $\dfrac{4(kx_1+m)-8}{x_1}+2+\dfrac{4(kx_2+m)-8}{x_2}+2=0$.

整理得 $(1+2k)x_1x_2+(m-2)(x_1+x_2)=0$，即 $(1+2k)\cdot\dfrac{2m^2-8}{1+2k^2}+(m-2)\cdot\dfrac{-4km}{1+2k^2}=0$.

因为 $m\neq 2$，所以 $m-2\neq 0$，可得 $(1+2k)(m+2)-2km=0$，化简得 $m=-4k-2$.

从而直线 CD 的方程为 $y=kx-4k-2$，即 $y+2=k(x-4)$，故直线 CD 过定点 $(4,-2)$.

综上，直线 CD 过定点 $(4,-2)$.

9.2 参数无关类

精练1解析

(1)由题意得直线AB的斜率不为零,设直线$AB:x=\lambda y+\dfrac{p}{2}$,代入$y^2=2px$,得$y^2-2p\lambda y-p^2=0$.

$\Delta=4p^2\lambda^2+4p^2>0$,设$A(x_1,y_1),B(x_2,y_2)$,由韦达定理得$y_1+y_2=2p\lambda,y_1y_2=-p^2$.

从而$S_{\triangle HAB}=\dfrac{1}{2}p\cdot|y_1-y_2|=\dfrac{1}{2}p\cdot\sqrt{(y_1+y_2)^2-4y_1y_2}=\dfrac{1}{2}p\cdot\sqrt{4p^2\lambda^2+4p^2}=p^2\sqrt{\lambda^2+1}$.

当$\lambda=0$时,$S_{\triangle HAB}$取得最小值p^2,解得$p^2=4$,即$p=2$,故抛物线C的方程为$y^2=4x$.

(2)假设存在满足题意的点E,设$E(x_0,y_0),M(x_3,y_3),N(x_4,y_4)$,由题意得直线$MN$的斜率不为零.

设直线MN的方程为$x=t(y-1)+\dfrac{17}{4}$,代入$y^2=4x$得$y^2-4ty+4t-17=0$.

$\Delta=16t^2-16t+68>0$,由韦达定理得$\begin{cases}y_3+y_4=4t\\y_3y_4=4t-17\end{cases}$.

由$\dfrac{y_0-y_3}{x_0-x_3}\cdot\dfrac{y_0-y_4}{x_0-x_4}=-1$得$\dfrac{4}{y_0+y_3}\cdot\dfrac{4}{y_0+y_4}=-1$.

整理得$y_0^2+(y_3+y_4)y_0+y_3y_4+16=0$,即$y_0^2+4ty_0+4t-1=0$,化简$4t(y_0+1)+y_0^2-1=0$.

从而$\begin{cases}y_0+1=0\\y_0^2-1=0\end{cases}$,解得$y_0=-1,x_0=\dfrac{1}{4}$,故存在定点$E\left(\dfrac{1}{4},-1\right)$满足题意.

精练2解析

(1)因为$2b=2$,所以$b=1$.又因为$e=\dfrac{c}{a}=\dfrac{\sqrt{3}}{2}$,所以$a=2,c=\sqrt{3}$,故椭圆$C$的方程为$\dfrac{x^2}{4}+y^2=1$.

(2)如图2所示,设点$P(x_0,y_0)$,且$\dfrac{x_0^2}{4}+y_0^2=1(x_0y_0\neq 0)$.

直线$AD:y=\dfrac{1}{2}x+1$①,直线$BP:y=\dfrac{y_0}{x_0-2}(x-2)$②.

联立式①②,解得$x_M=\dfrac{2x_0+4y_0-4}{2y_0-x_0+2},y_M=\dfrac{4y_0}{2y_0-x_0+2}$.

直线$DP:y=\dfrac{y_0-1}{x_0}x+1$,令$y=0$,可得$x_N=\dfrac{x_0}{1-y_0}$.

由直线$MN:\dfrac{y}{x-x_N}=\dfrac{y_M-y_N}{x_M-x_N}$得$(x_M-x_N)y=(y_M-y_N)(x-x_N)$.

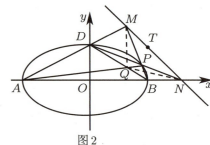

图2

整理得$\left[\dfrac{2x_0+4(y_0-1)}{2(y_0+1)-x_0}-\dfrac{x_0}{1-y_0}\right]y=\dfrac{4y_0}{2y_0-x_0+2}\left(x-\dfrac{x_0}{1-y_0}\right)$.

又因为$x_0^2+4y_0^2=4$,所以化简得$(2y_0+x_0-2)y=(y_0-1)x+x_0$,即$(y_0-1)(2y-x)+x_0(y-1)=0$.

令$y=1$,可得$x=2$,故直线MN恒过点$T(2,1)$.

精练3解析

第一空: 由$(\overrightarrow{OP}+\overrightarrow{OF_2})\cdot\overrightarrow{F_2P}=0$得$|OP|=|OF_2|=|OF_1|$,即$\triangle PF_1F_2$为直角三角形.

设$|PF_1|=m,|PF_2|=n$,由题意得$\begin{cases}mn=2a^2\\m-n=2a\end{cases}$,解得$m=(\sqrt{3}+1)a,n=(\sqrt{3}-1)a$.

由勾股定理得$m^2+n^2=4c^2$,解得$c=\sqrt{2}a=\sqrt{2}b,a=b$,故双曲线为等轴双曲线,渐近线为$y=\pm x$.

第二空: 当$a=\sqrt{2}$时,双曲线$C:x^2-y^2=2$.设直线$l:y=kx+1,M(x_1,y_1),N(x_2,y_2)$.

联立方程$\begin{cases}x^2-y^2=2\\y=kx+1\end{cases}$,消去$y$得$(1-k^2)x^2-2kx-3=0$,且$1-k^2\neq 0,\Delta=4k^2+12(1-k^2)\geqslant 0$.

由韦达定理得 $x_1+x_2=\dfrac{2k}{1-k^2}$, $x_1 \cdot x_2=\dfrac{-3}{1-k^2}$, 从而

$$k_{AM}+k_{AN}=\dfrac{y_1-n}{x_1-m}+\dfrac{y_2-n}{x_2-m}=\dfrac{(kx_1+1-n)(x_2-m)+(kx_2+1-n)(x_1-m)}{(x_1-m)(x_2-m)}$$

$$=\dfrac{2kx_1x_2+(-mk+1-n)(x_1+x_2)-2m+2mn}{x_1x_2-m(x_1+x_2)+m^2}$$

$$=\dfrac{\dfrac{-6k}{1-k^2}+\dfrac{2k(-mk+1-n)}{1-k^2}+\dfrac{(-2m+2mn)(1-k^2)}{1-k^2}}{\dfrac{-3}{1-k^2}-\dfrac{2mk}{1-k^2}+\dfrac{m^2(1-k^2)}{1-k^2}}$$

$$=\dfrac{-2mnk^2+(-4-2n)k+(-2m+2mn)}{-m^2k^2-2mk+m^2-3}$$

因为 $k_{AM}+k_{AN}$ 为定值 λ, 所以 $-mnk^2+(-4-2n)k+(-2m+2mn)=\lambda(-m^2k^2-2mk+m^2-3)$.
整理得 $(-mn+\lambda m^2)k^2+(-4-2n+2m\lambda)k+-2m+2mn-\lambda m^2+3\lambda=0$.

因为 $\begin{cases}-mn+\lambda m^2=0\\-4-2n+2m\lambda=0\\-2m+2mn-\lambda m^2+3\lambda=0\end{cases}$, 所以解得 $\lambda=\pm\dfrac{2\sqrt{6}}{3}$, 故答案为 $y=\pm x$; $\pm\dfrac{2\sqrt{6}}{3}$.

精练 4 解析

(1)抛物线 $y^2=2px$ 的焦点 $F\left(\dfrac{p}{2},0\right)$. 因为 $P(0,2)$, 且点 A 为线段 PF 的中点, 所以 $A\left(\dfrac{p}{4},1\right)$.

又因为 A 在抛物线上, 所以 $1=2p\times\dfrac{p}{4}$, 解得 $p=\sqrt{2}$.

(2)由题意得直线 l 的斜率存在且不为零.

设直线 l 的方程为 $y=kx+2(k\neq 0)$, $A(x_1,y_1)$, $B(x_2,y_2)$, 且 $y_1^2=2\sqrt{2}x_1$, $y_2^2=2\sqrt{2}x_2$.

联立方程 $\begin{cases}y=kx+2\\y^2=2\sqrt{2}x\end{cases}$, 消去 x 得 $ky^2-2\sqrt{2}y+4\sqrt{2}=0$.

$\Delta=8-16\sqrt{2}k>0$, 由韦达定理得 $y_1+y_2=\dfrac{2\sqrt{2}}{k}$, $y_1 \cdot y_2=\dfrac{4\sqrt{2}}{k}$.

假设存在定点 $T(m,n)$ 满足题意, 故 $\overrightarrow{TA}=(x_1-m,y_1-n)$, $\overrightarrow{TB}=(x_2-m,y_2-n)$.

故 $\overrightarrow{TA}\cdot\overrightarrow{TB}=(x_1-m)(x_2-m)+(y_1-n)(y_2-n)=\left(\dfrac{\sqrt{2}}{4}y_1^2-m\right)\left(\dfrac{\sqrt{2}}{4}y_2^2-m\right)+(y_1-n)(y_2-n)=\dfrac{1}{8}y_1^2y_2^2-\dfrac{\sqrt{2}}{4}m(y_1^2+y_2^2)+m^2+y_1y_2-n(y_1+y_2)+n^2=\dfrac{4}{k^2}-\dfrac{\sqrt{2}}{4}m\left(\dfrac{8}{k^2}-\dfrac{8\sqrt{2}}{k}\right)+m^2+\dfrac{4\sqrt{2}}{k}-\dfrac{2\sqrt{2}n}{k}+n^2=(4-2\sqrt{2}m)\dfrac{1}{k^2}+(4m+4\sqrt{2}-2\sqrt{2}n)\dfrac{1}{k}+m^2+n^2$.

因为要使 $\overrightarrow{TA}\cdot\overrightarrow{TB}$ 为常数, 所以 $\begin{cases}4-2\sqrt{2}m=0\\4m+4\sqrt{2}-2\sqrt{2}n=0\end{cases}$, 解得 $m=\sqrt{2}$, $n=4$, 故存在定点 $T(\sqrt{2},4)$.

此时 $\overrightarrow{TA}\cdot\overrightarrow{TB}=m^2+n^2=18$.

9.3 整理化简类

精练 1 解析

(1)由题意得 $\begin{cases}b^2=1\\\dfrac{c}{a}=\dfrac{\sqrt{3}}{2}\\a^2=b^2+c^2\end{cases}$, 解得 $\begin{cases}a=2\\b=1\\c=\sqrt{3}\end{cases}$, 故椭圆 C 的标准方程是 $\dfrac{x^2}{4}+y^2=1$.

(2)联立方程 $\begin{cases} \dfrac{x^2}{4}+y^2=1 \\ x=my+1 \end{cases}$,消去 x 得 $(m^2+4)y^2+2my-3=0$.

设 $A(x_1,y_1)$,$B(x_2,y_2)$,故 $A'(x_1,-y_1)$,由韦达定理得 $y_1+y_2=-\dfrac{2m}{m^2+4}$,$y_1y_2=\dfrac{-3}{m^2+4}$.

经过点 $A'(x_1,-y_1)$,$B(x_2,y_2)$ 的直线方程为 $\dfrac{y+y_1}{y_2+y_1}=\dfrac{x-x_1}{x_2-x_1}$,令 $y=0$,可得

$$x=\dfrac{x_2-x_1}{y_2+y_1}y_1+x_1=\dfrac{(x_2-x_1)y_1+x_1(y_1+y_2)}{y_1+y_2}=\dfrac{x_2y_1+x_1y_2}{y_1+y_2}$$

$$=\dfrac{(my_2+1)y_1+(my_1+1)y_2}{y_1+y_2}=\dfrac{2my_1y_2+(y_1+y_2)}{y_1+y_2}=\dfrac{\dfrac{-6m}{m^2+4}-\dfrac{2m}{m^2+4}}{-\dfrac{2m}{m^2+4}}=4$$

故直线 $A'B$ 与 x 轴交于定点 $(4,0)$.

精练2解析

(1)由 $e=\dfrac{c}{a}=\dfrac{1}{2}$ 得 $a=2c$,$b=\sqrt{3}c$.因为圆的方程 $O:x^2+y^2=b^2$ 与直线 l_1 相切,所以 $d=\dfrac{\sqrt{6}}{\sqrt{2}}=b$.

解得 $b=\sqrt{3}$,故 $a=2$,$c=1$.因此椭圆 C 的方程为 $\dfrac{x^2}{4}+\dfrac{y^2}{3}=1$.

(2)设 $A(x_1,y_1)$,$B(x_2,y_2)$,$E(x_2,-y_2)$,直线 $l:y=k(x-4)$.

联立方程 $\begin{cases} \dfrac{x^2}{4}+\dfrac{y^2}{3}=1 \\ (-k)x+y+4k=0 \end{cases}$,消去 y 得 $(4k^2+3)x^2-32k^2x+64k^2-12=0$.

由韦达定理得 $\begin{cases} x_1+x_2=-\dfrac{-32k^2}{4k^2+3} \\ x_1x_2=\dfrac{64k^2-12}{4k^2+3} \end{cases}$,从而 $y_1+y_2=-\dfrac{24k}{4k^2+3}$,$x_1y_2+x_2y_1=-\dfrac{24k}{4k^2+3}$.

直线 $AE:y-y_1=\dfrac{y_1+y_2}{x_1-x_2}(x-x_1)$,令 $y=0$,可得 $x=\dfrac{x_1y_2+x_2y_1}{y_1+y_2}=\dfrac{-\dfrac{24k}{4k^2+3}}{-\dfrac{24k}{4k^2+3}}=1$.

综上,直线 AE 与 x 轴交于定点 $(1,0)$.

精练3解析

(1)由题意得 $C(0,b)$,$B(a,0)$,$F(-1,0)$,从而 $\overrightarrow{CB}=(a,-b)$,$\overrightarrow{CF}=(-1,-b)$.

由 $\overrightarrow{CF}\cdot\overrightarrow{CB}=1$ 得 $b^2-a=1$,即 $a^2-a-2=0$,解得 $a=2$ 或 $a=-1$(舍去),故 $a^2=4$,$b^2=3$.

因此椭圆 Γ 的方程为 $\dfrac{x^2}{4}+\dfrac{y^2}{3}=1$.

(2)如图3所示,设直线 PQ 的方程为 $x=my-1$,$P(x_1,y_1)$,$Q(x_2,y_2)$.

联立方程 $\begin{cases} 3x^2+4y^2=12 \\ x=my-1 \end{cases}$,消去 x 得 $(3m^2+4)y^2-6my-9=0$.

故 $\Delta=36m^2+36(3m^2+4)>0$,$y_1+y_2=\dfrac{6m}{3m^2+4}$,$y_1y_2=-\dfrac{9}{3m^2+4}$.

由(1)得 $A(-2,0)$,直线 PA 的方程为 $y=\dfrac{y_1}{x_1+2}(x+2)$.

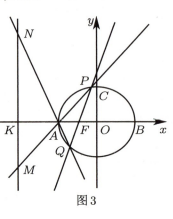

图3

令 $x=-4$,得 $y_M=\dfrac{-2y_1}{x_1+2}=\dfrac{-2y_1}{my_1+1}$,同理可得 $y_N=\dfrac{-2y_2}{my_2+1}$,从而

$$|MK|\cdot|KN|=|y_My_N|=\left|\dfrac{-2y_1}{my_1+1}\cdot\dfrac{-2y_2}{my_2+1}\right|$$

$$=\left|\frac{4y_1y_2}{m^2y_1y_2+m(y_1+y_2)+1}\right|=\left|\frac{-\dfrac{36}{3m^2+4}}{\dfrac{-9m^2}{3m^2+4}+\dfrac{6m^2}{3m^2+4}+1}\right|=9$$

故 $|MK|\cdot|KN|$ 为定值 9.

9.4 对比系数类

精练解析

(1)因为双曲线 C 的离心率为 $\dfrac{\sqrt{6}}{2}$,所以 $\left(\dfrac{\sqrt{6}}{2}\right)^2=1+\dfrac{b^2}{a^2}$,化简得 $a^2=2b^2$.

将点 $A(6,4)$ 的坐标代入 $\dfrac{x^2}{2b^2}-\dfrac{y^2}{b^2}=1$,可得 $\dfrac{18}{b^2}-\dfrac{16}{b^2}=1$,解得 $b^2=2$,故 C 的方程为 $\dfrac{x^2}{4}-\dfrac{y^2}{2}=1$.

(2)设点 $D(x_1,y_1)$,$E(x_2,y_2)$,直线 l 的方程为 $y=k(x-1)$.

联立方程 $\begin{cases}y=k(x-1)\\\dfrac{x^2}{4}-\dfrac{y^2}{2}=1\end{cases}$,消去 y 得 $(1-2k^2)x^2+4k^2x-2k^2-4=0$,$1-2k^2\neq 0$.

由 $\Delta>0$ 得 $k^2<\dfrac{2}{3}$,且 $k^2\neq \dfrac{1}{2}$,由韦达定理得 $x_1+x_2=-\dfrac{4k^2}{1-2k^2}$,$x_1x_2=-\dfrac{2k^2+4}{1-2k^2}$.

假设存在符合条件的定点 $P(t,0)$,从而 $\overrightarrow{PD}=(x_1-t,y_1)$,$\overrightarrow{PE}=(x_2-t,y_2)$.

于是 $\overrightarrow{PD}\cdot\overrightarrow{PE}=(x_2-t)(x_1-t)+y_1y_2=(k^2+1)x_1x_2-(t+k^2)(x_1+x_2)+t^2+k^2$.

整理得 $\overrightarrow{PD}\cdot\overrightarrow{PE}=\dfrac{(k^2+1)(-2k^2-4)+4k^2(t+k^2)+(t^2+k^2)(1-2k^2)}{1-2k^2}$.

化简得 $\overrightarrow{PD}\cdot\overrightarrow{PE}=\dfrac{k^2(-2t^2+4t-5)+(t^2-4)}{-2k^2+1}$.

因为 $\overrightarrow{PD}\cdot\overrightarrow{PE}$ 为常数,所以 $\dfrac{-2t^2+4t-5}{-2}=\dfrac{t^2-4}{1}$,解得 $t=\dfrac{13}{4}$,此时常数的值为 $t^2-4=\dfrac{105}{16}$.

综上,在 x 轴上存在点 $P\left(\dfrac{13}{4},0\right)$,使得 $\overrightarrow{PD}\cdot\overrightarrow{PE}$ 为常数,该常数为 $\dfrac{105}{16}$.

9.5 先猜后证类

精练 1 解析

(1)因为 $a^2=b^2+c^2$,$\dfrac{2b^2}{a}=a+c=3$,所以 $a=2$,$b=\sqrt{3}$,$c=1$,故椭圆 C 的标准方程为 $\dfrac{x^2}{4}+\dfrac{y^2}{3}=1$.

不妨取 $P\left(1,\dfrac{3}{2}\right)$,$Q\left(1,-\dfrac{3}{2}\right)$,$A(-2,0)$,从而 $AP=\dfrac{3\sqrt{5}}{2}$,$PF=\dfrac{3}{2}$.

因为在 $\triangle APQ$ 中 $AP=AQ$,所以 $\triangle APQ$ 的内心在 x 轴上.

设直线 PT 平分 $\angle APQ$,交 x 轴于点 T,则点 T 为 $\triangle APQ$ 的内心,且 $\dfrac{AT}{TF}=\dfrac{AP}{PQ}=\sqrt{5}$,解得 $AT=\dfrac{3\sqrt{5}}{\sqrt{5}+1}$.从而 $T\left(\dfrac{7-3\sqrt{5}}{4},0\right)$.

(2)因为椭圆和弦 PQ 均关于 x 轴上下对称,所以若存在定点 D,则点 D 必在 x 轴上,故设 $D(t,0)$.

设直线 l 方程为 $y=k(x-t)$,$M(x_1,y_1)$,$N(x_2,y_2)$.

联立方程 $\begin{cases}y=k(x-t)\\\dfrac{x^2}{4}+\dfrac{y^2}{3}=1\end{cases}$,消去 y 得 $(4k^2+3)x^2-8k^2tx+4(k^2t^2-3)=0$.

73

$\Delta=48(k^2+3-k^2t^2)>0$,由韦达定理得 $x_1+x_2=\dfrac{8k^2t}{4k^2+3}$,$x_1x_2=\dfrac{4(k^2t^2-3)}{4k^2+3}$.

因为点 R 的横坐标为 1,点 M,R,N,D 均在直线 l 上,$\overrightarrow{MR}\cdot\overrightarrow{ND}=\overrightarrow{MD}\cdot\overrightarrow{RN}$,所以将向量式展开可得
$(1+k^2)(1-x_1)(t-x_2)=(1+k^2)(t-x_1)(x_2-1)$,整理得 $2t-(1+t)(x_1+x_2)+2x_1x_2=0$.

将韦达定理代入上式得 $2t-(1+t)\dfrac{8k^2t}{4k^2+3}+2\times\dfrac{4(k^2t^2-3)}{4k^2+3}=0$,解得 $t=4$.

因为点 D 在椭圆外,所以直线 l 的斜率必存在,故存在定点 $D(4,0)$ 满足题意.

精练 2 解析

(1)因为双曲线 E 的渐近线分别为 $y=2x,y=-2x$,所以 $\dfrac{b}{a}=2$,即 $\dfrac{\sqrt{c^2-a^2}}{a}=2$,故 $c=\sqrt{5}a$,从而双曲线 E 的离心率 $e=\dfrac{c}{a}=\sqrt{5}$.

(2)由(1)得双曲线 E 的方程为 $\dfrac{x^2}{a^2}-\dfrac{y^2}{4a^2}=1$.设直线 l 与 x 轴相交于点 C.

当直线 $l\perp x$ 轴时,由直线 l 与双曲线 E 有且只有一个公共点得 $|OC|=a$,$|AB|=4a$.

又因为 $\triangle OAB$ 的面积为 8,所以 $\dfrac{1}{2}|OC|\cdot|AB|=8$,故 $\dfrac{1}{2}a\cdot 4a=8$,解得 $a=2$,此时 $E:\dfrac{x^2}{4}-\dfrac{y^2}{16}=1$.

因此,当 $l\perp x$ 轴时,$E:\dfrac{x^2}{4}-\dfrac{y^2}{16}=1$ 满足条件.

下面证明:当直线 l 不与 x 轴垂直时,双曲线 $E:\dfrac{x^2}{4}-\dfrac{y^2}{16}=1$ 也满足条件.

设直线 l 的方程为 $y=kx+m$,由题意得 $k>2$ 或 $k<-2$,故 $C\left(-\dfrac{m}{k},0\right)$.设 $A(x_1,y_1)$,$B(x_2,y_2)$.

联立方程 $\begin{cases}y=kx+m\\ y=2x\end{cases}$,解得 $y_1=\dfrac{2m}{2-k}$,同理可得 $y_2=\dfrac{2m}{2+k}$.

由 $S_{\triangle OAB}=\dfrac{1}{2}|OC|\cdot|y_1-y_2|$ 得 $\dfrac{1}{2}\left|-\dfrac{m}{k}\right|\cdot\left|\dfrac{2m}{2-k}-\dfrac{2m}{2+k}\right|=8$,即 $m^2=4|4-k^2|=4(k^2-4)$.

联立方程 $\begin{cases}y=kx+m\\ \dfrac{x^2}{4}-\dfrac{y^2}{16}=1\end{cases}$,消去 y 得 $(4-k^2)x^2-2kmx-m^2-16=0$.

因为 $4-k^2<0$,所以 $\Delta=4k^2m^2+4(4-k^2)(m^2+16)=-16(4k^2-m^2-16)$.

又因为 $m^2=4(k^2-4)$,所以 $\Delta=0$,即直线 l 与双曲线 E 有且只有一个公共点.

因此,存在总与直线 l 有且只有一个公共点的双曲线 E,且 E 的方程为 $\dfrac{x^2}{4}-\dfrac{y^2}{16}=1$.

9.6 同构与定点

精练 1 解析

设点 $D\left(t,-\dfrac{1}{2}\right)$,$A(x_1,y_1)$,且 $x_1^2=2y_1$.

因为 $y'=x$,所以切线 DA 的斜率为 x_1,故 $\dfrac{y_1+\dfrac{1}{2}}{x_1-t}=x_1$,整理得 $2tx_1-2y_1+1=0$.

设点 $B(x_2,y_2)$,同理可得 $2tx_2-2y_2+1=0$,故直线 AB 的方程为 $2tx-2y+1=0$.

因此,直线 AB 过定点 $\left(0,\dfrac{1}{2}\right)$.

精练2解析

(1)因为C_1的渐近线方程为$y=\pm\frac{\sqrt{3}}{2}x$,所以$\frac{b}{a}=\frac{\sqrt{3}}{2}$,即$b=\frac{\sqrt{3}}{2}a$.

因为右焦点F到渐近线的距离为$\sqrt{3}$,所以$\frac{\frac{\sqrt{3}}{2}c}{\sqrt{1+\left(\frac{\sqrt{3}}{2}\right)^2}}=\sqrt{3}$,解得$c=\sqrt{7}$.

又因为$c^2=a^2+b^2$,所以$a=2,b=\sqrt{3}$,所以双曲线C_1的标准方程为$\frac{x^2}{4}-\frac{y^2}{3}=1$.

(2)由(1)得C_2的方程为$\frac{y^2}{3}-\frac{x^2}{4}=1$,设点$M(x_0,y_0)$,且$\frac{y_0^2}{3}-\frac{x_0^2}{4}=1$.

过点M作与$y=\frac{\sqrt{3}}{2}x$平行的直线与双曲线C_1交于点P.

联立方程$\begin{cases}\frac{x^2}{4}-\frac{y^2}{3}=1\\y=\frac{\sqrt{3}}{2}(x-x_0)+y_0\end{cases}$,即$\frac{x^2}{4}-\frac{\left[\frac{\sqrt{3}}{2}(x-x_0)+y_0\right]^2}{3}=1$.

整理得$\left(x-\frac{1}{2}x_0+\frac{1}{\sqrt{3}}y_0\right)\left(\frac{1}{2}x_0-\frac{1}{\sqrt{3}}y_0\right)=1$,故$x-\frac{1}{2}x_0+\frac{1}{\sqrt{3}}y_0=\frac{1}{\frac{1}{2}x_0-\frac{1}{\sqrt{3}}y_0}$.

因为$\frac{y_0^2}{3}-\frac{x_0^2}{4}=1$,所以$\frac{1}{\frac{1}{2}x_0-\frac{1}{\sqrt{3}}y_0}=-\left(\frac{1}{2}x_0+\frac{1}{\sqrt{3}}y_0\right)$,

从而$x=\frac{1}{2}x_0-\frac{1}{\sqrt{3}}y_0-\left(\frac{1}{2}x_0+\frac{1}{\sqrt{3}}y_0\right)=-\frac{2}{\sqrt{3}}y_0$,故$y=\frac{\sqrt{3}}{2}(x-x_0)+y_0=-\frac{\sqrt{3}}{2}x_0$.

于是$P\left(-\frac{2}{\sqrt{3}}y_0,-\frac{\sqrt{3}}{2}x_0\right)$,同理可得$Q\left(\frac{2}{\sqrt{3}}y_0,\frac{\sqrt{3}}{2}x_0\right)$.

综上,直线$PQ:4y_0y=3x_0x$恒过定点$(0,0)$.

9.7 共线与定点

精练1解析

设点$C(x_1,y_1),A(x_2,y_2)$,故$B(x_1,-y_1)$,直线$CA:y=kx+m$.

联立方程$\begin{cases}\frac{x^2}{4}+\frac{y^2}{3}=1\\kx+(-1)y+m=0\end{cases}$,消去$y$得$(3+4k^2)x^2+8mkx+4(m^2-3)=0$.

从而$\begin{cases}\Delta=64m^2k^2-16(3+4k^2)(m^2-3)>0\Rightarrow 3+4k^2-m^2>0\\x_1+x_2=-\frac{8mk}{3+4k^2}\\x_1\cdot x_2=\frac{4(m^2-3)}{3+4k^2}\end{cases}$.

因为点A,B,P共线,所以$k_{AP}=k_{BP}$,即$\frac{-y_1}{x_1-4}=\frac{y_2}{x_2-4}$,整理得$2kx_1x_2+(m-4k)(x_1+x_2)-8m=0$.

将韦达定理代入上式得$\frac{2k\cdot 4(m^2-3)}{3+4k^2}+\frac{-8mk\cdot(m-4k)}{3+4k^2}-8m=0$,解得$m=-k$.

因为直线CA可写作$y=k(x-1)$,所以直线CA过点$(1,0)$,故直线CA与x轴相交于一个定点$(1,0)$.

精练2解析

设点B关于x轴对称点为B_1(在椭圆W上),要证点B与点C关于x轴对称,只需证点B_1与C重合.

又因为直线AN与椭圆W的交点为C(与点A不重合),所以只要证明点A,N,B_1三点共线.

下面证明点 A,N,B_1 三点共线.

由题意可设直线 AB 的方程为 $y=kx+m(k\neq 0)$，$A(x_1,y_1)$，$B(x_2,y_2)$，则 $B_1(x_2,-y_2)$.

联立方程 $\begin{cases} 3x^2+4y^2=12 \\ y=kx+m \end{cases}$，消去 y 得 $(3+4k^2)x^2+8kmx+4m^2-12=0$.

$\Delta=(8km)^2-4(3+4k^2)(4m^2-12)>0$，由韦达定理得 $x_1+x_2=-\dfrac{8km}{3+4k^2}$，$x_1x_2=\dfrac{4m^2-12}{3+4k^2}$.

在直线 $y=kx+m$ 中，令 $y=0$，可得点 M 的坐标为 $\left(-\dfrac{m}{k},0\right)$.

由 $\overrightarrow{OM}\cdot\overrightarrow{ON}=4$ 得点 N 的坐标为 $\left(-\dfrac{4k}{m},0\right)$. 设直线 NA,NB_1 的斜率分别为 k_{NA},k_{NB_1}，则

$$k_{NA}-k_{NB_1}=\dfrac{y_1}{x_1+\dfrac{4k}{m}}-\dfrac{-y_2}{x_2+\dfrac{4k}{m}}=\dfrac{x_2\cdot y_1+y_1\cdot\dfrac{4k}{m}+x_1\cdot y_2+y_2\cdot\dfrac{4k}{m}}{\left(x_1+\dfrac{4k}{m}\right)\cdot\left(x_2+\dfrac{4k}{m}\right)}.$$

从而

$$\begin{aligned}
x_2y_1+y_1\cdot\dfrac{4k}{m}+x_1y_2+y_2\cdot\dfrac{4k}{m}&=x_2(kx_1+m)+(kx_1+m)\cdot\dfrac{4k}{m}+x_1(kx_2+m)+(kx_2+m)\cdot\dfrac{4k}{m}\\
&=2kx_1x_2+\left(m+\dfrac{4k^2}{m}\right)(x_1+x_2)+8k\\
&=2k\cdot\left(\dfrac{4m^2-12}{3+4k^2}\right)+\left(m+\dfrac{4k^2}{m}\right)\cdot\left(-\dfrac{8km}{3+4k^2}\right)+8k\\
&=\dfrac{8m^2k-24k-8m^2k-32k^3+24k+32k^3}{3+4k^2}=0
\end{aligned}$$

故 $k_{NA}-k_{NB_1}=0$，即点 A,N,B_1 三点共线，因此点 B 与点 C 关于 x 轴对称.

精练3解析

(1)由题意得 $\dfrac{c}{a}=\dfrac{1}{2}$，故 $\dfrac{b^2}{a^2}=1-\dfrac{c^2}{a^2}=1-\left(\dfrac{1}{2}\right)^2=\dfrac{3}{4}$.

又因为点 $\left(1,-\dfrac{3}{2}\right)$ 在椭圆上，所以 $\dfrac{1}{a^2}+\dfrac{9}{4b^2}=1$，解得 $a^2=4$，$b^2=3$，故椭圆 C 的方程为 $\dfrac{x^2}{4}+\dfrac{y^2}{3}=1$.

(2)因为直线 BN 的斜率为 $k(k\neq 0)$，$B(2,0)$，所以直线 BN 的方程为 $y=k(x-2)$.

联立方程 $\begin{cases} y=k(x-2) \\ \dfrac{x^2}{4}+\dfrac{y^2}{3}=1 \end{cases}$，消去 y 得 $(4k^2+3)x^2-16k^2x+16k^2-12=0$.

由韦达定理得 $x_Bx_N=\dfrac{16k^2-12}{4k^2+3}$，故 $x_N=\dfrac{8k^2-6}{4k^2+3}$，$y_N=-\dfrac{12k}{4k^2+3}$，即 $N\left(\dfrac{8k^2-6}{4k^2+3},-\dfrac{12k}{4k^2+3}\right)$.

又因为直线 AM 的斜率为 $3k$，$A(-2,0)$，所以直线 AM 的方程为 $y=3k(x+2)$.

联立方程 $\begin{cases} y=3k(x+2) \\ \dfrac{x^2}{4}+\dfrac{y^2}{3}=1 \end{cases}$，消去 y 得 $(12k^2+1)x^2+48k^2x+48k^2-4=0$.

由韦达定理得 $x_Ax_M=\dfrac{48k^2-4}{12k^2+1}$，故 $x_M=\dfrac{-24k^2+2}{12k^2+1}$，$y_M=\dfrac{12k}{12k^2+1}$，即 $M\left(\dfrac{-24k^2+2}{12k^2+1},\dfrac{12k}{12k^2+1}\right)$.

法一：当 $x_M\neq x_N$，即 $k\neq\pm\dfrac{1}{2}$ 时，$k_{MN}=\dfrac{\dfrac{12k}{12k^2+1}-\left(-\dfrac{12k}{4k^2+3}\right)}{\dfrac{-24k^2+2}{12k^2+1}-\dfrac{8k^2-6}{4k^2+3}}=\dfrac{4k}{-4k^2+1}$.

直线 MN 的方程为 $y-\dfrac{-12k}{4k^2+3}=\dfrac{4k}{-4k^2+1}\left(x-\dfrac{8k^2-6}{4k^2+3}\right)$，整理得 $y=\dfrac{4k}{-4k^2+1}(x+1)$，故直线 MN 过定点 $P(-1,0)$. 当 $x_M=x_N$，即 $k=\pm\dfrac{1}{2}$ 时，直线 MN 的方程为 $x=-1$，亦过点 $P(-1,0)$.

综上,直线 MN 过定点 $P(-1,0)$.

法二:当 $x_M=x_N$,即 $k=\pm\dfrac{1}{2}$ 时,直线 MN 的方程为 $x=-1$,过点 $P(-1,0)$.

当 $k\neq\pm\dfrac{1}{2}$ 时,由题意得 $k_{PM}=\dfrac{\dfrac{12k}{12k^2+1}-0}{\dfrac{-24k^2+2}{12k^2+1}-(-1)}=\dfrac{12k}{-12k^2+3}=\dfrac{4k}{-4k^2+1}$.

同理可得 $k_{PN}=\dfrac{\dfrac{-12k}{4k^2+3}-0}{\dfrac{8k^2-6}{4k^2+3}-(-1)}=\dfrac{-12k}{12k^2-3}=\dfrac{4k}{-4k^2+1}$,故 $k_{PM}=k_{PN}$,即直线 MN 过定点 $P(-1,0)$.

综上,直线 MN 过定点 $P(-1,0)$.

9.8 多点与定点

精练 1 解析

设点 $M(x_0,y_0),N(x_1,y_1),L(x_2,y_2)$,且 $y_1^2=4x_1,y_2^2=4x_2$.

直线 MN 的斜率 $k=\dfrac{y_1-y_0}{x_1-x_0}=\dfrac{4}{y_1+y_0}$,故直线 $l_{MN}:y-y_0=\dfrac{4}{y_1+y_0}\left(x-\dfrac{y_0^2}{4}\right)$,化简得 $y=\dfrac{4x+y_0y_1}{y_0+y_1}$.

同理可得 $l_{ML}:y=\dfrac{4x+y_0y_2}{y_0+y_2}$,将点 $A(3,-2),B(3,-6)$ 分别代入两直线,消去 y_0 可得 $y_1y_2=12$.

又因为 $k_{NL}=\dfrac{4}{y_1+y_2}$,所以 $NL:y-y_1=\dfrac{4}{y_1+y_2}\left(x-\dfrac{y_1^2}{4}\right)$.

整理得 $y=\dfrac{4}{y_1+y_2}x+\dfrac{y_1y_2}{y_1+y_2}=\dfrac{4}{y_1+y_2}(x+3)$,故恒过点 $(-3,0)$.

精练 2 解析

设点 M,E,F 的坐标分别是 $\left(\dfrac{y_0^2}{2},y_0\right),\left(\dfrac{y_1^2}{2},y_1\right),\left(\dfrac{y_2^2}{2},y_2\right)$.

由点 C,M,E 三点共线得 $y_0y_1=2(y_0+y_1)-8$,即 $y_1=\dfrac{2y_0-8}{y_0-2}$.同理由点 D,M,F 三点共线得 $y_2=\dfrac{8}{y_0}$.

从而直线 EF 的方程为 $y_1y_2=y(y_1+y_2)-2x$.

将 $y_1=\dfrac{2y_0-8}{y_0-2},y_2=\dfrac{8}{y_0}$ 代入直线 EF 方程得 $(2x-2y)y_0^2+4(4-x)+8(2y-8)=0$.

令 $\begin{cases}x-y=0\\4-x=0\\2y-8=0\end{cases}$,解得 $x=y=4$,故直线 EF 恒过定点 $(4,4)$.

技法 10 切线专题

10.1 切线综合

精练 1 解析

由题意得圆的方程为 $(x-t)^2+y^2=r^2$.

设椭圆 E 上任意一点 $P(2\cos\theta,\sqrt{3}\sin\theta)$,从而椭圆在该点处的切线方程为 $\dfrac{x\cos\theta}{2}+\dfrac{y\sin\theta}{\sqrt{3}}=1$,此时切线的斜率 $k_l=\dfrac{-\sqrt{3}\cos\theta}{2\sin\theta}$,该切线也是圆的切线.

进而 $k_{PT}k_l = \frac{\sqrt{3}\sin\theta}{2\cos\theta - t} \cdot \frac{-\sqrt{3}\cos\theta}{2\sin\theta} = -1$ 有解,即 $\cos\theta = 2t$,故 t 的取值范围是 $\left(-\frac{1}{2}, \frac{1}{2}\right)$.

精练 2 解析

设点 $M(x_0, y_0)$,抛物线在该点处的切线为 $x_0x - py - py_0 = 0$,由该切线与圆相切可得 $p = \frac{2y_0}{y_0^2 - 1}$.

由切线长公式得 $|MN| = \sqrt{MO^2 - NO^2} = \sqrt{x_0^2 + y_0^2 - 1} = \sqrt{\frac{4}{y_0^2 - 1} + y_0^2 - 1 + 4} \geq 2\sqrt{2}$.

当且仅当 $y_0 = \sqrt{3}, p = \sqrt{3}$ 时,此时 $|MN|_{\min} = 2\sqrt{2}$.

精练 3 解析

(1) 由题意得 $A(a, 0), B(0, b), F(c, 0)$,故 $\frac{|BF|}{|AB|} = \frac{a}{\sqrt{a^2+b^2}} = \frac{\sqrt{3}}{2}$,平方得 $\frac{a^2}{a^2+b^2} = \frac{3}{4}$.

整理得 $\frac{a^2+b^2}{a^2} = 1 + \frac{b^2}{a^2} = \frac{4}{3}$,解得 $\frac{b^2}{a^2} = \frac{1}{3}$,故 $e^2 = 1 - \frac{b^2}{a^2} = 1 - \frac{1}{3} = \frac{2}{3}$,即 $e = \frac{\sqrt{6}}{3}$.

(2) 由 (1) 得 $a^2 = 3b^2$,故椭圆方程为 $\frac{x^2}{3b^2} + \frac{y^2}{b^2} = 1$.

由题意得直线 l 的斜率存在且不为 0,设直线 l 的方程为 $y = kx + m, k \neq 0, m \neq 0$.

联立方程 $\begin{cases} y = kx + m \\ \frac{x^2}{3b^2} + \frac{y^2}{b^2} = 1 \end{cases}$,消去 y 得 $(1 + 3k^2)x^2 + 6kmx + 3m^2 - 3b^2 = 0$.

因为直线 l 与椭圆有唯一公共点,所以 $\Delta = (6km)^2 - 4(1+3k^2)(3m^2 - 3b^2) = 0$.

整理得 $m^2 = (3k^2 + 1)b^2$ ①.

设点 $M(x_M, y_M)$,解得 $\begin{cases} x_M = -\frac{6km}{2(1+3k^2)} = -\frac{3km}{1+3k^2} \\ y_M = kx_M + m = k\left(-\frac{3km}{1+3k^2}\right) + m = \frac{m}{1+3k^2} \end{cases}$,即 $M\left(-\frac{3km}{1+3k^2}, \frac{m}{1+3k^2}\right)$.

因为点 N 是直线 l 与 y 轴的交点,所以 $N(0, m)$. 由 $|OM| = |ON|$ 得 $\frac{9k^2m^2}{(1+3k^2)^2} + \frac{m^2}{(1+3k^2)^2} = m^2$.

又因为 $m \neq 0$,所以 $9k^2 + 1 = (1+3k^2)^2$,即 $k^2 = 3k^4$,注意到 $k \neq 0$,故 $3k^2 = 1$,即 $k^2 = \frac{1}{3}$.

从而 $S_{\triangle OMN} = \frac{1}{2}|ON| \cdot |x_M| = \frac{1}{2}|m| \cdot \left|-\frac{3km}{1+3k^2}\right| = \sqrt{3}$,即 $\frac{3|k|m^2}{1+3k^2} = 2\sqrt{3}$ ②.

由 $k^2 = \frac{1}{3}$ 得 $|k| = \frac{\sqrt{3}}{3}$,故式 ② 可化简为 $m^2 = 4$. 将 $k^2 = \frac{1}{3}, m^2 = 4$ 代入式 ① 得 $4 = 2b^2$,即 $b^2 = 2$.

因此,椭圆的标准方程为 $\frac{x^2}{6} + \frac{y^2}{2} = 1$.

精练 4 解析

由题意得 $M(2\sqrt{a}, a), N(-2\sqrt{a}, a)$ 或 $M(-2\sqrt{a}, a), N(2\sqrt{a}, a)$,求导得 $y' = \frac{1}{2}x$.

$y = \frac{x^2}{4}$ 在 $x = 2\sqrt{a}$ 处的导数值为 $\sqrt{a}$,从而 C 在 $(2\sqrt{a}, a)$ 处的切线方程为 $y - a = \sqrt{a}(x - 2\sqrt{a})$,即 $\sqrt{a}x - y - a = 0$.

$y = \frac{x^2}{4}$ 在 $x = -2\sqrt{a}$ 处的导数值为 $-\sqrt{a}$,故 C 在 $(-2\sqrt{a}, a)$ 处的切线方程为 $y - a = -\sqrt{a}(x + 2\sqrt{a})$,即 $\sqrt{a}x + y + a = 0$.

因此,所求切线方程为 $\sqrt{a}x - y - a = 0$ 或 $\sqrt{a}x + y + a = 0$.

10.2 同构方程

精练1解析

如图1所示,可设 $P(x_1,y_1)$, $Q(x_2,y_2)$, $OP:y=k_1x$, $OQ:y=k_2x$.

从而 $|OP|^2+|OQ|^2=x_1^2+y_1^2+x_2^2+y_2^2$.

联立 $\begin{cases} y=k_1x \\ x^2+2y^2=24 \end{cases}$,消去 y 得 $x^2+2k_1^2x^2=24$,解得 $x_1^2=\dfrac{24}{2k_1^2+1}$.

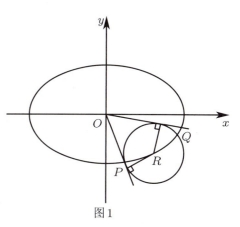

图1

$x_1^2+y_1^2=x_1^2+12\times\left(1-\dfrac{x_1^2}{24}\right)=12+\dfrac{x_1^2}{2}=12+\dfrac{12}{2k_1^2+1}$.

同理 $|OQ|^2=12+\dfrac{12}{2k_2^2+1}$.

由题意得 $\dfrac{|kx_0-y_0|}{\sqrt{1+k^2}}=2\sqrt{2}$,整理得 $(kx_0-y_0)^2=8k^2+8$,即 $k^2x_0^2+y_0^2-2kx_0y_0-8k^2-8=0$.

关于 k 的一元二次方程为 $k^2(x_0^2-8)-2x_0y_0\cdot k+y_0^2-8=0$.

由韦达定理得 $k_1k_2=\dfrac{y_0^2-8}{x_0^2-8}=\dfrac{y_0^2-8}{16-2y_0^2}=-\dfrac{1}{2}$, $k_2=\dfrac{1}{-2k_1}$.

由题意得 $|OP|^2+|OQ|^2=24+\dfrac{12}{2k_1^2+1}+\dfrac{12}{2k_2^2+1}=24+12\left(\dfrac{1}{2k_1^2+1}+\dfrac{1}{2k_2^2+1}\right)=24+12\left(\dfrac{1}{2k_1^2+1}+\dfrac{1}{2\cdot\dfrac{1}{4k_1^2}+1}\right)=24+12\left(\dfrac{1}{2k_1^2+1}+\dfrac{2k_1^2}{2k_1^2+1}\right)=36$,为定值.

精练2解析

(1)点 G 是 $\triangle ABC$ 的内心,故 $\angle BAG=\angle CAG$,从而点 B,C 关于 x 轴对称,易知 $r=\dfrac{2}{3}$.

(2)过点 $M(0,1)$ 的直线 $y=kx+1$ 与 $(x-2)^2+y^2=\dfrac{4}{9}$ 相切,当且仅当 $\dfrac{|2k+1|}{\sqrt{k^2+1}}=\dfrac{2}{3}$,即 $32k^2+36k+5=0$.该方程的两个根是直线 ME 和 MF 的斜率 k_1,k_2,由韦达定理得 $k_1k_2=\dfrac{5}{32}$, $k_1+k_2=-\dfrac{9}{8}$.

联立直线 $y=kx+1$ 与椭圆 $\dfrac{x^2}{16}+y^2=1$ 的方程,可得异于点 M 的另一个交点的横坐标为 $-\dfrac{32k}{1+16k^2}$.

从而 $k_{EF}=\dfrac{k_2x_F-k_1x_E}{x_F-x_E}=\dfrac{k_2\cdot\dfrac{32k_2}{1+16k_2^2}-k_1\cdot\dfrac{32k_1}{1+16k_1^2}}{\dfrac{32k_2}{1+16k_2^2}-\dfrac{32k_1}{1+16k_1^2}}=\dfrac{k_1+k_2}{1-16k_1k_2}=\dfrac{3}{4}$.

故直线 EF 的方程为 $y=\dfrac{k_1+k_2}{1-16k_1k_2}\left(x+\dfrac{32k_1}{1+16k_1^2}\right)-\dfrac{32k_1^2}{1+16k_1^2}+1=\dfrac{k_1+k_2}{1-16k_1k_2}x+\dfrac{1+16k_1k_2}{1-16k_1k_2}$.

化简得 $y=\dfrac{3}{4}x-\dfrac{7}{3}$,圆心 $(2,0)$ 到直线 $y=\dfrac{3}{4}x-\dfrac{7}{3}$ 的距离恰好为 $\dfrac{2}{3}$.

精练3解析

(1)设切线 PB 的方程为 $y=kx+m$,代入抛物线方程得 $x^2-4kx-4m=0$.

由相切得 $\Delta=16k^2+16m=0$,即 $k^2+m=0$.

由直线与圆相切,可得 $\dfrac{|m+1|}{\sqrt{1+k^2}}=1$,即 $k^2=m^2+2m$.

从而 $m^2+3m=0$,解得 $m=-3$ 或 $m=0$(舍去),故 $k^2=3$,即 $k=\pm\sqrt{3}$.

(2)设切线方程为 $y-y_0=k(x-x_0)$,即 $kx-y+y_0-kx_0=0$.

圆心到直线的距离 $d=\dfrac{|1+y_0-kx_0|}{\sqrt{1+k^2}}=1$,整理得 $k^2(x_0^2-1)-(2x_0y_0+2x_0)k+y_0^2+2y_0=0$.

设 PA,PB 的斜率分别为 k_1,k_2,由韦达定理得 $k_1+k_2=\dfrac{2x_0y_0+2x_0}{x_0^2-1}$, $k_1k_2=\dfrac{y_0^2+2y_0}{x_0^2-1}$.

令 $y=0$,可得 $x_A=x_0-\dfrac{y_0}{k_1}$, $x_B=x_0-\dfrac{y_0}{k_2}$.

从而 $|AB|=\left|\left(x_0-\dfrac{y_0}{k_1}\right)-\left(x_0-\dfrac{y_0}{k_2}\right)\right|=\left|\dfrac{y_0}{k_1}-\dfrac{y_0}{k_2}\right|=\left|\dfrac{k_1-k_2}{k_1k_2}\right|\cdot y_0=\dfrac{\sqrt{4(y_0^2+6y_0)}}{y_0^2+2y_0}\cdot y_0=\dfrac{2\sqrt{y_0^2+6y_0}}{y_0+2}$.

于是 $S_{\triangle PAB}=\dfrac{1}{2}|AB|\cdot y_0=\dfrac{1}{2}\cdot\dfrac{2\sqrt{y_0^2+6y_0}}{y_0+2}\cdot y_0=\sqrt{\dfrac{(y_0^2+6y_0)y_0^2}{(y_0+2)^2}}$.

令 $f(y)=\dfrac{(y^2+6y)y^2}{(y+2)^2}$, $y\geqslant 2$,求导得 $f'(y)=\dfrac{2y^2(y^2+4y+18)}{(y+2)^2}>0$.

从而 $f(y)$ 在 $[2,+\infty)$ 上单调递增,故 $f(y)_{\min}=f(2)=4$,即 $S_{\triangle PAB}$ 的最小值为 2.

精练 4 解析

(1)由题意得 $|PQ|+|QF_2|+|PF_2|=|PF_1|+|PF_2|=6a$.

因为 $|PF_1|-|PF_2|=2a$,所以 $|PF_1|^2-|PF_2|^2=(|PF_1|+|PF_2|)(|PF_1|-|PF_2|)=12a^2=24$,即 $a=\sqrt{2}$.

又因为 $e=\dfrac{\sqrt{a^2+b^2}}{a}=\dfrac{\sqrt{6}}{2}$,所以 $b=1$,故 C 的方程为 $\dfrac{x^2}{2}-y^2=1$.

(2)设点 $W(x_0,y_0)$,$A(x_1,y_1)$,$B(x_2,y_2)$,且 $x_0^2+y_0^2=1$,$\dfrac{x_1^2}{2}-y_1^2=1$,$\dfrac{x_2^2}{2}-y_2^2=1$.

设切线 l_1,l_2 的斜率分别为 k_1,k_2,设 l_1 的方程 $y=k_1(x-x_1)+y_1$.

联立方程 $\begin{cases} y=k_1(x-x_1)+y_1 \\ \dfrac{x^2}{2}-y^2=1 \end{cases}$,消去 y 得 $(1-2k_1^2)x^2-4k_1(y_1-k_1x_1)x-2(y_1-k_1x_1)^2-2=0$.

因为 $\Delta=16k_1^2(y_1-k_1x_1)^2+8(1-2k_1^2)[(y_1-k_1x_1)^2+1]=0$,所以 $(x_1^2-2)k_1^2-2k_1x_1y_1+y_1^2+1=0$.

又因为 $\dfrac{x_1^2}{2}-y_1^2=1$,代入上式得 $2y_1^2k_1^2-2k_1x_1y_1+\dfrac{x_1^2}{2}=0$,即 $4y_1^2k_1^2-4k_1x_1y_1+x_1^2=(2y_1k_1-x_1)^2=0$.

从而 $k_1=\dfrac{x_1}{2y_1}$,同理可得 $k_2=\dfrac{x_2}{2y_2}$.

因为切线 l_1,l_2 均过 $W(x_0,y_0)$,同理得 k_1,k_2 为 $(x_0^2-2)k^2-2x_0y_0k+y_0^2+1=0$ 的两解.

由韦达定理得 $k_1k_2=\dfrac{y_0^2+1}{x_0^2-2}=-1$,从而 $WA\perp WB$,故 $\triangle WAB$ 为直角三角形.

因为 $k_1=\dfrac{x_1}{2y_1}$,所以 $y_1-y_0=\dfrac{x_1}{2y_1}(x_1-x_0)$,即 $y_1=\dfrac{x_0x_1}{2y_0}-\dfrac{1}{y_0}$,同理 $y_2=\dfrac{x_0x_2}{2y_0}-\dfrac{1}{y_0}$.

从而直线 AB 的方程为 $y=\dfrac{x_0x}{2y_0}-\dfrac{1}{y_0}$.

将直线 $AB:y=\dfrac{x_0x-2}{2y_0}$ 代入椭圆 D 的方程 $\dfrac{x^2}{4}+y^2=1$ 得 $(y_0^2+x_0^2)x^2-4x_0x+4-4y_0^2=0$.

整理得 $x^2-4x_0x+4x_0^2=(x-2x_0)^2=0$,解得 $x_T=2x_0$,$y_T=\dfrac{x_0x_T-2}{2y_0}=-y_0$.

故直线 AB 与椭圆 D 相切,切点 $T(2x_0,-y_0)$,于是 $k_{WT}\cdot k_{AB}=-1$,即 $WT\perp AB$.

因此,$2S_{\triangle WAB}=|WA|\cdot|WB|=|WT|\cdot|AB|$.

精练 5 解析

(1)由题意可设焦距为 $2c$,从而 $c=2$.由 $e=\dfrac{\sqrt{2}}{2}$ 得 $a=2\sqrt{2}$,故 $b^2=4$.于是 Γ 的方程为 $\dfrac{x^2}{8}+\dfrac{y^2}{4}=1$.

(2)不存在.假设存在圆 F_1 满足题意.当圆 F_1 过原点 O 时,圆 F_1 的半径为2,此时直线 PN 与 y 轴重合,点 M 不存在,不合题意,故直线 PM,PN 的斜率均存在且不为0.

设直线 $PM:y=k_1x+2(k_1\neq 0)$,$PN:y=k_2x+2(k_2\neq 0)$,$M(x_1,y_1),N(x_2,y_2)$,圆 F_1 半径为 $r(r>0)$.

由题意得圆心 $F_1(-2,0)$ 到直线 PM 的距离为 $\dfrac{|-2k_1+2|}{\sqrt{1+k_1^2}}=r$,整理得 $(r^2-4)k_1^2+8k_1+r^2-4=0$.

同理得 $(r^2-4)k_2^2+8k_2+r^2-4=0$,故 k_1,k_2 是方程 $(r^2-4)k^2+8k+r^2-4=0$ 的两个不相等的实根.

由韦达定理得 $k_1k_2=1$.

联立方程 $\begin{cases} y=k_1x+2 \\ \dfrac{x^2}{8}+\dfrac{y^2}{4}=1\end{cases}$,消去 y 得 $(1+2k_1^2)x^2+8k_1x=0$,解得 $M\left(\dfrac{-8k_1}{1+2k_1^2},\dfrac{2-4k_1^2}{1+2k_1^2}\right)$.

同理可得 $N\left(\dfrac{-8k_2}{1+2k_2^2},\dfrac{2-4k_2^2}{1+2k_2^2}\right)$,将 $k_2=\dfrac{1}{k_1}$ 代入得 $N\left(\dfrac{-8k_1}{2+k_1^2},\dfrac{2k_1^2-4}{2+k_1^2}\right)$.

由题意得 $PM\perp MN$,即 $k_{MN}=-\dfrac{1}{k_1}$.

此时 $k_{MN}=\dfrac{\dfrac{2-4k_1^2}{1+2k_1^2}-\dfrac{2k_1^2-4}{2+k_1^2}}{\dfrac{-8k_1}{1+2k_1^2}-\dfrac{-8k_1}{2+k_1^2}}=\dfrac{(-2k_1^2+1)(k_1^2+2)-(k_1^2-2)(2k_1^2+1)}{4k_1(2k_1^2+1)-4k_1(k_1^2+2)}=\dfrac{-4k_1^4+4}{4k_1(k_1^2-1)}=\dfrac{-(k_1^2+1)}{k_1}$.

整理得 $\dfrac{-(k_1^2+1)}{k_1}=-\dfrac{1}{k_1}$,因为 $k_1\neq 0$,所以方程无解,故不存在满足题意的圆 F_1.

精练6解析

(1)设点 $A(x_1,y_1),B(x_2,y_2)$,联立方程 $\begin{cases} x^2=4y \\ y=kx+4\end{cases}$,消去 y 得 $x^2-4kx-16=0$,故 $\begin{cases} x_1+x_2=4k \\ x_1x_2=-16\end{cases}$.

因为 $\overrightarrow{OA}\cdot\overrightarrow{OB}=x_1x_2+y_1y_2=x_1x_2+\dfrac{x_1^2x_2^2}{16}=0$,所以 $OA\perp OB$.

(2)对 $x^2=4y$ 变形得 $y=\dfrac{1}{4}x^2$,求导得 $y'=\dfrac{1}{2}x$.

从而 $l_1:y-\dfrac{x_1^2}{4}=\dfrac{1}{2}x_1(x-x_1)$,即 $x_1x=2(y+y_1)$,同理可得 $l_2:x_2x=2(y+y_2)$.

由于点 $M(x_M,y_M)$ 均在 l_1,l_2 上,故 $\begin{cases} x_Mx_1=2(y_M+y_1) \\ x_Mx_2=2(y_M+y_2)\end{cases}$.

由于点 A,B 均在同构方程 $xx_M=2(y+y_M)$ 上,故 $l_{AB}:xx_M=2(y+y_M)$.

又因为 $b=1$,且 $b=-y_M=1$,所以 $y_M=-1$,故点 M 在定直线 $y=-1$ 上.

精练7解析

(1)抛物线 C 的焦点为 $F(0,1)$,即 $c=1$.椭圆上的点 M 到点 F 的最大距离为 $a+c=3$,解得 $a=2$,故 $b^2=3$,从而椭圆的方程为 $\dfrac{y^2}{4}+\dfrac{x^2}{3}=1$.

(2)抛物线 C 的方程为 $x^2=4y$,即 $y=\dfrac{x^2}{4}$,求导得 $y'=\dfrac{x}{2}$.设点 $A(x_1,y_1),B(x_2,y_2),M(x_0,y_0)$.

设直线 MA 的方程为 $y-y_1=\dfrac{x_1}{2}(x-x_1)$,化简为 $y=\dfrac{x_1x}{2}-y_1$,即 $x_1x-2y_1-2y=0$.

同理可知,直线 MB 的方程为 $x_2x-2y_2-2y=0$.

因为点 M 为这两条直线的公共点,所以 $\begin{cases} x_1x_0-2y_1-2y_0=0 \\ x_2x_0-2y_2-2y_0=0\end{cases}$.

从而点 A,B 的坐标满足方程 $x_0x-2y-2y_0=0$,故直线 AB 的方程为 $x_0x-2y-2y_0=0$.

联立方程 $\begin{cases} x_0 x - 2y - 2y_0 = 0 \\ y = \dfrac{x^2}{4} \end{cases}$,消去 y 得 $x^2 - 2x_0 x + 4y_0 = 0$, $\Delta = 4x_0^2 - 16y_0 > 0$.

由韦达定理得 $x_1 + x_2 = 2x_0$, $x_1 x_2 = 4y_0$.

进而 $|AB| = \sqrt{1 + \left(\dfrac{x_0}{2}\right)^2} \cdot \sqrt{(x_1+x_2)^2 - 4x_1 x_2} = \sqrt{1 + \left(\dfrac{x_0}{2}\right)^2} \cdot \sqrt{4x_0^2 - 16y_0} = \sqrt{(x_0^2 + 4)(x_0^2 - 4y_0)}$,

点 M 到直线 AB 的距离 $d = \dfrac{|x_0^2 - 4y_0|}{\sqrt{x_0^2 + 4}}$,故 $S_{\triangle MAB} = \dfrac{1}{2}|AB| \cdot d = \dfrac{1}{2}\sqrt{(x_0^2+4)(x_0^2-4y_0)} \cdot \dfrac{|x_0^2-4y_0|}{\sqrt{x_0^2+4}} = \dfrac{1}{2}(x_0^2 - 4y_0)^{\frac{3}{2}}$.

因为 $x_0^2 - 4y_0 = 3 - \dfrac{3y_0^2}{4} - 4y_0 = -\dfrac{3}{4}\left(y_0 + \dfrac{8}{3}\right)^2 + \dfrac{25}{3}$, $-2 \leqslant y_0 \leqslant 2$,所以当 $y_0 = -2$ 时,$\triangle MAB$ 的面积取得最大值 $8\sqrt{2}$.

精练8解析

(1)由题意得 $M(0, -4)$, $F\left(0, \dfrac{p}{2}\right)$,圆 M 的半径 $r = 1$,故 $|MF| - r = 4$,即 $\dfrac{p}{2} + 4 - 1 = 4$,解得 $p = 2$.

(2)由(1)得抛物线方程为 $x^2 = 4y$.

由题意得直线 AB 的斜率存在,设 $A\left(x_1, \dfrac{x_1^2}{4}\right)$, $B\left(x_2, \dfrac{x_2^2}{4}\right)$,直线 AB 的方程为 $y = kx + b$,

联立方程 $\begin{cases} y = kx + b \\ x^2 = 4y \end{cases}$,消去 y 得 $x^2 - 4kx - 4b = 0$, $\Delta = 16k^2 + 16b > 0$ ①.

由韦达定理得 $x_1 + x_2 = 4k$, $x_1 x_2 = -4b$.

从而 $|AB| = \sqrt{1+k^2}|x_1 - x_2| = \sqrt{1+k^2} \cdot \sqrt{(x_1+x_2)^2 - 4x_1 x_2} = 4\sqrt{1+k^2} \cdot \sqrt{k^2 + b}$.

将 $x^2 = 4y$ 变形为 $y = \dfrac{x^2}{4}$,求导得 $y' = \dfrac{x}{2}$,故抛物线在点 A 处的切线斜率为 $\dfrac{x_1}{2}$,在点 A 处的切线方程为 $y - \dfrac{x_1^2}{4} = \dfrac{x_1}{2}(x - x_1)$,即 $y = \dfrac{x_1}{2}x - \dfrac{x_1^2}{4}$,同理得抛物线在点 B 处的切线方程为 $y = \dfrac{x_2}{2}x - \dfrac{x_2^2}{4}$.

联立方程 $\begin{cases} y = \dfrac{x_1}{2}x - \dfrac{x_1^2}{4} \\ y = \dfrac{x_2}{2}x - \dfrac{x_2^2}{4} \end{cases}$,解得 $\begin{cases} x = \dfrac{x_1+x_2}{2} = 2k \\ y = \dfrac{x_1 x_2}{4} = -b \end{cases}$,即 $P(2k, -b)$.

因为点 P 在圆 M 上,所以 $4k^2 + (4-b)^2 = 1$ ②,且 $-1 \leqslant 2k \leqslant 1$, $-5 \leqslant -b \leqslant -3$,即 $-\dfrac{1}{2} \leqslant k \leqslant \dfrac{1}{2}$, $3 \leqslant b \leqslant 5$,满足式①.

设点 P 到直线 AB 的距离为 d,则 $d = \dfrac{|2k^2 + 2b|}{\sqrt{1+k^2}}$,故 $S_{\triangle PAB} = \dfrac{1}{2}|AB| \cdot d = 4\sqrt{(k^2+b)^3}$.

由式②得 $k^2 = \dfrac{1 - (4-b)^2}{4} = \dfrac{-b^2 + 8b - 15}{4}$,令 $t = k^2 + b$,即 $t = \dfrac{-b^2 + 12b - 15}{4}$,且 $3 \leqslant b \leqslant 5$.

因为 $t = \dfrac{-b^2 + 12b - 15}{4}$ 在 $[3, 5]$ 上单调递增,所以当 $b = 5$ 时,t 取得最大值,$t_{\max} = 5$,此时 $k = 0$,故 $\triangle PAB$ 面积的最大值为 $20\sqrt{5}$.

精练9解析

(1)由题意得抛物线 C 的标准方程为 $x^2 = 4y$,准线方程为 $y = -1$.

设点 M 到准线的距离为 d_1,点 P 到准线的距离为 d_2.

由抛物线的定义得 $|MP| + |MF| = |MP| + d_1 \geqslant d_2 = 3$,故 $|MP| + |MF|$ 的最小值为 3.

(2)设点 $Q(x_0, y_0)$, $M(x_1, y_1)$, $N(x_2, y_2)$,且 $P(1, 2)$,故 $\overrightarrow{QM} = (x_1 - x_0, y_1 - y_0)$, $\overrightarrow{MP} = (1 - x_1, 2 - y_1)$.

因为 $\overrightarrow{QM}=a\overrightarrow{MP}$,所以 $(x_1-x_0,y_1-y_0)=a(1-x_1,2-y_1)$.

从而 $x_1-x_0=a(1-x_1)$,$y_1-y_0=a(2-y_1)$,即 $x_1=\dfrac{x_0+a}{1+a}$,$y_1=\dfrac{y_0+2a}{1+a}$.

又因为点 $M(x_1,y_1)$ 在抛物线 $x^2=4y$ 上,所以 $\left(\dfrac{x_0+a}{1+a}\right)^2=\dfrac{4(y_0+2a)}{1+a}$.

整理得 $7a^2+2(2y_0+4-x_0)a+4y_0-x_0^2=0$ ①.

因为点 $Q(x_0,y_0)$ 在直线 $l:x-2y-4=0$ 上,所以 $x_0-2y_0-4=0$.

将上式代入式①化简得 $7a^2+4y_0-x_0^2=0$ ②;同理由 $\overrightarrow{QN}=b\overrightarrow{NP}$ 得 $7b^2+4y_0-x_0^2=0$ ③.

由式②③得 a,b 是关于 x 的方程 $7x^2+4y_0-x_0^2=0$ 的两根,由韦达定理得 $a+b=0$.

10.3 蒙日圆

精练1解析

法一: 显然直线 l_1,l_2 的斜率均存在,分别设为 k_1,k_2,过点 $A(1,2)$ 的直线 l_1 与椭圆相切.

联立方程 $\begin{cases} y=k(x-1)+2 \\ \dfrac{x^2}{m}+y^2=1 \end{cases}$,消去 y 得 $(1+mk^2)x^2+2km(2-k)x+m(2-k)^2-m=0$.

$\Delta=4k^2m^2(2-k)^2-4(1+mk^2)[m(2-k)^2-m]=0$,化简得 $(m-1)k^2+4k-3=0$.

由题意可得该方程有两个根,分别为 k_1,k_2,由韦达定理得 $k_1k_2=\dfrac{-3}{m-1}=-1$,故 $m=4$.

此时 $e=\dfrac{c}{a}=\dfrac{\sqrt{m^2-1}}{m}=\sqrt{1-\dfrac{1}{m^2}}=\dfrac{\sqrt{3}}{2}$.

当椭圆与切线相离时 m 减小,离心率减小,故椭圆的离心率范围是 $\left(0,\dfrac{\sqrt{3}}{2}\right)$.

法二: 椭圆 $C:\dfrac{x^2}{m}+y^2=1(m>1)$ 对应的蒙日圆为 $x^2+y^2=m+1$,只需点 $A(1,2)$ 在圆外即可,故 $5>m+1$,即 $1<m<4$,于是椭圆的离心率范围是 $\left(0,\dfrac{\sqrt{3}}{2}\right)$.

精练2解析

因为点 P 在椭圆的蒙日圆上,所以 $\angle APB\leqslant 90°$,当直线 $3x+4y-10=0$ 与蒙日圆相离时,$\angle APB$ 为锐角.从而 $d>r$,即 $\dfrac{|-10|}{\sqrt{3^2+4^2}}=2>\sqrt{a^2+1}$,解得 $a^2<3$.

故离心率的取值范围是 $\left(0,\dfrac{\sqrt{6}}{3}\right)$.

精练3解析

第一空: 已知椭圆 $C:\dfrac{x^2}{2}+y^2=1$,从而点 $(\sqrt{2},1)$ 在蒙日圆 O 上,故蒙日圆 O 半径 $r=\sqrt{(\sqrt{2})^2+1^2}=\sqrt{3}$,因此蒙日圆 O 的方程为 $x^2+y^2=3$.

第二空: 设点 $P(m,n)$,设过点 P 与椭圆相切的直线方程为 $y-n=k(x-m)$,即 $y=kx-km+n$.

联立方程 $\begin{cases} y=kx-km+n \\ \dfrac{x^2}{2}+y^2=1 \end{cases}$,消去 y 得 $(2k^2+1)x^2+4k(n-km)x+2(n-km)^2-2=0$.

此时 $\Delta=16k^2(n-km)^2-8(2k^2+1)[(n-km)^2-2]=0$,整理得 $(2-m^2)k^2+2kmn+1-n^2=0$.

不妨设 k_1,k_2 是方程 $(2-m^2)k^2+2kmn+1-n^2=0$ 的两个根.

因为两切线相互垂直,所以 $k_1k_2=-1$,即 $k_1k_2=\dfrac{1-n^2}{2-m^2}=-1$,故 $m^2+n^2=3$,即点 P 在圆 $x^2+y^2=3$

上,其圆心为$(0,0)$,半径为$\sqrt{3}$.

又因为点P在圆$(x-3)^2+(y-4)^2=r^2(r>0)$上,该圆的圆心为$(3,4)$,所以$|\sqrt{3}-r|\leqslant\sqrt{(3-0)^2+(4-0)^2}\leqslant|\sqrt{3}+r|$,即$|\sqrt{3}-r|\leqslant 5\leqslant|\sqrt{3}+r|$,解得$5-\sqrt{3}\leqslant r\leqslant 5+\sqrt{3}$,故$r$的取值范围为$[5-\sqrt{3},5+\sqrt{3}]$.

精练4解析

(1)由题意得椭圆C的方程为$\dfrac{x^2}{2}+y^2=1$.

(2)设点$P(x_0,y_0)$,显然$x_0\neq\pm\sqrt{2}$,过点P的直线方程为$y-y_0=k(x-x_0)$.

联立方程$\begin{cases}y-y_0=k(x-x_0)\\ x^2+2y^2=2\end{cases}$,消去$y$得$(1+2k^2)x^2+4k(y_0-kx_0)x+2(y_0-kx_0)^2-2=0$.

当直线$y-y_0=k(x-x_0)$与C相切时,$\Delta=16k^2(y_0-kx_0)^2-8(1+2k^2)[(y_0-kx_0)^2-1]=0$.

整理得$(x_0^2-2)k^2-2x_0y_0k+y_0^2-1=0$,设直线$l_1,l_2$的斜率分别为$k_1,k_2$.

从而k_1,k_2是关于k的一元二次方程的两个根,由韦达定理得$k_1k_2=\dfrac{y_0^2-1}{x_0^2-2}=-1$,化简得$x_0^2+y_0^2=3$.

点P到坐标原点O的距离$|PO|=\sqrt{3}$,故动点P在以O为圆心,$\sqrt{3}$为半径的圆上.

因为点A为该圆上一定点,所以当满足$\overrightarrow{PA}\cdot\overrightarrow{PB}=0$时,线段$AB$为圆$O$的直径,即点$B(\sqrt{3},0)$,故存在点$B(\sqrt{3},0)$满足题意.

精练5解析

(1)由题意得椭圆C的方程为$\dfrac{x^2}{3}+y^2=1$.

(2)设点$P(x_0,y_0)$.

(i)当$x_0=\pm\sqrt{3}$时,有一条切线斜率不存在,此时$y_0=\pm 1$,显然另一条切线平行于x轴,故$m\perp n$成立.

(ii)当$x_0\neq\pm\sqrt{3}$时,两条切线斜率存在.

设直线m的斜率为k,直线方程为$y-y_0=k(x-x_0)$,即$y=kx+y_0-kx_0$.

将直线代入$\dfrac{x^2}{3}+y^2=1$,整理得$(1+3k^2)x^2+6k(y_0-kx_0)x+3(y_0-kx_0)^2-3=0$.

由$\Delta=0$得$(3-x_0^2)k^2+2x_0y_0k+1-y_0^2=0$,注意到$m,n$的斜率$k_1,k_2$是该方程的两个根.

由韦达定理得$k_1k_2=\dfrac{1-y_0^2}{3-x_0^2}$. 因为点$P$在圆$D:x^2+y^2=4$上,即$3-x_0^2=-(1-y_0^2)$,所以$k_1k_2=-1$.

综上,过圆D上任意一点P作椭圆C的两条切线m,n,总有$m\perp n$.

精练6解析

设点$P(x_0,y_0)$,直线AB的方程为$\dfrac{x_0x}{4}+y_0y=1$ ①,由$PQ\perp AB$得$k_{PQ}=\dfrac{4y_0}{x_0}$.

当$x_0\neq 0$时,直线PQ的方程为$y-y_0=\dfrac{4y_0}{x_0}(x-x_0)$ ②,由式①②得$x_Q=\dfrac{4}{5}x_0$,$y_Q=\dfrac{1}{5}y_0$.

又因为$x_0^2+y_0^2=5$,所以点Q的轨迹方程为$\dfrac{5}{16}x^2+5y^2=1$ ③,即$\dfrac{x^2}{\frac{16}{5}}+\dfrac{y^2}{\frac{1}{5}}=1$,且焦点恰为$F_1,F_2$.

从而$|QF_1|+|QF_2|=\dfrac{8\sqrt{5}}{5}$.

当$x_0=0$时,$y_0=\pm\sqrt{5}$,此时直线$AB:y=\pm\dfrac{\sqrt{5}}{5}$,可得点$Q\left(0,\pm\dfrac{\sqrt{5}}{5}\right)$满足式③.

综上,$|QF_1|+|QF_2|=\dfrac{8\sqrt{5}}{5}$.

10.4 阿基米德三角形

精练1解析

设点 $P(x_0, y_0)$,切线方程为 $y - y_0 = k(x - x_0)$.

联立方程 $\begin{cases} y^2 = 4x \\ y - y_0 = k(x - x_0) \end{cases}$,消去 x 得 $\dfrac{ky^2}{4} - y + y_0 - kx_0 = 0$.由 $\Delta = 0$ 得 $x_0 k^2 - y_0 k + 1 = 0$.

因为 $k_1 \cdot k_2 = \dfrac{1}{x_0} = -1$,所以 $x_0 = -1$,故点 P 在直线 $x = -1$ 上.

精练2解析

(1)由题意得 $\dfrac{|0 - c - 2|}{\sqrt{2}} = \dfrac{3\sqrt{2}}{2}$,即 $|c + 2| = 3$.因为 $c > 0$,所以 $c = 1$,故抛物线 C 的方程为 $x^2 = 4y$.

(2)由题意得切点弦 AB 的方程为 $x_0 x = 2(y + y_0)$,即 $x_0 x - 2y - 2y_0 = 0$.

(3)由阿基米德三角形得 $|AF| \cdot |BF| = |PF|^2$,且 $|PF|$ 的最小值为 $\dfrac{3\sqrt{2}}{2}$,故 $|AF| \cdot |BF|$ 最小值为 $\dfrac{9}{2}$.

精练3解析

设点 $P(x_0, y_0)$,$A\left(\dfrac{y_1^2}{4}, y_1\right)$,$B\left(\dfrac{y_2^2}{4}, y_2\right)$.

因为直线 PA, PB 的中点在抛物线上,所以 y_1, y_2 为方程 $\left(\dfrac{y + y_0}{2}\right)^2 = 4 \cdot \dfrac{\frac{1}{4}y^2 + x_0}{2}$,即 $y^2 - 2y_0 y + 8x_0 - y_0^2 = 0$ 的两个不同的实数根,此时 $y_1 + y_2 = 2y_0$,故直线 PM 垂直于 y 轴.

精练4解析

(1)设点 $A\left(x_1, \dfrac{x_1^2}{2}\right)$,$B\left(x_2, \dfrac{x_2^2}{2}\right)$.

抛物线 $y = \dfrac{1}{2}x^2$ 在点 A 处的切线方程为 $y - \dfrac{x_1^2}{2} = x_1(x - x_1)$,即 $y = x_1 x - \dfrac{x_1^2}{2}$.

同理可得抛物线 $y = \dfrac{1}{2}x^2$ 在点 B 处的切线方程 $y = x_2 x - \dfrac{x_2^2}{2}$.

上述两条切线方程联立得 $x_1 x - \dfrac{x_1^2}{2} = x_2 x - \dfrac{x_2^2}{2}$,故 $(x_1 - x_2)x = \dfrac{x_1^2 - x_2^2}{2}$,即 $x = \dfrac{x_1 + x_2}{2}$.

从而 $y = x_1 x - \dfrac{x_1^2}{2} = \dfrac{x_1 x_2}{2}$,即点 $P\left(\dfrac{x_1 + x_2}{2}, \dfrac{x_1 x_2}{2}\right)$.

由点 P 在直线 $y = x - 2$ 上得 $\dfrac{x_1 x_2}{2} = \dfrac{x_1 + x_2}{2} - 2$,整理为 $x_1 x_2 = x_1 + x_2 - 4$.

又因为直线 AB 的方程为 $\dfrac{y - \frac{x_1^2}{2}}{x - x_1} = \dfrac{\frac{x_1^2}{2} - \frac{x_2^2}{2}}{x_1 - x_2} = \dfrac{x_1 + x_2}{2}$,所以 $y - \dfrac{x_1^2}{2} = \dfrac{x_1 + x_2}{2} x - \dfrac{x_1^2 + x_1 x_2}{2}$.

整理得 $y = \dfrac{x_1 + x_2}{2} x - \dfrac{x_1 x_2}{2} = \dfrac{x_1 + x_2}{2} x - \dfrac{x_1 + x_2}{2} + 2 = \dfrac{x_1 + x_2}{2}(x - 1) + 2$,

故直线 AB 过定点 $(1, 2)$.

(2)如图2所示,过点 P 作 y 轴的平行线与 AB 相交于点 M,从而 $S_{\triangle PAB} = \dfrac{1}{2}|PM||x_1 - x_2|$.

由题意得 $|PM| = |y_M - y_P|$,易证点 M 为 AB 的中点.

从而解得 $y_M = \dfrac{y_1 + y_2}{2} = \dfrac{x_1^2 + x_2^2}{4}$,$y_P = \dfrac{x_1 x_2}{2}$.

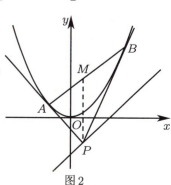

图2

于是 $|PM|=\dfrac{x_1^2+x_2^2}{4}-\dfrac{x_1x_2}{2}=\dfrac{(x_1-x_2)^2}{4}$，故 $S_{\triangle PAB}=\dfrac{1}{8}|x_1-x_2|^3$.

注意到 $|x_1-x_2|^2=(x_1+x_2)^2-4x_1x_2$.

由题意得 $P\left(\dfrac{x_1+x_2}{2},\dfrac{x_1x_2}{2}\right)$，且点 P 在直线 $y=x-2$ 上.

设 $\dfrac{x_1+x_2}{2}=a$，于是 $\dfrac{x_1x_2}{2}=a-2$，故 $x_1+x_2=2a,x_1x_2=2a-4$.

故 $(x_1-x_2)^2=(x_1+x_2)^2-4x_1x_2=4a^2-8a+16=4(a^2-2a+1)+12=4(a-1)^2+12\geqslant12$（当且仅当 $a=1$ 时，取等号）.

此时，$S_{\triangle PAB}$ 的最小值为 $\dfrac{1}{8}\times(2\sqrt{3})^3=3\sqrt{3}$，故点 P 的坐标为 $(1,-1)$.

精练5解析

（1）由题意得 $p=2$.

（2）由(1)得抛物线 C 的方程为 $x^2=4y$，设点 $P(x_0,y_0)$，切点 $A(x_1,y_1),B(x_2,y_2)$.

从而直线 $PA:xx_1=2(y+y_1)$，直线 $PB:xx_2=2(y+y_2)$，联立直线 PA,PB，得 $P\left(\dfrac{x_1+x_2}{2},\dfrac{x_1x_2}{4}\right)$.

于是 $x_1+x_2=2x_0,x_1x_2=4y_0$，取线段 AB 的中点 $Q\left(\dfrac{x_1+x_2}{2},\dfrac{y_1+y_2}{2}\right)$，可得直线 $PQ\parallel y$ 轴.

故 $S_{\triangle PAB}=\dfrac{1}{2}|PQ|\cdot|x_1-x_2|=\dfrac{1}{2}\left|\dfrac{y_1+y_2}{2}-y_0\right|\cdot|x_1-x_2|=\dfrac{1}{16}|x_1-x_2|^3=\dfrac{1}{16}\left[\sqrt{(x_1+x_2)^2-4x_1x_2}\right]^3=\dfrac{1}{2}(\sqrt{x_0^2-4y_0})^3$①.

因为 $P(x_0,y_0)$ 在圆 $M:x^2+(y+4)^2=1$ 上，所以 $x_0^2=1-(y_0+4)^2$②.

将式②代入式①得 $S_{\triangle PAB}=\dfrac{1}{2}(-y_0^2-12y_0-15)^{\frac{3}{2}}$，$y_0\in[-5,-3]$.

因此，当 $y_0=-5$ 时，$S_{\triangle PAB}$ 取得最大值 $20\sqrt{5}$.

技法11　四心专题

11.1　重心综合

精练1解析

如图1所示，由 $\triangle AF_1B$ 为正三角形得坐标原点 O 为 $\triangle AF_1B$ 的重心.

因为 $|OF_1|=c$，所以 $|OD|=\dfrac{c}{2}$，$|AD|=\dfrac{\sqrt{3}c}{2}$.

故 $A\left(\dfrac{c}{2},\dfrac{\sqrt{3}}{2}c\right),B\left(\dfrac{c}{2},-\dfrac{\sqrt{3}}{2}c\right)$.

将点 A,B 的坐标代入双曲线方程得 $\dfrac{c^2}{4a^2}-\dfrac{3c^2}{4b^2}=1$，即 $e^2-\dfrac{3e^2}{e^2-1}=4$.

又因为 $e>1$，所以 $e^2=4+2\sqrt{3}$，即 $e=\sqrt{3}+1$.

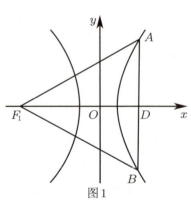

图1

精练2解析

双曲线 $C:\dfrac{x^2}{a^2}-\dfrac{y^2}{2}=1(a>0)$ 的左、右焦点为 $F_1(-c,0),F_2(c,0)$.

设点 P 的坐标为 (m,n)，由 $\triangle PF_1F_2$ 的重心为 $G\left(\dfrac{1}{3},\dfrac{1}{3}\right)$ 得 $m=n=1$.

将点 P 的坐标代入双曲线 C 的方程得 $\dfrac{1}{a^2}-\dfrac{1}{2}=1$，解得 $a^2=\dfrac{2}{3}$.

因为$b^2=2$,所以$c^2=\dfrac{8}{3}$,故双曲线C的离心率为$e=\dfrac{c}{a}=\sqrt{\dfrac{c^2}{a^2}}=2$.

精练3解析

如图2所示,因为$\triangle BMA$与$\triangle CMO$的面积之比为$\dfrac{3}{2}$,所以$|MC|=2|BM|$.

延长AO交BC于点N,故N为BC的中点,即$|BM|=2|MN|$.

因为$|AO|=2|ON|$,所以$AB \parallel OM$.

设点$A(x_0,y_0)$,则$B(x_0,-y_0)$.由$\overrightarrow{AO}=2\overrightarrow{ON}$得$N\left(-\dfrac{x_0}{2},-\dfrac{y_0}{2}\right)$.

从而$k_{ON}=\dfrac{y_0}{x_0}$,$k_{BC}=k_{BN}=-\dfrac{y_0}{3x_0}$,即$k_{ON}=-3k_{BC}$.

因为$k_{ON}\cdot k_{BC}=e^2-1=-\dfrac{1}{4}$,且$k_{BC}<0$,所以$k_{BC}=-\dfrac{\sqrt{3}}{6}$.

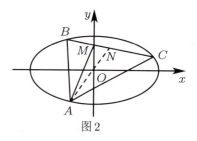

图2

精练4解析

设点$A(x_1,y_1)$,$B(x_2,y_2)$,联立方程$\begin{cases}x=my+\dfrac{m^2}{2}\\\dfrac{x^2}{m^2}+y^2=1\end{cases}$,消去$x$得$2y^2+my+\dfrac{m^2}{4}-1=0$.

由$\Delta=m^2-8\left(\dfrac{m^2}{4}-1\right)=-m^2+8>0$得$m^2<8$.由韦达定理得$y_1+y_2=-\dfrac{m}{2}$,$y_1y_2=\dfrac{m^2}{8}-\dfrac{1}{2}$.

因为$F_1(-c,0)$,$F_2(c,0)$,所以O为F_1F_2的中点,由$\overrightarrow{AG}=2\overrightarrow{GO}$,$\overrightarrow{BH}=2\overrightarrow{HO}$得$G\left(\dfrac{x_1}{3},\dfrac{y_1}{3}\right)$,$H\left(\dfrac{x_2}{3},\dfrac{y_2}{3}\right)$.

由距离公式得$|GH|^2=\dfrac{(x_1-x_2)^2}{9}+\dfrac{(y_1-y_2)^2}{9}$.设$M$是$GH$的中点,则$M\left(\dfrac{x_1+x_2}{6},\dfrac{y_1+y_2}{6}\right)$.

由题意得$2|MO|<|GH|$,故$4\left[\left(\dfrac{x_1+x_2}{6}\right)^2+\left(\dfrac{y_1+y_2}{6}\right)^2\right]<\dfrac{(x_1-x_2)^2}{9}+\dfrac{(y_1-y_2)^2}{9}$,即$x_1x_2+y_1y_2<0$.

因为$x_1x_2+y_1y_2=\left(my_1+\dfrac{m^2}{2}\right)\left(my_2+\dfrac{m^2}{2}\right)+y_1y_2=(m^2+1)\left(\dfrac{m^2}{8}-\dfrac{1}{2}\right)$,所以$\dfrac{m^2}{8}-\dfrac{1}{2}<0$,即$m^2<4$.又因为$m>1$且$\Delta>0$,所以$1<m<2$,故$m$的取值范围是$(1,2)$.

精练5解析

如图3所示,连接F_1G并延长交PF_2于Q,连接F_1M.

由$\overrightarrow{GF_1}\cdot\overrightarrow{F_1P}=\overrightarrow{GF_1}\cdot\overrightarrow{F_1F_2}$得$\overrightarrow{GF_1}\cdot(\overrightarrow{F_1P}-\overrightarrow{F_1F_2})=0$,即$\overrightarrow{GF_1}\cdot\overrightarrow{F_2P}=0$,故$GF_1\perp F_2P$.

因为G为$\triangle PF_1F_2$的重心,所以$\triangle PF_1F_2$是等腰三角形,故$|PF_1|=|F_1F_2|=2c$.

由$\overrightarrow{F_2M}=4\overrightarrow{MP}$得$|MF_2|=\dfrac{4}{5}|PF_2|=\dfrac{4}{5}a$.

从而$|MQ|=|MF_2|-|QF_2|=\dfrac{4}{5}a-\dfrac{1}{2}a=\dfrac{3}{10}a$.

由椭圆定义得$|MF_1|=2a-|MF_2|=\dfrac{6}{5}a$.

由$|MF_1|^2-|MQ|^2=|F_1Q|^2=|F_1F_2|^2-|QF_2|^2$得$\left(\dfrac{6}{5}a\right)^2-\left(\dfrac{3}{10}a\right)^2=(2c)^2-\left(\dfrac{1}{2}a\right)^2$,

化简得$c^2=\dfrac{2}{5}a^2$,故离心率为$\dfrac{\sqrt{10}}{5}$.

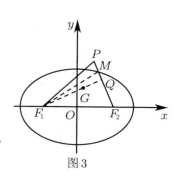

图3

精练6解析

(1)设点$A(x_1,y_1)$,$B(x_2,y_2)$,由题意得$y_1y_2\neq 0$,且$x_1^2-y_1^2=1$,$x_2^2-y_2^2=1$.

设切线PA的方程为$y-y_1=k(x-x_1)$.

联立方程$\begin{cases}y-y_1=k(x-x_1)\\x^2-y^2=1\end{cases}$,消去$y$得$(1-k^2)x^2-2k(y_1-kx_1)x-(y_1-kx_1)^2-1=0$.

由 $\Delta = 4k^2(y_1-kx_1)^2+4(1-k^2)(y_1-kx_1)^2+4(1-k^2)=0$ 得 $k=\dfrac{x_1}{y_1}$.

因此直线 PA 的方程为 $y_1y=x_1x-1$,同理可得直线 PB 的方程为 $y_2y=x_2x-1$.

因为点 $P(m,y_0)$ 在直线 PA,PB 上,所以 $y_1y_0=mx_1-1$,$y_2y_0=mx_2-1$,即点 $A(x_1,y_1)$,$B(x_2,y_2)$ 都在直线 $y_0y=mx-1$ 上.

又因为 $M\left(\dfrac{1}{m},0\right)$ 在直线 $y_0y=mx-1$ 上,所以 A,M,B 三点共线.

(2)垂线 AN 的方程为 $y-y_1=-x+x_1$,由 $\begin{cases} y-y_1=-x+x_1 \\ x-y=0 \end{cases}$ 得垂足 $N\left(\dfrac{x_1+y_1}{2},\dfrac{x_1+y_1}{2}\right)$.

设 $\triangle AMN$ 的重心为 $G(x,y)$,则 $\begin{cases} x=\dfrac{1}{3}\left(x_1+\dfrac{1}{m}+\dfrac{x_1+y_1}{2}\right) \\ y=\dfrac{1}{3}\left(y_1+0+\dfrac{x_1+y_1}{2}\right) \end{cases}$,解得 $\begin{cases} x_1=\dfrac{9x-3y-\dfrac{3}{m}}{4} \\ y_1=\dfrac{9y-3x+\dfrac{1}{m}}{4} \end{cases}$.

由 $x_1^2-y_1^2=1$ 得 $\left(3x-3y-\dfrac{1}{m}\right)\left(3x+3y-\dfrac{1}{m}\right)=2$,即 $\left(x-\dfrac{1}{3m}\right)^2-y^2=\dfrac{2}{9}$ 为重心 G 所在曲线方程.

精练7解析

(1)由题意得 $\dfrac{p}{2}=1$,即 $p=2$,故抛物线的准线方程为 $x=-1$.

(2)设点 $A(x_A,y_A)$,$B(x_B,y_B)$,$C(x_C,y_C)$,重心 $G(x_G,y_G)$.令 $y_A=2t$,$t\neq 0$,则 $x_A=t^2$.

因为直线 AB 过点 F,所以直线 AB 的方程为 $x=\dfrac{t^2-1}{2t}y+1$.

将直线 AB 的方程代入 $y^2=4x$,消去 x 得 $y^2-\dfrac{2(t^2-1)}{t}y-4=0$.

由韦达定理得 $2ty_B=-4$,即 $y_B=-\dfrac{2}{t}$,故 $B\left(\dfrac{1}{t^2},-\dfrac{2}{t}\right)$.

因为 $\begin{cases} x_G=\dfrac{1}{3}(x_A+x_B+x_C) \\ y_G=\dfrac{1}{3}(y_A+y_B+y_C) \end{cases}$ 及重心 G 在 x 轴上,所以 $2t-\dfrac{2}{t}+y_C=0$.

故 $C\left(\left(\dfrac{1}{t}-t\right)^2,2\left(\dfrac{1}{t}-t\right)\right)$,$G\left(\dfrac{2t^4-2t^2+2}{3t^2},0\right)$.

从而直线 AC 的方程为 $y-2t=2t(x-t^2)$,可得 $Q(t^2-1,0)$.因为 Q 在焦点 F 的右侧,所以 $t^2>2$.

从而 $\dfrac{S_1}{S_2}=\dfrac{\dfrac{1}{2}|FG|\cdot|y_A|}{\dfrac{1}{2}|QG|\cdot|y_C|}=\dfrac{\left|\dfrac{2t^4-2t^2+2}{3t^2}-1\right|\cdot|2t|}{\left|t^2-1-\dfrac{2t^4-2t^2+2}{3t^2}\right|\cdot\left|\dfrac{2}{t}-2t\right|}=\dfrac{2t^4-t^2}{t^4-1}=2-\dfrac{t^2-2}{t^4-1}$.

令 $m=t^2-2$,则 $m>0$,$\dfrac{S_1}{S_2}=2-\dfrac{m}{m^2+4m+3}=2-\dfrac{1}{m+\dfrac{3}{m}+4}\geqslant 2-\dfrac{1}{2\sqrt{m\cdot\dfrac{3}{m}}+4}=1+\dfrac{\sqrt{3}}{2}$.

当 $m=\sqrt{3}$ 时,$\dfrac{S_1}{S_2}$ 取得最小值 $1+\dfrac{\sqrt{3}}{2}$,此时 $G(2,0)$.

11.2 外心综合

精练1解析

设直线方程为 $y-3=k(x+2)$,代入抛物线方程 $y^2=4x$,从而可得 $2k^2+3k-1=0$,由韦达定理得 $k_1+k_2=-\dfrac{3}{2}$,$k_1k_2=-\dfrac{1}{2}$.两条切线方程分别为 $y-3=k_1(x+2)$,$y-3=k_2(x+2)$,故 $B(0,2k_1+3)$,$C(0,2k_2+3)$.

设 $\triangle ABC$ 的外接圆方程为 $x^2+y^2+Dx+Ey+F=0$,令 $x=0$,可得 $y^2+Ey+F=0$,故 $\begin{cases}E=-3\\F=-2\end{cases}$.

将 $A(-2,3)$ 代入 $\triangle ABC$ 的外接圆方程得 $D=1$,故外接圆方程为 $x^2+y^2+x-3y-2=0$.

精练 2 解析

因为 $\overrightarrow{OD}=\lambda\overrightarrow{OI}(\lambda\neq 0)$,所以 O,D,I 三点共线.

因为点 D 为线段 FP 的中点,$\triangle POF$ 的外心为 I,所以 $DI\perp PF$,即 $OD\perp PF$.

设双曲线的左焦点为 $F'(-c,0)$,则点 O 为线段 $F'F$ 的中点.

在 $\triangle PFF'$ 中,$PF'\parallel OD$,即 $PF'\perp PF$,从而 $\triangle PFF'$ 是直角三角形,故 $|F'F|^2=|F'P|^2+|PF|^2$ ①.

因为 $|PF|=b$,由双曲线的定义可得 $|PF'|-|PF|=2a$,所以 $|PF'|=2a+b$ ②.

由式①②得 $(2c)^2=(2a+b)^2+b^2$.因为 $c^2=a^2+b^2$,整理得 $b=2a$,所以 $c=\sqrt{5}a$,故 $e=\dfrac{c}{a}=\sqrt{5}$.

精练 3 解析

不妨设点 M 在第二象限,又设点 $M(m,n),F_2(c,0)$.

由 D 为 MF_2 的中点,O,I,D 三点共线得直线 OD 垂直平分 MF_2.

从而直线 $OD:y=\dfrac{1}{a}x$,故 $\dfrac{n}{m-c}=-a$,且 $\dfrac{1}{2}\cdot n=\dfrac{1}{a}\cdot\dfrac{m+c}{2}$,解得 $m=\dfrac{a^2-1}{c},n=\dfrac{2a}{c}$.

将点 $M\left(\dfrac{a^2-1}{c},\dfrac{2a}{c}\right)$ 即 $\left(\dfrac{2a^2-c^2}{c},\dfrac{2a}{c}\right)$,代入双曲线的方程可得 $\dfrac{(2a^2-c^2)^2}{a^2c^2}-\dfrac{4a^2}{c^2}=1$,故 $c^2=5a^2$,即 $e=\sqrt{5}$.当点 M 在第三象限时,同理可得 $e=\sqrt{5}$.

精练 4 解析

由题意得 $F_1(-1,0)$,显然直线 PA 的斜率存在且不为零,故可设其方程为 $y=k(x+1)$.

联立方程 $\begin{cases}y=k(x+1)\\ \dfrac{x^2}{4}+\dfrac{y^2}{3}=1\end{cases}$,消去 y 得 $(3+4k^2)x^2+8k^2x+4k^2-12=0$.

设点 $P(x_1,y_1),A(x_2,y_2)$,由韦达定理得 $x_1+x_2=-\dfrac{8k^2}{3+4k^2}$,$x_1x_2=\dfrac{4k^2-12}{3+4k^2}$.

从而 $y_1+y_2=k(x_1+x_2)+2k=\dfrac{6k}{3+4k^2}$,故 $|PA|=\sqrt{1+k^2}\cdot\sqrt{(x_1+x_2)^2-4x_1x_2}=\dfrac{12(k^2+1)}{3+4k^2}$.

设 PA 的中点为 H,其坐标为 $\left(\dfrac{-4k^2}{3+4k^2},\dfrac{3k}{3+4k^2}\right)$.显然 x 轴垂直平分 PB,故可设 $G(x_3,0)$.

直线 GH 的方程为 $y-\dfrac{3k}{3+4k^2}=-\dfrac{1}{k}\left(x+\dfrac{4k^2}{3+4k^2}\right)$,令 $y=0$,解得 $x_3=\dfrac{-k^2}{3+4k^2}$.

于是 $|GF_1|=\left|\dfrac{-k^2}{3+4k^2}+1\right|=\dfrac{3+3k^2}{3+4k^2}$,故 $\dfrac{|PA|}{|GF_1|}=\dfrac{12(k^2+1)}{3+3k^2}=4$.

精练 5 解析

(1)由题意得 $b^2=a^2-c^2=2c^2$,故椭圆的方程可写为 $2x^2+3y^2=6c^2$.

设直线 AB 的方程为 $y=k\left(x-\dfrac{a^2}{c}\right)$,即 $y=k(x-3c)$.

设点 $A(x_1,y_1),B(x_2,y_2)$,联立方程 $\begin{cases}y=k(x-3c)\\ 2x^2+3y^2=6c^2\end{cases}$,消去 y 得 $(2+3k^2)x^2-18k^2cx+27k^2c^2-6c^2=0$.

由 $\Delta=48c^2(1-3k^2)>0$ 得 $-\dfrac{\sqrt{3}}{3}<k<\dfrac{\sqrt{3}}{3}$.由韦达定理得 $\begin{cases}x_1+x_2=\dfrac{18k^2c}{2+3k^2} & ①\\ x_1x_2=\dfrac{27k^2c^2-6c^2}{2+3k^2} & ②\end{cases}$.

由题意得点 B 为线段 AE 的中点,故 $x_1+3c=2x_2$ ③.

联立式①③,解得 $x_1=\dfrac{9k^2c-2c}{2+3k^2}$,$x_2=\dfrac{9k^2c+2c}{2+3k^2}$.将 x_1,x_2 代入式②中,解得 $k=\pm\dfrac{\sqrt{2}}{3}$.

(2)法一:由(1)得 $x_1=0$,$x_2=\dfrac{3c}{2}$,当 $k=-\dfrac{\sqrt{2}}{3}$ 时,可得 $A(0,\sqrt{2}c)$,故 $C(0,-\sqrt{2}c)$.

线段 AF_1 的垂直平分线 l 的方程为 $y-\dfrac{\sqrt{2}}{2}c=-\dfrac{\sqrt{2}}{2}\left(x+\dfrac{c}{2}\right)$.

直线 l 与 x 轴的交点 $\left(\dfrac{c}{2},0\right)$ 是 $\triangle AF_1C$ 的外接圆的圆心,故外接圆的方程为 $\left(x-\dfrac{c}{2}\right)^2+y^2=\left(\dfrac{c}{2}+c\right)^2$.

直线 F_2B 的方程为 $y=\sqrt{2}(x-c)$,于是点 $H(m,n)$ 的坐标满足方程组 $\begin{cases}\left(m-\dfrac{c}{2}\right)^2+n^2=\dfrac{9c^2}{4}\\ n=\sqrt{2}(m-c)\end{cases}$.

由 $m\neq 0$ 得 $\begin{cases}m=\dfrac{5}{3}c\\ n=\dfrac{2\sqrt{2}}{3}c\end{cases}$,故 $\dfrac{n}{m}=\dfrac{2\sqrt{2}}{5}$.当 $k=\dfrac{\sqrt{2}}{3}$ 时,同理可得 $\dfrac{n}{m}=-\dfrac{2\sqrt{2}}{5}$.

法二:由(1)得 $x_1=0$,$x_2=\dfrac{3c}{2}$.当 $k=-\dfrac{\sqrt{2}}{3}$ 时,可得 $A(0,\sqrt{2}c)$,故 $C(0,-\sqrt{2}c)$.

由椭圆的对称性得 B,F_2,C 三点共线.

因为点 $H(m,n)$ 在 $\triangle AF_1C$ 的外接圆上,且 $F_1A\parallel F_2B$,所以四边形 AF_1CH 为等腰梯形.

由直线 F_2B 的方程为 $y=\sqrt{2}(x-c)$ 得点 H 的坐标为 $(m,\sqrt{2}m-\sqrt{2}c)$.

因为 $|AH|=|CF_1|$,所以 $m^2+(\sqrt{2}m-\sqrt{2}c-\sqrt{2}c)^2=a^2$,解得 $m=c$(舍去)或 $m=\dfrac{5}{3}c$.

从而 $n=\dfrac{2\sqrt{2}}{3}c$,故 $\dfrac{n}{m}=\dfrac{2\sqrt{2}}{5}$.当 $k=\dfrac{\sqrt{2}}{3}$ 时,同理可得 $\dfrac{n}{m}=-\dfrac{2\sqrt{2}}{5}$.

11.3 垂心综合

精练1解析

由题意得 M,N 关于 y 轴对称,设点 $M(-x_1,y_1)$,$N(x_1,y_1)$($x_1>0$).

由 $\triangle AMN$ 的垂心为 B 得 $\overrightarrow{BM}\cdot\overrightarrow{AN}=0$,故 $-x_1^2+\left(y_1-\dfrac{3}{4}b\right)(y_1-b)=0$①.

因为点 $N(x_1,y_1)$ 在 C_2 上,所以 $x_1^2+by_1=b^2$②.由式①②得 $y_1=-\dfrac{b}{4}$ 或 $y_1=b$(舍去),故 $x_1=\dfrac{\sqrt{5}}{2}b$.

从而 $M\left(-\dfrac{\sqrt{5}}{2}b,-\dfrac{b}{4}\right)$,$N\left(\dfrac{\sqrt{5}}{2}b,-\dfrac{b}{4}\right)$,于是 $\triangle QMN$ 的重心为 $\left(\sqrt{3},\dfrac{b}{4}\right)$.

由重心在 C_2 上得 $3+\dfrac{b^2}{4}=b^2$,解得 $b=2$,即 $M\left(-\sqrt{5},-\dfrac{1}{2}\right)$,$N\left(\sqrt{5},-\dfrac{1}{2}\right)$.

又因为 M,N 在 C_1 上,所以 $\dfrac{(\pm\sqrt{5})^2}{a^2}+\dfrac{\left(-\dfrac{1}{2}\right)^2}{4}=1$,解得 $a^2=\dfrac{16}{3}$.

因此,椭圆 C_1 的方程为 $\dfrac{x^2}{\dfrac{16}{3}}+\dfrac{y^2}{4}=1$,抛物线 C_2 的方程为 $x^2+2y=4$.

精练2解析

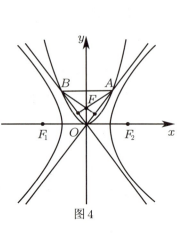

图4

如图4所示,双曲线 $C_1:\dfrac{x^2}{a^2}-\dfrac{y^2}{b^2}=1(a>0,b>0)$ 的渐近线方程为 $y=\pm\dfrac{b}{a}x$.

渐近线方程与 $C_2:x^2=2py(p>0)$ 联立.

从而解得 $x=0$ 或 $x=\pm\dfrac{2pb}{a}$,故 $A\left(\dfrac{2pb}{a},\dfrac{2pb^2}{a^2}\right)$,$k_{AF}=\dfrac{4b^2-a^2}{4ab}$.

因为 $\triangle OAB$ 的垂心为 C_2 的焦点,所以 $\dfrac{4b^2-a^2}{4ab}\cdot\left(-\dfrac{b}{a}\right)=-1$.

整理得 $5a^2 = 4b^2$,即 $5a^2 = 4(c^2-a^2)$,解得 $e = \dfrac{c}{a} = \dfrac{3}{2}$.

精练 3 解析

设 $\triangle ABD$ 的垂心为 H,则 $DH \perp AB$,如图 5 所示.

不妨设 $D(0,b)$,则 $H(x,b)$.

代入渐近线方程 $y = \dfrac{b}{a}x$,解得 $x = a$,即 $H(a,b)$.

因为直线 $x = 2a$ 与双曲线交于点 A,B,所以 A,B 两点的坐标分别为 $A(2a,\sqrt{3}b), B(2a,-\sqrt{3}b)$.

因为 $k_{AD} \cdot k_{BH} = \dfrac{(\sqrt{3}-1)b}{2a} \cdot \dfrac{(\sqrt{3}+1)b}{-a} = -1$,所以可得 $a^2 = b^2$.

从而双曲线的离心率为 $e = \dfrac{c}{a} = \sqrt{1+\dfrac{b^2}{a^2}} = \sqrt{2}$.

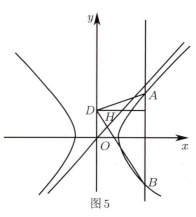

图 5

精练 4 解析

(1) 由题意得 $S_{\triangle OMF} = \dfrac{1}{2} \cdot |OM| \cdot |OF| = \dfrac{1}{2}bc = \dfrac{1}{2}, e = \dfrac{c}{a} = \dfrac{\sqrt{2}}{2}$.

从而 $a:b:c = \sqrt{2}:1:1$,故 $\begin{cases} b = c = 1 \\ a^2 = b^2 + c^2 = 2 \end{cases}$,因此椭圆方程为 $\dfrac{x^2}{2} + y^2 = 1$.

(2) 设点 $P(x_1,y_1), Q(x_2,y_2)$.由(1)得 $M(0,1), F(1,0)$,故 $k_{MF} = -1$.

因为 F 为 $\triangle PQM$ 的垂心,所以 $MF \perp PQ$,因此 $k_{PQ} = -\dfrac{1}{k_{MF}} = 1$.

设直线 $PQ: y = x + m$,由 F 为 $\triangle PQM$ 的垂心得 $MP \perp FQ$.

因为 $\overrightarrow{MP} = (x_1, y_1-1), \overrightarrow{FQ} = (x_2-1, y_2)$,所以 $\overrightarrow{MP} \cdot \overrightarrow{FQ} = x_1(x_2-1) + (y_1-1)y_2 = 0$ ①.

因为 P,Q 在直线 $y = x+m$ 上,所以 $\begin{cases} y_1 = x_1 + m \\ y_2 = x_2 + m \end{cases}$ ②.

将式②代入式①得 $x_1(x_2-1) + (x_1+m-1)(x_2+m) = 0$.

整理得 $2x_1x_2 + (x_1+x_2)(m-1) + m^2 - m = 0$ ③.

联立方程 $\begin{cases} y = x+m \\ x^2 + 2y^2 = 2 \end{cases}$,消去 y 得 $3x^2 + 4mx + 2m^2 - 2 = 0$.

由 $\Delta = 16m^2 - 12(2m^2-2) > 0$ 得 $m^2 < 3$.由韦达定理得 $x_1 + x_2 = -\dfrac{4m}{3}, x_1 x_2 = \dfrac{2m^2-2}{3}$ ④.

将式④代入式③得 $2 \cdot \dfrac{2m^2-2}{3} + (m-1) \cdot \left(-\dfrac{4m}{3}\right) + m^2 - m = 0$,解得 $m = -\dfrac{4}{3}$ 或 $m = 1$.

当 $m = 1$ 时,$\triangle PQM$ 不存在,故舍去;当 $m = -\dfrac{4}{3}$ 时,所求直线 l 存在,直线 l 方程为 $y = x - \dfrac{4}{3}$.

11.4 内心综合

精练 1 解析

设 $\triangle PF_1F_2$ 的内切圆的半径为 r,如图 6 所示.

由题意得 $S_{\triangle MPF_1} = \dfrac{1}{2} \cdot r \cdot |PF_1|, S_{\triangle MPF_2} = \dfrac{1}{2} \cdot r \cdot |PF_2|, S_{\triangle MF_1F_2} = \dfrac{1}{2} \cdot r \cdot |F_1F_2|$.

由 $S_{\triangle MPF_1} = S_{\triangle MPF_2} + \lambda S_{\triangle MF_1F_2}$ 得 $\dfrac{1}{2} \cdot r \cdot |PF_1| = \dfrac{1}{2} \cdot r \cdot |PF_2| + \lambda \cdot \dfrac{1}{2} \cdot r \cdot |F_1F_2|$.

化简得 $|PF_1| = |PF_2| + \lambda |F_1F_2|$.

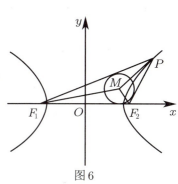

图 6

因为$|PF_1|-|PF_2|=2a$,$|F_1F_2|=2c$,$e=\dfrac{3}{2}$,所以$\lambda=\dfrac{|PF_1|-|PF_2|}{|F_1F_2|}=\dfrac{a}{c}=\dfrac{2}{3}$.

精练2解析

如图7所示,由题意得$m\overrightarrow{CF_1}+3\overrightarrow{CF_2}+3\overrightarrow{CM}=0$.

从而由奔驰定理得$S_{\triangle F_2CM}:S_{\triangle MCF_1}:S_{\triangle F_1CF_2}=m:3:3$.

因为C是$\triangle MF_1F_2$的内切圆圆心,所以点C到$\triangle MF_1F_2$三边的距离相等.

于是有$|F_2M|:|F_1M|:|F_1F_2|=S_{\triangle F_2CM}:S_{\triangle MCF_1}:S_{\triangle F_1CF_2}=m:3:3$.

由$|F_1F_2|=2c$得$|F_1M|=2c$,$|F_2M|=\dfrac{2mc}{3}$.

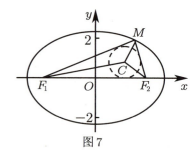

图7

由椭圆的第一定义得$|F_1M|+|F_2M|=2a=\dfrac{2c}{e}=\dfrac{8c}{3}$.

因此,$2c+\dfrac{2mc}{3}=\dfrac{8c}{3}$,解得$m=1$.

精练3解析

因为$\overrightarrow{PI}=x\overrightarrow{PF_1}+y\overrightarrow{PF_2}$,结合点$I$为$\triangle PF_1F_2$的内心,所以$|x\overrightarrow{PF_1}|=|y\overrightarrow{PF_2}|$.

因为$y=3x$,所以$|\overrightarrow{PF_1}|=3|\overrightarrow{PF_2}|$.又因为$|\overrightarrow{PF_1}|-|\overrightarrow{PF_2}|=2a$,所以$|\overrightarrow{PF_1}|=3a$,$|\overrightarrow{PF_2}|=a$.

注意到$\angle F_1PF_2=60°$,由余弦定理得$|\overrightarrow{F_1F_2}|^2=|\overrightarrow{PF_1}|^2+|\overrightarrow{PF_2}|^2-2|\overrightarrow{PF_1}|\cdot|\overrightarrow{PF_2}|\cdot\cos\angle F_1PF_2$,即$(2\sqrt{7})^2=(3a)^2+a^2-2\cdot 3a\cdot a\cos 60°$,解得$a=2$.

记内切圆的半径为$r_内$,从而$S_{\triangle F_1PF_2}=\dfrac{1}{2}|\overrightarrow{PF_1}|\cdot|\overrightarrow{PF_2}|\sin\angle F_1PF_2=\dfrac{1}{2}(|\overrightarrow{PF_1}|+|\overrightarrow{PF_2}|+|\overrightarrow{F_1F_2}|)r_内$.

整理得$\dfrac{1}{3}\times 6\times 2\times\dfrac{\sqrt{3}}{2}=\dfrac{1}{2}(6+2+2\sqrt{7})r_内$,解得$r_内=\dfrac{4\sqrt{3}-\sqrt{21}}{3}$.

精练4解析

设直线$AM:x=ky-\dfrac{1}{2}$,代入抛物线的方程得$y^2-2ky+1=0$.

由$\Delta=4k^2-4>0$得$k\in(-\infty,-1)\cup(1,+\infty)$.由韦达定理得$\begin{cases}y_1+y_2=2k\\y_1y_2=1\end{cases}$,从而$\begin{cases}x_1+x_2=2k^2-1\\x_1x_2=\dfrac{1}{4}\end{cases}$.

设点$A(x_1,y_1)$,$B(x_2,y_2)$,$0<x_1<x_2$,则$x_1<\dfrac{1}{2}<x_2$.

设直线$AN:x=\dfrac{x_1-\dfrac{1}{2}}{y_1}y+\dfrac{1}{2}$,代入抛物线的方程得$y^2-\dfrac{2x_1-1}{y_1}y-1=0$.

设点$D(x_3,y_3)$,由韦达定理得$y_1y_3=-1$,故$y_1(y_2+y_3)=y_1y_2+y_1y_3=0$.

因为$y_1\neq 0$,所以$y_2+y_3=0$,故$BD\perp x$轴.

于是$S_{\triangle MBD}=\dfrac{1}{2}BD\left(x_2+\dfrac{1}{2}\right)=\dfrac{1}{2}|2y_2|\left(x_2+\dfrac{1}{2}\right)=\left(x_2+\dfrac{1}{2}\right)|y_2|$.

又因为$MB=MD=\sqrt{\left(x_2+\dfrac{1}{2}\right)^2+y_2^2}$,所以$\triangle MBD$的周长为$C_{\triangle MBD}=2\sqrt{\left(x_2+\dfrac{1}{2}\right)^2+y_2^2}+2|y_2|$.

设$\triangle MBD$的内切圆半径为r,从而$r=\dfrac{2S_{\triangle MBD}}{C_{\triangle MBD}}=\dfrac{\left(x_2+\dfrac{1}{2}\right)|y_2|}{\sqrt{\left(x_2+\dfrac{1}{2}\right)^2+y_2^2}+|y_2|}$.

设$t=x_2+\dfrac{1}{2}$,则$y_2^2=2x_2=2\left(x_2+\dfrac{1}{2}\right)-1=2t-1$.

由$x_2>\dfrac{1}{2}$得$t>1$,故$r=\dfrac{t\sqrt{2t-1}}{\sqrt{t^2+(2t-1)}+\sqrt{2t-1}}=\dfrac{1}{\sqrt{\dfrac{1}{2t-1}+\dfrac{1}{t^2}}+\dfrac{1}{t}}>\sqrt{2}-1$.

精练 5 解析

由题意得 $y = \frac{1}{2}$，故 $\frac{1}{2} = \frac{2cy_P}{2a+2c}$，解得 $y_P = \frac{3}{2}$，即 $P\left(1,\frac{3}{2}\right)$，于是 $\overrightarrow{PF_1} \cdot \overrightarrow{PF_2} = \frac{9}{4}$.

精练 6 解析

设点 $G(x_0,y_0)$，$P(x,y)$，则 $\begin{cases} x_0 = \dfrac{2cx+2ex}{2a+2c} = \dfrac{x}{2} \\ y_0 = \dfrac{2cy}{2a+2c} = \dfrac{y}{3} \end{cases}$，代入椭圆 C 的方程 $\dfrac{x^2}{4} + \dfrac{y^2}{3} = 1$，可得 $x^2 + 3y^2 = 1$.

精练 7 解析

由题意得 $|F_1M| = |F_1F_2| = 2c$. 由椭圆的定义得 $|MF_2| = 2a - 2c$.

记 $\angle MF_1F_2 = \theta$，则 $\angle AF_2F_1 = \angle MF_2A = \theta$，$\angle F_1F_2M = \angle F_1MF_2 = \angle MAF_2 = 2\theta$.

从而 $|AF_2| = |AF_1| = 2a - 2c$，故 $|AM| = 4c - 2a$. 进而 $\triangle MF_1F_2 \backsim \triangle MF_2A$，故 $\dfrac{|MF_2|}{|F_1F_2|} = \dfrac{|AM|}{|MF_2|}$，于是 $\dfrac{a-c}{c} = \dfrac{2c-a}{a-c}$，即 $c^2 + ac - a^2 = 0$，整理得 $e^2 + e - 1 = 0$，解得 $e = \dfrac{\sqrt{5}-1}{2}$ 或 $e = \dfrac{-\sqrt{5}-1}{2}$（舍去）.

精练 8 解析

设点 $P(x_0,y_0)$，$M(t,0)$，$G(x,y)$.

因为 $a = 2c = 2$，且 PM 为角平分线，所以 $\dfrac{|PF_1|}{|PF_2|} = \dfrac{|F_1M|}{|F_2M|} = \dfrac{t+1}{1-t} = \dfrac{2+\dfrac{x_0}{2}}{2-\dfrac{x_0}{2}} = \dfrac{4+x_0}{4-x_0}$，故 $t = \dfrac{x_0}{4}$.

因为 F_1G,F_2G 为角平分线，所以 $\dfrac{|PG|}{|GM|} = \dfrac{|PF_1|}{|F_1M|} = \dfrac{|PF_2|}{|F_2M|} = \dfrac{|PF_1|+|PF_2|}{|F_1M|+|F_2M|} = \dfrac{a}{c} = 2$.

因为 $\dfrac{|PG|}{|GM|} = \dfrac{y_0 - y}{y} = \dfrac{x_0 - x}{x - t} = \dfrac{x_0 - x}{x - \dfrac{x_0}{4}} = \dfrac{4x_0 - 4x}{4x - x_0} = 2$，所以 $y_0 = 3y, x_0 = 2x$ ①.

将式①代入椭圆的方程得 $x^2 + 3y^2 = 1$.

精练 9 解析

如图 8 所示，设点 $P(x_0,y_0)(x_0 > a)$ 在双曲线的右支上，且直线 PQ 与 x 轴的交点为 M.

直线 PQ 的方程为 $\dfrac{x_0 x}{a^2} - \dfrac{y_0 y}{b^2} = 1$，令 $y = 0$，可得 $x = \dfrac{a^2}{x_0}$，故 $M\left(\dfrac{a^2}{x_0},0\right)$.

因为 $0 < \dfrac{a^2}{x_0} < a$，所以 $\dfrac{|F_1M|}{|MF_2|} = \dfrac{\dfrac{a^2}{x_0}+c}{c-\dfrac{a^2}{x_0}} = \dfrac{a^2+cx_0}{cx_0-a^2}$.

由焦半径公式得 $\begin{cases} |PF_1| = a + ex_0 = \dfrac{a^2+cx_0}{a} \\ |PF_2| = ex_0 - a = \dfrac{cx_0-a^2}{a} \end{cases}$，故 $\dfrac{|F_1M|}{|MF_2|} = \dfrac{|PF_1|}{|PF_2|}$.

由三角形角平分线性质得 $\angle F_1PM = \angle F_2PM$，即 PQ 平分 $\angle F_1PF_2$.

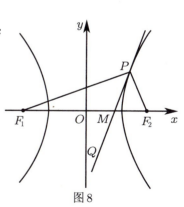

图 8

精练 10 解析

由题意得 $5\overrightarrow{MF_1} + 3\overrightarrow{MF_2} + 3\overrightarrow{MP} = 0$.

由奔驰定理得 $\overrightarrow{MF_1} \cdot S_{\triangle PMF_2} + \overrightarrow{MF_2} \cdot S_{\triangle PMF_1} + \overrightarrow{MP} \cdot S_{\triangle MF_1F_2} = 0$.

从而 $e = \dfrac{S_{\triangle MF_1F_2}}{S_{\triangle PF_1F_2} - S_{\triangle MF_1F_2}} = \dfrac{3}{8}$.

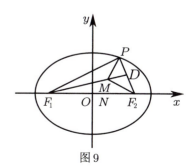

图 9

精练 11 解析

如图 10 所示,连接 IF_1, IF_2, MI,延长 MI 交 x 轴于 E,故 $\dfrac{|MI|}{|IE|} = \dfrac{|MF_1|}{|F_1E|} = \dfrac{|MF_2|}{|F_2E|}$.

因为 $M\left(x_1, \dfrac{2b}{c}\right), I(x_2, 1)$,所以 $\dfrac{|MI|}{|IE|} = \dfrac{|MF_1| + |MF_2|}{|F_1E| + |F_2E|} = \dfrac{2a}{2c}$.

从而 $\dfrac{2a}{2c} = \dfrac{2b}{c} - 1$,即 $2b = a + c$.又因为 $b^2 = a^2 - c^2 = \dfrac{(a+c)^2}{4}$,所以 $3a = 5c$,即 $\dfrac{c}{a} = \dfrac{3}{5}$.

精练 12 解析

如图 11 所示,由题意得 $S = c|y_M| = 4b$,即 $|y_M| = \dfrac{4b}{c}$.

由本节所给定理得 $\dfrac{|IN|}{|IM|} = \dfrac{2}{|y_M| - 2} = \dfrac{c}{2b - c} = e = \dfrac{c}{a}$,解得 $\dfrac{|MF_1| + |MF_2|}{|F_1F_2|} = \dfrac{5}{3}$.

精练 13 解析

如图 12 所示,由切线长定理得 $|AD| = |AE| = 8, |BF| = |BE| = 2, |CD| = |CF|$,故 $|CA| - |CB| = 8 - 2 = 6$,且 $|AB| = 10$.所求轨迹是以 A, B 为焦点、实轴长为 6 的双曲线右支,故所求曲线的方程为 $\dfrac{x^2}{9} - \dfrac{y^2}{16} = 1 (x > 3)$.

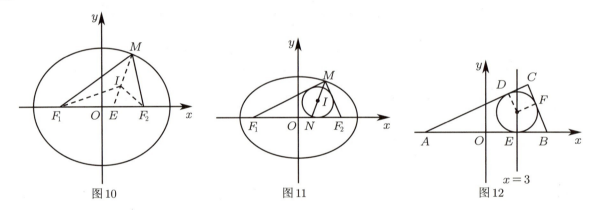

图 10　　图 11　　图 12

精练 14 解析

如图 13 所示,取 BF_1 的中点 Q,连接 EQ, PQ.

由极化恒等式得 $\overrightarrow{PF_1} \cdot \overrightarrow{PB} = \dfrac{1}{4}[(\overrightarrow{PF_1} + \overrightarrow{PB})^2 - (\overrightarrow{PF_1} - \overrightarrow{PB})^2] = \dfrac{1}{4}(4|\overrightarrow{PQ}|^2 - |BF_1|^2) = |PQ|^2 - \dfrac{1}{4}|BF_1|^2$.

同理可得 $\overrightarrow{EF_1} \cdot \overrightarrow{EB} = \dfrac{1}{4}[(\overrightarrow{EF_1} + \overrightarrow{EB})^2 - (\overrightarrow{EF_1} - \overrightarrow{EB})^2] = \dfrac{1}{4}(4|\overrightarrow{EQ}|^2 - |BF_1|^2) = |EQ|^2 - \dfrac{1}{4}|BF_1|^2$.

由 $\overrightarrow{PF_1} \cdot \overrightarrow{PB} \geqslant \overrightarrow{EF_1} \cdot \overrightarrow{EB}$ 得 $|PQ|^2 - \dfrac{1}{4}|BF_1|^2 \geqslant |EQ|^2 - \dfrac{1}{4}|BF_1|^2$,化简得 $|PQ|^2 \geqslant |EQ|^2$,即 $|PQ| \geqslant |EQ|$.

因为直线外一点到直线连线中垂线段最短,所以 $EQ \perp DF_1$.因为 Q 为 BF_1 的中点,E 为 DF_1 的中点,所以 $EQ \parallel DF_2$,故 $DF_1 \perp DF_2$.又因为 DO 为直角三角形斜边 F_1F_2 的中线,所以 $|F_1F_2| = 2c = 6$,故解得 $c = 3$.

如图 14 所示,设 $\triangle BF_1F_2$ 的内切圆的圆心为 I,内切圆与 F_1F_2 交于点 M,与 BF_1 交于点 T,与 BF_2 交于点 N,从而 $IM \perp F_1F_2, |OM| = 2$.因为 $|OF_1| = |OF_2| = 3$,所以 $|MF_1| - |MF_2| = 4$.

由切线长定理得 $|BT| = |BN|, |F_1T| = |F_1M|, |F_2M| = |F_2N|$.

于是 $|BF_1| - |BF_2| = |TF_1| - |NF_2| = |F_1M| - |F_2M| = 2a = 4$,解得 $a = 2$,故离心率 $e = \dfrac{c}{a} = \dfrac{3}{2}$.

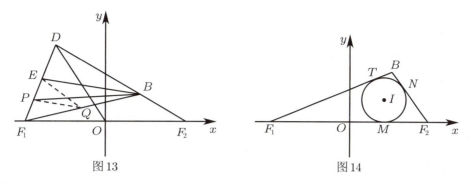

图 13   图 14

精练 15 解析

由双曲线的性质可得 $\triangle AF_1F_2,\triangle BF_1F_2$ 的内心 M,N 在直线 $x=a$ 上.

设双曲线 C 的右顶点为 E,直线 AB 的倾斜角为 θ,则 $\dfrac{\pi}{3}<\theta\leqslant\dfrac{\pi}{2}$,且 $|MN|=|ME|+|NE|$.

在 $\text{Rt}\triangle MF_2E$ 中,由角平分线性质得 $\angle MF_2E=\dfrac{\pi-\theta}{2}$,故 $|ME|=(c-a)\tan\left(\dfrac{\pi}{2}-\dfrac{\theta}{2}\right)$ ①.

同理在 $\text{Rt}\triangle NF_2E$ 中,由角平分线性质得 $\angle NF_2E=\dfrac{\theta}{2}$,故 $|NE|=(c-a)\tan\dfrac{\theta}{2}$ ②.

由式①②得 $|MN|=|ME|+|NE|=(c-a)\left[\tan\left(\dfrac{\pi}{2}-\dfrac{\theta}{2}\right)+\tan\dfrac{\theta}{2}\right]=(c-a)\left(\dfrac{\cos\dfrac{\theta}{2}}{\sin\dfrac{\theta}{2}}+\dfrac{\sin\dfrac{\theta}{2}}{\cos\dfrac{\theta}{2}}\right)=$

$(c-a)\dfrac{1}{\sin\dfrac{\theta}{2}\cos\dfrac{\theta}{2}}=\dfrac{2(c-a)}{\sin\theta}\left(\dfrac{\pi}{3}<\theta\leqslant\dfrac{\pi}{2}\right)$.因为 $e=2$,即 $c=2a$,所以 $2a\leqslant|MN|<\dfrac{4\sqrt{3}a}{3}$.

精练 16 解析

由题意得 $E(2,0)$,如图 15 所示,设 AF_1,AF_2,F_1F_2 上的切点分别为 H,I,J,则 $|AH|=|AI|$,$|F_1H|=|F_1J|$,$|F_2J|=|F_2I|$.由双曲线的定义得 $|AF_1|-|AF_2|=2a$,即 $(|AH|+|HF_1|)-(|AI|+|IF_2|)=2a$.

从而 $|HF_1|-|IF_2|=2a$,即 $|JF_1|-|JF_2|=2a$.

设内心 M 的横坐标为 x_0,则点 J 的横坐标为 x_0,故 $(c+x_0)-(c-x_0)=2a$,可得 $x_0=a$.

于是可得 $JM\perp x$ 轴,故 E 为直线 JM 与 x 轴的交点,同理可得 $\triangle BF_1F_2$ 的内心在直线 JM 上.

设直线 AB 的倾斜角为 θ,则 $\angle EF_2M=\dfrac{\pi-\theta}{2}$,$\angle EF_2N=\dfrac{\theta}{2}$.

$|ME|-|NE|=(c-a)\tan\dfrac{\pi-\theta}{2}-(c-a)\tan\dfrac{\theta}{2}=(c-a)\left(\dfrac{\cos\dfrac{\theta}{2}}{\sin\dfrac{\theta}{2}}-\dfrac{\sin\dfrac{\theta}{2}}{\cos\dfrac{\theta}{2}}\right)=(c-a)\dfrac{2\cos\theta}{\sin\theta}=$

$\dfrac{2(c-a)}{\tan\theta}$.由题意得 $a=2$,$c=4$,$\dfrac{b}{a}=\sqrt{3}$,故 $\dfrac{\pi}{3}<\theta<\dfrac{2\pi}{3}$,从而 $\tan\theta<-\sqrt{3}$ 或 $\tan\theta>\sqrt{3}$.

因此,$|ME|-|NE|=\dfrac{4}{\tan\theta}\in\left(-\dfrac{4\sqrt{3}}{3},0\right)\cup\left(0,\dfrac{4\sqrt{3}}{3}\right)$.

当直线 AB 的斜率不存在时,$|ME|-|NE|=0$.

综上,$|ME|-|NE|=\dfrac{4}{\tan\theta}\in\left(-\dfrac{4\sqrt{3}}{3},\dfrac{4\sqrt{3}}{3}\right)$,故选 B.

精练 17 解析

由题意得 $MF_1-MF_2=2$,$NF_1-NF_2=2$,故内切圆半径 $r=\dfrac{MF_1+NF_1-MN}{2}=2$.

精练 18 解析

如图 16 所示,由题意得 $|PQ|=1$,$\triangle APF_1$ 的内切圆在边 PF_1 上的切点为 Q.

由切线长定理可得 $AM=AN,F_1M=F_1Q,PN=PQ$.

因为 $|AF_1|=|AF_2|$,所以 $AM+F_1M=AN+PN+PF_2$,从而 $F_1M=PN+PF_2=PQ+PF_2$.

于是 $|PF_1|-|PF_2|=F_1Q+PQ-PF_2=F_1M+PQ-PF_2=PQ+PF_2+PQ-PF_2=2PQ=2$.

因为 $|F_1F_2|=4$,所以双曲线的离心率是 $e=\dfrac{c}{a}=2$.

精练 19 解析

如图 17 所示,设 PF_1,PF_2 分别切内切圆于点 A,B.

由双曲线的定义得 $\begin{cases}|PF_1|-|PF_2|=2a\\|QF_2|-|QF_1|=2a\end{cases}$,从而 $\begin{cases}|PA|+|AQ|+|QF_1|-|PB|-|BF_2|=2a\\|QM|+|MF_2|-|QF_1|=2a\end{cases}$.

由切线长定理可得 $|PA|=|PB|,|QA|=|QM|,F_2M=F_2B$,故 $\begin{cases}|AQ|+|QF_1|-|BF_2|=2a\\|QM|+|MF_2|-|QF_1|=2a\end{cases}$,两式相

加化简得 $2|QM|=4a$,即 $|QM|=2a=4$,故 $a=2$,于是双曲线的离心率为 $\dfrac{\sqrt{2^2+4}}{2}=\sqrt{2}$.

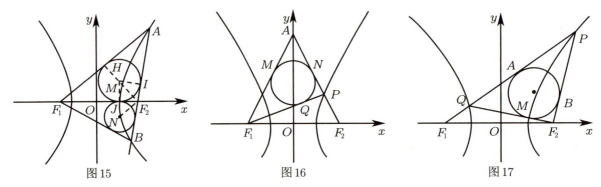

图 15　　　图 16　　　图 17

技法12　三点共线

12.1　斜率法

精练 1 解析

(1)由题意得 $A(-a,0),B(a,0),F(c,0)$,从而 $|AF|=c+a,|BF|=a-c$.

因为 2 是 $|AF|,|FB|$ 的等差中项,所以 $4=|AF|+|FB|=a+c+a-c=2a$,即 $a=2$.

因为 $\sqrt{3}$ 是 $|AF|,|FB|$ 的等比中项,所以 $(\sqrt{3})^2=|AF|\cdot|FB|=(a+c)(a-c)=a^2-c^2=b^2$,即 $b^2=3$.

因此,椭圆 C 的方程为 $\dfrac{x^2}{4}+\dfrac{y^2}{3}=1$.

(2)由(1)得 $A(-2,0),B(2,0),F(1,0)$.设直线 $AP:y=k(x+2)$,点 $P(x_1,y_1)$.

联立方程 $\begin{cases}3x^2+4y^2=12\\y=k(x+2)\end{cases}$,消去 y 得 $(4k^2+3)x^2+16k^2x+16k^2-12=0$.

由韦达定理得 $x_Ax_1=\dfrac{16k^2-12}{4k^2+3}$,故 $x_1=\dfrac{6-8k^2}{4k^2+3}$,$y_1=k(x_1+2)=\dfrac{12k}{4k^2+3}$,即 $P\left(\dfrac{6-8k^2}{4k^2+3},\dfrac{12k}{4k^2+3}\right)$.

因为 $FQ\perp AP$,所以 $k_{FQ}=-\dfrac{1}{k}$,故可设直线 $FQ:y=-\dfrac{1}{k}(x-1)$.

联立方程 $\begin{cases}y=-\dfrac{1}{k}(x-1)\\x=-2\end{cases}$,解得 $Q\left(-2,\dfrac{3}{k}\right)$.

因为点 $B(2,0)$，所以 $k_{BQ}=\dfrac{0-\dfrac{3}{k}}{2-(-2)}=-\dfrac{3}{4k}$，$k_{BP}=\dfrac{0-\dfrac{12k}{4k^2+3}}{2-\dfrac{6-8k^2}{4k^2+3}}=\dfrac{-12k}{16k^2}=-\dfrac{3}{4k}$，故 $k_{BQ}=k_{BP}$.

因此，B,Q,P 三点共线.

精练2解析

(1) 由题意得 $\begin{cases} c=2 \\ a=\sqrt{3}b \\ a^2-b^2=c^2=4 \end{cases}$，解得 $\begin{cases} a^2=6 \\ b^2=2 \end{cases}$，故椭圆 C 的方程为 $\dfrac{x^2}{6}+\dfrac{y^2}{2}=1$.

(2) 设点 $T(-3,m)$，$P(x_1,y_1)$，$Q(x_2,y_2)$，PQ 的中点为 $N(x_0,y_0)$.

(i) 因为 $F(-2,0)$，所以直线 PQ 的方程为 $x=my-2$.

联立方程 $\begin{cases} x=my-2 \\ \dfrac{x^2}{6}+\dfrac{y^2}{2}=1 \end{cases}$，消去 x 得 $(m^2+3)y^2-4my-2=0$.

从而 $\begin{cases} \Delta=16m^2+8(m^2+3)=24(m^2+1)>0 \\ y_1+y_2=\dfrac{4m}{m^2+3} \\ y_1y_2=\dfrac{-2}{m^2+3} \end{cases}$.

于是 $y_0=\dfrac{y_1+y_2}{2}=\dfrac{2m}{m^2+3}$，$x_0=my_0-2=\dfrac{2m^2}{m^2+3}-2=\dfrac{-6}{m^2+3}$，故 $N\left(\dfrac{-6}{m^2+3},\dfrac{2m}{m^2+3}\right)$.

因为 $k_{OT}=-\dfrac{m}{3}=k_{ON}$，所以 O,N,T 三点共线，即 OT 平分线段 PQ（其中 O 为坐标原点）.

(ii) 由题意得 $|TF|=\sqrt{m^2+1}$，$|PQ|=|y_1-y_2|\sqrt{m^2+1}=\dfrac{\sqrt{24(m^2+1)}}{m^2+3}\sqrt{m^2+1}$.

从而 $\dfrac{|TF|}{|PQ|}=\dfrac{\sqrt{m^2+1}}{\dfrac{\sqrt{24(m^2+1)}}{m^2+3}\sqrt{m^2+1}}=\dfrac{m^2+3}{\sqrt{24(m^2+1)}}$. 令 $\sqrt{m^2+1}=x(x\geq 1)$.

于是 $\dfrac{|TF|}{|PQ|}=\dfrac{x^2+2}{2\sqrt{6}x}=\dfrac{1}{2\sqrt{6}}\left(x+\dfrac{2}{x}\right)\geq \dfrac{\sqrt{3}}{3}$（当且仅当 $x^2=2$ 时取"="）.

因此，当 $\dfrac{|TF|}{|PQ|}$ 最小，即 $x^2=2$ 时，解得 $m=1$ 或 $m=-1$，此时点 T 的坐标为 $(-3,1)$ 或 $(-3,-1)$.

12.2 向量法

精练1解析

(1) 椭圆左焦点 F 的坐标为 $(-1,0)$，顶点 A,B 的坐标分别为 $(-2,0)$，$(2,0)$.

设 $P(x_0,y_0)$ 为椭圆上任意一点，则 $\dfrac{|x_0-m|}{\sqrt{(x_0+1)^2+y_0^2}}=2$. 因为 $\dfrac{x_0^2}{4}+\dfrac{y_0^2}{3}=1$，即 $y_0^2=3\left(1-\dfrac{x_0^2}{4}\right)$，所以 $2\sqrt{(x_0+1)^2+y_0^2}=|x_0+4|$，从而 $|x_0-m|=|x_0+4|$ 对任意 $-2\leq x_0\leq 2$ 恒成立，故 $m=-4$.

(2) 设 C,D 两点的坐标分别为 (x_1,y_1)，(x_2,y_2)，直线 CD 的方程为 $x=ny-1$.

联立方程 $\begin{cases} \dfrac{x^2}{4}+\dfrac{y^2}{3}=1 \\ x=ny-1 \end{cases}$，消去 x 得 $(3n^2+4)y^2-6ny-9=0$.

由韦达定理得 $y_1+y_2=\dfrac{6n}{3n^2+4}$，$y_1y_2=-\dfrac{9}{3n^2+4}$.

设直线 BC 的方程为 $y=\dfrac{y_1}{x_1-2}(x-2)$，则该直线与直线 l 的交点 M 的坐标为 $\left(-4,-\dfrac{6y_1}{x_1-2}\right)$.

从而 $\overrightarrow{AM}=\left(-2,-\dfrac{6y_1}{x_1-2}\right)$, $\overrightarrow{AD}=(x_2+2,y_2)$.

因为 $x_1=ny_1-1$, $x_2=ny_2-1$, 所以 $\overrightarrow{AM}=\left(-2,-\dfrac{6y_1}{ny_1-3}\right)$, $\overrightarrow{AD}=(ny_2+1,y_2)$.

因为 $-2\cdot y_2+\dfrac{6y_1}{ny_1-3}\cdot(ny_2+1)=\dfrac{4ny_1y_2+6(y_1+y_2)}{ny_1-3}=\dfrac{\dfrac{-36n}{3n^2+4}+\dfrac{36n}{3n^2+4}}{ny_1-3}=0$, 所以 $\overrightarrow{AM}\parallel\overrightarrow{AD}$.

故 M,A,D 三点共线.

精练 2 解析

(1)法一:由题意得 $A(-2,0)$, $B(2,0)$. 设点 $C(x_1,y_1)$, 且 $\dfrac{x_1^2}{4}+\dfrac{y_1^2}{3}=1$.

直线 AC 的方程为 $y=\dfrac{y_1}{x_1+2}(x+2)$, 令 $x=4$, 得 $y_P=\dfrac{6y_1}{x_1+2}$.

直线 BC 的方程为 $y=\dfrac{y_1}{x_1-2}(x-2)$, 令 $x=4$, 得 $y_Q=\dfrac{2y_1}{x_1-2}$.

联立得 $y_Py_Q=\dfrac{12y_1^2}{x_1^2-4}=\dfrac{12\times 3\left(1-\dfrac{x_1^2}{4}\right)}{x_1^2-4}=-9$, 即 $y_P\cdot y_Q$ 的值为 -9.

法二:由题意得 $A(-2,0)$, $B(2,0)$. 设点 $C(x_1,y_1)$, 且 $\dfrac{x_1^2}{4}+\dfrac{y_1^2}{3}=1$.

从而 $k_{AC}\cdot k_{BC}=\dfrac{y_1}{x_1+2}\cdot\dfrac{y_1}{x_1-2}=\dfrac{y_1^2}{x_1^2-4}=\dfrac{3\left(1-\dfrac{x_1^2}{4}\right)}{x_1^2-4}=-\dfrac{3}{4}$, 即 $-\dfrac{3}{4}=k_{AP}\cdot k_{BQ}=\dfrac{y_P}{4+2}\cdot\dfrac{y_Q}{4-2}$, 故 y_Py_Q 的值为 -9.

(2)法一:设点 $D(x_2,y_2)$, $P(4,t)$, 直线 AP 的方程为 $y=\dfrac{t}{6}(x+2)$, 直线 BP 的方程为 $y=\dfrac{t}{2}(x-2)$.

联立方程 $\begin{cases}y=\dfrac{t}{6}(x+2)\\3x^2+4y^2=12\end{cases}$, 消去 y 得 $(t^2+27)x^2+4t^2x+4t^2-108=0$.

由韦达定理得 $-2x_1=\dfrac{4t^2-108}{t^2+27}$, 即 $x_1=\dfrac{54-2t^2}{27+t^2}$, 故 $y_1=\dfrac{t}{6}(x_1+2)=\dfrac{18t}{27+t^2}$.

联立方程 $\begin{cases}y=\dfrac{t}{2}(x-2)\\3x^2+4y^2=12\end{cases}$, 消去 y 得 $(t^2+3)x^2-4t^2x+4t^2-12=0$.

由韦达定理得 $2x_2=\dfrac{4t^2-12}{t^2+3}$, 即 $x_2=\dfrac{2t^2-6}{t^2+3}$, 故 $y_2=\dfrac{t}{2}(x_2-2)=\dfrac{-6t}{t^2+3}$.

从而 $(x_1-1)y_2-(x_2-1)y_1=\dfrac{27-3t^2}{27+t^2}\cdot\dfrac{-6t}{t^2+3}-\dfrac{t^2-9}{t^2+3}\cdot\dfrac{18t}{27+t^2}=\dfrac{-6t(27-3t^2+3t^2-27)}{(t^2+3)(27+t^2)}=0$.

因为 $F(1,0)$, 所以向量 $\overrightarrow{FC}=(x_1-1,y_1)$ 与 $\overrightarrow{FD}=(x_2-1,y_2)$ 共线, 故直线 CD 经过 F.

法二:设点 $C(x_1,y_1)$, $D(x_2,y_2)$, $P(4,t)$.

要证直线 CD 经过 $F(1,0)$, 只需证明向量 $\overrightarrow{FC}=(x_1-1,y_1)$ 与 $\overrightarrow{FD}=(x_2-1,y_2)$ 共线, 即证 $(x_1-1)y_2=(x_2-1)y_1$ ①.

因为 $\dfrac{x_1^2}{4}+\dfrac{y_1^2}{3}=1=\dfrac{(-2)^2}{4}+\dfrac{0^2}{3}$, 所以 $k_{AC}=\dfrac{y_1}{x_1+2}=-\dfrac{3}{4}\cdot\dfrac{x_1-2}{y_1}=\dfrac{y_P}{6}$.

同理可得 $k_{BD}=\dfrac{y_2}{x_2-2}=-\dfrac{3}{4}\cdot\dfrac{x_2+2}{y_2}=\dfrac{y_P}{2}$.

故 $\dfrac{k_{AC}}{k_{BD}}=\dfrac{(x_2-2)y_1}{(x_1+2)y_2}=\dfrac{1}{3}$, 即 $x_1y_2-3x_2y_1+6y_1+2y_2=0$ ②. 同理得 $-3x_1y_2+x_2y_1+2y_1+6y_2=0$ ③.

由式②－③得 $4x_1y_2-4x_2y_1+4y_1-4y_2=0$，即 $(x_1-1)y_2=(x_2-1)y_1$，故式①成立，命题得证.

12.3 方程法

精练1解析

(1)设过点 G 的直线方程为 $y=kx+1$，联立方程 $\begin{cases} y=ax^2 \\ y=kx+1 \end{cases}$，消去 y 得 $ax^2-kx-1=0$.

设点 $C(x_1,y_1)$，$D(x_2,y_2)$，由韦达定理得 $x_1+x_2=\dfrac{k}{a}$，$x_1x_2=-\dfrac{1}{a}$，故 $y_1y_2=a^2(x_1x_2)^2=1$.

由 $OC\perp OD$ 得 $x_1x_2+y_1y_2=1-\dfrac{1}{a}=0$，解得 $a=1$，故抛物线的方程为 $y=x^2$.

(2)设点 $A(x_A,x_A^2)$，$B(x_B,x_B^2)$，$E(x_E,y_E)$，$F(x_F,y_F)$.

设直线 AB 的方程为 $y=\dfrac{x_A^2-x_B^2}{x_A-x_B}(x-x_A)+x_A^2$，化简得 $y=(x_A+x_B)x-x_Ax_B$.

因为点 M 在直线 AB 上，所以 $y_0=(x_A+x_B)x_0-x_Ax_B$ ①，易得直线 AP 的方程为 $y=\dfrac{x_A^2-y_0}{x_A}x+y_0$.

联立方程 $\begin{cases} y=\dfrac{x_A^2-y_0}{x_A}x+y_0 \\ y=x^2 \end{cases}$，消去 y 得 $x^2-\dfrac{x_A^2-y_0}{x_A}x-y_0=0$.

由韦达定理得 $x_A+x_E=\dfrac{x_A^2-y_0}{x_A}$，解得 $x_E=-\dfrac{y_0}{x_A}$，$y_E=\dfrac{y_0^2}{x_A^2}$，同理可得 $x_F=-\dfrac{y_0}{x_B}$，$y_F=\dfrac{y_0^2}{x_B^2}$.

设直线 EF 的方程为 $y=-\left(\dfrac{x_A+x_B}{x_Ax_B}\right)y_0x-\dfrac{y_0^2}{x_Ax_B}$，令 $x=-x_0$，得 $y=\dfrac{y_0}{x_Ax_B}[(x_A+x_B)x_0-y_0]$.

将式①代入上式得 $y=y_0$，即点 $N(-x_0,y_0)$ 在直线 EF 上，故 E,F,N 三点共线.

精练2解析

(1)设点 $M\left(t,\dfrac{t^2}{2}\right)(t<0)$，则切线 MP 的斜率 $k=y'\big|_{x=t}=x\big|_{x=t}=t$. 从而切线方程为 $y-\dfrac{t^2}{2}=t(x-t)$，

即 $tx=y+\dfrac{t^2}{2}$. 进而 $P\left(\dfrac{t}{2},0\right)$，$Q\left(0,-\dfrac{t^2}{2}\right)$，故 $|MQ|=\sqrt{1+t^2}|t|$，$F\left(0,\dfrac{1}{2}\right)$.

因此，$\dfrac{|MQ|^2}{|QO|\cdot|QF|}=\dfrac{(1+t^2)t^2}{\dfrac{t^2}{2}\left(\dfrac{1}{2}+\dfrac{t^2}{2}\right)}=4$.

(2)设过点 M 的圆的切线斜率为 k，则切线方程为 $y-\dfrac{t^2}{2}=k(x-t)$.

从而 $\dfrac{\left|k(2-t)+\dfrac{t^2}{2}\right|}{\sqrt{1+k^2}}=1$，即 $(t^2-4t+3)k^2+(2-t)t^2k+\dfrac{t^4}{4}-1=0$，其两根 k_1,k_2 为两切线斜率.

由韦达定理得 $k_1+k_2=\dfrac{(t-2)t^2}{t^2-4t+3}$，$k_1k_2=\dfrac{t^4-4}{4(t^2-4t+3)}$.

设点 $A\left(x_1,\dfrac{x_1^2}{2}\right)$，$B\left(x_2,\dfrac{x_2^2}{2}\right)$，则直线 AB：$\dfrac{y-\dfrac{x_1^2}{2}}{\dfrac{x_2^2}{2}-\dfrac{x_1^2}{2}}=\dfrac{x-x_1}{x_2-x_1}$，化简得 $(x_1+x_2)x=2y+x_1x_2$.

如果存在点 M 符合题意，那么 $(x_1+x_2)\dfrac{t}{2}=x_1x_2\left(P\left(\dfrac{t}{2},0\right)\right)$.

由斜率公式得 $k_1=\dfrac{x_1+t}{2}$，即 $x_1=2k_1-t$，同理 $x_2=2k_2-t$.

99

故 $x_1+x_2=2(k_1+k_2)-2t=\dfrac{4t^2-6t}{t^2-4t+3}$，$x_1x_2=(2k_1-t)(2k_2-t)=\dfrac{3t^2-4}{t^2-4t+3}$.

将以上两式代入 $(x_1+x_2)\dfrac{t}{2}=x_1x_2$，化简得 $t^3-3t^2+2=0$.

故 $(t-1)(t^2-2t-2)=0$，解得 $t=1$ 或 $t=1+\sqrt{3}$ 或 $t=1-\sqrt{3}$.

由 $t<0$ 得 $t=1-\sqrt{3}$，故存在点 $M(1-\sqrt{3},2-\sqrt{3})$，使得 A,B,P 三点共线.

精练3解析

(1) 抛物线 C 的焦点为 $F\left(\dfrac{p}{2},0\right)$. 当 AB 平行于 y 轴时，设直线 AB 的方程为 $x=\dfrac{p}{2}$，又设点 $A\left(\dfrac{p}{2},y_1\right)$，$B\left(\dfrac{p}{2},y_2\right)$，于是 $|AB|=|AF|+|BF|=2p=2$，解得 $p=1$，故抛物线 C 的方程为 $y^2=2x$.

(2) 如图1所示，设直线 AB 的方程为 $x=my+\dfrac{1}{2}$，又设点 $A(x_1,y_1)$，$B(x_2,y_2)$.

联立方程 $\begin{cases} y^2=2x \\ x=my+\dfrac{1}{2} \end{cases}$，消去 x 得 $y^2-2my-1=0$，由韦达定理得 $y_1+y_2=2m$，$y_1y_2=-1$.

因为直线 AO 的方程为 $y=\dfrac{y_1}{x_1}x=\dfrac{y_1}{\frac{y_1^2}{2}}x=\dfrac{2}{y_1}x$，将 $y=y_2$ 代入直线 AO 的方程得 $y_2=\dfrac{2}{y_1}x$，解得 $x=\dfrac{y_1y_2}{2}=-\dfrac{1}{2}$，即点 $D\left(-\dfrac{1}{2},y_2\right)$，所以 $k_{DF}=\dfrac{y_2}{-\frac{1}{2}-\frac{1}{2}}=-y_2$.

因为 $AE\perp DF$，所以 $k_{AE}=-\dfrac{1}{k_{DF}}=\dfrac{1}{y_2}$.

从而可得直线 AE 的方程为 $y-y_1=\dfrac{1}{y_2}(x-x_1)$.

联立方程 $\begin{cases} y-y_1=\dfrac{1}{y_2}(x-x_1) \\ y^2=2x \end{cases}$，消去 x 得 $y^2-2y_2y-2x_1-2=0$.

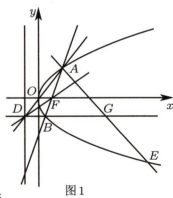

图1

由韦达定理得 $y_1+y_E=2y_2$，故 $y_E=2y_2-y_1$.

于是得 $x_E=y_2y_E+x_1+1=y_2(2y_2-y_1)+x_1+1=x_1+2y_2^2-y_1y_2+1=x_1+4x_2+2$. 由 AE 的中点为 G，可得 $G(x_1+2x_2+1,y_2)$，故 G,B,D 三点共线.

12.4 共线恒等式

精练解析

设点 $E(0,m)$，则直线 AE 的方程为 $-\dfrac{x}{a}+\dfrac{y}{m}=1$. 由题意得 $M\left(-c,m-\dfrac{mc}{a}\right)$，$\left(0,\dfrac{m}{2}\right)$ 和 $B(a,0)$ 三点共线，从而 $\dfrac{m-\frac{mc}{a}-\frac{m}{2}}{-c}=\dfrac{\frac{m}{2}}{-a}$，化简得 $a=3c$. 于是椭圆 C 的离心率 $e=\dfrac{c}{a}=\dfrac{1}{3}$.

12.5 共线不等式

精练1解析

设点 P 在抛物线的准线上的投影为点 P'，抛物线的焦点为 F，且 $F\left(\dfrac{1}{2},0\right)$.

由抛物线的定义得点 P 到该抛物线准线的距离 $|PP'|=|PF|$.

因此点 P 到点 $A(0,2)$ 的距离与点 P 到准线的距离之和为 $|PF|+|PA|\geqslant |AF|=\sqrt{\left(\dfrac{1}{2}\right)^2+2^2}=\dfrac{\sqrt{17}}{2}$.

精练2解析

如图2所示,过点P向抛物线$y^2=4x$的准线$x=-1$引垂线,垂足为P_1,故$|PF|=|PP_1|$.

$\triangle PAF$的周长为$|AF|+|AP|+|PF|=|AF|+|AP|+|PP_1|$.

当A,P,P_1三点共线时,$\triangle PAF$的周长最小,故可得$\triangle PAF$的周长最小值为$AF+AA_1=4+2\sqrt{2}$.

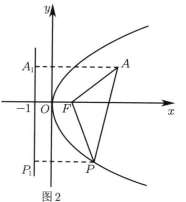

图2

精练3解析

因为函数$f(x)$的图像恒过定点$P(-1,2)$,所以抛物线方程为$x^2=4y$,故焦点为$F(0,1)$,准线l的方程为$y=-1$.

圆的标准方程为$x^2+(y-1)^2=\dfrac{1}{4}$,其圆心为$F(0,1)$,半径$r=\dfrac{1}{2}$,过点M作$MQ\perp l$于点Q.

由抛物线定义得$|MQ|=|MF|$,故$|MP|+|MN|\geqslant |MP|+|MF|-r=|MP|+|MQ|-\dfrac{1}{2}\geqslant |PQ|-\dfrac{1}{2}=2+1-\dfrac{1}{2}=\dfrac{5}{2}$(当$P,M,Q$三点共线时取"="),于是$|MP|+|MN|$的最小值为$\dfrac{5}{2}$,故选B.

技法13 四点共圆

13.1 曲线方程法

精练解析

(1)设椭圆的焦距为$2c$,由题意得$\begin{cases}a^2=b^2+c^2\\ \dfrac{c}{a}=\dfrac{1}{2}\\ 2b=2\sqrt{3}\end{cases}$,解得$a=2,b=\sqrt{3}$,故椭圆的方程为$\dfrac{x^2}{4}+\dfrac{y^2}{3}=1$.

(2)设点$P\left(\dfrac{a^2}{c},t\right),Q(x_0,y_0)$.

因为$FP\perp FQ$,所以$\triangle FPQ$的外接圆就是以PQ为直径的圆$\left(x-\dfrac{a^2}{c}\right)(x-x_0)+(y-t)(y-y_0)=0$.

由题意得焦点F、原点O均在该圆上,故$\begin{cases}\left(c-\dfrac{a^2}{c}\right)(c-x_0)+ty_0=0\\ \dfrac{a^2}{c}x_0+ty_0=0\end{cases}$.

消去ty_0得$\left(c-\dfrac{a^2}{c}\right)(c-x_0)-\dfrac{a^2}{c}x_0=0$,解得$x_0=c-\dfrac{a^2}{c}$.

因为点P,Q均在x轴上方,所以$-a<c-\dfrac{a^2}{c}<c$,即$c^2+ac-a^2>0$,故$e^2+e-1>0$.

因为$0<e<1$,所以$\dfrac{\sqrt{5}-1}{2}<e<1$,故$e$的范围为$\left(\dfrac{\sqrt{5}-1}{2},1\right)$.

13.2 垂径定理法

精练1解析

(1)不能出现$AC\perp BC$的情况.

理由如下:设点$A(x_1,0),B(x_2,0)$,则x_1,x_2满足$x^2+mx-2=0$,故$x_1x_2=-2$.

因为点 C 的坐标为 $(0,1)$,所以 AC 的斜率与 BC 的斜率之积为 $\dfrac{-1}{x_1} \cdot \dfrac{-1}{x_2} = -\dfrac{1}{2}$,从而不能出现 $AC \perp BC$ 的情况.

(2)由 BC 的中点坐标为 $\left(\dfrac{x_2}{2},\dfrac{1}{2}\right)$,可得 BC 的中垂线方程为 $y - \dfrac{1}{2} = x_2\left(x - \dfrac{x_2}{2}\right)$.

由(1)得 $x_1 + x_2 = -m$,故 AB 的中垂线方程为 $x = -\dfrac{m}{2}$.

联立方程 $\begin{cases} x = -\dfrac{m}{2} \\ y - \dfrac{1}{2} = x_2\left(x - \dfrac{x_2}{2}\right) \end{cases}$,且 $x_2^2 + mx_2 - 2 = 0$,解得 $\begin{cases} x = -\dfrac{m}{2} \\ y = -\dfrac{1}{2} \end{cases}$.

从而过 A,B,C 三点的圆的圆心坐标为 $\left(-\dfrac{m}{2},-\dfrac{1}{2}\right)$,半径 $r = \dfrac{\sqrt{m^2+9}}{2}$.

故圆在 y 轴上截得的弦长为 $2\sqrt{r^2 - \left(\dfrac{m}{2}\right)^2} = 3$,即过 A,B,C 三点的圆在 y 轴上截得的弦长为定值.

精练2解析

(1)由题意可设点 $A(x_1,y_1),B(x_2,y_2)$,直线 $AB: y = kx - k + 2$.

联立方程 $\begin{cases} x^2 + \dfrac{y^2}{-2} = 1 \\ kx + (-1)y + (-k+2) = 0 \end{cases}$,消去 y 得 $(k^2-2)x^2 + 2k(2-k)x + (2-k)^2 + 2 = 0$ ①.

注意到 $k^2 - 2 \neq 0$,由韦达定理得 $x_1 + x_2 = -\dfrac{2k(2-k)}{k^2-2}$.

由 $N(1,2)$ 是 AB 的中点得 $\dfrac{1}{2}(x_1+x_2) = -\dfrac{k(2-k)}{k^2-2} = 1$,解得 $k = 1$,故直线 AB 的方程为 $y = x + 1$.

(2)将 $k = 1$ 代入式①得 $x^2 - 2x - 3 = 0$,解得 $x_1 = -1, x_2 = 3$.

因为 $y = x + 1$,所以得 $y_1 = 0, y_2 = 4$,即 $A(-1,0), B(3,4)$.

由 CD 垂直平分 AB 得直线 $CD: y = -x + 3$.

设点 $C(x_3,y_3), D(x_4,y_4), CD$ 的中点为 $M(x_0,y_0)$.

联立方程 $\begin{cases} x^2 + \dfrac{y^2}{-2} = 1 \\ x + y - 3 = 0 \end{cases}$,消去 y 得 $x^2 + 6x - 11 = 0$,由韦达定理得 $\begin{cases} x_3 + x_4 = -6 \\ x_3 \cdot x_4 = -11 \end{cases}$.

从而 $x_0 = -3, y_0 = 3 - x_0 = 6$.

由距离公式得 $|CD| = \sqrt{(x_3-x_4)^2 + (y_3-y_4)^2} = \sqrt{2(x_3-x_4)^2} = \sqrt{2[(x_3+x_4)^2 - 4x_3x_4]} = 4\sqrt{10}$.

于是 $|MC| = |MD| = \dfrac{1}{2}|CD| = 2\sqrt{10}$.

又因为 $|MA| = |MB| = \sqrt{(x_0-x_1)^2 + (y_0-y_1)^2} = \sqrt{4+36} = 2\sqrt{10}$,即 A,B,C,D 四点到点 M 的距离相等,所以 A,B,C,D 四点共圆.

13.3 对角互补法

精练解析

(1)法一:将点 $(4,4)$ 代入抛物线方程 $x^2 = 2py$,解得 $p = 2$,故抛物线方程为 $x^2 = 4y$.

对 $y = \dfrac{1}{4}x^2$ 求导得 $y' = \dfrac{x}{2}$,设切点坐标为 (x_0,y_0),从而切线斜率为 $\dfrac{x_0}{2}$.

设点 $A(x_1,y_1), B(x_2,y_2)$,直线 AB 的方程为 $y = kx + b$.

由题意得 $k_{PA} \cdot k_{PB} = \dfrac{x_1}{2} \cdot \dfrac{x_2}{2} = -2$,故 $x_1x_2 = -8$.

联立方程 $\begin{cases} x^2 = 4y \\ y = kx + b \end{cases}$，消去 y 得 $x^2 - 4kx - 4b = 0$，从而 $x_1 x_2 = -4b = -8$，解得 $b = 2$.

于是直线 AB 的方程为 $y = kx + 2$，则直线 AB 过定点 $(0, 2)$.

法二：将点 $(4, 4)$ 代入抛物线方程 $x^2 = 2py$ 中，解得 $p = 2$，故抛物线方程为 $x^2 = 4y$.

设点 $P(x_0, y_0)$，过点 P 的切线方程为 $y - y_0 = k(x - x_0)$.

联立方程 $\begin{cases} x^2 = 4y \\ y - y_0 = k(x - x_0) \end{cases}$，消去 y 得 $x^2 - 4kx - 4(y_0 - kx_0) = 0$.

由 $\Delta = 16k^2 + 16(y_0 - kx_0) = 0$ 得 $k^2 - x_0 k + y_0 = 0$，由题意得 $k_1 k_2 = y_0 = -2$.

切点横坐标为 $x = 2k$，设点 $A(x_1, y_1), B(x_2, y_2)$，则 $x_1 x_2 = 4k_1 k_2 = -8$.

设直线 AB 的方程为 $y = k'x + b$，联立方程 $\begin{cases} x^2 = 4y \\ y = k'x + b \end{cases}$，消去 y 得 $x^2 - 4k'x - 4b = 0$.

从而 $x_1 x_2 = -4b = -8$，解得 $b = 2$，于是直线 AB 的方程为 $y = k'x + 2$，故直线 AB 过定点 $(0, 2)$.

(2) 联立方程 $\begin{cases} x^2 = 4y \\ y = kx + 2 \end{cases}$，消去 y 得 $x^2 - 4kx - 8 = 0$ ①. 由韦达定理得 $x_1 + x_2 = 4k, x_1 x_2 = -8$.

注意到 $C(x_1, -1), D(x_2, -1)$.

从而直线 PA 的方程为 $y - \dfrac{x_1^2}{4} = \dfrac{x_1}{2}(x - x_1)$，直线 PB 的方程为 $y - \dfrac{x_2^2}{4} = \dfrac{x_2}{2}(x - x_2)$.

联立方程 $\begin{cases} y - \dfrac{x_1^2}{4} = \dfrac{x_1}{2}(x - x_1) \\ y - \dfrac{x_2^2}{4} = \dfrac{x_2}{2}(x - x_2) \end{cases}$，解得 $\begin{cases} x = 2k \\ y = -2 \end{cases}$，即 $P(2k, -2)$，故点 P 在直线 $y = -2$ 上运动.

假设存在点 P 使得 A, C, P, D 四点共圆，则 $\angle ACD = \angle APD = 90°$，故 $k_{PA} \cdot k_{PD} = -1$.

因为 $k_{PA} = \dfrac{x_1}{2}, k_{PD} = \dfrac{1}{x_2 - 2k}$，所以 $\dfrac{x_1}{2(x_2 - 2k)} = -1$，解得 $x_1 = 4k, x_2 = 0$，不符合题意，故不存在点 P 使得 A, C, P, D 四点共圆.

13.4 斜率关系法

精练1解析

设 l, l' 斜率分别为 $k, -\dfrac{1}{k}$，于是 $k - \dfrac{1}{k} = 0$，解得 $k = \pm 1$，故直线 $l: x \pm y - 1 = 0$.

精练2解析

由题意，若 A, B, C, D 在同一个圆上，则只需要满足 $k_{AB} + k_{CD} = 0$ 即可.

因为 $k_{AB} \cdot k_{OM} = -\dfrac{1}{2}, k_{OM} = \dfrac{1}{2}$，所以 $k_{AB} = -1, k_{CD} = -\dfrac{1}{k_{AB}} = 1$，故 $k_{AB} + k_{CD} = 0$.

从而仅需满足 M 在椭圆内即可，即 $2^2 + 2 \times 1^2 < m$，故当 $m > 6$ 时，A, B, C, D 四点共圆.

13.5 圆幂定理法

精练1解析

设斜率 $k_{PA} = k$，点 $P(x_0, y_0)$. 由 $k_{PA} \cdot k_{PB} = -\dfrac{1}{4}$ 得 $k_{PB} = -\dfrac{1}{4k}$.

直线 $PA: y = k(x+2)$，令 $x = 6$，得 $y = 8k$，故 $M(6, 8k)$.

直线 $PB: y = -\dfrac{1}{4k}(x-2)$，令 $x = 6$，得 $y = -\dfrac{1}{k}$，故 $N\left(6, -\dfrac{1}{k}\right)$.

注意到 $y_M y_N = 8k \cdot \left(-\dfrac{1}{k}\right) < 0$，故以 MN 为直径的圆交 x 轴于两点，设两点为 G,H.

在以 MN 为直径的圆中，由相交弦定理得 $|GK|\cdot|HK| = |MK|\cdot|NK| = |8k|\cdot\left|-\dfrac{1}{k}\right| = 8$.

因为 $|GK| = |HK|$，所以 $|GK| = |HK| = 2\sqrt{2}$.

从而以 MN 为直径的圆恒过两个定点 $G(6-2\sqrt{2},0)$，$H(6+2\sqrt{2},0)$.

精练 2 解析

设点 $B(x_1,y_1)$，$C(x_2,y_2)$，直线 BC 的方程为 $x = my + t$.

直线 BC 与椭圆方程联立得 $(3m^2+4)y^2 + 6mty + 3t^2 - 12 = 0$，由韦达定理得 $\begin{cases} y_1+y_2 = \dfrac{-6mt}{3m^2+4} \\ y_1 y_2 = \dfrac{3t^2-12}{3m^2+4} \end{cases}$.

设直线 BA 的方程为 $y = \dfrac{y_1}{x_1-2}(x-2)$，令 $x = t$，得点 M 的纵坐标 $y_M = \dfrac{y_1(t-2)}{x_1-2}$.

同理可得点 N 的纵坐标 $y_N = \dfrac{y_2(t-2)}{x_2-2}$.

当 O,A,M,N 四点共圆时，$|PA|\cdot|PO| = |PM|\cdot|PN|$，即 $t(t-2) = |y_M y_N|$，从而

$$y_M y_N = \dfrac{y_1 y_2 (t-2)^2}{(x_1-2)(x_2-2)} = \dfrac{y_1 y_2 (t-2)^2}{(my_1+t-2)(my_2+t-2)}$$

$$= \dfrac{3(t^2-4)(t-2)^2}{3m^2(t^2-4) - 6m^2 t(t-2) + (3m^2+4)(t-2)^2}$$

$$= \dfrac{3(t+2)(t-2)^2}{3m^2(t+2) - 6m^2 t + (3m^2+4)(t-2)}$$

$$= \dfrac{3(t+2)(t-2)^2}{4(t-2)} = \dfrac{3}{4}(t+2)(t-2)$$

因为 $t > 2$，所以 $t(t-2) = \dfrac{3}{4}(t+2)(t-2)$，解得 $t = 6$.

技法 14　角度专题

14.1　向量方法

精练 1 解析

(1) 由抛物线 C_1 的方程得焦点 F 的坐标为 $(0,1)$. 因为 F 也是椭圆 C_2 的一个焦点，所以 $a^2 - b^2 = 1$ ①.
因为 C_1 与 C_2 的公共弦的长为 $2\sqrt{6}$，C_1 与 C_2 都关于 y 轴对称，且 C_1 的方程为 $x^2 = 4y$，由此得 C_1 与 C_2 的公共点的坐标为 $\left(\pm\sqrt{6}, \dfrac{3}{2}\right)$，所以 $\dfrac{9}{4a^2} + \dfrac{6}{b^2} = 1$ ②.

联立式①②得 $a^2 = 9$，$b^2 = 8$，故 C_2 的方程为 $\dfrac{y^2}{9} + \dfrac{x^2}{8} = 1$ ③.

(2) 由 $x^2 = 4y$ 得 $y' = \dfrac{x}{2}$，故 C_1 在点 A 处的切线方程为 $y - y_1 = \dfrac{x_1}{2}(x - x_1)$，即 $y = \dfrac{x_1}{2}x - \dfrac{x_1^2}{4}$.

令 $y = 0$，得 $x = \dfrac{x_1}{2}$，即 $M\left(\dfrac{x_1}{2}, 0\right)$，故 $\overrightarrow{FM} = \left(\dfrac{x_1}{2}, -1\right)$，且 $\overrightarrow{FA} = (x_1, y_1 - 1)$.

于是 $\overrightarrow{FA} \cdot \overrightarrow{FM} = \dfrac{x_1^2}{2} - y_1 + 1 = \dfrac{x_1^2}{4} + 1 > 0$，故 $\angle AFM$ 是锐角，从而 $\angle MFD = 180° - \angle AFM$，且是钝角. 因此，直线 l 绕点 F 旋转时，$\triangle MFD$ 总是钝角三角形.

精练2解析

设直线 $l:y=k(x-1)$，点 $A(x_1,y_1)$，$B(x_2,y_2)$.

因为 $|OA|^2+|OB|^2<|AB|^2$，所以 $\cos\angle AOB=\dfrac{|OA|^2+|OB|^2-|AB|^2}{2|OA|\cdot|OB|}<0$，即 $\angle AOB$ 为钝角.

从而 $\overrightarrow{OA}\cdot\overrightarrow{OB}=x_1x_2+y_1y_2<0$.

联立方程 $\begin{cases}y=k(x-1)\\b^2x^2+a^2y^2=a^2b^2\end{cases}$，消去 y 得 $(a^2k^2+b^2)x^2-2a^2k^2x+a^2k^2-a^2b^2=0$.

由韦达定理得 $x_1+x_2=\dfrac{2a^2k^2}{a^2k^2+b^2}$，$x_1x_2=\dfrac{a^2k^2-a^2b^2}{a^2k^2+b^2}$.

从而 $y_1y_2=k^2(x_1-1)(x_2-1)=k^2x_1x_2-k^2(x_1+x_2)+k^2=k^2\cdot\dfrac{a^2k^2-a^2b^2}{a^2k^2+b^2}-k^2\cdot\dfrac{2a^2k^2}{a^2k^2+b^2}+k^2=\dfrac{k^2b^2-a^2b^2k^2}{a^2}$，$x_1x_2+y_1y_2=\dfrac{a^2k^2-a^2b^2+k^2b^2-a^2b^2k^2}{a^2k^2+b^2}<0$.

因为 $a^2k^2-a^2b^2+k^2b^2-a^2b^2k^2<0$ 恒成立，所以 $k^2(a^2+b^2-a^2b^2)<a^2b^2$ 恒成立，即 $a^2+b^2-a^2b^2<0$.

因为 $b^2=a^2-1$，所以 $2a^2-1-a^2(a^2-1)<0$，解得 $a>\dfrac{1+\sqrt{5}}{2}$，故 a 的取值范围是 $\left(\dfrac{1+\sqrt{5}}{2},+\infty\right)$.

精练3解析

由题意得点 $P(x_0,y_0)(x_0y_0\neq 0)$ 在圆 $x^2+y^2=2$ 上.

圆 $x^2+y^2=2$ 在点 $P(x_0,y_0)$ 处的切线方程为 $y-y_0=-\dfrac{x_0}{y_0}(x-x_0)$，化简得 $x_0x+y_0y=2$.

联立方程 $\begin{cases}x^2-\dfrac{y^2}{2}=1\\x_0x+y_0y=2\end{cases}$，消去 y 得 $(3x_0^2-4)x^2-4x_0x+8-2x_0^2=0$，且 $x_0^2+y_0^2=2$.

因为切线 l 与双曲线 C 交于不同的两点 A,B，且 $0<x_0^2<2$，所以 $3x_0^2-4\neq 0$.

又 $\Delta=16x_0^2-4(3x_0^2-4)(8-2x_0^2)>0$，设 $A(x_1,y_1)$，$B(x_2,y_2)$，由韦达定理得 $\begin{cases}x_1+x_2=\dfrac{4x_0}{3x_0^2-4}\\x_1x_2=\dfrac{8-2x_0^2}{3x_0^2-4}\end{cases}$.

由数量积公式得 $\cos\angle AOB=\dfrac{\overrightarrow{OA}\cdot\overrightarrow{OB}}{|\overrightarrow{OA}|\cdot|\overrightarrow{OB}|}$，故

$$\overrightarrow{OA}\cdot\overrightarrow{OB}=x_1x_2+y_1y_2=x_1x_2+\dfrac{1}{y_0^2}(2-x_0x_1)(2-x_0x_2)$$
$$=x_1x_2+\dfrac{1}{2-x_0^2}[4-2x_0(x_1+x_2)+x_0^2x_1x_2]$$
$$=\dfrac{8-2x_0^2}{3x_0^2-4}+\dfrac{1}{2-x_0^2}\left[4-\dfrac{8x_0^2}{3x_0^2-4}+\dfrac{x_0^2(8-2x_0^2)}{3x_0^2-4}\right]=\dfrac{8-2x_0^2}{3x_0^2-4}-\dfrac{8-2x_0^2}{3x_0^2-4}=0$$

因此，$\angle AOB$ 的大小为 $90°$.

14.2 等角证明

精练1解析

法一（数量积公式）：由题意得 $\dfrac{\overrightarrow{PF_1}\cdot\overrightarrow{PM}}{|\overrightarrow{PF_1}|\cdot|\overrightarrow{PM}|}=\dfrac{\overrightarrow{PF_2}\cdot\overrightarrow{PM}}{|\overrightarrow{PF_2}|\cdot|\overrightarrow{PM}|}$，即 $\dfrac{\overrightarrow{PF_1}\cdot\overrightarrow{PM}}{|\overrightarrow{PF_1}|}=\dfrac{\overrightarrow{PF_2}\cdot\overrightarrow{PM}}{|\overrightarrow{PF_2}|}$. 设点 $P(x_0,y_0)$，$x_0^2\neq 4$，则 $m(4x_0^2-16)=3x_0^3-12x_0$. 因为 $x_0^2\neq 4$，所以 $m=\dfrac{3}{4}x_0$，且 $x_0\in(-2,2)$，故 $m\in\left(-\dfrac{3}{2},\dfrac{3}{2}\right)$.

法二（角平分线性质）：由 $\dfrac{x^2}{4}+y^2=1$ 得 $\begin{cases}a=2\\c=\sqrt{3}\end{cases}$.

设 $|PF_1|=t,|PF_2|=n$，由角平分线性质得 $\dfrac{t}{n}=\dfrac{|MF_1|}{|F_2M|}=\dfrac{m+\sqrt{3}}{\sqrt{3}-m}$.

因为 $t+n=2a=4$，所以消去 t 得 $\dfrac{4-n}{n}=\dfrac{\sqrt{3}+m}{\sqrt{3}-m}$，解得 $n=\dfrac{2(\sqrt{3}-m)}{\sqrt{3}}$.

又因为 $a-c<n<a+c$，即 $2-\sqrt{3}<n<2+\sqrt{3}$，整理得 $2-\sqrt{3}<\dfrac{2(\sqrt{3}-m)}{\sqrt{3}}<2+\sqrt{3}$，所以 m 的取值范围是 $\left(-\dfrac{3}{2},\dfrac{3}{2}\right)$.

法三（角平分线性质）：设点 $P(x_0,y_0)$，进而可设直线 $\begin{cases}PF_1:y_0x-(x_0+\sqrt{3})y+\sqrt{3}y_0=0\\PF_2:y_0x-(x_0-\sqrt{3})y-\sqrt{3}y_0=0\end{cases}$.

因为 $\dfrac{|m+\sqrt{3}|}{\sqrt{\left(\dfrac{\sqrt{3}}{2}x_0+2\right)^2}}=\dfrac{|m-\sqrt{3}|}{\sqrt{\left(\dfrac{\sqrt{3}}{2}x_0-2\right)^2}}$，所以 $\dfrac{m+\sqrt{3}}{\dfrac{\sqrt{3}}{2}x_0+2}=\dfrac{\sqrt{3}-m}{2-\dfrac{\sqrt{3}}{2}x_0}$，解得 $m=\dfrac{3}{4}x_0$.

又因为 $-2<x_0<2$，所以 $-\dfrac{3}{2}<m<\dfrac{3}{2}$.

精练 2 解析

(1) 当 $|AF|=|BF|$ 且 $BF\perp AF$ 时，有 $c+a=\dfrac{b^2}{a}=\dfrac{c^2-a^2}{a}$. 因为 $c+a>0$，所以 $a=c-a$，故 $e=2$.

(2) 由(1)得双曲线的方程为 $\dfrac{x^2}{a^2}-\dfrac{y^2}{3a^2}=1$，且 $A(-a,0),F(2a,0)$.

当 $BF\perp AF$ 时，$|AF|=|BF|$，此时显然有 $\angle BFA=2\angle BAF=90°$.

当 BF 与 AF 不垂直时，设点 $B(x_0,y_0)$，其中 $x_0>0,y_0>0$.

从而 $\overrightarrow{AB}=(x_0+a,y_0),\overrightarrow{AF}=(3a,0),\overrightarrow{FB}=(x_0-2a,y_0),\overrightarrow{FA}=(-3a,0)$.

于是 $\cos\angle BFA=\dfrac{\overrightarrow{FA}\cdot\overrightarrow{FB}}{|\overrightarrow{FA}|\cdot|\overrightarrow{FB}|}=\dfrac{-3a(x_0-2a)}{3a\sqrt{(x_0-2a)^2+y_0^2}}=\dfrac{-(x_0-2a)}{\sqrt{(x_0-2a)^2+3(x_0^2-a^2)}}=-\dfrac{x_0-2a}{\sqrt{(2x_0-a)^2}}$.

因为 $x_0\geqslant a$，所以由上式得 $\cos\angle BFA=-\dfrac{x_0-2a}{2x_0-a}$.

同理可得 $\cos\angle BAF=\dfrac{\overrightarrow{AF}\cdot\overrightarrow{AB}}{|\overrightarrow{AF}|\cdot|\overrightarrow{AB}|}=\dfrac{3a(x_0+a)}{3a\sqrt{(x_0+a)^2+y_0^2}}=\dfrac{x_0+a}{\sqrt{(x_0+a)^2+3(x_0^2-a^2)}}=\sqrt{\dfrac{x_0+a}{2(2x_0-a)}}$.

上式平方得 $\cos^2\angle BAF=\dfrac{x_0+a}{2(2x_0-a)}=\dfrac{(2x_0-a)-(x_0-2a)}{2(2x_0-a)}=\dfrac{1+\dfrac{-(x_0-2a)}{2x_0-a}}{2}=\dfrac{1+\cos\angle BFA}{2}$.

又由倍角公式得 $\cos^2\angle BAF=\dfrac{1+\cos 2\angle BAF}{2}$，故 $\cos\angle BFA=\cos 2\angle BAF$，即 $\angle BFA=2\angle BAF$.

综上，$\angle BFA=2\angle BAF$.

精练 3 解析

(1) 直线 $l:y=2x-4$. 由 $\begin{cases}y=2x-4\\y^2=4x\end{cases}$ 得 $\begin{cases}x=4\\y=4\end{cases}$ 或 $\begin{cases}x=1\\y=-2\end{cases}$，故可取点 $A(4,4),B(1,-2)$，即 $|AB|=3\sqrt{5}$.

(2) 存在 x 轴上的点 $N(-a,0)$ 满足题意.

证明如下：设直线 l 的方程为 $x=my+a$. 联立方程 $\begin{cases}x=my+a\\y^2=4x\end{cases}$，消去 x 得 $y^2-4my-4a=0$.

设点 $A(x_1,y_1),B(x_2,y_2)$，由韦达定理得 $y_1+y_2=4m,y_1y_2=-4a$.

于是可得 $k_{AN}+k_{BN}=\dfrac{y_1}{x_1+a}+\dfrac{y_2}{x_2+a}=\dfrac{y_1(x_2+a)+y_2(x_1+a)}{(x_1+a)(x_2+a)}=\dfrac{y_1(my_2+2a)+y_2(my_1+2a)}{(x_1+a)(x_2+a)}=$

$\dfrac{2my_1y_2+2a(y_1+y_2)}{(x_1+a)(x_2+a)}=\dfrac{2m\cdot(-4a)+2a\cdot 4m}{(x_1+a)(x_2+a)}=0$,即 $k_{AN}+k_{BN}=0$.

从而可知 AN,BN 的倾斜角互补,即 $\angle ANM=\angle BNM$,故 NM 为 $\triangle ABN$ 的角平分线.

由正弦定理得 $\dfrac{|BM|}{\sin\angle BNM}=\dfrac{|BN|}{\sin\angle BMN}$, $\dfrac{|AM|}{\sin\angle ANM}=\dfrac{|AN|}{\sin\angle AMN}$,两式相除得 $\dfrac{|AN|}{|BN|}=\dfrac{|AM|}{|BM|}$.

因此,存在 x 轴上的点 $N(-a,0)$ 满足题意.

精练 4 解析

(1) 以点 O 为坐标原点,以 OA 所在直线为 x 轴,建立平面直角坐标系.

设椭圆方程为 $\dfrac{x^2}{a^2}+\dfrac{y^2}{b^2}=1(a>b>0)$,其中 $a=2$.

由题意得 $\triangle ACO$ 为等腰直角三角形,故点 C 的坐标为 $(1,1)$,代入椭圆方程得 $b=\dfrac{2\sqrt{3}}{3}$.

因此椭圆的方程为 $\dfrac{x^2}{4}+\dfrac{3y^2}{4}=1$.

(2) 由题意得点 B 的坐标为 $(-1,-1)$, $k_{AB}=\dfrac{1}{3}$.

当 $\angle PCQ$ 的平分线垂直于 AO 时,直线 PC 与 QC 关于直线 $x=1$ 对称,故 $k_{PC}+k_{QC}=0$.

设点 $P(x_1,y_1)$, $Q(x_2,y_2)$.

(i) 若直线 PQ 的斜率不存在,显然不符合题意.

(ii) 若直线 PQ 的斜率存在,设直线 PQ 的方程为 $y=kx+m$.

由题意得点 C 不在直线 PQ 上,故 $k+m-1\ne 0$.

联立方程 $\begin{cases}x^2+3y^2=4\\y=kx+m\end{cases}$,消去 y 得 $(1+3k^2)x^2+6kmx+(3m^2-4)=0$.

由韦达定理得 $x_1+x_2=\dfrac{-6km}{1+3k^2}$, $x_1x_2=\dfrac{3m^2-4}{1+3k^2}$.

于是 $k_{PC}+k_{QC}=\dfrac{y_1-1}{x_1-1}+\dfrac{y_2-1}{x_2-1}=\dfrac{kx_1+m-1}{x_1-1}+\dfrac{kx_2+m-1}{x_2-1}=0$.

整理得 $2kx_1x_2+(m-1)(x_1+x_2)-k(x_1+x_2)-2(m-1)=0$,即

$$\dfrac{6km^2-8k-6km^2+6km+6k^2m-2m-6k^2m+2+6k^2}{1+3k^2}=0$$

化简得 $(3k-1)(k+m-1)=0$.因为 $k+m-1\ne 0$,所以 $k=\dfrac{1}{3}$.

又因为 $k_{AB}=\dfrac{1}{3}$,所以 $\overrightarrow{AB}/\!/\overrightarrow{PQ}$,故一定存在实数 λ,使 $\overrightarrow{PQ}=\lambda\overrightarrow{AB}$.

精练 5 解析

(1) 由题意得 $\begin{cases}\dfrac{c}{a}=\dfrac{\sqrt{3}}{2}\\ab=2\\a^2=b^2+c^2\end{cases}$,解得 $\begin{cases}a=2\\b=1\end{cases}$,故椭圆 C 的方程为 $\dfrac{x^2}{4}+y^2=1$.

(2) 设直线 A_2M 的方程为 $y=k(x-2)$ ($k\ne 0$ 且 $k\ne \pm\dfrac{1}{2}$).由题意得直线 A_1B 的方程为 $y=\dfrac{1}{2}x+1$.

联立方程 $\begin{cases}y=k(x-2)\\y=\dfrac{1}{2}x+1\end{cases}$,解得 $\begin{cases}x=\dfrac{4k+2}{2k-1}\\y=\dfrac{4k}{2k-1}\end{cases}$,故点 $P\left(\dfrac{4k+2}{2k-1},\dfrac{4k}{2k-1}\right)$.

联立方程 $\begin{cases}y=k(x-2)\\\dfrac{x^2}{4}+y^2=1\end{cases}$,消去 y 得 $(4k^2+1)x^2-16k^2x+16k^2-4=0$,故 $2x_M=\dfrac{16k^2-4}{4k^2+1}$.

从而 $x_M = \dfrac{8k^2-2}{4k^2+1}$, $y_M = \dfrac{-4k}{4k^2+1}$, 即 $M\left(\dfrac{8k^2-2}{4k^2+1}, \dfrac{-4k}{4k^2+1}\right)$, 故 $k_{A_1M} = \dfrac{\dfrac{-4k}{4k^2+1}}{\dfrac{8k^2-2}{4k^2+1}+2} = -\dfrac{1}{4k}$.

于是直线 A_1M 的方程为 $y = -\dfrac{1}{4k}(x+2)$, 易知直线 A_2B 的方程为 $y = -\dfrac{1}{2}x+1$.

联立方程 $\begin{cases} y = -\dfrac{1}{4k}(x+2) \\ y = -\dfrac{1}{2}x+1 \end{cases}$, 解得点 $Q\left(\dfrac{4k+2}{2k-1}, \dfrac{-2}{2k-1}\right)$, 于是 $x_P = x_Q$, 故 $PQ \perp x$ 轴.

设 PQ 的中点为 N, 则点 N 的纵坐标为 $\dfrac{\dfrac{4k}{2k-1}+\dfrac{-2}{2k-1}}{2} = 1$, 即 PQ 的中点在定直线 $y = 1$ 上.

因为点 B 在 PQ 的垂直平分线上, 所以 $|BP| = |BQ|$, 故 $\triangle BPQ$ 为等腰三角形.

精练 6 解析

(1) 由题意得 $\begin{cases} \dfrac{27}{4a^2} + \dfrac{1}{b^2} = 1 \\ a^2 = b^2 + c^2 \\ \dfrac{c}{a} = \dfrac{\sqrt{5}}{3} \end{cases}$, 解得 $a^2 = 9$, $b^2 = 4$, 故椭圆方程为 $\dfrac{x^2}{9} + \dfrac{y^2}{4} = 1$.

(2) 设点 $A(x_1, y_1)$, $B(x_2, y_2)$, AB 的中点 $C(x_0, y_0)$.

联立方程 $\begin{cases} y = kx+1 \\ \dfrac{x^2}{9} + \dfrac{y^2}{4} = 1 \end{cases}$, 消去 y 得 $(4+9k^2)x^2 + 18kx - 27 = 0$, 显然 $\Delta > 0$, 且 $x_1+x_2 = \dfrac{-18k}{4+9k^2}$.

从而 $x_0 = \dfrac{x_1+x_2}{2} = \dfrac{-9k}{4+9k^2}$, $y_0 = kx_0+1 = \dfrac{4}{4+9k^2}$.

当 $k \neq 0$ 时, 设过点 C 且与 l 垂直的直线方程为 $y = -\dfrac{1}{k}\left(x + \dfrac{9k}{4+9k^2}\right) + \dfrac{4}{4+9k^2}$.

将 $M(m,0)$ 代入上式得 $m = -\dfrac{5}{\dfrac{4}{k}+9k}$.

当 $k > 0$ 时, $\dfrac{4}{k}+9k \geqslant 2\sqrt{\dfrac{4}{k} \cdot 9k} = 12$.

当 $k < 0$ 时, $\dfrac{4}{k}+9k = -\left[\dfrac{-4}{k}+(-9k)\right] \leqslant -2\sqrt{\dfrac{-4}{k} \times (-9k)} = -12$, 故 $-\dfrac{5}{12} \leqslant m < 0$ 或 $0 < m \leqslant \dfrac{5}{12}$.

当 $k = 0$ 时, $m = 0$.

综上, 存在点 M 满足条件, m 的取值范围是 $\left[-\dfrac{5}{12}, \dfrac{5}{12}\right]$.

14.3 倍角证明

精练 1 解析

设点 $B(x_0, y_0)(x_0 > 0, y_0 > 0)$, 又已知 $A(2c, 0)$, $F_1(-c, 0)$.

当 $AB \perp x$ 轴时, $x_0 = 2c$, $y_0 = 3c$, 因此 $\tan \angle BF_1A = \dfrac{3c}{3c} = 1$, 即 $\angle BF_1A = \dfrac{\pi}{4}$.

因为 $\angle BAF_1 = \dfrac{\pi}{2}$, 所以 $\angle BAF_1 = 2\angle BF_1A$. 下面证明 $\lambda = 2$ 对任意点 B 均使得 $\angle BAF_1 = \lambda \angle BF_1A$.

由题意得 $\tan \angle BAF_1 = -k_{AB} = -\dfrac{y_0}{x_0-2c}$, $\tan \angle BF_1A = k_{BF_1} = \dfrac{y_0}{x_0+c}$.

于是 $\tan 2\angle BF_1A = \dfrac{2\tan\angle BF_1A}{1-\tan^2\angle BF_1A} = \dfrac{2\cdot\dfrac{y_0}{x_0+c}}{1-\left(\dfrac{y_0}{x_0+c}\right)^2} = \dfrac{2y_0(x_0+c)}{(x_0+c)^2-y_0^2}.$

由 $\dfrac{x^2}{c^2}-\dfrac{y^2}{3c^2}=1$ 得 $y_0^2=3x_0^2-3c^2$，即 $(x_0+c)^2-y_0^2=2(x_0+c)(2c-x_0).$

从而 $\tan 2\angle BF_1A = \dfrac{2y_0(x_0+c)}{2(x_0+c)(2c-x_0)} = \dfrac{y_0}{2c-x_0} = \tan\angle BAF_1$，故 $\angle BAF_1=2\angle BF_1A.$

综上，当 $\lambda=2$ 时，$\angle BAF_1=\lambda\angle BF_1A$ 成立.

精练 2 解析

(1) 设 $|PF_1|=m$，$|PF_2|=n$，$F_2(c,0)$，则 $\begin{cases} m-n=2a \\ \dfrac{1}{2}\sin\dfrac{\pi}{3}\cdot mn=3\sqrt{3}a^2 \end{cases}$，即 $\begin{cases} m-n=2a \\ mn=12a^2 \end{cases}.$

由余弦定理得 $(2c)^2=|F_1F_2|^2=m^2+n^2-mn=16a^2$，故 $e=\dfrac{c}{a}=2.$

(2) 双曲线方程为 $\dfrac{x^2}{a^2}-\dfrac{y^2}{3a^2}=1$，即 $y^2=3(x^2-a^2).$

显然 $(c,3a)$ 是双曲线上一点，此时 $\lambda=2$.

如图 1 所示，设点 $Q(x_0,y_0)$，MN 为 AF_2 的垂直平分线，则 $A(-a,0)$.

由焦半径公式得 $|AF_2|=3a$，$|QF_2|=ex_0-a=2x_0-a.$

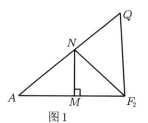

图 1

因为 $F_2(2a,0)$，$M\left(\dfrac{1}{2}a,0\right)$，所以 $\dfrac{|AN|}{|NQ|}=\dfrac{x_N-x_A}{x_Q-x_N}=\dfrac{\dfrac{3}{2}a}{x_0-\dfrac{1}{2}a}=\dfrac{3a}{2x_0-a}=\dfrac{|AF_2|}{|QF_2|}.$

又因为 $\dfrac{|AN|}{|NQ|}=\dfrac{|AF_2|}{|QF_2|}$，所以 NF_2 为 $\angle QF_2A$ 的平分线，即 $\angle QF_2A=2\angle NF_2A=2\angle QAF_2$，故 $\lambda=2.$

14.4 角度表示

精练 1 解析

根据椭圆的对称性，不妨设点 P 在第一象限且坐标为 $\left(\dfrac{a^2}{b},m\right)(m>0).$

如图 2 所示，设直线 $x=\dfrac{a^2}{b}$ 与 x 轴交于点 M，$\angle F_2PM=\alpha$，$\angle F_1PM=\beta$，则 $\angle F_1PF_2=\beta-\alpha.$

因为 $F_1(-c,0)$，$F_2(c,0)$，所以 $|MF_1|=\dfrac{a^2}{b}+c$，$|MF_2|=\dfrac{a^2}{b}-c.$

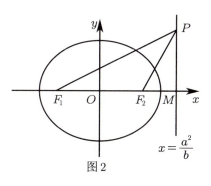

图 2

从而 $\tan\alpha=\dfrac{\dfrac{a^2}{b}-c}{m}$，$\tan\beta=\dfrac{\dfrac{a^2}{b}+c}{m}$，于是

$\tan\angle F_1PF_2=\tan(\beta-\alpha)=\dfrac{\tan\beta-\tan\alpha}{1+\tan\beta\tan\alpha}$

$=\dfrac{\dfrac{2c}{m}}{1+\dfrac{\left(\dfrac{a^2}{b}\right)^2-c^2}{m^2}}=\dfrac{2mcb^2}{m^2b^2+a^4-b^2c^2}=\dfrac{2cb^2}{mb^2+\dfrac{a^4-b^2c^2}{m}}.$

因为 $m>0$，$mb^2+\dfrac{a^4-b^2c^2}{m}\geqslant 2\sqrt{mb^2\cdot\dfrac{a^4-b^2c^2}{m}}=2\sqrt{b^2(a^4-b^2c^2)}$，当 $mb^2=\dfrac{a^4-b^2c^2}{m}$，即 $m^2=$

109

$\dfrac{a^4-b^2c^2}{b^2}$ 时等号成立,所以 $\tan\angle F_1PF_2=\dfrac{2cb^2}{mb^2+\dfrac{a^4-b^2c^2}{m}}\leqslant\dfrac{2cb^2}{2\sqrt{b^2(a^4-b^2c^2)}}=\dfrac{\sqrt{3}}{3}$.

结合 $b^2=a^2-c^2$,整理得 $4c^4-4a^2c^2+a^4=0$,即 $4e^4-4e^2+1=0$,解得 $e^2=\dfrac{1}{2}$,故 $e=\dfrac{\sqrt{2}}{2}$.

精练2解析

法一:根据椭圆的对称性,不妨设 $y_M>0$,由题意得 $A(-2,0)$,$B(2,0)$,$\angle AMB=\angle MBx-\angle MAB$.

由斜率公式得 $k_{MA}=\tan\angle MAB=\dfrac{y_M}{x_M+2}$,$k_{MB}=\tan\angle MBx=\dfrac{y_M}{x_M-2}$.

由 $\cos\angle AMB=-\dfrac{\sqrt{65}}{65}$,$0<\angle AMB<\pi$,得 $\tan\angle AMB=-8$.

由正切两角和差公式得 $\tan\angle AMB=\tan(\angle MBx-\angle MAB)=\dfrac{\tan\angle MBx-\tan\angle MAB}{1+\tan\angle MBx\cdot\tan\angle MAB}$.

整理得 $-8=\dfrac{k_{MB}-k_{MA}}{1+k_{MA}k_{MB}}\Rightarrow -8=\dfrac{\dfrac{y_M}{x_M-2}-\dfrac{y_M}{x_M+2}}{1+\dfrac{y_M^2}{x_M^2-4}}\Rightarrow -8=\dfrac{4y_M}{x_M^2-4+y_M^2}$.

由点 M 在椭圆 E 上得 $\dfrac{x_M^2}{4}+\dfrac{y_M^2}{3}=1$,故 $x_M^2-4=-\dfrac{4}{3}y_M^2$,代入上式得 $-2=\dfrac{y_M}{\dfrac{y_M^2}{3}}$,解得 $y_M=\dfrac{3}{2}$.

综上,$S_{\triangle ABM}=\dfrac{1}{2}\cdot|AB|\cdot|y_M|=\dfrac{1}{2}\times 4\times\dfrac{3}{2}=3$.

法二:由题意得 $A(-2,0)$,$B(2,0)$,又由题意知直线 l 的斜率存在,设直线 l 的方程为 $y=k(x+2)$.

联立方程 $\begin{cases}y=k(x+2)\\ \dfrac{x^2}{4}+\dfrac{y^2}{3}=1\end{cases}$,消去 y 得 $(4k^2+3)x^2+16k^2x+16k^2-12=0$.

从而 $x_Ax_M=\dfrac{16k^2-12}{4k^2+3}$,故 $x_M=\dfrac{6-8k^2}{4k^2+3}$,即 $y_M=k(x_M+2)=\dfrac{12k}{4k^2+3}$,于是 $M\left(\dfrac{6-8k^2}{4k^2+3},\dfrac{12k}{4k^2+3}\right)$.

进而 $\overrightarrow{MA}=\left(\dfrac{-12}{4k^2+3},\dfrac{-12k}{4k^2+3}\right)$,$\overrightarrow{MB}=\left(\dfrac{16k^2}{4k^2+3},\dfrac{-12k}{4k^2+3}\right)$.

故 $\cos\angle AMB=\dfrac{\overrightarrow{MA}\cdot\overrightarrow{MB}}{|\overrightarrow{MA}|\cdot|\overrightarrow{MB}|}=\dfrac{\dfrac{16k^2}{4k^2+3}\cdot\dfrac{-12}{4k^2+3}+\dfrac{-12k}{4k^2+3}\cdot\dfrac{-12k}{4k^2+3}}{\sqrt{\left(\dfrac{-12}{4k^2+3}\right)^2+\left(\dfrac{-12k}{4k^2+3}\right)^2}\cdot\sqrt{\left(\dfrac{16k^2}{4k^2+3}\right)^2+\left(\dfrac{-12k}{4k^2+3}\right)^2}}=-\dfrac{\sqrt{65}}{65}$.

化简得 $16k^4-40k^2+9=0$,解得 $k^2=\dfrac{1}{4}$ 或 $k^2=\dfrac{9}{4}$,此时 $|y_M|=\dfrac{3}{2}$.

综上,$S_{\triangle ABM}=\dfrac{1}{2}\cdot|AB|\cdot|y_M|=\dfrac{1}{2}\times 4\times\dfrac{3}{2}=3$.

精练3解析

由题意可设直线 l_2 的方程为 $x=ty-1$.联立方程 $\begin{cases}x=ty-1\\ y^2=2x\end{cases}$,消去 x 得 $y^2-2ty+2=0$.

因为直线 l_2 与抛物线相切,所以 $\Delta=(-2t)^2-4\times 2\times 2=4t^2-8=0$,即 $t=\pm\sqrt{2}$.

因为点 M 在 x 轴上方,所以 $t=\sqrt{2}$,从而直线 l_2 的方程为 $y=\dfrac{\sqrt{2}}{2}(x+1)$,故点 M 的坐标为 $(1,\sqrt{2})$.

设直线 l_1 的方程为 $x=my-1$,$B(x_1,y_1)$,$D(x_2,y_2)$.

联立方程 $\begin{cases}x=my-1\\ y^2=2x\end{cases}$,消去 x 得 $y^2-2my+2=0$,由韦达定理得 $y_1y_2=2$,$y_1+y_2=2m$.

由 $\Delta=(-2m)^2-4\times 2=4m^2-8>0$ 得 $m>\sqrt{2}$ 或 $m<-\sqrt{2}$.

从而 $x_1x_2 = \dfrac{(y_1y_2)^2}{4} = 1$，$x_1+x_2 = m(y_1+y_2)-2 = 2m^2-2$.

由题意得 $\tan\alpha = \dfrac{y_1-\sqrt{2}}{x_1-1}$，$\tan\beta = \dfrac{y_2-\sqrt{2}}{x_2-1}$，于是

$$\tan(\alpha+\beta) = \dfrac{\tan\alpha+\tan\beta}{1-\tan\alpha\tan\beta} = \dfrac{(x_2-1)(y_1-\sqrt{2})+(y_2-\sqrt{2})(x_1-1)}{(x_1-1)(x_2-1)-(y_1-\sqrt{2})(y_2-\sqrt{2})}$$

$$= \dfrac{x_2y_1+x_1y_2-\sqrt{2}(x_1+x_2)-(y_1+y_2)+2\sqrt{2}}{x_1x_2-y_1y_2-(x_1+x_2)+\sqrt{2}(y_1+y_2)-1} = \dfrac{x_2y_1+x_1y_2-\sqrt{2}(2m^2-2)-2m+2\sqrt{2}}{1-2-2m^2+2+2\sqrt{2}m-1}$$

因为 $x_2 = my_2-1$，$x_1 = my_1-1$，所以 $\tan(\alpha+\beta) = \dfrac{4m-2m-2\sqrt{2}m^2+2\sqrt{2}-2m+2\sqrt{2}}{-2m^2+2\sqrt{2}m} = $

$\dfrac{-2\sqrt{2}m^2+4\sqrt{2}}{-2m^2+2\sqrt{2}m} = \dfrac{\sqrt{2}m+2}{m} = \sqrt{2}+\dfrac{2}{m}$.

又因为 $m > \sqrt{2}$ 或 $m < -\sqrt{2}$，所以 $\dfrac{2}{m} \in (-\sqrt{2},0) \cup (0,\sqrt{2})$.

因此，$\sqrt{2}+\dfrac{2}{m} \in (0,\sqrt{2}) \cup (\sqrt{2},2\sqrt{2})$，故 $\tan(\alpha+\beta)$ 的取值范围是 $(0,\sqrt{2}) \cup (\sqrt{2},2\sqrt{2})$.

精练 4 解析

(1) 设点 $P(x,y)$，则 $\overrightarrow{PC} = (1-x,-y)$，$\overrightarrow{BC} = (2,0)$，$\overrightarrow{PB} = (-1-x,-y)$，$\overrightarrow{CB} = (-2,0)$.

由 $|\overrightarrow{PC}||\overrightarrow{BC}| = \overrightarrow{PB} \cdot \overrightarrow{CB}$ 得 $2\sqrt{(1-x)^2+(-y)^2} = 2(1+x)$，化简得动点 P 的轨迹方程为 $y^2 = 4x$.

(2) 因为直线 l 过点 $(-4,4\sqrt{3})$，且与抛物线 $y^2=4x$ 交于两个不同的点，所以直线 l 的斜率一定存在，且不为 0，故可设直线 $l:y-4\sqrt{3} = k(x+4)$，$M(x_1,y_1)$，$N(x_2,y_2)$.

联立方程 $\begin{cases} y^2=4x \\ y-4\sqrt{3}=k(x+4) \end{cases}$，消去 x 得 $ky^2-4y+(16k+16\sqrt{3})=0$.

$\Delta = 16-4k(16k+16\sqrt{3})>0$，由韦达定理得 $y_1+y_2 = \dfrac{4}{k}$，$y_1y_2 = \dfrac{16k+16\sqrt{3}}{k}$.

从而 $\tan(\alpha+\beta) = \dfrac{\tan\alpha+\tan\beta}{1-\tan\alpha\tan\beta} = \dfrac{\dfrac{y_1}{x_1}+\dfrac{y_2}{x_2}}{1-\dfrac{y_1y_2}{x_1x_2}} = \dfrac{\dfrac{4}{y_1}+\dfrac{4}{y_2}}{1-\dfrac{16}{y_1y_2}} = \dfrac{4(y_1+y_2)}{y_1y_2-16} = \dfrac{4\cdot\dfrac{4}{k}}{\dfrac{16k+16\sqrt{3}}{k}-16} = \dfrac{\sqrt{3}}{3}$.

因为 $0 < \alpha+\beta < 2\pi$，所以 $\alpha+\beta = \dfrac{\pi}{6}$ 或 $\alpha+\beta = \dfrac{7\pi}{6}$.

精练 5 解析

第一空： 抛物线 C 的方程为 $y^2 = 8x$，过程略.

第二空： 因为 P,F 两点关于 y 轴对称，且 $|OF|=2$，所以以 PF 为直径的圆的方程为 $x^2+y^2=4$.

法一： 设点 $A(x_0,y_0)$，则 $x_0>0$，$y_0^2=8x_0$. 不妨设点 A 在第一象限，如图 3 所示，连接 AP，作 $AB \perp x$ 轴于点 B，则 $|AB|^2 = y_0^2 = 8x_0$，$|PB| = x_0+2$，从而 $|AP|^2 = |AB|^2+|PB|^2 = 8x_0+(x_0+2)^2$. 由抛物线的定义得 $|AF| = x_0+\dfrac{p}{2} = x_0+2$. 由题意可得 $AP \perp AF$，故 $|AP|^2+|AF|^2 = |PF|^2$，即 $8x_0+(x_0+2)^2+(x_0+2)^2 = 4^2$，解得 $x_0 = 2\sqrt{5}-4$，进而 $|AF| = 2\sqrt{5}-2$. 在等腰 $\triangle OAF$ 中，$\cos\angle OAF = \dfrac{\dfrac{|AF|}{2}}{|OA|} = \dfrac{\sqrt{5}-1}{2}$.

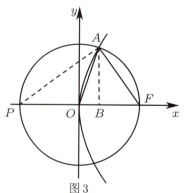

图3

法二： 设点 $A(x_0,y_0)$，且 $x_0>0$，$y_0^2=8x_0$. 联立方程 $\begin{cases} y^2=8x \\ x^2+y^2=4 \end{cases}$，消去 y 得 $x^2+8x-4=0$，解得 $x=2\sqrt{5}-4$ 或 $x=-2\sqrt{5}-4$，故 $x_0=2\sqrt{5}-4$. 因为

$F(2,0)$，所以 $\overrightarrow{FA}=(x_0-2,y_0)$，于是 $\cos\angle OAF=\dfrac{\overrightarrow{OA}\cdot\overrightarrow{FA}}{|\overrightarrow{OA}|\cdot|\overrightarrow{FA}|}=\dfrac{x_0(x_0-2)+y_0^2}{2\sqrt{(x_0-2)^2+y_0^2}}=$

$\dfrac{x_0(x_0-2)+8x_0}{2\sqrt{(x_0-2)^2+8x_0}}=\dfrac{x_0^2+6x_0}{2(x_0+2)}=\dfrac{3-\sqrt{5}}{\sqrt{5}-1}=\dfrac{\sqrt{5}-1}{2}$.

精练6解析

由题意得直线 AB 的斜率不为0，设直线 AB 的方程为 $x=ty+1$，$A(x_1,y_1),B(x_2,y_2)$.

联立方程 $\begin{cases}x=ty+1\\ \dfrac{x^2}{2}+y^2=1\end{cases}$，消去 x 得 $(2+t^2)y^2+2ty-1=0$，由韦达定理得 $\begin{cases}y_1+y_2=\dfrac{-2t}{2+t^2}\\ y_1y_2=\dfrac{-1}{2+t^2}\end{cases}$.

由弦长公式得 $|AB|=\sqrt{1+t^2}\cdot|y_1-y_2|=\sqrt{1+t^2}\cdot\sqrt{(y_1+y_2)^2-4y_1y_2}=\dfrac{2\sqrt{2}(t^2+1)}{t^2+2}$.

由题意得 $k_{MN}=-\dfrac{1}{k_{AB}}=-t$，且点 N 是 AB 的中点，故 $y_N=\dfrac{-t}{t^2+2}$，$x_N=\dfrac{2}{t^2+2}$.

由题意得 $x_M=-2$，故 $|MN|=\sqrt{1+t^2}\cdot|x_M-x_N|=\sqrt{1+t^2}\cdot\dfrac{2t^2+6}{t^2+2}$.

故 $\tan\angle MAN=\dfrac{|MN|}{|AN|}=\dfrac{2|MN|}{|AB|}=\dfrac{2\cdot\sqrt{1+t^2}\cdot\dfrac{2t^2+6}{t^2+2}}{\dfrac{2\sqrt{2}(t^2+1)}{t^2+2}}=\dfrac{\sqrt{2}(t^2+3)}{\sqrt{t^2+1}}=\sqrt{2}\left(\sqrt{t^2+1}+\dfrac{2}{\sqrt{t^2+1}}\right)\geqslant 4$.

当且仅当 $\sqrt{t^2+1}=\dfrac{2}{\sqrt{t^2+1}}$，即 $t=\pm 1$ 时取等号.综上，直线 AB 的方程为 $x=\pm y+1$.

精练7解析

(1)设点 $F(c,0)$，由 $\dfrac{1}{|OF|}+\dfrac{1}{|OA|}=\dfrac{3e}{|FA|}$ 及 $e=\dfrac{c}{a}$ 得 $\dfrac{1}{c}+\dfrac{1}{a}=\dfrac{3c}{a(a-c)}$，即 $a^2-c^2=3c^2$.

因为 $a^2-c^2=b^2=3$，所以 $c^2=1$，$a^2=4$，故椭圆的方程为 $\dfrac{x^2}{4}+\dfrac{y^2}{3}=1$.

(2)设直线 l 的斜率为 $k(k\ne 0)$，则直线 l 的方程为 $y=k(x-2)$.设点 B 的坐标为 (x_B,y_B).

联立方程 $\begin{cases}\dfrac{x^2}{4}+\dfrac{y^2}{3}=1\\ y=k(x-2)\end{cases}$，消去 y 得 $(4k^2+3)x^2-16k^2x+16k^2-12=0$，解得 $x=2$ 或 $x=\dfrac{8k^2-6}{4k^2+3}$.

由题意得 $x_B=\dfrac{8k^2-6}{4k^2+3}$，从而 $y_B=k(x_B-2)=\dfrac{-12k}{4k^2+3}$.

由(1)得点 F 的坐标为 $(1,0)$.设点 H 的坐标为 $(0,y_H)$，则 $\overrightarrow{FH}=(-1,y_H)$，$\overrightarrow{BF}=\left(\dfrac{9-4k^2}{4k^2+3},\dfrac{12k}{4k^2+3}\right)$.

由 $BF\perp HF$ 得 $\overrightarrow{BF}\cdot\overrightarrow{HF}=0$，即 $\dfrac{4k^2-9}{4k^2+3}+\dfrac{12ky_H}{4k^2+3}=0$，解得 $y_H=\dfrac{9-4k^2}{12k}$.

因此直线 MH 的方程为 $y=-\dfrac{1}{k}x+\dfrac{9-4k^2}{12k}$.

设点 M 的坐标为 (x_M,y_M)，联立方程 $\begin{cases}y=-\dfrac{1}{k}x+\dfrac{9-4k^2}{12k}\\ y=k(x-2)\end{cases}$，消去 y 解得 $x_M=\dfrac{20k^2+9}{12(k^2+1)}$.

在 $\triangle MAO$ 中，由 $\angle MOA\leqslant\angle MAO$ 得 $|MA|\leqslant|MO|$，即 $(x_M-2)^2+y_M^2\leqslant x_M^2+y_M^2$，化简得 $x_M\geqslant 1$，即 $\dfrac{20k^2+9}{12(k^2+1)}\geqslant 1$，解得 $k\leqslant -\dfrac{\sqrt{6}}{4}$ 或 $k\geqslant\dfrac{\sqrt{6}}{4}$.

因此，直线 l 的斜率的取值范围是 $\left[-\infty,-\dfrac{\sqrt{6}}{4}\right]\cup\left[\dfrac{\sqrt{6}}{4},+\infty\right]$.

14.5 米勒定理

精练1解析

如图4所示.由米勒定理知,当$|OP|^2=|OA|\cdot|OF|$时,$\angle APF$最大,即$ac=b^2=c^2-a^2$.

整理得$e^2-e-1=0$,解得$e=\dfrac{1+\sqrt{5}}{2}$或$\dfrac{1-\sqrt{5}}{2}$(舍去).

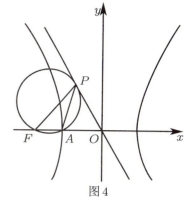

图4

精练2解析

(1)设椭圆的方程为$\dfrac{x^2}{a^2}+\dfrac{y^2}{b^2}=1(a>b>0)$,半焦距为$c$.

从而$|MA_1|=\dfrac{a^2}{c}-a$,$|A_1F_1|=a-c$.

由题意得$\begin{cases}\dfrac{a^2}{c}-a=2(a-c)\\2a=4\\a^2=b^2+c^2\end{cases}$,解得$a=2,b=\sqrt{3},c=1$,故椭圆的方程为$\dfrac{x^2}{4}+\dfrac{y^2}{3}=1$.

(2)法一:由米勒定理知,当过点F_1,F_2的圆与直线l_1相切于点P时,$\angle F_1PF_2$最大.

记l_1与x轴的交点为D,由圆幂定理得$|DP|^2=|DF_1|\cdot|DF_2|=(-1-m)(1-m)=m^2-1$,即当且仅当$\sqrt{m^2-1}=|y_0|$时,$\angle F_1PF_2$最大,故$Q(m,\pm\sqrt{m^2-1})(|m|>1)$.

法二:设点$P(m,y_0)(|m|>1)$.

当$y_0=0$时,$\angle F_1PF_2=0$.

当$y_0\neq 0$时,$0<\angle F_1PF_2<\angle PF_1M<\dfrac{\pi}{2}$,故只需求$\tan\angle F_1PF_2$的最大值.

直线PF_1的斜率$k_1=\dfrac{y_0}{m+1}$,直线PF_2的斜率$k_2=\dfrac{y_0}{m-1}$.

从而$\tan\angle F_1PF_2=\left|\dfrac{k_2-k_1}{1+k_1k_2}\right|=\dfrac{2|y_0|}{m^2-1+y_0^2}\leqslant\dfrac{2|y_0|}{2\sqrt{m^2-1}\cdot|y_0|}=\dfrac{1}{\sqrt{m^2-1}}$.

当且仅当$\sqrt{m^2-1}=|y_0|$时,$\angle F_1PF_2$最大,故$Q(m,\pm\sqrt{m^2-1})(|m|>1)$.

精练3解析

(1)由题意得椭圆的方程为$\dfrac{x^2}{4}+\dfrac{y^2}{3}=1$.

(2)法一:当$\angle F_1PF_2$取得最大值时,$|MP|^2=|MF_1|\cdot|MF_2|\Rightarrow|MP|=\sqrt{15}$.

从而$\tan\angle F_1PF_2=\dfrac{2|y_0|}{y_0^2+15}=\dfrac{\sqrt{15}}{15}$,故$\angle F_1PF_2$的最大值为$\arctan\dfrac{\sqrt{15}}{15}$.

法二:设点$P(-4,y_0),y_0\neq 0$.设直线PF_1的斜率$k_1=-\dfrac{y_0}{3}$,直线PF_2的斜率$k_2=-\dfrac{y_0}{5}$.

因为$0<\angle F_1PF_2<\angle PF_1M<\dfrac{\pi}{2}$,所以$\angle F_1PF_2$为锐角.

从而$\tan\angle F_1PF_2=\left|\dfrac{k_2-k_1}{1+k_1k_2}\right|=\dfrac{2|y_0|}{y_0^2+15}\leqslant\dfrac{2|y_0|}{2\sqrt{15}|y_0|}=\dfrac{\sqrt{15}}{15}$.

当$|y_0|=\sqrt{15}$,即$y_0=\pm\sqrt{15}$时,$\tan\angle F_1PF_2$取到最大值,故$\angle F_1PF_2$的最大值为$\arctan\dfrac{\sqrt{15}}{15}$.

技法15 线段专题

15.1 线段长度化

精练1解析

(1)显然直线AB的斜率存在,设为k,且$k>0$,则直线AB的方程为$y=k(x+2)$.

联立方程$\begin{cases}y=k(x+2)\\\dfrac{x^2}{4}+\dfrac{y^2}{2}=1\end{cases}$,消去$y$得$(1+2k^2)x^2+8k^2x+8k^2-4=0$,解得$x_B=\dfrac{2-4k^2}{1+2k^2}$,$y_B=\dfrac{4k}{1+2k^2}$.

从而$|AB|=\sqrt{(x_B+2)^2+y_B^2}=\dfrac{4\sqrt{1+k^2}}{1+2k^2}$,$|BC|=\dfrac{|2k|}{\sqrt{1+k^2}}=\dfrac{2k}{\sqrt{1+k^2}}$.

矩形$ABCD$的面积$S=\dfrac{4\sqrt{1+k^2}}{1+2k^2}\cdot\dfrac{2k}{\sqrt{1+k^2}}=\dfrac{8k}{1+2k^2}=\dfrac{8}{\dfrac{1}{k}+2k}\leqslant\dfrac{8}{2\sqrt{2}}=2\sqrt{2}$.

当且仅当$k=\dfrac{\sqrt{2}}{2}$时,矩形$ABCD$的面积S取最大值,且最大值为$2\sqrt{2}$.

(2)若矩形$ABCD$为正方形,则$AB=BC$,即$\dfrac{4\sqrt{1+k^2}}{1+2k^2}=\dfrac{2k}{\sqrt{1+k^2}}$.

整理得$2k^3-2k^2+k-2=0(k>0)$,令$f(k)=2k^3-2k^2+k-2(k>0)$.

因为$f(1)=-1<0$,$f(2)=8>0$,且$f(k)=2k^3-2k^2+k-2(k>0)$的图像不间断,所以$f(k)=2k^3-2k^2+k-2(k>0)$有零点,因此存在矩形$ABCD$为正方形.

精练2解析

(1)由题意得$\begin{cases}b=1\\\dfrac{c}{a}=\dfrac{\sqrt{6}}{3}\\c^2=a^2-b^2\end{cases}$,解得$\begin{cases}a=\sqrt{3}\\b=1\\c=\sqrt{2}\end{cases}$,故椭圆$C$的方程为$\dfrac{x^2}{3}+y^2=1$.

(2)设点$A(x_1,y_1)$,$B(x_2,y_2)$,联立方程$\begin{cases}x^2+3y^2=3\\y=kx+m\end{cases}$,消去$y$得$(3k^2+1)x^2+6kmx+3m^2-3=0$.

因为$\Delta=(6km)^2-4(3k^2+1)(3m^2-3)>0$,所以$m^2<3k^2+1$.

由韦达定理得$x_1+x_2=-\dfrac{6km}{3k^2+1}$,$x_1x_2=\dfrac{3m^2-3}{3k^2+1}$,$y_1+y_2=\dfrac{2m}{3k^2+1}$.

因为A,B关于过点$M(0,-1)$的直线对称,所以$|MA|=|MB|$.

从而$x_1^2+(y_1+1)^2=x_2^2+(y_2+1)^2$,即$(x_2+x_1)(x_2-x_1)+(y_2+y_1+2)(y_2-y_1)=0$.

整理得$(x_2+x_1)+k(y_2+y_1+2)=0$,即$-\dfrac{6km}{3k^2+1}+\left(\dfrac{2m}{3k^2+1}+2\right)k=0$,故$2m=3k^2+1>1(k\neq 0)$.

联立方程$\begin{cases}2m=3k^2+1>1\\m^2<3k^2+1\end{cases}$,解得$\dfrac{1}{2}<m<2$.

精练3解析

(1)由题意得椭圆C的方程为$\dfrac{x^2}{4}+\dfrac{y^2}{3}=1$.

(2)设直线$l:y=k(x-m)$,$M(x_1,y_1)$,$N(x_2,y_2)$.

联立方程$\begin{cases}\dfrac{x^2}{4}+\dfrac{y^2}{3}=1\\(-k)\cdot x+y+km=0\end{cases}$,消去$y$得$(4k^2+3)x^2-8k^2mx+4k^2m^2-12=0$.

由韦达定理得 $\begin{cases} x_1+x_2=-\dfrac{8k^2m}{4k^2+3} \\ x_1x_2=\dfrac{4k^2m^2-12}{4k^2+3} \end{cases}$,从而 $|MN|=\sqrt{1+k^2}|x_1-x_2|=\dfrac{4\sqrt{3}\sqrt{1+k^2}\cdot\sqrt{(4k^2+3-k^2m^2)}}{4k^2+3}$.

设点 $A(x_3,y_3)$, $B(x_4,y_4)$,联立方程 $\begin{cases} \dfrac{x^2}{4}+\dfrac{y^2}{3}=1 \\ y=kx \end{cases}$,解得 $x^2=\dfrac{12}{3+4k^2}$.

从而 $|AB|^2=(x_3-x_4)^2+(y_3-y_4)^2=4(1+k^2)x_3^2=\dfrac{48(1+k^2)}{4k^2+3}$.

于是 $\dfrac{|AB|^2}{|MN|}=48(1+k^2)\cdot\dfrac{1}{4\sqrt{3}\sqrt{1+k^2}\cdot\sqrt{(4k^2+3-k^2m^2)}}=4\sqrt{3}\cdot\sqrt{\dfrac{1+k^2}{(4-m^2)k^2+3}}$.

若 $\dfrac{|AB|^2}{|MN|}$ 为常数,则 $4-m^2=3$,解得 $m=1$,此时 $\dfrac{|AB|^2}{|MN|}=4$.

当直线斜率不存在时,可得 $\dfrac{|AB|^2}{|MN|}=4$ 符合题意,故 $m=1$.

精练 4 解析

(1)椭圆 E 的方程为 $\dfrac{x^2}{6}+\dfrac{y^2}{3}=1$,点 T 的坐标为 $(2,1)$.

(2)由题意可设直线 l' 的方程为 $y=\dfrac{1}{2}x+m(m\neq 0)$,联立方程 $\begin{cases} y=\dfrac{1}{2}x+m \\ y=-x+3 \end{cases}$,解得 $\begin{cases} x=2-\dfrac{2m}{3} \\ y=1+\dfrac{2m}{3} \end{cases}$.

从而点 P 的坐标为 $\left(2-\dfrac{2m}{3},1+\dfrac{2m}{3}\right)$,$|PT|^2=\dfrac{8}{9}m^2$.设点 A,B 的坐标分别为 $A(x_1,y_1),B(x_2,y_2)$.

联立方程 $\begin{cases} \dfrac{x^2}{6}+\dfrac{y^2}{3}=1 \\ y=\dfrac{1}{2}x+m \end{cases}$,消去 y 得 $3x^2+4mx+(4m^2-12)=0$①.

方程①的判别式为 $\Delta=16(9-2m^2)$,由 $\Delta>0$ 得 $-\dfrac{3\sqrt{2}}{2}<m<\dfrac{3\sqrt{2}}{2}$.

由韦达定理得 $x_1+x_2=-\dfrac{4m}{3}$,$x_1x_2=\dfrac{4m^2-12}{3}$.

从而 $|PA|=\sqrt{\left(2-\dfrac{2m}{3}-x_1\right)^2+\left(1+\dfrac{2m}{3}-y_1\right)^2}=\dfrac{\sqrt{5}}{2}\left|2-\dfrac{2m}{3}-x_1\right|$,$|PB|=\dfrac{\sqrt{5}}{2}\left|2-\dfrac{2m}{3}-x_2\right|$.

所以 $|PA|\cdot|PB|=\dfrac{5}{4}\left|\left(2-\dfrac{2m}{3}-x_1\right)\left(2-\dfrac{2m}{3}-x_2\right)\right|=\dfrac{5}{4}\left|\left(2-\dfrac{2m}{3}\right)^2-\left(2-\dfrac{2m}{3}\right)(x_1+x_2)+x_1x_2\right|=$
$\dfrac{5}{4}\left|\left(2-\dfrac{2m}{3}\right)^2-\left(2-\dfrac{2m}{3}\right)\left(-\dfrac{4m}{3}\right)+\dfrac{4m^2-12}{3}\right|=\dfrac{10}{9}m^2$.

综上,存在常数 $\lambda=\dfrac{4}{5}$,使得 $|PT|^2=\lambda|PA|\cdot|PB|$.

精练 5 解析

(1)由题意得 $a=2b$.因为 $\dfrac{x^2}{a^2}+\dfrac{y^2}{b^2}=1(a>b>0)$ 过点 $P\left(\sqrt{3},\dfrac{1}{2}\right)$,所以 $\dfrac{3}{4b^2}+\dfrac{1}{4b^2}=1$,解得 $b^2=1$,故椭圆 E 的方程是 $\dfrac{x^2}{4}+y^2=1$.

(2)设直线 l 的方程为 $y=\dfrac{1}{2}x+m(m\neq 0)$,$A(x_1,y_1),B(x_2,y_2)$.

联立方程 $\begin{cases} \dfrac{x^2}{4}+y^2=1 \\ y=\dfrac{1}{2}x+m \end{cases}$,消去 y 得 $x^2+2mx+2m^2-2=0$①.

方程①的判别式为 $\Delta = 4(2-m^2)$，由 $\Delta > 0$ 即 $2-m^2 > 0$，解得 $-\sqrt{2} < m < \sqrt{2}$.

由韦达定理得 $x_1 + x_2 = -2m$，$x_1 x_2 = 2m^2 - 2$，故点 M 坐标为 $\left(-m, \dfrac{m}{2}\right)$，直线 OM 的方程为 $y = -\dfrac{1}{2}x$.

联立方程 $\begin{cases} \dfrac{x^2}{4} + y^2 = 1 \\ y = -\dfrac{1}{2}x \end{cases}$，解得 $C\left(-\sqrt{2}, \dfrac{\sqrt{2}}{2}\right), D\left(\sqrt{2}, -\dfrac{\sqrt{2}}{2}\right)$ 或 $C\left(\sqrt{2}, -\dfrac{\sqrt{2}}{2}\right), D\left(-\sqrt{2}, \dfrac{\sqrt{2}}{2}\right)$.

故 $|MC| \cdot |MD| = \dfrac{\sqrt{5}}{2}(-m+\sqrt{2}) \cdot \dfrac{\sqrt{5}}{2}(\sqrt{2}+m) = \dfrac{5}{4}(2-m^2)$.

由距离公式得 $|MA| \cdot |MB| = \dfrac{1}{4}|AB|^2 = \dfrac{1}{4}[(x_1-x_2)^2 + (y_1-y_2)^2] = \dfrac{5}{16}[(x_1+x_2)^2 - 4x_1x_2] = \dfrac{5}{16}[4m^2 - 4(2m^2-2)] = \dfrac{5}{4}(2-m^2)$. 因此，$|MA| \cdot |MB| = |MC| \cdot |MD|$.

15.2 线段坐标化

精练 1 解析

由题意得焦点 F 的坐标为 $(2,0)$，直线 l 的斜率存在且不为 0，设直线 l 的方程为 $y = k(x-2)$.

联立方程 $\begin{cases} y = k(x-2) \\ y^2 = 8x \end{cases}$，消去 y 得 $k^2 x^2 - 4(k^2+2)x + 4k^2 = 0$.

设点 $P(x_1, y_1)$，$Q(x_2, y_2)$，$R(x_0, y_0)$，$S(x_3, y_3)$，由韦达定理得 $x_1 + x_2 = \dfrac{4(k^2+2)}{k^2}$.

从而 $x_0 = \dfrac{x_1+x_2}{2} = \dfrac{2k^2+4}{k^2}$，$y_0 = k(x_0 - 2) = \dfrac{4}{k}$，故 $k_{OS} = \dfrac{y_0}{x_0} = \dfrac{2k}{k^2+2}$.

直线 OS 的方程为 $y = \dfrac{2k}{k^2+2}x$，将其代入抛物线方程，解得 $x_3 = \dfrac{2(k^2+2)^2}{k^2}$.

因为 $k^2 > 0$，所以 $\dfrac{|OS|}{|OR|} = \dfrac{x_3}{x_0} = k^2 + 2 > 2$.

精练 2 解析

(1) 将直线 $y = kx - 2pk + 2p$ 代入 $x^2 = 2py$，整理得 $x^2 - 2pkx + 4p^2(k-1) = 0$.

因为直线 l 与 H 只有一个公共点，所以 $\Delta = 4p^2k^2 - 16p^2(k-1) = 0$，化简得 $k^2 - 4k + 4 = 0$，解得 $k = 2$.

(2) 设点 $A(x_A, y_A)$，$B(x_B, y_B)$，$C(x_C, y_C)$，$D(x_D, y_D)$，$E(x_E, y_E)$，$F(x_F, y_F)$.

由题意得 $y = \dfrac{x^2}{2p}$，求导得 $y' = \dfrac{x}{p}$，故抛物线上过点 A 的切线方程为 $y - \dfrac{x_A^2}{2p} = \dfrac{x_A}{p}(x - x_A)$.

整理得 $2py = 2x_A x - x_A^2$，同理 $2py = 2x_B x - x_B^2$，$2py = 2x_C x - x_C^2$.

联立方程 $\begin{cases} 2py = 2x_A x - x_A^2 \\ 2py = 2x_B x - x_B^2 \end{cases}$，解得 $x_D = \dfrac{x_A + x_B}{2}$，同理 $x_E = \dfrac{x_A + x_C}{2}$，$x_F = \dfrac{x_B + x_C}{2}$.

由题意得 $\dfrac{|AD|}{|DE|} = \dfrac{|x_D - x_A|}{|x_E - x_D|} = \left|\dfrac{x_B - x_A}{x_C - x_B}\right|$，同理 $\dfrac{|EF|}{|FC|} = \dfrac{|x_F - x_E|}{|x_C - x_F|} = \dfrac{|x_B - x_A|}{|x_C - x_B|}$，$\dfrac{|DB|}{|BF|} = \dfrac{|x_B - x_D|}{|x_F - x_B|} = \dfrac{|x_B - x_A|}{|x_C - x_B|}$，故 $\dfrac{|AD|}{|DE|} = \dfrac{|EF|}{|FC|} = \dfrac{|DB|}{|BF|}$，命题得证.

精练 3 解析

(1) 由题意得 $|MF| = p = 2$，故抛物线的方程为 $y^2 = 4x$.

(2) 由题意得 $F(1,0)$，$M(-1,0)$，设 $A(x_1, y_1)$，$B(x_2, y_2)$，显然直线 AB 的斜率不为 0，设直线 AB 的方程为 $x = my + 1 (m \neq \dfrac{1}{2})$.

因为点 R, N 不重合，所以直线 l 不过点 $F(1,0)$，故可设直线 l 的方程为 $y = 2x + n (n \neq -2)$.

联立方程 $\begin{cases} y^2 = 4x \\ x = my + 1 \end{cases}$，消去 x 得 $y^2 - 4my - 4 = 0$，由韦达定理得 $\begin{cases} y_1 + y_2 = 4m \\ y_1 y_2 = -4 \end{cases}$.

于是 $y_1^2 + y_2^2 = (y_1 + y_2)^2 - 2y_1 y_2 = 16m^2 + 8$.

直线 AM 的方程为 $y = \dfrac{y_1}{x_1 + 1}(x - x_1) + y_1$，联立直线 AM 的方程和直线 l 的方程可得 $P\left(\dfrac{n(x_1+1) - y_1}{y_1 - 2x_1 - 2}, \dfrac{(n-2)y_1}{y_1 - 2x_1 - 2}\right)$.同理可得 $Q\left(\dfrac{n(x_2+1) - y_2}{y_2 - 2x_2 - 2}, \dfrac{(n-2)y_2}{y_2 - 2x_2 - 2}\right)$，从而

$$|y_P \cdot y_Q| = \left|\dfrac{(n-2)^2 y_1 y_2}{(y_1 - 2x_1 - 2)(y_2 - 2x_2 - 2)}\right| = \left|\dfrac{4(n-2)^2 y_1 y_2}{(2y_1 - y_1^2 - 4)(2y_2 - y_2^2 - 4)}\right|$$

$$= \left|\dfrac{16(n-2)^2}{4y_1 y_2 - (2y_1 y_2 + 8)(y_1 + y_2) + y_1^2 y_2^2 + 4(y_1^2 + y_2^2) + 16}\right| = \dfrac{(n-2)^2}{4m^2 + 3}$$

联立直线 AB 的方程和直线 l 的方程，解得 $y_R = \dfrac{n+2}{1-2m}$.

因为 $|RN|^2 = |PN| \cdot |QN|$，所以 $y_R^2 = \left(\dfrac{n+2}{1-2m}\right)^2 = |y_P y_Q| = \dfrac{(n-2)^2}{4m^2 + 3}$.

于是 $\dfrac{(n-2)^2}{(n+2)^2} = \dfrac{4m^2 + 3}{(2m-1)^2} = 1 + \dfrac{2}{2m-1} + \dfrac{4}{(2m-1)^2} \geqslant \dfrac{3}{4}$，解得 $n \in (-\infty, -2) \cup (-2, 14 - 8\sqrt{3}] \cup [14 + 8\sqrt{3}, +\infty)$，故 $-\dfrac{n}{2} \in (-\infty, -7 - 4\sqrt{3}] \cup [-7 + 4\sqrt{3}, 1) \cup (1, +\infty)$.

因此，直线 l 在 x 轴上截距的取值范围为 $(-\infty, -7 - 4\sqrt{3}] \cup [-7 + 4\sqrt{3}, 1) \cup (1, +\infty)$.

15.3 线段向量化

精练1解析

(1)设直线 AP 的斜率为 k，则 $k = \dfrac{x^2 - \dfrac{1}{4}}{x + \dfrac{1}{2}} = x - \dfrac{1}{2}$.因为 $-\dfrac{1}{2} < x < \dfrac{3}{2}$，所以 $k \in (-1, 1)$.

(2)法一：设 AB 的中点为 M，则 $M\left(\dfrac{1}{2}, \dfrac{5}{4}\right)$，从而

$$|PA| \cdot |PQ| = -\overrightarrow{PA} \cdot \overrightarrow{PQ} = -\overrightarrow{PA} \cdot (\overrightarrow{PB} + \overrightarrow{BQ}) = -\overrightarrow{PA} \cdot \overrightarrow{PB} = \left(\dfrac{\overrightarrow{PA} - \overrightarrow{PB}}{2}\right)^2 - \left(\dfrac{\overrightarrow{PA} + \overrightarrow{PB}}{2}\right)^2$$

$$= 2 - |\overrightarrow{PM}|^2 = \left(x + \dfrac{1}{2}\right)^3 \left(\dfrac{3}{2} - x\right) = \dfrac{1}{3}\left(x + \dfrac{1}{2}\right)\left(x + \dfrac{1}{2}\right)\left(x + \dfrac{1}{2}\right)\left(\dfrac{9}{2} - 3x\right)$$

$$\leqslant \dfrac{1}{3}\left[\dfrac{\left(x + \dfrac{1}{2}\right) + \left(x + \dfrac{1}{2}\right) + \left(x + \dfrac{1}{2}\right) + \left(\dfrac{9}{2} - 3x\right)}{4}\right]^4 \leqslant \dfrac{27}{16}$$

当且仅当 $x + \dfrac{1}{2} = \dfrac{9}{2} - 3x$，即 $x = 1$ 时取等号，故 $|PA| \cdot |PQ|$ 取得最大值 $\dfrac{27}{16}$.

法二：因为 $BQ \perp AP$，所以 $|PA| \cdot |PQ| = -\overrightarrow{PA} \cdot \overrightarrow{PB}$.

设点 $P(x, x^2)$，从而 $\overrightarrow{PA} = \left(-\dfrac{1}{2} - x, \dfrac{1}{4} - x^2\right)$，$\overrightarrow{PB} = \left(\dfrac{3}{2} - x, \dfrac{9}{4} - x^2\right)$.

$|PA| \cdot |PQ| = -\overrightarrow{PA} \cdot \overrightarrow{PB} = -x^4 + \dfrac{3}{2}x^2 + x + \dfrac{3}{16}$，求导可得 $|PA| \cdot |PQ|$ 取得最大值 $\dfrac{27}{16}$.

精练2解析

设点 $Q(x, y)$，$A(x_1, y_1)$，$B(x_2, y_2)$，由题意得 $|\overrightarrow{PA}|$，$|\overrightarrow{PB}|$，$|\overrightarrow{AQ}|$，$|\overrightarrow{QB}|$ 均不为零，且 $\dfrac{|\overrightarrow{PA}|}{|\overrightarrow{AQ}|} = \dfrac{|\overrightarrow{PB}|}{|\overrightarrow{QB}|}$.

因为 P, B, Q, A 四点共线，所以可设 $\overrightarrow{PA} = -\lambda \overrightarrow{AQ}$，$\overrightarrow{PB} = \lambda \overrightarrow{QB}(\lambda \neq 0, \pm 1)$.

于是 $\begin{cases} x_1 = \dfrac{4-\lambda x}{1-\lambda} \\ y_1 = \dfrac{1-\lambda y}{1-\lambda} \end{cases}$ ①, $\begin{cases} x_2 = \dfrac{4+\lambda x}{1+\lambda} \\ y_2 = \dfrac{1+\lambda y}{1+\lambda} \end{cases}$ ②.

因为 $A(x_1,y_1),B(x_2,y_2)$ 在椭圆 C 上,所以将式①②分别代入椭圆 C 的方程 $x^2+2y^2=4$.

整理得 $\begin{cases} (x^2+2y^2-4)\lambda^2 - 4(2x+y-2)\lambda + 14 = 0 \text{ ③} \\ (x^2+2y^2-4)\lambda^2 + 4(2x+y-2)\lambda + 14 = 0 \text{ ④} \end{cases}$,由式④-③得 $8(2x+y-2)\lambda = 0$.

因为 $\lambda \neq 0$,所以 $2x+y-2=0$,即点 $Q(x,y)$ 总在定直线 $2x+y-2=0$ 上.

技法16 两点式方程

16.1 两点式方程

精练解析

(1)由题意知 $\dfrac{y}{x+\sqrt{2}} \cdot \dfrac{y}{x-\sqrt{2}} = -\dfrac{1}{2}$,化简得 $\dfrac{x^2}{2}+y^2=1(y \neq 0)$.

(2)法一:设点 $M(x_1,y_1),N(x_2,y_2),Q(x_2,-y_2)$,直线 $l:x=my+1$.

将直线 l 的方程代入 $\dfrac{x^2}{2}+y^2=1(y \neq 0)$,整理得 $(m^2+2)y^2+2my-1=0$.

由韦达定理得 $y_1+y_2 = \dfrac{-2m}{m^2+2}, y_1 y_2 = \dfrac{-1}{m^2+2}$.

由题意得直线 MQ 的方程为 $y-y_1 = \dfrac{y_1+y_2}{x_1-x_2}(x-x_1)$.

令 $y=0$,得 $x = x_1 + \dfrac{y_1(x_2-x_1)}{y_1+y_2} = my_1 + 1 + \dfrac{my_1(y_2-y_1)}{y_1+y_2} = \dfrac{2my_1 y_2}{y_1+y_2} + 1 = 2$,故直线 MQ 恒过定点 $(2,0)$.

法二:设 $M(x_1,y_1),N(x_2,y_2),Q(x_2,-y_2)$,直线 $l:y=k(x-1)$.

将直线 l 的方程代入 $\dfrac{x^2}{2}+y^2=1(y \neq 0)$,整理得 $(1+2k^2)x^2 - 4k^2 x + 2k^2 - 2 = 0$.

由韦达定理得 $x_1+x_2 = \dfrac{4k^2}{1+2k^2}, x_1 x_2 = \dfrac{2k^2-2}{1+2k^2}$.

由题意得直线 MQ 的方程为 $y-y_1 = \dfrac{y_1+y_2}{x_1-x_2}(x-x_1)$.

令 $y=0$,得 $x = x_1 + \dfrac{y_1(x_2-x_1)}{y_1+y_2} = x_1 + \dfrac{k(x_1-1)(x_2-x_1)}{k(x_1+x_2-2)} = \dfrac{2x_1 x_2 - (x_1+x_2)}{x_1+x_2-2} = 2$,故直线 MQ 恒过定点 $(2,0)$.

16.2 两点式方程与定点问题

精练1解析

(1)由 $\begin{cases} \dfrac{c}{a} = \dfrac{\sqrt{2}}{2} \\ a^2 = b^2 + c^2 \end{cases}$ 得 $a = \sqrt{2} b$. 联立方程 $\begin{cases} y = \dfrac{1}{2}x \\ \dfrac{x^2}{2b^2} + \dfrac{y^2}{b^2} = 1 \end{cases}$,解得 $B\left(\dfrac{2\sqrt{3}}{3}b, \dfrac{\sqrt{3}}{3}b\right)$,即 $OB = \sqrt{5}$.

由两点间距离公式得 $\dfrac{4}{3}b^2 + \dfrac{b^2}{3} = 5$,解得 $b = \sqrt{3}$,故椭圆 E 的方程为 $\dfrac{x^2}{6} + \dfrac{y^2}{3} = 1$.

(2)设点 $M(x_1,y_1),N(x_2,y_2),B(2,1),A(-2,-1)$.

由椭圆的第三定义得 $k_{AM} \cdot k_{BN} = \dfrac{y_1+1}{x_1+2} \cdot \dfrac{y_2-1}{x_2-2} = -\dfrac{1}{2}$,同理可得 $k_{BM} \cdot k_{AN} = \dfrac{y_1-1}{x_1-2} \cdot \dfrac{y_2+1}{x_2+2} = -\dfrac{1}{2}$.

整理得 $\begin{cases} y_1 y_2 - y_2 + y_1 - 1 = -\dfrac{1}{2}(x_1 x_2 - 2x_2 + 2x_1 - 4) \\ y_1 y_2 - y_1 + y_2 - 1 = -\dfrac{1}{2}(x_1 x_2 - 2x_1 + 2x_2 - 4) \end{cases}$,两式作差可得 $-2y_2 + 2y_1 = -\dfrac{1}{2}(-4x_2 + 4x_1)$,

化简为 $k_{MN} = \dfrac{y_2 - y_1}{x_2 - x_1} = -1$,即直线 MN 的斜率为定值 -1.

精练 2 解析

由题意得双曲线方程为 $\dfrac{x^2}{2} - y^2 = 1$,设点 $P(x_1, y_1), Q(x_2, y_2)$,则 $\begin{cases} k_{AP} = \dfrac{y_1 - 1}{x_1 - 2} = \dfrac{1}{2} \cdot \dfrac{x_1 + 2}{y_1 + 1} \\ k_{AQ} = \dfrac{y_2 - 1}{x_2 - 2} = \dfrac{1}{2} \cdot \dfrac{x_2 + 2}{y_2 + 1} \end{cases}$.

由 $k_{AP} + k_{AQ} = 0$ 得 $\begin{cases} \dfrac{y_1 - 1}{x_1 - 2} + \dfrac{1}{2} \cdot \dfrac{x_2 + 2}{y_2 + 1} = 0 \\ \dfrac{1}{2} \cdot \dfrac{x_1 + 2}{y_1 + 1} + \dfrac{y_2 - 1}{x_2 - 2} = 0 \end{cases}$.

整理得 $\begin{cases} 2y_1 y_2 + 2(y_1 - y_2) + x_1 x_2 + 2(x_1 - x_2) - 6 = 0 \quad ① \\ 2y_1 y_2 + 2(y_2 - y_1) + x_1 x_2 + 2(x_2 - x_1) - 6 = 0 \quad ② \end{cases}$.

由式 ② $-$ ① 得 $4(y_2 - y_1) = -4(x_2 - x_1)$,故 $k_{PQ} = -1$.

精练 3 解析

设点 $A(x_1, y_1), B(x_2, y_2)$,代入椭圆 C 的方程得 $\dfrac{x_1^2}{4} + \dfrac{y_1^2}{3} = \dfrac{x_2^2}{4} + \dfrac{y_2^2}{3} = 1$.

从而 $k_{MA} = \dfrac{y_1 - \sqrt{3}}{x_1} = -\dfrac{3}{4} \cdot \dfrac{x_1}{y_1 + \sqrt{3}}, k_{MB} = \dfrac{y_2 - \sqrt{3}}{x_2} = -\dfrac{3}{4} \cdot \dfrac{x_2}{y_2 + \sqrt{3}}$.

由 $k_{MA} \cdot k_{MB} = \dfrac{1}{4}$ 得 $\dfrac{y_1 - \sqrt{3}}{x_1} \left(-\dfrac{3}{4} \cdot \dfrac{x_2}{y_2 + \sqrt{3}}\right) = \dfrac{1}{4}$,即 $x_1 y_2 + 3x_2 y_1 = 3\sqrt{3} x_2 - \sqrt{3} x_1$ ①.

同理可得 $x_2 y_1 + 3x_1 y_2 = 3\sqrt{3} x_1 - \sqrt{3} x_2$ ②.由①②两式相减得 $x_2 y_1 - x_1 y_2 = 2\sqrt{3}(x_2 - x_1)$.

直线 AB 的两点式方程为 $x(y_1 - y_2) + y(x_2 - x_1) = x_2 y_1 - x_1 y_2$.

因此,对比可知 AB 过定点 $(0, 2\sqrt{3})$.

16.3 抛物线两点式

精练 1 解析

(1) 因为抛物线 C 经过点 $P(-2, 1)$,所以 $4 = 2p$,解得 $p = 2$,故抛物线 C 的方程为 $x^2 = 4y$.

由题意得直线 l 的斜率存在,设直线 $l: y = k(x+1)$,点 $A(x_1, y_1), B(x_2, y_2)$.

联立方程 $\begin{cases} y = k(x+1) \\ x^2 = 4y \end{cases}$,消去 y 得 $x^2 - 4kx - 4k = 0$.

因为 $\Delta = 16k^2 + 16k > 0$,所以解得 $k < -1$ 或 $k > 0$.由韦达定理得 $x_1 + x_2 = 4k, x_1 x_2 = -4k$.

从而 $y_1 + y_2 = k(x_1 + x_2) + 2k = 4k^2 + 2k, y_1 y_2 = \dfrac{(x_1 x_2)^2}{16} = k^2$.

直线 PA, PB 与 x 轴相交于 M, N 两点,故 $k_{PA} \cdot k_{PB} = \dfrac{y_1 - 1}{x_1 + 2} \cdot \dfrac{y_2 - 1}{x_2 + 2} = \dfrac{y_1 y_2 - (y_1 + y_2) + 1}{(x_1 + 2)(x_2 + 2)} \neq 0$,即

$-3k^2 - 2k + 1 \neq 0$,解得 $k \neq \dfrac{1}{3}$ 且 $k \neq -1$.

综上,直线 l 的斜率的取值范围为 $(-\infty, -1) \cup \left(0, \dfrac{1}{3}\right) \cup \left(\dfrac{1}{3}, +\infty\right)$.

(2)设点 $M(x_M,0), N(x_N,0)$.

由 $\overrightarrow{QM}=\lambda\overrightarrow{QT}, \overrightarrow{QN}=\mu\overrightarrow{QT}, Q(-1,0)$ 得 Q,M,N,T 共线,即 T 在 x 轴上,故可设 $T(t,0)$.

从而 $\overrightarrow{QM}=(x_M+1,0), \overrightarrow{QT}=(t+1,0)$.

因为 $\overrightarrow{QM}=\lambda\overrightarrow{QT}$,所以 $x_M+1=\lambda(t+1)$,即 $\dfrac{1}{\lambda}=\dfrac{t+1}{x_M+1}$,同理可得 $\dfrac{1}{\mu}=\dfrac{t+1}{x_N+1}$.

由 $k_{AB}=\dfrac{y_2-y_1}{x_2-x_1}=\dfrac{\frac{x_2^2}{4}-\frac{x_1^2}{4}}{x_2-x_1}$ 得 $k_{AB}=\dfrac{x_1+x_2}{4}$,故直线 AB 的方程为 $y-\dfrac{x_1^2}{4}=\dfrac{x_1+x_2}{4}(x-x_1)$.

整理得 $(x_1+x_2)x=4y+x_1x_2$,因为直线 l 过定点 $Q(-1,0)$,所以 $x_1+x_2+x_1x_2=0$.

同理 $AP:(x_1-2)x=4y-2x_1, BP:(x_2-2)x=4y-2x_2$,当 $y=0$ 时,$x_M=\dfrac{-2x_1}{x_1-2}, x_N=\dfrac{-2x_2}{x_2-2}$.

故 $\dfrac{1}{\lambda}+\dfrac{1}{\mu}=-(t+1)\left(\dfrac{x_1-2}{x_1+2}+\dfrac{x_2-2}{x_2+2}\right)=-(t+1)\cdot\dfrac{2x_1x_2-8}{x_1x_2+2(x_1+x_2)+4}=2(t+1)=4$,解得 $t=1$.

综上,存在定点 $T(1,0)$ 满足题意.

精练2解析

(1)设点 $A\left(x_1,\dfrac{x_1^2}{4}\right), B\left(x_2,\dfrac{x_2^2}{4}\right)$ 为曲线 C 上两点,则 $k_{AB}=\dfrac{\frac{x_1^2}{4}-\frac{x_2^2}{4}}{x_1-x_2}=\dfrac{1}{4}(x_1+x_2)=\dfrac{1}{4}\times 4=1$.

(2)设点 $M\left(m,\dfrac{m^2}{4}\right)$,对 $y=\dfrac{x^2}{4}$ 求导得 $y'=\dfrac{1}{2}x$,可得点 M 处的切线的斜率为 $\dfrac{1}{2}m$.

由曲线 C 在点 M 处的切线与直线 AB 平行,可得 $\dfrac{1}{2}m=1$,解得 $m=2$,故 $M(2,1)$.

由抛物线两点式方程得 $AB:(x_1+x_2)x=4y+x_1x_2$,即 $4x=4y+x_1x_2$.

同理 $AM:(2+x_1)x=4y+2x_1, BM:(2+x_2)x=4y+2x_2$.

因为 $AM\perp BM$,所以 $\dfrac{2+x_1}{4}\cdot\dfrac{2+x_2}{4}=-1$,即 $x_1x_2=-28$,故 $AB:4x=4y-28$,整理得 $y=x+7$.

精练3解析

设点 $P(x_0,y_0)$,由 P,A,M 三点共线得 $k_{PM}=k_{PA}$,即 $\dfrac{8}{y_M+y_0}=\dfrac{y_0-3}{x_0-2}$,解得 $y_M=\dfrac{3y_0-16}{y_0-3}$.

由 $k_{MN}=\dfrac{8}{y_M+y_N}=\dfrac{4}{3}$ 得 $y_M+y_N=6$,故 $y_N=6-y_M=\dfrac{3y_0-2}{y_0-3}$.

从而直线 PN 的方程为 $8x-(y_P+y_N)y+y_Py_N=0$,整理得 $(3-y)y_0^2+(8x-2)y_0-24x+2y=0$.

在上式中,令 $\begin{cases}3-y=0\\8x-2=0\\-24x+2y=0\end{cases}$,解得 $\begin{cases}x=\dfrac{1}{4}\\y=3\end{cases}$,故直线 PN 过定点 $\left(\dfrac{1}{4},3\right)$.

16.4 抛物线平均式

精练1解析

(1)由题意知,抛物线 C 的方程为 $x^2=-4y$.

(2)如图1所示,设点 $M(x_1,y_1), N(x_2,y_2)$.

由抛物线的平均性质可得 $y_1y_2=1,\begin{cases}x_1^2=-4y_1\\x_2^2=-4y_2\end{cases}$,两式相乘得 $x_1x_2=-4$.

直线 OM 的方程为 $y=\dfrac{y_1}{x_1}x=\dfrac{-\frac{x_1^2}{4}}{x_1}x=-\dfrac{x_1}{4}x$.

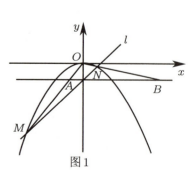

图1

从而可得 $A\left(\dfrac{4}{x_1}, -1\right)$，同理可得 $B\left(\dfrac{4}{x_2}, -1\right)$.

以 A, B 两点为直径的圆的方程为 $\left(x - \dfrac{4}{x_1}\right)\left(x - \dfrac{4}{x_2}\right) + (y+1)(y+1) = 0$.

整理得 $x^2 - \left(\dfrac{4}{x_1} + \dfrac{4}{x_2}\right)x + \dfrac{16}{x_1 x_2} + y^2 + 2y + 1 = 0$，即 $x^2 + (x_1 + x_2)x - 4 + y^2 + 2y + 1 = 0$ ①.

令 $x = 0$，式①化简为 $y^2 + 2y - 3 = 0$，解得 $y = -3$ 或 $y = 1$，故以 AB 为直径的圆恒过点 $(0, -3), (0, 1)$.

精练2解析

如图2所示，设点 $A(x_1, y_1), B(x_2, y_2), C(x_3, y_3), D(x_4, y_4)$.

因为直线 AB 过点 $F(1, 0)$，所以由抛物线的平均性质得 $x_1 x_2 = 1$.

因为直线 AC 过点 $M(3, 0)$，所以由抛物线的平均性质得 $x_1 x_3 = 9$.

因为直线 CD 过点 $F(1, 0)$，所以由抛物线的平均性质得 $x_3 x_4 = 1$.

从而 $|AB| = x_1 + x_2 + 2 = x_1 + \dfrac{1}{x_1} + 2 = \left(\sqrt{x_1} + \dfrac{1}{\sqrt{x_1}}\right)^2$.

同理 $|CD| = x_3 + x_4 + 2 = x_3 + \dfrac{1}{x_3} + 2 = \dfrac{9}{x_1} + \dfrac{x_1}{9} + 2 = \left(\dfrac{\sqrt{x_1}}{3} + \dfrac{3}{\sqrt{x_1}}\right)^2$.

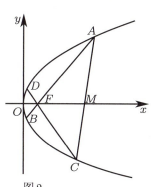

图2

故 $|AB| \cdot |CD| = \left(\sqrt{x_1} + \dfrac{1}{\sqrt{x_1}}\right)^2 \left(\dfrac{\sqrt{x_1}}{3} + \dfrac{3}{\sqrt{x_1}}\right)^2 = \left(3 + \dfrac{1}{3} + \dfrac{3}{x_1} + \dfrac{x_1}{3}\right)^2 \geq \dfrac{256}{9}$，当 $x_1 = 3$ 时取等号.

16.5 构造对偶式

精练解析

设点 $A(x_1, y_1), B(x_2, y_2)$，直线 l 的方程为 $x = my + 2 (m \neq 0)$，则
$$k_1 = \dfrac{y_1}{x_1 + 4}, \quad k_2 = \dfrac{y_2}{x_2 - 4}, \quad \lambda = \dfrac{k_1}{k_2} = \dfrac{x_2 y_1 - 4 y_1}{x_1 y_2 + 4 y_2}$$

因为 A, F, B 三点共线，所以 $\dfrac{y_1}{x_1 - 2} = \dfrac{y_2}{x_2 - 2}$，整理得 $x_1 y_2 - x_2 y_1 = 2(y_2 - y_1)$.

由 $\begin{cases} x_1 y_2 + x_2 y_1 = \dfrac{-96}{3m^2 + 4} \\ y_1 + y_2 = \dfrac{-12m}{3m^2 + 4} \end{cases}$ 得 $x_1 y_2 + x_2 y_1 = 8(y_1 + y_2)$.

从而 $\begin{cases} x_1 y_2 - x_2 y_1 = 2(y_2 - y_1) \\ x_1 y_2 + x_2 y_1 = 8(y_1 + y_2) \end{cases}$，解得 $\begin{cases} x_1 y_2 = 3 y_1 + 5 y_2 \\ x_2 y_1 = 5 y_1 + 3 y_2 \end{cases}$.

因此，$\lambda = \dfrac{k_1}{k_2} = \dfrac{x_2 y_1 - 4 y_1}{x_1 y_2 + 4 y_2} = \dfrac{y_1 + 3 y_2}{3 y_1 + 9 y_2} = \dfrac{1}{3}$.

技法17　直径式方程

17.1 斜率直径式

精练1解析

设点 $P(x_0, y_0)$，则点 $Q(-x_0, -y_0)$. 由题意得点 P 在椭圆上，故 $x_0^2 + 2 y_0^2 = 4$ ①.

由 $A(-2, 0)$ 得直线 PA 的方程为 $y = \dfrac{y_0}{x_0 + 2}(x + 2)$，从而解得直线 PA 与 y 轴的交点为 $M\left(0, \dfrac{2 y_0}{x_0 + 2}\right)$.

同理直线 QA 的方程为 $y = \dfrac{y_0}{x_0 - 2}(x + 2)$，解得 $N\left(0, \dfrac{2 y_0}{x_0 - 2}\right)$.

故以MN为直径的圆的方程为$(x-0)(x-0)+\left(y-\dfrac{2y_0}{x_0+2}\right)\left(y-\dfrac{2y_0}{x_0-2}\right)=0$.

整理得$x^2+y^2-\dfrac{4x_0y_0}{x_0^2-4}y+\dfrac{4y_0^2}{x_0^2-4}=0$②.将式①代入式②,化简得圆的方程为$x^2+y^2+\dfrac{2x_0}{y_0}y-2=0$.

令$y=0$,得$x^2-2=0$,从而解得$x=\pm\sqrt{2}$,故以MN为直径的圆过定点$F(\pm\sqrt{2},0)$.

精练2解析

设点$M(x_0,y_0)$,则直线$AM:\dfrac{y_0}{x_0+2}=\dfrac{y}{x+2}$,$BM:\dfrac{y_0}{x_0-2}=\dfrac{y}{x-2}$.

上述两直线分别与$x=4$联立可得$P\left(4,\dfrac{6y_0}{x_0+2}\right),Q\left(4,\dfrac{2y_0}{x_0-2}\right)$.

由直径式方程得$(x-4)(x-4)+\left(y-\dfrac{6y_0}{x_0+2}\right)\left(y-\dfrac{2y_0}{x_0-2}\right)=0$.

整理得$x^2-8x+16+y^2-\left(\dfrac{6y_0}{x_0+2}+\dfrac{2y_0}{x_0-2}\right)y+\dfrac{6y_0}{x_0+2}\cdot\dfrac{2y_0}{x_0-2}=0$①.

因为点M在圆上,所以$x_0^2+y_0^2=4$②.将式②代入式①整理可得$x^2-8x+16+y^2+\dfrac{2x_0-2}{y_0}y-12=0$.

令$y=0$,得$x^2-8x+4=0$,故可得定点为$(4\pm 2\sqrt{3},0)$.

17.2 双根直径式

精练1解析

(1)由题意得直线l的斜率不为0,故设$l:x=my+2$.

联立方程$\begin{cases}y^2=2x\\x=my+2\end{cases}$,消去$x$得$y^2-2my-4=0$①.

联立方程$\begin{cases}y^2=2x\\x=my+2\end{cases}$,消去$y$得$x^2-2(m^2+2)x+4=0$②.

由式①+②得,以AB为直径的圆的方程为$x^2+y^2-2(m^2+2)x-2my=0$,故原点O在圆M上.

(2)因为圆M过点P,所以$16+4-8(m^2+2)+4m=0$,即$2m^2-m-1=0$,解得$m=-\dfrac{1}{2}$或1.

当$m=-\dfrac{1}{2}$时,直线l的方程为$2x+y-4=0$,圆M的方程为$\left(x-\dfrac{9}{4}\right)^2+\left(y+\dfrac{1}{2}\right)^2=\dfrac{85}{16}$.

当$m=1$时,直线l的方程为$x-y-2=0$,圆M的方程为$(x-3)^2+(y-1)^2=10$.

精练2解析

(1)设点$A(x_1,y_1),B(x_2,y_2)$,则$k_{AB}=\dfrac{y_2-y_1}{x_2-x_1}=\dfrac{\dfrac{x_2^2}{4}-\dfrac{x_1^2}{4}}{x_2-x_1}=\dfrac{x_2+x_1}{4}=1$.

(2)设点$M\left(x_0,\dfrac{x_0^2}{4}\right)$,从而曲线$C$在点$M$处的切线斜率为$k=\dfrac{x_0}{2}$,解得$\dfrac{x_0}{2}=1$,即$x_0=2$,故$M(2,1)$.

设直线AB的方程为$y=x+m$.

联立方程$\begin{cases}y=x+m\\y=\dfrac{x^2}{4}\end{cases}$,消去$y$得$x^2-4x-4m=0$①.

联立方程$\begin{cases}y=x+m\\y=\dfrac{x^2}{4}\end{cases}$,消去$x$得$y^2-2(m+2)y+m^2=0$②.

由式①+②得,以AB为直径的圆的方程为$x^2+y^2-4x-2(m+2)y+m^2-4m=0$.

因为$AM\perp BM$,所以点M在以AB为直径的圆上.

从而 $4+1-8-2(m+2)+m^2-4m=0$，即 $m^2-6m-7=0$，解得 $m=7$ 或 $m=-1$.

当 $m=-1$ 时，$y=x-1$，此时点 $M(2,1)$ 在 AB 上，不符合题意.

当 $m=7$ 时，$y=x+7$，故直线 AB 的方程为 $y=x+7$.

技法18 点乘双根法

精练1解析

(1) 椭圆的方程为 $\dfrac{x^2}{20}+\dfrac{y^2}{4}=1$.

(2) 由题意易得直线 l 不与坐标轴垂直，故可设直线 l 的方程为 $y=k(x+2)$，点 $P(x_1,y_1),Q(x_2,y_2)$.

因为 $PB_2 \perp QB_2$，所以 $\overrightarrow{PB_2} \cdot \overrightarrow{QB_2}=0$.

从而 $(x_1-2,y_1)\cdot(x_2-2,y_2)=0$，即 $(x_1-2)(x_2-2)+k^2(x_1+2)(x_2+2)=0$.

联立方程 $\begin{cases} y=k(x+2) \\ \dfrac{x^2}{20}+\dfrac{y^2}{4}=1 \end{cases}$，消去 y 得 $x^2+5k^2(x+2)^2-20=0$.

方程 $x^2+5k^2(x+2)^2-20=0$ 可以等价转化为 $(1+5k^2)(x_1-x)(x_2-x)=0$.

于是 $x^2+5k^2(x+2)^2-20=(1+5k^2)(x_1-x)(x_2-x)$.

令 $x=2$，则 $4+80k^2-20=(1+5k^2)(x_1-2)(x_2-2) \Rightarrow (x_1-2)(x_2-2)=\dfrac{80k^2-16}{1+5k^2}$.

令 $x=-2$，则 $4+0-20=(1+5k^2)(x_1+2)(x_2+2) \Rightarrow (x_1+2)(x_2+2)=\dfrac{-16}{1+5k^2}$.

因为 $(x_1-2)(x_2-2)+k^2(x_1+2)(x_2+2)=0$，所以 $\dfrac{80k^2-16}{1+5k^2}+\dfrac{-16k^2}{1+5k^2}=0$.

整理得 $80k^2-16k^2-16=0$，即 $64k^2=16$，解得 $k^2=\dfrac{1}{4}$，即 $k=\pm\dfrac{1}{2}$，故直线 l 的方程为 $y=\pm\dfrac{1}{2}(x+2)$.

精练2解析

(1) 椭圆的方程为 $\dfrac{x^2}{4}+\dfrac{y^2}{3}=1$.

(2) 由题意得点 $M(2,0)$，设直线 AB 的方程为 $y=kx+m$，点 $A(x_1,y_1),B(x_2,y_2)$.

联立方程 $\begin{cases} \dfrac{x^2}{4}+\dfrac{y^2}{3}=1 \\ y=kx+m \end{cases}$，消去 y 得 $3x^2+4(kx+m)^2-12=(3+4k^2)(x_1-x)(x_2-x)$ ①.

从而 $k_{MA} \cdot k_{MB}=\dfrac{y_1y_2}{(x_1-2)(x_2-2)}=\dfrac{(kx_1+m)(kx_2+m)}{(x_1-2)(x_2-2)}=\dfrac{k^2\left(x_1+\dfrac{m}{k}\right)\left(x_2+\dfrac{m}{k}\right)}{(x_1-2)(x_2-2)}=\dfrac{1}{4}$ ②.

在式①中，令 $x=2$，得 $(x_1-2)(x_2-2)=\dfrac{16km+16k^2+4m^2}{3+4k^2}$ ③.

在式①中，令 $x=-\dfrac{m}{k}$，得 $\left(x_1+\dfrac{m}{k}\right)\left(x_2+\dfrac{m}{k}\right)=\dfrac{3\dfrac{m^2}{k^2}-12}{3+4k^2}$ ④.

把式③④代入式②得 $\dfrac{k^2\left(3\dfrac{m^2}{k^2}-12\right)}{16km+16k^2+4m^2}=\dfrac{1}{4}$，化简得 $m^2-2km-8k^2=0$，解得 $m=4k$ 或 $m=-2k$.

当 $m=-2k$ 时，直线 AB 的方程为 $y=k(x-2)$，过定点 $(2,0)$，与点 M 重合，不符合题意，舍去.

当 $m=4k$ 时，直线 AB 的方程为 $y=k(x+4)$，过定点 $(-4,0)$.

综上所述，直线 AB 恒过定点 $(-4,0)$.

精练 3 解析

(1) 设点 $A(x_1,y_1), B(x_2,y_2)$.

由题意得 $x_1 \neq x_2$, $y_1 = \dfrac{x_1^2}{4}$, $y_2 = \dfrac{x_2^2}{4}$, $x_1+x_2=4$, 故直线 AB 的斜率 $k = \dfrac{y_1-y_2}{x_1-x_2} = \dfrac{x_1+x_2}{4} = 1$.

(2) 由 $y = \dfrac{x^2}{4}$ 得 $y' = \dfrac{x}{2}$. 设点 $M(x_3,y_3)$, 由题意得 $\dfrac{x_3}{2} = 1$, 解得 $x_3 = 2$, 故 $M(2,1)$.

因为 $AM \perp BM$, 所以 $\overrightarrow{MA} \cdot \overrightarrow{MB} = 0$, 即 $(x_1-2)(x_2-2)+(y_1-1)(y_2-1)=0$.

设直线 AB 的方程为 $y = x+m$, 则 $y_1 = x_1+m, y_2 = x_2+m$.

从而 $(x_1-2)(x_2-2)+(x_1+m-1)(x_2+m-1)=0$.

联立方程 $\begin{cases} y=x+m \\ y=\dfrac{x^2}{4} \end{cases}$, 消去 y 得 $x^2-4x-4m=0$. 由 $\Delta = 16(m+1)>0$ 得 $m>-1$.

由点乘双根法可构造 $x^2-4x-4m = (x_1-x)(x_2-x)$.

令 $x=2$, 得 $2^2-4\times 2-4m = (x_1-2)(x_2-2)$.

令 $x=1-m$, 得 $(1-m)^2-4(1-m)-4m = (x_1+m-1)(x_2+m-1)$.

于是 $(x_1-2)(x_2-2)+(x_1+m-1)(x_2+m-1) = 2^2-4\times 2-4m+(1-m)^2-4(1-m)-4m = 0$.

从而解得 $m=7$ 或 $m=-1$(舍去), 故直线 AB 的方程为 $y=x+7$.

精练 4 解析

(1) 椭圆的方程为 $\dfrac{x^2}{3} + \dfrac{y^2}{2} = 1$.

(2) 设点 $C(x_1,y_1), D(x_2,y_2)$, 则直线 CD 的方程为 $y=k(x+1)$.

联立方程 $\begin{cases} y=k(x+1) \\ \dfrac{x^2}{3}+\dfrac{y^2}{2}=1 \end{cases}$, 消去 y 得 $2x^2+3k^2(x+1)^2-6=0$.

由题意得 $2x^2+3k^2(x+1)^2-6 = (2+3k^2)(x_1-x)(x_2-x)$.

整理得 $(x_1-x)(x_2-x) = \dfrac{2x^2+3k^2(x+1)^2-6}{2+3k^2}$ ①.

因为 $A(-\sqrt{3},0), B(\sqrt{3},0)$, $\overrightarrow{AC}=(x_1+\sqrt{3},y_1)$, $\overrightarrow{DB}=(\sqrt{3}-x_2,-y_2)$, $\overrightarrow{AD}=(x_2+\sqrt{3},y_2)$, $\overrightarrow{CB}=(\sqrt{3}-x_1,-y_1)$, 所以 $\overrightarrow{AC}\cdot\overrightarrow{DB}+\overrightarrow{AD}\cdot\overrightarrow{CB} = 6-2x_1x_2-2y_1y_2 = 6-2x_1x_2-2k^2(x_1+1)(x_2+1)$ ②.

在式①中, 令 $x=0$, 得 $x_1x_2 = \dfrac{3k^2-6}{2+3k^2}$ ③. 在式①中, 令 $x=-1$, 得 $(x_1+1)(x_2+1) = \dfrac{-4}{2+3k^2}$ ④.

将式③④代入式②得 $\overrightarrow{AC}\cdot\overrightarrow{DB}+\overrightarrow{AD}\cdot\overrightarrow{CB} = 6 - \dfrac{6k^2-12}{2+3k^2} + \dfrac{8k^2}{2+3k^2} = 6 + \dfrac{2k^2+12}{2+3k^2}$.

又因为 $6 + \dfrac{2k^2+12}{2+3k^2} = 8$, 所以解得 $k = \pm\sqrt{2}$.

技法 19　焦半径公式

19.1　坐标式

精练 1 解析

设点 $P(x_0,y_0)$, 由椭圆的焦半径坐标公式得 $|PF_1|\cdot|PF_2| = (a+ex_0)(a-ex_0) = a^2-e^2x_0^2$.

从而 $|PF_1|\cdot|PF_2|$ 的最大值为 a^2, 故 $2c^2 \leqslant a^2 \leqslant 3c^2$, 同除以 a^2, 解得 $2e^2 \leqslant 1 \leqslant 3e^2$, 故 $\dfrac{\sqrt{3}}{3} \leqslant e \leqslant \dfrac{\sqrt{2}}{2}$.

参考答案

精练 2 解析

设点 $P(x_0, y_0)$，则 $\dfrac{x_0^2}{a^2} + \dfrac{y_0^2}{b^2} = 1$. 由焦半径公式得 $\begin{cases} |PF_1| = a - ex_0 \\ |PF_2| = a + ex_0 \end{cases}$，故 $|PF_1| \cdot |PF_2| = a^2 - e^2 x_0^2$.

因为 $|PO|^2 = |PF_1| \cdot |PF_2|$，所以 $x_0^2 + y_0^2 = a^2 - e^2 x_0^2$，即 $x_0^2 + b^2\left(1 - \dfrac{x_0^2}{a^2}\right) = a^2 - e^2 x_0^2$.

又因为 $e^2 = 1 - \dfrac{b^2}{a^2}$，解得 $x_0 = \pm \dfrac{\sqrt{2} a}{2}$，所以满足条件的点 P 有 4 个.

精练 3 解析

由题意得点 A 在椭圆 C 上，且 $\angle F_1 A F_2 = \dfrac{\pi}{2}$. 设点 $A(x_0, y_0)(-a < x_0 < a)$，且 $F_1(-c, 0)$, $F_2(c, 0)$，则

$$|AF_1| = \sqrt{(x_0 + c)^2 + y_0^2} = \sqrt{x_0^2 + y_0^2 + 2cx_0 + c^2} = \sqrt{\left(1 - \dfrac{b^2}{a^2}\right) x_0^2 + 2cx_0 + c^2 + b^2}$$

$$= \sqrt{\dfrac{c^2}{a^2} x_0^2 + 2cx_0 + a^2} = \sqrt{\left(\dfrac{c}{a} x_0 + a\right)^2} = a + ex_0$$

同理 $|AF_2| = a - ex_0$.

设 $\angle F_1 A F_2$ 的角平分线交 x 轴于 $T(m, 0)$，由角平分线的性质得 $\dfrac{|AF_2|}{|AF_1|} = \dfrac{|F_2 T|}{|F_1 T|} = \dfrac{c - m}{m + c} = \dfrac{a - ex_0}{a + ex_0}$，解得 $m = e^2 x_0$. 于是得 $T(e^2 x_0, 0)$，故直线 AB 的方程为 $y = \dfrac{y_0}{(1 - e^2) x_0}(x - e^2 x_0)$.

令 $x = 0$，可得 $y = -\dfrac{e^2 y_0}{1 - e}$，即 $D\left(0, \dfrac{-e^2 \cdot y_0}{1 - e^2}\right)$. 由 $\overrightarrow{AB} = 2\overrightarrow{BD}$ 得 $B\left(\dfrac{x_0}{3}, \dfrac{y_0 \cdot (1 - 3e^2)}{3(1 - e^2)}\right)$.

设 AB 的中点为 M，则 $x_M = \dfrac{2x_0}{3}$，即 $M\left(\dfrac{2x_0}{3}, \dfrac{2 - 3e^2}{3(1 - e^2)} y_0\right)$.

设点 $A(x_1, y_1)$, $B(x_2, y_2)$, $M(x_0, y_0)$，M 为 AB 的中点，则 $\begin{cases} \dfrac{x_1^2}{a^2} + \dfrac{y_1^2}{b^2} = 1 \\ \dfrac{x_2^2}{a^2} + \dfrac{y_2^2}{b^2} = 1 \end{cases}$.

两式作差得 $\dfrac{(x_1 + x_2)(x_1 - x_2)}{a^2} + \dfrac{(y_1 + y_2)(y_1 - y_2)}{b^2} = 0$.

由 $x_1 + x_2 = 2x_0$, $y_1 + y_2 = 2y_0$，整理得 $\dfrac{2x_0(x_1 - x_2)}{a^2} + \dfrac{2y_0(y_1 - y_2)}{b^2} = 0$.

化简得 $\dfrac{y_0}{x_0} \cdot \dfrac{y_1 - y_2}{x_1 - x_2} = -\dfrac{b^2}{a^2}$，故 $k_{OM} k_{AB} = -\dfrac{b^2}{a^2} = e^2 - 1$，即 $\dfrac{(2 - 3e^2) y_0^2}{2(1 - e^2)^2 x_0^2} = e^2 - 1$.

因为 $\angle F_1 A F_2 = \dfrac{\pi}{2}$，所以 $\overrightarrow{F_1 A} \cdot \overrightarrow{F_2 A} = x_0^2 + y_0^2 - c^2 = 0$.

联立方程 $\begin{cases} x_0^2 + y_0^2 - c^2 = 0 \\ \dfrac{x_0^2}{a^2} + \dfrac{y_0^2}{b^2} = 1 \end{cases}$，解得 $\begin{cases} y_0^2 = \dfrac{b^4}{c^2} \\ x_0^2 = \dfrac{a^2(c^2 - b^2)}{c^2} \end{cases}$.

从而 $\dfrac{y_0^2}{x_0^2} = \dfrac{b^4}{a^2(c^2 - b^2)} = \dfrac{(e^2 - 1)^2}{2e^2 - 1}$，解得 $\dfrac{2 - 3e^2}{2(2e^2 - 1)} = e^2 - 1$，即 $e = \dfrac{\sqrt{3}}{2}$.

精练 4 解析

(1) 设点 $A(x_1, y_1)$, $B(x_2, y_2)$，则 $\dfrac{x_1^2}{4} + \dfrac{y_1^2}{3} = 1$, $\dfrac{x_2^2}{4} + \dfrac{y_2^2}{3} = 1$.

以上两式相减，并由 $\dfrac{y_1 - y_2}{x_1 - x_2} = k$ 得 $\dfrac{x_1 + x_2}{4} + \dfrac{y_1 + y_2}{3} \cdot k = 0$.

由题意得 $\dfrac{x_1+x_2}{2}=1$，$\dfrac{y_1+y_2}{2}=m$，于是 $k=-\dfrac{3}{4m}$．由题意得 $0<m<\dfrac{3}{2}$，故 $k<-\dfrac{1}{2}$．

(2) 由题意得点 $F(1,0)$，设点 $P(x_3,y_3)$，从而 $(x_3-1,y_3)+(x_1-1,y_1)+(x_2-1,y_2)=(0,0)$．

由(1)及题意得 $x_3=3-(x_1+x_2)=1$，$y_3=-(y_1+y_2)=-2m<0$．

因为点 P 在椭圆 C 上，所以 $m=\dfrac{3}{4}$，从而 $P\left(1,-\dfrac{3}{2}\right)$，$|\overrightarrow{FP}|=\dfrac{3}{2}$．

于是 $|\overrightarrow{FA}|=\sqrt{(x_1-1)^2+y_1^2}=\sqrt{(x_1-1)^2+3\left(1-\dfrac{x_1^2}{4}\right)}=2-\dfrac{x_1}{2}$．同理 $|\overrightarrow{FB}|=2-\dfrac{x_2}{2}$．

从而 $|\overrightarrow{FA}|+|\overrightarrow{FB}|=4-\dfrac{1}{2}(x_1+x_2)=3$，故 $2|\overrightarrow{FP}|=|\overrightarrow{FA}|+|\overrightarrow{FB}|$．

精练 5 解析

(1) 由双曲线 $C_1:x^2-y^2=2$ 即 $\dfrac{x^2}{2}-\dfrac{y^2}{2}=1$ 得焦点 $F_2(2,0)$．

设点 $P(x_1,y_1)$，$A(x_2,y_2)$，$\overrightarrow{PF_2}=\lambda\overrightarrow{F_2A}$，$\lambda>0$，从而得 $\begin{cases}2=\dfrac{x_1+\lambda x_2}{1+\lambda}\\0=\dfrac{y_1+\lambda y_2}{1+\lambda}\end{cases}$．

因为 $\begin{cases}x_1^2-y_1^2=2\\x_2^2-y_2^2=2\end{cases}$，所以 $\begin{cases}x_1^2-y_1^2=2\\\lambda^2x_2^2-\lambda^2y_2^2=2\lambda^2\end{cases}$．

以上两式相减得 $(x_1-\lambda x_2)(x_1+\lambda x_2)=2(1-\lambda^2)$，整理得 $(x_1-\lambda x_2)\cdot 2(1+\lambda)=2(1+\lambda)(1-\lambda)$．

化简得 $x_1-\lambda x_2=1-\lambda$，又因为 $x_1+\lambda x_2=2(1+\lambda)$，解得 $x_1=\dfrac{3}{2}+\dfrac{\lambda}{2}>\dfrac{3}{2}$，所以 $x_1\in\left(\dfrac{3}{2},+\infty\right)$．

(2) 由 $\dfrac{x^2}{2}-\dfrac{y^2}{2}=1$ 得 $e=\dfrac{2}{\sqrt{2}}=\sqrt{2}$．

因为 $P(x_1,y_1)$ 在 $\dfrac{x^2}{2}-\dfrac{y^2}{2}=1$ 上，所以 $y_1^2=\dfrac{b^2}{a^2}x_1^2-b^2$，从而

$$|PF_1|=\sqrt{(x_1+c)^2+y_1^2}=\sqrt{(x_1+c)^2+\dfrac{b^2}{a^2}x_1^2-b^2}=\sqrt{x_1^2+2cx_1+c^2+\dfrac{b^2}{a^2}x_1^2-b^2}$$
$$=\sqrt{\left(1+\dfrac{b^2}{a^2}\right)x_1^2+2cx_1+a^2}=\sqrt{e^2x_1^2+2cx_1+a^2}=\sqrt{(ex_1+a)^2}=ex_1+a$$

由双曲线的定义得 $|PF_1|-|PF_2|=2a$，$|PF_2|=ex_1-a$．显然 $|PB|=|PF_1|-2\sqrt{2}=|PF_2|$，从而

$$\dfrac{S}{S_1}=\dfrac{|PF_1|}{|PB|}\cdot\dfrac{|PA|}{|PF_2|}=\dfrac{|PF_1|}{|PF_2|}\cdot\dfrac{|PA|}{|PF_2|}=\dfrac{ex_1+a}{ex_1-a}\cdot\dfrac{\lambda+1}{\lambda}$$
$$=\dfrac{\sqrt{2}\left(\dfrac{3}{2}+\dfrac{\lambda}{2}\right)+\sqrt{2}}{\sqrt{2}\left(\dfrac{3}{2}+\dfrac{\lambda}{2}\right)-\sqrt{2}}\cdot\dfrac{\lambda+1}{\lambda}=\dfrac{\lambda+5}{\lambda+1}\cdot\dfrac{\lambda+1}{\lambda}=\dfrac{\lambda+5}{\lambda}$$

因为 $\dfrac{S}{S_2}=\dfrac{|PA|}{|AF_2|}=\lambda+1$，所以 $\dfrac{S}{S_1}+\dfrac{S}{S_2}=\dfrac{\lambda+5}{\lambda}+\lambda+1=\lambda+\dfrac{5}{\lambda}+2\geqslant 2\sqrt{5}+2$，当 $\lambda=\sqrt{5}$ 时取等号．

综上，$\dfrac{S}{S_1}+\dfrac{S}{S_2}$ 的最小值为 $2\sqrt{5}+2$．

19.2 角度式

精练 1 解析

令 $\angle PF_1F_2=\theta$，因为 $|\overrightarrow{PF_2}|=|\overrightarrow{F_1F_2}|$，所以 $|PF_2|=2c$，$|PF_1|=2a-2c$．

从而 $\overrightarrow{PF_1}=\dfrac{4}{3}\overrightarrow{F_1Q}$，于是 $\dfrac{b^2}{a-c\cos\theta}=\dfrac{4}{3}\cdot\dfrac{b^2}{a+c\cos\theta}$，故 $e\cos\theta=\dfrac{1}{7}$．

因为$|PF_1|=2a-2c=\dfrac{b^2}{a-c\cos\theta}=\dfrac{\frac{b^2}{a}}{1-e\cos\theta}=\dfrac{7}{6}\cdot\dfrac{a^2-c^2}{a}$,所以$e=\dfrac{5}{7}$.

精练2解析

因为P为AB的中点,且$\overrightarrow{F_1P}\cdot\overrightarrow{PF_2}=0$,所以$\overrightarrow{F_1P}\perp\overrightarrow{PF_2}$,故$\triangle F_2AB$为等腰三角形,即$|AF_2|=|BF_2|$.

由题意得$|AB|=|BF_1|-|AF_1|=|BF_2|+2a-|AF_2|+2a=4a$.

由焦半径公式得$|AB|=\dfrac{b^2}{c\cos\theta-a}-\dfrac{b^2}{c\cos\theta+a}=\dfrac{2ab^2}{c^2\cos^2\theta-a^2}=4a$,故$e^2(2\cos^2\theta-1)=1$.

又因为$\overrightarrow{F_1B}=5\overrightarrow{F_1A}$,所以$\dfrac{b^2}{c\cos\theta-a}=\dfrac{5b^2}{c\cos\theta+a}$,整理得$e\cos\theta=\dfrac{3}{2}$,故$e^2=\dfrac{7}{2}$.

综上,双曲线的渐近线方程为$y=\pm\dfrac{\sqrt{10}}{2}x$,故选B.

精练3解析

由题意得$\begin{cases}|\overrightarrow{FA}|=\dfrac{p}{1-\cos\theta}\\|\overrightarrow{BF}|=\dfrac{p}{1+\cos\theta}\\|FA|=3|FB|\end{cases}$,整理得$\begin{cases}\dfrac{p}{1-\cos\theta}=\dfrac{3p}{1+\cos\theta}\Rightarrow\theta=60°\\|AB|=\dfrac{p}{1-\cos\theta}+\dfrac{p}{1+\cos\theta}=\dfrac{2p}{\sin^2\theta}\end{cases}$.

因此,$S_{\triangle ABD}=\dfrac{1}{2}|FD|\cdot|AB|\sin\theta=\dfrac{1}{2}\cdot\dfrac{p}{1-\cos\theta}\cdot\dfrac{2p}{\sin^2\theta}\cdot\sin\theta=12\sqrt{3}$,解得$p=3$.

精练4解析

(1)由题意得$\dfrac{x^2}{8}+\dfrac{y^2}{4}=1$.

(2)设$\angle AF_2x=\theta$,$|AF_2|=x$,$|AF_1|=2a-x$.

由余弦定理得$|AF_1|^2=|AF_2|^2+|F_1F_2|^2-2|AF_2|\cdot|F_1F_2|\cdot\cos(\pi-\theta)$.

整理得$(2a-x)^2=x^2+(2c)^2-2\cdot x\cdot 2c\cdot(-\cos\theta)$,从而可得$|AF_2|=x=\dfrac{b^2}{a+c\cos\theta}$.

同理可得$|BF_2|=\dfrac{b^2}{a-c\cos\theta}$,$|CF_2|=\dfrac{b^2}{a-c\sin\theta}$,$|DF_2|=\dfrac{b^2}{a+c\sin\theta}$.

从而$|MF_2|=\left|\dfrac{AF_2+BF_2}{2}-AF_2\right|=\dfrac{b^2c\cos\theta}{a^2-c^2\cos^2\theta}$,$|NF_2|=\dfrac{b^2c\sin\theta}{a^2-c^2\sin^2\theta}$.

$S_{\triangle MNF_2}=\dfrac{1}{2}|MF_2|\cdot|NF_2|=\dfrac{1}{2}\cdot\dfrac{8\cos\theta}{8-4\cos^2\theta}\cdot\dfrac{8\sin\theta}{8-4\sin^2\theta}=\dfrac{2\sin\theta\cdot\cos\theta}{2+(\sin\theta\cos\theta)^2}=\dfrac{2}{\dfrac{2}{\sin\theta\cdot\cos\theta}+\sin\theta\cos\theta}$.

因为$\sin\theta\cos\theta=\dfrac{1}{2}\sin 2\theta\in\left[0,\dfrac{1}{2}\right]$,所以$\dfrac{2}{\dfrac{2}{\sin\theta\cdot\cos\theta}+\sin\theta\cos\theta}\leqslant\dfrac{2}{\dfrac{1}{2}+4}=\dfrac{4}{9}$.

综上,$\triangle MNF_2$的面积的最大值为$\dfrac{4}{9}$.

19.3 焦点弦定理

精练1解析

法一:由焦点弦定理得$\dfrac{1}{a}=\sqrt{1+k^2}\cdot\left|\dfrac{1}{3}\right|$,即$a^2=\dfrac{9}{1+k^2}$,$b^2=\dfrac{8-k^2}{1+k^2}$,易知选B.

法二:设椭圆为$\dfrac{x^2}{a^2}+\dfrac{y^2}{b^2}=1(a>b>0)$,连接$F_1A$.设$|F_2B|=m$,则$|AF_2|=2m$,$|BF_1|=|AB|=3m$.

由椭圆的定义得$|BF_1|+|BF_2|=|AF_1|+|AF_2|=4m=2a$,即$m=\dfrac{a}{2}$,故$|AF_1|=2m$.

从而 $|F_2A|=a=|F_1A|$,故点 A 为椭圆 C 的上顶点或下顶点.

设 $\angle OAF_2=\theta(O$ 为坐标原点$)$,于是 $\sin\theta=\dfrac{1}{a}$.

在等腰三角形 ABF_1 中,由 $\cos 2\theta=\dfrac{\dfrac{a}{2}}{\dfrac{3a}{2}}=\dfrac{1}{3}$ 得 $\dfrac{1}{3}=1-2\left(\dfrac{1}{a}\right)^2$,解得 $a^2=3$.

因为 $c^2=1$,所以 $b^2=a^2-c^2=2$,故椭圆 C 的方程为 $\dfrac{x^2}{3}+\dfrac{y^2}{2}=1$,故选 B.

精练 2 解析

设 $\dfrac{|AF|}{|BF|}=\lambda$,由焦点弦定理得 $1=\sqrt{1+k^2}\cdot\left|\dfrac{\lambda-1}{\lambda+1}\right|$. 设 $\begin{cases}x=my+1\\m=\dfrac{1}{k}\end{cases}$,代入抛物线得 $y^2-4my-4=0$.

由面积公式得 $|y_1-y_2|=\sqrt{(y_1+y_2)^2-4y_1y_2}=\sqrt{16(m^2+1)}=\dfrac{8\sqrt{3}}{3}$,解得 $m=\dfrac{\sqrt{3}}{3}$,故 $k=\sqrt{3}$.

因此,$\lambda=3$ 或 $\dfrac{1}{3}$.

精练 3 解析

因为直线 MN 在 y 轴上的截距为 2,所以 $\dfrac{b^2}{a}=4$ ①.由 $|MN|=5|F_1N|$ 得 $\lambda=4$.

在 $\triangle MF_1F_2$ 中,因为 $\cos\theta=\dfrac{F_1F_2}{MF_1}=\dfrac{2c}{2a-4}=\dfrac{c}{a-2}$,所以 $e\cdot\dfrac{c}{a-2}=\dfrac{4-1}{4+1}$,即 $\dfrac{c^2}{a^2-2a}=\dfrac{3}{5}$ ②.

由式①②解得 $a=7,b=2\sqrt{7}$,故椭圆的方程为 $\dfrac{x^2}{49}+\dfrac{y^2}{28}=1$.

精练 4 解析

因为 $|AF_2|=\dfrac{\lambda+1}{2}\cdot\dfrac{b^2}{a},|AF_1|=\dfrac{b^2}{a}$,所以 $\dfrac{\lambda+3}{2}\cdot\dfrac{b^2}{a}=2a$.

从而 $4a^2=(\lambda+3)b^2$,即 $\dfrac{b^2}{a^2}=1-e^2=\dfrac{4}{\lambda+3}\in\left[\dfrac{2}{3},\dfrac{4}{5}\right]$,故 $\dfrac{\sqrt{5}}{5}\leqslant e\leqslant\dfrac{\sqrt{3}}{3}$.

精练 5 解析

设 $\angle AF_2F_1=\alpha$,因为 $\overrightarrow{AF_2}=2\overrightarrow{F_2B}$,所以 $e\cos\alpha=\dfrac{2-1}{2+1}=\dfrac{1}{3}$,故 $|AF_2|=2c\cos\alpha,|AF_1|=2c\sin\alpha$.

由椭圆的定义得 $2a=2c(\sin\alpha+\cos\alpha)$,即 $e(\sin\alpha+\cos\alpha)=1$,解得 $e\sin\alpha=\dfrac{2}{3}$,故 $\tan\alpha=2$.

从而 $\cos\alpha=\sqrt{\dfrac{1}{1+\tan^2\alpha}}=\dfrac{\sqrt{5}}{5}$,故 $e=\dfrac{\sqrt{5}}{3}$.

技法 20　定比分点法

20.1　点差法

精练 1 解析

因为 $\dfrac{m}{s}+\dfrac{n}{t}=9,m,n,s,t\in(0,+\infty)$,且 m,n 是常数,$m+n=4$,所以 $s+t=\dfrac{1}{9}(s+t)\left(\dfrac{m}{s}+\dfrac{n}{t}\right)=\dfrac{1}{9}\left(m+n+\dfrac{sn}{t}+\dfrac{tm}{s}\right)\geqslant\dfrac{1}{9}\left(m+n+2\sqrt{\dfrac{sn}{t}\cdot\dfrac{tm}{s}}\right)=\dfrac{1}{9}(m+n+2\sqrt{mn})=\dfrac{1}{9}(4+2\sqrt{mn})$.

当且仅当 $\dfrac{sn}{t}=\dfrac{tm}{s}$,即 $\dfrac{s}{t}=\sqrt{\dfrac{m}{n}}$ 时等号成立,故 $s+t$ 的最小值为 $\dfrac{1}{9}(4+2\sqrt{mn})$.

因为 $s+t$ 的最小值为 $\dfrac{8}{9}$，所以 $\dfrac{1}{9}(4+2\sqrt{mn})=\dfrac{8}{9}$，解得 $mn=4$.

又因为 $m+n=4$，所以 $m=n=2$，即 $M(2,2)$. 设点 $A(x_1,y_1)$，$B(x_2,y_2)$，则 $\begin{cases}\dfrac{x_1^2}{8}-\dfrac{y_1^2}{2}=1\\\dfrac{x_2^2}{8}-\dfrac{y_2^2}{2}=1\end{cases}$.

两式相减得 $\dfrac{(x_1+x_2)(x_1-x_2)}{8}-\dfrac{(y_1+y_2)(y_1-y_2)}{2}=0$.

因为 $M(2,2)$ 为线段 AB 的中点，所以 $x_1+x_2=4$，$y_1+y_2=4$，故 $\dfrac{y_1-y_2}{x_1-x_2}=\dfrac{1}{4}$，即 $k_{AB}=\dfrac{1}{4}$.

因此，直线 AB 的方程为 $y-2=\dfrac{1}{4}(x-2)$，即 $x-4y+6=0$.

精练2解析

设椭圆上两点 $A(x_1,y_1)$，$B(x_2,y_2)$，中点坐标为 (x_0,y_0)，则 $\begin{cases}2x_0=x_1+x_2\\2y_0=y_1+y_2\end{cases}$.

由 $\begin{cases}3x_1^2+4y_1^2=12\\3x_2^2+4y_2^2=12\end{cases}$ 得 $3(x_1^2-x_2^2)+4(y_1^2-y_2^2)=0$.

整理得 $3(x_1-x_2)(x_1+x_2)+4(y_1-y_2)(y_1+y_2)=0$ ①，直线 AB 的斜率 $k=-\dfrac{1}{4}=\dfrac{y_1-y_2}{x_1-x_2}$.

从而式①转化为 $6x_0+8y_0\cdot\left(-\dfrac{1}{4}\right)=0$，即 $y_0=3x_0$.

由对称性得 AB 的中点 (x_0,y_0) 在对称轴上，故有 $y_0=4x_0+m$，解得 $\begin{cases}x_0=-m\\y_0=-3m\end{cases}$ ②.

由题意得点 (x_0,y_0) 必在椭圆内，故有 $3x_0^2+4y_0^2<12$.

将式②代入上式可得 $3(-m)^2+4(-3m)^2<12$，解得 $-\dfrac{2\sqrt{13}}{13}<m<\dfrac{2\sqrt{13}}{13}$.

精练3解析

当直线 l 的斜率不存在时，设点 $A\left(-c,\dfrac{bc}{a}\right)$，$B\left(-c,-\dfrac{bc}{a}\right)$，则 $S_{\triangle AF_1F_2}+S_{\triangle BF_1F_2}=\dfrac{1}{2}\cdot 2c\cdot\dfrac{2bc}{a}=\dfrac{2bc^2}{a}=\dfrac{8}{5}c^2$，解得 $\dfrac{b}{a}=\dfrac{4}{5}$，从而离心率 $e=\dfrac{c}{a}=\sqrt{1+\left(\dfrac{b}{a}\right)^2}=\dfrac{\sqrt{41}}{5}$.

当直线 l 的斜率存在时，设点 $A(x_1,y_1)$，$B(x_2,y_2)$，且 $x_1\neq x_2$，AB 的中点 $M(x_0,y_0)$.
不妨设点 M 在 x 轴的上方，由 $|F_2A|=|F_2B|$ 得 $MF_2\perp MF_1$，故点 M 在圆 $x^2+y^2=c^2$ 上.

由 $S_{\triangle AF_1F_2}+S_{\triangle BF_1F_2}=\dfrac{8}{5}c^2$ 得 $y_A+y_B=\dfrac{8}{5}c$，从而 $y_0=\dfrac{4}{5}c$，故 $x_0=\pm\dfrac{3}{5}c$.

由 $\begin{cases}\dfrac{x_1^2}{a^2}-\dfrac{y_1^2}{b^2}=0\\\dfrac{x_2^2}{a^2}-\dfrac{y_2^2}{b^2}=0\end{cases}$ 得 $\dfrac{b^2}{a^2}=\dfrac{(y_1+y_2)(y_1-y_2)}{(x_1+x_2)(x_1-x_2)}$，即 $k_{OM}\cdot k_{AB}=\dfrac{b^2}{a^2}$.

当点 M 的坐标为 $\left(\dfrac{3}{5}c,\dfrac{4}{5}c\right)$ 时，$k_{OM}\cdot k_{AB}=\dfrac{4}{3}\times\dfrac{1}{2}=\dfrac{b^2}{a^2}$，解得 $e=\dfrac{\sqrt{15}}{3}$.

当点 M 的坐标为 $\left(-\dfrac{3}{5}c,\dfrac{4}{5}c\right)$ 时，$k_{OM}\cdot k_{AB}=-\dfrac{4}{3}\times 2=\dfrac{b^2}{a^2}$，矛盾，故舍去.

综上，$e=\dfrac{\sqrt{15}}{3}$ 或 $\dfrac{\sqrt{41}}{5}$.

精练4解析

法一：设直线 l 的方程为 $\dfrac{x}{m}+\dfrac{y}{n}=1$，则点 $M(m,0)$，$N(0,n)$ $(m>0,n>0)$.

设点 $A(x_1,y_1)$，$B(x_2,y_2)$ $(x_1,x_2>0,x_1\neq x_2)$.

由题意得线段 AB 与线段 MN 有相同的中点，故 $\begin{cases} \dfrac{x_1+x_2}{2}=\dfrac{m+0}{2} \\ \dfrac{y_1+y_2}{2}=\dfrac{0+n}{2} \end{cases}$，即 $\begin{cases} x_1+x_2=m \\ y_1+y_2=n \end{cases}$.

因为 $k_{AB}=k_{MN}$，所以 $\dfrac{y_1-y_2}{x_1-x_2}=\dfrac{0-n}{m-0}=-\dfrac{n}{m}$.

将点 $A(x_1,y_1),B(x_2,y_2)$ 的坐标代入椭圆方程得 $\begin{cases} \dfrac{x_1^2}{6}+\dfrac{y_1^2}{3}=1 \\ \dfrac{x_2^2}{6}+\dfrac{y_2^2}{3}=1 \end{cases}$.

以上两式相减得 $\dfrac{(x_1+x_2)(x_1-x_2)}{6}+\dfrac{(y_1+y_2)(y_1-y_2)}{3}=0$.

整理得 $\dfrac{y_1+y_2}{x_1+x_2}\cdot\dfrac{y_1-y_2}{x_1-x_2}=-\dfrac{1}{2}$，即 $\dfrac{n}{m}\cdot\left(-\dfrac{n}{m}\right)=-\dfrac{1}{2}$，故 $m^2=2n^2$ ①.

又因为 $|MN|=2\sqrt{3}$，所以由勾股定理得 $m^2+n^2=12$ ②.

联立式①②，$m>0,n>0$，解得 $\begin{cases} m=2\sqrt{2} \\ n=2 \end{cases}$，故直线 l 的方程为 $\dfrac{x}{2\sqrt{2}}+\dfrac{y}{2}=1$，即 $x+\sqrt{2}y-2\sqrt{2}=0$.

法二：如图1所示，由题意可设直线 l 的方程为 $y=kx+b$，其中 $k<0,b>0$，故 $x_M=-\dfrac{b}{k}$，$y_N=b$.

联立 $y=kx+b$ 和 $\dfrac{x^2}{6}+\dfrac{y^2}{3}=1$，消去 y 得 $(1+2k^2)x^2+4kbx+2b^2-6=0$.

由韦达定理得 $x_A+x_B=-\dfrac{4kb}{1+2k^2}$.

由 $|MA|=|NB|$ 得 $x_M-x_A=x_B$.

从而 $x_A+x_B=x_M$，即 $\dfrac{4kb}{1+2k^2}=\dfrac{b}{k}$，解得 $k=-\dfrac{\sqrt{2}}{2}$.

由 $|MN|=2\sqrt{3}$ 得 $x_M^2+y_N^2=12$，故 $b^2=\dfrac{12k^2}{1+k^2}=4$，即 $b=2$.

于是直线 l 的方程为 $y=-\dfrac{\sqrt{2}}{2}x+2$，即 $x+\sqrt{2}y-2\sqrt{2}=0$.

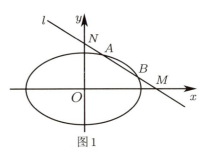

图1

精练5解析

(1)由题意得椭圆 $C:\dfrac{x^2}{a^2}+\dfrac{y^2}{b^2}=1(a>b>0)$ 的右焦点为 $F(2,0)$.

因为离心率为 $\dfrac{c}{a}=\dfrac{1}{2}$，所以 $a=4,c=2$，从而 $b=\sqrt{16-4}=2\sqrt{3}$，故椭圆 C 的方程为 $\dfrac{x^2}{16}+\dfrac{y^2}{12}=1$.

(2)设点 $A(x_1,y_1),B(x_2,y_2),C(x_3,y_3),D(x_4,y_4)$，则 $k_1=\dfrac{y_2-y_1}{x_2-x_1}$，$k_2=\dfrac{y_2-y_3}{x_2-x_3}$，$k_3=\dfrac{y_3-y_1}{x_3-x_1}$，$k_4=\dfrac{y_4}{x_4}$. 设 $\triangle ABC$ 的外接圆方程为 $x^2+y^2-2x_4x-2y_4y+F=0$.

于是得 $x_1^2+y_1^2-2x_4x_1-2y_4y_1+F=0$，$x_2^2+y_2^2-2x_4x_2-2y_4y_2+F=0$.

以上两式相减得 $x_2^2-x_1^2+y_2^2-y_1^2=2x_4(x_2-x_1)+2y_4(y_2-y_1)$.

因为 $y_2^2-y_1^2=-\dfrac{3}{4}(x_2^2-x_1^2)$，所以 $\dfrac{1}{4}(x_2+x_1)=2x_4+2y_4k_1$，同理 $\dfrac{1}{4}(x_2+x_3)=2x_4+2y_4k_2$.

以上两式相减得 $2y_4=\dfrac{x_3-x_1}{4(k_2-k_1)}$，故 $2x_4=\dfrac{x_2+x_1}{4}-\dfrac{x_3-x_1}{4(k_2-k_1)}\cdot k_1$.

从而 $k_4=\dfrac{y_4}{x_4}=\dfrac{\dfrac{x_3-x_1}{4(k_2-k_1)}}{\dfrac{x_2+x_1}{4}-\dfrac{x_3-x_1}{4(k_2-k_1)}k_1}=\dfrac{x_3-x_1}{(x_2+x_1)k_2-(x_3+x_2)k_1}$.

将 $k_1=\dfrac{y_2-y_1}{x_2-x_1}$, $k_2=\dfrac{y_2-y_3}{x_2-x_3}$ 代入上式得 $k_4=\dfrac{(x_3-x_1)(x_3-x_2)(x_2-x_1)}{(x_2^2-x_1^2)(y_3-y_2)-(x_3^2-x_2^2)(y_2-y_1)}$.

因为 $\begin{cases}x_2^2-x_1^2=-\dfrac{4}{3}(y_2^2-y_1^2)\\ x_3^2-x_2^2=-\dfrac{4}{3}(y_3^2-y_2^2)\end{cases}$, 所以 $k_4=\dfrac{3(x_3-x_2)(x_2-x_1)(x_3-x_1)}{4(y_3-y_2)(y_2-y_1)(y_3-y_1)}$, 故 $4k_1k_2k_3k_4=3$.

20.2 点差法与双曲线

精练解析

假设存在直线 l 与双曲线交于 A,B 两点,且点 $P(1,1)$ 是线段 AB 的中点.

设点 $A(x_1,y_1)$, $B(x_2,y_2)$, 易知 $x_1\neq x_2$, 且 $x_1^2-\dfrac{y_1^2}{2}=1$, $x_2^2-\dfrac{y_2^2}{2}=1$.

以上两式相减得 $(x_1+x_2)(x_1-x_2)-\dfrac{(y_1+y_2)(y_1-y_2)}{2}=0$.

因为 $\dfrac{x_1+x_2}{2}=1$, $\dfrac{y_1+y_2}{2}=1$, 所以 $2(x_1-x_2)-(y_1-y_2)=0$, 从而 $k_{AB}=\dfrac{y_1-y_2}{x_1-x_2}=2$.

于是直线 l 的方程为 $y-1=2(x-1)$, 即 $y=2x-1$.

联立方程 $\begin{cases}y=2x-1\\ x^2-\dfrac{y^2}{2}=1\end{cases}$, 消去 y 得 $2x^2-4x+3=0$. 因为 $\Delta=16-24=-8<0$, 所以方程无解.

因此, 不存在一条直线 l 与双曲线交于 A,B 两点, 且点 P 是线段 AB 的中点.

20.3 定比分点法

精练 1 解析

延长直线 AF_1 交椭圆于点 D, 由 $\overrightarrow{F_1A}=5\overrightarrow{F_2B}$ 得 $\overrightarrow{F_1A}=5\overrightarrow{DF_1}$.

设点 $A(x_1,y_1)$, $D(x_2,y_2)$, 由 $\overrightarrow{F_1A}=5\overrightarrow{DF_1}$ 得 $x_1+5x_2=-6\sqrt{2}$, $y_1+5y_2=0$.

将 $A(x_1,y_1)$, $D(x_2,y_2)$ 两点代入椭圆 $C:\dfrac{x^2}{3}+y^2=1$, 从而可得 $\dfrac{x_1^2-25x_2^2}{3}+y_1^2-25y_2^2=-24$.

将 "$x_1+5x_2=-6\sqrt{2}$, $y_1+5y_2=0$" 代入上式得 $x_1-5x_2=6\sqrt{2}$.

联立 $\begin{cases}x_1+5x_2=-6\sqrt{2}\\ x_1-5x_2=6\sqrt{2}\end{cases}$, 解得 $x_1=0$, 故 $A(0,\pm 1)$.

精练 2 解析

设点 $A(x_1,y_1)$, $B(x_2,y_2)$, 由 $\overrightarrow{AP}=2\overrightarrow{PB}$ 得 $x_1+2x_2=0$, $y_1+2y_2=3$ ①.

由 $\begin{cases}\dfrac{x_1^2}{4}+y_1^2=m\\ \dfrac{x_2^2}{4}+y_2^2=m\end{cases}$ 得 $\begin{cases}\dfrac{x_1^2}{4}+y_1^2=m\\ \dfrac{4x_2^2}{4}+4y_2^2=4m\end{cases}$, 作差得 $\dfrac{x_1^2-4x_2^2}{4}+y_1^2-4y_2^2=-3m$.

整理得 $\dfrac{(x_1-2x_2)(x_1+2x_2)}{4}+(y_1-2y_2)(y_1+2y_2)=-3m$ ②, 将式①代入式②得 $y_1-2y_2=-m$.

因为 $y_1+2y_2=3$, $y_2=\dfrac{m+3}{4}$, 所以可得 $x_2^2=4(m-y_2^2)=4\left[m-\left(\dfrac{m+3}{4}\right)^2\right]=-\dfrac{1}{4}(m-5)^2+4\leqslant 4$,

即 $|x_2|\leqslant 2$. 因此, 当 $m=5$ 时, 点 B 的横坐标的绝对值最大, 最大值为 2.

精练 3 解析

因为 $k_{AC}=k_{BD}=-\dfrac{1}{4}$, 所以 $AC/\!/BD$, 故设 $\dfrac{AM}{BM}=\dfrac{CM}{DM}=\lambda(\lambda\neq 0)$, 即 $\overrightarrow{AM}=\lambda\overrightarrow{MB}$, $\overrightarrow{CM}=\lambda\overrightarrow{MD}$.

法一（定比分点法）：设点 $A(x_1,y_1), B(x_2,y_2), C(x_3,y_3), D(x_4,y_4)$，由 $\overrightarrow{AM}=\lambda\overrightarrow{MB}$ 得 $\begin{cases}1+\lambda=x_1+\lambda x_2\\1+\lambda=y_1+\lambda y_2\end{cases}$.

将点 $A(x_1,y_1), B(x_2,y_2)$ 代入椭圆方程构造作差可得 $\dfrac{(1+\lambda)(x_1-\lambda x_2)}{a^2}+\dfrac{(1+\lambda)(y_1-\lambda y_2)}{b^2}=1-\lambda^2$.

将向量关系式代入上式可得 $\dfrac{x_1-\lambda x_2}{a^2}+\dfrac{y_1-\lambda y_2}{b^2}=1-\lambda$，同理可得 $\dfrac{x_3-\lambda x_4}{a^2}+\dfrac{y_3-\lambda y_4}{b^2}=1-\lambda$.

以上两式相减可得 $\dfrac{x_1-x_3-\lambda(x_2-x_4)}{a^2}+\dfrac{y_1-y_3-\lambda(y_2-y_4)}{b^2}=0$ ①.

由 $k_{AC}=k_{BD}=-\dfrac{1}{4}$ 可得 $\dfrac{y_1-y_3}{x_1-x_3}=\dfrac{y_2-y_4}{x_2-x_4}=-\dfrac{1}{4}\Rightarrow y_1-y_3=-\dfrac{1}{4}(x_1-x_3), y_2-y_4=-\dfrac{1}{4}(x_2-x_4)$ ②.

将式②代入式①可得 $a^2=4b^2$，解得 $e=\dfrac{\sqrt{3}}{2}$.

法二：设点 $A(x_1,y_1), C(x_2,y_2), B(x_3,y_3), D(x_4,y_4)$.

由 $\overrightarrow{AM}=\lambda\overrightarrow{MB}$ 得 $\begin{cases}1+\lambda=x_1+\lambda x_3\\1+\lambda=y_1+\lambda y_3\end{cases}$，同理 $\begin{cases}1+\lambda=x_2+\lambda x_4\\1+\lambda=y_2+\lambda y_4\end{cases}$.

从而 $(y_1+y_2)+\lambda(y_3+y_4)=(x_1+x_2)+\lambda(x_3+x_4)$.

将 A,C 的坐标代入椭圆方程作差可得 $\dfrac{y_1-y_2}{x_1-x_2}=-\dfrac{b^2}{a^2}\cdot\dfrac{x_1+x_2}{y_1+y_2}$.

因为 $k_{AC}=k_{BD}=-\dfrac{1}{4}$，所以 $a^2(y_1+y_2)=4b^2(x_1+x_2)$ ①.

同理可得 $a^2(y_3+y_4)=4b^2(x_3+x_4)$，构造得 $\lambda a^2(y_3+y_4)=4\lambda b^2(x_3+x_4)$ ②.

由式①+②得 $a^2[(y_1+y_2)+\lambda(y_3+y_4)]=4b^2[(x_1+x_2)+\lambda(x_3+x_4)]$.

从而 $a^2[(x_1+x_2)+\lambda(x_3+x_4)]=4b^2[(x_1+x_2)+\lambda(x_3+x_4)]$，故 $a^2=4b^2$，解得 $e=\dfrac{\sqrt{3}}{2}$.

法三（点差法）：设 AB 的中点为 E，CD 的中点为 F，从而 $k_{OE}\cdot k_{AB}=k_{OF}\cdot k_{CD}=e^2-1$，故 $k_{OE}=k_{OF}$. 于是 O,E,F 三点共线，即 O,E,F,M 四点共线，故 $k_{OM}\cdot k_{CD}=1\times\left(-\dfrac{1}{4}\right)=e^2-1$，解得 $e=\dfrac{\sqrt{3}}{2}$.

精练 4 解析

(1) 由题意得双曲线 E 的方程为 $x^2-\dfrac{y^2}{3}=1$.

(2) **法一**：设 $\overrightarrow{AP}=\mu\overrightarrow{PC}, \overrightarrow{BP}=\lambda\overrightarrow{PD}$，设点 $A(x_A,y_A), B(x_B,y_B), C(x_C,y_C), D(x_D,y_D)$.

从而 $y_A=-y_B=\lambda y_D, x_A=-x_B=\lambda\left(x_D-\dfrac{1}{2}\right)-\dfrac{1}{2}$.

将点 A 的坐标代入双曲线 E 的方程有 $\left(\lambda x_D-\dfrac{\lambda}{2}-\dfrac{1}{2}\right)^2-\dfrac{\lambda^2}{3}y_D^2=1$.

上式与 $x_D^2-\dfrac{y_D^2}{3}=1$ 联立得 $x_D=\dfrac{5\lambda-3}{4\lambda}$，故 $x_A=\lambda\left(x_D-\dfrac{1}{2}\right)-\dfrac{1}{2}=\dfrac{3\lambda-5}{4}$.

同理可得 $x_C=\dfrac{5\mu-3}{4\mu}, x_B=\dfrac{3\mu-5}{4}$. 因为 $x_A+x_B=0$，所以 $\lambda+\mu=\dfrac{10}{3}$.

由对称性知 CD 过 x 轴上的定点 Q，设点 $Q(m,0)$，则 $\dfrac{y_D}{x_D-m}=\dfrac{y_C}{x_C-m}$.

展开得 $\dfrac{\dfrac{y_A}{\lambda}}{\dfrac{5}{4}-\dfrac{3}{4\lambda}-m}=\dfrac{\dfrac{y_B}{\mu}}{\dfrac{5}{4}-\dfrac{3}{4\mu}-m}$. 因为 $y_A=-y_B$，所以 $\left(\dfrac{5}{4}-m\right)(\lambda+\mu)=\dfrac{3}{2}$，故 $m=\dfrac{4}{5}$.

因此，直线 CD 恒过定点 $Q\left(\dfrac{4}{5},0\right)$.

法二：设直线 $CD: x=my+n$，代入 $x^2-\dfrac{y^2}{3}=1$，消去 x 得 $(3m^2-1)y^2+6mny+3n^2-3=0$.

由韦达定理得 $y_C + y_D = \dfrac{-6mn}{3m^2-1}$.

设 $m_1 = \dfrac{x_C - \dfrac{1}{2}}{y_C}$, 则 $AC: x = m_1 y + \dfrac{1}{2}$, 代入 $x^2 - \dfrac{y^2}{3} = 1$.

由韦达定理得 $y_A + y_C = \dfrac{-3m_1}{3m_1^2 - 1} = \dfrac{-3 \cdot \dfrac{x_C - \dfrac{1}{2}}{y_C}}{3 \cdot \left(\dfrac{x_C - \dfrac{1}{2}}{y_C}\right)^2 - 1} = \dfrac{x_C - \dfrac{1}{2}}{x_C - \dfrac{5}{4}} \cdot y_C$, 故 $y_A = \dfrac{3}{4x_C - 5} \cdot y_C$.

同理可得 $y_B = \dfrac{3}{4x_D - 5} \cdot y_D$.

因为 $y_A + y_B = 0$, 所以 $\dfrac{3}{4x_C - 5} \cdot y_C + \dfrac{3}{4x_D - 5} \cdot y_D = 0 \Leftrightarrow \dfrac{3y_C}{4(my_C + n) - 5} + \dfrac{3y_D}{4(my_D + n) - 5} = 0$.

整理得 $8m + (4n - 5) \dfrac{y_C + y_D}{y_C y_D} = 8m + (4n - 5) \cdot \dfrac{-2mn}{n^2 - 1} = 0$, 即 $8 + (4n - 5) \cdot \dfrac{-2n}{n^2 - 1} = 0$, 解得 $n = \dfrac{4}{5}$, 故直线 CD 恒过定点 $\left(\dfrac{4}{5}, 0\right)$.

精练5解析

(1) 由题意得 $c = 1$, 设椭圆的方程为 $\dfrac{x^2}{a^2} + \dfrac{y^2}{a^2 - 1} = 1$. 将点 $\left(1, \dfrac{3}{2}\right)$ 代入椭圆的方程得 $(a^2 - 4)(4a^2 - 1) = 0$, 解得 $a^2 = \dfrac{1}{4}$ (舍去) 或 $a^2 = 4$, 故椭圆的方程为 $\dfrac{x^2}{4} + \dfrac{y^2}{3} = 1$.

(2) 法一 (定比分点法): 设点 $M(x_1, y_1), N(x_2, y_2), P(x_3, y_3), Q(x_4, y_4), T(1, 1)$.

因为 $\overrightarrow{MT} = 3\overrightarrow{TQ}$, 所以 $\begin{cases} x_1 + 3x_4 = 4 \\ y_1 + 3y_4 = 4 \end{cases}$, 代入椭圆的方程, 构造可得 $\begin{cases} \dfrac{x_1^2}{4} + \dfrac{y_1^2}{3} = 1 \text{①} \\ \dfrac{9x_4^2}{4} + \dfrac{9y_4^2}{3} = 9 \text{②} \end{cases}$.

由式①-②可得 $x_1 - 3x_4 + \dfrac{4}{3}(y_1 - 3y_4) = -8$ ③, 同理可得 $x_2 - 3x_3 + \dfrac{4}{3}(y_2 - 3y_3) = -8$ ④.

由式③-④可得 $(x_1 - x_2) - 3(x_4 - x_3) + \dfrac{4}{3}(y_1 - y_2) - 4(y_4 - y_3) = 0$ ⑤.

由 $\begin{cases} x_1 + 3x_4 = 4 \\ y_1 + 3y_4 = 4 \end{cases}$ 得 $\begin{cases} x_4 = \dfrac{4 - x_1}{3} \\ y_4 = \dfrac{4 - y_1}{3} \end{cases}$ ⑥, 同理可得 $\begin{cases} x_3 = \dfrac{4 - x_2}{3} \\ y_3 = \dfrac{4 - y_2}{3} \end{cases}$ ⑦.

将式⑥⑦代入式⑤可得 $(x_1 - x_2) + \dfrac{4}{3}(y_1 - y_2) = 0$, 于是 $k_{MN} = \dfrac{y_1 - y_2}{x_1 - x_2} = -\dfrac{3}{4}$.

法二: 设点 $M(x_1, y_1), Q(x_2, y_2), N(x_3, y_3), P(x_4, y_4), T(1, 1)$.

因为 $\overrightarrow{MT} = 3\overrightarrow{TQ}$, 所以 $\begin{cases} 1 - x_1 = 3(x_2 - 1) \\ 1 - y_1 = 3(y_2 - 1) \end{cases}$, 可得 $\begin{cases} x_2 = \dfrac{4 - x_1}{3} \\ y_2 = \dfrac{4 - y_1}{3} \end{cases}$.

因为 $M(x_1, y_1), Q(x_2, y_2)$ 都在椭圆上, 所以 $\begin{cases} \dfrac{x_1^2}{4} + \dfrac{y_1^2}{3} = 1 \text{⑧} \\ \dfrac{1}{4}(4 - x_1)^2 + \dfrac{1}{3}(4 - y_1)^2 = 9 \text{⑨} \end{cases}$.

由式⑨-⑧得 $\dfrac{1}{4}(4 - 2x_1) \cdot 4 + \dfrac{1}{3}(4 - 2y_1) \cdot 4 = 8$, 即 $\dfrac{1}{4}(2 - x_1) + \dfrac{1}{3}(2 - y_1) = 1$ ⑩.

又因为 $\overrightarrow{NT} = 3\overrightarrow{TP}$, 同理可得 $\dfrac{1}{4}(2 - x_3) + \dfrac{1}{3}(2 - y_3) = 1$ ⑪.

由式⑪ - ⑩得 $\frac{1}{4}(x_1 - x_3) + \frac{1}{3}(y_1 - y_3) = 0$,于是 $k_{MN} = \frac{y_1 - y_3}{x_1 - x_3} = \frac{-\frac{1}{4}}{\frac{1}{3}} = -\frac{3}{4}$.

精练6解析

(1)由题意得 $\begin{cases} \frac{c}{a} = \frac{1}{2} \\ \frac{1}{2} \cdot 2b \cdot 1 = \sqrt{3} \\ a^2 = b^2 + c^2 \end{cases}$,解得 $\begin{cases} a^2 = 4 \\ b^2 = 3 \end{cases}$,故椭圆 C 的方程为 $\frac{x^2}{4} + \frac{y^2}{3} = 1$.

(2)设点 $A(x_1, y_1), B(x_2, y_2), E(x_3, y_3), F(x_4, y_4)$.

因为 $\overrightarrow{AQ} = \lambda \overrightarrow{QE}$,所以 $\begin{cases} 1 = \frac{x_1 + \lambda x_3}{1 + \lambda} \\ 0 = \frac{y_1 + \lambda y_3}{1 + \lambda} \end{cases}$,即 $\begin{cases} x_1 + \lambda x_3 = 1 + \lambda \text{ ①} \\ y_1 + \lambda y_3 = 0 \text{ ②} \end{cases}$.

由题意得 $\begin{cases} \frac{x_1^2}{4} + \frac{y_1^2}{3} = 1 \\ \frac{\lambda^2 x_3^2}{4} + \frac{\lambda^2 y_3^2}{3} = \lambda^2 \end{cases}$,两式相减得 $\frac{(x_1 + \lambda x_3)(x_1 - \lambda x_3)}{4} + \frac{(y_1 + \lambda y_3)(y_1 - \lambda y_3)}{3} = 1 - \lambda^2$ ③.

将式①②代入式③,整理得 $x_1 - \lambda x_3 = 4 - 4\lambda$.

由 $\begin{cases} x_1 + \lambda x_3 = 1 + \lambda \\ x_1 - \lambda x_3 = 4 - 4\lambda \end{cases}$ 得 $x_1 = \frac{5 - 3\lambda}{2}$,同理可得 $x_2 = \frac{5 - 3\mu}{2}$,故 $x_1 + x_2 = 5 - \frac{3}{2}(\lambda + \mu)$.

当直线 AB 的斜率存在时,设直线 $l_{AB}: y = k(x + 1)$.

联立方程 $\begin{cases} y = k(x + 1) \\ \frac{x^2}{4} + \frac{y^2}{3} = 1 \end{cases}$,消去 y 得 $(3 + 4k^2)x^2 + 8k^2 x + 4k^2 - 12 = 0$,故 $x_1 + x_2 = -\frac{8k^2}{4k^2 + 3}$.

当 $k^2 = 0$ 时,$x_1 + x_2 = 0$;当 $k^2 \neq 0$ 时,$x_1 + x_2 = -\frac{8}{4 + \frac{3}{k^2}} \in (-2, 0)$.

从而 $x_1 + x_2 \in (-2, 0]$,即 $5 - \frac{3}{2}(\lambda + \mu) \in (-2, 0]$,解得 $\lambda + \mu \in \left[\frac{10}{3}, \frac{14}{3}\right)$.

当直线 AB 的斜率不存在时,$x_1 + x_2 = -2$,此时 $\lambda + \mu = \frac{14}{3}$.

综上,$\lambda + \mu \in \left[\frac{10}{3}, \frac{14}{3}\right]$.

20.4 调和点列

精练1解析

(1)圆 E 的方程化为 $(x + \sqrt{3})^2 + y^2 = 24$,故圆心 $E(-\sqrt{3}, 0)$,半径 $r = 2\sqrt{6}$.

因为 Q 在 PF 的垂直平分线上,所以 $|QF| = |QP|$,故 $|QE| + |QF| = |QE| + |QP| = |EP| = 4$.

又因为 $|EF| = 2$,即 $|QE| + |QF| > 2$,所以 Q 的轨迹是以 E, F 为焦点,长轴长为 4 的椭圆.

由 $2a = 4, c = 1$ 得 $b = \sqrt{a^2 - c^2} = \sqrt{3}$,故曲线 C 的方程为 $\frac{x^2}{4} + \frac{y^2}{3} = 1$.

(2)由题意得 $\frac{|\overrightarrow{AM}|}{|\overrightarrow{MB}|} = \frac{|\overrightarrow{AN}|}{|\overrightarrow{NB}|}$,令 $\overrightarrow{AM} = \lambda \overrightarrow{MB}, \overrightarrow{AN} = -\lambda \overrightarrow{NB}$,故 $\begin{cases} \frac{x_1 + \lambda x_2}{1 + \lambda} = 4 \\ \frac{y_1 + \lambda y_2}{1 + \lambda} = 2 \end{cases}$,即 $\begin{cases} \frac{x_1 - \lambda x_2}{1 - \lambda} = x_N \\ \frac{y_1 - \lambda y_2}{1 - \lambda} = y_N \end{cases}$.

由于 A,B 在椭圆 C 上,故 $\begin{cases} \dfrac{x_1^2}{4}+\dfrac{y_1^2}{3}=1 \text{ ①} \\ \dfrac{\lambda^2 x_2^2}{4}+\dfrac{\lambda^2 y_2^2}{3}=\lambda^2 \text{ ②}\end{cases}$.

由式①$-$②得 $\dfrac{(x_1-\lambda x_2)(x_1+\lambda x_2)}{4(1-\lambda)(1+\lambda)}+\dfrac{(y_1-\lambda y_2)(y_1+\lambda y_2)}{3(1-\lambda)(1+\lambda)}=1$,即 $\dfrac{4x_N}{4}+\dfrac{2y_N}{3}=1$.

从而 $3x+2y-3=0$,故点 N 总在直线 $3x+2y-3=0$ 上.

精练 2 解析

设点 $A(x_1,y_1)$,$B(x_2,y_2)$,$\overrightarrow{AD}=\lambda\overrightarrow{DB}$,取点 F 使得 $\overrightarrow{AF}=-\lambda\overrightarrow{FB}$.

从而可得 $D\left(\dfrac{x_1+\lambda x_2}{1+\lambda},\dfrac{y_1+\lambda y_2}{1+\lambda}\right)$,$F\left(\dfrac{x_1-\lambda x_2}{1-\lambda},\dfrac{y_1-\lambda y_2}{1-\lambda}\right)$,于是 $x_D x_F+3y_D y_F=3$.

注意到 $y_D=0$,$x_D=1$,故 $x_F=3$,即 $\dfrac{x_1-\lambda x_2}{1-\lambda}=3$.

因为 $\dfrac{x_1+\lambda x_2}{1+\lambda}=1$,所以 $x_1=2-\lambda$,故 $\dfrac{AE}{EM}=\dfrac{2-x_1}{3-2}=\lambda$.

又因为 $\overrightarrow{AD}=\lambda\overrightarrow{DB}$,所以直线 BM 与直线 DE 平行.

精练 3 解析

(1)由题意知椭圆 E 的方程为 $\dfrac{x^2}{3}+\dfrac{y^2}{4}=1$.

(2)如图 2 所示,连接 AP,设 MN 与 AB 的交点为 D.

不妨设 M,N 两点为同一点,即 M,N,T,H 四点均与 A 重合,此时定点为 A,故本题转化为证明 A,H,N 三点共线.

因为直线 AB 的方程为 $y=\dfrac{2}{3}x-2$,以点 $P(2,-1)$ 为极点的极线方程为 $\dfrac{1\cdot x}{3}+\dfrac{-2\cdot y}{4}=1$,即 $y=\dfrac{2}{3}x-2$,恰为直线 AB 的方程,故有 P,M,D,N 是调和点列.

因为 $HM\parallel AP$,且 $HT=TM$,所以直线 HN 必过定点 $A(0,-2)$.

注意:因为 P,M,D,N 是调和点列,如图 3 所示,过 N 作 $NE\parallel HM\parallel AP$,且交 AB 的延长线于 E,所以 $\dfrac{PM}{PN}=\dfrac{DM}{DN}=\dfrac{TM}{NE}=\dfrac{AT}{TE}$.

因为 $HT=TM$,所以 $\dfrac{TM}{NE}=\dfrac{HT}{NE}=\dfrac{AT}{TE}$,故 $\dfrac{AH}{AN}=\dfrac{AT}{TE}$,即 A,H,N 三点共线.

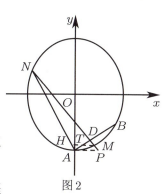

图 2

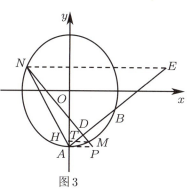

图 3

技法 21　非对称韦达

21.2　非对称韦达

精练 1 解析

设直线 l 的方程为 $x=my-5$,联立方程 $\begin{cases} x=my-5 \\ x^2+4y^2=4 \end{cases}$,消去 x 得 $(4+m^2)y^2-10my+21=0$.

因为直线 l 与椭圆 E 交于 $C(x_1,y_1)$,$D(x_2,y_2)$ 两点,所以 $\Delta=(-10m)^2-4\times(4+m^2)\times 21>0$,从而

$m^2>21$,解得 $m>\sqrt{21}$ 或 $m<-\sqrt{21}$,故 $y_1+y_2=\dfrac{10m}{4+m^2}$,$y_1y_2=\dfrac{21}{4+m^2}$.

设点 $Q(x_Q,y_Q)$,则直线 AD 的方程为 $y=\dfrac{y_2}{x_2+2}(x+2)$,直线 BC 的方程为 $y=\dfrac{y_1}{x_1-2}(x-2)$.

两直线方程联立消去 y_Q 得

$$x_Q=\dfrac{2x_2y_1+2x_1y_2+4(y_1-y_2)}{x_2y_1+2y_1-x_1y_2+2y_2}=\dfrac{2y_1(my_2-5)+2y_2(my_1-5)+4(y_1-y_2)}{(my_2-5)y_1+2y_1+2y_2-(my_1-5)y_2}=\dfrac{4my_1y_2-6y_1-14y_2}{-3y_1+7y_2}$$

因为 $my_1y_2=\dfrac{21}{10}(y_1+y_2)$,所以代入上式得 $x_Q=\dfrac{\dfrac{12}{5}y_1-\dfrac{28}{5}y_2}{-3y_1+7y_2}=-\dfrac{4}{5}$.

从而 $k_1=\dfrac{y_Q}{-\dfrac{4}{5}-(-2)}=\dfrac{y_Q}{\dfrac{6}{5}}=\dfrac{5}{6}y_Q$,同理可得 $k_2=\dfrac{y_Q}{\dfrac{21}{5}}=\dfrac{5}{21}y_Q$,$k_3=\dfrac{y_Q}{-\dfrac{14}{5}}=-\dfrac{5}{14}y_Q$.

于是 $\dfrac{k_1+k_3}{k_2}=\dfrac{\dfrac{5}{6}y_Q-\dfrac{5}{14}y_Q}{\dfrac{5}{21}y_Q}=2$,即证得 $\dfrac{k_1+k_3}{k_2}$ 为定值 2.

精练 2 解析

(1)当点 P 为椭圆 C 的短轴顶点时,$\triangle PAB$ 的面积取最大值,最大值为 $\dfrac{1}{2}|AB|\cdot b=\dfrac{1}{2}\cdot 2ab=ab=2$.

由题意可得 $\begin{cases}\dfrac{c}{a}=\dfrac{\sqrt{3}}{2}\\ ab=2\\ c^2=a^2-b^2\end{cases}$,解得 $\begin{cases}a=2\\ b=1\\ c=\sqrt{3}\end{cases}$,故椭圆 C 的方程为 $\dfrac{x^2}{4}+y^2=1$.

(2)(i)设点 $P(x_1,y_1),Q(x_2,y_2)$.

若直线 PQ 的斜率为 0,则点 P,Q 关于 y 轴对称,此时 $k_1=-k_2$,不符合题意,故直线 PQ 的斜率不为 0.

设直线 PQ 的方程为 $x=ty+n$,因为直线 PQ 不过椭圆 C 的左、右顶点,所以 $n\neq\pm 2$.

联立方程 $\begin{cases}x=ty+n\\ x^2+4y^2=4\end{cases}$,消去 x 得 $(t^2+4)y^2+2tny+n^2-4=0$.

由 $\Delta=4t^2n^2-4(t^2+4)(n^2-4)=16(t^2+4-n^2)>0$,可得 $n^2<t^2+4$.

由韦达定理可得 $y_1+y_2=-\dfrac{2tn}{t^2+4}$,$y_1y_2=\dfrac{n^2-4}{t^2+4}$,从而 $ty_1y_2=\dfrac{4-n^2}{2n}(y_1+y_2)$.

由题意得点 $A(-2,0),B(2,0)$,从而 $\dfrac{k_1}{k_2}=\dfrac{y_1}{x_1+2}\cdot\dfrac{x_2-2}{y_2}=\dfrac{(ty_2+n-2)y_1}{(ty_1+n+2)y_2}=\dfrac{ty_1y_2+(n-2)y_1}{ty_1y_2+(n+2)y_2}=$

$\dfrac{\dfrac{4-n^2}{2n}(y_1+y_2)+(n-2)y_1}{\dfrac{4-n^2}{2n}(y_1+y_2)+(n+2)y_2}=\dfrac{2-n}{2+n}\cdot\dfrac{(2+n)(y_1+y_2)-2ny_1}{(2-n)(y_1+y_2)+2ny_2}=\dfrac{2-n}{2+n}=\dfrac{5}{3}$,解得 $n=-\dfrac{1}{2}$,即直线

PQ 的方程为 $x=ty-\dfrac{1}{2}$,故直线 PQ 过定点 $\left(-\dfrac{1}{2},0\right)$.

(ii)由(i)可得 $y_1+y_2=\dfrac{t}{t^2+4}$,$y_1y_2=-\dfrac{15}{4(t^2+4)}$.

设直线 PQ 所过定点为 M,由题意得

$$|S_1-S_2|=\dfrac{1}{2}||AM|-|BM||\cdot|y_1-y_2|=\dfrac{1}{2}\sqrt{(y_1+y_2)^2-4y_1y_2}$$

$$=\dfrac{1}{2}\sqrt{\left(\dfrac{t}{t^2+4}\right)^2+\dfrac{15}{t^2+4}}=\dfrac{\sqrt{4t^2+15}}{t^2+4}=\dfrac{4\sqrt{4t^2+15}}{(4t^2+15)+1}=\dfrac{4}{\sqrt{4t^2+15}+\dfrac{1}{\sqrt{4t^2+15}}}$$

因为 $t^2\geqslant 0$,所以 $\sqrt{4t^2+15}\geqslant\sqrt{15}$.

因为函数 $f(x)=x+\dfrac{1}{x}$ 在 $[\sqrt{15},+\infty)$ 上单调递增,所以 $\sqrt{4t^2+15}+\dfrac{1}{\sqrt{4t^2+15}}\geqslant \sqrt{15}+\dfrac{1}{\sqrt{15}}=\dfrac{16\sqrt{15}}{15}$,故 $|S_1-S_2|\leqslant \dfrac{4}{\frac{16\sqrt{15}}{15}}=\dfrac{\sqrt{15}}{4}$,当且仅当 $t=0$ 时,等号成立.

因此,$|S_1-S_2|$ 的最大值为 $\dfrac{\sqrt{15}}{4}$.

精练 3 解析

(1)设双曲线 C 的方程为 $\dfrac{x^2}{a^2}-\dfrac{y^2}{b^2}=1(a>0,b>0)$,$c$ 为双曲线 C 的半焦距.

由题意可得 $\begin{cases}c=2\sqrt{5}\\ \dfrac{c}{a}=\sqrt{5}\\ c^2=a^2+b^2\end{cases}$,解得 $\begin{cases}c=2\sqrt{5}\\ a=2\\ b=4\end{cases}$,故双曲线 C 的方程为 $\dfrac{x^2}{4}-\dfrac{y^2}{16}=1$.

(2)法一(非对称韦达):如图 1 所示,设点 $M(x_1,y_1)$,$N(x_2,y_2)$,直线 MN 的方程为 $x=my-4$.

从而 $x_1=my_1-4$,$x_2=my_2-4$. 联立方程 $\begin{cases}x=my-4\\ \dfrac{x^2}{4}-\dfrac{y^2}{16}=1\end{cases}$,消去 x 得 $(4m^2-1)y^2-32my+48=0$.

因为直线 MN 与双曲线 C 的左支交于 M,N 两点,所以 $4m^2-1\neq 0$,且 $\Delta>0$.

由韦达定理得 $\begin{cases}y_1+y_2=\dfrac{32m}{4m^2-1}\\ y_1y_2=\dfrac{48}{4m^2-1}\end{cases}$,从而 $y_1+y_2=\dfrac{2m}{3}y_1y_2$.

因为 A_1,A_2 分别为双曲线 C 的左、右顶点,所以 $A_1(-2,0),A_2(2,0)$.

由题意可知直线 MA_1 的方程为 $\dfrac{y_1}{x_1+2}=\dfrac{y}{x+2}$,直线 NA_2 的方程为 $\dfrac{y_2}{x_2-2}=\dfrac{y}{x-2}$. 因为 $\dfrac{\frac{y_1}{x_1+2}}{\frac{y_2}{x_2-2}}=\dfrac{\frac{y}{x+2}}{\frac{y}{x-2}}$,所以 $\dfrac{(x_2-2)y_1}{(x_1+2)y_2}=\dfrac{x-2}{x+2}$,$\dfrac{(my_2-6)y_1}{(my_1-2)y_2}=\dfrac{my_1y_2-6y_1}{my_1y_2-2y_2}=\dfrac{x-2}{x+2}$.

因为 $\dfrac{my_1y_2-6y_1}{my_1y_2-2y_2}=\dfrac{my_1y_2-6(y_1+y_2)+6y_2}{my_1y_2-2y_2}=\dfrac{my_1y_2-6\cdot\frac{2m}{3}y_1y_2+6y_2}{my_1y_2-2y_2}=\dfrac{-3my_1y_2+6y_2}{my_1y_2-2y_2}=-3$,所以 $\dfrac{x-2}{x+2}=-3$,解得 $x=-1$,故点 P 在定直线 $x=-1$ 上.

法二(齐次化法):由题意得 $A_1(-2,0),A_2(2,0)$.

设点 $M(x_1,y_1)$,$N(x_2,y_2)$,直线 MN 的方程为 $x=my-4$.

从而 $\dfrac{x_1^2}{4}-\dfrac{y_1^2}{16}=1$,即 $4x_1^2-y_1^2=16$.

注意到 $k_{MA_1}\cdot k_{MA_2}=\dfrac{y_1}{x_1+2}\cdot\dfrac{y_1}{x_1-2}=\dfrac{y_1^2}{x_1^2-4}=\dfrac{4x_1^2-16}{x_1^2-4}=4$ ①.

由 $\dfrac{x^2}{4}-\dfrac{y^2}{16}=1$ 得 $4x^2-y^2=16$,$4[(x-2)+2]^2-y^2=16$.

由 $4(x-2)^2+16(x-2)+16-y^2=16$ 得 $4(x-2)^2+16(x-2)-y^2=0$.

由 $x=my-4$ 得 $x-2=my-6$,整理得 $my-(x-2)=6$,即 $\dfrac{1}{6}[my-(x-2)]=1$.

由 $4(x-2)^2+16(x-2)\cdot\dfrac{1}{6}[my-(x-2)]-y^2=0$ 得 $4(x-2)^2+\dfrac{8}{3}(x-2)my-\dfrac{8}{3}(x-2)^2-y^2=0$.

上式两边同时除以 $(x-2)^2$ 得 $\frac{4}{3}+\frac{8m}{3}\cdot\frac{y}{x-2}-\left(\frac{y}{x-2}\right)^2=0$,即 $\left(\frac{y}{x-2}\right)^2-\frac{8m}{3}\cdot\frac{y}{x-2}-\frac{4}{3}=0$.

因为 $k_{MA_2}=\frac{y_1}{x_1-2}$,$k_{NA_2}=\frac{y_2}{x_2-2}$,所以由韦达定理得 $k_{MA_2}\cdot k_{NA_2}=-\frac{4}{3}$ ②.

由式①②可得 $k_{MA_1}=-3k_{NA_2}$.

直线 l_{MA_1} 的方程为 $y=k_{MA_1}(x+2)=-3k_{NA_2}(x+2)$,直线 l_{NA_2} 的方程为 $y=k_{NA_2}(x-2)$.

由 $\begin{cases}y=-3k_{NA_2}(x+2)\\y=k_{NA_2}(x-2)\end{cases}$,解得 $x=-1$,故点 P 在定直线 $x=-1$ 上.

精练 4 解析

(1)由已知得 $A(0,2)$,$B(0,-2)$,设点 $M(x_1,y_1)$,$N(x_2,y_2)$,则 $k_1\cdot k_2=\frac{y_2-2}{x_2}\cdot\frac{y_2+2}{x_2}=\frac{y_2^2-4}{x_2^2}$.

因为 $\frac{x_2^2}{5}+\frac{y_2^2}{4}=1$,所以 $y_2^2=4\cdot\left(1-\frac{x_2^2}{5}\right)$,故 $k_1\cdot k_2=\frac{4\left(1-\frac{x_2^2}{5}\right)-4}{x_2^2}=-\frac{4}{5}$.

(2)由题意知直线 PM 的方程为 $y=kx+3$($k<0$),与椭圆 C 的方程联立得 $\begin{cases}y=kx+3\\4x^2+5y^2=20\end{cases}$,消去 y 得 $(4+5k^2)x^2+30kx+25=0$.

因为 $\Delta=900k^2-100(4+5k^2)=400(k^2-1)>0$,所以 $k<-1$.

由韦达定理得 $x_1+x_2=\frac{-30k}{4+5k^2}$,$x_1\cdot x_2=\frac{25}{4+5k^2}$.

由题意可设直线 MB 的方程为 $y=\frac{y_1+2}{x_1}x-2$ ①,直线 NA 的方程为 $y=\frac{y_2-2}{x_2}x+2$ ②.

式①②联立,化简得 $\frac{y+2}{y-2}=\frac{x_2(y_1+2)}{(y_2-2)x_1}$.

法一:$\frac{y+2}{y-2}=-\frac{5}{4}\cdot\frac{y_2+2}{x_2}\cdot\frac{y_1+2}{x_1}=-\frac{5}{4}\cdot\frac{k^2x_1x_2+5k(x_1+x_2)+25}{x_1x_2}=-5$,解得 $y=\frac{4}{3}$,故点 G 在定直线 $y=\frac{4}{3}$ 上.

法二:因为 $\frac{x_1+x_2}{x_1x_2}=-\frac{6}{5}k$,所以 $\frac{y+2}{y-2}=\frac{x_2}{kx_2+1}\cdot\frac{kx_1+5}{x_1}=\frac{kx_1x_2+5x_2}{kx_1x_2+x_1}=\frac{-\frac{5}{6}(x_1+x_2)+5x_2}{-\frac{5}{6}(x_1+x_2)+x_1}=-5$,解得 $y=\frac{4}{3}$,故点 G 在定直线 $y=\frac{4}{3}$ 上.

综上所述,点 G 在定直线 $y=\frac{4}{3}$ 上.

精练 5 解析

(1)双曲线的两个顶点的坐标分别为 $(a,0)$,$(-a,0)$,故 $\frac{2}{2+a}+\frac{2}{2-a}=\frac{8}{4-a^2}=4$,解得 $a^2=2$.

将 $P(2,2)$ 代入双曲线 E 的方程可得 $b^2=4$,故双曲线 E 的方程为 $\frac{x^2}{2}-\frac{y^2}{4}=1$.

(2)依题意,可设直线 $l:y=k(x-1)$($k\neq 2$),点 $A(x_1,y_1)$,$B(x_2,y_2)$.

联立方程 $\begin{cases}y=k(x-1)\\\frac{x^2}{2}-\frac{y^2}{4}=1\end{cases}$,消去 y 整理得 $(k^2-2)x^2-2k^2x+k^2+4=0$,且 $k^2\neq 2$.

因为 $\Delta=(-2k^2)^2-4(k^2-2)(k^2+4)>0$,所以解得 $k^2<4$ 且 $k^2\neq 2$.

由韦达定理得 $x_1+x_2=\frac{2k^2}{k^2-2}$,$x_1x_2=\frac{k^2+4}{k^2-2}$,从而 $3(x_1+x_2)-2x_1x_2=4$ ①.

又因为直线 AP 的方程为 $y=\dfrac{y_1-2}{x_1-2}(x-2)+2$,所以点 C 的坐标为 $\left(x_2,\dfrac{y_1-2}{x_1-2}(x_2-2)+2\right)$.

由 $y_1=k(x_1-1)$ 得 $\dfrac{y_1-2}{x_1-2}(x_2-2)+2=\dfrac{k(x_1-1)(x_2-2)+2(x_1-x_2)}{x_1-2}$.

故点 N 的纵坐标

$$y_N=\dfrac{1}{2}\left[\dfrac{k(x_1-1)(x_2-2)+2(x_1-x_2)}{x_1-2}+k(x_2-1)\right]=\dfrac{k[2x_1x_2-3(x_1+x_2)+4]+2(x_1-x_2)}{2(x_1-2)} \quad ②$$

将式①代入式②得 $y_N=\dfrac{x_1-x_2}{x_1-2}$,即 $N\left(x_2,\dfrac{x_1-x_2}{x_1-2}\right)$.

从而 $k_{MN}=\dfrac{x_1-x_2}{(x_1-2)(x_2-1)}=\dfrac{x_1-x_2}{x_1x_2-2x_2-x_1+2}$ ③.

法一:将式①代入式③得 $k_{MN}=\dfrac{2(x_1-x_2)}{3(x_1+x_2)-4x_2-2x_1}=2$.

法二:整理式③得 $k_{MN}=\dfrac{x_1-x_2}{x_1x_2-2x_2-x_1+2}=\dfrac{(x_1+x_2)-2x_2}{x_1x_2-(x_1+x_2)-x_2+2}=\dfrac{\dfrac{2k^2}{k^2-2}-2x_2}{\dfrac{k^2}{k^2-2}-x_2}=2$.

精练 6 解析

(1)由题意得 $2c=a,e=\dfrac{1}{2}$.

因为 $|MN|=2b=2\sqrt{3},b=\sqrt{3}$,所以 $\dfrac{c}{a}=\dfrac{1}{2}$,得 $a=2,c=1,b=\sqrt{3}$,故椭圆 C 的方程为 $\dfrac{x^2}{4}+\dfrac{y^2}{3}=1$.

(2)由题意知点 $M(0,\sqrt{3}),N(0,-\sqrt{3})$,设点 $A(x_1,y_1),B(x_2,y_2)(x_1\neq 0,x_2\neq 0)$.

设直线 $AB:y=kx+1$,直线 $AM:y-\sqrt{3}=\dfrac{y_1-\sqrt{3}}{x_1}\cdot x$,即 $y=\dfrac{y_1-\sqrt{3}}{x_1}\cdot x+\sqrt{3}$.

同理直线 $BN:y+\sqrt{3}=\dfrac{y_2+\sqrt{3}}{x_2}\cdot x$,即 $y=\dfrac{y_2+\sqrt{3}}{x_2}\cdot x-\sqrt{3}$.

欲证明点 T 的纵坐标为定值 3,即证明 $\dfrac{\dfrac{y_1-\sqrt{3}}{x_1}}{\dfrac{y_2+\sqrt{3}}{x_2}}=\dfrac{y_1-\sqrt{3}}{x_1}\cdot\dfrac{x_2}{y_2+\sqrt{3}}=\dfrac{3-\sqrt{3}}{3+\sqrt{3}}=2-\sqrt{3}$.

整理得 $\dfrac{kx_1+1-\sqrt{3}}{x_1}\cdot\dfrac{x_2}{kx_2+1+\sqrt{3}}=\dfrac{kx_1x_2+(1-\sqrt{3})x_2}{kx_1x_2+(1+\sqrt{3})x_1}$.

联立方程 $\begin{cases}y=kx+1\\3x^2+4y^2=12\end{cases}$,消去 y 得 $3x^2+4(kx+1)^2-12=0$,即 $(4k^2+3)x^2+8kx-8=0$.

由韦达定理得 $\begin{cases}x_1+x_2=\dfrac{-8k}{4k^2+3}\\x_1x_2=\dfrac{-8}{4k^2+3}\end{cases}$,故 $\dfrac{x_1+x_2}{x_1x_2}=k$,从而

$$\dfrac{\dfrac{y_1-\sqrt{3}}{x_1}}{\dfrac{y_2+\sqrt{3}}{x_2}}=\dfrac{y_1-\sqrt{3}}{x_1}\cdot\dfrac{x_2}{y_2+\sqrt{3}}=\dfrac{kx_1+1-\sqrt{3}}{x_1}\cdot\dfrac{x_2}{kx_2+1+\sqrt{3}}$$

$$=\dfrac{kx_1x_2+(1-\sqrt{3})x_2}{kx_1x_2+(1+\sqrt{3})x_1}=\dfrac{x_1+x_2+(1-\sqrt{3})x_2}{x_1+x_2+(1+\sqrt{3})x_1}=\dfrac{x_1+(2-\sqrt{3})x_2}{(2+\sqrt{3})x_1+x_2}=2-\sqrt{3}$$

因此 $y_T=3$,得证.

技法22 平移齐次化

22.3 平移齐次化

精练1解析

将点 P 平移到原点得抛物线的方程为 $(y+2)^2 = 4(x+1)$,即 $y^2 + 4y - 4x = 0$ ①.

设平移后的直线为 $l_{A'B'}: mx + ny = 1$ ②.联立式①②得 $y^2 + 4y(mx+ny) - 4x(mx+ny) = 0$.

整理得 $(1+4n)y^2 + (4m-4n)xy - 4mx^2 = 0$,两边同除以 x^2 得 $(1+4n)\left(\dfrac{y}{x}\right)^2 + (4m-4n)\dfrac{y}{x} - 4m = 0$.由韦达定理得 $k_1 + k_2 = \dfrac{y_1}{x_1} + \dfrac{y_2}{x_2} = 1$,故 $\dfrac{4n-4m}{1+4n} = 1$,即 $-4m + 0 \cdot n = 1$.

注意到 $mx + ny = 1$,故 $\begin{cases} x = -4 \\ y = 0 \end{cases}$,即 $l_{A'B'}$ 恒过定点 $(-4,0)$,平移回去可得定点为 $(-3,2)$.

因此,直线 AB 恒过定点 $(-3,2)$.

精练2解析

(1)因为 $AF \perp AB$,所以 $|AF| = 2, |BF| = 4, |AB| = 2\sqrt{3}$.

设双曲线 C 的焦距为 $2c$,由双曲线的对称性知 $|AB| = 2c = 2\sqrt{3}$.

设双曲线 C 的右焦点为 F',则 $|BF| - |AF| = |BF| - |BF'| = 2a = 2$,解得 $a = 1$,故 $b = \sqrt{c^2 - a^2} = \sqrt{2}$.

因此双曲线 C 的方程为 $x^2 - \dfrac{y^2}{2} = 1$.

(2)法一(平移齐次化法):将点 $M(1,0)$ 平移到原点得方程 $(x+1)^2 - \dfrac{y^2}{2} = 1$,整理得 $x^2 - \dfrac{y^2}{2} + 2x = 0$.

设直线 $l': mx + ny = 1$,与 $x^2 - \dfrac{y^2}{2} + 2x = 0$ 联立,可得 $x^2 - \dfrac{y^2}{2} + 2x(mx+ny) = 0$.

整理构造得 $-\dfrac{1}{2} \cdot \left(\dfrac{y}{x}\right)^2 + 2n \cdot \dfrac{y}{x} + 2m + 1 = 0$.

由韦达定理得 $k_{MP} \cdot k_{MQ} = \dfrac{2m+1}{-\dfrac{1}{2}} = -\dfrac{2}{3}$,即 $m = -\dfrac{1}{3}$,从而 $l': -\dfrac{1}{3}x + ny = 1$,故 l' 恒过定点 $(-3,0)$.

平移回去可得直线 PQ 恒过定点 $(-2,0)$.

法二(常规设点设线法):由题意得点 $M(1,0)$,设直线 MP 与 MQ 的斜率分别为 k_1, k_2.

(i)当直线 PQ 不垂直于 x 轴时,设直线 PQ 的斜率为 k,直线 $PQ: y = kx + m, P(x_1, y_1), Q(x_2, y_2)$.

联立方程 $\begin{cases} y = kx + m \\ x^2 - \dfrac{y^2}{2} = 1 \end{cases}$,消去 y 得 $(k^2-2)x^2 + 2kmx + m^2 + 2 = 0$.

因为 $\Delta = 8(m^2 - k^2 + 2) > 0$,所以由韦达定理得 $x_1 + x_2 = \dfrac{-2km}{k^2-2}, x_1 x_2 = \dfrac{m^2+2}{k^2-2}$,故

$$k_1 k_2 = \dfrac{y_1 y_2}{(x_1-1)(x_2-1)} = \dfrac{(kx_1+m)(kx_2+m)}{(x_1-1)(x_2-1)} = \dfrac{k^2 x_1 x_2 + km(x_1+x_2) + m^2}{x_1 x_2 - (x_1+x_2) + 1}$$

$$= \dfrac{\dfrac{k^2(m^2+2)}{k^2-2} - \dfrac{2k^2 m^2}{k^2-2} + m^2}{\dfrac{m^2+2}{k^2-2} + \dfrac{2km}{k^2-2} + 1} = \dfrac{2(k+m)(k-m)}{(k+m)^2} = \dfrac{2(k-m)}{k+m} = -\dfrac{2}{3}$$

解得 $m = 2k$,符合题意,故直线 PQ 的方程为 $y = k(x+2)$,恒过定点 $(-2,0)$.

(ii)当直线PQ垂直于x轴时,设点$P(t,h)$,因为P是双曲线C上的点,所以$h^2=2t^2-2$.

从而$k_1k_2=\dfrac{-h^2}{(t-1)^2}=\dfrac{2-2t^2}{(t-1)^2}=\dfrac{2(1+t)}{1-t}=-\dfrac{2}{3}$,解得$t=-2$,故直线$PQ$过点$(-2,0)$.

综上,直线PQ恒过定点$(-2,0)$.

精练3解析

(1)因为$|F_1F_2|=2\sqrt{3}$,$|MF_1|+|MF_2|=4>2\sqrt{3}$,所以动点$M$的轨迹是以$F_1(-\sqrt{3},0),F_2(\sqrt{3},0)$为焦点,以4为长轴长的椭圆,即$2a=4$,$2c=2\sqrt{3}$,故$a=2$,$c=\sqrt{3}$,$b^2=a^2-c^2=1$,于是曲线$C$的方程为$\dfrac{x^2}{4}+y^2=1$.

(2)将原坐标系的原点O平移至点$A(-2,0)$,即$\begin{cases}x=x'-2\\y=y'\end{cases}$.

在新坐标系下椭圆方程为$\dfrac{(x'-2)^2}{4}+y'^2=1$,即$x'^2+4y'^2-4x'=0$.

设直线l的方程为$mx'+ny'=1$,代入椭圆的方程得$x'^2+4y'^2-4x'(mx'+ny')=0$.

整理得$(1-4m)x'^2+4y'^2-4nx'y'=0$,两边同时除以$x'^2$得$4\left(\dfrac{y'}{x'}\right)^2-4n\dfrac{y'}{x'}+(1-4m)=0$.

因为$\overrightarrow{AP}\cdot\overrightarrow{AQ}=0$,所以$k_{AP}\cdot k_{AQ}=\dfrac{1-4m}{4}=-1$,解得$m=\dfrac{5}{4}$,故直线$l$在新坐标系下过定点$\left(\dfrac{4}{5},0\right)$.

综上,直线l在原坐标系下过定点$\left(-\dfrac{6}{5},0\right)$.

精练4解析

将坐标系左移2个单位长度(椭圆右移),故椭圆方程变为$\dfrac{(x-2)^2}{4}+\dfrac{y^2}{3}=1$,即$3x^2+4y^2-12x=0$.

设直线PQ为直线l,平移后为直线l':$mx+ny=1$,联立方程$\begin{cases}3x^2+4y^2-12x=0\\mx+ny=1\end{cases}$.

整理得$3x^2+4y^2-12x(mx+ny)=0$,即$4y^2-12nxy+3x^2-12mx^2=0$①.

式①两边同除以x^2得$4k^2-12nk+3-12m=0$,由韦达定理得$k_1k_2=\dfrac{3-12m}{4}=2$,解得$m=-\dfrac{5}{12}$.

将$m=-\dfrac{5}{12}$代入直线l'的方程中得$-\dfrac{5}{12}x+ny=1$.当$y=0$时,$x=-\dfrac{12}{5}$.

于是直线l'过定点$\left(-\dfrac{12}{5},0\right)$,直线$PQ$过定点$\left(-\dfrac{22}{5},0\right)$.

精练5解析

将点$A(2,1)$代入双曲线的方程,可解得双曲线C:$\dfrac{x^2}{2}-y^2=1$.

将点$A(2,1)$平移到原点,即$\dfrac{(x+2)^2}{2}-(y+1)^2=1$,整理得$\dfrac{x^2}{2}-y^2+2x-2y=0$.

设直线PQ平移后为直线$P'Q'$,令直线$P'Q'$的方程为:$mx+ny=1$.

构造得$\dfrac{x^2}{2}-y^2+(2x-2y)(mx+ny)=0$,即$(1+2n)y^2-(2n-2m)xy-\left(\dfrac{1}{2}+2m\right)x^2=0$①.

当$x\neq 0$时,式①两边同除以x^2得$(1+2n)\left(\dfrac{y}{x}\right)^2+2(m-n)\dfrac{y}{x}-\dfrac{1}{2}-2m=0$.

因为$k_{AP}+k_{AQ}=\dfrac{2n-2m}{1+2n}=0$,所以$n=m$,$k_l=-\dfrac{m}{n}=-1$.

精练6解析

(1)由题意得$d=\sqrt{x^2+(y-1)^2}=\sqrt{12-12y^2+y^2-2y+1}=\sqrt{-11y^2-2y+13}\leqslant\dfrac{12\sqrt{11}}{11}$.

(2)设直线PA的斜率为k_1,直线PB的斜率为k_2.

将椭圆 $E:\dfrac{x^2}{12}+y^2=1$ 按照向量 $\overrightarrow{PO}=(0,-1)$ 平移,可得方程 $\dfrac{x^2}{12}+(y+1)^2=1$,即 $\dfrac{x^2}{12}+y^2+2y=0$.

由题意得 $C'D'$ 的方程为 $y=-\dfrac{1}{2}x+2$.设 $A'B'$ 的方程为 $mx+ny=1$.

因为点 $Q\left(0,\dfrac{1}{2}\right)$ 在线段 AB 上,所以 $Q'\left(0,-\dfrac{1}{2}\right)$,故 $n=-2$.

从而 $\dfrac{x^2}{12}+y^2+2y=\dfrac{x^2}{12}+y^2+2y(mx-2y)=0$ ①,式①两边同时除以 x^2 得 $-3\dfrac{y^2}{x^2}+2m\dfrac{y}{x}+\dfrac{1}{12}=0$,

故 k_1,k_2 是这个关于 $\dfrac{y}{x}$ 的方程的两个根.由韦达定理得 $k_1+k_2=\dfrac{2m}{3}$,$k_1k_2=-\dfrac{1}{36}$.

联立方程 $\begin{cases}l_{OC'}:y=k_1x\\l_{C'D'}:y=-\dfrac{1}{2}x+2\end{cases}$,解得 $x_{C'}=\dfrac{2}{k_1+\dfrac{1}{2}}$,同理可得 $x_{D'}=\dfrac{2}{k_2+\dfrac{1}{2}}$.

于是 $|CD|=\sqrt{1+\left(-\dfrac{1}{2}\right)^2}|x_{C'}-x_{D'}|=\sqrt{5}\cdot\left|\dfrac{1}{k_1+\dfrac{1}{2}}-\dfrac{1}{k_2+\dfrac{1}{2}}\right|=\sqrt{5}\cdot\left|\dfrac{k_2-k_1}{k_1k_2+\dfrac{1}{2}(k_1+k_2)+\dfrac{1}{4}}\right|=\sqrt{5}\cdot$

$\dfrac{\sqrt{4m^2+1}}{m+\dfrac{2}{3}}=\sqrt{5}\cdot\left|\dfrac{\sqrt{(k_1+k_2)^2-4k_1k_2}}{k_1k_2+\dfrac{1}{2}(k_1+k_2)+\dfrac{1}{4}}\right|=\sqrt{5}\cdot\dfrac{\sqrt{4m^2+1}\cdot\sqrt{\dfrac{1}{4}+\dfrac{4}{9}}}{\left(m+\dfrac{2}{3}\right)\cdot\sqrt{\dfrac{1}{4}+\dfrac{4}{9}}}\geq\dfrac{6\sqrt{5}}{5}$,当 $|m|=\dfrac{3}{8}$ 时取等号.

精练7解析

(1)由题意得椭圆 C 的标准方程为 $\dfrac{x^2}{8}+\dfrac{y^2}{4}=1$.

(2)法一(平移齐次化法):将点 $A(-2\sqrt{2},0)$ 平移到原点,得到方程 $\dfrac{(x-2\sqrt{2})^2}{8}+\dfrac{y^2}{4}=1$.

化简得 $x^2-4\sqrt{2}x+2y^2=0$ ①,设平移后的直线为 $l_{A'B'}:mx+ny=1$ ②.

由式①②联立得 $2\cdot\left(\dfrac{y}{x}\right)^2-4\sqrt{2}n\cdot\dfrac{y}{x}+1-4\sqrt{2}m=0$,由韦达定理得 $k_1\cdot k_2=\dfrac{1-4\sqrt{2}m}{2}$.

因为平移后的点 $D'(3\sqrt{2},0)$ 在直线 $l_{A'B'}:mx+ny=1$ 上,所以代入后可解得 $m=\dfrac{1}{3\sqrt{2}}$.

从而 $k_1\cdot k_2=\dfrac{1-4\sqrt{2}m}{2}=-\dfrac{1}{6}$.

法二(常规设点设线法):设过点 D 且斜率不为0的直线方程为 $x=ty+\sqrt{2}$,设点 $M(x_1,y_1)$,$N(x_2,y_2)$.

联立方程 $\begin{cases}x=ty+\sqrt{2}\\\dfrac{x^2}{8}+\dfrac{y^2}{4}=1\end{cases}$,消去 x 得 $(t^2+2)y^2+2\sqrt{2}ty-6=0$.

$\Delta=8t^2+24(t^2+2)=32t^2+48>0$,由韦达定理得 $y_1+y_2=-\dfrac{2\sqrt{2}t}{t^2+2}$,$y_1y_2=-\dfrac{6}{t^2+2}$.

于是 $k_1\cdot k_2=\dfrac{y_1}{x_1+2\sqrt{2}}\cdot\dfrac{y_2}{x_2+2\sqrt{2}}=\dfrac{y_1y_2}{(ty_1+3\sqrt{2})\cdot(ty_2+3\sqrt{2})}=\dfrac{y_1y_2}{t^2y_1y_2+3\sqrt{2}t(y_1+y_2)+18}=$

$\dfrac{-\dfrac{6}{t^2+2}}{-\dfrac{6t^2}{t^2+2}+3\sqrt{2}t\cdot\dfrac{-2\sqrt{2}t}{t^2+2}+18}=\dfrac{-6}{-6t^2-12t^2+18t^2+36}=-\dfrac{1}{6}$,故 $k_1\cdot k_2$ 为定值 $-\dfrac{1}{6}$.

精练8解析

(1)由题意可设点 $P(x_1,y_1)$,$Q(x_2,y_2)$,联立方程 $\begin{cases}x^2+2y^2=2\\y=x\end{cases}$,整理得 $3x^2=2$,解得 $\begin{cases}x_1=y_1=\dfrac{\sqrt{6}}{3}\\x_2=y_2=-\dfrac{\sqrt{6}}{3}\end{cases}$,

从而可得 $|PQ|=\sqrt{2}\cdot\dfrac{2\sqrt{6}}{3}=\dfrac{4\sqrt{3}}{3}$.

(2)将椭圆 C 按照向量 $\overrightarrow{AO}=(\sqrt{2},0)$ 平移,可得方程 $\dfrac{(x-\sqrt{2})^2}{2}+y^2=1$,整理得 $\dfrac{x^2}{2}+y^2-\sqrt{2}x=0$.

设直线 $P'Q'$ 的方程为 $mx+ny=1$,构造得 $\dfrac{x^2}{2}+y^2-\sqrt{2}x=\dfrac{x^2}{2}+y^2-\sqrt{2}x(mx+ny)=0$ ①.

式①两边同时除以 x^2 得 $\dfrac{y^2}{x^2}-\sqrt{2}n\dfrac{y}{x}+\dfrac{1}{2}-\sqrt{2}m=0$ ②.

因为点 P',Q' 的坐标满足方程②,所以 $k_{OP'},k_{OQ'}$ 是这个关于 $\dfrac{y}{x}$ 的方程的两个根.

由韦达定理得 $k_{OP'}+k_{OQ'}=k_1+k_2=\sqrt{2}n=-\dfrac{1}{k}=\dfrac{n}{m}$,故 $\sqrt{2}m=1$,即 $m=\dfrac{\sqrt{2}}{2}$.

因此,直线 $P'Q'$ 过定点 $(\sqrt{2},0)$,平移回去可得直线 PQ 过定点 $(0,0)$.

精练9解析

(1)由题意得 $\begin{cases}\dfrac{4}{a^2}-\dfrac{1}{b^2}=1\\ \dfrac{c}{a}=\sqrt{2}\\ a^2+b^2=c^2\end{cases}$,且 $a>0,b>0$,解得 $\begin{cases}a=\sqrt{3}\\ b=\sqrt{3}\end{cases}$,故双曲线 C 的方程为 $\dfrac{x^2}{3}-\dfrac{y^2}{3}=1$.

(2)法一(平移齐次化法):由 $\overrightarrow{OM}+\overrightarrow{ON}=0$ 得 O 为 MN 的中点.

由中线斜率推论得 $k_{AM}+k_{AN}=2k_{AO}=-1$,即 $k_{AP}+k_{AQ}=-1$.

将点 $A(2,-1)$ 平移到原点,可得方程 $(x+2)^2-(y-1)^2=3$,整理得 $x^2+4x-y^2+2y=0$ ①.

设平移后的直线 $P'Q':mx+ny=1$,与式①联立得 $x^2-y^2+4x(mx+ny)+2y(mx+ny)=0$.

构造得 $(2n-1)\left(\dfrac{y}{x}\right)^2+(4n+2m)\dfrac{y}{x}+1+4m=0$.

由韦达定理得 $k_{AP}+k_{AQ}=-\dfrac{4n+2m}{2n-1}=-1$,解得 $-2m-2n=1$.

从而可得直线 $P'Q':mx+ny=1$ 恒过点 $(-2,-2)$,平移回去后得定点 $E(0,-3)$.

设点 O 到直线 PQ 的距离为 d,故 $d\leq|OE|=3$,当且仅当 $k=0$ 时,取等号.

因此,点 O 到直线 PQ 的距离的最大值为 3.

法二(常规设点设线法):由题意可知点 M,N 在 y 轴上,且关于原点对称,直线 PQ 的斜率存在.

设直线 PQ 的方程为 $y=kx+m$,点 $P(x_1,y_1),Q(x_2,y_2)$.

联立方程 $\begin{cases}y=kx+m\\ \dfrac{x^2}{3}-\dfrac{y^2}{3}=1\end{cases}$,消去 y 得 $(1-k^2)x^2-2kmx-m^2-3=0$,则 $1-k^2\neq 0$. 由 $\Delta=4m^2+12-12k^2>0$ 得 $k^2<1+\dfrac{m^2}{3}$ 且 $k^2\neq 1$. 由韦达定理得 $x_1+x_2=\dfrac{2km}{1-k^2}$ ②,$x_1x_2=\dfrac{-m^2-3}{1-k^2}$ ③.

直线 AP 的方程为 $y=\dfrac{y_1+1}{x_1-2}(x-2)-1$,令 $x=0$,可得 $M\left(0,\dfrac{x_1+2y_1}{2-x_1}\right)$,同理可得 $N\left(0,\dfrac{x_2+2y_2}{2-x_2}\right)$.

由 $\overrightarrow{OM}+\overrightarrow{ON}=0$ 得 $\dfrac{x_1+2y_1}{2-x_1}+\dfrac{x_2+2y_2}{2-x_2}=0$,从而 $\dfrac{x_1+2(kx_1+m)}{2-x_1}+\dfrac{x_2+2(kx_2+m)}{2-x_2}=0$.

整理得 $[(2k+1)x_1+2m](2-x_2)+[(2k+1)x_2+2m](2-x_1)=0$.

展开得 $(4k+2-2m)(x_1+x_2)-(4k+2)x_1x_2+8m=0$.

将式②③代入上式得 $(4k-2m+2)\cdot\dfrac{2km}{1-k^2}-(4k+2)\cdot\dfrac{-m^2-3}{1-k^2}+8m=0$.

化简得 $m^2+(2k+4)m+6k+3=0$,即 $(m+3)(m+2k+1)=0$.

当 $m+2k+1=0$ 时,可得 $m=-2k-1$,此时直线 PQ 的方程为 $y=k(x-2)-1$,恒过定点 $A(2,-1)$,

143

显然不可能,故 $m=-3$,即直线 PQ 的方程为 $y=kx-3$,恒过定点 $E(0,-3)$.
设点 O 到直线 PQ 的距离为 d,则 $d\leqslant |OE|=3$,当且仅当 $k=0$ 时,取等号.
因此,点 O 到直线 PQ 的距离的最大值为 3.

技法 23 极点与极线

23.2 实战应用

精练 1 解析

设点 $P(t,4-t)$,则点 P 对应的极线为 $\dfrac{tx}{6}+\dfrac{(4-t)y}{3}=1$,整理得 $t(x-2y)+8y=6$.

因为直线 AB 与 MN 的交点在极线方程和直线 $AB:y=\dfrac{1}{2}x$ 上,所以解得定点为 $\left(\dfrac{3}{2},\dfrac{3}{4}\right)$.

精练 2 解析

由题意得点 Q 在点 $P(1,0)$ 对应的极线 $0\cdot y=x+1$ 上,故定直线为 $x=-1$.

精练 3 解析

(1) 椭圆 C 的方程为 $\dfrac{x^2}{4}+y^2=1$.

(2) 设 PQ 与 x 轴的交点为 $M(1,0)$,则 A_1P 与 A_2Q 的交点 S 落在以 $M(1,0)$ 为极点对应的极线上.

从而可得极线方程为 $\dfrac{1\cdot x}{4}+0\cdot y=1$,故点 S 恒在一条定直线 $x=4$ 上.

精练 4 解析

由题意得点 M 对应的极线为 $x=-1$,故点 N 在直线 $x=-1$ 上,作 $NN_1\perp x$ 轴于 N_1,即 $N_1(-1,0)$.

从而 $\dfrac{k_1}{k_2}=\dfrac{\tan\angle NMN_1}{\tan\angle NAN_1}=\dfrac{\dfrac{NN_1}{MN_1}}{\dfrac{NN_1}{AN_1}}=\dfrac{1}{3}$.

精练 5 解析

设极点 Q 的坐标为 (m,n),则极点 Q 对应的极线方程为 $\dfrac{mx}{4}+ny=1$.

因为极线 $\dfrac{mx}{4}+ny=1$ 过点 P,所以 $P\left(0,\dfrac{1}{n}\right)$,故 $\overrightarrow{OP}\cdot\overrightarrow{OQ}=\left(0,\dfrac{1}{n}\right)\cdot(m,n)=1$.

精练 6 解析

法一(极点极线):如图 1 所示,由题设点 $T(9,m)$,连接 MN,设直线 AB 与 MN 的交点为 K.

由极点和极线的定义得点 T 对应的极线经过 K.

点 T 对应的极线方程为 $\dfrac{9\cdot x}{9}+\dfrac{m\cdot y}{5}=1$,即 $x+\dfrac{m\cdot y}{5}=1$.

此直线恒过 x 轴上的定点 $K(1,0)$,从而直线 MN 也恒过定点 $K(1,0)$.

法二(常规方法):点 $T(9,m)$ 对应的极线 $MN:x+\dfrac{my}{5}=1$ 恒过定点

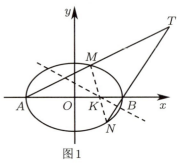

图1

$(1,0)$,设直线 $y=\dfrac{m}{9-a}(x-a)$,代入椭圆方程 $\dfrac{x^2}{9}+\dfrac{y^2}{5}=1$.

消去 y 得 $[5(9-a)^2+9m^2]x^2-18am^2x+9a^2m^2-45(9-a)^2=0$.

当 $a=-3$ 时,由韦达定理得 $x_Ax_M=\dfrac{9a^2m^2-45(9-a)^2}{5(9-a)^2+9m^2}$.

因为 $x_A = -3$，所以 $x_M = -3 \cdot \dfrac{m^2-80}{m^2+80}$，故 $M\left(-3 \cdot \dfrac{m^2-80}{m^2+80}, \dfrac{40m}{m^2+80}\right)$.

同理可得当 $a=3$ 时，$N\left(3 \cdot \dfrac{m^2-20}{m^2+20}, -\dfrac{20m}{20+m^2}\right)$.

令点 $D(1,0)$，从而 $\overrightarrow{DM} = \left(-4 \cdot \dfrac{m^2-40}{m^2+80}, \dfrac{40m}{m^2+80}\right)$，$\overrightarrow{DN} = \left(2 \cdot \dfrac{m^2-40}{m^2+20}, -\dfrac{20m}{20+m^2}\right)$，故 $DM \parallel DN$.

因此，直线 MN 必过 x 轴上的一定点 $D(1,0)$.

精练 7 解析

(1) 由垂径定理得 $k_{OE} \cdot k_{AB} = -\dfrac{1}{3}$，故 $k_{OE} = -\dfrac{1}{3k}$，从而直线 OE 的方程为 $y = -\dfrac{1}{3k}x$. 当 $x = -3$ 时，$y = \dfrac{1}{k}$，即 $m = \dfrac{1}{k}$，故 $m^2 + k^2 = \dfrac{1}{k^2} + k^2 \geq 2$，当且仅当 $k = 1$ 时取等号，即 $m^2 + k^2$ 的最小值为 2.

(2) 由 $|OG|^2 = |OD| \cdot |OE|$ 得点 E 是点 D 关于椭圆 C 的极线与 OD 的交点.

于是直线 l 的方程为 $\dfrac{-3x}{3} + my = 1$，即 $my = x + 1$.

从而可得直线 l 过定点 $(-1, 0)$.

名师点睛：如图 2 所示，已知椭圆 $\dfrac{x^2}{a^2} + \dfrac{y^2}{b^2} = 1 (a > b > 0)$，过点 $M(m, 0)$ 的直线与椭圆交于 A, B 两点，E 为 AB 的中点，延长 OE 与椭圆交于点 G，与直线 $x = \dfrac{a^2}{m}$ 交于点 D，则 $|OG|^2 = |OD| \cdot |OE|$.

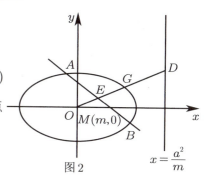

图 2

精练 8 解析

(1) 由题意得椭圆 E 的方程为 $\dfrac{y^2}{6} + \dfrac{x^2}{3} = 1$.

(2) 由题意得直线 MN 为直线 AB, CD 交点对应的极线.

因为交点在直线 $AB: y = 2x$ 上，所以设交点为 $(t, 2t)$，故极线方程为 $\dfrac{2t \cdot y}{6} + \dfrac{t \cdot x}{3} = 1$.

从而可得直线 MN 的斜率为 -1.

精练 9 解析

(1) 因为 $AB \parallel CD$，所以点 P 对应的极线平行于 AB，即 AB 的斜率是 $-\dfrac{x_0}{4y_0}$.

(2) 因为 $k_{OP} \cdot k_{EF} = k_{OP} \cdot k_{AB} = -\dfrac{1}{4}$，所以由椭圆的第三定义得点 P 平分线段 EF.

技法 24　仿射变换法

24.1　面积问题

精练 1 解析

(1) 如图 1 所示，通过仿射变换 $\begin{cases} x' = x \\ y' = \dfrac{1}{3}y \end{cases}$，椭圆 C 变为圆 $x'^2 + y'^2 = m'^2$，其中 $m' = \dfrac{m}{3}$，直线的斜率变为原来的 $\dfrac{1}{3}$.

因为变换后的直线 OM' 与直线 $A'B'$ 垂直，所以 $k_{OM'} \cdot k_{A'B'} = -1$.

又因为 $k_{OM'} = \dfrac{1}{3}k_{OM}$，$k_{A'B'} = \dfrac{1}{3}k_{AB}$，所以 $k_{OM} \cdot k_{AB} = 9k_{OM'} \cdot k_{A'B'} = -9$.

(2)因为欲使得四边形$OAPB$为平行四边形,所以只需要变换后的四边形$OA'P'B'$为菱形.

又因为变换前的直线l过点$\left(\dfrac{m}{3},m\right)$,所以变换后的直线$l'$过点$\left(\dfrac{m}{3},\dfrac{m}{3}\right)$,

即(m',m').设变换后的直线l'的方程为$y'-m'=k'(x'-m')$.

当四边形$OA'P'B'$为菱形时,点O到直线l'的距离为圆的半径的一半.

从而$\dfrac{|-k'm'+m'|}{\sqrt{1+k'^2}}=\dfrac{m'}{2}$,解得$k'=\dfrac{4\pm\sqrt{7}}{3}$.

进而变换前的直线l的斜率为$k=3k'=4\pm\sqrt{7}$.

因此当直线l的斜率为$4+\sqrt{7}$或$4-\sqrt{7}$时,四边形$OAPB$为平行四边形.

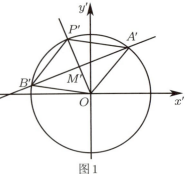

图1

精练2解析

(1)由题意得$a=2,b=1$,故椭圆C的方程为$\dfrac{x^2}{4}+y^2=1$.

因为$c=\sqrt{a^2-b^2}=\sqrt{3}$,所以$e=\dfrac{c}{a}=\dfrac{\sqrt{3}}{2}$.

(2)法一(仿射变换):由仿射变换$\begin{cases}x=x'\\y=\dfrac{1}{2}y'\end{cases}$,可得$x'^2+y'^2=4$,如图2所示.

设点$P'(m,n),B'(0,2),A'(2,0),-2<m,n<0$.

在直线$l_{P'B'}:y=\dfrac{n-2}{m}x+2$中,令$y=0$,解得$N'\left(\dfrac{2m}{2-n},0\right)$.

在直线$l_{P'A'}:y=\dfrac{n}{m-2}(x-2)$中,令$x=0$,解得$M'\left(0,\dfrac{2n}{2-m}\right)$.

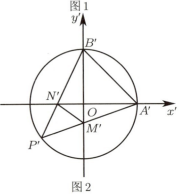

图2

于是$S'_{四边形\,A'B'N'M'}=\dfrac{1}{2}|A'N'|\cdot|B'M'|=\dfrac{1}{2}\left(2-\dfrac{2m}{2-n}\right)\left(2-\dfrac{2n}{2-m}\right)=2\dfrac{(m+n)^2-4(m+n)+4}{mn-2(m+n)+4}$.

因为$m^2+n^2=4$,所以$S'_{四边形\,A'B'N'M'}=2\cdot\dfrac{2mn-4(m+n)+8}{mn-2(m+n)+4}=4$,还原后得四边形$ABNM$的面积

$S_{四边形\,ABNM}=2$.因此,四边形$ABNM$的面积为定值.

法二(常规设点设线):设点$P(x_0,y_0)(x_0<0,y_0<0)$,则$x_0^2+4y_0^2=4$.由题设$A(2,0),B(0,1)$.

直线PA的方程为$y=\dfrac{y_0}{x_0-2}(x-2)$,令$x=0$,可得$y_M=-\dfrac{2y_0}{x_0-2}$,从而$|BM|=1-y_M=1+\dfrac{2y_0}{x_0-2}$.

直线PB的方程为$y=\dfrac{y_0-1}{x_0}x+1$,令$y=0$,可得$x_N=-\dfrac{x_0}{y_0-1}$,从而$|AN|=2-x_N=2+\dfrac{x_0}{y_0-1}$.

于是四边形$ABNM$的面积

$$S_{四边形\,ABNM}=\dfrac{1}{2}|AN|\cdot|BM|=\dfrac{1}{2}\left(2+\dfrac{x_0}{y_0-1}\right)\left(1+\dfrac{2y_0}{x_0-2}\right)$$

$$=\dfrac{x_0^2+4y_0^2+4x_0y_0-4x_0-8y_0+4}{2(x_0y_0-x_0-2y_0+2)}=\dfrac{2x_0y_0-2x_0-4y_0+4}{x_0y_0-x_0-2y_0+2}=2$$

因此,四边形$ABNM$的面积为定值.

法三(三角换元):由题意可设$P(2\cos\theta,\sin\theta)$,其中$\theta\in\left(\pi,\dfrac{3\pi}{2}\right)$.

在直线$PA:\dfrac{y-0}{\sin\theta}=\dfrac{x-2}{2\cos\theta-2}$中,令$x=0$,可得$M\left(0,\dfrac{\sin\theta}{1-\cos\theta}\right)$,同理求得$N\left(\dfrac{2\cos\theta}{1-\sin\theta},0\right)$.

故$S_{四边形\,ABNM}=\dfrac{1}{2}|AN||BM|=\dfrac{1}{2}\left|\left(\dfrac{2\cos\theta}{1-\sin\theta}-2\right)\left(\dfrac{\sin\theta}{1-\cos\theta}-1\right)\right|=\dfrac{1}{2}\times 2\left|\dfrac{(\sin\theta+\cos\theta-1)^2}{(1-\sin\theta)(1-\cos\theta)}\right|=\left|\dfrac{2(1+\sin\theta\cos\theta-\sin\theta-\cos\theta)}{1+\sin\theta\cos\theta-\sin\theta-\cos\theta}\right|=2$.

因此,四边形$ABNM$的面积为定值.

参考答案

精练3解析

(1)由题意得 $e=\frac{c}{a}=\frac{\sqrt{3}}{2}$,将点 $\left(\frac{6}{5},\frac{4}{5}\right)$ 代入椭圆方程,得 $\frac{36}{25a^2}+\frac{16}{25b^2}=1$.

因为 $a^2-b^2=c^2$,所以解得 $a=2,b=1$,故椭圆的方程为 $\frac{x^2}{4}+y^2=1$.

(2)通过仿射变换 $\begin{cases}x'=x\\y'=2y\end{cases}$,可得 $C:x'^2+y'^2=4$,由题意得 $\overrightarrow{OM'}=\cos\alpha\cdot\overrightarrow{OA'}+\sin\alpha\cdot\overrightarrow{OB'}$,平方得

$|\overrightarrow{OM'}|^2=4=\cos^2\alpha\cdot|\overrightarrow{OA'}|^2+\sin^2\alpha\cdot|\overrightarrow{OB'}|^2+2\cos\alpha\sin\alpha\cdot\overrightarrow{OA'}\cdot\overrightarrow{OB'}=4+\overrightarrow{OA'}\cdot\overrightarrow{OB'}\cdot\sin2\alpha$

从而 $\overrightarrow{OA'}\cdot\overrightarrow{OB'}=0$,故 $S_{\triangle A'OB'}=\frac{1}{2}\cdot 2\cdot 2\sin 90°=2=2S_{\triangle AOB}$,因此 $S_{\triangle AOB}=1$.

精练4解析

(1)设以 F_1 为圆心、3 为半径的圆与以 F_2 为圆心、1 为半径的圆的交点为 M.因为点 M 在椭圆 C 上,所以 $2a=|MF_1|+|MF_2|=3+1=4$,$c=\sqrt{3}$.又由 $a^2-c^2=b^2$,可得 $b=1$,从而椭圆 C 的方程为 $\frac{x^2}{4}+y^2=1$.

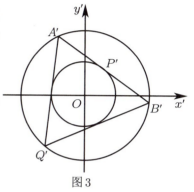

图3

(2)由(1)得椭圆 E 的方程为 $\frac{x^2}{16}+\frac{y^2}{4}=1$,如图3所示,通过仿射变换 $\begin{cases}x=x'\\y=\frac{1}{2}y'\end{cases}$,可得圆 $C':x'^2+y'^2=4$,进而圆 $E':x'^2+y'^2=16$.

(i)由题意得 $\frac{|OQ|}{|OP|}=\frac{4}{2}=2$.

(ii)设圆心 O 到直线 $A'B'$ 的距离为 d,由(i)可得 $S_{\triangle Q'A'B'}=3S_{\triangle OA'B'}=3\cdot\frac{1}{2}|A'B'|\cdot d=3\sqrt{d^2(16-d^2)}$,$d\in(0,2]$,故 $S_{\triangle Q'A'B'}\leqslant 12\sqrt{3}$,还原后可得 $S_{\triangle QAB}\leqslant 6\sqrt{3}$,因此 $\triangle QAB$ 面积的最大值为 $6\sqrt{3}$.

精练5解析

如图4所示,由仿射变换 $\begin{cases}x'=x\\y'=2y\end{cases}$ 得椭圆 $C:\frac{x^2}{4}+y^2=1$ 变为圆 $C':x'^2+y'^2=4$.

点 A,B,M,N 变换后对应的点分别为 A',B',M',N',且 $A'(2,2),B'(-2,2)$.

从而 $\begin{cases}k_{OA'}\cdot k_{OB'}=2k_{OA}\cdot 2k_{OB}=-1\\k_{OM'}\cdot k_{ON'}=2k_{OM}\cdot 2k_{ON}\end{cases}$.

因为 $k_{OA}\cdot k_{OB}=k_{OM}\cdot k_{ON}$,所以 $k_{OA'}\cdot k_{OB'}=k_{OM'}\cdot k_{ON'}=-1$,即 $OM'\perp ON'$.

于是 $S_{\triangle OM'N'}=\frac{1}{2}|OM'||ON'|=\frac{1}{2}\times 2\times 2=2$,故 $S_{\triangle OMN}=\frac{1}{2}S_{\triangle OM'N'}=1$.

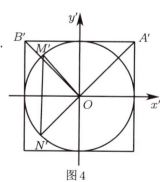

图4

精练6解析

xOy 平面上的点的纵坐标不变,横坐标变为原来的 $\frac{1}{\sqrt{2}}$,得到 $x'Oy'$ 平面,可得 A',B' 分别为圆 $x'^2+y'^2=2$ 的左、右顶点,P' 为圆上异于 A',B' 两点的任意一点,直线 $P'A',P'B'$ 的斜率分别为 k_1',k_2',过坐标原点 O 作与直线 $P'A',P'B'$ 平行的两条射线分别交圆于点 M',N',如图5所示.

(1)因为 $A'B'$ 是圆 O 的直径,所以 $\angle A'P'B'=90°$.

设点 $P'(x_0',y_0')$,则 $k_1'\cdot k_2'=-1$.

于是 $k_1'=\frac{y_0'}{x_0'-x_{A'}'}=\frac{y_0'}{\frac{1}{\sqrt{2}}(x_0'-x_{A'})}\cdot\sqrt{2}=\frac{y_0}{x_0-x_A}\cdot\sqrt{2}=\sqrt{2}k_1$.

同理可得 $k_2'=\sqrt{2}k_2$,故 $-1=2k_1\cdot k_2$,即 $k_1\cdot k_2=-\frac{1}{2}$.

(2)由题意得 $\angle M'ON'=90°$.

147

于是 $S_{\triangle M'ON'} = \frac{1}{2}|OM'| \cdot |ON'| = \frac{1}{2} \times \sqrt{2} \times \sqrt{2} = 1$.

设直线 $M'N'$ 与 y' 轴交于点 H, $|OH| = t(t > 0)$.

从而 $S_{\triangle M'ON'} = \frac{1}{2}t|x_{M'} - x_{N'}| = 1$, 故 $\frac{1}{2}t|\sqrt{2}(x_{M'} - x_{N'})| = \sqrt{2}$, 即

$S_{\triangle MON} = \frac{1}{2}t|x_M - x_N| = \sqrt{2}$.

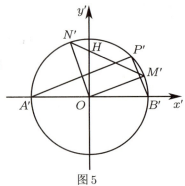

图 5

24.2 线段问题

精练 1 解析

(1) 由题意得椭圆 E 的方程为 $\frac{x^2}{6} + \frac{y^2}{3} = 1$, 点 T 的坐标为 $(2,1)$.

(2) 通过仿射变换 $\begin{cases} x = x' \\ y = \dfrac{y'}{\sqrt{2}} \end{cases}$, 可得 $x'^2 + y'^2 = 6$, 故 $T'(2, \sqrt{2})$.

由仿射变换前后的弦长对应关系可得 $\dfrac{|P'T'|^2}{|PT|^2} = \dfrac{1 + 2 \times (-1)^2}{1 + (-1)^2} = \dfrac{3}{2}$.

因为 $\dfrac{|P'A'| \cdot |P'B'|}{|PA| \cdot |PB|} = \dfrac{1 + 2 \times \left(\frac{1}{2}\right)^2}{1 + \left(\frac{1}{2}\right)^2} = \dfrac{6}{5}$, 所以 $\dfrac{|PT|^2}{|PA| \cdot |PB|} \cdot \dfrac{|P'A'| \cdot |P'B'|}{|P'T'|^2} = \dfrac{4}{5}$.

由圆幂定理得 $|P'T'|^2 = |P'A'| \cdot |P'B'|$, 故 $\lambda = \dfrac{4}{5}$.

精练 2 解析

(1) 由题意得椭圆 C 的方程为 $\dfrac{x^2}{4} + y^2 = 1$.

(2) 通过仿射变换 $\begin{cases} x' = x \\ y' = 2y \end{cases}$, 于是椭圆 $C: \dfrac{x^2}{4} + y^2 = 1$ 变为圆 $C': x'^2 + y'^2 = 4$.

设点 A, B, P, M, N 变换后对应的点分别为 A', B', P', M', N', 连接 $A'B', M'N'$, 如图 6(b) 所示.

因为 $\begin{cases} \angle A'B'N' = \angle OB'N' + 45° = \angle OB'N' + \angle B'P'A' = \angle A'M'B' \\ \angle B'A'N' = \angle A'B'M' = 45° \end{cases}$, 所以 $\triangle A'B'N' \sim \triangle B'M'A'$.

从而 $\dfrac{|A'N'|}{|B'A'|} = \dfrac{|A'B'|}{|B'M'|}$, 故 $|A'N'||B'M'| = |A'B'|^2$, $|AN| \cdot 2|BM| = 8$, 即 $|AN||BM| = 4$ 为定值.

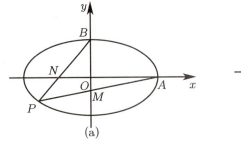 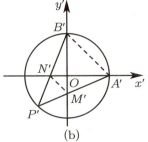

图 6

24.3 斜率问题

精练 1 解析

因为四边形 $OAPB$ 是平行四边形, 所以 $|PA|^2 + |PB|^2 = |OA|^2 + |OB|^2$.

如图7所示,通过仿射变换 $\begin{cases} x'=\dfrac{1}{2}x \\ y'=y \end{cases}$,则椭圆 C 变为 C': $\dfrac{x'^2}{\dfrac{a^2}{4}}+\dfrac{y'^2}{b^2}=1$.

直线 $y=\dfrac{1}{2}x$ 与 $y=-\dfrac{1}{2}x$ 分别对应 $y'=x'$, $y'=-x'$.

因为平行四边形 $OAPB$ 对应矩形 $OA'P'B'$,所以 $OA'^2+OB'^2=OP'^2$.

因此曲线 C' 为圆,于是 $\dfrac{a^2}{4}=b^2$,故 $a=2b$.

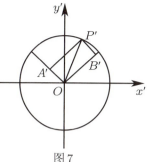

图7

精练2解析

通过仿射变换 $\begin{cases} x=x' \\ y=\dfrac{y'}{\sqrt{2}} \end{cases}$,则椭圆方程 $\dfrac{x^2}{4}+\dfrac{y^2}{2}=1$ 变为 $x'^2+y'^2=4$.

因为 $k_{OM'}\cdot k_{ON'}=\sqrt{2}k_{OM}\cdot\sqrt{2}k_{ON}=-1$,所以 $OM'\perp ON'$.

此时四边形 $OM'P'N'$ 为正方形,如图8所示,于是 $|OP'|=|M'N'|=2\sqrt{2}$,进而点 P' 的轨迹方程为圆 $x'^2+y'^2=8$.

因此点 P 的轨迹方程为 $x^2+(\sqrt{2}y)^2=8$,即 $\dfrac{x^2}{8}+\dfrac{y^2}{4}=1$.

综上,存在符合题意的点 F_1,F_2,坐标为 $(\pm 2,0)$,即椭圆的两个焦点.

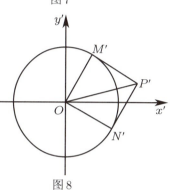

图8

技法25　圆锥曲线系

25.2　圆系

精练1解析

设曲线系方程为 $(x+3y-15)(x+5y)+\lambda(kx-y-6)y=0$.

整理得 $x^2+(8+\lambda k)xy+(15-\lambda)y^2-15x-(75+6\lambda)y=0$.

因为上述方程表示的是圆的方程,所以 $8+\lambda k=0$,$15-\lambda=1$,解得 $\lambda=14$,$k=-\dfrac{4}{7}$.

精练2解析

由题意得圆 C 的圆心 $C(2,1)$,故 $k_{AC}=\dfrac{-3-1}{-1-2}=\dfrac{4}{3}$.

从而过点 A 的圆的切线的斜率为 $-\dfrac{3}{4}$,故过点 A 的圆的切线方程为 $3x+4y+15=0$.

设所求圆的方程为 $x^2+y^2-4x-2y-20+\lambda(3x+4y+15)=0$.

因为所求圆过点 $B(2,0)$,所以 $\lambda=\dfrac{8}{7}$,故所求圆的方程为 $x^2+y^2-\dfrac{4}{7}x+\dfrac{18}{7}y-\dfrac{20}{7}=0$.

精练3解析

设过圆 $x^2+y^2-4x-4y+4=0$ 与圆 $x^2+y^2-4=0$ 的交点的圆的方程为
$$(x^2+y^2-4x-4y+4)+\lambda(x^2+y^2-4)=0 \quad (\lambda\neq -1)$$
由题意将点 M 的坐标代入可得 $(4+1-8+4+4)+\lambda(4+1-4)=0$,解得 $\lambda=-5$.

因此所求圆的方程为 $x^2+y^2+x+y-6=0$.

25.3 曲线系

精练1解析

(1)由题意得 $\begin{cases} c=1 \\ b=1 \\ a^2=b^2+c^2=2 \end{cases}$,故椭圆的方程为 $x^2+\dfrac{y^2}{2}=1$.

设点 $C(x_1,y_1),D(x_2,y_2)$,直线 $l:y=kx+1$.

联立方程 $\begin{cases} x^2+\dfrac{y^2}{2}=1 \\ y=kx+1 \end{cases}$,消去 y 得 $(k^2+2)x^2+2kx-1=0$,由韦达定理得 $\begin{cases} x_1+x_2=\dfrac{-2k}{k^2+2} \\ x_1x_2=\dfrac{-1}{k^2+2} \end{cases}$.

故 $|CD|=\sqrt{1+k^2}|x_1-x_2|=\sqrt{1+k^2}\sqrt{(x_1+x_2)^2-4x_1x_2}=\sqrt{1+k^2}\sqrt{\left(\dfrac{-2k}{k^2+2}\right)^2+4\cdot\dfrac{1}{k^2+2}}=\dfrac{3\sqrt{2}}{2}$.

解得 $k=\pm\sqrt{2}$,故直线 l 的方程为 $y=\sqrt{2}x+1$ 或 $y=-\sqrt{2}x+1$.

(2)设直线 CD 的方程为 $y=kx+1$,$P\left(-\dfrac{1}{k},0\right)$.

设直线 AC 的方程为 $y=k_1(x+1)$,直线 BD 的方程为 $y=k_2(x-1)$.

联立上述直线方程,解得交点 $Q\left(\dfrac{k_1+k_2}{k_2-k_1},\dfrac{2k_1k_2}{k_2-k_1}\right)$.

设过 A,B,C,D 四点的二次曲线方程为 $y(kx-y+1)+\lambda(k_1x-y+k_1)(k_2x-y-k_2)=0$.

与椭圆方程 $x^2+\dfrac{y^2}{2}=1$ 对比系数得 $\begin{cases} k-\lambda(k_1+k_2)=0 \\ \lambda(k_2-k_1)+1=0 \end{cases}$,解得 $\begin{cases} k_1+k_2=\dfrac{k}{\lambda} \\ k_2-k_1=-\dfrac{1}{\lambda} \end{cases}$.

因此 $\overrightarrow{OP}\cdot\overrightarrow{OQ}=-\dfrac{k_1+k_2}{k(k_2-k_1)}=1$.

精练2解析

(1)经过 BQ 与 AP 的二次曲线可以设为 $(x-1+m_1y)(x-1+m_2y)=0$.

设经过 A,B,P,Q 四点的二次曲线系为 $\lambda(x-1+m_1y)(x-1+m_2y)+\dfrac{x^2}{9}+\dfrac{y^2}{5}-1=0$.

因为点 F 在直线 AB 上,所以将 $F(-2,0)$ 代入上式,解得 $\lambda=\dfrac{5}{81}$.

从而直线 AB 和直线 PQ 的方程为 $\dfrac{5}{81}(x-1+m_1y)(x-1+m_2y)+\dfrac{x^2}{9}+\dfrac{y^2}{5}-1=0$.

令 $y=0$,得 $\dfrac{5}{81}(x-1)^2+\dfrac{x^2}{9}-1=0$,解得 $x=-2$ 或 $x=\dfrac{19}{7}$,故直线 PQ 过定点 $\left(\dfrac{19}{7},0\right)$.

(2)设直线 AB 和直线 PQ 的斜率分别为 k_1,k_2.

设曲线系方程为 $\dfrac{5}{81}(x-1+m_1y)(x-1+m_2y)+\dfrac{x^2}{9}+\dfrac{y^2}{5}-1=\mu(y-k_1(x+2))\left(y-k_2\left(x-\dfrac{19}{7}\right)\right)$.

因为上式等号左边 xy 前的系数为 m_1+m_2,y 前的系数为 $-m_1-m_2$,所以互为相反数,因此上式等号右边也满足该条件.于是 $k_1+k_2=\dfrac{19}{7}k_2-2k_1$,即 $k_1=\dfrac{4}{7}k_2$.

精练3解析

(1)由题意得动圆圆心的轨迹 Γ 的方程为 $y^2=8x$.

(2)设直线 BP 的方程为 $kx-y+k=0$,与抛物线交于另一点 A.

设直线 BQ 的方程为 $kx+y+k=0$,与抛物线交于另一点 C.

构造曲线系方程 $y^2-8x+\lambda(kx-y+k)(kx+y+k)=0$.

整理得 $(1-\lambda)y^2 + \lambda k^2 x^2 + (2\lambda k^2 - 8)x + \lambda k^2 = 0$ ①.

由对称性可设直线 AC 和 PQ 的方程分别为 $ax + by + c = 0, ax - by + c = 0$.

从而 $(ax + by + c)(ax - by + c) = 0$ ②.对比式①②的系数得 $\begin{cases} \lambda k^2 = a^2 \\ 1 - \lambda = -b^2 \\ 2\lambda k^2 - 8 = 2ac \\ \lambda k^2 = c^2 \end{cases}$,解得 $c = -a$.

因此,直线 PQ 即 l 的方程为 $ax - by - a = 0$,故直线 l 恒过定点 $(1,0)$.

精练 4 解析

(1)设椭圆 E 的方程为 $\dfrac{x^2}{a^2} + \dfrac{y^2}{b^2} = 1(a > 0, b > 0,$ 且 $a \neq b)$,将点 $A(0, -2), B\left(\dfrac{3}{2}, -1\right)$ 代入椭圆方程,

解得 $\begin{cases} a^2 = 3 \\ b^2 = 4 \end{cases}$,故椭圆 E 的方程为 $\dfrac{x^2}{3} + \dfrac{y^2}{4} = 1$.

(2)如图1所示,将椭圆按 $\overrightarrow{AO}:(0,2)$ 平移得椭圆 $E':\dfrac{x^2}{3} + \dfrac{y^2}{4} - y = 0$.

由题意得直线 $A'M':y = k_1 x, A'N':y = k_2 x, M'N':x = ty + 1$,且在点 A' 处的

切线方程为 $l_{A'P}:y = 0$.

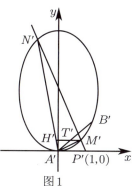
图1

从而 $(k_1 x - y)(k_2 x - y) + \lambda(x - ty - 1)y = \mu\left(\dfrac{x^2}{3} + \dfrac{y^2}{4} - y\right)$.

对比系数得 $\begin{cases} -k_1 - k_2 + \lambda = 0 \\ k_1 k_2 = \dfrac{\mu}{3} \\ -\lambda = -\mu \end{cases}$,故 $\dfrac{k_1 + k_2}{k_1 k_2} = 3$.

设点 $M'(x_1, y_1), N'(x_2, y_2)$,直线 $l_{A'B'}:y = \dfrac{2}{3}x$,则 $T'\left(\dfrac{3}{2}y_1, y_1\right)$.

由 $\overrightarrow{M'T'} = \overrightarrow{T'H'}$ 得 $H'(3y_1 - x_1, y_1)$,因为 $\dfrac{k_1 + k_2}{k_1 k_2} = 3$,所以 $x_1 y_2 + x_2 y_1 = 3y_1 y_2$ ①.

由两点式方程 $\dfrac{y - y_H'}{y_N' - y_H'} = \dfrac{x - x_H'}{x_N' - x_H'}$ 得 $H'N':x_H'y_N' - x_N'y_H' = x(y_H' - y_N') - y(x_H' - x_N')$ ②.

将式①代入式②得 $(3y_1 - x_1)y_2 - x_2 y_1 = 3y_1 y_2 - x_1 y_2 - x_2 y_1 = 0 = x(y_H' - y_N') - y(x_H' - x_N')$.

因此,直线 $H'N'$ 过原点,平移回去可得直线 HN 恒过定点 $(0, -2)$.

精练 5 解析

设直线 $AQ:y = k_1(x + 4), BQ:y = k_2(x - 4), MN:y = k(x - 2), AB:y = 0$.

构造曲线系方程 $(k_1 x - y + 4k_1)(k_2 x - y - 4k_2) + \lambda y(kx - y - 2k) = 0$.

因为曲线系方程也表示圆的方程 $x^2 + y^2 = 16$,所以对比系数得 $\begin{cases} -k_1 - k_2 + \lambda k = 0 \\ 4k_2 - 4k_1 - 2k\lambda = 0 \end{cases}$.

从而解得 $\dfrac{k_1}{k_2} = \dfrac{1}{3}$,故将直线 AQ, BQ 的方程进行联立可得 $\begin{cases} y = k_1(x + 4) \\ y = 3k_1(x - 4) \end{cases}$,解得 $x = 8$.

综上,点 Q 在定直线 $x = 8$ 上.

精练 6 解析

设过点 C 的切线方程为 $y = kx + 1$,即 $kx - y + 1 = 0$.

由点到直线的距离公式可得 $\dfrac{\left|\dfrac{2}{3}k + 1\right|}{\sqrt{1 + k^2}} = \dfrac{\sqrt{2}}{3}$,即 $2k^2 + 12k + 7 = 0$,由韦达定理得 $\begin{cases} k_1 + k_2 = -6 \text{ ①} \\ k_1 k_2 = \dfrac{7}{2} \text{ ②} \end{cases}$.

在点 C 处的切线方程为 $y = 1$,即 $y - 1 = 0$.设直线 $AB:y = kx + m$,即 $kx - y + m = 0$.

构造曲线系方程 $(k_1 x - y + 1)(k_2 x - y + 1) + \lambda(y - 1)(kx - y + m) = 0$.

· 151 ·

化简得 $k_1k_2x^2+(1-\lambda)y^2+(-k_1-k_2+k\lambda)xy+(k_1+k_2-k\lambda)x+(-2+m\lambda+\lambda)y+1-m\lambda=0$ ③.

将式①②代入式③得 $\dfrac{7}{2}x^2+(1-\lambda)y^2+(6+k\lambda)xy+(-6-k\lambda)x+(-2+m\lambda+\lambda)y+1-m\lambda=0$.

对比椭圆的方程 $x^2+2y^2-2=0$,可得 $\dfrac{\frac{7}{2}}{1}=\dfrac{1-\lambda}{2}=\dfrac{1-m\lambda}{-2}$,解得 $\lambda=-6$.

因为 $\begin{cases}-6-k\lambda=0\\-2+m\lambda+\lambda=0\end{cases}$,所以 $\begin{cases}k=1\\m=-\dfrac{4}{3}\end{cases}$,故 $y=x-\dfrac{4}{3}$,即 $3x-3y-4=0$.

由点到直线的距离公式得 $\dfrac{\left|3\times\frac{2}{3}-3\times 0-4\right|}{3\sqrt{2}}=\dfrac{\sqrt{2}}{3}$,故直线 AB 与圆 I 相切.

精练7解析

由题意得 $P\left(-\dfrac{\sqrt{2}}{2},-1\right)$,直线 PQ 的方程为 $\sqrt{2}x-y=0$.

构造曲线系方程 $(\sqrt{2}x+y-1)(\sqrt{2}x-y)+\lambda(2x^2+y^2-2)=0$.

整理得 $(2\lambda+2)x^2+(\lambda-1)y^2-\sqrt{2}x+y-2\lambda=0$.

对比系数得 $2\lambda+2=\lambda-1$,解得 $\lambda=-3$,代入上式得 $x^2+y^2+\dfrac{\sqrt{2}}{4}x-\dfrac{1}{4}y-\dfrac{3}{2}=0$.

因此,A,P,B,Q 四点在圆 $x^2+y^2+\dfrac{\sqrt{2}}{4}x-\dfrac{1}{4}y-\dfrac{3}{2}=0$ 上.

精练8解析

(1)由题意得椭圆 E 的方程为 $\dfrac{x^2}{4}+y^2=1$.

(2)要证 $|MA|\cdot|MB|=|MC|\cdot|MD|$,即证明 A,B,C,D 四点共圆即可(由相交弦定理证明).

因为 $\dfrac{x_1^2}{4}+y_1^2=1,\dfrac{x_2^2}{4}+y_2^2=1$,将两式相减,化简得 $\dfrac{y_1-y_2}{x_1-x_2}\cdot\dfrac{y_1+y_2}{x_1+x_2}=-\dfrac{1}{4}$,所以 $k_{OM}\cdot k_{AB}=-\dfrac{1}{4}$.

因为 $k_{AB}=\dfrac{1}{2}$,所以 $k_{OM}=-\dfrac{1}{2}$.设直线 AB 的方程为 $y=\dfrac{1}{2}x+m$,直线 CD 的方程为 $y=-\dfrac{1}{2}x$.

又设曲线系的方程为 $(x-2y+2m)(x+2y)+\lambda(x^2+4y^2-4)=0$.

整理得 $(1+\lambda)x^2+(4\lambda-4)y^2+2mx+4my-4\lambda=0$.

对比系数得 $1+\lambda=4\lambda-4$,解得 $\lambda=\dfrac{5}{3}$,故圆的方程可表示为 $x^2+y^2+\dfrac{3}{4}mx+\dfrac{3}{2}my-\dfrac{5}{2}=0$.

综上,$|MA|\cdot|MB|=|MC|\cdot|MD|$ 得证.

技法26 极坐标与参数方程

26.1 极坐标

精练1解析

以点 O 为极点、x 轴的正半轴为极轴,建立极坐标系,则椭圆的极坐标方程为 $\dfrac{\cos^2\theta}{a^2}+\dfrac{\sin^2\theta}{b^2}=\dfrac{1}{\rho^2}$.

设点 $A(\rho_1,\theta_1),B\left(\rho_2,\theta_1+\dfrac{\pi}{2}\right)$,则 $\begin{cases}\dfrac{\cos^2\theta_1}{a^2}+\dfrac{\sin^2\theta_1}{b^2}=\dfrac{1}{\rho_1^2}\\\dfrac{\cos^2\left(\theta_1+\frac{\pi}{2}\right)}{a^2}+\dfrac{\sin^2\left(\theta_1+\frac{\pi}{2}\right)}{b^2}=\dfrac{1}{\rho_2^2}\end{cases}$,即 $\begin{cases}\dfrac{\cos^2\theta_1}{a^2}+\dfrac{\sin^2\theta_1}{b^2}=\dfrac{1}{\rho_1^2} \text{①}\\\dfrac{\sin^2\theta_1}{a^2}+\dfrac{\cos^2\theta_1}{b^2}=\dfrac{1}{\rho_2^2} \text{②}\end{cases}$.

式①+②得 $\frac{1}{a^2}+\frac{1}{b^2}=\frac{1}{\rho_1^2}+\frac{1}{\rho_2^2}$，即 $\frac{1}{|OA|^2}+\frac{1}{|OB|^2}=\frac{1}{a^2}+\frac{1}{b^2}$，故 $\frac{1}{|OA|^2}+\frac{1}{|OB|^2}$ 为定值.

精练2解析

法一： 将圆的方程变为极坐标方程得 $\begin{cases}(x-1)^2+y^2=1\Rightarrow\rho=2\cos\alpha\\(x+2)^2+y^2=4\Rightarrow\rho=-4\cos\beta\end{cases}$.

从而 $S_{\triangle OAB}=\frac{1}{2}\cdot2\cos\alpha\cdot(-4)\cos\beta\cdot\sin(\beta-\alpha)=4\cos\alpha\cdot\cos\beta\cdot\sin(\alpha-\beta)$.

由和差化积公式得 $S_{\triangle OAB}=2\cdot[\cos(\alpha-\beta)+\cos(\alpha+\beta)]\sin(\alpha-\beta)\leqslant2\cdot[\cos(\alpha-\beta)+1]\sin(\alpha-\beta)$.

设 $\alpha-\beta=x$，则 $S_{\triangle OAB}\leqslant2\cdot(\cos x+1)\sin x$，将该式平方得

$$(S_{\triangle OAB})^2\leqslant4\cdot(\cos x+1)^2\sin^2 x=4\cdot(\cos x+1)^2(1-\cos^2 x)$$
$$=4(1+\cos x)(1+\cos x)(1-\cos x)(1+\cos x)$$
$$=\frac{4}{3}(1+\cos x)(1+\cos x)(3-3\cos x)(1+\cos x)$$
$$\leqslant\frac{4}{3}\left[\frac{(1+\cos x)+(1+\cos x)+(3-3\cos x)+(1+\cos x)}{4}\right]^4\leqslant\frac{4}{3}\cdot\left(\frac{6}{4}\right)^4$$

因此解得 $\triangle OAB$ 面积的最大值为 $\frac{3\sqrt{3}}{2}$.

法二： 如图1所示，设圆 $M:(x-1)^2+y^2=1$，则 $M(1,0)$，半径为1.
又设圆 $N:(x+2)^2+y^2=4$，则 $N(-2,0)$，半径为2.
当且仅当 $AM\perp OB$，$BN\perp OA$ 时，$\triangle OAB$ 的面积最大.
设 $\angle AOM=\alpha$，则 $\angle OBN=\angle MOD=\frac{\pi}{2}-2\alpha$，$\angle ONE=\pi-4\alpha$.
在 $\triangle ONE$ 中，由 $(\pi-4\alpha)+\alpha=\frac{\pi}{2}$ 得 $\alpha=\frac{\pi}{6}$.
此时 $OA=\sqrt{3}$，$OB=2\sqrt{3}$，$\angle AOB=\frac{2\pi}{3}$.
因此，$\triangle OAB$ 面积的最大值 $S_{\max}=\frac{1}{2}\times\sqrt{3}\times2\sqrt{3}\times\frac{\sqrt{3}}{2}=\frac{3\sqrt{3}}{2}$.

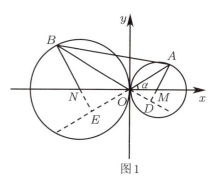

图1

26.2 参数方程

精练1解析

由题意可设点 $P(5\cos\theta,4\sin\theta)\left(0<\theta<\frac{\pi}{2}\right)$，$A(x_1,y_1)$，$B(x_2,y_2)$.

于是，可得切线 $PA:x_1x+y_1y=16$，切线 $PB:x_2x+y_2y=16$.

因为点 P 是两条切线的公共点，所以 $\begin{cases}x_1\cdot5\cos\theta+y_1\cdot4\sin\theta=16\\x_2\cdot5\cos\theta+y_2\cdot4\sin\theta=16\end{cases}$.

从而直线 $x\cdot5\cos\theta+y\cdot4\sin\theta=16$ 过点 A,B.

因为过点 A,B 的直线有且只有一条，所以得到直线 $AB:x\cdot5\cos\theta+y\cdot4\sin\theta=16$.

因此，$S_{\triangle MON}=\frac{1}{2}\cdot\frac{4}{\sin\theta}\cdot\frac{16}{5\cos\theta}=\frac{64}{5\sin2\theta}\geqslant\frac{64}{5}$，当 $\theta=\frac{\pi}{4}$ 时取等号.

综上，$\triangle MON$ 的面积的最小值是 $\frac{64}{5}$.

精练2解析

(1) 由题意得椭圆 C_1 的离心率为 $\frac{1}{2}$，过程略.

(2) 由(1)得 $\begin{cases}a=2c\\b=\sqrt{3}c\end{cases}$，故椭圆 C_1 的方程为 $\frac{x^2}{4c^2}+\frac{y^2}{3c^2}=1$，$C_1$ 的参数方程为 $\begin{cases}x=2c\cos\theta\\y=\sqrt{3}c\sin\theta\end{cases}$（$\theta$ 为参

数).由题意得$\cos\theta = \frac{1}{3}$或$\cos\theta = -3$(舍去),故$\sin\theta = \frac{2\sqrt{2}}{3}$,即点$M$的坐标为$\left(\frac{2c}{3}, \frac{2\sqrt{6}c}{3}\right)$.

因为$|MF|=5$,所以由抛物线的焦半径公式有$x_M + c = 5$,即$\frac{2c}{3} + c = 5$,解得$c = 3$.

综上,C_1的标准方程为$\frac{x^2}{36} + \frac{y^2}{27} = 1$,$C_2$的标准方程为$y^2 = 12x$.

精练3解析

设直线AB的倾斜角为θ,则直线AB的参数方程为$\begin{cases} x = -2 + t\cos\theta \\ y = t\sin\theta \end{cases}$.

将直线AB的参数方程代入椭圆方程得$(-2 + t\cos\theta)^2 + 2t^2\sin^2\theta = 2$.

整理得$(\cos^2\theta + 2\sin^2\theta)t^2 - 4\cos\theta t + 2 = 0$.

设上述关于t的方程的两个解为t_1, t_2,由题意得$\frac{t_1}{t_2} + \frac{t_2}{t_1} = \lambda + \frac{1}{\lambda} \in \left[3 + \frac{1}{3}, 5 + \frac{1}{5}\right]$.

从而$\frac{(4\cos\theta)^2}{2(\cos^2\theta + 2\sin^2\theta)} - 2 \in \left[3 + \frac{1}{3}, 5 + \frac{1}{5}\right]$,解得$\tan\theta$的取值范围是$\left[-\frac{1}{2}, -\frac{\sqrt{2}}{6}\right] \cup \left[\frac{\sqrt{2}}{6}, \frac{1}{2}\right]$.

因此,直线AB的斜率的取值范围是$\left[-\frac{1}{2}, -\frac{\sqrt{2}}{6}\right] \cup \left[\frac{\sqrt{2}}{6}, \frac{1}{2}\right]$.

精练4解析

(1)设短轴一端点为$C(0,b)$,左、右焦点分别为$F_1(-c,0), F_2(c,0)$,其中$c > 0$,则$a^2 = b^2 + c^2$.

由题意可得$\triangle F_1F_2C$为直角三角形,故$|F_1F_2|^2 = |F_1C|^2 + |F_2C|^2$,解得$b = c = \frac{\sqrt{2}}{2}a$,因此椭圆$E$的方程为$\frac{x^2}{2b^2} + \frac{y^2}{b^2} = 1$.

将直线$l: y = -x + 3$与椭圆E的方程联立,消去y得$3x^2 - 12x + 18 - 2b^2 = 0$.

因为直线l与椭圆E只有一个交点,所以$\Delta = 12^2 - 4 \times 3(18 - 2b^2) = 0$,解得$b^2 = 3$.

因此,椭圆E的方程为$\frac{x^2}{6} + \frac{y^2}{3} = 1$.

由$b^2 = 3$,解得$x = 2$,故$y = -x + 3 = 1$,因此点T的坐标为$(2, 1)$.

(2)设直线AB的方程为$y = \frac{1}{2}x + m$.

将直线AB的方程与椭圆E的方程联立,由$\Delta > 0$得$-\frac{3\sqrt{2}}{2} < m < \frac{3\sqrt{2}}{2}$.

因为直线PT的方程为$y = -x + 3$,所以交点为$P\left(\frac{6 - 2m}{3}, \frac{2m + 3}{3}\right)$.

从而$|PT|^2 = \left(\frac{6 - 2m}{3} - 2\right)^2 + \left(\frac{2m + 3}{3} - 1\right)^2 = \frac{8m^2}{9}$.

设AB的参数方程为$\begin{cases} x = \frac{6 - 2m}{3} + \frac{2}{\sqrt{5}}t \\ y = \frac{2m + 3}{3} + \frac{1}{\sqrt{5}}t \end{cases}$($t$为参数),代入椭圆方程得$\frac{6}{5}t^2 + \frac{12}{\sqrt{5}}t + \frac{4}{3}m^2 = 0$.

设其两根为t_1和t_2,由韦达定理得$t_1 t_2 = |PA| \cdot |PB| = \frac{10}{9}m^2$,故$\lambda = \frac{|PT|^2}{|PA| \cdot |PB|} = \frac{4}{5}$.

精练5解析

(1)由双曲线的方程得$A(a, 0), B_1(0, -b), B_2(0, b), F_2(c, 0)$,从而$\overrightarrow{B_2F_2} = (c, -b), \overrightarrow{B_1A} = (a, b)$.

因为$\overrightarrow{B_2F_2} \cdot \overrightarrow{B_1A} = ac - 3a^2$,所以$ac - b^2 = ac - 3a^2$,即$3a^2 = b^2$①.

又因为双曲线过点$(\sqrt{2}, \sqrt{3})$,所以$\frac{2}{a^2} - \frac{3}{b^2} = 1$②.

由式①②解得 $a=1$, $b=\sqrt{3}$, 故双曲线 C_1 的标准方程为 $x^2-\dfrac{y^2}{3}=1$.

(2)法一(参数方程):设直线 PQ 的参数方程为 $\begin{cases} x=2+t\cos\alpha \\ y=t\sin\alpha \end{cases}$ (α 为参数).

将直线 PQ 的参数方程与双曲线 C_1 的方程进行联立得 $(2+t\cos\alpha)^2-\dfrac{(t\sin\alpha)^2}{3}=1$.

整理得 $(3\cos^2\alpha-\sin^2\alpha)t^2+12t\cos\alpha+9=0$, 由韦达定理得 $\begin{cases} t_1+t_2=\dfrac{-12\cos\alpha}{3\cos^2\alpha-\sin^2\alpha} \\ t_1t_2=\dfrac{9}{3\cos^2\alpha-\sin^2\alpha} \end{cases}$.

从而 $|PQ|=|t_1-t_2|=\sqrt{(t_1+t_2)^2-4t_1t_2}=\dfrac{6}{|3\cos^2\alpha-\sin^2\alpha|}$.

设直线 MN 的参数方程为 $\begin{cases} x=2+t\cos\left(\alpha+\dfrac{\pi}{2}\right)=2-t\sin\alpha \\ y=t\sin\left(\alpha+\dfrac{\pi}{2}\right)=t\cos\alpha \end{cases}$ (α 为参数).

将直线 MN 的参数方程与 $(x+2)^2+y^2=4$ 进行联立得 $t^2-8t\sin\alpha+12=0$.

由 $\Delta=64\sin^2\alpha-48>0$ 得 $1\geqslant\sin^2\alpha>\dfrac{3}{4}$. 由韦达定理得 $t_3+t_4=8\sin\alpha$, $t_3t_4=12$.

从而 $|MN|=|t_3-t_4|=\sqrt{(t_3+t_4)^2-4t_3t_4}=4\sqrt{4\sin^2\alpha-3}$.

于是
$$\begin{aligned} S_1+S_2 &= \dfrac{1}{2}|MN|\cdot|PF_2|+\dfrac{1}{2}|MN|\cdot|F_2Q|=\dfrac{1}{2}|MN|\cdot|PQ| \\ &= \dfrac{1}{2}\cdot 4\sqrt{4\sin^2\alpha-3}\cdot\dfrac{6}{|3\cos^2\alpha-\sin^2\alpha|} \\ &= \dfrac{12\sqrt{4\sin^2\alpha-3}}{|3\cos^2\alpha-\sin^2\alpha|}=\dfrac{12\sqrt{4\sin^2\alpha-3}}{|3-4\sin^2\alpha|}=\dfrac{12}{\sqrt{4\sin^2\alpha-3}} \end{aligned}$$

因为 $1\geqslant\sin^2\alpha>\dfrac{3}{4}$, 所以 $S_1+S_2\in[12,+\infty)$, 即 S_1+S_2 的取值范围为 $[12,+\infty)$.

法二(常规联立):设直线 l_1 的方程为 $x=my+2$, 点 $P(x_1,y_1)$, $Q(x_2,y_2)$.

由 $l_2\perp l_1$ 得直线 l_2 的方程为 $y=-m(x-2)$, 即 $mx+y-2m=0$.

因为点 F_1 到直线 MN 的距离 $d=\dfrac{|-2m-2m|}{\sqrt{1+m^2}}=\dfrac{|4m|}{\sqrt{1+m^2}}$, 所以 $|MN|=2\sqrt{2^2-d^2}=\dfrac{4\sqrt{1-3m^2}}{\sqrt{1+m^2}}$.

因为 $d<2$, 所以 $0\leqslant m^2<\dfrac{1}{3}$.

联立方程 $\begin{cases} x^2-\dfrac{y^2}{3}=1 \\ x=my+2 \end{cases}$, 消去 x 得 $(3m^2-1)y^2+12my+9=0$.

$\Delta=144m^2-36(3m^2-1)=36(m^2+1)>0$, 由韦达定理得 $y_1+y_2=-\dfrac{12m}{3m^2-1}$, $y_1y_2=\dfrac{9}{3m^2-1}$.

从而 $|PQ|=\sqrt{1+m^2}|y_2-y_1|=\sqrt{1+m^2}\cdot\sqrt{(y_1+y_2)^2-4y_1y_2}=\dfrac{6(m^2+1)}{1-3m^2}$.

于是 $S_1+S_2=\dfrac{1}{2}|PQ|\cdot|MN|=\dfrac{12\sqrt{m^2+1}}{\sqrt{1-3m^2}}=12\sqrt{\dfrac{1}{-3+\dfrac{4}{m^2+1}}}$.

因为 $0\leqslant m^2<\dfrac{1}{3}$, 所以 $S_1+S_2\in[12,+\infty)$, 即 S_1+S_2 的取值范围为 $[12,+\infty)$.

高考数学解题研究

圆锥曲线全技法

主　编◎郭　伟　张青松
副主编◎朱利春　何世燚
　　　　念　念　陈嘉俊

★ 典例精讲精析
★ 构建解题思维
★ 全题型全方法
★ 大招培优提分

哈尔滨工业大学出版社
HARBIN INSTITUTE OF TECHNOLOGY PRESS

内 容 简 介

本书主要介绍了高考数学中圆锥曲线的内容,通过系统地梳理十几年来圆锥曲线高考真题和模拟试题,从圆锥曲线的知识点出发,以解题方法为分类标准,直击圆锥曲线的重、难点,归纳出圆锥曲线的热点题型,总结出圆锥曲线的解题方法,整理出圆锥曲线的解题技巧,并以此帮助读者建立趋于完善的圆锥曲线解题框架.读者可以通过阅读本书全面地了解高考数学中圆锥曲线试题的命题趋势,通过命题趋势洞察解题方向,从而能够更好、更快地掌握高考数学中的圆锥曲线知识.

本书适合高二、高三的学生学习使用,希望通过学习本书,同学们能更好地解答高考数学中的圆锥曲线压轴题.

图书在版编目(CIP)数据

圆锥曲线全技法/郭伟,张青松主编.—哈尔滨:哈尔滨工业大学出版社,2024.1(2025.3重印)
ISBN 978-7-5767-1125-7

Ⅰ.①圆⋯ Ⅱ.①郭⋯ ②张⋯ Ⅲ.①中学数学课-高中-升学参考资料 Ⅳ.①G634.603

中国国家版本馆 CIP 数据核字(2023)第 228526 号

YUANZHUI QUXIAN QUANJIFA

策划编辑	刘培杰 张永芹
责任编辑	宋 淼 钱辰琛
封面设计	郭伟数学工作室
出版发行	哈尔滨工业大学出版社
社　　址	哈尔滨市南岗区复华四道街10号 邮编150006
传　　真	0451-86414749
网　　址	http://hitpress.hit.edu.cn
印　　刷	哈尔滨市石桥印务有限公司
开　　本	889 mm×1 194 mm 1/16 印张16.5 字数463千字
版　　次	2024年1月第1版 2025年3月第3次印刷
书　　号	ISBN 978-7-5767-1125-7
定　　价	98.00元

(如因印装质量问题影响阅读,我社负责调换)

前　言

高考数学中的圆锥曲线对很多同学来说是一个既熟悉又陌生的名字,它的难度让人望而却步.十几年来,圆锥曲线圆了无数学子的著名学府梦,但也成为很多学子"更上一层楼"的"拦路虎".为了彻底攻克圆锥曲线压轴题,为了让更多学子获得圆锥曲线试题的分数,"高考数学解题研究"系列主编郭伟老师与数位一线教学名师、解题高手耗费多年心血,编写了《圆锥曲线全技法》一书.

《圆锥曲线全技法》的亮点是:

(1)三重体系:在本书的编写过程中,我们在全书穿插式构建了三重圆锥曲线的解题体系,一为"设点设线"的经典联立体系,二为"设点与方程构造"的不联立体系,三为高屋建瓴式的技法体系,为同学们提供了圆锥曲线问题的多种解决方案.

(2)两种架构:在本书的编写过程中,我们几乎为所有题型提供了多种解题思路,其中可大致分为两种架构,一为"设点设线,联立方程"的常规思路,二为"定理结论,大招快解"的非常规思路,两种解题架构并行,可以帮助同学们更好、更快地解题.

《圆锥曲线全技法》的特色是:

(1)系统全面:本书系统地总结了圆锥曲线题型和考点,全面地归纳了圆锥曲线解题技巧和方法.

(2)结构优化:本书精选经典例题,组成了一个优化的结构,即凡讲必学、学则必会、考必得分.

(3)逻辑清晰:本书分析了圆锥曲线的高频难点,使解题思路更加清晰,解题结构更加完善.

(4)分析深刻:本书通过知识拓展视窗总结知识点和方法,以"名师点睛"的形式讲解经典例题.

在编写《圆锥曲线全技法》时,我们以高考真题和模拟试题为蓝本,以学生考试的解题角度和高观点审视试题角度为方向,剖析圆锥曲线的命题逻辑,分析圆锥曲线的解题机制,从基本逻辑入手,帮助学子备考圆锥曲线.

正所谓:有志者,事竟成,破釜沉舟,百二秦关终属楚;苦心人,天不负,卧薪尝胆,三千越甲可吞吴.纵使高考圆锥曲线试题纷繁复杂、千变万化,我们相信当读者系统地学完本书后,就可以从容应对相关问题,从而在高考中考取高分,圆梦著名学府!

"脚踏实地,仰望星空"是我们对所有高考学子寄予的深切厚望:脚踏实地,一步一个脚印,走得稳健、走得长远;仰望星空,勇敢面对难关,路在脚下、志在远方.

欢迎广大师生与郭老师学习交流、共同成长,免费答疑(微信号):MathG678;MathG666.

郭　伟

2023年12月1日

目 录

第一编 基本定义

技法1 三定义专题
1.1 第一定义 ·· 1
1.2 第二定义 ·· 7
1.3 第三定义 ·· 8
1.4 光学性质 ··· 10
1.5 方程范围 ··· 13

技法2 离心率专题
2.1 代数方法 ··· 15
2.2 几何方法 ··· 18
2.3 技巧方法 ··· 27

第二编 解题思路

技法3 设而不求之韦达定理
3.1 弦长公式 ··· 33
3.2 斜长公式 ··· 35
3.3 三点比值 ··· 36

技法4 道路抉择之设点设线
4.1 设线法 ·· 38
4.2 设点法 ·· 47

技法5 解题支柱之直线斜率
5.1 斜率相等 ··· 51
5.2 直线垂直 ··· 52
5.3 倾斜角互余 ·· 54
5.4 倾斜角互补 ·· 56
5.5 斜率和积关系 ··· 58

技法6 解题支柱之平面向量
6.1 向量之积 ··· 60
6.2 几何关系 ··· 63
6.3 向量关系 ··· 68
6.4 向量转化 ··· 72

第三编 热点题型

技法7 轨迹专题
7.1 直译法 ·· 74
7.2 定义法 ·· 75
7.3 相关点法 ··· 77
7.4 参数法 ·· 78

7.5 交轨法·····79

技法8 面积专题
8.1 三角形面积·····80
8.2 四边形面积·····83
8.3 面积坐标式·····90
8.4 面积三角式·····91
8.5 焦点三角形·····93
8.6 面积比专题·····95

技法9 定点定值
9.1 参数关系类·····97
9.2 参数无关类·····99
9.3 整理化简类·····103
9.4 对比系数类·····106
9.5 先猜后证类·····107
9.6 同构与定点·····110
9.7 共线与定点·····111
9.8 多点与定点·····112

技法10 切线专题
10.1 切线综合·····113
10.2 同构方程·····115
10.3 蒙日圆·····119
10.4 阿基米德三角形·····121

技法11 四心专题
11.1 重心综合·····123
11.2 外心综合·····125
11.3 垂心综合·····127
11.4 内心综合·····129

技法12 三点共线
12.1 斜率法·····139
12.2 向量法·····141
12.3 方程法·····143
12.4 共线恒等式·····145
12.5 共线不等式·····146

技法13 四点共圆
13.1 曲线方程法·····147
13.2 垂径定理法·····149
13.3 对角互补法·····150
13.4 斜率关系法·····151
13.5 圆幂定理法·····154

技法14 角度专题
14.1 向量方法·····157

- 14.2 等角证明 ··159
- 14.3 倍角证明 ··164
- 14.4 角度表示 ··165
- 14.5 米勒定理 ··169

技法15 线段专题
- 15.1 线段长度化 ··171
- 15.2 线段坐标化 ··176
- 15.3 线段向量化 ··178

第四编　运算技巧

技法16 两点式方程
- 16.1 两点式方程 ··180
- 16.2 两点式方程与定点问题 ···181
- 16.3 抛物线两点式 ···183
- 16.4 抛物线平均式 ···185
- 16.5 构造对偶式 ··186

技法17 直径式方程
- 17.1 斜率直径式 ··188
- 17.2 双根直径式 ··190

技法18 点乘双根法 ··191

第五编　解题技法

技法19 焦半径公式
- 19.1 坐标式 ··193
- 19.2 角度式 ··196
- 19.3 焦点弦定理 ··199

技法20 定比分点法
- 20.1 点差法 ··201
- 20.2 点差法与双曲线 ··203
- 20.3 定比分点法 ··205
- 20.4 调和点列 ···208

技法21 非对称韦达
- 21.1 单向量型 ···211
- 21.2 非对称韦达 ··213

技法22 平移齐次化
- 22.1 齐次化的引入 ···219
- 22.2 从齐次化到平移齐次化 ···220
- 22.3 平移齐次化 ··221

技法23 极点与极线
- 23.1 基本理论 ···231
- 23.2 实战应用 ···233

技法 24　仿射变换法
　　24.1　面积问题 ··· 237
　　24.2　线段问题 ··· 241
　　24.3　斜率问题 ··· 243

技法 25　圆锥曲线系
　　25.1　直线系 ·· 244
　　25.2　圆系 ··· 245
　　25.3　曲线系 ·· 246

技法 26　极坐标与参数方程
　　26.1　极坐标 ·· 252
　　26.2　参数方程 ··· 253

第一编　基本定义

技法1　三定义专题

1.1　第一定义

1　椭圆

椭圆定义：平面内与两个定点 F_1,F_2 的距离的和等于常数 (大于 $|F_1F_2|$) 的点的轨迹叫作椭圆，这两个定点称为椭圆焦点，两焦点间的距离称为椭圆焦距，焦距的一半称为半焦距.

(1) 椭圆标准方程：$\dfrac{x^2}{a^2}+\dfrac{y^2}{b^2}=1$，其中 $(a>b>0,b^2=a^2-c^2)$，设椭圆上一点 $P(x,y)$，$F_1(-c,0),F_2(c,0),|PF_1|+|PF_2|=2a,e=\dfrac{c}{a},e\in(0,1)$，准线为 $x=\pm\dfrac{a^2}{c}$.

(2) 椭圆标准方程：$\dfrac{y^2}{a^2}+\dfrac{x^2}{b^2}=1$，其中 $(a>b>0,b^2=a^2-c^2)$，设椭圆上一点 $P(x,y)$，$F_1(0,-c),F_2(0,c),|PF_1|+|PF_2|=2a,e=\dfrac{c}{a},e\in(0,1)$，准线为 $y=\pm\dfrac{a^2}{c}$.

典例1　椭圆 $\dfrac{x^2}{a^2}+\dfrac{y^2}{b^2}=1(a>b>0)$ 的左、右焦点分别为 F_1,F_2，过点 F_2 的直线交椭圆于 P,Q 两点，且 $PQ\perp PF_1$.

(1) 若 $|PF_1|=2+\sqrt{2}$，$|PF_2|=2-\sqrt{2}$，求椭圆的标准方程.

(2) 若 $|PF_1|=|PQ|$，求椭圆的离心率 e.

解答　(1) 由椭圆定义得 $2a=|PF_1|+|PF_2|=(2+\sqrt{2})+(2-\sqrt{2})=4$，故 $a=2$.

设椭圆的半焦距为 c，由题意得 $PF_1\perp PF_2$.

从而 $2c=|F_1F_2|=\sqrt{|PF_1|^2+|PF_2|^2}=\sqrt{(2+\sqrt{2})^2+(2-\sqrt{2})^2}=2\sqrt{3}$，即 $c=\sqrt{3}$，$b=\sqrt{a^2-c^2}=1$.

故所求椭圆的标准方程为 $\dfrac{x^2}{4}+y^2=1$.

(2) 法一：如图1所示，连接 QF_1，由椭圆定义得 $|PF_1|+|PF_2|=2a$，$|QF_1|+|QF_2|=2a$.

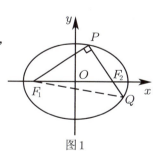

图1

由 $|PF_1|=|PQ|=|PF_2|+|QF_2|$ 得 $|QF_1|=4a-2|PF_1|$.

由 $PF_1\perp PQ,|PF_1|=|PQ|$ 得 $|QF_1|=\sqrt{2}|PF_1|$.

又由 $4a-2|PF_1|=\sqrt{2}|PF_1|$ 得 $|PF_1|=2(2-\sqrt{2})a$.

从而 $|PF_2|=2a-|PF_1|=2a-2(2-\sqrt{2})a=2(\sqrt{2}-1)a$.

因为 $PF_1\perp PF_2$，所以 $|PF_1|^2+|PF_2|^2=|F_1F_2|^2=(2c)^2$.

因此，$e=\dfrac{c}{a}=\dfrac{\sqrt{|PF_1|^2+|PF_2|^2}}{2a}=\sqrt{(2-\sqrt{2})^2+(\sqrt{2}-1)^2}=\sqrt{9-6\sqrt{2}}=\sqrt{6}-\sqrt{3}$.

法二：如图1所示，连接 QF_1，设点 $P(x_0,y_0)$ 在椭圆上，且 $PF_1\perp PF_2$.

从而 $\dfrac{x_0^2}{a^2} + \dfrac{y_0^2}{b^2} = 1$，$x_0^2 + y_0^2 = c^2$，解得 $x_0 = \pm \dfrac{a}{c}\sqrt{a^2 - 2b^2}$，$y_0 = \pm \dfrac{b^2}{c}$.

由 $|PF_1| = |PQ| > |PF_2|$ 得 $x_0 > 0$.

于是 $|PF_1|^2 = \left(\dfrac{a\sqrt{a^2-2b^2}}{c} + c\right)^2 + \dfrac{b^4}{c^2} = 2(a^2 - b^2) + 2a\sqrt{a^2 - 2b^2} = (a + \sqrt{a^2 - 2b^2})^2$.

由椭圆定义得 $|PF_1| + |PF_2| = 2a$，$|QF_1| + |QF_2| = 2a$.

由 $|PF_1| = |PQ| = |PF_2| + |QF_2|$ 得 $|QF_1| = 4a - 2|PF_1|$.

由 $PF_1 \perp PF_2$，$|PF_1| = |PQ|$ 得 $|QF_1| = \sqrt{2}|PF_1|$.

故 $(2+\sqrt{2})|PF_1| = 4a$，即 $(2+\sqrt{2})(a + \sqrt{a^2 - 2b^2}) = 4a$.

于是 $(2+\sqrt{2})(1+\sqrt{2e^2-1}) = 4$，解得 $e = \sqrt{\dfrac{1}{2}\left[1 + \left(\dfrac{4}{2+\sqrt{2}} - 1\right)^2\right]} = \sqrt{6} - \sqrt{3}$.

典例2 已知椭圆 $C: \dfrac{x^2}{25} + \dfrac{y^2}{16} = 1$ 内有一点 $M(2, 3)$，点 F_1，F_2 分别为椭圆的左、右焦点，点 P 为椭圆 C 上的一点，求：

(1) $|PM| - |PF_1|$ 的最大值与最小值.

(2) $|PM| + |PF_1|$ 的最大值与最小值.

解答 (1) 由椭圆方程得 $a = 5$，$F_1(-3, 0)$，$F_2(3, 0)$.

如图2所示，连接 MF_1 并延长交椭圆于点 P_1.

因为三角形两边之差小于第三边，所以点 P_1 是使 $|PM| - |PF_1|$ 取得最大值的点.

于是 $(|PM| - |PF_1|)_{\max} = |MF_1| = \sqrt{(2+3)^2 + (3-0)^2} = \sqrt{34}$.

因为 $|PM| - |PF_1| = -(|PF_1| - |PM|)$，所以求 $|PM| - |PF_1|$ 最小值，即求 $|PF_1| - |PM|$ 最大值.

延长 F_1M 交椭圆于点 P_2，故点 P_2 是使 $|PF_1| - |PM|$ 取得最大值的点，即 $|PM| - |PF_1|$ 取得最小值的点.

因此，$(|PM| - |PF_1|)_{\min} = -|MF_1| = -\sqrt{34}$.

(2) 连接 PF_2，由椭圆定义得 $|PF_1| + |PF_2| = 2a = 10$，故 $|PF_1| = 10 - |PF_2|$.

从而 $|PM| + |PF_1| = |PM| + 10 - |PF_2| = 10 + (|PM| - |PF_2|)$.

如图2所示，连接 MF_2 并延长交椭圆于点 P_3，点 P_3 是使 $|PM| + |PF_1|$ 取得最大值的点.

于是 $(|PM| + |PF_1|)_{\max} = 10 + |MF_2| = 10 + \sqrt{(2-3)^2 + (3-0)^2} = 10 + \sqrt{10}$.

由题意得 $|PM| + |PF_1| = 10 - (|PF_2| - |PM|)$.

延长 F_2M 交椭圆于点 P_4，故点 P_4 是使 $|PF_2| - |PM|$ 取得最大值的点，即 $|PM| + |PF_1|$ 取得最小值的点.

因此，$(|PM| + |PF_1|)_{\min} = 10 - |MF_2| = 10 - \sqrt{10}$.

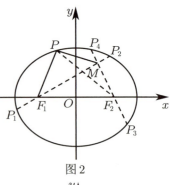

图2

好题精练

精练1 如图3所示，把椭圆 $\dfrac{x^2}{25} + \dfrac{y^2}{16} = 1$ 的长轴 AB 分成8等份，过每个分点作 x 轴的垂线，交椭圆的上半部分于 $P_1, P_2, \cdots, P_7$ 七个点，点 F 是椭圆的一个焦点，则 $|P_1F| + |P_2F| + \cdots + |P_7F| = $ _____.

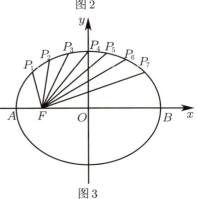

图3

精练2 已知椭圆 $C: \dfrac{x^2}{a^2}+\dfrac{y^2}{b^2}=1(a>b>0)$，椭圆 C 的上顶点为 A，两个焦点为 F_1, F_2，离心率为 $\dfrac{1}{2}$. 过 F_1 且垂直于 AF_2 的直线与椭圆 C 交于 D, E 两点，$|DE|=6$，则 $\triangle ADE$ 的周长是 _____.

精练3 已知点 P 为椭圆 $\dfrac{x^2}{a^2}+\dfrac{y^2}{b^2}=1(a>b>0)$ 上任意一点，点 M, N 分别在直线 $l_1: y=\dfrac{1}{3}x$ 与 $l_2: y=-\dfrac{1}{3}x$ 上，且 $PM \parallel l_2$，$PN \parallel l_1$，若 PM^2+PN^2 为定值，则椭圆的离心率为 _____.

精练4 （多选）（青岛模拟）已知椭圆 $C: \dfrac{x^2}{4}+\dfrac{y^2}{3}=1$ 的左、右焦点分别是 F_1, F_2，$M\left(\dfrac{4}{3}, y_0\right)$ 为椭圆 C 上一点，则下列结论正确的是 ( ).

A. $\triangle MF_1F_2$ 的周长为 6
B. $\triangle MF_1F_2$ 的面积为 $\dfrac{\sqrt{15}}{2}$
C. $\triangle MF_1F_2$ 的内切圆的半径为 $\dfrac{\sqrt{15}}{9}$
D. $\triangle MF_1F_2$ 的外接圆的直径为 $\dfrac{32}{11}$

2 双曲线

双曲线定义：平面内与两个定点 F_1, F_2 的距离的差的绝对值等于非零常数（小于 $|F_1F_2|$）的点的轨迹叫作双曲线，分左右（或上下）两支，常数用 $2a$ 表示，两个定点 F_1, F_2 称为双曲线的焦点，两焦点间的距离称为双曲线的焦距，用 $2c(c>0)$ 表示.

(1) 双曲线标准方程为：$\dfrac{x^2}{a^2}-\dfrac{y^2}{b^2}=1$，其中 $(a>0, b>0, b^2=c^2-a^2)$，设双曲线上一点 $P(x,y)$，$F_1(-c,0)$，$F_2(c,0)$，$||PF_1|-|PF_2||=2a$，$e=\dfrac{c}{a}$，$e \in (1,+\infty)$，渐近线 $y=\pm \dfrac{b}{a}x$，准线为 $x=\pm \dfrac{a^2}{c}$.

(2) 双曲线标准方程为：$\dfrac{y^2}{a^2}-\dfrac{x^2}{b^2}=1$，其中 $(a>0, b>0, b^2=c^2-a^2)$，设双曲线上一点 $P(x,y)$，$F_1(0,-c)$，$F_2(0,c)$，$||PF_1|-|PF_2||=2a$，$e=\dfrac{c}{a}$，$e \in (1,+\infty)$，渐近线 $y=\pm \dfrac{a}{b}x$，准线为 $y=\pm \dfrac{a^2}{c}$.

典例3 设双曲线 $\dfrac{x^2}{a^2}-\dfrac{y^2}{b^2}=1(a>0, b>0)$ 的左、右焦点分别为 F_1, F_2，过点 F_2 的直线与双曲线右支交于 A, B 两点，设直线 AB 的中点为 P，若 $|AB|=\sqrt{2}|F_1P|$，且 $\angle F_1PA=45°$，则双曲线离心率为 ( ).

A. $\sqrt{3}$　　B. $\sqrt{5}$　　C. $\dfrac{\sqrt{3}+1}{2}$　　D. $\dfrac{\sqrt{5}+1}{2}$

解答 根据题意可知，直线 AB 的斜率存在，连接 AF_1, BF_1.

因为直线 AB 的中点为 P，$|AB|=\sqrt{2}|F_1P|$，所以 $|AP|=\dfrac{\sqrt{2}}{2}|PF_1|$.

因为 $\angle F_1PA=45°$，所以在 $\triangle F_1AP$ 中，由余弦定理得 $\cos\angle F_1PA = \dfrac{|PF_1|^2+|AP|^2-|AF_1|^2}{2|AP|\cdot|PF_1|}$.

从而解得 $\dfrac{\sqrt{2}}{2} = \dfrac{2|AP|^2+|AP|^2-|AF_1|^2}{2\sqrt{2}|AP|^2}$，整理得 $|AP|=|AF_1|$.

又因为 $\angle F_1PA=45°$，所以 $\triangle APF_1$ 是等腰直角三角形，$AF_1 \perp AP$.

设 $|AF_1|=t$, 故 $|AP|=|BP|=t$, $|AB|=2t$.

在 $\mathrm{Rt}\triangle F_1AB$ 中, 由勾股定理得 $|BF_1|^2=|AB|^2+|AF_1|^2$, 故 $|BF_1|=\sqrt{5}t$.

由双曲线的定义可知 $|AF_1|-|AF_2|=2a$, 故 $|AF_2|=t-2a$.

从而 $|PF_2|=|AP|-|AF_2|=2a$, 进而 $|BF_2|=|BP|+|PF_2|=t+2a$.

又因为 $|BF_1|-|BF_2|=2a$, 所以 $\sqrt{5}t-(t+2a)=2a$, 整理得 $t=(\sqrt{5}+1)a$.

在 $\triangle F_1F_2P$ 中, $|F_1F_2|=2c$, $|PF_2|=2a$, $|PF_1|=\dfrac{\sqrt{2}}{2}|AB|=\sqrt{2}t=(\sqrt{10}+\sqrt{2})a$.

由余弦定理得 $\cos\angle F_1PA=\dfrac{|PF_1|^2+|PF_2|^2-|F_1F_2|^2}{2|PF_1|\cdot|PF_2|}$, 得 $\dfrac{(\sqrt{10}+\sqrt{2})^2\cdot a^2+4a^2-4c^2}{2(\sqrt{10}+\sqrt{2})a\times 2a}=\dfrac{\sqrt{2}}{2}$.

整理得 $3a^2=c^2$, 又因为离心率 $e=\dfrac{c}{a}>1$, 所以离心率 $e=\dfrac{c}{a}=\sqrt{3}$, 故选 A.

典例 4 双曲线 $\dfrac{x^2}{a^2}-\dfrac{y^2}{b^2}=1(a>0,b>0)$ 的左、右焦点分别为 F_1,F_2. 过点 F_2 作其中一条渐近线的垂线, 垂足为点 P. 已知 $|PF_2|=2$, 直线 PF_1 的斜率为 $\dfrac{\sqrt{2}}{4}$, 则双曲线的方程为 ( ).

A. $\dfrac{x^2}{8}-\dfrac{y^2}{4}=1$ 　　 B. $\dfrac{x^2}{4}-\dfrac{y^2}{8}=1$ 　　 C. $\dfrac{x^2}{4}-\dfrac{y^2}{2}=1$ 　　 D. $\dfrac{x^2}{2}-\dfrac{y^2}{4}=1$

解答 不妨取渐近线 $y=\dfrac{b}{a}x$.

此时直线 PF_2 的方程为 $y=-\dfrac{a}{b}(x-c)$, 与 $y=\dfrac{b}{a}x$ 联立并解得 $\begin{cases}x=\dfrac{a^2}{c}\\y=\dfrac{ab}{c}\end{cases}$, 即 $P\left(\dfrac{a^2}{c},\dfrac{ab}{c}\right)$.

因为直线 PF_2 与渐近线 $y=\dfrac{b}{a}x$ 垂直, 所以 PF_2 的长度即为点 $F_2(c,0)$ 到直线 $y=\dfrac{b}{a}x$(即 $bx-ay=0$) 的距离, 由点到直线的距离公式得 $|PF_2|=\dfrac{bc}{\sqrt{a^2+b^2}}=\dfrac{bc}{c}=b$, 故 $b=2$.

因为 $F_1(-c,0)$, $P\left(\dfrac{a^2}{c},\dfrac{ab}{c}\right)$, 且直线 PF_1 的斜率为 $\dfrac{\sqrt{2}}{4}$, 所以 $\dfrac{\dfrac{ab}{c}}{\dfrac{a^2}{c}+c}=\dfrac{\sqrt{2}}{4}$, 即 $\dfrac{ab}{a^2+c^2}=\dfrac{\sqrt{2}}{4}$.

又因为 $b=2$, $c^2=a^2+b^2$, 所以 $\dfrac{2a}{2a^2+4}=\dfrac{\sqrt{2}}{4}$, 整理得 $a^2-2\sqrt{2}a+2=0$, 解得 $a=\sqrt{2}$.

综上, 双曲线的方程为 $\dfrac{x^2}{2}-\dfrac{y^2}{4}=1$, 故选 D.

好题精练

精练 5 已知等轴双曲线的焦距为 8, 左、右焦点 F_1,F_2 在 x 轴上, 中心在原点, 且点 A 的坐标为 $(2,2\sqrt{3})$, 点 P 为双曲线右支上一动点, 则 $|PF_1|+|PA|$ 的最小值为 ( ).

A. $2\sqrt{2}+2$ 　　 B. $2\sqrt{2}+4$ 　　 C. $4\sqrt{2}+2$ 　　 D. $4\sqrt{2}+4$

精练 6 已知双曲线 $C:\dfrac{x^2}{a^2}-\dfrac{y^2}{b^2}=1(a>0,b>0)$ 的左、右焦点分别为 F_1 和 F_2, O 为坐标原点, 过点 F_2 作渐近线 $y=\dfrac{b}{a}x$ 的垂线, 垂足为 P, $\angle F_1PO=\dfrac{\pi}{6}$, 则双曲线的离心率为 _____; 又过点 P 作双曲线的切线交另一条渐近线于点 Q, 且 $\triangle OPQ$ 的面积 $S_{\triangle OPQ}=2\sqrt{3}$, 则该双曲线的方程为 _____.

精练 7 如图 4 所示, 双曲线 $C:\dfrac{x^2}{a^2}-\dfrac{y^2}{b^2}=1(a>0,b>0)$ 的左、右焦点分别为 F_1,F_2, 过右焦点 F_2 且斜率为 $\sqrt{3}$ 的直线 l 交双曲线 C 的右支于 A,B 两点, 且 $\overrightarrow{AF_2}=7\overrightarrow{F_2B}$, 则 ( ).

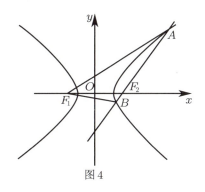
图4

A. 双曲线 C 的离心率为 $\dfrac{7}{3}$ B. $\triangle AF_1F_2$ 与 $\triangle BF_1F_2$ 面积之比为 $7:1$

C. $\triangle AF_1F_2$ 与 $\triangle BF_1F_2$ 周长之比为 $7:2$ D. $\triangle AF_1F_2$ 与 $\triangle BF_1F_2$ 内切圆半径之比为 $3:1$

精练8 直线 l 与双曲线 $\dfrac{x^2}{a^2}-\dfrac{y^2}{b^2}=1(a>0,b>0)$ 的左、右两支分别交于点 A,B，与双曲线的两条渐近线分别交于点 $C,D(A,C,D,B$ 从左到右依次排列$)$，若 $OA \perp OB$，且 $|AC|,|CD|,|DB|$ 成等差数列，则双曲线的离心率的取值范围是（　　）.

A. $\left[\dfrac{\sqrt{10}}{2},+\infty\right)$ B. $[2\sqrt{2},\sqrt{10}]$ C. $\left[\dfrac{\sqrt{10}}{2},2\sqrt{3}\right]$ D. $[\sqrt{10},+\infty)$

3 抛物线

> **抛物线定义**：平面内与一个定点 F 和一条定直线 $l(l$ 不经过点 $F)$ 的距离相等的点的轨迹称为抛物线，点 F 称为抛物线的焦点，直线 l 称为抛物线的准线.
> (1) 抛物线焦点在 x 轴正半轴：$y^2=2px(p>0)$，焦点坐标为 $\left(\dfrac{p}{2},0\right)$，准线为 $x=-\dfrac{p}{2}$.
> (2) 焦半径长：设抛物线 $y^2=2px(p>0)$ 的焦点为 F，$A(x_0,y_0)$，则 $|\overrightarrow{AF}|=x_0+\dfrac{p}{2}$.

典例5 已知抛物线 $E:y^2=4x$ 的焦点为 F，过定点 $(2,0)$ 的直线与抛物线 E 交于 A,B 两点，直线 AF 与抛物线 E 的另一个交点为 C，直线 BF 与抛物线 E 的另一个交点为 D，则 $|AC|+2|BD|$ 的最小值为 _____.

解答 设直线 $AC:x=my+1$，代入抛物线得 $y^2-4my-4=0$.

由韦达定理得 $y_Ay_C=-4$，同理可得 $y_By_D=-4$，$y_Ay_B=-8$.

由抛物线定义得
$$|AC|+2|BD|=x_A+1+x_C+1+2(x_B+1+x_D+1)$$
$$=x_A+x_C+2x_B+2x_D+6=\dfrac{y_A^2}{4}+\dfrac{y_C^2}{4}+\dfrac{y_B^2}{2}+\dfrac{y_D^2}{2}+6$$
$$=\dfrac{3y_A^2}{8}+\dfrac{36}{y_A^2}+6\geqslant 3\sqrt{6}+6$$

综上，$|AC|+2|BD|$ 的最小值为 $3\sqrt{6}+6$.

名师点睛

> **抛物线平均性质**：抛物线 $y^2=2px(p>0)$ 上有两点 $A(x_1,y_1),B(x_2,y_2)$，直线 AB 与 x 轴交于点 $M(x_0,0)$，则 $x_1x_2=x_0^2$，$y_1y_2=-2px_0$.

典例6 （广东模拟）抛物线 $y^2=2px(p>0)$ 的焦点为 F，点 A,B 为抛物线上的两个动点，满足 $\angle AFB=120°$，过弦 AB 的中点 M 作抛物线准线的垂线 MN，垂足为 N，则 $\dfrac{|MN|}{|AB|}$ 的最大值为 _____．

解答 过点 A,B 分别作准线的垂线，垂足设为 Q,P，设 $|AF|=a$，$|BF|=b$．
由抛物线定义得 $|AF|=|AQ|$，$|BF|=|BP|$．
在梯形 $AQPB$ 中，可得 MN 为中位线，故 $|MN|=\dfrac{1}{2}(|AQ|+|BP|)=\dfrac{1}{2}(|AF|+|BF|)=\dfrac{a+b}{2}$．
在 $\triangle ABF$ 中，由余弦定理得 $|AB|^2=|AF|^2+|BF|^2-2|AF||BF|\cos\angle AFB=a^2+b^2+ab$．
整理得 $|AB|^2=a^2+b^2+ab=(a+b)^2-ab$．
因为 $ab\leqslant\left(\dfrac{a+b}{2}\right)^2$，所以 $|AB|^2\geqslant(a+b)^2-\dfrac{(a+b)^2}{4}=\dfrac{3}{4}(a+b)^2$．
于是 $\dfrac{|MN|^2}{|AB|^2}\leqslant\dfrac{\dfrac{1}{4}(a+b)^2}{\dfrac{3}{4}(a+b)^2}=\dfrac{1}{3}$，解得 $\dfrac{|MN|}{|AB|}\leqslant\dfrac{\sqrt{3}}{3}$．

名师点睛

抛物线中的梯形中位线：若直线 AB 交抛物线 $C:y^2=2px(p>0)$ 于 A,B，直线 AA_1，BB_1 垂直于准线，垂足为 A_1,B_1，若点 M 为 AB 中点，点 N 为 A_1B_1 中点，由 $|AF|=|AA_1|$，$|BF|=|BB_1|$ 可得 $|AF|+|BF|=|AA_1|+|BB_1|=2|MN|$．

应用：（全国卷）已知点 $M(-1,1)$ 和抛物线 $C:y^2=4x$，过 C 的焦点且斜率为 k 的直线与 C 交于 A,B 两点．若 $\angle AMB=90°$，则 $k=$ _____．

解答：设抛物线焦点为 F，$A(x_1,y_1)$，$B(x_2,y_2)$，且 $\begin{cases}y_1^2=4x_1\\y_2^2=4x_2\end{cases}$，故 $y_1^2-y_2^2=4(x_1-x_2)$．从而可得 $k=\dfrac{y_1-y_2}{x_1-x_2}=\dfrac{4}{y_1+y_2}$，取 AB 的中点 $M'(x_0,y_0)$，分别过点 A,B 作准线 $x=-1$ 的垂线，垂足分别为 A',B'．因为 $\angle AMB=90°$，且点 M 在准线 $x=-1$ 上，所以得 $|MM'|=\dfrac{1}{2}|AB|=\dfrac{1}{2}(|AF|+|BF|)=\dfrac{1}{2}(|AA'|+|BB'|)$．又因为点 M' 为 AB 的中点，所以直线 MM' 平行于 x 轴，故 $y_0=1$，即 $y_1+y_2=2$，解得 $k=2$．

好题精练

精练9 在平面直角坐标系 xOy 中，双曲线 $\dfrac{x^2}{a^2}-\dfrac{y^2}{b^2}=1(a>0,b>0)$ 的右支与焦点为 F 的抛物线 $x^2=2py(p>0)$ 交于 A,B 两点，若 $|AF|+|BF|=4|OF|$，则该双曲线的渐近线方程为 _____．

精练10 若抛物线的顶点为坐标原点，焦点 F 为椭圆 $\dfrac{x^2}{4}+\dfrac{y^2}{3}=1$ 的右焦点，点 P 为抛物线上的动点，$Q(5,3)$，则 $PF+PQ$ 的最小值为 _____．

精练11 已知抛物线方程为 $y^2=8x$，点 F 为焦点，点 P 为抛物线准线上一点，点 Q 为线段 PF 与抛物线的交点，定义：$d(P)=\dfrac{|\vec{PF}|}{|\vec{FQ}|}$．若 $P(-2,8\sqrt{2})$，则 $d(P)=$ _____；设 $P(-2,t)(t>0)$，$4d(P)-|\vec{PF}|-k>0$ 恒成立，则 k 的取值范围为 _____．

精练12 已知抛物线 $C:y^2=4x$，直线 l 过点 $G\left(0,\dfrac{4}{3}\right)$ 且与抛物线 C 相交于 A,B 两点，若 $\angle AOB$ 的平分线过点 $E(1,1)$，则直线 l 的斜率为 _____．

1.2 第二定义

> **第二定义**：平面内一个动点到"一个定点的距离"与到"一条定直线的距离"之比为常数 e，其中定点为焦点，定直线为准线，常数 e 为离心率.
> 椭圆、双曲线的左、右(上、下)准线分别为 $\pm\dfrac{a^2}{c}$.

典例 1 古希腊数学家欧几里得在《几何原本》中描述了圆锥曲线的共性，并给出了圆锥曲线的统一定义，他指出，平面内到定点的距离与到定直线的距离的比是常数 e 的点的轨迹叫作圆锥曲线；当 $0<e<1$ 时，轨迹为椭圆；当 $e=1$ 时，轨迹为抛物线；当 $e>1$ 时，轨迹为双曲线. 则方程 $\dfrac{\sqrt{(x-4)^2+y^2}}{|25-4x|}=\dfrac{1}{5}$ 表示的圆锥曲线的离心率 e 等于（　　）.

A. $\dfrac{1}{5}$ B. $\dfrac{4}{5}$ C. $\dfrac{5}{4}$ D. 5

解答 因为 $\dfrac{\sqrt{(x-4)^2+y^2}}{|25-4x|}=\dfrac{\sqrt{(x-4)^2+y^2}}{4\left|x-\dfrac{25}{4}\right|}=\dfrac{1}{5}$，所以 $\dfrac{\sqrt{(x-4)^2+y^2}}{\left|x-\dfrac{25}{4}\right|}=\dfrac{4}{5}$ ①.

从而式①表示点 (x,y) 到定点 $(4,0)$ 的距离与到定直线 $x=\dfrac{25}{4}$ 的距离比为 $\dfrac{4}{5}$，即 $e=\dfrac{4}{5}$，故选 B.

典例 2 已知双曲线 $\dfrac{x^2}{a^2}-\dfrac{y^2}{b^2}=1(a>0,b>0)$ 的左、右焦点分别为 F_1,F_2，点 P 为左支上一点，点 P 到左准线的距离为 d，若 $d,|PF_1|,|PF_2|$ 成等比数列，则其离心率的取值范围是 _____.

解答 因为 $|PF_1|^2=d\cdot|PF_2|$，所以 $\dfrac{|PF_1|}{d}=\dfrac{|PF_2|}{|PF_1|}=e$，即 $|PF_2|=e|PF_1|$ ①.

又因为 $|PF_2|-|PF_1|=2a$ ②，所以由式①②解得 $|PF_1|=\dfrac{2a}{e-1}$，$|PF_2|=\dfrac{2ae}{e-1}$.

在焦点 $\triangle F_1PF_2$ 中 $|PF_1|+|PF_2|\geqslant|F_1F_2|$，即 $\dfrac{2a(e+1)}{e-1}\geqslant 2c$.

整理得 $e^2-2e-1\leqslant 0$，解得 $1-\sqrt{2}\leqslant e\leqslant 1+\sqrt{2}$. 又因为 $e>1$，所以 $1<e\leqslant 1+\sqrt{2}$.

好题精练

精练 1 已知椭圆 $\dfrac{x^2}{9}+\dfrac{y^2}{5}=1$，点 $P(1,1)$ 为椭圆内一点，点 F_1 为椭圆的左焦点，点 M 为椭圆上一动点，则 $2|MP|+3|MF_1|$ 的最小值为 _____.

精练 2 椭圆 $\dfrac{x^2}{a^2}+\dfrac{y^2}{b^2}=1(a>b>0)$ 的右焦点为 F，其右准线与 x 轴的交点为 A，在椭圆上存在点 P，满足线段 AP 的垂直平分线过点 F，则椭圆离心率的取值范围是 _____.

精练 3 已知双曲线 $\dfrac{x^2}{a^2}-\dfrac{y^2}{b^2}=1(a>0,b>0)$ 的离心率为 4，过右焦点 F 作直线交该双曲线的右支于 M,N 两点，弦 MN 的垂直平分线交 x 轴于点 H，若 $|MN|=10$，则 $|HF|=$ _____.

精练 4 已知双曲线 $C:\dfrac{x^2}{a^2}-\dfrac{y^2}{b^2}=1(a>0,b>0)$ 的右焦点为 F，过点 F 且斜率为 $\sqrt{3}$ 的直线交双曲线 C 于 A,B 两点，若 $\overrightarrow{AF}=4\overrightarrow{FB}$，则双曲线 C 的离心率为 _____.

1.3 第三定义

> 若圆锥曲线上存在两点 A,B 关于原点对称，点 P 为圆锥曲线上异于 A,B 的一点，则：
> (1) $\dfrac{x^2}{a^2}+\dfrac{y^2}{b^2}=1(a>b>0)$，$k_{PA}\cdot k_{PB}=-\dfrac{b^2}{a^2}=e^2-1$.
> (2) $\dfrac{y^2}{a^2}+\dfrac{x^2}{b^2}=1(a>b>0)$，$k_{PA}\cdot k_{PB}=-\dfrac{a^2}{b^2}=\dfrac{1}{e^2-1}$.
> (3) $\dfrac{x^2}{a^2}-\dfrac{y^2}{b^2}=1(a>0,b>0)$，$k_{PA}\cdot k_{PB}=\dfrac{b^2}{a^2}=e^2-1$.
> (4) $\dfrac{y^2}{a^2}-\dfrac{x^2}{b^2}=1(a>0,b>0)$，$k_{PA}\cdot k_{PB}=\dfrac{a^2}{b^2}=\dfrac{1}{e^2-1}$.
>
> 证明：点 A,B,P 为椭圆 $\dfrac{x^2}{a^2}+\dfrac{y^2}{b^2}=1(a>b>0)$ 上不同的三点，且点 A,B 关于原点对称，则 $k_{AP}\cdot k_{BP}=-\dfrac{b^2}{a^2}=e^2-1$.
>
> 法一：取 BP 中点 M，连接 OM，可得 OM 为 $\triangle ABP$ 的中位线，故 $OM \parallel AP$，即 $k_{OM}=k_{AP}$，由点差法得 $k_{OM}\cdot k_{BP}=-\dfrac{b^2}{a^2}=e^2-1$，因此 $k_{AP}\cdot k_{BP}=-\dfrac{b^2}{a^2}=e^2-1$.
>
> 法二：设 $P(x_0,y_0)$，$A(x_1,y_1)$，$B(-x_1,-y_1)$，故 $k_{PA}\cdot k_{PB}=\dfrac{y_0-y_1}{x_0-x_1}\cdot\dfrac{y_0+y_1}{x_0+x_1}=\dfrac{y_0^2-y_1^2}{x_0^2-x_1^2}=-\dfrac{b^2}{a^2}$.

典例1 已知点 P 为双曲线 $\dfrac{x^2}{a^2}-\dfrac{y^2}{b^2}=1$ 上一点（非顶点），$A(-a,0)$，$B(a,0)$，令 $\angle PAB=\alpha$，$\angle PBA=\beta$，$\triangle PAB$ 的面积为 S，若 $\tan(\alpha+\beta)+\dfrac{b^2}{S}=0$，则双曲线的离心率 e 为 _____.

解答 设点 $P(x_0,y_0)$，且 $\dfrac{x_0^2}{a^2}-\dfrac{y_0^2}{b^2}=1$，即 $\dfrac{y_0^2}{x_0^2-a^2}=\dfrac{b^2}{a^2}=e^2-1$.

因为 $A(-a,0)$，$B(a,0)$，所以

$$k_{PA}\cdot k_{PB}=-\tan\alpha\cdot\tan\beta=\dfrac{y_0}{x_0-a}\cdot\dfrac{y_0}{x_0+a}=e^2-1$$

整理得 $\tan\alpha\cdot\tan\beta=1-e^2$.

在 $\triangle PAB$ 中，由正弦定理得

$$\dfrac{AB}{\sin(\alpha+\beta)}=\dfrac{PA}{\sin\beta}=\dfrac{PB}{\sin\alpha}$$

从而

$$PA=\dfrac{2a\sin\beta}{\sin(\alpha+\beta)},\ PB=\dfrac{2a\sin\alpha}{\sin(\alpha+\beta)}$$

于是

$$S=\dfrac{1}{2}PA\cdot PB\cdot\sin(\alpha+\beta)=\dfrac{2a^2\sin\alpha\sin\beta}{\sin(\alpha+\beta)}=\dfrac{2a^2\sin\alpha\sin\beta}{\sin\alpha\cos\beta+\cos\alpha\sin\beta}=\dfrac{2a^2\tan\alpha\tan\beta}{\tan\alpha+\tan\beta}$$

由 $\tan(\alpha+\beta)+\dfrac{b^2}{S}=0$ 展开得 $\dfrac{1}{1-\tan\alpha\tan\beta}+\dfrac{b^2}{2a^2\tan\alpha\tan\beta}=0$，即 $\dfrac{1}{e^2}-\dfrac{1}{2}=0$，解得 $e=\sqrt{2}$.

因此，双曲线的离心率 e 为 $\sqrt{2}$.

典例2 已知椭圆 $C: \dfrac{x^2}{a^2}+\dfrac{y^2}{b^2}=1(a>b>0)$，直线 l 过坐标原点并交椭圆于 P,Q 两点（点 P 在第一象限），点 A 是 x 轴正半轴上一点，其横坐标是点 P 横坐标的 2 倍，直线 QA 交椭圆于另一点 B，若直线 BP 恰好是以 PQ 为直径的圆的切线，则椭圆的离心率为 _____.

解答 由题意可设点 $P(x_1,y_1), Q(-x_1,-y_1), B(x_2,y_2), A(2x_1,0)$.

直线 $PQ, QB(QA), BP$ 的斜率分别为 k_1, k_2, k_3，故 $k_2=\dfrac{0-(-y_1)}{2x_1-(-x_1)}=\dfrac{y_1}{3x_1}=\dfrac{1}{3}k_1$.

因为 $k_1 k_3=-1$，所以 $k_2 k_3=-\dfrac{1}{3}$.

由圆锥曲线第三定义得 $k_2 k_3 = -\dfrac{b^2}{a^2}$，即 $-\dfrac{b^2}{a^2}=-\dfrac{1}{3}$，故 $\dfrac{b^2}{a^2}=\dfrac{1}{3}$，解得 $e^2=\dfrac{c^2}{a^2}=1-\dfrac{b^2}{a^2}=\dfrac{2}{3}$.

因此，椭圆的离心率 $e=\dfrac{\sqrt{6}}{3}$.

名师点睛

关于原点对称的情形：(1) 点 A,B 为左、右（上、下）顶点；(2) 过原点的直线与椭圆（双曲线）交于 A,B 两点. 当题干给出上述条件时，可以得到 A,B 关于原点对称，则可使用第三定义.

好题精练

精练1 已知点 A,B 为椭圆 $E: \dfrac{x^2}{a^2}+\dfrac{y^2}{b^2}=1(a>b>0)$ 的长轴顶点，点 P 为椭圆上一点，若直线 PA, PB 的斜率之积的范围为 $\left(-\dfrac{3}{4},-\dfrac{2}{3}\right)$，则椭圆 E 的离心率的取值范围是 _____.

精练2 设椭圆 $\dfrac{x^2}{a^2}+\dfrac{y^2}{b^2}=1(a>b>0)$ 长轴的两个顶点分别为 A,B，点 C 为椭圆上不同于 A,B 的任意一点，若 $\triangle ABC$ 的三个内角 A,B,C 满足 $3\tan A+3\tan B+\tan C=0$，则离心率为 _____.

精练3 已知过抛物线 $y^2=x$ 焦点 F 的直线与抛物线交于 A,B 两点，过坐标原点 O 的直线与双曲线 $\dfrac{x^2}{a^2}-\dfrac{y^2}{b^2}=1(a>0,b>0)$ 交于 M,N 两点，点 P 是双曲线上一点，且直线 PM,PN 的斜率分别为 k_1,k_2，若不等式 $(|k_1|+4|k_2|)\cdot(|AF|\cdot|BF|)\geqslant |AF|+|BF|$ 恒成立，则双曲线的离心率为 _____.

精练4 （全国卷）设点 A,B 是椭圆 $C: \dfrac{x^2}{3}+\dfrac{y^2}{m}=1$ 长轴的两个端点，若椭圆 C 上存在点 M 满足 $\angle AMB=120°$，则 m 的取值范围是 _____.

精练5 已知椭圆 $C: \dfrac{x^2}{a^2}+\dfrac{y^2}{b^2}=1(a>b>0)$ 的短轴长为 4，上顶点为 B，O 为坐标原点，点 D 为 OB 的中点，双曲线 $E: \dfrac{x^2}{m^2}-\dfrac{y^2}{n^2}=1(m>0,n>0)$ 的左、右焦点分别与椭圆 C 的左、右顶点 A_1,A_2 重合，点 P 是双曲线 E 与椭圆 C 在第一象限的交点，且点 A_1,P,D 三点共线，直线 PA_2 的斜率 $k_{PA_2}=-\dfrac{4}{3}$，则双曲线 E 的离心率为 _____.

精练6 （武汉调研）设 F 为双曲线 $E: \dfrac{x^2}{a^2}-\dfrac{y^2}{b^2}=1(a>0,b>0)$ 的右焦点，点 A,B 分别为双曲线 E 的左、右顶点，点 P 为双曲线 E 上异于 A,B 的动点，直线 $l: x=t$ 使得过点 F 作直线 AP 的垂线交直线 l 于点 Q 时总有点 B,P,Q 三点共线，则 $\dfrac{t}{a}$ 的最大值为 _____.

1.4 光学性质

(1) 椭圆光学性质

从椭圆的一个焦点发出的光线经过椭圆反射后,反射光线交于椭圆的另一个焦点上.

如图 5(a) 所示,设椭圆方程为 $\dfrac{x^2}{a^2}+\dfrac{y^2}{b^2}=1(a>b>0)$,左、右焦点分别为 F_1,F_2,直线 l 是过椭圆上一点 P 处的切线,直线 l' 为垂直于直线 l 且过点 P 的椭圆的法线,交 x 轴于点 T,故 $\angle F_1PT=\angle F_2PT$.

(2) 双曲线光学性质

从双曲线的一个焦点发出的光线经过双曲线反射后,反射光线的反向延长线经过双曲线的另一个焦点.

如图 5(b) 所示,设双曲线方程为 $\dfrac{x^2}{a^2}-\dfrac{y^2}{b^2}=1(a>0,b>0)$,左、右焦点分别为 F_1,F_2,直线 l 是过双曲线上一点 P 处的切线,交 x 轴于点 T,故 $\angle F_1PT=\angle F_2PT$.

(3) 抛物线光学性质

从抛物线的焦点发出的光线经过抛物线反射后,反射光线平行于抛物线的对称轴.

如图 5(c) 所示,设抛物线方程为 $y^2=2px(p>0)$,焦点为 F,直线 l 是过抛物线上一点 P 处的切线,交 x 轴于点 T,故 $\angle FTP=\angle FPT$.

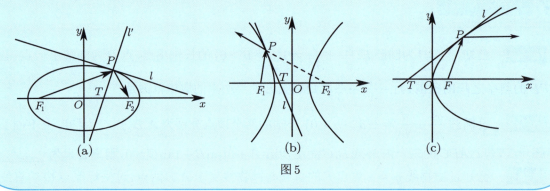

图 5

典例 1 椭圆 $C:\dfrac{x^2}{a^2}+\dfrac{y^2}{b^2}=1(a>b>0)$ 的左、右焦点分别是 F_1,F_2,离心率为 $\dfrac{\sqrt{3}}{2}$,过点 F_1 且垂直于 x 轴的直线被椭圆 C 截得的线段长为 1.

(1) 求椭圆 C 的方程.

(2) 点 P 是椭圆 C 上除长轴端点外的任一点,连接 PF_1,PF_2,设 $\angle F_1PF_2$ 的角平分线 PM 交椭圆 C 的长轴于点 $M(m,0)$,求 m 的取值范围.

解答 (1) 椭圆 C 的方程为 $\dfrac{x^2}{4}+y^2=1$.

(2) 如图 6 所示,设点 $P(x_0,y_0)$.

过点 P 作椭圆的切线 l,切线 l 的方程为 $\dfrac{x_0 x}{4}+y_0 y=1$.

由光学性质得直线 PM 是椭圆在点 P 处的法线,斜率为 $-\dfrac{1}{k_l}=\dfrac{4y_0}{x_0}$.

从而直线 PM 的方程为 $y-y_0=\dfrac{4y_0}{x_0}(x-x_0)$. 令 $y=0$,可得 $m=\dfrac{3}{4}x_0$.

因为 $-2<x_0<2$,所以 m 的取值范围是 $\left(-\dfrac{3}{2},\dfrac{3}{2}\right)$.

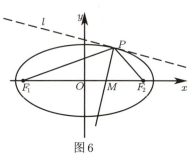

图 6

典例 2 双曲线的光学性质:从双曲线的一个焦点发出的光线,经双曲线反射后,反射光线的反向延长线经过双曲线的另一个焦点.由此可得,过双曲线上任意一点的切线,平分该点与两焦点连线的夹角.已知点 F_1,F_2 分别为双曲线 $C:\dfrac{x^2}{3}-y^2=1$ 的左、右焦点,过双曲线 C 右支上一点 $A(x_0,y_0)(x_0>\sqrt{3})$ 作直线 l 交 x 轴于点 $M\left(\dfrac{3}{x_0},0\right)$,交 y 轴于点 N,则( ).

A. C 的渐近线方程为 $y=\pm\dfrac{\sqrt{3}}{3}x$
B. 点 N 的坐标为 $\left(0,\dfrac{1}{y_0}\right)$
C. 过点 F_1 作 $F_1H\perp AM$,垂足为 H,则 $|OH|=\sqrt{3}$
D. 四边形 AF_1NF_2 面积的最小值为 4

解答 对于选项 A,因为双曲线 C 的方程为 $\dfrac{x^2}{3}-y^2=1$,所以渐近线方程为 $y=\pm\dfrac{\sqrt{3}}{3}x$,所以选项 A 正确.

对于选项 B,直线 l 的斜率 $k=\dfrac{y_0-0}{x_0-\dfrac{3}{x_0}}=\dfrac{y_0}{\dfrac{x_0^2-3}{x_0}}$.又因为 $\dfrac{x_0^2}{3}-y_0^2=1$,代入整理得 $k=\dfrac{x_0}{3y_0}$,则直线 l 的方程为 $y=\dfrac{x_0}{3y_0}\left(x-\dfrac{3}{x_0}\right)$.令 $x=0$,解得 $y=-\dfrac{1}{y_0}$,即 $N\left(0,-\dfrac{1}{y_0}\right)$,所以选项 B 不正确.

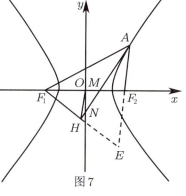

图 7

对于选项 C,如图 7 所示,显然 AM 为双曲线的切线.由双曲线的光学性质可知,AM 平分 $\angle F_1AF_2$,延长 F_1H 与 AF_2 的延长线交于点 E,故 AH 垂直平分 F_1E,即点 H 为 F_1E 的中点.因为点 O 是 F_1F_2 的中点,所以根据中位线定理可得 $|OH|=\dfrac{1}{2}|F_2E|=\dfrac{1}{2}(|AE|-|AF_2|)=\dfrac{1}{2}(|AF_1|-|AF_2|)=a=\sqrt{3}$,所以选项 C 正确.

对于选项 D,$S_{\text{四边形 }AF_1NF_2}=S_{\triangle AF_1F_2}+S_{\triangle NF_1F_2}=\dfrac{1}{2}\times|F_1F_2|\left(|y_0|+\dfrac{1}{|y_0|}\right)\geqslant\dfrac{1}{2}\times 4\times 2\sqrt{|y_0|\cdot\dfrac{1}{|y_0|}}=4$,当且仅当 $|y_0|=\dfrac{1}{|y_0|}$,即 $y_0=\pm 1$ 时,等号成立,从而四边形 AF_1NF_2 面积的最小值为 4,故选项 D 正确.

综上,故选 ACD.

精练 1 如图 8 所示,从椭圆的一个焦点 F_1 发出的光线射到椭圆上的点 P,反射后光线经过椭圆的另一个焦点 F_2,事实上,点 $P(x_0,y_0)$ 处的切线 $\dfrac{xx_0}{a^2}+\dfrac{yy_0}{b^2}=1$ 垂直于 $\angle F_1PF_2$ 的角平分线.已知椭圆 $C:\dfrac{x^2}{4}+\dfrac{y^2}{3}=1$ 的两个焦点是 F_1,F_2,点 P 是椭圆上除长轴端点外的任意一点,$\angle F_1PF_2$ 的角平分线 PT 交椭圆 C 的长轴于点 $T(t,0)$,则 t 的取值范围是 _____.

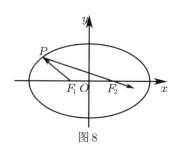

图 8

精练2 如图9所示,双曲线具有光学性质:从双曲线右焦点发出的光线经过双曲线镜面反射,其反射光线的反向延长线经过双曲线的左焦点. 若双曲线 $E:\dfrac{x^2}{a^2}-\dfrac{y^2}{b^2}=1(a>0,b>0)$ 的左、右焦点分别为 F_1,F_2,从 F_2 发出的光线经过图10中的 A,B 两点反射后,分别经过点 C 和 D,且 $\tan\angle CAB=-\dfrac{12}{5}$,$|\overrightarrow{BD}|^2=\overrightarrow{AD}\cdot\overrightarrow{BD}$,则双曲线 E 的离心率为 _____.

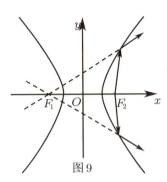

图9

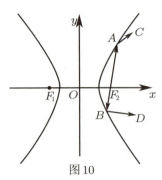

图10

精练3 抛物线有如下光学性质:过焦点的光线经抛物线反射后得到的光线平行于抛物线的对称轴;反之,平行于抛物线对称轴的入射光线经抛物线反射后必过抛物线的焦点. 已知抛物线 $y^2=4x$ 的焦点为 F,一条平行于 x 轴的光线从点 $M(3,1)$ 射出,经过抛物线上的点 A 反射后,再经抛物线上的另一点 B 射出,则 $\triangle ABM$ 的周长为( ).

A. $9+\sqrt{10}$ B. $9+\sqrt{26}$ C. $\dfrac{71}{12}+\sqrt{26}$ D. $\dfrac{83}{12}+\sqrt{26}$

精练4 已知双曲线 $C:x^2-\dfrac{y^2}{3}=1$ 的左、右焦点分别为 F_1,F_2,点 P 在双曲线上,且 $\angle F_1PF_2=120°$,$\angle F_1PF_2$ 的内角平分线交 x 轴于点 A,则 $|PA|=$( ).

A. $\dfrac{\sqrt{5}}{5}$ B. $\dfrac{2\sqrt{5}}{5}$ C. $\dfrac{3\sqrt{5}}{5}$ D. $\sqrt{5}$

精练5 如图11所示,椭圆 E 经过点 $A(2,3)$,对称轴为坐标轴,焦点 F_1, F_2 在 x 轴上,离心率 $e=\dfrac{1}{2}$.

(1)求椭圆 E 的方程.

(2)求 $\angle F_1AF_2$ 的平分线所在直线 l 的方程.

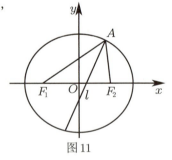

图11

精练6 (济南模拟)如图12所示,已知点 $M(-4,-2)$,抛物线 $x^2=4y$ 的焦点为 F,准线为 l,点 P 为抛物线上一点,过点 P 作 $PQ\perp l$,点 Q 为垂足,过点 P 作抛物线的切线 l_1,l_1 与 l 交于点 R,则 $|QR|+|MR|$ 的最小值为 _____.

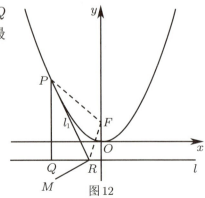

图12

1.5 方程范围

1 坐标范围

(1) 若点 $P(x_0,y_0)$ 为椭圆 $\dfrac{x^2}{a^2}+\dfrac{y^2}{b^2}=1$ 上一动点,则有 $x_0\in[-a,a]$,$y_0\in[-b,b]$.

(2) 若点 $P(x_0,y_0)$ 为双曲线 $\dfrac{x^2}{a^2}-\dfrac{y^2}{b^2}=1$ 上一动点,则有 $x_0\in(-\infty,-a]\cup[a,+\infty)$.

典例1 (全国卷)设点 B 是椭圆 $C:\dfrac{x^2}{a^2}+\dfrac{y^2}{b^2}=1(a>b>0)$ 的上顶点,若椭圆 C 上的任意一点 P 都满足 $|PB|\leqslant 2b$,则椭圆 C 的离心率的取值范围是 _____.

解答 由题意得 $B(0,b)$,$a^2=b^2+c^2$. 设点 $P(x_0,y_0)$,且 $\dfrac{x_0^2}{a^2}+\dfrac{y_0^2}{b^2}=1$.

从而 $|PB|^2=x_0^2+(y_0-b)^2=a^2\left(1-\dfrac{y_0^2}{b^2}\right)+(y_0-b)^2=-\dfrac{c^2}{b^2}\left(y_0+\dfrac{b^3}{c^2}\right)^2+\dfrac{b^4}{c^2}+a^2+b^2$.

注意到 $-b\leqslant y_0\leqslant b$,此为解题关键.

(1) 当 $-\dfrac{b^3}{c^2}\leqslant -b$,即 $b^2\geqslant c^2$ 时,$|PB|_{\max}^2=4b^2$,即 $|PB|_{\max}=2b$,符合题意. 由 $b^2\geqslant c^2$ 可得 $a^2\geqslant 2c^2$,即 $0<e\leqslant\dfrac{\sqrt{2}}{2}$.

(2) 当 $-\dfrac{b^3}{c^2}>-b$,即 $b^2<c^2$ 时,$|PB|_{\max}^2=\dfrac{b^4}{c^2}+a^2+b^2$,即 $\dfrac{b^4}{c^2}+a^2+b^2\leqslant 4b^2$,化简得 $(c^2-b^2)^2\leqslant 0$,显然该不等式不成立.

综上,椭圆 C 的离心率的取值范围是 $\left(0,\dfrac{\sqrt{2}}{2}\right]$.

好题精练

精练1 已知椭圆 $C:\dfrac{x^2}{a^2}+\dfrac{y^2}{b^2}=1(a>b>0)$ 的离心率是 $\dfrac{\sqrt{2}}{2}$,若以点 $N(0,2)$ 为圆心且与椭圆 C 有公共点的圆的最大半径为 $\sqrt{26}$,此时椭圆 C 的方程为 _____.

精练2 已知椭圆 $C:\dfrac{x^2}{a^2}+\dfrac{y^2}{b^2}=1(a>b>0)$ 的焦点为 F_1,F_2,若椭圆 C 上存在一点 P,使得 $\overrightarrow{PF_1}\cdot\overrightarrow{PF_2}=0$,且 $\triangle PF_1F_2$ 的面积等于 4,则实数 b 的值为 _____,实数 a 的取值范围为 _____.

精练3 已知点 F_1,F_2 分别为椭圆 $C:\dfrac{x^2}{a^2}+\dfrac{y^2}{b^2}=1(a>b>0)$ 的左、右焦点,A 为右顶点,B 为上顶点,若在线段 AB 上(不含端点)存在不同的两点 $P_i(i=1,2)$,使得 $\overrightarrow{P_iF_1}\cdot\overrightarrow{P_iF_2}=-\dfrac{c^2}{3}$,则椭圆 C 的离心率的取值范围为( ).

A. $\left(0,\dfrac{\sqrt{2}}{2}\right)$ B. $\left(\dfrac{\sqrt{2}}{2},1\right)$ C. $\left(0,\dfrac{\sqrt{15}}{5}\right)$ D. $\left(\dfrac{\sqrt{2}}{2},\dfrac{\sqrt{15}}{5}\right)$

2 焦半径

(1) 若 F 为椭圆 $\dfrac{x^2}{a^2}+\dfrac{y^2}{b^2}=1$ 任意焦点，P 为椭圆上一动点，则有 $|PF|\in[a-c,a+c]$.

(2) 若 F 为双曲线 $\dfrac{x^2}{a^2}-\dfrac{y^2}{b^2}=1$ 的右焦点，则有：

(i) 点 P 为右支上一动点，则有 $|PF|\in[c-a,+\infty)$.

(ii) 点 P 为左支上一动点，则有 $|PF|\in[c+a,+\infty)$.

典例2 （长春模拟）已知双曲线 $\dfrac{x^2}{a^2}-\dfrac{y^2}{b^2}=1(a>0,b>0)$ 的左、右焦点分别为 F_1,F_2，点 P 在双曲线的右支上，且 $|PF_1|=4|PF_2|$，则双曲线离心率的取值范围是（　　）.

A. $\left(\dfrac{5}{3},2\right]$ B. $\left(1,\dfrac{5}{3}\right]$ C. $(1,2]$ D. $\left[\dfrac{5}{3},+\infty\right)$

解答 由双曲线定义可知 $|PF_1|-|PF_2|=2a$，结合 $|PF_1|=4|PF_2|$ 可得 $|PF_2|=\dfrac{2a}{3}$.

从而 $\dfrac{2a}{3}\geqslant c-a$，即 $\dfrac{5a}{3}\geqslant c$，解得 $e=\dfrac{c}{a}\leqslant\dfrac{5}{3}$.

又因为双曲线的离心率大于1，所以双曲线离心率的取值范围为 $\left(1,\dfrac{5}{3}\right]$，故选B.

典例3 已知椭圆 $\dfrac{x^2}{a^2}+\dfrac{y^2}{b^2}=1(a>b>0)$ 的左、右焦点分别为 $F_1(-c,0),F_2(c,0)$，若椭圆上存在点 P 使 $\dfrac{a}{\sin\angle PF_1F_2}=\dfrac{c}{\sin\angle PF_2F_1}$，则该椭圆的离心率的取值范围为 _____.

解答 由题意得 $\dfrac{a}{\sin\angle PF_1F_2}=\dfrac{c}{\sin\angle PF_2F_1}$，即 $\dfrac{\sin\angle PF_2F_1}{\sin\angle PF_1F_2}=\dfrac{c}{a}$，从而 $\dfrac{|PF_1|}{|PF_2|}=\dfrac{c}{a}$.

由椭圆第一定义得 $|PF_2|+|PF_1|=2a$，解得 $|PF_2|=\dfrac{2a^2}{a+c}$.

因为椭圆的焦半径范围为 $(a-c,a+c)$，所以 $a-c<\dfrac{2a^2}{a+c}<a+c$.

整理得 $\begin{cases}a^2-c^2<2a^2\\2a^2<a^2+2ac+c^2\end{cases}$，解得 $\begin{cases}a^2>-c^2\\e^2+2e-1>0\end{cases}$，故 $e\in(\sqrt{2}-1,1)$.

好题精练

精练4 在平面直角坐标系 xOy 中，椭圆 $\dfrac{x^2}{a^2}+\dfrac{y^2}{b^2}=1(a>b>0)$ 上存在点 P，使得 $|PF_1|=3|PF_2|$，其中点 F_1,F_2 分别为椭圆的左、右焦点，则该椭圆的离心率取值范围是 _____.

精练5 已知双曲线 $M:\dfrac{x^2}{a^2}-\dfrac{y^2}{b^2}=1(a>0,b>0)$ 的左、右焦点分别为 $F_1,F_2,|F_1F_2|=2c$. 若双曲线 M 的右支上存在点 P，使 $\dfrac{a}{\sin\angle PF_1F_2}=\dfrac{3c}{\sin\angle PF_2F_1}$，则双曲线 M 的离心率取值范围为 _____.

技法 2　离心率专题

2.1　代数方法

1 基本定义法

> 已知点 F_1, F_2 分别为椭圆 $\dfrac{x^2}{a^2}+\dfrac{y^2}{b^2}=1(a>b>0)$ 的左、右焦点,且点 P 在椭圆上,则 $|PF_1|+|PF_2|=2a$.
>
> 已知点 F_1, F_2 分别为双曲线 $\dfrac{x^2}{a^2}-\dfrac{y^2}{b^2}=1(a>0,b>0)$ 的左、右焦点,且点 P 在双曲线上,则 $||PF_1|-|PF_2||=2a$.

典例 1　已知点 F_1, F_2 分别为椭圆 $C:\dfrac{x^2}{a^2}+\dfrac{y^2}{b^2}=1(a>b>0)$ 的左、右焦点,过点 F_1 的直线与椭圆 C 交于 P, Q 两点,若 $|PF_1|=2|PF_2|=5|F_1Q|$,则椭圆 C 的离心率是 _____.

解答　令 $|F_1Q|=t$,因为 $|PF_1|=2|PF_2|=5|F_1Q|$,所以 $|PF_1|=5t, |PF_2|=\dfrac{5}{2}t$.

由椭圆的定义得 $|PF_1|+|PF_2|=2a=5t+\dfrac{5}{2}t=\dfrac{15}{2}t$,故 $t=\dfrac{4}{15}a$.

从而 $|PF_1|=\dfrac{4}{3}a, |PF_2|=\dfrac{2}{3}a, |F_1Q|=\dfrac{4}{15}a$,故 $|PQ|=|PF_1|+|F_1Q|=\dfrac{4}{3}a+\dfrac{4}{15}a=\dfrac{24}{15}a$.

由椭圆的定义得 $|QF_1|+|QF_2|=2a$,解得 $|QF_2|=\dfrac{26}{15}a$.

在 $\triangle PQF_2$ 中,因为 $|QF_2|^2=|QP|^2+|PF_2|^2$,所以 $\angle QPF_2=\dfrac{\pi}{2}$.

在 $\triangle PF_1F_2$ 中,因为 $|F_1F_2|=2c$,所以 $|F_1F_2|^2=|F_1P|^2+|PF_2|^2$,即 $\dfrac{16}{9}a^2+\dfrac{4}{9}a^2=4c^2$,解得 $\dfrac{c}{a}=\dfrac{\sqrt{5}}{3}$.

因此,椭圆 C 的离心率是 $\dfrac{\sqrt{5}}{3}$.

好题精练

精练 1　设点 F_1, F_2 分别是椭圆 $\Gamma:\dfrac{x^2}{a^2}+\dfrac{y^2}{b^2}=1(a>b>0)$ 的左、右焦点,$\triangle ABC$ 内接于椭圆,直线 AB, AC 分别过两焦点,$\overrightarrow{AF_2}=\dfrac{3}{2}\overrightarrow{F_2C}$ 且 $AF_2 \perp BF_2$,则椭圆的离心率为 _____.

精练 2　椭圆 $C:\dfrac{x^2}{a^2}+\dfrac{y^2}{b^2}=1(a>b>0)$ 的左、右焦点为 F_1, F_2,过 F_2 的直线交椭圆于 A, B 两点.$AF_1 \perp AB$,$\triangle AF_1B$ 的三边构成等差数列,则椭圆 C 的离心率为 _____.

精练 3　双曲线 $C:\dfrac{x^2}{a^2}-\dfrac{y^2}{b^2}=1(a>0,b>0)$ 的左、右焦点分别为 F_1, F_2,过右焦点 F_2 的直线 l 交双曲线于 A, B 两点.$\triangle ABF_1$ 为等边三角形,若 A, B 两点都在右支上,则双曲线的离心率为 _____;若 A, B 两点分别在双曲线的左、右两支上,则双曲线的离心率为 _____.

2 三角函数类

三角函数的应用方法主要有三种:
(1) 直角设边:在 Rt△ABC 中,C 为直角,则 $a=c\cos B, b=c\sin B$.
(2) 三角换元:根据 $\sin^2\alpha+\cos^2\alpha=1$,椭圆 $\dfrac{x^2}{a^2}+\dfrac{y^2}{b^2}=1$ 上的点可设为 $(a\cos\theta,b\sin\theta)$.
(3) 边角互化:即角度问题可以转化为边长问题,边长问题可以转化为角度问题.

典例2 已知椭圆 $\dfrac{4x^2}{25}+\dfrac{y^2}{3}=1$ 的左、右焦点分别为 F_1,F_2,第一象限内的点 M 在椭圆上,且满足 $MF_1\perp MF_2$,点 N 在线段 F_1F_2 上,设 $\lambda=\dfrac{|F_1N|}{|NF_2|}$,将 △$MF_1F_2$ 沿 MN 翻折,使得平面 MNF_1 与平面 MNF_2 垂直,要使翻折后 $|F_1F_2|$ 的长度最小,则 $\lambda=$ _____.

解答 作 $F_2H\perp MN$,$F_1G\perp MN$,由椭圆定义得 $MF_2=2$,$MF_1=3$.
设 $\angle F_2MN=\theta$,$MH=2\cos\theta$,$HF_2=2\sin\theta$.
因为 $\angle F_1MN+\angle F_2MN=90°$,所以 $F_1G=3\cos\theta$,$MG=3\sin\theta$.
由 $|F_1F_2|^2=(|F_1G|^2+|HG|^2)+|F_2H|^2$ 得 $|F_1F_2|^2=13-6\sin 2\theta$.
显然当 $\theta=\dfrac{\pi}{4}$ 时,$|F_1F_2|$ 最小,此时 MN 恰为 $\angle F_1MF_2$ 平分线,故 $\lambda=\dfrac{|F_1N|}{|NF_2|}=\dfrac{|MF_1|}{|MF_2|}=\dfrac{3}{2}$.

好题精练

精练4 (东北三省三校第一次联考)已知 $a>b>0$,点 F_1,F_2 是双曲线 $C_1:\dfrac{x^2}{a^2}-\dfrac{y^2}{b^2}=1$ 的两个焦点,若点 P 为椭圆 $C_2:\dfrac{x^2}{a^2}+\dfrac{y^2}{b^2}=1$ 上的动点,当点 P 为椭圆的短轴端点时,$\angle F_1PF_2$ 取最小值,则椭圆 C_2 离心率的取值范围为 _____.

精练5 双曲线 $C:\dfrac{x^2}{a^2}-\dfrac{y^2}{b^2}=1(a>0,b>0)$,点 F 为右焦点,过点 F 作 $FA\perp x$ 轴交双曲线 C 于第一象限内的点 A,点 B 与点 A 关于原点对称,连接 AB,BF,当 $\angle ABF$ 取最大值时,双曲线 C 的离心率为 _____.

3 建立齐次式

建立 a,b,c 的齐次式关系,是我们解决圆锥曲线离心率问题的重要方向.
此类题型以设点设线、代入曲线方程联立后建立 a,b,c 的关系式,进而解出离心率.

典例3：设点法 椭圆 $C:\dfrac{x^2}{a^2}+\dfrac{y^2}{b^2}=1(a>b>0)$ 的左、右焦点分别为 F_1,F_2,点 A,B 在椭圆 C 上,满足 $\overrightarrow{AF_2}\cdot\overrightarrow{F_1F_2}=0$,$\overrightarrow{AF_1}=\lambda\overrightarrow{F_1B}$.若椭圆 C 的离心率 $e\in\left[\dfrac{\sqrt{3}}{3},\dfrac{\sqrt{2}}{2}\right]$,则实数 λ 的取值范围为 _____.

解答 由题意得 $F_1(-c,0),F_2(c,0)$.由 $\overrightarrow{AF_2}\cdot\overrightarrow{F_1F_2}=0$ 得 $AF_2\perp F_1F_2$.

设点 A 在第一象限,将 $x=c$ 代入椭圆方程得 $y=\pm\dfrac{b^2}{a}$,故 $A\left(c,\dfrac{b^2}{a}\right)$.

设点 $B(x,y)$,则 $\overrightarrow{AF_1}=\left(-2c,-\dfrac{b^2}{a}\right)$,$\overrightarrow{F_1B}=(x+c,y)$.

由 $\overrightarrow{AF_1}=\lambda\overrightarrow{F_1B}$ 得 $\lambda>0$,且 $\begin{cases}-2c=\lambda(x+c)\\-\dfrac{b^2}{a}=\lambda y\end{cases}$,解得 $\begin{cases}x=\dfrac{-c(2+\lambda)}{\lambda}\\y=-\dfrac{b^2}{\lambda a}\end{cases}$,即 $B\left(\dfrac{-c(2+\lambda)}{\lambda},-\dfrac{b^2}{\lambda a}\right)$.

因为点 B 在椭圆 C 上,所以 $\dfrac{c^2(2+\lambda)^2}{\lambda^2 a^2}+\dfrac{b^2}{\lambda^2 a^2}=1$,结合 $b^2=a^2-c^2$ 整理得 $c^2(\lambda^2+4\lambda+3)=a^2(\lambda^2-1)$,从而 $e^2=\dfrac{c^2}{a^2}=\dfrac{\lambda^2-1}{\lambda^2+4\lambda+3}=\dfrac{\lambda-1}{\lambda+3}=1-\dfrac{4}{\lambda+3}$.

因为 $e\in\left[\dfrac{\sqrt{3}}{3},\dfrac{\sqrt{2}}{2}\right]$,所以 $e^2\in\left[\dfrac{1}{3},\dfrac{1}{2}\right]$,故 $\dfrac{4}{\lambda+3}\in\left[\dfrac{1}{2},\dfrac{2}{3}\right]$,即 $\lambda\in[3,5]$.

典例4：设线法 (巴蜀中学模拟)如图1所示,已知 P 为椭圆 $C:\dfrac{x^2}{a^2}+\dfrac{y^2}{b^2}=1(a>b>0)$ 上的点,点 A,B 分别在直线 $y=\dfrac{1}{2}x$ 与 $y=-\dfrac{1}{2}x$ 上,点 O 为坐标原点,四边形 $OAPB$ 为平行四边形,若平行四边形 $OAPB$ 四边长的平方和为定值,则椭圆 C 的离心率为 _____.

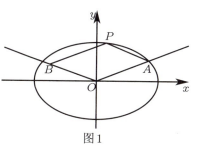

图1

解答 设点 $P(x_0,y_0)$.

则直线 PA 的方程为 $y=-\dfrac{1}{2}x+\dfrac{x_0}{2}+y_0$,直线 PB 的方程为 $y=\dfrac{1}{2}x-\dfrac{x_0}{2}+y_0$.

由 $\begin{cases}y=-\dfrac{1}{2}x+\dfrac{x_0}{2}+y_0\\y=\dfrac{1}{2}x\end{cases}$ 得 $A\left(\dfrac{x_0}{2}+y_0,\dfrac{x_0}{4}+\dfrac{y_0}{2}\right)$.

由 $\begin{cases}y=\dfrac{1}{2}x-\dfrac{x_0}{2}+y_0\\y=-\dfrac{1}{2}x\end{cases}$ 得 $B\left(\dfrac{x_0}{2}-y_0,-\dfrac{x_0}{4}+\dfrac{y_0}{2}\right)$.

从而 $|PA|^2+|PB|^2=\left(\dfrac{x_0}{2}-y_0\right)^2+\left(\dfrac{y_0}{2}-\dfrac{x_0}{4}\right)^2+\left(\dfrac{x_0}{2}+y_0\right)^2+\left(\dfrac{x_0}{4}+\dfrac{y_0}{2}\right)^2=\dfrac{5}{8}x_0^2+\dfrac{5}{2}y_0^2$.

又因为 $\dfrac{5}{8}x_0^2+\dfrac{5}{2}y_0^2=\dfrac{5}{2}\left(\dfrac{x_0^2}{4}+y_0^2\right)$ 为定值,点 P 在椭圆上,所以 $\dfrac{b^2}{a^2}=\dfrac{1}{4}$.

故 $e^2=\dfrac{a^2-b^2}{a^2}=\dfrac{3}{4}$,解得 $e=\dfrac{\sqrt{3}}{2}$.

好题精练

精练6 已知双曲线 $C: \dfrac{x^2}{a^2} - \dfrac{y^2}{b^2} = 1(a>0, b>0)$ 的左、右焦点分别为 F_1, F_2. 点 A 在双曲线 C 上，点 B 在 y 轴上，$\overrightarrow{F_1 A} \perp \overrightarrow{F_1 B}$，$\overrightarrow{F_2 A} = -\dfrac{2}{3}\overrightarrow{F_2 B}$，则双曲线 C 的离心率为 _____.

精练7 已知椭圆 $\dfrac{x^2}{4} + \dfrac{y^2}{b^2} = 1(b>0)$ 与双曲线 $\dfrac{x^2}{a^2} - y^2 = 1(a>0)$ 有公共的焦点，点 F 为右焦点，O 为坐标原点，双曲线的一条渐近线交椭圆于点 P，且点 P 在第一象限，若 $OP \perp FP$，则椭圆的离心率等于（ ）.

A. $\dfrac{1}{2}$ B. $\dfrac{\sqrt{2}}{2}$ C. $\dfrac{\sqrt{3}}{2}$ D. $\dfrac{\sqrt{3}}{4}$

精练8 已知点 A 是椭圆 $E: \dfrac{x^2}{a^2} + \dfrac{y^2}{b^2} = 1(a>b>0)$ 的上顶点，点 B, C 是椭圆 E 上异于点 A 的两点，$\triangle ABC$ 是以 A 为直角顶点的等腰直角三角形. 若满足条件的 $\triangle ABC$ 有且仅有 1 个，则椭圆 E 离心率的取值范围是（ ）.

A. $\left(0, \dfrac{\sqrt{3}}{3}\right]$ B. $\left(0, \dfrac{\sqrt{6}}{3}\right]$ C. $\left(0, \dfrac{\sqrt{2}}{2}\right]$ D. $\left(0, \dfrac{\sqrt{3}}{2}\right]$

2.2 几何方法

1 两个对称性

典例1：渐近线与对称性 （全国卷）已知双曲线 $C: \dfrac{x^2}{a^2} - \dfrac{y^2}{b^2} = 1(a>0, b>0)$ 的左、右焦点分别为 F_1, F_2，过 F_1 的直线与双曲线 C 的两条渐近线分别交于 A, B 两点. 若 $\overrightarrow{F_1 A} = \overrightarrow{AB}$，$\overrightarrow{F_1 B} \cdot \overrightarrow{F_2 B} = 0$，则 C 的离心率为 _____.

法一（巧用对称） 如图 2 所示.

由渐近线的对称性得 $\angle BOF_2 = \angle AOF_1$.

又因为 $OA \parallel F_2 B$，$\overrightarrow{F_1 A} = \overrightarrow{AB}$，$\overrightarrow{F_1 B} \cdot \overrightarrow{F_2 B} = 0$，所以得 $\mathrm{Rt}\triangle F_1 OA \cong \mathrm{Rt}\triangle BOA$，即 $\angle AOF_1 = \angle AOB$.

从而 $\angle AOF_1 = \angle AOB = \angle BOF_2 = \dfrac{\pi}{3}$，可得 $\dfrac{b}{a} = \tan 60° = \sqrt{3}$.

故解得 $e = \sqrt{1 + \dfrac{b^2}{a^2}} = \sqrt{1 + (\sqrt{3})^2} = 2$.

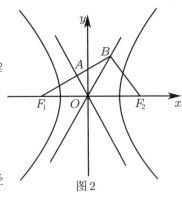

图2

法二（联立计算） 由 $BF_1 \perp BF_2$ 得点 B 在以 O 为圆心、c 为半径的圆上，圆的方程为 $x^2 + y^2 = c^2$.

联立方程 $\begin{cases} x^2 + y^2 = c^2 \\ y = \dfrac{b}{a} x \end{cases}$，解得点 $B(a, b)$.

又因为点 A 为点 F_1 与点 B 的中点，所以可得点 $A\left(\dfrac{a-c}{2}, \dfrac{b}{2}\right)$.

将点 A 代入直线方程 $y = -\dfrac{b}{a} x$ 得 $e = \dfrac{c}{a} = 2$.

典例2：焦点与对称性 （天一大联考）点 F_1,F_2 为双曲线 $C:\dfrac{x^2}{a^2}-\dfrac{y^2}{b^2}=1$ 的左、右焦点，过左焦点的直线与双曲线 C 的左支交于点 $Q,R(Q$ 在第二象限$)$，连接 RO，并延长交双曲线 C 的右支于点 P，$|PF_1|=|QF_1|$，$\angle F_1PF_2=\dfrac{2\pi}{3}$，则双曲线的离心率为 _____．

解答 设 $|PF_1|=x$，$|PF_2|=x-2a$，作点 Q 关于原点对称的点 S．
如图3所示，连接 PS,RS,SF_1，由中心对称得 $|PO|=|OR|$．
因为点 S 在双曲线上，所以四边形 $PSRQ$ 为平行四边形．
由对称性得点 F_2 在 PS 上，$|F_2S|=|QF_1|=x$，故 $\angle F_1PS=\dfrac{2\pi}{3}$．
由双曲线定义得 $|F_1S|=x+2a$．
在 $\triangle PSF_1$ 中，由余弦定理得 $(x+2a)^2=x^2+(2x-2a)^2-2x(2x-2a)\left(-\dfrac{1}{2}\right)$ 得 $x=\dfrac{7}{3}a$，即 $|PF_2|=\dfrac{a}{3}$．

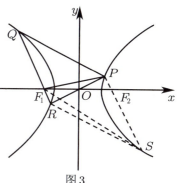

图3

在 $\triangle PF_1F_2$ 中，由余弦定理得 $4c^2=\left(\dfrac{7a}{3}\right)^2+\left(\dfrac{1}{3}a\right)^2-2\left(-\dfrac{1}{2}\right)\dfrac{7a}{3}\cdot\dfrac{a}{3}$，故 $e=\dfrac{c}{a}=\dfrac{\sqrt{57}}{6}$．

好题精练

精练1 如图4所示，A,B,C 是椭圆 $\dfrac{x^2}{a^2}+\dfrac{y^2}{b^2}=1(a>b>0)$ 上的三个点，直线 AB 经过原点 O，直线 AC 经过右焦点 F，若 $BF\perp AC$ 且 $|BF|=3|CF|$，则椭圆的离心率为（　　）．

A. $\dfrac{1}{2}$　　　　B. $\dfrac{\sqrt{2}}{2}$　　　　C. $\dfrac{\sqrt{3}}{2}$　　　　D. $\dfrac{\sqrt{2}}{3}$

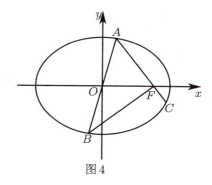

图4

精练2 如图5所示，点 O 是坐标原点，点 P 是双曲线 $E:\dfrac{x^2}{a^2}-\dfrac{y^2}{b^2}=1(a>0,b>0)$ 右支上的一点，点 F 是双曲线 E 的右焦点，延长 PO,PF 分别交双曲线 E 于 Q,R 两点，已知 $QF\perp FR$，且 $|QF|=2|FR|$，则双曲线 E 的离心率为 _____．

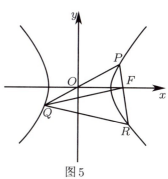

图5

2 圆背景大类

典例3：最值定理 如图6所示，已知点 P 在圆 $x^2+y^2-6y+8=0$ 上，点 Q 在椭圆 $\dfrac{x^2}{a^2}+y^2=1(a>1)$ 上，且 $|PQ|$ 的最大值等于 5，则椭圆的离心率的最大值等于 _____，当椭圆的离心率取到最大值时，记椭圆的右焦点为 F，则 $|PQ|+|QF|$ 的最大值等于 _____.

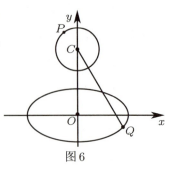

图6

第一空

法一 设圆 $x^2+(y-3)^2=1$ 的圆心为 $C(0,3)$.

由题意得 $|CQ|_{\max}=4$，如图7所示，设点 $Q(x,y)$.

于是 $|CQ|^2=x^2+(y-3)^2=a^2(1-y^2)+y^2-6y+9=(1-a^2)y^2-6y+a^2+9$.

记 $f(y)=(1-a^2)y^2-6y+a^2+9$，$-1\leqslant y\leqslant 1$，对称轴 $y=\dfrac{3}{1-a^2}<0$.

(1) 当 $\dfrac{3}{1-a^2}\leqslant -1$，即 $1<a\leqslant 2$ 时，$f(y)_{\max}=f(-1)=16$，满足题意.

(2) 当 $-1<\dfrac{3}{1-a^2}<0$，即 $a>2$ 时，$f(y)_{\max}=f\left(\dfrac{3}{1-a^2}\right)=-\dfrac{9}{1-a^2}+a^2+9=16$，解得 $a=2$，与 $a>2$ 矛盾，故舍去.

综上，a 的范围是 $1<a\leqslant 2$，此时离心率 $e=\dfrac{c}{a}=\sqrt{1-\dfrac{1}{a^2}}$ 在 $(1,2]$ 上单调递增，故当 $a=2$ 时，离心率 $e_{\max}=\dfrac{\sqrt{3}}{2}$.

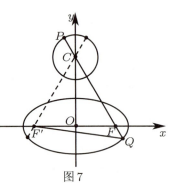

图7

法二 设圆 $x^2+(y-3)^2=1$ 的圆心为 $C(0,3)$. 由题意得 $|CQ|_{\max}=4$.

记椭圆的下顶点为 $Q'(0,-1)$，恰好有 $|CQ'|=4$.

设点 $Q(x,y)$，于是 $|CQ|\leqslant 4=|CQ'|$.

由椭圆的对称性得，当且仅当 Q 与 Q' 重合时取等号.

从而 $|CQ|^2=x^2+(y-3)^2=(1-a^2)y^2-6y+a^2+9\leqslant 16$，当且仅当 $y=-1$ 时取等号，解得 $-\dfrac{-6}{2(1-a^2)}\leqslant -1$，即 $1<a\leqslant 2$.

此时离心率 $e=\dfrac{c}{a}=\sqrt{1-\dfrac{1}{a^2}}$ 在 $(1,2]$ 上单调递增，故当 $a=2$ 时，离心率 $e_{\max}=\dfrac{\sqrt{3}}{2}$.

第二空

记椭圆左焦点为 $F'(-\sqrt{3},0)$，于是 $|PQ|+|QF|\leqslant |PC|+|CQ|+|QF|=1+|CQ|+|QF|$.

由椭圆定义得 $|QF'|+|QF|=4$，即 $|QF|=4-|QF'|$.

从而 $1+|CQ|+|QF|=5+|CQ|-|QF'|\leqslant 5+|CF'|=5+2\sqrt{3}$，当且仅当点 P,C,F',Q 共线时取等号（如图7），故 $|PQ|+|QF|$ 的最大值为 $5+2\sqrt{3}$.

典例4：垂径定理 如图8所示，已知双曲线 $C:\dfrac{x^2}{a^2}-\dfrac{y^2}{b^2}=1(a>0,b>0)$ 的右焦点为 F，以 F 为圆心、半实轴长为半径的圆与双曲线 C 的某一条渐近线交于两点 P,Q，若 $\overrightarrow{OQ}=3\overrightarrow{OP}$（其中 O 为原点），则双曲线 C 的离心率为（ ）．

A. $\dfrac{\sqrt{7}}{2}$ B. $\dfrac{\sqrt{5}}{2}$ C. $\sqrt{5}$ D. $\sqrt{7}$

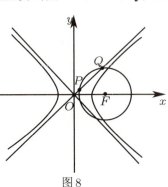

图8

解答 如图9所示,取 PQ 的中点 E,连接 EF,则 $EF \perp PQ$.
由双曲线的性质得 $EF = b$, $OE = a$.
因为 $\overrightarrow{OQ} = 3\overrightarrow{OP}$,所以 $PE = \dfrac{a}{2}$.
由垂径定理得 $a^2 = b^2 + \dfrac{a^2}{4}$,即 $\dfrac{b^2}{a^2} = \dfrac{3}{4}$.
从而 $e = \sqrt{1 + \dfrac{b^2}{a^2}} = \dfrac{\sqrt{7}}{2}$,故选 A.

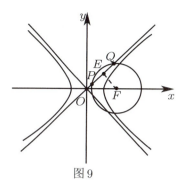

图9

典例5:直径对直角 点 F 为双曲线 $C: \dfrac{x^2}{a^2} - \dfrac{y^2}{b^2} = 1 (a > 0, b > 0)$ 的右焦点,直线 $y = kx$, $k \in \left[\dfrac{\sqrt{3}}{3}, \sqrt{3}\right]$ 与双曲线 C 交于 A, B 两点,若 $AF \perp BF$,则该双曲线的离心率的取值范围是( ).

A. $[\sqrt{2}, \sqrt{2} + \sqrt{6}]$ B. $[\sqrt{2}, \sqrt{3} + 1]$ C. $(2, \sqrt{3} + 1]$ D. $[2, \sqrt{2} + \sqrt{6}]$

解答 联立方程 $\begin{cases} y = kx \\ b^2 x^2 - a^2 y^2 = a^2 b^2 \end{cases}$,消去 y 得 $(b^2 - a^2 k^2) x^2 = a^2 b^2$.

解得 $x^2 = \dfrac{a^2 b^2}{b^2 - a^2 k^2}$, $y^2 = \dfrac{a^2 b^2 k^2}{b^2 - a^2 k^2}$,且 $b^2 > a^2 k^2$(此处可以解得 $e > 2$).

因为 $AF \perp BF$,所以 $|OA| = |OB| = |OF| = c$.

从而 $x^2 + y^2 = \dfrac{a^2 b^2 + a^2 b^2 k^2}{b^2 - a^2 k^2} = c^2$,解得 $k^2 = \dfrac{b^2 c^2 - a^2 b^2}{a^2 b^2 + a^2 c^2} = \dfrac{b^4}{a^2 b^2 + a^2 c^2}$.

于是 $\begin{cases} \dfrac{1}{3} \leqslant \dfrac{b^4}{a^2 b^2 + a^2 c^2} \leqslant 3 \\ \dfrac{b^4}{a^2 b^2 + a^2 c^2} < \dfrac{b^2}{a^2} \end{cases}$,代入 $b^2 = c^2 - a^2$,解得 $e \in (2, \sqrt{3} + 1]$,故选 C.

典例6:切线问题 已知存在一动点 $P(x, y)$ 在椭圆 $\dfrac{x^2}{25} + \dfrac{y^2}{16} = 1$ 上,若点 A 的坐标为 $(3, 0)$,$|\overrightarrow{AM}| = 1$,$\overrightarrow{PM} \cdot \overrightarrow{AM} = 0$,则 $|\overrightarrow{PM}|$ 的最小值是 _____.

解答 由 $|\overrightarrow{AM}| = 1$ 得点 M 在以 A 为圆心、1 为半径的圆上,点 P 在圆外.

由 $\overrightarrow{PM} \cdot \overrightarrow{AM} = 0$ 得 $PM \perp AM$,从而 PM 即为圆上的切线,$|\overrightarrow{PM}|$ 的最小值即切线长的最小值.

由圆的性质得 $|PM| = \sqrt{|PA|^2 - r^2} = \sqrt{|PA|^2 - 1}$($r$ 为半径),故只需找到 $|PA|$ 的最小值即可.

由椭圆性质得 $|PA|_{\min} = a - c = 5 - 3 = 2$,故 $|PM|_{\min} = \sqrt{|PA|_{\min}^2 - 1} = \sqrt{3}$.

典例7:圆与曲线 (浙江卷)设椭圆 $\dfrac{x^2}{a^2} + y^2 = 1 (a > 1)$,若任意以点 $A(0, 1)$ 为圆心的圆与椭圆至多有 3 个公共点,则椭圆离心率的取值范围为 _____.

法一(正难则反) 若圆与椭圆有多于 3 个公共点,即有 4 个公共点时,求 a 的取值范围.

由题意得存在 $r > 0$ 使得 $\begin{cases} \dfrac{x^2}{a^2} + y^2 = 1 \\ x^2 + (y - 1)^2 = r^2 \end{cases}$ 有 4 个解,等价于 $(a^2 - 1) y^2 + 2y + r^2 - a^2 - 1 = 0$ 在 $(-1, 1)$ 上有 2 个解,故只需要函数 $f(y) = (a^2 - 1) y^2 + 2y + r^2 - a^2 - 1$ 的对称轴 $y = -\dfrac{1}{a^2 - 1}$ 落在区间 $(-1, 1)$ 内即可,解得 $a^2 > 2$.

因为考虑的是反面,所以 $a^2 \leqslant 2$,即 $e = \dfrac{\sqrt{a^2-1}}{a} \leqslant \dfrac{\sqrt{2}}{2}$.

因此,椭圆离心率的取值范围为 $\left(0, \dfrac{\sqrt{2}}{2}\right]$.

法二（点差法） 因为圆与椭圆的公共点最多有 4 个交点,所以考虑圆与椭圆有 4 个交点的情况.

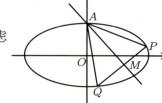

图 10

由图形的对称性得在 y 轴左、右两侧各有两个交点.

不妨设右侧的两个交点分别为 P,Q,如图 10 所示.

因为 $|AP|=|AQ|$,所以 PQ 关于直线 $y=kx+1$ 对称.

设 PQ 的中点为 $M(x_0,y_0)$,由点差法推论得 $k_{OM}\cdot k_{PQ}=-\dfrac{1}{a^2}$,即 $\dfrac{y_0}{x_0}\cdot k_{PQ}=-\dfrac{1}{a^2}$.

又因为 $k_{AM}\cdot k_{PQ}=-1$,即 $\dfrac{y_0-1}{x_0}\cdot k_{PQ}=-1$. 两式相除得 $y_0=\dfrac{1}{1-a^2}\in(-1,1)$,所以 $a^2>2$.

因此 $e^2=\dfrac{c^2}{a^2}=\dfrac{a^2-1}{a^2}=1-\dfrac{1}{a^2}>\dfrac{1}{2}$,即 $e\in\left(\dfrac{\sqrt{2}}{2},1\right)$.

故任意以点 $A(0,1)$ 为圆心的圆与椭圆至多有 3 个公共点的充要条件为 $e\in\left(0,\dfrac{\sqrt{2}}{2}\right]$.

精练 3 已知双曲线 $C:\dfrac{y^2}{a^2}-\dfrac{x^2}{b^2}=1(a>0,b>0)$ 的上顶点为 P,$\overrightarrow{OQ}=3\overrightarrow{OP}$（$O$ 为坐标原点）,若在双曲线的渐近线上存在点 M,使得 $\angle PMQ=90°$,则双曲线 C 的离心率的取值范围为 _____.

精练 4 （广州模拟）设点 F_1,F_2 是椭圆 $\dfrac{x^2}{a^2}+\dfrac{y^2}{b^2}=1(a>b>0)$ 的左、右焦点,若椭圆上存在点 P 使得 $\overrightarrow{PF_1}\cdot\overrightarrow{PF_2}=0$,则椭圆的离心率的取值范围为 _____.

精练 5 （长春模拟）已知 $F_1(-c,0),F_2(c,0)$ 分别是椭圆 $C:\dfrac{x^2}{a^2}+\dfrac{y^2}{b^2}=1(a>b>0)$ 的左、右焦点. 若椭圆上存在一点 P 使得 $\overrightarrow{PF_1}\cdot\overrightarrow{PF_2}=c^2$,则椭圆离心率的取值范围为 _____.

3 三角形大类

典例8：中位线 如图11所示，已知双曲线 $C: \dfrac{x^2}{a^2} - \dfrac{y^2}{b^2} = 1 (a > 0, b > 0)$ 的左、右焦点分别为 F_1, F_2，过 F_1 的直线与圆 $x^2 + y^2 = a^2$ 相切，与双曲线 C 的左、右两支分别交于点 A, B，若 $|AB| = |BF_2|$，则双曲线 C 的离心率为（　　）.

A. $\sqrt{5 + 2\sqrt{3}}$　　　　B. $5 + 2\sqrt{3}$　　　　C. $\sqrt{3}$　　　　D. $\sqrt{5}$

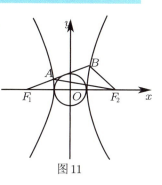

图 11

法一 如图12所示，由题意得 $|AB| = |BF_2|$.

从而 $|AF_1| = |BF_1| - |BA| = |BF_1| - |BF_2| = 2a$，故 $|AF_2| = |AF_1| + 2a = 4a$.

因为 $OE = \dfrac{1}{2} F_2 M$，$OE \parallel \dfrac{1}{2} F_2 M$ 且 $|OE| = a$，所以 $|F_2 M| = 2a$.

在 Rt$\triangle AMF_2$ 中，由勾股定理得 $|AM| = \sqrt{AF_2^2 - MF_2^2} = \sqrt{16a^2 - 4a^2} = 2\sqrt{3}a$.

在 Rt$\triangle F_1 M F_2$ 中，因为 $|F_1 F_2| = 2c$，$|MF_2| = 2a$，所以 $|F_1 M| = 2b$.

因为 $|F_1 M| = |F_1 A| + |AM| = 2a + 2\sqrt{3}a = 2(\sqrt{3} + 1)a$，所以 $2(\sqrt{3}+1)a = 2b$.

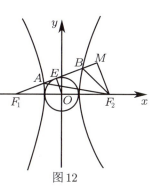

图 12

从而 $\dfrac{b}{a} = 1 + \sqrt{3}$，因此 $e = \sqrt{1 + \left(\dfrac{b}{a}\right)^2} = \sqrt{5 + 2\sqrt{3}}$，故选 A.

法二 由题意得 $|AB| = |BF_2|$.

从而 $|AF_1| = |BF_1| - |BA| = |BF_1| - |BF_2| = 2a$，故 $|AF_2| = |AF_1| + 2a = 4a$.

因为直线 BF_1 与圆 $x^2 + y^2 = a^2$ 相切，故 $\sin\angle AF_1 O = \dfrac{a}{c}$，所以 $\cos\angle AF_1 O = \dfrac{b}{c}$.

在 $\triangle AF_1 F_2$ 中，由余弦定理得 $\cos\angle AF_1 O = \dfrac{(2a)^2 + (2c)^2 - (4a)^2}{2 \cdot 2a \cdot 2c} = \dfrac{b}{c}$，化简得 $c^2 - 3a^2 = 2ab$，整理得 $b^2 - 2a^2 - 2ab = 0$，构造得 $\left(\dfrac{b}{a}\right)^2 - 2 \cdot \dfrac{b}{a} - 2 = 0$，从而 $\dfrac{b}{a} = 1 + \sqrt{3}$，即 $e = \sqrt{1 + \left(\dfrac{b}{a}\right)^2} = \sqrt{5 + 2\sqrt{3}}$，故选 A.

典例9：角平分线 如图13所示，双曲线 $C: \dfrac{x^2}{a^2} - \dfrac{y^2}{b^2} = 1 (a > 0, b > 0)$ 的左、右顶点分别是 A_1，A_2，圆 $x^2 + y^2 = a^2$ 与双曲线 C 的渐近线在第一象限的交点为 M，直线 $A_1 M$ 交双曲线 C 的右支于点 P，若 $\triangle MPA_2$ 是等腰三角形，且 $\angle PA_2 M$ 的内角平分线与 y 轴平行，则双曲线 C 的离心率为 _____.

解答 联立方程 $\begin{cases} y = \dfrac{b}{a} x \\ x^2 + y^2 = a^2 \end{cases}$，因为点 M 在第一象限，所以得 $M\left(\dfrac{a^2}{c}, \dfrac{ab}{c}\right)$.

又因为 $A_1(-a, 0)$，$A_2(a, 0)$，所以 $\begin{cases} |MA_1|^2 = \left(\dfrac{a^2}{c} + a\right)^2 + \left(\dfrac{ab}{c}\right)^2 = 2a^2\left(1 + \dfrac{a}{c}\right) \\ |MA_2|^2 = \left(\dfrac{a^2}{c} - a\right)^2 + \left(\dfrac{ab}{c}\right)^2 = 2a^2\left(1 - \dfrac{a}{c}\right) \end{cases}$.

由题意得 $\angle A_1 M A_2 = \angle PMA_2 = 90°$，故 $\triangle MPA_2$ 是等腰直角三角形，从而 $\angle MA_2 P = 45°$.

因为 $\angle PA_2 M$ 的内角平分线与 y 轴平行，所以 $\angle MA_1 A_2 = 22.5°$.

又因为 $\tan 45° = \dfrac{2\tan 22.5°}{1 - \tan^2 22.5°} = 1$，所以 $\tan 22.5° = \sqrt{2} - 1$.

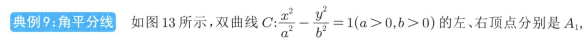

图 13

从而 $\tan^2 \angle MA_1 A_2 = \left(\dfrac{|MA_2|}{|MA_1|}\right)^2 = \dfrac{1 - \dfrac{a}{c}}{1 + \dfrac{a}{c}} = (\sqrt{2} - 1)^2$，解得 $\dfrac{e - 1}{e + 1} = 3 - 2\sqrt{2}$，即 $e = \sqrt{2}$.

典例10：中垂线 已知 F_1,F_2 分别是双曲线 $C:\dfrac{x^2}{a^2}-\dfrac{y^2}{b^2}=1(a>0,b>0)$ 的左、右焦点，过点 F_1 的直线 l 与双曲线 C 左、右支分别交于 A,B 两点，若 $|AB|=|BF_2|$，$\triangle BF_1F_2$ 的面积为 $\dfrac{\sqrt{3}}{3}b^2$，双曲线 C 的离心率为 e，则 $e^2=$ _____．

解答 如图14所示，由题意得 $|F_1F_2|=2c$．

由双曲线的定义得 $|BF_1|-|BF_2|=2a$，$|AF_2|-|AF_1|=2a$．

因为 $|AB|=|BF_2|$，所以 $|AF_1|=2a$，代入 $|AF_2|-|AF_1|=2a$ 中，解得 $|AF_2|=4a$．

在 $\triangle AF_1F_2$ 中，由余弦定理得 $\cos\angle F_1AF_2=\dfrac{|AF_1|^2+|F_2A|^2-|F_1F_2|^2}{2|AF_1|\cdot|F_2A|}=$

$\dfrac{4a^2+16a^2-4c^2}{2\times 2a\times 4a}=\dfrac{5a^2-c^2}{4a^2}$．

因为 $\angle F_1AF_2+\angle BAF_2=\pi$，所以 $\cos\angle BAF_2=\dfrac{c^2-5a^2}{4a^2}$．

从而解得 $\sin\angle BAF_2=\sqrt{1-\left(\dfrac{c^2-5a^2}{4a^2}\right)^2}$，$\tan\angle BAF_2=\dfrac{\sqrt{10a^2c^2-c^4-9a^4}}{c^2-5a^2}$．

取 AF_2 的中点 M，连接 BM．

因为 $|AB|=|BF_2|$，所以 $BM\perp AF_2$，$|AM|=|MF_2|=2a$，解得 $|BM|=\dfrac{2a\sqrt{10a^2c^2-c^4-9a^4}}{c^2-5a^2}$．

由题意得 $S_{\triangle ABF_2}=\dfrac{1}{2}|AF_2|\cdot|BM|=\dfrac{4a^2\sqrt{10a^2c^2-c^4-9a^4}}{c^2-5a^2}$．

又因为 $S_{\triangle AF_1F_2}=\dfrac{1}{2}|AF_2|\cdot|AF_1|\sin\angle F_1AF_2=\sqrt{10a^2c^2-c^4-9a^4}$，所以 $\dfrac{4a^2\sqrt{10a^2c^2-c^4-9a^4}}{c^2-5a^2}+\sqrt{10a^2c^2-c^4-9a^4}=\dfrac{\sqrt{3}}{3}b^2$，化简得 $13a^4+c^4-10a^2c^2=0$．

同除以 a^4 得 $e^4-10e^2+13=0$，故解得 $e^2=5+2\sqrt{3}$ 或 $e^2=5-2\sqrt{3}<0$（舍去）．

典例11：余弦和为0 （东阳模拟）设椭圆 C 的两个焦点是 F_1,F_2，过点 F_1 的直线与椭圆 C 交于点 P,Q，若 $|PF_2|=|F_1F_2|$，且 $3|PF_1|=4|QF_1|$，则椭圆 C 的离心率为 _____．

解答 由 $|PF_2|=|F_1F_2|$ 得 $|PF_2|=2c$，故 $|PF_1|=2a-2c$．

又因为 $3|PF_1|=4|QF_1|$，所以 $|QF_1|=\dfrac{3}{4}(2a-2c)=\dfrac{3}{2}(a-c)$．

于是 $|QF_2|=2a-\dfrac{3}{2}(a-c)=\dfrac{1}{2}(a+3c)$．

在等腰 $\triangle PF_1F_2$ 中，$\cos\angle PF_1F_2=\dfrac{\dfrac{1}{2}|PF_1|}{|F_1F_2|}=\dfrac{a-c}{2c}$．

在 $\triangle QF_1F_2$ 中，由余弦定理得 $\cos\angle QF_1F_2=\dfrac{\dfrac{9}{4}(a-c)^2+4c^2-\dfrac{1}{4}(a+3c)^2}{2\times 2c\times\dfrac{3}{2}(a-c)}$．

由 $\cos\angle PF_1F_2+\cos\angle QF_1F_2=0$ 整理得 $5a=7c$，故 $e=\dfrac{5}{7}$．

典例12：三边关系 设椭圆 $E: \dfrac{x^2}{a^2}+\dfrac{y^2}{b^2}=1(a>b>0)$ 的一个焦点为 $F(c,0)(c>0)$，点 $A(-c,c)$ 为椭圆 E 内一点，若椭圆 E 上存在一点 P，使得 $|PA|+|PF|=9c$，则椭圆 E 的离心率取值范围为 _____．

解答 如图15所示，设椭圆的另一个焦点为 $F_1(-c,0)$．

因为 $|PF_1|\leqslant |PA|+|AF_1|$，所以 $2a=|PF_1|+|PF|\leqslant |PA|+|AF_1|+|PF|=c+9c=10c$．

又因为 $|PF_1|\geqslant |PA|-|AF_1|$，所以 $2a=|PF_1|+|PF|\geqslant |PA|-|AF_1|+|PF|=9c-c=8c$．

从而 $8c\leqslant 2a\leqslant 10c$，即 $4c\leqslant a\leqslant 5c$，故 $\dfrac{1}{5}\leqslant e\leqslant \dfrac{1}{4}$．

因为点 A 在椭圆内，所以 $c<\dfrac{b^2}{a}$，故 $ac<a^2-c^2$．

整理得 $e^2+e-1<0$，解得 $e<\dfrac{\sqrt{5}-1}{2}$．

因为 $\dfrac{\sqrt{5}-1}{2}>\dfrac{1}{4}$，所以 $\dfrac{1}{5}\leqslant e\leqslant \dfrac{1}{4}$．

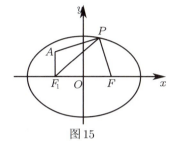

图 15

典例13：相似与比值 已知点 O 为坐标原点，点 F 是椭圆 $C: \dfrac{x^2}{a^2}+\dfrac{y^2}{b^2}=1(a>b>0)$ 的左焦点，点 A,B 分别为椭圆 C 的左、右顶点．点 P 为椭圆 C 上一点，且 $PF\perp x$ 轴．过点 A 的直线 l 与线段 PF 交于点 M，与 y 轴交于点 E．若直线 BM 经过 OE 的中点，则椭圆 C 的离心率为（　　）．

A. $\dfrac{1}{3}$　　B. $\dfrac{1}{2}$　　C. $\dfrac{2}{3}$　　D. $\dfrac{3}{4}$

解答 不妨设点 P 在 x 轴上方，直线 l 的方程为 $y=k(x+a)(k>0)$．

分别令 $x=-c$ 与 $x=0$，得 $|FM|=k(a-c)$，$|OE|=ka$．

设 OE 的中点为 G，由 $\triangle OBG\sim \triangle FBM$ 得 $\dfrac{|OG|}{|FM|}=\dfrac{|OB|}{|BF|}$，即 $\dfrac{ka}{2k(a-c)}=\dfrac{a}{a+c}$．

整理得 $\dfrac{c}{a}=\dfrac{1}{3}$，从而椭圆 C 的离心率 $e=\dfrac{1}{3}$，故选 A．

典例14：投影 如图16所示，与圆柱底面成 $60°$ 的平面 α 截此圆柱，其截面图形为椭圆．已知该圆柱底面半径为 2，则（　　）．

A. 椭圆的离心率为 $\dfrac{\sqrt{3}}{2}$　　B. 椭圆的长轴长为 $\dfrac{8\sqrt{3}}{3}$

C. 椭圆的面积为 32π　　D. 椭圆内接三角形的面积最大值为 $6\sqrt{3}$

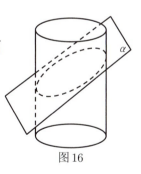

图 16

解答 由平面 α 与圆柱底面所成的锐二面角为 $60°$ 得椭圆的长半轴长 $a=\dfrac{2}{\cos 60°}=\dfrac{2}{\frac{1}{2}}=4$，且短半轴长 $b=2$，从而 $c=\sqrt{a^2-b^2}=\sqrt{4^2-2^2}=2\sqrt{3}$，故椭圆的离心率为 $e=\dfrac{c}{a}=\dfrac{\sqrt{3}}{2}$，故 A 正确，B 不正确．

由椭圆的面积公式得 $S=\pi ab=8\pi$，故 C 不正确．

当椭圆内接三角形为等边三角形时，三角形面积取得最大值，为 $S_{\max}=\dfrac{3\sqrt{3}}{4}ab=\dfrac{3\sqrt{3}}{4}\times 4\times 2=6\sqrt{3}$，故 D 正确．

故选 AD．

精练6 已知椭圆 $C: \dfrac{x^2}{a^2}+\dfrac{y^2}{b^2}=1(a>b>0)$ 的左、右焦点分别为 F_1,F_2，点 A 为椭圆 C 上位于第一象限的一点，AF_1 与 y 轴交于点 B. 若 $\angle F_1AF_2=\angle AF_2B=60°$，则椭圆 C 的离心率为 _____．

精练7 如图17所示，已知椭圆 $C:\dfrac{x^2}{a^2}+\dfrac{y^2}{b^2}=1(a>b>0)$ 的左、右焦点分别为 F_1,F_2，焦距为 $2c$，点 P 是椭圆 C 上一点（不在坐标轴上），点 Q 是 $\angle F_1PF_2$ 的平分线与 x 轴的交点，若 $|QF_2|=2|OQ|$，则椭圆离心率的范围是 _____．

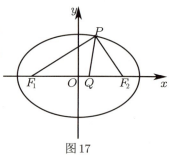

图17

精练8 （洛阳三模）已知椭圆 $\dfrac{x^2}{a^2}+\dfrac{y^2}{b^2}=1(a>b>0)$ 的左、右焦点分别为 $F_1(-c,0),F_2(c,0)$，过点 F_2 且垂直于 x 轴的直线与椭圆在第一象限的交点为 M，$\angle F_1MF_2$ 的平分线与 y 轴交于点 P，若四边形 MF_1PF_2 的面积为 $\sqrt{2}c^2$，则椭圆的离心率 $e=$ _____．

精练9 设直线 $l:x-3y+c=0$ 与双曲线 $C:\dfrac{x^2}{a^2}-\dfrac{y^2}{b^2}=1(a>0,b>0)$ 的两条渐近线分别交于 M,N 两点，若线段 MN 的中垂线经过双曲线 C 的右焦点 $(c,0)$，则双曲线的离心率是 _____．

精练10 椭圆 $C:\dfrac{x^2}{a^2}+\dfrac{y^2}{b^2}=1(a>b>0)$ 的左、右焦点分别为 F_1,F_2，过点 F_1 的直线 l 交椭圆 C 于 A,B 两点，若 $|F_1F_2|=|AF_2|$，$\overrightarrow{AF_1}=2\overrightarrow{F_1B}$，则椭圆 C 的离心率为 _____．

精练11 已知椭圆 $\dfrac{x^2}{a^2}+\dfrac{y^2}{b^2}=1(a>b>0)$ 上存在点 P，使得 $|PF_1|=3|PF_2|$，其中点 F_1,F_2 分别为椭圆的左、右焦点，则该椭圆的离心率的取值范围是（　　）．

A. $\left(0,\dfrac{1}{4}\right]$ B. $\left(\dfrac{1}{4},1\right)$ C. $\left(\dfrac{1}{2},1\right)$ D. $\left[\dfrac{1}{2},1\right)$

精练12 如图18所示，设椭圆 $E:\dfrac{x^2}{a^2}+\dfrac{y^2}{b^2}=1(a>b>0)$ 的右顶点为 A，右焦点为 F，点 B 为椭圆 E 在第二象限上的点，直线 BO 交椭圆 E 于点 C，若直线 BF 平分线段 AC 于点 M，则椭圆 E 的离心率是（　　）．

A. $\dfrac{1}{2}$ B. $\dfrac{1}{3}$ C. $\dfrac{2}{3}$ D. $\dfrac{1}{4}$

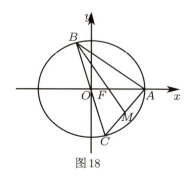

图18

精练13 （多选）球冠是指球面被平面所截得的一部分曲面,截得的圆叫作球冠的底,垂直于截面的直径被截得的一段叫作球冠的高.小明撑伞站在太阳下,撑开的伞面可以近似看作一个球冠,如图19所示.已知该球冠的底面半径为60 cm,高为20 cm.假设地面是平面,太阳光线是平行光束,下列说法正确的是（　　）.

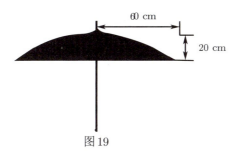

图19

A. 若伞柄垂直于地面,太阳光线与地面所成角为$\dfrac{\pi}{4}$,则伞在地面的影子是圆

B. 若伞柄垂直于地面,太阳光线与地面所成角为$\dfrac{\pi}{6}$,则伞在地面的影子是椭圆

C. 若伞柄与太阳光线平行,太阳光线与地面所成角为$\dfrac{\pi}{3}$,则伞在地面的影子为椭圆,且该椭圆离心率为$\dfrac{1}{2}$

D. 若太阳光线与地面所成角为$\dfrac{\pi}{6}$,则小明调整伞柄位置,伞在地面的影子可以形成椭圆,且椭圆长轴长的最大值为240 cm

2.3 技巧方法

1 定义几何化

> 设点A为圆锥曲线上一点,F_1,F_2为曲线的左、右焦点,根据离心率公式及基本定义有：在椭圆中,$e=\dfrac{c}{a}=\dfrac{2c}{2a}=\dfrac{|F_1F_2|}{|PF_1|+|PF_2|}$；在双曲线中,$e=\dfrac{c}{a}=\dfrac{2c}{2a}=\dfrac{|F_1F_2|}{||PF_1|-|PF_2||}$.

典例1 过椭圆$\dfrac{x^2}{a^2}+\dfrac{y^2}{b^2}=1(a>b>0)$的左、右焦点$F_1,F_2$作倾斜角分别为$\dfrac{\pi}{6}$和$\dfrac{\pi}{3}$的两条直线$l_1,l_2$.若两条直线的交点$P$恰好在椭圆上,则椭圆的离心率为（　　）.

A. $\dfrac{\sqrt{2}}{2}$ B. $\sqrt{3}-1$ C. $\dfrac{\sqrt{3}-1}{2}$ D. $\dfrac{\sqrt{5}-1}{2}$

解答 在$\triangle PF_1F_2$中,由正弦定理得

$$\dfrac{|F_1F_2|}{\sin\angle F_1PF_2}=\dfrac{|PF_1|}{\sin\angle PF_2F_1}=\dfrac{|PF_2|}{\sin\angle PF_1F_2}=\dfrac{|PF_1|+|PF_2|}{\sin\angle PF_2F_1+\sin\angle PF_1F_2}.$$

从而$\dfrac{|F_1F_2|}{|PF_1|+|PF_2|}=\dfrac{\sin\angle F_1PF_2}{\sin\angle PF_2F_1+\sin\angle PF_1F_2}$.

故离心率$e=\dfrac{c}{a}=\dfrac{2c}{2a}=\dfrac{|F_1F_2|}{|PF_1|+|PF_2|}=\dfrac{\sin\angle F_1PF_2}{\sin\angle PF_2F_1+\sin\angle PF_1F_2}=\dfrac{\sin 30°}{\sin 120°+\sin 30°}=\dfrac{\sqrt{3}-1}{2}$.

因此选 C.

精练1 （衡水模拟）已知椭圆 $C: \dfrac{x^2}{a^2}+\dfrac{y^2}{b^2}=1(a>b>0)$ 的左、右焦点分别为 F_1, F_2, 过点 F_2 的弦 AB 满足 $\angle AF_1B=120°$, 且 $|AF_1|$, $|F_1B|$, $|AB|$ 成等差数列, 则椭圆 C 的离心率为（　　）.

A. $\dfrac{\sqrt{2}}{2}$ 　　B. $\dfrac{\sqrt{3}}{2}$ 　　C. $\dfrac{\sqrt{7}}{7}$ 　　D. $\dfrac{\sqrt{13}}{13}$

精练2 设椭圆 $C: \dfrac{x^2}{a^2}+\dfrac{y^2}{b^2}=1(a>b>0)$ 的右焦点为 F, 椭圆 C 上的两点 A, B 关于原点对称, 且满足 $\overrightarrow{FA}\cdot\overrightarrow{FB}=0$, $|FB|\leqslant|FA|\leqslant 2|FB|$, 则椭圆 C 的离心率的取值范围是（　　）.

A. $\left[\dfrac{\sqrt{2}}{2},\dfrac{\sqrt{5}}{3}\right]$ 　　B. $\left[\dfrac{\sqrt{5}}{3},1\right)$ 　　C. $\left[\dfrac{\sqrt{2}}{2},\sqrt{3}-1\right]$ 　　D. $[\sqrt{3}-1,1)$

2 顶底角公式

(1) 焦点底角公式

椭圆：已知点 F_1, F_2 为椭圆 $C: \dfrac{x^2}{a^2}+\dfrac{y^2}{b^2}=1$ 的左、右焦点, 点 P 为椭圆上任意一动点, 若底角 $\angle PF_1F_2=\alpha$, $\angle PF_2F_1=\beta$, 则 $e=\dfrac{\sin(\alpha+\beta)}{\sin\alpha+\sin\beta}$, $e=\dfrac{1-\tan\dfrac{\alpha}{2}\tan\dfrac{\beta}{2}}{1+\tan\dfrac{\alpha}{2}\tan\dfrac{\beta}{2}}$.

双曲线：已知点 F_1, F_2 为双曲线 $C: \dfrac{x^2}{a^2}-\dfrac{y^2}{b^2}=1$ 的左、右焦点, 点 P 为双曲线上任意一点, 若底角 $\angle PF_1F_2=\alpha$, $\angle PF_2F_1=\beta$, 则 $e=\dfrac{\sin(\alpha+\beta)}{|\sin\alpha-\sin\beta|}$, $e=\left|\dfrac{\tan\dfrac{\alpha}{2}+\tan\dfrac{\beta}{2}}{\tan\dfrac{\beta}{2}-\tan\dfrac{\alpha}{2}}\right|$.

典例2：焦点底角 已知双曲线 $C: \dfrac{x^2}{a^2}-\dfrac{y^2}{b^2}=1(a>0,b>0)$ 的左、右焦点分别为 F_1, F_2, 点 A 为双曲线右支上一点, 设 $\angle AF_1F_2=\alpha$, $\angle AF_2F_1=\beta$, 若 $\tan\dfrac{\beta}{2}=2\tan\dfrac{\alpha}{2}$, 则双曲线的渐近线方程为（　　）.

A. $y=\pm\sqrt{2}x$ 　　B. $y=\pm 2\sqrt{2}x$ 　　C. $y=\pm 3x$ 　　D. $y=\pm 4x$

法一 $\dfrac{c}{a}=\dfrac{\sin(\alpha+\beta)}{\sin\beta-\sin\alpha}=\dfrac{2\sin\dfrac{\alpha+\beta}{2}\cos\dfrac{\alpha+\beta}{2}}{2\sin\dfrac{\beta-\alpha}{2}\cos\dfrac{\alpha+\beta}{2}}=\dfrac{\sin\dfrac{\alpha+\beta}{2}}{\sin\dfrac{\beta-\alpha}{2}}=\dfrac{\sin\dfrac{\alpha}{2}\cos\dfrac{\beta}{2}+\cos\dfrac{\alpha}{2}\sin\dfrac{\beta}{2}}{\sin\dfrac{\beta}{2}\cos\dfrac{\alpha}{2}-\cos\dfrac{\beta}{2}\sin\dfrac{\alpha}{2}}=$

$\dfrac{\tan\dfrac{\alpha}{2}+\tan\dfrac{\beta}{2}}{\tan\dfrac{\beta}{2}-\tan\dfrac{\alpha}{2}}$，即 $e=\dfrac{\tan\dfrac{\alpha}{2}+\tan\dfrac{\beta}{2}}{\tan\dfrac{\beta}{2}-\tan\dfrac{\alpha}{2}}=3$.

解得双曲线的渐近线方程为 $y=\pm\dfrac{b}{a}x=\pm 2\sqrt{2}x$，故选 B.

法二 如图 20 所示，设 $\triangle AF_1F_2$ 的内切圆的圆心为 I，内切圆 I 与 x 轴的切点为 H.

根据内切圆的切线长相等及双曲线的性质得 $|AF_1|-|AF_2|=|F_1H|-|HF_2|=2a$.

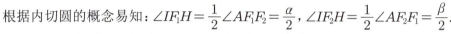

图 20

又因为 $|F_1H|+|HF_2|=|F_1F_2|=2c$，所以 $|F_1H|=c+a$，$|HF_2|=c-a$.

从而点 H 为双曲线的右顶点，且 $IH\perp F_1F_2$.

根据内切圆的概念易知：$\angle IF_1H=\dfrac{1}{2}\angle AF_1F_2=\dfrac{\alpha}{2}$，$\angle IF_2H=\dfrac{1}{2}\angle AF_2F_1=\dfrac{\beta}{2}$.

故 $\tan\dfrac{\alpha}{2}=\dfrac{|IH|}{|F_1H|}=\dfrac{|IH|}{c+a}$，$\tan\dfrac{\beta}{2}=\dfrac{|IH|}{|HF_2|}=\dfrac{|IH|}{c-a}$.

因为 $\tan\dfrac{\beta}{2}=2\tan\dfrac{\alpha}{2}$，所以 $\dfrac{|IH|}{c-a}=\dfrac{2|IH|}{c+a}$，解得 $2c-2a=c+a$，即 $c=3a$.

从而 $c^2=9a^2$，即 $a^2+b^2=9a^2$，故 $b^2=8a^2\Leftrightarrow\dfrac{b^2}{a^2}=8$，$\dfrac{b}{a}=2\sqrt{2}$.

因此双曲线的渐近线方程为 $y=\pm\dfrac{b}{a}x=\pm 2\sqrt{2}x$，故选 B.

 好题精练

精练 3 （遵义模拟）椭圆 $C:\dfrac{x^2}{a^2}+\dfrac{y^2}{b^2}=1(a>b>0)$ 左、右焦点分别为 F_1,F_2，点 P 为椭圆 C 上除左、右端点外一点，若 $\cos\angle PF_1F_2=\dfrac{1}{2}$，$\cos\angle PF_2F_1=\dfrac{1}{3}$，则椭圆 C 的离心率为（　　）.

A. $\dfrac{4-\sqrt{3}}{6}$ B. $\dfrac{5-2\sqrt{3}}{7}$ C. $\dfrac{7-3\sqrt{3}}{5}$ D. $\dfrac{7-2\sqrt{6}}{5}$

精练 4 （郑州模拟）椭圆 $C:\dfrac{x^2}{a^2}+\dfrac{y^2}{b^2}=1(a>b>0)$ 的左、右焦点为 F_1,F_2，双曲线 $E:\dfrac{x^2}{m^2}-\dfrac{y^2}{n^2}=1(m>0,n>0)$ 的一条渐近线与椭圆 C 交于点 P，$\angle F_1PF_2=90°$，已知椭圆离心率 $e_1=\dfrac{5}{7}$，则双曲线离心率 $e_2=$ _____.

精练 5 如图 21 所示，已知点 P 为椭圆 $\dfrac{x^2}{9}+\dfrac{y^2}{16}=1$ 上的任意一点，点 F_1,F_2 分别为该椭圆的上、下焦点，设 $\angle PF_1F_2=\alpha$，$\angle PF_2F_1=\beta$，则 $\sin\alpha+\sin\beta$ 的最大值为 _____.

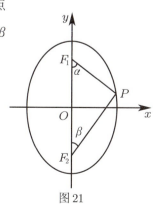

图 21

(2) 焦点顶角公式

若点 F_1, F_2 为 $C: \dfrac{x^2}{a^2}+\dfrac{y^2}{b^2}=1$，点 P 为椭圆上一动点，$\angle F_1PF_2=\theta$，则 $\sin\dfrac{\theta}{2}\leqslant e<1$，故点 P 为上下顶点时角度最大.

证明：设 $PF_1=x, PF_2=y$，则 $x+y=2a$.

在 $\triangle PF_1F_2$ 中，由余弦定理得 $\cos\theta=\dfrac{x^2+y^2-(2c)^2}{2xy}=\dfrac{(x+y)^2-2xy-(2c)^2}{2xy}=\dfrac{4a^2-4c^2}{2xy}-1\geqslant\dfrac{4a^2-4c^2}{2\left(\dfrac{x+y}{2}\right)^2}-1=\dfrac{4a^2-4c^2}{2a^2}-1=1-2e^2$，故 $e^2\geqslant\dfrac{1-\cos\theta}{2}=\sin^2\dfrac{\theta}{2}$，

解得 $e\geqslant\sin\dfrac{\theta}{2}$，当且仅当 $x=y$ 时等号成立，即点 P 为短轴端点.

典例3：焦点顶角 （江苏模拟）椭圆 $\dfrac{x^2}{a^2}+\dfrac{y^2}{b^2}=1$ 的两个焦点分别为 F_1, F_2，若椭圆上存在一点 P，使得 $\angle F_1PF_2=120°$，则椭圆离心率的范围为 _____．

法一 由题意得 $\sin\dfrac{120°}{2}\leqslant e<1$，解得 $e\in\left[\dfrac{\sqrt{3}}{2},1\right)$．

法二 由题意得 $\cos\angle F_1PF_2=\dfrac{|PF_1|^2+|PF_2|^2-|F_1F_2|^2}{2|PF_1||PF_2|}=\dfrac{(|PF_1|+|PF_2|)^2-2|PF_1||PF_2|-|F_1F_2|^2}{2|PF_1||PF_2|}=\dfrac{4a^2-2|PF_1||PF_2|-4c^2}{2|PF_1||PF_2|}\geqslant\dfrac{4a^2-4c^2}{\dfrac{(|PF_1|+|PF_2|)^2}{2}}-1=\dfrac{2b^2}{a^2}-1$.

当且仅当 $F_1P=F_2P$ 时等号成立，故 $-\dfrac{1}{2}\geqslant\dfrac{2b^2}{a^2}-1$，解得 $e\in\left[\dfrac{\sqrt{3}}{2},1\right)$．

好题精练

精练6 （长春一模）已知点 F_1, F_2 为椭圆的两个焦点，点 P 是椭圆上的点，若满足 $\angle F_1PF_2=120°$ 的点 P 恰好有 4 个，则此椭圆的离心率的取值范围是（　　）．

A. $\left(0,\dfrac{\sqrt{3}}{2}\right)$　　B. $\left(\dfrac{\sqrt{3}}{2},1\right)$　　C. $\left(0,\dfrac{1}{2}\right)$　　D. $\left(\dfrac{1}{2},1\right)$

精练7 已知点 F_1 是椭圆 $\dfrac{x^2}{a^2}+\dfrac{y^2}{b^2}=1(a>b>0)$ 的左焦点，过原点作直线 l 交椭圆于 A, B 两点，点 M, N 分别是 AF_1, BF_1 的中点，若 $\angle MON=90°$，则椭圆离心率的最小值为 _____．

(3)顶点顶角公式

设点 P 为椭圆 $\dfrac{x^2}{a^2}+\dfrac{y^2}{b^2}=1$ 上的一点，$A_1(-a,0)$，$A_2(a,0)$，$\angle A_1PA_2=\theta$，当点 P 为短轴端点时，$\angle A_1PA_2$ 最大，且 $e\geqslant\sqrt{1-\cot^2\dfrac{\theta}{2}}$.

证明：设 $P(x,y)$，且 $0<y\leqslant b$，$\angle A_1PA_2=\theta$，直线 A_1P，A_2P 的倾斜角分别为 α,β.

$\tan\theta=\tan(\beta-\alpha)=\dfrac{\tan\beta-\tan\alpha}{1+\tan\beta\tan\alpha}=\dfrac{2ay}{x^2+y^2-a^2}$.

将 $x^2=a^2\left(1-\dfrac{y^2}{b^2}\right)$ 代入得 $\tan\theta=-\dfrac{2ab^2}{c^2y}\leqslant-\dfrac{2ab^2}{c^2b}=\dfrac{-2ab}{a^2-b^2}$.

当 $y=b$ 时取等，即点 P 为短轴端点时 $\angle A_1PA_2$ 最大.

故 $\tan\theta\leqslant\dfrac{-2ab}{a^2-b^2}=\dfrac{-2\cdot\dfrac{b}{a}}{1-\left(\dfrac{b}{a}\right)^2}\Rightarrow\dfrac{b}{a}\leqslant\cot\dfrac{\theta}{2}\Rightarrow e=\sqrt{1-\left(\dfrac{b}{a}\right)^2}\geqslant\sqrt{1-\cot^2\dfrac{\theta}{2}}$.

典例4：顶点顶角 已知椭圆 $C:\dfrac{x^2}{a^2}+\dfrac{y^2}{b^2}=1(a>b>0)$，点 A,B 是长轴的两个端点，若椭圆上存在点 P，使得 $\angle APB=120°$，则该椭圆的离心率的取值范围是 _____.

解答 当点 P 在上顶点时，$\angle APB$ 最大，此时 $\angle APB\geqslant 120°$，故 $\angle APO\geqslant 60°$.

从而 $\tan\angle APO\geqslant\tan 60°=\sqrt{3}$，即 $\dfrac{a}{b}\geqslant\sqrt{3}$.

整理得 $a^2\geqslant 3b^2$，即 $a^2\geqslant 3(a^2-c^2)$，故 $2a^2\leqslant 3c^2$，解得 $\dfrac{c}{a}\geqslant\dfrac{\sqrt{6}}{3}$.

因此，椭圆的离心率的取值范围是 $\left[\dfrac{\sqrt{6}}{3},1\right)$.

好题精练

精练8 已知椭圆 $\dfrac{x^2}{9}+\dfrac{y^2}{4}=1$，点 F_1,F_2 是它的两个焦点，点 P 为椭圆上的动点，当 $\angle F_1PF_2$ 为钝角时，点 P 横坐标的取值范围为 _____.

精练9 已知椭圆 $C:\dfrac{x^2}{a^2}+\dfrac{y^2}{b^2}=1(a>b>0)$，点 P 是椭圆 C 上任意一点，若圆 $O:x^2+y^2=b^2$ 上存在点 M,N，使得 $\angle MPN=120°$，则椭圆 C 的离心率的取值范围是 _____.

3 共焦点公式

公式一：椭圆 $\dfrac{x^2}{a_1^2}+\dfrac{y^2}{b_1^2}=1(a_1>b_1>0)$ 与双曲线 $\dfrac{x^2}{a_2^2}-\dfrac{y^2}{b_2^2}=1(a_2>0,b_2>0)$ 的公共焦点为 F_1,F_2，它们在第一象限的交点为 P，设 $\angle F_1PF_2=2\theta$，椭圆与双曲线的离心率分别为 e_1,e_2，则有 $\dfrac{\sin^2\theta}{e_1^2}+\dfrac{\cos^2\theta}{e_2^2}=1$.

证明：设 $PF_1=m,PF_2=n$，则 $\begin{cases}m+n=2a_1\\m-n=2a_2\end{cases}$，解得 $\begin{cases}m=a_1+a_2\\n=a_1-a_2\end{cases}$.

在 $\triangle PF_1F_2$ 中，由余弦定理得 $m^2+n^2-2mn\cos 2\theta=(2c)^2$. 整理得 $(a_1+a_2)^2+(a_1-a_2)^2-2(a_1+a_2)(a_1-a_2)\cos 2\theta=4c^2$. 从而 $a_1^2(1-\cos 2\theta)+a_2^2(1+\cos 2\theta)=2c^2$，化简得 $\dfrac{a_1^2\sin^2\theta}{c^2}+\dfrac{a_2^2\cos^2\theta}{c^2}=1$，故 $\dfrac{\sin^2\theta}{e_1^2}+\dfrac{\cos^2\theta}{e_2^2}=1$.

公式二：椭圆 $C_1:\dfrac{x^2}{a_1^2}+\dfrac{y^2}{b_1^2}=1(a_1>b_1>0)$ 与双曲线 $C_2:\dfrac{x^2}{a_2^2}-\dfrac{y^2}{b_2^2}=1(a_2>0,b_2>0)$ 的公共焦点为 F_1,F_2，e_1,e_2 分别为 C_1,C_2 的离心率，则有 $\dfrac{b_2^2}{e_1^2}+\dfrac{b_1^2}{e_2^2}=b_1^2+b_2^2$.

证明：因为 $\dfrac{1}{e_1^2}=\dfrac{a_1^2}{c^2}=\dfrac{b_1^2+c^2}{c^2}=\dfrac{b_1^2}{c^2}+1$，$\dfrac{1}{e_2^2}=\dfrac{a_2^2}{c^2}=\dfrac{c^2-b_2^2}{c^2}=1-\dfrac{b_2^2}{c^2}$，所以 $\dfrac{b_2^2}{e_1^2}+\dfrac{b_1^2}{e_2^2}=b_1^2+b_2^2$.

典例5（湖北模拟）已知点 F_1,F_2 是椭圆和双曲线的公共焦点，点 P 是它们的一个公共点，且 $\angle F_1PF_2=\dfrac{\pi}{3}$，则椭圆和双曲线的离心率的倒数之和的最大值为 _____.

法一 由题意得 $\dfrac{\sin^2 30°}{e_1^2}+\dfrac{\cos^2 30°}{e_2^2}=1$，即 $\dfrac{1}{e_1^2}+\dfrac{3}{e_2^2}=4$.

由柯西不等式得 $\left[\left(\dfrac{1}{e_1}\right)^2+\left(\dfrac{\sqrt{3}}{e_2}\right)^2\right]\left[1^2+\left(\dfrac{1}{\sqrt{3}}\right)^2\right]\geqslant\left(\dfrac{1}{e_1}+\dfrac{1}{e_2}\right)^2$，即 $\dfrac{1}{e_1}+\dfrac{1}{e_2}\leqslant\dfrac{4\sqrt{3}}{3}$.

法二 设椭圆长半轴长为 a_1，双曲线半实轴长为 a_2，椭圆、双曲线离心率分别为 e_1,e_2. 不妨设点 P 在第一象限，由椭圆、双曲线的性质得 $|PF_1|+|PF_2|=2a_1$，$|PF_1|-|PF_2|=2a_2$.
由余弦定理得 $|F_1F_2|^2=|PF_1|^2+|PF_2|^2-2|PF_1||PF_2|\cos\angle F_1PF_2=|PF_1|^2+|PF_2|^2-|PF_1||PF_2|$.

整理得 $\begin{cases}|PF_1|^2+|PF_2|^2=\dfrac{1}{2}[(|PF_1|+|PF_2|)^2+(|PF_1|-|PF_2|)^2]=2(a_1^2+a_2^2)\\|PF_1||PF_2|=\dfrac{1}{4}[(|PF_1|+|PF_2|)^2-(|PF_1|-|PF_2|)^2]=a_1^2-a_2^2\end{cases}$.

从而可得 $4c^2=a_1^2+3a_2^2$，即 $4=\dfrac{1}{e_1^2}+\dfrac{3}{e_2^2}=\dfrac{\frac{1}{e_1^2}}{1}+\dfrac{\frac{1}{e_2^2}}{\frac{1}{3}}\geqslant\dfrac{\left(\dfrac{1}{e_1}+\dfrac{1}{e_2}\right)^2}{1+\dfrac{1}{3}}$，解得 $\dfrac{1}{e_1}+\dfrac{1}{e_2}\leqslant\dfrac{4\sqrt{3}}{3}$.

好题精练

精练10（白银模拟）已知点 F_1,F_2 是椭圆 $C_1:\dfrac{x^2}{4}+y^2=1$ 与双曲线 C_2 的公共焦点，点 A 是椭圆 C_1、双曲线 C_2 在第二象限的公共点. 若 $AF_1\perp AF_2$，则双曲线 C_2 的离心率为 _____.

精练11（江西模拟）已知点 F_1,F_2 为椭圆和双曲线的公共焦点，点 P 是它们的公共点，且 $\angle F_1PF_2=\dfrac{\pi}{3}$，$e_1,e_2$ 分别为椭圆和双曲线的离心率，则 $\dfrac{4e_1e_2}{\sqrt{3e_1^2+e_2^2}}$ 的值为 _____.

第二编　解题思路

技法3　设而不求之韦达定理

3.1　弦长公式

设点 $A(x_1,y_1), B(x_2,y_2), k=\dfrac{y_1-y_2}{x_1-x_2}$.

$|AB|=\sqrt{1+k^2}|x_1-x_2|=\sqrt{(1+k^2)[(x_1+x_2)^2-4x_1x_2]}$.

$|AB|=\sqrt{1+\dfrac{1}{k^2}}|y_1-y_2|=\sqrt{\left(1+\dfrac{1}{k^2}\right)[(y_1+y_2)^2-4y_1y_2]}$.

典例　已知椭圆 E 的中心在原点，左焦点 F_1、右焦点 F_2 都在 x 轴上，点 M 是椭圆 E 上的动点，$\triangle F_1MF_2$ 的面积的最大值为 $\sqrt{3}$，在 x 轴上方使 $\overrightarrow{MF_1}\cdot\overrightarrow{MF_2}=2$ 成立的点 M 只有一个.

(1) 求椭圆 E 的方程.

(2) 过点 $(-1,0)$ 的两直线 l_1, l_2 分别与 E 交于点 A,B 和点 C,D，$l_1\perp l_2$，证明：$12(|AB|+|CD|)=7|AB||CD|$.

解答　(1) 设椭圆 E 的方程为 $\dfrac{x^2}{a^2}+\dfrac{y^2}{b^2}=1(a>b>0)$.

因为在 $\triangle F_1MF_2$ 中，$|F_1F_2|=2c$ 不变，所以 $\triangle F_1MF_2$ 的面积最大时，点 M 位于上、下顶点处.

又因为在 x 轴上方使 $\overrightarrow{MF_1}\cdot\overrightarrow{MF_2}=2$ 成立的点 M 只有一个，所以点 M 为椭圆 E 的上顶点.

从而 $M(0,b), F_1(-c,0), F_2(c,0)$.

故 $\overrightarrow{MF_1}=(-c,-b), \overrightarrow{MF_2}=(c,-b)$，即 $\begin{cases}\dfrac{1}{2}\cdot 2c\cdot b=\sqrt{3}\\ \overrightarrow{MF_1}\cdot\overrightarrow{MF_2}=b^2-c^2=2\\ a=\sqrt{b^2+c^2}\end{cases}$，解得 $\begin{cases}a=2\\ b=\sqrt{3}\\ c=1\end{cases}$.

因此，椭圆 E 的方程为 $\dfrac{x^2}{4}+\dfrac{y^2}{3}=1$.

(2) 当直线 AB 的斜率为 0 或不存在时，可得 $|AB|=2a=4$，$|CD|=\dfrac{2b^2}{a}=3$，或 $|CD|=2a=4$，$|AB|=\dfrac{2b^2}{a}=3$，此时 $12(|AB|+|CD|)=7|AB||CD|$.

当直线 AB 的斜率存在且不为 0 时，设直线 $AB: y=k(x+1)(k\neq 0)$，$A(x_1,y_1), B(x_2,y_2)$.

联立方程 $\begin{cases} y=k(x+1)\\ \dfrac{x^2}{4}+\dfrac{y^2}{3}=1\end{cases}$，消去 y 得 $(4k^2+3)x^2+8k^2x+4k^2-12=0$.

由韦达定理得 $x_1+x_2=-\dfrac{8k^2}{4k^2+3}, x_1x_2=\dfrac{4k^2-12}{4k^2+3}$.

从而 $|AB| = \sqrt{1+k^2}|x_2-x_1| = \sqrt{(1+k^2)[(x_1+x_2)^2-4x_1x_2]} = \dfrac{12(k^2+1)}{4k^2+3}$.

同理可得 $|CD| = \dfrac{12\left[\left(-\frac{1}{k}\right)^2+1\right]}{4\left(-\frac{1}{k}\right)^2+3} = \dfrac{12(k^2+1)}{3k^2+4}$.

进而 $\dfrac{1}{|AB|} + \dfrac{1}{|CD|} = \dfrac{4k^2+3+3k^2+4}{12(k^2+1)} = \dfrac{7}{12}$，即 $12(|AB|+|CD|) = 7|AB||CD|$.

综上所述，$12(|AB|+|CD|) = 7|AB||CD|$.

名师点睛

在解圆锥曲线问题时，我们首先要考虑斜率是否存在的两种情况，当斜率不存在时，此时可以直接计算出结果，这个步骤不仅是解题逻辑的完善，还是"必要探路"解题思想的体现.

此外，当我们发现两条直线的斜率存在关系时，弦长只需计算一遍，再利用"同理可得"即可列出另一弦长.

好题精练

精练1 已知曲线 $C: x^2+y^2=2$，对曲线 C 上的任意点 $P(x,y)$ 作压缩变换 $\begin{cases} x'=x \\ y'=\dfrac{y}{\sqrt{2}} \end{cases}$，得到点 $P'(x',y')$.

(1)求点 $P'(x',y')$ 所在的曲线 E 的方程.

(2)设过点 $F(-1,0)$ 的直线 l 交曲线 E 于 A,B 两点，试判断以 AB 为直径的圆与直线 $x=-2$ 的位置关系，并写出分析过程.

精练2 双曲线 $E: \dfrac{x^2}{4}-y^2=1$ 与直线 $l: y=kx-3$ 相交于 A,B 两点，点 M 为线段 AB 的中点.

(1)当 k 变化时，求点 M 的轨迹方程.

(2)若 l 与双曲线 E 的两条渐近线分别相交于 C,D 两点，问：是否存在实数 k，使得点 A,B 是线段 CD 的两个三等分点？若存在，求出 k 的值；若不存在，说明理由.

精练3 已知抛物线 $C_1: x^2=4y$ 的焦点为 F，椭圆 $C_2: \dfrac{y^2}{9}+\dfrac{x^2}{8}=1$，过点 F 的直线 l 与 C_1 相交于 A,B 两点，与 C_2 相交于 C,D 两点，且 $\overrightarrow{AC}$ 与 $\overrightarrow{BD}$ 同向，若 $|AC|=|BD|$，求直线 l 的斜率.

精练4 已知椭圆 $C: \dfrac{x^2}{a^2}+\dfrac{y^2}{b^2}=1(a>b>0)$ 的离心率为 $\dfrac{1}{2}$，左、右焦点分别为 F_1,F_2，过点 F_1 的直线 l 交 C 于 A,B 两点.当直线 $l \perp x$ 轴时，$\triangle ABF_2$ 的面积为 3.

(1)求 C 的方程.

(2)是否存在定圆 E，使其与以 AB 为直径的圆内切？若存在，求出所有满足条件的圆 E 的方程；若不存在，请说明理由.

3.2 斜长公式

> 设点 $A(x_1,y_1), B(x_2,y_2)$, $k=\dfrac{y_1-y_2}{x_1-x_2}$, $|AB|=\sqrt{1+k^2}|x_1-x_2|=\sqrt{1+\dfrac{1}{k^2}}|y_1-y_2|$.
>
> 当很多同学看到这一公式时,常常会有这样的疑惑:斜长公式与弦长公式不是一样的吗?为什么还要单独列出?
>
> 弦长公式体现出的是以"韦达定理"来求长度,而韦达定理的出现需要"直线方程与曲线方程联立",这就会导致一些同学误以为弦长公式只能在"联立"背景下使用.
>
> 因此为了避免这一误区,我们在此给出斜长公式,无需"直线与曲线联立",即非韦达定理求长度,我们只需要两个坐标差即可,斜长公式在考试中亦经常会用到.

典例 (佛山二模)已知椭圆 $C:\dfrac{x^2}{a^2}+\dfrac{y^2}{b^2}=1(a>b>0)$ 的某三个顶点形成边长为 2 的正三角形,点 O 为椭圆 C 的中心.

(1)求椭圆 C 的方程.

(2)点 P 在椭圆 C 上,过椭圆 C 的左焦点 F 且平行于 OP 的直线与椭圆 C 交于 A,B 两点,是否存在常数 λ,使得 $|AF|\cdot|BF|=\lambda|OP|^2$? 若存在,求出 λ 的值;若不存在,说明理由.

解答 (1)椭圆 C 的方程为 $\dfrac{x^2}{3}+y^2=1$.

(2)易得椭圆 C 的左焦点 F 的坐标为 $(-\sqrt{2},0)$.

显然直线 AB 的斜率不为 0,设直线 AB 的方程为 $x=my-\sqrt{2}$.

联立方程 $\begin{cases}x=my-\sqrt{2}\\x^2+3y^2=3\end{cases}$,消去 x 得 $(m^2+3)y^2-2\sqrt{2}my-1=0$.

设点 $A(x_1,y_1),B(x_2,y_2)$,则 $\Delta=12(m^2+1)>0$, $y_1+y_2=\dfrac{2\sqrt{2}m}{m^2+3}$, $y_1y_2=\dfrac{-1}{m^2+3}$.

从而 $|AF|\cdot|BF|=\sqrt{1+m^2}|y_1-0|\cdot\sqrt{1+m^2}|y_2-0|=(1+m^2)|y_1y_2|=\dfrac{1+m^2}{m^2+3}$.

设直线 OP 的方程为 $x=my$.

联立方程 $\begin{cases}x=my\\x^2+3y^2=3\end{cases}$,消去 x 得 $(m^2+3)y^2-3=0$,可得 $|OP|^2=(1+m^2)y_P^2=\dfrac{3(1+m^2)}{m^2+3}$.

因此,$|AF|\cdot|BF|=\dfrac{1}{3}|OP|^2$,即存在常数 $\lambda=\dfrac{1}{3}$ 使得 $|AF|\cdot|BF|=\lambda|OP|^2$.

好题精练

精练1 已知抛物线 $C:x^2=y$,且 $A\left(-\dfrac{1}{2},\dfrac{1}{4}\right)$, $B\left(\dfrac{3}{2},\dfrac{9}{4}\right)$, C 上有一点 $P(x,y)\left(-\dfrac{1}{2}<x<\dfrac{3}{2}\right)$,过点 B 作直线 AP 的垂线,垂足为 Q, $k_{AP}\in(-1,1)$,求 $|PA||PQ|$ 的最大值.

精练2 已知抛物线 $y^2=16x$ 的焦点为 F,过点 F 作直线 l 交抛物线于 M,N 两点,则 $\dfrac{|NF|}{9}-\dfrac{4}{|MF|}$ 的最小值为 (   ).

A. $\dfrac{2}{3}$ B. $-\dfrac{2}{3}$ C. $-\dfrac{1}{3}$ D. $\dfrac{1}{3}$

精练3 （金丽衢十二校联考）椭圆 $\frac{x^2}{a^2}+y^2=1(a>1)$ 上三点 A,B,C，其中点 A 位于第一象限，且 A,B 关于原点对称，点 C 为椭圆右顶点.过点 A 作 x 轴的垂线，交直线 BC 于点 D.当点 A 在椭圆上运动时，总有 $5|AC|^2\geqslant |BC|\cdot |CD|$，则该椭圆离心率 e 的最大值为 _____.

精练4 （新全国卷）在直角坐标系 xOy 中，点 P 到 x 轴的距离等于点 P 到点 $\left(0,\frac{1}{2}\right)$ 的距离，记动点 P 的轨迹为 W.
(1) 求 W 的方程.
(2) 已知矩形 $ABCD$ 有三个顶点在 W 上，证明：矩形 $ABCD$ 的周长大于 $3\sqrt{3}$.

3.3 三点比值

> 韦达定理三点比值模型：$\frac{(x_1+x_2)^2}{x_1x_2}=\frac{x_1}{x_2}+\frac{x_2}{x_1}+2$；$\frac{(y_1+y_2)^2}{y_1y_2}=\frac{y_1}{y_2}+\frac{y_2}{y_1}+2$.
> 如果说弦长公式是韦达定理的第一构造形式，那么韦达定理三点比值模型则可以称为韦达定理的第二构造形式，该形式主要解决的是形如"$\overrightarrow{AP}=2\overrightarrow{PB}$"的单向量问题（其中点 P 在坐标轴上），故称其为三点比值模型，该模型的适用范围主要是导数变量换元类问题和圆锥曲线单向量问题.

典例 已知圆 $C:(x+1)^2+y^2=8$，定点 $A(1,0)$，点 M 为圆上一动点，点 P 为 AM 的中点，AM 的垂直平分线 PN 交线段 CM 于点 N.
(1) 求点 N 运动轨迹 E 的方程.
(2) 若过点 $F(0,2)$ 的直线交曲线 E 于不同的两点 G,H（G 在 F,H 之间），且满足 $\overrightarrow{FG}=\lambda\overrightarrow{FH}$，求实数 λ 的取值范围.

解答 (1) 由题意得 $NC+NA=NM+NC=CM=2\sqrt{2}>2=|CA|$.
从而点 N 的轨迹是以点 A,C 为焦点，$2\sqrt{2}$ 为长轴长的椭圆，故 $E:\frac{x^2}{2}+y^2=1$.
(2) 设点 $G(x_1,y_1),H(x_2,y_2)$，由韦达定理得 $x_1+x_2=\frac{-8k}{1+2k^2}$，$x_1x_2=\frac{6}{1+2k^2}$.
因为 $\overrightarrow{FG}=\lambda\overrightarrow{FH}$，所以 $x_1=\lambda x_2$，$\lambda=\frac{x_1}{x_2}\in(0,1)$.
从而 $\frac{(x_1+x_2)^2}{x_1x_2}=\frac{x_1}{x_2}+2+\frac{x_2}{x_1}=\lambda+\frac{1}{\lambda}+2=\frac{64k^2}{6(1+2k^2)}=\frac{16}{3}-\frac{16}{3(1+2k^2)}$.
又因为 $k^2>\frac{3}{2}$，所以 $1+2k^2>4$，$\frac{(x_1+x_2)^2}{x_1x_2}\in\left(4,\frac{16}{3}\right)$，即 $\lambda+\frac{1}{\lambda}+2\in\left(4,\frac{16}{3}\right)$，解得 $\lambda\in\left(\frac{1}{3},1\right)$.
当直线 GH 的斜率不存在时，方程为 $x=0$，此时 $\lambda=\frac{1}{3}$.
综上，$\lambda\in\left[\frac{1}{3},1\right)$.

精练1 已知点 A 是焦距为 $2\sqrt{5}$ 的椭圆 $E: \dfrac{x^2}{a^2}+\dfrac{y^2}{b^2}=1(a>b>0)$ 的右顶点,点 $P(0,2\sqrt{3})$,直线 PA 交椭圆 E 于点 B,$\overrightarrow{PB}=\overrightarrow{BA}$.

(1) 求椭圆 E 的方程.

(2) 设过点 P 且斜率为 k 的直线 l 与椭圆 E 交于 M,N 两点(点 M 在点 P、点 N 之间),若四边形 $MNAB$ 的面积是 $\triangle PMB$ 面积的 5 倍,求直线 l 的斜率 k.

精练2 (百校联盟联考) 已知椭圆 $C: \dfrac{x^2}{a^2}+\dfrac{y^2}{b^2}=1(a>b>0)$ 的两个焦点分别为 F_1,F_2,过点 F_1 的直线 l 与椭圆 C 交于 M,N 两点(点 M 位于 x 轴上方),$\triangle MNF_2,\triangle MF_1F_2$ 的周长分别为 $8,6$.

(1) 求椭圆 C 的方程.

(2) 若 $\dfrac{|MF_1|}{|MN|}=m$,且 $\dfrac{2}{3} \leqslant m < \dfrac{3}{4}$,设直线 l 的倾斜角为 θ,求 $\sin\theta$ 的取值范围.

精练3 设点 F_1,F_2 为 $C: \dfrac{x^2}{3}+y^2=1$ 的左、右焦点,点 A,B 在椭圆上,若 $\overrightarrow{F_1A}=5\overrightarrow{F_2B}$,求点 A 的坐标.

精练4 已知点 $P(0,1)$,$\dfrac{x^2}{4}+y^2=m(m>1)$ 上两点 A,B,$\overrightarrow{AP}=2\overrightarrow{PB}$,求当 $m=\underline{\qquad}$ 时,点 B 横坐标的绝对值最大.

精练5 已知直线 $l: y=kx+4$ 与抛物线 $C: y=ax^2$ 交于 A,B 两点,O 为坐标原点,$OA \perp OB$.

(1) 求抛物线 C 的标准方程.

(2) 若过点 A 的另一条直线 l_1 与抛物线 C 交于另一点 M,与 y 轴交于点 N,且满足 $|AN|=|AM|$,求 $|BM|$ 的最小值.

技法4　道路抉择之设点设线

在圆锥曲线中,有两大种解题思路:即"直曲联立"与"不联立"."直曲联立"指的主要是直线与圆锥曲线联立运算;"不联立"指的是利用曲线方程的结构进行构造,或利用高阶方法进行解题.

在本节中,我们主要讲述的是"直曲联立"的解题框架,对于"直曲联立",我们在解题时并不需要解出坐标点,而是利用韦达定理整体代换进行设而不求运算.

我们在转化圆锥曲线题干条件时,要将其条件转化为可以进行韦达定理整体代换的结构,而转化出来的结构往往分为两种:一种为对称性结构,可以直接韦达定理整体代换(直线代换,曲线代换);一种为非对称结构(详见"非对称性韦达定理"章节),需要我们进一步转换后才可以进行韦达代换.

在圆锥曲线中,"设而不求"是其核心思想,那么设而不求的根基在于韦达定理的应用,即直线与曲线相交产生的点,那么设点与设线解题方向的抉择,就变得至关重要.

设线法,又称为线参法,即以所设直线为核心,联立方程设而不求,通过韦达定理进行整体代换.

设点法,又称为点参法,即以题中某点为核心,坐标表示代数变形,通过曲线方程构造进行代换.

4.1　设线法

1　韦达定理整体代换

直线代换：已知点 (x_1,y_1), (x_2,y_2) 在直线 $y=kx+t$ 上,则 $x_1x_2+y_1y_2=x_1x_2+(kx_1+t)(kx_2+t)$.

曲线代换：在抛物线中,点 (x_1,y_1), (x_2,y_2) 在抛物线 $y^2=2px$ 上,则 $x_1x_2=\dfrac{y_1^2}{2p}\cdot\dfrac{y_2^2}{2p}=\left(\dfrac{y_1y_2}{2p}\right)^2$；在椭圆、双曲线中,以椭圆为例,已知点 (x_0,y_0) 在椭圆 $\dfrac{x^2}{a^2}+\dfrac{y^2}{b^2}=1$ 上,则 $y_0^2=b^2\left(1-\dfrac{x_0^2}{a^2}\right)$.

典例1：直线代换　(全国卷)已知椭圆 $C:\dfrac{y^2}{a^2}+\dfrac{x^2}{b^2}=1(a>b>0)$ 的离心率为 $\dfrac{\sqrt{5}}{3}$,点 $A(-2,0)$ 在椭圆 C 上.

(1)求椭圆 C 的方程.

(2)过点 $(-2,3)$ 的直线交椭圆 C 于 P,Q 两点,直线 AP,AQ 与 y 轴的交点分别为 M,N,证明:线段 MN 的中点为定点.

解答　(1)由题意得椭圆 C 的方程为 $\dfrac{y^2}{9}+\dfrac{x^2}{4}=1$.

(2)由题意得直线 PQ 的斜率存在且不为0,设直线 $l_{PQ}:y-3=k(x+2)$, $P(x_1,y_1)$, $Q(x_2,y_2)$.

联立方程 $\begin{cases} y-3=k(x+2) \\ \dfrac{y^2}{9}+\dfrac{x^2}{4}=1 \end{cases}$,消去 y 得 $(4k^2+9)x^2+(16k^2+24k)x+16k^2+48k=0$.

$\Delta=(16k^2+24k)^2-4(4k^2+9)(16k^2+48k)=-36\times 48k>0$.

由韦达定理得 $x_1+x_2=-\dfrac{16k^2+24k}{4k^2+9}$,$x_1x_2=\dfrac{16k^2+48k}{4k^2+9}$.

设直线 $AP:y=\dfrac{y_1}{x_1+2}(x+2)$,令 $x=0$,解得 $y_M=\dfrac{2y_1}{x_1+2}$,同理得 $y_N=\dfrac{2y_2}{x_2+2}$,从而

$$y_M+y_N=2\cdot\dfrac{y_1(x_2+2)+y_2(x_1+2)}{(x_1+2)(x_2+2)}=2\cdot\dfrac{(kx_1+2k+3)(x_2+2)+(kx_2+2k+3)(x_1+2)}{(x_1+2)(x_2+2)}$$

$$=2\cdot\dfrac{2kx_1x_2+(4k+3)(x_1+x_2)+8k+12}{x_1x_2+2(x_1+x_2)+4}$$

$$=2\cdot\dfrac{2k(16k^2+48k)+(4k+3)(-16k^2-24k)+(8k+12)(4k^2+9)}{16k^2+48k+2(-16k^2-24k)+4(4k^2+9)}=2\times\dfrac{108}{36}=6$$

因此,线段 MN 的中点的纵坐标为 $\dfrac{y_M+y_N}{2}=3$,故 MN 的中点为定点 $(0,3)$.

典例2:曲线代换 已知动圆 P 经过点 $A(-\sqrt{3},0)$,并且与圆 $B:(x-\sqrt{3})^2+y^2=16$ 相切,记圆心 P 的轨迹为曲线 C.

(1)求曲线 C 的方程.

(2)若动圆 Q 的圆心在曲线 C 上,定直线 $l:x=t$ 与圆 Q 相切,切点记为 M,问:是否存在常数 m 使得 $|QB|=m|QM|$?若存在,求 m 的值及直线 l 的方程;若不存在,请说明理由.

解答 (1)由题意得 $|PB|=4-|PA|$,即 $|PB|+|PA|=4>2\sqrt{3}$.

从而曲线 C 是以 $A(-\sqrt{3},0),B(\sqrt{3},0)$ 为焦点,长轴长 $2a=4$ 的椭圆,故 C 的方程为 $\dfrac{x^2}{4}+y^2=1$.

(2)设点 $Q(x_0,y_0)$,因为点 $Q(x_0,y_0)$ 在椭圆 C 上,所以 $\dfrac{x_0^2}{4}+y_0^2=1$.

又因为直线 $l:x=t$ 与圆 Q 相切于点 M,所以 $|QM|=|x_0-t|$,$|QB|=\sqrt{(x_0-\sqrt{3})^2+y_0^2}$.

假设存在 m,从而 $|QB|=\sqrt{(x_0-\sqrt{3})^2+y_0^2}=m|QM|=m|x_0-t|$.

平方得 $(x_0-\sqrt{3})^2+y_0^2=m^2(x_0-t)^2$,即 $x_0^2-2\sqrt{3}x_0+3+y_0^2=m^2x_0^2-2m^2tx_0+m^2t^2$.

因为 $\dfrac{x_0^2}{4}+y_0^2=1$,所以 $y_0^2=1-\dfrac{x_0^2}{4}$,故 $\left(\dfrac{3}{4}-m^2\right)x_0^2+(2m^2t-2\sqrt{3})x_0+4-m^2t^2=0$ 恒成立.

从而 $\dfrac{3}{4}-m^2=0$,$2m^2t-2\sqrt{3}=0$,$4-m^2t^2=0$,解得 $t=\dfrac{4\sqrt{3}}{3}$,$m=\dfrac{\sqrt{3}}{2}$.

因此,存在 $m=\dfrac{\sqrt{3}}{2}$ 及定直线 $l:x=\dfrac{4\sqrt{3}}{3}$ 满足条件.

好题精练

精练1:直线代换 已知椭圆 $E:\dfrac{x^2}{a^2}+\dfrac{y^2}{b^2}=1(a>b>0)$ 过点 $A(0,-2)$,以四个顶点围成的四边形面积为 $4\sqrt{5}$.

(1)求椭圆 E 的标准方程.

(2)过点 $P(0,-3)$ 的直线 l 斜率为 k,交椭圆 E 于不同的两点 B,C,直线 AB,AC 交 $y=-3$ 于点 M,N,若 $|PM|+|PN|\leqslant 15$,求 k 的取值范围.

精练2：曲线代换　在平面直角坐标系 xOy 中，点 A,B 是椭圆 $E:\dfrac{x^2}{2}+y^2=1$ 上的两点，且 $OA\perp OB$，试判断直线 AB 与圆 $O:x^2+y^2=\dfrac{2}{3}$ 的位置关系．

2　韦达定理和积关系

在韦达定理 (x_1+x_2,x_1x_2) 中，我们可以找出 x_1+x_2 与 x_1x_2 的关系，称其为韦达关系，该关系有三个作用：
(1) 对称结构代换：在对称性结构韦达代换中，可以使 x_1+x_2, x_1x_2 二者相互替换．
(2) 非对称结构代换：在非对称结构中，可以利用韦达关系进行解题．
(3) 根的互相表示：在得到韦达关系后，可以使 x_1,x_2 二者相互表示（如 $x_1+x_2=A$，则有表达式 $x_1=A-x_2$），由此可以统一所设两点的变量．

典例3：对称结构代换　如图1所示，已知椭圆 $C:\dfrac{x^2}{4}+\dfrac{y^2}{3}=1$ 上一点 $P\left(1,\dfrac{3}{2}\right)$，直线 AB 是经过右焦点 F 的任一弦（不经过点 P），设直线 AB 与直线 $l:x=4$ 交于点 M，记直线 PA,PB,PM 的斜率分别为 k_1,k_2,k_3，问：是否存在常数 λ，使得 $k_1+k_2=\lambda k_3$？若存在，求出 λ 的值；若不存在，请说明理由．

解答　当直线的斜率为0时，可取 $A(-2,0), B(2,0)$，此时 $M(4,0)$．

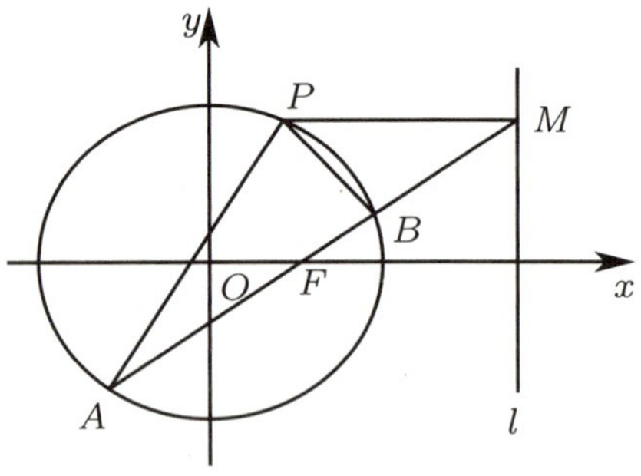

从而 $k_1=\dfrac{\dfrac{3}{2}}{1-(-2)}=\dfrac{1}{2}$，$k_2=\dfrac{\dfrac{3}{2}}{1-2}=-\dfrac{3}{2}$，$k_3=\dfrac{\dfrac{3}{2}}{1-4}=-\dfrac{1}{2}$．

于是 $k_1+k_2=2k_3$ ①．

当直线的斜率不为0时，设点 $A(x_1,y_1), B(x_2,y_2), M(4,t)$．
易知点 $F(1,0)$．

由 A,B,F,M 四点共线，得 $\dfrac{y_1}{x_1-1}=\dfrac{y_2}{x_2-1}=\dfrac{t}{3}$．

从而 $y_1^2(x_2-1)^2=y_2^2(x_1-1)^2$．

整理得 $\left(3-\dfrac{3}{4}x_1^2\right)(x_2-1)^2=\left(3-\dfrac{3}{4}x_2^2\right)(x_1-1)^2$，化简得 $2x_1x_2=5(x_1+x_2)-8$，由式①得

$$k_1+k_2-2k_3=\dfrac{y_1-\dfrac{3}{2}}{x_1-1}+\dfrac{y_2-\dfrac{3}{2}}{x_2-1}-2\cdot\dfrac{t-\dfrac{3}{2}}{4-1}=\left(\dfrac{y_1}{x_1-1}+\dfrac{y_2}{x_2-1}-\dfrac{2t}{3}\right)-\dfrac{3}{2}\left(\dfrac{1}{x_1-1}+\dfrac{1}{x_2-1}\right)+1$$

$$=1-\dfrac{3}{2}\cdot\dfrac{x_1+x_2-2}{x_1x_2-(x_1+x_2)+1}=1-\dfrac{3}{2}\cdot\dfrac{x_1+x_2-2}{\dfrac{5}{2}(x_1+x_2)-4-(x_1+x_2)+1}$$

$$=1-\dfrac{3}{2}\cdot\dfrac{x_1+x_2-2}{\dfrac{3}{2}(x_1+x_2)-3}=0$$

综上，存在常数 $\lambda=2$ 符合题意．

图1

典例4：非对称结构代换 已知椭圆 $C: \dfrac{x^2}{a^2}+\dfrac{y^2}{b^2}=1(a>b>0)$ 的离心率为 $\dfrac{\sqrt{3}}{2}$，左、右顶点分别为 A,B，点 P,Q 为椭圆上异于 A,B 的两点，$\triangle PAB$ 面积的最大值为 2.

(1)求椭圆 C 的方程.

(2)设直线 AP,QB 的斜率分别为 k_1,k_2，且 $3k_1=5k_2$，证明：直线 PQ 经过定点.

解答 (1)由题意得椭圆 C 的方程为 $\dfrac{x^2}{4}+y^2=1$.

(2)设点 $P(x_1,y_1),Q(x_2,y_2)$.

若直线 PQ 的倾斜角为 0，则点 P,Q 关于 y 轴对称，即 $k_1=-k_2$，不符合题意，故直线 PQ 的倾斜角不为 0.

设直线 PQ 的方程为 $x=ty+n$，因为直线 PQ 不过椭圆 C 的左、右顶点，所以 $n\neq\pm 2$.

联立方程 $\begin{cases} x=ty+n \\ x^2+4y^2=4 \end{cases}$，消去 x 得 $(t^2+4)y^2+2tny+n^2-4=0$.

由 $\Delta=4t^2n^2-4(t^2+4)(n^2-4)=16(t^2+4-n^2)>0$ 得 $n^2<t^2+4$.

由根与系数的关系得

$$y_1+y_2=-\dfrac{2tn}{t^2+4},\ y_1y_2=\dfrac{n^2-4}{t^2+4}.$$

于是 $ty_1y_2=\dfrac{4-n^2}{2n}(y_1+y_2)$.

由题意得 $A(-2,0),B(2,0)$.

故 $\dfrac{k_1}{k_2}=\dfrac{y_1}{x_1+2}\cdot\dfrac{x_2-2}{y_2}=\dfrac{(ty_2+n-2)y_1}{(ty_1+n+2)y_2}=\dfrac{ty_1y_2+(n-2)y_1}{ty_1y_2+(n+2)y_2}=\dfrac{\dfrac{4-n^2}{2n}(y_1+y_2)+(n-2)y_1}{\dfrac{4-n^2}{2n}(y_1+y_2)+(n+2)y_2}=$

$\dfrac{2-n}{2+n}\cdot\dfrac{(2+n)(y_1+y_2)-2ny_1}{(2-n)(y_1+y_2)+2ny_2}=\dfrac{2-n}{2+n}=\dfrac{5}{3}$，解得 $n=-\dfrac{1}{2}$，即直线 PQ 的方程 $x=ty-\dfrac{1}{2}$.

因此，直线 PQ 过定点 $\left(-\dfrac{1}{2},0\right)$.

 好题精练

精练3：对称结构代换 在平面直角坐标系 xOy 中，过椭圆 $\dfrac{x^2}{4}+\dfrac{y^2}{3}=1$ 左焦点 F 的斜率存在且不为 0 的直线交椭圆于 $A(x_1,y_1),B(x_2,y_2)$ 两点，证明：$\dfrac{1}{|AF|}+\dfrac{1}{|BF|}$ 为定值.

3 韦达定理知根求根

在利用韦达定理求根时,有两种情况:
(1) 一动一定:已知其中一点,利用韦达定理可求出另一点.
(2) 两个动点:在单向量型问题中,我们可以获得 x_1,x_2 二者的一个不对称关系,从而也可利用韦达定理求出其中一点.

典例5 已知椭圆 $O:\dfrac{x^2}{a^2}+\dfrac{y^2}{b^2}=1(a>b>0)$ 的左、右顶点分别为 A,B,点 P 在椭圆 O 上运动,若 $\triangle PAB$ 面积的最大值为 $2\sqrt{3}$,椭圆 O 的离心率为 $\dfrac{1}{2}$.

(1) 求椭圆 O 的标准方程.

(2) 过点 B 作圆 $E:x^2+(y-2)^2=r^2(0<r<2)$ 的两条切线,分别与椭圆 O 交于两点 C,D(异于点 B),当 r 变化时,直线 CD 是否恒过某定点?若是,求出该定点坐标;若不是,请说明理由.

解答 (1) 由题意得当点 P 在椭圆 O 的上顶点(或下顶点)时,$S_{\triangle PAB}$ 最大.

此时 $S_{\triangle PAB}=\dfrac{1}{2}\times 2ab=ab=2\sqrt{3}$,又因为 $\dfrac{c}{a}=\dfrac{1}{2}$,$a^2-b^2=c^2$,所以 $a=2$,$b=\sqrt{3}$,$c=1$.

故椭圆 O 的标准方程为 $\dfrac{x^2}{4}+\dfrac{y^2}{3}=1$.

(2) 设过点 $B(2,0)$ 与圆 E 相切的直线方程为 $y=k(x-2)$,即 $kx-y-2k=0$.

因为直线与圆 $E:x^2+(y-2)^2=r^2$ 相切,所以圆心 E 到直线的距离 $d=\dfrac{|-2-2k|}{\sqrt{k^2+1}}=r$,即 $(4-r^2)k^2+8k+4-r^2=0$.

设点 $C(x_1,y_1)$,$D(x_2,y_2)$,两切线的斜率分别为 $k_1,k_2(k_1\neq k_2)$,故 $k_1k_2=1$.

联立方程 $\begin{cases}y=k_1(x-2)\\ \dfrac{x^2}{4}+\dfrac{y^2}{3}=1\end{cases}$,消去 y 得 $(3+4k_1^2)x^2-16k_1^2x+16k_1^2-12=0$.

由韦达定理得 $2x_1=\dfrac{16k_1^2-12}{3+4k_1^2}$,解得 $x_1=\dfrac{8k_1^2-6}{3+4k_1^2}$,即 $y_1=\dfrac{-12k_1}{3+4k_1^2}$.

同理可得 $x_2=\dfrac{8k_2^2-6}{3+4k_2^2}=\dfrac{8-6k_1^2}{4+3k_1^2}$,$y_2=\dfrac{-12k_2}{3+4k_2^2}=\dfrac{-12k_1}{4+3k_1^2}$.

从而 $k_{CD}=\dfrac{y_2-y_1}{x_2-x_1}=\dfrac{\dfrac{-12k_1}{4+3k_1^2}-\dfrac{-12k_1}{3+4k_1^2}}{\dfrac{8-6k_1^2}{4+3k_1^2}-\dfrac{8k_1^2-6}{3+4k_1^2}}=\dfrac{k_1}{4(k_1^2+1)}$.

于是直线 CD 的方程为 $y+\dfrac{12k_1}{3+4k_1^2}=\dfrac{k_1}{4(k_1^2+1)}\left(x-\dfrac{8k_1^2-6}{3+4k_1^2}\right)$,整理得 $y=\dfrac{k_1}{4(k_1^2+1)}(x-14)$.

综上,直线 CD 恒过定点 $(14,0)$.

好题精练

精练4 设椭圆 $E:\dfrac{x^2}{a^2}+\dfrac{y^2}{b^2}=1(a>b>0)$ 的左、右焦点分别为 $F_1(-c,0)$,$F_2(c,0)$,过焦点且垂直于 x 轴的直线与椭圆 E 相交所得的弦长为 3,直线 $y=-\sqrt{3}$ 与椭圆 E 相切.

(1)求椭圆E的标准方程.

(2)斜率为$k_1(k_1\neq 0)$的直线过点F_1,与椭圆E交于A,B两点,延长AF_2,BF_2分别与椭圆E交于C,D两点,直线CD的斜率为k_2,证明:$\dfrac{k_1}{k_2}$为定值.

4 直线形式

> (1) 设y还是x:
> 形式一$(y=kx+t)$:这种形式往往应用广泛,特别是当题目中明确提到斜率时,通常用该形式,但是需要讨论斜率是否存在.
> 形式二$(x=my+n)$:当题目中所给直线恒过的点在x轴上时,我们设该直线往往可以达到简化运算的效果,但是需要讨论斜率是否为0.
> (2) 设一条直线还是两条直线:看斜率是否存在关系,比如和、积为定值.

典例6:$y=kx+t$ 设椭圆$\dfrac{x^2}{a^2}+\dfrac{y^2}{b^2}=1(a>b>0)$的左焦点为$F$,上顶点为$B$.已知椭圆的短轴长为4,离心率为$\dfrac{\sqrt{5}}{5}$.

(1)求椭圆的方程.

(2)设点P在椭圆上,且异于椭圆的上、下顶点,点M为直线PB与x轴的交点,点N在y轴的负半轴上.若$|ON|=|OF|$(O为原点),且$OP\perp MN$,求直线PB的斜率.

解答 (1)由题意得椭圆的方程为$\dfrac{x^2}{5}+\dfrac{y^2}{4}=1$.

(2)由题意可设$P(x_P,y_P)(x_P\neq 0)$,$M(x_M,0)$.

设直线PB的斜率为$k(k\neq 0)$,因为$B(0,2)$,所以直线PB的方程为$y=kx+2$.

直线PB与椭圆方程联立$\begin{cases}y=kx+2\\\dfrac{x^2}{5}+\dfrac{y^2}{4}=1\end{cases}$,消去$y$得$(4+5k^2)x^2+20kx=0$,解得$x_P=-\dfrac{20k}{4+5k^2}$ ①.

将式①代入直线$y=kx+2$,解得$y_P=\dfrac{8-10k^2}{4+5k^2}$,故直线$OP$的斜率为$\dfrac{y_P}{x_P}=\dfrac{4-5k^2}{-10k}$.

在$y=kx+2$中,令$y=0$,解得$x_M=-\dfrac{2}{k}$.

由题意得$N(0,-1)$,故直线MN的斜率为$-\dfrac{k}{2}$.

由$OP\perp MN$得$\dfrac{4-5k^2}{-10k}\cdot\left(-\dfrac{k}{2}\right)=-1$,化简得$k^2=\dfrac{24}{5}$,即$k=\pm\dfrac{2\sqrt{30}}{5}$.

因此,直线PB的斜率为$\dfrac{2\sqrt{30}}{5}$或$-\dfrac{2\sqrt{30}}{5}$.

典例7:$x=my+n$ 已知椭圆$C_1:\dfrac{x^2}{2}+y^2=1$,抛物线$C_2:y^2=2px(p>0)$,点A是椭圆C_1与抛物线C_2的交点,过点A的直线l交椭圆C_1于点B,交抛物线C_2于点M(点B,M不同于点A),若存在不过原点的直线l使点M为线段AB的中点,求p的最大值.

法一 设点 $A(x_1,y_1), B(x_2,y_2), M(x_0,y_0)$, 直线 $l:x=\lambda y+m$.

联立方程 $\begin{cases} x^2+2y^2=2 \\ x=\lambda y+m \end{cases}$, 消去 x 得 $(2+\lambda^2)y^2+2\lambda my+m^2-2=0$.

由韦达定理得 $y_1+y_2=\dfrac{-2\lambda m}{2+\lambda^2}$, 故 $y_0=\dfrac{-\lambda m}{2+\lambda^2}$, $x_0=\lambda y_0+m=\dfrac{2m}{2+\lambda^2}$.

由点 M 在抛物线上得 $\dfrac{\lambda^2 m^2}{(2+\lambda^2)^2}=\dfrac{4pm}{2+\lambda^2} \Rightarrow \dfrac{\lambda^2 m}{2+\lambda^2}=4p$.

联立方程 $\begin{cases} y^2=2px \\ x=\lambda y+m \end{cases}$, 消去 x 得 $y^2-2p\lambda y-2pm=0$, 由韦达定理得 $y_1+y_0=2p\lambda$.

从而 $x_1+x_0=\lambda y_1+m+\lambda y_0+m=2p\lambda^2+2m$, 故 $x_1=2p\lambda^2+2m-\dfrac{2m}{2+\lambda^2}$.

联立方程 $\begin{cases} \dfrac{x^2}{2}+y^2=1 \\ y^2=2px \end{cases}$, 消去 y 得 $x^2+4px=2$, 即 $x^2+4px-2=0$.

解得 $x_1=\dfrac{-4p+\sqrt{16p^2+8}}{2}=-2p+\sqrt{4p^2+2}$.

从而 $-2p+\sqrt{4p^2+2}=2p\lambda^2+2m\cdot\dfrac{1+\lambda^2}{2+\lambda^2}=2p\lambda^2+\dfrac{8p}{\lambda^2}+8p\geqslant 16p$, 故 $\sqrt{4p^2+2}\geqslant 18p$.

整理得 $p^2\leqslant\dfrac{1}{160}$, 即 $p\leqslant\dfrac{\sqrt{10}}{40}$, 故 p 的最大值为 $\dfrac{\sqrt{10}}{40}$, 此时 $A\left(\dfrac{2\sqrt{10}}{5},\dfrac{\sqrt{5}}{5}\right)$.

法二 设直线 $l:x=my+t(m\neq 0,t\neq 0)$, $A(x_0,y_0)$.

将直线 l 代入椭圆 $C_1:\dfrac{x^2}{2}+y^2=1$ 得 $(m^2+2)y^2+2mty+t^2-2=0$, 解得 $y_M=-\dfrac{mt}{m^2+2}$.

将直线 l 代入抛物线 $C_2:y^2=2px$ 得 $y^2-2pmy-2pt=0$, 由 $y_0y_M=-2pt$ 得 $y_0=\dfrac{2p(m^2+2)}{m}$.

从而 $x_0=\dfrac{2p(m^2+2)^2}{m^2}$, 由 $\dfrac{x_0^2}{2}+y_0^2=1$ 得 $\dfrac{1}{p^2}=4\left(m+\dfrac{2}{m}\right)^2+2\left(m+\dfrac{2}{m}\right)^4\geqslant 160$.

因此, 当 $m=\sqrt{2}$, $t=\dfrac{\sqrt{10}}{5}$ 时, p 取到最大值为 $\dfrac{\sqrt{10}}{40}$.

5 斜率形式

典例8: 斜率公式型 如图2所示, 椭圆 $C:\dfrac{x^2}{a^2}+\dfrac{y^2}{b^2}=1(a>b>0)$ 过点 $P\left(1,\dfrac{3}{2}\right)$, 离心率 $e=\dfrac{1}{2}$, 直线 l 的方程为 $x=4$.

(1) 求椭圆 C 的方程.

(2) AB 是经过右焦点 F 的任意弦 (不经过点 P), 设直线 AB 与直线 l 相交于点 M, 记 PA,PB,PM 的斜率分别为 k_1,k_2,k_3. 问: 是否存在常数 λ, 使得 $k_1+k_2=\lambda k_3$. 若存在求 λ 的值; 若不存在, 说明理由.

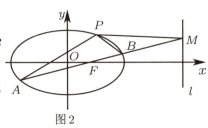

图2

解答 (1) 由题意得椭圆 C 的方程为 $\dfrac{x^2}{4}+\dfrac{y^2}{3}=1$.

(2) 法一 (三点共线构造等式): 由题意可设 AB 的斜率为 k.

设直线 AB 的方程为 $y=k(x-1)$ ①, 代入椭圆方程消去 y 得 $(4k^2+3)x^2-8k^2x+4(k^2-3)=0$.

设点 $A(x_1,y_1), B(x_2,y_2)$, 由韦达定理得 $x_1+x_2=\dfrac{8k^2}{4k^2+3}$, $x_1x_2=\dfrac{4(k^2-3)}{4k^2+3}$ ②.

在式①中令 $x=4$ 得 M 的坐标为 $(4,3k)$,从而 $k_1=\dfrac{y_1-\dfrac{3}{2}}{x_1-1}$, $k_2=\dfrac{y_2-\dfrac{3}{2}}{x_2-1}$, $k_3=\dfrac{3k-\dfrac{3}{2}}{4-1}=k-\dfrac{1}{2}$.

注意到点 A,F,B 共线,故 $k=k_{AF}=k_{BF}$,即 $\dfrac{y_1}{x_1-1}=\dfrac{y_2}{x_2-1}=k$.

从而

$$k_1+k_2=\dfrac{y_1-\dfrac{3}{2}}{x_1-1}+\dfrac{y_2-\dfrac{3}{2}}{x_2-1}=\dfrac{y_1}{x_1-1}+\dfrac{y_2}{x_2-1}-\dfrac{3}{2}\left(\dfrac{1}{x_1-1}+\dfrac{1}{x_2-1}\right)$$
$$=2k-\dfrac{3}{2}\cdot\dfrac{x_1+x_2-2}{x_1x_2-(x_1+x_2)+1}$$ ③

将式②代入式③得 $k_1+k_2=2k-\dfrac{3}{2}\cdot\dfrac{\dfrac{8k^2}{4k^2+3}-2}{\dfrac{4(k^2-3)}{4k^2+3}-\dfrac{8k^2}{4k^2+3}+1}=2k-1$.

又因为 $k_3=k-\dfrac{1}{2}$,所以 $k_1+k_2=2k_3$,故存在常数 $\lambda=2$ 符合题意.

法二(设点法):设点 $B(x_0,y_0)$ $(x_0\neq 1)$.

设直线 FB 的方程为 $y=\dfrac{y_0}{x_0-1}(x-1)$,令 $x=4$,解得 $M\left(4,\dfrac{3y_0}{x_0-1}\right)$.

故直线 PM 斜率为 $k_3=\dfrac{2y_0-x_0+1}{2(x_0-1)}$.

联立方程 $\begin{cases}y=\dfrac{y_0}{x_0-1}(x-1)\\ \dfrac{x^2}{4}+\dfrac{y^2}{3}=1\end{cases}$,解得 $A\left(\dfrac{5x_0-8}{2x_0-5},\dfrac{3y_0}{2x_0-5}\right)$.

故直线 PA 的斜率为 $k_1=\dfrac{2y_0-2x_0+5}{2(x_0-1)}$,直线 PB 的斜率为 $k_2=\dfrac{2y_0-3}{2(x_0-1)}$.

于是 $k_1+k_2=\dfrac{2y_0-2x_0+5}{2(x_0-1)}+\dfrac{2y_0-3}{2(x_0-1)}=\dfrac{2y_0-x_0+1}{x_0-1}=2k_3$,故存在常数 $\lambda=2$ 符合题意.

典例9:点差法变换 (武汉模拟)抛物线 $y^2=4x$,经过点 $A(3,-2)$ 的直线交抛物线于 M,N 两点,经过点 $B(3,-6)$ 和点 M 的直线与抛物线交于另一点 L,问:直线 NL 是否恒过定点?

解答 设点 $M(x_0,y_0)$, $N(x_1,y_1)$, $L(x_2,y_2)$,且 $y_1^2=4x_1$, $y_2^2=4x_2$.

由点差法得直线 MN 的斜率 $k=\dfrac{y_1-y_0}{x_1-x_0}=\dfrac{4}{y_1+y_0}$.

从而直线 $l_{MN}:y-y_0=\dfrac{4}{y_1+y_0}\left(x-\dfrac{y_0^2}{4}\right)$,化简得 $y=\dfrac{4x+y_0y_1}{y_0+y_1}$.

同理可得 $l_{ML}:y=\dfrac{4x+y_0y_2}{y_0+y_2}$.

将点 $A(3,-2)$, $B(3,-6)$ 分别代入上述两条直线,消去 y_0 可得 $y_1y_2=12$.

又因为 $k_{NL}=\dfrac{4}{y_1+y_2}$,所以直线 $NL:y-y_1=\dfrac{4}{y_1+y_2}\left(x-\dfrac{y_1^2}{4}\right)$.

整理可得 $y=\dfrac{4}{y_1+y_2}x+\dfrac{y_1y_2}{y_1+y_2}=\dfrac{4}{y_1+y_2}(x+3)$,故恒过点 $(-3,0)$.

好题精练

精练5：斜率公式型 （北京卷）已知椭圆 $C: \dfrac{x^2}{a^2}+\dfrac{y^2}{b^2}=1(a>b>0)$ 的离心率为 $\dfrac{\sqrt{3}}{2}$，$A(a,0)$，$B(0,b)$，$O(0,0)$，$\triangle OAB$ 的面积为1.

(1) 求椭圆 C 的方程.

(2) 设点 P 是椭圆 C 上一点，直线 PA 与 y 轴交于点 M，直线 PB 与 x 轴交于点 N. 证明：$|AN| \cdot |BM|$ 为定值.

精练6：斜率换元型 已知椭圆 $\dfrac{x^2}{a^2}+\dfrac{y^2}{b^2}=1(a,b>0)$ 的左焦点为 $F(-c,0)$，离心率为 $\dfrac{\sqrt{3}}{3}$，点 M 在椭圆上且位于第一象限，直线 FM 被圆 $x^2+y^2=\dfrac{b^2}{4}$ 截得的线段的长为 c，$|FM|=\dfrac{4\sqrt{3}}{3}$.

(1) 求直线 FM 的斜率.

(2) 求椭圆的方程.

(3) 设动点 P 在椭圆上，若直线 FP 的斜率大于 $\sqrt{2}$，求直线 OP（O 为原点）的斜率的取值范围.

精练7：点差法变换 设直线 l 与抛物线 $y^2=4x$ 相交于 A,B 两点，与圆 $(x-5)^2+y^2=r^2(r>0)$ 相切于点 M，且点 M 为线段 AB 的中点. 若这样的直线 l 恰有4条，求 r 的取值范围.

4.2 设点法

1 单动点：(x_0, y_0)

典例1 设 P 为椭圆 $\dfrac{x^2}{4}+y^2=1$ 上一点，A,B 分别为椭圆的右顶点与上顶点，直线 PA 与 y 轴交于点 M，直线 PB 与 x 轴交于点 N，求 $\dfrac{1}{|AN|}+\dfrac{2}{|BM|}$ 的最小值.

解答 设点 $P(x_0,y_0)$，且 $x_0^2+4y_0^2=4$.

(1)当 $x_0 \neq 0$ 时.

直线 PA 方程为 $y=\dfrac{y_0}{x_0-2}(x-2)$，令 $x=0$，得 $y_M=-\dfrac{2y_0}{x_0-2}$，故 $|BM|=|1-y_M|=\left|1+\dfrac{2y_0}{x_0-2}\right|$.

直线 PB 方程为 $y=\dfrac{y_0-1}{x_0}x+1$，令 $y=0$，得 $x_N=-\dfrac{x_0}{y_0-1}$，故 $|AN|=|2-x_N|=\left|2+\dfrac{x_0}{y_0-1}\right|$.

从而

$$|AN|\cdot|BM|=\left|2+\dfrac{x_0}{y_0-1}\right|\cdot\left|1+\dfrac{2y_0}{x_0-2}\right|=\left|\dfrac{x_0^2+4y_0^2+4x_0y_0-4x_0-8y_0+4}{x_0y_0-x_0-2y_0+2}\right|$$

$$=\left|\dfrac{4x_0y_0-4x_0-8y_0+8}{x_0y_0-x_0-2y_0+2}\right|=4$$

(2)当 $x_0=0$ 时，$y_0=-1$，由 $\begin{cases}|BM|=2\\|AN|=2\end{cases}$ 得 $|AN|\cdot|BM|=4$.

因为 $|AN|\cdot|BM|=4$，所以 $\dfrac{1}{|AN|}+\dfrac{2}{|BM|}\geqslant 2\sqrt{\dfrac{1}{|AN|}\cdot\dfrac{2}{|BM|}}=\sqrt{2}$.

当且仅当 $|BM|=2|AN|=2\sqrt{2}$ 时等号成立.

因此，$\dfrac{1}{|AN|}+\dfrac{2}{|BM|}$ 的最小值为 $\sqrt{2}$.

好题精练

精练1 已知双曲线 $C:\dfrac{x^2}{a^2}-y^2=1(a>0)$ 的右焦点为 F，点 A,B 分别在双曲线 C 的两条渐近线上，且 $AF\perp x$ 轴，$AB\perp OB$，$BF /\!/ OA$(O 为坐标原点).

(1)求双曲线 C 的方程.

(2)过双曲线 C 上一点 $P(x_0,y_0)(y_0\neq 0)$ 的直线 $l:\dfrac{x_0 x}{a^2}-y_0 y=1$ 与直线 AF 相交于点 M，与直线 $x=\dfrac{3}{2}$ 相交于点 N.证明：当点 P 在双曲线 C 上移动时，$\dfrac{|MF|}{|NF|}$ 恒为定值，并求此定值.

精练2 （新全国卷）已知双曲线 $C:\dfrac{x^2}{a^2}-\dfrac{y^2}{b^2}=1(a>0,b>0)$ 的右焦点为 $F(2,0)$，渐近线方程为 $y=\pm\sqrt{3}x$.

(1)求 C 的方程.

(2)过点 F 的直线与双曲线 C 的两条渐近线分别交于 A,B 两点，点 $P(x_1,y_1)$，$Q(x_2,y_2)$ 在双曲线 C 上，且 $x_1>x_2>0$，$y_1>0$.过点 P 且斜率为 $-\sqrt{3}$ 的直线与过点 Q 且斜率为 $\sqrt{3}$ 的直线交于点 M.从下面(i)(ii)(iii)中选取两个作为条件，证明另外一个成立.

(i) 点 M 在直线 AB 上；(ii)$PQ /\!/ AB$；(iii)$|MA|=|MB|$.

2 双动点：$(x_1,y_1)(x_2,y_2)$

典例2 （湖北模拟）已知抛物线 $C:y^2=2px(p>0)$ 的焦点为 F，平面上一点 $A(2,3)$ 到焦点 F 与到准线 $l:x=-\dfrac{p}{2}$ 的距离之和等于 7.

(1)求抛物线 C 的方程.

(2)已知点 P 为抛物线 C 上任一点，直线 PA 交抛物线 C 于另一点 M，过点 M 作斜率为 $\dfrac{4}{3}$ 的直线 MN 交抛物线 C 于另一点 N，连接 PN，问：直线 PN 是否过定点？如果经过定点，求出该定点，否则说明理由.

解答 (1)因为点 $A(2,3)$ 到点 F 与到准线 $l:x=-\dfrac{p}{2}$ 的距离之和等于 7，所以 $\sqrt{\left(2-\dfrac{p}{2}\right)^2+3^2}+\left|2+\dfrac{p}{2}\right|=7$，解得 $p=4$，故抛物线 C 的方程为 $y^2=8x$.

(2)当直线 PM 的斜率存在时，设点 $P(x_1,y_1),M(x_2,y_2),N(x_3,y_3)$.

由点差法得 $k_{PM}=\dfrac{y_1-y_2}{x_1-x_2}=\dfrac{y_1-y_2}{\dfrac{y_1^2}{8}-\dfrac{y_2^2}{8}}=\dfrac{8}{y_1+y_2}$，同理可得 $k_{MN}=\dfrac{8}{y_2+y_3}$，$k_{PN}=\dfrac{8}{y_1+y_3}$.

由题意得 $k_{MN}=\dfrac{8}{y_2+y_3}=\dfrac{4}{3}$，故 $y_2+y_3=6$，即 $y_2=6-y_3$ ①.

设直线 $PM:y-y_1=\dfrac{8}{y_1+y_2}(x-x_1)$，即 $(y_1+y_2)y-y_1y_2=8x$.

因为直线 PM 过点 $A(2,3)$，所以 $y_2=\dfrac{16-3y_1}{3-y_1}$ ②，同理可得直线 $PN:(y_1+y_3)y-y_1y_3=8x$ ③.

由式①②得 $y_1y_3=3(y_1+y_3)-2$，代入式③得 $(y_1+y_3)y-3(y_1+y_3)+2=8x$.

整理得 $(y_1+y_3)(y-3)+2-8x=0$，令 $\begin{cases}y=3\\2-8x=0\end{cases}$，得 $\begin{cases}x=\dfrac{1}{4}\\y=3\end{cases}$，故直线 PN 恒过点 $\left(\dfrac{1}{4},3\right)$.

当直线 PM 的斜率不存在时，直线 $PM:x=2$，可得 $P(2,4),M(2,-4)$ 或 $P(2,-4),M(2,4)$.

当 $P(2,4),M(2,-4)$ 时，设直线 $MN:y+4=\dfrac{4}{3}(x-2)$，与抛物线 C 的方程联立，消去 x 得 $y^2-6y-40=0$，解得 $y=10$，即 $N\left(\dfrac{25}{2},10\right)$，故直线 $PN:y-4=\dfrac{10-4}{\dfrac{25}{2}-2}(x-2)$，过点 $\left(\dfrac{1}{4},3\right)$.

当 $P(2,-4),M(2,4)$ 时，同理可得直线 PN 过点 $\left(\dfrac{1}{4},3\right)$.

综上，直线 PN 过定点 $\left(\dfrac{1}{4},3\right)$.

好题精练

精练3 已知椭圆 $C:\dfrac{x^2}{a^2}+\dfrac{y^2}{b^2}=1(a>b>0)$ 的左，右顶点分别为 A,B，过椭圆内点 $D\left(\dfrac{2}{3},0\right)$ 且不与 x 轴重合的动直线交椭圆 C 于 P,Q 两点，当直线 PQ 与 x 轴垂直时，$|PD|=|BD|=\dfrac{4}{3}$.

(1)求椭圆 C 的标准方程.

(2)设直线 AP,AQ 和直线 $l:x=t$ 分别交于点 M,N，若 $MD\perp ND$ 恒成立，求 t 的值.

3 抛物线设点

> 抛物线设点:利用抛物线方程进行横纵坐标相互表示统一变量.
> 已知 A,B 是抛物线 $y^2=2px(p>0)$ 上的两点,设点 $A\left(\dfrac{y_1^2}{2p},y_1\right),B\left(\dfrac{y_2^2}{2p},y_2\right)$,也可设为 $A(2pt^2,2pt),B(2pm^2,2pm)$.
>
> 斜率 $k_{AB}=\dfrac{y_1-y_2}{\dfrac{y_1^2}{2p}-\dfrac{y_2^2}{2p}}=\dfrac{2p(y_1-y_2)}{y_1^2-y_2^2}=\dfrac{2p}{y_1+y_2}$.
>
> 直线 AB 的方程为 $y-y_1=\dfrac{2p}{y_1+y_2}\left(x-\dfrac{y_1^2}{2p}\right)$,整理得 $y=\dfrac{2p}{y_1+y_2}x-\dfrac{y_1^2}{y_1+y_2}+y_1$,化简得 $y=\dfrac{2px+y_1y_2}{y_1+y_2}$.

典例3 (浙江卷)如图3所示,已知椭圆 $C_1:\dfrac{x^2}{2}+y^2=1$,抛物线 $C_2:y^2=2px(p>0)$,点 A 是椭圆与抛物线的交点,过点 A 的直线 l 与椭圆交于点 B,与抛物线交于点 M,若存在不过原点的直线 l 使得点 M 为线段 AB 的中点,求 p 的最大值.

解答 设点 $A(2pt^2,2pt)$,$M(2pt_1^2,2pt_1)$,$B(x_0,y_0)$.

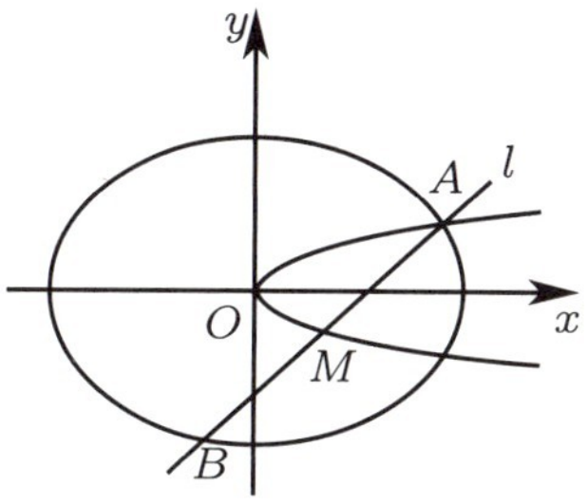

因为点 A 在椭圆上,所以 $\dfrac{(2pt^2)^2}{2}+(2pt)^2=1$,即 $\dfrac{1}{2p^2}=t^4+2t^2$ ①.

因为点 M 为线段 AB 的中点,所以 $\begin{cases}x_0+2pt^2=4pt_1^2\\y_0+2pt=4pt_1\end{cases}$.

从而解得 $\begin{cases}x_0=4pt_1^2-2pt^2=2p(2t_1^2-t^2)\\y_0=4pt_1-2pt=2p(2t_1-t)\end{cases}$.

图3

又因为点 B 在椭圆上,所以 $\dfrac{4p^2(2t_1^2-t^2)^2}{2}+4p^2(2t_1-t)^2=1$.

从而解得 $\dfrac{1}{2p^2}=(2t_1^2-t^2)^2+2(2t_1-t)^2$ ②.

由①-②得 $2t_1^2(2t^2-2t_1^2)+4t_1(2t-2t_1)=4t_1^2(t^2-t_1^2)+4t_1\cdot 2(t-t_1)=0$.

整理得 $4t_1(t-t_1)[t_1(t+t_1)+2]=0$.

化简得 $t_1^2+tt_1+2=0$(即此关于 t_1 的方程有解),由 $\Delta=t^2-8\geqslant 0$ 得 $t^2\geqslant 8$.

于是 $p^2=\dfrac{1}{2t^4+4t^2}\leqslant \dfrac{1}{160}$,即 $p\leqslant \dfrac{\sqrt{10}}{40}$.

好题精练

精练4 (湖北模拟)已知抛物线 $x^2=4y$ 的焦点为 F,过点 F 的直线交抛物线于 A,B 两点,点 A 在 y 轴左侧且直线 AB 的斜率大于 0.

(1)当直线 AB 的斜率为 1 时,求弦长 $|AB|$.

(2)已知 $P(1,0)$ 为 x 轴上一点,若直线 PA,PB 分别交抛物线于 C,D 两点,问:是否存在实数 λ 使得 $\overrightarrow{AB}=\lambda\overrightarrow{CD}$?若存在,求出 λ 的值;若不存在,请说明理由.

4 三角换元设点

> 若已知椭圆: $\dfrac{x^2}{a^2}+\dfrac{y^2}{b^2}=1$,可设椭圆上的点为 $(a\cos\theta, b\sin\theta)$.

典例4 椭圆 $\dfrac{x^2}{a^2}+\dfrac{y^2}{b^2}=1(a>b>0)$ 离心率为 $\dfrac{\sqrt{6}}{3}$, 如图4所示, 直线 l 与椭圆有唯一公共点 M, 与 y 轴交于点 N(N异于M), 记 O 为原点, 若 $|OM|=|ON|$, 且 $\triangle OMN$ 面积为 $\sqrt{3}$, 求椭圆方程.

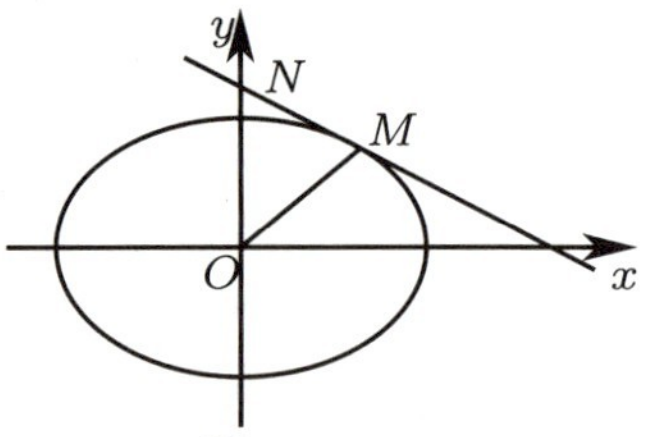

解答 如图5所示, 设点 $M(\sqrt{3}b\cos\theta, b\sin\theta)$.

直线 $l_{MN}: \dfrac{\sqrt{3}bx\cos\theta}{3b^2}+\dfrac{by\sin\theta}{b^2}=1$, 即 $\dfrac{\sqrt{3}x\cos\theta}{3b}+\dfrac{y\sin\theta}{b}=1$.

在直线 l_{MN} 中, 令 $x=0$, 解得 $y=\dfrac{b}{\sin\theta}$, 即 $N\left(0,\dfrac{b}{\sin\theta}\right)$.

从而 $S_{\triangle OMN}=\dfrac{1}{2}|ON|\cdot|x_M|=\dfrac{b}{2\sin\theta}\cdot\sqrt{3}b|\cos\theta|=\dfrac{\sqrt{3}b^2}{2|\tan\theta|}=\sqrt{3}$, 故 $b^2=2|\tan\theta|$.

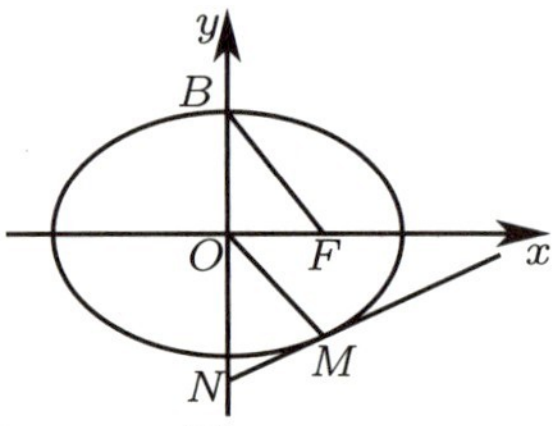

又因为 $|OM|^2=|ON|^2$, 所以 $3b^2\cos^2\theta+b^2\sin^2\theta=\dfrac{b^2}{\sin^2\theta}$, 故 $3\sin^2\theta\cos^2\theta+\sin^4\theta=1$.

令 $\sin^2\theta=t$, 则 $3t(1-t)+t^2=1$, 即 $2t^2-3t+1=0$, 解得 $t=1$ 或 $\dfrac{1}{2}$.

当 $t=1$ 时, 此时 $M(0,\pm b)$, 不符合题意; 当 $t=\dfrac{1}{2}$ 时, 此时 $\sin^2\theta=\dfrac{1}{2}$, 即 $\begin{cases}\cos^2\theta=\dfrac{1}{2}\\|\tan\theta|=1\end{cases}$, 故 $b^2=2$.

于是椭圆的方程为 $\dfrac{x^2}{6}+\dfrac{y^2}{2}=1$.

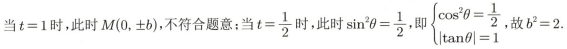

图4

图5

好题精练

精练5 已知点 A, B, F_1, F_2 分别是椭圆 $\dfrac{x^2}{a^2}+y^2=1(a>1)$ 的右顶点、下顶点、左焦点和右焦点, 点 M, N 是椭圆上任意两点, 若 $\triangle MAB$ 的面积最大为 $\sqrt{2}+1$, 求 $\dfrac{|NF_1|\cdot|NF_2|}{|NF_1|+9|NF_2|}$ 的最大值.

精练6 已知椭圆 $C:\dfrac{x^2}{2}+y^2=1$, 直线 $l:y=x+3$, 求椭圆 C 上的点到直线 l 的距离的最大值.

精练7 已知点 $E(\sqrt{2},0), F\left(\dfrac{\sqrt{2}}{2},0\right)$. 点 A 满足 $|AE|=\sqrt{2}|AF|$, 点 A 的轨迹为曲线 C.

(1) 求曲线 C 的方程.

(2) 若直线 $l:y=kx+m$ 与双曲线 $\dfrac{x^2}{4}-\dfrac{y^2}{9}=1$ 交于 M, N 两点, 且 $\angle MON=\dfrac{\pi}{2}$ (O 为坐标原点), 求点 A 到直线 l 的距离的取值范围.

技法5　解题支柱之直线斜率

5.1 斜率相等

> 已知两条直线 $y=k_1x+b_1$，$y=k_2x+b_2$.
> 当 $k_1=k_2,b_1\neq b_2$ 时，两直线平行；当 $k_1=k_2,b_1=b_2$ 时，两直线重合.
> 注：两直线重合在圆锥曲线中证明三点共线，在导数压轴中可以求公切线.

典例 已知椭圆 $C:x^2+3y^2=3$，过点 $D(1,0)$ 且不过点 $E(2,1)$ 的直线与椭圆 C 交于 A,B 两点，直线 AE 与直线 $x=3$ 交于点 M，试判断直线 BM 与直线 DE 的位置关系.

解答 当直线 AB 的斜率不存在时，易知 $k_{BM}=1$.

又因为直线 DE 的斜率 $k_{DE}=\dfrac{1-0}{2-1}=1$，所以 $BM\,/\!/\,DE$.

当直线 AB 的斜率存在时，设其方程为 $y=k(x-1)(k\neq 1)$.

设 $A(x_1,y_1),B(x_2,y_2)$，故直线 AE 的方程为 $y-1=\dfrac{y_1-1}{x_1-2}(x-2)$.

令 $x=3$，解得点 $M\left(3,\dfrac{y_1+x_1-3}{x_1-2}\right)$. 联立方程 $\begin{cases}x^2+3y^2=3\\y=k(x-1)\end{cases}$，得 $(1+3k^2)x^2-6k^2x+3k^2-3=0$.

由韦达定理得 $x_1+x_2=\dfrac{6k^2}{1+3k^2}$，$x_1x_2=\dfrac{3k^2-3}{1+3k^2}$. 由题意得 $k_{BM}=\dfrac{\dfrac{y_1+x_1-3}{x_1-2}-y_2}{3-x_2}$，注意到

$$k_{BM}-1=\dfrac{k(x_1-1)+x_1-3-k(x_2-1)(x_1-2)-(3-x_2)(x_1-2)}{(3-x_2)(x_1-2)}$$

$$=\dfrac{(k-1)[-x_1x_2+2(x_1+x_2)-3]}{(3-x_2)(x_1-2)}=\dfrac{(k-1)\left(\dfrac{-3k^2+3}{1+3k^2}+\dfrac{12k^2}{1+3k^2}-3\right)}{(3-x_2)(x_1-2)}=0$$

因此，$k_{BM}=1=k_{DE}$，即 $BM\,/\!/\,DE$，故直线 BM 与直线 DE 平行.

好题精练

精练1 设椭圆 $\dfrac{x^2}{a^2}+\dfrac{y^2}{b^2}=1(a>b>0)$ 的离心率为 $\dfrac{\sqrt{3}}{3}$，上、下顶点分别为 A,B，$|AB|=4$. 过点 $E(0,1)$，且斜率为 k 的直线 l 与 x 轴相交于点 F，与椭圆相交于 C,D 两点.

(1) 求椭圆的方程.

(2) 若 $\overrightarrow{FC}=\overrightarrow{DE}$，求 k 的值.

(3) 是否存在实数 k，使得直线 AC 平行于直线 BD？若存在，求出 k 的值；若不存在，请说明理由.

精练2 点 F 为抛物线 $C:y^2=2px(p>0)$ 的焦点，点 $A(1,y_0)(y_0>0)$ 在抛物线上，且 $|AF|=2$.

(1) 求 y_0 的值.

(2) 若直线 AB 与直线 $x-y+2=0$ 交于点 P，与抛物线 C 交于另一点 B，过 P 作 y 轴的垂线交抛物线 C 于点 M，证明：直线 BM 过定点.

5.2 直线垂直

1 垂直关系

已知两条直线 $y=k_1x+b_1$, $y=k_2x+b_2$. 当两条相互垂直时, 则 $k_1 \cdot k_2 = -1$, 在题目中往往可以将直线的斜率设为 $k, -\dfrac{1}{k}$.

典例 1 (全国卷)已知椭圆 $E: \dfrac{x^2}{t} + \dfrac{y^2}{3} = 1$ 的焦点在 x 轴上, 点 A 是椭圆 E 的左顶点, 斜率为 $k(k>0)$ 的直线交椭圆 E 于 A, M 两点, 点 N 在椭圆 E 上, $MA \perp NA$.

(1) 当 $t=4$, $|AM|=|AN|$ 时, 求 $\triangle AMN$ 的面积.

(2) 当 $2|AM|=|AN|$ 时, 求 k 的取值范围.

解答 (1) 设 $M(x_1, y_1)$, 由题意知 $y_1 > 0$.

当 $t=4$ 时, 椭圆 E 的方程为 $\dfrac{x^2}{4} + \dfrac{y^2}{3} = 1$, $A(-2, 0)$.

由已知及椭圆的对称性得直线 AM 的倾斜角为 $\dfrac{\pi}{4}$, 故直线 AM 的方程为 $y=x+2$.

将直线 $x=y-2$ 代入 $\dfrac{x^2}{4} + \dfrac{y^2}{3} = 1$ 得 $7y^2 - 12y = 0$, 解得 $y=0$ 或 $y=\dfrac{12}{7}$, 故 $y_1 = \dfrac{12}{7}$.

因此, $\triangle AMN$ 的面积 $S_{\triangle AMN} = 2 \times \dfrac{1}{2} \times \dfrac{12}{7} \times \dfrac{12}{7} = \dfrac{144}{49}$.

(2) 由题意得 $t>3$, $k>0$, $A(-\sqrt{t}, 0)$.

将直线 AM 的方程 $y=k(x+\sqrt{t})$ 代入 $\dfrac{x^2}{t} + \dfrac{y^2}{3} = 1$ 得 $(3+tk^2)x^2 + 2\sqrt{t} \cdot tk^2 x + t^2k^2 - 3t = 0$.

由 $x_1 \cdot (-\sqrt{t}) = \dfrac{t^2k^2 - 3t}{3+tk^2}$ 得 $x_1 = \dfrac{\sqrt{t}(3-tk^2)}{3+tk^2}$, 故 $|AM| = |x_1+\sqrt{t}|\sqrt{1+k^2} = \dfrac{6\sqrt{t(1+k^2)}}{3+tk^2}$.

由题意得直线 AN 的方程为 $y=-\dfrac{1}{k}(x+\sqrt{t})$, 故同理可得 $|AN| = \dfrac{6k\sqrt{t(1+k^2)}}{3k^2+t}$.

由 $2|AM|=|AN|$ 得 $\dfrac{2}{3+tk^2} = \dfrac{k}{3k^2+t}$, 即 $(k^3-2)t = 3k(2k-1)$.

当 $k=\sqrt[3]{2}$ 时上式不成立, 故 $t = \dfrac{3k(2k-1)}{k^3-2}$.

因为 $t>3$ 等价于 $\dfrac{k^3-2k^2+k-2}{k^3-2} = \dfrac{(k-2)(k^2+1)}{k^3-2} < 0$, 所以 $\dfrac{k-2}{k^3-2} < 0$.

从而 $\begin{cases} k-2>0 \\ k^3-2<0 \end{cases}$ 或 $\begin{cases} k-2<0 \\ k^3-2>0 \end{cases}$, 解得 $\sqrt[3]{2} < k < 2$.

因此, k 的取值范围是 $(\sqrt[3]{2}, 2)$.

名师点睛

在该类斜率关系应用中, 一是将直线的斜率分别设为 $k, -\dfrac{1}{k}$; 二是不必重复计算, 直接用 $-\dfrac{1}{k}$ 代换掉原来的 k 即可, 此为"同理可得"的应用.

好题精练

精练 1 （汕头模拟）已知椭圆 $C: \dfrac{x^2}{4} + \dfrac{y^2}{2} = 1$，设点 O 为坐标原点，若点 A 在椭圆 C 上，点 B 在直线 $y = 2$ 上，且 $OA \perp OB$，试判断直线 AB 与圆 $x^2 + y^2 = 2$ 的位置关系,,并证明你的结论.

精练 2 已知椭圆 $\dfrac{x^2}{4} + \dfrac{y^2}{2} = 1$，过点 $(1,0)$ 作两条相互垂直的直线 l_1, l_2，分别与椭圆 C 交于点 P, Q 和 M, N 四点，若 T, S 分别是线段 PQ, MN 的中点，判断直线 ST 是否过定点？若是，请求出定点坐标；若不是，请说明理由.

精练 3 已知双曲线 $\dfrac{y^2}{12} - \dfrac{x^2}{13} = 1$ 的上支上有两点 A, C，若线段 AC 的中点 D 在直线 $y = 6$ 上，直线 l 经过点 D，在 l 上任取一点 P（不同于点 D），都存在实数 λ，使得 $\overrightarrow{DP} = \lambda\left(\dfrac{\overrightarrow{AP}}{|\overrightarrow{AP}|} + \dfrac{\overrightarrow{CP}}{|\overrightarrow{CP}|}\right)$，证明：直线 l 必过定点，并求出该定点的坐标.

2 命题推广

> (1) 点 P, Q 在 $\dfrac{x^2}{a^2} + \dfrac{y^2}{b^2} = 1 (a > b > 0)$ 上，$OP \perp OQ$，则 $\dfrac{1}{|OP|^2} + \dfrac{1}{|OQ|^2} = \dfrac{1}{a^2} + \dfrac{1}{b^2}$.
>
> (2) 点 P, Q 在 $\dfrac{x^2}{a^2} - \dfrac{y^2}{b^2} = 1 (b > a > 0)$ 上，$OP \perp OQ$，则 $\dfrac{1}{|OP|^2} + \dfrac{1}{|OQ|^2} = \dfrac{1}{a^2} - \dfrac{1}{b^2}$.

典例 2 已知点 Q_1, Q_2 为椭圆 $\dfrac{x^2}{2b^2} + \dfrac{y^2}{b^2} = 1$ 上的两个动点，$OQ_1 \perp OQ_2$，过点 O 作直线 Q_1Q_2 的垂线 OD，求点 D 的轨迹方程.

解答 因为 $OQ_1 \perp OQ_2$，所以 $\dfrac{1}{|OQ_1|^2} + \dfrac{1}{|OQ_2|^2} = \dfrac{1}{a^2} + \dfrac{1}{b^2} = \dfrac{3}{2b^2}$，整理得 $\dfrac{|OQ_1|^2 + |OQ_2|^2}{|OQ_1|^2 \cdot |OQ_2|^2} = \dfrac{|Q_1Q_2|^2}{(|Q_1Q_2| \cdot |OD|)^2} = \dfrac{3}{2b^2}$，从而 $|OD|^2 = \dfrac{2b^2}{3}$，故点 D 的轨迹方程为 $x^2 + y^2 = \dfrac{2}{3}b^2$.

好题精练

精练 4 （南平模拟）直线 l 与椭圆 $\dfrac{x^2}{4} + \dfrac{y^2}{2} = 1$ 相交于 P, Q 两点. 若 $OP \perp OQ$（点 O 为坐标原点），则以点 O 为圆心且与直线 l 相切的圆的方程为 _____.

精练 5 （郑州模拟）已知曲线 C 的方程是 $4x^2 + y^2 = 1$，点 O 为坐标原点. 设点 M, N 是曲线 C 上两点，且 $OM \perp ON$，证明：直线 MN 恒与一个定圆相切.

精练 6 设双曲线 $x^2 - \dfrac{y^2}{3} = 1$ 的中心为原点 O，过 O 作两条垂直的射线交双曲线于 P, Q 两点，则 $\dfrac{1}{|OP|^2} + \dfrac{1}{|OQ|^2} = $ _____.

5.3 倾斜角互余

> 设直线 l_1 的倾斜角为 α，l_2 的倾斜角为 $90°-\alpha$，则 $k_1 \cdot k_2 = \dfrac{\sin\alpha}{\cos\alpha} \cdot \dfrac{\sin(90°-\alpha)}{\cos(90°-\alpha)} = 1$，即 $k_1 \cdot k_2 = 1$.

典例 已知椭圆 $C: \dfrac{x^2}{a^2} + \dfrac{y^2}{b^2} = 1(a>b>0)$ 的离心率为 $\dfrac{\sqrt{3}}{2}$，其左、右焦点分别为 F_1，F_2，点 P 为坐标平面内的一点，且 $|\overrightarrow{OP}| = \dfrac{3}{2}$，$\overrightarrow{PF_1} \cdot \overrightarrow{PF_2} = -\dfrac{3}{4}$，点 O 为坐标原点.

(1) 求椭圆 C 的方程.

(2) 设点 M 为椭圆 C 的左顶点，点 A,B 是椭圆 C 上两个不同的点，直线 MA, MB 的倾斜角分别为 α, β，且 $\alpha + \beta = \dfrac{\pi}{2}$. 证明：直线 AB 恒过定点，并求出该定点的坐标.

解答 (1) 设点 P 为 (x_0, y_0)，$F_1(-c, 0)$，$F_2(c, 0)$，故 $\overrightarrow{PF_1} = (-c-x_0, -y_0)$，$\overrightarrow{PF_2} = (c-x_0, -y_0)$.

联立方程 $\begin{cases} x_0^2 + y_0^2 = \dfrac{9}{4} \\ (x_0+c)(x_0-c) + y_0^2 = -\dfrac{3}{4} \end{cases}$，解得 $c^2 = 3$，故 $c = \sqrt{3}$.

又因为 $e = \dfrac{c}{a} = \dfrac{\sqrt{3}}{2}$，所以 $a = 2$，从而 $b^2 = a^2 - c^2 = 1$，故椭圆 C 的方程为 $\dfrac{x^2}{4} + y^2 = 1$.

(2) 设直线 AB 方程为 $y = kx + m$，$A(x_1, y_1)$，$B(x_2, y_2)$.

联立方程 $\begin{cases} \dfrac{x^2}{4} + y^2 = 1 \\ y = kx + m \end{cases}$，消去 y 得 $(4k^2+1)x^2 + 8kmx + 4m^2 - 4 = 0$.

由韦达定理得 $x_1 + x_2 = -\dfrac{8km}{4k^2+1}$，$x_1 x_2 = \dfrac{4m^2-4}{4k^2+1}$.

又因为 $\alpha + \beta = \dfrac{\pi}{2}$，所以 $\tan\alpha \cdot \tan\beta = 1$.

设直线 MA, MB 斜率分别为 k_1, k_2，则 $k_1 k_2 = 1$.

从而 $\dfrac{y_1}{x_1+2} \cdot \dfrac{y_2}{x_2+2} = 1$，即 $(x_1+2)(x_2+2) = y_1 y_2$，进而 $(x_1+2)(x_2+2) = (kx_1+m)(kx_2+m)$.

整理得 $(k^2-1)x_1 x_2 + (km-2)(x_1+x_2) + m^2 - 4 = 0$.

韦达定理代入上式得 $(k^2-1)\dfrac{4m^2-4}{4k^2+1} + (km-2)\left(-\dfrac{8km}{4k^2+1}\right) + m^2 - 4 = 0$.

化简得 $20k^2 - 16km + 3m^2 = 0$，解得 $m = 2k$ 或 $m = \dfrac{10}{3}k$.

当 $m = 2k$ 时，$y = kx + 2k$，过定点 $(-2, 0)$，不符合题意（舍去）.

当 $m = \dfrac{10}{3}k$ 时，$y = kx + \dfrac{10}{3}k$，过定点 $\left(-\dfrac{10}{3}, 0\right)$，故直线 AB 恒过定点 $\left(-\dfrac{10}{3}, 0\right)$.

名师点睛

当我们在题目中遇到倾斜角互余的条件时，可以将其转化为斜率积为 1，即 $k_1 k_2 = 1$，从而展开利用韦达定理求解即可.

好题精练

精练1 已知椭圆 $\dfrac{x^2}{a^2}+\dfrac{y^2}{b^2}=1(a>b>0)$ 的离心率为 $\dfrac{\sqrt{2}}{2}$，以该椭圆上的点和椭圆的左、右焦点 F_1,F_2 为顶点的三角形的周长为 $4(\sqrt{2}+1)$．一等轴双曲线的顶点是该椭圆的焦点，设点 P 为该双曲线上异于顶点的任一点，直线 PF_1 和 PF_2 与椭圆的交点分别为 A,B 和 C,D．

(1)求椭圆和双曲线的标准方程．

(2)设直线 PF_1,PF_2 的斜率分别为 k_1,k_2，证明：$k_1 \cdot k_2 = 1$．

(3)是否存在常数 λ，使得 $|AB|+|CD|=\lambda|AB|\cdot|CD|$ 恒成立？若存在，求 λ 的值；若不存在，请说明理由．

精练2 如图1所示，已知椭圆 $E:\dfrac{x^2}{a^2}+\dfrac{y^2}{b^2}=1(a>b>0)$ 的右顶点为 $A(2,0)$，离心率为 $\dfrac{1}{2}$．过点 $P(6,0)$ 与 x 轴不重合的直线 l 交椭圆 E 于不同的两点 B,C，直线 AB,AC 分别交直线 $x=6$ 于点 M,N．

(1)求椭圆 E 的方程．

(2)设点 O 为原点．证明：$\angle PAN + \angle POM = 90°$．

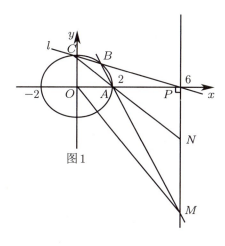

图1

5.4 倾斜角互补

> 已知两条直线 $y=k_1x+b_1$，$y=k_2x+b_2$，若两直线的倾斜角互补，则 $k_1+k_2=0$，可以用来证明轴对称、角相等，一般设为 $k,-k$.

典例1 （全国卷）设椭圆 $C:\dfrac{x^2}{2}+y^2=1$ 的右焦点为 F，过点 F 的直线 l 与椭圆 C 交于 A,B 两点，点 M 的坐标为 $(2,0)$，设点 O 为坐标原点，证明：$\angle OMA=\angle OMB$.

解答 当直线 l 与 x 轴重合时，$\angle OMA=\angle OMB=0°$.

当直线 l 与 x 轴垂直时，因为直线 OM 为直线 AB 的垂直平分线，所以 $\angle OMA=\angle OMB$.

当直线 l 与 x 轴既不重合也不垂直时，设直线 l 的方程为 $y=k(x-1)$ $(k\neq 0)$，$A(x_1,y_1)$，$B(x_2,y_2)$，则 $x_1<\sqrt{2}$，$x_2<\sqrt{2}$.

将 $y=k(x-1)$ 代入 $\dfrac{x^2}{2}+y^2=1$ 得 $(2k^2+1)x^2-4k^2x+2k^2-2=0$.

由韦达定理得 $x_1+x_2=\dfrac{4k^2}{2k^2+1}$，$x_1x_2=\dfrac{2k^2-2}{2k^2+1}$.

直线 MA,MB 的斜率之和为 $k_{MA}+k_{MB}=\dfrac{y_1}{x_1-2}+\dfrac{y_2}{x_2-2}$.

由 $y_1=kx_1-k$，$y_2=kx_2-k$ 得 $k_{MA}+k_{MB}=\dfrac{2kx_1x_2-3k(x_1+x_2)+4k}{(x_1-2)(x_2-2)}$.

代入韦达定理得 $2kx_1x_2-3k(x_1+x_2)+4k=\dfrac{4k^3-4k-12k^3+8k^3+4k}{2k^2+1}=0$.

从而 $k_{MA}+k_{MB}=0$，故直线 MA,MB 的倾斜角互补，即 $\angle OMA=\angle OMB$.

综上，$\angle OMA=\angle OMB$.

典例2 已知椭圆 $C:\dfrac{x^2}{16}+\dfrac{y^2}{12}=1$ 的右焦点为 F，右顶点为 A，离心率为 e，点 $P(m,0)$ $(m>4)$ 满足条件 $\dfrac{|FA|}{|PA|}=e$.

(1) 求 m 的值.

(2) 设过点 F 的直线 l 与椭圆 C 相交于 M,N 两点，记 $\triangle PMF$ 和 $\triangle PNF$ 的面积分别为 S_1,S_2，证明：$\dfrac{S_1}{S_2}=\dfrac{|PM|}{|PN|}$.

解答 (1) 由题意得 $\dfrac{|FA|}{|PA|}=e=\dfrac{1}{2}$，$|FA|=2$，$|PA|=m-4(m>4)$.

从而 $\dfrac{2}{m-4}=\dfrac{1}{2}$，解得 $m=8$.

(2) 由题意得 $S_1=\dfrac{1}{2}|PF||PM|\sin\angle MPF$，$S_2=\dfrac{1}{2}|PF||PN|\sin\angle NPF$.

由解三角形面积公式得 $\dfrac{S_1}{S_2}=\dfrac{\dfrac{1}{2}|PF||PM|\sin\angle MPF}{\dfrac{1}{2}|PF||PN|\sin\angle NPF}=\dfrac{|PM|\sin\angle MPF}{|PN|\sin\angle NPF}$.

设直线 l 的方程为 $x=my+2$，设点 $M(x_1,y_1)$，$N(x_2,y_2)$，且点 $P(8,0)$，于是

$$k_{PM}+k_{PN}=\frac{y_1}{x_1-8}+\frac{y_2}{x_2-8}=\frac{y_1(x_2-8)+y_2(x_1-8)}{(x_1-8)(x_2-8)}=\frac{x_2y_1+x_1y_2-8(y_1+y_2)}{x_1x_2-8(x_1+x_2)+64}$$
$$=\frac{(my_2+2)y_1+(my_1+2)y_2-8(y_1+y_2)}{(my_1+2)(my_2+2)-8[m(y_1+y_2)+4]+64}=\frac{2my_1y_2-6(y_1+y_2)}{m^2y_1y_2-6m(y_1+y_2)+36}$$

联立方程 $\begin{cases} x=my+2 \\ 3x^2+4y^2=48 \end{cases}$,消去 x 得 $(3m^2+4)y^2+12my-36=0$.

由韦达定理得 $\begin{cases} y_1+y_2=-\dfrac{12m}{3m^2+4} \\ y_1y_2=\dfrac{-36}{3m^2+4} \end{cases}$,从而 $k_{PM}+k_{PN}=\dfrac{\dfrac{-72m}{3m^2+4}+\dfrac{72m}{3m^2+4}}{\dfrac{-36m^2}{3m^2+4}+\dfrac{72m^2}{3m^2+4}+36}=0$.

故 $\angle MPF=\angle NPF$,因此 $\dfrac{S_1}{S_2}=\dfrac{|PM|}{|PN|}$.

好题精练

精练1 已知动圆过定点 $A(4,0)$,且在 y 轴上截得的弦 MN 的长为 8.
(1)求动圆圆心的轨迹 C 的方程.
(2)已知点 $B(-1,0)$,设不垂直于 x 轴的直线 l 与轨迹 C 交于不同的两点 P,Q,若 x 轴是 $\angle PBQ$ 的角平分线,证明:直线 l 过定点.

精练2 已知点 $M(1,2)$ 为抛物线 $C:y^2=2px(p>0)$ 上一点,过点 $T(0,1)$ 的直线与抛物线 C 交于 A,B 两点,且直线 MA 与 MB 的倾斜角互补,则 $|TA|\cdot|TB|=$ _____.

精练3 已知椭圆 $C:\dfrac{x^2}{a^2}+\dfrac{y^2}{b^2}=1(a>b>0)$ 的左、右焦点分别为 $F_1(-1,0),F_2(1,0)$,点 P 为椭圆 C 上一点,且 $\angle F_1PF_2=60°$,$\triangle PF_1F_2$ 的面积为 $\dfrac{\sqrt{3}}{3}$.
(1)求椭圆 C 的标准方程.
(2)直线 l_1 与椭圆 C 相交于 A,B 两点,直线 l_2 与椭圆 C 相交于 D,E 两点,且 A,B,D,E 四点的横坐标均不相同,若直线 l_1 与直线 l_2 的斜率互为相反数,证明:直线 AD 和直线 BE 的斜率互为相反数.

精练4 已知椭圆 $C:\dfrac{x^2}{a^2}+\dfrac{y^2}{b^2}=1(a>b>0)$ 的离心率为 $\dfrac{\sqrt{2}}{2}$,以椭圆 C 的短轴为直径的圆与直线 $y=ax+6$ 相切.
(1)求椭圆 C 的方程.
(2)直线 $l:y=k(x-1)(k\neq 0)$ 与椭圆 C 相交于 A,B 两点,过椭圆 C 上的点 P 作 x 轴的平行线交线段 AB 于点 Q,直线 OP 的斜率为 k'(点 O 为坐标原点),$\triangle APQ$ 的面积为 S_1,$\triangle BPQ$ 的面积为 S_2. 若 $|AP|\cdot S_2=|BP|\cdot S_1$,判断 $k\cdot k'$ 是否为定值?并说明理由.

5.5 斜率和积关系

如果前面所讲的垂直关系、互余关系、互补关系是斜率和积关系的特殊情况,那么我们可以将 $k_1k_2=A$,$k_1+k_2=B$ 当成一种斜率关系固定下来,即双斜率问题,又称为"手电筒模型".由于圆锥曲线的核心在于韦达定理,而韦达定理的出现需要"直线方程与曲线方程联立"这一条件,直线的重要因素是斜率,因此我们将斜率关系式视为解题核心,故称其为解题支柱.

典例1 如图2所示,已知椭圆 $\dfrac{x^2}{4}+y^2=1$ 的左、右顶点分别为 A,B,点 C 是椭圆上异于点 A,B 的动点,过原点 O 平行于直线 AC 的直线与椭圆交于点 M,N,直线 AC 的中点为点 D,直线 OD 与椭圆交于点 P,Q,点 P,C,M 在 x 轴的上方.

(1)当 $|AC|=\sqrt{5}$ 时,求 $\cos\angle POM$.

(2)求 $|PQ|\cdot|MN|$ 的最大值.

解答 (1)由题意得 $A(-2,0)$,设点 $C(x_0,y_0)$,$D\left(\dfrac{x_0-2}{2},\dfrac{y_0}{2}\right)$.

从而 $k_{AC}\cdot k_{OD}=\dfrac{y_0}{x_0+2}\cdot\dfrac{y_0}{x_0-2}=\dfrac{1-\frac{1}{4}x_0^2}{x_0^2-4}=-\dfrac{1}{4}$.

因为 $|AC|=\sqrt{5}$,所以点 C 在圆 $(x+2)^2+y^2=5$ 上.

因为点 C 在椭圆 $\dfrac{x^2}{4}+y^2=1$ 上,所以 $C(x_0,y_0)$ 满足 $\begin{cases}(x+2)^2+y^2=5\\\dfrac{x^2}{4}+y^2=1\end{cases}$.

从而 $(x_0+2)^2+1-\dfrac{x_0^2}{4}=5$,故 $\dfrac{3}{4}x_0^2+4x_0=0$,解得 $x_0=0$ 或 $x_0=-\dfrac{16}{3}<-2$(舍去).

又因为点 C 在 x 轴上方,所以 $C(0,1)$.

于是直线 AC 的斜率为 $\dfrac{1}{2}$,故直线 OD 的斜率为 $-\dfrac{1}{2}$,直线 MN 的斜率为 $\dfrac{1}{2}$,从而直线 MN 与直线 OD 关于 y 轴对称.

设直线 AC 的倾斜角为 θ,故 $\tan\theta=\dfrac{1}{2}$.

因此,$\cos\angle POM=\cos 2\left(\dfrac{\pi}{2}-\theta\right)=-\cos 2\theta=\sin^2\theta-\cos^2\theta=\dfrac{\sin^2\theta-\cos^2\theta}{\sin^2\theta+\cos^2\theta}=\dfrac{\tan^2\theta-1}{\tan^2\theta+1}=-\dfrac{3}{5}$.

(2)设直线 MN 的斜率为 $k,k>0$,故直线 $MN:y=kx$,直线 $PQ:y=-\dfrac{1}{4k}x$,设 $M(x_1,y_1),N(x_2,y_2)$.

联立方程 $\begin{cases}y=kx\\\dfrac{x^2}{4}+y^2=1\end{cases}$,消去 y 得 $(4k^2+1)x^2=4$,$x^2=\dfrac{4}{4k^2+1}$.

从而 $|MN|^2=(1+k^2)\dfrac{16}{4k^2+1}$,同理可得 $|PQ|^2=\left(1+\dfrac{1}{16k^2}\right)\dfrac{16}{\frac{4}{16k^2}+1}=\dfrac{4(16k^2+1)}{4k^2+1}$.

于是 $|MN|^2\cdot|PQ|^2=\dfrac{16(4k^2+4)(16k^2+1)}{(4k^2+1)^2}\leqslant\dfrac{16\left(\dfrac{4k^2+4+16k^2+1}{2}\right)^2}{(4k^2+1)^2}=\dfrac{4(20k^2+5)^2}{(4k^2+1)^2}=100$.

整理得 $|MN|\cdot|PQ|\leqslant 10$,当 $4k^2+4=16k^2+1$,即 $k=\dfrac{1}{2}$ 时取等号,故 $|PQ|\cdot|MN|$ 最大值为 10.

典例2 已知点 $P(4,3)$ 在双曲线 $C:\dfrac{x^2}{a^2}-\dfrac{y^2}{b^2}=1(a>0,b>0)$ 上,过点 P 作 x 轴的平行线,分别交双曲线 C 的两条渐近线于 M,N 两点,$|PM|\cdot|PN|=4$.

(1)求双曲线 C 的方程.

(2)若直线 $l:y=kx+m$ 与双曲线 C 交于不同的两点 A,B,设直线 PA,PB 的斜率分别为 k_1,k_2,从下面两个条件中选一个(多选只按先做给分),证明:直线 l 过定点.

(i) $k_1+k_2=1$. (ii) $k_1k_2=1$.

解答 (1)因为点 $P(4,3)$ 在双曲线 C 上,所以 $\dfrac{16}{a^2}-\dfrac{9}{b^2}=1$.

过点 P 作 x 轴的平行线 $y=3$,与 $y=\pm\dfrac{b}{a}x$ 相交于 M,N 两点. 不妨令 $M\left(\dfrac{3a}{b},3\right), N\left(-\dfrac{3a}{b},3\right)$.

因为 $|PM|\cdot|PN|=4$,所以 $\left|4-\dfrac{3a}{b}\right|\cdot\left|4+\dfrac{3a}{b}\right|=\left|16-\dfrac{9a^2}{b^2}\right|=a^2\left|\dfrac{16}{a^2}-\dfrac{9}{b^2}\right|=a^2=4$.

将"$a^2=4$"代入 $\dfrac{16}{a^2}-\dfrac{9}{b^2}=1$,解得 $b^2=3$,从而双曲线 C 的方程为 $\dfrac{x^2}{4}-\dfrac{y^2}{3}=1$.

(2)由题意得直线 l 与双曲线 C 交于不同的两点 A,B,设点 $A(x_1,y_1),B(x_2,y_2)$.

联立方程 $\begin{cases}\dfrac{x^2}{4}-\dfrac{y^2}{3}=1\\ y=kx+m\end{cases}$,消去 y 得 $(3-4k^2)x^2-8kmx-4m^2-12=0$,且 $3-4k^2\neq 0$.

$\Delta=(-8km)^2-4(3-4k^2)(-4m^2-12)>0$,即 $m^2+3-4k^2>0$.

由韦达定理得 $x_1+x_2=\dfrac{8km}{3-4k^2}, x_1x_2=\dfrac{-4m^2-12}{3-4k^2}$.

选(i):因为 $k_1+k_2=1$,所以 $\dfrac{y_1-3}{x_1-4}+\dfrac{y_2-3}{x_2-4}=1$.

整理得 $(x_2-4)(kx_1+m-3)+(x_1-4)(kx_2+m-3)=(x_1-4)(x_2-4)$.

展开得 $2kx_1x_2+(m-3-4k)(x_1+x_2)-8(m-3)=x_1x_2-4(x_1+x_2)+16$.

代入韦达定理可得 $m^2+2km-8k^2-6k-6m+9=0$,即 $(m^2-6m+9)+2k[(m-3)-4k]=(m-3)^2+2k(m-3)-8k^2=(m-2k-3)(m+4k-3)=0$,解得 $m=2k+3$ 或 $m=-4k+3$.

当 $m=2k+3$ 时,$y=kx+m=kx+2k+3=k(x+2)+3$,故直线 l 过定点 $(-2,3)$.

当 $m=-4k+3$ 时,$y=kx+m=kx-4k+3=k(x-4)+3$,故直线 l 过定点 $P(4,3)$,舍去.

综上可得,直线 l 过定点 $(-2,3)$.

选(ii):因为 $k_1k_2=1$,所以 $\dfrac{y_1-3}{x_1-4}\cdot\dfrac{y_2-3}{x_2-4}=1$.

整理得 $\dfrac{(kx_1+m)(kx_2+m)-3[(kx_1+m)+(kx_2+m)]+9}{(x_1-4)(x_2-4)}=1$.

展开得 $\dfrac{k^2x_1x_2+km(x_1+x_2)+m^2-3k(x_1+x_2)-6m+9}{x_1x_2-4(x_1+x_2)+16}=1$.

代入韦达定理得 $7m^2+32km+16k^2-18m-9=0$,即 $(7m^2-18m-9)+4k(7m+3)+4k(m-3)+16k^2=[(7m+3)+4k][(m-3)+4k]=0$,解得 $m=-\dfrac{4k+3}{7}$ 或 $m=-4k+3$.

当 $m=-\dfrac{4k+3}{7}$ 时,$y=kx+m=kx-\dfrac{4k+3}{7}=k\left(x-\dfrac{4}{7}\right)-\dfrac{3}{7}$,故直线 l 过定点 $\left(\dfrac{4}{7},-\dfrac{3}{7}\right)$.

当 $m=-4k+3$ 时,$y=kx+m=kx-4k+3=k(x-4)+3$,故直线 l 过定点 $P(4,3)$,舍去.

综上,直线 l 过定点 $\left(\dfrac{4}{7},-\dfrac{3}{7}\right)$.

技法6　解题支柱之平面向量

6.1　向量之积

> **向量判定**：(1)当 $\alpha\cdot\beta=0$ 时,可以证明点在圆上或夹角为直角；(2)当 $\alpha\cdot\beta<0$ 时,可以证明点在圆内或夹角为钝角；(3)当 $\alpha\cdot\beta>0$ 时,可以证明点在圆外或夹角为锐角.
> **射影定理**：点 C 在 AB 上的射影为 P,且 $CP^2=PA\cdot PB$,则 $CA\perp CB$.

1 点在圆上

典例1　（北京卷）已知抛物线 $C:x^2=-2py$ 经过点 $(2,-1)$.

(1)求抛物线 C 的方程及其准线方程.

(2)设点 O 为原点,过抛物线 C 的焦点作斜率不为0的直线 l 交抛物线 C 于两点 M,N,直线 $y=-1$ 分别交直线 OM,ON 于点 A 和点 B.证明：以 AB 为直径的圆经过 y 轴上的两个定点.

解答　(1)由题意得抛物线 $C:x^2=-2py$ 经过点 $(2,-1)$,故 $p=2$.

从而抛物线 C 的方程为 $x^2=-4y$,其准线方程为 $y=1$.

(2)抛物线 C 的焦点为 $F(0,-1)$,设直线 l 的方程为 $y=kx-1(k\neq 0)$.

联立方程 $\begin{cases} y=kx-1 \\ x^2=-4y \end{cases}$,消去 y 得 $x^2+4kx-4=0$. 设点 $M(x_1,y_1),N(x_2,y_2)$,则 $x_1x_2=-4$.

设直线 OM 的方程为 $y=\dfrac{y_1}{x_1}x$,令 $y=-1$,可得点 A 的横坐标 $x_A=-\dfrac{x_1}{y_1}$.

同理得点 B 的横坐标 $x_B=-\dfrac{x_2}{y_2}$. 设点 $D(0,n)$,故 $\overrightarrow{DA}=\left(-\dfrac{x_1}{y_1},-1-n\right)$,$\overrightarrow{DB}=\left(-\dfrac{x_2}{y_2},-1-n\right)$.

从而 $\overrightarrow{DA}\cdot\overrightarrow{DB}=\dfrac{x_1x_2}{y_1y_2}+(n+1)^2=\dfrac{x_1x_2}{\left(-\dfrac{x_1^2}{4}\right)\left(-\dfrac{x_2^2}{4}\right)}+(n+1)^2=\dfrac{16}{x_1x_2}+(n+1)^2=-4+(n+1)^2$.

令 $\overrightarrow{DA}\cdot\overrightarrow{DB}=0$,即 $-4+(n+1)^2=0$,解得 $n=1$ 或 $n=-3$.

综上,以 AB 为直径的圆经过 y 轴上的定点 $(0,1)$ 和 $(0,-3)$.

好题精练

精练1　设椭圆 $\dfrac{x^2}{a^2}+\dfrac{y^2}{b^2}=1(a>b>0)$ 的左、右焦点为 F_1,F_2,右顶点为 A,上顶点为 B.已知 $|AB|=\dfrac{\sqrt{3}}{2}|F_1F_2|$.设点 P 为椭圆上异于其顶点的一点,以线段 PB 为直径的圆经过点 F_1,经过原点 O 的直线 l 与该圆相切,求直线 l 的斜率.

精练2　双曲线 $C:\dfrac{x^2}{a^2}-\dfrac{y^2}{b^2}=1(a>0,b>0)$ 的右焦点为 $F(2,0)$,点 F 到 C 的渐近线的距离为1.

(1)求双曲线 C 的方程.

(2)若直线 l_1 与双曲线 C 的右支相切,切点为 P,l_1 与直线 $l_2:x=\dfrac{3}{2}$ 交于点 Q,问：x 轴上是否存在定点 M,使得 $MP\perp MQ$？若存在,求出 M 点坐标；若不存在,请说明理由.

2 点在圆内

典例2 设点 A,B 分别为椭圆 $\dfrac{x^2}{4}+\dfrac{y^2}{3}=1$ 的左、右顶点,设点 P 为直线 $x=4$ 上异于点 $(4,0)$ 的任意一点,若直线 AP,BP 分别与椭圆相交于异于 A,B 的点 M,N,证明:点 B 在以 MN 为直径的圆内.

法一 由题意得 $A(-2,0),B(2,0)$,设直线 AM 的斜率为 k,点 $M(x_1,y_1)$.

设直线 $AM:y=k(x+2)$.

联立方程 $\begin{cases} y=k(x+2) \\ 3x^2+4y^2=12 \end{cases}$,消去 y 得 $(4k^2+3)x^2+16k^2x+16k^2-12=0$.

从而 $x_A x_1=\dfrac{16k^2-12}{4k^2+3}$,即 $x_1=\dfrac{6-8k^2}{4k^2+3}$,$y_1=kx_1+2k=\dfrac{12k}{4k^2+3}$,故 $M\left(\dfrac{6-8k^2}{4k^2+3},\dfrac{12k}{4k^2+3}\right)$

设点 $P(4,y_0)$,因为点 P 在直线 AM 上,所以 $y_0=k(4+2)=6k$,即 $P(4,6k)$.

于是 $\overrightarrow{BP}=(2,6k)$,$\overrightarrow{BM}=\left(\dfrac{-16k^2}{4k^2+3},\dfrac{12k}{4k^2+3}\right)$.

又因为 $\overrightarrow{BP}\cdot\overrightarrow{BM}=\dfrac{-32k^2}{4k^2+3}+6k\cdot\dfrac{12k}{4k^2+3}=\dfrac{40k^2}{4k^2+3}>0$,所以 $\angle MBP$ 为锐角,故 $\angle MBN$ 为钝角.

因此,点 B 在以 MN 为直径的圆内.

法二 由题意得 $A(-2,0),B(2,0)$.设点 $M(x_0,y_0)$.因为点 M 在椭圆上,所以 $y_0^2=\dfrac{3}{4}(4-x_0^2)$ ①.

又因为点 M 异于顶点 A,B,所以 $-2<x_0<2$.

由点 P,A,M 三点共线得 $P\left(4,\dfrac{6y_0}{x_0+2}\right)$,故 $\overrightarrow{BM}=(x_0-2,y_0)$,$\overrightarrow{BP}=\left(2,\dfrac{6y_0}{x_0+2}\right)$.

从而 $\overrightarrow{BM}\cdot\overrightarrow{BP}=2x_0-4+\dfrac{6y_0^2}{x_0+2}=\dfrac{2}{x_0+2}(x_0^2-4+3y_0^2)$ ②.

将式①代入式②,化简得 $\overrightarrow{BM}\cdot\overrightarrow{BP}=\dfrac{5}{2}(2-x_0)$.

因为 $2-x_0>0$,所以 $\overrightarrow{BM}\cdot\overrightarrow{BP}>0$,故 $\angle MBP$ 为锐角,即 $\angle MBN$ 为钝角.

因此,点 B 在以 MN 为直径的圆内.

好题精练

精练3 已知 $M(2,1)$ 为椭圆 $C:\dfrac{x^2}{8}+\dfrac{y^2}{2}=1$ 上的点.直线 l 平行于 OM(点 O 为坐标原点),且与椭圆 C 交于 A,B 两个不同的点,若 $\angle AOB$ 为钝角,求直线 l 在 y 轴上的截距 m 的取值范围.

精练4 过抛物线 $y^2=2px(p>0)$ 的焦点 F 作直线交抛物线于 A,B 两点,点 O 为坐标原点,点 M 为线段 AB 的中点.

(1)证明:$\overrightarrow{OA}\cdot\overrightarrow{OB}<0$.

(2)比较 $|\overrightarrow{OM}|$ 与 $\dfrac{|\overrightarrow{AB}|}{2}$ 的大小.

精练5 已知椭圆 C 的方程为 $\dfrac{x^2}{a^2}+\dfrac{y^2}{3}=1$,斜率为 $k(k\neq 0)$ 的直线与椭圆 C 相交于 M,N 两点.

(1)若点 G 为线段 MN 的中点,且 $k_{OG}=-\dfrac{3}{4k}$,求椭圆 C 的方程.

(2)在(1)的条件下,若点 P 是椭圆 C 的左顶点,$k_{PM}\cdot k_{PN}=-\dfrac{1}{4}$,点 F 是椭圆的左焦点,要使点 F 在以 MN 为直径的圆内,求 k 的取值范围.

3 点在圆外

典例3 已知椭圆 $E: \dfrac{x^2}{4} + \dfrac{y^2}{2} = 1$，设直线 $l: x = my - 1 (m \in R)$ 交椭圆 E 于 A, B 两点，判断点 $G\left(-\dfrac{9}{4}, 0\right)$ 与以线段 AB 为直径的圆的位置关系，并说明理由．

法一 设点 $A(x_1, y_1)$，$B(x_2, y_2)$，故 $\overrightarrow{GA} = \left(x_1 + \dfrac{9}{4}, y_1\right)$，$\overrightarrow{GB} = \left(x_2 + \dfrac{9}{4}, y_2\right)$．

联立方程 $\begin{cases} x = my - 1 \\ \dfrac{x^2}{4} + \dfrac{y^2}{2} = 1 \end{cases}$，消去 x 得 $(m^2 + 2)y^2 - 2my - 3 = 0$．

由韦达定理得 $y_1 + y_2 = \dfrac{2m}{m^2 + 2}$，$y_1 y_2 = -\dfrac{3}{m^2 + 2}$，从而

$$\overrightarrow{GA} \cdot \overrightarrow{GB} = \left(x_1 + \dfrac{9}{4}\right)\left(x_2 + \dfrac{9}{4}\right) + y_1 y_2 = \left(my_1 + \dfrac{5}{4}\right)\left(my_2 + \dfrac{5}{4}\right) + y_1 y_2$$
$$= (m^2 + 1)y_1 y_2 + \dfrac{5}{4}m(y_1 + y_2) + \dfrac{25}{16} = \dfrac{5m^2}{2(m^2 + 2)} - \dfrac{3(m^2 + 1)}{m^2 + 2} + \dfrac{25}{16} = \dfrac{17m^2 + 2}{16(m^2 + 2)} > 0$$

故 $\cos\langle\overrightarrow{GA}, \overrightarrow{GB}\rangle > 0$．因为 $\overrightarrow{GA}, \overrightarrow{GB}$ 不共线，所以 $\angle AGB$ 为锐角．
因此，点 $G\left(-\dfrac{9}{4}, 0\right)$ 在以 AB 为直径的圆外．

法二 设点 $A(x_1, y_1)$，$B(x_2, y_2)$，AB 中点为 $H(x_0, y_0)$．

联立方程 $\begin{cases} x = my - 1 \\ \dfrac{x^2}{4} + \dfrac{y^2}{2} = 1 \end{cases}$，消去 x 得 $(m^2 + 2)y^2 - 2my - 3 = 0$．

由韦达定理得 $y_1 + y_2 = \dfrac{2m}{m^2 + 2}$，$y_1 y_2 = -\dfrac{3}{m^2 + 2}$，从而 $y_0 = \dfrac{m}{m^2 + 2}$．

从而 $|GH|^2 = \left(x_0 + \dfrac{9}{4}\right)^2 + y_0^2 = \left(my_0 + \dfrac{5}{4}\right)^2 + y_0^2 = (m^2 + 1)y_0^2 + \dfrac{5}{2}my_0 + \dfrac{25}{16}$．

$\dfrac{|AB|^2}{4} = \dfrac{(m^2 + 1)(y_1 - y_2)^2}{4} = \dfrac{(m^2 + 1)[(y_1 + y_2)^2 - 4y_1 y_2]}{4} = (m^2 + 1)(y_0^2 - y_1 y_2)$．

$|GH|^2 - \dfrac{|AB|^2}{4} = \dfrac{5}{2}my_0 + (m^2 + 1)y_1 y_2 + \dfrac{25}{16} = \dfrac{5m^2}{2(m^2 + 2)} - \dfrac{3(m^2 + 1)}{m^2 + 2} + \dfrac{25}{16} = \dfrac{17m^2 + 2}{16(m^2 + 2)} > 0$．

比较可得 $|GH| > \dfrac{|AB|}{2}$，故点 $G\left(-\dfrac{9}{4}, 0\right)$ 在以 AB 为直径的圆外．

名师点睛

已知在 $\triangle OAB$ 中，点 M 为线段 AB 的中点．

当 $\overrightarrow{OA} \cdot \overrightarrow{OB} < 0$ 时，$|\overrightarrow{OM}| < \dfrac{|\overrightarrow{AB}|}{2}$，即钝角 $\triangle OAB$ 中，长边 AB 上的中线小于 $\dfrac{1}{2}|AB|$．

当 $\overrightarrow{OA} \cdot \overrightarrow{OB} = 0$ 时，$|\overrightarrow{OM}| = \dfrac{|\overrightarrow{AB}|}{2}$，即 $\mathrm{Rt}\triangle OAB$ 中，斜边 AB 上的中线等于 $\dfrac{1}{2}|AB|$．

当 $\overrightarrow{OA} \cdot \overrightarrow{OB} > 0$ 时，$|\overrightarrow{OM}| > \dfrac{|\overrightarrow{AB}|}{2}$，即 $\triangle OAB$ 中，锐角所对的边 AB 上的中线大于 $\dfrac{1}{2}|AB|$．

 好题精练

精练6 设点 F_1, F_2 分别是椭圆 $\dfrac{x^2}{4} + y^2 = 1$ 的左、右焦点．设过定点 $M(0, 2)$ 的直线 l 与椭圆交于不同的两点 A, B，且 $\angle AOB$ 为锐角（其中点 O 为坐标原点），求直线 l 的斜率 k 的取值范围．

6.2 几何关系

> **1. 平行四边形的判断法则**
> (1) 向量法:若 $\overrightarrow{OA}=\overrightarrow{OB}+\overrightarrow{OC}$,则四边形 $OABC$ 为平行四边形.
> (2) 对角线法:若四边形对角线互相平分,则四边形为平行四边形.
> (3) 对边关系:若四边形一组对边平行且相等,则四边形为平行四边形.
> 此外,平行四边形的性质有:对边平行且相等、对角相等、邻角互补.
> **2. 菱形的判定法则**
> 在平行四边形的前提下,若对角线垂直或邻边相等,则为菱形.
> **3. 矩形的判定法则**
> 在平行四边形的前提下,若邻边垂直(或对角线相等),则为矩形.

1 向量法

典例1 在 $\triangle ABC$ 中,点 A,B 的坐标分别是 $(-\sqrt{2},0),(\sqrt{2},0)$,点 G 是 $\triangle ABC$ 的重心,y 轴上一点 M 满足 $GM /\!/ AB$,且 $|MC|=|MB|$.

(1) 求 $\triangle ABC$ 的顶点 C 的轨迹 E 的方程.

(2) 直线 $l:y=kx+m$ 与轨迹 E 相交于 P,Q 两点,若在轨迹 E 上存在点 R,使得四边形 $OPRQ$ 为平行四边形(其中点 O 为坐标原点),求 m 的取值范围.

解答 (1) 设点 $C(x,y)$,由点 G 是 $\triangle ABC$ 的重心得 $G\left(\dfrac{x}{3},\dfrac{y}{3}\right)$.

由 y 轴上一点 M 满足 $GM /\!/ AB$,解得 $M\left(0,\dfrac{y}{3}\right)$.

由 $|MC|=|MB|$ 得 $\sqrt{x^2+\left(y-\dfrac{1}{3}y\right)^2}=\sqrt{(0-\sqrt{2})^2+\left(\dfrac{y}{3}\right)^2}$.

整理得 $\dfrac{x^2}{2}+\dfrac{y^2}{6}=1(y\neq 0)$,故点 C 的轨迹 E 的方程为 $\dfrac{x^2}{2}+\dfrac{y^2}{6}=1(y\neq 0)$.

(2) 因为四边形 $OPRQ$ 为平行四边形,所以 $\overrightarrow{OR}=\overrightarrow{OP}+\overrightarrow{OQ}$.

设点 $P(x_1,y_1),Q(x_2,y_2)$,则 $R(x_1+x_2,y_1+y_2)$.

因为点 R 在椭圆上,所以 $3(x_1+x_2)^2+(y_1+y_2)^2=6$.

展开得 $(3x_1^2+y_1^2)+(3x_2^2+y_2^2)+6x_1x_2+2y_1y_2=6$ ①.

因为点 P,Q 在椭圆上,所以 $\begin{cases}3x_1^2+y_1^2=6\\3x_2^2+y_2^2=6\end{cases}$,代入式①得 $6x_1x_2+2y_1y_2+12=6$,即 $3x_1x_2+y_1y_2=-3$ ②.

联立方程 $\begin{cases}y=kx+m\\3x^2+y^2=6\end{cases}$,消去 y 得 $(k^2+3)x^2+2kmx+m^2-6=0$.

由韦达定理得 $x_1+x_2=-\dfrac{2km}{3+k^2}$,$x_1x_2=\dfrac{m^2-6}{k^2+3}$ ③.

从而 $y_1y_2=(kx_1+m)(kx_2+m)=k^2x_1x_2+km(x_1+x_2)+m^2=\dfrac{3m^2-6k^2}{k^2+3}$ ④.

将式③④代入式②得 $3\cdot\dfrac{m^2-6}{k^2+3}+\dfrac{3m^2-6k^2}{k^2+3}=-3$,解得 $2m^2=k^2+3$ ⑤.

因为 $(k^2+3)x^2+2kmx+m^2-6=0$ 有两个不等实根,所以 $\Delta=4k^2m^2-4(k^2+3)(m^2-6)>0$,即 $-3m^2+6k^2+18>0$,将式⑤代入得 $-3m^2+6(2m^2-3)+18>0$,即 $m^2>0$.

又因为 $2m^2 - 3 = k^2 \geq 0$，所以 $m^2 \geq \dfrac{3}{2}$，解得 $m \geq \dfrac{\sqrt{6}}{2}$ 或 $m \leq -\dfrac{\sqrt{6}}{2}$.

综上，$m \in \left(-\infty, -\dfrac{\sqrt{6}}{2}\right] \cup \left[\dfrac{\sqrt{6}}{2}, +\infty\right)$.

好题精练

精练1 已知椭圆 $C: \dfrac{x^2}{a^2} + \dfrac{y^2}{b^2} = 1 (a > b > 0)$ 过点 $(2, 0)$，且椭圆 C 的离心率为 $\dfrac{1}{2}$.

(1) 求椭圆 C 的方程.

(2) 直线 l 过点 $(0, -1)$ 交椭圆于 A, B 两点，椭圆上存在一点 P，使得四边形 $OAPB$ 为平行四边形，求直线 l 的方程.

2 对角线法

典例2 （全国卷）已知椭圆 $C: 9x^2 + y^2 = m^2 (m > 0)$，直线 l 不过原点 O 且不平行于坐标轴，l 与 C 有两个交点 A, B，线段 AB 的中点为 M.

(1) 证明：直线 OM 的斜率与 l 的斜率的乘积为定值.

(2) 若 l 过点 $\left(\dfrac{m}{3}, m\right)$，延长线段 OM 与 C 交于点 P，四边形 $OAPB$ 能否为平行四边形？若能，求此时 l 的斜率；若不能，说明理由.

解答 (1) 设直线 $l: y = kx + b (k \neq 0, b \neq 0)$，点 $A(x_1, y_1)$，$B(x_2, y_2)$，$M(x_M, y_M)$.

将直线 $y = kx + b$ 代入 $9x^2 + y^2 = m^2$ 得 $(k^2 + 9)x^2 + 2kbx + b^2 - m^2 = 0$.

由韦达定理得 $x_M = \dfrac{x_1 + x_2}{2} = -\dfrac{kb}{k^2 + 9}$，$y_M = kx_M + b = \dfrac{9b}{k^2 + 9}$.

于是直线 OM 的斜率 $k_{OM} = \dfrac{y_M}{x_M} = -\dfrac{9}{k}$，即 $k_{OM} \cdot k = -9$，故直线 OM 的斜率与直线 l 的斜率的乘积为定值.

(2) 四边形 $OAPB$ 能为平行四边形.

因为直线 l 过点 $\left(\dfrac{m}{3}, m\right)$，所以 l 不过原点且与椭圆 C 有两个交点的充要条件是 $k > 0, k \neq 3$.

由(1)得 OM 的方程为 $y = -\dfrac{9}{k}x$，设点 P 的横坐标为 x_P.

联立方程 $\begin{cases} y = -\dfrac{9}{k}x \\ 9x^2 + y^2 = m^2 \end{cases}$，解得 $x_P^2 = \dfrac{k^2 m^2}{9k^2 + 81}$，即 $x_P = \dfrac{\pm km}{3\sqrt{k^2 + 9}}$.

将点 $\left(\dfrac{m}{3}, m\right)$ 的坐标代入直线 l 的方程得 $b = \dfrac{m(3 - k)}{3}$，因此 $x_M = \dfrac{mk(k - 3)}{3(k^2 + 9)}$.

四边形 $OAPB$ 为平行四边形当且仅当线段 AB 与线段 OP 互相平分，即 $x_P = 2x_M$.

于是 $\dfrac{\pm km}{3\sqrt{k^2 + 9}} = 2 \times \dfrac{mk(k - 3)}{3(k^2 + 9)}$，解得 $k_1 = 4 - \sqrt{7}$，$k_2 = 4 + \sqrt{7}$.

因为 $k_i > 0, k_i \neq 3, i = 1, 2$，所以当直线 l 的斜率为 $4 - \sqrt{7}$ 或 $4 + \sqrt{7}$ 时，四边形 $OAPB$ 为平行四边形.

精练2 已知点 F 为椭圆 $E:\dfrac{x^2}{a^2}+\dfrac{y^2}{b^2}=1(a>b>0)$ 的右焦点,且点 $P\left(1,\dfrac{3}{2}\right)$ 在椭圆 E 上,直线 $l_0:3x-4y-10=0$ 与以原点为圆心、椭圆 E 的长半轴长为半径的圆相切.

(1)求椭圆 E 的方程.

(2)过点 F 的直线 l 与椭圆相交于 A,B 两点,过点 P 且平行于 AB 的直线与椭圆交于另一点 Q,问:是否存在直线 l,使四边形 $PABQ$ 的对角线互相平分?若存在,求出 l 的方程;若不存在,说明理由.

3 对边关系

典例3 椭圆 $M:\dfrac{x^2}{a^2}+\dfrac{y^2}{b^2}=1(a>b>0)$ 的左顶点为 $A(-2,0)$,离心率为 $\dfrac{\sqrt{3}}{2}$.

(1)求椭圆 M 的方程.

(2)已知经过点 $\left(0,\dfrac{\sqrt{3}}{2}\right)$ 的直线 l 交椭圆 M 于 B,C 两点,点 D 是直线 $x=-4$ 上一点.若四边形 $ABCD$ 为平行四边形,求直线 l 的方程.

解答 (1)由题意得 $\begin{cases} a=2 \\ e=\dfrac{c}{a}=\dfrac{\sqrt{3}}{2} \\ b^2=a^2-c^2 \end{cases}$,解得 $b^2=1$,故椭圆 M 的方程为 $\dfrac{x^2}{4}+y^2=1$.

(2)当直线 l 的斜率不存在时,四边形 $ABCD$ 不可能为平行四边形.

当直线 l 的斜率存在时,设直线 $l:y=kx+\dfrac{\sqrt{3}}{2}$,点 $B(x_1,y_1),C(x_2,y_2)$.

联立方程 $\begin{cases} y=kx+\dfrac{\sqrt{3}}{2} \\ x^2+4y^2=4 \end{cases}$,消去 y 得 $(1+4k^2)x^2+4\sqrt{3}kx-1=0$.

$\Delta=(4\sqrt{3}k)^2+4(1+4k^2)=4(16k^2+1)>0$.因为 $x_1,x_2=\dfrac{-4\sqrt{3}k\pm\sqrt{\Delta}}{2(1+4k^2)}$,所以 $|x_1-x_2|=\dfrac{\sqrt{\Delta}}{1+4k^2}$.

由四边形 $ABCD$ 为平行四边形可得 $\overrightarrow{AD}=\overrightarrow{BC}$,从而 $|x_A-x_D|=|x_1-x_2|$,故 $2=\dfrac{\sqrt{4(16k^2+1)}}{1+4k^2}$,解得 $k^2=0$ 或 $\dfrac{1}{2}$,即 $k=0$ 或 $k=\pm\dfrac{\sqrt{2}}{2}$.

因此,直线 l 的方程为 $y=\dfrac{\sqrt{3}}{2}$ 或 $y=\dfrac{\sqrt{2}}{2}x+\dfrac{\sqrt{3}}{2}$ 或 $y=-\dfrac{\sqrt{2}}{2}x+\dfrac{\sqrt{3}}{2}$.

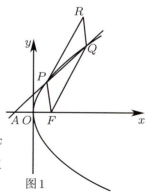

精练3 如图1所示,过点 $A(-1,0)$ 斜率为 k 的直线 l 与抛物线 $C:y^2=4x$ 交于 P,Q 两点,若曲线 C 的焦点 F 与 P,Q,R 三点按图1顺序构成平行四边形,求点 R 的轨迹方程.

图1

4 菱形

典例4 已知椭圆 $C: \dfrac{x^2}{a^2}+\dfrac{y^2}{b^2}=1(a>b>0)$ 的离心率 $e=\dfrac{1}{2}$,点 $A(b,0)$,点 B,F 分别为椭圆的上顶点和左焦点,且 $|BF|\cdot|BA|=2\sqrt{6}$.

(1)求椭圆 C 的方程.

(2)若过定点 $M(0,2)$ 的直线 l 与椭圆 C 交于 G,H 两点(点 G 在点 M 与点 H 之间),设直线 l 的斜率 $k>0$,在 x 轴上是否存在点 $P(m,0)$,使得以 PG,PH 为邻边的平行四边形为菱形?若存在,求出 m 的取值范围;若不存在,请说明理由.

解答 (1)设椭圆的焦距为 $2c$,由离心率 $e=\dfrac{1}{2}$ 得 $a=2c$ ①.

由 $|BF|\cdot|BA|=2\sqrt{6}$ 得 $a\cdot\sqrt{b^2+b^2}=2\sqrt{6}$,故 $ab=2\sqrt{3}$ ②,$a^2-b^2=c^2$ ③.

由式①②③得 $a^2=4,b^2=3$,故椭圆 C 的方程为 $\dfrac{x^2}{4}+\dfrac{y^2}{3}=1$.

(2)由题意得直线 l 的方程为 $y=kx+2(k>0)$.

联立方程 $\begin{cases} y=kx+2 \\ \dfrac{x^2}{4}+\dfrac{y^2}{3}=1 \end{cases}$,消去 y 得 $(3+4k^2)x^2+16kx+4=0$,由 $\Delta>0$ 得 $k>\dfrac{1}{2}$.

设点 $G(x_1,y_1),H(x_2,y_2)$,由韦达定理得 $x_1+x_2=\dfrac{-16k}{4k^2+3}$.

从而 $\overrightarrow{PG}+\overrightarrow{PH}=(x_1+x_2-2m,k(x_1+x_2)+4)$,$\overrightarrow{GH}=(x_2-x_1,y_2-y_1)=(x_2-x_1,k(x_2-x_1))$.

因为菱形的对角线互相垂直,所以 $(\overrightarrow{PG}+\overrightarrow{PH})\cdot\overrightarrow{GH}=0$.

整理得 $(x_1+x_2-2m)(x_2-x_1)+[k(x_1+x_2)+4]k(x_2-x_1)=0$.

化简得 $(1+k^2)(x_1+x_2)+4k-2m=0$,解得 $m=-\dfrac{2k}{4k^2+3}$,即 $m=-\dfrac{2}{4k+\dfrac{3}{k}}$.

因为 $k>\dfrac{1}{2}$,所以 $-\dfrac{\sqrt{3}}{6}\leqslant m<0$(当且仅当 $\dfrac{3}{k}=4k$ 时,等号成立).

因此,存在满足条件的实数 m,m 的取值范围为 $\left[-\dfrac{\sqrt{3}}{6},0\right)$.

精练4 在平面直角坐标系 xOy 中,过右焦点 F 作斜率为 k 的直线 l 与椭圆 $\dfrac{x^2}{4}+\dfrac{y^2}{3}=1$ 交于不同的两点 M,N,在 x 轴上是否存在点 $P(m,0)$,使得以 PM,PN 为邻边的平行四边形是菱形?若存在,请求出实数 m 的取值范围;若不存在,请说明理由.

精练5 直线 $y=kx+m(m\neq 0)$ 与椭圆 $W:\dfrac{x^2}{4}+y^2=1$ 相交于 A,C 两点,点 O 是坐标原点.

(1)当点 B 的坐标为 $(0,1)$,且四边形 $OABC$ 为菱形时,求 AC 的长.

(2)当点 B 在椭圆 W 上且不是椭圆 W 的顶点时,证明:四边形 $OABC$ 不可能为菱形.

5 矩形

典例5 已知圆 $M:(x+\sqrt{5})^2+y^2=36$,定点 $N(\sqrt{5},0)$,点 P 为圆 M 上的动点,点 Q 在直线 NP 上,点 G 在直线 MP 上,且满足 $\overrightarrow{NP}=2\overrightarrow{NQ}$,$\overrightarrow{GQ}\cdot\overrightarrow{NP}=0$.

(1)求点 G 的轨迹 C 的方程.

(2)过点 $(2,0)$ 作直线 l,与曲线 C 交于 A,B 两点,点 O 是坐标原点,设 $\overrightarrow{OS}=\overrightarrow{OA}+\overrightarrow{OB}$,是否存在这样的直线 l,使得四边形 $OASB$ 的对角线相等(即 $|OS|=|AB|$)?若存在,求出直线 l 的方程;若不存在,请说明理由.

解答 (1)由 $\overrightarrow{NP}=2\overrightarrow{NQ}$,$\overrightarrow{GQ}\cdot\overrightarrow{NP}=0$ 得点 Q 为 PN 的中点,且 $GQ\perp PN$,故直线 GQ 为直线 PN 的中垂线.从而 $|PG|=|GN|$,故 $|GN|+|GM|=|MP|=6$.

于是点 G 的轨迹是以点 M,N 为焦点的椭圆,其半长轴长为 $a=3$,半焦距 $c=\sqrt{5}$,解得 $b^2=4$.

因此,轨迹方程为 $\dfrac{x^2}{9}+\dfrac{y^2}{4}=1$.

(2)因为 $\overrightarrow{OS}=\overrightarrow{OA}+\overrightarrow{OB}$,所以四边形 $OASB$ 为平行四边形.

又因为 $|OS|=|AB|$,所以四边形 $OASB$ 为矩形,故 $\overrightarrow{OA}\cdot\overrightarrow{OB}=0$.

若直线 l 的斜率不存在,则此时直线 $l:x=2$.

联立方程 $\begin{cases}x=2\\ \dfrac{x^2}{9}+\dfrac{y^2}{4}=1\end{cases}$,解得 $\begin{cases}x=2\\ y=\pm\dfrac{2\sqrt{5}}{3}\end{cases}$,即 $A\left(2,\dfrac{2\sqrt{5}}{3}\right)$,$B\left(2,-\dfrac{2\sqrt{5}}{3}\right)$.

因此 $\overrightarrow{OA}\cdot\overrightarrow{OB}=\dfrac{16}{9}\neq 0$,故 $l:x=2$ 不符合要求.

若直线 l 的斜率存在,设直线 $l:y=k(x-2)$,点 $A(x_1,y_1)$,$B(x_2,y_2)$.

联立方程 $\begin{cases}y=k(x-2)\\ \dfrac{x^2}{9}+\dfrac{y^2}{4}=1\end{cases}$,消去 y 得 $(9k^2+4)x^2-36k^2x+36(k^2-1)=0$.

由韦达定理得 $x_1+x_2=\dfrac{36k^2}{9k^2+4}$,$x_1x_2=\dfrac{36(k^2-1)}{9k^2+4}$.

从而 $y_1y_2=k(x_1-2)\cdot k(x_2-2)=k^2[x_1x_2-2(x_1+x_2)+4]=-\dfrac{20k^2}{9k^2+4}$.

因为 $OA\perp OB$,所以 $\overrightarrow{OA}\cdot\overrightarrow{OB}=0$.

于是 $\overrightarrow{OA}\cdot\overrightarrow{OB}=x_1x_2+y_1y_2=\dfrac{36(k^2-1)}{9k^2+4}-\dfrac{20k^2}{9k^2+4}=0$,解得 $k=\pm\dfrac{3}{2}$.

因此,存在 $l:3x-2y-6=0$ 或 $3x+2y-6=0$,使得四边形 $OASB$ 的对角线相等.

6.3 向量关系

1 单向量

典例1 已知点 A,B 分别为椭圆 $E:\dfrac{x^2}{a^2}+y^2=1(a>1)$ 的左顶点和下顶点,点 P 为直线 $x=3$ 上的动点,$\overrightarrow{AP}\cdot\overrightarrow{BP}$ 的最小值为 $\dfrac{59}{4}$.

(1)求椭圆 E 的方程.

(2)设直线 PA 与椭圆 E 的另一交点为 D,直线 PB 与椭圆 E 的另一交点为 C,问:是否存在点 P,使得四边形 $ABCD$ 为梯形? 若存在,求点 P 坐标;若不存在,请说明理由.

解答 (1)设点 $P(3,t)$,由题意得 $A(-a,0),B(0,-1)$,故 $\overrightarrow{AP}=(a+3,t),\overrightarrow{BP}=(3,1+t)$.

从而 $\overrightarrow{AP}\cdot\overrightarrow{BP}=9+3a+t^2+t=\left(t+\dfrac{1}{2}\right)^2+3a+\dfrac{35}{4}$.

当 $t=-\dfrac{1}{2}$ 时,$\overrightarrow{AP}\cdot\overrightarrow{BP}$ 取得最小值,最小值为 $3a+\dfrac{35}{4}$,故 $3a+\dfrac{35}{4}=\dfrac{59}{4}$,解得 $a=2$.

因此,椭圆 E 的方程为 $\dfrac{x^2}{4}+y^2=1$.

(2)由(1)得 $\overrightarrow{AP}=(5,t),\overrightarrow{BP}=(3,t+1)$. 假设存在点 P 符合题意.

设点 $D(x_1,y_1)$,则 $\overrightarrow{AD}=(x_1+2,y_1)$.

由题意得存在 $\lambda\in(0,1)$ 使得 $\overrightarrow{AD}=\lambda\overrightarrow{AP}$,即 $\begin{cases}x_1+2=5\lambda\\y_1=\lambda t\end{cases}$,整理得 $\begin{cases}x_1=5\lambda-2\\y_1=\lambda t\end{cases}$ ①.

将式①代入 $\dfrac{x^2}{4}+y^2=1$ 中,得 $\dfrac{(5\lambda-2)^2}{4}+(\lambda t)^2=1$ ②.

设点 $C(x_2,y_2)$,则 $\overrightarrow{BC}=(x_2,y_2+1)$.

同理可得 $\overrightarrow{BC}=\lambda\overrightarrow{BP}$,即 $\begin{cases}x_2=3\lambda\\y_2+1=\lambda t+\lambda\end{cases}$,整理得 $\begin{cases}x_2=3\lambda\\y_2=\lambda t+\lambda-1\end{cases}$ ③.

将式③代入 $\dfrac{x^2}{4}+y^2=1$ 中,得 $\dfrac{(3\lambda)^2}{4}+(\lambda t+\lambda-1)^2=1$ ④.

式②-④整理得 $\lambda(\lambda-1)(3-2t)=0$,且 $\lambda\in(0,1)$,解得 $t=\dfrac{3}{2}$.

因此,存在点 $P\left(3,\dfrac{3}{2}\right)$,使得四边形 $ABCD$ 为梯形.

好题精练

精练1 点 P 是双曲线 $C:\dfrac{y^2}{4}-x^2=1$ 上一点,点 A,B 在双曲线 C 的两条渐近线上,且分别位于第一、二象限,若 $\overrightarrow{AP}=\lambda\overrightarrow{PB},\lambda\in\left[\dfrac{1}{3},2\right]$,求 $\triangle AOB$ 面积的取值范围.

精练2 已知点 A 是焦距为 $2\sqrt{5}$ 的椭圆 $E:\dfrac{x^2}{a^2}+\dfrac{y^2}{b^2}=1(a>b>0)$ 的右顶点,点 $P(0,2\sqrt{3})$,直线 PA 交椭圆 E 于点 B,$\overrightarrow{PB}=\overrightarrow{BA}$.

(1)求椭圆 E 的方程.

(2)设过点 P 且斜率为 k 的直线 l 与椭圆 E 交于 M,N 两点(点 M 在点 P 与点 N 之间),若四边形 $MNAB$ 的面积是 $\triangle PMB$ 面积的 5 倍,求直线 l 的斜率 k.

2 双向量

典例2 已知椭圆 $C: \dfrac{x^2}{a^2}+\dfrac{y^2}{b^2}=1(a>0,b>0)$ 的离心率为 $\dfrac{\sqrt{2}}{2}$，且经过点 $H(-2,1)$.

(1) 求椭圆 C 的方程.

(2) 如图2所示，过点 $P(-3,0)$ 的直线与椭圆 C 交于 A,B 两点，直线 HA,HB 分别交 x 轴于 M,N 两点，点 $G(-2,0)$，若 $\overrightarrow{PM}=\lambda\overrightarrow{PG}$，$\overrightarrow{PN}=\mu\overrightarrow{PG}$. 证明：$\dfrac{1}{\lambda}+\dfrac{1}{\mu}$ 为定值.

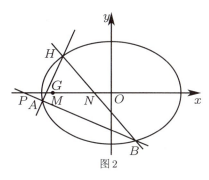

图2

解答 (1) 由题意得 $e=\sqrt{1-\dfrac{b^2}{a^2}}=\dfrac{\sqrt{2}}{2}$.

因为椭圆 C 经过点 $H(-2,1)$，所以 $\dfrac{4}{a^2}+\dfrac{1}{b^2}=1$，解得 $\begin{cases}a^2=6\\b^2=3\end{cases}$，故椭圆 C 的方程为 $\dfrac{x^2}{6}+\dfrac{y^2}{3}=1$.

(2) 设直线 AB 方程为 $x=my-3$，点 $A(x_1,y_1),B(x_2,y_2)$.

联立方程 $\begin{cases}x=my-3\\\dfrac{x^2}{6}+\dfrac{y^2}{3}=1\end{cases}$，消去 x 得 $(m^2+2)y^2-6my+3=0$.

由 $\Delta=36m^2-12(m^2+2)>0$ 得 $m^2>1$.

易知 y_1,y_2 均不为1，由韦达定理得 $y_1+y_2=\dfrac{6m}{m^2+2}$，$y_1y_2=\dfrac{3}{m^2+2}$.

设点 $M(x_M,0),N(x_N,0)$，由点 H,M,A 三点共线得 $\overrightarrow{AM}$ 与 $\overrightarrow{MH}$ 共线.

从而 $x_M-x_1=-y_1(-2-x_M)$，化简得 $x_M=\dfrac{x_1+2y_1}{1-y_1}$.

因为点 H,N,B 三点共线，所以同理可得 $x_N=\dfrac{x_2+2y_2}{1-y_2}$.

由 $\overrightarrow{PM}=\lambda\overrightarrow{PG}$ 得 $(x_M+3,0)=\lambda(1,0)$，即 $\lambda=x_M+3$.

由 $\overrightarrow{PN}=\mu\overrightarrow{PG}$，同理可得 $\mu=x_N+3$，于是

$$\dfrac{1}{\lambda}+\dfrac{1}{\mu}=\dfrac{1}{x_M+3}+\dfrac{1}{x_N+3}=\dfrac{1}{\dfrac{x_1+2y_1}{1-y_1}+3}+\dfrac{1}{\dfrac{x_2+2y_2}{1-y_2}+3}$$

$$=\dfrac{1-y_1}{x_1-y_1+3}+\dfrac{1-y_2}{x_2-y_2+3}=\dfrac{1-y_1}{(m-1)y_1}+\dfrac{1-y_2}{(m-1)y_2}$$

$$=\dfrac{1}{m-1}\cdot\left(\dfrac{1-y_1}{y_1}+\dfrac{1-y_2}{y_2}\right)=\dfrac{1}{m-1}\left(\dfrac{y_1+y_2}{y_1y_2}-2\right)=\dfrac{1}{m-1}\left(\dfrac{\dfrac{6m}{m^2+2}}{\dfrac{3}{m^2+2}}-2\right)=2$$

因此，$\dfrac{1}{\lambda}+\dfrac{1}{\mu}$ 为定值.

精练3 已知椭圆 $C: \dfrac{x^2}{a^2} + \dfrac{y^2}{b^2} = 1 (a > b > 0)$ 的左、右焦点为 F_1, F_2，其上顶点为 A，已知 $\triangle F_1 A F_2$ 是边长为 2 的正三角形.

(1) 求椭圆 C 的方程.

(2) 过点 $Q(-4, 0)$ 任作一动直线 l 交椭圆 C 于 M, N 两点，记 $\overrightarrow{MQ} = \lambda \overrightarrow{QN}$，若在线段 MN 上取一点 R 使得 $\overrightarrow{MR} = -\lambda \overrightarrow{RN}$，试判断当直线 l 运动时，点 R 是否在某一定直线上运动？若在，请求出该定直线；若不在，请说明理由.

精练4 已知双曲线 $E: \dfrac{x^2}{a^2} - \dfrac{y^2}{b^2} = 1 (a > 0, b > 0)$ 的左、右焦点分别为 F_1, F_2，$|F_1 F_2| = 2\sqrt{3}$，且双曲线 E 经过点 $A(\sqrt{3}, 2)$.

(1) 求双曲线 E 的方程.

(2) 过点 $P(2, 1)$ 作动直线 l，与双曲线 E 的左、右支分别交于点 M, N，在线段 MN 上取异于点 M, N 的点 H，满足 $\dfrac{|PM|}{|PN|} = \dfrac{|MH|}{|HN|}$，证明：点 H 恒在一条定直线上.

精练5 已知椭圆 $C: \dfrac{x^2}{a^2} + \dfrac{y^2}{b^2} = 1 (a > b > 0)$，点 M 在椭圆 C 的长轴上运动，过点 M 且斜率大于 0 的直线 l 与椭圆 C 交于 P, Q 两点，与 y 轴交于点 N. 当点 M 为椭圆 C 的右焦点且直线 l 的倾斜角为 $\dfrac{\pi}{6}$ 时，点 N, P 重合，$|PM| = 2$.

(1) 求椭圆 C 的方程.

(2) 当 N, P, Q, M 均不重合时，记 $\overrightarrow{NP} = \lambda \overrightarrow{NQ}$，$\overrightarrow{MP} = \mu \overrightarrow{MQ}$，若 $\lambda \mu = 1$，证明：直线 l 的斜率为定值.

3 向量和

典例3 已知椭圆 $C: \dfrac{x^2}{a^2} + \dfrac{y^2}{b^2} = 1 (a > b > 0)$ 的离心率为 $\dfrac{\sqrt{2}}{2}$,其左、右焦点分别是 F_1, F_2,过点 F_1 的直线 l 交椭圆 C 于 E, G 两点,且 $\triangle EGF_2$ 的周长为 $4\sqrt{2}$.

(1) 求椭圆 C 的方程.

(2) 若过点 $M(2,0)$ 的直线与椭圆 C 相交于两点 A, B,设点 P 为椭圆上一点,且满足 $\overrightarrow{OA} + \overrightarrow{OB} = t\overrightarrow{OP}$ (点 O 为坐标原点),当 $|\overrightarrow{PA} - \overrightarrow{PB}| < \dfrac{2\sqrt{5}}{3}$ 时,求实数 t 的取值范围.

解答 (1) 因为 $e = \dfrac{c}{a} = \dfrac{\sqrt{2}}{2}$,所以 $a:b:c = \sqrt{2}:1:1$.

从而 $\triangle EGF_2$ 的周长为 $4a = 4\sqrt{2}$,即 $a = \sqrt{2}$,解得 $b = 1$,故椭圆方程为 $\dfrac{x^2}{2} + y^2 = 1$.

(2) 设直线 AB 的方程为 $y = k(x-2)$,点 $A(x_1, y_1), B(x_2, y_2), P(x, y)$.

因为 $\overrightarrow{OA} + \overrightarrow{OB} = t\overrightarrow{OP}$,所以 $\begin{cases} x_1 + x_2 = tx \\ y_1 + y_2 = ty \end{cases}$.

联立方程 $\begin{cases} y = k(x-2) \\ x^2 + 2y^2 = 2 \end{cases}$,消去 y 得 $(1 + 2k^2)x^2 - 8k^2 x + 8k^2 - 2 = 0$.

由 $\Delta = (8k^2)^2 - 4(1 + 2k^2)(8k^2 - 2) > 0$ 得 $k^2 < \dfrac{1}{2}$.

由韦达定理得 $x_1 + x_2 = \dfrac{8k^2}{2k^2 + 1}$,$x_1 x_2 = \dfrac{8k^2 - 2}{2k^2 + 1}$.

从而 $y_1 + y_2 = k(x_1 + x_2) - 4k = \dfrac{8k^3}{2k^2 + 1} - 4k = -\dfrac{4k}{2k^2 + 1}$,即 $\begin{cases} x = \dfrac{8k^2}{t(2k^2 + 1)} \\ y = -\dfrac{4k}{t(2k^2 + 1)} \end{cases}$.

代入 $\dfrac{x^2}{2} + y^2 = 1$ 得 $\left(\dfrac{8k^2}{t(2k^2+1)}\right)^2 + 2\left(-\dfrac{4k}{t(2k^2+1)}\right)^2 = 2$,解得 $t^2 = \dfrac{16k^2}{1 + 2k^2}$.

由条件 $|\overrightarrow{PA} - \overrightarrow{PB}| < \dfrac{2\sqrt{5}}{3}$ 得 $|\overrightarrow{AB}| < \dfrac{2\sqrt{5}}{3}$,即 $|AB| = \sqrt{1 + k^2}|x_1 - x_2| < \dfrac{2\sqrt{5}}{3}$.

两边平方得 $(1 + k^2)[(x_1 + x_2)^2 - 4x_1 x_2] < \dfrac{20}{9}$.

将韦达定理代入上式可得 $(1 + k^2)\left[\left(\dfrac{8k^2}{2k^2+1}\right)^2 - 4 \cdot \dfrac{8k^2 - 2}{2k^2 + 1}\right] < \dfrac{20}{9} \Rightarrow (4k^2 - 1)(14k^2 + 13) > 0$.

解得 $k^2 > \dfrac{1}{4}$,即 $k^2 \in \left(\dfrac{1}{4}, \dfrac{1}{2}\right)$.

于是 $t^2 = \dfrac{16k^2}{1 + 2k^2} = 16 \cdot \dfrac{1}{\dfrac{1}{k^2} + 2} \in \left(\dfrac{8}{3}, 4\right)$,故 $t \in \left(-2, -\dfrac{2\sqrt{6}}{3}\right) \cup \left(\dfrac{2\sqrt{6}}{3}, 2\right)$.

精练6 双曲线 $E: x^2 - 5y^2 = 5b^2$ 上一点,点 M, N 分别是双曲线 E 的左、右顶点,过双曲线 E 的右焦点且斜率为 1 的直线交双曲线于 A, B 两点,点 O 为坐标原点,点 C 为双曲线上一点,满足 $\overrightarrow{OC} = \lambda \overrightarrow{OA} + \overrightarrow{OB}$,求 λ 的值.

精练7 已知椭圆 $x^2 + 3y^2 = 3b^2$,斜率为 1 且过右焦点 F 的直线交椭圆于 A, B 两点,点 M 为椭圆上任一点,且 $\overrightarrow{OM} = \lambda \overrightarrow{OA} + \mu \overrightarrow{OB}$,证明:$\lambda^2 + \mu^2$ 为定值.

6.4 向量转化

> 一般情况下,对于向量条件可以直接转化,进而利用韦达定理解出即可,然而在一些题目当中,我们需要对向量条件进行线性运算才能够构造出韦达定理的形式.

典例 已知圆心为 H 的圆 $x^2+y^2+2x-15=0$ 和定点 $A(1,0)$,点 B 是圆上任意一点,线段 AB 的中垂线 l 和直线 BH 相交于点 M,当点 B 在圆上运动时,点 M 的轨迹记为曲线 C.

(1)求曲线 C 的方程.

(2)过点 A 作两条相互垂直的直线分别与曲线 C 相交于点 P,Q 和点 E,F,求 $\overrightarrow{PE}\cdot\overrightarrow{QF}$ 的取值范围.

解答 (1)由 $x^2+y^2+2x-15=0$ 得 $(x+1)^2+y^2=4^2$,故圆心为 $H(-1,0)$,半径为 4.

连接 MA,由直线 l 是线段 AB 的中垂线可得 $|MA|=|MB|$,故 $|MA|+|MH|=|MB|+|MH|=|BH|=4$.又因为 $|AH|=2<4$,所以由椭圆定义得点 M 的轨迹是以点 A,H 为焦点、4 为长轴长的椭圆.因此,椭圆 C 的方程为 $\dfrac{x^2}{4}+\dfrac{y^2}{3}=1$.

(2)由直线 EF 与直线 PQ 垂直得 $\overrightarrow{AP}\cdot\overrightarrow{AE}=\overrightarrow{AQ}\cdot\overrightarrow{AF}=0$.

于是 $\overrightarrow{PE}\cdot\overrightarrow{QF}=(\overrightarrow{AE}-\overrightarrow{AP})\cdot(\overrightarrow{AF}-\overrightarrow{AQ})=\overrightarrow{AE}\cdot\overrightarrow{AF}+\overrightarrow{AP}\cdot\overrightarrow{AQ}$.

(i)当直线 PQ 的斜率不存在时,直线 EF 的斜率为零.

此时不妨取 $P\left(1,\dfrac{3}{2}\right),Q\left(1,-\dfrac{3}{2}\right),E(2,0),F(-2,0)$.

故 $\overrightarrow{PE}\cdot\overrightarrow{QF}=\left(1,-\dfrac{3}{2}\right)\cdot\left(-3,\dfrac{3}{2}\right)=-3-\dfrac{9}{4}=-\dfrac{21}{4}$.

(ii)当直线 PQ 的斜率为 0 时,直线 EF 的斜率不存在,同理可得 $\overrightarrow{PE}\cdot\overrightarrow{QF}=-\dfrac{21}{4}$.

(iii)当直线 PQ 的斜率存在且不为 0 时,直线 EF 的斜率存在.

设直线 PQ 的方程为 $y=k(x-1)$,$P(x_P,y_P),Q(x_Q,y_Q)$,故直线 EF 的方程为 $y=-\dfrac{1}{k}(x-1)$.

将直线 PQ 的方程代入曲线 C 的方程,消去 y 得 $(3+4k^2)x^2-8k^2x+4k^2-12=0$.

由韦达定理得 $x_P+x_Q=\dfrac{8k^2}{3+4k^2}$,$x_P\cdot x_Q=\dfrac{4k^2-12}{3+4k^2}$,从而

$$\overrightarrow{AP}\cdot\overrightarrow{AQ}=(x_P-1)(x_Q-1)+y_P\cdot y_Q=(1+k^2)[x_Px_Q-(x_P+x_Q)+1]$$
$$=(1+k^2)\left(\dfrac{4k^2-12}{3+4k^2}-\dfrac{8k^2}{3+4k^2}+1\right)=-\dfrac{9(1+k^2)}{3+4k^2}$$

将上面的 k 换成 $-\dfrac{1}{k}$,可得 $\overrightarrow{AE}\cdot\overrightarrow{AF}=-\dfrac{9(1+k^2)}{4+3k^2}$.

于是 $\overrightarrow{PE}\cdot\overrightarrow{QF}=\overrightarrow{AE}\cdot\overrightarrow{AF}+\overrightarrow{AP}\cdot\overrightarrow{AQ}=-9(1+k^2)\left(\dfrac{1}{3+4k^2}+\dfrac{1}{4+3k^2}\right)$.令 $1+k^2=t$,则 $t>1$.

将上式化简整理得 $\overrightarrow{PE}\cdot\overrightarrow{QF}=-9t\left(\dfrac{1}{4t-1}+\dfrac{1}{3t+1}\right)=-\dfrac{63t^2}{12t^2+t-1}=-\dfrac{63}{\dfrac{49}{4}-\left(\dfrac{1}{t}-\dfrac{1}{2}\right)^2}$.

由 $t>1$ 得 $0<\dfrac{1}{t}<1$,故 $-\dfrac{21}{4}<\overrightarrow{PE}\cdot\overrightarrow{QF}\leqslant-\dfrac{36}{7}$.

综上,可知 $\overrightarrow{PE}\cdot\overrightarrow{QF}$ 的取值范围为 $\left(-\dfrac{21}{4},-\dfrac{36}{7}\right]$.

精练 1 已知双曲线 $E: \dfrac{x^2}{a^2} - \dfrac{y^2}{b^2} = 1 (a>0, b>0)$ 的左、右焦点分别为 F_1, F_2，且 $|F_1F_2|=4$，若线段 $x-y+4=0 (-2 \leqslant x \leqslant 8)$ 上存在点 M，使得线段 MF_2 与双曲线 E 的一条渐近线的交点 N 满足 $|F_2N| = \dfrac{1}{4}|F_2M|$，则双曲线 E 的离心率的取值范围是 _____.

精练 2 已知椭圆 $\dfrac{x^2}{4} + \dfrac{y^2}{3} = 1$ 的左焦点为 F，左顶点为 A.

(1)若点 P 是椭圆上的任意一点，求 $\overrightarrow{PF} \cdot \overrightarrow{PA}$ 的取值范围.

(2)已知直线 $l: y=kx+m$ 与椭圆相交于不同的两点 M, N（均不是长轴的端点），$AH \perp MN$，垂足为 H 且 $\overrightarrow{AH}^2 = \overrightarrow{MH} \cdot \overrightarrow{HN}$，证明：直线 l 恒过定点.

精练 3 已知抛物线 $C: y^2 = 4x$ 的焦点为 F，过点 F 作两条斜率存在且互相垂直的直线 l_1, l_2，设直线 l_1 与抛物线 C 相交于点 A, B，直线 l_2 与抛物线 C 相交于点 D, E，求 $\overrightarrow{AD} \cdot \overrightarrow{EB}$ 的最小值.

第三编 热点题型

技法7 轨迹专题

7.1 直译法

> 根据题干条件直接列出等式,继而求出轨迹方程即可.

典例 (安徽模拟)已知两定点的坐标分别为 $A(-1,0), B(2,0)$,动点 M 满足条件 $\angle MBA = 2\angle MAB$,则动点 M 的轨迹方程为 _____.

解答 设点 $M(x,y)$. 当点 M 在 x 轴上方时,由 $\begin{cases} k_{MA}=\tan\alpha \\ k_{MB}=-\tan2\alpha \end{cases}$,得 $k_{MB}=-\dfrac{2k_{MA}}{1-k_{MA}^2}$ ①.

因为 $k_{MA}=\dfrac{y}{x+1}, k_{MB}=\dfrac{y}{x-2}$,所以代入式①得 $\dfrac{y}{x-2}=-\dfrac{2\cdot\dfrac{y}{x+1}}{1-\left(\dfrac{y}{x+1}\right)^2}\left(2\alpha\neq\dfrac{\pi}{2}\right)$.

化简可得 $3x^2-y^2=3$,即 $x^2-\dfrac{y^2}{3}=1$.

当点 M 在 x 轴下方时,此时 $k_{MA}=-\tan\alpha, k_{MB}=\tan2\alpha$,同理可得 $x^2-\dfrac{y^2}{3}=1$.

当 $2\alpha=\dfrac{\pi}{2}$,即 $\triangle MAB$ 为等腰直角三角形时,$M(2,3)$ 或 $M(2,-3)$ 满足上述方程,从而当 x 在第一、四象限时,轨迹方程为 $x^2-\dfrac{y^2}{3}=1(x\geqslant 1)$.

当点 M 在线段 AB 上时,同样满足 $\angle MBA=2\angle MAB=0$,故线段 AB 的方程 $y=0(-1<x<2)$ 也为点 M 的轨迹方程.

综上,点 M 的轨迹方程为 $x^2-\dfrac{y^2}{3}=1(x\geqslant 1)$ 或 $y=0(-1<x<2)$.

好题精练

精练1 在平面直角坐标中,已知 $\triangle ABC$ 的顶点 $A(-2,0), B(2,0)$,点 C 为平面内的动点,且 $\sin A\sin B+3\cos C=0$,求动点 C 的轨迹 Q 的方程.

精练2 曲线 C 是平面内与两个定点 $F_1(-1,0)$ 和 $F_2(1,0)$ 的距离的积等于常数 $a^2(a>1)$ 的点的轨迹. 给出下列三个结论:(1)C 过坐标原点;(2)C 关于坐标原点对称;(3)若点 P 在曲线 C 上,则 $\triangle F_1PF_2$ 的面积不大于 $\dfrac{1}{2}a^2$. 其中,所有正确结论的序号是 _____.

精练3 已知椭圆 $C:\dfrac{x^2}{2}+y^2=1$,设过点 $A(0,2)$ 的直线 l 与椭圆 C 交于 M,N 两点,点 Q 是线段 MN 上的点,且 $\dfrac{2}{|AQ|^2}=\dfrac{1}{|AM|^2}+\dfrac{1}{|AN|^2}$,求点 Q 的轨迹方程.

7.2 定义法

第一定义：
椭圆：(1) 一个动点到两个定点的距离之和大于两定点之间的距离；(2) 定圆上一动点和圆内一定点的垂直平分线与其半径的交点的轨迹是椭圆.
双曲线：(1) 一个动点到两个定点的距离之差小于两定点之间的距离；(2) 定圆上一动点与圆外一定点的垂直平分线与其半径的交点的轨迹是双曲线.
抛物线：一个动点到一个定点的距离等于到一条定直线的距离.

第二定义：
椭圆：一个动点到一个定点的距离与到一条定直线的距离之比小于1.
双曲线：一个动点到一个定点的距离与到一条定直线的距离之比大于1.
抛物线：一个动点到一个定点的距离与到一条定直线的距离之比等于1.

1 椭圆

典例1 （浙江模拟）已知 $A(2,0)$，点 P 是圆 $C: x^2+y^2+4x-32=0$ 上的动点，线段 AP 的垂直平分线与直线 PC 的交点为 M，则当点 P 运动时，则点 M 的轨迹方程为 _____.

解答 因为点 M 是线段 AP 的垂直平分线上的点，所以 $|MP|=|MA|$.
从而 $|MA|+|MC|=|MP|+|MC|=6>4$，故点 M 的轨迹是椭圆，且 $a=3, c=2, b=\sqrt{5}$.
因此，点 M 的轨迹方程为 $\dfrac{x^2}{9}+\dfrac{y^2}{5}=1$.

好题精练

精练1 圆 $(x+1)^2+y^2=25$ 的圆心为 C，$A(1,0)$ 是圆内一定点，点 Q 为圆周上任一点，线段 AQ 的垂直平分线与 CQ 的连线交于点 M，则点 M 的轨迹方程为 _____.

精练2 设圆 $x^2+y^2=15-2x$ 的圆心 A，直线 l 过点 $B(1,0)$ 且与 x 轴不重合，直线 l 交圆 A 于点 C,D，过点 B 作直线 AC 的平行线交 AD 于点 E，求点 E 的轨迹方程.

精练3 已知圆 $M:(x+1)^2+y^2=1$，圆 $N:(x-1)^2+y^2=9$，动圆 P 与圆 M 外切并且与圆 N 内切，圆心 P 的轨迹为曲线 C，求曲线 C 的方程.

精练4 方程 $2\sqrt{(x-1)^2+(y-1)^2}=|x+y+2|$ 表示的曲线为 _____.

精练5 在平面直角坐标系中，若方程 $m(x^2+y^2+2y+1)=(x-2y+3)^2$ 表示的曲线为椭圆，则 m 的取值范围为 _____.

精练6 已知 $\triangle ABC$ 的周长为 9，若 $\cos\dfrac{A-B}{2}=2\sin\dfrac{C}{2}$，求 $\triangle ABC$ 的内切圆半径的最大值.

2 双曲线

典例2 （西安调研）已知圆 $C_1:(x+3)^2+y^2=1$ 和圆 $C_2:(x-3)^2+y^2=9$，动圆 M 如图1所示，设动圆 M 与圆 C_1 及圆 C_2 分别外切于 A 和 B，求圆 M 的轨迹方程.

解答 由两圆外切的条件得 $|MC_1|-|AC_1|=|MA|$，$|MC_2|-|BC_2|=|MB|$.
因为 $|MA|=|MB|$，所以 $|MC_1|-|AC_1|=|MC_2|-|BC_2|$.
从而 $|MC_2|-|MC_1|=|BC_2|-|AC_1|=2$.
故点 M 到两定点 C_1,C_2 的距离的差小于 $|C_1C_2|=6$.
由双曲线的定义得动点 M 的轨迹为双曲线的左支：$x^2-\dfrac{y^2}{8}=1(x\leqslant -1)$.

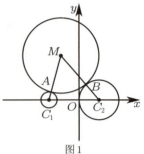

图1

好题精练

精练7 若动圆过定点 $A(-3,0)$ 且和定圆 $C:(x-3)^2+y^2=4$ 外切，则动圆圆心 P 的轨迹方程是 _____．

精练8 （合肥二模）已知两圆 $C_1:(x+4)^2+y^2=2$，$C_2:(x-4)^2+y^2=2$，动圆 M 与两圆 C_1,C_2 都相切，求动圆圆心 M 的轨迹方程．

精练9 在 $\triangle ABC$ 中，$BC=4$，$\triangle ABC$ 的内切圆切 BC 于点 D，$BD-CD=2\sqrt{2}$，求顶点 A 的轨迹方程．

精练10 已知定点 $F_1(-2,0),F_2(2,0)$，点 N 是圆 $O:x^2+y^2=1$ 上任意一点，点 F_1 关于点 N 的对称点为点 M，线段 F_1M 的中垂线与直线 F_2M 相交于点 P，则点 P 的轨迹是（　　）．

A．椭圆　　　　B．双曲线　　　　C．抛物线　　　　D．圆

精练11 若动点 $P(x,y)$ 到定点 $F(5,0)$ 的距离是它到直线 $x=\dfrac{9}{5}$ 的距离的 $\dfrac{5}{3}$ 倍，求动点 P 的轨迹方程．

3 抛物线

典例3 在平面直角坐标系 xOy 中，点 M 到点 $F(1,0)$ 的距离比它到 y 轴的距离多1，记点 M 的轨迹为 C，求轨迹 C 的方程.

解答 设点 $M(x,y)$，由题意得 $|MF|=|x|+1$，即 $\sqrt{(x-1)^2+y^2}=|x|+1$，整理得 $y^2=2(|x|+x)$.
故点 M 的轨迹 C 的方程为 $y^2=\begin{cases}4x,x\geqslant 0\\0,x<0\end{cases}$．

好题精练

精练12 已知动点 P 到点 $F(2,0)$ 的距离与它到直线 $x+2=0$ 的距离相等，则点 P 的轨迹方程为 _____．

精练13 已知动圆与圆 $(x-2)^2+y^2=1$ 相外切，又与直线 $x+1=0$ 相切，则动圆圆心的轨迹为 _____．

精练14 抛物线 C 的顶点在原点，焦点 F 在 x 轴的正半轴上，设点 A,B 是抛物线 C 上的两个动点（AB 不垂直于 x 轴），$|AF|+|BF|=8$，线段 AB 的垂直平分线恒经过点 $Q(6,0)$，求抛物线的方程．

7.3 相关点法

> 如果动点 A 在曲线上,通过题中条件可以获得动点 A 与从动点 B 的代数关系,那么可以用点 B 将点 A 表达出来(即 $A=f(B)$),代入曲线后即可获得从动点 B 的轨迹方程.

典例 1 (全国卷)设点 O 为坐标原点,动点 M 在椭圆 $C:\dfrac{x^2}{2}+y^2=1$ 上,过点 M 作 x 轴的垂线,垂足为点 N,点 P 满足 $\overrightarrow{NP}=\sqrt{2}\overrightarrow{NM}$,求点 P 的轨迹方程.

解答 设点 $P(x,y),M(x_0,y_0),N(x_0,0)$,于是 $\overrightarrow{NP}=(x-x_0,y),\overrightarrow{NM}=(0,y_0)$.

由 $\overrightarrow{NP}=\sqrt{2}\overrightarrow{NM}$ 得 $x_0=x,y_0=\dfrac{\sqrt{2}}{2}y$. 因为 $M(x_0,y_0)$ 在椭圆 C 上,所以 $\dfrac{x^2}{2}+\dfrac{y^2}{2}=1$.

因此,点 P 的轨迹方程为 $x^2+y^2=2$.

典例 2 抛物线 $C_1:x^2=4y,C_2:x^2=-2py(p>0)$. 点 $M(x_0,y_0)$ 在抛物线 C_2 上,过点 M 作 C_1 的切线,切点为 A,B(M 为原点时,A,B 重合于原点 O),当 $x_0=1-\sqrt{2}$ 时,切线 MA 的斜率为 $-\dfrac{1}{2}$.

(1)求 p 的值. (2)当点 M 在抛物线 C_2 上运动时,求线段 AB 的中点 N 的轨迹方程.

解答 (1)因为抛物线 $C_1:x^2=4y$ 上任一点 (x,y) 处的切线的斜率为 $y'=\dfrac{x}{2}$,且切线 MA 的斜率为 $-\dfrac{1}{2}$,所以点 A 坐标为 $\left(-1,\dfrac{1}{4}\right)$,故切线 MA 的方程为 $y=-\dfrac{1}{2}(x+1)+\dfrac{1}{4}$.

由题意得点 $M(1-\sqrt{2},y_0)$ 在切线 MA 及抛物线 C_2 上.

故 $y_0=-\dfrac{1}{2}(1-\sqrt{2}+1)+\dfrac{1}{4}=-\dfrac{3-2\sqrt{2}}{4}$ ①,$y_0=-\dfrac{(1-\sqrt{2})^2}{2p}=-\dfrac{3-2\sqrt{2}}{2p}$ ②,解得 $p=2$.

(2)设点 $N(x,y),A\left(x_1,\dfrac{x_1^2}{4}\right),B\left(x_2,\dfrac{x_2^2}{4}\right)(x_1\neq x_2)$.

由点 N 为线段 AB 的中点得 $x=\dfrac{x_1+x_2}{2}$ ③,$y=\dfrac{x_1^2+x_2^2}{8}$ ④.

切线 MA,MB 的方程分别为 $y=\dfrac{x_1}{2}(x-x_1)+\dfrac{x_1^2}{4}$ ⑤,$y=\dfrac{x_2}{2}(x-x_2)+\dfrac{x_2^2}{4}$ ⑥.

由式⑤⑥得 MA,MB 的交点 $M(x_0,y_0)$ 的坐标为 $x_0=\dfrac{x_1+x_2}{2}$,$y_0=\dfrac{x_1x_2}{4}$.

因为 $M(x_0,y_0)$ 在抛物线 C_2 上,即 $x_0^2=-4y_0$,所以 $x_1x_2=-\dfrac{x_1^2+x_2^2}{6}$ ⑦.由式③④⑦得 $x^2=\dfrac{4}{3}y(x\neq 0)$.当 $x_1=x_2$ 时,点 A,B 重合于原点 O,线段 AB 的中点 N 为 O,坐标满足 $x^2=\dfrac{4}{3}y$.

综上,线段 AB 的中点 N 的轨迹方程为 $x^2=\dfrac{4}{3}y$.

精练 1 设点 M 为圆 $C:x^2+y^2=4$ 上的动点,点 M 在 x 轴上的投影为 N. 动点 P 满足 $2\overrightarrow{PN}=\sqrt{3}\overrightarrow{MN}$,动点 P 的轨迹为 E,求曲线 E 的方程.

精练 2 已知抛物线 $C_1:x^2=4y,C_2:x^2=-4y(p>0)$,点 $M(x_0,y_0)$ 在抛物线 C_2 上,过点 M 作 C_1 的切线,切点分别为 A,B(当点 M 为原点 O 时,A,B 重合于点 O),当点 M 在 C_2 上运动时,求线段 AB 的中点 N 的轨迹方程(点 A,B 重合于点 O 时,中点为 O).

7.4 参数法

> 参数法：用同一个变量 k 表示 x,y，将变量 k 消掉即可，即 $\begin{cases} x=f(k) \\ y=g(k) \end{cases}$.

典例 已知椭圆为 $x^2+\dfrac{y^2}{4}=1$，过点 $M(0,1)$ 的直线交椭圆于点 A,B，点 P 满足 $\overrightarrow{OP}=\dfrac{1}{2}(\overrightarrow{OA}+\overrightarrow{OB})$，求动点 P 的轨迹方程.

解答 设点 $P(x_0,y_0)$，$A(x_1,y_1)$，$B(x_2,y_2)$. 由 $\overrightarrow{OP}=\dfrac{1}{2}(\overrightarrow{OA}+\overrightarrow{OB})$ 得 $x_1+x_2=2x_0$，$y_1+y_2=2y_0$.

当直线的斜率存在时，设斜率为 k，则直线的方程为 $y=kx+1$.

联立方程 $\begin{cases} y=kx+1 \\ 4x^2+y^2=4 \end{cases}$，消去 y 得 $(4+k^2)x^2+2kx-3=0$.

由韦达定理得 $\begin{cases} x_1+x_2=-\dfrac{2k}{4+k^2} \\ x_1x_2=-\dfrac{3}{4+k^2} \end{cases}$，故 $\begin{cases} x_0=\dfrac{x_1+x_2}{2}=-\dfrac{k}{4+k^2} \\ y_0=kx_0+1=\dfrac{4}{4+k^2} \end{cases}$.

两式相除可得 $k=-\dfrac{4x_0}{y_0}$，代入 $y_0=\dfrac{4}{4+k^2}$ 得 $x_0^2+\dfrac{\left(y_0-\dfrac{1}{2}\right)^2}{4}=\dfrac{1}{16}$.

当直线的斜率不存在时，可得 $A(0,2)$，$B(0,-2)$，故 $P(0,0)$，验证得点 P 满足 $x^2+\dfrac{\left(y-\dfrac{1}{2}\right)^2}{4}=\dfrac{1}{16}$.

综上，动点 P 的轨迹方程为 $x^2+\dfrac{\left(y-\dfrac{1}{2}\right)^2}{4}=\dfrac{1}{16}$.

好题精练

精练1 （石家庄二模）设点 M,N 是椭圆 $\dfrac{x^2}{16}+\dfrac{y^2}{12}=1$ 上除长轴的端点外的任意两点，点 M,N 在直线 $x=8$ 上的射影分别为点 M_1,N_1. 点 L 坐标为 $(3,0)$，$\triangle M_1N_1L$ 与 $\triangle MNL$ 面积之比为 5，求线段 MN 的中点 K 的轨迹方程.

精练2 在平面直角坐标系 xOy 中，过点 $N(3,0)$ 的直线 l 与椭圆 $\dfrac{x^2}{4}+y^2=1$ 交于 A,B 两点，求以 OA,OB 为邻边的平行四边形 $OAEB$ 的顶点 E 的轨迹方程.

精练3 已知过抛物线 $y^2=4x$ 的焦点作直线与此抛物线交于 P,Q 两点，求线段 PQ 中点的轨迹方程.

精练4 在平面直角坐标系 xOy 中，抛物线 $y=x^2$ 上异于坐标原点 O 的两个不同动点 A,B 满足 $AO\perp BO$. 求 $\triangle AOB$ 的重心 G 的轨迹方程.

7.5 交轨法

> 交轨法:两条直线相乘消去参数可以构成一个新的曲线方程.

典例 已知直线 $x=t(-4<t<4)$ 与椭圆 $\dfrac{x^2}{16}+\dfrac{y^2}{9}=1$ 相交于两点 $P_1(t,y_1),P_2(t,y_2)$,且 $y_1>0$, $y_2<0$,点 A_1,A_2 分别为椭圆的左、右顶点,则直线 A_1P_2 与 A_2P_1 的交点所在曲线方程为 _____.

解答 由椭圆得 $A_1(-4,0),A_2(4,0)$,设直线 A_1P_2 与 A_2P_1 的交点坐标 (x,y).

因为直线 $x=t$ 与椭圆相交于 P_1,P_2,所以 P_1,P_2 关于 x 轴对称,即 $y_2=-y_1$.

考虑直线 A_1P_2 与 A_2P_1 的方程:由 $A_1(-4,0),P_2(t,-y_1)$ 得 $k_{A_1P_2}=-\dfrac{y_1}{t+4}$.

从而直线 $A_1P_2:y=\dfrac{-y_1}{t+4}(x+4)$ ①,同理可得 $A_2P_1:y=\dfrac{y_1}{t-4}(x-4)$ ②.

式①×②得 $y^2=-\dfrac{y_1^2}{t^2-16}(x^2-16)$ ③.

由 $P_1(t,y_1)$ 在椭圆上得 $\dfrac{t^2}{16}+\dfrac{y_1^2}{9}=1$ 即 $y_1^2=\dfrac{9}{16}(16-t^2)$,代入式③得 $y^2=-\dfrac{9}{16}\cdot\dfrac{16-t^2}{t^2-16}(x^2-16)$.

整理后可得直线 A_1P_2 与 A_2P_1 的交点所在曲线方程 $\dfrac{x^2}{16}-\dfrac{y^2}{9}=1$.

好题精练

精练1 已知椭圆 $C:\dfrac{x^2}{a^2}+\dfrac{y^2}{b^2}=1(a>b>0)$ 的左、右顶点分别为 A,B,点 M,N 是椭圆 C 上关于长轴对称的两点,若直线 AM 与 BN 相交于点 P,求点 P 的轨迹方程.

精练2 在直角坐标系 xOy 中,直线 l_1 的参数方程为 $\begin{cases}x=2+t\\y=kt\end{cases}$ (t 为参数),直线 l_2 的参数方程为 $\begin{cases}x=-2+m\\y=\dfrac{m}{k}\end{cases}$ (m 为参数).设 l_1 与 l_2 的交点为 P,当 k 变化时,点 P 的轨迹为曲线 C,求曲线 C 的轨迹方程.

精练3 已知双曲线 $\dfrac{x^2}{2}-y^2=1$ 的左、右顶点分别为 A_1,A_2.点 $P(x_1,y_1),Q(x_1,-y_1)$ 是双曲线上不同的两个动点,求直线 A_1P 与 A_2Q 的交点 E 的轨迹方程.

精练4 已知圆 $x^2+y^2=4$ 上任意一点 P,过点 P 作切线分别交直线 $x=2,x=-2$ 于点 A,B,已知两点 $C(-2,0),D(2,0)$,连接 AC,BD 交于点 M,求点 M 的轨迹方程.

技法8 面积专题

8.1 三角形面积

1.距离型：$S = \dfrac{1}{2}$底×高

高的表示：点(x_0, y_0)到直线$Ax+By+C=0$的距离为$\dfrac{|Ax_0+By_0+C|}{\sqrt{A^2+B^2}}$.

底的表示：已知点$A(x_1,y_1)$，$B(x_2,y_2)$，$k=\dfrac{y_1-y_2}{x_1-x_2}$，则$|AB|=\sqrt{1+k^2}|x_1-x_2|$.

2.铅垂型

利用"直线截距的绝对值"与"两坐标之差的绝对值"求三角形面积.

如图1所示，$\triangle AOB$的面积表达方式有两种：

一为$S_{\triangle AOB}=\dfrac{1}{2}\cdot d\cdot |AB|$，其中$d$为点$O$到直线$AB$的距离，我们称之为距离型.

二为$S_{\triangle AOB}=\dfrac{1}{2}\cdot |OF|\cdot |y_A-y_B|$，我们称之为铅垂型.

注：本文以抛物线为例，但公式适用于所有曲线的情况，望读者悉知.

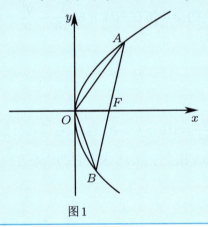

图1

1 距离型

典例1 已知椭圆$C:\dfrac{x^2}{a^2}+\dfrac{y^2}{b^2}=1(a>b>0)$的离心率为$\dfrac{\sqrt{3}}{2}$，短轴长为2.若点$A,B$是椭圆$C$上的两动点，点$O$为坐标原点，直线$OA,OB$的斜率分别为$k_1,k_2$，问：是否存在非零常数$\lambda$，当$k_1\cdot k_2=\lambda$时，$\triangle AOB$的面积$S$为定值？若存在，求$\lambda$的值；若不存在，请说明理由.

解答 由题意得椭圆$C:\dfrac{x^2}{4}+y^2=1$，假设存在常数λ，使$k_1\cdot k_2=\lambda$，$\triangle AOB$的面积S为定值.

设点$A(x_1,y_1)$，$B(x_2,y_2)$，设直线$AB:y=kx+m$.

联立方程$\begin{cases}\dfrac{x^2}{4}+y^2=1\\ kx-y+m=0\end{cases}$，消去$y$得$(4k^2+1)x^2+8kmx+4(m^2-1)=0$.

由$\Delta=16(4k^2+1-m^2)>0$得$m^2<4k^2+1$.

由韦达定理得 $\begin{cases} x_1+x_2=-\dfrac{8km}{4k^2+1} \\ x_1\cdot x_2=\dfrac{4(m^2-1)}{4k^2+1} \end{cases}$, $\begin{cases} y_1+y_2=\dfrac{2m}{4k^2+1} \\ y_1\cdot y_2=\dfrac{m^2-4k^2}{4k^2+1} \end{cases}$.

由题意得 $\lambda=k_1\cdot k_2=\dfrac{y_1}{x_1}\cdot\dfrac{y_2}{x_2}=\dfrac{\dfrac{m^2-4k^2}{4k^2+1}}{\dfrac{4(m^2-1)}{4k^2+1}}=\dfrac{m^2-4k^2}{4(m^2-1)}$.

由弦长公式得 $|AB|=\dfrac{4\sqrt{1+k^2}\cdot\sqrt{4k^2+1-m^2}}{4k^2+1}$,由距离公式得 $d=\dfrac{|m|}{\sqrt{1+k^2}}$.

从而 $S=\dfrac{1}{2}\cdot|AB|\cdot d=\dfrac{2\sqrt{4k^2+1-m^2}\cdot|m|}{4k^2+1}=\dfrac{2\sqrt{(4k^2+1)\cdot m^2-m^4}}{4k^2+1}$.

由 $\lambda=\dfrac{m^2-4k^2}{4(m^2-1)}$ 得 $m^2=\dfrac{4(k^2-\lambda)}{1-4\lambda}$.

于是 $\left(\dfrac{S}{2}\right)^2=\dfrac{(4k^2+1)\cdot\dfrac{4(k^2-\lambda)}{1-4\lambda}-\left[\dfrac{4(k^2-\lambda)}{1-4\lambda}\right]^2}{(4k^2+1)^2}=\dfrac{-64\lambda k^4+(64\lambda^2+4)\cdot k^2-4\lambda}{16k^4+8k^2+1}\cdot\dfrac{1}{(1-4\lambda)^2}$.

要使上式为定值,需要 $\dfrac{-64\lambda}{16}=\dfrac{64\lambda^2+4}{8}=\dfrac{-4\lambda}{1}$,即 $16\lambda^2+8\lambda+1=(4\lambda+1)^2=0$,解得 $\lambda=-\dfrac{1}{4}$.

此时 $\left(\dfrac{S}{2}\right)^2=\dfrac{1}{4}$,解得 $S=1$,故存在常数 $\lambda=-\dfrac{1}{4}$,$\triangle AOB$ 的面积 S 为定值 1.

名师点睛

"距离型"的三角形面积问题是非常热门的圆锥曲线面积问题,具体求解表现为弦长和距离.

在本题中,我们将"由 $\lambda=\dfrac{m^2-4k^2}{4(m^2-1)}$ 得 $m^2=\dfrac{4(k^2-\lambda)}{1-4\lambda}$"这个步骤称之为"参数反代",这个方法方便我们寻找变量关系、统一变量.

在本题的最后,我们采用了"分子、分母成比例相等"寻找定值,这是我们解定值问题的重要方法之一.此外,寻找定值的方法还包括变量无关、直接化简等.

好题精练

精练1 设点 A,B 是椭圆 $\dfrac{x^2}{2}+y^2=1$ 上异于 $P(0,1)$ 的两点,且直线 AB 经过坐标原点,直线 PA,PB 分别交直线 $y=-x+2$ 于 C,D 两点.

(1)证明:直线 PA,AB,PB 的斜率成等差数列.

(2)求 $\triangle PCD$ 面积的最小值.

精练2 点 O 为坐标原点,点 F 为抛物线 $C:x^2=2py(p>0)$ 的焦点,且抛物线 C 上点 P 处的切线与圆 $O:x^2+y^2=1$ 相切于点 Q,如图 2 所示.

(1)当直线 PQ 的方程为 $x-y-\sqrt{2}=0$ 时,求抛物线 C 的方程.

(2)当正数 p 变化时,记 S_1,S_2 分别为 $\triangle FPQ$,$\triangle FOQ$ 的面积,求 $\dfrac{S_1^2}{S_2^2}$ 的最小值.

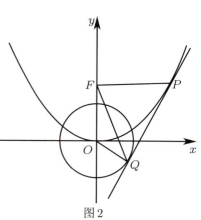

图 2

2 铅垂型

典例 2 设椭圆 $\Gamma: \dfrac{x^2}{a^2}+\dfrac{y^2}{b^2}=1(a>b>0)$，$F_1,F_2$ 是椭圆 Γ 的左、右焦点，点 $A\left(1,\dfrac{\sqrt{3}}{2}\right)$ 在椭圆 Γ 上，点 $P(4,0)$ 在椭圆 Γ 外，且 $|PF_2|=4-\sqrt{3}$.

(1) 求椭圆 Γ 的方程.

(2) 已知点 $B\left(1,-\dfrac{\sqrt{3}}{2}\right)$，点 C 为椭圆 Γ 上横坐标大于 1 的一点，过点 C 的直线 l 与椭圆有且仅有一个交点，并与直线 PA,PB 交于 M,N 两点，O 为坐标原点，记 $\triangle OMN$，$\triangle PMN$ 的面积分别为 S_1，S_2，求 $S_1^2-S_1S_2+S_2^2$ 的最小值.

解答 (1) 由题意得椭圆 Γ 的方程为 $\dfrac{x^2}{4}+y^2=1$.

(2) 设点 $M(x_1,y_1),N(x_2,y_2)$，设直线 $MN:x=my+t$. 由椭圆性质及点 C 的横坐标大于 1 得 $t>2$.

将直线 MN 代入 $\dfrac{x^2}{4}+y^2=1$，整理得 $(my+t)^2+4y^2-4=0$，即 $(m^2+4)y^2+2mty+t^2-4=0$.

因为直线 l 与椭圆有且仅有一个交点，所以 $\Delta=4m^2t^2-4(m^2+4)(t^2-4)=0$，即 $t^2=m^2+4$.

直线 AP 的方程为 $x=4-2\sqrt{3}y$，直线 BP 的方程为 $l_{BP}:x=4+2\sqrt{3}y$.

联立方程 $\begin{cases}x=my+t\\x=4-2\sqrt{3}y\end{cases}$，解得 $y_1=\dfrac{4-t}{2\sqrt{3}+m}$，同理得 $y_2=\dfrac{t-4}{2\sqrt{3}-m}$.

从而 $y_1-y_2=\dfrac{(4-t)(-4\sqrt{3})}{m^2-12}=\dfrac{4\sqrt{3}}{t+4}$. 由题意得 $S_1=\dfrac{1}{2}t(y_1-y_2)$，$S_2=\dfrac{1}{2}(4-t)(y_1-y_2)$.

从而 $S_1^2-S_1S_2+S_2^2=\dfrac{1}{4}t^2(y_1-y_2)^2-\dfrac{t(4-t)}{4}(y_1-y_2)^2+\dfrac{1}{4}(4-t)^2(y_1-y_2)^2$

$=\dfrac{1}{4}(y_1-y_2)^2(t^2-4t+t^2+16-8t+t^2)=\dfrac{1}{4}\times\dfrac{48}{(t+4)^2}(3t^2-12t+16)=36-\dfrac{48(9t+8)}{t^2+8t+16}$.

令 $9t+8=\lambda(\lambda>26)$，从而 $S_1^2-S_1S_2+S_2^2=36-\dfrac{48\times 81}{\lambda+\dfrac{28^2}{\lambda}+56}\geqslant\dfrac{9}{7}$，当且仅当 $\lambda=28$，即 $t=\dfrac{20}{9}$ 时，不等式取等号，故当 $t=\dfrac{20}{9}$ 时，$S_1^2-S_1S_2+S_2^2$ 取得最小值 $\dfrac{9}{7}$.

好题精练

精练 3 双曲线 $E:\dfrac{x^2}{a^2}-\dfrac{y^2}{b^2}=1(a>0,b>0)$ 离心率为 2，右焦点 F 到渐近线的距离为 $\sqrt{3}$，过右焦点 F 作斜率为正的直线 l 交 E 的右支于 A,B 两点，交两条渐近线于 C,D 两点，点 A,C 在第一象限.

(1) 求双曲线 E 的方程.

(2) 设 $\triangle OAC$，$\triangle OAD$，$\triangle OAB$ 的面积分别是 $S_{\triangle OAC}$，$S_{\triangle OAD}$，$S_{\triangle OAB}$，若不等式 $\lambda S_{\triangle OAC}\cdot S_{\triangle OAD}\geqslant S_{\triangle OAB}$ 恒成立，求 λ 的取值范围.

精练 4 过坐标原点 O 作圆 $C:(x+2)^2+y^2=3$ 的两条切线，设切点为 P,Q，直线 PQ 恰为抛物线 $E:y^2=2px(p>0)$ 的准线.

(1) 求抛物线 E 的标准方程.

(2) 设点 T 是圆 C 上的动点，抛物线 E 上四点 A,B,M,N 满足：$\overrightarrow{TA}=2\overrightarrow{TM}$，$\overrightarrow{TB}=2\overrightarrow{TN}$，设 AB 中点为 D.

(i) 求直线 TD 的斜率. (ii) 设 $\triangle TAB$ 的面积为 S，求 S 的最大值.

8.2 四边形面积

> (1) 四边形 $ABCD$ 对角线垂直：$S_{ABCD} = \dfrac{1}{2}|AC||BD|$.
> (2) 四边形 $ABCD$ 对角线夹角为 θ：$S_{ABCD} = \dfrac{1}{2}|AC||BD|\sin\theta$.
> (3) 平行四边形的面积公式：$S_{ABCD} = $ 底 $\times$ 高（高可以为点线距离或线线距离）.
> (4) 在四边形 $ABCD$ 中，$\overrightarrow{AC}=(x_1,y_1)$，$\overrightarrow{BD}=(x_2,y_2)$，则 $S_{ABCD}=\dfrac{1}{2}|x_1y_2-x_2y_1|$.

1 一分为二，同底不同高

典例 1 曲线 $C: y=\dfrac{x^2}{2}$，点 D 为直线 $y=-\dfrac{1}{2}$ 上的动点，过点 D 作曲线 C 的两条切线，切点分别为 A,B.

(1) 证明：直线 AB 过定点.

(2) 若以 $E\left(0,\dfrac{5}{2}\right)$ 为圆心的圆与直线 AB 相切，切点为线段 AB 的中点，求四边形 $ADBE$ 的面积.

解答 (1) 设 $D\left(t,-\dfrac{1}{2}\right)$，$A(x_1,y_1)$，且 $x_1^2=2y_1$. 求导得 $y'=x$，切线 DA 的斜率为 x_1，故 $\dfrac{y_1+\dfrac{1}{2}}{x_1-t}=x_1$，整理得 $2tx_1-2y_1+1=0$. 设点 $B(x_2,y_2)$，同理可得 $2tx_2-2y_2+1=0$，故直线 AB 的方程为 $2tx-2y+1=0$. 因此，直线 AB 过定点 $\left(0,\dfrac{1}{2}\right)$.

(2) 由(1)得直线 AB 的方程为 $y=tx+\dfrac{1}{2}$. 联立方程 $\begin{cases} y=tx+\dfrac{1}{2} \\ y=\dfrac{x^2}{2} \end{cases}$，消去 y 得 $x^2-2tx-1=0$.

由韦达定理得 $x_1+x_2=2t$，$x_1x_2=-1$，$y_1+y_2=t(x_1+x_2)+1=2t^2+1$.

从而 $|AB|=\sqrt{1+t^2}|x_1-x_2|=\sqrt{1+t^2}\times\sqrt{(x_1+x_2)^2-4x_1x_2}=2(t^2+1)$.

设 d_1,d_2 分别为点 D,E 到直线 AB 的距离，故 $d_1=\sqrt{t^2+1}$，$d_2=\dfrac{2}{\sqrt{t^2+1}}$.

于是四边形 $ADBE$ 的面积 $S=\dfrac{1}{2}|AB|(d_1+d_2)=(t^2+3)\sqrt{t^2+1}$.

设点 M 为线段 AB 的中点，故 $M\left(t,t^2+\dfrac{1}{2}\right)$.

因为 $\overrightarrow{EM}\perp\overrightarrow{AB}$，所以 $\overrightarrow{EM}=(t,t^2-2)$，由 $\overrightarrow{AB}$ 与向量 $(1,t)$ 平行得 $t+(t^2-2)t=0$，解得 $t=0$ 或 $t=\pm 1$. 当 $t=0$ 时，$S=3$；当 $t=\pm 1$ 时，$S=4\sqrt{2}$. 故四边形 $ADBE$ 的面积为 3 或 $4\sqrt{2}$.

精练 1 如图 3 所示，椭圆 $C_1: \dfrac{x^2}{a^2}+\dfrac{y^2}{b^2}=1(a>b>0)$ 的左、右焦点分别为 F_1,F_2，离心率为 e_1；双曲线 $C_2: \dfrac{x^2}{a^2}-\dfrac{y^2}{b^2}=1$ 的左、右焦点分别为 F_3,F_4，离心率为 e_2，$e_1e_2=\dfrac{\sqrt{3}}{2}$，$|F_2F_4|=\sqrt{3}-1$.

(1) 求 C_1,C_2 的方程.

(2) 过点 F_1 作 C_1 的不垂直于 y 轴的弦 AB，点 M 为 AB 的中点，当直线 OM 与 C_2 交于 P,Q 两点

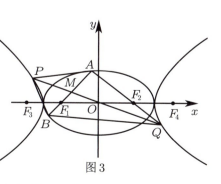

图 3

时,求四边形 $APBQ$ 面积的最小值.

2 一分为二,大减小

典例2 已知 $T(m,1)$ 为抛物线 $C:x^2=2py(p>0)$ 上一点,点 F 是抛物线 C 的焦点,且 $|TF|=2$.

(1)求抛物线 C 的方程.

(2)如图4所示,过圆 $E:x^2+(y+2)^2=1$ 上任意一点 G,作抛物线 C 的两条切线 l_1, l_2,与抛物线相切于点 M,N,与 x 轴分别交与点 A,B,求四边形 $ABNM$ 面积的最大值.

解答 (1)由题意得 $|TF|=2$,由抛物线定义得 $\frac{p}{2}+1=2$,即 $p=2$,故抛物线 C 的方程为 $x^2=4y$.

(2)设点 $M(x_1,y_1),N(x_2,y_2),G(x_0,y_0),y_0\in[-3,-1]$.

切线 $AM:x_1x=2(y_1+y)$,故 $x_A=\frac{2y_1}{x_1}=\frac{x_1}{2}$.

切线 $AN:x_2x=2(y_2+y)$,故 $x_B=\frac{2y_2}{x_2}=\frac{x_2}{2}$.

因为点 $G(x_0,y_0)$ 在两切线上,所以 $\begin{cases}x_1x_0=2(y_1+y_0)\\x_2x_0=2(y_2+y_0)\end{cases}$.

因此切点弦 MN 的方程为 $x_0x=2(y_0+y)$.

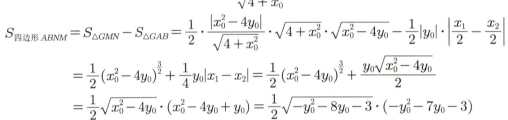

直线 MN 与抛物线 C 联立得 $x^2-2x_0x+4y_0=0$,故 $\begin{cases}x_1+x_2=2x_0\\x_1x_2=4y_0\end{cases}$.

由题意得 $|MN|=\sqrt{1+\frac{x_0^2}{4}}\cdot\sqrt{4x_0^2-16y_0}=\sqrt{4+x_0^2}\cdot\sqrt{x_0^2-4y_0}$.

由距离公式得点 G 到直线 MN 的距离 $d=\frac{|x_0^2-4y_0|}{\sqrt{4+x_0^2}}$,于是

图4

$$S_{\text{四边形}ABNM}=S_{\triangle GMN}-S_{\triangle GAB}=\frac{1}{2}\cdot\frac{|x_0^2-4y_0|}{\sqrt{4+x_0^2}}\cdot\sqrt{4+x_0^2}\cdot\sqrt{x_0^2-4y_0}-\frac{1}{2}|y_0|\cdot\left|\frac{x_1}{2}-\frac{x_2}{2}\right|$$

$$=\frac{1}{2}(x_0^2-4y_0)^{\frac{3}{2}}+\frac{1}{4}y_0|x_1-x_2|=\frac{1}{2}(x_0^2-4y_0)^{\frac{3}{2}}+\frac{y_0\sqrt{x_0^2-4y_0}}{2}$$

$$=\frac{1}{2}\sqrt{x_0^2-4y_0}\cdot(x_0^2-4y_0+y_0)=\frac{1}{2}\sqrt{-y_0^2-8y_0-3}\cdot(-y_0^2-7y_0-3)$$

当 $y_0\in[-3,-1]$ 时,由二次函数得 $\begin{cases}\frac{1}{2}\sqrt{-y_0^2-8y_0-3}=\frac{1}{2}\sqrt{-(y_0+4)^2+13}\leqslant\sqrt{3}\\-y_0^2-7y_0-3=-\left(y_0+\frac{7}{2}\right)^2+\frac{37}{4}\leqslant 9\end{cases}$.

因此,$S_{\text{四边形}ABNM}\leqslant 9\sqrt{3}$,当且仅当 $y_0=-3$ 时取最大值,即四边形 $ABNM$ 面积的最大值为 $9\sqrt{3}$.

好题精练

精练2 已知圆 $M:x^2+\left(y-\frac{5}{2}\right)^2=4$ 与抛物线 $E:x^2=my(m>0)$ 相交于点 A,B,C,D,且在四边形 $ABCD$ 中,$AB\parallel CD$.

(1)若 $\overrightarrow{OA}\cdot\overrightarrow{OD}=\frac{15}{4}$,求实数 m 的值.

(2)设 AC 与 BD 相交于点 G,$\triangle GAD$ 与 $\triangle GBC$ 组成的蝶形面积为 S,求点 G 的坐标及 S 的最大值.

3 四边形对角线问题

典例3：垂直 （全国卷）设圆 $x^2+y^2+2x-15=0$ 的圆心为点 A，直线 l 过点 $B(1,0)$ 且与 x 轴不重合，直线 l 交圆 A 于 C,D 两点，过点 B 作 AC 的平行线交 AD 于点 E.

(1)证明 $|EA|+|EB|$ 为定值，并写出点 E 的轨迹方程.

(2)设点 E 的轨迹为曲线 C_1，直线 l 交 C_1 于 M,N 两点，过点 B 且与直线 l 垂直的直线与圆 A 交于 P,Q 两点，求四边形 $MPNQ$ 面积的取值范围.

解答 (1)因为 $|AD|=|AC|$，$EB\parallel AC$，即 $\angle EBD=\angle ACD=\angle ADC$，所以 $|EB|=|ED|$.

从而 $|EA|+|EB|=|EA|+|ED|=|AD|$.

又因为圆 A 的标准方程为 $(x+1)^2+y^2=16$，即 $|AD|=4$，所以 $|EA|+|EB|=4$.

由题意得 $A(-1,0),B(1,0),|AB|=2$.

由椭圆定义得点 E 的轨迹方程为 $\dfrac{x^2}{4}+\dfrac{y^2}{3}=1(y\neq 0)$.

(2)当直线 l 与 x 轴不垂直时，设直线 l 的方程为 $y=k(x-1)(k\neq 0)$，点 $M(x_1,y_1),N(x_2,y_2)$.

联立方程 $\begin{cases}y=k(x-1)\\ \dfrac{x^2}{4}+\dfrac{y^2}{3}=1\end{cases}$，消去 y 得 $(4k^2+3)x^2-8k^2x+4k^2-12=0$.

由韦达定理得 $x_1+x_2=\dfrac{8k^2}{4k^2+3}$，$x_1x_2=\dfrac{4k^2-12}{4k^2+3}$.

从而 $|MN|=\sqrt{1+k^2}|x_1-x_2|=\dfrac{12(k^2+1)}{4k^2+3}$.

过点 $B(1,0)$ 且与直线 l 垂直的直线 $m:y=-\dfrac{1}{k}(x-1)$，点 A 到直线 m 的距离为 $\dfrac{2}{\sqrt{k^2+1}}$.

于是 $|PQ|=2\sqrt{4^2-\left(\dfrac{2}{\sqrt{k^2+1}}\right)^2}=4\sqrt{\dfrac{4k^2+3}{k^2+1}}$.

故四边形 $MPNQ$ 的面积 $S=\dfrac{1}{2}|MN||PQ|=12\sqrt{1+\dfrac{1}{4k^2+3}}$，可得当直线 l 与 x 轴不垂直时，四边形 $MPNQ$ 面积的取值范围为 $(12,8\sqrt{3})$.

当直线 l 与 x 轴垂直时，其方程为 $x=1$，$|MN|=3$，$|PQ|=8$，此时四边形 $MPNQ$ 的面积为 12.

综上，四边形 $MPNQ$ 面积的取值范围为 $[12,8\sqrt{3})$.

典例4：不垂直 如图5所示，已知抛物线 $E:y^2=x$ 与圆 $M:(x-4)^2+y^2=r^2(r>0)$ 相交于 A,B,C,D 四个点. 当四边形 $ABCD$ 的面积最大时，求对角线 AC,BD 的交点 P 的坐标.

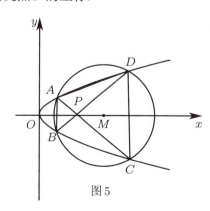

图5

解答 由对称性得$|AC|=|BD|$,且$P(a,0)$,$M(4,0)(a<4)$.

设$\angle DPx=\theta$,故$S_{ABCD}=\frac{1}{2}|AC||BD|\sin 2\theta=\frac{1}{2}|BD|^2\sin 2\theta$.

设点$B(x_1,y_1)$,$D(x_2,y_2)$,易知直线BD不平行于坐标轴.

设直线BD的方程为$x=my+a$,代入$y^2=x$得$y^2-my-a=0$,由韦达定理得$\begin{cases} y_1+y_2=m \\ y_1y_2=-a \end{cases}$.

从而$|BD|=\sqrt{1+m^2}\cdot|y_1-y_2|=\sqrt{1+m^2}\cdot\sqrt{m^2+4a}=|AC|$.

又因为$m=\frac{1}{k_{BD}}=\frac{1}{\tan\theta}$,所以$\sin 2\theta=\frac{2\tan\theta}{1+\tan^2\theta}=\frac{2m}{1+m^2}$.

于是$S_{\text{四边形}ABCD}=\frac{1}{2}(1+m^2)(m^2+4a)\frac{2m}{1+m^2}=m(m^2+4a)$.

设直线BD的中点$N\left(\frac{x_1+x_2}{2},\frac{y_1+y_2}{2}\right)$,即$N\left(\frac{m^2}{2}+a,\frac{m}{2}\right)$.

由$\overrightarrow{PN}\perp\overrightarrow{MN}$得$\frac{m^2}{2}\left(\frac{m^2}{2}+a-4\right)+\frac{m^2}{4}=0$,解得$m^2=7-2a$,于是

$$S_{\text{四边形}ABCD}=\sqrt{7-2a}\cdot(7+2a)=\sqrt{\frac{1}{2}\cdot[2(7-2a)]\cdot(7+2a)\cdot(7+2a)}$$

$$\leqslant\sqrt{\frac{1}{2}\left[\frac{2(7-2a)+(7+2a)+(7+2a)}{3}\right]^3}=\sqrt{\frac{1}{2}\cdot\left(\frac{28}{3}\right)^3}$$

当且仅当$2(7-2a)=7+2a$,即$a=\frac{7}{6}$时,满足题意.

综上,点P的坐标为$\left(\frac{7}{6},0\right)$.

好题精练

精练3 在平面直角坐标系xOy中,动圆P与圆$C_1:x^2+y^2+2x-\frac{45}{4}=0$内切,且与圆$C_2:x^2+y^2-2x+\frac{3}{4}=0$外切,记动圆$P$的圆心的轨迹为$E$.

(1)求轨迹E的方程.

(2)不过圆心C_2且与x轴垂直的直线交轨迹E于A,M两个不同的点,连接AC_2并延长,交轨迹E于点B.

(i)若直线MB交x轴于点N,证明:N为一个定点.

(ii)若过圆心C_1的直线交轨迹E于D,G两个不同的点,且$AB\perp DG$,求四边形$ADBG$面积的最小值.

4 平行四边形面积问题

典例5 已知过点 $(1,e)$ 的椭圆 $E:\dfrac{x^2}{a^2}+\dfrac{y^2}{b^2}=1(a>b>0)$ 的焦距为 2,e 为椭圆 E 的离心率.

(1)求 E 的标准方程.

(2)设 O 为坐标原点,直线 l 与 E 交于 A,C 两点,以 OA,OC 为邻边作平行四边形 $OABC$,且点 B 恰好在 E 上,问:平行四边形 $OABC$ 的面积是否为定值?若是定值,求出该定值;若不是定值,说明理由.

解答 (1)由题意得 E 的标准方程为 $\dfrac{x^2}{2}+y^2=1$.

(2)当直线 l 的斜率不存在时,设点 $A(x_1,y_1)$,$C(x_1,-y_1)$.

若四边形 $OABC$ 为平行四边形,则 B 为长轴端点.令 $B(\sqrt{2},0)$,解得 $\begin{cases}x_1=\dfrac{\sqrt{2}}{2}\\ \dfrac{x_1^2}{2}+y_1^2=1\end{cases}$,即 $\begin{cases}x_1=\dfrac{\sqrt{2}}{2}\\ |y_1|=\dfrac{\sqrt{3}}{2}\end{cases}$.

故平行四边形 $OABC$ 的面积 $S=2\times\dfrac{1}{2}\times\sqrt{2}\times\dfrac{\sqrt{3}}{2}=\dfrac{\sqrt{6}}{2}$.

当直线 l 的斜率存在时,设直线 l 的方程为 $y=kx+m$,点 $A(x_1,y_1)$,$C(x_2,y_2)$.

联立方程 $\begin{cases}y=kx+m\\ x^2+2y^2=2\end{cases}$,消去 y 得 $(1+2k^2)x^2+4kmx+2m^2-2=0$.

由 $\Delta>0$ 得 $m^2<1+2k^2$,由韦达定理得 $x_1+x_2=-\dfrac{4km}{1+2k^2}$,$x_1x_2=\dfrac{2m^2-2}{1+2k^2}$.

从而 $y_1+y_2=k(x_1+x_2)+2m=\dfrac{2m}{1+2k^2}$.

由四边形 $OABC$ 为平行四边形得 $\overrightarrow{OB}=\overrightarrow{OA}+\overrightarrow{OC}=(x_1+x_2,y_1+y_2)$.

故点 $B\left(-\dfrac{4km}{1+2k^2},\dfrac{2m}{1+2k^2}\right)$,代入椭圆方程得 $4m^2=1+2k^2$,满足 $\Delta>0$.

计算得 $|AC|=\sqrt{1+k^2}\sqrt{(x_1+x_2)^2-4x_1x_2}=\sqrt{1+k^2}\cdot\dfrac{2\sqrt{2}\sqrt{2k^2+1-m^2}}{1+2k^2}=\dfrac{\sqrt{6}\sqrt{1+k^2}}{\sqrt{1+2k^2}}$.

由距离公式得点 O 到直线 l 的距离为 $\dfrac{|m|}{\sqrt{1+k^2}}=\dfrac{\sqrt{1+2k^2}}{2\sqrt{1+k^2}}$.

于是 $S_{\square OABC}=2\times\dfrac{1}{2}\times\dfrac{\sqrt{6}\sqrt{1+k^2}}{\sqrt{1+2k^2}}\times\dfrac{\sqrt{1+2k^2}}{2\sqrt{1+k^2}}=\dfrac{\sqrt{6}}{2}$.

综上,平行四边形 $OABC$ 的面积为定值 $\dfrac{\sqrt{6}}{2}$.

好题精练

精练4 (衡水模拟)点 F_1,F_2 为 $C:x^2-\dfrac{y^2}{b^2}=1$ 的左右焦点,点 P 为双曲线上任意一点,过点 P 作双曲线两条渐近线的平行线分别与渐近线交于点 A,B,若四边形 $PAOB$ 的面积为 $\sqrt{2}$,且 $\overrightarrow{PF_1}\cdot\overrightarrow{PF_2}>0$,求点 P 横坐标的取值范围.

精练5 (曲靖模拟)已知曲线 $E:\dfrac{x^2}{4}+y^2=1(y\neq 0)$,若互相平行的两条直线 l,l' 分别过定点 $(-\sqrt{3},0)$ 和 $(\sqrt{3},0)$,且直线 l 与曲线 E 交于 P,Q 两点,直线 l' 与曲线 E 交于 R,S 两点,若四边形 $PQRS$ 的面积为 $\dfrac{8\sqrt{6}}{5}$,求直线 l 的方程.

5 四边形面积转化问题

典例6 椭圆 $C_1: \dfrac{x^2}{a^2}+\dfrac{y^2}{b^2}=1(a>b>0)$ 经过点 $E(1,1)$ 且离心率为 $\dfrac{\sqrt{2}}{2}$. 直线 l 与椭圆 C_1 交于 A,B 两点,且以 AB 为直径的圆过原点.

(1)求椭圆 C_1 的方程.

(2)如图6所示,若过原点的直线 m 与椭圆 C_1 交于 C,D 两点,且 $\overrightarrow{OC}=t(\overrightarrow{OA}+\overrightarrow{OB})$,求四边形 $ACBD$ 面积的最大值.

解答 (1)由题意得椭圆 C_1 的方程为 $\dfrac{x^2}{3}+\dfrac{2y^2}{3}=1$.

(2)当直线 AB 的斜率不存在时.

直线 AB 为 $x=\pm 1$,直线 CD 过 AB 的中点,即直线 CD 为 x 轴,解得 $\begin{cases}|AB|=2\\|CD|=2\sqrt{3}\end{cases}$,此时 $S_{四边形ACBD}=\dfrac{1}{2}|AB||CD|=2\sqrt{3}$.

当直线 AB 的斜率存在时.

设其方程为 $y=kx+n$, $A(x_1,y_1)$, $B(x_2,y_2)$.

联立 $\begin{cases}x^2+2y^2=3\\y=kx+n\end{cases}$,整理得 $(2k^2+1)x^2+4knx+2n^2-3=0$.

$\Delta=4(6k^2-2n^2+3)>0$ ①,由韦达定理得 $x_1+x_2=-\dfrac{4kn}{2k^2+1}$ ②, $x_1x_2=\dfrac{2n^2-3}{2k^2+1}$ ③.

以 AB 为直径的圆过原点,即 $\overrightarrow{OA}\cdot\overrightarrow{OB}=x_1x_2+y_1y_2=x_1x_2+(kx_1+n)(kx_2+n)=0$.

化简得 $(k^2+1)x_1x_2+kn(x_1+x_2)+n^2=0$.

将式②③代入上式整理得 $(k^2+1)(2n^2-3)+kn(-4kn)+n^2(2k^2+1)=0$,即 $n^2=k^2+1$ ④.

将式④代入式①,得 $\Delta=4(4k^2+1)>0$ 恒成立,故 $k\in\mathbf{R}$.

设线段 AB 的中点为 M,故 $\overrightarrow{OC}=t(\overrightarrow{OA}+\overrightarrow{OB})=2t\overrightarrow{OM}$,设 $t>0$,得 $S_{四边形ACBD}=2S_{四边形OACB}=4tS_{\triangle OAB}$,又因为 $S_{\triangle OAB}=\dfrac{1}{2}|n||x_1-x_2|=|n|\dfrac{\sqrt{4k^2+1}}{2k^2+1}$,所以 $S_{四边形ACBD}=4t|n|\dfrac{\sqrt{4k^2+1}}{2k^2+1}$.

由 $\overrightarrow{OC}=t(\overrightarrow{OA}+\overrightarrow{OB})$ 得点 C 的坐标为 $(t(x_1+x_2),t(y_1+y_2))$.

化简得 $\begin{cases}t(x_1+x_2)=-\dfrac{4kn}{2k^2+1}t\\t(y_1+y_2)=\dfrac{2n}{2k^2+1}t\end{cases}$,代回椭圆方程得 $\dfrac{8n^2t^2}{2k^2+1}=3$,即 $t=\sqrt{\dfrac{3(2k^2+1)}{8n^2}}$.

于是 $S_{四边形ACBD}=4\sqrt{\dfrac{3(2k^2+1)}{8n^2}}|n|\dfrac{\sqrt{4k^2+1}}{2k^2+1}=\sqrt{6}\sqrt{\dfrac{4k^2+1}{2k^2+1}}=\sqrt{6}\sqrt{2-\dfrac{1}{2k^2+1}}<2\sqrt{3}$.

综上,四边形 $ACBD$ 面积的最大值为 $2\sqrt{3}$.

好题精练

精练6 椭圆 $C: \dfrac{x^2}{a^2}+\dfrac{y^2}{b^2}=1(a>b>0)$ 离心率为 $\dfrac{1}{2}$,且经过点 $\left(1,\dfrac{3}{2}\right)$, P,Q 是椭圆 C 上的两点.

(1)求椭圆 C 的方程.

(2)若直线 OP 与 OQ 的斜率之积为 $-\dfrac{3}{4}$(O 为坐标原点),点 D 为射线 OP 上一点,且 $\overrightarrow{OP}=\overrightarrow{PD}$,若线段 DQ 与椭圆 C 交于点 E,设 $\overrightarrow{QE}=\lambda\overrightarrow{ED}(\lambda>0)$. (i)求 λ 的值. (ii)求四边形 $OPEQ$ 的面积.

6 对称性与面积问题

典例7 设 F_1, F_2 为椭圆 $\dfrac{x^2}{4}+y^2=1$ 的左右焦点,过椭圆中心任作一直线与椭圆交于 P,Q 两点,当四边形 PF_1QF_2 的面积最大时,$\overrightarrow{PF_1}\cdot\overrightarrow{PF_2}$ 的值等于 _____.

解答 因为点 P,Q 关于原点中心对称,所以 $\triangle PF_1F_2$ 与 $\triangle QF_1F_2$ 关于原点对称,故两者面积相等.
因为 $S_{四边形 PF_1QF_2}=S_{\triangle PF_1F_2}+S_{\triangle QF_1F_2}$,所以四边形 PF_1QF_2 面积最大即 $\triangle PF_1F_2$ 面积最大.
又因为 $S_{\triangle PF_1F_2}=\dfrac{1}{2}|F_1F_2|\cdot y_P=c\cdot y_P$,所以当 y_P 最大时,$\triangle PF_1F_2$ 面积最大.
由题意得当点 P 位于短轴顶点时,$\triangle PF_1F_2$ 面积最大.
由 $\dfrac{x^2}{4}+y^2=1$ 得 $a=2,b=1,c=\sqrt{3}$.
从而 $P(0,1),F_1(-\sqrt{3},0),F_2(\sqrt{3},0)$,故 $\overrightarrow{PF_1}\cdot\overrightarrow{PF_2}$ 的值为 -2.

典例8 已知椭圆 $C:\dfrac{x^2}{4}+\dfrac{y^2}{3}=1$,点 F_1,F_2 为椭圆的左右焦点,点 A,B 为椭圆上位于 x 轴同侧的两点,$\angle AF_1F_2+\angle BF_2F_1=\pi$,求四边形 AF_1F_2B 面积的最大值.

解答 延长 AF_1 交椭圆于点 D.
由 $\angle AF_1F_2+\angle BF_2F_1=\pi$ 得 $AF_1\parallel BF_2$,由椭圆对称性得 $DF_1=BF_2$.
设直线 $AD:x=my-1$,代入椭圆方程得 $y_1+y_2=\dfrac{6m}{3m^2+4}$,$y_1y_2=\dfrac{-9}{3m^2+4}$.
设两平行线间的距离为 d,从而
$$S_{四边形 AF_1F_2B}=\dfrac{1}{2}(|AF_1|+|BF_2|)d=\dfrac{1}{2}(|AF_1|+|DF_1|)d=\dfrac{1}{2}|AD|d=S_{\triangle ADF_2}$$
从而 $S_{\triangle ADF_2}=\dfrac{1}{2}|F_1F_2||y_1-y_2|=12\sqrt{\dfrac{m^2+1}{(3m^2+4)^2}}=\dfrac{12}{3\sqrt{m^2+1}+\dfrac{1}{\sqrt{m^2+1}}}$.
当 $\sqrt{m^2+1}=1$ 时取得最大值,故四边形 AF_1F_2B 面积的最大值为 3.

精练7 设点 F_1,F_2 是椭圆 $C:\dfrac{x^2}{4}+y^2=1$ 的两个焦点,过点 F_1,F_2 分别作直线 l_1,l_2,且 $l_1\parallel l_2$,若 l_1 与椭圆 C 交于 A,B 两点,l_2 与椭圆 C 交于 C,D 两点(点 A,D 在 x 轴上方),则四边形 $ABCD$ 面积的最大值为 _____.

8.3 面积坐标式

> (1) 设 $O(0,0), A(x_1,y_1), B(x_2,y_2), S_{\triangle AOB}=\dfrac{1}{2}|x_1y_2-x_2y_1|.$
>
> 证明：由公式得 $S_{\triangle AOB}=\dfrac{1}{2}|\overrightarrow{OA}|\cdot|\overrightarrow{OB}|\sin\angle AOB=\dfrac{1}{2}|\overrightarrow{OA}|\cdot|\overrightarrow{OB}|\sqrt{1-\cos^2\angle AOB}=\dfrac{1}{2}\sqrt{(|\overrightarrow{OA}|\cdot|\overrightarrow{OB}|)^2-(\overrightarrow{OA}\cdot\overrightarrow{OB})^2}=\dfrac{1}{2}\sqrt{(x_1^2+y_1^2)(x_2^2+y_2^2)-(x_1x_2+y_1y_2)^2}=\dfrac{1}{2}|x_1y_2-x_2y_1|.$
>
> (2) 设 $A(x_1,y_1), B(x_2,y_2), C(x_3,y_3), S_{\triangle ABC}=\dfrac{1}{2}|(x_1-x_3)(y_2-y_3)-(x_2-x_3)(y_1-y_3)|.$
>
> (3) 设 $\overrightarrow{AB}=(x_1,y_1),\overrightarrow{AC}=(x_2,y_2), S_{\triangle ABC}=\dfrac{1}{2}|x_1y_2-x_2y_1|.$

典例 （全国卷）已知点 $A(0,-2)$，椭圆 $E:\dfrac{x^2}{a^2}+\dfrac{y^2}{b^2}=1(a>b>0)$ 的离心率为 $\dfrac{\sqrt{3}}{2}$，点 F 是椭圆的右焦点，直线 AF 的斜率为 $\dfrac{2\sqrt{3}}{3}$，点 O 为坐标原点.

(1) 求椭圆 E 的方程.

(2) 设过点 A 的直线 l 与 E 相交于 P,Q 两点，当 $\triangle OPQ$ 的面积最大时，求 l 的方程.

解答 (1) 由题意得 E 的方程 $\dfrac{x^2}{4}+y^2=1$.

(2) 设 $P(x_1,y_1),Q(x_2,y_2)$，由于点 P,Q,A 三点共线，$\dfrac{y_1+2}{x_1}=\dfrac{y_2-y_1}{x_2-x_1}$，$y_1x_2-y_2x_1=-2(x_2-x_1)$.

从而 $S_{\triangle POQ}=\dfrac{1}{2}|y_1x_2-y_2x_1|\leqslant\dfrac{1}{2}\sqrt{\left(\dfrac{x_1^2}{4}+y_1^2\right)(4y_2^2+x_2^2)}=\dfrac{1}{2}\times 2=1.$

当且仅当 $\left|\dfrac{y_1y_2}{x_1x_2}\right|=\dfrac{1}{4}$，即 $\dfrac{y_1y_2}{x_1x_2}=-\dfrac{1}{4}$ 时取等.

设直线 $PQ:mx+ny=1$，故 $\dfrac{x^2}{4}+y^2=(mx+ny)^2$，整理得 $\left(\dfrac{1}{4}-m^2\right)x^2+(1-n^2)y^2-2mnxy=0$. 构造得 $(1-n^2)\dfrac{y^2}{x^2}-2mn\dfrac{y}{x}+\dfrac{1}{4}-m^2=0$，由韦达定理得 $\dfrac{y_1y_2}{x_1x_2}=\dfrac{\dfrac{1}{4}-m^2}{1-n^2}=-\dfrac{1}{4}.$

因为直线 PQ 过点 A，即 $-2n=1\Rightarrow n=-\dfrac{1}{2}$，所以 $m=\pm\dfrac{\sqrt{7}}{4}.$

因此，直线 $PQ:y=\dfrac{\sqrt{7}}{2}x-2$ 或 $y=-\dfrac{\sqrt{7}}{2}x-2.$

好题精练

精练1 （全国卷）已知椭圆 $C:\dfrac{x^2}{25}+\dfrac{16y^2}{25}=1$，点 A,B 分别为 C 的左、右顶点，若点 P 在椭圆 C 上，点 Q 在直线 $x=6$ 上，且 $|BP|=|BQ|,BP\perp BQ$，求 $\triangle APQ$ 的面积.

精练2 已知椭圆 $E:\dfrac{x^2}{2}+y^2=1$，若点 A,B,P 为椭圆 E 上的三个不同的点，O 为坐标原点，且 $\overrightarrow{OP}=\overrightarrow{OA}+\overrightarrow{OB}$，证明：四边形 $OAPB$ 的面积为定值.

精练3 （全国卷）已知椭圆 $C:\dfrac{x^2}{4}+\dfrac{y^2}{2}=1$，过坐标原点的直线交椭圆于点 P,Q，点 P 在第一象限，$PE\perp x$ 轴，垂足为 E，连接 QE 并延长交椭圆于 G.

(1) 证明：$\triangle PQG$ 为直角三角形. (2) 求 $S_{\triangle PQG}$ 的最大值.

8.4 面积三角式

> 解三角形面积公式：$S_{\triangle ABC}=\dfrac{1}{2}bc\sin A=\dfrac{1}{2}ac\sin B=\dfrac{1}{2}ab\sin C$.

典例 （新全国卷）已知点 $A(2,1)$ 在双曲线 $C:\dfrac{x^2}{a^2}-\dfrac{y^2}{a^2-1}=1(a>1)$ 上，直线 l 交双曲线 C 于 P,Q 两点，直线 AP,AQ 的斜率之和为 0.

(1) 求直线 l 的斜率.

(2) 若 $\tan\angle PAQ=2\sqrt{2}$，求 $\triangle PAQ$ 的面积.

解答 (1) 将点 A 的坐标代入双曲线方程得 $\dfrac{4}{a^2}-\dfrac{1}{a^2-1}=1$.

化简得 $a^4-4a^2+4=0$，解得 $a^2=2$，故双曲线的方程为 $\dfrac{x^2}{2}-y^2=1$.

由题意得直线 l 的斜率存在，设直线 $l:y=kx+m$，点 $P(x_1,y_1)$，$Q(x_2,y_2)$.

联立直线与双曲线的方程，消去 y 得 $(2k^2-1)x^2+4kmx+2m^2+2=0$.

由韦达定理得 $x_1+x_2=-\dfrac{4km}{2k^2-1}$，$x_1x_2=\dfrac{2m^2+2}{2k^2-1}$.

从而
$$k_{AP}+k_{AQ}=\dfrac{y_1-1}{x_1-2}+\dfrac{y_2-1}{x_2-2}=\dfrac{kx_1+m-1}{x_1-2}+\dfrac{kx_2+m-1}{x_2-2}=0$$

整理得
$$2kx_1x_2+(m-1-2k)(x_1+x_2)-4(m-1)=0$$

故
$$\dfrac{2k(2m^2+2)}{2k^2-1}+(m-1-2k)\cdot\left(-\dfrac{4km}{2k^2-1}\right)-4(m-1)=0$$

化简得 $(k+1)(m+2k-1)=0$.

因为直线 l 不过点 A，所以 $k=-1$.

(2) 不妨设直线 PA 的倾斜角为 $\theta\left(0<\theta<\dfrac{\pi}{2}\right)$，由题意得 $\angle PAQ=\pi-2\theta$.

从而 $\tan\angle PAQ=-\tan 2\theta=\dfrac{2\tan\theta}{\tan^2\theta-1}=2\sqrt{2}$，解得 $\tan\theta=\sqrt{2}$ 或 $\tan\theta=-\dfrac{\sqrt{2}}{2}$（舍去）.

联立方程 $\begin{cases}\dfrac{y_1-1}{x_1-2}=\sqrt{2}\\ \dfrac{x_1^2}{2}-y_1^2=1\end{cases}$，解得 $x_1=\dfrac{10-4\sqrt{2}}{3}$，故 $|AP|=\sqrt{3}|x_1-2|=\dfrac{4\sqrt{3}(\sqrt{2}-1)}{3}$.

同理得 $x_2=\dfrac{10+4\sqrt{2}}{3}$，从而 $|AQ|=\sqrt{3}|x_2-2|=\dfrac{4\sqrt{3}(\sqrt{2}+1)}{3}$.

因为 $\tan\angle PAQ=2\sqrt{2}$，所以 $\sin\angle PAQ=\dfrac{2\sqrt{2}}{3}$.

于是
$$S_{\triangle PAQ}=\dfrac{1}{2}|AP||AQ|\sin\angle PAQ=\dfrac{1}{2}\times\dfrac{4\sqrt{3}(\sqrt{2}-1)}{3}\times\dfrac{4\sqrt{3}(\sqrt{2}+1)}{3}\times\dfrac{2\sqrt{2}}{3}=\dfrac{16\sqrt{2}}{9}$$

综上，$\triangle PAQ$ 的面积为 $\dfrac{16\sqrt{2}}{9}$.

精练1 已知椭圆 $C: \dfrac{x^2}{a^2}+\dfrac{y^2}{b^2}=1(a>b>0)$ 的右焦点为 $F(2,0)$,点 $P(-2,\sqrt{2})$ 是椭圆 C 上一点.

(1)求椭圆 C 的方程.

(2)若过点 F 的直线 l_1(与 x 轴不重合)与椭圆 C 相交于 A,B 两点,过点 F 的直线 l_2 与 y 轴交于点 M,与直线 $x=4$ 交于点 N(l_1 与 l_2 不重合),记 $\triangle MFB$,$\triangle NFB$,$\triangle NFA$,$\triangle AFM$ 的面积分别为 S_1,S_2,S_3,S_4,若 $\sqrt{S_2 S_4}=\dfrac{\sqrt{3}}{4}(S_1+S_3)$,求直线 l_1 的方程.

精练2 已知椭圆 $C_1: \dfrac{x^2}{4}+y^2=1$ 的左、右两个顶点分别为 A,B,点 P 为椭圆 C_1 上异于点 A,B 的一个动点,设直线 PA,PB 的斜率分别为 k_1,k_2,若动点 Q 与点 A,B 的连线的斜率分别为 k_3,k_4,$k_3 k_4=\lambda k_1 k_2(\lambda\neq 0)$,记动点 Q 的轨迹为曲线 C_2.

(1)当 $\lambda=4$ 时,求曲线 C_2 的方程.

(2)已知点 $M\left(1,\dfrac{1}{2}\right)$,直线 AM 与 BM 分别与曲线 C_2 交于 E,F 两点.设 $\triangle AMF$ 的面积为 S_1,$\triangle BME$ 的面积为 S_2,若 $\lambda\in[1,3]$,求 $\dfrac{S_1}{S_2}$ 的取值范围.

精练3 已知点 O 为坐标原点,动直线 $l: y=kx+m(km\neq 0)$ 与双曲线 $C: x^2-\dfrac{y^2}{b^2}=1(b>0)$ 的渐近线交于 A,B 两点,与椭圆 $D: \dfrac{x^2}{2}+y^2=1$ 交于 E,F 两点,且 $k^2=10$,$2(\overrightarrow{OA}+\overrightarrow{OB})=3(\overrightarrow{OE}+\overrightarrow{OF})$.

(1)求双曲线 C 的方程.

(2)若动直线 l 与 C 相切,证明:$\triangle OAB$ 的面积为定值.

精练4 已知双曲线的渐近线方程为 $y=\pm 2x$,且经过点 $M(1,2\sqrt{2})$.

(1)求该双曲线方程.

(2)在(1)的双曲线上存在一点 P,在直线 $y=2x,y=-2x$ 上分别取点 G,Q,当点 G,Q 分别位于第一、二象限时,若 $\overrightarrow{GP}=\lambda\overrightarrow{PQ}$,$\lambda\in\left[\dfrac{1}{3},2\right]$,求 $\triangle GOQ$ 面积的取值范围.

8.5 焦点三角形

1 椭圆

> 已知点 F_1,F_2 为椭圆 $\dfrac{x^2}{a^2}+\dfrac{y^2}{b^2}=1(a>b>0)$ 的两个焦点,点 P 是椭圆上的动点,则 $\triangle PF_1F_2$ 的面积 $S=c|y_P|=\dfrac{b^2\sin\alpha}{1+\cos\alpha}=b^2\tan\dfrac{\alpha}{2}(\alpha=\angle F_1PF_2)$.
>
> 证明:设 $\angle F_1PF_2=\alpha$,由椭圆的对称性得不妨设 P 在第一象限,且 $P(x,y)$.
> 由余弦定理得 $|F_1F_2|^2=|PF_1|^2+|PF_2|^2-2|PF_1|\cdot|PF_2|\cos\alpha=4c^2$ ①.
> 由椭圆定义得 $|PF_1|+|PF_2|=2a$ ②,则②²-①得 $|PF_1|\cdot|PF_2|=\dfrac{2b^2}{1+\cos\alpha}$.
> 故 $\triangle PF_1F_2$ 的面积 $S_{\triangle PF_1F_2}=\dfrac{1}{2}|PF_1|\cdot|PF_2|\sin\alpha=\dfrac{1}{2}\cdot\dfrac{2b^2}{1+\cos\alpha}\sin\alpha=b^2\tan\dfrac{\alpha}{2}$.

典例 1 (全国卷)已知点 F_1,F_2 为椭圆 $C:\dfrac{x^2}{16}+\dfrac{y^2}{4}=1$ 的两个焦点,点 P,Q 为椭圆 C 上关于坐标原点对称的两点,且 $|PQ|=|F_1F_2|$,则四边形 PF_1QF_2 的面积为 _____.

法一 由椭圆的对称性,且 $|PQ|=|F_1F_2|$,得四边形 PF_1QF_2 是矩形,注意到 $\angle F_1PF_2=\dfrac{\pi}{2}$.

由椭圆焦点三角形面积公式得 $S_{四边形 PF_1QF_2}=2S_{\triangle PF_1F_2}=2b^2\tan\dfrac{\angle F_1PF_2}{2}=8$.

法二 由题意得 $|F_1F_2|=4\sqrt{3}$.由点 P,Q 关于原点对称,且 $|PQ|=|F_1F_2|$,得 $|PO|=|QO|=2\sqrt{3}$.

从而可得 P,Q 既在椭圆 $\dfrac{x^2}{16}+\dfrac{y^2}{4}=1$ 上,又在圆 $x^2+y^2=12$ 上.

不妨设点 P 在第一象限,联立方程 $\begin{cases}\dfrac{x^2}{16}+\dfrac{y^2}{4}=1\\ x^2+y^2=12\end{cases}$,解得 $P\left(\dfrac{4\sqrt{6}}{3},\dfrac{2\sqrt{3}}{3}\right)$.

故四边形 PF_1QF_2 的面积 $S_{四边形 PF_1QF_2}=2S_{\triangle PF_1F_2}=2\times\dfrac{1}{2}\times|F_1F_2|\times y_P=2\times\dfrac{1}{2}\times 4\sqrt{3}\times\dfrac{2\sqrt{3}}{3}=8$.

好题精练

精练 1 (全国卷)设 O 为坐标原点,F_1,F_2 为椭圆 $C:\dfrac{x^2}{9}+\dfrac{y^2}{6}=1$ 的两个焦点,点 P 在 C 上,$\cos\angle F_1PF_2=\dfrac{3}{5}$,则 $|OP|=$( ).

A. $\dfrac{13}{5}$　　B. $\dfrac{\sqrt{30}}{2}$　　C. $\dfrac{14}{5}$　　D. $\dfrac{\sqrt{35}}{2}$

精练 2 已知 P 是椭圆 $\dfrac{x^2}{9}+\dfrac{y^2}{5}=1$ 上的一点,椭圆左、右焦点分别为 F_1,F_2,若 $\angle F_1PF_2=90°$ 的面积为 5,则点 P 到 x 轴的距离为 _____,$\triangle PF_1F_2$ 的内切圆半径为 _____.

精练 3 已知椭圆 $\dfrac{x^2}{8}+\dfrac{y^2}{4}=1$,点 F_1,F_2 分别为左、右焦点,直线 l 过点 F_2,交椭圆于 A,B 两点.当 $\angle F_1AB=90°$ 时,点 A 在 x 轴上方时,求点 A,B 的坐标.

2 双曲线

已知点 F_1, F_2 为双曲线 $\dfrac{x^2}{a^2} - \dfrac{y^2}{b^2} = 1$ 的两个焦点,点 M 是双曲线上的动点,则 $\triangle MF_1F_2$ 的面积为 $S = c|y_M| = \dfrac{b^2}{\tan\dfrac{\theta}{2}}(\theta = \angle F_1MF_2)$.

证明:由余弦定理得 $|F_1F_2|^2 = |MF_1|^2 + |MF_2|^2 - 2|MF_1| \cdot |MF_2|\cos\theta$.

假设点 M 在双曲线的左支上,点 F_1, F_2 分别为双曲线的左、右焦点.

由双曲线定义有 $|MF_2| - |MF_1| = 2a$,故 $|MF_1|^2 + |MF_2|^2 - 2|MF_2| \cdot |MF_1| = 4a^2$.

由 $4c^2 = 2|MF_2| \cdot |MF_1| + 4a^2 - 2|MF_1| \cdot |MF_2|\cos\theta$ 得 $|MF_1| \cdot |MF_2| = \dfrac{2b^2}{1-\cos\theta}$.

于是 $S_{\triangle MF_1F_2} = \dfrac{1}{2}|MF_1| \cdot |MF_2| \cdot \sin\theta = \dfrac{1}{2} \cdot \dfrac{2b^2\sin\theta}{1-\cos\theta} = \dfrac{b^2 \cdot 2\sin\dfrac{\theta}{2}\cos\dfrac{\theta}{2}}{2\sin^2\dfrac{\theta}{2}} = \dfrac{b^2}{\tan\dfrac{\theta}{2}}$.

典例2 已知双曲线 $x^2 - \dfrac{y^2}{3} = 1$ 的左、右焦点分别为 F_1, F_2,点 P 在双曲线上,且 $\angle F_1PF_2 = 120°$, $\angle F_1PF_2$ 的平分线交 x 轴于点 A,则 $|PA| = ($).

A. $\dfrac{\sqrt{5}}{5}$ B. $\dfrac{2\sqrt{5}}{5}$ C. $\dfrac{3\sqrt{5}}{5}$ D. $\sqrt{5}$

解答 由双曲线的对称性,不妨设点 P 在右支上,如图 7 所示.

设 $|PF_1| = m$,$|PF_2| = m - 2$,$|F_1F_2| = 2c = 4$.

由 $\cos 120° = -\dfrac{1}{2} = \dfrac{m^2 + (m-2)^2 - 16}{2m(m-2)}$ 得 $m^2 + m^2 - 4m + 4 - 16 = -m(m-2)$.

整理得 $2m^2 - 4m - 12 + m^2 - 2m = 0$,即 $3m^2 - 6m - 12 = 0$.

化简得 $m^2 - 2m - 4 = 0$,解得 $m = \dfrac{2 \pm 2\sqrt{5}}{2} = 1 \pm \sqrt{5}$.

从而 $|PF_1| = 1 + \sqrt{5}$,$|PF_2| = \sqrt{5} - 1$.

由双曲线焦点三角形面积公式得 $S_{\triangle PF_1F_2} = \dfrac{b^2}{\tan\dfrac{\theta}{2}} = \dfrac{3}{\tan\dfrac{\pi}{3}} = \sqrt{3} = \dfrac{1}{2}|PF_1||PA|\sin 60° + \dfrac{1}{2}|PF_2||PA|\sin 60° = \dfrac{\sqrt{3}}{4}|PA|(|PF_1| + |PF_2|)$.

又因为 $|PF_1| = 1 + \sqrt{5}$,$|PF_2| = \sqrt{5} - 1$,所以 $\sqrt{3} = \dfrac{\sqrt{3}}{4}|PA| \cdot 2\sqrt{5}$.

因此,$|PA| = \dfrac{2}{\sqrt{5}} = \dfrac{2\sqrt{5}}{5}$,故选 B.

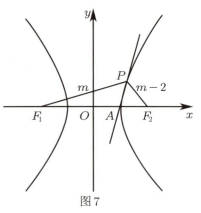

图 7

好题精练

精练4 已知点 F_1, F_2 为双曲线 $\dfrac{x^2}{4} - y^2 = 1$ 的两个焦点,点 P 在双曲线上,若 $\triangle F_1PF_2$ 的面积为 1,则 $\overrightarrow{PF_1} \cdot \overrightarrow{PF_2}$ 的值是 _____.

精练5 已知 F_1, F_2 为双曲线 $C: x^2 - y^2 = 1$ 的左、右焦点,点 P 在双曲线 C 上,$\angle F_1PF_2 = 60°$,则 $|PF_1| \cdot |PF_2| = $ _____.

8.6 面积比专题

对于面积比值类问题，我们常用两个处理手段：直接表示法和降维转化法.
直接表示法即利用我们前面所讲过的各类面积计算方法表示，再计算面积比值.
降维转化法即"面积比→线段比→坐标比"，该过程可以逆用.

典例 已知椭圆 $C: \dfrac{x^2}{a^2} + \dfrac{y^2}{b^2} = 1 (a > b > 0)$ 的离心率为 $\dfrac{\sqrt{2}}{2}$，且直线 $\dfrac{x}{a} + \dfrac{y}{b} = 1$ 与圆 $x^2 + y^2 = 2$ 相切.

(1) 求椭圆 C 的方程.

(2) 设直线 l 与椭圆 C 相交于不同的两点 A, B，点 M 为线段 AB 的中点，点 O 为坐标原点，射线 OM 与椭圆 C 相交于点 P，且点 O 在以 AB 为直径的圆上，记 $\triangle AOM$，$\triangle BOP$ 的面积分别为 S_1, S_2，求 $\dfrac{S_1}{S_2}$ 的取值范围.

解答 (1) 因为椭圆的离心率为 $\dfrac{\sqrt{2}}{2}$，所以 $\dfrac{c}{a} = \dfrac{\sqrt{2}}{2}$.

因为直线 $\dfrac{x}{a} + \dfrac{y}{b} = 1$ 与圆 $x^2 + y^2 = 2$ 相切，所以 $\dfrac{1}{\sqrt{\dfrac{1}{a^2} + \dfrac{1}{b^2}}} = \sqrt{2}$.

又因为 $c^2 + b^2 = a^2$，所以 $a^2 = 6$，$b^2 = 3$，故椭圆 C 的方程为 $\dfrac{x^2}{6} + \dfrac{y^2}{3} = 1$.

(2) 因为点 M 为线段 AB 的中点，所以 $\dfrac{S_1}{S_2} = \dfrac{S_{\triangle AOM}}{S_{\triangle BOP}} = \dfrac{|OM|}{|OP|}$.

当直线 l 的斜率不存在时，由题意得 $OA \perp OB$，结合椭圆的对称性，不妨设射线 OA 所在直线的方程为 $y = x$，解得 $x_A^2 = 2$.

从而 $x_M^2 = 2$，$x_P^2 = 6$，故 $\dfrac{S_1}{S_2} = \dfrac{|OM|}{|OP|} = \dfrac{\sqrt{3}}{3}$.

当直线 l 的斜率存在时，设直线 $l: y = kx + m (m \neq 0)$，点 $A(x_1, y_1)$，$B(x_2, y_2)$.

联立方程 $\begin{cases} y = kx + m \\ \dfrac{x^2}{6} + \dfrac{y^2}{3} = 1 \end{cases}$，消去 y 得 $(2k^2 + 1)x^2 + 4kmx + 2m^2 - 6 = 0$.

由 $\Delta = 16k^2m^2 - 8(2k^2 + 1)(m^2 - 3) = 8(6k^2 - m^2 + 3) > 0$ 得 $6k^2 - m^2 + 3 > 0$.

由韦达定理得 $x_1 + x_2 = -\dfrac{4km}{2k^2 + 1}$，$x_1 x_2 = \dfrac{2m^2 - 6}{2k^2 + 1}$.

因为点 O 在以 AB 为直径的圆上，所以 $\overrightarrow{OA} \cdot \overrightarrow{OB} = 0$，即 $x_1 x_2 + y_1 y_2 = 0$.

整理得 $x_1 x_2 + y_1 y_2 = (1 + k^2) x_1 x_2 + km(x_1 + x_2) + m^2 = 0$.

代入韦达定理得 $(1 + k^2) \dfrac{2m^2 - 6}{2k^2 + 1} + km \left(-\dfrac{4km}{2k^2 + 1} \right) + m^2 = 0$，化简得 $m^2 = 2k^2 + 2$.

经检验 "$m^2 = 2k^2 + 2$" 满足 $\Delta > 0$ 成立.

由韦达定理可得线段 AB 的中点 $M \left(-\dfrac{2km}{2k^2 + 1}, \dfrac{m}{2k^2 + 1} \right)$.

当 $k = 0$ 时，$m^2 = 2$，此时 $\dfrac{S_1}{S_2} = \dfrac{|m|}{\sqrt{3}} = \dfrac{\sqrt{6}}{3}$.

当 $k \neq 0$ 时,射线 OM 所在的直线方程为 $y = -\dfrac{1}{2k}x$,

联立方程 $\begin{cases} y = -\dfrac{1}{2k}x \\ \dfrac{x^2}{6} + \dfrac{y^2}{3} = 1 \end{cases}$,消去 y 得 $x_P^2 = \dfrac{12k^2}{2k^2+1}$,$y_P^2 = \dfrac{3}{2k^2+1}$,故 $\dfrac{|OM|}{|OP|} = \dfrac{|y_M|}{|y_P|} = \sqrt{\dfrac{m^2}{3(2k^2+1)}}$.

于是 $\dfrac{S_1}{S_2} = \sqrt{\dfrac{m^2}{3(2k^2+1)}} = \sqrt{\dfrac{1}{3}\left(1 + \dfrac{1}{2k^2+1}\right)}$,故 $\dfrac{S_1}{S_2} \in \left(\dfrac{\sqrt{3}}{3}, \dfrac{\sqrt{6}}{3}\right)$.

综上,$\dfrac{S_1}{S_2}$ 的取值范围为 $\left[\dfrac{\sqrt{3}}{3}, \dfrac{\sqrt{6}}{3}\right]$.

好题精练

精练1 已知抛物线 $C: x^2 = 4y$,焦点为 F,准线与 y 轴交于点 E,点 P 在抛物线上,横坐标为 2,$|PE| = \sqrt{2}|PF|$,若直线 PE 交 x 轴于点 Q,过点 Q 作直线 l,与抛物线交于点 M,N,其中点 M 在第一象限,若 $\overrightarrow{QM} = \lambda \overrightarrow{MN}$,当 $\lambda \in (1,2)$,求 $\triangle OMP$ 与 $\triangle ONP$ 的面积之比 μ 的取值范围.

精练2 已知点 $A(2,2)$ 为抛物线 $\Gamma: y^2 = 2px$ 上的点,B,C 为抛物线 Γ 上的两个动点,Q 为抛物线 Γ 的准线与 x 轴的交点,F 为抛物线 Γ 的焦点.

(1)若 $\angle BOC = 90°$,证明:直线 BC 恒过定点.

(2)若直线 BC 过点 Q,点 B,C 在 x 轴下方,点 B 在点 Q,C 之间,且 $\tan\angle BFC = \dfrac{24}{7}$,求 $\triangle AFC$ 的面积和 $\triangle BFC$ 的面积之比.

精练3 已知直线 l 与抛物线 $C_1: y^2 = 2x$ 交于两点 $A(x_1, y_1)$,$B(x_2, y_2)$,与抛物线 $C_2: y^2 = 4x$ 交于两点 $C(x_3, y_3)$,$D(x_4, y_4)$,其中点 A,C 在第一象限,点 B,D 在第四象限.

(1)若直线 l 过点 $M(1,0)$,且 $\dfrac{1}{|BM|} - \dfrac{1}{|AM|} = \dfrac{\sqrt{2}}{2}$,求直线 l 的方程.

(2)(i)证明:$\dfrac{1}{y_1} + \dfrac{1}{y_2} = \dfrac{1}{y_3} + \dfrac{1}{y_4}$.

(ii)设 $\triangle AOB$,$\triangle COD$ 的面积分别为 S_1,S_2(O 为坐标原点),若 $|AC| = 2|BD|$,求 $\dfrac{S_1}{S_2}$.

精练4 (浙江卷)已知 $\triangle ABP$ 的三个顶点都在抛物线 $C: x^2 = 4y$ 上,点 F 为抛物线 C 的焦点,点 M 为线段 AB 的中点,$\overrightarrow{PF} = 3\overrightarrow{FM}$,求 $\triangle ABP$ 面积的最大值.

技法9 定点定值

> **1. 定点问题**
> (1) 引入参数法：即用参数表示变量，使得参数与变量无关.
> (2) 先猜后证法：即先根据特殊情况（斜率不存在）找出定点，再证明定点与变量无关.
> **2. 定值问题**
> (1) 基本思路：确定一个或两个变量，用该变量表达题干中的其他条件并化简.
> (2) 常用方法：可以采用先猜后证法，即"斜率不存在时解出定值"，进而证明即可.

9.1 参数关系类

> 设直线 $y=kx+t$，如果我们找到 k,t 之间的等量关系，如 $k=\lambda t$，那么原直线可以化为 $y=t(\lambda x+1)$，显然直线恒过定点 $\left(-\dfrac{1}{\lambda},0\right)$.

典例 （新全国卷）已知椭圆 $C:\dfrac{x^2}{a^2}+\dfrac{y^2}{b^2}=1(a>b>0)$ 的离心率为 $\dfrac{\sqrt{2}}{2}$，且过点 $A(2,1)$.

(1) 求 C 的方程.

(2) 点 M,N 在 C 上，且 $AM\perp AN$，$AD\perp MN$，D 为垂足. 证明：存在定点 Q，使得 $|DQ|$ 为定值.

解答 (1) 由题意得 $\dfrac{4}{a^2}+\dfrac{1}{b^2}=1$，即 $\dfrac{a^2-b^2}{a^2}=\dfrac{1}{2}$，解得 $\begin{cases}a^2=6\\b^2=3\end{cases}$，故 C 的方程为 $\dfrac{x^2}{6}+\dfrac{y^2}{3}=1$.

(2) 法一：设点 $M(x_1,y_1)$，$N(x_2,y_2)$.

(i) 当直线 MN 与 x 轴不垂直时，如图1所示.

设直线 MN 的方程为 $y=kx+m$，代入 $\dfrac{x^2}{6}+\dfrac{y^2}{3}=1$.

整理得 $(1+2k^2)x^2+4kmx+2m^2-6=0$.

由韦达定理得 $x_1+x_2=-\dfrac{4km}{1+2k^2}$，$x_1x_2=\dfrac{2m^2-6}{1+2k^2}$ ①.

由 $AM\perp AN$ 得 $\overrightarrow{AM}\cdot\overrightarrow{AN}=0$.

整理得 $(x_1-2)(x_2-2)+(y_1-1)(y_2-1)=0$.

展开得 $(k^2+1)x_1x_2+(km-k-2)(x_1+x_2)+(m-1)^2+4=0$ ②.

将式①代入式②得 $(k^2+1)\dfrac{2m^2-6}{1+2k^2}-(km-k-2)\dfrac{4km}{1+2k^2}+(m-1)^2+4=0$.

化简得 $(2k+3m+1)(2k+m-1)=0$.

因为 $A(2,1)$ 不在直线 MN 上，所以 $2k+m-1\neq 0$，故 $2k+3m+1=0$，$k\neq 1$.

于是 MN 的方程为 $y=k\left(x-\dfrac{2}{3}\right)-\dfrac{1}{3}(k\neq 1)$，故直线 MN 过点 $P\left(\dfrac{2}{3},-\dfrac{1}{3}\right)$.

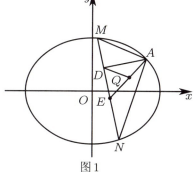

图1

(ii) 当直线 MN 与 x 轴垂直时，如图2所示，可得 $N(x_1,-y_1)$.

由 $\overrightarrow{AM}\cdot\overrightarrow{AN}=0$ 得 $(x_1-2)(x_1-2)+(y_1-1)(-y_1-1)=0$.

由 $\dfrac{x_1^2}{6}+\dfrac{y_1^2}{3}=1$ 得 $3x_1^2-8x_1+4=0$，解得 $x_1=2$（舍去）或 $x_1=\dfrac{2}{3}$.

此时直线 MN 过点 $P\left(\dfrac{2}{3},-\dfrac{1}{3}\right)$.

令 Q 为 AP 的中点,即 $Q\left(\dfrac{4}{3},\dfrac{1}{3}\right)$.

若 D 与 P 不重合,由题意得 AP 是 $\text{Rt}\triangle ADP$ 的斜边,故 $|DQ|=\dfrac{1}{2}|AP|=\dfrac{2\sqrt{2}}{3}$.

若 D 与 P 重合,此时 $|DQ|=\dfrac{1}{2}|AP|$.

综上,存在点 $Q\left(\dfrac{4}{3},\dfrac{1}{3}\right)$,使得 $|DQ|$ 为定值.

法二:由法一得直线 $AD:y-1=k(x-2)$,$MN:y+\dfrac{1}{3}=-\dfrac{1}{k}\left(x-\dfrac{2}{3}\right)$.

上述两直线相乘消去 k 整理得 $\left(x-\dfrac{4}{3}\right)^2+\left(y-\dfrac{1}{3}\right)^2=\dfrac{8}{9}$,故存在点 $Q\left(\dfrac{4}{3},\dfrac{1}{3}\right)$,使得 $|DQ|$ 为定值.

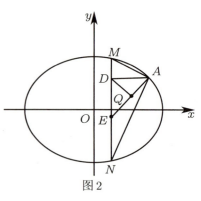

图 2

名师点睛

本题第 2 问共分为两步,第一步为找到直线 MN 过的定点,第二步利用直角三角形的斜边中线性质得到"使得 $|DQ|$ 为定值的点 Q".

本题求得定值的关键在于联想到直角三角形的斜边中线性质,如果考试时无法联想到这一点,那么遇到双直线求其交点轨迹,便可以利用交轨法相乘获得.

好题精练

精练 1 已知抛物线 $C:x^2=2py(p>0)$ 上的点到点 $A(0,p)$ 的距离的最小值为 2.

(1)求 C 的方程.

(2)若点 F 是 C 的焦点,过点 F 作两条互相垂直的直线 l_1 和 l_2,l_1 与 C 交于 M,N 两点,l_2 与 C 交于 P,Q 两点,线段 MN,PQ 的中点分别是 S,T,是否存在定圆使得直线 ST 截该圆所得的线段长恒为定值?若存在,写出一个定圆的方程;若不存在,说明理由.

精练 2 在平面直角坐标系 xOy 中,已知椭圆 $W:\dfrac{x^2}{a^2}+\dfrac{y^2}{b^2}=1(a>b>0)$ 的离心率为 $\dfrac{\sqrt{2}}{2}$,椭圆 W 上的点与点 $P(0,2)$ 的距离的最大值为 4.

(1)求椭圆 W 的标准方程.

(2)点 B 在直线 $x=4$ 上,点 B 关于 x 轴的对称点为 B_1,直线 PB,PB_1 分别交椭圆 W 于 C,D 两点(不同于点 P),证明:直线 CD 过定点.

9.2 参数无关类

1 定点问题

典例1 （全国卷）已知 A,B 分别为椭圆 $E: \dfrac{x^2}{a^2}+y^2=1(a>1)$ 的左、右顶点，G 为 E 的上顶点，$\overrightarrow{AG}\cdot\overrightarrow{GB}=8$. P 为直线 $x=6$ 上的动点，PA 与 E 的另一交点为 C，PB 与 E 的另一交点为 D.

(1) 求 E 的方程.

(2) 证明：直线 CD 过定点.

解答 (1) 由题意可作出图象，如图3所示.

由题意得 $A(-a,0)$，$B(a,0)$，$G(0,1)$.

从而 $\overrightarrow{AG}=(a,1)$，$\overrightarrow{GB}=(a,-1)$.

由 $\overrightarrow{AG}\cdot\overrightarrow{GB}=a^2-1=8$ 得 $a^2=9$，故椭圆方程为：$\dfrac{x^2}{9}+y^2=1$.

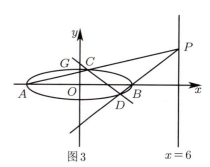

图3

(2) 法一：设点 $P(6,y_0)$.

直线 AP 的方程为 $y=\dfrac{y_0-0}{6-(-3)}(x+3)$，即 $y=\dfrac{y_0}{9}(x+3)$.

联立方程 $\begin{cases}\dfrac{x^2}{9}+y^2=1\\ y=\dfrac{y_0}{9}(x+3)\end{cases}$，消去 y 得 $(y_0^2+9)x^2+6y_0^2x+9y_0^2-81=0$.

解得 $x=-3$ 或 $x=\dfrac{-3y_0^2+27}{y_0^2+9}$，将 $x=\dfrac{-3y_0^2+27}{y_0^2+9}$ 代入直线 $y=\dfrac{y_0}{9}(x+3)$，可得 $y=\dfrac{6y_0}{y_0^2+9}$.

从而点 C 的坐标为 $\left(\dfrac{-3y_0^2+27}{y_0^2+9},\dfrac{6y_0}{y_0^2+9}\right)$. 同理可得点 D 的坐标为 $\left(\dfrac{3y_0^2-3}{y_0^2+1},\dfrac{-2y_0}{y_0^2+1}\right)$.

于是直线 CD 的方程为 $y-\left(\dfrac{-2y_0}{y_0^2+1}\right)=\dfrac{\dfrac{6y_0}{y_0^2+9}-\left(\dfrac{-2y_0}{y_0^2+1}\right)}{\dfrac{-3y_0^2+27}{y_0^2+9}-\dfrac{3y_0^2-3}{y_0^2+1}}\left(x-\dfrac{3y_0^2-3}{y_0^2+1}\right)$.

整理得 $y+\dfrac{2y_0}{y_0^2+1}=\dfrac{8y_0(y_0^2+3)}{6(9-y_0^4)}\left(x-\dfrac{3y_0^2-3}{y_0^2+1}\right)=\dfrac{8y_0}{6(3-y_0^2)}\left(x-\dfrac{3y_0^2-3}{y_0^2+1}\right)$.

化简得 $y=\dfrac{4y_0}{3(3-y_0^2)}x+\dfrac{2y_0}{y_0^2-3}=\dfrac{4y_0}{3(3-y_0^2)}\left(x-\dfrac{3}{2}\right)$，故直线 CD 过定点 $\left(\dfrac{3}{2},0\right)$.

法二：设点 $C(x_1,y_1)$，$D(x_2,y_2)$，$P(6,t)$.

若 $t\ne 0$，设直线 CD 的方程为 $x=my+n$，由题意得 $-3<n<3$.

因为直线 PA 的方程为 $y=\dfrac{t}{9}(x+3)$，所以 $y_1=\dfrac{t}{9}(x_1+3)$.

因为直线 PB 的方程为 $y=\dfrac{t}{3}(x-3)$，所以 $y_2=\dfrac{t}{3}(x_2-3)$.

消去 y 得 $3y_1(x_2-3)=y_2(x_1+3)$.

因为 $\dfrac{x_2^2}{9}+y_2^2=1$，所以 $y_2^2=-\dfrac{(x_2+3)(x_2-3)}{9}$，故 $27y_1y_2=-(x_1+3)(x_2+3)$.

整理得 $(27+m^2)y_1y_2+m(n+3)(y_1+y_2)+(n+3)^2=0$ ①.

将直线 $x=my+n$ 代入 $\dfrac{x^2}{9}+y^2=1$ 得 $(m^2+9)y^2+2mny+n^2-9=0$.

由韦达定理得 $y_1+y_2=-\dfrac{2mn}{m^2+9}$，$y_1y_2=\dfrac{n^2-9}{m^2+9}$ ②.

将式②代入式①得 $(27+m^2)(n^2-9)-2m(n+3)mn+(n+3)^2(m^2+9)=0$.

解得 $n=-3$（舍去）或 $n=\dfrac{3}{2}$，故直线 CD 的方程为 $x=my+\dfrac{3}{2}$，即直线 CD 过定点 $\left(\dfrac{3}{2},0\right)$.

若 $t=0$，此时直线 CD 的方程为 $y=0$，过点 $\left(\dfrac{3}{2},0\right)$.

综上，直线 CD 过定点 $\left(\dfrac{3}{2},0\right)$.

好题精练

精练1 已知抛物线 $C:y^2=2px(p>0)$ 的准线与 x 轴的交点为 H，直线过抛物线 C 的焦点 F 且与 C 交于 A,B 两点，$\triangle HAB$ 的面积的最小值为 4.

（1）求抛物线 C 的方程.

（2）若过点 $Q\left(\dfrac{17}{4},1\right)$ 的动直线 l 交 C 于 M,N 两点，试问抛物线 C 上是否存在定点 E，使得对任意的直线 l，都有 $EM\perp EN$？若存在，求出点 E 的坐标；若不存在，则说明理由.

精练2 设椭圆 $C:\dfrac{x^2}{a^2}+\dfrac{y^2}{b^2}=1(a>b>0)$ 的左、右顶点分别为 A,B，上顶点为 D，点 P 是椭圆 C 上异于顶点的动点，已知椭圆的离心率 $e=\dfrac{\sqrt{3}}{2}$，短轴长为 2.

（1）求椭圆 C 的方程.

（2）若直线 AD 与直线 BP 交于点 M，直线 DP 与 x 轴交于点 N，证明：直线 MN 恒过某定点，并求出该定点.

2 定值问题

典例2 已知椭圆 $C: \dfrac{x^2}{25}+\dfrac{y^2}{16}=1$，与 x 轴不垂直的直线 l 交椭圆于 A,B 两点，交 x 轴于定点 P，线段 AB 的垂直平分线交 x 轴于点 Q，且 $\dfrac{|AB|}{|PQ|}$ 为定值，求点 P 的坐标.

法一 设点 $P(m,0)$，设直线 l 的方程为 $y=k(x-m)$.

将直线 l 代入椭圆方程得 $(16+25k^2)x^2-50k^2mx+25k^2m^2-400=0$，$\Delta>0$.

设点 $A(x_1,y_1),B(x_2,y_2)$，线段 AB 的中点 $H(x_0,y_0)$，$x_1+x_2=\dfrac{50k^2m}{16+25k^2}$，$x_1x_2=\dfrac{25k^2m^2-400}{16+25k^2}$.

从而 $x_0=\dfrac{x_1+x_2}{2}=\dfrac{25k^2m}{16+25k^2}$，$y_0=k(x_0-m)=\dfrac{-16km}{16+25k^2}$.

(1)当 $k\neq 0$ 时，直线 l 的垂直平分线方程为 $y-y_0=-\dfrac{1}{k}(x-x_0)$，令 $y=0$，可得 $x_Q=\dfrac{9k^2m}{16+25k^2}$.

于是 $|PQ|=|x_Q-x_P|=\dfrac{16(k^2+1)|m|}{16+25k^2}$，$|AB|=\sqrt{1+k^2}|x_1-x_2|=40\sqrt{1+k^2}\dfrac{\sqrt{25k^2-m^2k^2+16}}{16+25k^2}$.

进而 $\dfrac{|AB|}{|PQ|}=\dfrac{40\sqrt{1+k^2}\sqrt{25k^2-m^2k^2+16}}{16(k^2+1)|m|}$，因为 $\dfrac{|AB|}{|PQ|}$ 为定值，所以上式为与 k 无关的常数.

因此，$25-m^2=16$，解得 $m=\pm 3$，此时 $\dfrac{|AB|}{|PQ|}=\dfrac{10}{3}$，点 P 的坐标为 $(3,0)$ 或 $(-3,0)$.

(2)当 $k=0$ 时，$|AB|=10$，$|PQ|=3$ 亦满足条件.

综上，点 P 的坐标为 $(3,0)$ 或 $(-3,0)$.

法二 设点 $A(x_1,y_1),B(x_2,y_2)$，则线段 AB 的中点 $H(x_0,y_0)$，设直线 AB 的方程为 $x=my+n$.

将直线 AB 代入椭圆方程得 $(16m^2+25)y^2+32mny+16n^2-400=0$.

$\Delta>0$，由韦达定理得 $y_1+y_2=\dfrac{-32mn}{16m^2+25}$，$y_1y_2=\dfrac{16n^2-400}{16m^2+25}$.

从而 $y_0=\dfrac{y_1+y_2}{2}=\dfrac{-16mn}{16m^2+25}$，$x_0=my_0+n=\dfrac{25n}{16m^2+25}$.

直线 l 的垂直平分线方程为 $y-y_0=-m(x-x_0)$，令 $y=0$ 得 $x_Q=\dfrac{9n}{16m^2+25}$.

于是 $|PQ|=|x_Q-x_P|=\dfrac{16(m^2+1)|n|}{16m^2+25}$，进而 $\dfrac{|AB|}{|PQ|}=\dfrac{40\sqrt{1+m^2}\sqrt{16m^2-n^2+25}}{16(m^2+1)|n|}$.

因为 $\dfrac{|AB|}{|PQ|}$ 为定值，所以上式为与参数无关的常数.

因此，$25-n^2=16$，解得 $n=\pm 3$，此时 $\dfrac{|AB|}{|PQ|}=\dfrac{10}{3}$，点 P 的坐标为 $(3,0)$ 或 $(-3,0)$.

综上，点 P 的坐标为 $(3,0)$ 或 $(-3,0)$.

法三 设点 $P(m,0)$，直线 l 的倾斜角为 α，故直线 AB 的方程为 $\begin{cases}x=m+t\cos\alpha\\ y=t\sin\alpha\end{cases}$（$t$ 为参数）.

将参数方程代入椭圆方程得 $(16+9\sin^2\alpha)t^2+32mt\cos\alpha+16m^2-400=0$，$\Delta>0$.

由韦达定理得 $t_1+t_2=\dfrac{-32m\cos\alpha}{16+9\sin^2\alpha}$，$t_1t_2=\dfrac{16m^2-400}{16+9\sin^2\alpha}$.

从而 $|AB|=|t_1-t_2|=\dfrac{40\sqrt{16+9\sin^2\alpha-m^2\sin^2\alpha}}{16+9\sin^2\alpha}$.

设 AB 的中点为 R，故 $|PR|=|t_1-t_2|=\dfrac{|16m\cos\alpha|}{16+9\sin^2\alpha}$，$|PQ|=\dfrac{|PR|}{\cos\alpha}$.

于是 $\dfrac{|AB|}{|PQ|} = \dfrac{5\sqrt{16+(9-m^2)\sin^2\alpha}}{2|m|}$, 因为 $\dfrac{|AB|}{|PQ|}$ 为定值, 所以上式为与参数无关的常数.

因此, $9-m^2=0$, 即 $m=\pm 3$, 点 P 的坐标为 $(3,0)$ 或 $(-3,0)$.

综上, 点 P 的坐标为 $(3,0)$ 或 $(-3,0)$

好题精练

精练3 已知 O 为坐标原点, F_1,F_2 是双曲线 $C: \dfrac{x^2}{a^2} - \dfrac{y^2}{b^2} = 1 (a>0, b>0)$ 的左、右焦点, 双曲线 C 上一点 P 满足 $(\overrightarrow{OP}+\overrightarrow{OF_2}) \cdot \overrightarrow{F_2P} = 0$, 且 $|\overrightarrow{PF_1}| \cdot |\overrightarrow{PF_2}| = 2a^2$, 则双曲线 C 的渐近线方程为 _____, 点 A 是双曲线 C 上一定点, 过点 $B(0,1)$ 的动直线 l 与双曲线 C 交于 M,N 两点, $k_{AM}+k_{AN}$ 为定值 λ, 则当 $a=\sqrt{2}$ 时实数 λ 的值为 _____.

精练4 已知抛物线 $C: y^2=2px(p>0)$ 的焦点为 F, 过点 $P(0,2)$ 的动直线 l 与抛物线相交于 A, B 两点. 当直线 l 经过点 F 时, 点 A 恰好为线段 PF 的中点.

(1) 求 p 的值.

(2) 是否存在定点 T, 使得 $\overrightarrow{TA} \cdot \overrightarrow{TB}$ 为常数? 若存在, 求出点 T 的坐标及该常数; 若不存在, 说明理由.

9.3 整理化简类

1 定点问题

典例1 （全国卷）已知椭圆 E 的中心为坐标原点，对称轴为 x 轴、y 轴，且过 $A(0,-2)$，$B\left(\dfrac{3}{2},-1\right)$ 两点.

(1) 求椭圆 E 的方程.

(2) 设过点 $P(1,-2)$ 的直线交 E 于 M，N 两点，过点 M 且平行于 x 轴的直线与线段 AB 交于点 T，点 H 满足 $\overrightarrow{MT}=\overrightarrow{TH}$，证明：直线 HN 过定点.

解答 (1) 设椭圆 $E:\dfrac{x^2}{a^2}+\dfrac{y^2}{b^2}=1$，将 A，B 两点代入得 $\begin{cases}\dfrac{4}{b^2}=1\\ \dfrac{9}{4a^2}+\dfrac{1}{b^2}=1\end{cases}$，解得 $a^2=3,b^2=4$.

故椭圆 E 的方程为 $\dfrac{x^2}{3}+\dfrac{y^2}{4}=1$.

(2)(i) 当直线 MN 的斜率不存在时.

此时直线 $l_{MN}:x=1$，联立方程 $\begin{cases}x=1\\ \dfrac{x^2}{3}+\dfrac{y^2}{4}=1\end{cases}$，解得 $y^2=\dfrac{8}{3}$，即 $y=\pm\dfrac{2\sqrt{2}}{\sqrt{3}}$.

由题意得点 $M\left(1,-\dfrac{2\sqrt{2}}{\sqrt{3}}\right)$，$N\left(1,\dfrac{2\sqrt{2}}{\sqrt{3}}\right)$，故过点 M 且平行于 x 轴的直线的方程为 $y=-\dfrac{2\sqrt{2}}{\sqrt{3}}$.

直线 AB 的方程为 $y-(-2)=\dfrac{-1-(-2)}{\dfrac{3}{2}-0}\times(x-0)$，即 $y=\dfrac{2}{3}x-2$.

易知点 T 的横坐标 $x_T\in\left[0,\dfrac{3}{2}\right]$，联立 $\begin{cases}y=-\dfrac{2\sqrt{2}}{\sqrt{3}}\\ y=\dfrac{2}{3}x-2\end{cases}$，解得 $x_T=3-\sqrt{6}$，故 $T\left(3-\sqrt{6},-\dfrac{2\sqrt{2}}{\sqrt{3}}\right)$.

因为 $\overrightarrow{MT}=\overrightarrow{TH}$，所以 $H\left(5-2\sqrt{6},-\dfrac{2\sqrt{2}}{\sqrt{3}}\right)$，故 $l_{HN}:y-\dfrac{2\sqrt{2}}{\sqrt{3}}=\dfrac{\dfrac{4\sqrt{2}}{\sqrt{3}}}{2\sqrt{6}-4}(x-1)$.

化简得 $y=\dfrac{2(3+\sqrt{6})}{3}x-2$.

(ii) 当直线 MN 的斜率存在时，如图 4 所示.

设点 $M(x_1,y_1)$，$N(x_2,y_2)$，直线 $l_{MN}:y=kx+m(k+m=-2)$.

联立方程 $\begin{cases}y=kx+m\\ \dfrac{x^2}{3}+\dfrac{y^2}{4}=1\end{cases}$，消去 y 得 $(3k^2+4)x^2+6kmx+3m^2-12=0$.

$\Delta>0$，由韦达定理得 $x_1+x_2=-\dfrac{6km}{3k^2+4}$，$x_1x_2=\dfrac{3m^2-12}{3k^2+4}$.

过点 M 且平行于 x 轴的直线的方程为 $y=y_1$，与直线 AB 的方程联立

得 $\begin{cases}y=y_1\\ y=\dfrac{2}{3}x-2\end{cases}$，解得 $x_T=\dfrac{3(y_1+2)}{2}$，故 $T\left(\dfrac{3(y_1+2)}{2},y_1\right)$.

因为 $\overrightarrow{MT}=\overrightarrow{TH}$，所以 $H(3y_1+6-x_1,y_1)$，故 $l_{HN}:y-y_2=\dfrac{y_1-y_2}{3y_1+6-x_1-x_2}(x-x_2)$.

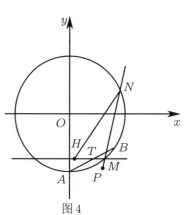

图 4

化简得 $y = \dfrac{y_1 - y_2}{3y_1 + 6 - x_1 - x_2} x + y_2 - \dfrac{y_1 - y_2}{3y_1 + 6 - x_1 - x_2} \cdot x_2$.

令 $x = 0$,可得

$$y = y_2 - \dfrac{(y_1 - y_2)x_2}{3y_1 + 6 - x_1 - x_2} = \dfrac{-(x_1 y_2 + x_2 y_1) + 3y_1 y_2 + 6y_2}{-(x_1 + x_2) + 6 + 3y_1} = \dfrac{-(x_1 y_2 + x_2 y_1) + 3y_1 y_2 + 6y_2}{-(x_1 + x_2) + 6 + 3(y_1 + y_2) - 3y_2} \quad ①$$

由韦达定理得 $y_1 y_2 = (kx_1 + m)(kx_2 + m) = k^2 x_1 x_2 + mk(x_1 + x_2) + m^2 = \dfrac{-12k^2 + 4m^2}{3k^2 + 4}$.

同理可得 $y_1 + y_2 = (kx_1 + m) + (kx_2 + m) = k(x_1 + x_2) + 2m = \dfrac{8m}{3k^2 + 4}$.

整理得 $x_1 y_2 + x_2 y_1 = x_1(kx_2 + m) + x_2(kx_1 + m) = 2kx_1 x_2 + m(x_1 + x_2) = \dfrac{-24k}{3k^2 + 4}$.

整理式①分子部分得

$$-(x_1 y_2 + x_2 y_1) + 3y_1 y_2 = \dfrac{24k}{3k^2 + 4} + \dfrac{-36k^2 + 12m^2}{3k^2 + 4} = \dfrac{-36k^2 + 12m^2 + 24k}{3k^2 + 4} = \dfrac{-24(k^2 - 3k - 2)}{3k^2 + 4}$$

整理式①分母部分得

$$-(x_1 + x_2) + 6 + 3(y_1 + y_2) = \dfrac{6km}{3k^2 + 4} + 6 + \dfrac{24m}{3k^2 + 4} = \dfrac{6km + 18k^2 + 24 + 24m}{3k^2 + 4} = \dfrac{12(k^2 - 3k - 2)}{3k^2 + 4}$$

于是 $y = \dfrac{\dfrac{-24(k^2 - 3k - 2)}{3k^2 + 4} + 6y_2}{\dfrac{12(k^2 - 3k - 2)}{3k^2 + 4} - 3y_2} = -2$,故直线 HN 过定点 $(0, -2)$.

综上,直线 HN 过定点 $(0, -2)$.

**好题精练**

精练1 如图5所示,椭圆 $C: \dfrac{x^2}{a^2} + \dfrac{y^2}{b^2} = 1 (a > b > 0)$ 过点 $(0, 1)$,离心率 $e = \dfrac{\sqrt{3}}{2}$.

(1)求椭圆 C 的标准方程.

(2)设直线 $x = my + 1$ 与椭圆 C 交于 A, B 两点,点 A 关于 x 轴的对称点为 A'(A' 与 B 不重合),则直线 $A'B$ 与 x 轴是否交于一个定点?若是,求出定点坐标;若不是,请说明理由.

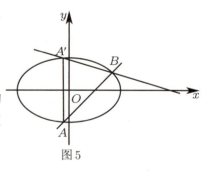

图5

精练2 已知椭圆 $C: \dfrac{x^2}{a^2} + \dfrac{y^2}{b^2} = 1 (a > b > 0)$ 的离心率为 $\dfrac{1}{2}$,以原点为圆心、椭圆的短半轴长为半径的圆与直线 $l_1: x - y + \sqrt{6} = 0$ 相切,过点 $P(4, 0)$ 且不垂直 x 轴的直线 l 与椭圆 C 相交于 A, B 两点.

(1)求椭圆 C 的方程.

(2)若 B 点关于 x 轴的对称点是 E,证明:直线 AE 与 x 轴相交于定点.

2 定值问题

典例2 抛物线 $E:y^2=2px(p>0)$,过点 $(-2,0)$ 的两条直线 l_1,l_2 分别交 E 于 A,B 两点和 C,D 两点. 当 l_1 的斜率为 $\dfrac{2}{3}$ 时,$|AB|=\sqrt{13}$.

(1)求 E 的标准方程.

(2)设 G 为直线 AD 与 BC 的交点,证明:点 G 必在定直线上.

解答 (1)当 l_1 的斜率为 $\dfrac{2}{3}$ 时,直线 l_1 的方程为 $y=\dfrac{2}{3}(x+2)$,设点 $A(x_1,y_1),B(x_2,y_2)$.

联立方程 $\begin{cases} y^2=2px \\ y=\dfrac{2}{3}(x+2) \end{cases}$,消去 x 得 $y^2-3py+4p=0$.

由 $\Delta=(-3p)^2-4\times 4p>0$ 得 $p>\dfrac{16}{9}$. 由韦达定理得 $y_1+y_2=3p,y_1y_2=4p$.

由弦长公式得 $|AB|=\sqrt{1+\dfrac{1}{k^2}}\sqrt{(y_1+y_2)^2-4y_1y_2}=\sqrt{1+\left(\dfrac{3}{2}\right)^2}\cdot\sqrt{(3p)^2-4\times 4p}=\sqrt{13}$.

整理得 $9p^2-16p-4=0$,解得 $p=2$ 或 $p=-\dfrac{2}{9}$(舍去). 因为 $p=2$ 满足 $\Delta>0$,所以 $E:y^2=4x$.

(2)由题意得直线 AB,CD 的斜率均存在,如图6所示.

设点 $A\left(\dfrac{y_1^2}{4},y_1\right),B\left(\dfrac{y_2^2}{4},y_2\right)(y_1^2\neq y_2^2)$,从而 $k_{AB}=\dfrac{y_2-y_1}{\dfrac{y_2^2}{4}-\dfrac{y_1^2}{4}}=\dfrac{4}{y_1+y_2}$.

直线 AB 的方程为 $y=\dfrac{4}{y_1+y_2}\left(x-\dfrac{y_1^2}{4}\right)+y_1$,即 $4x-(y_1+y_2)y+y_1y_2=0$.

因为直线 AB 过点 $(-2,0)$,所以将该点坐标代入直线方程,解得 $y_1y_2=8$.

设点 $C\left(\dfrac{y_3^2}{4},y_3\right),D\left(\dfrac{y_4^2}{4},y_4\right)$,同理可得 $y_3y_4=8$.

同理可得直线 AD 的方程为 $4x-(y_1+y_4)y+y_1y_4=0$.

直线 BC 的方程为 $4x-(y_2+y_3)y+y_2y_3=0$.

因为点 $(-2,0)$ 在抛物线的对称轴上,由对称性得交点 G 必在垂直于 x 轴的直线上,所以只需证明点 G 的横坐标为定值即可.

因为直线 AD 与 BC 相交,所以 $y_2+y_3\neq y_1+y_4$.

联立方程 $\begin{cases} 4x-(y_1+y_4)y+y_1y_4=0 \\ 4x-(y_2+y_3)y+y_2y_3=0 \end{cases}$.

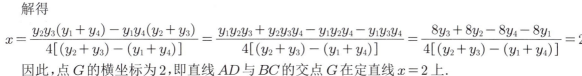

图6

解得

$x=\dfrac{y_2y_3(y_1+y_4)-y_1y_4(y_2+y_3)}{4[(y_2+y_3)-(y_1+y_4)]}=\dfrac{y_1y_2y_3+y_2y_3y_4-y_1y_2y_4-y_1y_3y_4}{4[(y_2+y_3)-(y_1+y_4)]}=\dfrac{8y_3+8y_2-8y_4-8y_1}{4[(y_2+y_3)-(y_1+y_4)]}=2$

因此,点 G 的横坐标为2,即直线 AD 与 BC 的交点 G 在定直线 $x=2$ 上.

精练3 已知椭圆 $\Gamma:\dfrac{x^2}{a^2}+\dfrac{y^2}{b^2}=1(a>b>0)$ 的左焦点为 $F(-1,0)$,左、右顶点及上顶点分别记为 A,B,C,且 $\overrightarrow{CF}\cdot\overrightarrow{CB}=1$.

(1)求椭圆 Γ 的方程.

(2)设过点 F 的直线 PQ 交椭圆 Γ 于 P,Q 两点,若直线 PA,QA 与直线 $l:x+4=0$ 分别交于 M,N 两点,直线 l 与 x 轴的交点为 K,则 $|MK|\cdot|KN|$ 是否为定值?若为定值,请求出该定值;若不为定值,请说明理由.

9.4 对比系数类

典例 如图 7 所示,已知椭圆 $C:\dfrac{x^2}{4}+y^2=1$,点 $P(2,-1)$,设直线 l 经过点 P 且与 C 交于不同的两点 M,N,问:在 x 轴上是否存在点 Q,使得直线 QM 与直线 QN 的斜率之和是定值?若存在,请求出点 Q 的坐标及定值;若不存在,请说明理由.

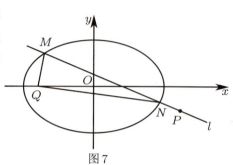

图 7

解答 设直线 l 的斜率为 k.

故直线 l 的方程为 $y+1=k(x-2)$,即 $y=kx-2k-1$.

由题意得直线 l 与椭圆有两个交点,故 $k<0$.

假设存在点 Q 满足题意,设点 $M(x_1,y_1)$,$N(x_2,y_2)$,$Q(t,0)$.

联立方程 $\begin{cases} y=kx-2k-1 \\ \dfrac{x^2}{4}+y^2=1 \end{cases}$,由韦达定理得 $x_1+x_2=\dfrac{16k^2+8k}{1+4k^2}$,$x_1x_2=\dfrac{16k^2+16k}{1+4k^2}$.

从而

$$k_{QM}+k_{QN}=\dfrac{y_1}{x_1-t}+\dfrac{y_2}{x_2-t}=\dfrac{(kx_1-2k-1)(x_2-t)+(kx_2-2k-1)(x_1-t)}{(x_1-t)(x_2-t)}$$

$$=\dfrac{2kx_1x_2-(2k+1+kt)(x_1+x_2)+2(2k+1)t}{x_1x_2-t(x_1+x_2)+t^2}=\dfrac{(4t-8)k+2t}{4(t-2)^2k^2+8(2-t)k+t^2}$$

令 $\dfrac{(4t-8)k+2t}{4(t-2)^2k^2+8(2-t)k+t^2}=m$($m$ 为常数).

于是 $4m(t-2)^2k^2+8m(2-t)k+mt^2=(4t-8)k+2t$ 对任意 $k<0$ 都成立.

对比系数得 $\begin{cases} 4m(t-2)^2=0 \\ 8m(2-t)=4t-8 \\ mt^2=2t \end{cases}$,解得 $\begin{cases} t=2 \\ m=1 \end{cases}$,故存在 $t=2$,即 $Q(2,0)$,使得 $k_{QM}+k_{QN}$ 为定值 1.

好题精练

精练 已知双曲线 $C:\dfrac{x^2}{a^2}-\dfrac{y^2}{b^2}=1(a>0,b>0)$ 的离心率为 $\dfrac{\sqrt{6}}{2}$,点 $A(6,4)$ 在 C 上.

(1)求双曲线 C 的方程.

(2)设过点 $B(1,0)$ 的直线 l 与双曲线 C 交于 D,E 两点,问:在 x 轴上是否存在定点 P,使得 $\overrightarrow{PD}\cdot\overrightarrow{PE}$ 为常数?若存在,求出点 P 的坐标以及该常数的值;若不存在,请说明理由.

9.5 先猜后证类

1 定点问题

典例1 已知双曲线 $C: x^2 - \dfrac{y^2}{3} = 1(x > 0)$,过右焦点 F_2 的直线 l_1 与双曲线 C 交于 A,B 两点,设直线 $l: x = \dfrac{1}{2}$,点 $D(-1,0)$,直线 AD 交 l 于 M,证明:直线 BM 经过定点.

解答 由对称性得直线 BM 必过 x 轴上的定点.

当直线 l_1 的斜率不存在时,$A(2,3)$,$B(2,-3)$,$M\left(\dfrac{1}{2},\dfrac{3}{2}\right)$,则直线 BM 经过点 $P(1,0)$.

当直线 l_1 的斜率存在时,设直线 $l_1: y = k(x-2)$,$A(x_1,y_1)$,$B(x_2,y_2)$.

直线 AD 的方程为 $y = \dfrac{y_1}{x_1+1}(x+1)$,令 $x = \dfrac{1}{2}$,可得 $y_M = \dfrac{3y_1}{2(x_1+1)}$,故 $M\left(\dfrac{1}{2},\dfrac{3y_1}{2(x_1+1)}\right)$.

联立方程 $\begin{cases} y = k(x-2) \\ x^2 - \dfrac{y^2}{3} = 1 \end{cases}$,消去 y 得 $(3-k^2)x^2 + 4k^2x - (4k^2+3) = 0$.

由韦达定理得 $x_1 + x_2 = \dfrac{4k^2}{k^2-3}$,$x_1 x_2 = \dfrac{4k^2+3}{k^2-3}$,.

要证直线 BM 过点 $P(1,0)$,即证 $k_{PM} = k_{PB}$,展开得 $\dfrac{-3y_1}{x_1+1} = \dfrac{y_2}{x_2-1}$,即 $-3y_1 x_2 + 3y_1 = x_1 y_2 + y_2$.

结合 $y_1 = kx_1 - 2k$,$y_2 = kx_2 - 2k$.

整理得 $4x_1 x_2 - 5(x_1 + x_2) + 4 = 0$,即 $4 \cdot \dfrac{4k^2+3}{k^2-3} - 5 \cdot \dfrac{4k^2}{k^2-3} + \dfrac{4(k^2-3)}{k^2-3} = 0$.

故直线 BM 经过点 $P(1,0)$,因此直线 BM 过定点 $(1,0)$.

> **名师点睛**
>
> 在本题中,我们利用先猜后证法,即当斜率不存在时,求得定点 $P(1,0)$,从而只需证明当斜率存在时,该定点 P 符合条件即可.
>
> 先猜后证法为我们在解题中首先找到了答案,提供了解题方向,方便我们构造变量关系.
>
> 如何理解"由对称性得直线 BM 必过 x 轴上的定点":我们注意到双曲线、直线 l、点 $D(-1,0)$ 均关于 x 轴对称,因此直线 BM 必过 x 轴上的定点.同理若均关于 y 轴对称,则必过 y 轴上的定点.

好题精练

精练1 (扬州模拟)已知椭圆 $C: \dfrac{x^2}{a^2} + \dfrac{y^2}{b^2} = 1(a > b > 0)$ 的左顶点为 A,过右焦点 F 且平行于 y 轴的弦 $PQ = AF = 3$.

(1)求 $\triangle APQ$ 的内心坐标.

(2)是否存在定点 D,使得过点 D 的直线 l 交椭圆 C 于点 M,N,交 PQ 于点 R,且满足 $\overrightarrow{MR} \cdot \overrightarrow{ND} = \overrightarrow{MD} \cdot \overrightarrow{RN}$? 若存在,求出该定点坐标,若不存在,请说明理由.

2 定值问题

典例2 已知双曲线 $C: \dfrac{x^2}{a^2} - \dfrac{y^2}{b^2} = 1 (a>0, b>0)$ 过点 $A(3, -\sqrt{2})$, 渐近线方程为 $x \pm \sqrt{3}y = 0$.

(1) 求双曲线 C 的方程.

(2) 如图8所示, 过点 $B(1,0)$ 的直线 l 交双曲线 C 于点 M, N, 直线 MA, NA 分别交直线 $x=1$ 于点 P, Q, 求 $\dfrac{|PB|}{|BQ|}$ 的值.

解答 (1) 因为双曲线 C 的渐近线方程为 $x \pm \sqrt{3}y = 0$, 所以 $\dfrac{b}{a} = \dfrac{\sqrt{3}}{3}$.

将点 A 的坐标代入双曲线 C 的方程得 $\dfrac{9}{a^2} - \dfrac{2}{b^2} = 1$, 联立方程 $\begin{cases} \dfrac{9}{a^2} - \dfrac{2}{b^2} = 1 \\ \dfrac{b}{a} = \dfrac{\sqrt{3}}{3} \end{cases}$, 解得 $\begin{cases} a^2 = 3 \\ b^2 = 1 \end{cases}$.

故双曲线 C 的方程为 $\dfrac{x^2}{3} - y^2 = 1$.

(2) 法一: (i) 当直线 MN 与 y 轴垂直时.

此时 $M(-\sqrt{3}, 0)$, $N(\sqrt{3}, 0)$.

直线 MA 的方程为 $y = -\dfrac{\sqrt{2}}{3+\sqrt{3}}(x+\sqrt{3})$.

令 $x=1$, 得 $y_P = -\dfrac{\sqrt{6}}{3}$. 同理可得 $y_Q = \dfrac{\sqrt{6}}{3}$, 故 $y_P + y_Q = 0$.

因此 $\dfrac{|PB|}{|BQ|} = 1$.

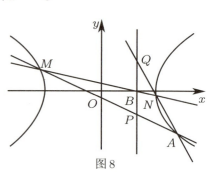

图8

(ii) 当直线 MN 不与 y 轴垂直时.

设点 $M(x_1, y_1)$, $N(x_2, y_2)$, 直线 MN 的方程为 $x = ty+1$.

联立方程 $\begin{cases} x = ty+1 \\ x^2 - 3y^2 = 3 \end{cases}$, 消去 x 得 $(t^2-3)y^2 + 2ty - 2 = 0$, 且 $t^2 - 3 \neq 0$.

$\Delta = 12t^2 - 24 > 0$, 由韦达定理得 $y_1 + y_2 = \dfrac{-2t}{t^2-3}$, $y_1 y_2 = \dfrac{-2}{t^2-3}$.

直线 MA 的方程为 $y + \sqrt{2} = \dfrac{y_1 + \sqrt{2}}{x_1 - 3}(x-3)$.

令 $x=1$, 得 $y_P = -2 \cdot \dfrac{y_1 + \sqrt{2}}{ty_1 - 2} - \sqrt{2} = -\dfrac{(\sqrt{2}t+2)y_1}{ty_1 - 2}$.

同理可得 $y_Q = -\dfrac{(\sqrt{2}t+2)y_2}{ty_2 - 2}$, 故 $y_P + y_Q = -(\sqrt{2}t+2) \dfrac{2ty_1 y_2 - 2(y_1+y_2)}{t^2 y_1 y_2 - 2t(y_1+y_2) + 4} = 0$.

综上, 由 $y_P + y_Q = 0$ 得 $\dfrac{|PB|}{|BQ|} = 1$.

法二: 由题意得直线 MN 的斜率存在.

设直线 MN 的方程为 $y = k(x-1)$, $M(x_1, y_1)$, $N(x_2, y_2)$.

联立方程 $\begin{cases} y = k(x-1) \\ x^2 - 3y^2 - 3 = 0 \end{cases}$, 消去 y 得 $(3k^2-1)x^2 - 6k^2 x + 3k^2 + 3 = 0$, 且 $3k^2 - 1 \neq 0$.

$\Delta = 12(1-2k^2) > 0$, 由韦达定理得 $x_1 + x_2 = \dfrac{6k^2}{3k^2-1}$, $x_1 x_2 = \dfrac{3k^2+3}{3k^2-1}$.

直线 MA 的方程为 $y + \sqrt{2} = \dfrac{y_1 + \sqrt{2}}{x_1 - 3}(x-3)$.

令 $x=1$，得 $y_P = -\sqrt{2} - 2 \cdot \dfrac{y_1+\sqrt{2}}{x_1-3} = -\sqrt{2} - 2\left(k + \dfrac{\sqrt{2}+2k}{x_1-3}\right) = -(\sqrt{2}+2k)\dfrac{x_1-1}{x_1-3}$.

同理可得 $y_Q = -(\sqrt{2}+2k)\dfrac{x_2-1}{x_2-3}$，于是

$$\left|\dfrac{y_P}{y_Q}\right| = \left|\dfrac{x_1x_2-(x_1+x_2)+3-2x_1}{x_1x_2-3(x_1+x_2)+3+2x_1}\right| = \left|\dfrac{3(k^2+1)-6k^2+(3k^2-1)(3-2x_1)}{3(k^2+1)-18k^2+(3k^2-1)(3+2x_1)}\right|$$

$$= \left|\dfrac{6k^2-2x_1(3k^2-1)}{-6k^2+2x_1(3k^2-1)}\right| = 1$$

故 $\dfrac{|PB|}{|BQ|} = 1$.

好题精练

精练2 已知双曲线 $E: \dfrac{x^2}{a^2} - \dfrac{y^2}{b^2} = 1 (a>0, b>0)$ 的两条渐近线分别为 $l_1: y=2x$, $l_2: y=-2x$.

(1) 求双曲线 E 的离心率.

(2) 如图9所示，O 为坐标原点，直线 l 垂直于 x 轴，且分别交直线 l_1, l_2 于 A, B 两点（A, B 分别在第一、第四象限），则当直线 l 与双曲线 E 有且只有一个公共点，且 $\triangle OAB$ 的面积为 8 时，求双曲线的方程.

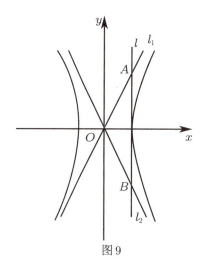

图9

9.6 同构与定点

典例 已知椭圆：$\dfrac{x^2}{3}+\dfrac{y^2}{2}=1$，过点 $P(1,1)$ 分别作斜率为 k_1,k_2 的椭圆的动弦 AB,CD，设点 M，N 分别是线段 AB,CD 的中点，若 $k_1+k_2=1$，证明：直线 MN 恒过定点，并求定点的坐标．

法一（同构法） 将直线 $y=k_1(x-1)+1$ 代入 $\dfrac{x^2}{3}+\dfrac{y^2}{2}=1$ 得 $x_M=\dfrac{3k_1(k_1-1)}{2+3k_1^2}$，$y_M=\dfrac{2(1-k_1)}{2+3k_1^2}$．

设直线 $MN:y=kx+m$，将点 M 代入直线 MN 得 $\dfrac{2(1-k_1)}{2+3k_1^2}=k\cdot\dfrac{3k_1(k_1-1)}{2+3k_1^2}+m$．

整理可得 $(3k+3m)k_1^2+(2-3k)k_1+(2m-2)=0$．

同理可得 $(3k+3m)k_2^2+(2-3k)k_2+(2m-2)=0$．

又因为 $k_1\ne k_2$，所以 k_1,k_2 为方程 $(3k+3m)k_i^2+(2-3k)k_i+(2m-2)=0,(k_i,i=1,2)$ 的根．

由韦达定理得 $k_1+k_2=-\dfrac{2-3k}{3k+3m}=1$，解得 $m=-\dfrac{2}{3}$，故直线 MN 恒过定点为 $\left(0,-\dfrac{2}{3}\right)$

法二 由题意得 $k_1\ne k_2$，设点 $M(x_M,y_M)$．

直线 AB 的方程为 $y-1=k_1(x-1)$，化简得 $y=k_1x+(1-k_1)$，即 $y=k_1x+k_2$．

将直线 $y=k_1x+k_2$ 代入椭圆方程化简得 $(2+3k_1^2)x^2+6k_1k_2x+3k_2^2-6=0$．

于是 $x_M=\dfrac{-3k_1k_2}{2+3k_1^2}$，$y_M=\dfrac{2k_2}{2+3k_1^2}$．同理可得 $x_N=\dfrac{-3k_1k_2}{2+3k_2^2}$，$y_N=\dfrac{2k_1}{2+3k_2^2}$．

当 $k_1k_2\ne 0$ 时，直线 MN 的斜率 $k=\dfrac{y_M-y_N}{x_M-x_N}=\dfrac{4+6(k_2^2+k_2k_1+k_1^2)}{-9k_1k_2(k_2+k_1)}=\dfrac{10-6k_2k_1}{-9k_2k_1}$．

直线 MN 的方程为 $y-\dfrac{2k_2}{2+3k_1^2}=\dfrac{10-6k_2k_1}{-9k_2k_1}\left(x-\dfrac{-3k_1k_2}{2+3k_1^2}\right)$．

整理得 $y=\dfrac{10-6k_2k_1}{-9k_2k_1}x+\left(\dfrac{10-6k_2k_1}{-9k_2k_1}\cdot\dfrac{3k_1k_2}{2+3k_1^2}+\dfrac{2k_2}{2+3k_1^2}\right)$，即 $y=\dfrac{10-6k_2k_1}{-9k_2k_1}x-\dfrac{2}{3}$．

此时直线过定点 $\left(0,-\dfrac{2}{3}\right)$．当 $k_1k_2=0$ 时，直线 MN 即为 y 轴，此时亦过点 $\left(0,-\dfrac{2}{3}\right)$．

综上，直线 MN 恒过定点 $\left(0,-\dfrac{2}{3}\right)$．

好题精练

精练1 （全国卷）已知曲线 $C:y=\dfrac{x^2}{2}$，D 为直线 $y=-\dfrac{1}{2}$ 上的动点，过点 D 作 C 的两条切线，切点分别为 A,B．证明：直线 AB 过定点．

精练2 已知双曲线 $C_1:\dfrac{x^2}{a^2}-\dfrac{y^2}{b^2}=1(a>0,b>0)$ 的渐近线为 $y=\pm\dfrac{\sqrt{3}}{2}x$，右焦点 F 到渐近线的距离为 $\sqrt{3}$，设 $M(x_0,y_0)$ 是双曲线 $C_2:\dfrac{y^2}{b^2}-\dfrac{x^2}{a^2}=1$ 上的动点，过点 M 的两条直线 l_1,l_2 分别平行于 C_1 的两条渐近线，与 C_1 分别交于 P,Q 两点．

(1) 求 C_1 的标准方程．

(2) 证明：直线 PQ 过定点，并求出该定点的坐标．

9.7 共线与定点

> 在圆锥曲线中,处理多变量关系是我们解题的关键,在解题时,我们要注重"三点共线"这一条件,利用三点共线产生的关系式可以方便我们构建变量关系式.

典例 已知椭圆方程 $\dfrac{x^2}{12}+\dfrac{y^2}{4}=1$,若过点 $Q(-4\sqrt{2},0)$ 的直线交椭圆于 A,B 两点,点 A 关于 x 轴的对称点为点 C,证明:直线 BC 经过定点,并求出定点的坐标.

解答 设直线 BC 的方程为 $x=my+t$,与椭圆方程联立得 $(m^2+3)y^2+2mty+t^2-12=0$.

设 $C(x_1,y_1),B(x_2,y_2)$,由韦达定理得 $y_1+y_2=\dfrac{-2mt}{m^2+3}$,$y_1y_2=\dfrac{t^2-12}{m^2+3}$.由 $\Delta>0$ 得 $t^2<4m^2+12$.

因为 $Q(-4\sqrt{2},0),A(x_1,-y_1),B(x_2,y_2)$ 三点共线,所以 $\dfrac{-y_1}{x_1+4\sqrt{2}}=\dfrac{y_2}{x_2+4\sqrt{2}}$.

整理得 $y_1(x_2+4\sqrt{2})+y_2(x_1+4\sqrt{2})=0$.

展开得 $y_1(my_2+t+4\sqrt{2})+y_2(my_1+t+4\sqrt{2})=0$,即 $2my_1y_2+(t+4\sqrt{2})(y_1+y_2)=0$.

将韦达定理代入上式得 $2m\cdot\dfrac{t^2-12}{m^2+3}-\dfrac{(t+4\sqrt{2})\cdot 2mt}{m^2+3}=0$,化简得 $\sqrt{2}mt+3m=0$.

又因为 $m\neq 0$,所以 $t=-\dfrac{3}{2}\sqrt{2}$,故直线 BC 恒过定点 $\left(-\dfrac{3}{2}\sqrt{2},0\right)$.

好题精练

精练1 已知椭圆 $\dfrac{x^2}{4}+\dfrac{y^2}{3}=1$,过点 $P(4,0)$ 的直线 l 交椭圆于 A,B 两点,设点 B 关于 x 轴的对称点为点 C.则直线 AC 过定点,求出定点坐标.

精练2 设点 A,B 是椭圆 $W:\dfrac{x^2}{4}+\dfrac{y^2}{3}=1$ 上不关于坐标轴对称的两个点,直线 AB 交 x 轴于点 M(与 A,B 不重合),点 O 为坐标原点,设点 N 为 x 轴上一点,且 $\overrightarrow{OM}\cdot\overrightarrow{ON}=4$,直线 AN 与椭圆 W 的另外一个交点为 C,证明:点 B 与点 C 关于 x 轴对称.

精练3 已知椭圆 $C:\dfrac{x^2}{a^2}+\dfrac{y^2}{b^2}=1(a>b>0)$ 的离心率为 $\dfrac{1}{2}$,且点 $\left(1,-\dfrac{3}{2}\right)$ 在椭圆上.

(1)求椭圆 C 的标准方程.

(2)如图10所示,椭圆 C 的左、右顶点分别为 A,B,点 M,N 是椭圆上异于 A,B 的不同两点,直线 BN 的斜率为 $k(k\neq 0)$,直线 AM 的斜率为 $3k$,证明:直线 MN 过定点.

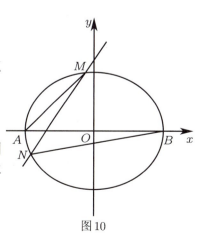

图10

9.8 多点与定点

在圆锥曲线的多点问题中,我们处理多点之间的关系通常有两个方法:一为点差法变换,即利用点差法的结构进行整理构造;二为利用三点共线产生的恒等式整合变量.

典例 已知 $y^2=4x$,$A(-1,0)$,$B(1,-1)$,直线 PM 过点 A 交抛物线于点 M,P,直线 QM 过点 B 交抛物线于 Q,M 两点,求直线 PQ 所过的定点.

法一(点差法变换) 设点 $P(x_1,y_1)$,$Q(x_2,y_2)$,$M(x_0,y_0)$,$y_1^2=4x_1$,$y_2^2=4x_2$,$y_0^2=4x_0$.

由题意得直线 $PM:y=\dfrac{4}{y_1+y_0}(x+1)$,直线 $QM:y=\dfrac{4}{y_2+y_0}(x-1)-1$.

又因为点 M 在两直线上,所以 $y_0=\dfrac{4}{y_1+y_0}(x_0+1)$,$y_0=\dfrac{4}{y_2+y_0}(x_0-1)-1$.

整理得 $y_1y_2=\dfrac{-4(4+y_0)}{y_0(y_0+1)}$,$y_1+y_2=\dfrac{4-y_0^2}{y_0(y_0+1)}$.

设直线 $PQ:y-y_1=\dfrac{4}{y_1+y_2}(x-x_1)$,即 $y=\dfrac{4}{y_1+y_2}x+\dfrac{y_1y_2}{y_1+y_2}$.

化简得 $y=\dfrac{4}{4-y_0^2}[y_0(y_0+1)x-4-y_0]$,故恒过定点 $(1,-4)$.

法二(三点共线法) 设点 $M\left(\dfrac{y_1^2}{4},y_1\right)$,$P\left(\dfrac{y_2^2}{4},y_2\right)$,$Q\left(\dfrac{y_3^2}{4},y_3\right)$.

由点 M,B,Q 三点共线,可得 $k_{BQ}=k_{QM}$,故 $\dfrac{y_3+1}{\dfrac{y_3^2}{4}-1}=\dfrac{y_1-y_3}{\dfrac{y_1^2}{4}-\dfrac{y_3^2}{4}}$,即 $\dfrac{y_3+1}{y_3^2-4}=\dfrac{1}{y_1+y_3}$.

整理得 $y_1y_3+y_1+y_3+4=0$ ①.

由点 P,M,A 三点共线得 $k_{AM}=k_{PM}$,整理得 $\dfrac{y_1}{\dfrac{y_1^2}{4}+1}=\dfrac{y_1-y_2}{\dfrac{y_1^2}{4}-\dfrac{y_2^2}{4}}$,即 $\dfrac{y_1}{y_1^2+4}=\dfrac{1}{y_1+y_2}$,故 $y_1y_2=4$.

由 $y_1y_2=4$ 得 $y_1=\dfrac{4}{y_2}$,代入式①得 $\dfrac{4}{y_2}y_3+\dfrac{4}{y_2}+y_3+4=0$,整理可得 $4(y_2+y_3)+y_2y_3+4=0$ ②.

因为 $k_{PQ}=\dfrac{y_2-y_3}{\dfrac{y_2^2}{4}-\dfrac{y_3^2}{4}}=\dfrac{4}{y_2+y_3}$,所以直线 $PQ:y-y_2=\dfrac{4}{y_2+y_3}\left(x-\dfrac{y_2^2}{4}\right)$.

整理得 $(y-y_2)(y_2+y_3)=4x-y_2^2$,即 $y(y_2+y_3)-y_2y_3=4x$ ③.

将式②代入式③得 $(y+4)(y_2+y_3)=4(x-1)$,故直线 PQ 恒过定点 $(1,-4)$.

好题精练

精练1 (武汉二模)已知抛物线 $y^2=4x$,经过点 $A(3,-2)$ 的直线交抛物线于 M,N 两点,经过点 $B(3,-6)$ 和点 M 的直线与抛物线交于另一点 L,问:直线 NL 是否恒过定点?

精练2 (湖北十一校联考)已知抛物线 $y^2=2x$,定点 $C(4,2)$,$D(-4,0)$,点 M 为抛物线上一动点,设直线 CM,DM 与抛物线的另一个交点分别是 E,F,证明:当点 M 在抛物线上变动时(只要点 E,F 存在且不重合),直线 EF 恒过一个定点,并求出这个定点的坐标.

技法10　切线专题

10.1　切线综合

1 方程法

(1) 判别式法
将直线代入圆锥曲线的方程,利用判别式 $\Delta=0$ 即可求解.

(2) 切线方程
设点 $P(x_0,y_0)$ 在圆锥曲线上,则有:
$\dfrac{x^2}{a^2}+\dfrac{y^2}{b^2}=1$,在点 $P(x_0,y_0)$ 的切线方程为 $\dfrac{x_0 x}{a^2}+\dfrac{y_0 y}{b^2}=1$.
$\dfrac{x^2}{a^2}-\dfrac{y^2}{b^2}=1$,在点 $P(x_0,y_0)$ 的切线方程为 $\dfrac{x_0 x}{a^2}-\dfrac{y_0 y}{b^2}=1$.
$y^2=2px$,在点 $P(x_0,y_0)$ 的切线方程为 $yy_0=p(x+x_0)$.
$x^2+y^2=r^2$,在点 $P(x_0,y_0)$ 的切线方程为 $x_0 x+yy_0=r^2$.
圆的方程 $(x-a)^2+(y-b)^2=r^2$ 在点 $P(x_0,y_0)$ 处的切线方程为 $(x-a)(x_0-a)+(y-b)(y_0-b)=r^2$.

(3) 切点弦方程
设点 $P(x_0,y_0)$ 在圆锥曲线外,则有:
$\dfrac{x^2}{a^2}+\dfrac{y^2}{b^2}=1$,在点 $P(x_0,y_0)$ 的切点弦方程为 $\dfrac{x_0 x}{a^2}+\dfrac{y_0 y}{b^2}=1$.
$\dfrac{x^2}{a^2}-\dfrac{y^2}{b^2}=1$,在点 $P(x_0,y_0)$ 的切点弦方程为 $\dfrac{x_0 x}{a^2}-\dfrac{y_0 y}{b^2}=1$.
$y^2=2px$,在点 $P(x_0,y_0)$ 的切点弦方程为 $yy_0=p(x+x_0)$.
$x^2=2py$,在点 $P(x_0,y_0)$ 的切点弦方程为 $xx_0=p(y+y_0)$.
$x^2+y^2=r^2$,在点 $P(x_0,y_0)$ 的切点弦方程为 $x_0 x+yy_0=r^2$.
圆的方程 $(x-a)^2+(y-b)^2=r^2$ 在点 $P(x_0,y_0)$ 处的切点弦方程为 $(x-a)(x_0-a)+(y-b)(y_0-b)=r^2$.

典例1 如图1所示,外层椭圆与内层椭圆离心率相同,若由外层椭圆长轴一端点 A 和短轴一端点 B 分别向内层椭圆引切线 AC,BD,且两切线斜率之积等于 $-\dfrac{5}{8}$,则椭圆的离心率为 _____.

解答　设内层椭圆方程为 $\dfrac{x^2}{a^2}+\dfrac{y^2}{b^2}=1(a>b>0)$.

由题意可设外层椭圆为 $\dfrac{x^2}{(ma)^2}+\dfrac{y^2}{(mb)^2}=1(m>1)$.

设切线 AC 的方程为 $y=k_1(x+ma)$,与 $\dfrac{x^2}{a^2}+\dfrac{y^2}{b^2}=1$ 联立.

整理得 $(b^2+a^2 k_1^2)x^2+2ma^3 k_1^2 x+m^2 a^4 k_1^2-a^2 b^2=0$.

由 $\Delta=0$ 得 $k_1^2=\dfrac{b^2}{a^2}\cdot\dfrac{1}{m^2-1}$.

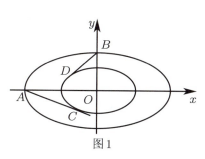

图1

同理可得 $k_2^2=\dfrac{b^2}{a^2}\cdot(m^2-1)$,故 $k_1^2\cdot k_2^2=\dfrac{b^4}{a^4}=(-\dfrac{5}{8})^2$,即 $\dfrac{b^2}{a^2}=\dfrac{5}{8}$.

因此,$e=\dfrac{c}{a}=\sqrt{1-\dfrac{b^2}{a^2}}=\sqrt{1-\dfrac{5}{8}}=\dfrac{\sqrt{6}}{4}$.

好题精练

精练1 (武汉模拟)已知椭圆 $E:\dfrac{x^2}{4}+\dfrac{y^2}{3}=1$,若存在以点 $T(t,0)$ 为圆心、$r(r>0)$ 为半径的圆 T,该圆与椭圆 E 恰有两个公共点,且圆上其余各点均在椭圆内部,则 t 的取值范围是 _____.

精练2 已知抛物线 $C:x^2=2py(p>0)$,圆 $O:x^2+y^2=1$,直线 l 与抛物线 C 和圆 O 分别相切于点 M,N,求 $|MN|$ 的最小值及相应 p 的值.

精练3 椭圆 $\dfrac{x^2}{a^2}+\dfrac{y^2}{b^2}=1(a>b>0)$ 的右焦点为 F,右顶点为 A,上顶点为 B,且 $\dfrac{|BF|}{|AB|}=\dfrac{\sqrt{3}}{2}$.

(1)求椭圆的离心率 e.

(2)已知直线 l 与椭圆有唯一公共点 M,直线 l 与 y 轴相交于点 N(异于 M),记坐标原点为 O,若 $|OM|=|ON|$,且 $\triangle OMN$ 的面积为 $\sqrt{3}$,求椭圆的标准方程.

2 导数法

> 导数法适用于抛物线,对椭圆、双曲线可以采取隐函数求导,但实用性不如方程法.
> 若 $y^2=2px(p>0)$,则变为 $y=\pm\sqrt{2px}$ 再求导.
> 若 $x^2=2py(p>0)$,则变为 $y=\dfrac{1}{2p}x^2$ 再求导.

典例2 (长郡中学模拟)已知双曲线 $\dfrac{x^2}{a^2}-\dfrac{y^2}{b^2}=1$ 与抛物线 $y^2=x$ 在第一象限交于点 P,若抛物线在点 P 处的切线过双曲线的左焦点 $F(-4,0)$,求双曲线的离心率.

解答 设点 $P(m^2,m)(m>0)$,左焦点 $F(-4,0)$.

抛物线在第一象限对应的函数为 $f(x)=\sqrt{x}(x>0)$,求导得 $f'(x)=\dfrac{1}{2\sqrt{x}}$.

从而函数 $f(x)=\sqrt{x}(x>0)$ 在点 P 处的切线斜率 $k=f'(m^2)=\dfrac{1}{2\sqrt{m^2}}=\dfrac{1}{2m}$.

又因为切线过左焦点 $F(-4,0)$,所以 $\dfrac{m}{m^2+4}=\dfrac{1}{2m}$,解得 $m=2$,即 $P(4,2)$.

设右焦点为 $F'(4,0)$,于是 $2a=|PF|-|PF'|=\sqrt{68}-\sqrt{4}=2(\sqrt{17}-1)$,即 $a=\sqrt{17}-1$.

故 $e=\dfrac{c}{a}=\dfrac{\sqrt{17}+1}{4}$.

好题精练

精练4 在直角坐标系 xOy 中,曲线 $C:y=\dfrac{x^2}{4}$ 与直线 $y=kx+a(a>0)$ 交与 M,N 两点,当 $k=0$ 时,分别求 C 在点 M 和 N 处的切线方程.

10.2 同构方程

1 斜率同构

典例 1 已知抛物线 $C: y^2 = 2px(p>0)$ 的焦点 F 到准线的距离为 2，圆 M 与 y 轴相切，且圆心 M 与抛物线 C 的焦点重合.

(1) 求抛物线 C 和圆 M 的方程.

(2) 设 $P(x_0, y_0)(x_0 \neq 2)$ 为圆 M 外一点，过点 P 作圆 M 的两条切线，分别交抛物线 C 于两个不同的点 $A(x_1, y_1), B(x_2, y_2)$ 和点 $Q(x_3, y_3), R(x_4, y_4)$，且 $y_1 y_2 y_3 y_4 = 16$，证明：点 P 在一条定曲线上.

解答 (1) 由题意得 $p=2$，故抛物线 C 的方程为 $y^2 = 4x$.

因此，抛物线的焦点为 $F(1,0)$，即圆 M 的圆心为 $M(1,0)$.

因为圆 M 与 y 轴相切，所以圆 M 半径为 1，故圆 M 的方程为 $(x-1)^2 + y^2 = 1$.

(2) 因为 $P(x_0, y_0)(x_0 \neq 2)$，每条切线都与抛物线有两个不同的交点，所以 $x_0 \neq 0$.

设过点 P 且与圆 M 相切的切线方程为 $y - y_0 = k(x - x_0)$，即 $kx - y + y_0 - kx_0 = 0$.

由题意得 $\dfrac{|k + y_0 - kx_0|}{\sqrt{k^2+1}} = 1$，整理得 $x_0(x_0-2)k^2 - 2y_0(x_0-1)k + y_0^2 - 1 = 0$ ①.

设直线 PA, PQ 的斜率分别为 k_1, k_2，则 k_1, k_2 是方程①的两个实根.

由韦达定理得 $k_1 + k_2 = \dfrac{2y_0(x_0-1)}{x_0(x_0-2)}$，$k_1 \cdot k_2 = \dfrac{y_0^2-1}{x_0(x_0-2)}$ ②.

联立方程 $\begin{cases} kx - y + y_0 - kx_0 = 0 \\ y^2 = 4x \end{cases}$，消去 x 得 $ky^2 - 4y + 4(y_0 - kx_0) = 0$ ③.

因为 $A(x_1, y_1), B(x_2, y_2), Q(x_3, y_3), R(x_4, y_4)$，所以 $\begin{cases} y_1 y_2 = \dfrac{4(y_0 - k_1 x_0)}{k_1} & ④ \\ y_3 y_4 = \dfrac{4(y_0 - k_2 x_0)}{k_2} & ⑤ \end{cases}$.

由式②④⑤得

$$y_1 y_2 y_3 y_4 = \dfrac{16(y_0 - k_1 x_0)(y_0 - k_2 x_0)}{k_1 k_2} = \dfrac{16[y_0^2 - (k_1+k_2)x_0 y_0 + x_0^2 k_1 k_2]}{k_1 k_2}$$

$$= \dfrac{16[y_0^2 - (k_1+k_2)x_0 y_0]}{k_1 k_2} + 16 x_0^2 = \dfrac{16\left[y_0^2 - \dfrac{2y_0(x_0-1)}{x_0(x_0-2)} x_0 y_0\right]}{\dfrac{y_0^2 - 1}{x_0(x_0-2)}} + 16 x_0^2 = 16$$

整理得 $y_0^2 x_0(x_0 - 2) - 2y_0(x_0 - 1)x_0 y_0 = (1 - x_0^2)(y_0^2 - 1)$.

化简得 $y_0^2 x_0^2 - 2y_0^2 x_0 - 2x_0^2 y_0^2 + 2x_0 y_0^2 = y_0^2 - x_0^2 y_0^2 - 1 + x_0^2$，即 $x_0^2 + y_0^2 = 1$，故点 P 在圆 $x^2 + y^2 = 1$ 上.

好题精练

精练 1 已知椭圆 $C: \dfrac{x^2}{24} + \dfrac{y^2}{12} = 1$，设 $R(x_0, y_0)$ 为椭圆上任意一点. 过原点作圆 $R: (x-x_0)^2 + (y-y_0)^2 = 8$ 的两条切线，分别交椭圆于点 P, Q. 问：$|OP|^2 + |OQ|^2$ 是否为定值？若是，求出该定值；若不是，请说明理由.

精练2 已知圆 $G:(x-2)^2+y^2=r^2$ 是椭圆 $\dfrac{x^2}{16}+y^2=1$ 的内接 $\triangle ABC$ 的内切圆,其中点 A 为椭圆的左顶点,如图2所示.

(1) 求圆 G 的半径 r.

(2) 过点 $M(0,1)$ 作圆 G 的两条切线交椭圆于 E,F 两点,证明:直线 EF 与圆 G 相切.

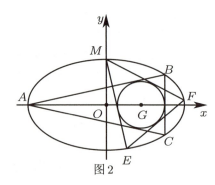

图2

精练3 (郑州三模)已知抛物线 $C:x^2=4y$ 和圆 $E:x^2+(y+1)^2=1$,过抛物线上一点 $P(x_0,y_0)$,作圆 E 的两条切线,分别与 x 轴交于 A,B 两点.

(1) 若切线 PB 与抛物线 C 也相切,求直线 PB 的斜率.

(2) 若 $y_0 \geqslant 2$,求 $\triangle PAB$ 面积的最小值.

精练4 (青岛二模)已知 O 为坐标原点,双曲线 $C:\dfrac{x^2}{a^2}-\dfrac{y^2}{b^2}=1(a>0,b>0)$ 的左、右焦点分别为 F_1,F_2,离心率等于 $\dfrac{\sqrt{6}}{2}$,点 P 是双曲线 C 在第一象限上的点,直线 PF_1 与 y 轴的交点为 Q, $\triangle PQF_2$ 的周长等于 $6a$,$|PF_1|^2-|PF_2|^2=24$.

(1) 求 C 的方程.

(2) 过圆 $O:x^2+y^2=1$ 上一点 W(W 不在坐标轴上)作双曲线 C 的两条切线,对应的切点为 A,B.证明:直线 AB 与椭圆 $D:\dfrac{x^2}{4}+y^2=1$ 相切于点 T,且 $|WT|\cdot|AB|=|WA|\cdot|WB|$.

精练5 已知椭圆 $\Gamma:\dfrac{x^2}{a^2}+\dfrac{y^2}{b^2}=1(a>b>0)$ 的离心率为 $\dfrac{\sqrt{2}}{2}$,其左焦点为 $F_1(-2,0)$.

(1) 求 Γ 的方程.

(2) 如图3所示,过 Γ 的上顶点 P 作动圆 F_1 的切线分别交 Γ 于 M,N 两点,是否存在圆 F_1 使得 $\triangle PMN$ 是以 PN 为斜边的直角三角形?若存在,求出圆 F_1 的半径;若不存在,请说明理由.

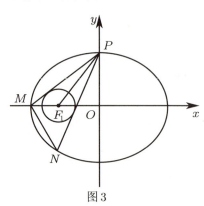

图3

2 根的同构

典例2 (全国卷)抛物线C的顶点为坐标原点O,焦点在x轴上,直线$l:x=1$交C于P,Q两点,且$OP \perp OQ$.已知点$M(2,0)$,且圆M与l相切.

(1)求C,圆M的方程.

(2)设点A_1,A_2,A_3是抛物线C上的三个点,直线A_1A_2,A_1A_3均与圆M相切.判断直线A_2A_3与圆M的位置关系,并说明理由.

解答 (1)由题意得直线$x=1$与抛物线C交于P,Q两点,$OP \perp OQ$,设抛物线C的焦点为F,点P在第一象限.

由根据抛物线的对称性得$\angle POF = \angle QOF = 45°$,故$P(1,1)$,$Q(1,-1)$.

设C的方程为$y^2 = 2px(p>0)$,解得$1=2p$,即$p=\dfrac{1}{2}$,故C的方程为$y^2=x$.

因为圆心$M(2,0)$到l的距离即圆M的半径,且距离为1,所以圆M的方程为$(x-2)^2+y^2=1$.

(2)设点$A_1(x_1,y_1)$,$A_2(x_2,y_2)$,$A_3(x_3,y_3)$,当点A_1,A_2,A_3中有一个为坐标原点,另外两个点的横坐标均为3时,满足条件,此时直线A_2A_3与圆M相切.

当$x_1 \neq x_2 \neq x_3$时,直线$A_1A_2:x-(y_1+y_2)y+y_1y_2=0$,从而$\dfrac{|2+y_1y_2|}{\sqrt{(y_1+y_2)^2+1}}=1$,即$(y_1^2-1)y_2^2+2y_1y_2+3-y_1^2=0$.

同理可得$(y_1^2-1)y_3^2+2y_1y_3+3-y_1^2=0$,故$y_2,y_3$是方程$(y_1^2-1)y^2+2y_1y+3-y_1^2=0$的两个根.

由韦达定理得$y_2+y_3=\dfrac{-2y_1}{y_1^2-1}$,$y_2y_3=\dfrac{3-y_1^2}{y_1^2-1}$.

同理可得直线A_2A_3的方程为$x-(y_2+y_3)y+y_2y_3=0$.

设点M到直线A_2A_3的距离为$d(d>0)$,从而$d^2=\dfrac{(2+y_2y_3)^2}{1+(y_2+y_3)^2}=\dfrac{\left(2+\dfrac{3-y_1^2}{y_1^2-1}\right)^2}{1+\left(\dfrac{-2y_1}{y_1^2-1}\right)^2}=1$,即$d=1$,

故直线A_2A_3与圆M相切.

综上,直线A_2A_3与圆M相切.

好题精练

精练6 (河南模拟)已知抛物线$C:x^2=4y$与直线$l:y=kx+b$交于A,B两点.

(1)当$b=4$时,证明:$OA \perp OB$.

(2)当$b=1$时,过A,B两点分别作抛物线C的切线l_1,l_2,交点为M,证明:点M在一条定直线上.

精练7 已知点 F 是抛物线 $C:x^2=4y$ 与椭圆 $\dfrac{y^2}{a^2}+\dfrac{x^2}{b^2}=1(a>b>0)$ 的公共焦点,椭圆上的点 M 到点 F 的最大距离为3.

(1)求椭圆的方程.

(2)过点 M 作 C 的两条切线,记切点分别为 A,B,求 $\triangle MAB$ 面积的最大值.

精练8 (全国卷)已知抛物线 $C:x^2=2py(p>0)$ 的焦点为 F,且 F 与圆 $M:x^2+(y+4)^2=1$ 上点的距离的最小值为4.

(1)求 p.

(2)若点 P 在 M 上,直线 PA,PB 是抛物线 C 的两条切线,点 A,B 是切点,求 $\triangle PAB$ 面积的最大值.

精练9 已知抛物线 $C:y=\dfrac{x^2}{4}$ 的焦点为 F,直线 $l:x-2y-4=0$,点 $P(1,2)$,点 M,N 在抛物线 C 上,直线 l 与直线 MN 交于点 Q.

(1)求 $|MP|+|MF|$ 的最小值.

(2)若 $\overrightarrow{QM}=a\overrightarrow{MP}$,$\overrightarrow{QN}=b\overrightarrow{NP}$,求 $a+b$ 的值.

10.3 蒙日圆

蒙日圆：由法国数学家加斯帕尔·蒙日发现，故称其为蒙日圆.

(1) 椭圆 $\dfrac{x^2}{a^2}+\dfrac{y^2}{b^2}=1$ 的两条互相垂直的切线的交点 P 的轨迹为圆 $x^2+y^2=a^2+b^2$.

(2) 双曲线 $\dfrac{x^2}{a^2}-\dfrac{y^2}{b^2}=1$ 的两条互相垂直的切线的交点 P 的轨迹为圆 $x^2+y^2=a^2-b^2$.

(3) 抛物线 $y^2=2px(p>0)$ 的两条互相垂直的切线的交点的轨迹是该抛物线的准线，即 $x=-\dfrac{p}{2}$.

(4) 圆 $x^2+y^2=a^2$ 的两条互相垂直的切线的交点 P 的轨迹为蒙日圆 $x^2+y^2=2a^2$.

例证：求椭圆 $\dfrac{x^2}{a^2}+\dfrac{y^2}{b^2}=1$ 的两条互相垂直的切线的交点 P 的轨迹方程.

证明：设点 $P(x_0,y_0)$，切线方程为 $y=k(x-x_0)+y_0$.

联立方程 $\begin{cases}\dfrac{x^2}{a^2}+\dfrac{y^2}{b^2}=1\\ y=k(x-x_0)+y_0\end{cases}$，即 $\dfrac{x^2}{a^2}+\dfrac{(k(x-x_0)+y_0)^2}{b^2}=1$.

令 $\Delta=0$，得 $(a^2-x_0^2)k^2+2kx_0y_0+b^2-y_0^2=0$.

因为两条切线互相垂直，所以 $k_1k_2=\dfrac{b^2-y_0^2}{a^2-x_0^2}=-1$，化简得 $x_0^2+y_0^2=a^2+b^2$.

当题干中的两条互相垂直的切线有斜率不存在或斜率为 0 的情况时，可得点 P 的坐标是 $(\pm a,b)$ 或 $(\pm a,-b)$，符合上述方程.

综上，点 P 的轨迹方程为 $x_0^2+y_0^2=a^2+b^2$.

典例 已知椭圆 $C:\dfrac{x^2}{9}+\dfrac{y^2}{4}=1$，若动点 $P(x_0,y_0)$ 为椭圆外一点，且点 P 到椭圆 C 的两条切线相互垂直，求点 P 的轨迹方程.

解答 对于此类问题首先考虑斜率是否存在.

当两条切线中有一条斜率不存在时，即 A,B 两点分别位于椭圆长轴与短轴的端点，点 P 的坐标为 $(\pm 3,\pm 2)$，符合题意.

当两条切线斜率均存在时，设过点 $P(x_0,y_0)$ 的切线为 $y=k(x-x_0)+y_0$.

切线方程与椭圆 $\dfrac{x^2}{9}+\dfrac{y^2}{4}=1$ 联立得 $\dfrac{x^2}{9}+\dfrac{[k(x-x_0)+y_0]^2}{4}=1$.

整理得 $4x^2+9[k^2(x-x_0)^2+y_0^2+2ky_0(x-x_0)]=36$.

化简得 $4x^2+9[k^2x^2+k^2x_0^2-2k^2x_0x+y_0^2+2ky_0x-2ky_0x_0]=36$.

整理成一元二次方程得 $(9k^2+4)x^2+18k(y_0-kx_0)x+9[(y_0-kx_0)^2-4]=0$.

由题意得 $\Delta=[18k(y_0-kx_0)]^2-4(9k^2+4)\times 9[(y_0-kx_0)^2-4]=0$.

化简得 $(x_0^2-9)k^2-2x_0\times y_0\times k+(y_0^2-4)=0$.

由韦达定理得 $k_1\cdot k_2=\dfrac{y_0^2-4}{x_0^2-9}=-1$，即 $x_0^2+y_0^2=13$.

将点 $(\pm 3,\pm 2)$ 代入上式后发现其亦成立.

综上，点 P 的轨迹方程为 $x^2+y^2=13$.

好题精练

精练 1 （永康模拟）已知椭圆 $C: \dfrac{x^2}{m} + y^2 = 1 (m > 1)$，若存在过点 $A(1,2)$ 且互相垂直的直线 l_1, l_2，使得 l_1, l_2 与椭圆 C 均无公共点，则该椭圆离心率的取值范围是 _____.

精练 2 已知两动点 A, B 在椭圆 $C: \dfrac{x^2}{a^2} + y^2 = 1 (a > 1)$ 上，动点 P 在直线 $3x + 4y - 10 = 0$ 上，若 $\angle APB$ 恒为锐角，则椭圆 C 的离心率的取值范围为 _____.

精练 3 法国数学家加斯帕·蒙日被称为"画法几何创始人""微分几何之父"。他发现与椭圆相切的两条互相垂直的切线的交点的轨迹是以该椭圆中心为圆心的圆，这个圆被称为该椭圆的蒙日圆。已知椭圆 $C: \dfrac{x^2}{2} + y^2 = 1$，则椭圆 C 的蒙日圆 O 的方程为 _____；在圆 $(x-3)^2 + (y-4)^2 = r^2 (r > 0)$ 上总存在点 P，使得过点 P 能作椭圆 C 的两条相互垂直的切线，则 r 的取值范围是 _____.

精练 4 （潍坊模拟）已知椭圆 $C: \dfrac{x^2}{a^2} + \dfrac{y^2}{b^2} = 1 (a > b > 0)$ 的焦距为 2，点 $\left(1, \dfrac{\sqrt{2}}{2}\right)$ 在椭圆 C 上。

(1) 求椭圆 C 的方程。

(2) 过动点 P 的两条直线 l_1, l_2 均与椭圆 C 相切，且 l_1, l_2 的斜率之积为 -1，点 $A(-\sqrt{3}, 0)$，是否存在定点 B，使得 $\overrightarrow{PA} \cdot \overrightarrow{PB} = 0$？若存在，求出点 B 的坐标；若不存在，请说明理由。

精练 5 已知椭圆 C 的中心在坐标原点，焦点在 x 轴上，离心率为 $\dfrac{\sqrt{6}}{3}$，并与直线 $y = x + 2$ 相切。

(1) 求椭圆 C 的方程。

(2) 如图 4 所示，过圆 $D: x^2 + y^2 = 4$ 上任意一点 P 作椭圆 C 的两条切线 m, n，证明：$m \perp n$.

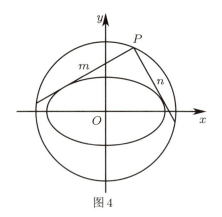

图 4

精练 6 如图 5 所示，点 P 为 $x^2 + y^2 = 5$ 上任意一点，过点 P 作椭圆 $\dfrac{x^2}{4} + y^2 = 1$ 的两条切线，切点分别为点 A, B，作 $PQ \perp AB$ 于点 Q。已知点 F_1, F_2 分别为椭圆的左、右焦点，证明：$|QF_1| + |QF_2|$ 为定值。

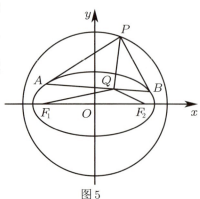

图 5

10.4 阿基米德三角形

1. 阿基米德三角形定义
抛物线的弦 AB 与过弦的端点的两条切线围成的 $\triangle PAB$ 叫作阿基米德三角形.
2. 阿基米德三角形推论
(1) 阿基米德三角形底边 AB 上的中线平行(重合)于抛物线的对称轴.
(2) 若焦点 F 在 $\triangle PAB$ 内, 则 $|FA|\cdot|FB|=|FP|^2$, $\angle PFA=\angle PFB$.
3. 阿基米德焦点三角形
(1) 阿基米德焦点三角形定义: 当直线 AB 过焦点 F 时, 则点 P 在准线上.
(2) 阿基米德焦点三角形推论: (i) $PA\perp PB$; (ii) $PF\perp AB$; (iii) $S_{\triangle PAB}$ 的最小值为 p^2.

1 结论证明

结论 1 在 $\triangle PAB$ 中, F 为抛物线 $y^2=2px$ 的焦点, 证明: 当弦 AB 过点 F 时, 则点 P 在准线上.

证明 设两条切线 PA,PB 的交点 $P(x_0,y_0)$, 由题意得直线 $AB:y_0y=p(x+x_0)$.

焦点 $F\left(\dfrac{p}{2},0\right)$ 在直线 AB 上, 代入得 $x_0=-\dfrac{p}{2}$, 故点 P 在准线上.

结论 2 在 $\triangle PAB$ 中, F 为抛物线 $y^2=2px$ 的焦点, 弦 AB 过焦点 F, 证明: $PA\perp PB$.

证明 设抛物线方程为 $y^2=2px$, 直线 AB 方程为 $x=my+\dfrac{p}{2}$.

联立方程 $\begin{cases} y^2=2px \\ x=my+\dfrac{p}{2} \end{cases}$, 消去 x 得 $y^2-2pmy-p^2=0$.

设点 $A\left(\dfrac{y_1^2}{2p},y_1\right)$, $B\left(\dfrac{y_2^2}{2p},y_2\right)$, 由题意得直线 $PA:y_1y=p\left(x+\dfrac{y_1^2}{2p}\right)$, 同理直线 $PB:y_2y=p\left(x+\dfrac{y_2^2}{2p}\right)$.

两直线求交点可得 $x=\dfrac{y_1y_2}{2p}=-\dfrac{p}{2}$, $y=\dfrac{-p^2}{2y_1}+\dfrac{y_1}{2}=\dfrac{1}{2}(y_1+y_2)=pm$, 即点 P 在准线上.

因为 $k_{PF}=-m$, 所以 $PF\perp AB$. 又因为 $k_{PA}\cdot k_{PB}=\dfrac{p}{y_1}\times\dfrac{p}{y_2}=-1$, 所以 $PA\perp PB$.

结论 3 如图 6 所示, 在 $\triangle PAB$ 中, F 为抛物线 $x^2=2py$ 的焦点, 证明: $\angle PFA=\angle PFB$.

证明 设点 $A(x_1,y_1)$, $B(x_2,y_2)(x_1\neq x_2)$, $P(x_0,y_0)$, 故切线 PA 的方程为 $x_1x=p(y+y_1)$.
因为点 $P(x_0,y_0)$ 在切线 PA 上, 所以 $x_1x_0=p(y_0+y_1)$.
又因为 $F\left(0,\dfrac{p}{2}\right)$, 所以 $\overrightarrow{FA}=\left(x_1,y_1-\dfrac{p}{2}\right)$, $\overrightarrow{FB}=\left(x_2,y_2-\dfrac{p}{2}\right)$, $\overrightarrow{FP}=\left(x_0,y_0-\dfrac{p}{2}\right)$.

故 $\cos\angle AFP=\dfrac{\overrightarrow{FP}\cdot\overrightarrow{FA}}{|\overrightarrow{FP}||\overrightarrow{FA}|}=\dfrac{x_1x_0+\left(y_1-\dfrac{p}{2}\right)\left(y_2-\dfrac{p}{2}\right)}{|\overrightarrow{FP}|\cdot\left(y_1+\dfrac{p}{2}\right)}$

$=\dfrac{p(y_0+y_1)+\left(y_1-\dfrac{p}{2}\right)\left(y_2-\dfrac{p}{2}\right)}{|\overrightarrow{FP}|\cdot\left(y_1+\dfrac{p}{2}\right)}=\dfrac{y_1y_0+\dfrac{p}{2}y_0+\dfrac{p}{2}y_1+\dfrac{p^2}{4}}{|\overrightarrow{FP}|\cdot\left(y_1+\dfrac{p}{2}\right)}=\dfrac{y_0+\dfrac{p}{2}}{|\overrightarrow{FP}|}$.

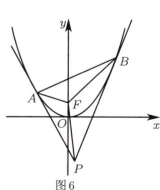

图 6

同理 $\cos\angle PFB=\dfrac{y_0+\dfrac{p}{2}}{|\overrightarrow{FP}|}$. 因为 $\angle PFA,\angle PFB\in(0,\pi)$, 所以 $\angle PFA=\angle PFB$.

2 实战应用

典例1 已知点 $A(-2,3)$ 在抛物线 $C:y^2=2px$ 的准线上,过点 A 的直线与 C 在第一象限相切于点 B,记 C 的焦点为 F,则直线 BF 的斜率为 _____ .

法一 由题意得抛物线为 $y^2=8x$,设点 $B\left(\dfrac{y_0^2}{8},y_0\right)$,从而切线方程为:$yy_0=4\left(x+\dfrac{y_0^2}{8}\right)$.

将点 $A(-2,3)$ 代入切线方程,解得 $y_0=8$,故直线 BF 的斜率为 $\dfrac{4}{3}$.

法二 由阿基米德三角形得 $AF\perp BF$,故直线 BF 的斜率为 $\dfrac{4}{3}$.

典例2 (全国卷)已知抛物线 $C:y^2=8x$ 与点 $M(-2,2)$,过 C 的焦点且斜率为 k 的直线与 C 交于 A,B 两点,若 $\overrightarrow{MA}\cdot\overrightarrow{MB}=0$,则 $k=$ _____ .

解答 因为点 $M(-2,2)$ 在抛物线的准线上,所以直线 AB 经过 C 的焦点 $F(2,0)$.

又因为 $AB\perp MF$,所以 $k=-\dfrac{1}{k_{MF}}=2$.

好题精练

精练1 过点 P 作抛物线 $y^2=4x$ 的两条切线,且切线互相垂直.证明:点 P 在某一条直线上.

精练2 已知抛物线 C 的顶点为原点,其焦点 $F(0,c)(c>0)$ 到直线 $l:x-y-2=0$ 的距离为 $\dfrac{2\sqrt{2}}{2}$.设点 P 为直线 l 上的点,过点 P 作抛物线 C 的两条切线 PA,PB,其中点 A,B 分别为切点.

(1)求抛物线 C 的方程.
(2)当点 $P(x_0,y_0)$ 为直线 l 上的定点时,求直线 AB 的方程.
(3)当点 P 在直线 l 上移动时,求 $|AF|\cdot|BF|$ 的最小值.

精练3 如图7所示,点 P 是 y 轴左侧(不含 y 轴)一点,抛物线 $C:y^2=4x$ 上存在不同的两点 A,B 满足 PA,PB 的中点均在 C 上.设 AB 中点为 M,证明:PM 垂直于 y 轴.

精练4 设点 P 为直线 $y=x-2$ 上的动点,过 P 作抛物线 $y=\dfrac{1}{2}x^2$ 的切线,切点分别为 A,B.

(1)证明:直线 AB 过定点.
(2)求 $\triangle PAB$ 的面积 S 的最小值,以及 S 取得最小值时点 P 的坐标.

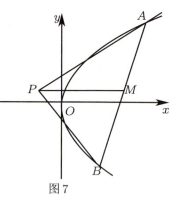

图7

精练5 (全国卷)如图8所示,已知抛物线 $C:x^2=2py(p>0)$ 的焦点为 F,且 F 与圆 $M:x^2+(y+4)^2=1$ 上点的距离的最小值为4.

(1)求 p 的值.
(2)若点 P 在圆 M 上,直线 PA,PB 是抛物线 C 的两条切线,点 A,B 是切点,求 $\triangle PAB$ 面积的最大值.

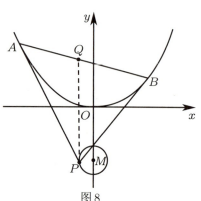

图8

技法11　四心专题

11.1　重心综合

(1) **重心定义**：重心为三条中线的交点.

(2) **重心公式**：设 $\triangle ABC$ 各顶点坐标为 $\begin{cases} A(x_1,y_1) \\ B(x_2,y_2) \\ C(x_3,y_3) \end{cases}$，则有重心公式 $\begin{cases} x_0 = \dfrac{x_1+x_2+x_3}{3} \\ y_0 = \dfrac{y_1+y_2+y_3}{3} \end{cases}$.

(3) **向量形式**：若 O 为 $\triangle ABC$ 的重心，则 $\overrightarrow{OA}+\overrightarrow{OB}+\overrightarrow{OC}=0$.

(4) **面积等分**：若 O 为 $\triangle ABC$ 的重心，则 $S_{\triangle ABO}=S_{\triangle BCO}=S_{\triangle ACO}$.

(5) **线段比例**：若 D 为 BC 的中点，则 $S_{\triangle ABD}=S_{\triangle ACD}$，$AO=2OD$.

典例　已知 A,B,C 为抛物线 $x^2=4y$ 上不同的三点，焦点 F 为 $\triangle ABC$ 的重心，求直线 AB 与 y 轴的交点的纵坐标 t 的取值范围.

法一　设点 $A(x_1,y_1)$，$B(x_2,y_2)$，$C(x_3,y_3)$.

由抛物线 $x^2=4y$ 的焦点 F 的坐标为 $(0,1)$，焦点 F 为 $\triangle ABC$ 的重心，故 $\begin{cases} x_1+x_2+x_3=0 \\ y_1+y_2+y_3=3 \end{cases}$.

直线 AB 的方程为 $y-y_1=\dfrac{x_1+x_2}{4}(x-x_1)$，故 $t=-\dfrac{x_1 x_2}{4}$.

将 $x_1+x_2=-x_3$ 代入 $y_1+y_2+y_3=3$，可得 $x_1^2+x_2^2+x_3^2=12$，即 $x_1^2+x_2^2=6-x_1 x_2$.

由 $(x_1+x_2)^2 \geqslant 0$ 得 $x_1^2+x_2^2 \geqslant -2x_1 x_2$，即 $6-x_1 x_2 \geqslant -2x_1 x_2$，故 $t=-\dfrac{x_1 x_2}{4} \leqslant \dfrac{3}{2}$.

由 $(x_1-x_2)^2 > 0$ 得 $x_1^2+x_2^2 > 2x_1 x_2$，即 $6-x_1 x_2 > 2x_1 x_2$，故 $t=-\dfrac{x_1 x_2}{4} > -\dfrac{1}{2}$，从而 $-\dfrac{1}{2} < t \leqslant \dfrac{3}{2}$.

当 $t=1$ 时，直线 AB 过点 F，此时 A,B,F 三点共线.

由焦点 F 为 $\triangle ABC$ 的重心得 $\overrightarrow{FC}$ 与 $\overrightarrow{FA}$ 共线，即点 C 亦在直线 AB 上.

此时点 C 与 A,B 之一重合，不满足点 A,B,C 为该抛物线上不同的三点，因此 $t \neq 1$.

综上，纵坐标 t 的取值范围为 $\left(-\dfrac{1}{2},1\right) \cup \left(1,\dfrac{3}{2}\right]$.

法二　设点 $A(x_1,y_1)$，$B(x_2,y_2)$，$C(x_3,y_3)$.

由抛物线 $x^2=4y$ 的焦点 F 的坐标为 $(0,1)$，焦点 F 为 $\triangle ABC$ 的重心，故 $\begin{cases} x_1+x_2+x_3=0 \\ y_1+y_2+y_3=3 \end{cases}$ ①.

由题意得直线 AB 斜率存在，设为 k，故直线 AB 的方程为 $y=kx+t$.

联立方程 $\begin{cases} y=kx+t \\ x^2=4y \end{cases}$，消去 y 得 $x^2-4kx-4t=0$.

由 $\Delta=16k^2+16t>0$ 得 $k^2+t>0$ ②，由韦达定理得 $x_1+x_2=4k$，$x_1 x_2=-4t$.

从而 $y_1+y_2=k(x_1+x_2)+2t=4k^2+2t$，代入式①得 $\begin{cases} x_3=-4k \\ y_3=3-4k^2-2t \end{cases}$

因为点 C 在抛物线上，所以 $16k^2=12-16k^2-8t$，即 $k^2=\dfrac{3-2t}{8}$ ③.

由②③及 $k^2 \geqslant 0$ 解得 $\begin{cases} 3-2t \geqslant 0 \\ 3+6t > 0 \end{cases}$，即 $-\dfrac{1}{2} < t \leqslant \dfrac{3}{2}$．

当 $t=1$ 时，直线 AB 过点 F，此时 A,B,F 三点共线．

由焦点 F 为 $\triangle ABC$ 的重心得 $\overrightarrow{FC}$ 与 $\overrightarrow{FA}$ 共线，即点 C 亦在直线 AB 上．

此时点 C 与 A,B 之一重合，不满足点 A,B,C 为该抛物线上不同的三点，因此 $t \neq 1$．

综上，纵坐标 t 的取值范围为 $\left(-\dfrac{1}{2},1\right) \cup \left(1,\dfrac{3}{2}\right]$．

好题精练

精练 1 双曲线 $\dfrac{x^2}{a^2}-\dfrac{y^2}{b^2}=1(a>0,b>0)$ 的左焦点为 F_1，A,B 两点在双曲线的右支上，且关于 x 轴对称，$\triangle AF_1B$ 为正三角形，坐标原点 O 为 $\triangle AF_1B$ 的重心，则该双曲线的离心率是 _____．

精练 2（酒泉模拟）已知双曲线 $C:\dfrac{x^2}{a^2}-\dfrac{y^2}{2}=1(a>0)$ 的左、右焦点分别为 F_1,F_2，P 为 C 右支上一点，若 $\triangle PF_1F_2$ 的重心为 $G\left(\dfrac{1}{3},\dfrac{1}{3}\right)$，则 C 的离心率为 _____．

精练 3 已知椭圆 $C:\dfrac{x^2}{4}+y^2=1$ 上的三点 A,B,C，斜率为负数的直线 BC 与 y 轴交于点 M，若原点 O 是 $\triangle ABC$ 的重心，且 $\triangle BMA$ 与 $\triangle CMO$ 的面积之比为 $\dfrac{3}{2}$，则直线 BC 的斜率为 _____．

精练 4 已知 $m>1$，直线 $l:x-my-\dfrac{m^2}{2}=0$，椭圆 $C:\dfrac{x^2}{m^2}+y^2=1$，F_1,F_2 分别为椭圆 C 的左、右焦点．设直线 l 与椭圆 C 交于 A,B 两点，$\triangle AF_1F_2$，$\triangle BF_1F_2$ 的重心分别为 G,H．若原点 O 在以线段 GH 为直径的圆内，则实数 m 的取值范围为 _____．

精练 5（西南大学附中模拟）已知 F_1,F_2 分别为椭圆 $C:\dfrac{x^2}{a^2}+\dfrac{y^2}{b^2}=1(a>b>0)$ 的左、右焦点，点 P 在第一象限内，$|PF_2|=a$，G 为 $\triangle PF_1F_2$ 的重心，且满足 $\overrightarrow{GF_1}\cdot\overrightarrow{F_1P}=\overrightarrow{GF_1}\cdot\overrightarrow{F_1F_2}$，线段 PF_2 交椭圆 C 于点 M，若 $\overrightarrow{F_2M}=4\overrightarrow{MP}$，则椭圆 C 的离心率为 _____．

精练 6 设点 $P(x_0,y_0)$ 在直线 $x=m(y\neq\pm m,0<m<1)$ 上，过点 P 作双曲线 $x^2-y^2=1$ 的两条切线 PA,PB，切点为 A,B，定点 $M\left(\dfrac{1}{m},0\right)$．

(1) 证明：A,M,B 三点共线．

(2) 过点 A 作直线 $x-y=0$ 的垂线，垂足为 N，试求 $\triangle AMN$ 的重心 G 所在的曲线方程.

精练 7 如图 1 所示，已知点 $F(1,0)$ 为抛物线 $y^2=2px(p>0)$ 的焦点．过点 F 的直线交抛物线于 A,B 两点，点 C 在抛物线上，使得 $\triangle ABC$ 的重心 G 在 x 轴上，直线 AC 交 x 轴于点 Q，且 Q 在点 F 的右侧．记 $\triangle AFG$，$\triangle CQG$ 的面积分别为 S_1,S_2．

(1) 求 p 的值及抛物线的准线方程．

(2) 求 $\dfrac{S_1}{S_2}$ 的最小值及此时点 G 的坐标．

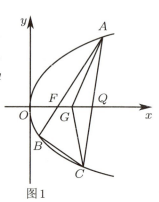

图1

11.2 外心综合

外心定义：外心为三条中垂线的交点.

典例 在直角坐标系 xOy 中，直线 $y=x+4$ 与抛物线 $C:x^2=2py(p>0)$ 交于 A,B 两点，且 $OA \perp OB$.

(1) 求抛物线 C 的方程.

(2) 试问：在 x 轴的正半轴上是否存在一点 D，使得 $\triangle ABD$ 的外心在抛物线 C 上？若存在，求点 D 的坐标；若不存在，请说明理由.

解答 (1) 设点 $A(x_1,y_1),B(x_2,y_2)$.

联立方程 $\begin{cases} x^2=2py \\ y=x+4 \end{cases}$，消去 y 得 $x^2-2px-8p=0$，由韦达定理得 $x_1+x_2=2p$ ①，$x_1x_2=-8p$ ②.

从而 $y_1y_2=(x_1+4)(x_2+4)=x_1x_2+4(x_1+x_2)+16$.

因为 $OA \perp OB$，所以 $\overrightarrow{OA} \cdot \overrightarrow{OB}=x_1x_2+y_1y_2=2x_1x_2+4(x_1+x_2)+16=0$ ③.

将式①②代入式③得 $-16p+8p+16=0$，解得 $p=2$，故抛物线 C 的方程为 $x^2=4y$.

(2) 设线段 AB 的中点为 $N(x_0,y_0)$，由(1)得 $\begin{cases} x_0=\dfrac{x_1+x_2}{2}=2 \\ y_0=x_0+4=6 \end{cases}$，故点 N 的坐标为 $(2,6)$.

线段 AB 的垂直平分线的方程为 $y-6=-(x-2)$，即 $y=-x+8$.

联立方程 $\begin{cases} x^2=4y \\ y=-x+8 \end{cases}$，消去 y 得 $x^2+4x-32=0$，解得 $x=-8$ 或 $x=4$.

从而 $\triangle ABD$ 的外心 P 的坐标为 $(4,4)$ 或 $(-8,16)$.

假设存在点 $D(m,0)(m>0)$，设点 P 的坐标为 $(4,4)$.

因为 $|AB|=\sqrt{1+1^2}\sqrt{(x_1+x_2)^2-4x_1x_2}=4\sqrt{10}$，所以 $|PA|=\sqrt{|PN|^2+|AN|^2}=4\sqrt{3}$.

于是 $|DP|=\sqrt{(m-4)^2+16}=4\sqrt{3}$. 因为 $m>0$，所以 $m=4+4\sqrt{2}$.

若点 P 的坐标为 $(-8,16)$，则 $|PA|=\sqrt{|PN|^2+|AN|^2}=4\sqrt{15}$，$|DP|=\sqrt{(m+8)^2+16^2}>4\sqrt{15}$.

因此点 P 的坐标不可能为 $(-8,16)$.

故在 x 轴的正半轴上存在一点 $D(4+4\sqrt{2},0)$，使得 $\triangle ABD$ 的外心在抛物线 C 上.

精练1 过点 $A(-2,3)$ 作抛物线 $y^2=4x$ 的两条切线 l_1 和 l_2，l_1 和 l_2 与 y 轴相交于点 B,C，求 $\triangle ABC$ 的外接圆方程.

精练2 设 $F(c,0)$ 为双曲线 $E: \dfrac{x^2}{a^2} - \dfrac{y^2}{b^2} = 1(a>0,b>0)$ 的右焦点,以 F 为圆心、b 为半径的圆与双曲线在第一象限的交点为 P,线段 FP 的中点为 D,$\triangle POF$ 的外心为 I,且满足 $\overrightarrow{OD} = \lambda \overrightarrow{OI}(\lambda \neq 0)$,则双曲线 E 的离心率为 _____.

精练3 (衡水模拟)已知在坐标平面 xOy 中,点 F_1, F_2 分别为双曲线 $C: \dfrac{x^2}{a^2} - y^2 = 1(a>0)$ 的左、右焦点,点 M 在双曲线 C 的左支上,MF_2 与双曲线 C 的一条渐近线交于点 D,且 D 为 MF_2 的中点,点 I 为 $\triangle OMF_2$ 的外心,若 O, I, D 三点共线,则双曲线 C 的离心率为 _____.

精练4 已知椭圆 $\Gamma: \dfrac{x^2}{4} + \dfrac{y^2}{3} = 1$,过其左焦点 F_1 作直线 l 交椭圆 Γ 于 P, A 两点,取点 P 关于 x 轴的对称点 B.若点 G 为 $\triangle PAB$ 的外心,则 $\dfrac{|PA|}{|GF_1|} =$ _____.

精练5 椭圆 $\dfrac{x^2}{a^2} + \dfrac{y^2}{b^2} = 1(a>b>0)$ 的两个焦点分别为 $F_1(-c,0)$ 和 $F_2(c,0)(c>0)$,过点 $E\left(\dfrac{a^2}{c},0\right)$ 的直线与椭圆相交于 A,B 两点,且 $F_1A \parallel F_2B$,$|F_1A| = 2|F_2B|$.

(1)求直线 AB 的斜率.

(2)设点 C 与点 A 关于坐标原点对称,直线 F_2B 上有一点 $H(m,n)(m \neq 0)$ 在 $\triangle AF_1C$ 的外接圆上,求 $\dfrac{n}{m}$ 的值.

11.3 垂心综合

> **垂心定义**：垂心为三条高的交点，于是顶点和垂心的连线必然垂直于底边.

典例 已知双曲线 $C: \dfrac{x^2}{a^2} - \dfrac{y^2}{b^2} = 1 (a>0, b>0)$ 的离心率为 $\sqrt{2}$，直线 $l_1: y = 2x + 4\sqrt{3}$ 与双曲线 C 仅有一个公共点.

(1) 求双曲线 C 的方程.

(2) 设双曲线 C 的左顶点为 A，直线 l_2 平行于 l_1，且交双曲线 C 于 M, N 两点，求证：$\triangle AMN$ 的垂心在双曲线 C 上.

解答 (1) 因为双曲线 C 的离心率为 $\sqrt{2}$，所以 $\sqrt{1 + \dfrac{b^2}{a^2}} = \sqrt{2}$，即 $a = b$，从而双曲线 C 的方程为 $x^2 - y^2 = a^2$. 联立方程 $\begin{cases} y = 2x + 4\sqrt{3} \\ x^2 - y^2 = a^2 \end{cases}$，消去 y 得 $3x^2 + 16\sqrt{3}x + 48 + a^2 = 0$.

因为直线 $l_1: y = 2x + 4\sqrt{3}$ 与双曲线 C 仅存在一个公共点，所以 $\Delta_1 = (16\sqrt{3})^2 - 12 \times (48 + a^2) = 0$.

由上式解得 $a^2 = 16$，故双曲线 C 的方程为 $\dfrac{x^2}{16} - \dfrac{y^2}{16} = 1$.

(2) 因为直线 l_2 平行于 l_1，所以设直线 $l_2: y = 2x + m (m \neq 4\sqrt{3})$.

设点 $M(x_1, y_1), N(x_2, y_2)$，联立方程 $\begin{cases} \dfrac{x^2}{16} - \dfrac{y^2}{16} = 1 \\ y = 2x + m \end{cases}$，消去 y 得 $3x^2 + 4mx + m^2 + 16 = 0$.

由 $\Delta_2 = 16m^2 - 12(m^2 + 16) > 0$ 得 $m < -4\sqrt{3}$ 或 $m > 4\sqrt{3}$，由韦达定理得 $\begin{cases} x_1 + x_2 = -\dfrac{4m}{3} \\ x_1 x_2 = \dfrac{m^2 + 16}{3} \end{cases}$.

过点 $A(-4, 0)$ 作与 l_2 垂直的直线 l_3，故直线 $l_3: y = -\dfrac{1}{2}x - 2$. 设直线 l_3 与双曲线 C 交于另一点 H.

联立方程 $\begin{cases} y = -\dfrac{1}{2}x - 2 \\ \dfrac{x^2}{16} - \dfrac{y^2}{16} = 1 \end{cases}$，消去 y 得 $3x^2 - 8x - 80 = 0$，解得 $x = \dfrac{20}{3}$ 或 $x = -4$（舍去），故点 H 的坐标为 $\left(\dfrac{20}{3}, -\dfrac{16}{3}\right)$，于是

$$\overrightarrow{MH} \cdot \overrightarrow{AN} = \left(\dfrac{20}{3} - x_1, -\dfrac{16}{3} - y_1\right) \cdot (x_2 + 4, y_2)$$
$$= \dfrac{20}{3}x_2 + \dfrac{80}{3} - x_1 x_2 - 4x_1 - \dfrac{16}{3}y_2 - y_1 y_2$$
$$= \dfrac{20}{3}x_2 + \dfrac{80}{3} - x_1 x_2 - 4x_1 - \dfrac{16}{3}(2x_2 + m) - (2x_1 + m)(2x_2 + m)$$
$$= -5x_1 x_2 - (4 + 2m)(x_1 + x_2) + \dfrac{80}{3} - \dfrac{16m}{3} - m^2$$
$$= (-5) \cdot \dfrac{m^2 + 16}{3} - (4 + 2m) \cdot \left(-\dfrac{4m}{3}\right) + \dfrac{80}{3} - \dfrac{16m}{3} - m^2$$
$$= -\dfrac{5m^2}{3} - \dfrac{80}{3} + \dfrac{16m}{3} + \dfrac{8m^2}{3} + \dfrac{80}{3} - \dfrac{16m}{3} - m^2 = 0$$

故 $MH \perp AN$. 因为 $AH \perp MN$，所以 H 为 $\triangle AMN$ 的垂心.

又因为点 H 在双曲线 C 上，所以 $\triangle AMN$ 的垂心在双曲线 C 上.

精练1 设椭圆 $C_1: \dfrac{x^2}{a^2}+\dfrac{y^2}{b^2}=1(a>b>0)$，抛物线 $C_2: x^2+by=b^2$. 设点 $A(0,b)$，$Q\left(3\sqrt{3},\dfrac{5}{4}b\right)$，又点 M,N 为椭圆 C_1 与抛物线 C_2 不在 y 轴上的两个交点，若 $\triangle AMN$ 的垂心为 $B\left(0,\dfrac{3}{4}b\right)$，且 $\triangle QMN$ 的重心在 C_2 上，求椭圆 C_1 和抛物线 C_2 的方程.

精练2 在平面直角坐标系 xOy 中，双曲线 $C_1: \dfrac{x^2}{a^2}-\dfrac{y^2}{b^2}=1(a>0,b>0)$ 的渐近线与抛物线 $C_2: x^2=2py(p>0)$ 交于点 O,A,B. 若 $\triangle OAB$ 的垂心为 C_2 的焦点，则 C_1 的离心率为 _____.

精练3 已知双曲线 $C: \dfrac{x^2}{a^2}-\dfrac{y^2}{b^2}=1(a>0,b>0)$ 虚轴的一个顶点为 D，直线 $x=2a$ 与 C 交于 A,B 两点，若 $\triangle ABD$ 的垂心在 C 的一条渐近线上，则 C 的离心率为 _____.

精练4 已知椭圆 $\dfrac{x^2}{a^2}+\dfrac{y^2}{b^2}=1(a>b>0)$ 的右焦点为 F，M 为上顶点，O 为坐标原点，若 $\triangle OMF$ 的面积为 $\dfrac{1}{2}$，且椭圆的离心率为 $\dfrac{\sqrt{2}}{2}$.

(1) 求椭圆的方程.

(2) 是否存在直线 l 交椭圆于 P,Q 两点，且使点 F 为 $\triangle PQM$ 的垂心？若存在，求出直线 l 的方程；若不存在，请说明理由.

11.4 内心综合

1 面积问题

> **三角形内切圆面积公式**：$S_{\triangle ABC}=\dfrac{1}{2}(a+b+c)r$，$r$ 为 $\triangle ABC$ 内切圆半径.
>
> **推论1**：已知点 P 是椭圆 $\dfrac{x^2}{a^2}+\dfrac{y^2}{b^2}=1(a>b>0)$ 上的动点，设 $\triangle PF_1F_2$ 的内切圆半径为 r，由椭圆基本定义得 $S_{\triangle PF_1F_2}=r(a+c)$.
>
> **推论2**：过点 $F_1(-c,0)$ 的直线交椭圆 $\dfrac{x^2}{a^2}+\dfrac{y^2}{b^2}=1(a>b>0)$ 于 A,B 两点，设 $\triangle AF_2B$ 的内切圆半径为 r，由椭圆基本定义得 $S_{\triangle AF_2B}=2ar$.

典例1 已知椭圆 $C_1:\dfrac{x^2}{a^2}+\dfrac{y^2}{b^2}=1(a>b>0)$ 的左、右焦点 F_1,F_2 分别是双曲线 $C_2:x^2-\dfrac{y^2}{9}=1$ 的左、右顶点，且椭圆 C_1 的上顶点到双曲线 C_2 的渐近线的距离为 $\dfrac{\sqrt{10}}{10}$.

(1) 求椭圆 C_1 的方程.

(2) 如图2所示，设 P 是第一象限内 C_1 上的一点，PF_1，PF_2 的延长线分别交 C_1 于点 Q_1，Q_2，设 r_1，r_2 分别为 $\triangle PF_1Q_2$，$\triangle PF_2Q_1$ 的内切圆半径，求 r_1-r_2 的最大值.

解答 (1) 由题意得椭圆的左、右焦点分别为 $F_1(-c,0),F_2(c,0)$.

因为双曲线 $C_2:x^2-\dfrac{y^2}{9}=1$ 的顶点分别为 $(-1,0),(1,0)$，所以 $c=1$.

又因为椭圆的上顶点为 $(0,b)$，所以双曲线 $C_2:x^2-\dfrac{y^2}{9}=1$ 的一条渐近线方程为 $y=3x$，于是 $\dfrac{|b|}{\sqrt{10}}=\dfrac{\sqrt{10}}{10}$，解得 $b=1$，故 $a^2=1^2+1^2=2$.

因此椭圆 C_1 的方程为 $\dfrac{x^2}{2}+y^2=1$.

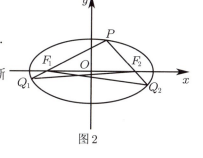

图2

(2) 设点 $Q_1(x_1,y_1),Q_2(x_2,y_2),P(x_0,y_0)$，直线 F_1P 的方程为 $y=\dfrac{y_0}{x_0+1}(x+1)$.

将直线 F_1P 的方程代入椭圆 C_1 的方程得 $\dfrac{x^2}{2}+\dfrac{y_0^2}{(x_0+1)^2}\cdot(x+1)^2=1$.

整理得 $(2x_0+3)x^2+4y_0^2x-3x_0^2-4x_0=0$，由韦达定理得 $x_0x_1=\dfrac{-3x_0^2-4x_0}{2x_0+3}$，解得 $x_1=-\dfrac{3x_0+4}{2x_0+3}$，$y_1=\dfrac{y_0}{x_0+1}\left(-\dfrac{3x_0+4}{2x_0+3}+1\right)=-\dfrac{y_0}{2x_0+3}$，故 $Q_1\left(-\dfrac{3x_0+4}{2x_0+3},-\dfrac{y_0}{2x_0+3}\right)$.

当 $x_0\neq 1$ 时，直线 F_2P 的方程为 $y=\dfrac{y_0}{x_0-1}(x-1)$.

将直线 F_2P 的方程代入椭圆方程整理得 $(-2x_0+3)x^2-4y_0^2x-3x_0^2+4x_0=0$.

同理得 $Q_2\left(\dfrac{3x_0-4}{2x_0-3},\dfrac{y_0}{2x_0-3}\right)$. 由内切圆面积公式得 $S_{\triangle PF_1Q_2}=\dfrac{1}{2}\times 4\sqrt{2}r_1$，$S_{\triangle PF_2Q_1}=\dfrac{1}{2}\times 4\sqrt{2}r_2$.

从而

$$r_1-r_2=\dfrac{S_{\triangle PF_1Q_2}}{2\sqrt{2}}-\dfrac{S_{\triangle PF_2Q_1}}{2\sqrt{2}}=\dfrac{\dfrac{1}{2}\times 2\cdot(-y_2)-\dfrac{1}{2}\times 2\cdot(-y_1)}{2\sqrt{2}}$$

$$= \frac{y_1-y_2}{2\sqrt{2}} = \frac{\sqrt{2}}{4}\left(-\frac{y_0}{2x_0+3}-\frac{y_0}{2x_0-3}\right) = \frac{2\sqrt{2}x_0y_0}{x_0^2+18y_0^2} = \frac{2\sqrt{2}}{\frac{x_0}{y_0}+\frac{18y_0}{x_0}}$$

$$\leqslant \frac{2\sqrt{2}}{2\sqrt{\frac{x_0}{y_0}\cdot\frac{18y_0}{x_0}}} = \frac{1}{3}$$

当且仅当 $x_0=\frac{3\sqrt{5}}{5}, y_0=\frac{\sqrt{10}}{10}$ 时,等号成立.

当 $PF_2 \perp x$ 轴时,得 $P\left(1,\frac{\sqrt{2}}{2}\right), y_1=-\frac{\sqrt{2}}{10}, y_2=-\frac{\sqrt{2}}{2}$,此时 $r_1-r_2=\frac{y_1-y_2}{2\sqrt{2}}=\frac{\sqrt{2}}{4}\times\frac{4\sqrt{2}}{10}=\frac{1}{5}$.

综上,r_1-r_2 的最大值为 $\frac{1}{3}$.

精练1 (新疆三模)点 P 是双曲线 $C:\frac{x^2}{a^2}-\frac{y^2}{b^2}=1(a>0,b>0)$ 右支上一点,F_1,F_2 分别是双曲线 C 的左、右焦点,M 为 $\triangle PF_1F_2$ 的内心,若双曲线 C 的离心率 $e=\frac{3}{2}$,且 $S_{\triangle MPF_1}=S_{\triangle MPF_2}+\lambda S_{\triangle MF_1F_2}$,则 $\lambda=$ _____.

精练2 已知椭圆 $\frac{x^2}{a^2}+\frac{y^2}{b^2}=1(a>b>0)$ 的离心率是 $\frac{3}{4}$,M 是椭圆上一点,且 F_1,F_2 是椭圆的左、右焦点,C 是 $\triangle MF_1F_2$ 的内切圆圆心,若 $m\overrightarrow{CF_1}+3\overrightarrow{CF_2}+3\overrightarrow{CM}=0$,则 $m=$ _____.

精练3 已知双曲线 $C:\frac{x^2}{a^2}-\frac{y^2}{b^2}=1(a>0,b>0)$,其左、右焦点分别为 $F_1(-\sqrt{7},0),F_2(\sqrt{7},0)$,点 P 是双曲线右支上的一点,点 I 为 $\triangle PF_1F_2$ 的内心(内切圆的圆心),$\overrightarrow{PI}=x\overrightarrow{PF_1}+y\overrightarrow{PF_2}$,若 $\angle F_1PF_2=60°,y=3x$,则 $\triangle PF_1F_2$ 的内切圆的半径为 _____.

精练4 已知 $C:y^2=2x, M\left(-\frac{1}{2},0\right), N\left(\frac{1}{2},0\right)$,点 A 为抛物线上一点,直线 AM 交抛物线于另一点 B,且点 A 在线段 MB 上,直线 AN 交抛物线于另一点 D,求 $\triangle MBD$ 内切圆半径的取值范围.

2 内心公式

内心公式：在 $\triangle ABC$ 中，点 $A(x_1,y_1)$，$B(x_2,y_2)$，$C(x_3,y_3)$，设三条边的长分别为 $AB=c$，$AC=b$，$BC=a$，则 $\triangle ABC$ 的内心 $M(x,y)$ 的坐标为 $\left(\dfrac{ax_1+bx_2+cx_3}{a+b+c},\dfrac{ay_1+by_2+cy_3}{a+b+c}\right)$.

证明：

首先证明定理：在 $\triangle ABC$ 中，已知三条边的长分别为 $AB=c$，$AC=b$，$BC=a$，点 M 是其内心，则有 $a\cdot\overrightarrow{MA}+b\cdot\overrightarrow{MB}+c\cdot\overrightarrow{MC}=\mathbf{0}$.

因为 $\overrightarrow{MB}=\overrightarrow{MA}+\overrightarrow{AB}$，$\overrightarrow{MC}=\overrightarrow{MA}+\overrightarrow{AC}$，所以要证 $a\cdot\overrightarrow{MA}+b\cdot\overrightarrow{MB}+c\cdot\overrightarrow{MC}=\mathbf{0}$，只需证 $a\cdot\overrightarrow{MA}+b\cdot\overrightarrow{MA}+c\cdot\overrightarrow{MA}=-b\cdot\overrightarrow{AB}-c\cdot\overrightarrow{AC}$，即证 $\overrightarrow{AM}=\dfrac{b\cdot\overrightarrow{AB}+c\cdot\overrightarrow{AC}}{a+b+c}$.

因为 $\overrightarrow{AB}=c\cdot\dfrac{\overrightarrow{AB}}{|\overrightarrow{AB}|}$，$\overrightarrow{AC}=b\cdot\dfrac{\overrightarrow{AC}}{|\overrightarrow{AC}|}$，所以只需证 $\overrightarrow{AM}=\dfrac{bc}{a+b+c}\left(\dfrac{\overrightarrow{AB}}{|\overrightarrow{AB}|}+\dfrac{\overrightarrow{AC}}{|\overrightarrow{AC}|}\right)$ ①.

因为点 M 是内心，所以点 M 在 $\angle A$ 的内角平分线上，故 $\overrightarrow{AM}=\lambda\left(\dfrac{\overrightarrow{AB}}{|\overrightarrow{AB}|}+\dfrac{\overrightarrow{AC}}{|\overrightarrow{AC}|}\right)$，$\lambda>0$.

令 $\lambda=\dfrac{bc}{a+b+c}$，可得式①成立，故 $a\cdot\overrightarrow{MA}+b\cdot\overrightarrow{MB}+c\cdot\overrightarrow{MC}=\mathbf{0}$ 恒成立.

由题意得 $\overrightarrow{MA}=(x_1-x,y_1-y)$，$\overrightarrow{MA}=(x_2-x,y_2-y)$，$\overrightarrow{MC}=(x_3-x,y_3-y)$.

将上述向量坐标式代入 $a\cdot\overrightarrow{MA}+b\cdot\overrightarrow{MB}+c\cdot\overrightarrow{MC}=\mathbf{0}$.

整理得 $(a(x_1-x)+b(x_2-x)+c(x_3-x),a(y_1-y)+b(y_2-y)+c(y_3-y))=\mathbf{0}$，化简得 $\triangle ABC$ 的内心 $M(x,y)$ 的坐标为 $\left(\dfrac{ax_1+bx_2+cx_3}{a+b+c},\dfrac{ay_1+by_2+cy_3}{a+b+c}\right)$.

典例2 已知 $F_1(-c,0)$，$F_2(c,0)$ 为椭圆 $C:\dfrac{x^2}{a^2}+\dfrac{y^2}{b^2}=1(a>b>0)$ 的两个焦点，P 为椭圆 C 上一点（点 P 不在 y 轴上），$\triangle PF_1F_2$ 的重心为 G，内心为 M，且 $GM/\!/F_1F_2$，则椭圆 C 的离心率为 _____.

法一 由重心公式得 $y_G=\dfrac{y_P}{3}$，由内心公式得 $y_M=\dfrac{2c\cdot y_P}{2a+2c}$，由 $GM/\!/F_1F_2$ 得 $y_G=y_M$，故 $e=\dfrac{1}{2}$.

法二 设点 $P(x_0,y_0)(x_0\neq 0)$，因为 $F_1(-c,0)$，$F_2(c,0)$，G 为 $\triangle PF_1F_2$ 的重心，所以 $G\left(\dfrac{x_0}{3},\dfrac{y_0}{3}\right)$.

因为 $GM/\!/F_1F_2$，所以点 M 的纵坐标为 $\dfrac{y_0}{3}$，即 $\triangle PF_1F_2$ 的内切圆半径 $r=\dfrac{|y_0|}{3}$.

由等面积法得 $\dfrac{1}{2}|F_1F_2|\cdot|y_0|=\dfrac{1}{2}(|PF_1|+|PF_2|+|F_1F_2|)\cdot r$，即 $2c\cdot|y_0|=(2a+2c)\cdot\dfrac{|y_0|}{3}$，化简可得 $3c=a+c$，即 $a=2c$，故椭圆的离心率 $e=\dfrac{1}{2}$.

好题精练

精练5 点 P 为 $C:\dfrac{x^2}{4}+\dfrac{y^2}{3}=1$ 上的一点，F_1，F_2 为 C 的左、右焦点，$\triangle PF_1F_2$ 的内切圆半径为 $\dfrac{1}{2}$，求 $\overrightarrow{PF_1}\cdot\overrightarrow{PF_2}$ 的值.

精练6 动点 P 在 $C:\dfrac{x^2}{4}+\dfrac{y^2}{3}=1$ 上，F_1，F_2 为 C 的左、右焦点，点 G 为 $\triangle F_1PF_2$ 的内心，求点 G 的轨迹方程.

3 角平分线

比值相等：在$\triangle ABC$中，AD为$\angle BAC$的角平分线，点D在BC上，则$\dfrac{|AB|}{|BD|}=\dfrac{|AC|}{|CD|}$.

距离相等：在$\triangle ABC$中，角平分线上一点到两边的距离相等.

典例3 （全国卷）已知抛物线$C:y^2=4x$的焦点为F，过点$K(-1,0)$的直线l与C相交于A,B两点，点A关于x轴的对称点为D.

(1)证明：点F在直线BD上.

(2)设$\overrightarrow{FA}\cdot\overrightarrow{FB}=\dfrac{8}{9}$，求$\triangle BDK$的内切圆$M$的方程.

解答 设点$A(x_1,y_1),B(x_2,y_2),D(x_1,-y_1)$，直线$l$的方程为$x=my-1(m\neq 0)$.

(1)将直线$l:x=my-1$代入$y^2=4x$，消去x得$y^2-4my+4=0$.

由韦达定理得$y_1+y_2=4m,y_1y_2=4$①.

设直线BD的方程为$y-y_2=\dfrac{y_2+y_1}{x_2-x_1}\cdot(x-x_2)$，即$y-y_2=\dfrac{4}{y_2-y_1}\left(x-\dfrac{y_2^2}{4}\right)$.

令$y=0$，可得$x=\dfrac{y_1y_2}{4}=1$，故点$F(1,0)$在直线BD上.

(2)由①得$x_1+x_2=(my_1-1)+(my_2-1)=4m^2-2,x_1x_2=(my_1-1)(my_2-1)=1$.

因为$\overrightarrow{FA}=(x_1-1,y_1),\overrightarrow{FB}=(x_2-1,y_2)$，所以$\overrightarrow{FA}\cdot\overrightarrow{FB}=(x_1-1)(x_2-1)+y_1y_2=8-4m^2$.

解得$8-4m^2=\dfrac{8}{9}$，即$m=\pm\dfrac{4}{3}$，故l的方程为$3x+4y+3=0,3x-4y+3=0$.

又因为由①得$y_2-y_1=\pm\sqrt{(4m)^2-4\times 4}=\pm\dfrac{4}{3}\sqrt{7}$，所以直线$BD$的斜率为$\dfrac{4}{y_2-y_1}=\pm\dfrac{3}{\sqrt{7}}$.

从而直线BD的方程为$3x+\sqrt{7}y-3=0,3x-\sqrt{7}y-3=0$.

因为KF为$\angle BKD$的平分线，所以可设圆心$M(t,0)(-1<t<1)$.

于是$M(t,0)$到l及BD的距离分别为$\dfrac{3|t+1|}{5},\dfrac{3|t-1|}{4}$.

由$\dfrac{3|t+1|}{5}=\dfrac{3|t-1|}{4}$得$t=\dfrac{1}{9}$或$t=9$（舍去），故圆$M$的半径$r=\dfrac{3|t+1|}{5}=\dfrac{2}{3}$.

综上，圆M的方程为$\left(x-\dfrac{1}{9}\right)^2+y^2=\dfrac{4}{9}$.

 好题精练

精练7 已知椭圆$C:\dfrac{x^2}{a^2}+\dfrac{y^2}{b^2}=1(a>b>0)$的左、右焦点分别为$F_1,F_2$，椭圆$C$在第一象限存在点$M$，使得$|MF_1|=|F_1F_2|$，直线$F_1M$与$y$轴交于点$A$，且$F_2A$是$\angle MF_2F_1$的角平分线，则椭圆$C$的离心率为_____.

精练8 已知动点P在椭圆$C:\dfrac{x^2}{4}+\dfrac{y^2}{3}=1$上，$F_1,F_2$为椭圆$C$的左、右焦点，点$G$为$\triangle F_1PF_2$的内心，求点$G$的轨迹方程.

精练9 设P为双曲线$\dfrac{x^2}{a^2}-\dfrac{y^2}{b^2}=1(a>0,b>0)$上任意的一点，直线$PQ$为双曲线在点$P$处的切线，$F_1,F_2$为双曲线的焦点，证明：$PQ$平分$\angle F_1PF_2$.

4 椭圆内心推论

(1) **椭圆内心定理**：如图3所示，点I为$\triangle PF_1F_2$内切圆的圆心，延长PI，交F_1F_2于点N.

则 (i) $\dfrac{|IN|}{|IP|}=e$; (ii) $\dfrac{S_{\triangle IF_1F_2}}{S_{\triangle PF_1F_2}-S_{\triangle IF_1F_2}}=e$.

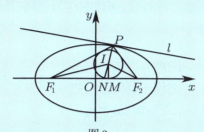

图3

证明：(i) $\dfrac{|IN|}{|IP|}=\dfrac{|F_1N|}{|F_1P|}=\dfrac{|F_2N|}{|F_2P|}=\dfrac{|F_1N|+|F_2N|}{|F_1P|+|F_2P|}=\dfrac{2c}{2a}=e$.

(ii) $\dfrac{|IN|}{|IP|}=\dfrac{|y_N|}{|y_P-y_N|}=\dfrac{c|y_N|}{c|y_P-y_N|}=\dfrac{S_{\triangle IF_1F_2}}{S_{\triangle PF_1F_2}-S_{\triangle IF_1F_2}}$.

(2) **推论**：已知P为椭圆$C:\dfrac{x^2}{a^2}+\dfrac{y^2}{b^2}=1(a>b>0)$上的动点，$F_1,F_2$分别是$C$的左、右焦点，记$\triangle PF_1F_2$的外接圆、内切圆的半径分别为$R,r$，则$\dfrac{r}{R}$的取值范围是$(0,2e(1-e)]$.

证明：设$\angle F_1PF_2=\theta$，则$S_{\triangle PF_1F_2}=b^2\tan\dfrac{\theta}{2}=(a+c)r$.

由正弦定理得$R=\dfrac{|F_1F_2|}{2\sin\theta}=\dfrac{c}{\sin\theta}$，故$\dfrac{r}{R}=\sin^2\dfrac{\theta}{2}\cdot\dfrac{2b^2}{c(a+c)}=2\sin^2\dfrac{\theta}{2}\cdot\dfrac{1-e}{e}$.

因为$\sin\dfrac{\theta}{2}\in(0,e]$，所以$\dfrac{r}{R}$的取值范围是$(0,2e(1-e)]$.

因为$e(1-e)\leqslant\left(\dfrac{e+1-e}{2}\right)^2=\dfrac{1}{4}$，所以$\dfrac{r}{R}\leqslant\dfrac{1}{2}$，当且仅当$e=\dfrac{1}{2}$时等号成立.

典例4 如图4所示，椭圆$\dfrac{x^2}{a^2}+\dfrac{y^2}{b^2}=1$与双曲线$\dfrac{x^2}{m^2}-\dfrac{y^2}{n^2}=1(m>0,n>0)$有公共焦点$F_1(-c,0),F_2(c,0)(c>0)$，椭圆的离心率为$e_1$，双曲线的离心率为$e_2$，点$P$为两曲线的一个公共点，$\angle F_1PF_2=60°$，则$\dfrac{1}{e_1^2}+\dfrac{3}{e_2^2}=$ _____；设I为$\triangle F_1PF_2$的内心，F_1,I,G三点共线，且$\overrightarrow{GP}\cdot\overrightarrow{IP}=0$，轴上点$A,B$满足$\overrightarrow{AI}=\lambda\overrightarrow{IP}$，$\overrightarrow{BG}=\mu\overrightarrow{GP}$，则$\lambda^2+\mu^2$的最小值为 _____.

解答 (1) 由题意得椭圆与双曲线的焦距为$|F_1F_2|=2c$，椭圆的长轴长为$2a$，双曲线的实轴长为$2m$.

不妨设点P在双曲线的右支上，由双曲线的定义得$|PF_1|-|PF_2|=2m$，由椭圆的定义得$|PF_1|+|PF_2|=2a$.

从而可得$|PF_1|=m+a$，$|PF_2|=a-m$.

注意到$\angle F_1PF_2=60°$.

由余弦定理得$|PF_1|^2+|PF_2|^2-|PF_1|\cdot|PF_2|=|F_1F_2|^2=4c^2$.

整理得$(m+a)^2+(a-m)^2-(m+a)\cdot(a-m)=4c^2$.

化简得$a^2+3m^2=4c^2$，故$\dfrac{a^2}{c^2}+\dfrac{3m^2}{c^2}=4$，即$\dfrac{1}{e_1^2}+\dfrac{3}{e_2^2}=4$.

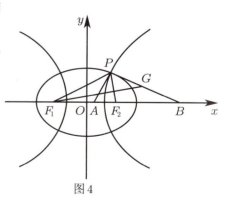

图4

(2) 因为I为$\triangle F_1PF_2$的内心，所以IP_2为$\angle PF_1F_2$的角平分线.

从而 $\dfrac{|PF_1|}{|AF_1|} = \dfrac{|IP|}{|AI|}$，同理可得 $\dfrac{|PF_2|}{|AF_2|} = \dfrac{|IP|}{|AI|}$.

于是 $\dfrac{|PF_1|}{|AF_1|} = \dfrac{|PF_2|}{|AF_2|} = \dfrac{|IP|}{|AI|}$，故 $\dfrac{|IP|}{|AI|} = \dfrac{|PF_1|+|PF_2|}{|AF_1|+|AF_2|} = \dfrac{2a}{2c} = \dfrac{1}{e_1}$，即 $|AI| = e_1|IP|$.

因为 $\overrightarrow{AI} = \lambda \overrightarrow{IP}$，所以 $|\overrightarrow{AI}| = |\lambda||\overrightarrow{IP}|$，故 $|\lambda| = e_1$.

因为 I 为 $\triangle F_1PF_2$ 的内心，F_1, I, G 三点共线，所以 F_1G 为 $\angle PF_1B$ 的角平分线.

从而 $\dfrac{|GB|}{|PG|} = \dfrac{|BF_2|}{|PF_2|} = \dfrac{|BF_1|}{|PF_1|}$.

因为 $|BF_2| \ne |BF_1|$，所以 $\dfrac{|GB|}{|PG|} = \dfrac{|BF_1|-|BF_2|}{|PF_1|-|PF_2|} = \dfrac{2c}{2m} = e_2$，即 $|\overrightarrow{BG}| = e_2|\overrightarrow{GP}|$.

因为 $\overrightarrow{BG} = \mu \overrightarrow{GP}$，所以 $|\overrightarrow{BG}| = |\mu||\overrightarrow{GP}|$，即 $|\mu| = e_2$.

从而 $\lambda^2 + \mu^2 = e_1^2 + e_2^2 = \dfrac{1}{4}(e_1^2 + e_2^2)\left(\dfrac{1}{e_1^2} + \dfrac{3}{e_2^2}\right) = \dfrac{1}{4}\left(1 + 3 + \dfrac{3e_1^2}{e_2^2} + \dfrac{e_2^2}{e_1^2}\right) \geqslant \dfrac{1}{4}\left(4 + 2\sqrt{\dfrac{3e_1^2}{e_2^2} \cdot \dfrac{e_2^2}{e_1^2}}\right) = \dfrac{1}{4}(4 + 2\sqrt{3}) = 1 + \dfrac{\sqrt{3}}{2}$.

当且仅当 $\dfrac{3e_1^2}{e_2^2} = \dfrac{e_2^2}{e_1^2}$，即 $e_2 = \sqrt{3}e_1$ 时，等号成立，故 $\lambda^2 + \mu^2$ 的最小值为 $1 + \dfrac{\sqrt{3}}{2}$.

好题精练

精练 10 （雅安模拟）已知椭圆 $C: \dfrac{x^2}{a^2} + \dfrac{y^2}{b^2} = 1(a>b>0)$ 的左、右焦点分别为 F_1, F_2，P 为 C 上异于左、右顶点的一点，M 为 $\triangle PF_1F_2$ 内心，若 $5\overrightarrow{MF_1} + 3\overrightarrow{MF_2} + 3\overrightarrow{MP} = 0$，求椭圆的离心率.

精练 11 （南京模拟）已知椭圆 $C: \dfrac{x^2}{a^2} + \dfrac{y^2}{b^2} = 1(a>b>0)$ 的左、右焦点分别为 $F_1(-c,0)$ 和 $F_2(c,0)$，$M\left(x_1, \dfrac{2b}{c}\right)$ 为 C 上一点，且 $\triangle MF_1F_2$ 的内心为 $I(x_2, 1)$，则椭圆 C 的离心率为 _____.

精练 12 （焦作模拟）已知椭圆 $C: \dfrac{x^2}{a^2} + \dfrac{y^2}{b^2} = 1(a>b>0)$ 的左、右焦点分别为 F_1, F_2，M 为 C 上一点，且 $\triangle MF_1F_2$ 的内心为 $I(x_0, 2)$，若 $\triangle MF_1F_2$ 的面积为 $4b$，则 $\dfrac{|MF_1|+|MF_2|}{|F_1F_2|} = $ _____.

5 双曲线内心推论

(1) **双曲线内心定理**：点 A 为双曲线 $\dfrac{x^2}{a^2}-\dfrac{y^2}{b^2}=1(a>0,b>0)$ 上一点，F_1,F_2 为左、右焦点，设 $\triangle AF_1F_2$ 的内切圆的圆心为 $P(x_0,y_0)$，则当点 A 在右支上运动时，$x_0=a$；当点 A 在左支上运动时，$x_0=-a$.

(2) **推论**：如图 5 所示，在双曲线中，O_1 为焦点 $\triangle MF_1F_2$ 的内心，O_2 为焦点 $\triangle NF_1F_2$ 的内心，直线 MN 的倾斜角为 α，令 $|AO_1|=r_1$，$|AO_2|=r_2$，则有 (i) $|O_1O_2|=\dfrac{2(c-a)}{\sin\alpha}$；(ii) $r_1r_2=(c-a)^2$，$\dfrac{r_1}{r_2}=\dfrac{1}{\tan^2\dfrac{\alpha}{2}}$.

证明：由题意得 $O_1O_2 \parallel y$ 轴，作 $O_1D\perp MN$ 于 D，$O_2E\perp MN$ 于 E，设 O_2G 交 O_1D 于 G，则 $O_2G \parallel MN$. 易知 $|O_1O_2|=r_1+r_2$，$|O_2G|=|DE|=2|AF_2|=2(c-a)$，$\angle O_2O_1D=\alpha$，故 $|O_1O_2|=\dfrac{2(c-a)}{\sin\alpha}$.

由角平分线性质定理得：因为 O_1F_2，O_2F_2 分别为 $\angle MF_2F_1$ 和 $\angle NF_2F_1$ 的平分线，所以 $O_1F_2\perp O_2F_2$.

由射影定理得 $|AO_1||AO_2|=|AF_2|^2$，即 $r_1r_2=(c-a)^2$.

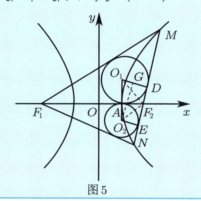

图 5

典例5 已知 F_1,F_2 分别为双曲线 $\dfrac{x^2}{a^2}-\dfrac{y^2}{b^2}=1(a>0,b>0)$ 的左、右焦点，过点 F_2 的直线与双曲线的右支交于 A,B 两点，记 $\triangle AF_1F_2$ 的内切圆 I_1 的半径为 r_1，$\triangle BF_1F_2$ 的内切圆 I_2 的半径为 r_2. 若 $r_1r_2=a^2$，则（　　）.

A. I_1,I_2 在直线 $x=a$ 上

B. 双曲线的离心率 $e=2$

C. $\triangle ABF_1$ 的内切圆半径的最小值是 $\dfrac{3}{2}a$

D. r_1+r_2 的取值范围是 $\left[2a,\dfrac{4\sqrt{3}}{3}a\right]$

解答 如图 6 所示，过点 I_1 分别作 AF_1,AF_2,F_1F_2 的垂线，垂足分别为 D,E,F.

由切线长定理得 $|AD|=|AE|$，$|F_1D|=|F_1F|$，$|F_2E|=|F_2F|$.

对于 A 选项，因为 $|AF_1|-|AF_2|=2a$，所以 $(|AD|+|DF_1|)-(|AE|+|EF_2|)=|F_1F|-|F_2F|=2a$. 又因为 $|F_1F_2|=|F_1F|+|F_2F|=2c$，所以 $|F_1F|=a+c$，故 $|OF|=|F_1F|-|OF_1|=a$，即 I_1 在直线 $x=a$ 上. 同理可得 I_2 在直线 $x=a$ 上，故 A 选项正确.

对于 B 选项，因为 $\angle I_1F_2A=\angle I_1F_2F_1$，$\angle I_2F_2B=\angle I_2F_2F_1$，所以 $\angle I_1F_2A+\angle I_2F_2B=\angle I_1F_2F_1+\angle I_2F_2F_1=\angle I_1F_2I_2$，故 $\angle I_1F_2I_2=\dfrac{\pi}{2}$.

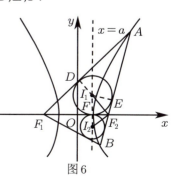

图 6

又因为 $\frac{|I_1F|}{|F_2F|}=\frac{|F_2F|}{|I_2F|}$，所以 $|I_1F|\cdot|I_2F|=|F_2F|^2$，即 $r_1r_2=(c-a)^2=a^2$，化简得 $c=2a$，离心率 $e=\frac{c}{a}=2$，故 B 选项正确.

对于 C 选项，由 $c=2a,c^2=a^2+b^2$ 得 $b=\sqrt{3}a$，故 $F_2(2a,0)$，双曲线的渐近线方程为 $y=\pm\sqrt{3}x$，故直线 AB 的倾斜角 $\theta\in\left(\frac{\pi}{3},\frac{2\pi}{3}\right)$. 设直线 AB 的方程为 $x=my+2a,m\in\left(-\frac{\sqrt{3}}{3},\frac{\sqrt{3}}{3}\right)$，点 $A(x_1,y_1)$，$B(x_2,y_2)$. 联立方程 $\begin{cases}x=my+2a\\\frac{x^2}{a^2}-\frac{y^2}{3a^2}=1\end{cases}$，消去 x 得 $(3m^2-1)y^2+12may+9a^2=0$. 由韦达定理得 $y_1+y_2=-\frac{12ma}{3m^2-1}$，$y_1y_2=\frac{9a^2}{3m^2-1}$. 从而 $|y_1-y_2|=\sqrt{(y_1+y_2)^2-4y_1y_2}=\sqrt{\left(-\frac{12ma}{3m^2-1}\right)^2-\frac{36a^2}{3m^2-1}}=\frac{6a\sqrt{m^2+1}}{1-3m^2}$，$|AB|=\sqrt{1+m^2}|y_1-y_2|=\frac{6a(m^2+1)}{1-3m^2}$. 于是 $\triangle ABF_1$ 的周长 $l=|AF_1|+|BF_1|+|AB|=(|AF_2|+2a)+(|BF_2|+2a)+|AB|=4a+2|AB|=4a+\frac{12a(m^2+1)}{1-3m^2}=\frac{16a}{1-3m^2}$. 设 $\triangle ABF_1$ 的内切圆的半径为 r，根据 $\triangle ABF_1$ 的面积可得 $\frac{1}{2}lr=\frac{1}{2}\cdot 2c\cdot|y_1-y_2|=2a|y_1-y_2|$，解得 $r=\frac{4a|y_1-y_2|}{l}=\frac{\frac{24a^2\sqrt{m^2+1}}{1-3m^2}}{\frac{16a}{1-3m^2}}=\frac{3a\sqrt{m^2+1}}{2}\geq\frac{3}{2}a$，故 C 选项正确.

对于 D 选项，由题意可设 $\angle I_1F_2F=\alpha$，因为 $\theta\in\left(\frac{\pi}{3},\frac{2\pi}{3}\right)$，$2\alpha+\theta=\pi$，所以 $\alpha=\frac{\pi-\theta}{2}\in\left(\frac{\pi}{6},\frac{\pi}{3}\right)$. 令 $t=\tan\alpha\in\left(\frac{\sqrt{3}}{3},\sqrt{3}\right)$，则 $r_1=|F_2F|\tan\alpha=at$，$r_2=|F_2F|\tan\left(\frac{\pi}{2}-\alpha\right)=\frac{a}{t}$，即 $r_1+r_2=a\left(t+\frac{1}{t}\right)$. 因为 $y=t+\frac{1}{t}$ 在 $\left(\frac{\sqrt{3}}{3},1\right)$ 上单调递减，在 $[1,\sqrt{3})$ 上单调递增，所以 $r_1+r_2=a\left(t+\frac{1}{t}\right)\in\left[2a,\frac{4\sqrt{3}}{3}a\right)$，故 D 选项不正确.

综上，故选 ABC.

精练 13 $\triangle ABC$ 的顶点 $A(-5,0),B(5,0)$，$\triangle ABC$ 的内切圆圆心在直线 $x=3$ 上，则顶点 C 的轨迹方程是 _____.

精练 14（湖北八市联考）如图 7 所示，F_1,F_2 为双曲线的左、右焦点，过 F_2 的直线交双曲线于 B,D 两点，$|OD|=3$，E 为线段 DF_1 的中点. 若对于线段 DF_1 上的任意点 P，都有 $\overrightarrow{PF_1}\cdot\overrightarrow{PB}\geq\overrightarrow{EF_1}\cdot\overrightarrow{EB}$ 成立，且 $\triangle BF_1F_2$ 的内切圆的圆心在直线 $x=2$ 上，则双曲线的离心率是 _____.

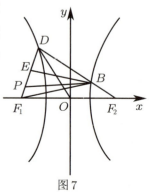

图 7

精练15 已知 F_1,F_2 分别为双曲线 $C:\dfrac{x^2}{a^2}-\dfrac{y^2}{b^2}=1$ 的左、右焦点,双曲线 C 的离心率 $e=2$,过 F_2 的直线与双曲线 C 的右支交于 A,B 两点(其中点 A 在第一象限),设点 M,N 分别为 $\triangle AF_1F_2,\triangle BF_1F_2$ 的内心,求 $|MN|$ 的取值范围.

精练16 已知 F_1,F_2 分别为双曲线 $C:\dfrac{x^2}{4}-\dfrac{y^2}{12}=1$ 的左、右焦点,E 为双曲线 C 的右顶点. 过 F_2 的直线与双曲线 C 的右支交于 A,B 两点(其中点 A 在第一象限),设 M,N 分别为 $\triangle AF_1F_2,\triangle BF_1F_2$ 的内心,则 $|ME|-|NE|$ 的取值范围是( )

A. $\left(-\infty,-\dfrac{4\sqrt{3}}{3}\right)\cup\left(\dfrac{4\sqrt{3}}{3},+\infty\right)$ B. $\left(-\dfrac{4\sqrt{3}}{3},\dfrac{4\sqrt{3}}{3}\right)$

C. $\left(-\dfrac{3\sqrt{3}}{5},\dfrac{3\sqrt{3}}{5}\right)$ D. $\left(-\dfrac{\sqrt{5}}{3},\dfrac{\sqrt{5}}{3}\right)$

6 直角三角形内切圆

> **直角三角形内切圆**:若直角三角形三边 a,b,c,c 为斜边,则内切圆半径 $r=\dfrac{a+b-c}{2}$.

典例6 (绍兴模拟)如图8所示,已知椭圆 $\dfrac{x^2}{a^2}+\dfrac{y^2}{b^2}=1(a>b>0)$ 的左、右焦点分别为 F_1,F_2,且 $|F_1F_2|=\sqrt{10}$,P 是 y 轴正半轴上一点,PF_1 交椭圆于点 A,若 $AF_2\perp PF_1$,$\triangle APF_2$ 的内切圆半径为 $\dfrac{\sqrt{2}}{2}$,则椭圆的离心率是 _____.

解答 由题意得
$$r=\dfrac{|PA|+|AF_2|-|PF_2|}{2}=\dfrac{|PA|+|AF_2|-|PF_1|}{2}=\dfrac{|AF_2|-|AF_1|}{2}=\dfrac{\sqrt{2}}{2}$$
从而 $|AF_2|-|AF_1|=\sqrt{2}$ ①.
因为 $|F_1F_2|=\sqrt{10}$,$AF_2\perp PF_1$,所以 $|AF_1|^2+|AF_2|^2=10$ ②.
由式①②解得 $|AF_1|\cdot|AF_2|=4$,则 $(|AF_2|+|AF_1|)^2=18$,解得 $2a=3\sqrt{2}$.
故 $e=\dfrac{c}{a}=\dfrac{2c}{2a}=\dfrac{\sqrt{10}}{3\sqrt{2}}=\dfrac{\sqrt{5}}{3}$.

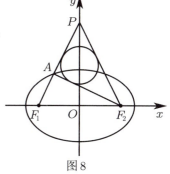

图8

精练17 已知双曲线 $x^2-\dfrac{y^2}{3}=1$ 的左、右焦点分别为 F_1,F_2,过 F_2 的直线交双曲线的右支于 M,N 两点,若 $F_1M\perp F_1N$,求 $\triangle MF_1N$ 的内切圆半径.

7 切线长定理

> **切线长定理**：若由圆外一点 P 作圆的两条切线，切点分别为 A,B，则 $PA=PB$.

典例7 已知 F_1,F_2 分别为双曲线 $\dfrac{x^2}{a^2}-\dfrac{y^2}{b^2}=1(a>0,b>0)$ 的左、右焦点，$|F_1F_2|=\sqrt{7}$，P 是 y 轴正半轴上一点，线段 PF_1 交双曲线左支于点 A，若 $AF_2\perp PF_1$，且 $\triangle APF_2$ 的内切圆半径为 1，则双曲线的离心率是 _____.

解答 如图 9 所示，设 $\triangle APF_2$ 的内切圆 B 分别切线段 PA,PF_2,AF_2 于点 M,N,Q，连接 BM,BN,BQ.

由切线长定理得 $|PM|=|PN|$，$|AM|=|AQ|$，$|F_2N|=|F_2Q|$.

因为 $MA\perp AQ$，$BM\perp AM$，$BQ\perp AQ$，$|BM|=|BQ|=1$，所以四边形 $AMBQ$ 是边长为 1 的正方形，故 $|AM|=|AQ|=1$.

因为 $PO\perp F_1F_2$ 且 O 为 F_1F_2 的中点，所以 $|PF_1|=|PF_2|$.

从而 $|PA|+|AF_2|-|PF_1|=|PA|+|AF_2|-|PF_2|=(|AM|+|PM|)+(|AQ|+|F_2Q|)-(|PN|+|F_2N|)=|AM|+|AQ|=2$，故 $|PA|+|AF_2|-(|PA|+|AF_1|)=|AF_2|-|AF_1|=2a=2$.

又因为 $|F_1F_2|=2c=\sqrt{7}$，所以该双曲线的离心率为 $e=\dfrac{2c}{2a}=\dfrac{\sqrt{7}}{2}$.

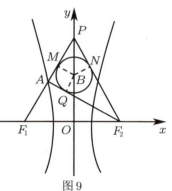

图 9

好题精练

精练18 如图 10 所示，已知双曲线 $\dfrac{x^2}{a^2}-\dfrac{y^2}{b^2}=1(a>0,b>0)$ 的左、右焦点分别为 F_1,F_2，且 $|F_1F_2|=4$，P 是双曲线右支上的一点，F_2P 的延长线与 y 轴交于点 A，$\triangle APF_1$ 的内切圆在边 PF_1 上的切点为 Q，若 $|PQ|=1$，则双曲线的离心率是 _____.

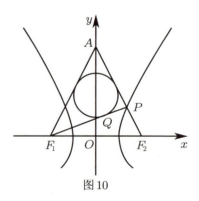

图 10

精练19 （西安模拟）已知双曲线 $C:\dfrac{x^2}{a^2}-\dfrac{y^2}{4}=1(a>0)$ 的左、右焦点分别为 F_1,F_2，点 P 在双曲线右支上运动（不与顶点重合），设 PF_1 与双曲线的左支交于点 Q，$\triangle PQF_2$ 的内切圆与 QF_2 相切于点 M. 若 $|QM|=4$，则双曲线 C 的离心率为 _____.

技法 12 三点共线

关于三点共线的证明方法:
(1) 斜率法:在三点中任取两点求出斜率,若斜率相等(斜率相减为0),则三点共线.
(2) 向量法:在三点中任取两点求出向量,若向量共线,则三点共线.
其中,$\alpha=(x_1,y_1),\beta=(x_2,y_2)$,则 α,β 共线 $\Leftrightarrow x_1y_2=x_2y_1$.
(3) 方程法:证明一点在两点构成的直线上,即点在线上,则三点共线.
此外,我们要注意到:
(1) 共线恒等式:三点共线可以构建出恒等式,该恒等式方便我们找到变量关系.
(2) 共线不等式:三点共线所构成的线段和最短,方便我们数形结合求最值.

12.1 斜率法

典例 点 F 是抛物线 $\Gamma:y^2=2px(p>0)$ 的焦点,O 为坐标原点,过点 F 作垂直于 x 轴的直线 l,与抛物线 Γ 相交于 A,B 两点,$|AB|=4$,抛物线 Γ 的准线与 x 轴交于点 K.

(1) 求抛物线 Γ 的方程.

(2) 设 C,D 是抛物线 Γ 上异于 A,B 两点的两个不同的点,直线 AC,BD 相交于点 E,直线 AD,BC 相交于点 G,证明:E,K,G 三点共线.

解答 (1) 由题意,抛物线 $\Gamma:y^2=2px(p>0)$,$F\left(\dfrac{p}{2},0\right)$.

因为 $|AB|=4$,所以可设点 $A\left(\dfrac{p}{2},2\right)$,$B\left(\dfrac{p}{2},-2\right)$.

从而 $2^2=2p\cdot\dfrac{p}{2}$,解得 $p=2$ 或 $p=-2$(舍去).

故抛物线 Γ 的方程为 $y^2=4x$.

(2) 如图 1 所示,不妨令 $A(1,2),B(1,-2)$.

抛物线 Γ 的准线 $x=-1$ 与 x 轴的交点 $K(-1,0)$.

设点 $C\left(\dfrac{y_1^2}{4},y_1\right)$,$D\left(\dfrac{y_2^2}{4},y_2\right)$,$y_1\neq\pm2$,$y_2\neq\pm2$.

直线 AC 的方程为 $y-2=\dfrac{y_1-2}{\dfrac{y_1^2}{4}-1}(x-1)=\dfrac{4}{y_1+2}(x-1)$.

直线 BD 的方程为 $y+2=\dfrac{y_2+2}{\dfrac{y_2^2}{4}-1}(x-1)=\dfrac{4}{y_2-2}(x-1)$.

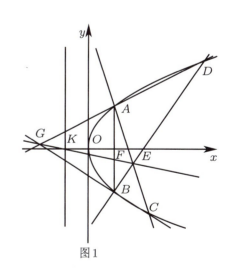

图1

联立方程 $\begin{cases}y-2=\dfrac{4}{y_1+2}(x-1)\\y+2=\dfrac{4}{y_2-2}(x-1)\end{cases}$,解得 $\begin{cases}x=\dfrac{y_1y_2-y_1+y_2}{y_1-y_2+4}\\y=\dfrac{2(y_1+y_2)}{y_1-y_2+4}\end{cases}$,故 $E\left(\dfrac{y_1y_2-y_1+y_2}{y_1-y_2+4},\dfrac{2(y_1+y_2)}{y_1-y_2+4}\right)$.

直线 AD 的方程为 $y-2=\dfrac{y_2-2}{\dfrac{y_2^2}{4}-1}(x-1)=\dfrac{4}{y_2+2}(x-1)$.

直线 BC 的方程为 $y+2=\dfrac{y_1+2}{\dfrac{y_1^2}{4}-1}(x-1)=\dfrac{4}{y_1-2}(x-1)$.

联立方程 $\begin{cases} y-2=\dfrac{4}{y_2+2}(x-1) \\ y+2=\dfrac{4}{y_1-2}(x-1) \end{cases}$,解得 $\begin{cases} x=\dfrac{y_1y_2-y_2+y_1}{y_2-y_1+4} \\ y=\dfrac{2(y_1+y_2)}{y_2-y_1+4} \end{cases}$,故 $G\left(\dfrac{y_1y_2-y_2+y_1}{y_2-y_1+4},\dfrac{2(y_1+y_2)}{y_2-y_1+4}\right)$.

直线 EK 的斜率 $k_{EK}=\dfrac{\dfrac{2(y_1+y_2)}{y_1-y_2+4}}{\dfrac{y_1y_2-y_1+y_2}{y_1-y_2+4}-(-1)}=\dfrac{\dfrac{2(y_1+y_2)}{y_1-y_2+4}}{\dfrac{y_1y_2-y_1+y_2}{y_1-y_2+4}+1}=\dfrac{2(y_1+y_2)}{y_1y_2+4}$.

直线 GK 的斜率 $k_{GK}=\dfrac{\dfrac{2(y_1+y_2)}{y_2-y_1+4}}{\dfrac{y_1y_2-y_2+y_1}{y_2-y_1+4}-(-1)}=\dfrac{\dfrac{2(y_1+y_2)}{y_2-y_1+4}}{\dfrac{y_1y_2-y_2+y_1}{y_2-y_1+4}+1}=\dfrac{2(y_1+y_2)}{y_1y_2+4}$.

因此,直线 EK 的斜率与直线 GK 的斜率相等,即 $k_{EK}=k_{GK}$,故 E,K,G 三点共线.

好题精练

精练1 已知 A,B 分别是椭圆 $C:\dfrac{x^2}{a^2}+\dfrac{y^2}{b^2}=1(a>b>0)$ 的左、右顶点,F 为其右焦点,2 是 $|AF|,|FB|$ 的等差中项,$\sqrt{3}$ 是 $|AF|,|FB|$ 的等比中项.

(1)求椭圆 C 的方程.

(2)已知 P 是椭圆 C 上异于 A,B 的动点,直线 l 过点 A 且垂直于 x 轴,若过 F 作直线 $FQ\perp AP$,并交直线 l 于点 Q,证明:Q,P,B 三点共线.

精练2 已知椭圆 $C:\dfrac{x^2}{a^2}+\dfrac{y^2}{b^2}=1(a>b>0)$ 的焦距为4,其短轴的两个端点与长轴的一个端点构成正三角形.

(1)求椭圆 C 的标准方程.

(2)设 F 为椭圆 C 的左焦点,T 为直线 $x=-3$ 上任意一点,过 F 作 TF 的垂线交椭圆 C 于点 P,Q.

(i)证明:OT 平分线段 PQ(其中 O 为坐标原点).

(ii)当 $\dfrac{|TF|}{|PQ|}$ 最小时,求点 T 的坐标.

12.2 向量法

典例 已知椭圆 $M: \dfrac{x^2}{a^2}+\dfrac{y^2}{b^2}=1(a>b>0)$ 的离心率为 $\dfrac{\sqrt{6}}{3}$,焦距为 $2\sqrt{2}$.斜率为 k 的直线 l 与椭圆 M 有两个不同的交点 A,B.

(1)求椭圆 M 的方程.

(2)若 $k=1$,求 $|AB|$ 的最大值.

(3)设 $P(-2,0)$,直线 PA 与椭圆 M 的另一个交点为 C,直线 PB 与椭圆 M 的另一个交点为 D.若点 C,D 和点 $Q\left(-\dfrac{7}{4},\dfrac{1}{4}\right)$ 共线,求 k.

解答 (1)由题意得 $2c=2\sqrt{2}$,即 $c=\sqrt{2}$.

因为 $e=\dfrac{c}{a}=\dfrac{\sqrt{6}}{3}$,所以 $a=\sqrt{3}$,故 $b^2=a^2-c^2=1$.

因此,椭圆 M 的标准方程为 $\dfrac{x^2}{3}+y^2=1$.

(2)设直线 AB 的方程为 $y=x+m$.

联立方程 $\begin{cases} y=x+m \\ \dfrac{x^2}{3}+y^2=1 \end{cases}$,消去 y 得 $4x^2+6mx+3m^2-3=0$.

由 $\Delta=36m^2-4\times 4(3m^2-3)=48-12m^2>0$ 得 $m^2<4$.

设点 $A(x_1,y_1),B(x_2,y_2)$,由韦达定理得 $x_1+x_2=-\dfrac{3m}{2}$,$x_1x_2=\dfrac{3m^2-3}{4}$.

从而 $|AB|=\sqrt{1+k^2}|x_1-x_2|=\sqrt{1+k^2}\cdot\sqrt{(x_1+x_2)^2-4x_1x_2}=\dfrac{\sqrt{6}\times\sqrt{4-m^2}}{2}$.

易得当 $m^2=0$ 时,$|AB|_{\max}=\sqrt{6}$,故 $|AB|$ 的最大值为 $\sqrt{6}$.

(3)设点 $A(x_1,y_1),B(x_2,y_2),C(x_3,y_3),D(x_4,y_4)$,且 $x_1^2+3y_1^2=3$ ①,$x_2^2+3y_2^2=3$ ②.

因为点 $P(-2,0)$,所以设 $k_1=k_{PA}=\dfrac{y_1}{x_1+2}$,故直线 PA 的方程为 $y=k_1(x+2)$.

联立方程 $\begin{cases} y=k_1(x+2) \\ \dfrac{x^2}{3}+y^2=1 \end{cases}$,消去 y 得 $(1+3k_1^2)x^2+12k_1^2x+12k_1^2-3=0$.

由韦达定理得 $x_1+x_3=-\dfrac{12k_1^2}{1+3k_1^2}$,即 $x_3=-\dfrac{12k_1^2}{1+3k_1^2}-x_1$.

将 $k_1=\dfrac{y_1}{x_1+2}$、式①代入上式得 $x_3=\dfrac{-7x_1-12}{4x_1+7}$,故 $y_3=\dfrac{y_1}{4x_1+7}$,即 $C\left(\dfrac{-7x_1-12}{4x_1+7},\dfrac{y_1}{4x_1+7}\right)$.

同理可得 $D\left(\dfrac{-7x_2-12}{4x_2+7},\dfrac{y_2}{4x_2+7}\right)$.

由题意得 $\overrightarrow{QC}=\left(x_3+\dfrac{7}{4},y_3-\dfrac{1}{4}\right)$,$\overrightarrow{QD}=\left(x_4+\dfrac{7}{4},y_4-\dfrac{1}{4}\right)$.

因为 Q,C,D 三点共线,所以 $\left(x_3+\dfrac{7}{4}\right)\left(y_4-\dfrac{1}{4}\right)-\left(x_4+\dfrac{7}{4}\right)\left(y_3-\dfrac{1}{4}\right)=0$.

将点 C,D 的坐标代入上式并化简得 $\dfrac{y_1-y_2}{x_1-x_2}=1$,即 $k=1$.

综上,当点 C,D 和点 $Q\left(-\dfrac{7}{4},\dfrac{1}{4}\right)$ 共线时,$k=1$.

精练1 已知椭圆 $\dfrac{x^2}{4}+\dfrac{y^2}{3}=1$ 的左焦点为 F，左、右顶点分别为 A,B．椭圆上任意一点到直线 l：$x=m$ 的距离与到点 F 的距离之比为 2．

(1) 求 m 的值．

(2) 若斜率不为 0，且过 F 的直线与椭圆交于 C,D 两点，过 B,C 的直线与 l 交于点 M，证明：M,A,D 三点共线．

精练2 （福州模拟）已知椭圆 E：$\dfrac{x^2}{4}+\dfrac{y^2}{3}=1$ 的右焦点为 F，左、右顶点分别为 A,B．点 C 在 E 上，$P(4,y_P),Q(4,y_Q)$ 分别为直线 AC,BC 上的点．

(1) 求 $y_P\cdot y_Q$ 的值．

(2) 设直线 BP 与 E 的另一个交点为 D，证明：直线 CD 经过 F．

12.3 方程法

典例 （新全国卷）已知椭圆 $C: \dfrac{x^2}{a^2}+\dfrac{y^2}{b^2}=1(a>b>0)$，右焦点为 $F(\sqrt{2},0)$，且离心率为 $\dfrac{\sqrt{6}}{3}$.

(1)求椭圆 C 的方程.

(2)设 M,N 是椭圆 C 上的两点，直线 MN 与曲线 $x^2+y^2=b^2(x>0)$ 相切.证明：M,N,F 三点共线的充要条件是 $|MN|=\sqrt{3}$.

解答 (1)由题意得 $c=\sqrt{2}$.因为 $e=\dfrac{c}{a}=\dfrac{\sqrt{6}}{3}$，所以 $a=\sqrt{3}$，故 $b=\sqrt{a^2-c^2}=1$.

从而椭圆 C 的方程为 $\dfrac{x^2}{3}+y^2=1$.

(2)由(1)得 $x^2+y^2=b^2(x>0)$，即 $x^2+y^2=1(x>0)$.

首先证明必要性：当 M,N,F 三点共线时，由题意得直线 MN 的斜率存在且不为 0.

由对称性可设直线 MN 的方程为 $y=k(x-\sqrt{2})(k<0)$.

由题意得 $\dfrac{|\sqrt{2}k|}{\sqrt{k^2+1}}=1$，解得 $k=-1$ 或 $k=1$(舍去)，故直线 MN 的方程为 $y=-x+\sqrt{2}$.

联立方程 $\begin{cases} y=-x+\sqrt{2} \\ \dfrac{x^2}{3}+y^2=1 \end{cases}$，消去 y 得 $4x^2-6\sqrt{2}x+3=0$.

设点 $M(x_1,y_1),N(x_2,y_2)$，由韦达定理得 $x_1+x_2=\dfrac{3\sqrt{2}}{2},x_1x_2=\dfrac{3}{4}$.

从而 $|MN|=\sqrt{1+(-1)^2}\cdot|x_1-x_2|=\sqrt{2}\cdot\sqrt{(x_1+x_2)^2-4x_1x_2}=\sqrt{2}\times\sqrt{\dfrac{9}{2}-4\times\dfrac{3}{4}}=\sqrt{3}$.

由对称性得，当 $k>0$ 时，$|MN|=\sqrt{3}$，故必要性得证.

其次证明充分性：当 $|MN|=\sqrt{3}$ 时，由题意得直线 MN 的斜率存在且不为 0.

由对称性可设直线 MN 的方程为 $y=kx+m(k<0,m>0)$.

由题意得 $\dfrac{|m|}{\sqrt{k^2+1}}=1$，解得 $m=\sqrt{1+k^2}$ ①.

联立方程 $\begin{cases} y=kx+m \\ \dfrac{x^2}{3}+y^2=1 \end{cases}$，消去 y 得 $(3k^2+1)x^2+6kmx+3m^2-3=0$.

将式①代入上式得 $(3k^2+1)x^2+6k\sqrt{1+k^2}x+3k^2=0$.

设点 $M(x_1,y_1),N(x_2,y_2)$，由韦达定理得 $x_1+x_2=\dfrac{-6k\sqrt{1+k^2}}{3k^2+1},x_1x_2=\dfrac{3k^2}{3k^2+1}$.

从而由弦长公式计算可得 $|MN|=\sqrt{1+k^2}\cdot|x_1-x_2|=\sqrt{1+k^2}\cdot\sqrt{(x_1+x_2)^2-4x_1x_2}=\sqrt{1+k^2}\cdot$

$\sqrt{\left(\dfrac{-6k\sqrt{1+k^2}}{3k^2+1}\right)^2-4\cdot\dfrac{3k^2}{3k^2+1}}=\sqrt{1+k^2}\cdot\dfrac{-2\sqrt{6}k}{3k^2+1}=\sqrt{3}$.

化简得 $k^4-2k^2+1=0$，解得 $k=-1$，故 $m=\sqrt{2}$，此时直线 MN 的方程为 $y=-x+\sqrt{2}$.

令 $y=0$，得 $x=\sqrt{2}$，即直线 MN 过点 F，故 M,N,F 三点共线.

由对称性得当 $k>0$ 时，M,N,F 三点共线，充分性得证.

综上，M,N,F 三点共线的充要条件为 $|MN|=\sqrt{3}$.

精练1 已知抛物线 $y=ax^2(a>0)$，点 $G(0,1)$，$M(x_0,y_0)$，$P(0,y_0)$，$N(-x_0,y_0)(y_0\neq x_0^2,y_0>0)$，过点 M 的一条直线交抛物线于 A,B 两点，AP,BP 的延长线分别交抛物线于点 E,F，如图2所示.

(1)若过点 G 的直线与抛物线交于 C,D 两点（C,D 皆不与原点 O 重合），且 $OC\perp OD$，求该抛物线的方程.

(2)在第(1)问的结论下，证明：E,F,N 三点共线.

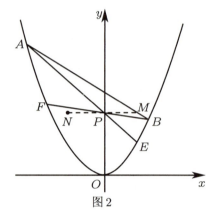

图2

精练2 如图3所示，点 F 为抛物线 $C_1:x^2=2y$ 的焦点，点 M 是抛物线 C_1 在第二象限上的一点，过点 M 作圆 $C_2:(x-2)^2+y^2=1$ 的两条切线，交 C_1 于 A,B 两点，抛物线 C_1 在点 M 处的切线分别交 x 轴，y 轴于点 P,Q.

(1)证明：$\dfrac{|MQ|^2}{|QO|\cdot|QF|}$ 为定值.

(2)是否存在点 M，使得 A,B,P 三点共线，若存在，求点 M 的坐标；若不存在，请说明理由.

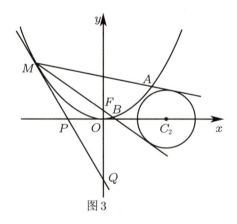

图3

精练3 已知 F 是抛物线 $C:y^2=2px(p>0)$ 的焦点，过点 F 的直线交抛物线 C 于 A,B 两点，当 AB 平行于 y 轴时，$|AB|=2$.

(1)求抛物线 C 的方程.

(2)若 O 为坐标原点，过点 B 作 y 轴的垂线交直线 AO 于点 D，过点 A 作直线 DF 的垂线与抛物线 C 的另一交点为 E，AE 的中点为 G，证明：G,B,D 三点共线.

12.4 共线恒等式

典例 （全国卷）已知抛物线 $C:y^2=2x$ 的焦点为 F，平行于 x 轴的两条直线 l_1,l_2 分别交 C 于 A,B 两点，交 C 的准线于 P,Q 两点.

(1)若 F 在线段 AB 上，R 是 PQ 的中点，证明：$AR \parallel FQ$.

(2)若 $\triangle PQF$ 的面积是 $\triangle ABF$ 的面积的两倍，求 AB 中点的轨迹方程.

解答 (1)由题意得 $F\left(\dfrac{1}{2},0\right)$，设直线 $l_1:y=a$，$l_2:y=b$，且 $ab \neq 0$.

设点 $A\left(\dfrac{a^2}{2},a\right)$，$B\left(\dfrac{b^2}{2},b\right)$，$P\left(-\dfrac{1}{2},a\right)$，$Q\left(-\dfrac{1}{2},b\right)$，$R\left(-\dfrac{1}{2},\dfrac{a+b}{2}\right)$.

设过 A,B 两点的直线为 l，于是 l 的方程为 $2x-(a+b)y+ab=0$.

因为 F 在线段 AB 上，所以 $1+ab=0$.

设 AR 的斜率为 k_1，FQ 的斜率为 k_2，于是 $k_1=\dfrac{a-b}{1+a^2}=\dfrac{a-b}{a^2-ab}=\dfrac{1}{a}=\dfrac{-ab}{a}=-b=k_2$.

因此 $AR \parallel FQ$.

(2)设 l 与 x 轴的交点为点 $D(x_1,0)$.

由题意得 $S_{\triangle ABF}=\dfrac{1}{2}|b-a||FD|=\dfrac{1}{2}|b-a|\left|x_1-\dfrac{1}{2}\right|$，$S_{\triangle PQF}=\dfrac{|a-b|}{2}$.

从而 $|b-a|\left|x_1-\dfrac{1}{2}\right|=\dfrac{|a-b|}{2}$，解得 $x_1=0$（舍去）或 $x_1=1$.

设满足条件的 AB 的中点为点 $E(x,y)$.

当 AB 与 x 轴不垂直时，由 $k_{AB}=k_{DE}$ 可得 $\dfrac{2}{a+b}=\dfrac{y}{x-1}(x \neq 1)$.

因为 $\dfrac{a+b}{2}=y$，所以 $y^2=x-1(x \neq 1)$.

当 AB 与 x 轴垂直时，点 E 与 D 重合.

综上，所求轨迹方程为 $y^2=x-1$.

名师点睛

在解圆锥曲线的问题时，在图像中要善于发现"三点共线"的几何情形，当出现三点共线时，我们可以考虑利用三点共线产生的"斜率相等"构建恒等式，从而获得变量关系，此方法在小题和解答题中均有广泛应用.

好题精练

已知 O 为坐标原点，F 是椭圆 $C:\dfrac{x^2}{a^2}+\dfrac{y^2}{b^2}=1(a>b>0)$ 的左焦点，A,B 分别为 C 的左、右顶点. P 为 C 上一点，且 $PF \perp x$ 轴. 过点 A 的直线 l 与线段 PF 交于点 M，与 y 轴交于点 E. 若直线 BM 经过 OE 的中点，则椭圆 C 的离心率为 _____.

12.5 共线不等式

典例 （全国卷）已知 F 是双曲线 $C: x^2 - \dfrac{y^2}{8} = 1$ 的右焦点，P 是双曲线 C 的左支上一点，且点 A 的坐标为 $(0, 6\sqrt{6})$，当 $\triangle APF$ 周长最小时，该三角形的面积为 _____.

解答 由题意得双曲线 $C: x^2 - \dfrac{y^2}{8} = 1$ 的右焦点为 $F(3, 0)$，实半轴长 $a = 1$，左焦点为 $M(-3, 0)$.

设 $\triangle APF$ 的周长为 l.

因为点 P 在双曲线 C 的左支上，所以 $\triangle APF$ 的周长
$$l = |AP| + |PF| + |AF|$$
$$\geqslant |PF| + |AF| + |AM| - |PM|$$
$$= |AF| + |AM| + 2a = 15 + 15 + 2 = 32.$$

当且仅当 A, P, M 三点共线，且 P 在 A, M 中间时取得等号.

此时直线 AM 的方程为 $\dfrac{x}{-3} + \dfrac{y}{6\sqrt{6}} = 1$，与双曲线的方程联立得点 P 的坐标为 $(-2, 2\sqrt{6})$.

因此，$\triangle APF$ 的面积为 $\dfrac{1}{2} \times 6 \times 6\sqrt{6} - \dfrac{1}{2} \times 6 \times 2\sqrt{6} = 12\sqrt{6}$.

名师点睛

在圆锥曲线小题中，当我们遇到线段和、周长等最值类问题时，往往可以结合圆锥曲线的基本定义和三点共线产生的共线不等式进行解题.

好题精练

精练1 （中山模拟）已知 P 是抛物线 $y^2 = 2x$ 上的一个动点，则点 P 到点 $A(0, 2)$ 的距离与点 P 到该抛物线准线的距离之和的最小值为 _____.

精练2 （厦门模拟）已知抛物线 $y^2 = 4x$ 的焦点为 F，点 $A(3, 2)$，P 为抛物线上一点，且点 P 不在直线 AF 上，则 $\triangle PAF$ 周长的最小值为 _____.

精练3 （山东模拟）若点 M 为抛物线 $y = \dfrac{1}{4}x^2$ 上任意一点，点 N 为圆 $x^2 + y^2 - 2y + \dfrac{3}{4} = 0$ 上任意一点，设函数 $f(x) = \log_a(x+2) + 2$ $(a > 0$ 且 $a \neq 1)$ 的图像恒过定点 P，则 $|MP| + |MN|$ 的最小值为（　　）.

A. 2 　　　　B. $\dfrac{5}{2}$ 　　　　C. 3 　　　　D. $\dfrac{7}{2}$

技法13　四点共圆

四点共圆的证明方法

(1) 曲线方程法

三个点确定一个圆的方程,将第四点代入方程,符合即可证明四点共圆.

(2) 距离相等法

如果四点共圆,那么圆心到四个点的距离都相等.

(3) 垂径定理法

圆心是两条弦的垂直平分线(中垂线)的交点.

(4) 对角互补法(圆内接四边形对角互补)

(i) 方向一:若对角互补,则正切值之和为0,正切值可转化为直线的斜率.

(ii) 方向二:若对角互补,则余弦值之和为0,余弦值可转化为数量积公式.

(5) 斜率关系法(适用于椭圆、双曲线、抛物线)

(i) 方向一:对角线斜率之和为0.

(ii) 方向二:对边斜率之和为0.

(6) 圆幂定理法

(i) 相交弦定理:如图1所示,过圆内一点 P 作两条弦 AB, CD,则有 $PA \cdot PB = PC \cdot PD$,证明四点共圆即直接证明长度相等,也可以利用参数方程证明 $|t_1 t_2| = |t_3 t_4|$ (注: $|t_1| = PA, |t_2| = PB, |t_3| = PC, |t_4| = PD$).

(ii) 切割线定理:切线定理为 $PT^2 = PA \cdot PB$;割线定理为 $PA \cdot PB = PC \cdot PD$.

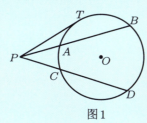

图1

13.1 曲线方程法

典例 (全国卷)已知 O 为坐标原点, F 为椭圆 $C: x^2 + \dfrac{y^2}{2} = 1$ 在 y 轴正半轴上的焦点,过点 F 且斜率为 $-\sqrt{2}$ 的直线 l 与 C 交于 A, B 两点,点 P 满足 $\overrightarrow{OA} + \overrightarrow{OB} + \overrightarrow{OP} = 0$,点 P 在椭圆 C 上,设点 P 关于点 O 的对称点为 Q,证明: A, P, B, Q 四点在同一圆上.

解答 由题意得 $P\left(-\dfrac{\sqrt{2}}{2}, -1\right), Q\left(\dfrac{\sqrt{2}}{2}, 1\right), A\left(\dfrac{\sqrt{2}-\sqrt{6}}{4}, \dfrac{1+\sqrt{3}}{2}\right), B\left(\dfrac{\sqrt{2}+\sqrt{6}}{4}, \dfrac{1-\sqrt{3}}{2}\right)$.

设过 A, P, Q 三点的圆的方程为 $x^2 + y^2 + Dx + Ey + F = 0$.

从而有 $\begin{cases} \left(-\dfrac{\sqrt{2}}{2}\right)^2 + (-1)^2 + \left(-\dfrac{\sqrt{2}}{2}\right) \cdot D + (-1) \cdot E + F = 0 \\ \left(\dfrac{\sqrt{2}}{2}\right)^2 + 1^2 + \dfrac{\sqrt{2}}{2} \cdot D + E + F = 0 \\ \left(\dfrac{\sqrt{2}-\sqrt{6}}{4}\right)^2 + \left(\dfrac{1+\sqrt{3}}{2}\right)^2 + \left(\dfrac{\sqrt{2}-\sqrt{6}}{4}\right) \cdot D + \left(\dfrac{1+\sqrt{3}}{2}\right) \cdot E + F = 0 \end{cases}$.

解得 $F=-\dfrac{3}{2}, D=\dfrac{\sqrt{2}}{4}, E=-\dfrac{1}{4}$.

于是过 A,P,Q 三点所在的圆的方程为 $x^2+y^2+\dfrac{\sqrt{2}}{4}x-\dfrac{1}{4}y-\dfrac{3}{2}=0$.

经检验，点 $B\left(\dfrac{\sqrt{2}+\sqrt{6}}{4},\dfrac{1-\sqrt{3}}{2}\right)$ 满足由 A,P,Q 三点确定的圆的方程.

因此 A,P,B,Q 四点在同一圆上.

名师点睛

曲线方程法思路简单，但是计算量较大，且圆锥曲线的解题思想核心在于设而不求，因此实际上曲线方程法证明四点共圆应用比较少，通常情况下适用于中档题，对于比较难的题目，很难求出曲线方程，故我们了解这种方法即可.

好题精练

精练 如图 2 所示，在平面直角坐标系 xOy 中，已知椭圆 $\dfrac{y^2}{a^2}+\dfrac{x^2}{b^2}=1(a>b>0)$ 的右焦点为 F，P 为 $x=\dfrac{a^2}{c}$ 上一点，点 Q 在椭圆上，且 $FQ\perp FP$.

(1) 若椭圆的离心率为 $\dfrac{1}{2}$，短轴长为 $2\sqrt{3}$，求椭圆的方程.

(2) 若在 x 轴上方存在 P,Q 两点，使 O,F,P,Q 四点共圆，求椭圆离心率的取值范围.

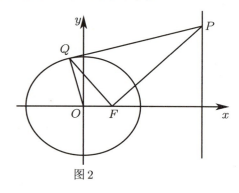

图 2

13.2 垂径定理法

典例 (全国卷)已知抛物线 $C: y^2 = 2px(p>0)$ 的焦点为 F,直线 $y=4$ 与 y 轴的交点为 P,与抛物线 C 的交点为 Q,且 $|QF| = \frac{5}{4}|PQ|$.

(1)求抛物线 C 的方程.

(2)过点 F 的直线 l 与抛物线 C 相交于 A,B 两点,若 AB 的垂直平分线 l' 与抛物线 C 相交于 M,N 两点,且 A,M,B,N 四点在同一个圆上,求直线 l 的方程.

解答 (1)抛物线 C 的方程为 $y^2 = 4x$,过程略.

(2)由题意得直线 l 与坐标轴不垂直,故可设 l 的方程为 $x = my + 1(m \neq 0)$.

与抛物线方程 $y^2 = 4x$ 联立,消去 x 得 $y^2 - 4my - 4 = 0$.设点 $A(x_1, y_1)$,$B(x_2, y_2)$.

由韦达定理得 $y_1 + y_2 = 4m$,$y_1 y_2 = -4$,故线段 AB 的中点为 $D(2m^2+1, 2m)$.

$|AB| = \sqrt{m^2+1}|y_2 - y_1| = \sqrt{(m^2+1)[(y_1+y_2)^2 - 4y_1 y_2]} = \sqrt{(m^2+1)[(4m)^2 + 16]} = 4(m^2+1)$.

因为直线 l' 的斜率为 $-m$,所以直线 l' 的方程为 $x = -\frac{1}{m}y + 2m^2 + 3$.

将上式代入抛物线方程 $y^2 = 4x$ 中,消去 x 得 $y^2 + \frac{4}{m}y - 4(2m^2+3) = 0$.

设点 $M(x_3, y_3)$,$N(x_4, y_4)$,由韦达定理得 $y_3 + y_4 = -\frac{4}{m}$,$y_3 y_4 = -4(2m^2+3)$.

从而线段 MN 的中点为 $E\left(\frac{2}{m^2} + 2m^2 + 3, -\frac{2}{m}\right)$,又

$$|MN| = \sqrt{\frac{1}{m^2}+1}|y_4 - y_3| = \sqrt{\left(\frac{m^2+1}{m^2}\right)[(y_3+y_4)^2 - 4y_3 y_4]}$$
$$= \sqrt{\left(\frac{m^2+1}{m^2}\right)\left[\left(-\frac{4}{m}\right)^2 + 16(2m^2+3)\right]} = \frac{4(m^2+1)\sqrt{2m^2+1}}{m^2}$$

因为 MN 垂直平分 AB,所以 A,M,B,N 四点在同一个圆上等价于 $|AE| = |BE| = \frac{1}{2}|MN|$.

从而 $\frac{1}{4}|AB|^2 + |DE|^2 = \frac{1}{4}|MN|^2$.

整理得 $4(m^2+1)^2 + \left(2m + \frac{2}{m}\right)^2 + \left(\frac{2}{m^2} + 2\right)^2 = \frac{4(m^2+1)^2(2m^2+1)}{m^4}$.

化简得 $m^2 - 1 = 0$,解得 $m=1$ 或 $m=-1$,故所求直线 l 的方程为 $x - y - 1 = 0$ 或 $x + y - 1 = 0$.

 好题精练

精练1 在直角坐标系 xOy 中,曲线 $y = x^2 + mx - 2$ 与 x 轴交于 A,B 两点,点 C 的坐标为 $(0,1)$. 当 m 变化时,解答下列问题:

(1)能否出现 $AC \perp BC$ 的情况?说明理由.

(2)证明:过 A,B,C 三点的圆在 y 轴上截得的弦长为定值.

精练2 设 A,B 是双曲线 $x^2 - \frac{y^2}{2} = 1$ 上的两点,点 $N(1,2)$ 是线段 AB 的中点.

(1)求直线 AB 的方程.

(2)如果线段 AB 的垂直平分线与双曲线相交于 C,D 两点,那么 A,B,C,D 四点是否共圆?

13.3 对角互补法

典例 （全国卷）已知 O 为坐标原点，F 为椭圆 $C: x^2 + \dfrac{y^2}{2} = 1$ 在 y 轴正半轴上的焦点，过点 F 且斜率为 $-\sqrt{2}$ 的直线 l 与 C 交于 A, B 两点，点 P 满足 $\overrightarrow{OA} + \overrightarrow{OB} + \overrightarrow{OP} = 0$，点 P 在椭圆 C 上，设点 P 关于点 O 的对称点为 Q，证明：A, P, B, Q 四点在同一圆上.

法一（正切值的和为 0） 当四边形存在外接圆时，四边形的对角互补，从而四边形的对角正切值的和为 0.

$$\tan\angle APB = \frac{k_{PA} - k_{PB}}{1 + k_{PA} k_{PB}} = \frac{\dfrac{y_1 - (-1)}{x_1 - \left(-\dfrac{\sqrt{2}}{2}\right)} - \dfrac{y_2 - (-1)}{x_2 - \left(-\dfrac{\sqrt{2}}{2}\right)}}{1 + \dfrac{y_1 - (-1)}{x_1 - \left(-\dfrac{\sqrt{2}}{2}\right)} \cdot \dfrac{y_2 - (-1)}{x_2 - \left(-\dfrac{\sqrt{2}}{2}\right)}} = \frac{3(x_2 - x_1)}{3x_1 x_2 - \dfrac{3\sqrt{2}}{2}(x_1 + x_2) + \dfrac{9}{2}} = \dfrac{4(x_2 - x_1)}{3}.$$

同理可得 $\tan\angle AQB = \dfrac{k_{QB} - k_{QA}}{1 + k_{QA} \cdot k_{QB}} = \dfrac{\dfrac{y_2 - 1}{x_2 - \dfrac{\sqrt{2}}{2}} - \dfrac{y_1 - 1}{x_1 - \dfrac{\sqrt{2}}{2}}}{1 + \dfrac{y_2 - 1}{x_2 - \dfrac{\sqrt{2}}{2}} \cdot \dfrac{y_1 - 1}{x_1 - \dfrac{\sqrt{2}}{2}}} = \dfrac{(x_2 - x_1)}{3x_1 x_2 - \dfrac{\sqrt{2}}{2}(x_1 + x_2) + \dfrac{1}{2}} = -\dfrac{4(x_2 - x_1)}{3}.$

因此，$\angle APB, \angle AQB$ 互补，故 A, P, B, Q 四点在同一圆上.

法二（余弦值的和为 0） 当四边形存在外接圆时，四边形的对角互补，从而四边形的对角余弦值的和为 0.

由题意得 $P\left(-\dfrac{\sqrt{2}}{2}, -1\right), Q\left(\dfrac{\sqrt{2}}{2}, 1\right), A\left(\dfrac{\sqrt{2} - \sqrt{6}}{4}, \dfrac{1 + \sqrt{3}}{2}\right), B\left(\dfrac{\sqrt{2} + \sqrt{6}}{4}, \dfrac{1 - \sqrt{3}}{2}\right)$.

从而 $\overrightarrow{PA} = \left(\dfrac{3\sqrt{2} - \sqrt{6}}{4}, \dfrac{3 + \sqrt{3}}{2}\right), \overrightarrow{PB} = \left(\dfrac{3\sqrt{2} + \sqrt{6}}{4}, \dfrac{3 - \sqrt{3}}{2}\right)$.

于是 $\cos\langle\overrightarrow{PA}, \overrightarrow{PB}\rangle = \dfrac{\overrightarrow{PA} \cdot \overrightarrow{PB}}{|\overrightarrow{PA}| \cdot |\overrightarrow{PB}|} = \dfrac{\sqrt{33}}{11}$.

同理 $\overrightarrow{QA} = \left(-\dfrac{\sqrt{2} + \sqrt{6}}{4}, \dfrac{\sqrt{3} - 1}{2}\right), \overrightarrow{QB} = \left(\dfrac{\sqrt{6} - \sqrt{2}}{4}, -\dfrac{\sqrt{3} + 1}{2}\right)$.

于是 $\cos\langle\overrightarrow{QA}, \overrightarrow{QB}\rangle = \dfrac{\overrightarrow{QA} \cdot \overrightarrow{QB}}{|\overrightarrow{QA}| \cdot |\overrightarrow{QB}|} = -\dfrac{\sqrt{33}}{11}$. 进而 $\cos\langle\overrightarrow{PA}, \overrightarrow{PB}\rangle + \cos\langle\overrightarrow{QA}, \overrightarrow{QB}\rangle = 0$.

因为 $\langle\overrightarrow{PA}, \overrightarrow{PB}\rangle, \langle\overrightarrow{QA}, \overrightarrow{QB}\rangle \in (0, \pi)$，所以 $\langle\overrightarrow{PA}, \overrightarrow{PB}\rangle + \langle\overrightarrow{QA}, \overrightarrow{QB}\rangle = \pi$，故 A, P, B, Q 四点在同一圆上.

好题精练

精练 已知点 $M(4, 4)$ 在抛物线 $\Gamma: x^2 = 2py$ 上，过动点 P 作抛物线的两条切线，切点分别为 A, B，且直线 PA 与直线 PB 的斜率之积为 -2.

(1) 证明：直线 AB 过定点.

(2) 过 A, B 分别作抛物线准线的垂线，垂足分别为 C, D，问：是否存在一点 P 使得 A, C, P, D 四点共圆？若存在，求所有满足条件的点 P；若不存在，请说明理由.

13.4 斜率关系法

典例 1 （全国卷）已知 O 为坐标原点，F 为椭圆 $C: x^2 + \dfrac{y^2}{2} = 1$ 在 y 轴正半轴上的焦点，过点 F 且斜率为 $-\sqrt{2}$ 的直线 l 与 C 交于 A,B 两点，点 P 满足 $\overrightarrow{OA} + \overrightarrow{OB} + \overrightarrow{OP} = \mathbf{0}$，点 P 在椭圆 C 上，设点 P 关于点 O 的对称点为 Q，证明：A,P,B,Q 四点在同一圆上.

法一（对角线的斜率之和为 0）　由对角线的斜率之和为 0 可得 $k_{AB} + k_{PQ} = 0$.

由题意得 $P\left(-\dfrac{\sqrt{2}}{2}, -1\right), Q\left(\dfrac{\sqrt{2}}{2}, 1\right), A\left(\dfrac{\sqrt{2}-\sqrt{6}}{4}, \dfrac{1+\sqrt{3}}{2}\right), B\left(\dfrac{\sqrt{2}+\sqrt{6}}{4}, \dfrac{1-\sqrt{3}}{2}\right)$.

从而 $k_{AB} + k_{PQ} = \dfrac{\dfrac{1+\sqrt{3}}{2} - \dfrac{1-\sqrt{3}}{2}}{\dfrac{\sqrt{2}-\sqrt{6}}{4} - \dfrac{\sqrt{2}+\sqrt{6}}{4}} + \dfrac{2}{\sqrt{2}} = \dfrac{\sqrt{3}}{\dfrac{-\sqrt{6}}{2}} + \dfrac{2}{\sqrt{2}} = 0$.

因此，A,P,B,Q 四点在同一圆上.

法二（对边斜率之和为 0）　由对边斜率之和为 0 可得 $k_{AP} + k_{BQ} = 0$.

由题意得 $P\left(-\dfrac{\sqrt{2}}{2}, -1\right), Q\left(\dfrac{\sqrt{2}}{2}, 1\right), A\left(\dfrac{\sqrt{2}-\sqrt{6}}{4}, \dfrac{1+\sqrt{3}}{2}\right), B\left(\dfrac{\sqrt{2}+\sqrt{6}}{4}, \dfrac{1-\sqrt{3}}{2}\right)$.

从而 $k_{AP} + k_{BQ} = \dfrac{\dfrac{1+\sqrt{3}}{2} + 1}{\dfrac{\sqrt{2}-\sqrt{6}}{4} + \dfrac{\sqrt{2}}{2}} + \dfrac{\dfrac{1-\sqrt{3}}{2} - 1}{\dfrac{\sqrt{2}+\sqrt{6}}{4} - \dfrac{\sqrt{2}}{2}} = \dfrac{2(\sqrt{3}+1)}{\sqrt{2}(\sqrt{3}-1)} - \dfrac{2(\sqrt{3}+1)}{\sqrt{2}(\sqrt{3}-1)} = 0$.

因此，A,P,B,Q 四点在同一圆上.

典例 2 （新全国卷）在平面直角坐标系 xOy 中，已知点 $F_1(-\sqrt{17}, 0), F_2(\sqrt{17}, 0)$，且点 M 满足 $|MF_1| - |MF_2| = 2$. 记 M 的轨迹为 C.

(1) 求 C 的方程.

(2) 设点 T 在直线 $x = \dfrac{1}{2}$ 上，过点 T 的两条直线分别交 C 于 A,B 两点和 P,Q 两点，且 $|TA| \cdot |TB| = |TP| \cdot |TQ|$，求直线 AB 的斜率与直线 PQ 的斜率之和.

解答　(1) 由双曲线的定义得点 M 的轨迹 C 为焦点在 x 轴上的双曲线的右支.

因为 $2a = 2, c = \sqrt{17}$，所以 $a = 1, b^2 = c^2 - a^2 = 17 - 1 = 16$，故 C 的方程为 $x^2 - \dfrac{y^2}{16} = 1 \ (x \geqslant 1)$.

(2) 由相交弦定理 $|TA| \cdot |TB| = |TP| \cdot |TQ|$ 得 A,B,P,Q 四点共圆. 由 A,B,P,Q 四点共圆得直线 AB 的斜率与直线 PQ 的斜率之和为 0.

法一（参数方程）：设点 $T\left(\dfrac{1}{2}, m\right)$，直线 AB 的倾斜角为 θ_1，直线 PQ 的倾斜角为 θ_2，$\theta_1, \theta_2 \in [0, \pi)$.

设直线 AB 的参数方程为 $\begin{cases} x = \dfrac{1}{2} + t\cos\theta_1 \\ y = m + t\sin\theta_1 \end{cases}$ （t 为参数）.

与 $x^2 - \dfrac{y^2}{16} = 1 \ (x \geqslant 1)$ 联立，得 $(16\cos^2\theta_1 - \sin^2\theta_1)t^2 + (16\cos\theta_1 - 2m\sin\theta_1)t - (m^2 + 12) = 0$.

由题意得 $16\cos^2\theta_1 - \sin^2\theta_1 \neq 0$.

从而 $|TA| \cdot |TB| = \dfrac{-(m^2+12)}{16\cos^2\theta_1 - \sin^2\theta_1}$，同理 $|TP| \cdot |TQ| = \dfrac{-(m^2+12)}{16\cos^2\theta_2 - \sin^2\theta_2}$.

因为 $|TA| \cdot |TB| = |TP| \cdot |TQ|$，所以 $\dfrac{-(m^2+12)}{16\cos^2\theta_1 - \sin^2\theta_1} = \dfrac{-(m^2+12)}{16\cos^2\theta_2 - \sin^2\theta_2}$.

整理得 $16\cos^2\theta_1 - \sin^2\theta_1 = 16\cos^2\theta_2 - \sin^2\theta_2$，即 $\cos^2\theta_1 = \cos^2\theta_2$.

又因为直线 AB 与 PQ 为不同直线，所以 $\cos\theta_1 = -\cos\theta_2$，即 $\theta_1 + \theta_2 = \pi$，故 $k_{AB} + k_{PQ} = 0$.

法二（距离相等）：设点 $T\left(\dfrac{1}{2}, m\right)$，$A(x_1, y_1)$，$B(x_2, y_2)$，$x_1 \geqslant 1$ 且 $x_2 \geqslant 1$.

由题意得直线 AB 与直线 PQ 的斜率都存在且不相等，设直线 AB 的方程为 $y = k_1\left(x - \dfrac{1}{2}\right) + m$.

联立方程 $\begin{cases} y = k_1\left(x - \dfrac{1}{2}\right) + m \\ x^2 - \dfrac{y^2}{16} = 1 (x \geqslant 1) \end{cases}$，消去 y 得 $(16 - k_1^2)x^2 + (k_1^2 - 2k_1 m)x - \dfrac{1}{4}k_1^2 + k_1 m - m^2 - 16 = 0$.

因为直线 AB 与 C 有两个不同的交点，所以 $16 - k_1^2 \neq 0$，$\Delta = 16(4m^2 - 4k_1 m - 3k_1^2 + 64) > 0$.

由韦达定理得 $x_1 + x_2 = -\dfrac{k_1^2 - 2k_1 m}{16 - k_1^2}$，$x_1 x_2 = \dfrac{-\dfrac{1}{4}k_1^2 + k_1 m - m^2 - 16}{16 - k_1^2}$.

从而得 $|TA| \cdot |TB| = \left(\sqrt{1 + k_1^2}\left|x_1 - \dfrac{1}{2}\right|\right) \cdot \left(\sqrt{1 + k_1^2} \cdot \left|x_2 - \dfrac{1}{2}\right|\right) = (1 + k_1^2)\left(x_1 - \dfrac{1}{2}\right)\left(x_2 - \dfrac{1}{2}\right) = (1 + k_1^2)\left[x_1 x_2 - \dfrac{1}{2}(x_1 + x_2) + \dfrac{1}{4}\right] = \dfrac{(1 + k_1^2)(m^2 + 12)}{k_1^2 - 16}$.

设直线 PQ 的方程为 $y = k_2\left(x - \dfrac{1}{2}\right) + m (k_1 \neq k_2)$，同理可得 $|TP| \cdot |TQ| = \dfrac{(1 + k_2^2)(m^2 + 12)}{k_2^2 - 16}$.

因为 $|TA| \cdot |TB| = |TP| \cdot |TQ|$，即 $\dfrac{(1 + k_1^2)(m^2 + 12)}{k_1^2 - 16} = \dfrac{(1 + k_2^2)(m^2 + 12)}{k_2^2 - 16}$，所以 $k_2^2 - 16k_1^2 = k_1^2 - 16k_2^2$，解得 $k_1 = -k_2$ 或 $k_1 = k_2$（舍去），故 $k_1 + k_2 = 0$，即直线 AB 的斜率与直线 PQ 的斜率之和为 0.

法三（坐标平移）：如图 3 所示，平移 y 轴，使得点 T 在 y' 轴上，从而 $T\left(\dfrac{1}{2}, m\right) \to T'(0, m)$.

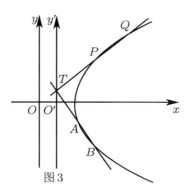

图3

由 $\begin{cases} x' = x - \dfrac{1}{2} \\ y' = y \end{cases}$ 得 $\begin{cases} x = x' + \dfrac{1}{2} \\ y = y' \end{cases}$.

将 $\begin{cases} x = x' + \dfrac{1}{2} \\ y = y' \end{cases}$ 代入双曲线方程 $x^2 - \dfrac{y^2}{16} = 1$ 中得 $\left(x' + \dfrac{1}{2}\right)^2 - \dfrac{y'^2}{16} = 1$.

设直线 AB 与 PQ 在新坐标系下的方程分别为 $y' = k_1 x' + m$，$y' = k_2 x' + m$.

A, B, P, Q 在新坐标系下的坐标分别为 $A'(x_1', y_1')$，$B'(x_2', y_2')$，$P'(x_3', y_3')$，$Q'(x_4', y_4')$.

联立方程 $\begin{cases} y' = k_1 x' + m \\ \left(x' + \dfrac{1}{2}\right)^2 - \dfrac{y'^2}{16} = 1 \end{cases}$，整理得 $(16 - k_1^2)x'^2 + (16 - 2mk_1)x' - m^2 - 12 = 0$.

由韦达定理得 $x_1' x_2' = \dfrac{-m^2 - 12}{16 - k_1^2}$，同理 $x_3' x_4' = \dfrac{-m^2 - 12}{16 - k_2^2}$.

从而 $|T'A'|\cdot|T'B'|=(1+k_1^2)\cdot\left|\dfrac{-m^2-12}{16-k_1^2}\right|$，$|T'P'|\cdot|T'Q'|=(1+k_2^2)\cdot\left|\dfrac{-m^2-12}{16-k_2^2}\right|$.

整理得 $(1+k_1^2)\cdot\dfrac{-m^2-12}{16-k_1^2}=(1+k_2^2)\cdot\dfrac{-m^2-12}{16-k_2^2}$，即 $\dfrac{1+k_1^2}{16-k_1^2}=\dfrac{1+k_2^2}{16-k_2^2}$.

因为 $k_1\neq k_2$，所以 $k_1+k_2=0$.

法四（曲线系法）：由 $|TA|\cdot|TB|=|TP|\cdot|TQ|$ 得 A,B,P,Q 四点共圆.

设直线 $AB:y-k_1x-m_1=0$，$PQ:y-k_2x-m_2=0$，故 $(y-k_1x-m_1)(y-k_2x-m_2)=0$.

注意到 A,B,P,Q 四点同时满足 $x^2-\dfrac{y^2}{16}-1=0$ 和 $(y-k_1x-m_1)(y-k_2x-m_2)=0$.

从而由曲线系方程得 $x^2-\dfrac{y^2}{16}-1+k(y-k_1x-m_1)\cdot(y-k_2x-m_2)=0$ ①.

因为 A,B,P,Q 四点共圆，所以 A,B,P,Q 四点坐标需满足圆的方程 $x^2+y^2+Ax+By+C=0$.

因为圆的方程不含 xy 项，所以 k_1 和 k_2 互为相反数，此时式①不含 xy 项.

因此，直线 AB 的斜率与直线 PQ 的斜率之和是 0.

好题精练

精练1 已知抛物线 $C:y^2=4x$，过焦点 F 的直线 l 与抛物线 C 相交于 A,B 两点，若 AB 的垂直平分线 l' 与抛物线 C 相交于 M,N 两点，且 A,M,B,N 四点共圆，求 l 的方程.

精练2 已知椭圆 $x^2+2y^2=m(m>0)$，以椭圆内一点 $M(2,1)$ 为中点作弦 AB，设线段 AB 的中垂线与椭圆相交于 C,D 两点. 试判断是否存在这样的 m，使得 A,B,C,D 在同一个圆上？若存在，求出 m 的范围；若不存在，请说明理由.

13.5 圆幂定理法

典例1 （全国卷）已知 O 为坐标原点，F 为椭圆 $C: x^2 + \dfrac{y^2}{2} = 1$ 在 y 轴正半轴上的焦点，过点 F 且斜率为 $-\sqrt{2}$ 的直线 l 与 C 交于 A,B 两点，点 P 满足 $\overrightarrow{OA} + \overrightarrow{OB} + \overrightarrow{OP} = \mathbf{0}$，点 P 在椭圆 C 上，设点 P 关于点 O 的对称点为 Q，证明：A,P,B,Q 四点在同一圆上．

法一 设直线 AB 的倾斜角为 α，直线 PQ 的倾斜角为 β，线段 AB 的中点为 $M(x_0, y_0)$．

以 $\overrightarrow{OA}, \overrightarrow{OB}$ 为邻边作平行四边形，则 $\overrightarrow{OQ}$ 是对角线对应的向量，故点 M 也在 OQ 上，即在 PQ 上．

设直线 AB 的参数方程为
$$\begin{cases} x = x_0 + t\cos\alpha \\ y = y_0 + t\sin\alpha \end{cases} (t \text{ 为参数})$$

设直线 PQ 的参数方程为
$$\begin{cases} x = x_0 + t'\cos\beta \\ y = y_0 + t'\sin\beta \end{cases} (t' \text{ 为参数})$$

将上述两条直线的参数方程分别代入椭圆方程 $x^2 + \dfrac{y^2}{2} = 1$ 中，整理得

$$\begin{cases} (1+\cos^2\alpha)t^2 + (4x_0\cos\alpha + 2y_0\sin\alpha)t + 2x_0^2 + y_0^2 - 2 = 0 \\ (1+\cos^2\beta)t'^2 + (4x_0\cos\beta + 2y_0\sin\beta)t' + 2x_0^2 + y_0^2 - 2 = 0 \end{cases}$$

由题意得 $P\left(-\dfrac{\sqrt{2}}{2}, -1\right)$, $Q\left(\dfrac{\sqrt{2}}{2}, 1\right)$，故 $k_{PQ} = \dfrac{1-(-1)}{\dfrac{\sqrt{2}}{2} - \left(-\dfrac{\sqrt{2}}{2}\right)} = \sqrt{2}$．

因为 $k_{AB} = -\sqrt{2}$，所以 $\tan\alpha = -\tan\beta$，即 $\tan\alpha = \tan(\pi - \beta)$．

由 $\alpha, \beta \in (0, \pi)$，故 $\alpha + \beta = \pi$，即 $\cos^2\alpha = \cos^2\beta$．

由韦达定理得 $t_1 t_2 = t'_1 t'_2$，即 $|MA| \cdot |MB| = |MP| \cdot |MQ|$．

因此，A, P, B, Q 四点在同一个圆上．

法二 要证 A, P, B, Q 四点共圆，即证 $|MA| \cdot |MB| = |MP| \cdot |MQ|$，$M$ 是 AB 的中点．

由题意得 $x_M = \dfrac{x_1 + x_2}{2} = -\dfrac{\sqrt{2}}{4}$，$y_M = \dfrac{y_1 + y_2}{2} = \dfrac{\sqrt{2}x_1 + 1 + \sqrt{2}x_2 + 1}{2} = \dfrac{1}{2}$．

从而 $|MA| \cdot |MB| = \dfrac{1}{4}|AB|^2$，且 $|AB| = \sqrt{1+k^2}|x_1 - x_2| = \dfrac{3\sqrt{2}}{2}$，故

$$|MA| \cdot |MB| = \dfrac{1}{4}|AB|^2 = \dfrac{9}{8}$$

设点 $P(x_3, y_3)$，$Q(x_4, y_4)$，注意到 $k_{PQ} = k_{OM} = -\sqrt{2}$．

于是 $|MP| = \sqrt{1+k_{PQ}^2}|x_M - x_3|$，$|MQ| = \sqrt{1+k_{PQ}^2}|x_M - x_4|$，且 $x_M - x_3$ 与 $x_M - x_4$ 异号．

从而
$$|MP| \cdot |MQ| = -3(x_M - x_3)(x_M - x_4) = 3\left[-\dfrac{1}{8} - \dfrac{\sqrt{2}}{4}(x_3 + x_4) - x_3 x_4\right]$$

由题意得直线 $PQ: y = -\sqrt{2}x$，联立方程 $\begin{cases} x^2 + \dfrac{y^2}{2} = 1 \\ y = -\sqrt{2}x \end{cases}$，消去 y 得 $4x^2 - 2 = 0$．

由韦达定理得 $x_3 + x_4 = 0$，$x_3 x_4 = -\dfrac{1}{2}$，故 $|MP| \cdot |MQ| = \dfrac{9}{8}$．

因而 $|MA| \cdot |MB| = |MP| \cdot |MQ|$，故 A, P, B, Q 四点共圆．

典例2 双曲线 $C:\dfrac{y^2}{3}-x^2=1$ 的下焦点为 F，过点 F 的直线 l 与双曲线 C 交于 A,B 两点，若过点 A,B 和点 $M(0,\sqrt{7})$ 的圆的圆心在 x 轴上，则直线 l 的斜率为 _____．

法一（联立与同构方程） 设过点 A,B 和点 $M(0,\sqrt{7})$ 的圆的方程为 $x^2+y^2+Dx-7=0$．

设点 $A(x_1,y_1),B(x_2,y_2)$，由 $x_1^2+y_1^2+Dx_1-7=0,\dfrac{y_1^2}{3}-x_1^2=1$ 得 $4x_1^2+Dx_1-4=0$．

同理 $4x_2^2+Dx_2-4=0$，从而 $x_1x_2=-1$．

设直线 l 的斜率为 k，直线 l 的方程设为 $y=kx-2$．

联立方程 $\begin{cases}y=kx-2\\ \dfrac{y^2}{3}-x^2=1\end{cases}$，消去 y 得 $(k^2-3)x^2-4kx+1=0$．

由韦达定理得 $x_1x_2=\dfrac{1}{k^2-3}=-1$，解得 $k=\pm\sqrt{2}$．

法二（相交与同构方程） 设圆心为 $(m,0)$，半径为 $\sqrt{m^2+7}$．

于是，圆的方程可设为 $(x-m)^2+y^2=m^2+7$．

设点 $A(x_1,y_1),B(x_2,y_2)$，直线 l 的斜率为 k，直线 l 的方程设为 $y=kx-2$．

联立方程 $\begin{cases}(x-m)^2+y^2=m^2+7\\ \dfrac{y^2}{3}-x^2=1\end{cases}$，消去 y 得 $4x^2-2mx-4=0$ ①．

联立方程 $\begin{cases}y=kx-2\\ \dfrac{y^2}{3}-x^2=1\end{cases}$，消去 y 得 $(k^2-3)x^2-4kx+1=0$ ②．

显然①②是同一个方程，从而 $\dfrac{k^2-3}{4}=\dfrac{4k}{2m}=\dfrac{1}{-4}$，解得 $k=\pm\sqrt{2}$．

法三（联立计算） 由题意得 $F(0,-2)$，设点 $A(x_1,y_1),B(x_2,y_2)$，AB 的中点为 P．

过点 A,B,M 的圆的圆心坐标为 $G(t,0)$，从而 $|GM|=\sqrt{t^2+7}=r$．

由题意得直线 AB 的斜率存在且不为 0，设直线 AB 的方程为 $y=kx-2$．

联立方程 $\begin{cases}y=kx-2\\ \dfrac{y^2}{3}-x^2=1\end{cases}$，消去 y 得 $(k^2-3)x^2-4kx+1=0$，且 $k^2-3\neq 0$．

注意到 $\Delta=16k^2-4(k^2-3)=12k^2+12>0$，由韦达定理得 $x_1+x_2=\dfrac{4k}{k^2-3},x_1x_2=\dfrac{1}{k^2-3}$．

从而 AB 的中点 P 的坐标 $x_P=\dfrac{x_1+x_2}{2}=\dfrac{2k}{k^2-3},y_P=kx_P-2=\dfrac{6}{k^2-3}$，即 $P\left(\dfrac{2k}{k^2-3},\dfrac{6}{k^2-3}\right)$．

由圆的性质得圆心与弦中点连线的斜率垂直于弦所在的直线，故 $k_{PG}=\dfrac{\dfrac{6}{k^2-3}-0}{\dfrac{2k}{k^2-3}-t}=-\dfrac{1}{k}$．

整理得 $t=\dfrac{8k}{k^2-3}$ ③，且圆心 $G(t,0)$ 到直线 AB 的距离 $d=\dfrac{|kt-2|}{\sqrt{1+k^2}}$．

由弦长公式得 $|AB|=\sqrt{1+k^2}\sqrt{(x_1+x_2)^2-4x_1x_2}=\sqrt{1+k^2}\sqrt{\dfrac{16k^2-4k^2+12}{(k^2-3)^2}}$．

由垂径定理得 $r^2=d^2+\left(\dfrac{1}{2}|AB|\right)^2$，即 $t^2+7=\dfrac{(kt-2)^2}{1+k^2}+(1+k^2)\dfrac{3(k^2+1)}{(k^2-3)^2}$ ④．

将式③代入式④得 $\dfrac{64k^2}{(k^2-3)^2}+7=\dfrac{\left(\dfrac{8k^2}{k^2-3}-2\right)^2}{1+k^2}+\dfrac{3(1+k^2)}{(k^2-3)^2}$，即 $\dfrac{64k^2}{(k^2-3)^2}+7=\dfrac{36k^2+36}{(k^2-3)^2}+$

$\frac{3(1+k^2)^2}{(k^2-3)^2}$,整理得 $k^4-5k^2+6=0$,即 $(k^2-2)(k^2-3)=0$.

因为 $k^2-3\neq 0$,所以 $k^2-2=0$,故 $k=\pm\sqrt{2}$.

法四(相交弦定理) 因为过点 A,B,M 的圆的圆心在 x 轴上,所以可得点 M 关于原点的对称点 $N(0,-\sqrt{7})$ 也在圆上.

由 $F(0,-2)$ 及圆的相交弦定理得 $|FA|\cdot|FB|=|FM|\cdot|FN|=(\sqrt{7}+2)(\sqrt{7}-2)=3$.

设直线 l 的参数方程为 $\begin{cases} x=t\cos\alpha \\ y=-2+t\sin\alpha \end{cases}$ (t 为参数,$\alpha\neq\frac{\pi}{3}$).

设点 A,B 对应的参数为 t_1,t_2,将直线 l 的参数方程代入双曲线 C 得 $(4\sin^2\alpha-3)t^2-4t\sin\alpha+1=0$,且 $\Delta=(4\sin\alpha)^2-4\times(4\sin^2\alpha-3)\times 1=12>0$.

因为 A,B 两点在点 F 的两侧,所以 $t_1\cdot t_2=\frac{1}{4\sin^2\alpha-3}<0$,从而 $|FA|\cdot|FB|=|t_1\cdot t_2|=-t_1\cdot t_2=\frac{-1}{4\sin^2\alpha-3}=3$,解得 $\sin^2\alpha=\frac{2}{3}$,即 $\tan^2\alpha=2$,故直线 l 的斜率为 $\pm\sqrt{2}$.

法五(曲线系法) 由题意得直线 l 的斜率存在且不等于 $\pm\sqrt{3}$,设直线 l 的方程为 $y=kx-2$.

将 $y=kx-2$ 代入 $\frac{y^2}{3}-x^2=1$ 得 $x^2-\frac{4k}{k^2-3}x+\frac{1}{k^2-3}=0$,$y^2-\frac{12}{k^2-3}y-\frac{3k^2+12}{k^2-3}=0$.

设过 A,B,M 三点的方程为 $x^2-\frac{4k}{k^2-3}x+\frac{1}{k^2-3}+y^2-\frac{12}{k^2-3}y-\frac{3k^2+12}{k^2-3}+\lambda(y-kx+2)=0$.

由点 $M(0,\sqrt{7})$ 在圆上、圆心在 x 轴上得

$$\begin{cases} 0+7-\frac{12}{k^2-3}\times\sqrt{7}+0-\frac{3k^2+11}{k^2-3}+\lambda(\sqrt{7}-0+2)=0 \\ -\frac{12}{k^2-3}+\lambda=0 \end{cases}$$

解得 $k^2=2$,即 $k=\pm\sqrt{2}$.

精练1:相交弦定理 (北京模拟)已知椭圆 $C:\frac{x^2}{4}+y^2=1$,设椭圆的左、右顶点分别为 A,B,点 P 在椭圆 C 上,若 PA,PB 交直线 $x=6$ 于 M,N 两点,问:以 MN 为直径的圆是否过定点?

精练2:切割线定理 (武汉模拟)已知椭圆 $E:\frac{x^2}{4}+\frac{y^2}{3}=1$,右顶点为 A,设点 O 为坐标原点,点 B 为椭圆 E 上异于左、右顶点的动点.设直线 $l:x=t$ 交 x 轴于点 P,其中 $t>a$,直线 PB 交椭圆 E 于另一点 C,直线 BA 和 CA 分别交直线 l 于点 M 和 N,若 O,A,M,N 四点共圆,求 t 的值.

技法 14 角度专题

14.1 向量方法

> 当 $\alpha \cdot \beta = 0$ 时,点在圆上或夹角为直角.
> 当 $\alpha \cdot \beta < 0$ 时,点在圆内或夹角为钝角.
> 当 $\alpha \cdot \beta > 0$ 时,点在圆外或夹角为锐角.

典例 已知 $A(1,2)$ 为抛物线 $y^2 = 2px(p>0)$ 上的一点,E,F 为抛物线上异于点 A 的两点,且直线 AE 的斜率与直线 AF 的斜率互为相反数.

(1) 求直线 EF 的斜率.

(2) 设直线 l 过点 $M(m,0)$ 并交抛物线于 P,Q 两点,且 $\overrightarrow{PM} = \lambda \overrightarrow{MQ}(\lambda>0)$,直线 $x=-m$ 与 x 轴交于点 N,试探究 $\overrightarrow{NM}$ 与 $\overrightarrow{NP} - \lambda \overrightarrow{NQ}$ 的夹角是否为定值,若是,则求出定值;若不是,请说明理由.

解答 (1) 设点 $E(x_1, y_1)$,$F(x_2, y_2)$.

因为点 $A(1,2)$ 为抛物线 $y^2 = 2px(p>0)$ 上的一点,所以 $y^2 = 4x$,且 $y_1^2 = 4x_1$,$y_2^2 = 4x_2$.

从而 $k_{AE} = \dfrac{y_1 - 2}{x_1 - 1} = \dfrac{4}{y_1 + 2}$,$k_{AF} = \dfrac{y_2 - 2}{x_2 - 1} = \dfrac{4}{y_2 + 2}$.

因为直线 AE 的斜率与直线 AF 的斜率互为相反数,所以 $\dfrac{4}{y_1 + 2} = -\dfrac{4}{y_2 + 2}$,即 $y_1 + y_2 = -4$.

于是 $k_{EF} = \dfrac{y_2 - y_1}{x_2 - x_1} = \dfrac{4}{y_2 + y_1} = -1$.

(2) 设直线 $l: x = ty + m$,点 $P(x_3, y_3)$,$Q(x_4, y_4)$,$N(-m, 0)$.

联立方程 $\begin{cases} x = ty + m \\ y^2 = 4x \end{cases}$,消去 x 得 $y^2 - 4ty - 4m = 0$. 由韦达定理得 $y_3 + y_4 = 4t$,$y_3 y_4 = -4m$.

因为 $\overrightarrow{PM} = (m - x_3, -y_3)$,$\overrightarrow{MQ} = (x_4 - m, y_4)$,且 $\overrightarrow{PM} = \lambda \overrightarrow{MQ}(\lambda > 0)$,所以 $-y_3 = \lambda y_4$,$\lambda = -\dfrac{y_3}{y_4}$.

由题意得
$$\overrightarrow{NP} - \lambda \overrightarrow{NQ} = (x_3 + m, y_3) - \lambda(x_4 + m, y_4)$$
$$= (x_3 + m - \lambda(x_4 + m), y_3 - \lambda y_4)$$
$$= \left(\dfrac{y_3^2}{4} + m - \lambda\left(\dfrac{y_4^2}{4} + m\right), y_3 - \lambda y_4\right)$$

因为 $\dfrac{y_3^2}{4} + m - \lambda\left(\dfrac{y_4^2}{4} + m\right) = \dfrac{y_3^2}{4} + m + \dfrac{y_3}{y_4}\left(\dfrac{y_4^2}{4} + m\right) = \dfrac{y_3^2}{4} + m + \dfrac{y_3 y_4}{4} + \dfrac{my_3}{y_4} = \dfrac{y_3^2 y_4 + 4my_3}{4y_4} +$

$m - m = \dfrac{y_3(y_3 y_4 + 4m)}{4y_4} = 0$,所以 $\overrightarrow{NP} - \lambda \overrightarrow{NQ} = (0, y_3 - \lambda y_4)$.

又因为 $\overrightarrow{NM} = (2m, 0)$,所以 $\overrightarrow{NM} \cdot (\overrightarrow{NP} - \lambda \overrightarrow{NQ}) = 0$,故 $\overrightarrow{NM} \perp (\overrightarrow{NP} - \lambda \overrightarrow{NQ})$.

因此,$\overrightarrow{NM}$ 与 $\overrightarrow{NP} - \lambda \overrightarrow{NQ}$ 的夹角为 $\dfrac{\pi}{2}$.

精练1 已知抛物线 $C_1:x^2=4y$ 的焦点 F 是椭圆 $C_2:\dfrac{y^2}{a^2}+\dfrac{x^2}{b^2}=1(a>b>0)$ 的一个焦点,抛物线 C_1 与椭圆 C_2 的公共弦的长为 $2\sqrt{6}$.

(1)求椭圆 C_2 的方程.

(2)过点 F 的直线 l 与抛物线 C_1 相交于 A,B 两点,与椭圆 C_2 相交于 C,D 两点,且 $\overrightarrow{AC}$ 与 $\overrightarrow{BD}$ 同向,设抛物线 C_1 在点 A 处的切线与 x 轴的交点为 M,证明:直线 l 绕点 F 旋转时,$\triangle MFD$ 总是钝角三角形.

精练2 已知椭圆 $\dfrac{x^2}{a^2}+\dfrac{y^2}{b^2}=1(a>b>0)$ 的一个焦点是 $F(1,0)$,O 为坐标原点.设过点 F 且不垂直 x 轴的直线 l 交椭圆于 A,B 两点.若直线 l 绕点 F 任意转动,则恒有 $|OA|^2+|OB|^2<|AB|^2$,求 a 的取值范围.

精练3 已知双曲线 $C:x^2-\dfrac{y^2}{2}=1$,设直线 l 是圆 $O:x^2+y^2=2$ 上动点 $P(x_0,y_0)$ $(x_0y_0\neq 0)$ 处的切线,l 与双曲线 C 交于不同的两点 A,B,证明:$\angle AOB$ 的大小为定值.

14.2 等角证明

1 数量积公式

> 已知向量 α,β 的夹角为 θ,由数量积公式得 $\cos\theta = \dfrac{\alpha\cdot\beta}{|\alpha|\cdot|\beta|}$.
> 在证明两个角相等的问题时,我们可以利用数量积公式直接展开,然后进行坐标运算.

典例1 已知抛物线 $C:y=x^2$ 的焦点为 F,动点 P 在直线 $x-y-2=0$ 上运动,过点 P 作抛物线 C 的两条切线 PA,PB,且与抛物线 C 分别相切于 A,B 两点,证明:$\angle PFA=\angle PFB$.

法一(数量积公式) 由题意得 $\overrightarrow{FA}=\left(x_0,x_0^2-\dfrac{1}{4}\right)$,$\overrightarrow{FP}=\left(\dfrac{x_0+x_1}{2},x_0x_1-\dfrac{1}{4}\right)$,$\overrightarrow{FB}=\left(x_1,x_1^2-\dfrac{1}{4}\right)$.

因为点 P 在抛物线外,所以 $|\overrightarrow{FP}|\neq 0$.

从而 $\cos\angle AFP=\dfrac{\overrightarrow{FP}\cdot\overrightarrow{FA}}{|\overrightarrow{FP}||\overrightarrow{FA}|}=\dfrac{\dfrac{x_0+x_1}{2}\cdot x_0+\left(x_0x_1-\dfrac{1}{4}\right)\left(x_0^2-\dfrac{1}{4}\right)}{|\overrightarrow{FP}|\sqrt{x_0^2+\left(x_0^2-\dfrac{1}{4}\right)^2}}=\dfrac{x_0x_1+\dfrac{1}{4}}{|\overrightarrow{FP}|}$.

同理有 $\cos\angle BFP=\dfrac{\overrightarrow{FP}\cdot\overrightarrow{FB}}{|\overrightarrow{FP}||\overrightarrow{FB}|}=\dfrac{\dfrac{x_0+x_1}{2}\cdot x_1+\left(x_0x_1-\dfrac{1}{4}\right)\left(x_1^2-\dfrac{1}{4}\right)}{|\overrightarrow{FP}|\sqrt{x_1^2+\left(x_1^2-\dfrac{1}{4}\right)^2}}=\dfrac{x_0x_1+\dfrac{1}{4}}{|\overrightarrow{FP}|}$.

于是 $\angle PFA=\angle PFB$.

法二(角平分线性质) (1)当 $x_1x_0=0$ 时,因为 $x_1\neq x_0$,所以设 $x_0=0$,故 $y_0=0$,即点 P 为 $\left(\dfrac{x_1}{2},0\right)$.

由点到直线的距离公式得点 P 到直线 AF 的距离为 $d_1=\dfrac{|x_1|}{2}$.

由题意得直线 BF 的方程为 $y-\dfrac{1}{4}=\dfrac{x_1^2-\dfrac{1}{4}}{x_1}x$,即 $\left(x_1^2-\dfrac{1}{4}\right)x-x_1y+\dfrac{1}{4}x_1=0$.

点 P 到直线 BF 的距离为 $d_2=\dfrac{\left|\left(x_1^2-\dfrac{1}{4}\right)\dfrac{x_1}{2}+\dfrac{x_1}{4}\right|}{\sqrt{\left(x_1^2-\dfrac{1}{4}\right)^2+x_1^2}}=\dfrac{\left(x_1^2+\dfrac{1}{4}\right)\dfrac{|x_1|}{2}}{x_1^2+\dfrac{1}{4}}=\dfrac{|x_1|}{2}$.

由 $d_1=d_2$ 得 $\angle PFA=\angle PFB$.

(2)当 $x_1x_0\neq 0$ 时,直线 AF 的方程为 $y-\dfrac{1}{4}=\dfrac{x_0^2-\dfrac{1}{4}}{x_0-0}(x-0)$,即 $\left(x_0^2-\dfrac{1}{4}\right)x-x_0y+\dfrac{1}{4}x_0=0$.

直线 BF 的方程为 $y-\dfrac{1}{4}=\dfrac{x_1^2-\dfrac{1}{4}}{x_1-0}(x-0)$,即 $\left(x_1^2-\dfrac{1}{4}\right)x-x_1y+\dfrac{1}{4}x_1=0$.

点 P 到直线 AF 的距离为

$$d_1=\dfrac{\left|\left(x_0^2-\dfrac{1}{4}\right)\left(\dfrac{x_0+x_1}{2}\right)-x_0^2x_1+\dfrac{1}{4}x_0\right|}{\sqrt{\left(x_0^2-\dfrac{1}{4}\right)^2+x_0^2}}=\dfrac{\left|\left(\dfrac{x_0-x_1}{2}\right)\left(x_0^2+\dfrac{1}{4}\right)\right|}{x_0^2+\dfrac{1}{4}}=\dfrac{|x_0-x_1|}{2}$$

同理可得点 P 到直线 BF 的距离为 $d_2=\dfrac{|x_1-x_0|}{2}$.

因此,由 $d_1=d_2$ 得 $\angle PFA=\angle PFB$.

精练1 已知椭圆 $C:\dfrac{x^2}{4}+y^2=1$，$F_1(-\sqrt{3},0)$，$F_2(\sqrt{3},0)$，点 P 为椭圆 C 上除长轴端点以外的任意一点，连接 PF_1,PF_2，设 $\angle F_1PF_2$ 的角平分线 PM 交椭圆 C 的长轴于点 $M(m,0)$，求 m 的取值范围.

精练2 已知双曲线 $C:\dfrac{x^2}{a^2}-\dfrac{y^2}{b^2}=1(a>0,b>0)$ 的左顶点为 A，右焦点为 F，动点 B 在双曲线 C 上. 当 $BF\perp AF$ 时，$|AF|=|BF|$.

(1) 求双曲线 C 的离心率.

(2) 若点 B 在第一象限，证明：$\angle BFA=2\angle BAF$.

2 斜率和为0

> 已知两条直线 $y=k_1x+b_1$，$y=k_2x+b_2$，若两直线的倾斜角互补，则 $k_1+k_2=0$，可以用来证明轴对称、角相等，一般设为 $k,-k$。

典例2 在平面直角坐标系 xOy 中，椭圆 C 的中心为原点 O，焦点 F_1,F_2 在 y 轴上，离心率为 $\dfrac{\sqrt{2}}{2}$。过点 F_1 的直线 l_0 交椭圆 C 于 P,Q 两点，且 $\triangle PQF_2$ 的周长为 $8\sqrt{2}$。

(1) 求椭圆 C 的方程。

(2) 圆 $\left(x-\dfrac{5}{2}\right)^2+(y-2)^2=\dfrac{25}{4}$ 与 x 轴正半轴相交于 M,N 两点（点 M 在点 N 的左侧），过点 M 任作一条直线与椭圆 C 相交于 A,B 两点，连接 AN,BN，证明：$\angle ANM=\angle BNM$。

解答 (1) 设椭圆 C 的方程为 $\dfrac{y^2}{a^2}+\dfrac{x^2}{b^2}=1(a>b>0)$。

因为离心率为 $\dfrac{\sqrt{2}}{2}$，所以 $e=\sqrt{1-\dfrac{b^2}{a^2}}=\dfrac{\sqrt{2}}{2}$，解得 $\dfrac{b^2}{a^2}=\dfrac{1}{2}$，即 $a^2=2b^2$。

从而 $\triangle PQF_2$ 的周长为

$$|PQ|+|PF_2|+|QF_2|=(|PF_1|+|PF_2|)+(|QF_1|+|QF_2|)=2a+2a=4a$$

又因为 $\triangle PQF_2$ 的周长为 $8\sqrt{2}$，所以 $a=2\sqrt{2}$，$b=2$，故椭圆 C 的方程为 $\dfrac{y^2}{8}+\dfrac{x^2}{4}=1$。

(2) 把 $y=0$ 代入 $\left(x-\dfrac{5}{2}\right)^2+(y-2)^2=\dfrac{25}{4}$，解得 $x=1$ 或 $x=4$。

因为点 M 在点 N 的左侧，所以可得点 $M(1,0)$，$N(4,0)$。

(i) 当 $AB\perp x$ 轴时，由椭圆的对称性可知 $\angle ANM=\angle BNM$。

(ii) 当 AB 与 x 轴不垂直时，设直线 AB 的方程为 $y=k(x-1)$。

联立方程 $\begin{cases}y=k(x-1)\\ \dfrac{y^2}{8}+\dfrac{x^2}{4}=1\end{cases}$，消去 y 得 $(k^2+2)x^2-2k^2x+k^2-8=0$。

设点 $A(x_1,y_1)$，$B(x_2,y_2)$，由韦达定理得 $x_1+x_2=\dfrac{2k^2}{k^2+2}$，$x_1x_2=\dfrac{k^2-8}{k^2+2}$。

由题意得 $y_1=k(x_1-1)$，$y_2=k(x_2-1)$。

从而

$$k_{AN}+k_{BN}=\dfrac{y_1}{x_1-4}+\dfrac{y_2}{x_2-4}=\dfrac{k(x_1-1)}{x_1-4}+\dfrac{k(x_2-1)}{x_2-4}$$
$$=\dfrac{k[(x_1-1)(x_2-4)+(x_2-1)(x_1-4)]}{(x_1-4)(x_2-4)}$$

因为 $(x_1-1)(x_2-4)+(x_2-1)(x_1-4)=2x_1x_2-5(x_1+x_2)+8=\dfrac{2(k^2-8)}{k^2+2}-\dfrac{10k^2}{k^2+2}+8=\dfrac{2(k^2-8)-10k^2+8(k^2+2)}{k^2+2}=0$，所以 $k_{AN}+k_{BN}=0$，故 $\angle ANM=\angle BNM$。

综上，$\angle ANM=\angle BNM$。

精练3 已知抛物线 $C: y^2 = 4x$，点 $M(a, 0)$ $(a > 0)$，直线 l 过点 M 且与抛物线 C 相交于 A, B 两点.

(1)若 $a = 2$，直线 l 的斜率为 2，求 AB 的长.

(2)在 x 轴上是否存在异于点 M 的点 N，对任意的直线 l，都满足 $\dfrac{|AN|}{|BN|} = \dfrac{|AM|}{|BM|}$？若存在，指出点 N 的位置并证明；若不存在，请说明理由.

精练4 如图1所示，已知 A, B, C 是长轴长为 4 的椭圆上的三点，点 A 是长轴的一个顶点，BC 过椭圆的中心 O，且 $\overrightarrow{AC} \cdot \overrightarrow{BC} = 0$，$|\overrightarrow{BC}| = 2|\overrightarrow{AC}|$.

(1)求椭圆的方程.

(2)证明：如果椭圆上两点 P, Q 满足 $\angle PCQ$ 的平分线垂直于 AO，那么就一定存在实数 λ，使得 $\overrightarrow{PQ} = \lambda \overrightarrow{AB}$.

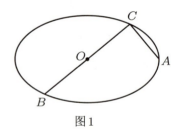

图1

3 垂直平分线

当直线l垂直平分线段AB时,可以利用"边相等即角相等"推导出等腰三角形或者两角相等.

典例3 设椭圆$\dfrac{x^2}{a^2}+\dfrac{y^2}{3}=1(a>\sqrt{3})$的右焦点为$F$,右顶点为$A$.已知$\dfrac{1}{|OF|}+\dfrac{1}{|OA|}=\dfrac{3e}{|FA|}$,其中$O$为原点,$e$为椭圆的离心率.

(1)求椭圆的方程.

(2)设过点A的直线l与椭圆交于点$B(B$不在x轴上$)$,垂直于l的直线与l交于点M,与y轴交于点H.若$BF\perp HF$,且$\angle MOA=\angle MAO$,求直线l的斜率.

解答 (1)由$\dfrac{1}{|OF|}+\dfrac{1}{|OA|}=\dfrac{3e}{|FA|}$,即$\dfrac{1}{c}+\dfrac{1}{a}=\dfrac{3c}{a(a-c)}$,可得$a^2-c^2=3c^2$.

因为$a^2-c^2=b^2=3$,所以$c^2=1$,$a^2=4$,故椭圆的方程为$\dfrac{x^2}{4}+\dfrac{y^2}{3}=1$.

(2)设直线l的斜率为$k(k\neq 0)$,则直线l的方程为$y=k(x-2)$.又设点$B(x_B,y_B)$.

联立方程$\begin{cases}\dfrac{x^2}{4}+\dfrac{y^2}{3}=1\\ -kx+y+2k=0\end{cases}$,消去$y$得$(4k^2+3)x^2-16k^2x+16k^2-12=0$.

结合韦达定理,解得$x_A=2$或$x_B=\dfrac{8k^2-6}{4k^2+3}$,故$y_B=\dfrac{-12k}{4k^2+3}$,即$B\left(\dfrac{8k^2-6}{4k^2+3},\dfrac{-12k}{4k^2+3}\right)$.

由(1)得点$F(1,0)$,设点$H(0,y_H)$,从而$\overrightarrow{FH}=(-1,y_H)$,$\overrightarrow{BF}=\left(\dfrac{9-4k^2}{4k^2+3},\dfrac{12k}{4k^2+3}\right)$.

由$BF\perp HF$得$\overrightarrow{BF}\cdot\overrightarrow{HF}=0$,即$\dfrac{4k^2-9}{4k^2+3}+\dfrac{12ky_H}{4k^2+3}=0$,解得$y_H=\dfrac{9-4k^2}{12k}$.

由$\angle MOA=\angle MAO$得M为OA的垂直平分线与l的交点,故$M(1,-k)$.

由$HM\perp l$得$k_{HM}\cdot k_l=-1$,整理得$\dfrac{\frac{9-4k^2}{12k}+k}{-1}\cdot k=-1$,解得$k^2=\dfrac{3}{8}$,即$k=-\dfrac{\sqrt{6}}{4}$或$k=\dfrac{\sqrt{6}}{4}$.

综上,直线l的斜率为$-\dfrac{\sqrt{6}}{4}$或$\dfrac{\sqrt{6}}{4}$.

好题精练

精练5 已知椭圆$C:\dfrac{x^2}{a^2}+\dfrac{y^2}{b^2}=1(a>b>0)$的离心率为$\dfrac{\sqrt{3}}{2}$,$A_1(-a,0)$,$A_2(a,0)$,$B(0,b)$,$\triangle A_1BA_2$的面积为2.

(1)求椭圆C的方程.

(2)设M是椭圆C上的一点,且不与顶点重合,若直线A_1B与直线A_2M交于点P,直线A_1M与直线A_2B交于点Q.求证:$\triangle BPQ$为等腰三角形.

精练6 椭圆$E:\dfrac{x^2}{a^2}+\dfrac{y^2}{b^2}=1(a>b>0)$的离心率是$\dfrac{\sqrt{5}}{3}$,过点$P(0,1)$作斜率为$k$的直线$l$,椭圆$E$与直线$l$交于$A,B$两点.当直线$l$垂直于$y$轴时,$|AB|=3\sqrt{3}$.

(1)求椭圆E的方程.

(2)当k变化时,在x轴上是否存在点$M(m,0)$,使得$\triangle AMB$是以AB为底的等腰三角形,若存在,求出m的取值范围;若不存在,请说明理由.

14.3 倍角证明

典例 双曲线 $C: \dfrac{x^2}{a^2} - \dfrac{y^2}{b^2} = 1(a > 0, b > 0)$ 的左顶点为 A,右焦点为 F,动点 B 在双曲线 C 上.当 $BF \perp AF$ 时,$|AF| = |BF|$.

(1)求双曲线 C 的离心率.

(2)若 B 在第一象限,证明:$\angle BFA = 2\angle BAF$.

解答 (1)设双曲线的半焦距为 c,故 $F(c,0)$,$B\left(c, \pm \dfrac{b^2}{a}\right)$.

因为 $|AF| = |BF|$,所以 $\dfrac{b^2}{a} = a + c$,整理得 $c^2 - ac - 2a^2 = 0$,即 $e^2 - e - 2 = 0$,故 $e = 2$.

(2)设点 $B(x_0, y_0)$,其中 $x_0 > a$,$y_0 > 0$.因为 $e = 2$,所以 $c = 2a$,$b = \sqrt{3}a$.

从而双曲线 C 的渐近线方程为 $y = \pm\sqrt{3}x$,故 $\angle BAF \in \left(0, \dfrac{\pi}{3}\right)$,$\angle BFA \in \left(0, \dfrac{2\pi}{3}\right)$.

(i)当 $BF \perp AF$ 时,此时 $|BF| = |AF|$,$\angle BFA = 2\angle BAF = 90°$.

(ii)当 BF 与 AF 不垂直时,$\tan\angle BFA = -\dfrac{y_0}{x_0 - c} = -\dfrac{y_0}{x_0 - 2a}$,$\tan\angle BAF = \dfrac{y_0}{x_0 + a}$,从而

$$\tan 2\angle BAF = \dfrac{\dfrac{2y_0}{x_0 + a}}{1 - \left(\dfrac{y_0}{x_0 + a}\right)^2} = \dfrac{2y_0(x_0 + a)}{(x_0 + a)^2 - y_0^2} = \dfrac{2y_0(x_0 + a)}{(x_0 + a)^2 - b^2\left(\dfrac{x_0^2}{a^2} - 1\right)}$$

$$= \dfrac{2y_0(x_0 + a)}{(x_0 + a)^2 - 3a^2\left(\dfrac{x_0^2}{a^2} - 1\right)} = \dfrac{2y_0(x_0 + a)}{(x_0 + a)^2 - 3(x_0^2 - a^2)} = -\dfrac{y_0}{x_0 - 2a} = \tan\angle BFA$$

综上,$\angle BFA = 2\angle BAF$.

名师点睛

在证明等角问题中,如果两角系数一致,那么可以采用平面向量、斜率关系、几何关系进行证明;如果两角关系呈倍数关系,那么可以采用正切二倍角公式与斜率公式求解.

好题精练

精练1 已知双曲线 $C: \dfrac{x^2}{c^2} - \dfrac{y^2}{3c^2} = 1$,$F_1(-c, 0)$,$A(2c, 0)$,$B$ 为双曲线在第一象限内的任意一点,是否存在常数 $\lambda(\lambda > 0)$ 使得 $\angle BAF_1 = \lambda\angle BF_1A$ 恒成立?

精练2 已知双曲线 $C: \dfrac{x^2}{a^2} - \dfrac{y^2}{b^2} = 1(a > 0, b > 0)$,点 F_1, F_2 分别为双曲线 C 的左、右焦点.点 P 为双曲线 C 的右支上一点,且使 $\angle F_1PF_2 = \dfrac{\pi}{3}$,$\triangle F_1PF_2$ 的面积为 $3\sqrt{3}a^2$.

(1)求双曲线 C 的离心率 e.

(2)设点 A 为双曲线 C 的左顶点,点 Q 为第一象限内双曲线 C 上的任意一点,问:是否存在常数 $\lambda(\lambda > 0)$,使得 $\angle QF_2A = \lambda\angle QAF_2$ 恒成立?若存在,求出 λ 的值;若不存在,请说明理由.

14.4 角度表示

1 正切化斜率

典例1 （全国卷）设抛物线 $C: y^2 = 2px(p>0)$ 的焦点为 F，点 $D(p, 0)$，过 F 的直线交 C 于 M，N 两点. 当直线 MD 垂直于 x 轴时，$|MF| = 3$.

(1) 求 C 的方程.

(2) 设直线 MD, ND 与 C 的另一个交点分别为 A, B，记直线 MN, AB 的倾斜角分别为 α, β. 当 $\alpha - \beta$ 取得最大值时，求直线 AB 的方程.

解答 (1) 当 $MD \perp x$ 轴时，由 $|MF| = \dfrac{p}{2} + p = 3$ 得 $p = 2$，故抛物线 C 的方程为 $y^2 = 4x$.

(2) 如图 2 所示，由 (1) 得 $F(1, 0), D(2, 0)$.

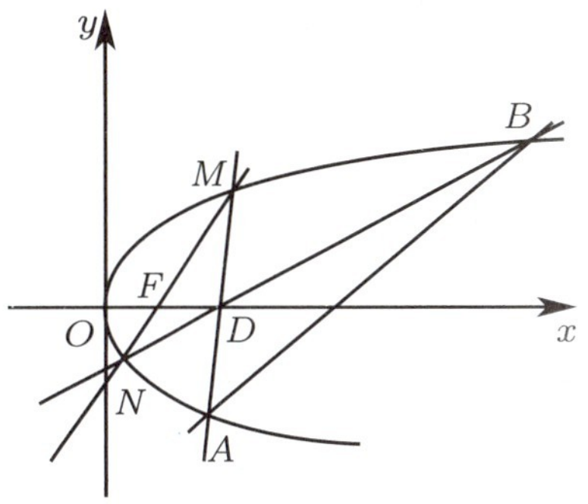

当 $MN \perp x$ 轴时，易得 $\alpha = \beta = \dfrac{\pi}{2}$，此时 $\alpha - \beta = 0$.

当 MN 的斜率存在时，设点 $M(x_1, y_1)$，$N(x_2, y_2)$，$A(x_3, y_3)$，$B(x_4, y_4)$.

从而直线 MN 的方程为 $y - y_1 = \dfrac{y_1 - y_2}{x_1 - x_2}(x - x_1)$.

整理得 $y - y_1 = \dfrac{y_1 - y_2}{\dfrac{y_1^2}{4} - \dfrac{y_2^2}{4}}(x - x_1) = \dfrac{4}{y_1 + y_2}(x - x_1)$.

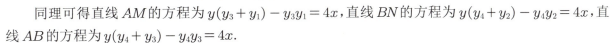

图 2

化简得 $y(y_1 + y_2) - y_1(y_1 + y_2) = 4(x - x_1)$.

于是直线 MN 的方程为 $y(y_1 + y_2) - y_1 y_2 = 4x$.

同理可得直线 AM 的方程为 $y(y_3 + y_1) - y_3 y_1 = 4x$，直线 BN 的方程为 $y(y_4 + y_2) - y_4 y_2 = 4x$，直线 AB 的方程为 $y(y_4 + y_3) - y_4 y_3 = 4x$.

因为 $F(1, 0)$ 在 MN 上，所以 $y_1 y_2 = -4$.

因为 $D(2, 0)$ 在 AM, BN 上，所以 $y_3 y_1 = -8$，$y_4 y_2 = -8$，故 $y_3 = -\dfrac{8}{y_1}$，$y_4 = -\dfrac{8}{y_2}$.

从而 $y_3 + y_4 = -\dfrac{8}{y_1} - \dfrac{8}{y_2} = -\dfrac{8(y_1 + y_2)}{y_1 y_2} = -\dfrac{8(y_1 + y_2)}{-4} = 2(y_1 + y_2)$，$y_3 y_4 = \dfrac{64}{y_1 y_2} = \dfrac{64}{-4} = -16$.

直线 AB 的方程 $y(y_4 + y_3) - y_4 y_3 = 4x$ 可化为 $(y_1 + y_2)y + 8 = 2x$.

由题意得 $\tan\alpha = \dfrac{4}{y_2 + y_1}$，$\tan\beta = \dfrac{2}{y_2 + y_1}$.

于是

$$\tan(\alpha - \beta) = \dfrac{\dfrac{2}{y_2 + y_1}}{1 + \dfrac{8}{(y_2 + y_1)^2}} = \dfrac{2(y_2 + y_1)}{(y_2 + y_1)^2 + 8} = 2 \times \dfrac{1}{(y_2 + y_1) + \dfrac{8}{y_2 + y_1}}$$

当 $y_2 + y_1 < 0$ 时，$\tan(\alpha - \beta) < 0$，不符合题意.

当 $y_2 + y_1 > 0$ 时，$(y_2 + y_1) + \dfrac{8}{y_2 + y_1} \geqslant 4\sqrt{2}$，$\tan(\alpha - \beta) \leqslant 2 \times \dfrac{1}{4\sqrt{2}} = \dfrac{\sqrt{2}}{4}$，当且仅当 $y_2 + y_1 = \dfrac{8}{y_2 + y_1}$，即 $y_2 + y_1 = 2\sqrt{2}$ 时取等号，此时 $\alpha - \beta$ 取得最大值，直线 AB 的方程为 $x - \sqrt{2}y - 4 = 0$.

综上，直线 AB 的方程为 $x - \sqrt{2}y - 4 = 0$.

精练1 已知点 F_1, F_2 分别为椭圆 $C: \dfrac{x^2}{a^2} + \dfrac{y^2}{b^2} = 1 (a > b > 0)$ 的左、右焦点，点 P 为直线 $x = \dfrac{a^2}{b}$ 上一个动点．若 $\tan\angle F_1PF_2$ 的最大值为 $\dfrac{\sqrt{3}}{3}$，则椭圆 C 的离心率为 _____．

精练2 在平面直角坐标系 xOy 中，设椭圆 $E: \dfrac{x^2}{4} + \dfrac{y^2}{3} = 1$ 的左、右顶点分别为 A, B，过点 A 的直线 l 与椭圆交于点 M．若 $\cos\angle AMB = -\dfrac{\sqrt{65}}{65}$，求 $\triangle ABM$ 的面积．

精练3 已知过点 $A(-1, 0)$ 的直线 l_1 与抛物线 $C: y^2 = 2x$ 交于 B, D 两点，过点 A 作抛物线的切线 l_2，切点是 M（在 x 轴的上方），直线 MB 和 MD 的倾斜角分别是 α, β，则 $\tan(\alpha + \beta)$ 的取值范围为 _____．

精练4 已知点 $B(-1, 0)$, $C(1, 0)$, P 是平面上一动点，且满足 $|\vec{PC}| \cdot |\vec{BC}| = \vec{PB} \cdot \vec{CB}$．
(1) 求动点 P 的轨迹方程．
(2) 直线 l 过点 $(-4, 4\sqrt{3})$ 且与动点 P 的轨迹交于不同的两点 M, N，直线 OM, ON（O 是坐标原点）的倾斜角分别为 α, β，求 $\alpha + \beta$ 的值．

2 角度化长度

典例2 如图3所示,在平面直角坐标系 xOy 中,已知椭圆 $C: \dfrac{x^2}{a^2} + \dfrac{y^2}{b^2} = 1 (a > b > 0)$ 的离心率为 $\dfrac{\sqrt{2}}{2}$,椭圆 C 截直线 $y = 1$ 所得线段的长度为 $2\sqrt{2}$.

(1) 求椭圆 C 的方程.

(2) 动直线 $l: y = kx + m (m \neq 0)$ 交椭圆 C 于 A, B 两点,交 y 轴于点 M. 点 N 是 M 关于 O 的对称点,圆 N 的半径为 $|NO|$. 设 D 为 AB 的中点,DE, DF 与圆 N 分别相切于点 E, F,求 $\angle EDF$ 的最小值.

解答 (1) 由椭圆的离心率为 $\dfrac{\sqrt{2}}{2}$ 得 $a^2 = 2(a^2 - b^2)$.

当 $y = 1$ 时,$x^2 = a^2 - \dfrac{a^2}{b^2}$,得 $a^2 - \dfrac{a^2}{b^2} = 2$,故 $a^2 = 4, b^2 = 2$.

因此椭圆 C 的方程为 $\dfrac{x^2}{4} + \dfrac{y^2}{2} = 1$.

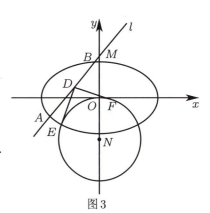

图3

(2) 设点 A 的坐标为 (x_1, y_1),点 B 的坐标为 (x_2, y_2).

联立方程 $\begin{cases} y = kx + m \\ \dfrac{x^2}{4} + \dfrac{y^2}{2} = 1 \end{cases}$,得 $(2k^2 + 1)x^2 + 4kmx + 2m^2 - 4 = 0$.

由 $\Delta > 0$ 得 $m^2 < 4k^2 + 2$,由韦达定理得 $x_1 + x_2 = -\dfrac{4km}{2k^2 + 1}$.

从而 $y_1 + y_2 = \dfrac{2m}{2k^2 + 1}$,故点 D 的坐标为 $\left(-\dfrac{2km}{2k^2 + 1}, \dfrac{m}{2k^2 + 1} \right)$.

因为点 N 的坐标为 $(0, -m)$,所以 $|ND|^2 = \left(-\dfrac{2km}{2k^2 + 1} \right)^2 + \left(\dfrac{m}{2k^2 + 1} + m \right)^2$.

整理得 $|ND|^2 = \dfrac{4m^2(1 + 3k^2 + k^4)}{(2k^2 + 1)^2}$.

因为 $|NF| = |m|$,所以

$$\dfrac{|ND|^2}{|NF|^2} = \dfrac{4(k^4 + 3k^2 + 1)}{(2k^2 + 1)^2} = 1 + \dfrac{8k^2 + 3}{(2k^2 + 1)^2}$$

令 $t = 8k^2 + 3$,即 $t \geq 3$.

从而 $2k^2 + 1 = \dfrac{t + 1}{4}$,故

$$\dfrac{|ND|^2}{|NF|^2} = 1 + \dfrac{16t}{(1 + t)^2} = 1 + \dfrac{16}{t + \dfrac{1}{t} + 2}$$

令 $y = t + \dfrac{1}{t}$,求导得 $y' = 1 - \dfrac{1}{t^2}$. 当 $t \geq 3$ 时,$y' > 0$,故 $y = t + \dfrac{1}{t}$ 在 $[3, +\infty)$ 上单调递增.

从而 $t + \dfrac{1}{t} \geq \dfrac{10}{3}$,当且仅当 $t = 3$ 时等号成立,此时 $k = 0$,故 $\dfrac{|ND|^2}{|NF|^2} \leq 1 + 3 = 4$.

由 $m^2 < 4k^2 + 2$ 得 $-\sqrt{2} < m < \sqrt{2}$.

又因为 $m \neq 0$,所以 $\dfrac{|NF|}{|ND|} \geq \dfrac{1}{2}$,设 $\angle EDF = 2\theta$,则 $\sin\theta = \dfrac{|NF|}{|ND|} \geq \dfrac{1}{2}$,即 θ 的最小值为 $\dfrac{\pi}{6}$.

从而 $\angle EDF$ 的最小值为 $\dfrac{\pi}{3}$,此时直线 l 的斜率是 0.

综上,当 $k = 0, m \in (-\sqrt{2}, 0) \cup (0, \sqrt{2})$ 时,$\angle EDF$ 取到最小值 $\dfrac{\pi}{3}$.

精练5 在平面直角坐标系 xOy 中,已知抛物线 $C:y^2=2px(p>0)$ 的焦点为 $F(\sqrt{p},0)$,则 C 的方程为 _____;若 P,F 两点关于 y 轴对称,以 PF 为直径的圆与抛物线 C 的一个交点为 A,则 $\cos\angle OAF=$ _____.

精练6 在平面直角坐标系 xOy 中,过点 $F(1,0)$ 的直线交椭圆 $\dfrac{x^2}{2}+y^2=1$ 于 A,B 两点,线段 AB 的垂直平分线分别交直线 $l:x=-2$ 及直线 AB 于 M,N 两点,当 $\angle MAN$ 最小时,求直线 AB 的方程.

精练7 如图4所示,设椭圆 $\dfrac{x^2}{a^2}+\dfrac{y^2}{3}=1(a>\sqrt{3})$ 的右焦点为 F,右顶点为 A.已知 $\dfrac{1}{|OF|}+\dfrac{1}{|OA|}=\dfrac{3e}{|FA|}$,其中 O 为原点,e 为椭圆的离心率.

(1)求椭圆的方程.

(2)设过点 A 的直线 l 与椭圆交于点 B(B 不在 x 轴上),垂直于 l 的直线与 l 交于点 M,与 y 轴交于点 H.若 $BF\perp HF$,且 $\angle MOA\leq\angle MAO$,求直线 l 的斜率的取值范围.

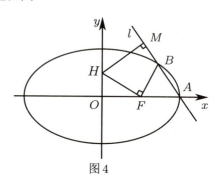

图4

14.5 米勒定理

米勒定理：已知点 M,N 为 $\angle AOB$ 的边 OA 上的两个定点，点 P 为边 OB 上的一个动点，当且仅当 $\triangle MPN$ 的外接圆与边 OB 相切于点 P 时，$\angle MPN$ 最大.

证明：如图 5 所示，设 P' 为边 OB 上不同于点 P 的任意一点，连接 $P'M$，$P'N$，且 $P'N$ 交圆于点 C. 因为 $\angle MP'N$ 是圆外角，$\angle MPN$ 是圆周角，所以 $\angle MP'N < \angle MCN = \angle MPN$，故 $\angle MPN$ 最大. 由圆幂定理得 $OP^2 = OM \cdot ON$，从而 $\angle MPN$ 的最大值等价于 $\triangle MPN$ 的外接圆与边 OB 相切于点 P，即 $OP^2 = OM \cdot ON$.

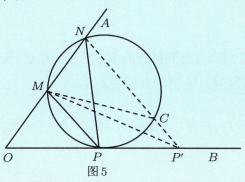

图 5

典例 如图 6 所示，椭圆 $C: \dfrac{x^2}{a^2} + \dfrac{y^2}{b^2} = 1$ 的左、右焦点分别为 F_1, F_2，若与椭圆 C 无公共点的直线 $x=3$ 上存在一点 P，使得 $\tan\angle F_1PF_2$ 的最大值为 $2\sqrt{2}$，则椭圆 C 的离心率的取值范围是 _____.

法一 由米勒定理得过点 F_1, F_2 且与直线相切于点 P 的圆，此时 $\tan\angle F_1PF_2$ 取得最大值.
于是 $|PM|^2 = |MF_1| \cdot |MF_2| = 9 - c^2 = t^2$.

从而 $\tan\angle F_1PF_2 = \dfrac{k_{PF_2} - k_{PF_1}}{1 + k_{PF_2} \cdot k_{PF_1}} = \dfrac{\dfrac{t}{3-c} - \dfrac{t}{3+c}}{1 + \dfrac{t}{3-c} \times \dfrac{t}{3+c}} = \dfrac{c}{\sqrt{9-c^2}} = 2\sqrt{2}$，解得 $c = 2\sqrt{2}$.

因为椭圆 C 与直线 $x=3$ 无公共点，所以 $a < 3$，故 $e = \dfrac{c}{a} > \dfrac{2\sqrt{2}}{3}$.

综上，椭圆 C 的离心率的取值范围是 $\left(\dfrac{2\sqrt{2}}{3}, 1\right)$.

法二 设点 $P(3,t)$ $(t>0)$，$F_1(-c,0)$，$F_2(c,0)$.
设直线 PF_1 的倾斜角为 α，直线 PF_2 的倾斜角为 β，从而
$\tan\angle F_1PF_2 = \tan(\beta - \alpha) = \dfrac{\tan\beta - \tan\alpha}{1+\tan\alpha\tan\beta} = \dfrac{k_{PF_2} - k_{PF_1}}{1 + k_{PF_2} \cdot k_{PF_1}}$

$= \dfrac{\dfrac{t}{3-c} - \dfrac{t}{3+c}}{1 + \dfrac{t}{3-c} \cdot \dfrac{t}{3+c}} = \dfrac{2ct}{9-c^2+t^2} = \dfrac{2c}{\dfrac{9-c^2}{t}+t}$

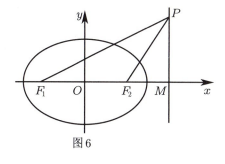

图 6

因为 $\tan\angle F_1PF_2$ 的最大值为 $2\sqrt{2}$，所以 $t + \dfrac{9-c^2}{t}$ 有最小值.

因为 $t + \dfrac{9-c^2}{t} \geq 2\sqrt{9-c^2}$，当 $t = \dfrac{9-c^2}{t}$，即 $t = \sqrt{9-c^2}$ 时取等号，所以 $\dfrac{2c}{2\sqrt{9-c^2}} = 2\sqrt{2}$.

整理得 $c^2 = 8(9-c^2)$，解得 $c = 2\sqrt{2}$.

又因为椭圆 C 与直线 $x=3$ 无公共点，所以 $a < 3$，故 $e = \dfrac{c}{a} > \dfrac{2\sqrt{2}}{3}$，所以离心率 $e \in \left(\dfrac{2\sqrt{2}}{3}, 1\right)$.

好题精练

精练1 （河北模拟）已知双曲线 $\dfrac{x^2}{a^2}-\dfrac{y^2}{b^2}=1(a,b>0)$ 的左顶点为 A，左焦点为 F，P 为渐近线上一动点，且 P 在第二象限内，O 为坐标原点，当 $\angle APF$ 最大时，$|OP|=b$，则双曲线的离心率为 _____．

精练2 （湖北模拟）如图7所示，已知椭圆的中心在坐标原点，焦点 F_1,F_2 在 x 轴上，长轴 A_1A_2 的长为4，左准线 l 与 x 轴的交点为 M，$|MA_1|:|A_1F_1|=2:1$．

(1) 求椭圆的方程．

(2) 若直线 $l_1:x=m(|m|>1)$，P 为 l_1 上的动点，使 $\angle F_1PF_2$ 最大的点 P 记为 Q，求点 Q 的坐标（用 m 表示）．

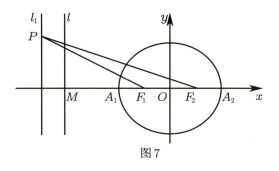

图7

精练3 （浙江卷）如图8所示，已知椭圆的中心在坐标原点，焦点 F_1,F_2 在 x 轴上，长轴 A_1A_2 的长为4，左准线 l 与 x 轴的交点为 M，$|MA_1|:|A_1F_1|=2:1$．

(1) 求椭圆的方程．

(2) 若点 P 在直线 l 上运动，求 $\angle F_1PF_2$ 的最大值．

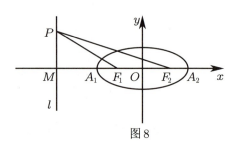

图8

技法15 线段专题

15.1 线段长度化

对于共线型线段的问题：以弦长、斜长公式为主．
对于不共线型的线段问题：以距离公式为主．

1 距离公式

典例1 已知椭圆 $E: \dfrac{x^2}{4} + \dfrac{y^2}{2} = 1$，过点 $P(0,1)$ 的动直线 l 与椭圆相交于 A,B 两点，在平面直角坐标系 xOy 中，是否存在与点 P 不同的定点 Q，使得 $\dfrac{|QA|}{|QB|} = \dfrac{|PA|}{|PB|}$ 恒成立？若存在，求出点 Q 的坐标；若不存在，请说明理由．

法一 设点 $Q(x_0,y_0)$，$A(x_1,y_1)$，$B(x_2,y_2)$，由 $\dfrac{|QA|}{|QB|} = \dfrac{|PA|}{|PB|}$，得 $\dfrac{(x_0-x_1)^2+(y_0-y_1)^2}{(x_0-x_2)^2+(y_0-y_2)^2} = \dfrac{x_1^2}{x_2^2}$ ①．

设直线 AB 的方程为 $y = kx+1$，则 $y_1 = kx_1+1$，$y_2 = kx_2+1$ ②．

由式①②得 $x_0^2(x_2+x_1) - 2x_0x_1x_2 + y_0^2(x_1+x_2) + 2kx_1x_2 + (x_1+x_2) - 2y_0[kx_1x_2 + (x_1+x_2)] = 0$．

联立方程 $\begin{cases} \dfrac{x^2}{4} + \dfrac{y^2}{2} = 1 \\ y = kx+1 \end{cases}$，消去 y 得 $(2k^2+1)x^2 + 4kx - 2 = 0$．

由韦达定理得 $x_1+x_2 = -\dfrac{4k}{2k^2+1}$，$x_1x_2 = -\dfrac{2}{2k^2+1}$．

将韦达定理代入上式得 $[12y_0 - 4(x_0^2+y_0^2) - 8]k + 4x_0 = 0$．

因为要使上式与参数 k 无关，所以 $\begin{cases} 12y_0 - 4(x_0^2+y_0^2) - 8 = 0 \\ 4x_0 = 0 \end{cases}$，解得 $\begin{cases} x_0 = 0 \\ y_0 = 2 \end{cases}$．

因此存在定点 $Q(0,2)$ 使得 $\dfrac{|QA|}{|QB|} = \dfrac{|PA|}{|PB|}$ 恒成立．

法二 当直线 l 与 x 轴平行时，由对称性得 $|PA| = |PB|$，故 $\dfrac{|QA|}{|QB|} = \dfrac{|PA|}{|PB|} = 1$，即 $|QA| = |QB|$．

于是 Q 在 AB 的中垂线上，即 Q 位于 y 轴上，设点 $Q(0,y_0)$．
当直线 l 与 x 轴垂直时，此时 $A(0,\sqrt{2})$，$B(0,-\sqrt{2})$．
从而解得 $|PA| = \sqrt{2}-1$，$|PB| = \sqrt{2}+1$，$|QA| = |y_0-\sqrt{2}|$，$|QB| = |y_0+\sqrt{2}|$．

进而 $\dfrac{|QA|}{|QB|} = \dfrac{|PA|}{|PB|} \Rightarrow \dfrac{|y_0-\sqrt{2}|}{|y_0+\sqrt{2}|} = \dfrac{\sqrt{2}-1}{\sqrt{2}+1}$，解得 $y_0 = 1$ 或 $y_0 = 2$．

因为 P,Q 不重合，所以 $y_0 = 2$，即 $Q(0,2)$．
若直线 l 的斜率存在，设直线 $l: y = kx+1$，点 $A(x_1,y_1)$，$B(x_2,y_2)$．

联立方程 $\begin{cases} x^2+2y^2 = 4 \\ y = kx+1 \end{cases}$，消去 y 得 $(1+2k^2)x^2 + 4kx - 2 = 0$．

因为 $\dfrac{|QA|}{|QB|} = \dfrac{|PA|}{|PB|}$，所以只需证明 QP 平分 $\angle BQA$，故只需证明 $k_{QA} = -k_{QB}$，即证 $k_{QA} + k_{QB} = 0$．

由点 $A(x_1,y_1)$,$B(x_2,y_2)$ 得 $k_{QA}=\dfrac{y_1-2}{x_1}$,$k_{QB}=\dfrac{y_2-2}{x_2}$.

整理得 $k_{QA}+k_{QB}=\dfrac{y_1-2}{x_1}+\dfrac{y_2-2}{x_2}=\dfrac{x_2(y_1-2)+x_1(y_2-2)}{x_1x_2}=\dfrac{x_2y_1+x_1y_2-2(x_1+x_2)}{x_1x_2}$ ③.

因为点 $A(x_1,y_1)$,$B(x_2,y_2)$ 在直线 $y=kx+1$ 上,将 $\begin{cases}y_1=kx_1+1\\y_2=kx_2+1\end{cases}$ 代入式③.

化简得 $k_{QA}+k_{QB}=\dfrac{x_2(kx_1+1)+x_1(kx_2+1)-2(x_1+x_2)}{x_1x_2}=\dfrac{2kx_1x_2-(x_1+x_2)}{x_1x_2}$.

联立方程 $\begin{cases}x^2+2y^2=4\\y=kx+1\end{cases}$,消去 y 得 $(1+2k^2)x^2+4kx-2=0$.

由韦达定理得 $x_1+x_2=-\dfrac{4k}{1+2k^2}$,$x_1x_2=-\dfrac{2}{1+2k^2}$,故 $k_{QA}+k_{QB}=\dfrac{2k\cdot\left(-\dfrac{2}{1+2k^2}\right)+\dfrac{4k}{1+2k^2}}{-\dfrac{2}{1+2k^2}}=0$.

因此,$k_{QA}+k_{QB}=0$ 成立,即 QP 平分 $\angle BQA$,故由角平分线公式得 $\dfrac{|QA|}{|QB|}=\dfrac{|PA|}{|PB|}$.

精练1 如图1所示,在平面直角坐标系 xOy 中,椭圆 $M:\dfrac{x^2}{4}+\dfrac{y^2}{2}=1$ 的左顶点为 A,过点 A 的直线与椭圆 M 交于 x 轴上方一点 B,以 AB 为边作矩形 $ABCD$,其中直线 CD 过原点 O.

(1)求矩形 $ABCD$ 的面积 S 的最大值.

(2)证明:存在矩形 $ABCD$ 为正方形.

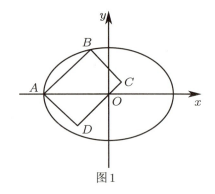

图1

精练2 已知椭圆 $C:\dfrac{x^2}{a^2}+\dfrac{y^2}{b^2}=1(a>b>0)$ 的一个顶点为 $M(0,-1)$,离心率为 $\dfrac{\sqrt{6}}{3}$,直线 $l:y=kx+m(k\neq0)$ 与椭圆 C 交于 A,B 两点,若存在过点 M 的直线,使得点 A 与点 B 关于该直线对称.

(1)求椭圆 C 的方程.

(2)求实数 m 的取值范围.

2 弦长公式

典例2 已知圆 $A:(x+1)^2+y^2=16$,圆 C 过点 $B(1,0)$ 且与圆 A 相切,设圆心 C 的轨迹为曲线 E.

(1)求曲线 E 的方程.

(2)过点 B 作两条互相垂直的直线 l_1,l_2,直线 l_1 与 E 交于 M,N 两点,直线 l_2 与圆 A 交于 P,Q 两点,求 $\dfrac{|MN|}{|PQ|}$ 的取值范围.

解答 (1)设圆 C 的半径为 r,由题意得 $|CB|=r$,$|CA|=4-r$,故 $|CA|+|CB|=4$.

因为圆心 C 的轨迹是以 A,B 为焦点的椭圆,所以圆心 C 的轨迹方程为 $\dfrac{x^2}{4}+\dfrac{y^2}{3}=1$.

(2)当 $l_1 \perp x$ 轴时,由 $|MN|=3$,$|PQ|=8$ 得 $\dfrac{|MN|}{|PQ|}=\dfrac{3}{8}$.

当 $l_1 \perp y$ 轴时,由 $|MN|=4$,$|PQ|=4\sqrt{3}$ 得 $\dfrac{|MN|}{|PQ|}=\dfrac{\sqrt{3}}{3}$.

当 l_1 不与坐标轴垂直时,设直线 l_1 的方程为 $y=k(x-1)$ $(k \neq 0)$.

将直线 $y=k(x-1)$ 代入 $\dfrac{x^2}{4}+\dfrac{y^2}{3}=1$,整理得 $(3+4k^2)x^2-8k^2x+4k^2-12=0$.

设点 $M(x_1,y_1)$,$N(x_2,y_2)$,由韦达定理得 $x_1+x_2=\dfrac{8k^2}{3+4k^2}$,$x_1x_2=\dfrac{4k^2-12}{3+4k^2}$.

从而 $|MN|=\sqrt{1+k^2} \cdot |x_1-x_2|=\sqrt{1+k^2} \cdot \sqrt{(x_1+x_2)^2-4x_1x_2}=\dfrac{12(k^2+1)}{3+4k^2}$.

设直线 l_2 的方程为 $y=-\dfrac{1}{k}(x-1)$,圆心 $A(-1,0)$ 到直线 l_2 的距离 $d=\dfrac{2}{\sqrt{k^2+1}}$.

由垂径定理得 $|PQ|=2\sqrt{16-d^2}=4\sqrt{\dfrac{4k^2+3}{k^2+1}}$.

于是 $\dfrac{|MN|}{|PQ|}=\dfrac{12(k^2+1)}{3+4k^2} \cdot \dfrac{1}{4}\sqrt{\dfrac{k^2+1}{4k^2+3}}=3\left(\dfrac{k^2+1}{3+4k^2}\right)^{\frac{3}{2}}=\dfrac{3}{8} \cdot \left(1+\dfrac{1}{3+4k^2}\right)^{\frac{3}{2}}$.

因为 $k \neq 0$,所以 $1+\dfrac{1}{3+4k^2} \in \left(1,\dfrac{4}{3}\right)$,故 $\dfrac{|MN|}{|PQ|} \in \left(\dfrac{3}{8},\dfrac{\sqrt{3}}{3}\right)$.

综上,$\dfrac{|MN|}{|PQ|}$ 的取值范围是 $\left[\dfrac{3}{8},\dfrac{\sqrt{3}}{3}\right]$.

好题精练

精练3 已知点 $P\left(1,-\dfrac{3}{2}\right)$ 在椭圆 $C:\dfrac{x^2}{a^2}+\dfrac{y^2}{b^2}=1(a>b>0)$ 上,椭圆 C 的左焦点为 $(-1,0)$.

(1)求椭圆 C 的方程.

(2)直线 l 过点 $T(m,0)(m>0)$ 交椭圆 C 于 M,N 两点,AB 是椭圆 C 经过原点 O 的弦,且 $MN \parallel AB$,问是否存在正数 m,使得 $\dfrac{|AB|^2}{|MN|}$ 为定值?若存在,请求出 m 的值;若不存在,请说明理由.

3 斜长公式

典例 3 （四省联考）已知双曲线 $C: \dfrac{x^2}{a^2} - \dfrac{y^2}{b^2} = 1(a>0, b>0)$ 过点 $A(4\sqrt{2}, 3)$，且焦距为 10．

(1) 求双曲线 C 的方程．

(2) 已知点 $B(4\sqrt{2}, -3)$，$D(2\sqrt{2}, 0)$，E 为线段 AB 上一点，且直线 DE 交 C 于 G, H 两点．证明：$\dfrac{|GD|}{|GE|} = \dfrac{|HD|}{|HE|}$．

解答 (1) 由题意得 $\dfrac{32}{a^2} - \dfrac{9}{b^2} = 1$，$2\sqrt{a^2+b^2} = 10$，解得 $a=4, b=3$，故 C 的方程为 $\dfrac{x^2}{16} - \dfrac{y^2}{9} = 1$．

(2) 法一（斜长公式）：设直线 DE 的方程为 $x = my + 2\sqrt{2}$，且 $|m| \neq \dfrac{4}{3}, m \neq 0$，点 $E\left(4\sqrt{2}, \dfrac{2\sqrt{2}}{m}\right)$．

由题意得 $\left|\dfrac{2\sqrt{2}}{m}\right| < 3$，设点 $G(x_1, y_1), H(x_2, y_2)$．

联立方程 $\begin{cases} x = my + 2\sqrt{2} \\ 9x^2 - 16y^2 = 144 \end{cases}$，消去 x 得 $(9m^2 - 16)y^2 + 36\sqrt{2}my - 72 = 0$．

$\Delta = 576(9m^2 - 8) > 0$，由韦达定理得 $y_1 + y_2 = -\dfrac{36\sqrt{2}m}{9m^2 - 16}$，$y_1 y_2 = \dfrac{-72}{9m^2 - 16}$．

于是 $|GD| \cdot |HE| = \sqrt{1+m^2} \cdot |y_1| \cdot \sqrt{1+m^2} \cdot \left|y_2 - \dfrac{2\sqrt{2}}{m}\right| = (1+m^2)\left|y_1 y_2 - \dfrac{2\sqrt{2}}{m} y_1\right|$．

同理 $|GE| \cdot |HD| = \sqrt{1+m^2} \cdot \left|y_1 - \dfrac{2\sqrt{2}}{m}\right| \cdot \sqrt{1+m^2} \cdot |y_2| = (1+m^2)\left|y_1 y_2 - \dfrac{2\sqrt{2}}{m} y_2\right|$．

因为 $y_1 y_2 = \dfrac{\sqrt{2}}{m}(y_1 + y_2)$，所以 $y_1 y_2 - \dfrac{2\sqrt{2}}{m} y_1 = \dfrac{2\sqrt{2}}{m} y_2 - y_1 y_2$．

从而 $\left|y_1 y_2 - \dfrac{2\sqrt{2}}{m} y_1\right| = \left|y_1 y_2 - \dfrac{2\sqrt{2}}{m} y_2\right|$，即 $|GD| \cdot |HE| = |GE| \cdot |HD|$，故 $\dfrac{|GD|}{|GE|} = \dfrac{|HD|}{|HE|}$．

法二（向量转化）：设点 $E(4\sqrt{2}, t)$，且 $|t| < 3, |t| \neq \dfrac{3\sqrt{2}}{2}$，点 $G(x_1, y_1), H(x_2, y_2)$．

设直线 $DE: y = \dfrac{t}{2\sqrt{2}}(x - 2\sqrt{2})$．

联立方程 $\begin{cases} y = \dfrac{t}{2\sqrt{2}}(x - 2\sqrt{2}) \\ \dfrac{x^2}{16} - \dfrac{y^2}{9} = 1 \end{cases}$，消去 y 得 $(9 - 2t^2)x^2 + 8\sqrt{2}t^2 x - 16t^2 - 144 = 0$．

$\Delta = 576(9 - t^2) > 0$，由韦达定理得 $x_1 + x_2 = \dfrac{8\sqrt{2}t^2}{2t^2 - 9}$，$x_1 x_2 = \dfrac{16t^2 + 144}{2t^2 - 9}$，又

$\overrightarrow{GD} \cdot \overrightarrow{HE} - \overrightarrow{GE} \cdot \overrightarrow{DH} = (2\sqrt{2} - x_1, -y_1) \cdot (4\sqrt{2} - x_2, t - y_2) - (4\sqrt{2} - x_1, t - y_1) \cdot (x_2 - 2\sqrt{2}, y_2)$

$= 2x_1 x_2 + 2y_1 y_2 - 6\sqrt{2}(x_1 + x_2) - t(y_1 + y_2) + 32$

$= \left(2 + \dfrac{t^2}{4}\right) \cdot x_1 x_2 - \left(\dfrac{3\sqrt{2}}{4}t^2 + 6\sqrt{2}\right)(x_1 + x_2) + 4t^2 + 32$

$= \dfrac{4(t^2+8)(t^2+9)}{2t^2-9} - \dfrac{4t^2(3t^2+24)}{2t^2-9} + 4t^2 + 32 = 0$

因此，$\overrightarrow{GD} \cdot \overrightarrow{HE} = \overrightarrow{GE} \cdot \overrightarrow{DH}$，故 $\dfrac{|GD|}{|GE|} = \dfrac{|HD|}{|HE|}$．

法三（定比分点法）：设 $\overrightarrow{GD} = \lambda \overrightarrow{DH}$，$\overrightarrow{GM} = -\lambda \overrightarrow{MH}$，$G(x_1, y_1), H(x_2, y_2)$．

由题意得 $\dfrac{x_1^2}{16} - \dfrac{y_1^2}{9} = 1$，$\dfrac{\lambda^2 x_2^2}{16} - \dfrac{\lambda^2 y_2^2}{9} = \lambda^2$．

两式相减得 $\frac{1}{16} \cdot \frac{x_1+\lambda x_2}{1+\lambda} \cdot \frac{x_1-\lambda x_2}{1-\lambda} - \frac{1}{9} \cdot \frac{y_1+\lambda y_2}{1+\lambda} \cdot \frac{y_1-\lambda y_2}{1-\lambda} = 1$，化简得 $\frac{1}{16}x_D x_M - \frac{1}{9}y_D y_M = 1$.

因为 $D(2\sqrt{2},0)$，所以 $\frac{1}{16}x_D x_M = 1$，解得 $x_M = 4\sqrt{2}$.

又因为点 D,E,G,H 共线，且 $x_E = 4\sqrt{2}$，所以点 M 与点 E 重合，即 $\overrightarrow{GD} = \lambda\overrightarrow{DH}, \overrightarrow{GE} = -\lambda\overrightarrow{EH}$.

因此 $\frac{|GD|}{|GE|} = \frac{|HD|}{|HE|}$.

法四（双向量法）：设点 $E(4\sqrt{2},t),|t|<3,\overrightarrow{DG}=\lambda_1\overrightarrow{DE},\overrightarrow{DH}=\lambda_2\overrightarrow{DE}$.

从而 $(1-\lambda_1)\overrightarrow{DG}=\lambda_1\overrightarrow{GE},(1-\lambda_2)\overrightarrow{DH}=\lambda_2\overrightarrow{HE}$. 设直线 DE 与双曲线 C 的交点为 $(2\sqrt{2}(\lambda+1),\lambda t)$.

因为点在双曲线上，所以代入得 $\frac{(1+\lambda)^2}{2} - \frac{t^2\lambda^2}{9} = 1$，整理得 $(9-2t^2)\lambda^2 + 18\lambda - 9 = 0$.

$\Delta = 72(9-t^2) > 0$，由韦达定理得 $\lambda_1 + \lambda_2 = \frac{18}{2t^2-9}$，$\lambda_1\lambda_2 = \frac{9}{2t^2-9}$，整理得 $\frac{1}{\lambda_1} + \frac{1}{\lambda_2} = \frac{\lambda_1+\lambda_2}{\lambda_1\lambda_2} = 2$.

因为 $\begin{cases} \left|\frac{\overrightarrow{DG}}{\overrightarrow{GE}}\right| = \left|\frac{\lambda_1}{1-\lambda_1}\right| \\ \left|\frac{\overrightarrow{DH}}{\overrightarrow{HE}}\right| = \left|\frac{\lambda_2}{1-\lambda_2}\right| \end{cases}$，且 $\frac{1}{\lambda_1} + \frac{1}{\lambda_2} = 2$，所以 $\left|\frac{\lambda_1}{1-\lambda_1}\right| = \left|\frac{1}{\frac{1}{\lambda_1}-1}\right| = \left|\frac{1}{2-\frac{1}{\lambda_2}-1}\right| = \left|\frac{\lambda_2}{1-\lambda_2}\right|$.

因此，$\frac{|\overrightarrow{DG}|}{|\overrightarrow{GE}|} = \frac{|\overrightarrow{DH}|}{|\overrightarrow{HE}|}$，即 $\frac{|GD|}{|GE|} = \frac{|HD|}{|HE|}$.

好题精练

精练 4 已知椭圆 $E: \frac{x^2}{a^2} + \frac{y^2}{b^2} = 1(a>b>0)$ 的两个焦点与短轴的一个端点是直角三角形的三个顶点，直线 $l: y = -x + 3$ 与椭圆 E 有且只有一个公共点 T.

(1) 求椭圆 E 的方程及点 T 的坐标.

(2) 设 O 是坐标原点，直线 l' 平行于 OT，与椭圆 E 交于不同的两点 A,B，且与直线 l 交于点 P. 证明：存在常数 λ，使得 $|PT|^2 = \lambda|PA|\cdot|PB|$，并求 λ 的值.

精练 5 已知椭圆 $E: \frac{x^2}{a^2} + \frac{y^2}{b^2} = 1(a>b>0)$ 的一个焦点与短轴的两个端点是正三角形的三个顶点，点 $P(\sqrt{3}, \frac{1}{2})$ 在椭圆 E 上.

(1) 求椭圆 E 的方程.

(2) 设不过原点 O 且斜率为 $\frac{1}{2}$ 的直线 l 与椭圆 E 交于不同的两点 A,B，线段 AB 的中点为 M，直线 OM 与椭圆 E 交于 C,D，证明：$|MA|\cdot|MB| = |MC|\cdot|MD|$.

15.2 线段坐标化

> 在圆锥曲线中,我们可以进行"面积比 ⟶ 线段比 ⟶ 坐标比"的降维转化,从而解题,我们将此称为"线段坐标化".

典例 已知椭圆 $\dfrac{x^2}{a^2}+\dfrac{y^2}{b^2}=1(a>b>0)$ 的四个顶点是 A_1,A_2,B_1,B_2,$\triangle A_2B_1B_2$ 是边长为 2 的正三角形.

(1)求椭圆的方程.

(2)若点 G 是椭圆上在第一象限内的动点,直线 B_1G 交线段 A_2B_2 于点 E,求 $\dfrac{|GB_1|}{|EB_1|}$ 的取值范围.

解答 (1)如图 2 所示,由题意得 $b=1,a=\sqrt{3}$,故椭圆的方程为 $\dfrac{x^2}{3}+y^2=1$.

(2)设直线 B_1G 的方程为 $y=kx-1\left(k>\dfrac{\sqrt{3}}{3}\right)$.

将直线 B_1G 的方程与椭圆方程联立,整理得 $(1+3k^2)x^2-6kx=0$.

解得 $x_G=\dfrac{6k}{1+3k^2}$.

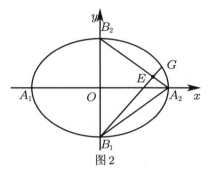

图2

将直线 A_2B_2 的方程与直线 B_1G 的方程联立,即 $\begin{cases}\dfrac{x}{\sqrt{3}}+y=1\\ y=kx-1\end{cases}$.

解得 $x_E=\dfrac{2\sqrt{3}}{1+\sqrt{3}k}$.

因为 $\dfrac{|GB_1|}{|EB_1|}=\dfrac{|x_G|}{|x_E|}=\dfrac{x_G}{x_E}$,所以 $\dfrac{|GB_1|}{|EB_1|}=\dfrac{\dfrac{6k}{1+3k^2}}{\dfrac{2\sqrt{3}}{1+\sqrt{3}k}}=\dfrac{\sqrt{3}k+3k^2}{1+3k^2}=1+\dfrac{\sqrt{3}k-1}{1+3k^2}$.

令 $t=\sqrt{3}k-1\left(k>\dfrac{\sqrt{3}}{3}\right)$,且 $t>0$,则 $\dfrac{|GB_1|}{|EB_1|}=1+\dfrac{t}{1+(t+1)^2}=1+\dfrac{1}{t+2+\dfrac{2}{t}}$.

由基本不等式得 $t+\dfrac{2}{t}+2\geqslant 2\sqrt{t\cdot\dfrac{2}{t}}+2=2\sqrt{2}+2$(当且仅当 $t=\dfrac{2}{t}$ 时等号成立).

从而 $0<\dfrac{1}{t+2+\dfrac{2}{t}}\leqslant\dfrac{1}{2+2\sqrt{2}}=\dfrac{\sqrt{2}-1}{2}$,故 $1<1+\dfrac{1}{t+2+\dfrac{2}{t}}\leqslant\dfrac{\sqrt{2}+1}{2}$.

综上,$\dfrac{|GB_1|}{|EB_1|}\in\left(1,\dfrac{\sqrt{2}+1}{2}\right]$.

好题精练

精练1 已知过抛物线 $C:y^2=8x$ 的焦点 F 的直线 l 交抛物线于 P,Q 两点,若 R 为线段 PQ 的中点,连接 OR 并延长交抛物线 C 于点 S,则 $\dfrac{|OS|}{|OR|}$ 的取值范围是 _____.

精练2 已知抛物线 $H:x^2=2py$ (p 为常数,$p>0$).

(1)若直线 $l:y=kx-2pk+2p$ 与 H 只有一个公共点,求 k 的值.

(2)贝塞尔曲线是计算机图形学和相关领域中重要的参数曲线.法国数学家卡斯特里奥对贝塞尔曲线进行了图形化应用的测试,提出了卡斯特里奥算法:已知三个定点,根据对应的比例,使用递推画法,可以画出抛物线.反之,已知抛物线上三点的切线,也有相应成比例的结论.如图3所示,A,B,C 是 H 上不同的三点,过三点的三条切线分别两两相交于点 D,E,F.证明:$\dfrac{|AD|}{|DE|}=\dfrac{|EF|}{|FC|}=\dfrac{|DB|}{|BF|}$.

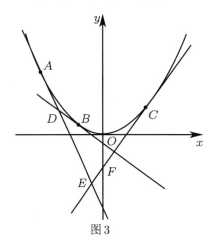

图3

精练3 如图4所示,已知 F 是抛物线 $y^2=2px(p>0)$ 的焦点,M 是抛物线的准线与 x 轴的交点,且 $|MF|=2$.

(1)求抛物线的方程.

(2)设过点 F 的直线交抛物线于 A,B 两点,若斜率为2的直线 l 与直线 MA,MB,AB,x 轴依次交于点 P,Q,R,N,且满足 $|RN|^2=|PN|\cdot|QN|$,求直线 l 在 x 轴上截距的取值范围.

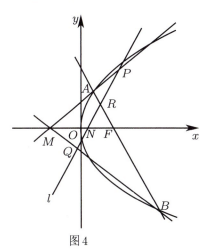

图4

15.3 线段向量化

典例1 已知椭圆 $C: \dfrac{x^2}{a^2} + \dfrac{y^2}{b^2} = 1 (a > b > 0)$ 的离心率为 $\dfrac{1}{2}$，直线 l 过点 $A(4,0), B(0,2)$，且与椭圆 C 相切于点 P.

(1) 求椭圆 C 的方程.

(2) 是否存在过点 $A(4,0)$ 的直线 m 与椭圆交于不同的两点 M, N，如果 $36|AP|^2 = 35|AM| \cdot |AN|$？若存在，求出直线 m 的方程；若不存在，请说明理由.

解答 (1) 由 $e = \dfrac{c}{a} = \dfrac{1}{2}$ 得 $a:b:c = 2:\sqrt{3}:1$，故椭圆方程化为 $\dfrac{x^2}{4c^2} + \dfrac{y^2}{3c^2} = 1$，即 $3x^2 + 4y^2 = 12c^2$. 因为直线 l 过点 $A(4,0), B(0,2)$，所以设直线 $l: \dfrac{x}{4} + \dfrac{y}{2} = 1$，即 $y = -\dfrac{1}{2}x + 2$.

联立方程 $\begin{cases} 3x^2 + 4y^2 = 12c^2 \\ y = -\dfrac{1}{2}x + 2 \end{cases}$，消去 y 得 $3x^2 + 4\left(-\dfrac{1}{2}x + 2\right)^2 = 12c^2$，整理得 $x^2 - 2x + 4 - 3c^2 = 0$.

因为直线 l 与椭圆 C 相切于点 P，所以 $\Delta = 4 - 4(4 - 3c^2) = 0$，解得 $c = 1$.

因此，椭圆 C 的方程为 $\dfrac{x^2}{4} + \dfrac{y^2}{3} = 1$，且解得点 $P\left(1, \dfrac{3}{2}\right)$.

(2) 由题意得直线 m 的斜率存在，设直线 $m: y = k(x-4)$，点 $M(x_1, y_1), N(x_2, y_2)$.

由(1)得点 $P\left(1, \dfrac{3}{2}\right)$，故 $|AP|^2 = (1-4)^2 + \left(\dfrac{3}{2} - 0\right)^2 = \dfrac{45}{4}$.

因为 A, M, N 共线且 $\overrightarrow{AM}$ 与 $\overrightarrow{AN}$ 同向，所以 $|AM| \cdot |AN| = \overrightarrow{AM} \cdot \overrightarrow{AN}$.

从而 $\overrightarrow{AM} = (x_1 - 4, y_1), \overrightarrow{AN} = (x_2 - 4, y_2)$.

整理得 $\overrightarrow{AM} \cdot \overrightarrow{AN} = (x_1 - 4)(x_2 - 4) + y_1 y_2 = x_1 x_2 + y_1 y_2 - 4(x_1 + x_2) + 16$.

联立方程 $\begin{cases} 3x^2 + 4y^2 = 12 \\ y = k(x-4) \end{cases}$，消去 y 得 $(4k^2 + 3)x^2 - 32k^2 x + 64k^2 - 12 = 0$.

由韦达定理得 $x_1 + x_2 = \dfrac{32k^2}{4k^2 + 3}, x_1 x_2 = \dfrac{64k^2 - 12}{4k^2 + 3}$，从而 $y_1 \cdot y_2 = k^2(x_1 - 4)(x_2 - 4) = \dfrac{36k^2}{4k^2 + 3}$.

化简得 $\overrightarrow{AM} \cdot \overrightarrow{AN} = \dfrac{64k^2 - 12}{4k^2 + 3} + \dfrac{36k^2}{4k^2 + 3} - 4 \cdot \dfrac{32k^2}{4k^2 + 3} + 16 = \dfrac{36(k^2 + 1)}{4k^2 + 3}$.

将 $\begin{cases} |AP|^2 = \dfrac{45}{4} \\ \overrightarrow{AM} \cdot \overrightarrow{AN} = \dfrac{36(k^2 + 1)}{4k^2 + 3} \end{cases}$ 代入 $36|AP|^2 = 35|AM| \cdot |AN|$，整理得 $36 \cdot \dfrac{45}{4} = 35 \cdot \dfrac{36(k^2 + 1)}{4k^2 + 3}$，解得 $k^2 = \dfrac{1}{8}$，即 $k = \pm \dfrac{\sqrt{2}}{4}$.

由题意得 $(4k^2 + 3)x^2 - 32k^2 x + 64k^2 - 12 = 0$ 有两个不相等的实数根.

从而 $\Delta = (32k^2)^2 - 4(4k^2 + 3)(64k^2 - 12) > 0$，解得 $-\dfrac{1}{2} < k < \dfrac{1}{2}$，故 $k = \pm \dfrac{\sqrt{2}}{4}$ 符合题意.

综上，直线 m 的方程为 $y = \pm \dfrac{\sqrt{2}}{4}(x - 4)$，即 $y = \dfrac{\sqrt{2}}{4}x - \sqrt{2}$ 或 $y = -\dfrac{\sqrt{2}}{4}x + \sqrt{2}$.

典例2 如图5所示，已知过抛物线 $x^2 = 4y$ 的焦点 F 的直线 l 与抛物线相交于 A, B 两点，与椭圆 $\dfrac{3}{4}y^2 + \dfrac{3}{2}x^2 = 1$ 的交点为 C, D，是否存在直线 l 使得 $|AF| \cdot |CF| = |BF| \cdot |DF|$？若存在，求出直线 l 的方程；若不存在，请说明理由.

解答 由题意得抛物线的焦点 $F(0,1)$，设直线 $l:y=kx+1$.

因为 $|AF|\cdot|CF|=|BF|\cdot|DF|$，所以 $\dfrac{|AF|}{|BF|}=\dfrac{|DF|}{|CF|}$.

不妨设 $\dfrac{|AF|}{|BF|}=\dfrac{|DF|}{|CF|}=\lambda$，于是 $\overrightarrow{AF}=\lambda\overrightarrow{FB},\overrightarrow{DF}=\lambda\overrightarrow{FC}$.

设点 $A(x_1,y_1),B(x_2,y_2),C(x_3,y_3),D(x_4,y_4)$.

从而 $\overrightarrow{AF}=(-x_1,1-y_1),\overrightarrow{FB}=(x_2,y_2-1),\overrightarrow{CF}=(-x_3,1-y_3),\overrightarrow{FD}=(x_4,y_4-1)$.

整理得 $\begin{cases}-x_1=\lambda x_2\\-x_3=\lambda x_4\end{cases}$.

联立方程 $\begin{cases}y=kx+1\\x^2=4y\end{cases}$，消去 y 得 $x^2-4kx-4=0$.

由韦达定理得 $\begin{cases}x_1+x_2=(1-\lambda)x_2=4k\\x_1x_2=-\lambda x_2^2=-4\end{cases}$，消去 x_2 得 $\dfrac{(1-\lambda)^2}{-\lambda}=-4k^2$ ①.

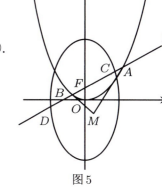

图 5

联立方程 $\begin{cases}y=kx+1\\6x^2+3y^2=4\end{cases}$，消去 y 得 $6x^2+3(kx+1)^2=4$.

整理得 $(3k^2+6)x^2+6kx-1=0$.

由韦达定理得 $\begin{cases}x_3+x_4=(1-\lambda)x_4=-\dfrac{6k}{3k^2+6}\\x_3x_4=-\lambda x_4^2=-\dfrac{1}{3k^2+6}\end{cases}$.

从而 $\dfrac{(1-\lambda)^2}{-\lambda}=-\dfrac{36k^2}{3k^2+6}$ ②，由①②得 $-4k^2=-\dfrac{36k^2}{3k^2+6}$，解得 $k^2=1$，即 $k=\pm 1$ 或 $k=0$.

因此，存在满足条件的直线 l，其方程为 $y=\pm x+1$ 或 $y=1$.

好题精练

精练1 已知抛物线 $x^2=y$，点 $A\left(-\dfrac{1}{2},\dfrac{1}{4}\right),B\left(\dfrac{3}{2},\dfrac{9}{4}\right)$，抛物线上的点 $P(x,y)\left(-\dfrac{1}{2}<x<\dfrac{3}{2}\right)$. 过点 B 作直线 AP 的垂线，垂足为 Q，如图6所示.

（1）求直线 AP 的斜率的取值范围.

（2）求 $|PA|\cdot|PQ|$ 的最大值.

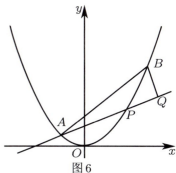

图 6

精练2 已知椭圆 $C:\dfrac{x^2}{4}+\dfrac{y^2}{2}=1$，过点 $P(4,1)$ 的动直线 l 与椭圆交于 A,B 两点，在线段 AB 上取点 Q，使其满足 $|\overrightarrow{AP}|\cdot|\overrightarrow{QB}|=|\overrightarrow{AQ}|\cdot|\overrightarrow{PB}|$. 证明：点 Q 总在某条定直线上.

第四编 运算技巧

技法16 两点式方程

16.1 两点式方程

当直线过点 $A(x_1,y_1)$, $B(x_2,y_2)$ 时,其直线方程可以表示为 $y-y_1=\dfrac{y_2-y_1}{x_2-x_1}(x-x_1)$, 而这个直线方程在实际使用时却并不好用,因此我们提出两点式方程: $(x_1-x_2)y+(y_2-y_1)x=x_1y_2-x_2y_1$,这个直线方程更加方便我们结合韦达定理进行解题.

典例 已知椭圆 $E:\dfrac{x^2}{16}+\dfrac{y^2}{12}=1$,若过点 $F(2,0)$ 且不与 x 轴重合的直线与 E 交于 P,Q 两点,点 P 关于 x 轴的对称点为 P_1(P_1 不与 Q 重合),证明:直线 P_1Q 过定点.

法一(两点式法) 因为点 P_1 不与点 Q 重合,所以直线 PQ 的斜率一定存在.

设点 $P(x_1,y_1), Q(x_2,y_2), P_1(x_1,-y_1)$,直线 $PQ: y=k(x-2)$.

将直线 PQ 代入椭圆 E 的方程,消去 y 得 $(3+4k^2)x^2-16k^2x+16k^2-48=0$.

由韦达定理得 $x_1+x_2=\dfrac{16k^2}{3+4k^2}$, $x_1x_2=\dfrac{16k^2-48}{3+4k^2}$.

根据两点式方程得直线 $P_1Q:(x_1-x_2)y+(y_2+y_1)x=x_1y_2+x_2y_1$.

整理得直线 $P_1Q:(x_1-x_2)y+k(x_1+x_2-4)x=2k[x_1x_2-(x_1+x_2)]$.

显然当 $y=0$ 时,$x=\dfrac{2k[x_1x_2-(x_1+x_2)]}{k(x_1+x_2-4)}=8$,因此可得直线 P_1Q 过定点 $(8,0)$.

法二(常规解法) 设点 $P(x_1,y_1), Q(x_2,y_2), P_1(x_1,-y_1)$,直线 $PQ: y=k(x-2)$.

直线 $P_1Q: y+y_1=\dfrac{y_2+y_1}{x_2-x_1}(x-x_1)$,令 $y=0$,得 $x=\dfrac{x_1y_2+y_1x_2}{y_2+y_1}=\dfrac{2k[x_1x_2-(x_1+x_2)]}{k(x_1+x_2-4)}=8$.

因此可得直线 P_1Q 过定点 $(8,0)$.

名师点睛

通过对比上述解法,我们可以发现两点式方程的优越性,在法一中,列出两点式方程,能够明确解题方向:令 $y=0$,剩余部分利用韦达定理计算,而在法二中却不易发现"需令 $y=0$"这一点.

精练 已知 $P(x,y)$ 为动点,点 $A(\sqrt{2},0), B(-\sqrt{2},0)$,直线 PA 与 PB 的斜率之积为 $-\dfrac{1}{2}$.

(1)求动点 P 的轨迹 E 的方程.

(2)过点 $F(1,0)$ 的直线 l 交曲线 E 于 M,N 两点,设点 N 关于 x 轴的对称点为 Q(M,Q 不重合),证明:直线 MQ 过定点.

16.2 两点式方程与定点问题

> 已知两点式方程：$x_1y_2 - x_2y_1 = x(y_2 - y_1) - y(x_2 - x_1)$.
> 若题干条件满足 $x_1y_2 - x_2y_1 = \frac{1}{3}(y_2 - y_1)$，则直线过定点 $\left(\frac{1}{3}, 0\right)$.
> 若题干条件满足 $x_1y_2 - x_2y_1 = 2(y_2 - y_1) - 3(x_2 - x_1)$，则直线过定点 $(2, 3)$.

典例 1 （全国卷）已知椭圆 $C: \frac{x^2}{a^2} + \frac{y^2}{b^2} = 1 (a > b > 0)$，四点 $P_1(1, 1), P_2(0, 1), P_3\left(-1, \frac{\sqrt{3}}{2}\right)$，$P_4\left(1, \frac{\sqrt{3}}{2}\right)$ 中恰有三点在椭圆 C 上.

(1) 求 C 的方程.

(2) 设直线 l 不经过点 P_2 且与 C 相交于 A, B 两点. 若直线 P_2A 与直线 P_2B 的斜率的和为 -1，证明：l 过定点.

解答 (1) 根据椭圆的对称性，易知点 P_2, P_3, P_4 在椭圆 C 上，故椭圆 C 的方程为 $\frac{x^2}{4} + y^2 = 1$.

(2) 设点 $A(x_1, y_1), B(x_2, y_2)$，则 $\begin{cases} k_{P_2A} = \frac{y_1 - 1}{x_1} = -\frac{1}{4} \cdot \frac{x_1}{y_1 + 1} \\ k_{P_2B} = \frac{y_2 - 1}{x_2} = -\frac{1}{4} \cdot \frac{x_2}{y_2 + 1} \end{cases}$.

因为 $k_{P_2A} + k_{P_2B} = -1$，所以 $\begin{cases} \frac{y_1 - 1}{x_1} - \frac{1}{4} \cdot \frac{x_2}{y_2 + 1} = -1 \\ \frac{y_2 - 1}{x_2} - \frac{1}{4} \cdot \frac{x_1}{y_1 + 1} = -1 \end{cases}$.

整理得 $\begin{cases} 4(y_1y_2 + y_1 - y_2 - 1) - x_1x_2 + 4(x_1y_2 + x_1) = 0 \\ 4(y_1y_2 + y_2 - y_1 - 1) - x_1x_2 + 4(x_2y_1 + x_2) = 0 \end{cases}$.

以上两式作差得 $2(y_1 - y_2) + (x_1 - x_2) + x_1y_2 - x_2y_1 = 0$ ①.

直线 AB 两点式方程为 $(y_1 - y_2) \cdot x - (x_1 - x_2) \cdot y + x_1y_2 - x_2y_1 = 0$ ②.

对比式①和②，可得直线 AB 过定点 $(2, -1)$.

名师点睛

在本题中，我们用两个不同的形式表达了同一个斜率，如 "$k_{P_2A} = \frac{y_1 - 1}{x_1} = -\frac{1}{4} \cdot \frac{x_1}{y_1 + 1}$"，我们知道 "$k_{P_2A} = \frac{y_1 - 1}{x_1}$" 是由斜率公式得来的，那么如何表达出 "$k_{P_2A} = -\frac{1}{4} \cdot \frac{x_1}{y_1 + 1}$" 呢？关于这个式子我们需要用点差法获得，证明如下.

推论：设椭圆 $\frac{x^2}{a^2} + \frac{y^2}{b^2} = 1$ 的一条弦 AB，其中点 $A(x_1, y_1), B(x_2, y_2)$，则 $k_{AB} = -\frac{b^2(x_1 + x_2)}{a^2(y_1 + y_2)}$.

证明：因为 $\begin{cases} \frac{x_1^2}{a^2} + \frac{y_1^2}{b^2} = 1 \text{ ①} \\ \frac{x_2^2}{a^2} + \frac{y_2^2}{b^2} = 1 \text{ ②} \end{cases}$，所以式②$-$①得 $\frac{x_2^2 - x_1^2}{a^2} + \frac{y_2^2 - y_1^2}{b^2} = 0$.

整理得 $\frac{(x_2 - x_1)(x_2 + x_1)}{a^2} + \frac{(y_2 - y_1)(y_2 + y_1)}{b^2} = 0$，即 $k_{AB} = -\frac{b^2(x_2 + x_1)}{a^2(y_2 + y_1)}$.

典例2 （新全国卷）已知椭圆 $C:\dfrac{x^2}{a^2}+\dfrac{y^2}{b^2}=1(a>b>0)$ 的离心率为 $\dfrac{\sqrt{2}}{2}$，且过点 $A(2,1)$.

(1)求椭圆 C 的方程.

(2)点 M,N 在 C 上，且 $AM\perp AN$，$AD\perp MN$，D 为垂足. 证明：存在定点 Q，使得 $|DQ|$ 为定值.

解答 (1)由题意可得 $\dfrac{c}{a}=\dfrac{\sqrt{2}}{2}$，$\dfrac{4}{a^2}+\dfrac{1}{b^2}=1$.

因为 $a^2=b^2+c^2$，所以解得 $a^2=6,b^2=3$，故椭圆 C 的方程为 $\dfrac{x^2}{6}+\dfrac{y^2}{3}=1$.

(2)如图1所示，设点 $M(x_1,y_1),N(x_2,y_2)$.

椭圆 C 上的点满足 $\dfrac{x^2-4+4}{6}+\dfrac{y^2-1+1}{3}=1$.

整理得 $\dfrac{(x-2)(x+2)}{6}+\dfrac{(y-1)(y+1)}{3}=0$.

化简得 $-\dfrac{1}{2}=\dfrac{y-1}{x-2}\cdot\dfrac{y+1}{x+2}$，即 $k_{MA}=\dfrac{y_1-1}{x_1-2}=-\dfrac{1}{2}\cdot\dfrac{x_1+2}{y_1+1}$，$k_{NA}=\dfrac{y_2-1}{x_2-2}=-\dfrac{1}{2}\cdot\dfrac{x_2+2}{y_2+1}$.

因为 $AM\perp AN$，所以 $k_{AM}\cdot k_{AN}=-1$，故有 $\begin{cases}-\dfrac{1}{2}\cdot\dfrac{x_2+2}{y_2+1}\cdot\dfrac{y_1-1}{x_1-2}=-1\\ -\dfrac{1}{2}\cdot\dfrac{x_1+2}{y_1+1}\cdot\dfrac{y_2-1}{x_2-2}=-1\end{cases}$.

整理得 $\begin{cases}y_1x_2+2y_1-x_2-2=2x_1y_2-4y_2+2x_1-4\\ y_2x_1+2y_2-x_1-2=2x_2y_1-4y_1+2x_2-4\end{cases}$.

以上两式作差得 $3y_1x_2-3y_2x_1=2y_1-2y_2+x_1-x_2$，即 $x_1y_2-x_2y_1=\dfrac{2}{3}(y_2-y_1)-\dfrac{1}{3}(x_1-x_2)$.

对比直线 MN 两点式方程 $x_1y_2-x_2y_1=x(y_2-y_1)+y(x_1-x_2)$，可得 MN 过定点 $B\left(\dfrac{2}{3},-\dfrac{1}{3}\right)$.

因为 $AD\perp MN$，所以点 D 在以 AB 为直径的圆上，故当点 Q 为 AB 的中点，即点 Q 的坐标为 $\left(\dfrac{4}{3},\dfrac{1}{3}\right)$ 时，$|DQ|=\dfrac{2\sqrt{2}}{3}$，因此 $|DQ|$ 为定值.

图1

精练1 如图2所示，已知椭圆 $E:\dfrac{x^2}{a^2}+\dfrac{y^2}{b^2}=1(a>b>0)$ 的离心率为 $\dfrac{\sqrt{2}}{2}$，直线 $l:y=\dfrac{1}{2}x$ 与椭圆 E 相交于 A,B 两点，$|AB|=2\sqrt{5}$，C,D 是椭圆上异于 A,B 的任意两点，且直线 AC,BD 相交于点 M，直线 AD,BC 相交于点 N，连接 MN.

(1)求椭圆 E 的方程.

(2)证明：直线 MN 的斜率为定值.

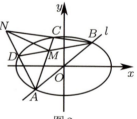

图2

精练2 （新全国卷）已知点 $A(2,1)$ 在双曲线 $C:\dfrac{x^2}{a^2}-\dfrac{y^2}{a^2-1}=1(a>1)$ 上，直线 l 交双曲线 C 于 P,Q 两点，直线 AP,AQ 的斜率之和为 0，求直线 l 的斜率.

精练3 已知点 $M(0,\sqrt{3})$ 和椭圆 $C:\dfrac{x^2}{4}+\dfrac{y^2}{3}=1$，$A,B$ 是椭圆 C 上异于点 M 的不同两点，且直线 MA 与 MB 的斜率之积为 $\dfrac{1}{4}$，证明：直线 AB 恒过定点，并求出定点的坐标.

16.3 抛物线两点式

> **抛物线两点式**：过抛物线 $y^2=2px(p>0)$ 上两点 $A(x_1,y_1),B(x_2,y_2)$ 的直线 AB 的方程是 $(y_1+y_2)y=2px+y_1y_2$.
>
> 证明：已知抛物线 $y^2=2px(p>0)$ 上两点 $A(x_1,y_1),B(x_2,y_2)$，从而 $k_{AB}=\dfrac{y_1-y_2}{x_1-x_2}=\dfrac{y_1-y_2}{\dfrac{y_1^2}{2p}-\dfrac{y_2^2}{2p}}=\dfrac{2p}{y_1+y_2}$，故直线 AB 的方程为 $y-y_1=\dfrac{2p}{y_1+y_2}\left(x-\dfrac{y_1^2}{2p}\right)$，整理得 $(y_1+y_2)y=2px+y_1y_2$，我们称该直线为抛物线两点式方程.

典例1 如图3所示，已知抛物线 $C:y^2=2px$ 经过点 $P(1,2)$. 过点 $Q(0,1)$ 的直线 l 与抛物线 C 有两个不同的交点 A,B，且直线 PA 交 y 轴于点 M，直线 PB 交 y 轴于点 N.

(1) 求直线 l 的斜率的取值范围.

(2) 设 O 为坐标原点，$\overrightarrow{QM}=\lambda\overrightarrow{QO},\overrightarrow{QN}=\mu\overrightarrow{QO}$，证明：$\dfrac{1}{\lambda}+\dfrac{1}{\mu}$ 为定值.

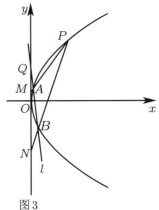

图3

解答 (1) 由题意知抛物线 C 的方程为 $y^2=4x$.

由题设易知直线 l 的斜率存在且不为0，设直线 $l:y=kx+1$.

联立方程 $\begin{cases}y=kx+1\\y^2=4x\end{cases}$，消去 y 得 $k^2x^2+(2k-4)x+1=0$.

因为 $\Delta=(2k-4)^2-4k^2>0(k\neq 0)$，所以解得 $k<0$ 或 $0<k<1$.

又因为 PA,PB 与 y 轴相交，所以直线 l 不过点 $(1,-2)$，故 $k\neq -3$.

综上可得，直线 l 的斜率 k 的取值范围为 $(-\infty,-3)\cup(-3,0)\cup(0,1)$.

(2) 设点 $A\left(\dfrac{y_1^2}{4},y_1\right),B\left(\dfrac{y_2^2}{4},y_2\right)$.

由抛物线两点式得 $l_{AB}:(y_1+y_2)y=4x+y_1y_2$，直线过点 $Q(0,1)$，解得 $y_1+y_2=y_1y_2$.

由抛物线两点式得 $l_{PA}:(y_1+2)y=4x+2y_1$，令 $x=0$，解得 $y_M=\dfrac{2y_1}{y_1+2}$.

因为 $\overrightarrow{QM}=\lambda\overrightarrow{QO}$，所以 $\dfrac{2y_1}{y_1+2}-1=-\lambda$，即 $\lambda=\dfrac{2-y_1}{y_1+2}$，同理可得 $\mu=\dfrac{2-y_2}{y_2+2}$.

从而 $\dfrac{1}{\lambda}+\dfrac{1}{\mu}=\dfrac{y_1+2}{2-y_1}+\dfrac{y_2+2}{2-y_2}=\dfrac{8-2y_1y_2}{4-2(y_1+y_2)+y_1y_2}=\dfrac{8-2y_1y_2}{4-2y_1y_2+y_1y_2}=2$,

> **名师点睛**
>
> 抛物线两点式方程相比于传统的直线方程，更加明显地体现出韦达定理.
> 此外，抛物线两点式方程的应用极大地减少了计算步骤.

典例2 (武汉模拟) 已知抛物线 $C:y^2=2px$ 的焦点为 F，且经过点 $A(2p,m)(m>0),|AF|=5$.

(1) 求 p 和 m 的值.

(2) 若点 M,N 在抛物线 C 上，且 $AM\perp AN$，证明：直线 MN 过定点.

解答 (1)由抛物线的定义知$|AF|=2p+\dfrac{p}{2}=5$,解得$p=2$.

因为点$A(4,m)(m>0)$在抛物线上,所以$m^2=4\times 4$,故$m=4$.

(2)设点$M(x_1,y_1)$,$N(x_2,y_2)$,$A(4,4)$,由两点式方程得MN:$(y_1+y_2)y=4x+y_1y_2$.

同理可得直线AM:$(y_1+4)y=4x+4y_1$,AN:$(y_2+4)y=4x+4y_2$.

因为$AM\perp AN$,所以$\dfrac{4}{y_1+4}\cdot\dfrac{4}{y_2+4}=-1$,即$y_1y_2+4(y_1+y_2)+32=0$.

从而MN:$(y_1+y_2)y=4x-4(y_1+y_2)-32$,即$(y_1+y_2)(y+4)=4(x-8)$.

综上,直线MN过定点$B(8,-4)$.

好题精练

精练1 (柳州模拟)已知抛物线C:$x^2=2py$经过点$P(-2,1)$,过点$Q(-1,0)$的直线l与抛物线C有两个不同的交点A,B,且直线PA交x轴于M,直线PB交x轴于N.

(1)求直线l的斜率的取值范围.

(2)证明:存在定点T,使得$\overrightarrow{QM}=\lambda\overrightarrow{QT}$,$\overrightarrow{QN}=\mu\overrightarrow{QT}$且$\dfrac{1}{\lambda}+\dfrac{1}{\mu}=4$.

精练2 (全国卷)设A,B为曲线C:$y=\dfrac{x^2}{4}$上两点,A与B的横坐标之和为4.

(1)求直线AB的斜率.

(2)设M为曲线C上一点,曲线C在点M处的切线与直线AB平行,且$AM\perp BM$,求直线AB的方程.

精练3 (运城模拟)已知点P为抛物线$y^2=8x$上任意一点,$A(2,3)$,PA交抛物线于点M,过点M作斜率为$k=\dfrac{4}{3}$的直线交抛物线于点N,证明:直线PN过定点.

16.4 抛物线平均式

抛物线平均式：抛物线 $y^2=2px(p>0)$ 上有两点 $A(x_1,y_1)$, $B(x_2,y_2)$，直线 AB 与 x 轴交于点 $M(x_0,0)$，由抛物线两点式得 $AB:2px=(y_1+y_2)y-y_1y_2$，将点 M 的坐标代入直线 AB 的方程，得 $y_1y_2=-2px_0$. 将"$y_1y_2=-2px_0$"两边同时平方可得 $y_1^2y_2^2=4p^2x_0^2$，因为 $\begin{cases}y_1^2=2px_1\\y_2^2=2px_2\end{cases}$，所以解得 $x_1x_2=x_0^2$. 我们称"$x_1x_2=x_0^2$""$y_1y_2=-2px_0$"为抛物线的平均性质.

典例 （全国卷）已知抛物线 $C:y^2=2px(p>0)$ 的焦点为 F，点 $D(p,0)$，过焦点 F 作直线 l 交抛物线于 M,N 两点，当 $MD\perp x$ 轴时，$|MF|=3$.

(1) 求抛物线 C 的方程.

(2) 如图 4 所示，设直线 MD,ND 与抛物线的另一个交点分别为 A,B. 若直线 MN,AB 的倾斜角分别为 α,β，当 $\alpha-\beta$ 最大时，求 AB 的方程.

解答 (1) 由题意得抛物线 C 的方程为 $y^2=4x$.

(2) 设点 $A(x_1,y_1)$, $B(x_2,y_2)$，则直线 AB 的方程为 $4x-(y_1+y_2)y+y_1y_2=0$. 由 M,D,A 共线得 $y_M\cdot y_1=-8$ ①，即 $y_M=-\dfrac{8}{y_1}$.

由 B,D,N 共线得 $y_N\cdot y_2=-8$ ②，由式 ①×② 得 $y_M\cdot y_N\cdot y_1\cdot y_2=64$.

由 M,F,N 共线得 $y_N\cdot y_M=-4\Rightarrow y_1y_2=-16$.

(i) 当 AB 的斜率存在时，设 AB,MN 的斜率分别为 k_1,k_2.

由题意得 $k_1=\dfrac{4}{y_1+y_2}$, $k_2=\dfrac{4}{y_M+y_N}=\dfrac{4}{-\dfrac{8}{y_1}-\dfrac{8}{y_2}}=-\dfrac{y_1y_2}{2(y_1+y_2)}=\dfrac{8}{y_1+y_2}\Rightarrow k_2=2k_1$.

从而 $\tan(\alpha-\beta)=\dfrac{k_2-k_1}{1+k_1k_2}=\dfrac{2k_1-k_1}{1+k_1\cdot 2k_1}=\dfrac{k_1}{1+2k_1^2}=\dfrac{1}{\dfrac{1}{k_1}+2k_1}$.

显然当 $k_1>0$ 时，$\tan(\alpha-\beta)$ 有最大值. 当 $\dfrac{1}{k_1}=2k_1$ 时，即 $k_1=\dfrac{\sqrt{2}}{2}$ 取等，此时 AB 的方程为 $x=\sqrt{2}y+4$.

(ii) 当 AB 的斜率不存在时，$\alpha-\beta=0$，不符合题意.

综上，直线 AB 的方程为 $x=\sqrt{2}y+4$.

好题精练

精练1 （北京卷）已知抛物线 $C:x^2=-2py(p>0)$ 经过点 $(2,-1)$.

(1) 求抛物线 C 的方程及其准线方程.

(2) 设 O 为原点，过抛物线 C 的焦点作斜率不为 0 的直线 l 交抛物线 C 于 M,N 两点，直线 $y=-1$ 分别交直线 OM,ON 于点 A 和点 B，求证：以 AB 为直径的圆经过 y 轴上的两个定点.

精练2 已知抛物线方程为 $y^2=4x$，其中 O 为坐标原点，A 为抛物线上任意一点（坐标原点除外），直线 AB 过焦点 F 交抛物线于点 B，直线 AC 过点 $M(3,0)$ 交抛物线于点 C，连接并延长 CF 交抛物线于点 D，求 $|AB|\cdot|CD|$ 的最小值.

16.5 构造对偶式

典例 如图 5 所示,已知 A,B 分别为椭圆 $E: \dfrac{x^2}{a^2}+y^2=1(a>1)$ 的左、右顶点,G 为 E 的上顶点,$\overrightarrow{AG}\cdot\overrightarrow{GB}=8$,$P$ 为直线 $x=6$ 上的动点,PA 与 E 的另一交点为 C,PB 与 E 的另一交点为 D.

(1)求椭圆 E 的方程.

(2)证明:直线 CD 过定点.

解答 (1)设点 $A(-a,0)$,$B(a,0)$,$G(0,1)$. 由 $\overrightarrow{AG}\cdot\overrightarrow{GB}=8$ 得 $a=3$,故 $\dfrac{x^2}{9}+y^2=1$.

(2)法一(构造对偶式):设点 $P(6,t)$,$C(x_1,y_1)$,$D(x_2,y_2)$,直线 CD 与 x 轴交于点 $Q(x_0,0)$.

由 $k_{AP}=\dfrac{t}{9}$,$k_{BP}=\dfrac{t}{3}$ 得 $k_{BP}=3k_{AP}$,即 $k_{BD}=3k_{AC}$,故 $\dfrac{y_2}{x_2-3}=\dfrac{3y_1}{x_1+3}$.

整理得 $x_1y_2+3y_2=3x_2y_1-9y_1$,即 $2x_1y_2+6y_2=6x_2y_1-18y_1$ ①.

直线 CD 的方程为 $(x-x_1)(y_2-y_1)=(x_2-x_1)(y-y_1)$.

令 $y=0$,得 $x_0=\dfrac{x_1y_2-x_2y_1}{y_2-y_1}$,即 $x_1y_2-x_2y_1=x_0(y_2-y_1)$ ②.

$x_1y_2+x_2y_1=\dfrac{x_1^2y_2^2-x_2^2y_1^2}{x_1y_2-x_2y_1}=\dfrac{9(1-y_1^2)y_2^2-9(1-y_2^2)y_1^2}{x_1y_2-x_2y_1}=\dfrac{9(y_2+y_1)}{x_0}$ ③.

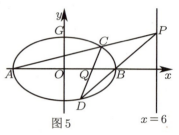

图 5

式②+③得 $2x_1y_2=x_0(y_2-y_1)+\dfrac{9(y_2+y_1)}{x_0}$ ④,式②-③得 $2x_2y_1=\dfrac{9(y_2+y_1)}{x_0}-x_0(y_2-y_1)$ ⑤.

将式④⑤代入式①得 $x_0(y_2-y_1)+\dfrac{9(y_2+y_1)}{x_0}+6y_2=3\left[\dfrac{9(y_2+y_1)}{x_0}-x_0(y_2-y_1)\right]-18y_1$.

整理得 $\left(2x_0+3-\dfrac{9}{x_0}\right)y_2=\left(2x_0+\dfrac{9}{x_0}-9\right)y_1$.

由 $\begin{cases}2x_0+3-\dfrac{9}{x_0}=0\\2x_0+\dfrac{9}{x_0}-9=0\end{cases}$,解得 $x_0=\dfrac{3}{2}$,故直线 CD 过定点 $Q\left(\dfrac{3}{2},0\right)$.

法二(两点式方程):由题意得点 $A(-3,0)$,$B(3,0)$,设点 $C(x_1,y_1)$,$D(x_2,y_2)$.

(i)当点 P 在 x 轴上时,C 与 B 重合,D 与 A 重合,此时直线 CD 为 x 轴.

(ii)当点 P 不在 x 轴上时,直线 PA,PB 的斜率都存在且 y_1,y_2 都不为 0.

设直线 AC 的方程为 $y=\dfrac{y_1}{x_1+3}(x+3)$,直线 BD 的方程为 $y=\dfrac{y_2}{x_2-3}(x-3)$.

令 $x=6$,得 $\dfrac{9y_1}{x_1+3}=\dfrac{3y_2}{x_2-3}$,即 $\dfrac{3y_1}{x_1+3}=\dfrac{y_2}{x_2-3}$ ⑥.

由 $\begin{cases}\dfrac{x_1^2}{9}+y_1^2=1\\\dfrac{(-3)^2}{9}+0^2=1\end{cases}$,作差得 $\dfrac{y_1}{x_1+3}=\dfrac{x_1-3}{-9y_1}$ ⑦;由 $\begin{cases}\dfrac{x_2^2}{9}+y_2^2=1\\\dfrac{3^2}{9}+0^2=1\end{cases}$,作差得 $\dfrac{y_2}{x_2-3}=\dfrac{x_2+3}{-9y_2}$ ⑧.

由式⑦⑧,再结合式⑥得 $\dfrac{3(x_1-3)}{y_1}=\dfrac{x_2+3}{y_2}$ ⑨.

由式⑥整理得 $3x_2y_1-x_1y_2=9y_1+3y_2$ ⑩,由式⑨整理得 $x_2y_1-3x_1y_2=-3y_1-9y_2$ ⑪.

式⑩+⑪得 $4x_2y_1-4x_1y_2=6y_1-6y_2$,即 $x_1y_2-x_2y_1=\dfrac{3}{2}(y_1-y_2)$.

对比直线 CD 的两点式方程得直线 CD 过定点 $\left(\dfrac{3}{2},0\right)$.

综上可得,直线 CD 过定点 $\left(\dfrac{3}{2},0\right)$.

法三(非对称韦达定理):设点 $C(x_1,y_1),D(x_2,y_2),P(6,y_0)$,直线 $CD:x=my+n(-3<n<3)$.

联立方程 $\begin{cases}\dfrac{x^2}{9}+y^2=1\\x=my+n\end{cases}$,消去 x 得 $(9+m^2)y^2+2mny+n^2-9=0$.

因为 $\Delta=36(m^2-n^2+9)>0$,所以由韦达定理得 $y_1+y_2=\dfrac{-2mn}{9+m^2},y_1y_2=\dfrac{n^2-9}{9+m^2}$.

由 P,A,C 和 P,B,D 三点共线得 $\dfrac{y_0}{9}=\dfrac{y_1}{x_1+3},\dfrac{y_0}{3}=\dfrac{y_2}{x_2-3}$,消去 y_0 得 $\dfrac{3y_1}{x_1+3}=\dfrac{y_2}{x_2-3}$,从而

$$3=\dfrac{y_2(x_1+3)}{y_1(x_2-3)}=\dfrac{y_2(my_1+n+3)}{y_1(my_2+n-3)}=\dfrac{my_1y_2+(n+3)y_2}{my_1y_2+(n-3)y_1}$$

$$=\dfrac{2mny_1y_2+2n(n+3)y_2}{2mny_1y_2+2n(n-3)y_1}=\dfrac{(9-n^2)(y_1+y_2)+2n(n+3)y_2}{(9-n^2)(y_1+y_2)+2n(n-3)y_1}$$

$$=\dfrac{3+n}{3-n}\cdot\dfrac{(3-n)(y_1+y_2)+2ny_2}{(3+n)(y_1+y_2)-2ny_1}=\dfrac{3+n}{3-n}\cdot\dfrac{(3-n)y_1+(3+n)y_2}{(3-n)y_1+(3+n)y_2}=\dfrac{3+n}{3-n}$$

因此,解得 $n=\dfrac{3}{2}$,故直线 CD 过定点 $\left(\dfrac{3}{2},0\right)$.

法四(三角换元法):设点 $P(6,t),C(x_1,y_1),D(x_2,y_2)$.

直线 CD 与 x 轴交于点 $Q(x_0,0)$,故 $x_0=\dfrac{x_1y_2-x_2y_1}{y_2-y_1}$.

由 $k_{AP}=\dfrac{t}{9},k_{BP}=\dfrac{t}{3}$ 得 $k_{BP}=3k_{AP}$,即 $k_{BD}=3k_{AC}$.

设点 $C(3\cos\alpha,\sin\alpha),D(3\cos\beta,\sin\beta)$.

从而 $\dfrac{\sin\alpha}{3(\cos\alpha-1)}=\dfrac{3\sin\beta}{3(\cos\beta+1)}$,即 $\dfrac{\sin\alpha}{3(\cos\alpha-1)}=\dfrac{\sin\beta}{\cos\beta+1}$.

由二倍角公式得 $\dfrac{2\sin\dfrac{\alpha}{2}\cos\dfrac{\alpha}{2}}{-6\sin^2\dfrac{\alpha}{2}}=\dfrac{2\sin\dfrac{\beta}{2}\cos\dfrac{\beta}{2}}{2\cos^2\dfrac{\beta}{2}}$,化简得 $\cos\dfrac{\alpha}{2}\cos\dfrac{\beta}{2}=-3\sin\dfrac{\alpha}{2}\sin\dfrac{\beta}{2}$,从而

$$x_0=\dfrac{x_1y_2-x_2y_1}{y_2-y_1}=\dfrac{3(\cos\beta\sin\alpha-\cos\alpha\sin\beta)}{\sin\alpha-\sin\beta}=\dfrac{3\sin(\alpha-\beta)}{\sin\alpha-\sin\beta}=\dfrac{6\sin\dfrac{\alpha-\beta}{2}\cos\dfrac{\alpha-\beta}{2}}{2\cos\dfrac{\alpha+\beta}{2}\sin\dfrac{\alpha-\beta}{2}}$$

$$=\dfrac{3\cos\dfrac{\alpha-\beta}{2}}{\cos\dfrac{\alpha+\beta}{2}}=\dfrac{3\left(\cos\dfrac{\alpha}{2}\cos\dfrac{\beta}{2}+\sin\dfrac{\alpha}{2}\sin\dfrac{\beta}{2}\right)}{\cos\dfrac{\alpha}{2}\cos\dfrac{\beta}{2}-\sin\dfrac{\alpha}{2}\sin\dfrac{\beta}{2}}=\dfrac{3\left(-2\sin\dfrac{\alpha}{2}\sin\dfrac{\beta}{2}\right)}{-4\sin\dfrac{\alpha}{2}\sin\dfrac{\beta}{2}}=\dfrac{3}{2}$$

综上,直线 CD 过定点 $Q\left(\dfrac{3}{2},0\right)$.

好题精练

精练 如图 6 所示,已知椭圆 $C:\dfrac{x^2}{16}+\dfrac{y^2}{12}=1$ 的左、右顶点分别为 P,Q,过椭圆右焦点 F 的直线 l 与椭圆交于 A,B 两点,且直线 l 的斜率不为 0.分别记直线 AP 和 BQ 的斜率为 k_1 与 k_2,问是否存在常数 λ,使得在直线 l 的转动过程中,有 $k_1=\lambda k_2$ 恒成立?

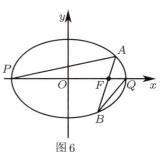

图 6

技法17 直径式方程

17.1 斜率直径式

> 在圆中,我们知道"直径所对的圆周角为直角",这是斜率直径式方程的理论基础.
> 若点 $P(x,y)$ 在以点 $A(x_1,y_1),B(x_2,y_2)$ 为直径端点的圆上,则 $\angle APB=90°$,由斜率公式得 $k_{PA}\cdot k_{PB}=\dfrac{y-y_1}{x-x_1}\cdot\dfrac{y-y_2}{x-x_2}=-1$,整理得 $(x-x_1)\cdot(x-x_2)+(y-y_1)\cdot(y-y_2)=0$.
> 我们称"$(x-x_1)\cdot(x-x_2)+(y-y_1)\cdot(y-y_2)=0$"为斜率直径式方程.

典例 已知双曲线 $C:\dfrac{x^2}{a^2}-\dfrac{y^2}{b^2}=1(a>0,b>0)$ 的左顶点为 A,过左焦点 F 的直线与双曲线 C 交于 P,Q 两点.当 $PQ\perp x$ 轴时,$|PA|=\sqrt{10}$,$\triangle PAQ$ 的面积为 3.

(1)求双曲线 C 的方程.

(2)证明:以 PQ 为直径的圆经过定点.

解答 (1)当 $PQ\perp x$ 轴时,$|PQ|=\dfrac{2b^2}{a}$,$|PF|=\dfrac{b^2}{a}$.

由题意得 $\begin{cases}\left(\dfrac{b^2}{a}\right)^2+(c-a)^2=10\\ \dfrac{1}{2}\cdot\dfrac{2b^2}{a}\cdot(c-a)=3\\ c^2=a^2+b^2\end{cases}$,解得 $\begin{cases}a=1\\ b=\sqrt{3}\\ c=2\end{cases}$,故双曲线 C 的方程为 $x^2-\dfrac{y^2}{3}=1$.

(2)由(1)得 $F(-2,0)$,设直线 PQ 的方程为 $x=my-2$,$m\neq\pm\dfrac{\sqrt{3}}{3}$,点 $P(x_1,y_1),Q(x_2,y_2)$.

联立方程 $\begin{cases}x=my-2\\ 3x^2-y^2=3\end{cases}$,消去 x 得 $(3m^2-1)y^2-12my+9=0$.

因为 $\Delta=144m^2-36(3m^2-1)=36m^2+36>0$,所以 $y_1+y_2=\dfrac{12m}{3m^2-1}$,$y_1y_2=\dfrac{9}{3m^2-1}$.

故 $\begin{cases}x_1+x_2=m(y_1+y_2)-4=\dfrac{12m^2}{3m^2-1}-4=\dfrac{4}{3m^2-1}\\ x_1x_2=(my_1-2)(my_2-2)=m^2y_1y_2-2m(y_1+y_2)+4=\dfrac{-3m^2-4}{3m^2-1}\end{cases}$.

由对称性得"以 PQ 为直径的圆必过 x 轴上的定点".

法一(直径式方程):以 PQ 为直径的圆的方程为 $(x-x_1)(x-x_2)+(y-y_1)(y-y_2)=0$.

整理得 $x^2-(x_1+x_2)x+x_1x_2+y^2-(y_1+y_2)y+y_1y_2=0$.

令 $y=0$,得 $x^2-(x_1+x_2)x+x_1x_2+y_1y_2=0$.

整理得 $x^2-\dfrac{4}{3m^2-1}x+\dfrac{-3m^2-4}{3m^2-1}+\dfrac{9}{3m^2-1}=0$,即 $(3m^2-1)x^2-4x+5-3m^2=0$.

因式分解得 $[(3m^2-1)x+3m^2-5](x-1)=0$,因为对任意的 $m\in\mathbf{R}$ 恒成立,所以 $x=1$.

综上,以 PQ 为直径的圆经过定点 $(1,0)$.

法二(平面向量法):设以 PQ 为直径的圆过 $E(t,0)$,则 $\overrightarrow{EP}\cdot\overrightarrow{EQ}=0\Rightarrow(x_1-t)(x_2-t)+y_1y_2=0$.

展开得 $x_1x_2-t(x_1+x_2)+t^2+y_1y_2=0$,整理得 $\dfrac{-3m^2-4}{3m^2-1}-\dfrac{4t}{3m^2-1}+t^2+\dfrac{9}{3m^2-1}=0$.

消去分母得 $(3m^2-1)t^2-4t+5-3m^2=0$,即 $[(3m^2-1)t+3m^2-5](t-1)=0$.

因为对任意的 $m\in\mathbf{R}$ 恒成立,所以 $t=1$,即以 PQ 为直径的圆经过定点 $(1,0)$.

> **名师点睛**
>
> 本题的核心在于"以 PQ 为直径的圆经过定点",因此解题的关键步骤是根据对称性判断出"以 PQ 为直径的圆必过 x 轴上的定点",从而我们既可以选择直径式方程解题,也可以选择平面向量法解题.

好题精练

精练 1 在平面直角坐标系 xOy 中,椭圆 C 的标准方程为 $\dfrac{x^2}{4}+\dfrac{y^2}{2}=1$,其左顶点为 A. 过原点 O 的直线(与坐标轴不重合)与椭圆 C 交于 P,Q 两点,直线 PA,QA 分别与 y 轴交于 M,N 两点. 试问:以 MN 为直径的圆是否经过定点(与直线 PQ 的斜率无关)? 请证明你的结论.

精练 2 已知圆 $x^2+y^2=4$,直线 $l:x=4$,圆 O 与 x 轴交于 A,B 两点,M 是圆 O 上异于 A,B 的任意一点,直线 AM 交直线 l 于点 P,直线 BM 交直线 l 于点 Q,如图1所示,证明:以 PQ 为直径的圆 C 过定点,并求出定点的坐标.

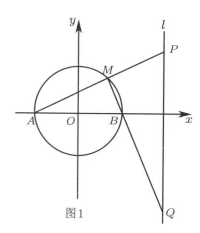

图1

17.2 双根直径式

在圆中,我们知道"直径所对的圆周角为直角",这是双根直径式方程的理论基础.

若点 $A(x_1,y_1),B(x_2,y_2)$ 在圆锥曲线上,且 $\angle APB=90°$,点 P 在以点 AB 为直径的圆上,设直线 $AB:y=kx+t$,将该直线的方程与圆锥曲线的方程联立.

消去 x 可以得到一个关于 y 的一元二次方程,此方程的两个根为点 A,B 的纵坐标.

消去 y 可以得到一个关于 x 的一元二次方程,此方程的两个根为点 A,B 的横坐标.

将这两个方程相加得到一个二元二次方程,由于点 A,B 为该二元二次方程的根,故此时我们可以得到以 AB 为直径的圆的方程.

典例 (全国卷)如图2所示,已知点 $M(-1,1)$ 和抛物线 $C:y^2=4x$,过 C 的焦点且斜率为 k 的直线与 C 交于 A,B 两点.若 $\angle AMB=90°$,则 $k=$ _____ .

解答 由题意可设直线的方程为 $y=k(x-1)$.

联立方程 $\begin{cases} y^2=4x \\ y=k(x-1) \end{cases}$,消去 y 得 $k^2x^2-(2k^2+4)x+k^2=0$ ①.

联立方程 $\begin{cases} y^2=4x \\ y=k(x-1) \end{cases}$,消去 x 得 $k^2y^2-4ky-4k^2=0$ ②.

由式①+②得以 AB 为直径的圆的方程为 $k^2x^2+k^2y^2-(2k^2+4)x-4ky-3k^2=0$.

将 $x=-1,y=1$ 代入上述圆的方程,解得 $k=2$.

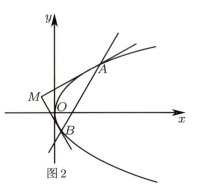

图2

好题精练

精练1 (全国卷)如图3所示,已知抛物线 $C:y^2=2x$,过点 $(2,0)$ 的直线 l 交 C 于 A,B 两点,圆 M 是以线段 AB 为直径的圆.

(1)证明:坐标原点 O 在圆 M 上.

(2)设圆 M 过点 $P(4,-2)$,求直线 l 与圆 M 的方程.

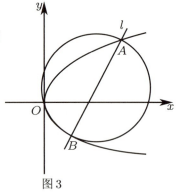

图3

精练2 (全国卷)如图4所示,设 A,B 为曲线 $C:y=\dfrac{x^2}{4}$ 上两点,A 与 B 的横坐标之和为 4.

(1)求直线 AB 的斜率.

(2)设 M 为曲线 C 上一点,C 在 M 处的切线与直线 AB 平行,且 $AM \perp BM$,求直线 AB 的方程.

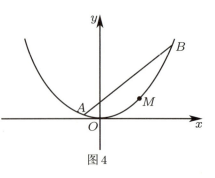

图4

技法18 点乘双根法

> 在向量点乘、斜率公式的运算中,经常会出现 $(x_1-x_0)(x_2-x_0)$ 和 $(y_1-y_0)(y_2-y_0)$ 的结构,常规方法是将其完全展开、韦达定理代入运算,我们在这里介绍的点乘双根法是利用二次函数的特性解决此类结构的问题.
>
> 在圆锥曲线中,整理出的式子往往是二次函数的一般式,即 $y=ax^2+bx+c$,而我们可以将其改写为 $y=a(x-x_1)(x-x_2)$,令 $x=x_0$,则 $a(x_0-x_1)(x_0-x_2)=ax_0^2+bx_0+c$,因此我们可以直接获得该式的值.
>
> 在圆锥曲线的一些题目中,出现的并非上述形式,如 $(kx_1+m)(kx_2+m)$,我们需要将其构造成:$(kx_1+m)(kx_2+m)=k^2\left(x_1+\dfrac{m}{k}\right)\left(x_2+\dfrac{m}{k}\right)$,再使用点乘双根法即可.

典例 已知椭圆 $C:\dfrac{x^2}{6}+\dfrac{y^2}{3}=1$ 上有一点 $M(2,1)$,不过 M 的动直线 l 交椭圆 C 于 A,B 两点,若 $\overrightarrow{MA}\cdot\overrightarrow{MB}=0$,证明:直线 l 恒过定点,并求出该定点的坐标.

解答 设点 $A(x_1,y_1),B(x_2,y_2)$.

由 $\overrightarrow{MA}\cdot\overrightarrow{MB}=0$ 展开得 $(x_1-2)(x_2-2)+(y_1-1)(y_2-1)=0$.

由题意易得直线 AB 不与坐标轴平行,故设直线 AB 的方程为 $y=kx+m$.

联立方程 $\begin{cases}\dfrac{x^2}{6}+\dfrac{y^2}{3}=1\\ y=kx+m\end{cases}$,消去 y 得 $(1+2k^2)x^2+4kmx+2m^2-6=0$.

由二次函数形式得 $(1+2k^2)(x-x_1)(x-x_2)=(1+2k^2)x^2+4kmx+2m^2-6$.

由点乘双根法可赋值:取 $x=2$,得 $(x_1-2)(x_2-2)=\dfrac{4(1+2k^2)+8km+2m^2-6}{1+2k^2}$ ①.

联立方程 $\begin{cases}\dfrac{x^2}{6}+\dfrac{y^2}{3}=1\\ y=kx+m\end{cases}$,消去 x 得 $(1+2k^2)y^2-2my+m^2-6k^2=0$.

由二次函数形式得 $(1+2k^2)(y-y_1)(y-y_2)=(1+2k^2)y^2-2my+m^2-6k^2$.

由点乘双根法可赋值:取 $y=1$,得 $(y_1-1)(y_2-1)=\dfrac{(1+2k^2)-2m+m^2-6k^2}{1+2k^2}$ ②.

将式①②代入 $(x_1-2)(x_2-2)+(y_1-1)(y_2-1)=0$.

从而可得 $4(1+2k^2)+8km+2m^2-6+(1+2k^2)-2m+m^2-6k^2=0$.

整理得 $4k^2+8km+3m^2-1-2m=0$,即 $(2k+2m)^2=(m+1)^2$.

情形一:当 $2k+2m=m+1$,即 $m=1-2k$ 时,直线 l 的方程为 $y=kx+1-2k=k(x-2)+1$,此时直线经过点 M,不符合题意.

情形二:当 $2k+2m+m+1=0$,即 $m=-\dfrac{1}{3}(2k+1)$ 时,直线 l 的方程为 $y=kx-\dfrac{1}{3}(2k+1)=k\left(x-\dfrac{2}{3}\right)-\dfrac{1}{3}$,此时直线经过定点 $\left(\dfrac{2}{3},-\dfrac{1}{3}\right)$.

因此,直线 l 恒经过定点 $\left(\dfrac{2}{3},-\dfrac{1}{3}\right)$.

名师点睛

在本题中,将题中条件"$\overrightarrow{MA} \cdot \overrightarrow{MB} = 0$"转换后,出现"$(x_1-x_0)(x_2-x_0)$ 和 $(y_1-y_0)(y_2-y_0)$"的点乘结构,从而我们可以使用点乘双根法进行直接计算,避免利用韦达定理直接代入后产生的复杂计算,这种方法在考试中可以直接使用,进而提升解题速度.

好题精练

精练1 设椭圆的中心在原点 O,长轴在 x 轴上,上顶点为 A,左、右焦点分别为 F_1,F_2,线段 OF_1,OF_2 的中点分别为 B_1,B_2,且 $\triangle AB_1B_2$ 是面积为4的直角三角形.

(1)求椭圆的方程.

(2)如图1所示,过点 B_1 作直线 l 交椭圆于 P,Q 两点,使 $PB_2 \perp QB_2$,求直线 l 的方程.

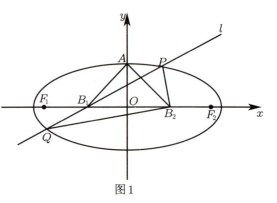

图1

精练2 已知点 $\left(1, \dfrac{3}{2}\right)$ 在椭圆 $C: \dfrac{x^2}{a^2} + \dfrac{y^2}{b^2} = 1(a>b>0)$ 上,且椭圆的离心率为 $\dfrac{1}{2}$.

(1)求椭圆 C 的方程.

(2)若 M 为椭圆 C 的右顶点,点 A,B 是椭圆 C 上不同的两点(均异于 M),且满足直线 MA 与 MB 的斜率之积为 $\dfrac{1}{4}$.试判断直线 AB 是否恒过定点?若恒过定点,求出定点的坐标;若不恒过定点,请说明理由.

精练3 (全国卷)设 A,B 为曲线 $C: y = \dfrac{x^2}{4}$ 上的两点,A 与 B 的横坐标之和为4.

(1)求直线 AB 的斜率.

(2)设 M 为曲线 C 上一点,C 在 M 处的切线与直线 AB 平行,且 $AM \perp BM$,求直线 AB 的方程.

精练4 设椭圆 $\dfrac{x^2}{a^2} + \dfrac{y^2}{b^2} = 1(a>b>0)$ 的左焦点为 F,离心率为 $\dfrac{\sqrt{3}}{3}$,过点 F 且与 x 轴垂直的直线被椭圆截得的线段长为 $\dfrac{4\sqrt{3}}{3}$.

(1)求椭圆的方程.

(2)设 A,B 分别为椭圆的左、右顶点,过点 F 且斜率为 k 的直线与椭圆交于 C,D 两点.若 $\overrightarrow{AC} \cdot \overrightarrow{DB} + \overrightarrow{AD} \cdot \overrightarrow{CB} = 8$,求 k 的值.

第五编 解题技法

技法 19 焦半径公式

19.1 坐标式

焦半径坐标式统一形式

设 P 为圆锥曲线上任意一点,F_1,F_2 为左、右焦点,则 $|PF_1|=|a+ex_p|$,$|PF_2|=|a-ex_p|$.

设 P 为圆锥曲线上任意一点,F_1,F_2 为下、上焦点,则 $|PF_1|=|a+ey_p|$,$|PF_2|=|a-ey_p|$.

(1) 椭圆

(i) 椭圆 $\dfrac{x^2}{a^2}+\dfrac{y^2}{b^2}=1(a>b>0)$,$F_1,F_2$ 为其左、右焦点,则 $\begin{cases}|PF_1|=a+ex_p\\|PF_2|=a-ex_p\end{cases}$.

(ii) 椭圆 $\dfrac{y^2}{a^2}+\dfrac{x^2}{b^2}=1(a>b>0)$,$F_1,F_2$ 为其下、上焦点,则 $\begin{cases}|PF_1|=a+ey_p\\|PF_2|=a-ey_p\end{cases}$.

记忆:左加右减,下加上减.

(2) 双曲线

(i) 双曲线 $\dfrac{x^2}{a^2}-\dfrac{y^2}{b^2}=1(a>0,b>0)$,$F_1,F_2$ 为其左、右焦点,则 $\begin{cases}|PF_1|=|a+ex_p|\\|PF_2|=|a-ex_p|\end{cases}$.

(ii) 双曲线 $\dfrac{y^2}{a^2}-\dfrac{x^2}{b^2}=1(a>0,b>0)$,$F_1,F_2$ 为其下、上焦点,则 $\begin{cases}|PF_1|=|a+ey_p|\\|PF_2|=|a-ey_p|\end{cases}$.

记忆:左加右减,下加上减,长正短负.

(3) 抛物线

抛物线 $y^2=2px(p>0)$,$|PF|=x_p+\dfrac{p}{2}$;抛物线 $x^2=2py(p>0)$,$|PF|=y_p+\dfrac{p}{2}$.

【例证】 已知椭圆 $\dfrac{x^2}{a^2}+\dfrac{y^2}{b^2}=1(a>b>0)$,$F_1,F_2$ 为椭圆的左、右焦点,$P(x_0,y_0)$ 为椭圆上一点,证明:$|PF_1|=a+ex_0$,$|PF_2|=a-ex_0$.

法一 因为 $P(x_0,y_0)$ 为椭圆上一点,所以 $\dfrac{x_0^2}{a^2}+\dfrac{y_0^2}{b^2}=1$.

由距离公式得 $|PF_1|=\sqrt{(x_0+c)^2+y_0^2}=\sqrt{(x_0^2+2cx_0+c^2)+b^2\left(1-\dfrac{x_0^2}{a^2}\right)}=\sqrt{\dfrac{c^2}{a^2}x_0^2+2cx_0+a^2}=\left|a+\dfrac{c}{a}x_0\right|=a+\dfrac{c}{a}x_0$,即 $|PF_1|=a+ex_0$,同理得 $|PF_2|=a-ex_0$.

法二 设 $|PF_1|+|PF_2|=2a$,构造 $\dfrac{|PF_1|^2-|PF_2|^2}{|PF_1|-|PF_2|}=2a$,由距离公式得 $\begin{cases}|PF_1|=\sqrt{(x_0+c)^2+y_0^2}\\|PF_2|=\sqrt{(x_0-c)^2+y_0^2}\end{cases}$.

整理得 $|PF_1|-|PF_2|=2ex_0$,从而 $|PF_1|=a+ex_0$,$|PF_2|=a-ex_0$.

注一(使用方法):焦半径公式在小题中直接使用,在大题中可以表现为距离公式.

注二(第二定义):因为 $|PF_1|=a+\dfrac{c}{a}x_0=\dfrac{c}{a}\left[x_0-\left(-\dfrac{a^2}{c}\right)\right]$,所以 $\dfrac{|PF|}{x_0-\left(-\dfrac{a^2}{c}\right)}=\dfrac{c}{a}=e$.

典例1 （新全国卷）已知 F_1,F_2 是椭圆 $C:\dfrac{x^2}{9}+\dfrac{y^2}{4}=1$ 的两个焦点,点 M 在 C 上,则 $|MF_1|\cdot|MF_2|$ 的最大值为 _____.

法一（椭圆定义） 由椭圆 C 的方程得 $a=3$,故 $|MF_1|+|MF_2|=2a=6$.

由基本不等式得 $|MF_1|\cdot|MF_2|\leqslant\left(\dfrac{|MF_1|+|MF_2|}{2}\right)^2=\left(\dfrac{2a}{2}\right)^2=9$.

当且仅当 $|MF_1|=|MF_2|$ 时,$|MF_1|\cdot|MF_2|$ 取得最大值 9.

法二（焦半径坐标式） 由题意得 $\begin{cases}a=3\\c=\sqrt{5}\\e=\dfrac{\sqrt{5}}{3}\end{cases}$,设点 $M(x_0,y_0)$,从而 $\begin{cases}|MF_1|=3+\dfrac{\sqrt{5}}{3}x_0\\|MF_2|=3-\dfrac{\sqrt{5}}{3}x_0\end{cases}$.

于是 $|MF_1|\cdot|MF_2|=\left(3+\dfrac{\sqrt{5}}{3}x_0\right)\left(3-\dfrac{\sqrt{5}}{3}x_0\right)=9-\dfrac{5}{9}x_0^2$,当 $x_0=0$ 时,$|MF_1|\cdot|MF_2|$ 取得最大值 9.

典例2 已知椭圆 $C:\dfrac{x^2}{a^2}+\dfrac{y^2}{b^2}=1(a>b>0)$ 的左、右焦点分别为 $F_1(-c,0),F_2(c,0)$,若椭圆 C 上存在一点 P,使得 $\dfrac{\sin\angle PF_2F_1}{\sin\angle PF_1F_2}=\dfrac{c}{a}$,则椭圆 C 的离心率的取值范围为 _____.

解答 在 $\triangle PF_1F_2$ 中,由正弦定理得 $\dfrac{|PF_2|}{\sin\angle PF_1F_2}=\dfrac{|PF_1|}{\sin\angle PF_2F_1}$.

由 $\dfrac{\sin\angle PF_2F_1}{\sin\angle PF_1F_2}=\dfrac{c}{a}$ 得 $\dfrac{a}{\sin\angle PF_1F_2}=\dfrac{c}{\sin\angle PF_2F_1}$,即 $a|PF_1|=c|PF_2|$.

设点 $P(x_0,y_0)$,可得 $\begin{cases}|PF_1|=a+ex_0\\|PF_2|=a-ex_0\end{cases}$,故 $a(a+ex_0)=c(a-ex_0)$,解得 $x_0=\dfrac{a(c-a)}{e(c+a)}=\dfrac{a(e-1)}{e(e+1)}$.

由椭圆的几何性质得 $a>x_0>-a$,即 $a>\dfrac{a(e-1)}{e(e+1)}>-a$.

整理得 $e^2+2e-1>0$,解得 $e<-\sqrt{2}-1$ 或 $e>\sqrt{2}-1$.

因为 $e\in(0,1)$,所以椭圆的离心率的取值范围是 $(\sqrt{2}-1,1)$.

名师点睛

焦半径坐标式在小题与大题中均可以应用,其更好地处理了"$|PF_1|$ 和 $|PF_2|$"两个焦半径之间的关系,用点的坐标表达出焦半径长度,更方便我们结合圆锥曲线的基本定义进行解题.

好题精练

精练1 已知椭圆 $M:\dfrac{x^2}{a^2}+\dfrac{y^2}{b^2}=1(a>b>0)$ 的左、右焦点分别为 F_1,F_2,P 为椭圆 M 上任一点,且 $|PF_1|\cdot|PF_2|$ 的最大值的取值范围为 $[2c^2,3c^2]$,则椭圆 M 的离心率的取值范围为 _____.

精练2 （舒城模拟）已知椭圆 $C:\dfrac{x^2}{a^2}+\dfrac{y^2}{b^2}=1(a>b>0)$ 的焦点为 F_1,F_2,若点 P 在椭圆上,则满足 $|PO|^2=|PF_1|\cdot|PF_2|$（其中 O 为坐标原点）的点 P 的个数为 _____.

精练3 已知椭圆 $C:\dfrac{x^2}{a^2}+\dfrac{y^2}{b^2}=1(a>b>0)$ 的离心率 $e\neq\dfrac{\sqrt{2}}{2}$,椭圆 C 的左、右焦点分别为 F_1,F_2,点 A 在椭圆 C 上且满足 $\angle F_1AF_2=\dfrac{\pi}{2}$.$\angle F_1AF_2$ 的角平分线交椭圆 C 于另一点 B,交 y 轴于点 D,且

$\overrightarrow{AB}=2\overrightarrow{BD}$,则 $e=$ _____.

精练4 (全国卷)已知斜率为 k 的直线 l 与椭圆 $C:\dfrac{x^2}{4}+\dfrac{y^2}{3}=1$ 交于 A,B 两点,线段 AB 的中点为 $M(1,m)(m>0)$.

(1)证明:$k<-\dfrac{1}{2}$.

(2)设 F 为椭圆 C 的右焦点,P 为椭圆 C 上一点,且 $\overrightarrow{FP}+\overrightarrow{FA}+\overrightarrow{FB}=0$.证明:$2|\overrightarrow{FP}|=|\overrightarrow{FA}|+|\overrightarrow{FB}|$.

精练5 如图1所示,已知点 F_1,F_2 分别是双曲线 $C_1:x^2-y^2=2$ 的左、右焦点,过 F_2 的直线交双曲线的右支于 P,A 两点,点 P 在第一象限.

(1)求点 P 的横坐标的取值范围.

(2)线段 PF_1 交圆 $C_2:(x+2)^2+y^2=8$ 于点 B,记 $\triangle PF_2B,\triangle AF_2F_1,\triangle PAF_1$ 的面积分别为 S_1,S_2,S,求 $\dfrac{S}{S_1}+\dfrac{S}{S_2}$ 的最小值.

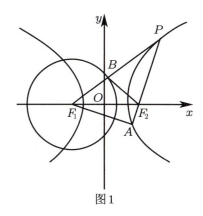

图1

19.2 角度式

焦半径角度式统一形式（该式与以焦点为极点的圆锥曲线极坐标方程一致）

已知点 A,F,B 三点共线且 A,B 在圆锥曲线上，F 为圆锥曲线的焦点，α 为直线 AB 的倾斜角，则有：$AF = \dfrac{ep}{1-e\cos\alpha}$，$BF = \dfrac{ep}{1+e\cos\alpha}$，其中 $e = \dfrac{c}{a}$，$p = \dfrac{b^2}{c}$.

(1) 椭圆：$\dfrac{x^2}{a^2} + \dfrac{y^2}{b^2} = 1 (a > b > 0)$.

(i) 当焦点在 x 轴上时，$AF = \dfrac{b^2}{a-c\cos\alpha}$，$BF = \dfrac{b^2}{a+c\cos\alpha}$.

(ii) 当焦点在 y 轴上时，$AF = \dfrac{b^2}{a-c\sin\alpha}$，$BF = \dfrac{b^2}{a+c\sin\alpha}$.

(iii) 弦长公式：$AB = \dfrac{2ab^2}{a^2-c^2\cos^2\alpha}$，$AB = \dfrac{2ab^2}{a^2-c^2\sin^2\alpha}$.

(2) 双曲线：$\dfrac{x^2}{a^2} - \dfrac{y^2}{b^2} = 1 (a > 0, b > 0)$.

(i) 当焦点在 x 轴上时，$AF = \dfrac{b^2}{|a-c\cos\alpha|}$，$BF = \dfrac{b^2}{a+c\cos\alpha}$.

(ii) 当焦点在 y 轴上时，$AF = \dfrac{b^2}{|a-c\sin\alpha|}$，$BF = \dfrac{b^2}{a+c\sin\alpha}$.

(iii) 弦长公式：$AB = \dfrac{2ab^2}{|a^2-c^2\cos^2\alpha|}$，$AB = \dfrac{2ab^2}{|a^2-c^2\sin^2\alpha|}$.

注：当点 A,B 与点 F 位于 y 轴的同侧时取正，否则取负，即"同正异负".

(3) 抛物线：$y^2 = 2px (p > 0)$.

(i) 当焦点在 x 轴上时，$AF = \dfrac{p}{1-\cos\alpha}$，$BF = \dfrac{p}{1+\cos\alpha}$.

(ii) 拓展公式：$\dfrac{1}{|AF|} + \dfrac{1}{|BF|} = \dfrac{2}{p}$，$AB = \dfrac{2p}{\sin^2\alpha}$，$S_{\triangle OAB} = \dfrac{p^2}{2\sin\alpha}$.

【例证1】 已知椭圆 $\dfrac{x^2}{a^2} + \dfrac{y^2}{b^2} = 1 (a > b > 0)$，$F_1,F_2$ 分别为椭圆的左、右焦点，A 为椭圆上的任意一点，证明：$AF_1 = \dfrac{b^2}{a-c\cos\alpha}$.

证明 由题意得 $\overrightarrow{AF_2} = \overrightarrow{F_1F_2} - \overrightarrow{F_1A}$，平方得 $|\overrightarrow{AF_2}|^2 = |\overrightarrow{F_1F_2}|^2 - 2\overrightarrow{F_1F_2} \cdot \overrightarrow{F_1A} + |\overrightarrow{F_1A}|^2$.

整理得 $(2a - |\overrightarrow{AF_1}|)^2 = 4c^2 - 4c|\overrightarrow{AF_1}|\cos\alpha + |\overrightarrow{AF_1}|^2$，解得 $AF_1 = \dfrac{b^2}{a-c\cos\alpha}$.

【例证2】 已知点 A 是抛物线 $C:y^2 = 2px (p > 0)$ 上任意一点，F 为抛物线的焦点，$\angle AFO = \theta$，证明：$|AF| = \dfrac{p}{1+\cos\theta}$.

证明 如图2所示，PN 为准线，故 $|AF| = |AN|$.

于是 $|PF| = p$，$|FM| = |AF| \cdot \cos\theta$.

从而 $|AN| = |PF| - |FM| = p - |AF|\cos\theta$.

解得 $|AF| = p - |AF|\cos\theta$，故 $|AF| = \dfrac{p}{1+\cos\theta}$.

注：延长 AF 交抛物线 C 于点 B.

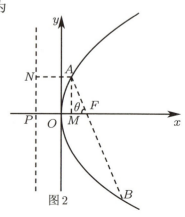

图2

典例1 如图3所示，F 是椭圆 $\dfrac{x^2}{4}+\dfrac{y^2}{3}=1$ 的右焦点，过点 F 作一条与坐标轴不垂直的直线交椭圆于点 A,B，线段 AB 的中垂线 l 交 x 轴于点 M，则 $\dfrac{|AB|}{|FM|}$ 的值为 _____．

解答 设 $\angle AFO=\alpha$，则 $\angle BFO=\pi-\alpha$.

由椭圆的焦半径角度公式得 $\begin{cases}|AF|=\dfrac{b^2}{a-c\cos\alpha}=\dfrac{3}{2-\cos\alpha}\\ |BF|=\dfrac{b^2}{a-c\cos(\pi-\alpha)}=\dfrac{3}{2+\cos\alpha}\end{cases}$.

从而 $|AB|=|AF|+|FB|=\dfrac{3}{2-\cos\alpha}+\dfrac{3}{2+\cos\alpha}=\dfrac{12}{4-\cos^2\alpha}$.

设 AB 的中点为 N，则 $2|FN|=|AF|-|FB|=\dfrac{3}{2-\cos\alpha}-\dfrac{3}{2+\cos\alpha}=\dfrac{6\cos\alpha}{4-\cos^2\alpha}$，即 $|FN|=\dfrac{3\cos\alpha}{4-\cos^2\alpha}$.

在 Rt$\triangle MNF$ 中，因为 $|MF|=\dfrac{|NF|}{\cos\alpha}=\dfrac{3}{4-\cos^2\alpha}$，所以 $\dfrac{|AB|}{|FM|}=4$.

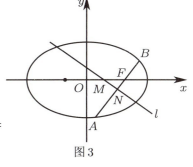

图3

典例2 （全国卷）如图4所示，已知椭圆 $\dfrac{x^2}{3}+\dfrac{y^2}{2}=1$ 的左、右焦点分别为 F_1,F_2，过 F_1 的直线交椭圆于 B,D 两点，过 F_2 的直线交椭圆于 A,C 两点，且 $AC\perp BD$，求四边形 $ABCD$ 的面积的最小值．

解答 设 $\angle BF_1O=\theta$，则 $\angle DF_1O=\pi-\theta$.

因为 $AC\perp BD$，所以 $\angle AF_2O=\dfrac{\pi}{2}-\theta$，$\angle AF_2x=\dfrac{\pi}{2}+\theta$.

从而 $|BF_1|=\dfrac{b^2}{a-c\cos\theta}$，$|DF_1|=\dfrac{b^2}{a-c\cos(\pi-\theta)}=\dfrac{b^2}{a+c\cos\theta}$.

于是 $|BD|=|BF_1|+|DF_1|=\dfrac{2ab^2}{a^2-c^2\cos^2\theta}$.

同理 $|AC|=\dfrac{2ab^2}{a^2-c^2\sin^2\theta}$.

四边形 $ABCD$ 的面积为
$$S=\dfrac{1}{2}|AC|\cdot|BD|=\dfrac{1}{2}\cdot\dfrac{2ab^2}{a^2-c^2\cos^2\theta}\cdot\dfrac{2ab^2}{a^2-c^2\sin^2\theta}=\dfrac{2a^2b^4}{a^4-a^2c^2+\dfrac{1}{4}c^4\sin^2 2\theta}.$$

因为 $a^2=3,b^2=2,c^2=1$，所以 $S=\dfrac{24}{6+\dfrac{1}{4}\sin^2 2\theta}$.

又因为 $0\leqslant\sin^2 2\theta\leqslant 1$，所以当 $\sin^2 2\theta=1$ 时，四边形 $ABCD$ 的面积取得最小值 $\dfrac{96}{25}$.

精练1 （株洲模拟）已知椭圆 $C:\dfrac{x^2}{a^2}+\dfrac{y^2}{b^2}=1(a>b>0)$ 的左、右焦点为 F_1,F_2，过 F_1 的直线交椭圆 C 于 P,Q 两点，若 $\overrightarrow{PF_1}=\dfrac{4}{3}\overrightarrow{F_1Q}$，且 $|\overrightarrow{PF_2}|=|\overrightarrow{F_1F_2}|$，则椭圆 C 的离心率为 _____．

精练2 （乐山模拟）如图5所示，已知F_1,F_2是双曲线$C:\dfrac{x^2}{a^2}-\dfrac{y^2}{b^2}=1(a>0,b>0)$的左、右焦点，过点$F_1$的直线与双曲线左、右两支分别交于$A,B$两点．若$\overrightarrow{F_1B}=5\overrightarrow{F_1A}$，$P$为$AB$的中点，且$\overrightarrow{F_1P}\cdot\overrightarrow{PF_2}=0$，则双曲线的渐近线方程为（　　）．

A. $y=\pm\dfrac{\sqrt{7}}{2}x$ B. $y=\pm\dfrac{\sqrt{10}}{2}x$ C. $y=\pm\dfrac{\sqrt{14}}{2}x$ D. $y=\pm\dfrac{\sqrt{17}}{2}x$

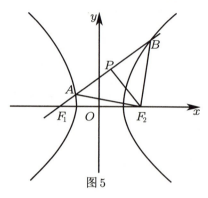

图5

精练3 如图6所示，已知直线l过抛物线$y^2=2px(p>0)$的焦点F且交抛物线于A,B两点（点A在点B的上方），点D为焦点F右侧的x轴上的点，且$|FA|=|FD|=3|FB|$，$S_{\triangle ABD}=12\sqrt{3}$，则$p=$ _____．

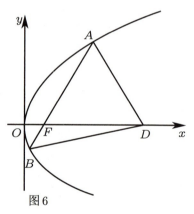

图6

精练4 （威海二模）已知$P(\sqrt{2},\sqrt{3})$是椭圆$C:\dfrac{x^2}{a^2}+\dfrac{y^2}{b^2}=1(a>b>0)$上一点，以点$P$及椭圆的左、右焦点$F_1,F_2$为顶点的三角形的面积为$2\sqrt{3}$．

(1) 求椭圆C的标准方程．

(2) 过F_2作斜率存在且互相垂直的直线l_1,l_2，M是l_1与椭圆C两交点的中点，N是l_2与椭圆C两交点的中点，求$\triangle MNF_2$面积的最大值．

19.3 焦点弦定理

1. 焦点弦定理

已知点 F 为圆锥曲线上的任意一个焦点，A,B 为圆锥曲线上不同的两点，直线 AB 的斜率记为 k，倾斜角记为 α，且 $\overrightarrow{AF}=\lambda\overrightarrow{FB}$，则有：

(1) 当焦点在 x 轴上时，有 $|e\cos\alpha|=\left|\dfrac{\lambda-1}{\lambda+1}\right|$，即 $e=\sqrt{1+k^2}\left|\dfrac{\lambda-1}{\lambda+1}\right|$.

(2) 当焦点在 y 轴上时，有 $|e\sin\alpha|=\left|\dfrac{\lambda-1}{\lambda+1}\right|$，即 $e=\sqrt{1+\dfrac{1}{k^2}}\left|\dfrac{\lambda-1}{\lambda+1}\right|$.

注意：如图7所示，当 $AF_2 \perp x$ 轴时，则 $e=\sqrt{\dfrac{\lambda-1}{\lambda+3}}$.

证明：由焦半径公式得 $\begin{cases}AF=\dfrac{b^2}{a-c\cos\alpha}\\ BF=\dfrac{b^2}{a+c\cos\alpha}\end{cases}$，两式相除得 $|e\cos\alpha|=\left|\dfrac{\lambda-1}{\lambda+1}\right|$.

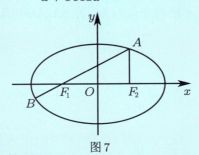

图7

2. 焦点弦定理推论之焦半径表达式

在焦点弦定理的条件下，可知 $|AF|=\dfrac{\lambda+1}{2}\cdot\dfrac{b^2}{a}$.

证明：$|AF|=\dfrac{b^2}{a-c\cos\alpha}=\dfrac{\dfrac{b^2}{a}}{1-e\cos\alpha}=\dfrac{\lambda+1}{2}\cdot\dfrac{b^2}{a}$.

推论：在椭圆中，$|AF|=\dfrac{\lambda+1}{2}\cdot\dfrac{b^2}{a}$，$|BF|=\dfrac{\lambda+1}{2\lambda}\cdot\dfrac{b^2}{a}$.

在双曲线（两交点在同一支）中：$|AF|=\dfrac{\lambda+1}{2}\cdot\dfrac{b^2}{a}$，$|BF|=\dfrac{\lambda+1}{2\lambda}\cdot\dfrac{b^2}{a}$.

在双曲线（两交点在不同支）中：$|AF|=\dfrac{\lambda-1}{2}\cdot\dfrac{b^2}{a}$，$|BF|=\dfrac{\lambda-1}{2\lambda}\cdot\dfrac{b^2}{a}$.

典例1 （全国卷）已知椭圆 $C:\dfrac{x^2}{a^2}+\dfrac{y^2}{b^2}=1(a>b>0)$ 的离心率为 $\dfrac{\sqrt{3}}{2}$，过右焦点 F 且斜率为 $k(k>0)$ 的直线与椭圆 C 相交于 A,B 两点. 若 $\overrightarrow{AF}=3\overrightarrow{FB}$，则 $k=$ _____.

解答 设 AB 的倾斜角为 $\theta\left(0<\theta<\dfrac{\pi}{2}\right)$，由 $\dfrac{\sqrt{3}}{2}\cos\theta=\dfrac{3-1}{3+1}$ 得 $\cos\theta=\dfrac{\sqrt{3}}{3}$，即 $k=\tan\theta=\sqrt{2}$.

典例2 （全国卷）设抛物线 $C:y^2=4x$ 的焦点为 F，直线 l 过点 F 且与抛物线 C 交于 A,B 两点. 若 $|AF|=3|BF|$，则 l 的方程为（　　）.

A. $y=x-1$ 或 $y=-x+1$
B. $y=\dfrac{\sqrt{3}}{3}(x-1)$ 或 $y=-\dfrac{\sqrt{3}}{3}(x-1)$
C. $y=\sqrt{3}(x-1)$ 或 $y=-\sqrt{3}(x-1)$
D. $y=\dfrac{\sqrt{2}}{2}(x-1)$ 或 $y=-\dfrac{\sqrt{2}}{2}(x-1)$

解答 由焦点弦定理 $e=\sqrt{1+k^2}\cdot\left|\dfrac{\lambda-1}{\lambda+1}\right|$ 得 $1=\sqrt{1+k^2}\cdot\dfrac{1}{2}$，解得 $k=\pm\sqrt{3}$，故选 C.

好题精练

精练1 （全国卷）已知椭圆 C 的焦点为 $F_1(-1,0), F_2(1,0)$，过 F_2 的直线与椭圆 C 交于 A,B 两点，若 $|AF_2|=2|F_2B|, |AB|=|BF_1|$，则椭圆 C 的方程为（   ）.

A. $\dfrac{x^2}{2}+y^2=1$　　　　B. $\dfrac{x^2}{3}+\dfrac{y^2}{2}=1$　　　　C. $\dfrac{x^2}{4}+\dfrac{y^2}{3}=1$　　　　D. $\dfrac{x^2}{5}+\dfrac{y^2}{4}=1$

精练2 （天一联考）已知抛物线 $C:y^2=2px(p>0)$ 的焦点为 $F(1,0)$，过点 F 的直线与抛物线 C 交于 A,B 两点，抛物线 C 的准线与 x 轴的交点为 M，若 $\triangle MAB$ 的面积为 $\dfrac{8\sqrt{3}}{3}$，则 $\dfrac{|AF|}{|BF|}=$ _____.

精练3 设 F_1, F_2 分别是椭圆 $C:\dfrac{x^2}{a^2}+\dfrac{y^2}{b^2}=1(a>b>0)$ 的左、右焦点，M 是椭圆 C 上的一点，且 MF_2 与 x 轴垂直，直线 MF_1 与椭圆 C 的另一个交点为 N. 若直线 MN 在 y 轴上的截距为 2，且 $|MN|=5|F_1N|$，则椭圆 C 的方程为 _____.

精练4 （山东模拟）已知椭圆 $\Gamma:\dfrac{x^2}{a^2}+\dfrac{y^2}{b^2}=1(a>b>0)$ 的左、右焦点分别为 F_1,F_2，点 A,B 在椭圆 Γ 上，$\overrightarrow{AF_1}\cdot\overrightarrow{F_1F_2}=0$ 且 $\overrightarrow{AF_2}=\lambda\overrightarrow{F_2B}$，则当 $\lambda\in[2,3]$ 时，椭圆的离心率的取值范围为 _____.

精练5 设 F_1,F_2 分别是椭圆 $C:\dfrac{x^2}{a^2}+\dfrac{y^2}{b^2}=1(a>b>0)$ 的左、右焦点，过 F_2 的直线交椭圆于 A,B 两点，且 $\overrightarrow{AF_1}\cdot\overrightarrow{AF_2}=0, \overrightarrow{AF_2}=2\overrightarrow{F_2B}$，则椭圆 C 的离心率为 _____.

技法20　定比分点法

20.1　点差法

1. 点差法结论

若 A,B 为圆锥曲线上任意两点，P 为 A,B 的中点，O 为坐标原点，则有：

(1) 在椭圆 $\dfrac{x^2}{a^2}+\dfrac{y^2}{b^2}=1(a>b>0)$ 中，有 $k_{AB}\cdot k_{OP}=-\dfrac{b^2}{a^2}$.

在椭圆 $\dfrac{y^2}{a^2}+\dfrac{x^2}{b^2}=1(a>b>0)$ 中，有 $k_{AB}\cdot k_{OP}=-\dfrac{a^2}{b^2}$.

(2) 在双曲线 $\dfrac{x^2}{a^2}-\dfrac{y^2}{b^2}=1(a>0,b>0)$ 中，有 $k_{AB}\cdot k_{OP}=\dfrac{b^2}{a^2}$.

在双曲线 $\dfrac{y^2}{a^2}-\dfrac{x^2}{b^2}=1(a>0,b>0)$ 中，有 $k_{AB}\cdot k_{OP}=\dfrac{a^2}{b^2}$.

(3) 在抛物线 $y^2=2px(p>0)$ 中，有 $k_{AB}\cdot y_P=p$.

2. 点差法证明

在椭圆 $C:\dfrac{x^2}{a^2}+\dfrac{y^2}{b^2}=1(a>b>0)$ 中，直线 l 与椭圆 C 相交于 A,B 两点，点 $P(x_0,y_0)$ 是弦 AB 的中点，则 $k_{AB}\cdot k_{OP}=-\dfrac{b^2}{a^2}=e^2-1$.

证明：设点 $A(x_1,y_1), B(x_2,y_2)$，则有 $\begin{cases}\dfrac{x_1^2}{a^2}+\dfrac{y_1^2}{b^2}=1 & ① \\ \dfrac{x_2^2}{a^2}+\dfrac{y_2^2}{b^2}=1 & ②\end{cases}$.

由式 ①－② 得 $\dfrac{x_1^2-x_2^2}{a^2}+\dfrac{y_1^2-y_2^2}{b^2}=0$，整理得 $\dfrac{y_2-y_1}{x_2-x_1}\cdot\dfrac{y_2+y_1}{x_2+x_1}=-\dfrac{b^2}{a^2}$.

于是 $k_{AB}\cdot k_{OP}=\dfrac{y_2-y_1}{x_2-x_1}\cdot\dfrac{y_0}{x_0}=\dfrac{y_2-y_1}{x_2-x_1}\cdot\dfrac{y_2+y_1}{x_2+x_1}=-\dfrac{b^2}{a^2}=-\dfrac{a^2-c^2}{a^2}=e^2-1$.

典例1　（全国卷）已知双曲线 E 的中心为原点，$F(3,0)$ 是双曲线 E 的焦点，过 F 的直线 l 与双曲线 E 相交于 A,B 两点，且 AB 的中点为 $N(-12,-15)$，则 E 的方程为（　　）.

A. $\dfrac{x^2}{3}-\dfrac{y^2}{6}=1$　　　　B. $\dfrac{x^2}{4}-\dfrac{y^2}{5}=1$　　　　C. $\dfrac{x^2}{6}-\dfrac{y^2}{3}=1$　　　　D. $\dfrac{x^2}{5}-\dfrac{y^2}{4}=1$

解答　设双曲线的标准方程为 $\dfrac{x^2}{a^2}-\dfrac{y^2}{b^2}=1(a>0,b>0)$，由题意得 $c=3$，$a^2+b^2=9$.

设点 $A(x_1,y_1), B(x_2,y_2)$，则 $\begin{cases}\dfrac{x_1^2}{a^2}-\dfrac{y_1^2}{b^2}=1 \\ \dfrac{x_2^2}{a^2}-\dfrac{y_2^2}{b^2}=1\end{cases}$，两式作差得 $\dfrac{y_1-y_2}{x_1-x_2}=\dfrac{b^2(x_1+x_2)}{a^2(y_1+y_2)}=\dfrac{-12b^2}{-15a^2}=\dfrac{4b^2}{5a^2}$.

因为直线 AB 的斜率是 $\dfrac{-15-0}{-12-3}=1$，所以将 $4b^2=5a^2$ 代入 $a^2+b^2=9$ 得 $a^2=4$，$b^2=5$.

于是双曲线的标准方程是 $\dfrac{x^2}{4}-\dfrac{y^2}{5}=1$，故选 B.

典例2 （郑州模拟）已知椭圆 $C: \dfrac{x^2}{a^2}+\dfrac{y^2}{b^2}=1$，$F(1,0)$，$e=\dfrac{1}{2}$，$\triangle ABC$ 的顶点都在椭圆上，设 $\triangle ABC$ 的三边 AB,BC,AC 的中点分别为点 D,E,M，且三边所在直线的斜率分别为 k_1,k_2,k_3，且 k_1,k_2,k_3 均不为 0。若 $k_{OD}+k_{OE}+k_{OM}=1$，求 $\dfrac{1}{k_1}+\dfrac{1}{k_2}+\dfrac{1}{k_3}=$ _____。

解答 由题意得 $\dfrac{x^2}{4}+\dfrac{y^2}{3}=1$，设点 $A(x_1,y_1),B(x_2,y_2),C(x_3,y_3)$。

从而求得中点的坐标为 $D\left(\dfrac{x_1+x_2}{2},\dfrac{y_1+y_2}{2}\right)$，$E\left(\dfrac{x_2+x_3}{2},\dfrac{y_2+y_3}{2}\right)$，$M\left(\dfrac{x_1+x_3}{2},\dfrac{y_1+y_3}{2}\right)$。

因为点 A,B 在椭圆 C 上，所以 $\begin{cases}\dfrac{x_1^2}{4}+\dfrac{y_1^2}{3}=1 \\ \dfrac{x_2^2}{4}+\dfrac{y_2^2}{3}=1\end{cases}$。

以上两式相减整理得 $\dfrac{y_2-y_1}{x_2-x_1}\cdot\dfrac{y_2+y_1}{x_2+x_1}=k_{OD}\cdot k_1=-\dfrac{3}{4}$，故 $k_{OD}=-\dfrac{3}{4k_1}$，同理可得 $\begin{cases}k_{OE}=-\dfrac{3}{4k_2} \\ k_{OM}=-\dfrac{3}{4k_3}\end{cases}$。

因为 $-\dfrac{3}{4k_1}-\dfrac{3}{4k_2}-\dfrac{3}{4k_3}=1$，所以 $\dfrac{1}{k_1}+\dfrac{1}{k_2}+\dfrac{1}{k_3}=-\dfrac{4}{3}$。

好题精练

精练1 已知 $m,n,s,t\in(0,+\infty)$，$m+n=4$，$\dfrac{m}{s}+\dfrac{n}{t}=9$，其中 m,n 是常数，且 $s+t$ 的最小值是 $\dfrac{8}{9}$，点 $M(m,n)$ 是曲线 $\dfrac{x^2}{8}-\dfrac{y^2}{2}=1$ 的一条弦 AB 的中点，则弦 AB 所在直线的方程为 _____。

精练2 已知椭圆 $\dfrac{x^2}{4}+\dfrac{y^2}{3}=1$，若此椭圆上存在不同两点 A,B 关于直线 $y=4x+m$ 对称，则 m 的取值范围是 _____。

精练3 已知双曲线 $C:\dfrac{x^2}{a^2}-\dfrac{y^2}{b^2}=1$ 的左、右焦点分别为 $F_1(-c,0),F_2(c,0)$，过 F_1 的直线 l 交双曲线 C 的渐近线于 A,B 两点，若 $|F_2A|=|F_2B|$，$S_{\triangle AF_1F_2}+S_{\triangle BF_1F_2}=\dfrac{8}{5}c^2$（其中 $S_{\triangle AF_1F_2}$ 表示 $\triangle AF_1F_2$ 的面积），则双曲线 C 的离心率的值为 _____。

精练4 （新全国卷）已知直线 l 与椭圆 $\dfrac{x^2}{6}+\dfrac{y^2}{3}=1$ 在第一象限交于 A,B 两点，l 与 x 轴、y 轴分别交于 M,N 两点，且 $|MA|=|NB|$，$|MN|=2\sqrt{3}$，则 l 的方程为 _____。

精练5 （浙江模拟）如图1所示，已知椭圆 $C:\dfrac{x^2}{a^2}+\dfrac{y^2}{b^2}=1(a>b>0)$ 的右焦点为 $F(2,0)$，离心率为 $\dfrac{1}{2}$，$\triangle ABC$ 为椭圆 C 的任意内接三角形，点 D 为 $\triangle ABC$ 的外心。

(1) 求椭圆 C 的标准方程；
(2) 记直线 AB,BC,CA,OD 的斜率分别为 k_1,k_2,k_3,k_4，且斜率均存在。证明：$4k_1k_2k_3k_4=3$。

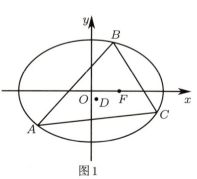

图1

20.2 点差法与双曲线

已知双曲线 $C: \dfrac{x^2}{a^2} - \dfrac{y^2}{b^2} = 1 (a>0, b>0)$，点 $P(x_0, y_0)$ 为平面内一点，当且仅当 $\dfrac{x_0^2}{a^2} - \dfrac{y_0^2}{b^2} > 1$ 或 $\dfrac{x_0^2}{a^2} - \dfrac{y_0^2}{b^2} < 0$，即点 P 在如图 2 所示的阴影区域内时，存在过点 P 的弦 AB，使得点 P 为 AB 的中点.

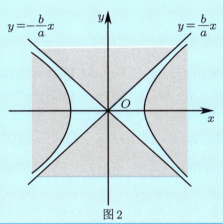

图 2

典例 1 （全国卷）设 A,B 为双曲线 $x^2 - \dfrac{y^2}{9} = 1$ 上的两点，在下列四个点中，可为线段 AB 中点的是（　　）.

A.$(1,1)$　　　B.$(-1,2)$　　　C.$(1,3)$　　　D.$(-1,-4)$

解答 结合选项可知，直线 AB 的斜率存在且不为零.

设点 $A(x_1, y_1), B(x_2, y_2)$，AB 的中点为 $M(x_0, y_0)$. 由点 A, B 在双曲线上得 $\begin{cases} x_1^2 - \dfrac{y_1^2}{9} = 1 \\ x_2^2 - \dfrac{y_2^2}{9} = 1 \end{cases}$.

以上两式作差得 $x_1^2 - x_2^2 = \dfrac{y_1^2 - y_2^2}{9}$，即 $(x_1 - x_2)(x_1 + x_2) = \dfrac{(y_1 - y_2)(y_1 + y_2)}{9}$.

化简得 $\dfrac{(y_1 - y_2)(y_1 + y_2)}{(x_1 - x_2)(x_1 + x_2)} = 9$，即 $\dfrac{y_1 - y_2}{x_1 - x_2} \cdot \dfrac{\dfrac{y_1 + y_2}{2}}{\dfrac{x_1 + x_2}{2}} = k_{AB} \cdot \dfrac{y_0}{x_0} = 9$，因此 $k_{AB} = 9 \cdot \dfrac{x_0}{y_0}$.

由双曲线方程可得渐近线的方程为 $y = \pm 3x$.

对于选项 A，因为 $k_{AB} = 9 \times \dfrac{1}{1} = 9 > 3$，所以直线 AB 与双曲线无交点，不符合题意.

对于选项 B，因为 $k_{AB} = 9 \times \dfrac{-1}{2} = -\dfrac{9}{2} < -3$，所以直线 AB 与双曲线无交点，不符合题意.

对于选项 C，$k_{AB} = 9 \times \dfrac{1}{3} = 3$，此时直线 AB 与渐近线 $y = 3x$ 平行，与双曲线不可能有两个交点，不符合题意.

对于选项 D，因为 $k_{AB} = 9 \times \dfrac{-1}{-4} = \dfrac{9}{4} < 3$，所以直线 AB 与双曲线有两个交点，满足题意.

故选 D.

典例2 已知双曲线 $C: \dfrac{x^2}{a^2} - \dfrac{y^2}{b^2} = 1(a>0, b>0)$，若双曲线不存在以点 $(2a, a)$ 为中点的弦，则双曲线离心率 e 的取值范围是（　　）.

A. $\left(1, \dfrac{2\sqrt{3}}{3}\right]$　　　　B. $\left[\dfrac{\sqrt{5}}{2}, \dfrac{2\sqrt{3}}{3}\right]$　　　　C. $\left[\dfrac{2\sqrt{3}}{3}, +\infty\right)$　　　　D. $\left[\dfrac{\sqrt{5}}{2}, +\infty\right)$

解答 首先证明以下引理.

设双曲线的方程为 $\dfrac{x^2}{a^2} - \dfrac{y^2}{b^2} = 1(a>0, b>0)$，弦 AB 的两个端点为点 $A(x_1, y_1), B(x_2, y_2)$.

弦 AB 的中点为 $P(x_0, y_0)$，由点差法得 AB 的斜率 $k = \dfrac{b^2 x_0}{a^2 y_0}$.

设直线 AB 的方程为 $y - y_0 = k(x - x_0)$，将直线 AB 的方程代入双曲线方程，消去 y 得 $(b^2 - a^2 k^2)x^2 - 2ka^2(y_0 - kx_0)x - a^2(y_0 - kx_0)^2 - a^2 b^2 = 0$.

当 $b^2 - a^2 k^2 = 0$ 时，方程没有两实根.

当 $b^2 - a^2 k^2 \neq 0$ 时，由判别式得 $\Delta = [-2ka^2(y_0 - kx_0)]^2 - 4(b^2 - a^2 k^2)[-a^2(y_0 - kx_0)^2 - a^2 b^2] = \dfrac{4a^2 b^2}{y_0^2}\left(\dfrac{x_0^2}{a^2} - \dfrac{y_0^2}{b^2}\right)\left(\dfrac{x_0^2}{a^2} - \dfrac{y_0^2}{b^2} - 1\right)$.

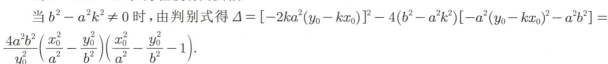

图3

如图3所示，当点 P 位于区域3时，$0 < \dfrac{x_0^2}{a^2} - \dfrac{y_0^2}{b^2} < 1$，$\Delta < 0$，方程没有两实根.

当点 P 位于区域2时，$\dfrac{x_0^2}{a^2} - \dfrac{y_0^2}{b^2} < 0$，$\Delta > 0$，方程有两个不相等实根.

当点 P 位于区域1时，$\dfrac{x_0^2}{a^2} - \dfrac{y_0^2}{b^2} > 1$，$\Delta > 0$，方程有两个不相等实根.

当点 P 位于双曲线与渐近线上时，以 P 为中点的弦不存在.

综上，当点 P 位于区域3、位于双曲线上、位于双曲线的渐近线上时，以 P 为中点的弦不存在.

因为双曲线不存在以点 $(2a, a)$ 为中点的弦，所以 $0 \leqslant \dfrac{4a^2}{a^2} - \dfrac{a^2}{b^2} \leqslant 1$，故 $3 \leqslant \dfrac{a^2}{b^2} \leqslant 4$，即 $3b^2 \leqslant a^2 \leqslant 4b^2$，从而 $3(c^2 - a^2) \leqslant a^2 \leqslant 4(c^2 - a^2)$，解得 $3c^2 \leqslant 4a^2$ 且 $5a^2 \leqslant 4c^2$，即 $\dfrac{\sqrt{5}}{2} \leqslant e \leqslant \dfrac{2\sqrt{3}}{3}$，故选 B.

好题精练

精练 已知双曲线 $x^2 - \dfrac{y^2}{2} = 1$，过点 $P(1, 1)$ 能否作一条直线 l，与双曲线交于 A, B 两点，且点 P 是线段 AB 的中点？

20.3 定比分点法

在圆锥曲线中,点差法有两个重要的延伸,一为圆锥曲线第三定义;二为定比分点法. 圆锥曲线第三定义在前文已讲过,不再赘述,本小节将重点介绍定比分点法.

定比分点法作为一个可以避开韦达定理的技巧,非常实用,其主要用于解决线段比、单向量和双向量的问题.

此外,定比分点法的公式无需记忆,我们只需掌握下面的解题过程即可.

公式:若点 $A(x_1,y_1)$, $B(x_2,y_2)$, $\overrightarrow{AM}=\lambda\overrightarrow{MB}$,则 $M\left(\dfrac{x_1+\lambda x_2}{1+\lambda},\dfrac{y_1+\lambda y_2}{1+\lambda}\right)$.

大题过程:已知椭圆方程 $\dfrac{x^2}{a^2}+\dfrac{y^2}{b^2}=1(a>b>0)$,点 $A(x_1,y_1)$, $B(x_2,y_2)$ 是椭圆上不同的两点,若点 $M(x_0,y_0)$ 满足 $\overrightarrow{AM}=\lambda\overrightarrow{MB}$,则有 $\begin{cases}x_1+\lambda x_2=(1+\lambda)x_0\\ y_1+\lambda y_2=(1+\lambda)y_0\end{cases}$.

将点 A,B 代入椭圆方程得 $\begin{cases}\dfrac{x_1^2}{a^2}+\dfrac{y_1^2}{b^2}=1\\ \dfrac{x_2^2}{a^2}+\dfrac{y_2^2}{b^2}=1\end{cases}\Rightarrow\dfrac{\lambda^2 x_2^2}{a^2}+\dfrac{\lambda^2 y_2^2}{b^2}=\lambda^2$.

以上两式相减可得 $\dfrac{x_1^2-\lambda^2 x_2^2}{a^2}+\dfrac{y_1^2-\lambda^2 y_2^2}{b^2}=1-\lambda^2$.

整理得 $\dfrac{(x_1-\lambda x_2)(x_1+\lambda x_2)}{a^2}+\dfrac{(y_1-\lambda y_2)(y_1+\lambda y_2)}{b^2}=1-\lambda^2$.

将 $\begin{cases}x_1+\lambda x_2=(1+\lambda)x_0\\ y_1+\lambda y_2=(1+\lambda)y_0\end{cases}$ 代入上式得 $\dfrac{(x_1-\lambda x_2)x_0}{a^2(1-\lambda)}+\dfrac{(y_1-\lambda y_2)y_0}{b^2(1-\lambda)}=1$.

典例1 (全国卷)已知椭圆 C 的焦点为 $F_1(-1,0)$, $F_2(1,0)$,过 F_2 的直线与椭圆 C 交于 A,B 两点. 若 $|AF_2|=2|F_2B|$, $|AB|=|BF_1|$,则椭圆 C 的方程为( ).

A. $\dfrac{x^2}{2}+y^2=1$ B. $\dfrac{x^2}{3}+\dfrac{y^2}{2}=1$ C. $\dfrac{x^2}{4}+\dfrac{y^2}{3}=1$ D. $\dfrac{x^2}{5}+\dfrac{y^2}{4}=1$

解答 第一步:"定比分点法的条件准备".

设点 $A(x_1,y_1)$, $B(x_2,y_2)$,由 $\overrightarrow{AF_2}=2\overrightarrow{F_2B}$ 得 $x_1+2x_2=3$, $y_1+2y_2=0$.

第二步:"定比分点法的代入构造".

由题意得 $\dfrac{x_1^2}{a^2}+\dfrac{y_1^2}{b^2}=1$, $\dfrac{x_2^2}{a^2}+\dfrac{y_2^2}{b^2}=1\Rightarrow\dfrac{4x_2^2}{a^2}+\dfrac{4y_2^2}{b^2}=4$.

以上两式作差且代入向量关系式得

$$\dfrac{3(x_1-2x_2)}{a^2}+0=-3$$

第三步:"得到条件,定比分点法结束".

整理上述关系式得

$$x_1-2x_2=-a^2$$

第四步:"结合题目中的其他条件".

因为 $x_1+2x_2=3$,所以 $x_1=\dfrac{3-a^2}{2}$.

因为点 A 为椭圆 C 的短轴的端点,所以 $x_1=0$,解得 $a^2=3$,故 $\dfrac{x^2}{3}+\dfrac{y^2}{2}=1$.

典例2 已知点 P 为椭圆 $C:\dfrac{x^2}{a^2}+\dfrac{y^2}{b^2}=1(a>b>0)$ 上的动点，$T_1(-t,0)$，$T_2(t,0)(t>0$ 且 $t\neq a)$ 是 x 轴上的两点，直线 PT_1,PT_2 分别与椭圆交于点 A,B，若 $\overrightarrow{T_1P}=\lambda\overrightarrow{T_1A}$，$\overrightarrow{T_2P}=\mu\overrightarrow{T_2B}$，证明：$\lambda+\mu=\dfrac{2(t^2+a^2)}{t^2-a^2}$.

证明 第一步："定比分点法的条件准备".

设点 $A(x_1,y_1),B(x_2,y_2),P(x_0,y_0)$，由 $\overrightarrow{T_1P}=\lambda\overrightarrow{T_1A}$ 得 $-t=\dfrac{x_0-\lambda x_1}{1-\lambda}$，$0=\dfrac{y_0-\lambda y_1}{1-\lambda}$.

第二步："定比分点法的代入构造".

因为点 P,A 在椭圆上，所以 $\dfrac{x_0^2}{a^2}+\dfrac{y_0^2}{b^2}=1$，$\dfrac{\lambda^2 x_1^2}{a^2}+\dfrac{\lambda^2 y_1^2}{b^2}=\lambda^2$.

由以上两式相减得

$$\dfrac{1}{a^2}\cdot\dfrac{x_0-\lambda x_1}{1-\lambda}\cdot\dfrac{x_0+\lambda x_1}{1+\lambda}+\dfrac{1}{b^2}\cdot\dfrac{y_0-\lambda y_1}{1-\lambda}\cdot\dfrac{y_0+\lambda y_1}{1+\lambda}=1$$

第三步："得到条件，定比分点法结束".

从而 $x_0+\lambda x_1=-\dfrac{a^2(1+\lambda)}{t}$，$x_0-\lambda x_1=-t(1-\lambda)$.

以上两式相加可得

$$2x_0=-\dfrac{a^2(1+\lambda)}{t}-t(1-\lambda) \qquad ①$$

第四步："进行第二遍定比分点法后联立".

同理可得

$$2x_0=\dfrac{a^2(1+\mu)}{t}+t(1-\mu) \qquad ②$$

由式① $=$ ②得 $\lambda+\mu=\dfrac{2(t^2+a^2)}{t^2-a^2}$.

精练1 设 F_1,F_2 分别为椭圆 $C:\dfrac{x^2}{3}+y^2=1$ 的左、右焦点，点 A,B 在椭圆上. 若 $\overrightarrow{F_1A}=5\overrightarrow{F_2B}$，求点 A 的坐标.

精练2 （浙江卷）已知点 $P(0,1)$，椭圆 $\dfrac{x^2}{4}+y^2=m(m>1)$ 上两点 A,B 满足 $\overrightarrow{AP}=2\overrightarrow{PB}$，则当 $m=$ _____ 时，点 B 的横坐标的绝对值最大.

精练3 如图4所示，椭圆 $L:\dfrac{x^2}{a^2}+\dfrac{y^2}{b^2}=1(a>b>0)$，点 $M(1,1)$ 在椭圆 L 的内部，直线 AB,CD 是过点 M 的两条相交直线，分别交椭圆 L 于 A,B,C,D 四点，且 $k_{AC}=k_{BD}=-\dfrac{1}{4}$，则椭圆 L 的离心率为 _____.

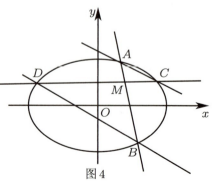

图4

精练4 已知双曲线 $E: \dfrac{x^2}{a^2} - \dfrac{y^2}{b^2} = 1 (a>0, b>0)$ 的离心率为 2，点 $M\left(\dfrac{2\sqrt{3}}{3}, 1\right)$ 是双曲线 E 上一点.

(1) 求双曲线 E 的方程.

(2) 设点 $P\left(\dfrac{1}{2}, 0\right)$，$A$ 为双曲线 E 上一点，B 为 A 关于原点的对称点，直线 AP, BP 与双曲线 E 分别交于异于 A, B 的两点 C, D. 试问：直线 CD 是否过定点，若过定点，请求出定点的坐标；若不过定点，请说明理由.

精练5 （济南二模）已知椭圆 C 的焦点坐标为 $F_1(-1, 0)$ 和 $F_2(1, 0)$，且椭圆 C 经过点 $G\left(1, \dfrac{3}{2}\right)$.

(1) 求椭圆 C 的方程.

(2) 若 $T(1, 1)$，椭圆 C 上四点 M, N, P, Q 满足 $\overrightarrow{MT} = 3\overrightarrow{TQ}$，$\overrightarrow{NT} = 3\overrightarrow{TP}$，求直线 MN 的斜率.

精练6 如图 5 所示，已知椭圆 $C: \dfrac{x^2}{a^2} + \dfrac{y^2}{b^2} = 1 (a > b > 0)$ 的离心率 $e = \dfrac{1}{2}$，且定点 $Q(1, 0)$ 与短轴两端点连线所得三角形的面积为 $\sqrt{3}$.

(1) 求椭圆 C 的方程.

(2) 设经过定点 $P(-1, 0)$ 的直线 l 与椭圆 C 交于 A, B 两点，直线 AQ, BQ 分别与椭圆 C 交于 E, F 两点，设 $\overrightarrow{AQ} = \lambda\overrightarrow{QE}$，$\overrightarrow{BQ} = \mu\overrightarrow{QF}$，求 $\lambda + \mu$ 的取值范围.

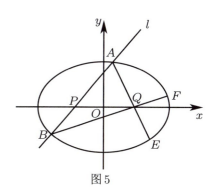

图 5

20.4 调和点列

1. 关于调和点列的定义

设点 A,B,C,D 是直线 l 上的顺次的四个点,若 $\dfrac{|AB|}{|BC|}=\dfrac{|AD|}{|DC|}$,则称 A,B,C,D 是一个调和点列.

性质1:设 MN 是圆锥曲线 $\Gamma:Ax^2+Cy^2+Dx+Ey+F=0(A^2+C^2\neq 0)$ 的弦,P 为线段 MN 内部的一点,Q 为线段 MN 外部的一点,若 $\dfrac{|MP|}{|PN|}=\dfrac{|MQ|}{|QN|}$,即 M,P,N,Q 是调和的,则 $Ax_Px_Q+Cy_Py_Q+D\cdot\dfrac{x_P+x_Q}{2}+E\cdot\dfrac{y_P+y_Q}{2}+F=0$.

性质2:如图6所示,给定圆锥曲线 Γ,如果点 P 在点 Q 对应的极线 l 上,且 PQ 与圆锥曲线依次交于 A,B 两点,则 B,Q,A,P 是调和点列,即 $\dfrac{|BQ|}{|QA|}=\dfrac{|BP|}{|PA|}$.

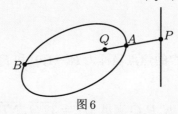

图6

2. 定比分点法解调和点列

已知 AB 是椭圆 $\dfrac{x^2}{a^2}+\dfrac{y^2}{b^2}=1$ 的弦,P 为线段 AB 内部的一点,Q 为线段 AB 外部的一点,若 $\dfrac{|PA|}{|PB|}=\dfrac{|QA|}{|QB|}$,即 A,P,B,Q 是调和的,则 $\dfrac{x_Px_Q}{a^2}+\dfrac{y_Py_Q}{b^2}=1$.

证明:设点 $A(x_1,y_1)$,$B(x_2,y_2)$,$P(x_P,y_P)$,$Q(x_Q,y_Q)$,$\dfrac{|PA|}{|PB|}=\dfrac{|QA|}{|QB|}=\lambda$.

由题意得 $\overrightarrow{AP}=\lambda\overrightarrow{PB}$,$\overrightarrow{AQ}=-\lambda\overrightarrow{QB}$,且 $\lambda\neq\pm 1$,从而 $\begin{cases}x_P=\dfrac{x_1+\lambda x_2}{1+\lambda}\\y_P=\dfrac{y_1+\lambda y_2}{1+\lambda}\end{cases}$,$\begin{cases}x_Q=\dfrac{x_1-\lambda x_2}{1-\lambda}\\y_Q=\dfrac{y_1-\lambda y_2}{1-\lambda}\end{cases}$.

因为点 $A(x_1,y_1)$,$B(x_2,y_2)$ 在椭圆上,所以 $\begin{cases}\dfrac{x_1^2}{a^2}+\dfrac{y_1^2}{b^2}=1 \quad ①\\ \dfrac{x_2^2}{a^2}+\dfrac{y_2^2}{b^2}=1 \quad ②\end{cases}$.

将式②等号两边同乘以 λ^2 得 $\dfrac{(\lambda x_2)^2}{a^2}+\dfrac{(\lambda y_2)^2}{b^2}=\lambda^2$ ③.

联立式①③得 $\dfrac{(x_1+\lambda x_2)(x_1-\lambda x_2)}{a^2}+\dfrac{(y_1+\lambda y_2)(y_1-\lambda y_2)}{b^2}=(1+\lambda)(1-\lambda)$.

整理得 $\dfrac{\dfrac{(x_1+\lambda x_2)}{1+\lambda}\cdot\dfrac{(x_1-\lambda x_2)}{1-\lambda}}{a^2}+\dfrac{\dfrac{(y_1+\lambda y_2)}{1+\lambda}\cdot\dfrac{(y_1-\lambda y_2)}{1-\lambda}}{b^2}=1$.

化简得 $\dfrac{x_Px_Q}{a^2}+\dfrac{y_Py_Q}{b^2}=1$.

典例1 已知椭圆的方程为 $\frac{x^2}{4}+\frac{y^2}{2}=1$,过点 $P(4,1)$ 的动直线 l 与椭圆相交于 A,B 两点,在线段 AB 上取点 Q,满足 $|\overrightarrow{AP}||\overrightarrow{QB}|=|\overrightarrow{AQ}||\overrightarrow{PB}|$,证明:点 Q 总在某条定直线上.

法一 由调和点列结论得 $\frac{4x_Q}{4}+\frac{1 \cdot y_Q}{2}=1$,即 Q 在 $2x+y-2=0$ 上.

法二 由 $\frac{|\overrightarrow{AP}|}{|\overrightarrow{PB}|}=\frac{|\overrightarrow{AQ}|}{|\overrightarrow{QB}|}$,可设 $\overrightarrow{PA}=\lambda_1\overrightarrow{AQ},\overrightarrow{PB}=\lambda_2\overrightarrow{BQ}$,设点 $Q(x_0,y_0)$.

由定比分点坐标公式得 $\begin{cases}x_A=\frac{4+\lambda_1 x_0}{1+\lambda_1}\\ y_A=\frac{1+\lambda_1 y_0}{1+\lambda_1}\end{cases}$,代入椭圆得 $\left(\frac{4+\lambda_1 x_0}{1+\lambda_1}\right)^2+2\cdot\left(\frac{1+\lambda_1 y_0}{1+\lambda_1}\right)^2=4$.

整理得
$$(x_0^2+2y_0^2-4)\lambda_1^2+\lambda_1(8x_0+4y_0-8)+14=0$$

同理得
$$(x_0^2+2y_0^2-4)\lambda_2^2+\lambda_2(8x_0+4y_0-8)+14=0$$

从而 λ_1,λ_2 为同构方程 $(x_0^2+2y_0^2-4)\lambda^2+(8x_0+4y_0-8)\lambda+14=0$ 的两个根.

由韦达定理得 $\lambda_1+\lambda_2=-\frac{8x_0+4y_0-8}{x_0^2+2y_0^2-4}=0$,即 $2x_0+y_0-2=0$,故 Q 在 $2x+y-2=0$ 上.

典例2 已知椭圆 $C:\frac{x^2}{a^2}+\frac{y^2}{b^2}=1(a>b>0)$ 的离心率 $e=\frac{\sqrt{2}}{2}$,短轴长为 4.

(1)求椭圆 C 的方程.

(2)过点 $P(-3,0)$ 作两条相互垂直的直线 l_1 和 l_2,直线 l_1 与椭圆 C 相交于两个不同点 A,B,在线段 AB 上取点 Q,满足 $\frac{|AQ|}{|QB|}=\frac{|AP|}{|PB|}$,直线 l_2 交 y 轴于点 R,求 $\triangle PQR$ 的面积的最小值.

解答 (1)由 $e=\frac{c}{a}=\frac{\sqrt{2}}{2}$ 得 $\frac{b}{a}=\sqrt{1-e^2}=\frac{\sqrt{2}}{2}$,由 $2b=4$ 得 $b=2$,解得 $a=2\sqrt{2}$.

从而椭圆 C 的方程为 $\frac{x^2}{8}+\frac{y^2}{4}=1$.

(2)由 $\frac{|AQ|}{|QB|}=\frac{|AP|}{|PB|}$ 得 P,A,Q,B 成调和点列,故点 Q 位于定直线 $x=-\frac{8}{3}$ 上.

设直线 AB 的斜率为 k,则直线 PR 的斜率为 $-\frac{1}{k}(k\neq 0)$.

于是
$$|PQ|=\sqrt{1+k^2}\cdot\left|-\frac{8}{3}+3\right|=\frac{1}{3}\sqrt{1+k^2},\ |PR|=3\sqrt{1+\frac{1}{k^2}}=\frac{3\sqrt{1+k^2}}{|k|}$$

从而可得 $S_{\triangle PQR}=\frac{1}{2}|PQ||PR|=\frac{1}{2}\cdot\frac{1}{3}\sqrt{1+k^2}\cdot\frac{3\sqrt{1+k^2}}{|k|}=\frac{1}{2}\cdot\frac{k^2+1}{|k|}=\frac{1}{2}\left(|k|+\frac{1}{|k|}\right)\geq\frac{1}{2}\cdot 2\sqrt{|k|\cdot\frac{1}{|k|}}=1$.

当且仅当 $|k|=1$ 时上式取等号.
当直线 AB 的斜率为 ± 1 时,AB 的方程为 $y=\pm x+3$,此时直线 $y=\pm x+3$ 与椭圆有两个交点.
综上,$\triangle PQR$ 的面积的最小值为 1.

精练1 已知 P 是圆 $E:(x+\sqrt{3})^2+y^2=24$ 上的动点，$F(\sqrt{3},0)$ 为定点，线段 PF 的垂直平分线交线段 PE 于点 Q，点 Q 的轨迹为曲线 C.

(1) 求曲线 C 的方程.

(2) 过点 $M(4,2)$ 的直线 l 交曲线 C 于 A,B 两点，N 为线段 AB 上一点，且 $|AM|\cdot|BN|=|AN|\cdot|BM|$，证明：点 N 在某定直线上，并求出该定直线的方程.

精练2 已知椭圆 $C:x^2+3y^2=3$，过点 $D(1,0)$ 且不过点 $E(2,1)$ 的直线与椭圆 C 交于 A,B 两点，直线 AE 与直线 $x=3$ 交于点 M，试判断直线 BM 与直线 DE 的位置关系，并说明理由.

精练3 （全国卷）已知椭圆 E 的中心为坐标原点，对称轴为坐标轴，且过 $A(0,-2)$，$B\left(\dfrac{3}{2},-1\right)$ 两点.

(1) 求椭圆 E 的方程.

(2) 设过点 $P(1,-2)$ 的直线交 E 于 M,N 两点，过 M 且平行于 x 轴的直线与线段 AB 交于点 T，点 H 满足 $\overrightarrow{MT}=\overrightarrow{TH}$. 证明：直线 HN 过定点.

技法21 非对称韦达

在高中阶段,我们解圆锥曲线的核心思想是设而不求,通过联立直线方程和曲线方程获得韦达定理"x_1+x_2和x_1x_2"关系式进行解题,在试题中根据条件转化出来的式子多为"对称的",即"x_1,x_2"互换位置后与原式一致,如$|x_1-x_2|$,$\dfrac{1}{x_1}+\dfrac{1}{x_2}$,$x_1^2+x_2^2$等.

然而在一些圆锥曲线的题目中,我们却发现"x_1,x_2"互换位置后与原式的形式不一致,如$\dfrac{x_1}{x_2}$,mx_1+nx_2,$\dfrac{mx_1x_2+nx_1}{mx_1x_2-nx_1}$等,我们将出现这类形式的问题称之为"非对称性韦达定理",这类题型有其特定的技巧性解法,因此我们将其单独划分为一类题型.

21.1 单向量型

形如$\overrightarrow{AP}=\lambda\overrightarrow{PB}$,点$A,B$在圆锥曲线上,我们称之为单向量模型.

关于单向量模型的问题划分,一般分为两大类:一类为点P为焦点,另一类为点P为非焦点.

如果点P为焦点,那么我们一般可以采用的方法为焦点弦定理、焦半径公式、定比分点法、三点比值之单向量模型.

如果点P为非焦点,那么我们需要按点的位置再次分为两类:一类为点P在坐标轴上,我们可以采用定比分点法、三点比值之单向量模型、非对称性韦达定理之两根关系法、相关点带入法;另一类为点P不在坐标轴上,我们可以采用非对称性韦达定理之两根关系法、单向量模型.

值得注意的是,如果点A,B不在圆锥曲线上,那么我们往往需要使用相关点代入法.

典例1:点在坐标轴上 已知椭圆$C:\dfrac{x^2}{a^2}+\dfrac{y^2}{b^2}=1(a>b>0)$的左焦点为$F$,过点$F$的直线与椭圆$C$相交于$A,B$两点,直线$AB$的倾斜角为$60°$,$\overrightarrow{AF}=2\overrightarrow{FB}$,求椭圆$C$的离心率.

法一(焦点弦定理) 由焦点弦定理$e=\sqrt{1+k^2}\cdot\left|\dfrac{\lambda-1}{\lambda+1}\right|$得$e=\sqrt{1+(\sqrt{3})^2}\cdot\left|\dfrac{2-1}{2+1}\right|$,故$e=\dfrac{2}{3}$.

法二(单向量模型) 设点$A(x_1,y_1)$,$B(x_2,y_2)$,直线$y=\sqrt{3}(x+c)$.

联立方程$\begin{cases}y=\sqrt{3}(x+c)\\\dfrac{x^2}{a^2}+\dfrac{y^2}{b^2}=1\end{cases}$,消去$x$得$(3a^2+b^2)y^2-2\sqrt{3}b^2cy-3b^4=0$.

由韦达定理得$y_1+y_2=\dfrac{2\sqrt{3}b^2c}{3a^2+b^2}$①,$y_1y_2=-\dfrac{3b^4}{3a^2+b^2}$②.

由$\overrightarrow{AF}=2\overrightarrow{FB}$可得$\dfrac{y_1}{y_2}=-2$,此为单向量模型经典标志,故构造$\dfrac{(y_1+y_2)^2}{y_1y_2}=\dfrac{y_1}{y_2}+\dfrac{y_2}{y_1}+2=-\dfrac{1}{2}$.

将式①②代入后可得$e=\dfrac{2}{3}$.

法三(两点关系法) 由法二可得关系式$\dfrac{y_1}{y_2}=-2$,$y_1+y_2=\dfrac{2\sqrt{3}b^2c}{3a^2+b^2}$③,$y_1y_2=-\dfrac{3b^4}{3a^2+b^2}$④.

因此$\dfrac{y_1}{y_2}=-2$,可得$y_1=-2y_2$,将其分别代入式③④可得$y_2=-\dfrac{2\sqrt{3}b^2c}{3a^2+b^2}$,$-2y_2^2=-\dfrac{3b^4}{3a^2+b^2}$.

将 y_2 消去后整理可得 $e = \dfrac{2}{3}$.

名师点睛

单向量模型：$\dfrac{(x_1+x_2)^2}{x_1 x_2} = \dfrac{x_1}{x_2} + \dfrac{x_2}{x_1} + 2$，$\dfrac{(y_1+y_2)^2}{y_1 y_2} = \dfrac{y_1}{y_2} + \dfrac{y_2}{y_1} + 2$.

两点关系法：这是处理简单非对称性韦达定理问题的方法，核心在于利用根与根之间的关系列出方程，直接将根解出，从而继续根据条件求解.

典例2：点不在坐标轴上 已知抛物线 $C: y^2 = 4x$ 与定点 $P(2,1)$，直线 l 过点 P 且与抛物线交于 A,B 两点，且有 $\overrightarrow{AP} = \dfrac{1}{7}\overrightarrow{PB}$，求直线 l 的斜率.

法一（两根关系法） 设点 $A(x_1, y_1), B(x_2, y_2)$，直线 $l: x-2 = m(y-1)$.

将直线与抛物线联立可得 $y_1 + y_2 = 4m$ ①，$y_1 y_2 = 4m - 8$ ②.

由 $\overrightarrow{AP} = \dfrac{1}{7}\overrightarrow{PB}$ 可得 $y_2 = -7y_1 + 8$ ③.

将式③代入式①②可得

$$y_1 + y_2 = -6y_1 + 8 = 4m \Leftrightarrow y_1 = \dfrac{4-2m}{3}$$

$$y_1 y_2 = -7y_1^2 + 8y_1 = 4m - 8$$

以上两式联立可以解得 $m = 2$ 或 $m = -1$，故直线 l 的斜率为 $\dfrac{1}{2}$ 或 -1.

法二（单向量模型） 设点 $A(x_1, y_1), B(x_2, y_2)$，直线 $l: x-2 = m(y-1)$.

将直线与抛物线联立可得 $y_1 + y_2 = 4m$，$y_1 y_2 = 4m - 8$.

由 $\overrightarrow{AP} = \dfrac{1}{7}\overrightarrow{PB}$ 可得 $y_2 = -7y_1 + 8$.

设 $y_2 - 1 = \lambda(y_1 - 1)$，可得 $\lambda = -7$，即 $\dfrac{y_2 - 1}{y_1 - 1} = -7$ ④，取倒数可得 $\dfrac{y_1 - 1}{y_2 - 1} = -\dfrac{1}{7}$ ⑤.

式④+⑤可得

$$-7 - \dfrac{1}{7} = \dfrac{y_2 - 1}{y_1 - 1} + \dfrac{y_1 - 1}{y_2 - 1} = \dfrac{(y_2-1)^2 + (y_1-1)^2}{(y_1-1)(y_2-1)} = \dfrac{(y_1+y_2-2)^2}{y_1 y_2 - (y_1+y_2) + 1} - 2$$

将韦达定理代入上式可得 $\dfrac{16m^2 - 16m + 4}{-7} = -\dfrac{36}{7}$，解得 $m = 2$ 或 $m = -1$.

故直线 l 的斜率为 $\dfrac{1}{2}$ 或 -1.

名师点睛

单向量模型所产生的韦达定理结构变式"$\dfrac{(x_1+x_2)^2}{x_1 x_2} = \dfrac{x_1}{x_2} + \dfrac{x_2}{x_1} + 2$"是我们必须要掌握的知识点，但是如果当所给点不在坐标轴上时，我们就需要像典例2中的法二构造，这种解题方法显然会比较麻烦，因此我们为了避免简单的问题复杂化，可以通过题目中的条件所给的向量关系式推出根的关系，如典例1"$y_1 = -2y_2$"与典例2"$y_2 = -7y_1 + 8$"，将其代入韦达定理去解题.

在处理此类关系式中，我们已经注意到其体现出来的非对称性，即 y_1, y_2 互换位置后与原式子不一致，我们将此类问题统称为"非对称韦达"问题，尽管上述的两道例题并非严格意义上的"非对称韦达"问题，但两道题的多种解法中均提到了"两根关系法"，处理两根关系便是"非对称韦达"问题的解题核心.

21.2 非对称韦达

典例 已知椭圆 $W: \dfrac{x^2}{4} + \dfrac{y^2}{3} = 1$ 的左、右顶点分别为 A, B，过椭圆 W 的右焦点 F 的直线 l 与椭圆交于 C, D 两点（不与 A, B 重合），记直线 AC 与 BD 的斜率分别为 k_1, k_2，证明：$\dfrac{k_1}{k_2}$ 为定值.

证明 设点 $C(x_1, y_1), D(x_2, y_2)$，且点 $A(-2, 0), B(2, 0), F(1, 0)$，则 $\dfrac{k_1}{k_2} = \dfrac{\dfrac{y_1}{x_1+2}}{\dfrac{y_2}{x_2-2}} = \dfrac{y_1(x_2-2)}{y_2(x_1+2)}$.

法一（韦达关系法）：

方向一：设直线为 $y = kx + t$ 的形式.

当直线 l 与 x 轴不垂直时，设直线 $l: y = k(x-1)$，点 $C(x_1, y_1), D(x_2, y_2)$.

联立方程 $\begin{cases} y = k(x-1) \\ \dfrac{x^2}{4} + \dfrac{y^2}{3} = 1 \end{cases}$.

消去 y 得 $(3 + 4k^2)x^2 - 8k^2 x + 4(k^2 - 3) = 0$.

故 $\begin{cases} x_1 + x_2 = \dfrac{8k^2}{4k^2+3} = 2 - \dfrac{6}{4k^2+3} \\ x_1 \cdot x_2 = \dfrac{4k^2-12}{4k^2+3} = 1 - \dfrac{15}{4k^2+3} \end{cases}$.

可得 $x_1 x_2 = \dfrac{5}{2}(x_1 + x_2) - 4$，因此

$$\dfrac{k_1}{k_2} = \dfrac{y_1(x_2-2)}{y_2(x_1+2)} = \dfrac{(x_1-1)(x_2-2)}{(x_2-1)(x_1+2)}$$

$$= \dfrac{x_1 x_2 - 2x_1 - x_2 + 2}{x_1 x_2 - x_1 + 2x_2 - 2}$$

$$= \dfrac{\dfrac{5}{2}(x_1+x_2) - 4 - 2x_1 - x_2 + 2}{\dfrac{5}{2}(x_1+x_2) - 4 - x_1 + 2x_2 - 2}$$

$$= \dfrac{\dfrac{1}{2}x_1 + \dfrac{3}{2}x_2 - 2}{\dfrac{3}{2}x_1 + \dfrac{9}{2}x_2 - 6} = \dfrac{1}{3}$$

经验证直线 $l \perp x$ 轴时有 $\dfrac{k_1}{k_2} = \dfrac{1}{3}$.

方向二：设直线为 $x = my + n$ 的形式.

显然直线 l 的斜率不为 0.

设直线 $l: x = my + 1$，点 $C(x_1, y_1), D(x_2, y_2)$.

联立方程 $\begin{cases} x = my + 1 \\ \dfrac{x^2}{4} + \dfrac{y^2}{3} = 1 \end{cases}$.

消去 x 得 $(3m^2 + 4)y^2 + 6my - 9 = 0$.

故 $\begin{cases} y_1 + y_2 = \dfrac{-6m}{3m^2+4} \\ y_1 \cdot y_2 = \dfrac{-9}{3m^2+4} \end{cases}$.

可得 $my_1 y_2 = \dfrac{3}{2}(y_1 + y_2)$，因此

$$\dfrac{k_1}{k_2} = \dfrac{y_1(x_2-2)}{y_2(x_1+2)}$$

$$= \dfrac{y_1(my_2-1)}{y_2(my_1+3)} = \dfrac{my_1 y_2 - y_1}{my_1 y_2 + 3y_2}$$

$$= \dfrac{\dfrac{3}{2}(y_1+y_2) - y_1}{\dfrac{3}{2}(y_1+y_2) + 3y_2}$$

$$= \dfrac{\dfrac{1}{2}y_1 + \dfrac{3}{2}y_2}{\dfrac{3}{2}y_1 + \dfrac{9}{2}y_2} = \dfrac{1}{3}$$

综上，$\dfrac{k_1}{k_2}$ 为定值 $\dfrac{1}{3}$.

名师点睛

关于"韦达关系"，指的是 $x_1 + x_2$ 与 $x_1 x_2$ 的关系、$y_1 + y_2$ 与 $y_1 y_2$ 的关系，该关系式是解决非对称性韦达定理问题的重要方法.

如何获得"韦达关系"：第一步，先分离参数，如在法一的方向一中" $\dfrac{8k^2}{4k^2+3} = 2 - \dfrac{6}{4k^2+3}$ "；第二步，移动常数项，即 $x_1 + x_2 - 2 = -\dfrac{6}{4k^2+3}$，$x_1 x_2 - 1 = -\dfrac{15}{4k^2+3}$；第三步，两式作商，即可得韦达关系式 $x_1 x_2 = \dfrac{5}{2}(x_1 + x_2) - 4$.

法二（韦达代换法）：

方向一： 设直线为 $y=kx+t$ 的形式.

当直线 l 与 x 轴不垂直时，设直线 $l: y = k(x-1)$，点 $C(x_1,y_1)$，$D(x_2,y_2)$.

联立方程 $\begin{cases} y = k(x-1) \\ \dfrac{x^2}{4} + \dfrac{y^2}{3} = 1 \end{cases}$.

消去 y 得 $(3+4k^2)x^2 - 8k^2 x + 4(k^2-3) = 0$.

由韦达定理得 $\begin{cases} x_1+x_2 = \dfrac{8k^2}{3+4k^2} \\ x_1 \cdot x_2 = \dfrac{4k^2-12}{3+4k^2} \end{cases}$，因此

$$\dfrac{k_1}{k_2} = \dfrac{y_1(x_2-2)}{y_2(x_1+2)} = \dfrac{(x_1-1)(x_2-2)}{(x_2-1)(x_1+2)}$$

$$= \dfrac{x_1 x_2 - 2(x_1+x_2) + 2 + x_2}{x_1 x_2 - (x_1+x_2) - 2 + 3x_2}$$

$$= \dfrac{\dfrac{-4k^2-6}{3+4k^2} + x_2}{\dfrac{-12k^2-18}{3+4k^2} + 3x_2} = \dfrac{1}{3}$$

经验证直线 $l \perp x$ 轴时有 $\dfrac{k_1}{k_2} = \dfrac{1}{3}$.

方向二： 设直线为 $x = my + n$ 的形式.

显然直线 l 的斜率不为 0.

设直线 $l: x = my+1$，点 $C(x_1,y_1)$，$D(x_2,y_2)$.

联立方程 $\begin{cases} x = my+1 \\ \dfrac{x^2}{4} + \dfrac{y^2}{3} = 1 \end{cases}$.

消去 x 得 $(3m^2+4)y^2 + 6my - 9 = 0$.

由韦达定理得 $\begin{cases} y_1+y_2 = \dfrac{-6m}{3m^2+4} \\ y_1 \cdot y_2 = \dfrac{-9}{3m^2+4} \end{cases}$，因此

$$\dfrac{k_1}{k_2} = \dfrac{y_1(x_2-2)}{y_2(x_1+2)}$$

$$= \dfrac{y_1(my_2-1)}{y_2(my_1+3)} = \dfrac{my_1 y_2 - (y_1+y_2) + y_2}{my_1 y_2 + 3y_2}$$

$$= \dfrac{\dfrac{-3m}{3m^2+4} + y_2}{\dfrac{-9m}{3m^2+4} + 3y_2} = \dfrac{1}{3}$$

综上，$\dfrac{k_1}{k_2}$ 为定值 $\dfrac{1}{3}$.

法三（先猜后证法）：

方向一： 设直线为 $y = kx + t$ 的形式.

当直线 $l \perp x$ 轴时，点 $C\left(1,\dfrac{3}{2}\right)$，$D\left(1,-\dfrac{3}{2}\right)$ 或 $C\left(1,-\dfrac{3}{2}\right)$，$D\left(1,\dfrac{3}{2}\right)$，分别对应 $k_1 = \dfrac{1}{2}$，$k_2 = \dfrac{3}{2}$ 或 $k_1 = -\dfrac{1}{2}$，$k_2 = -\dfrac{3}{2}$，均有 $\dfrac{k_1}{k_2} = \dfrac{1}{3}$.

当直线 l 与 x 轴不垂直时，设 $l: y = k(x-1)$，点 $C(x_1,y_1)$，$D(x_2,y_2)$，联立方程 $\begin{cases} y = k(x-1) \\ \dfrac{x^2}{4} + \dfrac{y^2}{3} = 1 \end{cases}$.

消去 y 得 $(3+4k^2)x^2 - 8k^2 x + 4(k^2-3) = 0$.

由韦达定理得 $\begin{cases} x_1+x_2 = \dfrac{8k^2}{3+4k^2} \\ x_1 \cdot x_2 = \dfrac{4(k^2-3)}{3+4k^2} \end{cases}$，因此

$$\dfrac{k_1}{k_2} = \dfrac{1}{3} \Leftrightarrow 3\dfrac{y_1}{x_1+2} = \dfrac{y_2}{x_2-2}$$

$$\Leftrightarrow 3(x_1-1)(x_2-2) = (x_2-1)(x_1+2)$$

$$\Leftrightarrow 2x_1 x_2 - 5(x_1+x_2) + 8 = 0$$

综上可知，$\dfrac{k_1}{k_2} = \dfrac{1}{3}$.

方向二： 设直线为 $x = my + n$ 的形式.

当直线 $l \perp x$ 轴时，点 $C\left(1,\dfrac{3}{2}\right)$，$D\left(1,-\dfrac{3}{2}\right)$ 或 $C\left(1,-\dfrac{3}{2}\right)$，$D\left(1,\dfrac{3}{2}\right)$，分别对应 $k_1 = \dfrac{1}{2}$，$k_2 = \dfrac{3}{2}$ 或 $k_1 = -\dfrac{1}{2}$，$k_2 = -\dfrac{3}{2}$，均有 $\dfrac{k_1}{k_2} = \dfrac{1}{3}$.

设直线 $l: x = my+1$，点 $C(x_1,y_1)$，$D(x_2,y_2)$.

联立方程 $\begin{cases} x = my+1 \\ \dfrac{x^2}{4} + \dfrac{y^2}{3} = 1 \end{cases}$.

消去 x 得 $(3m^2+4)y^2 + 6my - 9 = 0$.

由韦达定理得 $\begin{cases} y_1+y_2 = \dfrac{-6m}{3m^2+4} \\ y_1 \cdot y_2 = \dfrac{-9}{3m^2+4} \end{cases}$，因此

$$\dfrac{k_1}{k_2} = \dfrac{1}{3} \Leftrightarrow 3\dfrac{y_1}{x_1+2} = \dfrac{y_2}{x_2-2}$$

$$\Leftrightarrow \dfrac{3y_1}{my_1+3} = \dfrac{y_2}{my_2-1}$$

$$\Leftrightarrow 2my_1 y_2 = 3(y_1+y_2)$$

综上可知，$\dfrac{k_1}{k_2} = \dfrac{1}{3}$.

法四（计算代换法）：

方向一：设单直线，可理解为设点法.

当 $CF \perp x$ 轴时，易得 $\dfrac{k_1}{k_2} = \dfrac{1}{3}$.

当 CF 与 x 轴不垂直时，设点 $C(x_0, y_0)$.

直线 CD 的方程为 $y = \dfrac{y_0}{x_0 - 1}(x - 1)$，与椭圆 W 的方程联立得 $(3x_0^2 + 4y_0^2 - 6x_0 + 3)x^2 - 8y_0^2 x + (4y_0^2 - 12 + 24x_0 - 12x_0^2) = 0$ ①.

将 $3x_0^2 + 4y_0^2 = 12$ 代入式①，整理可得 $(15 - 6x_0)x^2 - 8y_0^2 x + (24x_0 - 15x_0^2) = 0$

从而 $x_C x_D = \dfrac{24x_0 - 15x_0^2}{15 - 6x_0} = \dfrac{8x_0 - 5x_0^2}{5 - 2x_0}$，其中 $x_C = x_0$.

于是 $\begin{cases} x_D = \dfrac{5x_0 - 8}{2x_0 - 5} \\ y_D = \dfrac{y_0}{x_0 - 1}(x_D - 1) = \dfrac{3y_0}{2x_0 - 5} \end{cases}$.

故点 $D\left(\dfrac{5x_0 - 8}{2x_0 - 5}, \dfrac{3y_0}{2x_0 - 5}\right)$.

因此 $k_2 = \dfrac{\dfrac{3y_0}{2x_0 - 5}}{\dfrac{5x_0 - 8}{2x_0 - 5} - 2} = \dfrac{3y_0}{x_0 + 2} = 3k_1$.

故 $\dfrac{k_1}{k_2} = \dfrac{1}{3}$.

方向二：设双直线，可理解为设线法.

直线 AC 的方程为 $y = k_1(x + 2)$，与椭圆 W 的方程联立得 $(3 + 4k_1^2)x^2 + 16k_1^2 x + 4(4k_1^2 - 3) = 0$.

从而 $x_A \cdot x_C = \dfrac{4(4k_1^2 - 3)}{4k_1^2 + 3}$.

因为 $x_A = -2$，所以 $x_C = \dfrac{-2(4k_1^2 - 3)}{4k_1^2 + 3}$.

故 $y_C = k_1(x_C + 2) = \dfrac{12k_1}{4k_1^2 + 3}$.

于是点 C 的坐标为 $\left(\dfrac{-2(4k_1^2 - 3)}{4k_1^2 + 3}, \dfrac{12k_1}{4k_1^2 + 3}\right)$.

同理可得点 D 的坐标为 $\left(\dfrac{2(4k_2^2 - 3)}{4k_2^2 + 3}, \dfrac{-12k_2}{4k_2^2 + 3}\right)$.

由题意可知点 C, D, F 三点共线，故列关系式可得 $\dfrac{\dfrac{12k_1}{4k_1^2 + 3}}{\dfrac{-2(4k_1^2 - 3)}{4k_1^2 + 3} - 1} = \dfrac{\dfrac{-12k_2}{4k_2^2 + 3}}{\dfrac{2(4k_2^2 - 3)}{4k_2^2 + 3} - 1}$.

化简得 $\dfrac{k_1}{12k_1^2 - 3} = \dfrac{k_2}{4k_2^2 - 9}$.

整理可得 $(k_2 - 3k_1)(4k_1 k_2 + 3) = 0$.

因为 C, D 在 x 轴的异侧，所以 $y_C y_D < 0$.

从而 $k_1 k_2 > 0$，故 $k_2 = 3k_1$，即 $\dfrac{k_1}{k_2} = \dfrac{1}{3}$.

法五（第三定义法）：由题意可设直线 l 的方程为 $x = my + 1$，且点 $C(x_1, y_1), D(x_2, y_2)$，其中 $\dfrac{x_1^2}{4} + \dfrac{y_1^2}{3} = 1, \dfrac{x_2^2}{4} + \dfrac{y_2^2}{3} = 1$，故 $\dfrac{y_1}{x_1 + 2} \cdot \dfrac{y_1}{x_1 - 2} = \dfrac{y_1^2}{x_1^2 - 4} = -\dfrac{3}{4}$，从而

$$\dfrac{k_1}{k_2} = \dfrac{y_1(x_2 - 2)}{y_2(x_1 + 2)} = -\dfrac{3}{4} \cdot \dfrac{(x_1 - 2)(x_2 - 2)}{y_1 y_2}$$

$$= -\dfrac{3}{4} \cdot \dfrac{(my_1 - 1)(my_2 - 1)}{y_1 y_2} = -\dfrac{3}{4}\left[\dfrac{1}{y_1 y_2} - m\left(\dfrac{1}{y_1} + \dfrac{1}{y_2}\right) + m^2\right]$$

联立方程 $\begin{cases} x = my + 1 \\ \dfrac{x^2}{4} + \dfrac{y^2}{3} = 1 \end{cases}$，消去 x 得 $(3m^2 + 4)y^2 + 6my - 9 = 0$.

构造得 $9\left(\dfrac{1}{y}\right)^2 - 6m\left(\dfrac{1}{y}\right) - (3m^2 + 4) = 0$.

由韦达定理得 $\begin{cases} \dfrac{1}{y_1 y_2} = -\dfrac{3m^2 + 4}{9} \\ \dfrac{1}{y_1} + \dfrac{1}{y_2} = \dfrac{6m}{9} \end{cases}$.

因此 $\dfrac{k_1}{k_2} = -\dfrac{3}{4}\left[\dfrac{1}{y_1 y_2} - m\left(\dfrac{1}{y_1} + \dfrac{1}{y_2}\right) + m^2\right] = -\dfrac{3}{4}\left[-\dfrac{3m^2 + 4}{9} - \dfrac{6m^2}{9} + m^2\right] = \dfrac{1}{3}$.

法六(单向量之点入曲线法):设点 $C(x_1,y_1), D(x_2,y_2)$.

由 $\overrightarrow{CF}=\lambda\overrightarrow{FD}$ 得 $\begin{cases}x_1=(1+\lambda)-\lambda x_2\\ y_1=-\lambda y_2\end{cases}$.

由 $\dfrac{x_1^2}{4}+\dfrac{y_1^2}{3}=1$ 得 $\dfrac{[(1+\lambda)-\lambda x_2]^2}{4}+\dfrac{(-\lambda y_2)^2}{3}=1$.

整理得 $\dfrac{(1+\lambda)^2}{4}-\dfrac{\lambda(1+\lambda)x_2}{2}=1-\lambda^2\left(\dfrac{x_2^2}{4}+\dfrac{y_2^2}{3}\right)=1-\lambda^2$.

显然 $\lambda\neq-1$,约去 $(1+\lambda)$,可得 $\dfrac{1+\lambda}{4}-\dfrac{\lambda x_2}{2}=1-\lambda$,解得 $\lambda x_2=\dfrac{5\lambda-3}{2}$.

从而 $x_1=(1+\lambda)-\lambda x_2=\dfrac{5-3\lambda}{2}$.

因此 $\dfrac{k_1}{k_2}=\dfrac{y_1(x_2-2)}{y_2(x_1+2)}=\dfrac{-\lambda(x_2-2)}{x_1+2}=\dfrac{-\dfrac{5\lambda-3}{2}+2\lambda}{\dfrac{5-3\lambda}{2}+2}=\dfrac{1}{3}$.

法七(三角设点法):设点 $C(2\cos\alpha,\sqrt{3}\sin\alpha), D(2\cos\beta,\sqrt{3}\sin\beta)$.

由 $\overrightarrow{CF}$ 与 $\overrightarrow{FD}$ 共线知 $\sqrt{3}\sin\alpha(2\cos\beta-1)=\sqrt{3}\sin\beta(2\cos\alpha-1)$.

整理得 $2(\sin\alpha\cos\beta-\cos\alpha\sin\beta)=\sin\alpha-\sin\beta$.

因为 $2\sin(\alpha-\beta)=2\cos\dfrac{\alpha+\beta}{2}\sin\dfrac{\alpha-\beta}{2}$,所以 $2\cos\dfrac{\alpha-\beta}{2}=\cos\dfrac{\alpha+\beta}{2}$.

展开得 $2\left(\cos\dfrac{\alpha}{2}\cos\dfrac{\beta}{2}+\sin\dfrac{\alpha}{2}\sin\dfrac{\beta}{2}\right)=\cos\dfrac{\alpha}{2}\cos\dfrac{\beta}{2}-\sin\dfrac{\alpha}{2}\sin\dfrac{\beta}{2}$.

从而 $\cos\dfrac{\alpha}{2}\cos\dfrac{\beta}{2}=-3\sin\dfrac{\alpha}{2}\sin\dfrac{\beta}{2}$,故 $\tan\dfrac{\alpha}{2}\tan\dfrac{\beta}{2}=-\dfrac{1}{3}$,因此

$$\dfrac{k_1}{k_2}=\dfrac{\dfrac{\sqrt{3}\sin\alpha}{2\cos\alpha+2}}{\dfrac{\sqrt{3}\sin\beta}{2\cos\beta-2}}=\dfrac{\sin\alpha}{1+\cos\alpha}\cdot\dfrac{\cos\beta-1}{\sin\beta}$$

$$=\dfrac{2\sin\dfrac{\alpha}{2}\cos\dfrac{\alpha}{2}}{2\cos^2\dfrac{\alpha}{2}}\cdot\dfrac{-2\sin^2\dfrac{\beta}{2}}{2\sin\dfrac{\beta}{2}\cos\dfrac{\beta}{2}}=-\tan\dfrac{\alpha}{2}\tan\dfrac{\beta}{2}=\dfrac{1}{3}$$

法八(定比分点法):设点 $C(x_1,y_1), D(x_2,y_2)$.

由题意得 $\overrightarrow{CF}=\lambda\overrightarrow{FD}$,即 $(1-x_1,-y_1)=\lambda(x_2-1,y_2)$,从而 $\begin{cases}x_1+\lambda x_2=1+\lambda\\ y_1+\lambda y_2=0\end{cases}$.

因为点 C,D 在椭圆上,所以有 $\begin{cases}\dfrac{x_1^2}{4}+\dfrac{y_1^2}{3}=1 \text{①}\\ \dfrac{x_2^2}{4}+\dfrac{y_2^2}{3}=1 \text{②}\end{cases}$.

式①$-$②$\times\lambda^2$ 得 $\dfrac{(x_1+\lambda x_2)(x_1-\lambda x_2)}{4}+\dfrac{(y_1+\lambda y_2)(y_1-\lambda y_2)}{3}=1-\lambda^2$.

将 $\begin{cases}x_1+\lambda x_2=1+\lambda\\ y_1+\lambda y_2=0\end{cases}$ 代入上式得 $x_1-\lambda x_2=4(1-\lambda)$.

联立 $\begin{cases}x_1+\lambda x_2=1+\lambda\\ x_1-\lambda x_2=4(1-\lambda)\end{cases}$,解得 $\begin{cases}x_1=\dfrac{5-3\lambda}{2}\\ \lambda x_2=\dfrac{5\lambda-3}{2}\end{cases}$.

因此 $\dfrac{k_1}{k_2}=\dfrac{y_1(x_2-2)}{y_2(x_1+2)}=\dfrac{-\lambda(x_2-2)}{x_1+2}=\dfrac{-\dfrac{5\lambda-3}{2}+2\lambda}{\dfrac{5-3\lambda}{2}+2}=\dfrac{\dfrac{3}{2}-\dfrac{\lambda}{2}}{\dfrac{9}{2}-\dfrac{3\lambda}{2}}=\dfrac{1}{3}$.

精练1 已知椭圆 $E: \dfrac{x^2}{4} + y^2 = 1$ 的左、右顶点分别是 A,B，过点 $M(-5,0)$ 的直线 l 交椭圆 E 于 C,D 两点(异于 A,B). 直线 AD 与 BC 交于点 Q，直线 QA,QM,QB 的斜率分别为 k_1,k_2,k_3，证明：$\dfrac{k_1+k_3}{k_2}$ 是定值.

精练2 已知椭圆 $C: \dfrac{x^2}{a^2} + \dfrac{y^2}{b^2} = 1(a>b>0)$ 的离心率为 $\dfrac{\sqrt{3}}{2}$，左、右顶点分别为 A,B，点 P,Q 为椭圆上异于 A,B 的两点，$\triangle PAB$ 面积的最大值为 2.

(1)求椭圆 C 的方程.

(2)设直线 AP,QB 的斜率分别为 k_1,k_2，且 $3k_1=5k_2$.

(i)证明：直线 PQ 经过定点.

(ii)设 $\triangle PQB$ 和 $\triangle PQA$ 的面积分别为 S_1,S_2，求 $|S_1-S_2|$ 的最大值.

精练3 (新全国卷)已知双曲线 C 的中心为坐标原点，左焦点为 $(-2\sqrt{5},0)$，离心率为 $\sqrt{5}$.

(1)求双曲线 C 的方程.

(2)记双曲线 C 的左、右顶点分别为 A_1,A_2，过点 $(-4,0)$ 的直线与双曲线 C 的左支交于 M,N 两点，点 M 在第二象限，直线 MA_1 与 NA_2 交于点 P，证明：点 P 在定直线上.

精练 4 已知椭圆 $C: \dfrac{x^2}{5} + \dfrac{y^2}{4} = 1$ 的上、下顶点分别为 A, B, 过点 $P(0,3)$ 且斜率为 $k(k<0)$ 的直线与椭圆 C 自上而下交于 M, N 两点, 直线 BM 与 AN 交于点 G.

(1) 设 AN, BN 的斜率分别为 k_1, k_2, 求 $k_1 \cdot k_2$ 的值.

(2) 证明: 点 G 在定直线上.

精练 5 已知双曲线 $E: \dfrac{x^2}{a^2} - \dfrac{y^2}{b^2} = 1 (a>0, b>0)$ 过点 $P(2,2)$, 且 P 与 E 的两个顶点连线的斜率之和为 4.

(1) 求双曲线 E 的方程.

(2) 过点 $M(1,0)$ 的直线 l 与双曲线 E 交于 A, B 两点 (异于点 P). 设直线 BC 与 x 轴垂直且交直线 AP 于点 C, 若线段 BC 的中点为 N, 证明: 直线 MN 的斜率为定值, 并求该定值.

精练 6 如图 1 所示, O 为坐标原点, 椭圆 $C: \dfrac{x^2}{a^2} + \dfrac{y^2}{b^2} = 1 (a>b>0)$ 的焦距等于其长半轴长, M, N 为椭圆 C 的上、下顶点, 且 $|MN| = 2\sqrt{3}$.

(1) 求椭圆 C 的方程.

(2) 过点 $P(0,1)$ 作直线 l 交椭圆 C 于异于 M, N 的 A, B 两点, 直线 AM, BN 交于点 T. 证明: 点 T 的纵坐标为定值 3.

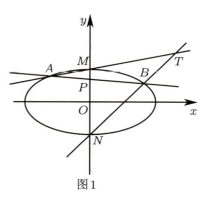

图 1

技法22　平移齐次化

> 齐次化方法主要用来解决圆锥曲线斜率和积所产生的定点、定值等问题,可以达到简化运算的目的,即用不联立方程的方法解圆锥曲线问题.

22.1 齐次化的引入

> 当在圆锥曲线中看到过原点的两条直线的斜率问题时,可以将直线方程化为"1"的等式,从而将直线方程与曲线方程相乘,再将整个式子除以 x^2,进而构造出 $\dfrac{y}{x}$ 的斜率形式.

典例1 已知点 A,B 是抛物线 $y^2=4x$ 上异于原点的两个点,且满足 $OA \perp OB$,证明:直线 AB 过定点.

证明 设直线 $l_{AB}:mx+ny=1$.

由 $y^2=4x$ 得 $y^2-4x=0$,即 $y^2-4x(mx+ny)=0$,化简得 $y^2-4nxy-4mx^2=0$.

上式两边同除以 x^2 得 $\left(\dfrac{y}{x}\right)^2-4n\cdot\dfrac{y}{x}-4m=0$ ①,将 $\dfrac{y_1}{x_1},\dfrac{y_2}{x_2}$ 看成方程①的两根.

由韦达定理得 $\dfrac{y_1}{x_1}\cdot\dfrac{y_2}{x_2}=-4m=-1$,即 $m=\dfrac{1}{4}$.

综上,直线 $l_{AB}:\dfrac{1}{4}x+ny=1$ 恒过定点 $(4,0)$.

典例2 椭圆中心在原点,对称轴为坐标轴,焦点在 x 轴上,离心率为 $\dfrac{\sqrt{3}}{2}$,它与直线 $x+y=1$ 交于 P,Q 两点,且 $OP \perp OQ$,求椭圆的方程.

解答 由题意可设点 $P(x_1,y_1),Q(x_2,y_2)$,椭圆方程为 $\dfrac{x^2}{a^2}+\dfrac{y^2}{b^2}=1(a>b>0)$.

将直线 $x+y=1$ 代入椭圆的方程得齐次式方程为 $\dfrac{x^2}{a^2}+\dfrac{y^2}{b^2}=(x+y)^2$.

整理得 $(a^2-a^2b^2)y^2-2a^2b^2xy+(b^2-a^2b^2)x^2=0$.

上式两边同除以 x^2 得 $(a^2-a^2b^2)\left(\dfrac{y}{x}\right)^2-2a^2b^2\dfrac{y}{x}+(b^2-a^2b^2)=0$.

显然 k_{OP},k_{OQ} 都存在,因为 $OP \perp OQ$,所以 $k_{OP}\cdot k_{OQ}=\dfrac{y_1}{x_1}\cdot\dfrac{y_2}{x_2}=-1$.

将 $\dfrac{y_1}{x_1},\dfrac{y_2}{x_2}$ 看成方程 $(a^2-a^2b^2)\left(\dfrac{y}{x}\right)^2-2a^2b^2\dfrac{y}{x}+(b^2-a^2b^2)=0$ 的两根.

由韦达定理得 $\dfrac{y_1}{x_1}\cdot\dfrac{y_2}{x_2}=\dfrac{b^2-a^2b^2}{a^2-a^2b^2}=-1$,故 $a^2-a^2b^2=-(b^2-a^2b^2)$,即 $a^2+b^2-2a^2b^2=0$ ①.

由 $e=\dfrac{\sqrt{3}}{2}$ 得 $a^2=4b^2$ ②.

联立式①②解得 $a^2=\dfrac{5}{2},b^2=\dfrac{5}{8}$,故所求椭圆的方程为 $\dfrac{x^2}{\dfrac{5}{2}}+\dfrac{y^2}{\dfrac{5}{8}}=1$.

22.2 从齐次化到平移齐次化

> 如果已知的点为原点,那么我们可以选择直接齐次化.
> 如果已知的点为非原点,那么我们可以选择构造齐次化,但是这样做会相对麻烦一些,因此我们在此提出平移齐次化法.
> 平移法则:向原点平移,遵循"左加右减,上减下加"的原则.
> 注:开始平移方程与最后平移点的方向保持一致,中间平移点与其相反.

典例 已知抛物线 $y^2=4x$ 上一点 $P(1,2)$,点 A,B 是抛物线上异于点 P 的两个点,且满足 $PA \perp PB$,证明:直线 AB 过定点.

法一(构造齐次化法) 设直线 $l_{AB}:m(x-1)+n(y-2)=1$.

将抛物线变形为 $y^2=4x \Leftrightarrow [(y-2)+2]^2=4[(x-1)+1]$.

整理得
$$(y-2)^2+4(y-2)-4(x-1)=0$$

构造得
$$(y-2)^2+4(y-2)[m(x-1)+n(y-2)]-4(x-1)[m(x-1)+n(y-2)]=0$$

化简得
$$(1+4n)(y-2)^2+(4m-4n)(y-2)(x-1)-4m \cdot (x-1)^2=0$$

上式两边同除以 $(x-1)^2$ 得
$$(1+4n)\left(\frac{y-2}{x-1}\right)^2+(4m-4n)\left(\frac{y-2}{x-1}\right)-4m=0$$

将 $\frac{y_1-2}{x_1-1}, \frac{y_2-2}{x_2-1}$ 看成上述方程的两根.

由韦达定理得 $\frac{y_1-2}{x_1-1} \cdot \frac{y_2-2}{x_2-1}=\frac{-4m}{1+4n}=-1$,即 $4m-4n=1$.

因为 $m(x-1)+n(y-2)=1$,所以 $\begin{cases} x-1=4 \\ y-2=-4 \end{cases}$,即 $\begin{cases} x=5 \\ y=-2 \end{cases}$.

综上,直线 AB 恒过定点 $(5,-2)$.

法二(平移齐次化法) 将点 P 平移到原点得方程为 $(y+2)^2=4(x+1) \Rightarrow y^2+4y-4x=0$ ①.

设平移后的直线方程为 $l_{A'B'}:mx+ny=1$ ②.

联立式①②得 $y^2+4y(mx+ny)-4x(mx+ny)=0$.

整理得 $(1+4n)y^2+(4m-4n)xy-4mx^2=0$.

上式两边同除以 x^2 得
$$(1+4n)\left(\frac{y}{x}\right)^2+(4m-4n)\frac{y}{x}-4m=0$$

将 $\frac{y_1}{x_1}, \frac{y_2}{x_2}$ 看成上述方程的两根.

由韦达定理得 $k_1k_2=\frac{y_1}{x_1} \cdot \frac{y_2}{x_2}=-1$,故 $\frac{-4m}{1+4n}=-1$,即 $4m-4n=1$.

注意到 $mx+ny=1$,故得 $\begin{cases} x=4 \\ y=-4 \end{cases}$,即 $l_{A'B'}$ 恒过定点 $(4,-4)$,平移回去得定点为 $(5,-2)$.

综上,直线 AB 恒过定点 $(5,-2)$.

22.3 平移齐次化

1 常规应用

典例1 （全国卷）设 A,B 为曲线 $C:y=\dfrac{x^2}{4}$ 上的两点，A 与 B 的横坐标之和为4.

(1)求直线 AB 的斜率.

(2)设 M 为曲线 C 上的一点，曲线 C 在点 M 处的切线与直线 AB 平行，且 $AM\perp BM$，求直线 AB 的方程.

解答 (1)设点 $A\left(x_1,\dfrac{x_1^2}{4}\right),B\left(x_2,\dfrac{x_2^2}{4}\right)$ 为曲线 $C:y=\dfrac{x^2}{4}$ 上的两点.

从而 $k_{AB}=\dfrac{\dfrac{x_1^2}{4}-\dfrac{x_2^2}{4}}{x_1-x_2}=\dfrac{1}{4}(x_1+x_2)=\dfrac{1}{4}\times 4=1.$

(2)对 $y=\dfrac{x^2}{4}$ 求导得 $y'=\dfrac{1}{2}x$，设点 $M\left(m,\dfrac{m^2}{4}\right)$，则可得点 M 处切线的斜率为 $\dfrac{1}{2}m.$

由曲线 C 在点 M 处的切线与直线 AB 平行，可得 $\dfrac{1}{2}m=1$，解得 $m=2$，即 $M(2,1).$

将 $y=\dfrac{x^2}{4}$ 按照向量 $\overrightarrow{MO}=(-2,-1)$ 平移，平移后点 $A\to A'$，点 $B\to B'.$

设直线 $A'B'$ 的方程为 $mx-my=1$，$y+1=\dfrac{(x+2)^2}{4}$，即 $x^2+4(x-y)=0.$

整理得 $x^2+4(x-y)(mx-my)=0$，两边同除以 x^2 得 $4m\dfrac{y^2}{x^2}-8m\dfrac{y}{x}+4m+1=0.$

由 $AM\perp BM$ 得 $k_{AM}\cdot k_{BM}=-1$，故 $\dfrac{4m+1}{4m}=-1$，即 $m=-\dfrac{1}{8}$，于是 $A'B'$ 的方程为 $x-y+8=0.$

平移回去得 $(x-2)-(y-1)+8=0$，故直线 AB 的方程为 $y=x+7.$

典例2 （全国卷）已知椭圆 $C:\dfrac{x^2}{a^2}+\dfrac{y^2}{b^2}=1(a>b>0)$，四点 $P_1(1,1),P_2(0,1),P_3\left(-1,\dfrac{\sqrt{3}}{2}\right),P_4\left(1,\dfrac{\sqrt{3}}{2}\right)$ 中恰有三点在椭圆 C 上.

(1)求椭圆 C 的方程.

(2)设直线 l 不经过点 P_2 且与椭圆 C 相交于 A,B 两点.若直线 P_2A 与直线 P_2B 的斜率的和为 -1，证明：l 过定点.

解答 (1)因为 P_3,P_4 两点关于 y 轴对称，所以由题意得椭圆 C 经过 P_3,P_4 两点.

又因为 $\dfrac{1}{a^2}+\dfrac{1}{b^2}>\dfrac{1}{a^2}+\dfrac{3}{4b^2}$，所以椭圆 C 不经过点 P_1，故点 P_2 在椭圆 C 上.

因此 $\begin{cases}\dfrac{1}{b^2}=1\\\dfrac{1}{a^2}+\dfrac{3}{4b^2}=1\end{cases}$，解得 $\begin{cases}a^2=4\\b^2=1\end{cases}$，故椭圆 C 的方程为 $\dfrac{x^2}{4}+y^2=1.$

(2)法一（平移齐次化法）：将点 P_2 平移到原点，可得椭圆方程 $\dfrac{x^2}{4}+(y+1)^2=1.$

化简得 $\dfrac{x^2}{4}+y^2+2y=0$，即 $y^2+2y+\dfrac{x^2}{4}=0$ ①.设平移后的直线方程为 $l':mx+ny=1$ ②.

联立式①②，构造得 $y^2+2y(mx+ny)+\dfrac{x^2}{4}=0$，整理得 $(1+2n)y^2+2mxy+\dfrac{x^2}{4}=0$ ③.

221

式③两边同除以 x^2 得 $(1+2n)\left(\dfrac{y}{x}\right)^2 + 2m \cdot \dfrac{y}{x} + \dfrac{1}{4} = 0$.

由韦达定理得 $k_1 + k_2 = \dfrac{y_1}{x_1} + \dfrac{y_2}{x_2} = -1$,故 $\dfrac{-2m}{1+2n} = -1$,即 $2m - 2n = 1$.

注意到 $mx + ny = 1$,故得 $\begin{cases} x = 2 \\ y = -2 \end{cases}$,即 l' 恒过定点 $(2,-2)$.

平移回去得定点为 $(2,-1)$,故直线 AB 恒过定点 $(2,-1)$.

法二(常规设点设线法):设直线 P_2A 与直线 P_2B 的斜率分别为 k_1,k_2.

当直线 l 与 x 轴垂直时,设直线 $l:x=t$,由题意得 $t \neq 0$,且 $|t| < 2$,得点 A,B 的坐标分别为 $\left(t, \dfrac{\sqrt{4-t^2}}{2}\right), \left(t, -\dfrac{\sqrt{4-t^2}}{2}\right)$,从而 $k_1 + k_2 = \dfrac{\sqrt{4-t^2}-2}{2t} - \dfrac{\sqrt{4-t^2}+2}{2t} = -1$,故 $t = 2$,不符合题意.

当直线 l 与 x 轴不垂直时,设 $l:y = kx + m(m \neq 1)$.

将 $y = kx + m$ 代入 $\dfrac{x^2}{4} + y^2 = 1$ 得 $(4k^2+1)x^2 + 8kmx + 4m^2 - 4 = 0$.

$\Delta = 16(4k^2 - m^2 + 1) > 0$,设点 $A(x_1,y_1),B(x_2,y_2)$,由韦达定理得 $\begin{cases} x_1 + x_2 = -\dfrac{8km}{4k^2+1} \\ x_1 x_2 = \dfrac{4m^2-4}{4k^2+1} \end{cases}$.

从而 $k_1 + k_2 = \dfrac{y_1-1}{x_1} + \dfrac{y_2-1}{x_2} = \dfrac{kx_1+m-1}{x_1} + \dfrac{kx_2+m-1}{x_2} = \dfrac{2kx_1 x_2 + (m-1)(x_1+x_2)}{x_1 x_2}$.

由题意得 $k_1 + k_2 = -1$,故 $(2k+1)x_1 x_2 + (m-1)(x_1+x_2) = 0$.

整理得 $(2k+1) \cdot \dfrac{4m^2-4}{4k^2+1} + (m-1) \cdot \dfrac{-8km}{4k^2+1} = 0$,解得 $k = -\dfrac{m+1}{2}$.

当且仅当 $m > -1$ 时,$\Delta > 0$,于是 $l:y = -\dfrac{m+1}{2}x + m$,即 $y + 1 = -\dfrac{m+1}{2}(x-2)$.

综上,l 过定点 $(2,-1)$.

好题精练

精练1 已知抛物线 $C:y^2 = 4x$ 上有一点 $P(1,2)$,点 A,B 是抛物线 C 上异于点 P 的两个点,满足 $k_{PA} + k_{PB} = 1$,证明:直线 AB 过定点.

精练2 (昆明模拟)已知直线 $y = 2$ 与双曲线 $C:\dfrac{x^2}{a^2} - \dfrac{y^2}{b^2} = 1(a>0, b>0)$ 交于 A,B 两点,F 是双曲线 C 的左焦点,且 $AF \perp AB$,$|BF| = 2|AF|$.

(1)求双曲线 C 的方程.

(2)若 P,Q 是双曲线 C 上的两点,M 是双曲线 C 的右顶点,且直线 MP 与 MQ 的斜率之积为 $-\dfrac{2}{3}$,证明:直线 PQ 恒过定点,并求出该定点的坐标.

精练3 在直角坐标系 xOy 中,动点 M 到点 $F_1(-\sqrt{3},0),F_2(\sqrt{3},0)$ 的距离之和是 4,点 M 的轨迹是曲线 C. 若曲线 C 与 x 轴的负半轴交于点 A,不经过点 A 的直线 l 与曲线 C 交于不同的两点 P 和 Q.
(1)求曲线 C 的方程.
(2)当 $\overrightarrow{AP} \cdot \overrightarrow{AQ}=0$ 时,证明:直线 l 过定点,并求出此定点的坐标.

精练4 已知椭圆 $C:\dfrac{x^2}{4}+\dfrac{y^2}{3}=1$ 的左顶点为 A,P,Q 为椭圆 C 上的两个动点,记直线 AP,AQ 的斜率分别为 k_1,k_2,若 $k_1k_2=2$,试判断直线 PQ 是否过定点. 若过定点,求该定点的坐标;若不过定点,请说明理由.

精练5 (新全国卷)如图 1 所示,已知 $A(2,1)$ 在双曲线 $C:\dfrac{x^2}{a^2}-\dfrac{y^2}{a^2-1}=1(a>1)$ 上,直线 l 交双曲线 C 于 P,Q 两点,直线 AP,AQ 的斜率之和为 0,求直线 l 的斜率.

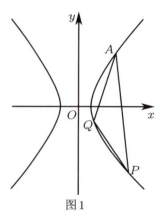

图1

精练6 如图 2 所示,已知椭圆 $E:\dfrac{x^2}{12}+y^2=1$. 设 A,B 是椭圆上异于 $P(0,1)$ 的两点,且点 $Q\left(0,\dfrac{1}{2}\right)$ 在线段 AB 上,直线 PA,PB 分别交直线 $y=-\dfrac{1}{2}x+3$ 于 C,D 两点.
(1)求点 P 到椭圆上点的距离的最大值.
(2)求 $|CD|$ 的最小值.

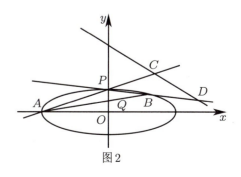

图2

2 需移动点

典例 3 （新全国卷）已知椭圆 $C:\dfrac{x^2}{a^2}+\dfrac{y^2}{b^2}=1(a>b>0)$ 的离心率为 $\dfrac{\sqrt{2}}{2}$，且过点 $A(2,1)$.

(1)求椭圆 C 的方程.

(2)点 M,N 在椭圆 C 上，且 $AM\perp AN$，$AD\perp MN$，D 为垂足.证明：存在定点 Q，使得 $|DQ|$ 为定值.

解答 (1)因为离心率 $e=\dfrac{c}{a}=\dfrac{\sqrt{2}}{2}$，所以 $a=\sqrt{2}c$.又因为 $a^2=b^2+c^2$，所以 $b=c$，$a=\sqrt{2}b$.

将点 $A(2,1)$ 代入椭圆方程得 $\dfrac{4}{2b^2}+\dfrac{1}{b^2}=1$，解得 $b^2=3$，因此椭圆 C 的方程为 $\dfrac{x^2}{6}+\dfrac{y^2}{3}=1$.

(2)将点 $A(2,1)$ 平移到原点，即 $\dfrac{(x+2)^2}{6}+\dfrac{(y+1)^2}{3}=1$，整理得 $x^2+2y^2+4x+4y=0$.

设直线 MN 平移后为直线 $M'N'$，令直线 $M'N'$ 的方程为 $mx+ny=1$.

构造得 $x^2+2y^2+(4x+4y)(mx+ny)=0$，即 $(2+4n)y^2+(4n+4m)xy+(1+4m)x^2=0$ ①.

当 $x\neq 0$ 时，式①两边同除以 x^2 得 $(2+4n)\left(\dfrac{y}{x}\right)^2+4(m+n)\dfrac{y}{x}+1+4m=0$.

令 $k_{AM}=k_1$，$k_{AN}=k_2$，故 k_1,k_2 是方程 $(2+4n)k^2+4(m+n)k+1+4m=0$ 的两个根.

由韦达定理得 $k_1k_2=\dfrac{1+4m}{2+4n}=-1$，故 $4m+4n=-3$，即 $-\dfrac{4}{3}m-\dfrac{4}{3}n=1$，从而直线 $M'N'$ 恒过点 $\left(-\dfrac{4}{3},-\dfrac{4}{3}\right)$.

当 $x=0$ 时，直线 $M'N'$ 也过此定点，故直线 MN 恒过点 $T\left(\dfrac{2}{3},-\dfrac{1}{3}\right)$.

如图3所示，由题意得 AT 的中点 $Q\left(\dfrac{4}{3},\dfrac{1}{3}\right)$，故点 D 在以 AT 为直径、Q 为圆心的圆上.

因为 $|AT|=\sqrt{\left(2-\dfrac{2}{3}\right)^2+\left(1+\dfrac{1}{3}\right)^2}=\dfrac{4\sqrt{2}}{3}$，所以 $|DQ|=\dfrac{1}{2}|AT|=\dfrac{2\sqrt{2}}{3}$.

综上，存在定点 $Q\left(\dfrac{4}{3},\dfrac{1}{3}\right)$，使得 $|DQ|$ 为定值.

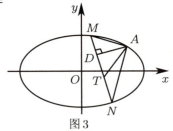

图3

典例 4 （青桐鸣联考）已知点 $M\left(1,\dfrac{3}{2}\right)$ 在椭圆 $\dfrac{x^2}{a^2}+\dfrac{y^2}{b^2}=1(a>b>0)$ 上，A,B 分别是椭圆的左、右顶点，直线 MA 和 MB 的斜率之和满足 $k_{MA}+k_{MB}=-1$.

(1)求椭圆的标准方程.

(2)斜率为1的直线交椭圆于 P,Q 两点，问：椭圆上是否存在定点 T，使直线 PT 和 QT 的斜率之和满足 $k_{PT}+k_{QT}=0$（P,Q 与 T 均不重合）？若存在，求出点 T 的坐标；若不存在，请说明理由.

解答 (1)因为 $k_{MA}+k_{MB}=\dfrac{\dfrac{3}{2}-0}{1+a}+\dfrac{\dfrac{3}{2}-0}{1-a}=-1$，所以解得 $a^2=4$.

将点 $\left(1,\dfrac{3}{2}\right)$ 代入椭圆的方程 $\dfrac{x^2}{4}+\dfrac{y^2}{b^2}=1$，解得 $b^2=3$，故椭圆的方程为 $\dfrac{x^2}{4}+\dfrac{y^2}{3}=1$.

(2)法一（平移齐次化法）：设点 $T(x_0,y_0)$，且 $\dfrac{x_0^2}{4}+\dfrac{y_0^2}{3}=1$.

将点 $T(x_0, y_0)$ 平移到原点可得椭圆方程 $\dfrac{(x+x_0)^2}{4} + \dfrac{(y+y_0)^2}{3} = 1$.

设平移后的直线方程为 $l': mx - my = 1$.

将椭圆方程 $\dfrac{(x+x_0)^2}{4} + \dfrac{(y+y_0)^2}{3} = 1$ 展开得 $3x^2 + 6x_0 x + 4y^2 + 8y_0 y = 0$.

构造方程得 $3x^2 + 6x_0 x(mx - my) + 4y^2 + 8y_0 y(mx - my) = 0$.

上式两边同除以 x^2，并构造斜率得 $(4 - 8my_0) \cdot \left(\dfrac{y}{x}\right)^2 + (8my_0 - 6mx_0)\dfrac{y}{x} + 3 + 6mx_0 = 0$.

由题意得 $k_{PT} + k_{QT} = \dfrac{8my_0 - 6mx_0}{8my_0 - 4} = 0$，即 $8my_0 - 6mx_0 = 0$，化简得 $4y_0 - 3x_0 = 0$.

因为 $\dfrac{x_0^2}{4} + \dfrac{y_0^2}{3} = 1$，所以解得点 T 的坐标为 $\left(\dfrac{4\sqrt{7}}{7}, \dfrac{3\sqrt{7}}{7}\right)$，$\left(-\dfrac{4\sqrt{7}}{7}, -\dfrac{3\sqrt{7}}{7}\right)$.

法二：设椭圆上存在定点 T，设点 $P(x_1, y_1)$，$Q(x_2, y_2)$，$T(x_0, y_0)$，直线 PQ 的方程为 $y = x + t$.

由题意得 $\dfrac{y_1 - y_0}{x_1 - x_0} + \dfrac{y_2 - y_0}{x_2 - x_0} = 0$ ①，将 $y_1 = x_1 + t$，$y_2 = x_2 + t$ 代入式①.

整理得 $2x_1 x_2 + (t - x_0 - y_0)(x_1 + x_2) - 2x_0(t - y_0) = 0$ ②.

联立方程 $\begin{cases} \dfrac{x^2}{4} + \dfrac{y^2}{3} = 1 \\ y = x + t \end{cases}$，消去 y 得 $7x^2 + 8tx + 4t^2 - 12 = 0$.

由韦达定理得 $x_1 + x_2 = -\dfrac{8t}{7}$，$x_1 x_2 = \dfrac{4t^2 - 12}{7}$，代入式②整理得 $\left(\dfrac{8}{7}y_0 - \dfrac{6}{7}x_0\right)t + 2x_0 y_0 - \dfrac{24}{7} = 0$.

联立 $\begin{cases} \dfrac{8}{7}y_0 - \dfrac{6}{7}x_0 = 0 \\ 2x_0 y_0 - \dfrac{24}{7} = 0 \end{cases}$，解得 $\begin{cases} x_0 = \dfrac{4\sqrt{7}}{7} \\ y_0 = \dfrac{3\sqrt{7}}{7} \end{cases}$ 或 $\begin{cases} x_0 = -\dfrac{4\sqrt{7}}{7} \\ y_0 = -\dfrac{3\sqrt{7}}{7} \end{cases}$ ③.

将式③代入椭圆的方程可得点 $\left(\dfrac{4\sqrt{7}}{7}, \dfrac{3\sqrt{7}}{7}\right)$，$\left(-\dfrac{4\sqrt{7}}{7}, -\dfrac{3\sqrt{7}}{7}\right)$ 均在椭圆上.

因此，存在定点 T，使得 $k_{PT} + k_{QT} = 0$，点 T 的坐标为 $\left(\dfrac{4\sqrt{7}}{7}, \dfrac{3\sqrt{7}}{7}\right)$，$\left(-\dfrac{4\sqrt{7}}{7}, -\dfrac{3\sqrt{7}}{7}\right)$.

好题精练

精练7 已知椭圆 $C: \dfrac{x^2}{a^2} + \dfrac{y^2}{b^2} = 1 (a > b > 0)$ 的左、右顶点分别为 $A(-2\sqrt{2}, 0)$，$B(2\sqrt{2}, 0)$，右焦点为 F_2，O 为坐标原点，OB 的中点为 D（点 D 在焦点 F_2 的左方），$|DF_2| = 2 - \sqrt{2}$.

(1) 求椭圆 C 的标准方程.

(2) 设过点 D 且斜率不为 0 的直线与椭圆 C 交于 M, N 两点，设直线 AM, AN 的斜率分别是 k_1, k_2，试问：$k_1 \cdot k_2$ 是否为定值？若为定值，求出定值；若不为定值，请说明理由.

精练8 （浙江模拟）已知椭圆 $C: \dfrac{x^2}{2} + y^2 = 1$.

(1) 直线 $l: y = x$ 交椭圆 C 于 P, Q 两点，求线段 PQ 的长.

(2) A 为椭圆 C 的左顶点，记直线 AP, AQ, l 的斜率分别为 k_1, k_2, k，若 $k_1 + k_2 = -\dfrac{1}{k}$，试问：直线 PQ 是否过定点？若过定点，求出定点的坐标；若不过定点，请说明理由.

3 其他应用

典例5：斜率关系 如图4所示，已知椭圆 $C: \dfrac{x^2}{4} + \dfrac{y^2}{b^2} = 1(0 < b < 2)$，设过点 $A(1,0)$ 的直线 l 交椭圆 C 于 M,N 两点，交直线 $x=4$ 于点 P，点 E 为直线 $x=1$ 上的不同于点 A 的任意一点.

(1) 若 $|AM| \geqslant 1$，求 b 的取值范围.

(2) 若 $b=1$，记直线 EM,EN,EP 的斜率分别为 k_1,k_2,k_3，问是否存在 k_1,k_2,k_3 的某种排列 k_{i_1},k_{i_2},k_{i_3}（其中 $\{i_1,i_2,i_3\} = \{1,2,3\}$），使得 k_{i_1},k_{i_2},k_{i_3} 成等差数列或等比数列？若存在，写出结论，并加以证明；若不存在，请说明理由.

解答 (1) 设点 $M(x_1,y_1)$，其中 $\dfrac{x_1^2}{4} + \dfrac{y_1^2}{b^2} = 1, -2 \leqslant x_1 \leqslant 2$ 且 $x_1 \neq 1$.

从而 $|AM| = \sqrt{(x_1-1)^2 + y_1^2} = \sqrt{\left(1 - \dfrac{b^2}{4}\right)x_1^2 - 2x_1 + b^2 + 1}$.

由 $|AM| \geqslant 1$ 得 $\left(1 - \dfrac{b^2}{4}\right)x_1^2 - 2x_1 + b^2 = (x_1 - 2) \cdot \left[\left(1 - \dfrac{b^2}{4}\right)x_1 - \dfrac{b^2}{2}\right] \geqslant 0$.

因为 $x_1 \leqslant 2, 0 < b < 2$，所以 $x_1 - 2 \leqslant 0, 1 - \dfrac{b^2}{4} > 0$.

于是 $\left(1 - \dfrac{b^2}{4}\right)x_1 - \dfrac{b^2}{2} \leqslant 0$，即 $x_1 \leqslant \dfrac{2b^2}{4-b^2}$，只需 $2 \leqslant \dfrac{2b^2}{4-b^2}$.

又因为 $0 < b < 2$，所以 $\sqrt{2} \leqslant b < 2$，故 b 的取值范围是 $[\sqrt{2}, 2)$.

(2) k_1, k_3, k_2 或 k_2, k_3, k_1 成等差数列，证明如下：

当 $b=1$ 时，椭圆 C 的方程为 $\dfrac{x^2}{4} + y^2 = 1$，设点 $E(1,t), t \neq 0$.

(i) 当直线 l 的斜率为 0 时，此时点 $P(4,0)$，令点 $M(2,0), N(-2,0)$，从而 $k_1 = -t, k_2 = \dfrac{t}{3}, k_3 = -\dfrac{t}{3}$.

故 k_1, k_2, k_3 的任意排列 k_{i_1},k_{i_2},k_{i_3} 均不成等比数列，k_1, k_3, k_2 或 k_2, k_3, k_1 成等差数列.

(ii) 当直线 l 的斜率不为 0 时，设直线 l 的方程为 $x = my + 1 (m \neq 0), M(x_1,y_1), N(x_2,y_2)$.

设点 $P\left(4, \dfrac{3}{m}\right)$，联立方程 $\begin{cases} x = my + 1 \\ \dfrac{x^2}{4} + y^2 = 1 \end{cases}$，消去 x 得 $(m^2+4)y^2 + 2my - 3 = 0$.

于是 $\Delta = 16(m^2+3) > 0$，由韦达定理得 $y_1 + y_2 = \dfrac{-2m}{m^2+4}, y_1 y_2 = \dfrac{-3}{m^2+4}$.

注意到

$$k_1 = \dfrac{y_1-t}{x_1-1}, k_2 = \dfrac{y_2-t}{x_2-1}, k_3 = \dfrac{\dfrac{3}{m}-t}{3} = \dfrac{3-mt}{3m}$$

从而 $k_1 + k_2 = \dfrac{y_1-t}{x_1-1} + \dfrac{y_2-t}{x_2-1} = \dfrac{y_1-t}{my_1} + \dfrac{y_2-t}{my_2} = \dfrac{y_2(y_1-t) + y_1(y_2-t)}{my_1 y_2} = \dfrac{2y_1 y_2 - t(y_1+y_2)}{my_1 y_2} = \dfrac{\dfrac{-6}{m^2+4} + \dfrac{2mt}{m^2+4}}{\dfrac{-3m}{m^2+4}} = \dfrac{6-2mt}{3m} = 2k_3$.

因此，k_1, k_3, k_2 或 k_2, k_3, k_1 成等差数列.

综上所述，k_1, k_3, k_2 或 k_2, k_3, k_1 成等差数列.

典例6:定点问题 已知 A,B 分别为椭圆 $E:\dfrac{x^2}{a^2}+y^2=1(a>1)$ 的左、右顶点,G 为椭圆 E 的上顶点,$\overrightarrow{AG}\cdot\overrightarrow{GB}=8$.$P$ 为直线 $x=6$ 上的动点,PA 与 E 的另一交点为 C,PB 与 E 的另一交点为 D.

(1)求 E 的方程.

(2)证明:直线 CD 过定点.

解答 (1)根据题意作出图像,如图5所示.

由椭圆 $E:\dfrac{x^2}{a^2}+y^2=1(a>1)$ 得 $A(-a,0),B(a,0),G(0,1)$.

从而 $\overrightarrow{AG}=(a,1),\overrightarrow{GB}=(a,-1)$,于是 $\overrightarrow{AG}\cdot\overrightarrow{GB}=a^2-1=8$,

解得 $a^2=9$,故椭圆 E 的方程为 $\dfrac{x^2}{9}+y^2=1$.

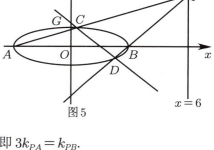

图5

(2)法一(平移齐次化法):设点 $P(6,m)$,则 $k_{PA}=\dfrac{m}{9}$,$k_{PB}=\dfrac{m}{3}$,即 $3k_{PA}=k_{PB}$.

由椭圆的第三定义得 $k_{AC}\cdot k_{BC}=-\dfrac{1}{9}$,故 $k_{BC}\cdot k_{BD}=-\dfrac{1}{3}$.

将椭圆向左平移3个单位长度得到 $\dfrac{(x+3)^2}{9}+y^2=1$,化简为 $x^2+6x+9y^2=0$.

设平移后的直线 $C'D':mx+ny=1$,与平移后的椭圆方程联立得 $9y^2+6nxy+(1+6m)x^2=0$ ①.

式①两边同时除以 x^2 得 $9\left(\dfrac{y}{x}\right)^2+6n\dfrac{y}{x}+1+6m=0$.

由韦达定理得 $k_1k_2=\dfrac{1+6m}{9}=-\dfrac{1}{3}$,解得 $m=-\dfrac{2}{3}$,代入直线 $C'D':mx+ny=1$ 中,可得直线恒过定点 $\left(-\dfrac{3}{2},0\right)$,将图像平移回原来的位置,得直线 CD 过定点 $\left(\dfrac{3}{2},0\right)$.

法二(常规设点设线法):由题意得直线 PA,PB 的斜率均存在且不为0.

设直线 PA 的方程为 $y=k(x+3)$,直线 PB 的方程为 $y=m(x-3)$.

联立方程 $\begin{cases}y=k(x+3)\\\dfrac{x^2}{9}+y^2=1\end{cases}$,消去 y 得 $(1+9k^2)x^2+54k^2x+81k^2-9=0$.

设点 $C(x_1,y_1)$,由韦达定理得 $x_1-3=-\dfrac{54k^2}{1+9k^2}$,故 $x_1=\dfrac{3-27k^2}{1+9k^2}$,$y_1=\dfrac{6k}{1+9k^2}$.

联立方程 $\begin{cases}y=m(x-3)\\\dfrac{x^2}{9}+y^2=1\end{cases}$,消去 y 得 $(1+9m^2)x^2-54m^2x+81m^2-9=0$.

设点 $D(x_2,y_2)$,由韦达定理得 $x_2+3=\dfrac{54m^2}{1+9m^2}$,故 $x_2=\dfrac{27m^2-3}{1+9m^2}$,$y_2=-\dfrac{6m}{1+9m^2}$.

设点 $P(6,t)$,则 $t=9k,t=3m$,即 $m=3k$,从而 $x_1=\dfrac{3-3m^2}{1+m^2}$,$y_1=\dfrac{2m}{1+m^2}$.

当 $m^2\neq\dfrac{1}{3}$ 时,直线 CD 的斜率为 $\dfrac{\dfrac{2m}{1+m^2}+\dfrac{6m}{1+9m^2}}{\dfrac{3-3m^2}{1+m^2}-\dfrac{27m^2-3}{1+9m^2}}=\dfrac{8m}{6-18m^2}$.

于是直线 $CD:y-\dfrac{2m}{1+m^2}=\dfrac{8m}{6-18m^2}\left(x-\dfrac{3-3m^2}{1+m^2}\right)$.令 $y=0$,得 $x=\dfrac{3}{2}$,故直线 CD 过点 $\left(\dfrac{3}{2},0\right)$.

当 $m^2=\dfrac{1}{3}$ 时,直线 CD 也过定点 $\left(\dfrac{3}{2},0\right)$.

综上所述,直线 CD 过定点 $\left(\dfrac{3}{2},0\right)$.

典例7：定值问题　如图6所示，已知分别过椭圆 $E: \dfrac{x^2}{3}+\dfrac{y^2}{2}=1$ 的左、右焦点的动直线 l_1,l_2 相交于点 P，且 l_1,l_2 与椭圆 E 分别交于点 A,B 和点 C,D，直线 OA,OB,OC,OD 的斜率分别为 k_1,k_2,k_3,k_4，满足 $k_1+k_2=k_3+k_4$，请问是否存在定点 M,N，使得 $|PM|+|PN|$ 为定值？若存在，求出点 M,N 的坐标；若不存在，请说明理由.

解答　设点 $A(x_1,y_1),B(x_2,y_2),C(x_3,y_3),D(x_4,y_4)$.

设点 $P(x_0,y_0)$，$l_1:m_1x+n_1y=1$，将点 $(-1,0)$ 代入得 $m_1=-1$.

从而直线 l_1 的方程为 $-x+n_1y=1$，则 $n_1=\dfrac{1+x_0}{y_0}$ ①.

椭圆方程为 $2x^2+3y^2-6=0$，即 $2x^2+3y^2-6(n_1y-x)^2=0$.

整理得 $(3-6n_1^2)y^2+12n_1xy-4x^2=0$.

上式两边同除以 x^2 得 $(3-6n_1^2)\left(\dfrac{y}{x}\right)^2+12n_1\dfrac{y}{x}-4=0$.

由韦达定理得 $k_1+k_2=\dfrac{y_1}{x_1}+\dfrac{y_2}{x_2}=-\dfrac{12n_1}{3-6n_1^2}=-\dfrac{4n_1}{1-2n_1^2}$.

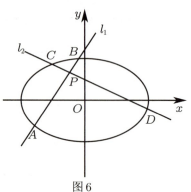

图6

同理可设 $l_2:m_2x+n_2y=1$，将点 $(1,0)$ 和 $m_2=1$ 代入得 $l_2:x+n_2y=1$，则 $n_2=\dfrac{1-x_0}{y_0}$ ②.

同理可得 $k_3+k_4=\dfrac{y_3}{x_3}+\dfrac{y_4}{x_4}=-\dfrac{-12n_2}{3-6n_2^2}=\dfrac{4n_2}{1-2n_2^2}$.

由 $k_1+k_2=k_3+k_4$ 得 $-\dfrac{4n_1}{1-2n_1^2}=\dfrac{4n_2}{1-2n_2^2}$，整理得 $(1-2n_1n_2)(n_2+n_1)=0$.

因为 $n_2+n_1\neq 0$，所以 $1-2n_1n_2=1-2\dfrac{1+x_0}{y_0}\cdot\dfrac{1-x_0}{y_0}=0$，即 $\dfrac{y_0^2}{2}+x_0^2=1(x\neq\pm 1)$.

又因为点 $P(x,y)$ 在椭圆 $\dfrac{y^2}{2}+x^2=1$ 上，所以存在点 M,N 使得 $|PM|+|PN|$ 为定值 $2\sqrt{2}$，点 M,N 的坐标分别为 $(0,-1),(0,1)$.

典例8：双切同构　如图7所示，已知椭圆 $C:\dfrac{x^2}{4}+y^2=1$，上顶点为 A，过点 A 作圆 $M:(x+1)^2+y^2=r^2(0<r<1)$ 的两条切线分别与椭圆 C 相交于点 B,D(不同于点 A). 当 r 变化时，试问：直线 BD 是否过某个定点？若过某个定点，求出该定点；若不过某个定点，请说明理由.

解答　设过点 A 的直线方程为 $y=kx+1$.

因为直线与圆相切，所以由点到直线的距离公式得 $\dfrac{|-k+1|}{\sqrt{k^2+1}}=r$.

上式两边平方，化简得 $(1-r^2)k^2-2k+1-r^2=0$.

设两条切线 AB,AD 的斜率分别为 k_1,k_2，则 $k_1k_2=1$.

将椭圆向下平移1个单位得 $\dfrac{x^2}{4}+(y+1)^2=1$，即 $x^2+4y^2+8y=0$.

设平移后的直线 $B'D'$ 的方程为 $mx+ny=1$，与椭圆联立得 $x^2+4y^2+8y(mx+ny)=0$.

整理得 $(4+8n)y^2+8mxy+x^2=0$，两边同时除以 x^2，化简得 $(4+8n)\left(\dfrac{y}{x}\right)^2+8m\dfrac{y}{x}+1=0$.

由韦达定理得 $\dfrac{y_1}{x_1}\cdot\dfrac{y_2}{x_2}=\dfrac{1}{4+8n}=1$，解得 $n=-\dfrac{3}{8}$，故直线 $B'D'$ 的方程为 $mx-\dfrac{3}{8}y=1$，直线恒过定点 $\left(0,-\dfrac{8}{3}\right)$，平移回原坐标系后，直线 BD 恒过定点 $\left(0,-\dfrac{5}{3}\right)$.

4 斜率推论

(1) 角平分线推论

如图8所示,因为 $\theta=\beta-\alpha=\gamma-\beta$,所以 $2\beta=\alpha+\gamma$,故角平分线的倾斜角为两边倾斜角的等差中项.

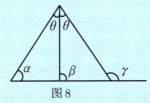

图8

(2) 中线斜率推论

如图9所示,因为 $k_{AB}=\dfrac{y_0}{x_0+a}$,$k_{AC}=\dfrac{y_0}{x_0-a}$,所以 $\dfrac{1}{k_{AB}}+\dfrac{1}{k_{AC}}=\dfrac{2x_0}{y_0}=\dfrac{2}{k_{AO}}$.

如图10所示,因为 $k_{AB}=\dfrac{y_0-a}{x_0}$,$k_{AC}=\dfrac{y_0+a}{x_0}$,所以 $k_{AB}+k_{AC}=\dfrac{2y_0}{x_0}=2k_{AO}$.

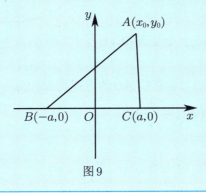

图9

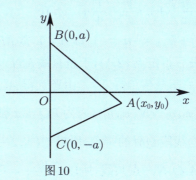

图10

典例9:角平分线推论 (龙岩质检)已知抛物线 $C:y^2=4x$,直线 l 过点 $G\left(0,\dfrac{4}{3}\right)$ 且与 C 相交于 A,B 两点,若 $\angle AOB$ 的平分线过点 $E(1,1)$,求直线 l 的斜率.

法一 由角平分线推论得 $\angle AOx+\angle BOx=2\angle EOx=90°$.

从而 $\tan\angle AOx\cdot\tan\angle BOx=1$,即 $\dfrac{y_Ay_B}{x_Ax_B}=\dfrac{16}{y_Ay_B}=1$.

设直线 $l_{AB}:x=m\left(y-\dfrac{4}{3}\right)$,与抛物线方程联立得 $y_Ay_B=\dfrac{16m}{3}$,故 $m=3$,于是直线 l 的斜率为 $\dfrac{1}{3}$.

法二 设直线 l 的方程为 $y=kx+\dfrac{4}{3}$,即 $3kx-3y+4=0$.

设直线 OA,OB 的方程分别为 $y=k_1x$,$y=k_2x$,即 $k_1x-y=0$,$k_2x-y=0$.

因为 $\angle AOB$ 的平分线过点 $E(1,1)$,所以 $\dfrac{|k_1-1|}{\sqrt{k_1^2+1}}=\dfrac{|k_2-1|}{\sqrt{k_2^2+1}}$.

整理得 $(k_1-k_2)(k_1k_2-1)=0$,即 $k_1k_2=1$.

设点 $A(x_1,y_1)$,$B(x_2,y_2)$,则 $\dfrac{y_1}{x_1}\cdot\dfrac{y_2}{x_2}=1$,即 $x_1x_2=y_1y_2$.

联立方程 $\begin{cases}y=kx+\dfrac{4}{3}\\y^2=4x\end{cases}$,消去 x 得 $3ky^2-12y+16=0$.

由 $\Delta=144-64\times3k>0$ 得 $k<\dfrac{3}{4}$.由韦达定理得 $y_1+y_2=\dfrac{4}{k}$,$y_1y_2=\dfrac{16}{3k}$.

因为 $x_1x_2 = \frac{1}{16}(y_1y_2)^2$，所以 $y_1y_2 = \frac{1}{16}(y_1y_2)^2$，故 $\frac{16}{3k} = \frac{16}{9k^2}$，解得 $k = \frac{1}{3}$.

因此直线 l 的斜率为 $\frac{1}{3}$.

典例10：中线斜率推论 （济南二模）如图11所示，已知椭圆 $E: \frac{x^2}{4} + y^2 = 1$，记椭圆 E 的右顶点和上顶点分别为 A, B，点 P 在线段 AB 上运动，垂直于 x 轴的直线 PQ 交椭圆 E 于点 M（点 M 在第一象限），P 为线段 QM 的中点，设直线 AQ 与椭圆 E 的另一个交点为 N，证明：直线 MN 过定点.

法一（平移齐次化法） 由中线斜率推论得 $k_{AM} + k_{AQ} = 2k_{AP}$，即 $k_{AM} + k_{AN} = -1$.

将点 $A(2,0)$ 平移到原点，可得椭圆方程 $\frac{(x+2)^2}{4} + y^2 = 1$.

整理得 $\frac{x^2}{4} + x + y^2 = 0$ ①.设平移后的直线 $M'N': mx + ny = 1$ ②.

联立式①②，并整理得 $\frac{x^2}{4} + x(mx + ny) + y^2 = 0$.

构造得 $\left(\frac{y}{x}\right)^2 + n \cdot \frac{y}{x} + \frac{1}{4} + m = 0$.

从而 $k_{AM} + k_{AN} = -n = -1$，即 $n = 1$，故 $M'N': mx + y = 1$ 过点 $(0,1)$.

平移回去后得定点 $(2,1)$，于是直线 MN 过定点 $(2,1)$.

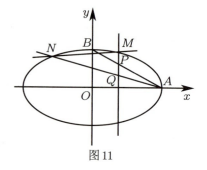

图11

法二（三点共线构造等式） 由题意得 $A(2,0)$，$B(0,1)$，则直线 AB 的方程为 $x + 2y - 2 = 0$.

设点 $M(x_1, y_1)$，$N(x_2, y_2)$，因为 $PQ \perp x$ 轴，所以 $P\left(x_1, 1 - \frac{x_1}{2}\right)$.

因为 P 为线段 QM 的中点，所以 $Q(x_1, 2 - x_1 - y_1)$.

又因为 A, Q, N 三点共线，所以 $\frac{y_2}{x_2 - 2} = \frac{2 - x_1 - y_1}{x_1 - 2}$，即 $\frac{y_1}{x_1 - 2} + \frac{y_2}{x_2 - 2} = -1$.

设直线 $MN: y = kx + m$，代入 $\frac{x^2}{4} + y^2 = 1$，整理得 $(4k^2 + 1)x^2 + 8kmx + 4m^2 - 4 = 0$.

由韦达定理得 $x_1 + x_2 = \frac{-8km}{4k^2 + 1}$，$x_1 x_2 = \frac{4m^2 - 4}{4k^2 + 1}$，于是

$$\frac{y_1}{x_1 - 2} + \frac{y_2}{x_2 - 2} = \frac{kx_1 + m}{x_1 - 2} + \frac{kx_2 + m}{x_2 - 2} = \frac{2kx_1 x_2 + (m - 2k)(x_1 + x_2) - 4m}{x_1 x_2 - 2(x_1 + x_2) + 4}$$

$$= \frac{2k \cdot \frac{4m^2 - 4}{4k^2 + 1} + (m - 2k) \cdot \frac{-8km}{4k^2 + 1} - 4m}{\frac{4m^2 - 4}{4k^2 + 1} - 2 \cdot \frac{-8km}{4k^2 + 1} + 4} = \frac{-1}{2k + m} = -1$$

从而 $m = 1 - 2k$，故直线 MN 的方程为 $y = kx + 1 - 2k = k(x - 2) + 1$，即直线 MN 过定点 $(2,1)$.

精练9 已知双曲线 $C: \frac{x^2}{a^2} - \frac{y^2}{b^2} = 1 (a > 0, b > 0)$ 的离心率为 $\sqrt{2}$，且经过点 $A(2, -1)$. 点 M, N 在 y 轴上，$\overrightarrow{OM} + \overrightarrow{ON} = 0$（$O$ 为坐标原点），直线 AM, AN 分别交双曲线 C 于 P, Q 两点.

(1) 求双曲线 C 的方程.

(2) 求点 O 到直线 PQ 的距离的最大值.

技法 23　极点与极线

23.1　基本理论

1　理论推导

以椭圆 $C: \dfrac{x^2}{a^2} + \dfrac{y^2}{b^2} = 1 (a > b > 0)$ 为例进行理论推导.

(1) 当点 $P(x_0, y_0)$ 在椭圆上时,直线 $\dfrac{x_0 x}{a^2} + \dfrac{y_0 y}{b^2} = 1$ 是椭圆过点 P 的切线.

(2) 当点 $P(x_0, y_0)$ 在椭圆外时,直线 $\dfrac{x_0 x}{a^2} + \dfrac{y_0 y}{b^2} = 1$ 是椭圆的切点弦.

(3) 当点 $P(x_0, y_0)$ 在椭圆内时,直线 $\dfrac{x_0 x}{a^2} + \dfrac{y_0 y}{b^2} = 1$ 是椭圆过点 P 的割线两端点处的切线交点的轨迹,且该直线与以 P 为中点的弦互相平行.

证明　(1) 如图 1 所示,过椭圆 $C: \dfrac{x^2}{a^2} + \dfrac{y^2}{b^2} = 1$ 上一点 $P(x_0, y_0)$ 作其切线,设切线方程为 $y - y_0 = k(x - x_0)$,与椭圆方程联立 $\begin{cases} \dfrac{x^2}{a^2} + \dfrac{y^2}{b^2} = 1 \\ y - y_0 = k(x - x_0) \end{cases}$,

由 $\Delta = 0$ 得 $k = -\dfrac{b^2 x_0}{a^2 y_0}$,代入切线方程 $y - y_0 = k(x - x_0)$,可得切线方程为 $\dfrac{x_0 x}{a^2} + \dfrac{y_0 y}{b^2} = 1$.

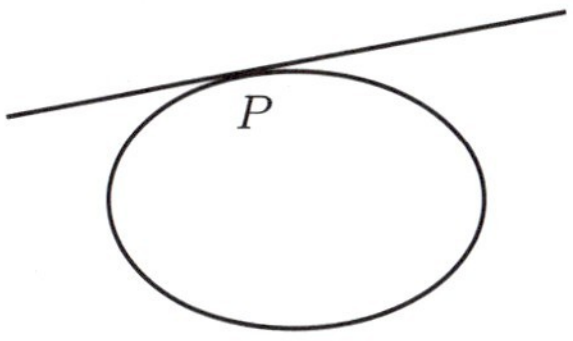

图 1

(2) 如图 2 所示,过椭圆外一点 $P(x_0, y_0)$ 作椭圆 $C: \dfrac{x^2}{a^2} + \dfrac{y^2}{b^2} = 1$ 的两条切线,切点分别为 $A(x_1, y_1)$,$B(x_2, y_2)$,由 (1) 可得切线 PA 的方程为 $\dfrac{x_1 x}{a^2} + \dfrac{y_1 y}{b^2} = 1$,同理可得切线 PB 的方程为 $\dfrac{x_2 x}{a^2} + \dfrac{y_2 y}{b^2} = 1$,分别在两条切线上面代入点 P 的坐标可得 $\begin{cases} \dfrac{x_0 x_1}{a^2} + \dfrac{y_0 y_1}{b^2} = 1 \\ \dfrac{x_0 x_2}{a^2} + \dfrac{y_0 y_2}{b^2} = 1 \end{cases}$,于是直线 AB 的方程为 $\dfrac{x_0 x}{a^2} + \dfrac{y_0 y}{b^2} = 1$.

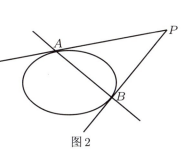

图 2

(3) 如图 3 所示,过椭圆内一点 $P(x_0, y_0)$ 作椭圆 $C: \dfrac{x^2}{a^2} + \dfrac{y^2}{b^2} = 1$ 的一条割线,割线与椭圆交于 $A(x_1, y_1)$,$B(x_2, y_2)$ 两点,过 A,B 两点分别作椭圆的切线,两切线交点为 M,由 (2) 可知直线 AB 为点 M 的切点弦,故直线 AB 的方程可写为 $\dfrac{x_M x}{a^2} + \dfrac{y_M y}{b^2} = 1$.因为点 P 在直线 AB 上,所以代入点 P 的坐标可得 $\dfrac{x_0 x_M}{a^2} + \dfrac{y_0 y_M}{b^2} = 1$,故点 M 的轨迹方程为 $\dfrac{x_0 x}{a^2} + \dfrac{y_0 y}{b^2} = 1$.

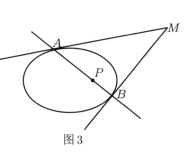

图 3

2 代数定义

(1) **极点与极线的代数定义**

已知圆锥曲线 $Ax^2+By^2+Dx+Ey+F=0$,则称点 $P(x_0,y_0)$ 和直线 $l:Ax_0x+By_0y+D\dfrac{x+x_0}{2}+E\dfrac{y+y_0}{2}+F=0$ 是圆锥曲线的一对极点与极线,点 $P(x_0,y_0)$ 为直线 l 关于曲线的极点,直线 l 为点 $P(x_0,y_0)$ 关于曲线的极线.

(i) 圆锥曲线配极原则: $x^2 \to x_0x$, $y^2 \to y_0y$, $x \to \dfrac{x_0+x}{2}$, $y \to \dfrac{y_0+y}{2}$.

(ii) 椭圆 $\dfrac{x^2}{a^2}+\dfrac{y^2}{b^2}=1$,点 $P(x_0,y_0)$ 对应的极线方程为 $\dfrac{x_0x}{a^2}+\dfrac{y_0y}{b^2}=1$.

双曲线 $\dfrac{x^2}{a^2}-\dfrac{y^2}{b^2}=1$,点 $P(x_0,y_0)$ 对应的极线方程为 $\dfrac{x_0x}{a^2}-\dfrac{y_0y}{b^2}=1$.

抛物线 $y^2=2px$,点 $P(x_0,y_0)$ 对应的极线方程为 $yy_0=p(x+x_0)$.

(2) **极点与极线的基本性质**

(i) 当点 P 在圆锥曲线上时,其极线 l 为曲线在点 P 处的切线.

(ii) 当点 P 在圆锥曲线外时,其极线 l 为曲线从点 P 处所引两条切线的切点所在的直线,即切点弦所在直线.

(iii) 当点 P 在圆锥曲线内时,其极线 l 为曲线过点 P 的割线两端点处的切线交点的轨迹.

(3) **焦点与准线**

圆锥曲线的焦点与其相应的准线是该圆锥曲线的一对极点与极线.

(i) 在椭圆 $\dfrac{x^2}{a^2}+\dfrac{y^2}{b^2}=1$ 中,右焦点 $F(c,0)$ 对应的极线为 $\dfrac{c \cdot x}{a^2}+\dfrac{0 \cdot y}{b^2}=1$,即 $x=\dfrac{a^2}{c}$ 恰为椭圆的右准线;点 $M(m,0)$ 对应的极线方程为 $x=\dfrac{a^2}{m}$.

(ii) 在双曲线 $\dfrac{x^2}{a^2}-\dfrac{y^2}{b^2}=1$ 中,点 $M(m,0)$ 对应的极线方程为 $x=\dfrac{a^2}{m}$.

(iii) 在抛物线 $y^2=2px$ 中,点 $M(m,0)$ 对应的极线方程为 $x=-m$.

3 几何定义

如图 4 所示,已知圆锥曲线上有 A,B,C,D 四点,连接 AD,BC 交于点 N,延长 CA,DB 交于点 M,延长 AB,CD 交于点 P,则直线 MN 为点 P 对应的极线,直线 PM 为点 N 对应的极线,直线 PN 为点 M 对应的极线.

$\triangle MNP$ 为自极三角形,在该三角形中,M,N,P 三点中任意两点连线都与另外一点互为极线与极点.此外,当 MN 交曲线于 E,F 两点时,PE,PF 为曲线的切线.

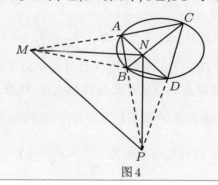

图4

23.2 实战应用

1 类型一

典例1 （全国卷）如图5所示，已知A,B分别为椭圆$E:\dfrac{x^2}{a^2}+y^2=1(a>1)$的左、右顶点，$G$为$E$的上顶点，$\overrightarrow{AG}\cdot\overrightarrow{GB}=8$．$P$为直线$x=6$上的动点，$PA$与椭圆$E$的另一交点为$C$，$PB$与椭圆$E$的另一交点为$D$．

(1)求椭圆E的方程．

(2)证明：直线CD过定点．

解答 (1)由题意得椭圆E的方程为$\dfrac{x^2}{9}+y^2=1$．

(2)法一：因为AB,CD的交点为极点，所以点P所在直线$x=6$为极线，故可得极点为$\left(\dfrac{3}{2},0\right)$，即直线$CD$过定点$\left(\dfrac{3}{2},0\right)$．

法二：点$P(6,t)$所对应的极线为$\dfrac{2}{3}x+ty=1$．

因为AB,CD的交点在极线$\dfrac{2}{3}x+ty=1$和AB所在的轴$y=0$上，所以直线CD过定点$\left(\dfrac{3}{2},0\right)$．

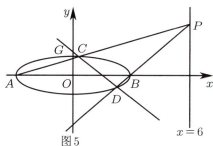

图5

典例2 已知双曲线$C:x^2-\dfrac{y^2}{3}=1(x>0)$，过右焦点$F_2$的直线$l_1$与曲线$C$交于$A,B$两点，设直线$l:x=\dfrac{1}{2}$，点$D(-1,0)$，直线$AD$交直线$l$于点$M$，证明：直线$BM$经过定点．

法一（极点极线法） 因为点$M\left(\dfrac{1}{2},t\right)$对应的极线$\dfrac{1}{2}x-\dfrac{ty}{3}=1$恒过$(2,0)$，而$F_2(2,0)$为两直线的交点，所以$DF_2$与$AB$交于$F_2$时可得定点$C(1,0)$．

又因为M也为极点，所以B,C,M三点共线，故直线BM恒过点$(1,0)$．

法二（先猜后证与三点共线） 由对称性可知，直线BM必过x轴上的定点．

当直线l_1的斜率不存在时，可得$A(2,3),B(2,-3),M\left(\dfrac{1}{2},\dfrac{3}{2}\right)$，故直线$BM$经过点$P(1,0)$．

当直线l_1的斜率存在时，不妨设直线$l_1:y=k(x-2),A(x_1,y_1),B(x_2,y_2)$．

直线AD的方程为$y=\dfrac{y_1}{x_1+1}(x+1)$，令$x=\dfrac{1}{2}$，可得$y_M=\dfrac{3y_1}{2(x_1+1)}$，故$M\left(\dfrac{1}{2},\dfrac{3y_1}{2(x_1+1)}\right)$．

联立方程$\begin{cases}y=k(x-2)\\x^2-\dfrac{y^2}{3}=1\end{cases}$，消去$y$得$(3-k^2)x^2+4k^2x-(4k^2+3)=0$．

由韦达定理得$x_1+x_2=\dfrac{4k^2}{k^2-3}$①，$x_1x_2=\dfrac{4k^2+3}{k^2-3}$②．

证明直线BM经过点$P(1,0)$，即证$k_{PM}=k_{PB}$．从而$\dfrac{-3y_1}{x_1+1}=\dfrac{y_2}{x_2-1}$，即$-3y_1x_2+3y_1=x_1y_2+y_2$．

因为$y_1=kx_1-2k,y_2=kx_2-2k$，所以$4x_1x_2-5(x_1+x_2)+4=0$③．

将式①②代入式③得$4\cdot\dfrac{4k^2+3}{k^2-3}-5\cdot\dfrac{4k^2}{k^2-3}+\dfrac{4(k^2-3)}{k^2-3}=0$，即证得直线$BM$经过点$P(1,0)$．

综上所述，直线BM过定点$(1,0)$．

好题精练

精练 1 已知点 $A(2,1)$ 和 $B(-2,-1)$ 在椭圆 $\dfrac{x^2}{6}+\dfrac{y^2}{3}=1$ 上,P 是直线 $y=4-x$ 上的动点,直线 PA,PB 分别交椭圆于异于 A,B 的另外两点 M,N,证明:MN 过定点.

精练 2 已知抛物线 $y^2=2x$,过点 $P(1,0)$ 作两条直线分别交抛物线于点 A,B 和点 C,D,直线 AC 与 BD 交于点 Q.证明:点 Q 在定直线上.

精练 3 已知椭圆 C 的离心率为 $e=\dfrac{\sqrt{3}}{2}$,长轴的左、右端点分别为 $A_1(-2,0),A_2(2,0)$.

(1)求椭圆 C 的方程.

(2)设直线 $x=my+1$ 与椭圆 C 交于 P,Q 两点,直线 A_1P 与 A_2Q 交于点 S.试问:当 m 变化时,点 S 是否恒在一条定直线上?若恒在一条定直线上,请写出这条直线的方程,并证明你的结论;若不恒在一条定直线上,请说明理由.

精练 4 已知椭圆 $C:\dfrac{x^2}{4}+\dfrac{y^2}{2}=1$ 的左、右顶点分别为 A,B,过 x 轴上一点 $M(-4,0)$ 作一直线 PQ 与椭圆相交于 P,Q 两点(异于点 A,B),若直线 AP 与 BQ 的交点为 N,记直线 MN 和 AP 的斜率分别为 k_1,k_2,求 $k_1:k_2$ 的值.

精练 5 如图 6 所示,已知椭圆 $E:\dfrac{x^2}{4}+y^2=1$,点 A,B 分别是椭圆 E 的上、下顶点,O 为坐标原点,过右焦点 F 作直线 l 分别与椭圆 E 交于 C,D 两点,与 y 轴交于点 P,直线 AC 和 BD 交于点 Q,求 $\overrightarrow{OP}\cdot\overrightarrow{OQ}$ 的值.

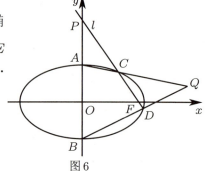

图 6

精练 6 已知椭圆 $\dfrac{x^2}{9}+\dfrac{y^2}{5}=1$ 的左、右顶点为 A,B,右焦点为 F,设过点 $T(9,m)$ 的直线 TA,TB 与此椭圆分别交于点 $M(x_1,y_1),N(x_2,y_2)$,其中 $m>0,y_1>0,y_2<0$,证明:直线 MN 必过 x 轴上的一定点(其坐标与 m 无关).

精练 7 在平面直角坐标系 xOy 中,已知椭圆 $C:\dfrac{x^2}{3}+y^2=1$.如图 7 所示,斜率为 $k(k>0)$ 且不过原点的直线 l 交椭圆 C 于 A,B 两点,线段 AB 的中点为 E,射线 OE 交椭圆 C 于点 G,交直线 $x=-3$ 于点 $D(-3,m)$.

(1)求 m^2+k^2 的最小值.

(2)若 $|OG|^2=|OD|\cdot|OE|$,证明:直线 l 过定点.

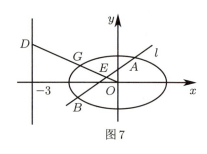

图 7

2 类型二

典例 3 （武昌模拟）已知椭圆 $C: \dfrac{x^2}{a^2}+\dfrac{y^2}{b^2}=1(a>b>0)$ 过点 $P\left(1,\dfrac{3}{2}\right)$，左焦点为 $F_1(-1,0)$.

(1) 求椭圆 C 的方程.

(2) 如图 8 所示，设直线 $l: y=\dfrac{1}{2}x$ 与椭圆 C 交于 A，B 两点，点 M 为椭圆 C 外一点，直线 AM，BM 分别与椭圆 C 交于点 C，D（异于点 A，B），直线 AD 与直线 BC 交于点 N，证明：直线 MN 的斜率为定值.

解答 (1) 由题意知椭圆 C 的方程为 $\dfrac{x^2}{4}+\dfrac{y^2}{3}=1$.

(2) 法一（极点极线）：由题意知直线 MN 为 AB，CD 交点对应的极线.

因为交点在直线 $AB: y=\dfrac{1}{2}x$ 上，所以设交点为 $\left(t,\dfrac{1}{2}t\right)$.

从而极线方程为 $\dfrac{tx}{4}+\dfrac{ty}{6}=1$，可得直线 MN 的斜率为 $-\dfrac{3}{2}$.

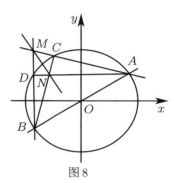

图 8

法二：联立 $\begin{cases}\dfrac{x^2}{4}+\dfrac{y^2}{3}=1\\ y=\dfrac{1}{2}x\end{cases}$，解得点 $A\left(\sqrt{3},\dfrac{\sqrt{3}}{2}\right)$，$B\left(-\sqrt{3},-\dfrac{\sqrt{3}}{2}\right)$.

设点 $C(x_1,y_1)$，$D(x_2,y_2)$，从而 $k_{CA}\cdot k_{CB}=\dfrac{y_1^2-\dfrac{3}{4}}{x_1^2-3}=\dfrac{3-\dfrac{3x_1^2}{4}-\dfrac{3}{4}}{x_1^2-3}=-\dfrac{3}{4}$，同理 $k_{DA}\cdot k_{DB}=-\dfrac{3}{4}$.

设点 $M(x_3,y_3)$，$N(x_4,y_4)$，由直线 AC 过点 M 得 $y_3-\dfrac{\sqrt{3}}{2}=k_{AC}(x_3-\sqrt{3})$ ①.由直线 BC 过点 N 得 $y_4+\dfrac{\sqrt{3}}{2}=k_{BC}(x_4+\sqrt{3})$ ②.

由式 ①×② 得 $\left(y_3-\dfrac{\sqrt{3}}{2}\right)\left(y_4+\dfrac{\sqrt{3}}{2}\right)=-\dfrac{3}{4}(x_3-\sqrt{3})(x_4+\sqrt{3})$ ③.

同理，由直线 BD 过点 M 得 $y_3+\dfrac{\sqrt{3}}{2}=k_{BD}(x_3+\sqrt{3})$ ④.

由直线 AD 过点 N 得 $y_4-\dfrac{\sqrt{3}}{2}=k_{AD}(x_4-\sqrt{3})$ ⑤.

由式 ③×④ 得 $\left(y_3+\dfrac{\sqrt{3}}{2}\right)\left(y_4-\dfrac{\sqrt{3}}{2}\right)=-\dfrac{3}{4}(x_3+\sqrt{3})(x_4-\sqrt{3})$ ⑥.

由式 ③-⑥ 得 $\sqrt{3}(y_3-y_4)=-\dfrac{3\sqrt{3}}{2}(x_3-x_4)$，进而 $k_{MN}=\dfrac{y_3-y_4}{x_3-x_4}=-\dfrac{3}{2}$.

综上所述，直线 MN 的斜率为定值 $-\dfrac{3}{2}$.

精练 8 已知椭圆 $E:\dfrac{y^2}{a^2}+\dfrac{x^2}{b^2}=1(a>b>0)$ 的离心率为 $\dfrac{\sqrt{2}}{2}$，直线 $l:y=2x$ 与椭圆 E 交于两点 A，B，且 $|AB|=2\sqrt{5}$.

(1) 求椭圆 E 的方程.

(2) 设 C，D 为椭圆 E 上异于 A，B 的两个不同的点，直线 AC 与直线 BD 相交于点 M，直线 AD 与直线 BC 相交于点 N，证明：直线 MN 的斜率为定值.

3 类型三

典例 4 如图9所示，椭圆 $E: \dfrac{x^2}{4}+y^2=1$，过点 $P(2,1)$ 作直线 l 与椭圆交于 A,B 两点，过点 B 作斜率为 $-\dfrac{1}{2}$ 的直线与椭圆交于另一点 C，证明：直线 AC 过定点.

证明 点 $P(2,1)$ 对应的极线为 $\dfrac{x}{2}+y=1$，整理得 $y=-\dfrac{x}{2}+1$.

定点 (x_0,y_0) 对应的极线为过点 $P(2,1)$ 且斜率为 $-\dfrac{1}{2}$ 的直线，即 $x+2y=4$，整理得 $\dfrac{x}{4}+\dfrac{1}{2}y=1$.

对比极线 $\dfrac{x_0 x}{4}+y_0 y=1$，解得 $\begin{cases} x_0=1 \\ y_0=\dfrac{1}{2} \end{cases}$，故直线 AC 过点 $\left(1,\dfrac{1}{2}\right)$.

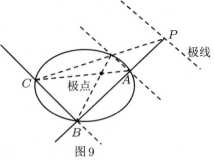

图9

典例 5 已知抛物线 $y^2=2px(p>0)$，斜率为 $k(k\neq 0)$ 的动直线 l 与抛物线交于两点 A,B，抛物线内的定点 $P\left(x_0,\dfrac{p}{k}\right)$ 为直线 l 外一点，若直线 AP 与 BP 分别与抛物线交于另一点 C,D，问：直线 AD,BC 是否相交于定点？若相交于定点，求出定点的坐标；若不相交于定点，请说明理由.

解答 因为点 P 的纵坐标为 $\dfrac{p}{k}$，所以直线 l 的斜率 $k=\dfrac{p}{y_P}$，故 $AB\parallel CD$，$k_{AB}=k_{CD}=\dfrac{p}{y_P}$.

过点 P 作一条与 AB 和 CD 均平行的直线 $y-\dfrac{p}{k}=k(x-x_0)$，变形得 $y\cdot \dfrac{p}{k}=p\left(x+\dfrac{p}{k^2}-x_0\right)$.

于是可得其对应的极点为 $Q\left(\dfrac{p}{k^2}-x_0,\dfrac{p}{k}\right)$，点 Q 即 AD,BC 相交于定点的坐标.

名师点睛

如图10所示，当四边形 $ABCD$ 中有一组对边平行时，即 $AB\parallel CD$，假定 AB 和 CD 的交点 P 落在无穷远的地方，则有推论：极点 M 对应的极线为 NP_2，极点 N 对应的极线为 MP_1，且 $MP_1\parallel NP_2\parallel AB\parallel CD$.

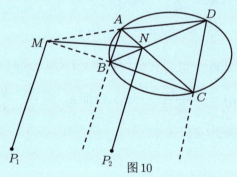

图10

好题精练

精练 9 设 $P(x_0,y_0)$ 为椭圆 $\dfrac{x^2}{4}+y^2=1$ 内一定点（不在坐标轴上），过点 P 的两条直线分别与椭圆交于点 A,C 和 B,D，且 $AB\parallel CD$.

(1) 证明：直线 AB 的斜率为定值.

(2) 过点 P 作 AB 的平行线，与椭圆交于 E,F 两点，证明：点 P 平分线段 EF.

技法24 仿射变换法

已知椭圆的方程为 $\dfrac{x^2}{a^2}+\dfrac{y^2}{b^2}=1(a>b>0)$，我们令 $\begin{cases}x=x'\\y=\dfrac{b}{a}y'\end{cases}$，该式意味着横坐标不变，纵坐标变为仿射前的 $\dfrac{a}{b}$，且点 $P(x_0,y_0),A(x_1,y_1),B(x_2,y_2)$，则有以下的结论：

(1) 方程变换，椭圆化圆：$\dfrac{x^2}{a^2}+\dfrac{y^2}{b^2}=1$ 变换为 $x'^2+y'^2=a^2$.

(2) 坐标变换：$P(x_0,y_0)$ 变换为 $P'\left(x_0,\dfrac{a}{b}y_0\right)$.

(3) 面积变换：$S'=\dfrac{a}{b}S$.

(4) 斜率变换：$k'=\dfrac{y'_1-y'_2}{x'_1-x'_2}=\dfrac{a}{b}\cdot\dfrac{y_1-y_2}{x_1-x_2}=\dfrac{a}{b}\cdot k$.

(5) 线段变换：$|A'B'|=\sqrt{1+k'^2}|x_1-x_2|$，$\dfrac{|AB|}{|A'B'|}=\dfrac{\sqrt{1+k^2}}{\sqrt{1+\left(\dfrac{a}{b}\right)^2k^2}}$.

(6) 比例变换：$\lambda=\dfrac{|AC|}{|CB|}=\dfrac{|A'C'|}{|C'B'|}$.

(7) 相对不变：仿射前后元素不变，即点对应点，线对应线；点与直线的位置关系不变，直线与圆锥曲线的位置关系不变.

24.1 面积问题

典例1 (全国卷)已知点 $A(0,-2)$，椭圆 $E:\dfrac{x^2}{a^2}+\dfrac{y^2}{b^2}=1(a>b>0)$ 的离心率为 $\dfrac{\sqrt{3}}{2}$，F 是椭圆 E 的右焦点，直线 AF 的斜率为 $\dfrac{2\sqrt{3}}{3}$，O 为坐标原点.

(1) 求椭圆 E 的方程.

(2) 设过点 A 的动直线 l 与 E 相交于 P,Q 两点.当 $\triangle OPQ$ 的面积最大时，求 l 的方程.

解答 (1) 设 $F(c,0)$，由题意得 $\dfrac{2}{c}=\dfrac{2\sqrt{3}}{3}$，解得 $c=\sqrt{3}$.因为 $\dfrac{c}{a}=\dfrac{\sqrt{3}}{2}$，所以 $a=2,b^2=a^2-c^2=1$，故椭圆 E 的方程为 $\dfrac{x^2}{4}+y^2=1$.

(2) 法一(仿射变换)：令 $\begin{cases}x=x'\\y=\dfrac{1}{2}y'\end{cases}$，则 $x'^2+y'^2=4$，如图1所示.

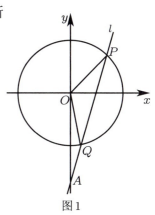

图1

仿射变换后得 $A'(0,-4)$，设直线 $l:y=k'x-4$.

圆心到直线 l 的距离为 $d=\dfrac{4}{\sqrt{1+k'^2}}<2$，解得 $k'>\sqrt{3}$ 或 $k'<-\sqrt{3}$.

由 $|PQ|=2\sqrt{4-d^2}$ 得 $S_{\triangle OPQ}=\dfrac{1}{2}\cdot d\cdot|PQ|=\dfrac{8\sqrt{k'^2-3}}{1+k'^2}$.

令 $\sqrt{k'^2-3}=t\in(0,+\infty)$，则 $S_{\triangle OPQ}=\dfrac{8t}{t^2+4}=\dfrac{8}{t+\dfrac{4}{t}}\leqslant 2$，当且仅当 $t=2,k'=\pm\sqrt{7}$ 时，$S_{\triangle OPQ}$ 取

得最大值.还原后可得当 $k=\pm\dfrac{\sqrt{7}}{2}$ 时,$S_{\triangle OPQ}$ 取得最大值,此时直线 l 的方程为 $y=\pm\dfrac{\sqrt{7}}{2}x-2$.

法二(常规设点设线):当 $l\perp x$ 轴时,不符合题意,故设直线 $l:y=kx-2$,$P(x_1,y_1)$,$Q(x_2,y_2)$.

将 $y=kx-2$ 代入 $\dfrac{x^2}{4}+y^2=1$,消去 y 得 $(1+4k^2)x^2-16kx+12=0$.

由 $\Delta=16(4k^2-3)>0$ 得 $k^2>\dfrac{3}{4}$,解得 $x_{1,2}=\dfrac{8k\pm 2\sqrt{4k^2-3}}{4k^2+1}$.

从而 $|PQ|=\sqrt{k^2+1}\,|x_1-x_2|=\dfrac{4\sqrt{k^2+1}\cdot\sqrt{4k^2-3}}{4k^2+1}$.

因为点 O 到直线 PQ 的距离 $d=\dfrac{2}{\sqrt{k^2+1}}$,所以 $S_{\triangle OPQ}=\dfrac{1}{2}\cdot d\cdot|PQ|=\dfrac{4\sqrt{4k^2-3}}{4k^2+1}$.

设 $\sqrt{4k^2-3}=t$,则 $t>0$,故 $S_{\triangle OPQ}=\dfrac{4t}{t^2+4}=\dfrac{4}{t+\dfrac{4}{t}}$.

由均值不等式得 $t+\dfrac{4}{t}\geqslant 4$,当且仅当 $t=2$,即 $k=\pm\dfrac{\sqrt{7}}{2}$ 时,等号成立,且满足 $\Delta>0$.

因此,当 $\triangle OPQ$ 的面积最大时,l 的方程为 $y=\dfrac{\sqrt{7}}{2}x-2$ 或 $y=-\dfrac{\sqrt{7}}{2}x-2$.

典例2 如图2所示,已知经过椭圆 $M:\dfrac{x^2}{a^2}+\dfrac{y^2}{b^2}=1(a>b>0)$ 的右焦点的直线 $x+y-\sqrt{3}=0$ 交椭圆 M 于 A,B 两点,P 为线段 AB 的中点,且直线 OP 的斜率为 $\dfrac{1}{2}$.

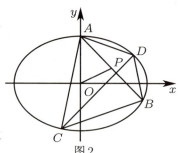

图2

(1)求椭圆 M 的方程.

(2)C,D 为椭圆 M 上的两点,若四边形 $ACBD$ 的对角线 $CD\perp AB$,求四边形 $ACBD$ 面积的最大值.

解答 如图3所示,在伸缩变换 $\begin{cases}x'=\dfrac{x}{a}\\ y'=\dfrac{y}{b}\end{cases}$ 的作用下,椭圆 $\dfrac{x^2}{a^2}+\dfrac{y^2}{b^2}=1$ 变成单位圆 $x'^2+y'^2=1$,点 P,A,B,C,D 变换后对应的点分别为 P',A',B',C',D'.

(1)进行仿射变换后可得 $k_{A'B'}=\dfrac{a}{b}k_{AB}=-\dfrac{a}{b}$,$k_{OP'}=\dfrac{a}{b}k_{OP}=\dfrac{a}{2b}$.

因为点 P 为线段 AB 的中点,所以点 P' 为线段 $A'B'$ 的中点.

由垂径定理得 $OP'\perp A'B'$,故 $k_{A'B'}\cdot k_{OP'}=-\dfrac{a}{b}\cdot\dfrac{a}{2b}=-1$,即 $a^2=2b^2$.

又因为直线 $x+y-\sqrt{3}=0$ 过椭圆 M 的右焦点,所以 $c=\sqrt{3}$.

联立 $\begin{cases}a^2=2b^2\\ c=\sqrt{3}\\ a^2-b^2=c^2\end{cases}$,解得 $\begin{cases}a=\sqrt{6}\\ b=\sqrt{3}\\ c=\sqrt{3}\end{cases}$,故椭圆 M 的方程为 $\dfrac{x^2}{6}+\dfrac{y^2}{3}=1$.

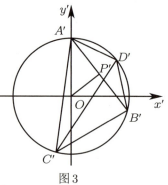

图3

(2)由 $CD\perp AB$ 得 $k_{CD}=-\dfrac{1}{k_{AB}}=1$,故 $k_{A'B'}=\dfrac{\sqrt{6}}{\sqrt{3}}k_{AB}=-\sqrt{2}$,$k_{C'D'}=\dfrac{\sqrt{6}}{\sqrt{3}}k_{CD}=\sqrt{2}$.

设直线 $A'B'$ 与直线 $C'D'$ 的夹角为 α,则 $\tan\alpha=\left|\dfrac{-\sqrt{2}-\sqrt{2}}{1+(-\sqrt{2})\times\sqrt{2}}\right|=2\sqrt{2}$,即 $\sin\alpha=\dfrac{2\sqrt{2}}{3}$.

直线 $AB:x+y-\sqrt{3}=0$ 变为直线 $A'B':\sqrt{2}x'+y'-1=0$.

于是点 O 到直线 $A'B'$ 的距离 $d=\dfrac{1}{\sqrt{3}}=\dfrac{\sqrt{3}}{3}$.

由垂径定理得 $|A'B'| = 2\sqrt{1-d^2} = 2\sqrt{1-\left(\frac{\sqrt{3}}{3}\right)^2} = \frac{2\sqrt{6}}{3}$.

从而 $S_{四边形\,A'B'C'D'} = \frac{1}{2}|A'B'||C'D'|\sin\alpha = \frac{4\sqrt{3}}{9}|C'D'| \leqslant \frac{4\sqrt{3}}{9} \times 2 = \frac{8\sqrt{3}}{9}$.

当且仅当 $C'D'$ 为圆的直径时,上式等号成立.

因此,四边形 $ACBD$ 面积的最大值 $S_{四边形\,ACBD} = \sqrt{6} \times \sqrt{3} \times S_{四边形\,A'B'C'D'} = \sqrt{6} \times \sqrt{3} \times \frac{8\sqrt{3}}{9} = \frac{8\sqrt{6}}{3}$.

好题精练

精练1 如图4所示,已知椭圆 $C: 9x^2 + y^2 = m^2(m>0)$,直线 l 不过原点 O 且不平行于坐标轴,直线 l 与椭圆 C 有两个交点 A,B,线段 AB 的中点为点 M.

(1)证明:直线 OM 的斜率与直线 l 的斜率的乘积为定值.

(2)若直线 l 过点 $\left(\frac{m}{3}, m\right)$,延长线段 OM 与椭圆 C 交于点 P,四边形 $OAPB$ 能否为平行四边形?若能,求此时直线 l 的斜率;若不能,说明理由.

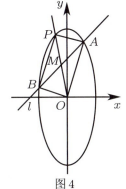

图4

精练2 已知椭圆 $C: \dfrac{x^2}{a^2} + \dfrac{y^2}{b^2} = 1$ 过 $A(2,0), B(0,1)$ 两点.

(1)求椭圆 C 的方程及离心率.

(2)设 P 为第三象限内一点且在椭圆 C 上,直线 PA 与 y 轴交于点 M,直线 PB 与 x 轴交于点 N.证明:四边形 $ABNM$ 的面积为定值.

精练3 (浙江模拟)已知椭圆 $C: \dfrac{x^2}{a^2} + \dfrac{y^2}{b^2} = 1(a>b>0)$ 经过点 $\left(\dfrac{6}{5}, \dfrac{4}{5}\right)$,其离心率为 $\dfrac{\sqrt{3}}{2}$,设 A,B,M 是椭圆 C 上的三点,且满足 $\overrightarrow{OM} = \cos\alpha \cdot \overrightarrow{OA} + \sin\alpha \cdot \overrightarrow{OB}\left(\alpha \in \left(0, \dfrac{\pi}{2}\right)\right)$,其中 O 为坐标原点.

(1)求椭圆的标准方程.

(2)证明:$\triangle OAB$ 的面积是一个常数.

精练4 平面直角坐标系 xOy 中，已知椭圆 $C: \dfrac{x^2}{a^2}+\dfrac{y^2}{b^2}=1(a>b>0)$ 的离心率为 $\dfrac{\sqrt{3}}{2}$，左、右焦点分别是 F_1, F_2. 以 F_1 为圆心、3 为半径的圆与以 F_2 为圆心、1 为半径的圆相交，且交点在椭圆 C 上.

(1) 求椭圆 C 的方程.

(2) 设椭圆 $E: \dfrac{x^2}{4a^2}+\dfrac{y^2}{4b^2}=1$，$P$ 为椭圆 C 上的任意一点. 过点 P 的直线 $y=kx+m$ 交椭圆 E 于 A, B 两点，射线 PO 交椭圆 E 于点 Q.

(i) 求 $\dfrac{|OQ|}{|OP|}$ 的值.

(ii) 求 $\triangle QAB$ 面积的最大值.

精练5 如图 5 所示，已知椭圆 $C: \dfrac{x^2}{4}+y^2=1$，A, B 是四条直线 $x=\pm 2, y=\pm 1$ 所围成的矩形的两个顶点. 若 M, N 是椭圆 C 上的两个动点，且直线 OM, ON 的斜率之积等于直线 OA, OB 的斜率之积，试探求 $\triangle OMN$ 的面积是否为定值，并说明理由.

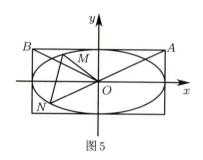

图 5

精练6 如图 6 所示，已知 A, B 分别为椭圆 $C: \dfrac{x^2}{4}+\dfrac{y^2}{2}=1$ 的左、右顶点，P 为椭圆 C 上异于 A, B 两点的任意一点，直线 PA, PB 的斜率分别记为 k_1, k_2.

(1) 求 $k_1 \cdot k_2$ 的值.

(2) 过坐标原点 O 作与直线 PA, PB 平行的两条射线分别交椭圆 C 于点 M, N，问：$\triangle MON$ 的面积是否为定值？请说明理由.

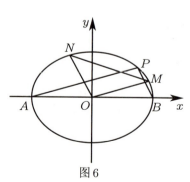

图 6

24.2 线段问题

典例1 如图7所示,设点 $A(0,1)$,点 M,N 是椭圆 $C:\dfrac{x^2}{3}+y^2=1$ 上的两个不同的点,且直线 AM 与直线 AN 的斜率之积为 $\dfrac{2}{3}$.证明:直线 MN 过定点.

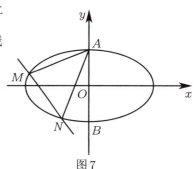

图7

证明 纵坐标不变,横坐标变为原来的 $\dfrac{1}{\sqrt{3}}$,得到平面 $x'Oy'$.

通过仿射变换后,椭圆 $\dfrac{x^2}{3}+y^2=1$ 变为圆 $x'^2+y'^2=1$.

于是 $k_{AM}=\dfrac{y_1-1}{x_1}=\dfrac{y_1-1}{\sqrt{3}\cdot\dfrac{1}{\sqrt{3}}x_1}=\dfrac{y_1'-1}{\sqrt{3}x_1'}=k_{A'M'}\cdot\dfrac{1}{\sqrt{3}}$.

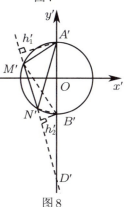

图8

同理 $k_{AN}=\dfrac{y_2'-1}{\sqrt{3}x_2'}=k_{A'N'}\cdot\dfrac{1}{\sqrt{3}}$,故 $k_{A'M'}\cdot k_{A'N'}=3k_{AM}\cdot k_{AN}=2$.

如图8所示,连接 $M'B'$, $N'B'$,则 $M'A'\perp M'B'$, $N'A'\perp N'B'$,故直线 $A'M'$, $A'N'$ 的倾斜角与 $\angle M'A'B'$, $\angle N'A'B'$ 互余.

从而 $k_1'=\dfrac{|A'M'|}{|M'B'|}$, $k_2'=\dfrac{|A'N'|}{|N'B'|}$,故 $k_1'\cdot k_2'=\dfrac{|A'M'|}{|M'B'|}\cdot\dfrac{|A'N'|}{|N'B'|}=2$.

因为 $\angle M'A'N'=\angle M'B'N'$,所以

$$\dfrac{S_{\triangle A'M'N'}}{S_{\triangle B'M'N'}}=\dfrac{\dfrac{1}{2}|A'M'||A'N'|\sin\angle M'A'N'}{\dfrac{1}{2}|M'B'||N'B'|\sin\angle M'B'N'}=2$$

设直线 $M'N'$ 与 y' 轴交于点 D',点 A',B' 到直线 $M'N'$ 的距离分别为 h_1', h_2'.

从而 $\dfrac{S_{\triangle A'M'N'}}{S_{\triangle B'M'N'}}=\dfrac{\dfrac{1}{2}|M'N'|h_1'}{\dfrac{1}{2}|M'N'|h_2'}=2$,故 $h_1'=2h_2'$,即 $\dfrac{|A'D'|}{|B'D'|}=2$,此时 B' 是 $A'D'$ 的中点.

因为点 $A'(0,1)$, $B'(0,-1)$,且易知点 $D'(0,-3)$,所以直线 $M'N'$ 必过定点 $(0,-3)$.

因此,直线 MN 也过点 $(0,-3)$.

典例2 已知椭圆 $E:\dfrac{x^2}{a^2}+\dfrac{y^2}{b^2}=1(a>b>0)$ 的半焦距为 c,原点 O 到经过两点 $(c,0)$, $(0,b)$ 的直线的距离为 $\dfrac{1}{2}c$,如图9所示, AB 是圆 $M:(x+2)^2+(y-1)^2=\dfrac{5}{2}$ 的一条直径,若椭圆 E 经过 A,B 两点,求椭圆 E 的方程.

解答 设椭圆 E 的方程为 $\dfrac{x^2}{4\lambda^2}+\dfrac{y^2}{\lambda^2}=1(\lambda>0)$.

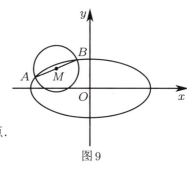

图9

通过仿射变换 $\begin{cases}x'=\dfrac{x}{2\lambda}\\y'=\dfrac{y}{\lambda}\end{cases}$,将上述椭圆变为圆 $x'^2+y'^2=1$.

因为点 $M(-2,1)$ 为 AB 的中点,所以 $M'\left(-\dfrac{1}{\lambda},\dfrac{1}{\lambda}\right)$ 为 $A'B'$ 的中点.

在圆中, $|A'B'|=2\sqrt{1-|O'M'|^2}=2\sqrt{1-\dfrac{2}{\lambda^2}}$, $k_{A'B'}=-\dfrac{1}{k_{O'M'}}=1$.

在椭圆 E 中，$k_{AB} = \dfrac{\frac{1}{2\lambda}}{\frac{1}{\lambda}} k_{A'B'} = \dfrac{1}{2}$，从而 $\dfrac{|AB|}{|A'B'|} = \dfrac{\sqrt{1+k^2}|x_A - x_B|}{\sqrt{1+k'^2}|x'_A - x'_B|} = \dfrac{2\lambda\sqrt{1+\frac{1}{4}}}{\sqrt{1+1}} = \sqrt{\dfrac{5}{2}}\lambda.$

由 $|AB| = \sqrt{\dfrac{5}{2}}\lambda \cdot 2\sqrt{1 - \dfrac{2}{\lambda^2}} = \sqrt{10}$ 得 $\lambda = \sqrt{3}$，故椭圆 E 的方程为 $\dfrac{x^2}{12} + \dfrac{y^2}{3} = 1.$

好题精练

精练1 已知椭圆 $E: \dfrac{x^2}{a^2} + \dfrac{y^2}{b^2} = 1(a > b > 0)$ 的两个焦点与短轴的一个端点是直角三角形的三个顶点，直线 $l: y = -x + 3$ 与椭圆 E 有且只有一个公共点 T.

(1)求椭圆 E 的方程及点 T 的坐标.

(2)设 O 是坐标原点，直线 l' 平行于 OT，与椭圆 E 交于不同的两点 A,B，且与直线 l 交于点 P.证明：存在常数 λ，使得 $|PT|^2 = \lambda|PA|\cdot|PB|$，并求 λ 的值.

精练2 已知椭圆 $C: \dfrac{x^2}{a^2} + \dfrac{y^2}{b^2} = 1(a > b > 0)$ 的离心率为 $\dfrac{\sqrt{3}}{2}$，$A(a,0)$，$B(0,b)$，$O(0,0)$，$\triangle OAB$ 的面积为 1.

(1)求椭圆 C 的方程.

(2)设点 P 是椭圆 C 上的一点，直线 PA 与 y 轴交于点 M，直线 PB 与 x 轴交于点 N.证明：$|AN|\cdot|BM|$ 为定值.

24.3 斜率问题

典例 已知 P 为椭圆 $C: \dfrac{x^2}{a^2}+\dfrac{y^2}{b^2}=1(a>b>0)$ 上的点，点 A,B 分别在直线 $l_1: y=\dfrac{1}{2}x, l_2: y=-\dfrac{1}{2}x$ 上，点 O 为坐标原点，四边形 $OAPB$ 为平行四边形，若平行四边形 $OAPB$ 的四边长的平方和为定值，则椭圆 C 的离心率为 _____.

法一（仿射变换法） 由仿射变换得 $x'^2+y'^2=a^2$.

因为四边形 $OA'P'B'$ 的四边长的平方和为定值，所以 l_1', l_2' 必然垂直.

此时 $|OA'|^2+|OB'|^2=|OP'|^2=a^2$，满足题意，故 $k_1' \cdot k_2'=-1$.

因为 $k_1' \cdot k_2' = \dfrac{a}{b}k_1 \cdot \dfrac{a}{b}k_2 = \dfrac{a^2}{b^2} \cdot \left(-\dfrac{1}{4}\right)=-1$，所以 $\dfrac{b^2}{a^2}=\dfrac{1}{4}$.

从而 $e^2=\dfrac{a^2-b^2}{a^2}=\dfrac{3}{4}$，即 $e=\dfrac{\sqrt{3}}{2}$.

法二（常规解法） 设点 $P(x_0, y_0)$，则可得直线 PA 的方程为 $y=-\dfrac{1}{2}x+\dfrac{x_0}{2}+y_0$，直线 PB 的方程为 $y=\dfrac{1}{2}x-\dfrac{x_0}{2}+y_0$.

联立方程 $\begin{cases} y=-\dfrac{1}{2}x+\dfrac{x_0}{2}+y_0 \\ y=\dfrac{1}{2}x \end{cases}$，解得 $A\left(\dfrac{x_0}{2}+y_0, \dfrac{x_0}{4}+\dfrac{y_0}{2}\right)$.

联立方程 $\begin{cases} y=\dfrac{1}{2}x-\dfrac{x_0}{2}+y_0 \\ y=-\dfrac{1}{2}x \end{cases}$，解得 $B\left(\dfrac{x_0}{2}-y_0, -\dfrac{x_0}{4}+\dfrac{y_0}{2}\right)$.

于是 $|PA|^2+|PB|^2=\left(\dfrac{x_0}{2}-y_0\right)^2+\left(-\dfrac{x_0}{4}+\dfrac{y_0}{2}\right)^2+\left(\dfrac{x_0}{2}+y_0\right)^2+\left(\dfrac{x_0}{4}+\dfrac{y_0}{2}\right)^2=\dfrac{5}{8}x_0^2+\dfrac{5}{2}y_0^2$.

因为点 P 在椭圆上，所以 $b^2 x_0^2+a^2 y_0^2=a^2 b^2$.

又因为 $\dfrac{5}{8}x_0^2+\dfrac{5}{2}y_0^2=\dfrac{5}{2}\left(\dfrac{x_0^2}{4}+y_0^2\right)$ 为定值，所以 $\dfrac{b^2}{a^2}=\dfrac{1}{4}$，即 $e^2=\dfrac{a^2-b^2}{a^2}=\dfrac{3}{4}$，解得 $e=\dfrac{\sqrt{3}}{2}$.

好题精练

精练 1 （清华大学能力测试）已知直线 $l_1: y=\dfrac{1}{2}x, l_2: y=-\dfrac{1}{2}x$，动点 P 在椭圆 $\dfrac{x^2}{a^2}+\dfrac{y^2}{b^2}=1(a>b>0)$ 上，作 $PA \parallel l_1$ 且与直线 l_2 交于点 A，作 $PB \parallel l_2$ 且与直线 l_1 交于点 B. 若 $|PA|^2+|PB|^2$ 为定值，则下列正确的是（　　）.

A. $ab=2$　　　　B. $ab=3$　　　　C. $a=2b$　　　　D. $a=3b$

精练 2 已知椭圆 $\dfrac{x^2}{4}+\dfrac{y^2}{2}=1$，设动点 P 满足 $\overrightarrow{OP}=\overrightarrow{OM}+\overrightarrow{ON}$，其中 M,N 是椭圆上的点，直线 OM 与 ON 的斜率之积为 $-\dfrac{1}{2}$. 问：是否存在两个点 F_1, F_2，使得 $|PF_1|+|PF_2|$ 为定值？若存在，求 F_1, F_2 的坐标；若不存在，请说明理由.

技法25 圆锥曲线系

25.1 直线系

定理：设 $l_1:A_1x+B_1y+C_1=0$，$l_2:A_2x+B_2y+C_2=0$ 是相交的两条直线，则过这两条直线的交点的直线系方程为 $l:A_1x+B_1y+C_1+\lambda(A_2x+B_2y+C_2)=0$，直线系 l 不包括 l_2。

典例1 已知直线 $l_1:x+y+2=0$ 与直线 $l_2:2x-3y-3=0$，求经过直线 l_1,l_2 的交点且与已知直线 $3x+y-1=0$ 平行的直线 l 的方程.

解答 设直线 l 的方程为
$$2x-3y-3+\lambda(x+y+2)=0$$
整理得
$$(\lambda+2)x+(\lambda-3)y+2\lambda-3=0$$
因为直线 l 与直线 $3x+y-1=0$ 平行，所以 $\dfrac{\lambda+2}{3}=\dfrac{\lambda-3}{1}\neq\dfrac{2\lambda-3}{-1}$，解得 $\lambda=\dfrac{11}{2}$.

因此，直线 l 的方程为 $15x+5y+16=0$.

典例2 已知直线 $l_1:3x+4y-10=0$ 与直线 $l_2:4x-6y+7=0$，直线 l_3 过直线 l_1 与 l_2 的交点且过点 $A(4,-7)$，求直线 l_3 的方程.

解答 由题意可设直线 l_3 的方程为
$$3x+4y-10+\lambda(4x-6y+7)=0$$
因为直线 l_3 过点 $A(4,-7)$，所以代入上式，可以解得 $\lambda=\dfrac{2}{5}$.

因此直线 l_3 的方程为
$$3x+4y-10+\dfrac{2}{5}(4x-6y+7)=0$$
整理得 $23x+8y-36=0$.

典例3 求过直线 $l_1:2x-y+1=0$ 与直线 $l_2:x+3y-2=0$ 的交点，且在两坐标轴上截距相等的直线方程.

解答 过两条直线交点的直线系方程为
$$2x-y+1+\lambda(x+3y-2)=0 \qquad ①$$
整理得
$$(2+\lambda)x+(3\lambda-1)y+1-2\lambda=0$$
因为直线在两坐标轴上截距相等，所以 $2+\lambda=3\lambda-1$ 或 $1-2\lambda=0$，解得 $\lambda=\dfrac{3}{2}$ 或 $\lambda=\dfrac{1}{2}$ ②.

将式②代入式①，解得直线方程为 $7x+7y-4=0$ 或 $5x+y=0$.

25.2 圆系

> **定理1**：设直线方程 $Ax+By+C=0$，圆的方程 $x^2+y^2+Dx+Ey+F=0$，则过直线与圆交点的圆系方程为 $x^2+y^2+Dx+Ey+F+\lambda(Ax+By+C)=0$.
>
> **定理2**：$C_1: x^2+y^2+D_1x+E_1y+F_1=0$，$C_2: x^2+y^2+D_2x+E_2y+F_2=0$ 是相交的两圆，则过两圆交点的圆系方程为 $C: x^2+y^2+D_1x+E_1y+F_1+\lambda(x^2+y^2+D_2x+E_2y+F_2)=0$，圆系 C 不包括圆 C_2.
>
> 当 $\lambda=-1$ 时，$(D_1-D_2)x+(E_1-E_2)y+F_1-F_2=0$ 表示过圆两交点的直线（相交弦）.
>
> **定理3**：当三角形三边方程为 $l_i(x,y)=0(i=1,2,3)$ 时，过三角形的三个顶点的二次曲线系为 $l_1(x,y) \cdot l_2(x,y)+\lambda l_2(x,y) \cdot l_3(x,y)+\mu l_3(x,y) \cdot l_1(x,y)=0$.

典例1 方程 $x^2+y^2-2x-4y+m=0$ 表示圆，直线 $x+2y-4=0$ 与圆相交于 M,N 两点，且 $OM \perp ON$（O 为坐标原点），求以 MN 为直径的圆的方程.

解答 因为方程 $x^2+y^2-2x-4y+m=0$ 表示圆，所以 $(-2)^2+(-4)^2-4m>0$，得 $m<5$.

过交点 M,N 的圆的方程可设为 $x^2+y^2-2x-4y+m+\lambda(x+2y-4)=0$.

将上式化简得 $x^2+y^2+(\lambda-2)x+2(\lambda-2)y+m-4\lambda=0$ ①.

因为 $OM \perp ON$，所以点 O 在以 MN 为直径的圆上，故 $m-4\lambda=0$ ②.

所求圆的圆心 $\left(\dfrac{2-\lambda}{2}, 2-\lambda\right)$ 在直线 $x+2y-4=0$ 上，故 $\dfrac{2-\lambda}{2}+2(2-\lambda)-4=0$，得 $\lambda=\dfrac{2}{5}$.

结合式②可得 $m=\dfrac{8}{5}$. 将 $\lambda=\dfrac{2}{5}$，$m=\dfrac{8}{5}$ 代入式①，可得圆的方程为 $x^2+y^2-\dfrac{8}{5}x-\dfrac{16}{5}y=0$.

典例2 已知 $\triangle ABC$ 的三边所在直线的方程分别为 $x-2y-5=0$，$3x-y=0$，$x+y-8=0$，求 $\triangle ABC$ 的外接圆的方程.

解答 由题意，可设 $\triangle ABC$ 的外接圆的方程为
$$(x-2y-5)(3x-y)+\lambda_1(3x-y)(x+y-8)+\lambda_2(x+y-8)(x-2y-5)=0 \quad ①$$
整理得 $(3\lambda_1+\lambda_2+3)x^2+(-\lambda_1-2\lambda_2+2)y^2+(2\lambda_1-\lambda_2-7)xy+(-24\lambda_1-13\lambda_2-15)x+(8\lambda_1+11\lambda_2+5)y+40\lambda_2=0$.

由 $\begin{cases}2\lambda_1-\lambda_2-7=0\\3\lambda_1+\lambda_2+3=-\lambda_1-2\lambda_2+2\end{cases}$ 得 $\begin{cases}\lambda_1=2\\\lambda_2=-3\end{cases}$ ②.

将式②代入式①得 $\triangle ABC$ 的外接圆的方程为 $x^2+y^2-4x-2y-20=0$.

好题精练

精练1 四条直线 $l_1: x+3y-15=0$，$l_2: kx-y-6=0$，$l_3: x+5y=0$，$l_4: y=0$ 围成一个四边形，求出使此四边形有外接圆时 k 的值.

精练2 求与圆 $C: x^2+y^2-4x-2y-20=0$ 相切于点 $A(-1,-3)$，且过点 $B(2,0)$ 的圆的方程.

精练3 求过点 $M(2,-1)$，且经过圆 $x^2+y^2-4x-4y+4=0$ 与圆 $x^2+y^2-4=0$ 的交点的圆的方程.

25.3 曲线系

定理1(两个曲线):若圆锥曲线 $C_1:f_1(x,y)=0$ 与 $C_2:f_2(x,y)=0$ 有四个不同的交点,则过两个曲线交点的曲线系方程为 $f_1(x,y)+\lambda f_2(x,y)=0$.

定理2(四条直线):若四条直线 $l_1:l_1(x,y)=0$, $l_2:l_2(x,y)=0$, $l_3:l_3(x,y)=0$, $l_4:l_4(x,y)=0$ 有四个不同的交点,则过这四个交点的曲线系方程为 $l_1(x,y)l_2(x,y)+\lambda l_3(x,y)l_4(x,y)=0$.

定理3(两条直线,一个曲线):若直线 $l_1(x,y):A_1x+B_1y+C_1=0$ 和直线 $l_2(x,y):A_2x+B_2y+C_2=0$ 与圆锥曲线 $C:f(x,y)=0$ 有四个不同的交点,则过这四个交点的曲线系方程可构造为 $f(x,y)+\lambda l_1(x_1,y_1)l_2(x_2,y_2)=0$.

定理4(两条切线,一条切点弦):若两条直线 $l_1:l_1(x,y)=0$、$l_2:l_2(x,y)=0$ 分别与圆锥曲线切于点 P_1,P_2,则过切点及切线交点的曲线系方程为 $l_1(x,y)l_2(x,y)+\lambda l_3^2(x,y)=0$,其中 l_3 表示直线 P_1P_2.

定理5(一条切线,三条直线):若点 T 在圆锥曲线上,从点 T 出发作 l_1,l_2 与圆锥曲线相交于 A,B 两点,AB 记作 l_3,在点 T 处的切线记作 l_4,则经过切点 T 及 A,B 的曲线系方程构造为 $l_1(x,y)l_2(x,y)+\lambda l_3(x,y)l_4(x,y)=0$.

1 实战应用

典例1 (全国卷)已知椭圆 $C:\dfrac{x^2}{a^2}+\dfrac{y^2}{b^2}=1(a>b>0)$,四点 $P_1(1,1)$,$P_2(0,1)$,$P_3\left(-1,\dfrac{\sqrt{3}}{2}\right)$,$P_4\left(1,\dfrac{\sqrt{3}}{2}\right)$ 中恰有三点在椭圆 C 上.

(1)求椭圆 C 的方程.

(2)设直线 l 不经过点 P_2 且与椭圆 C 相交于 A,B 两点.若直线 P_2A 与直线 P_2B 的斜率之和为 -1,证明:直线 l 过定点.

解答 (1)由题意得椭圆 C 的方程为 $\dfrac{x^2}{4}+y^2=1$.

(2)设直线 $P_2A:y=ax+1$,$P_2B:y=(-1-a)x+1$,$AB:y=kx+b$,过点 P_2 的椭圆的切线为 $y=1$.

构造曲线系方程

$$(y-ax-1)[y+(1+a)x-1]+\lambda(y-kx-b)(y-1)=0$$

整理得

$$(1+\lambda)y^2-a(a+1)x^2+(1-k\lambda)xy-[2+\lambda(b+1)]y-(a+1+k\lambda)x+b\lambda+1=0$$

因为椭圆 $C:\dfrac{x^2}{4}+y^2=1$ 同样经过交点,所以 $\begin{cases}1-k\lambda=0\\2+\lambda(b+1)=0\end{cases}$,解得 $\begin{cases}\lambda=\dfrac{1}{k}\\b=-1-2k\end{cases}$.

因此,直线 AB 的方程为 $y=kx+b=k(x-2)-1$,故直线 l 恒过点 $(2,-1)$.

名师点睛

曲线系的解题步骤:

第一步,写出过某点或交点的曲线系.

第二步,找出一条有此性质的二次曲线.

第三步,令其相等,对比系数即可.

典例 2 （全国卷）如图1所示,已知 A,B 分别为椭圆 $E: \dfrac{x^2}{a^2}+y^2=1(a>1)$ 的左、右顶点,G 为椭圆 E 的上顶点,$\overrightarrow{AG}\cdot\overrightarrow{GB}=8$,$P$ 为直线 $x=6$ 上的动点,PA 与椭圆 E 的另一交点为 C,PB 与椭圆 E 的另一交点为 D.

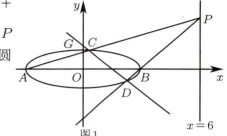

图1

(1)求椭圆 E 的方程.

(2)证明:直线 CD 过定点.

解答 (1)由题意得 $A(-a,0), B(a,0), G(0,1)$.

从而 $\overrightarrow{AG}\cdot\overrightarrow{GB}=(a,1)\cdot(a,-1)=a^2-1=8$,解得 $a^2=9$,故椭圆 E 的方程为 $\dfrac{x^2}{9}+y^2=1$.

(2)设点 $P(6,m)$,又由(1)知 $A(-3,0), B(3,0)$,从而 $k_{PA}=\dfrac{m}{9}, k_{PB}=\dfrac{m}{3}$,故 $3k_{PA}=k_{PB}$.

设直线 $PA:y=\dfrac{m}{9}(x+3)$,$PB:y=\dfrac{m}{3}(x-3)$,$CD:y=kx+t$.

构造曲线系方程
$$(mx-9y+3m)(mx-3y-3m)+\lambda y(kx-y+t)=0$$

整理得
$$m^2x^2+(27-\lambda)y^2+(\lambda k-12m)xy+(18m+\lambda t)y-9m^2=0 \quad ①$$

由椭圆 E 的方程 $\dfrac{x^2}{9}+y^2=1$ 得 $x^2+9y^2-9=0$ ②.

联立式①②,对比系数得 $\lambda k-12m=0$,$18m+\lambda t=0$,解得 $t=-\dfrac{3}{2}k$ ③.

将式③代入直线 CD 的方程得 $y=k\left(x-\dfrac{3}{2}\right)$,故恒过定点 $\left(\dfrac{3}{2},0\right)$.

典例 3 （全国卷）如图2所示,已知抛物线 $C:y^2=2px(p>0)$ 的焦点为 F,点 $D(p,0)$,过焦点 F 的直线 l 交抛物线于 M,N 两点,当 $MD\perp x$ 轴时,$|MF|=3$.

(1)求抛物线 C 的方程.

(2)设直线 MD,ND 与抛物线 C 的另一个交点分别为 A,B.记直线 MN, AB 的倾斜角分别为 α,β.当 $\alpha-\beta$ 取得最大值时,求直线 AB 的方程.

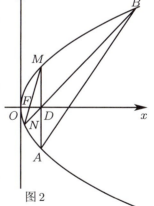

图2

解答 (1)由题意得抛物线 C 的方程为 $y^2=4x$.

(2)将抛物线向左平移两个单位得 $y^2=4(x+2)$,即 $y^2-4x-8=0$.

直线 $M'N':x=\dfrac{1}{k_1}y-1$,$M'A':y=k_3x$,$A'B':x=\dfrac{1}{k_2}y+m$,$B'N':y=k_4x$.

构造曲线系方程
$$\lambda(k_3x-y)(k_4x-y)+\left(x-\dfrac{1}{k_1}y+1\right)\left(x-\dfrac{1}{k_2}y-m\right)=\mu(y^2-4x-8)$$

从而 $-m=-8\mu$,$-m+1=-4\mu$,$\dfrac{m}{k_1}=\dfrac{1}{k_2}$,解得 $2k_2=k_1$,$m=2$,$\mu=\dfrac{1}{4}$.

于是 $\tan\alpha=2\tan\beta$,故 $\tan(\alpha-\beta)=\dfrac{k_1-k_2}{1+k_1k_2}=\dfrac{k_2}{1+2k_2^2}=\dfrac{1}{\dfrac{1}{k_2}+2k_2}\leqslant\dfrac{1}{2\sqrt{2}}$.

当且仅当 $k_2=\dfrac{\sqrt{2}}{2}$ 时,等号成立,因此,直线 AB 的方程为 $x-\sqrt{2}y-4=0$.

精练1 如图3所示,已知椭圆的两个顶点 $A(-1,0)$,$B(1,0)$,过其焦点 $F(0,1)$ 的直线 l 与椭圆交于 C,D 两点,并与 x 轴交于点 P,直线 AC 与直线 BD 交于点 Q.

(1)当 $|CD|=\dfrac{3\sqrt{2}}{2}$ 时,求直线 l 的方程.

(2)当点 P 异于 A,B 两点时,证明: $\overrightarrow{OP}\cdot\overrightarrow{OQ}$ 为定值.

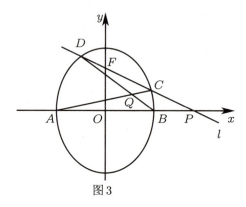

图3

精练2 如图4所示,已知点 $K(1,0)$,F 是椭圆 $\dfrac{x^2}{9}+\dfrac{y^2}{5}=1$ 的左焦点,过 F 的直线与椭圆交于 A,B 两点,直线 AK,BK 分别与椭圆交于 P,Q 两点.

(1)证明:直线 PQ 过定点.

(2)证明:直线 PQ 和直线 AB 的斜率之比为定值.

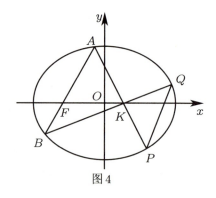

图4

精练3 已知动圆过定点 $T(4,0)$,且在 y 轴上截得的弦 MN 的长为8.

(1)求动圆圆心的轨迹 Γ 的方程.

(2)如图5所示,已知点 $B(-1,0)$,设不垂直于 x 轴的直线 l 与轨迹 Γ 交于不同的两点 P,Q.若 x 轴是 $\angle PBQ$ 的角平分线,证明:直线 l 过定点.

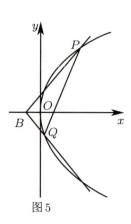

图5

精练 4 （全国卷）已知椭圆 E 的中心为坐标原点，对称轴为 x 轴、y 轴，且过 $A(0,-2)$，$B\left(\dfrac{3}{2},-1\right)$ 两点.

（1）求椭圆 E 的方程.

（2）设过点 $P(1,-2)$ 的直线交椭圆 E 于 M,N 两点，过 M 且平行于 x 轴的直线与线段 AB 交于点 T，点 H 满足 $\overrightarrow{MT}=\overrightarrow{TH}$. 证明：直线 HN 过定点.

精练 5 如图 6 所示，已知圆 $O:x^2+y^2=16$ 与 x 轴交于 A,B 两点，过点 $P(2,0)$ 的直线 l 与圆交于 M,N 两点，探究直线 AN,BM 的交点 Q 是否在定直线上. 若在定直线上，请求出该直线；若不在定直线上，请说明理由.

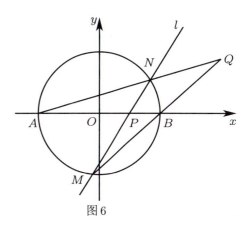

图 6

精练 6 如图 7 所示，已知椭圆 $E:\dfrac{x^2}{2}+y^2=1$，设 C 为椭圆的上顶点，圆 $I:\left(x-\dfrac{2}{3}\right)^2+y^2=\dfrac{2}{9}$，过点 C 作圆 I 的两条切线，分别交椭圆于点 A,B. 证明：直线 AB 与圆 I 相切.

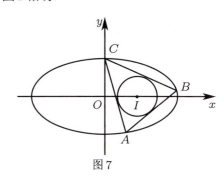

图 7

2 四点共圆

> 由 l_1, l_2 组成的曲线: $(a_1x+b_1y+c_1)(a_2x+b_2y+c_2)=0$, 设圆锥曲线的方程为 $ax^2+by^2+cx+dy+e=0$, 则存在四点共圆的情况必为 $\lambda(ax^2+by^2+cx+dy+e)+\mu(a_1x+b_1y+c_1)(a_2x+b_2y+c_2)=0$, 由于没有 xy 的项, 必有 $a_1b_2+a_2b_1=0$, 即 $k_1+k_2=0$.

典例 4 （新全国卷）在平面直角坐标系 xOy 中, 已知点 $F_1(-\sqrt{17},0)$, $F_2(\sqrt{17},0)$, 点 M 满足 $|MF_1|-|MF_2|=2$. 记 M 的轨迹为 C.

(1) 求 C 的方程.

(2) 设点 T 在直线 $x=\frac{1}{2}$ 上, 过点 T 的两条直线分别交 C 于 A,B 两点和 P,Q 两点, 且 $|TA|\cdot|TB|=|TP|\cdot|TQ|$, 求直线 AB 的斜率与直线 PQ 的斜率之和.

解答 (1) 因为 $|MF_1|-|MF_2|=2<|F_1F_2|=2\sqrt{17}$, 所以点 M 的轨迹 C 是分别以 F_1,F_2 为左、右焦点的双曲线的右支.

设双曲线的方程为 $\dfrac{x^2}{a^2}-\dfrac{y^2}{b^2}=1(a>0,b>0)$, 半焦距为 c. 由 $\begin{cases}2a=2\\c=\sqrt{17}\end{cases}$ 得 $\begin{cases}a=1\\b^2=c^2-a^2=16\end{cases}$.

因此点 M 的轨迹 C 的方程为 $x^2-\dfrac{y^2}{16}=1(x\geqslant 1)$.

(2) 设点 $T\left(\dfrac{1}{2},t\right)$.

设直线 AB 的方程为 $y-t=k_1\left(x-\dfrac{1}{2}\right)$, 整理得 $2k_1x-2y+2t-k_1=0$.

设直线 PQ 的方程为 $y-t=k_2\left(x-\dfrac{1}{2}\right)$, 整理得 $2k_2x-2y+2t-k_2=0$.

由题设 $|TA|\cdot|TB|=|TP|\cdot|TQ|$, 由圆幂定理得 A,B,P,Q 四点共圆.

由曲线系方程 $(16x^2-y^2-16)+\lambda(2k_1x-2y+2t-k_1)(2k_2x-2y+2t-k_2)=0$, 对比圆的方程 $x^2+y^2+Dx+Ey+F=0$, 故 xy 的系数为 0, 即 $-\lambda(4k_1+4k_2)=0$, 因此 $k_1+k_2=0$.

典例 5 （全国卷）已知抛物线 $C:y^2=2px(p>0)$ 的焦点为 F, 直线 $y=4$ 与 y 轴的交点为 P, 与 C 的交点为 Q, 且 $|QF|=\dfrac{5}{4}|PQ|$.

(1) 求抛物线 C 的方程.

(2) 如图 8 所示, 过点 F 的直线 l 与 C 相交于 A,B 两点, 若 AB 的垂直平分线 l' 与 C 相交于 M,N 两点, 且 A,M,B,N 四点在同一圆上, 求 l 的方程.

解答 (1) 由题意得抛物线 C 的方程为 $y^2=4x$.

(2) 设直线 AB 的方程为 $x=my+1$, 直线 MN 的方程为 $x=-\dfrac{1}{m}y+n$.

设过 A,M,B,N 四点的曲线系方程为 $(x-my-1)(mx+y-mn)+\lambda(y^2-4x)=0$ ①.

整理得 x^2 的系数为 m, y^2 的系数为 $-m+\lambda$, xy 的系数为 $1-m^2$. 因为式①可以表示为圆, 所以 $m=-m+\lambda$, $1-m^2=0$.

从而解得 $m^2=1$, 即 $m=\pm1$, 故直线 l 的方程为 $x-y-1=0$ 或 $x+y-1=0$.

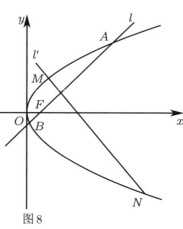

图 8

精练7 （全国卷）如图9所示，已知椭圆 $C: x^2 + \dfrac{y^2}{2} = 1$，点 $F(0,1)$，过点 F 且斜率为 $-\sqrt{2}$ 的直线 l 与椭圆 C 交于 A,B 两点，点 P 满足 $\overrightarrow{OA} + \overrightarrow{OB} + \overrightarrow{OP} = 0$，延长 PO 交椭圆 C 于点 Q. 证明：A,P,B,Q 四点共圆．

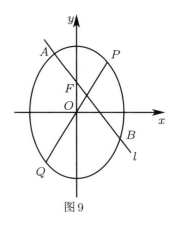

图 9

精练8 已知椭圆 $E: \dfrac{x^2}{a^2} + \dfrac{y^2}{b^2} = 1(a > b > 0)$ 的一个焦点与短轴的两个端点是正三角形的三个顶点，点 $P\left(\sqrt{3}, \dfrac{1}{2}\right)$ 在椭圆 E 上．

(1) 求椭圆 E 的方程．

(2) 如图10所示，设不过原点 O 且斜率为 $\dfrac{1}{2}$ 的直线 l 与椭圆 E 交于不同的两点 A,B，线段 AB 的中点为 M，直线 OM 与椭圆 E 交于 C,D，证明：$|MA| \cdot |MB| = |MC| \cdot |MD|$．

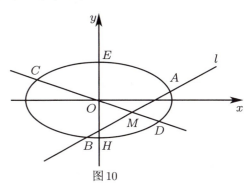

图 10

技法 26　极坐标与参数方程

26.1　极坐标

在平面直角坐标系和极坐标系的转化中,核心公式为 $\begin{cases} x=\rho\cos\theta \\ y=\rho\sin\theta \end{cases}$,其中 $\begin{cases} \rho^2=x^2+y^2 \\ \tan\theta=\dfrac{y}{x} \end{cases}$.

极坐标:(ρ,θ),$\rho>0$,$\theta\in[0,2\pi)$.

椭圆:$\dfrac{x^2}{a^2}+\dfrac{y^2}{b^2}=1$,即 $\dfrac{1}{\rho^2}=\dfrac{\cos^2\theta}{a^2}+\dfrac{\sin^2\theta}{b^2}$.

双曲线:$\dfrac{x^2}{a^2}-\dfrac{y^2}{b^2}=1$,即 $\dfrac{1}{\rho^2}=\dfrac{\cos^2\theta}{a^2}-\dfrac{\sin^2\theta}{b^2}$.

抛物线:$y^2=2px$,即 $\rho=\dfrac{2p\cos\theta}{\sin^2\theta}$.

典例　如图1所示,已知椭圆 $\dfrac{x^2}{24}+\dfrac{y^2}{16}=1$,直线 $l:\dfrac{x}{12}+\dfrac{y}{8}=1$.$P$ 是直线 l 上一点,射线 OP 交椭圆于点 R,又点 Q 在 OP 上,且 $|OQ|\cdot|OP|=|OR|^2$.当点 P 在直线 l 上移动时,求点 Q 的轨迹方程.

解答　以点 O 为极点,以 x 轴的正半轴为极轴,建立极坐标系.

椭圆与直线的极坐标方程分别为 $\dfrac{1}{\rho^2}=\dfrac{\cos^2\theta}{24}+\dfrac{\sin^2\theta}{16}$,$\dfrac{1}{\rho}=\dfrac{\cos\theta}{12}+\dfrac{\sin\theta}{8}$.

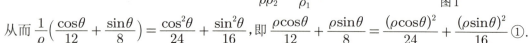

图1

设点 Q 的极坐标为 (ρ,θ),则点 $R(\rho_1,\theta)$,$P(\rho_2,\theta)$,且 $\dfrac{1}{\rho_1^2}=\dfrac{\cos^2\theta}{24}+\dfrac{\sin^2\theta}{16}$,$\dfrac{1}{\rho_2}=\dfrac{\cos\theta}{12}+\dfrac{\sin\theta}{8}$.

因为 $|OQ|\cdot|OP|=|OR|^2$,所以 $\rho\rho_2=\rho_1^2$,即 $\dfrac{1}{\rho\rho_2}=\dfrac{1}{\rho_1^2}$($\rho\neq 0$).

从而 $\dfrac{1}{\rho}\left(\dfrac{\cos\theta}{12}+\dfrac{\sin\theta}{8}\right)=\dfrac{\cos^2\theta}{24}+\dfrac{\sin^2\theta}{16}$,即 $\dfrac{\rho\cos\theta}{12}+\dfrac{\rho\sin\theta}{8}=\dfrac{(\rho\cos\theta)^2}{24}+\dfrac{(\rho\sin\theta)^2}{16}$①.

将式①化为直角坐标方程得 $\dfrac{x}{12}+\dfrac{y}{8}=\dfrac{x^2}{24}+\dfrac{y^2}{16}$($x^2+y^2\neq 0$).

整理得 $2x^2+3y^2-4x-6y=0$($x^2+y^2\neq 0$).

　好题精练

精练1　已知椭圆 $\dfrac{x^2}{a^2}+\dfrac{y^2}{b^2}=1$ 上有两点 A 和 B,满足 $OA\perp OB$.证明:$\dfrac{1}{|OA|^2}+\dfrac{1}{|OB|^2}$ 为定值.

精练2　已知 A,B 分别为圆 $(x-1)^2+y^2=1$ 与圆 $(x+2)^2+y^2=4$ 上的点,O 为坐标原点,求 $\triangle OAB$ 面积的最大值.

26.2 参数方程

(1) 圆：圆的方程为 $(x-a)^2+(y-b)^2=r^2$，参数方程为 $\begin{cases}x=a+r\cos\theta\\y=b+r\sin\theta\end{cases}$ (θ 为参数).

(2) 椭圆：椭圆的方程为 $\dfrac{x^2}{a^2}+\dfrac{y^2}{b^2}=1(a>b>0)$，参数方程为 $\begin{cases}x=a\cos\varphi\\y=b\sin\varphi\end{cases}$ (φ 为参数).

(3) 直线的参数方程：$\begin{cases}x=x_0+t\cos\theta\\y=y_0+t\sin\theta\end{cases}$（其中 θ 为直线的倾斜角，t 为参数），$|t|$ 表示直线上任意一点到定点 $P(x_0,y_0)$ 的距离.

1 曲线参数方程

典例 1 如图 2 所示，已知 A,B 是椭圆 $C:\dfrac{x^2}{8}+\dfrac{y^2}{2}=1$ 的上顶点和右顶点，点 P 在椭圆上，且在第一象限内，直线 AP,BP 分别交 x 轴、y 轴于点 M,N，求四边形 $ABMN$ 面积的最小值.

解答 由题意得 $A(0,\sqrt{2}),B(2\sqrt{2},0)$，设点 $P(2\sqrt{2}\cos\theta,\sqrt{2}\sin\theta)$，其中 $0<\theta<\dfrac{\pi}{2}$.

直线 AP 的方程为 $y=\dfrac{\sqrt{2}\sin\theta-\sqrt{2}}{2\sqrt{2}\cos\theta}x+\sqrt{2}$，令 $y=0$，得 $x=\dfrac{2\sqrt{2}\cos\theta}{1-\sin\theta}$，即 $M\left(\dfrac{2\sqrt{2}\cos\theta}{1-\sin\theta},0\right)$.

直线 BP 的方程为 $y=\dfrac{\sqrt{2}\sin\theta}{2\sqrt{2}\cos\theta-2\sqrt{2}}(x-2\sqrt{2})$，令 $x=0$，得 $N\left(0,\dfrac{\sqrt{2}\sin\theta}{1-\cos\theta}\right)$.

令 $t=\sin\theta+\cos\theta$，显然 $1<t\leqslant\sqrt{2}$，且 $\sin\theta\cos\theta=\dfrac{t^2-1}{2}$.

故 $S_{\text{四边形}ABMN}=S_{\triangle OMN}-S_{\triangle OAB}=\dfrac{1}{2}|OM|\cdot|ON|-\dfrac{1}{2}\cdot\sqrt{2}\cdot 2\sqrt{2}=\dfrac{1}{2}|OM|\cdot|ON|-2=\dfrac{1}{2}\cdot\dfrac{2\sqrt{2}\cos\theta}{1-\sin\theta}\cdot\dfrac{\sqrt{2}\sin\theta}{1-\cos\theta}-2=\dfrac{2\sin\theta\cos\theta}{1-(\sin\theta+\cos\theta)+\sin\theta\cos\theta}-2=\dfrac{t^2-1}{1-t+\dfrac{t^2-1}{2}}-2=\dfrac{4}{t-1}\geqslant 4+4\sqrt{2}$，故当 $\theta=\dfrac{\pi}{4}$，即点 P 的坐标为 $(2,1)$ 时，四边形 $ABMN$ 的面积取得最小值 $4+4\sqrt{2}$.

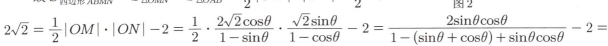

图 2

好题精练

精练 1 已知 P 是椭圆 $\dfrac{x^2}{25}+\dfrac{y^2}{16}=1$ 上位于第一象限内的任一点，过点 P 作圆 $x^2+y^2=16$ 的两条切线 PA,PB（点 A,B 为切点），直线 AB 分别交 x 轴、y 轴于点 M,N，O 是坐标原点，求 $\triangle MON$ 的面积的最小值.

精练 2 已知椭圆 $C_1:\dfrac{x^2}{a^2}+\dfrac{y^2}{b^2}=1(a>b>0)$ 的右焦点 F 与抛物线 C_2 的焦点重合，C_1 的中心与 C_2 的顶点重合. 过 F 且与 x 轴垂直的直线交 C_1 于 A,B 两点，交 C_2 于 C,D 两点，且 $|CD|=\dfrac{4}{3}|AB|$.

(1) 求 C_1 的离心率. (2) 设 M 是 C_1 与 C_2 的公共点. 若 $|MF|=5$，求 C_1 与 C_2 的标准方程.

2 直线参数方程

典例2 已知双曲线 $C: x^2 - \dfrac{y^2}{16} = 1 (x \geqslant 1)$，点 T 在直线 $x = \dfrac{1}{2}$ 上，过 T 的两条直线分别交 C 于 A,B 两点和 P,Q 两点，且 $|TA|\cdot|TB| = |TP|\cdot|TQ|$，求直线 AB 的斜率与直线 PQ 的斜率之和.

解答 设点 $T\left(\dfrac{1}{2}, m\right)$，直线 l_{AB} 的参数方程为 $\begin{cases} x = \dfrac{1}{2} + t\cos\alpha \\ y = m + t\sin\alpha \end{cases}$ (t 为参数).

将直线的参数方程代入双曲线方程得 $16\left(\dfrac{1}{2} + t\cos\alpha\right)^2 - (m + t\sin\alpha)^2 = 16$.

整理得 $t^2(16\cos^2\alpha - \sin^2\alpha) + t(16\cos\alpha - 2m\sin\alpha) - m^2 - 12 = 0$.

设 TA, TB 对应的参数为 t_1, t_2，由韦达定理得 $|TA|\cdot|TB| = t_1 t_2 = \dfrac{-m^2 - 12}{16\cos^2\alpha - \sin^2\alpha} = \dfrac{-m^2 - 12}{17\cos^2\alpha - 1}$.

同理可得直线 l_{PQ} 的参数方程为 $\begin{cases} x = \dfrac{1}{2} + t\cos\beta \\ y = m + t\sin\beta \end{cases}$ (t 为参数).

设 TP, TQ 对应的参数为 t_3, t_4，同理，$|TP|\cdot|TQ| = t_3 t_4 = \dfrac{-m^2 - 12}{17\cos^2\beta - 1}$.

因为 $|TA|\cdot|TB| = |TP|\cdot|TQ|$，所以 $\dfrac{-m^2 - 12}{17\cos^2\alpha - 1} = \dfrac{-m^2 - 12}{17\cos^2\beta - 1}$，故 $\cos^2\alpha = \cos^2\beta$.

又因为 $\alpha \neq \beta$，所以 $\alpha + \beta = \pi$，故 $k_1 = -k_2$，即 $k_1 + k_2 = 0$.

名师点睛

在直线的参数方程 $\begin{cases} x = x_0 + t\cos\theta \\ y = y_0 + t\sin\theta \end{cases}$ (t 为参数)上有 A, B 两点，$P(x_0, y_0)$ 为直线上的定点，则有：(1) $|AB| = |t_1 - t_2| = \sqrt{(t_1 + t_2)^2 - 4t_1 t_2}$；(2)若 M 为 AB 的中点，则 $|PM| = \dfrac{|t_1 + t_2|}{2}$.

好题精练

精练3 已知 A, B 是椭圆 $\dfrac{x^2}{2} + y^2 = 1$ 上的两点，并且点 $N(-2, 0)$ 满足 $\overrightarrow{NA} = \lambda\overrightarrow{NB}$，当 $\lambda \in \left[\dfrac{1}{5}, \dfrac{1}{3}\right]$ 时，求直线 AB 的斜率的取值范围.

精练4 已知椭圆 $E: \dfrac{x^2}{a^2} + \dfrac{y^2}{b^2} = 1 (a > b > 0)$ 的两个焦点与短轴的一个端点是直角三角形的 3 个顶点，直线 $l: y = -x + 3$ 与椭圆 E 有且只有一个公共点 T.

(1) 求椭圆 E 的方程及点 T 的坐标.

(2) 设 O 是坐标原点，直线 l' 平行于 OT，与椭圆 E 交于不同的两点 A, B，且与直线 l 交于点 P. 证明：存在常数 λ，使得 $|PT|^2 = \lambda|PA|\cdot|PB|$，并求 λ 的值.

精练5 已知双曲线 $C: \dfrac{x^2}{a^2} - \dfrac{y^2}{b^2} = 1 (a > 0, b > 0)$ 的左、右焦点分别为 F_1, F_2，虚轴上、下两个端点分别为 B_2, B_1，右顶点为 A，且双曲线过点 $(\sqrt{2}, \sqrt{3})$，$\overrightarrow{B_2 F_2}\cdot\overrightarrow{B_1 A} = ac - 3a^2$.

(1) 求双曲线 C_1 的标准方程.

(2) 以点 F_1 为圆心，半径为 2 的圆为 C_2，过 F_2 的两条相互垂直的直线 l_1, l_2，直线 l_1 与 C 交于 P, Q 两点，直线 l_2 与 C_2 交于 M, N 两点，记 $\triangle PMN, \triangle QMN$ 的面积分别为 S_1, S_2，求 $S_1 + S_2$ 的取值范围.